小学館の図鑑Z［ゼット］

日本魚類館

～精緻な写真と詳しい解説～

The Natural History of the Fishes of Japan

編・監修 中坊徹次（京都大学名誉教授） 写真：松沢陽士（写真家）ほか 小学館

序文

日本列島は周囲を海に囲まれ、陸地には川、湖、池がある。水のある所、魚がいる。魚を捕まえる、釣る、見て楽しむ、食べる。私たちにとって身近な生き物である魚と親しくなるには“知る”ことである。

魚には魚の世界がある。餌を食べる所や時間、休む所、産卵する年齢、産卵の場所と季節、そして、稚魚から成長する場所がある。一生を送る空間は魚によって狭いこともあるし、広いこともあるが、自然界のなかで大体は決まっている。そんな魚の世界を記した。

魚は様々な所で生活している。生活場所が異なれば、形の特徴も異なる。生態に応じて魚は様々な形をみせる。その微細な構造は進化の結果であり、これを写真で示した。精緻な写真で表現された形態の妙で、魚の進化を感じていただきたい。

日本の魚に国境はない。ユーラシア、東南アジア、インド、アフリカ、オーストラリア、南北アメリカなどの沿岸と陸地に同じ種や近縁の種がいる。ある魚が祖先から分かれて別の系統に進化したあと、時間とともに周囲に広がっていく。つまり、地理的分布は過去から現在に至る系統進化の結果である。それぞれの魚の地理的な広がりに思いを馳せれば、日本の魚の多様な世界がどのように形成されてきたのか、その由来が垣間見える。地理的分布の図によって、広い視野で日本の魚を理解していただきたいと思う。日本の魚は日本だけにいるわけではなく、これまでの進化の歴史のなかで他の所と関係しながら現在の日本列島にいるのである。

さて、本書は小学館の北川吉隆氏と私の二人三脚の産物である。彼の尽力がなければ本書は仕上がらなかった。また、松沢陽士氏は私の度重なる依頼に応え精緻な写真の撮影を積み重ねられた。氏の努力がなければ、皆さんに魚の素晴らしい形の妙を見せることが出来なかった。そして、紙面の作成で無理な要請に応えていただいた三木健太郎氏には頭が下がる。北原清彦氏、伊藤 博氏、小杉みのり氏には丁寧な校正をいただいた。これらの方々に心から感謝の意を表したい。

知識は発見の道具。本書によって“知る”ことを楽しんでいただき、魚の世界で新しい発見をしていただければと思う。

平成30年2月6日

執筆者を代表して
中坊徹次

目次

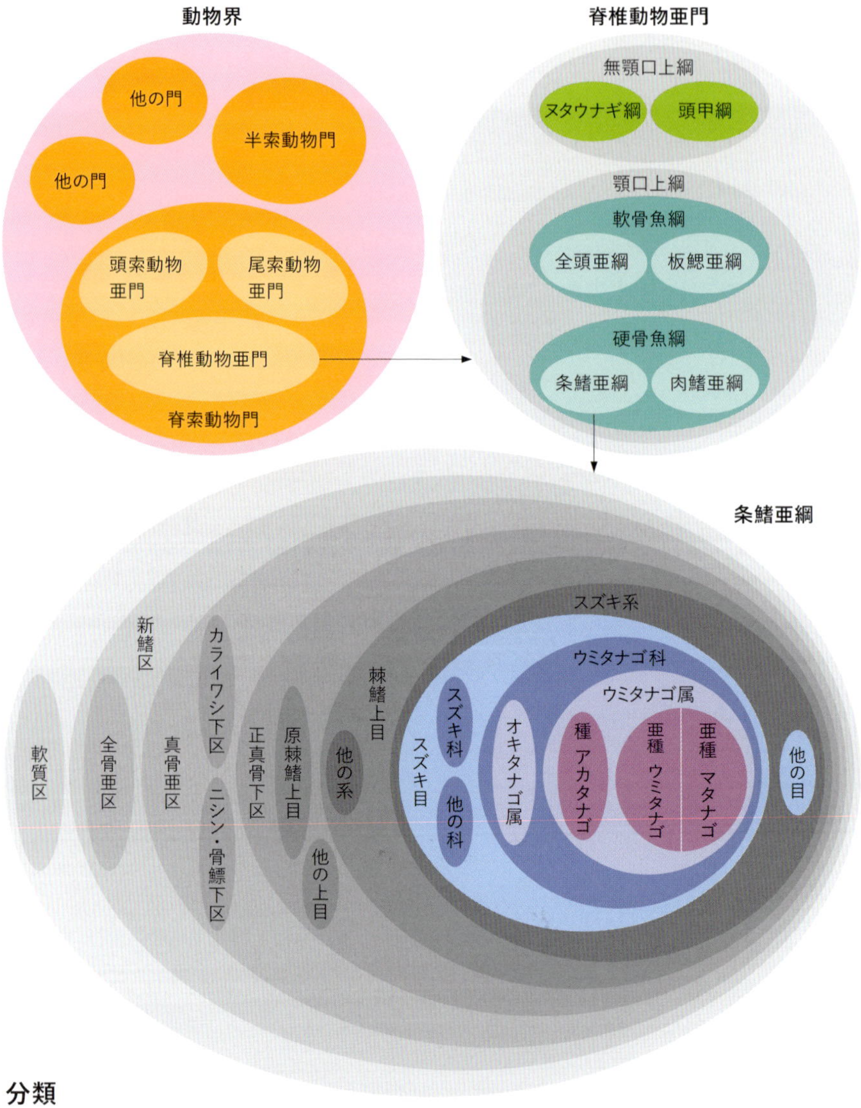

分類

生物図鑑は分類体系に従って配列される。界、門、綱、目、科、属、種という7つの分類階級が基本である。自然界の多様性は形態の類似によって階層が設定され、上位階級と下位階級は包含関係にある。ダーウィン以来、分類体系は進化系統の反映だと考えられている。生物は様々な形態をしており、7階級の表現には限界があり、様々な中間階級が設定されている。本書では門と綱の間に亜門・上綱、綱と目の間に亜綱・区・亜区・下区・上目・系、目と科の間に亜目、科と属の間に亜科を必要に応じて表記した(図、但し亜目と亜科は図示していない)。分類階級で把握しやすいのは科より下であり、基本単位は種である。種の下には亜種が設定されることがある。

種：生殖で結びついた個体の集団。近縁の別種とは交雑しても、交雑個体間で子孫ができない。

亜種：種内で斑紋などにより区別可能な地理的変異。亜種間で交配してできた子孫は次の世代をつくる能力がある。

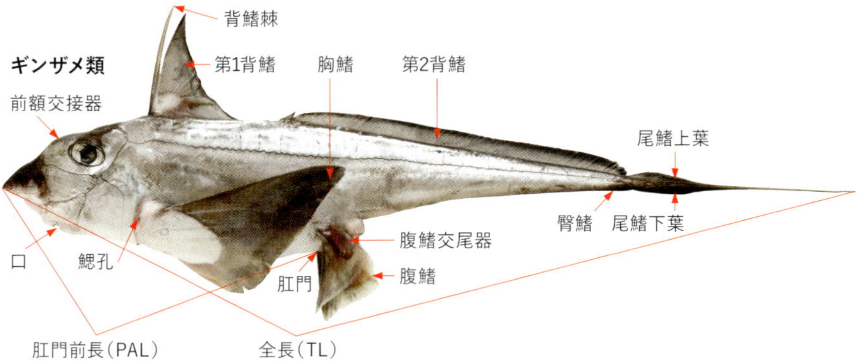

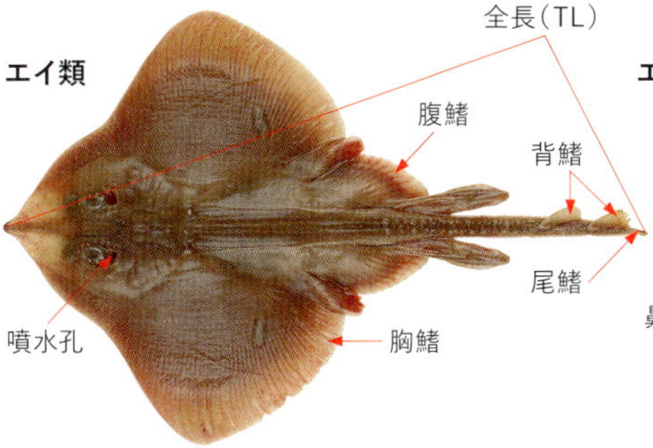

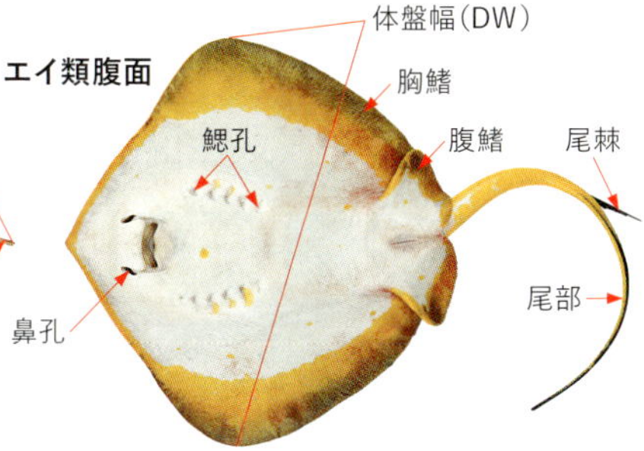

軟骨魚類の体の部位と測定

全長(TL)：体の前端(吻端)から尾鰭後端まで。サメ類では線と線の投影距離。ギンザメ類とエイ類では点から点の距離。

尾叉長(FL)：体の前端から尾鰭湾入部内縁中央部まで。サメ類では線と線の投影距離。エイ類では点から点の距離。

肛門前長(PAL)：吻端から肛門までの長さ。尾鰭が糸状になって計測するのが困難なギンザメ類の測定に用いる。

体盤幅(DW)：エイ類の体盤(頭部+軀幹部)の幅。

口(くち)：基本的には下位、一部は端位。

腹鰭交尾器(ふっきこうびき)：雄の腹鰭の一部は交尾器に変形している。

鰓孔(さいこう)：ギンザメ類では左右1対、サメ・エイ類では左右5〜7対。サメ類では体の側面に、エイ類では体の腹面にある。

噴水孔(ふんすいこう)：眼の直後にあるが、サメ類にはないものもいる。

尾棘(びきょく)：アカエイ類やツバクロエイ類の尾部はむち状で、背部に尾棘(毒棘)がある。

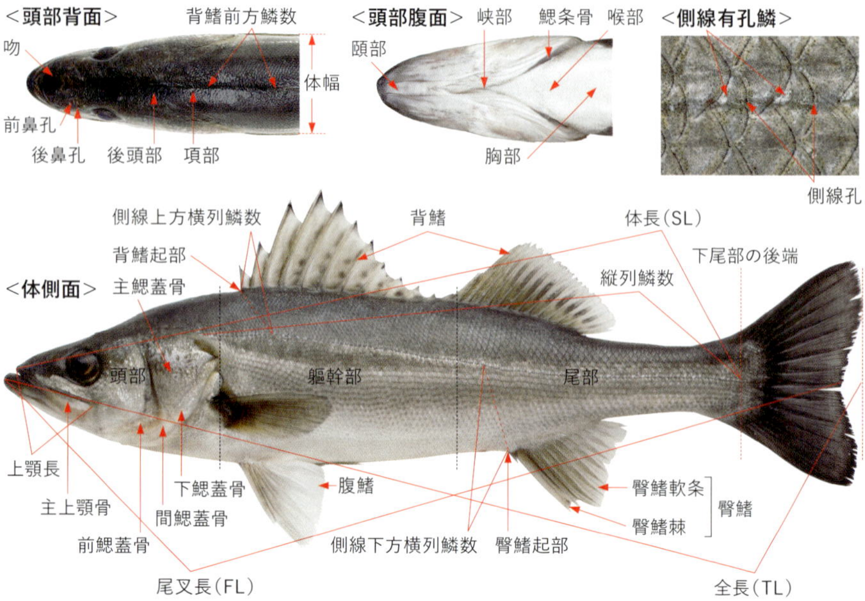

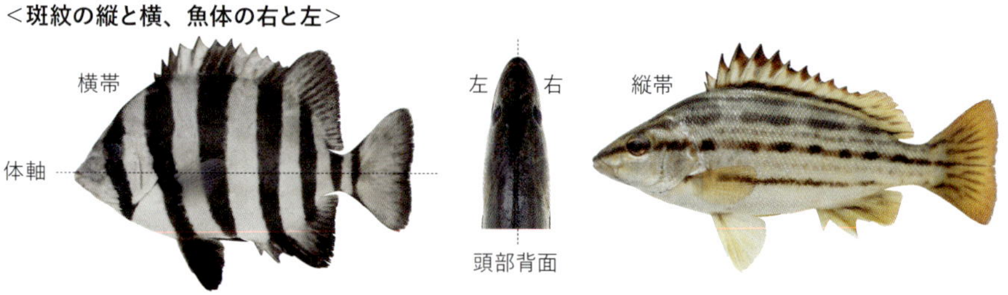

硬骨魚類の体の部位と測定

魚体各部の名称：頭部、躯幹部、尾部、鰭の4つ。そのほか、各部は上を参照。

魚の長さ：**全長**（TL）、体の前端から尾鰭を中央に寄せた場合の後端までの長さだが、本書では尾鰭後端までの長さ。**体長**（SL）、上顎前端から下尾骨の後端（尾鰭を左右に折り曲げてできる皺の位置）までの長さ、標準体長ともいう。**尾叉長**（FL）、体の前端から尾鰭湾入部内縁中央部までの長さ、測定板を用いて測定でき、水産資源研究に用いられる。

脊椎骨数：硬骨魚類では頭蓋骨の後端に接続する脊椎骨から尾部棒状骨（最後の脊椎骨と尾鰭椎が癒合したもの）までの脊椎骨の数。

魚体の縦と横：斑紋で縦帯や縦斑、横帯や横斑は体軸を垂直にしたときの視点でいう。

魚体の右と左：魚体の右と左は背面からみた視点でいう。

体の側扁と縦扁：体が左右に狭いのが側扁、上下に低いのが縦扁。

鰭：背鰭、臀鰭、尾鰭の不対鰭（垂直鰭）、胸鰭と腹鰭の対鰭がある。脂鰭（あぶらびれ）、尾柄部背縁にある鰭条を欠いた肉質の鰭条突起。小離鰭（しょうりき）、背鰭や臀鰭の後方に分離してある複数の小さな鰭。

鰭条：硬骨魚類の鰭を支える鰭条は棘条と軟条からなる。棘条は一般に硬く分節がない。軟条は一般に柔らかく分節がある。

側線鱗数：側線上の1縦列鱗数で鰓孔の上端付近から下尾骨の後端（尾鰭を左右に折り曲げてできる皺の位置）まで。

側線有孔鱗数：側線鱗のうち有孔鱗のみの数。範囲は側線鱗数と同じ。

＜側扁と縦扁＞

＜棘条と軟条＞

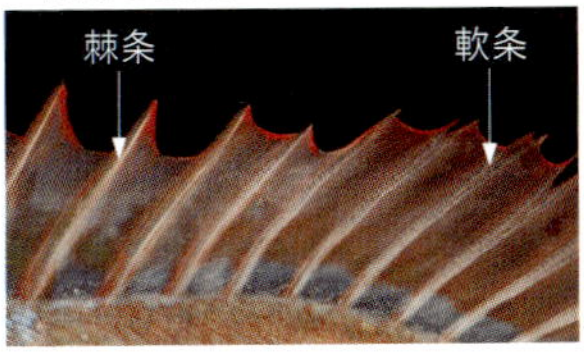

＜脂鰭と小離鰭＞

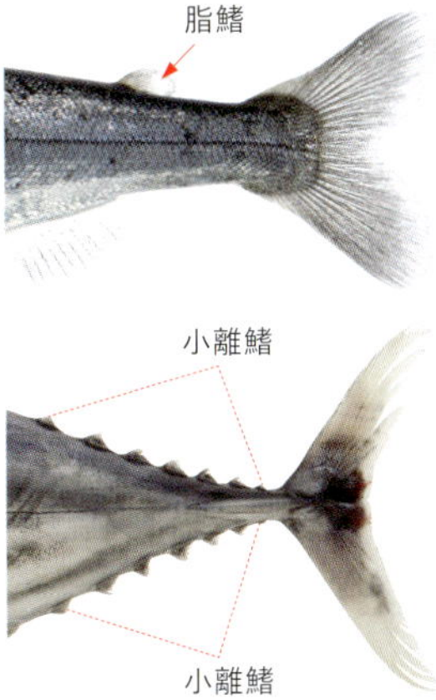

＜上下両顎と口腔内の歯＞

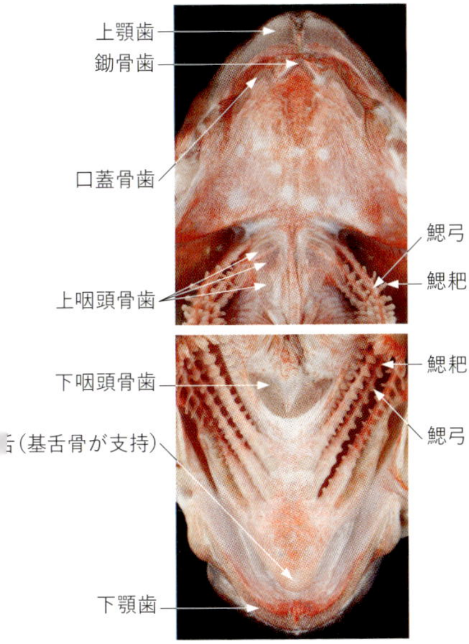

＜円鱗＞

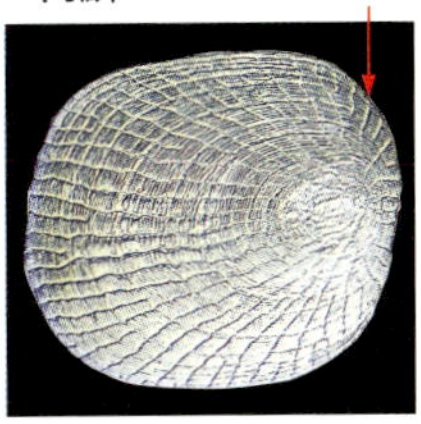

＜櫛鱗＞

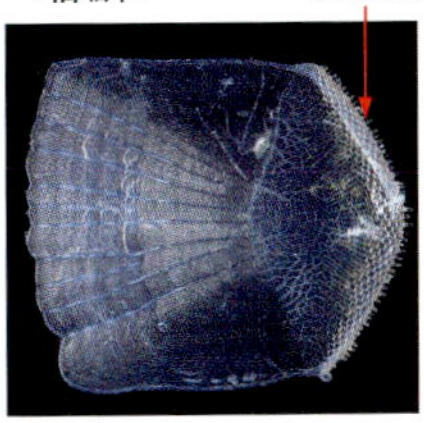

＜第1鰓弓＞

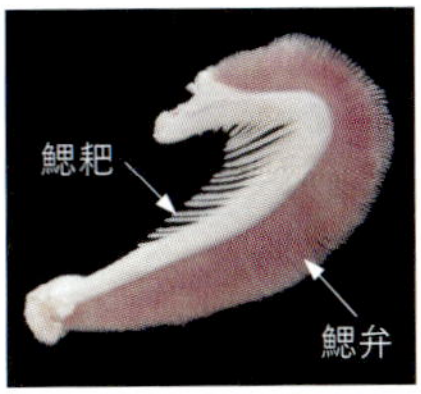

＜幽門垂と鰾＞

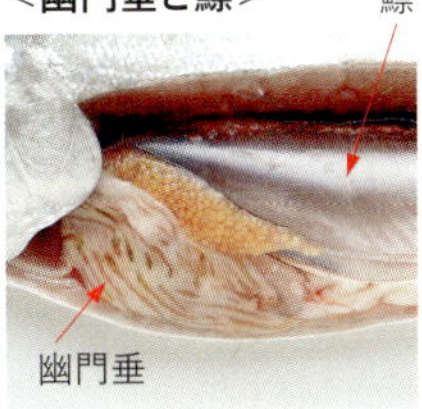

縦列鱗数：鰓蓋後端から下尾骨の後端（尾鰭を左右に折り曲げてできる皺の位置）までの鱗数。

側線上方横列鱗数：背鰭起部（ハゼ類では第2背鰭）から小鱗を含めて後ろ下方へ側線鱗の1つ手前の鱗までの横列鱗数。

側線下方横列鱗数：臀鰭起部から小鱗を含めて前上方へ側線鱗の1つ手前の鱗までの横列鱗数。

背鰭前方鱗数：背鰭起部から後頭部に至る正中線上のすべての鱗の数。

口の位置：前端が頭部の前端にある端位、前端が吻端よりわずかに後ろが亜端位、口が頭部腹面にあるのが下位、口が頭部背面寄りにあるのが上位。

顎歯、口腔の歯、鰓弓の歯：上顎には上顎歯、下顎には下顎歯、口腔背面には鋤骨歯と口蓋骨歯、咽頭部には上咽頭歯と下咽頭歯がある。

鱗：硬骨魚類では円鱗と櫛鱗が区別される。円鱗は後縁が円滑だが、櫛鱗は後縁が小棘で鋸歯状。

鰓耙数：鰓弓の内側に鰓耙は通常は2列に並ぶが、鰓耙数は外側列の鰓耙の数。

幽門垂数：胃の幽門部にある房状の盲嚢部を幽門垂といい、それの数。

太平洋、大西洋、インド洋の地理的区分

凡例

1. 本書は日本に生息している魚類270科1417種類(種としては1393種)を収録した。

2. 分類体系は基本的に『日本産魚類検索全種の同定第三版』に準拠した。但し、その後の研究の進展による知見で妥当と判断したものは取り入れた。

3. 種の学名と標準和名は『日本産魚類検索全種の同定第三版』と『日本産魚類全種の学名 語源と解説』に準拠した。但し、その後に発表された種は原著論文に従った。

4. 亜科など、科と属の間の分類群で和名のないものは新称を与えた。

5. 種より上の分類群は必要に応じて解説した。科、亜科の解説は世界と日本での属数と種数、属は必要に応じて解説し世界と日本での種数を記した。

6. 各種解説は標準和名と学名を表示し、記述は形態、生態、地理的分布(分布と略記)の順に行った。漁業、食、保全状況などについては、適宜分布のあとに記した。サメ類、カジキ類、サケ類は英名を記した。外国産など、項目をたてていない種の写真の名称は薄く小さい字で示した。

7. 種より上位の分類群と各種解説の執筆者名は基本的に見開きページの末尾に括弧に入れて示した。 1つの見開きで前半と後半で執筆者が異なる場合は区切りのところの末尾に括弧で、 1つの見開きで項目ごとに執筆者が異なる場合は、それぞれの末尾に括弧で示した。

8. 保全関係のランクの表示は環境省の『レッドデータブック 2014－日本の絶滅のおそれのある野生生物－4 汽水・淡水魚類』と『生物情報 収集・提供システムいきものログ』https://ikilog.biodic.go.jp/Rdb/env、国際自然保護連合(IUCN)の『The IUCN Red List of Threatened Species』http://www.iucnredlist.org/(共に2022年1月現在)の提示に準拠した。環境省関係は絶滅危惧IA類(環)、国際自然保護連合は絶滅危惧IA類(IUCN)のように記した。なお、IUCNの呼称の和文表記はWWFジャパンのサイトに記された環境省の呼称との対照表に基づき、Critically Endangeredは絶滅危惧IA類、Endangeredは絶滅危惧IB類、Vulnerableは絶滅危惧II類、Near Threatenedは準絶滅危惧種とした。IUCNのLeast ConcernとData Deficientは記さなかった。

9. 年齢や成長など水産学的知見の判明している種については可能な限り記した。

10. 各種の地理的分布は『日本産魚類検索全種の同定第三版』を基礎にしたが、各種が常に生息している範囲に重点をおいて記した。但し、稀種については採集記録を記した。

11. 各種の記述中の分布表記にみられる海域はインド－太平洋(西インド洋、東インド洋、西太平洋、中央太平洋)、西－中央太平洋(西太平洋、中央太平洋)、汎太平洋(西太平洋、中央太平洋、東太平洋)である。東アジア海域は*xi*ページの地図に示した通りである。

12. 種の標準和名のあとに属名を記したが、属の解説を示した種は種名にとどめた。

13. 各種の全身側面写真の右下あるいは尾鰭直後に、体の大きさを表示した。大きさは最大と思われるもの、括弧内で通常みかけるものを示した。括弧のない表示は判明している成魚の大きさを示した。幼魚や稚魚は提示した写真個体を基準にして示した。

14. 大きさの単位は、TL(全長)、SL(体長－標準

日本列島を含む東アジアの海

体長)、FL(尾叉長)、PAL(肛門前長)で、詳細は*vii*ページからの軟骨魚類と硬骨魚類の「体の部位と測定」に記した。それぞれの見開きで示した大きさの単位は可能な限り同じにしてある。

15. 用語で“よみ方”が必要と思われるものはルビを付し、ほとんどを巻末に用語解説で記した。

16. 文献は総合と個別に分けて記した。総合に記した文献は各種の記述に必要な知見が多く含まれているもの、個別に記した文献は該当箇所の記述に基礎となったものである。

17. 大きな分類群の出現図の地質年代は『岩波生物学辞典第5版』に準拠した。

18. 厚生労働省WEBサイト『自然毒のリスクプロファイル』http://www.mhlw.go.jp/stf/seisakunitsuite/bunya/kenkou_iryou/shokuhin/syokuchu/poison/index.html(2018年2月9日)で発表されている有毒魚については、適宜状況を記し、末尾に(厚)を示した。フグ目魚類の毒については『日本産魚類検索第三版』は(検)、上記の『自然毒のリスクプロファイル』は(厚)、『日本近海産フグ類の鑑別と毒性』は(厚衛)、『日本産フグ類図鑑』は(松)、『新・海洋動物の毒』は(塩見・長島)と、出典を各種の末尾に略記した。文献名は参考文献の“総合”に記した。

種の学名と標準和名

学名:属名と種小名のラテン語あるいはラテン語化された二語で表された国際的な学術的名称。種の学名は新種として記載されたときに指定されたホロタイプと結びついており、『国際動物命名規約第4版』によって規定されている。

標準和名:分類学的に定義された種の和名。和名には地方名と標準和名があるが、標準和名は1900年代の初めごろ、田中茂穂博士がいくつかの地方名から選定したことから始まる。以後、必要に応じて新しく命名されることによって混乱が生じており、日本魚類学会の勧告により『日本産魚類検索全種の同定第二版』で採用された種の和名を基準にしている。

日本の魚の多様性、その由来

中坊徹次

日本列島の海水魚と淡水魚は様々な由来をもっている。海と陸地の関係、陸地と陸地の関係は地質時代によって異なり、それに伴い海洋生物と陸上生物は変化してきた。海水魚と淡水魚の由来には地質時代の変化が刻まれているのである。魚の由来を読み解く鍵は“分布”、つまり地理的分布である。科や属といった分類群には種数が多い水域と少ない水域がある。種数の多い水域で種分化(共通の祖先から複数の異なった種が進化)が盛んに起こり、少ない水域の種は多い水域から分散してきた種を祖先として進化したと考えるのである。地理的分布から進化の歴史の一端が読み取れ、ある水域の魚の由来が推定できる。散布の歴史を共有した分布パターンを生物地理要素といい、これに着目して、日本列島を含む東アジアにおける魚の多様性の由来を述べてみたい。下記に生物地理要素ごとに温帯域などの分布域、さらには底魚(そこうお)や浮魚(うきうお)といった生息の情報を入れて魚名を挙げた。括弧内に示した数字は該当の魚が出てくる本書のページである。

海水魚

日本列島沿岸の海水魚は、基本的には北太平洋要素という冷水系と西太平洋要素という暖水系である。西太平洋要素は大陸沿岸域と島嶼域に生息する魚で地理的要素を分けてみた。暖水系には東から来た東太平洋・西大西洋要素の温帯魚と南半球由来の西太平洋南半球温帯要素の温帯魚がいる。沿岸でよく目にする魚の地理的要素はこれら5つであり、下記に青字でしめした。これらに加えて地中海要素ともいうべきものがある。タイ科だけを挙げておいたが、他にもいると思われる。生物地理要素については今後の研究に待ちたい。他に考えられる生物地理要素を列挙したが、数は多い。これは日本列島の海水域の変化の歴史が厚いからである。主な5つの要素の温帯域のものは東アジア固有種が多い。東アジア固有種の分布を赤字にした。

1. 北半球要素

北半球の寒帯・亜寒帯・温帯域を中心に分布し、南半球にも分布する。各地で固有種となる。

底魚－寒帯・亜寒帯分布：ソコガンギエイ属(50)

底魚－温帯分布：いずれも東アジア固有属。オカメエイ属(46)、メガネカスベ属・ガンギエイ属(48)、コウライカスベ属(49)、トビツカエイ属(やや深場、51)

図1. 北太平洋要素：底魚−寒帯・亜寒帯分布

図2. 北太平洋要素：底魚−温帯分布

2. 北太平洋要素

北太平洋とその周辺のベーリング海、オホーツク海を中心に種分化をした分類群。

底魚－寒帯・亜寒帯分布（図1）：生息水域が寒帯・亜寒帯のもの。タラ科（158）、メバル属深場系（200）、ハタハタ（342）、アイナメ科（344）、カジカ科海産（348）、ケムシカジカ科（352）、ウラナイカジカ科（352）、トクビレ科（354）、ダンゴウオ科（356）、クサウオ科（358）、ゲンゲ科（362）、タウエガジ科（364）、カレイ科（458）

底魚－温帯分布（図2）：寒帯・亜寒帯から派生し温帯水域に定着したもの。東アジア固有種が多い。メバル属浅場系（202）、アイナメ・クジメ（344）、アナハゼ属（351）、ダンゴウオ種群（357）、クサウオ（358）、ソウハチ（459）、ヤナギムシガレイ・ムシガレイ（460）、イシガレイ（463）、マコガレイ・マガレイ（464）

底魚－超深海分布：寒帯・亜寒帯の沿岸域から水深6000～8000mという超深海に生息するようになったもの。シンカイクサウオ属（361）

3. 西太平洋大陸沿岸要素

西太平洋の熱帯・亜熱帯域の大陸沿岸域を中心に種分化。

底魚－寒帯分布：熱帯・亜熱帯水域から派生し寒帯域で種分化したもの。イカナゴ属（370）

底魚－温帯分布Ⅰ（図3A）：熱帯・亜熱帯水域から派生し、東アジア温帯域に適応した固有種・属。マアナゴ（74）、サッパ・コノシロ（82）、エツ（85）、キアンコウ（167）、オニオコゼ（218）、ホウボウ・カナガシラ（220）、マゴチ・ヨシノゴチ（222）、スズキ科（228）、シログチ（292）、シロギス（294）、ヒメジ（296）、マハゼ属（388）、キヌバリ属（390）、ミミズハゼ属（391）、キララハゼ属（394）、アゴハゼ属（405）、チチブ属（406）、タチウオ（444）、サワラ（452）、アミメハギ（470）、カワハギ・ウマヅラハギ（472）、トラフグ属（476）

底魚－温帯分布Ⅱ（図3B）：熱帯・亜熱帯水域から派生したもの。ヒラタエイ科（52）、ハモ・スズハモ（75）、ニギス（122）、シャチブリ科（144）、マエソ属（146）、ヒメ科（148）、アオメエソ科（148）、ソコダラ科（162）、アンコウ（166）、アカグツ科（170）、オニオコゼ科（218）、ホウボウ科（220）、コチ科（222）、ホタルジャコ科（230）、イトヨリダイ科（282）、ニベ科（292）、キス科（294）、マナガツオ科（327）、トラギス科（368）、ミシマオコゼ科（372）、ネズッポ科（384）、ムツゴロウ（392）、カマス科（442）、タチウオ科（444）、サワラ属（452）、ダルマガレイ科（456）、ウシノシタ科（466）、サバフグ属（482）

浮魚－寒帯分布：西太平洋の熱帯・亜熱帯域から寒帯域に進出したもの。ネズミザメ（21）、ニシン（80）、サンマ（194）

浮魚－温帯分布：大陸沿岸水域の表層から中層の遊泳魚で熱帯・亜熱帯域から温帯域に派生したもの。多くが東アジア固有種。属内で反赤道分布が多い。ウルメイワシ（種として反赤道分布、78）、マイワシ（属として反赤道分布、81）、カタクチイワシ（属として反赤道分布、84）、サヨリ・クルメサヨリ（195）、マアジ（属として反赤道分布、258）、ブリ（属として反赤道分布、266）、サバ属（446）

浮魚－熱帯・亜熱帯分布：キビナゴ（79）、サヨリ科（195）

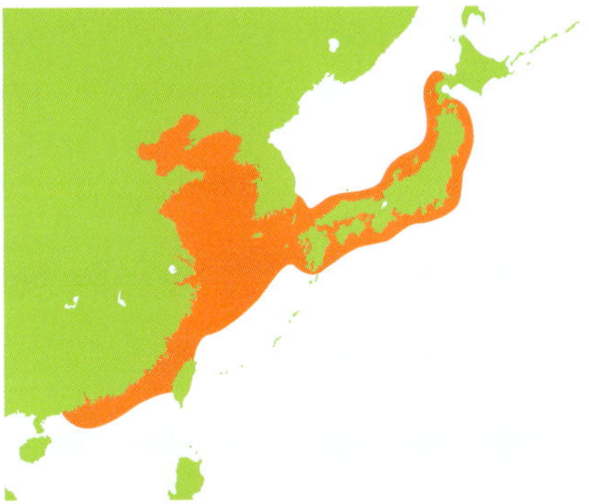

図3A. 西太平洋大陸沿岸要素：底魚－温帯分布Ⅰ

図3B. 西太平洋大陸沿岸要素：底魚－温帯分布Ⅱ

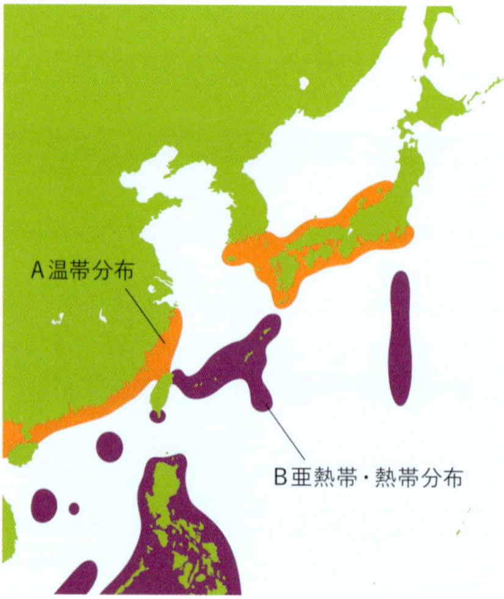

図4. 西太平洋島嶼要素：底魚−温帯分布（A）と亜熱帯・熱帯分布（B）

4. 西太平洋島嶼要素

西太平洋の熱帯・亜熱帯域の島嶼域を中心に種分化。

底魚−温帯分布（図4A）：熱帯・亜熱帯域のサンゴ礁・岩礁域から温帯域の岩礁域に派生したもの。多くが東アジア固有種。ウツボ（66）、カエルアンコウ（168）、ヨウジウオ・タツノオトシゴ（188）、イズカサゴ（210）、アカメ（227）、クエ・マハタ・キジハタ（234）、サクラダイ（240）、ネンブツダイ・クロホシイシモチ（251）、ヨコスジフエダイ（270）、ミナベヒメジ（297）、チョウチョウウオ・シラコダイ（302）、キンチャクダイ（307）、スズメダイ（315）、ブダイ（340）、ヘビギンポ（374）、イソギンポ（378）、ウバウオ（383）、ハナハゼ（430）、ツバメウオ属（432）、アイゴ（434）、ニザダイ（436）

底魚−亜熱帯・熱帯分布（図4B）：熱帯・亜熱帯の島嶼域のサンゴ礁・岩礁域に生息。日本では琉球列島に分布。テンジクザメ科（15）、トンガリサカタザメ科（42）、ウミヘビ科（65）、ウツボ科島嶼系（68）、カエルアンコウ科（168）、イットウダイ科（176）、ヤガラ科（186）、カミソリウオ科（186）、ヨウジウオ科（188）、ボラ科（190）、フサカサゴ科（210）、ハタ科ハタ亜科（232）、ハタ科ハナダイ亜科（239）、テンジクダイ科（248）、フエダイ科（270）、タカサゴ科（276）、フエフキダイ科（288）、ヒメジ科（296）、チョウチョウウオ科（302）、キンチャクダイ科（306）、スズメダイ科（314）、イスズミ科（322）、ベラ科（330）、ブダイ科（340）、ヘビギンポ科（374）、イソギンポ科（378）、ウバウオ科（382）、ネズッポ科コウワンテグリ属（385）、ハゼ科ボウズハゼ類（396）・ネジリンボウ属（410）・ダテハゼ属（411）・ベニハゼ属（418）・イソハゼ属（420）・イレズミハゼ属（422）・ガラスハゼ属（424）・ダルマハゼ属（426）・コバンハゼ属（426）、スナハゼ科（429）、クロユリハゼ科（430）、オオメワラスボ科（431）、アイゴ科（434）、ニザダイ科（436）、モンガラカワハギ科（468）、フグ科モヨウフグ属（480）、ハリセンボン科（484）

浮魚−温帯分布：東アジア固有種。ダツ（195）、トビウオ・ハマトビウオ・ツクシトビウオ（196）、マルアジ（259）

浮魚−亜熱帯・熱帯分布：ダツ科（195）、トビウオ科（196）、ムロアジ属（258）

5. 西太平洋南半球温帯要素（図5）

多くの種がオーストラリア近海を中心に分布し、赤道付近の熱帯域をとばして日本を含む北半球に数種がいる。過去に両海域が接している時代、祖先種が南半球から東アジアに来たのであろう。

底魚−温帯分布：東アジア固有種。タカノハダイ科（309）、イシダイ科（320）、メジナ科（324）、ササノハベラ属（338）

6. 東太平洋・西大西洋要素（図6）

多くの種が東太平洋・西大西洋におり、北太平洋をとばして東アジアに数種がいる。過去に両海域の状態が接していた時代、祖先種が東太平洋から東アジアに来たのであろう。共通種ゴマフシビレエイの理由は不明。

底魚−温帯分布Ⅰ：西太平洋と東太平洋共通種。ゴマフシビレエイ（45）

底魚−温帯分布Ⅱ：東アジア固有種。ウミタナゴ科（312）、コケギンポ科（376）、ヒラメ属（454）、メイタガレイ属（462）

7. 地中海要素

多くの種がいる地中海からインド−西太平洋域に進出してきたと考えられるもの。中生代から新生代第三紀のテチス海の名残と考えられている。タイ科（284）

8. 南半球要素

北半球より南半球での多様性が高い。ギンザメ目のギンザメ科、テングギンザメ科、ゾウギンザメ科Callorhynchidaeはすべて南半球にみられる。ゾウギンザメ科はギンザメ目の中で最も祖先的。

底魚－温帯沿岸分布：ギンザメ科(11)

底魚－深海沖合分布：テングギンザメ科(13)

9. 汎世界暖水要素

分布が世界中の広域にわたり、どこが種分化の中心であるか推定できないもの。ただし、ネコザメ科は大西洋にはいない。

底魚－寒帯・亜寒帯沿岸分布：北太平洋固有種。アブラツノザメ(36)

底魚－温帯浅海沿岸分布：ヌタウナギ科(2)、ネコザメ科(15)、トラザメ科浅海系(26)、ドチザメ科(28)、イタチザメ(30)、メジロザメ属(31)、ツノザメ科(36)、カスザメ科(40)、ノコギリザメ科(41)、サカタザメ科(42)、シビレエイ科(44)、ツバクロエイ科(52)、アカエイ科(53)、トビエイ科(56)、イセゴイ科(62)、ソトイワシ科(63)

底魚－亜熱帯沖合分布：島嶼の岩礁で、少し深いところに生息しており、インド－太平洋と大西洋に同じ種が分布。キンメダイ科(174)

底魚－深海沿岸分布Ⅰ：分布が極めて局所的で近縁種がほとんどいない。この状態は進化の歴史においてかなりの古さを思わせる。

ミツクリザメ(18)、ラブカ(34)、ギス(63)

底魚－深海沿岸分布Ⅱ：世界に広く分布して、海域ごとに異なる種になっている。ヤモリザメ属・ヘラザメ属(27)

底魚－深海沖合分布：世界に広く分布して、海域によって別の種になっていない。カグラザメ科(35)、アイザメ科(37)、ヨロイザメ(38)、カラスザメ科(39)、ホラアナゴ科(72)、チョウチンハダカ科(150)、ソコオクメウオ科(165)

浮魚－沿岸分布：ホホジロザメ(22)、オナガザメ科(24)、シュモクザメ科(32)

浮魚－外洋分布：熱帯・亜熱帯域から温帯域の外洋の表層から中層に広く生息。ジンベエザメ(16)、メガマウスザメ(18)、ウバザメ(19)、アオザ

図5. 西太平洋南半球温帯要素

図6. 東太平洋・西大西洋要素

メ(20)、シイラ科(257)、カジキ亜目(438)、カツオ(450)、マグロ属(448)

中深層魚−深海分布：太平洋、インド洋、大西洋の中深層に広く万遍なく分布している。日本列島周辺では日本海にこの中深層魚はいない。ダルマザメ(38)、シギウナギ科(64)、セキトリイワシ科(123)、ソコイワシ科(122)、デメニギス科(123)、ハダカイワシ科(152)、ヨコエソ科(142)、ムネエソ科(142)、ギンハダカ科(142)、ホウライエソ科(143)、トカゲハダカ科(143)、ホテイエソ科(143)、ホウキボシエソ科(143)、ミズウオ科(151)、チョウチンアンコウ亜目(172)、カブトウオ科(173)、アカクジラウオダマシ科(173)、アンコウイワシ科(173)

通し回遊魚

北太平洋要素の魚が多い。これは北太平洋は餌生物が豊かな海であることに関係していると思われる。東アジア固有のアユは近縁のキュウリウオ科から傾斜が急で流れが速い環境に適応して進化してきたと考えられる。

10. 北半球要素

北半球にかなりの種が生息しているが、南半球にはわずか数種である。熱帯域にはいない。

温帯分布：ヤツメウナギ科(6)

11. 北太平洋要素

通し回遊魚で北太平洋水域を中心に種分化したものと、それから温帯域に派生したもの。

寒帯分布：寒帯域の淡水域と海水域を往復しているもの。チョウザメ科(遡河回遊、61)、キュウリウオ科(遡河回遊、124)、サケ科(遡河回遊、129)、トゲウオ科(遡河回遊、182)

温帯分布：温帯域で淡水域と海水域を往復するもの。東アジア固有種。アユ(両側回遊、126)、シラウオ科(遡河回遊、128)、ヤマノカミ(降河回遊、347)

12. 西太平洋大陸沿岸要素

温帯分布:ウナギ科(降河回遊、76)、シロウオ(遡河回遊、389)、ヨシノボリ属(両側回遊、412)

13. 西太平洋島嶼要素

亜熱帯・熱帯島嶼分布：ボウズハゼ類(両側回遊、396)

淡水魚

日本列島の淡水魚はユーラシア大陸東部との陸地の連続と不連続の歴史を通して3つの生物地理要素からなっている。日本固有種が多い。

14. 旧北区シベリア要素(図7)

ユーラシア大陸東部の北部を中心に種分化したもの。ウグイ亜科(108)、フクドジョウ科(116)

15. 旧北区東アジア要素(図8)

ユーラシア大陸東部温帯域を中心に種分化したもの。コイ亜科(88)、タナゴ亜科(92)、カマツカ亜科(102)、ドジョウ科(110)、ナマズ科(118)、ギギ科(120)、ケツギョ科(226)

16. 東洋区要素(図9)

東南アジアを中心に種分化。分布の端はスンダランドの東端で、オーストラリア区との境界。クセノキプリス亜科(100)、アユモドキ科(110)、メダカ科(192)

図7. 旧北区シベリア要素

図8. 旧北区東アジア要素

図9. 東洋区要素

魚類 Pisces

水中で鰓呼吸をして自由遊泳を営み、何らかの鰭をもって運動する冷血性の脊椎動物。魚類という名称で系統的な分類体系の中できちんと把握することが難しい。一般的に魚類とよばれるものは無顎類、軟骨魚類、硬骨魚類であり、これらに両生類、爬虫類、鳥類、哺乳類などの四肢類を加えれば、脊椎動物亜門としてまとめられる。

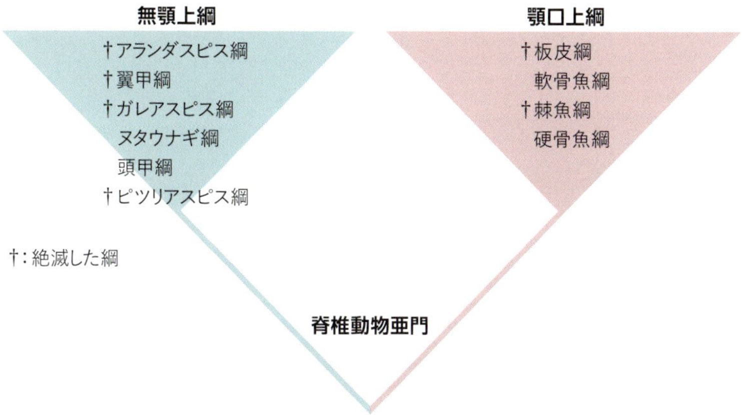

無顎上綱 Agnatha
口は左右方向に開閉。古生代の無顎類のいくつかは下顎の位置に左右対称に細長い口板が並び、現生無顎類の舌軟骨のようなものが知られており、口の動きの基本は左右開閉だったと思われる。基本的に胸鰭や腹鰭という対鰭がなく、体の動きは緩慢であった。基本的に内耳の半規管は2つ。アランダスピス綱、翼甲綱、ガレアスピス綱、ヌタウナギ綱、頭甲綱、ピツリアスピス綱と古生代に繁栄。しかし、古生代末期にほとんど絶滅。現在はヌタウナギ綱と頭甲綱ヤツメウナギ目のみ。

顎口上綱 Gnathostomata　口は上顎と下顎に支持され、上下に開閉する。基本的に閉顎筋の収縮で口を閉じ、軟骨魚類では舌顎挙筋の収縮、硬骨魚類では鰓蓋挙筋と胸舌骨筋の収縮で口を開く。胸鰭と腹鰭があり、水中で複雑な動きができる。内耳の半規管は3つ。板皮綱、軟骨魚綱、棘魚綱、硬骨魚綱が含まれる。板皮綱と棘魚綱は絶滅。

無顎類と顎口類の関係　無顎類と顎口類はどちらも古生代、特にデボン紀に様々な種がいて栄えていた。口の構造からみて、無顎類は低次捕食者、顎口類は高次捕食者だったと考えられる。これらは生態的地位が異なり同じ生物群集の中で共存していた。しかし、無顎類はヌタウナギ類とヤツメウナギ類を除いて、デボン紀の終焉と共に消滅した。いっぽう、顎口類は同じ時期に板皮類と棘魚類が消え、軟骨魚類と硬骨魚類は滅びずに現世に至っている。デボン紀と石炭紀の境界で水中の生物群集をとりまく環境に大変動があったに違いない。頭甲綱の骨甲類（ケパラスピス類）には胸鰭があり、このことから骨甲類から顎口類が派生したと考えられている。しかし、骨甲類の出現はシルル紀ウェンロック世であり、顎口類最古の板皮類と軟骨魚類の出現はオルドビス紀カラドック世より新しい。新しいものから古いものは派生しない。骨甲類の胸鰭は構造からみて、顎口類の胸鰭と全く異なる。並行的に進化したと考えられる。（中坊徹次）

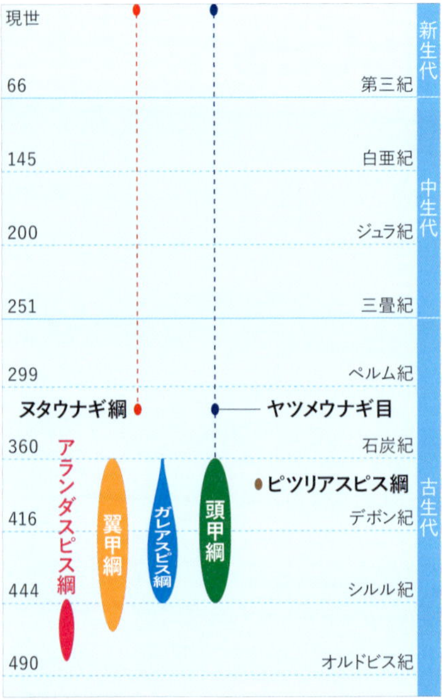

無顎類の歴史　　単位：百万年

無顎上綱 Agnatha　現生無顎類(ヌタウナギ類とヤツメウナギ類)の内耳の半規管は通嚢の平衡砂の成分がリン酸カルシウム、口の歯は表皮由来の角質歯。いっぽう顎口類の平衡砂あるいは耳石の成分は炭酸カルシウム、歯は象牙質をもつ真歯。分子遺伝学的にも無顎類は顎口類に対して共通の祖先をもつ単系統群をなす。

ヌタウナギ綱 Myxini

ヌタウナギ目 Myxiniformes　最近の研究で初期発生の様式は脊椎動物と同じ、さらに脊椎動物から二次的に変化したという特徴も判明し、ヌタウナギ類は脊索動物門の脊椎動物亜門無顎上綱に含めた。ヌタウナギ類を脊椎動物から外し、全体を有頭動物亜門とする考えが大勢を占めているが、ヌタウナギ類の初期発生の研究結果を参照していない。

古生代石炭紀(3億年前)に北米から全長7.2cmの化石が知られている。

ヌタウナギ科 Myxinidae　体は細長くウナギ形。砂底や砂泥底に穴をほり、そこに入っている。内耳の半規管は1つで、通嚢に平衡砂。脊椎動物の中で動脈血圧が最も低く、体に血液を送るポンプとしての心臓は主心臓、頭心臓、門心臓、尾心臓と4つある。このことと関係して、体の動きは緩慢、小脳がないことも運動能力の低さを示している。動きが緩慢なので、外敵が活動する昼間には活動せず、夜行性。眼は退化的で皮膚下に埋没し、水晶体や虹彩がない。眼を動かす筋肉もない。薄い網膜と視神経はあり、光を感じるが視覚はない。頭部と尾部の皮膚に光受容器が集中的に分布、これらにより光を感知し、昼と夜を区別している。口は左右に開く。鋭くて後ろ向きの針状の口蓋歯が1本、口蓋棒状軟骨に付着する。舌部の前端左右に2列の舌歯が並ぶ。舌歯は舌歯板に付着しており、1対の舌歯板は前端が口腔底の基底板の後端と1対の伸出筋で結び、後端が1本の後引筋で鰓蓋域の軟骨と結ぶ。伸出筋の収縮で1対の舌歯板は左右に開き、後引筋の収縮により舌歯板は閉じる。鼻孔は1つで吻の先端。咽頭部に縁膜とよばれる弁によって鼻孔から入った水は鰓嚢に送られて呼吸が行われる。口と鼻孔の縁には数対のひげがある。鰓孔は体の腹側に1〜16

ヌタウナギ

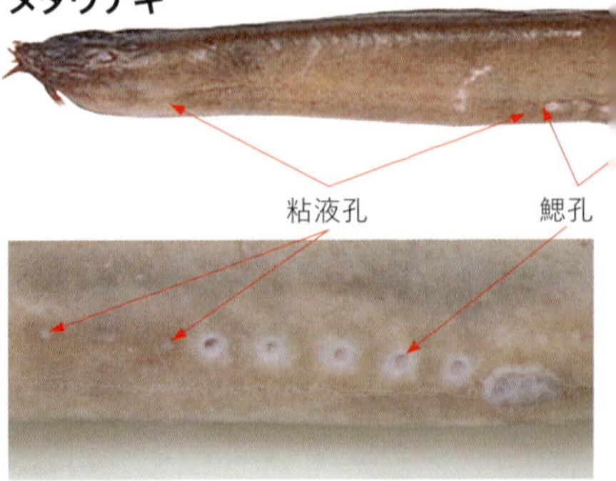

粘液孔と鰓孔

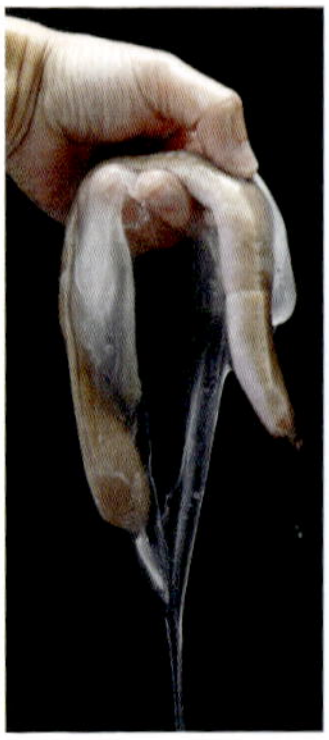

粘液の分泌

体側面（ヌタウナギ）

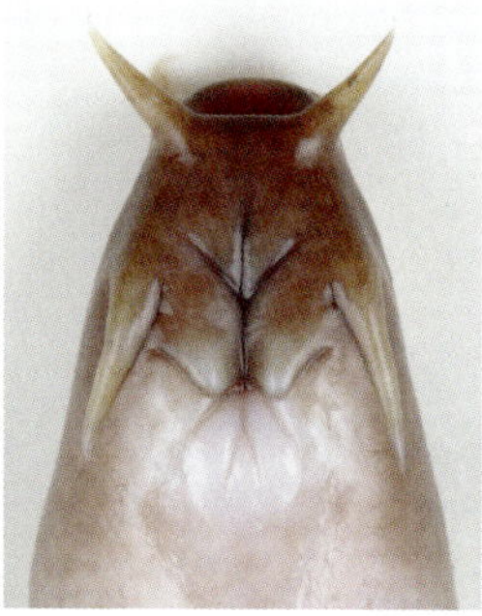
頭部腹面（ヌタウナギ）

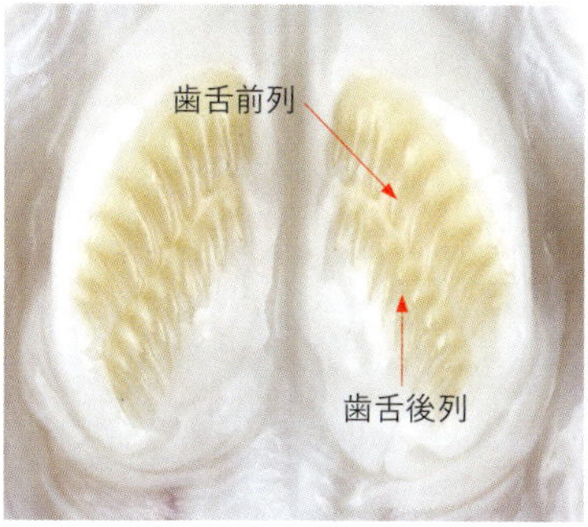

口腔底の舌歯（ヌタウナギ）

卵にみられる粘着糸
（クロヌタウナギ）

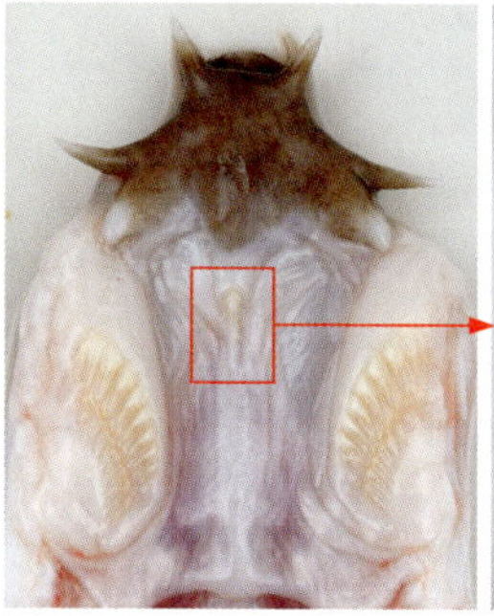
口腔の腹面切開（ヌタウナギ）

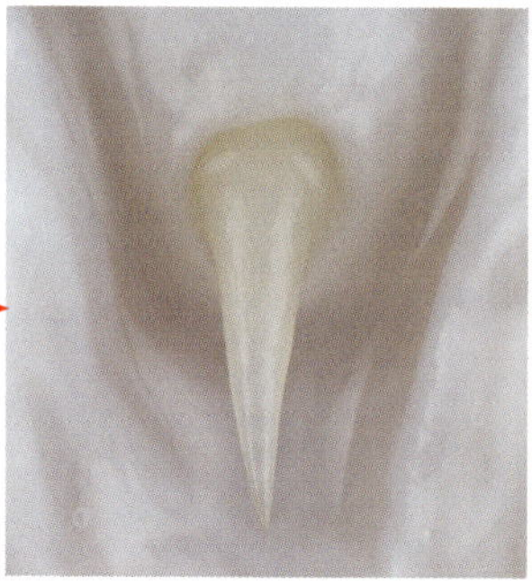
口腔背面中央の針状の口蓋歯
（ヌタウナギ）

卵（クロヌタウナギ）

対。鰓孔の最後尾のものは咽皮管孔が一緒になり大きく、鼻孔から入った泥などの異物はこの孔から排出。頭部、鼻孔内、口腔、ひげの表面にはシュライナー器官（味蕾に構造が似る感覚器官）が密に分布しているが、餌生物の体に頭部を食い込ませることと関係があると思われる。側線は短く溝状で、少ないが頭部に散在。体の左右の腹側に粘液孔が1列に並び、大量の粘液を出す。夜に孔から出て、海底に落ちた死魚に食いつき肉をはぎ取る。ときには相手の体内に頭部を食い込ませ、体を結ぶ行動により、頭部を相手の体から抜き取る。弱った魚の口から入り込み、鰓の付近で粘液を分泌、呼吸をできなくする。生態的地位は腐肉食者。体液の塩分は海水とほぼ同じで、他の脊椎動物と異なり、ヌタウナギ類は誕生してから淡水に入ったことがないことを示している。雌雄異体。卵は短径7～9mm、長径20～30mmのフットボール形で両端に粘着糸をもつ。雌はおよそ20～30個の卵をもち、大卵少産。世界の温帯域に生息し、熱帯域にはいない。Eptatretinae（ヌタウナギ亜科）、Myxininae（ホソヌタウナギ亜科）、Rubicuninae に分けられる。日本沿岸ではヌタウナギとクロヌタウナギが漁獲されるが、あまり利用されず、韓国に輸出。韓国南部では焼いて食され、皮は財布などに加工される。

（中坊徹次）

ヌタウナギ

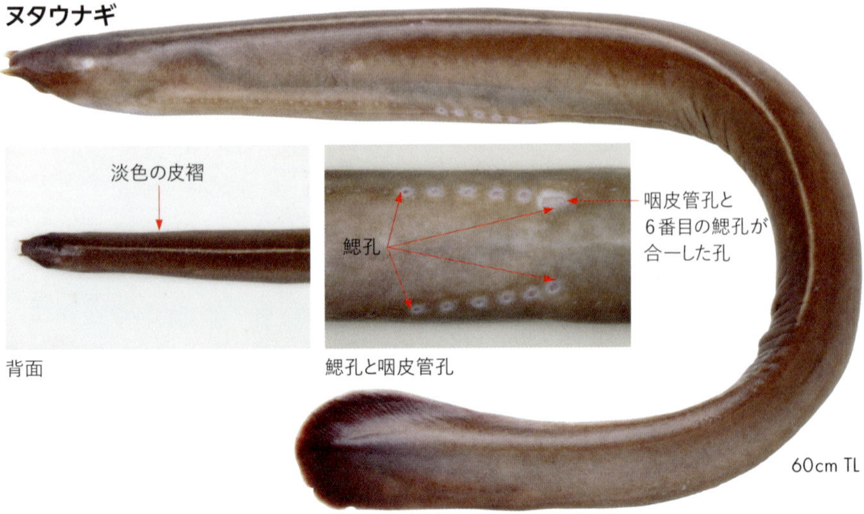

背面

鰓孔と咽皮管孔

60cm TL

クロヌタウナギ

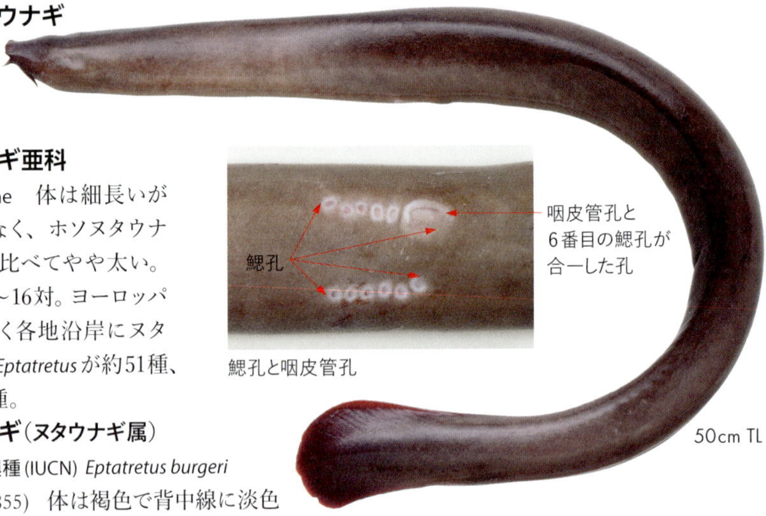

鰓孔と咽皮管孔

50cm TL

ヌタウナギ亜科

Eptatretinae　体は細長いが著しくはなく、ホソヌタウナギ亜科に比べてやや太い。鰓孔は5〜16対。ヨーロッパ沿岸を除く各地沿岸にヌタウナギ属 *Eptatretus* が約51種、日本に3種。

ヌタウナギ（ヌタウナギ属）

準絶滅危惧種（IUCN）*Eptatretus burgeri* (Girard, 1855)　体は褐色で背中線に淡色の皮褶がある。鰓孔は6対で1列に並び、互いによく離れる。前列片側歯は最前列から3番目まで基部が癒合、後列片側歯は最前列から2番目まで基部が癒合。前列歯は後列歯より大きい。雌の抱卵数は18〜32。卵は長径22.4mm、短径8.6mm。産卵は8月中旬〜10月下旬。産卵のために季節移動をする。神奈川県小網代湾では初夏に浅場から深みに向かい、10月ごろに浅場に戻る。この間、水深50〜100mの所で採集されるが産卵場所だと考えられている。同じ季節に同様の行動が隠岐諸島でも知られている。浅海域〜水深740m（主に浅海域）の砂泥底に生息。宮城県仙台湾〜九州南岸の太平洋沿岸、秋田県〜長崎県野母崎・五島列島の日本海・東シナ海沿岸、瀬戸内海、東シナ海大陸棚〜縁辺域、朝鮮半島南岸・東岸、済州島、中国江蘇省、台湾に分布。底延縄の枝縄の端に籠をつけて漁獲。

クロヌタウナギ（ヌタウナギ属）

準絶滅危惧（環）*Eptatretus atami* (Dean, 1904)　体は一様に濃褐色。鰓孔は6対で互いに近接1列に並ぶか、寄りかたまる。前列片側歯は

ホソヌタウナギ

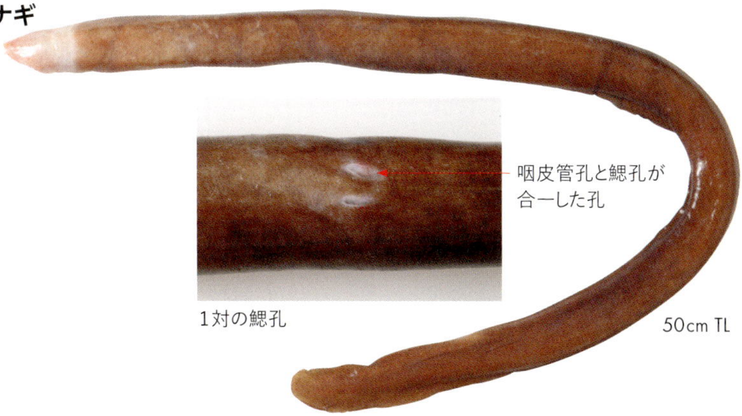

オキナホソヌタウナギ

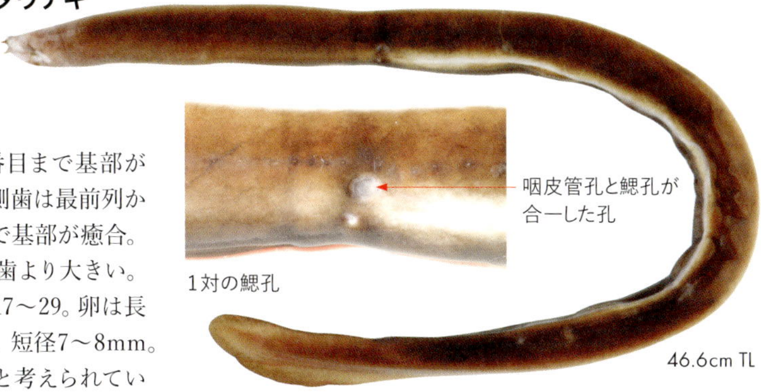

最前列から3番目まで基部が癒合、後列片側歯は最前列から2～3番目まで基部が癒合。前列歯は後列歯より大きい。雌の抱卵数は17～29。卵は長径25～30mm、短径7～8mm。産卵は4～8月と考えられている。水深45～400m（主に大陸棚縁辺域）の砂泥底に生息。青森県～長崎県の日本海・東シナ海沿岸、福島県～土佐湾の太平洋沿岸、沖縄舟状海盆、朝鮮半島東岸に分布。底延縄の枝縄の端に籠をつけて漁獲。肉は燻製、卵は鶏卵の代用で食されていた。

ホソヌタウナギ亜科 Myxininae　体が著しく細長い。鰓孔は体の腹側に1対。ただし *Notomyxine tridentiger* のみ咽皮管孔は鰓孔と別。やや深海に生息。大西洋と太平洋に4属約27種。

ホソヌタウナギ属 *Myxine*　鰓嚢は5～7対で、鰓孔は1対。大西洋と太平洋に約22種、日本に2種。

ホソヌタウナギ 絶滅危惧Ⅱ類 (IUCN) *Myxine garmani* Jordan and Snyder, 1901　体は著しく細長い。腹中線の皮褶は高くない。頭部は淡色、体は褐色。鰓孔の周囲は淡色。前列片側歯は最前列から3番目まで基部が癒合、後列片側歯は最前列から2番目まで基部が癒合。前列歯は後列歯より大きい。水深130～1530mの泥底に生息。青森県～紀伊水道の太平洋沿岸、沖縄舟状海盆に分布。

オキナホソヌタウナギ 絶滅危惧IB類(IUCN) *Myxine paucidens* Regan, 1913　体は著しく細長い。腹中線の皮褶は高い。体は褐色。腹中線の皮褶と鰓孔の周囲は白色。前列片側歯は最前列から2番目まで基部が癒合、後列片側歯は最前列から2番目まで基部が癒合。前列歯は後列歯より大きい。紀伊水道で採集された個体は13個の卵をもち、形は紡錘形で長径19mm、短径8mmであった。池田・中坊（2013）によって世界初の生鮮時の写真が示され、本書はその再録である。水深450～621mの泥底に生息。相模湾、紀伊水道から採集されている。　（中坊徹次）

カワヤツメ

体の側面（カワヤツメ）

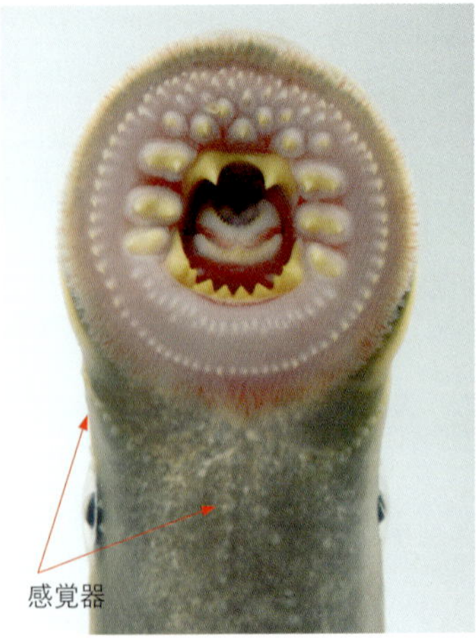

開いた口と感覚器（カワヤツメ）

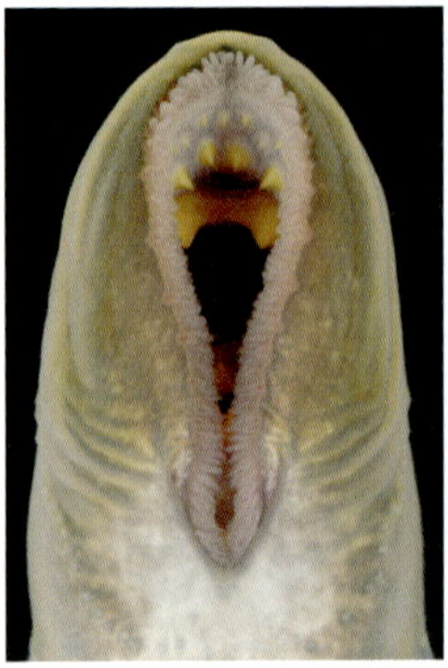

閉じた口（カワヤツメ）

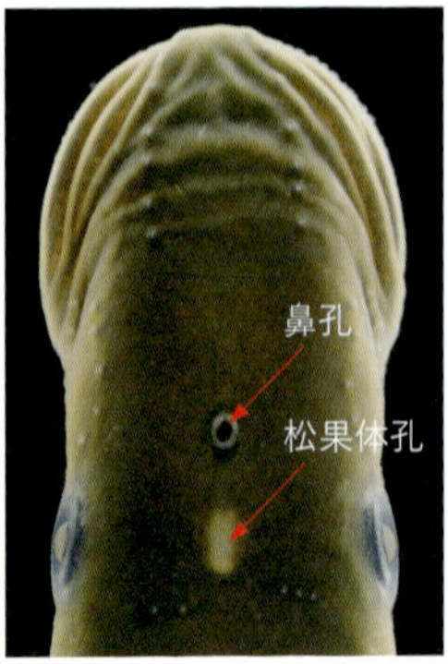

頭部背面（カワヤツメ）

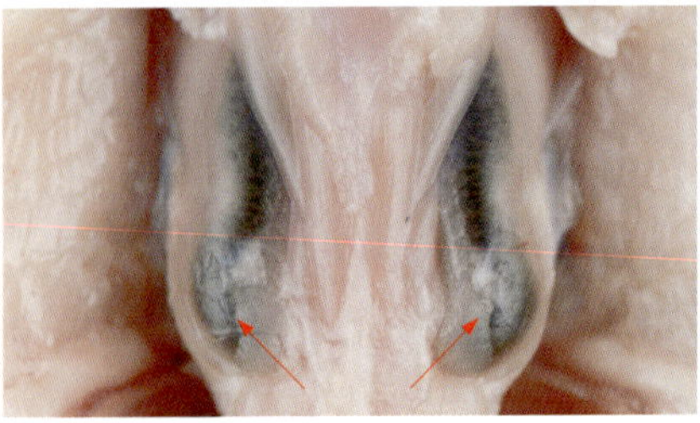

口腔腺（カワヤツメ）

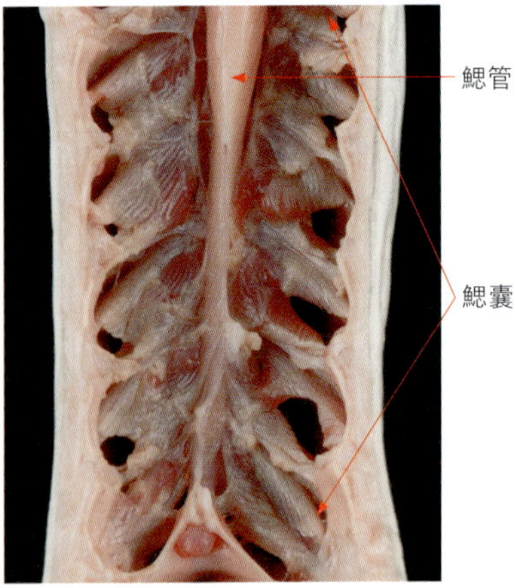

鰓管と鰓嚢（写真では6対だが、あと1対が写っていない）

頭甲綱 Cephalaspidomorphi　頭甲綱は欠甲亜綱、骨甲亜綱、ヤツメウナギ亜綱から成る。鼻下垂体管があり、前方は両眼間隔域のすぐ前方に単一の鼻孔として外に開口。鼻下垂体管の背方に鼻腔があり、嗅房と接する。松果体孔は両眼間隔域の中央。欠甲類は海で表層生活をし、シルル紀に栄えていた。これらのうちヤモイティウスは環状軟骨をもち、ヤツメウナギ類に似る。骨甲類はラグーンなどの静かな海で底生生活をし、シルル紀に出現したが、デボン紀に繁栄、末期の大絶滅期に消えた。ヤツメウナギ類成体の化石はデボン紀から1例、石炭紀から3例、白亜紀から1例、アンモシーテス幼生の化石は白亜紀初期から1例がある。

ヤツメウナギ目 Petromyzontiformes　化石種は現生種と少し異なった特徴で、現生種と生態は異なっていたと考えられる。内耳の半規管は2つ、通嚢には平衡砂。世界に3科10属40種。

ヤツメウナギ科 Petromyzontidae　体は細長くウナギ形。体の後半に2つの背鰭がある。尾鰭は尾端の背部に上葉、腹部に下葉。肛門は第2背鰭中央下より少し前。肛門の後ろから尾鰭に至る腹部正中線に臀部皮褶がある。産卵期には雄に泌尿生殖突起が生じ、

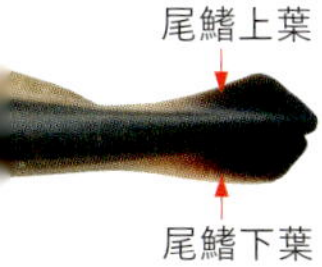

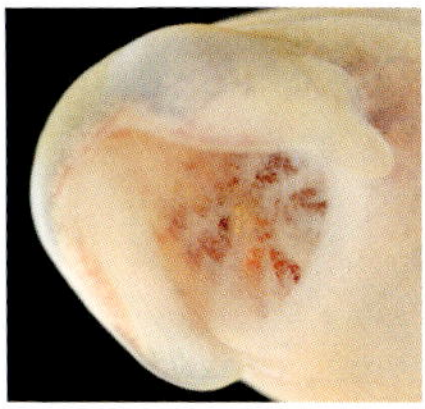

アンモシーテスの頭巾状の口と繊毛（カワヤツメ）

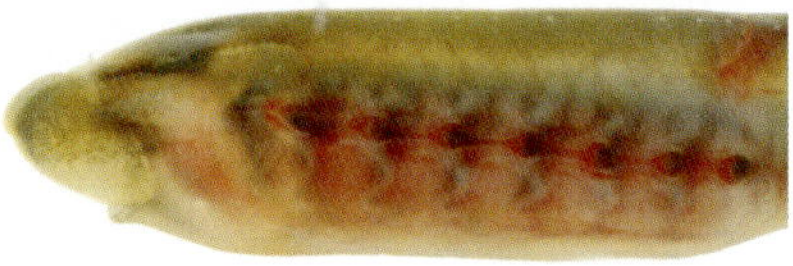

アンモシーテスの頭部側面（カワヤツメ）：各鰓孔は溝でつながる

変態直後の口（カワヤツメ）

アンモシーテス（カワヤツメ）175mm TL

変態直後（カワヤツメ）20.9cm TL

雌は臀部皮褶が高くなる。体に鱗はなく、内骨格はすべて軟骨。鼻下垂体管は後端が咽喉部で食道に通じず盲管。鰓孔は7対で、眼の直後で1列に並ぶ。咽喉部に味蕾がある。脳はヌタウナギ類と異なり松果体と小さいが小脳がある。側線は頭部によく発達。川で生まれ、海に降りて成長し、産卵のために川に戻る。幼生は河川で生活し、変態後に成体は海に下る。幼生はアンモシーテスとよばれ、形態と生態が成体と著しく異なる。成体は海で比較的大きな魚に吸着し寄生生活をする。海中生活を送った成体は産卵のために河を遡上、産卵後に死亡。

成体：口の周囲は環状軟骨（1対）があり、その上に前背側軟骨、前外側軟骨（1対）がある。環状軟骨の下部外側に針状軟骨（1対）、中央に正中腹側軟骨、その上に舌軟骨、舌軟骨の先端に舌先軟骨がある。これらに諸筋肉が付着し、口が左右に開いて円形の吸盤となり歯や歯板で自分より大きな魚に張り付く。環状軟骨が開いて口が円形になれば、前背側軟骨が押さえつけ、張り付いたところに密閉空間をつくる。次に舌軟骨と舌先軟骨がピストン運動をする。舌先軟骨には前舌歯板と側舌歯板（1対）が付着しており、これの動きで寄主の筋肉をなめとり血液を摂取。咽喉部に左右1対の口腔腺があり、導管で舌下に開き、血液の凝固を防ぐ液を分泌して、吸着相手の血液を摂取。場合によっては筋肉も摂取する。消化管は胃がなく、真っ直ぐで内面に1本の螺旋状の隆起線がある。鰓は鰓嚢にあり、内は鰓管に開く。鰓管は咽頭部で食道の下に分岐して、後端は盲嚢。それぞれの鰓嚢は軟骨の鰓籠に収まり、これに付着した筋肉の収縮で水の出し入れをする。この構造により吸盤で相手に食いついたまま呼吸可能。世界に8属36種、日本に2属5種。

アンモシーテス：口が頭巾状で歯はなく、繊毛がある。口の頭巾の開閉と繊毛の動きは筋肉による。眼も鰓管も未発達。7つの鰓孔は溝の底（p.8）。アンモシーテスは尾部の光受容細胞で光を感知。河川中流域の淵や下流域の泥底に孔を掘って生活。穴から頭部を出し、流れに向かって口をあけ、水と共に流入するデトリタス（有機懸濁物）を摂取。咽喉部には粘液を分泌する細胞があり、摂取されたデトリタスは粘液にくるまれて食道に送られる。ナメクジウオにみられる内柱があり、変態後には甲状腺になる。変態が始まると繊毛が少なくなり、歯の原基があらわれ、頭巾状の口が円盤に変わり、眼があらわれ、鰓孔は溝状ではなくなる（p.8）。変態中は餌を食べない。生活史には2通りあり、変態後に海に降りる寄生性の種と、海に降りず淡水域で一生を送る非寄生性の種がいる。非寄生性の種は変態後に産卵して死亡するのみ。世界で8属34種、日本に2属5種。南北半球の温帯域に分布し、熱帯域にはいない。　（中坊徹次）

カワヤツメ

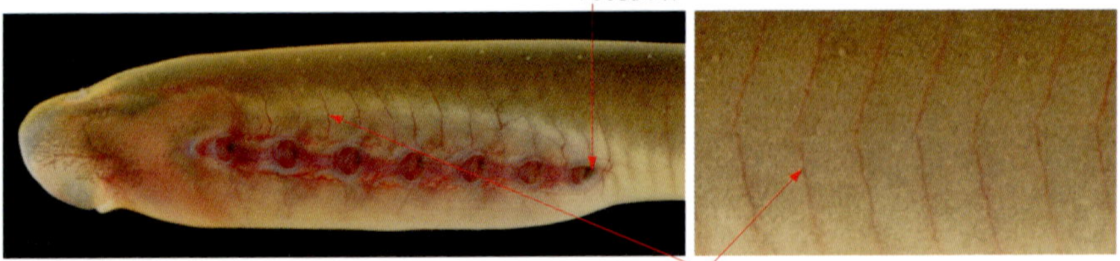

アンモシーテスの鰓孔

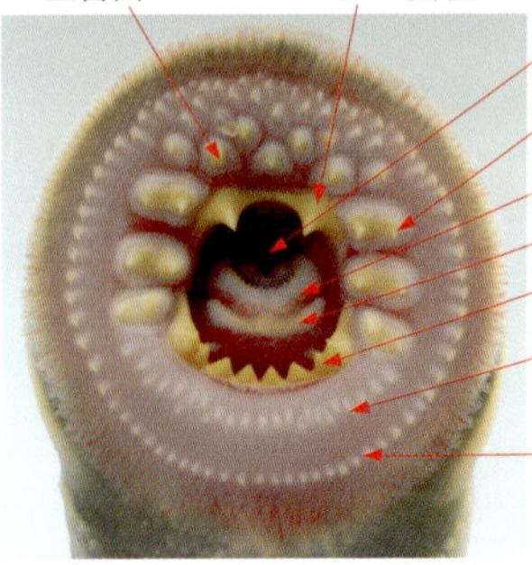

カワヤツメの口

カワヤツメ属 *Lethenteron* 上口歯板は2尖頭。内部側唇歯は2尖頭で3対。ユーラシア大陸北部、サハリン、千島列島南部、北海道、九州北部、朝鮮半島、アラスカ西部、北米東部、アドリア海に7種。寄生性(降海型)と非寄生性(河川型)の種がいる。

カワヤツメ 絶滅危惧Ⅱ類(環) *Lethenteron japonicum* (Martens, 1868) 寄生性。降海する。上口歯板は2尖頭。内部側唇歯は2尖頭で3対。上唇歯は放射状に約15本が並ぶ。下唇歯は約20本が弧状に1列に並ぶ。体は暗青色。第2背鰭先端は黒く、尾鰭後端は黒い。アンモシーテスは軀幹部筋節数(7番目の鰓孔直後から肛門まで)が68～77、口が頭巾状、口には繊毛があり、眼はなく、尾鰭は黒い。孵化後、数年は河川中流の淵や下流の軟泥底で穴を掘って生息、デトリタスを食べる。夜行性。1年で全長10.5cm、2年で15cm、3年で17cmになるが、2年3か月以上経過した初秋～冬に変態を開始して成体に近づく。摂餌せずに変態を終わり越冬。全長15～20cmになり翌春に海に降りる。海では口の吸盤を大きな魚の体に押し当て、口腔腺液を注入して血液凝固を防ぎ赤血球と筋肉をとかして摂取する。2年後、全長40～50cmになり、成熟して接岸、川を遡上。遡上は暗夜に活発で、このときは何も食べない。石狩川では5～6月に産卵回遊して夏に産卵するものと、9～10月に産卵回遊して翌春に産卵するものがいる。川の中流域の淵尻や平瀬で雄が吸盤を使って小石を除き産卵床をつくる。雄は雌の頭に吸い付いて巻き付き、互いに体を震わせ放精、雌は砂礫へ直径1mmの沈性粘着卵を産む。卵数は7～11万。産卵期、第1背鰭と第2背鰭は基底で連続、雄は円錐状の突起が現れ、雌は臀鰭が明瞭になる。千葉県と島根県以北の本州、北海道、日本海を含めた北西太平洋域の沿岸に分布。信濃川では手網またはヤツメ筒(釣鐘形で革製)を夜に川底に沈めて遡上中のものをとる。遡上期は美味。塩干し、燻製、蒲焼きにして食され、体にビタミンAを多く含み夜盲症に効くとされている。成熟した卵巣にタンパク毒をもつが、加熱後は食用可(塩見・長島)。

シベリアヤツメ 準絶滅危惧(環) *Lethenteron kessleri* (Anikin, 1905) 非寄生性。降海しない。体は暗褐色だが、青味の強いものから黄金色のものと変異がある。第2背鰭は淡色で尾鰭は黒い。歯は2尖頭の上口歯板だけが尖る。アンモシーテスは軀幹部筋節数が65～73。幼生期間は数年と思われるが不明。夏の終

60cm TL（通常40〜50cm TL）

シベリアヤツメ

20cm TL

シベリアヤツメの口

スナヤツメの口

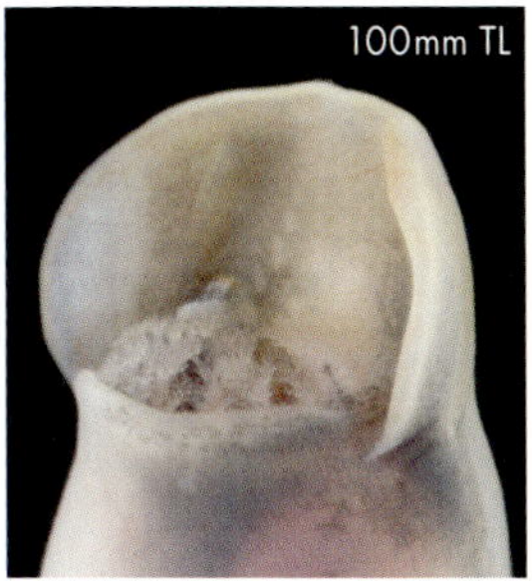

100mm TL

アンモシーテスの
頭巾状の口

スナヤツメ

16cm TL

アンモシーテス　90mm TL

わりから秋に変態を開始、変態後は越冬して翌年の5〜6月に粒の小さな礫底に産卵床をつくり産卵。産卵期、第1背鰭と第2背鰭は基底で連続、雄は円錐状の突起が現れ、雌は臀鰭が明瞭になる。オビ川水系から極東のアナディリ川にかけての北極海・ベーリング海流入河川、千島列島南部、サハリン、北海道に分布。岩手県久慈川から記録があるが、絶滅の可能性が強い。

スナヤツメ 絶滅危惧Ⅱ類(環) *Lethenteron* spp.
非寄生性。降海しない。内部側唇歯は2尖頭で3対だが、退化的。体は黒褐色で黄色の光沢がある。第2背鰭と尾鰭は淡色。アンモシーテスは軀幹部筋節数が51〜66(北方種)、49〜62(南方種)。アンモシーテスは湧水があり、流速が小さく河川水が増水しても影響の少ないところに生息し、夜行性。3年間の幼生生活の後、変態。変態後は全長14〜19cmだが、餌をとらず13〜16cmに収縮、越冬して海に降りず、4〜6月に産卵して死ぬ。卵は19℃で10日前後して孵化、45日で全長8.5mmになり摂餌を開始。産卵期、雄の第1背鰭と2背鰭は丸みをおびるが雌は三角形、雄では生殖突起が出る。スナヤツメとよばれるものには、北海道、琵琶湖流入河川・三重県海蔵(かいぞう)川以北に分布するスナヤツメ北方種、秋田県檜木内(ひのきない)川以南の本州、四国、九州北部、朝鮮半島南部に分布するスナヤツメ南方種の2種が含まれる。これらは遺伝的に異なるが形態的にほとんど区別がつかない。疳(かん)の虫の薬として、孫太郎虫(まごたろうむし)（ヘビトンボ幼虫）の代用にされる。（中坊徹次）

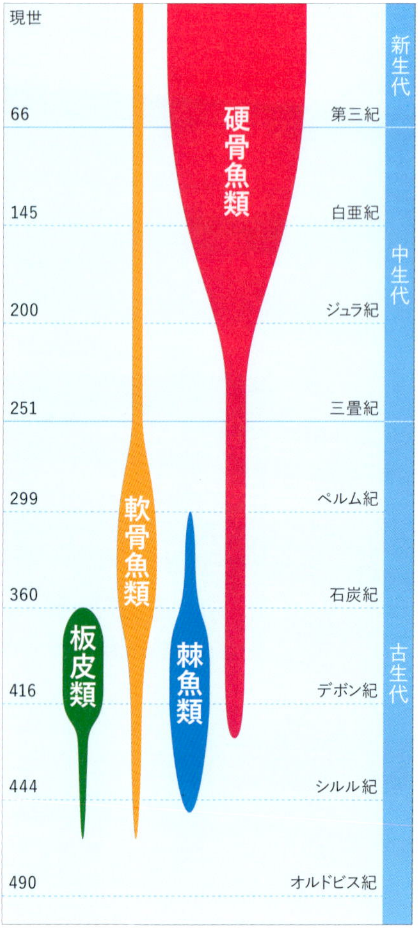

顎口類の歴史　単位：百万年

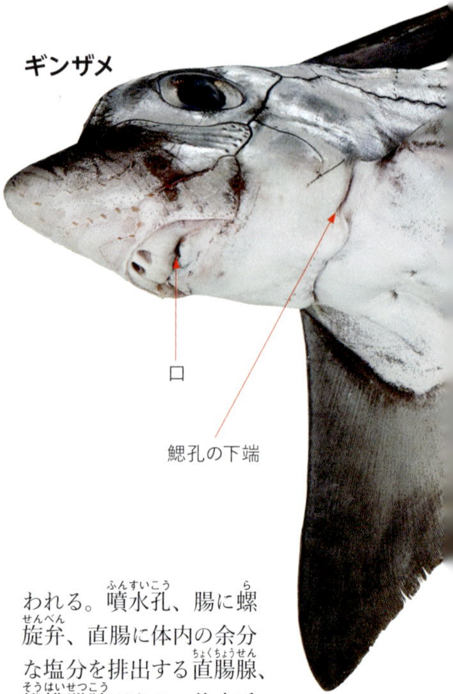

顎口上綱 Gnathostomata　板皮類と軟骨魚類は古生代オルドビス紀カラドック世に出現。板皮類はデボン紀に繁栄、その末期に絶滅。軟骨魚類はデボン紀に繁栄しはじめ、石炭紀に最も繁栄、多様性は減らすが現世まで続く。棘魚類はオルドビス紀末期に出現、デボン紀に繁栄して、石炭紀に細々と生存、ペルム紀初期に絶滅。硬骨魚類はシルル紀中後期に出現、デボン紀から繁栄が現世まで続く。

軟骨魚綱 Chondrichthys　内骨格は表面が微小な六角形のタイル状の石灰質で被われる軟骨（角柱顆粒状石灰軟骨）。これにより軟骨魚類は化石として形を残す。鰾がない。内耳の半規管には平衡砂。体は基本的に楯鱗で被われる。噴水孔、腸に螺旋弁、直腸に体内の余分な塩分を排出する直腸腺、総排泄腔がある。体内受精で、交尾により繁殖。雄の交尾器は腹鰭の鰭条が変化（腹鰭交尾器という）。ほとんどが胎生、わずかに卵生で、大きな幼体を少ない数で産む。ギンザメ類の全頭亜綱とサメ・エイ類の板鰓亜綱に分けられる。
現世のサメ・エイ類を下綱 Elasmobranchii にして、化石群のヒボーダス類とともに真板鰓亜綱（Euselachii）とする考えがあるが、全頭類が板鰓類から派生したという考えが基本にある。しかし、全頭類の系統的位置は咽舌軟骨や顎の懸垂様式などで把握が一筋縄ではいかない。ここでは板鰓亜綱として全頭亜綱に対置する。なお、亜綱 Euselachii の訳語なら「真サメ亜綱」が妥当であろう。

全頭亜綱 Holocephali　鰓孔は1対。鰓弓は神経頭蓋の後半部の下部に位置し、基本的に5対だが、第5鰓弓は退縮か消失。咽舌軟骨をもち、顎口類の中でこれをもっているのは全頭類のみで、祖先的な特徴である。体は側扁。

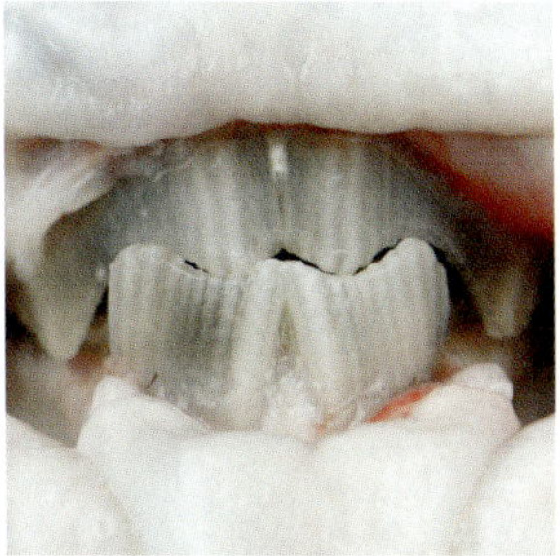
上下顎歯の前面

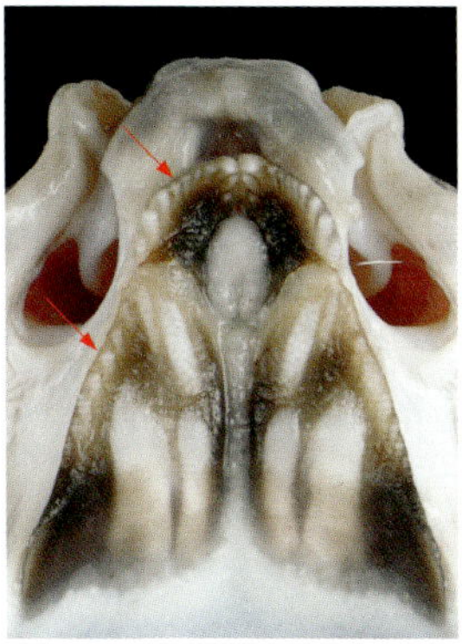
上顎歯板

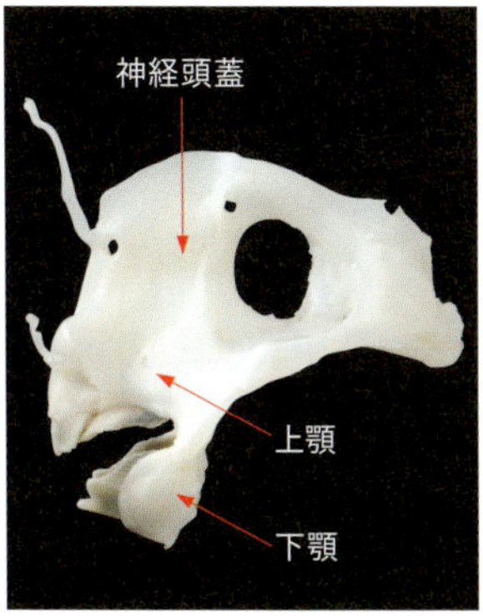

上顎の癒合した神経頭蓋と下顎

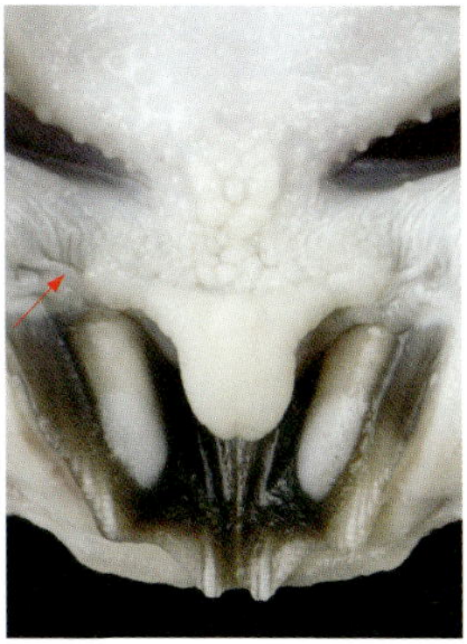
下顎歯板

ギンザメ目 Chimaeriformes
上顎は神経頭蓋と完全に癒合。成体に楯鱗はなく、側線に変形した輪状鱗として残る。成体に噴水孔がない。鰓蓋の内側に擬鰓がある(p.12)。鰓は全鰓とよばれ、サメ・エイ類に比べて鰓隔膜は退縮傾向にある。第1背鰭は基底が短く前端に大きな棘があり折りたためる(p.12)。第2背鰭は基底が長く前端に棘がない。尾部後端は細長く、尾鰭の上葉と下葉は背面と腹面に分離。胸鰭は大きく、体の側面で、体の動きに大きく寄与。腹鰭は体のほぼ中央の腹側。直腸腺が直腸壁に組み込まれており、これはサメ・エイ類に比べて派生的と考えられる。体内受精。卵生で、数個の卵殻卵を産む。現生種ではギンザメ科、テングギンザメ科、ゾウギンザメ科Callorhinchidaeがいる。ゾウギンザメ科は現世では祖先的で南半球のオーストラリア近海のみに生息。

ギンザメ科 Chimaeridae　体は側扁、尾部は細長く糸状。口は下位。歯は板状で上顎に2対、下顎に1対。歯はサメ・エイ類のように交換せず、新しく歯の基質を生み出すことによって摩耗に対応している。鰓孔の上端は胸鰭基底上端の直前で、下端は腹側。側線は基本的に管状で、皮膚表面から少し盛り上がり中央線が外部に開く。側線管は石灰化した輪で支えられており、この輪は上が欠け鱗の変形と考えられている。頭部の側線には多くの小さな膨らみがあり、一部は管状。頭部に吻部を中心に電気受容をするロレンチニ瓶が分布する(p.12)。卵生、両端が尖った卵殻卵を産む。雄に先端が三叉した腹鰭交尾器、先端の腹面に多数の小棘がある前額交接器、小棘で縁取られる腹鰭前交接器がある(p.13)。雄は雌との交尾時、前額交接器で雌の胸鰭をはさんで体を安定させる。大きいもので全長1.4m。大陸棚から大陸斜面に生息。太平洋と大西洋に2属約37種、日本に2属8種。　(中坊徹次)

ギンザメ

75cm PAL（肛門前長）

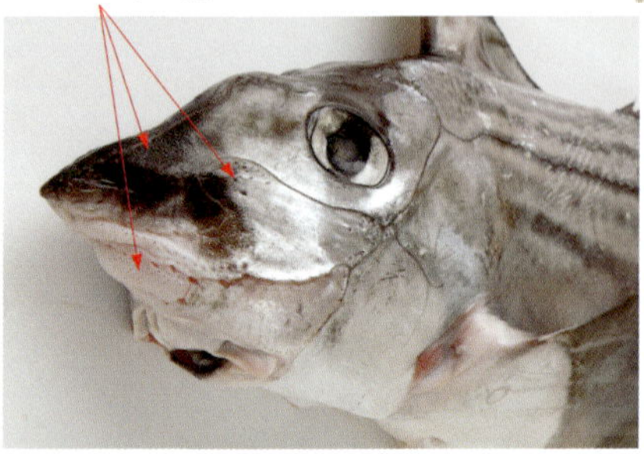

頭部側面

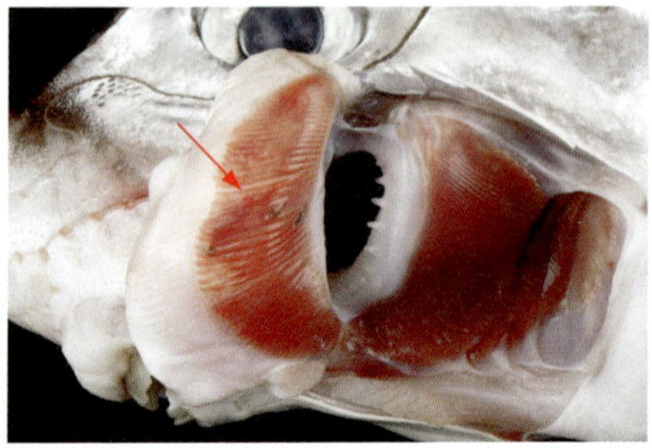

擬鰓

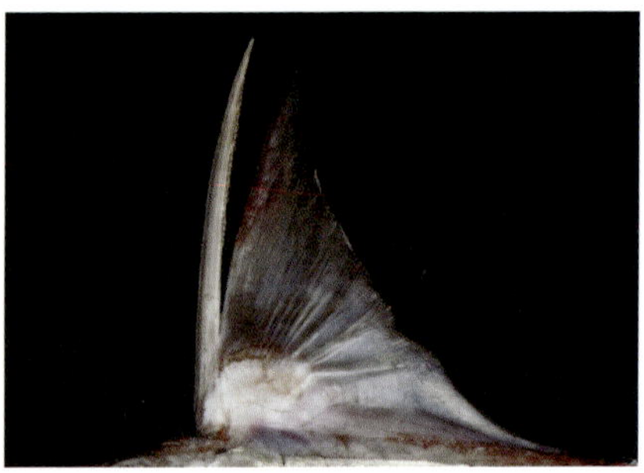

第1背鰭は折りたたむことができる

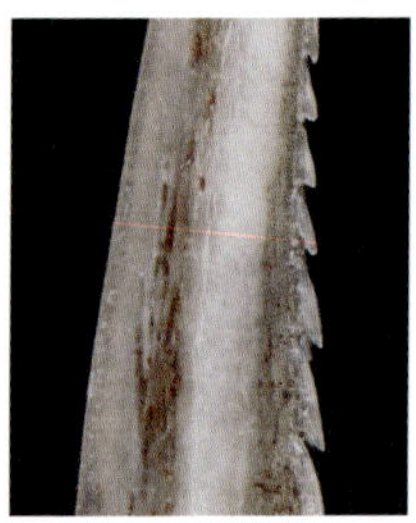

第1背鰭棘

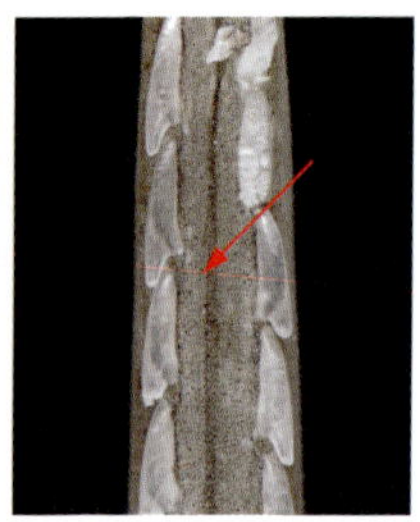

第1背鰭棘の後面：中央に毒腺の溝がある

ギンザメ属 *Chimaera*　臀鰭があり、尾鰭下葉との間に欠刻がある。北大西洋、南アフリカ沖、西太平洋に15種。

ギンザメ 絶滅危惧Ⅱ類 (IUCN) *Chimaera phantasma* Jordan and Snyder, 1900　体は銀色。吻端と眼の上部は暗色。体の側線（そくせん）は前半部から中央部にかけて小刻みに波打つ。第1背鰭前端の強い棘の後縁は鋸歯状で中央部に毒液腺の溝がある。尾部後端は糸状に伸びる。左右それぞれの子宮に2～5個の長径4cmの卵殻卵をもつ。雌は肛門前長63cmで成熟。産卵期は冬期を中心に約6か月。水深10～699mの砂泥底に生息。エビ・カニ類、イカ類、魚類、貝類を食べる。相模湾～土佐湾の太平洋沿岸、東シナ海大陸棚縁辺～斜面域、黄海、浙江省～広東省の中国沿岸、フィリピン諸島に分布。底曳網で漁獲され、湯引き、バター焼き、フライ、中華スープで食される。数は減少している。

アカギンザメ属 *Hydrolagus*　臀鰭がなく、尾鰭下葉との間に欠刻がない。北太平洋、南西大西洋、南アフリカ沖、西太平洋、東太平洋に22種。

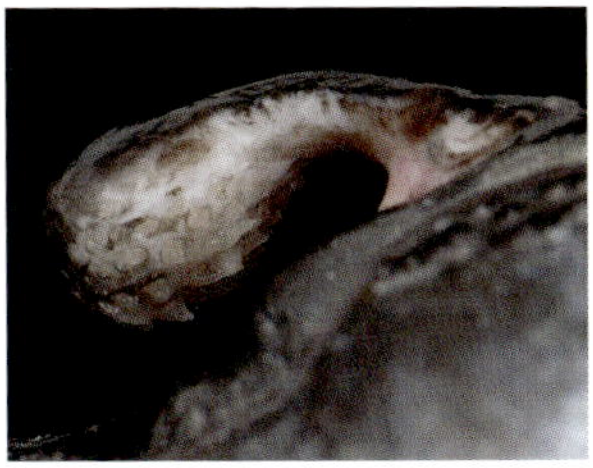
前額交接器（ギンザメ）

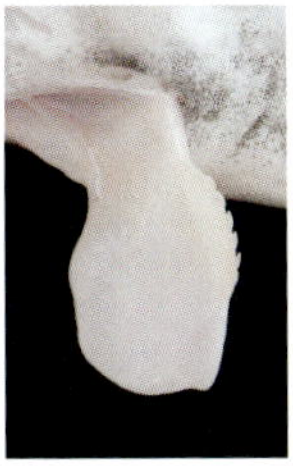
腹鰭前交接器（ギンザメ）

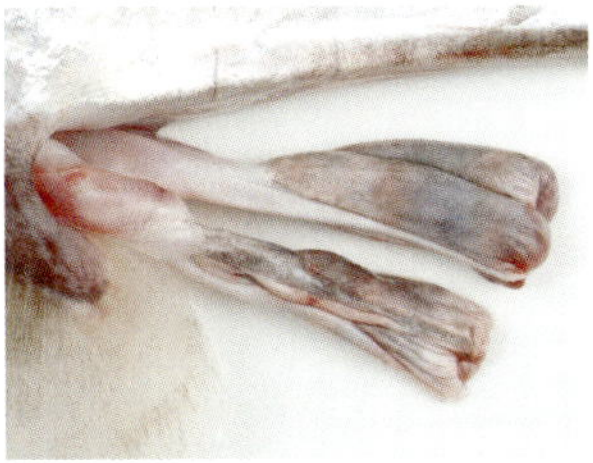
腹鰭交尾器（ギンザメ）

アカギンザメ

50cm PAL

テングギンザメ

1.3m TL

アカギンザメ 準絶滅危惧種(IUCN) *Hydrolagus mitsukrii* (Jordan and Snyder, 1904)
体は暗褐色。吻が短く先端は丸い。眼が大きい。胸鰭、腹鰭、背鰭は黒色。第1背鰭棘後縁は細かい鋸歯状。第2背鰭外縁は中央部でくぼむ。臀鰭がない。尾鰭は細長く、後端は糸状に長く伸びる。卵殻は長径25cm。水深432～980mの砂泥底に生息。千葉県外海域～土佐湾の太平洋沖、東シナ海大陸斜面域、台湾南部、フィリピン諸島に分布。底曳網で漁獲、練り製品の原料。

テングギンザメ科 Rhinochimaeridae
吻は剣状で、前方に長く突出する。臀鰭はない。尾鰭は下葉が上葉より高い。水深350～2600mの深海に生息。インド－太平洋、大西洋に3属約8種、日本に2属3種。

テングギンザメ（テングギンザメ属）
Rhinochimaera pacifica (Mitsukuri, 1895)　体は茶褐色。吻はやや幅が狭い。雄の腹鰭交尾器は棒状、先端が球根状で微突起が散在。水深330～1490mの砂泥底に生息。北海道北見大和堆、北海道広尾～駿河湾の太平洋沖、沖縄舟状海盆、中国南シナ海北部大陸斜面域、ニュージーランド、オーストラリア南部、フィジー諸島、ハワイ諸島、ペルー沖、インド洋に分布。（中坊徹次）

ネコザメ

1.2m TL

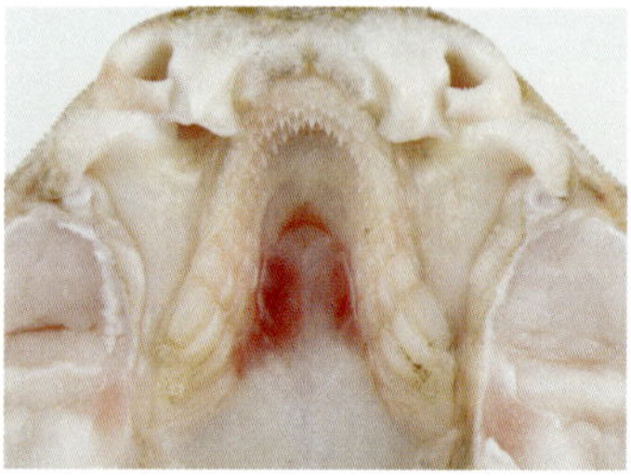

上顎歯

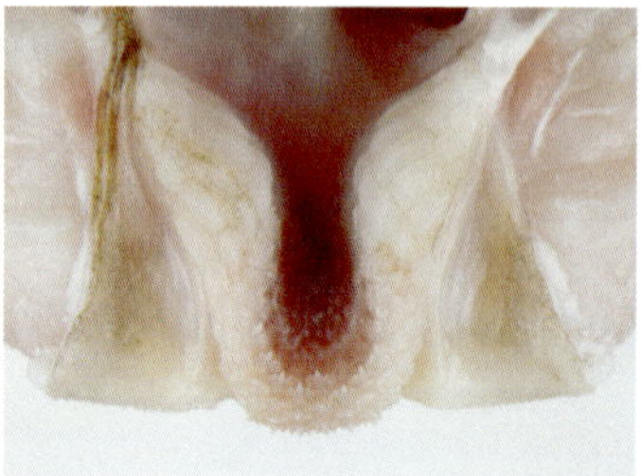

下顎歯

ネコザメの卵殻卵

板鰓亜綱 Elasmobranchii　鰓孔は5～7対。鰓弓は神経頭蓋の後方で、脊椎の前端部の下方に位置する。鰓孔が体の側面にあるサメ区 Selachii（サメ類）と、腹面にあるエイ区 Batoidea（エイ類）（p.42）に分けられる。基本的に体は楯鱗で被われる。歯は列で上顎と下顎に並び、一定期間で最前列の歯が脱落し後列歯と交換される。サメ類は歯の化石が多く、歯で化石の種名が特定される。体内の余分な塩分を排出する直腸腺は指状。タンパク質代謝の最終産物のアンモニアと尿素をトリメチルアミンオキサイド（TMAO）として体液に含む。体液中のTMAOは水中での体の比重を小さくし、鰾のない板鰓類の浮力調節に貢献している。TMAOは死後にアンモニアと二酸化炭素に分解され、サメ・エイ類は時間がたつごとに悪臭を発する。仔ザメあるいは仔エイを少数で産む。ほとんど胎生で、わずかに卵生。胎生の様式は、輸卵管が変化した子宮内で胎仔が卵黄の栄養だけで成長し出産する卵黄栄養依存（p.28）と、途中から栄養が卵黄から母体供給に切り替わる母体栄養依存がある。ネズミザメ科でみられる卵食（p.20）、胎盤が形成されるメジロザメ科数種とシュモクザメ科（p.30,32）、子宮内の微小突起から子宮ミルクが供給されるアカエイ科は母体栄養依存である。卵殻卵を産む卵生が最も祖先的で、胎生は卵黄栄養依存から母体栄養依存へと進化している。

サメ区 Selachii　鰓孔は5～7対で体の側面。鰓は鰓孔間の鰓隔膜に付着（p.34）。体は基本的にやや縦扁、三角形に近い。尾鰭は下方が小さい異尾。基本的に胸鰭と腹鰭は体の腹縁。浮力は体液成分、肝臓成分、体の動きで得ている。泳いでいれば体は沈まない。

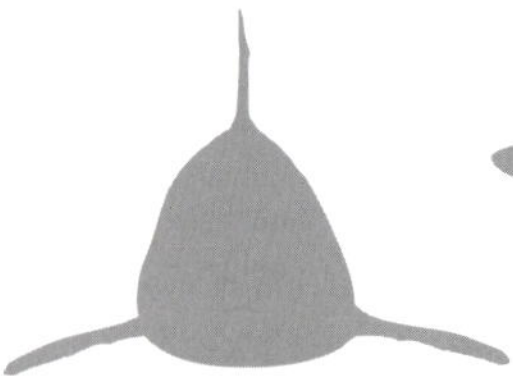

リメ類の体の断面

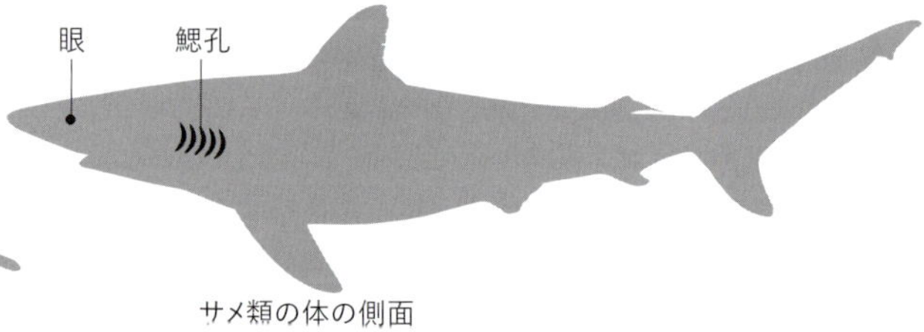

サメ類の体の側面

オオセ

テンジクザメ

ネズミザメ上目 Galeomorpha
ネコザメ目 Heterodontiformes
ネコザメ科 Heterodontidae　頭部は断面が台形、眼が盛り上がる。第1背鰭と第2背鰭の前端に棘がある。両顎の前歯は小さくて鋭く、後歯は敷石状の臼歯で甲殻類や貝類をすりつぶして食べる。全長は大きい種で1.6m。卵生、紡錘形だが、らせん状の縁飾りのある卵殻卵を産む。インド－汎太平洋の暖海に1属9種、日本に1属2種。

ネコザメ（ネコザメ属） *Heterodontus japonicus* Miklouho-Maclay and Macleay, 1884　体に6本の太い暗色横帯がある。卵殻数は1～2。卵殻の産出期は1～6月、孵化期間は約1年、孵化時は全長18cm。全長96cmで成熟。浅海の岩礁、藻場に生息。小笠原諸島、千葉県銚子～九州南岸の太平洋沿岸、瀬戸内海、新潟県～九州南岸の日本海・東シナ海沿岸、朝鮮半島南岸、済州島、台湾、中国青島・上海に分布。英名はJapenese Bullhead Shark。

テンジクザメ目 Orectolobiformes
オオセ科 Orectolobidae　頭部は大きく縦扁し、眼の下と口の周りに多くの皮弁がある。胎生、非胎盤型。大きい種で全長3.2m。西太平洋の暖海域に3属12種、日本に1属1種。

オオセ（オオセ属） *Orectolobus japonicus* Regan, 1906　体は複雑な模様があり、周囲の岩場に溶け込んで見分けがつかない。じっと待ち伏せして魚類を食べる。胎仔数は20～27。妊娠期間は約1年、出産期は3～5月、出生時は全長21～23cm。雄は全長103cm、雌は100～107cmで成熟。千葉県外房～九州南岸の太平洋沿岸、九州北岸、朝鮮半島南岸、済州島、台湾、浙江省～広東省の中国沿岸に分布。英名はJapanese Wobbegong。

テンジクザメ科 Hemiscylliidae　体は細長く円筒形、特に尾柄が長い。臀鰭は低い。鼻孔の内側に1対のひげがある。噴水孔は大きく、眼の斜め下。岩礁底で体をくねらせて這うように移動。底生魚類や甲殻類を食べる。雌雄が体を平行にして、海底で仰向けになって交尾。卵生、粘着性の長い付着糸をもつ卵殻卵を産む。大きい種で全長1m。インド－西太平洋の熱帯～亜熱帯に2属17種、日本に1属3種。

テンジクザメ（テンジクザメ属） 準絶滅危惧種(IUCN) *Chiloscyllium plagiosum* (Anonymous [Bennett], 1830)　体は灰褐色、多くの濃褐色横帯と小白色斑がある。浅海の岩礁に生息、底生。夜行性で、小型魚類や甲殻類を食べる。1シーズンの産卵数は26。110～144日で孵化。4～5歳で成熟。高知県以布利、長崎付近、朝鮮半島南岸、台湾、浙江省～広東省の中国沿岸、マレー諸島海域、西インド洋に分布。英名はWhite Spotted Bambooshark。（中坊徹次）

ジンベエザメの口（正面）：奥に鰓耙が見える

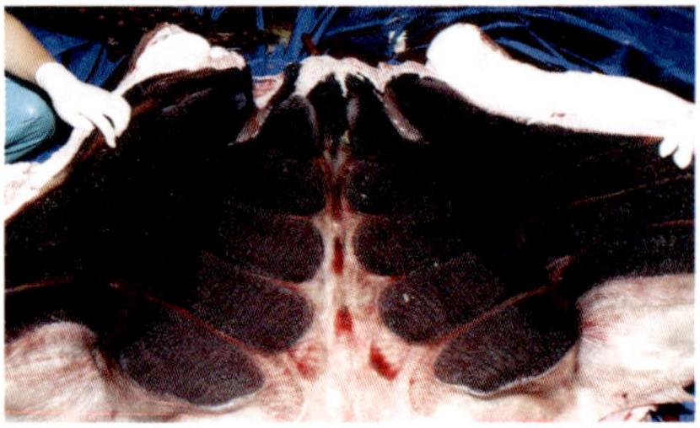
鰓耙の全容：前が口端、後ろは咽

ジンベエザメ科 Rhincodontidae　眼窩背縁がT状に側方に張り出す。斜筋が眼窩背縁の張り出しの先端と眼球背面と腹面に付着する。浅海岩礁に生息するテンジクザメ科（p.15）に近縁で、卵生で浅海サンゴ礁に生息するトラフザメ類、胎生でサンゴ礁域やその周辺に生息するコモリザメ類、胎生で沿岸や外洋の表層に生息するジンベエザメがいる。ジンベエザメ以外は全長約2.5〜3m。世界の暖海に5属5種、日本に3属3種。

ジンベエザメ（ジンベエザメ属） 絶滅危惧IB類（IUCN） *Rhincodon types* Smith, 1828　頭部は縦扁し、眼は側面。吻は短く、両端に鼻孔がある。噴水孔は小さく、眼の後方。体の背面に2から3対の皮褶がある。胸鰭は大きく、第2背鰭と臀鰭は第1背鰭より小さい。尾鰭は大きく湾月形、上葉後端はわずかに切れ込む。体は背面と側面が緑灰色で多くの白色斑が散在、腹面は白色。口は大きく頭部前端に開き、上下両顎には、それぞれ300〜400の小さい歯が並ぶ。

鰓耙はスポンジ状の濾過パッドで口腔内に左右10対。鰓弓から多くの第2翼が発しており、その先端付近から第1翼が出て、細かい網目状の濾過パッドが形成されている。濾過パッドの網目は1mm前後。大きな口をあけて、オキアミ類、毛顎類、カイアシ類、魚卵などを吸い込み、鰓耙で餌生物を濾過している。朝と夕方に摂餌の頻度が高い。

濾過パッドという鰓耙の形態は特殊であり、同じ濾過食者のウバザメ（p.19）の鰓耙が細長く密に並んでいることと比べると奇妙である。鰓耙は通常は櫛状で、櫛の並びが粗なものは大きい餌を食べ、密なものは小さい餌

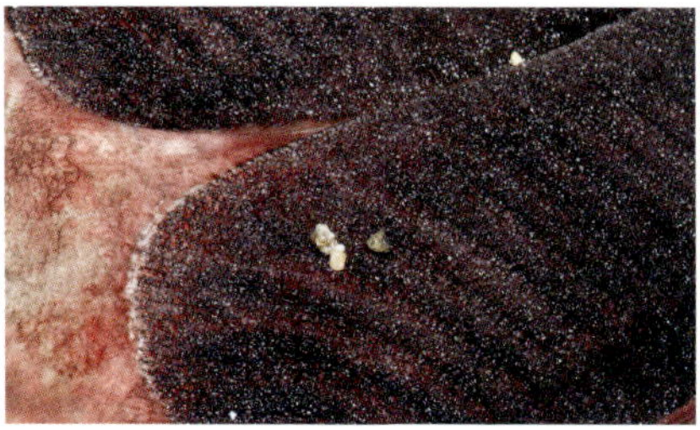

鰓耙はスポンジ状の濾過パッド

背面

を食べる。例えば、硬骨魚類でいうとプランクトン食のマイワシ（p.81）やゲンゴロウブナ（p.90）といったものの鰓耙は長いものが密に並んでおり、基本的にウバザメと変わらない。これらに比べるとジンベエザメの濾過パッドという鰓耙はかなり特殊化している。しかし、濾過パッドと水の流れのメカニズムは未だわかっていない。
胎生、非胎盤型。交尾や産卵の場所については知られていない。台湾で捕獲された雌が約300の胎仔をもっていたのが唯一の例。この雌によって胎内で卵殻から孵化していることがわかり、胎仔は全長42～64cmであった。成長については知られていないが、水族館の記録では飼育開始時の全長60cmの個体が3年2か月で全長3.7mになった。大きな回遊をする。37か月以上をかけて1万3000kmを移動した記録があるが、この長い回遊はおそらく季節が決まっていると考えられている。例えば、土佐湾の西にある高知県土佐清水市以布利（いぶり）では6～11月で、特に7～8月の来遊が多い。群れは年齢や雌雄別になっているといわれている。沿岸や外洋の表層～水深700mに生息。コバンザメ類が付着することが多く、特に胸鰭付近の体の腹面と腹鰭付近の体の腹面に多い。
テンジクザメ科やトラフザメ類のような卵生で沿岸岩礁域のものから、外洋表層域で濾過食を行い、体が大型化し、多くの胎仔を産む生態に進化したと考えられている。新潟県～九州南岸の日本海・東シナ海沿岸、福島県～九州南岸の太平洋沿岸、瀬戸内海、琉球列島、朝鮮半島全沿岸、浙江省以南の中国東シナ海・南シナ海沿岸、台湾、全世界の温帯～熱帯海域に分布。英名はWhale Shark。
（中坊徹次）

ミツクリザメ

3.8m TL

口をあけた状態

頭部腹面：点々はロレンチニ瓶

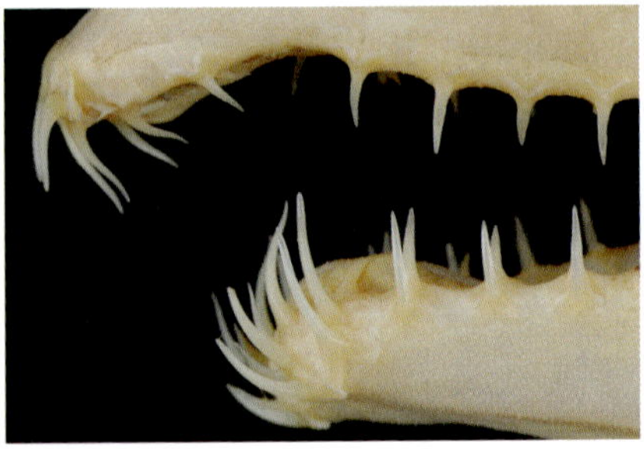

上下両顎の歯

ネズミザメ目 Lamniformes

ミツクリザメ科 Mitsukurinidae　吻は長くヘラ状で先端は尖り、腹面一面にロレンチニ瓶が密在。上顎を前下方に突出させて口をあける。歯は大きく細長くて単尖頭、上顎と下顎の先端歯は湾曲。体は少し側扁し、柔らかい。眼に瞬膜がない。背鰭は2基で低くて先端が円い。尾柄部は背面にくぼみがなく、側面に隆起縁がない。鰓孔は5対で、後方にいくほど大きい。世界に1属1種。

ミツクリザメ（ミツリクザメ属） *Mitsukurina owstoni* Jordan, 1898　体は灰桃色。繁殖様式は未詳。大陸棚縁辺～水深600mの大陸斜面に生息。魚類、等脚類、十脚類などを食べる。千葉県銚子～九州南岸の太平洋沿岸、富山湾、オーストラリア南東岸、ニュージーランド、カリフォルニア南部、ビスケー湾、ポルトガル、南アフリカ東岸、ギアナ、スリナムに分布。英名はGoblin Shark。　（中坊徹次）

メガマウスザメ科 Megachasmidae　体は円筒形で、頭部は大きい。吻は短く、前縁は丸い。口は体の前端に開き、上顎を前方へ突出できる。鰓孔は5対。両顎に1系列が4～5本の小さな棘状の歯が多数並ぶ。巨大な濾過食性のサメの1つで、大きな口をあけて動物プランクトンを海水ごと飲み込む。下顎前部を除く頭部腹面の皮膚に楯鱗のない皺状の溝が多数あり皮膚全体がゴムのように伸びる。これで大量の水を口内に取り込み、その後口を閉じ、舌で口蓋に蓋をして、鰓孔から海水を排出、手指状の鰓耙で餌を濾し取る。沿岸～沖合の表中層に生息。昼間は水深120～170mにとどまり、夜間は水深10～25mに浮上。体表に寄生性カイアシ類のメガマウスザメジラミが特異的に寄生。雄は全長約4m、雌は約5mで成熟し、最大で6mをこえる。胎生と考えられるが、妊娠個体は未発見。最小個体は176.7cmだが、出産時の大きさは不明。1976年にハワイ沖で初めて捕獲されてから、100個体以上が記録。太平洋、インド洋、大西洋の温～熱帯海域に1属1種。

メガマウスザメ（メガマウスザメ属） *Megachasma pelagios* Taylor, Compagno and Struhsaker, 1983　日本近海では東京湾～熊野灘の太平洋岸と福岡県博多湾に出現。相模湾～駿河湾の海域では春から夏、遠州灘～熊野灘では冬から春の出現記録が多い。全長3.5～5.8mの個体が記録されているが、大部分が雌で、雄は2個体のみ。筋肉は極度に水っぽく、生食したが不味。ホルマリン固定による防腐処理によって硬化しないので、神

メガマウスザメ

口内の白い部分は光を反射し、プランクトンを集めるといわれる

ウバザメ

奈川県立生命の星・地球博物館では全長3.5mの個体を三つ折りの状態で、脊椎骨・内臓・体側筋を取り除いた頭部から尾鰭までの体と、体側筋以外の部分を分割保管している。英名はMegamouth Shark。（瀬能 宏）

ウバザメ科 Cetorhinidae　体は紡錘形で頑丈。鰓孔は5対で大きく、体の背面から腹縁近くに達する。尾柄部は背面にくぼみがあり、側面に隆起縁がある。尾鰭は下葉が大きく三日月形。

ウバザメ（ウバザメ属） 絶滅危惧IB類（IUCN）

Cetorhinus maxinus (Gunnerus, 1765)　両顎歯は小さく、棘状で単尖頭、後方に曲がり、各顎に200列以上並ぶ。鰓耙は細長く、密に鰓弓に並ぶ。濾過食でカイアシ類、蔓脚類・十脚類・口脚類の幼生、魚卵を食べ、咽頭部から分泌される粘液によって食道に送る。この方法はヤツメウナギ類のアンモシーテス幼生（p.7）と似る。胎生、胎仔数は6。妊娠中ではないが雌が卵巣に莫大な数の小さい未受精卵をもっており、胎仔が未受精卵を食して成長する卵食型と思われている。妊娠期間は2.6年、出生時は全長1.5m。成熟は雄が12～16歳、雌は約20歳。50歳で全長約10m近くになる。水中重量は実重量の0.33%で、著しく大きな肝臓が浮力の維持に貢献している。外洋から沿岸の表層域に生息、秋と冬に南下、春と夏に北上。ときに水面からジャンプをするが、コバンザメ類やヤツメウナギ類などを振り落とすためと考えられている。北海道南部～琉球列島の太平洋・日本海・東シナ海沖、千島列島南部の太平洋沖、朝鮮半島全沿岸、黄海、中国東シナ海沖、全世界の温～寒帯に分布。英名はBasking Shark。　（中坊徹次）

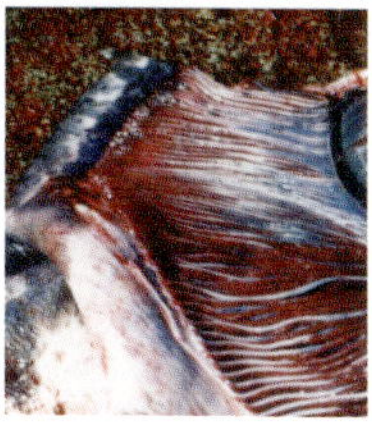

鰓耙

アオザメ

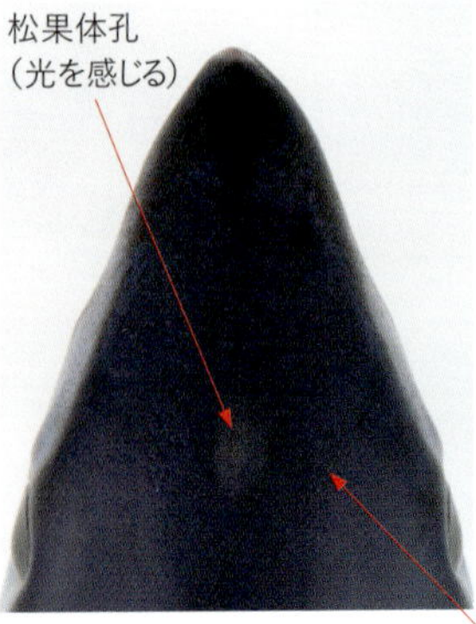

頭部背面

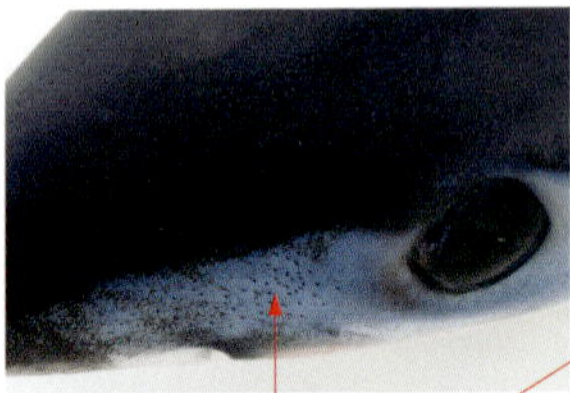

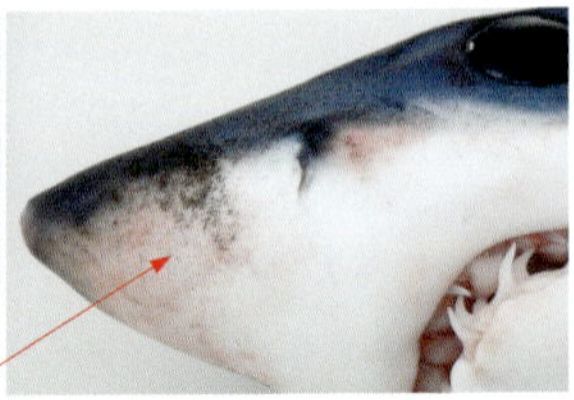

頭部に密在するロレンチニ瓶

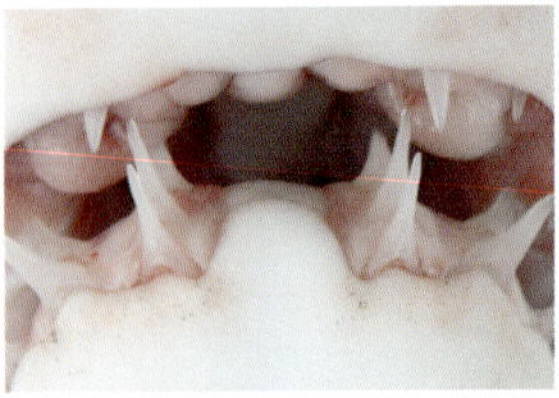

上下両顎歯（正面）

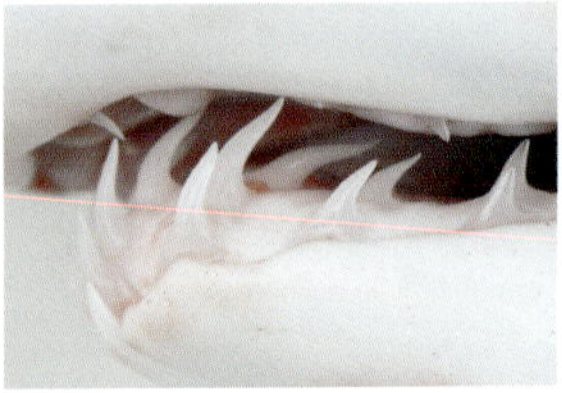

上下両顎歯（側面）

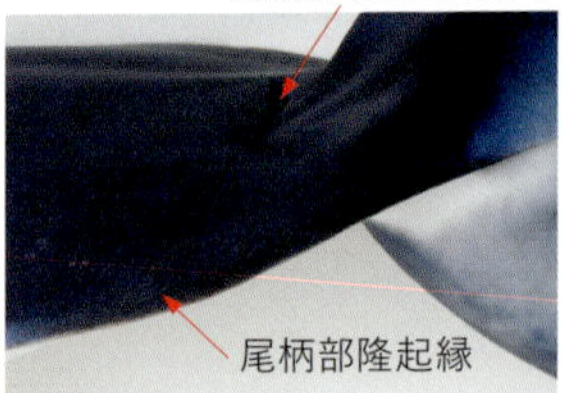

尾柄部のしくみ

ネズミザメ科 Lamnidae　鰓孔(さいこう)は大きく5対。鰓耙(さいは)はない。第1背鰭は大きく、第2背鰭と臀鰭は著しく小さい。尾鰭は大きく、下葉が発達する半月形。尾柄部は背面と腹面に半月形のくぼみがあり、側面に強くて広い隆起縁が張り出す。胎生、子宮内の胎仔は母体から供給される未受精卵を食べて育つ卵食型。奇網(きもう)という動脈と静脈の血管網を筋肉、眼の付近、脳の付近、内臓の付近にもつ。これは動脈と静脈が並行に接し、筋肉活動で生じた熱を逆流の原理により静脈から動脈に移して外に逃がさず体温保持をする。世界の暖海の沿岸から沖合に3属5種、日本に3属3種。

アオザメ（アオザメ属） 絶滅危惧IB類（IUCN）
Isurus oxyrinchus Rafinesque, 1810　体は背面が青色、腹面は白色。世界最速のサメ類で、時速35km（瞬発的には時速100km）で泳ぎ、ときに水面でジャンプする。最も敏捷で活動的なサメ類の1つ。体はスマートな紡錘形、頭部は鋭く尖る。胸鰭は大きい。尾柄部側面の隆起縁は中央部のみ。歯は鋭く、鋸歯縁がなく、側尖頭(そくせんとう)がない。頭部背面中央に光を感知する松果体孔(しょうかたいこう)があり、皮膚の上から見える。外洋の表層〜水深600mに生息。16℃より暖かい水域を好むが、ときには10℃の深海にも突入する。奇網によって体側筋は周囲より1〜10℃高く、15℃の水で体温は19〜

ネズミザメ

25℃。これにより、高緯度の冷水、暖海の水温躍層の下層も生息可能。吻の背面と腹面にロレンチニ瓶の開孔が密在。微弱電流を感知し、海流や地磁気を検知。太平洋では6か月で1万3000kmを移動した個体が知られている。大西洋では、標識放流の結果、64%が北大西洋西岸の500km以内で採捕、13%が1600kmを移動。ただし、長距離移動は少なく、大西洋では北と南の個体群は遺伝的に異なる。大型のマグロ類やカジキ類、群泳性魚類、イカ類を食べ、海生哺乳類を食べることは少ない。ただし、大型個体は小さなクジラ類を食べることがある。胎生、胎仔数は4〜25(多くは10〜18)で大きい雌ほど多い。妊娠期間は15〜18か月。3年の周期で妊娠する。出生時は全長60〜70cm。3〜4歳までの成長は早く、1年に30cmほど成長。雄は3歳、雌は7〜8歳で成熟、あるいは雄は8歳、雌は18歳で成熟とも記されており、海域によって異なると思われる。29〜32歳になるが、推定年齢45歳の個体が知られている。北海道〜九州南岸の太平洋沿岸、新潟県〜九州南岸の日本海・東シナ海沿岸、琉球列島、全世界の温帯〜熱帯域に分布。延縄で漁獲。肉はステーキとして食され美味、惣菜、練り製品として利用。フカヒレとしては最高級。英名はShortfin mako。

ネズミザメ(ネズミザメ属) *Lamna ditropis* Hubbs and Follett, 1947　体はずんぐりした紡錘形、吻は尖るが短い。歯は鋭くて鋸歯縁がなく主尖頭の両基部に側尖頭がある。尾柄部側面は強い隆起縁と短い隆起縁がある。体の背面は暗灰〜黒灰色、腹面は白色だが多くの暗色斑が散在。沿岸から沖合の表層〜水深152mに生息。餌の表層遊泳魚を追って北太平洋の外洋に出る。肝臓にも奇網をもち体温保持をしている。特にサケ類を好むが、他にニシン類、イワシ類、サンマ、マサバ、イカ類を食べる。胎生。胎仔数は4〜5(多くは4)。春に出産し、出生時は全長65〜80cm。1年で1.25mになる。雄は全長約1.8〜2.4m、雌は1.95〜2.5mで成熟。雄は17歳、雌は25歳以上になる。北海道全沿岸、青森県〜九州北岸の日本海沿岸、青森県〜相模湾の太平洋沿岸、朝鮮半島東岸〜ピーター大帝湾、オホーツク海、ベーリング海、北太平洋に分布。気仙沼ではモウカとよばれて延縄で漁獲。惣菜、練り製品、出汁をとる節として利用。英名はSalmon shark。　(中坊徹次)

ホホジロザメ

6.1m TL
(通常雄3.5〜4m、雌4.5〜5m)

ムカシオオ
ホホジロザメ

秋田県仙北市西木村門屋の檜木内川
河川敷で見つかった背椎の椎体化石
(仙北市西木庁舎に展示)

ホホジロザメ(ホホジロザメ属) 絶滅危惧Ⅱ類(IUCN) *Carcharodon carcharias* (Linnaeus, 1758) 体は頑丈な紡錘形。頭部は尖り、円錐形。胸鰭は大きい。尾柄部側面の強い隆起縁は中央のみ。体は背面が灰褐〜黒褐色、腹面は白色。胸鰭の先端は黒色。獲物に噛みつくときは、頭部を上げ、同時に下顎を下げる。そして、上顎を前に出し、下顎を上に上げる。歯は側尖頭がなく主尖頭が三角形で両縁が鋸歯状。胎仔や、若い個体では顎の端の歯は主尖頭の両側に側尖頭があり、ネズミザメの歯に似る。胎仔の胃から歯が見つかっているが、脱落歯を食べていると考えられている。カリフォルニアでは、成熟すると雄は毎年、雌は1年おきに、交尾の場所に集合する。カリフォルニア州中部沖と、バハカリフォルニアのグアダルーペ島付近に集合場所がある。ここで脇腹、頭部、胸鰭、鰓蓋に噛み跡がある雌がみられる。これは雄が交尾のときに雌を噛んで体を固定させた痕跡と考えられ、この場所での交尾を間接的に示している。15〜18か月の妊娠期間のあと、5〜8月に全長1.2〜1.6mの仔ザメを沿岸で出産。仔ザメは最初の冬は沿岸で暖かい場所へ南下、成長とともに体温保持の能力を高め、より深く寒いところに移動、餌生物も魚類や無脊椎動物から鰭脚類をはじめとする海生哺乳類へと転換する。特に鰭脚類を好む。5〜25℃と広温性で、筋肉中の奇網(p.20)により、体側筋は外の水温より3〜5℃高く、寒冷水域でも胃の温度は10〜14℃に保持。2.5日で190kmの移動が知られているが、帰巣性があり、地域個体群間の交流は少ない。日本近海では出産は春、場所は和歌山県〜琉球列島の太平洋沿岸。高知県東洋で1982年5月に8個体(全長1.35〜1.51m)の胎仔をもった雌が採捕されている。胎仔数は2〜14。雄は全長3.0〜5.5m、9〜10歳で成熟。雌は全長4.0〜5.5m、14歳で成熟。雌雄とも約30歳になると考えられている。北海道〜九州南岸の太平洋沿岸、青森県〜九州南岸の日本海・東シナ海沿岸、瀬戸内海、全世界の温帯域を中心とした暖海域に分布。沿岸域で人が襲われることがある。歯の化石は日本では秋田県、千葉県、神奈川県、高知県で鮮新世〜中新世の地層から出ている。英名はGreat white shark。

ムカシオオホホジロザメ(メガロドン)(ホホジロザメ属) 絶滅 *Carcharodon megalodon* (Agassiz, 1843) ホホジロザメに比べて歯は大きく、脊椎の椎体が200以上(ホホジロザメは170〜187)と多い。知られているのは歯と

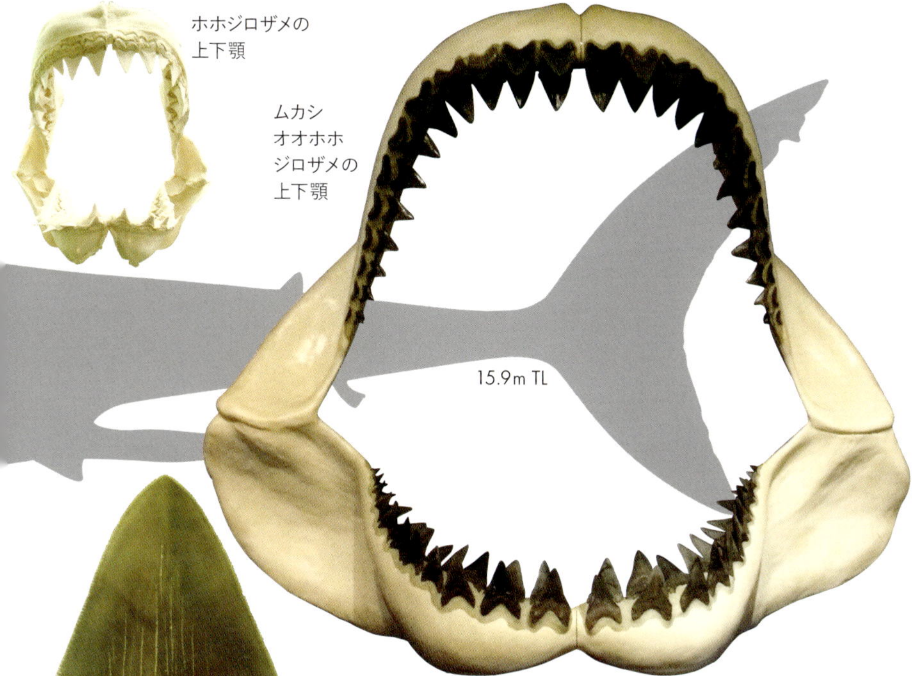

ムカシオオホホジロザメの下顎歯

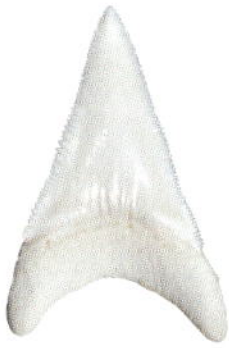

ホホジロザメの下顎歯

餌に食いつくホホジロザメ

椎体の化石のみだが、吻が短く、幅広くて盛り上がった神経頭蓋、眼が少し低い、より鰭が大きかったと推定されている。歯と椎体の化石は北米と南米、ヨーロッパ、アフリカ、オーストラリア、日本では秋田県、岩手県、山形県、茨城県、群馬県、千葉県、埼玉県、神奈川県、静岡県、三重県、宮古島、沖縄島から出ている。英名はMegatooth sharkあるいはMegalodon。

歯の高さと体サイズの関係：ホホジロザメでは歯の高さと全長の関係が比例する。歯の高さが6cmだと体の全長は5.54m。これをムカシオオホホジロザメにあてはめると歯の高さが16.8cmの個体は全長が15.9mになる。

ムカシオオホホジロザメの謎：全長約16mの巨体で機敏な動作の狩りができたのだろうか。ホホジロザメは海生哺乳類を食べるが、大きくても全長6m。水中とはいえ、全長16mのムカシオオホホジロザメはどんな動きをしていたのだろう。シャチは全長が10mで海生哺乳類を食べるが、この1.5倍の大きさの高次捕食者の動きは想像できない。

ホホジロザメ属の進化の歴史：新生代暁新世末期（6000万年前）に*Carcharodon orientalis*が現れ、その後いくつかの種が現れ、漸新世末期（2300万年前）に大きい歯のムカシオオホホジロザメが出て、鮮新世と更新世の境界（260万年前）まで生存。小さい歯のホホジロザメは中新世後期に現れ、現在に至る。

（中坊徹次）

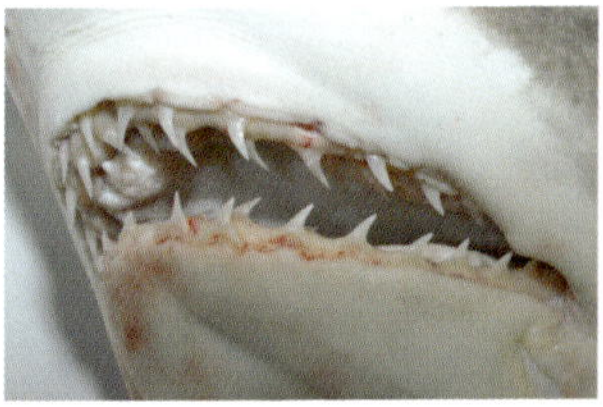
頭部腹面と顎歯

オナガザメ科

Alopiidae　尾鰭は上葉が著しく長く、吻端から尾鰭基部までの長さにほぼ等しい。吻は尖るが短い。体は紡錘形。胸鰭は長い。尾柄部はやや側扁、背部と腹部は半月形にくぼむが、側面に隆起縁はない。第1背鰭は大きく第2背鰭と臀鰭は小さい。鰓孔は5対であまり大きくない。鰓耙はない。胎生、胎仔は母体から供給される未受精卵を食べて成長する卵食型。沿岸〜沖合の表層域を中心に生息。世界の暖海（日本も含む）にオナガザメ属が3種。

マオナガ（オナガザメ属） 絶滅危惧Ⅱ類(IUCN)

Alopias vulpinus (Bonnaterre, 1788)　頭部背面に溝がない。胸鰭上方の体側に白〜銀色域がある。体の背面は青灰〜暗灰色、側面は銀〜銅色、腹面は白色。小型個体は沿岸付近、大型個体は水温13〜16℃の水深200m前後の中層に多く生息。奇網（p.20）で体温保持をする。サバ類やイワシ類、イカ類の群れを襲い長い尾鰭を使って捕食。胎仔数は多くは2（稀に4か6）。出生時は全長1.5m。雄は3〜7歳、雌は3〜9歳で成熟。5歳で全長3.5m、10歳で4.8mになる。24歳までは生きる。福島県以南の黒潮域太平洋沿岸、全世界の温帯〜熱帯域に分布。英名はThresher Shark。

ニタリ（オナガザメ属） 絶滅危惧ⅠB類(IUCN)

Alopias pelagicus Nakamura, 1935　頭部背面に溝がない。胸鰭上方の体側に白色域がない。体の背面は濃青色、腹面は白色。外洋の表層〜水深150mに生息。獲物の捕獲に長い尾鰭を使うと考えられている。小型魚類やイカ類を食べる。胎仔数は2。雄は7〜8歳、雌は8〜9歳で成熟。14〜16歳までは生きる。新潟県〜長崎県の日本海・東シナ海沿岸、青森県〜九州南岸の太平洋沿岸、琉球列島、インド−太平洋の亜熱帯〜熱帯域に分布。英名はPelagic Thresher。

ハチワレ（オナガザメ属） 絶滅危惧Ⅱ類(IUCN)

Alopias superciliosus Lowe, 1841　頭部背面に

ニタリ

頭部側面と顎歯

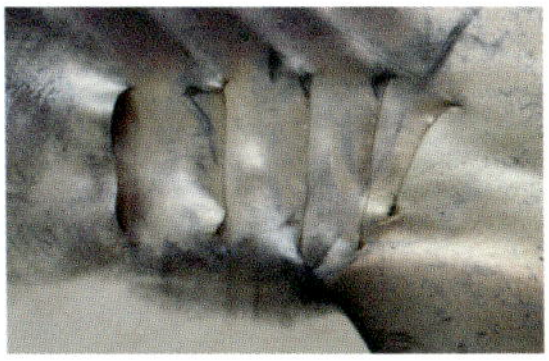
5対の鰓孔

シロワニ

頭部腹面と顎歯

八の字状の溝がある。眼が大きい。体は背面が暗紫～灰褐色、腹面は淡灰～白色。胎仔数は2～4。胎仔は子宮内で尾柄部の所で折れ曲がっている。出生時は全長1～1.3m。雄は全長3m、9～10歳、雌は3.5m、12～14歳で成熟。19～20歳になる。沿岸および外洋の表層～水深700m（多くは100m以浅）に生息。イカ類、魚類、甲殻類を食べる。鹿島灘～九州南岸の太平洋沿岸、琉球列島、全世界の温帯～熱帯域に分布。英名はBigeye Thresher。

オオワニザメ科 Odontaspididae　吻は比較的短く、わずかに縦扁。眼は比較的小さい。鰓孔は5対で、あまり大きくなく上端は眼の位置より下。鰓耙はない。第1と第2背鰭、臀鰭は大きく、ほぼ同大。第1背鰭は胸鰭と腹鰭の中央より後方。尾鰭は下葉が短く上下が非対称。尾柄部は尾鰭基底背面にくぼみがあるが、側面に隆起縁がない。沿岸で底生。世界の暖海に2属3種、日本に2属2種。

シロワニ（シロワニ属） 絶滅危惧IB類（環）絶滅危惧IA類（IUCN）*Carcharias taurus* Rafinesque, 1810　体は大きく分厚い。口は大きく、眼のはるか後方に達する。体は背面が暗灰色、腹面は白色、側面に暗赤色か暗褐色の斑点が散在。瞳孔は明緑色。胃に空気を入れ中立浮力を得て中層で停止する。脳はネズミザメ目のサメ類中最大で興味深い社会行動をする。20～80個体で群れをつくり、魚群を囲い込む。複雑な求愛行動と繁殖行動をし、雄は交尾の後、雌を守る行動をする。妊娠期間は9～12か月。1年おきに2尾の仔ザメを産む。雄は全長1.9～1.95m、雌は2.2～2.6mで成熟。15～17歳になる。水族館では30歳以上のものがいる。歯は細長く鋭い主尖頭に1～2本の側尖頭。全長1～2.5mの個体では2日に1本の割合で歯が抜け代わる。水深15～25mの岩礁・サンゴ礁で洞窟や谷に生息し、魚類、甲殻類、イカ・タコ類、海産哺乳類を食べる。伊豆－小笠原諸島、相模湾～九州南岸の太平洋沿岸、琉球列島、黄海、東シナ海、中央・東太平洋を除く全世界の温帯～熱帯域に分布。英名はSandtiger Shark。　（中坊徹次）

ナヌカザメ

背面

卵殻卵

トラザメ

背面

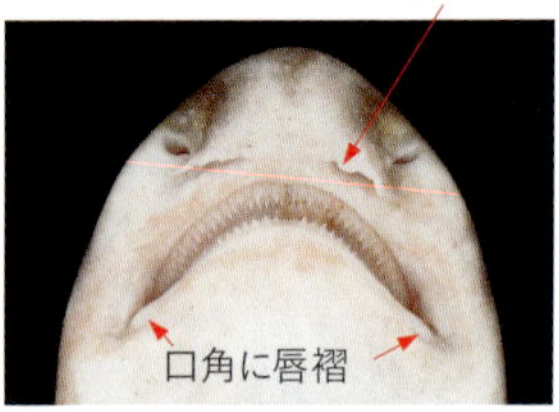

頭部腹面

卵殻卵

腹鰭交尾器

メジロザメ目 Carcharhiniformes

トラザメ科 Scyliorhinidae　第1背鰭は体の後方で、腹鰭の上方か、後ろ。眼の瞬膜は退化的。噴水孔がある。鰓孔は5対。多くは小型で体長30cmで成熟、大きくても80cm。卵生、1年で孵化。生物学的特性は多くの種で未知。潮間帯～大陸斜面に生息。世界に7属約50種、日本に3属4種。

ナヌカザメ（ナヌカザメ属） 準絶滅危惧(IUCN)

Cephaloscyllium umbratile Jordan and Fowler, 1903　頭部は大きくやや縦扁。第1背鰭は体の中央より後ろで、腹鰭の上方。口角に唇褶がない。頭部から尾鰭の体背面に多くの鞍状暗褐色帯があり、まだら状に暗褐色斑が散在。卵生。雌は1～2個の卵殻卵をもち、産卵はほぼ周年。卵殻卵は四角に纏絡糸があり、これで海底の付着物にからみつく。卵殻はトラザメに比べてやや幅広い。卵殻内の胎仔は卵黄を栄養にして成長、1～1.2年後に孵化。出生時は全長16～22cm。雄は全長86～96cm、雌は全長92～104cmで成熟。沿岸の岩礁域や砂底に生息し、サメ・エイ類、魚類、イカ・タコ類、エビ・カニ類を食べる。夜行性で、昼間は岩穴などで休み、水や空気を飲み込んで腹部を膨らませて体を固定すると考えられている。千葉県銚子～九州南岸の太平洋沿岸、東シナ海大陸棚縁辺域、朝鮮半島西岸・南岸、済州島、台湾、山東省～広

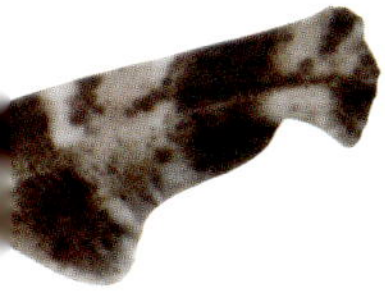

ヤモリザメ

43cm TL（通常30～35cm TL）

ニホンヤモリザメ

80cm TL

ナガヘラザメ

66cm TL

東省の中国沿岸に分布。練り製品の材料。英名はJapanese swell shark。

トラザメ（**トラザメ属**） *Scyliorhinus torazame* (Tanaka, 1908)　頭部はやや縦扁。第1背鰭は体の中央より後ろで、さらに腹鰭の上方より後ろ。口角に唇褶がある。歯は3尖頭で、主尖頭が大きくて鋭い。鼻弁は長いが口辺には達しない。体の背面は濃褐色と淡褐色のまだら模様に小白色斑が散在。卵生。交尾は雄が雌の胸鰭後方の体に咬みつき体を雌に巻きつけて行う。雌は一度に1～2個の卵殻卵をもち、産卵はほぼ周年。卵殻は長さ53～56mm、幅16～19mm、厚さ9～12mmのキチン質で被われた茶褐色半透明の袋状で、四角に30～50cmの纏絡糸をもつ。この纏絡糸で海底の付着物にからみつき、8か月～1年半後に孵化。出生時は全長9cm。雄は全長37～41cm、雌は全長37～39cmで成熟。静岡県下田近海では雌の成熟開始年齢は5歳ぐらいと考えられている。水深97～350m（200m以浅に多い）に生息し、小魚や小型甲殻類を食べる。北海道南部、青森県～九州南岸の日本海・東シナ海・太平洋沿岸、朝鮮半島南西岸、東シナ海大陸棚縁辺域、済州島、中国山東半島、上海、台湾、フィリピン諸島北部に分布。練り製品の材料。英名はCloudy Catshark。

ヘラザメ科 Pentanchidae　多くは小型で体長30cmで成熟、大きくても90cm。殆どが卵生、数種が胎生。卵は2～3年で孵化。水深200～2000mに生息。ただし、ナガサキトラザメは浅海。世界の暖海に11属約110種、日本に4属12種。

ヤモリザメ（**ヤモリザメ属**） *Galeus eastmani* (Jordan and Snyder, 1904)　頭部はやや縦扁。第1背鰭は腹鰭の上方より後ろ。口角に唇褶がある。体は淡灰褐色で、背部に約10本の不明瞭な暗色鞍状横帯がある。卵生。水深150～900mに生息。駿河湾～九州南岸の太平洋沿岸、東シナ海大陸棚縁辺～斜面域、台湾、トンキン湾に分布。練り製品の材料。英名はGeko Catshark。

ニホンヤモリザメ（**ヤモリザメ属**） *Galeus nipponensis* Nakaya, 1975　吻はやや長い。雄の臀鰭は雌よりやや短い。体は背面が濃褐色で多くの褐色鞍状斑があり、腹面は白色。第1背鰭と第2背鰭、それぞれの前端は暗色。卵生。水深250～840mに生息。千葉県外海域、相模湾、紀伊水道、土佐湾、沖縄諸島周辺、九州－パラオ海嶺に分布。英名はBroodfin Catshark。

ナガヘラザメ（**ヘラザメ属**） *Apristurus macrorhynchus* (Tanaka, 1909)　吻は長く扁平。胸鰭と腹鰭の間が狭い。臀鰭は大きく、基底の前端は第1背鰭基底下。体は一様に黒褐色。水深220～1140mに生息。青森県太平洋沖、神奈川県三崎、駿河湾、沖縄舟状海盆、台湾南部、中国珠江口沖の南シナ海に分布。英名はFlathead Catshark。（中坊徹次）

ドチザメ

1.5m TL（通常1m TL）

エイラクブカ

1.2m TL

ドチザメ科

Triakididae　第2背鰭は第1背鰭より、やや小さい。眼の下縁に瞬膜がある。噴水孔は小さい。鰓孔は5対。尾柄部の尾鰭基底背面にくぼみがない。子宮内に子宮隔壁を形成、それぞれの隔室内で卵黄嚢をもった胎仔が成長、卵黄嚢と胎仔は卵黄柄で結ばれ、胎仔は胎仔膜に包まれる（右の写真参照）。ここから、胎仔が出生まで卵黄だけで成長するもの（非胎盤型、卵黄栄養依存）と、胎盤が形成され胎仔の栄養が卵黄から母体依存に切り替わるもの（胎盤型、母体栄養依存：解説と写真はシュモクザメ科参照p.32）に分かれる。ドチザメとエイラクブカ、ホシザメは非胎盤型、シロザメは胎盤型。沿岸域に生息し、底生。世界の暖海に9属46種、日本に4属6種。

1匹の雌から出てきた21匹の胎仔（エイラクブカ）

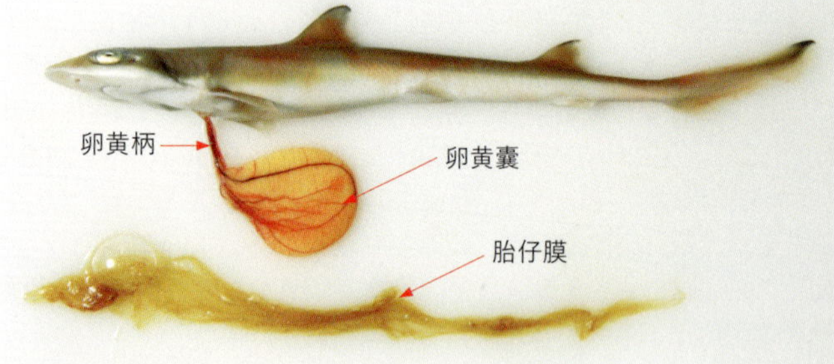

胎仔（エイラクブカ）

ドチザメ（ドチザメ属） 絶滅危惧IB類(IUCN)

Triakis scyllium Müller and Henle, 1839　吻は丸くて鈍い。両顎歯は鋭く、主尖頭と側尖頭は

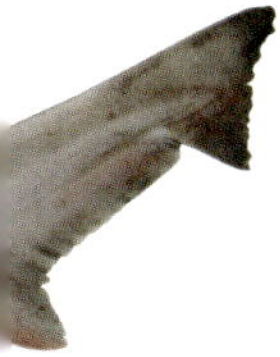

ホシザメ

1.4m TL

シロザメ

1.1m TL

強い。上顎の唇褶は長い。
体は背面と側面が暗灰色で小黒点が散在、腹面が白色。雄は全長93〜103cm、雌は106〜117cmで成熟。非胎盤型で、胎仔数は多くは9〜10。出生時は全長18〜20cm。沿岸の藻場や砂泥底に生息。小魚、甲殻類、底生小動物を食べる。青森県〜九州南岸の各地沿岸、瀬戸内海、朝鮮半島南岸・西岸、中国東シナ海沿岸、台湾に分布。英名はBanded Houndshark。

エイラクブカ（**エイラクブカ属**）準絶滅危惧(環) 絶滅危惧IB類(IUCN) *Hemitriakis japanica* (Müller and Henle, 1839) 体の背面と側面は灰褐色、腹面は白色。頭部は縦扁。両顎歯は主尖頭が強く、後方に3〜4本の側尖頭がある。東シナ海では1歳で雄が全長42.8cm、雌は43.6cm、5歳で雄が85.3cm、雌が92.4cm、15歳で雄が108.8cm、雌が126.7cmになる。成熟は雄で全長85cm、雌で84〜102cm。交尾期は8〜10月、妊娠期間は約10か月で、出産期は6〜8月。胎仔数は全長90cmの雌で12前後、110cmで14〜18。出生時は全長21〜25cm。非胎盤型。水深110〜190mの砂泥底に生息。房総半島〜豊後水道の太平洋沿岸、九州西岸・南岸、東シナ海大陸棚縁辺域に分布。底曳網、延縄、刺網、定置網で漁獲。練り製品。英名はJapanese Topeshark。

ホシザメ（**ホシザメ属**）準絶滅危惧(環) 絶滅危惧IB類(IUCN) *Mustelus manazo* Bleeker, 1855
体の背面と側面は淡灰褐色で、小白色点が散在。腹面は白色。吻は尖る。両顎歯は扁平で敷石状。交尾期は7月前後、出産時期は4〜5月、妊娠期間は約10か月。胎仔数は親ザメの大きさに比例、全長60〜70cmでは2〜3、80〜90cmで6〜9。出生時は全長20〜30cm。東シナ海では3歳で雄は全長66cm、雌は70cm、9〜10歳で雄は71cm、雌は91〜93cmと、雌の方が大きい。東シナ海では2〜3歳で成熟、千葉県銚子沿岸では4歳ですべてが成熟。非胎盤型。水深38〜575m（多くは200m以浅）の砂泥底に生息。カニ類、小型魚類、エビ類を食べる。北海道全沿岸〜九州南岸の各地沿岸、瀬戸内海、東シナ海大陸棚域、朝鮮半島全沿岸、黄海、渤海、台湾、中国東シナ海・南シナ海沿岸、ベトナムに分布。延縄や底曳網で漁獲。湯引き、はんぺん、かまぼこで食される。英名はStarspotted Smoothhound。

シロザメ（**ホシザメ属**）準絶滅危惧(環) 絶滅危惧IB類(IUCN) *Mustelus griseus* Pietschemann, 1908
体の背面と側面は灰色で、小白色点がなく、腹面は白色。吻は尖る。両顎歯は扁平で敷石状。東シナ海では交尾期は6〜8月、成熟全長は雌で68〜76cm、雄で70〜75cm、妊娠期間は約10か月。胎仔数は全長80〜90cmで6〜7、90〜100cmで10前後。出生時は全長30cm。ホシザメと同属だが、本種は胎盤型。水深70〜80mの砂泥底に生息し、甲殻類と小型魚類を食べる。若狭湾〜九州西岸の日本海・東シナ海沿岸、房総半島〜九州南岸の太平洋沿岸、瀬戸内海、朝鮮半島南岸、台湾、中国東シナ海・南シナ海沿岸に分布。延縄や底曳網で漁獲。湯引き、そぼろ、練り製品で食される。英名はSpotless Smoothhound。

（中坊徹次）

イタチザメ

5.5m TL

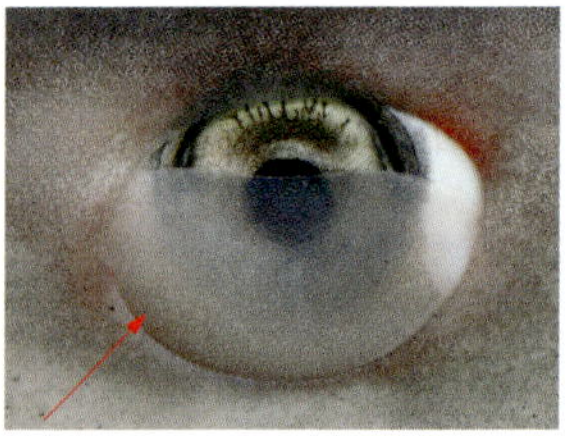

瞬膜

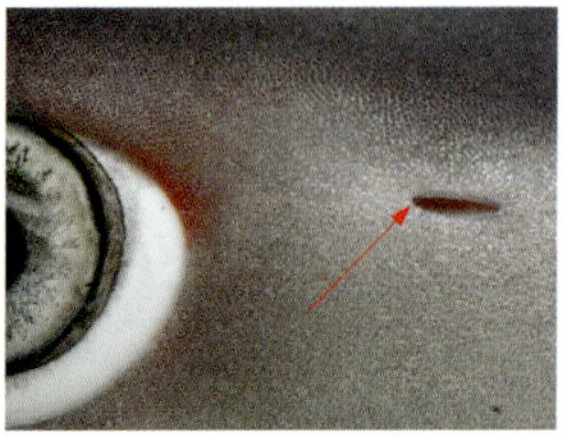

噴水孔

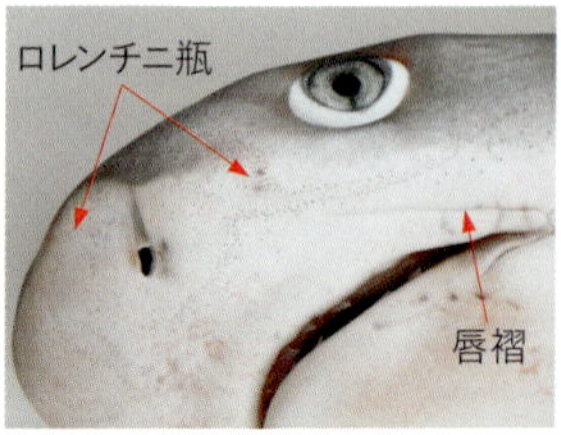

頭部腹面

メジロザメ科 Carcharhinidae　背鰭は2基。臀鰭、尾鰭基底の尾柄部背面にくぼみ、眼に瞬膜がある。尾鰭下葉は比較的長い。胎生、胎盤型（解説・写真シュモクザメ科参照p.32）、イタチザメのみ非胎盤型（解説・写真ドチザメ科参照p.28）。鰓孔は5対。腸の螺旋弁は巻物型。世界の暖海に11属56種以上、日本に8属22種。多くは沿岸性、一部は外洋性。

イタチザメ（イタチザメ属） 準絶滅危惧種（IUCN）*Galeocerdo cuvier* (Péron and Lesueur, 1822)　体の背面と側面は灰色に黒～黒褐色の縞模様から棒状斑、斑点があり（成長に従って薄くなる）腹面は白色。眼は比較的大きい。鰓耙はない。上顎の唇褶は著しく長い。噴水孔がある。尾鰭基底背面のくぼみは半月形。尾柄部に隆起縁がある。上下両顎の歯は主尖頭が大きくて鋭く後方に傾斜、後縁はくぼみ、縁辺は鋸歯状で非常に鋭い。魚類、サメ類、ウミガメ類、ウミヘビ類、海鳥類、海生哺乳類を食べる。沿岸性が強く、サンゴ礁やラグーンに生息。夜行性で単独で行動。小さな個体は昼行性。海洋島にはいない。交尾と出産のため季節移動をする。不規則

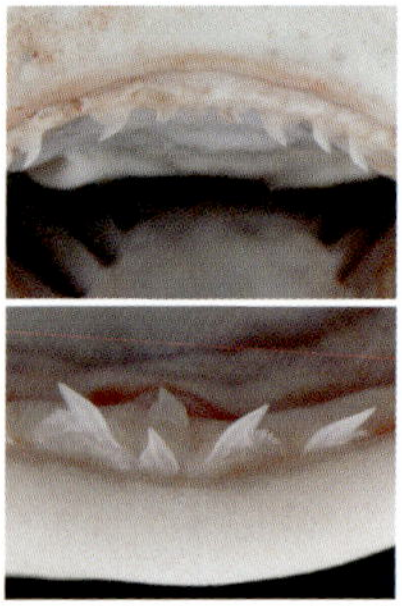

上顎歯（上）と下顎歯（下）：前面

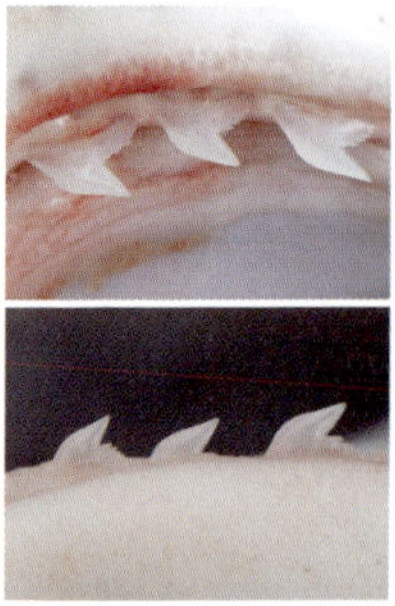

上顎歯（上）と下顎歯（下）：側面

ながら、ときに長距離移動もする。非胎盤型。胎仔数は10～82、交尾期は春で、春～初夏に出産。妊娠期間は約1年。雄は7～10歳で成熟、雌は8～10歳で成熟。27～37歳は生きるといわれている。房総半島～琉球列島、全世界の熱帯～亜熱帯海域に分布。英名はTiger Shark。

ヨシキリザメ（ヨシキリザメ属） 準絶滅危惧種（IUCN）*Prionace glauca* (Linnaeus, 1758)　体の背面は濃青色、側面は青色、腹面は白色。体は長く流線形。吻は長く鋭く尖る。眼は比較的大きい。唇褶は極めて短い。噴水孔

ヨシキリザメ

3.8m TL

産出された直後の仔ザメ 62cm TL

ドタブカ

4m TL

ツマグロ

1.8m TL

がない。鰓耙は乳頭状のものが密生。胸鰭は幅が狭くて長い。尾鰭基底背面のくぼみは半月形。上顎歯は幅広く縁辺が鋸歯状で後方に傾斜、下顎歯は細長くて真っ直ぐ、縁辺は円滑。イカ類、外洋性魚類、仔ザメ類、海鳥類を食べる。外洋性で表層～水深350mに生息。最も活動的なのは夕暮れ時から夜。餌の豊富な高緯度海域に季節移動。7～9月は北太平洋の千島列島太平洋沖、12～2月は北海道と東北地方の太平洋沖。交尾域は中央太平洋、出産域と生育域は北太平洋。胎盤型。胎仔数は通常15～30。出産は春～初夏。妊娠期間は9～12か月、出生時は全長55cm～1.3m。日本列島太平洋沖、全世界の温帯～熱帯海域に分布。英名はBlue Shark。

メジロザメ属 *Carcharhinus*　吻は幅広で先端は丸い。尾柄部側面に隆起縁はない。尾鰭基底背面のくぼみは半月形。鰓耙はない。一部を除いて沿岸域に生息し地域性が強い。オオメジロザメ *C. leucas* は淡水域にも入る。世界の暖海に32種、日本に14種。

ドタブカ 絶滅危惧IB類(IUCN) *Carcharhinus obscurus* (Lesueur, 1818)　体は背面と側面が灰褐～銅色、腹面は白色。沿岸浅海域～沖合の水深0～400mに生息。汽水域は避ける。上顎歯は縁辺が鋸歯状で幅が広く、下顎歯は縁辺が微小な鋸歯状で幅が狭い。魚類、他のサメ・エイ類、甲殻類を食べる。胎盤型。雌の胎仔数は3～14。妊娠期間は16か月。出生時は全長69～100cm。雄は全長2.8m、雌は2.57～3mで成熟、多くは17～24歳。34歳まで生きる。若い個体、成長した雄、成長した雌は別々に生活。房総半島～琉球列島、全世界の温帯～熱帯域に分布。大型個体は人を襲う危険もある。英名はDusky Shark。

ツマグロ 絶滅危惧Ⅱ種(IUCN) *Carcharhinus melanopterus* (Quoy and Gaimard, 1824)　体は背面と側面が淡灰褐色、腹面が白色。各鰭の先端が黒い。サンゴ礁の上やドロップオフに生息。単独か少数の群れで行動。歯は主尖頭のみで細くて鋭い。小魚や無脊椎動物を食べる。胎盤型。胎仔数は2～4。妊娠期間は16か月。琉球列島、インド－太平洋の熱帯～亜熱帯海域、地中海東部・南部(移入)に分布。英名はBlacktip Reef Shark。(中坊徹次)

シロシュモクザメ

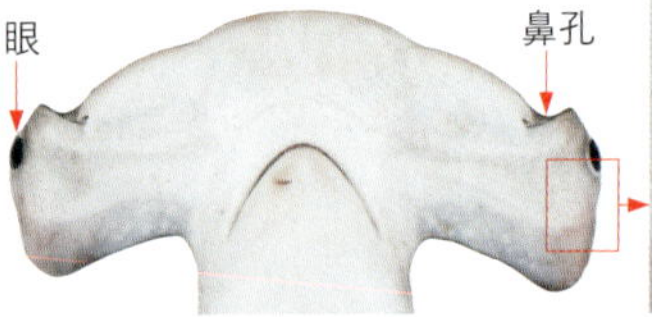

頭部腹面

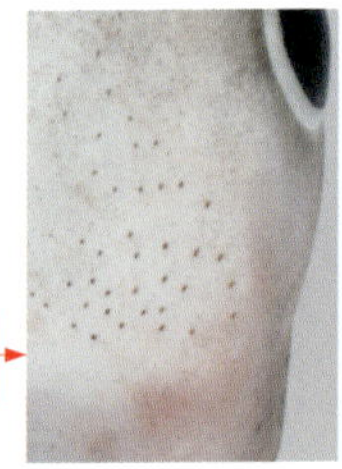

ロレンチニ瓶

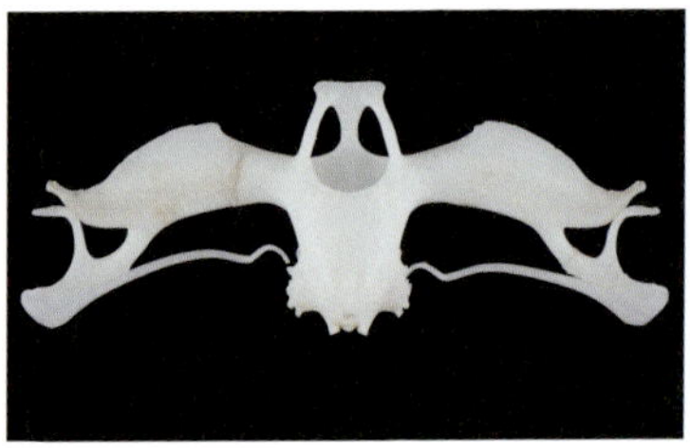

頭部の骨格

シュモクザメ科 Sphyrnidae　体は紡錘形。頭部は眼の部分が側方に翼状に張り出し、上から見るとハンマーの形をしている。この張り出しは頭翼ともよばれ、揚力を生み出している。メジロザメ科に比べて胸鰭が小さい。眼は張り出した部分の両側端にある。瞬膜があり、眼の水晶体を守る。鼻孔は左右に細長く、頭部張り出しの側端、眼の近くにある。左右の鼻孔が離れているので、匂いのもとを立体的に捉える能力が高くなっている。頭部腹面に電気受容器であるロレンチニ瓶が分布する。ロレンチニ瓶は頭部腹面の左右の周辺部に集中しており、餌生物の発する微弱電流を立体的に把握している。神経頭蓋は継ぎ目のない1つの軟骨で、鼻殻と眼窩の部分が側方に張り出し、頭部の翼状部分を支えている。噴水孔はない。胎生。胎盤型で、卵黄嚢が胎仔性胎盤になり、胎仔膜を介して母性胎盤となった子宮壁の一部とつながる。胎仔は母体による栄養物質を子宮壁から胎仔膜を通して、へその緒となった卵黄柄によって受け取る。ただし、胎仔の栄養は哺乳類のように血液ではない。大きいものは全長6m。大陸棚に生息。太平洋、インド洋、大西洋の暖海に *Sphyrna*（シュモクザメ属）8種、インド－西太平洋に *Eusphyrna* 1種。日本に1属3種、シロシュモクザメ、アカシュモクザメ、ヒラシュモクザメ *S. mokarran* が知られている。ヒラシュモクザメは日本では稀種。

シュモクザメ属 *Sphyrna*　頭部張り出しは短く、その前縁に小突起列がない。*Eusphyrna* は頭部張り出しが長く、前縁が鋸歯状。

シロシュモクザメ 絶滅危惧Ⅱ類（IUCN）
Sphyrna zygaena (Linnaeus, 1758)　頭部の前縁

アカシュモクザメ

へその緒がついた胎仔(シロシュモクザメ)

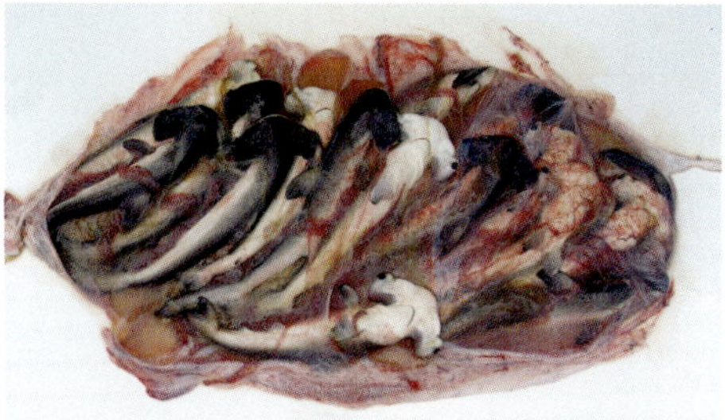

子宮(輸卵管)の中で成長する胎仔(シロシュモクザメ)

は丸く、中央に切れ込みがないことでアカシュモクザメとヒラシュモクザメから識別できる。沿岸〜やや沖合の表層域を中心に生息。南アフリカの喜望峰東岸では約1.5mの若い個体が夥しい数の群れをつくっているのが観察されている。魚類を主にエビ・カニ類、貝類、イカ類、タコ類も食べる。胎仔数は20〜50。出生時は全長50〜61cm。成熟は全長2.1〜2.4m。北海道全沿岸〜九州南岸の日本海・東シナ海・太平洋沿岸、瀬戸内海、琉球列島、黄海・渤海・東シナ海、台湾、世界中の温帯海域に分布、熱帯域には分布しない。本州太平洋沿岸でみられるのはシロシュモクザメがほとんど。英名はSmooth Hammerhead。

アカシュモクザメ 絶滅危惧IA類(IUCN)

Sphyrna lewini (Griffith and Smith, 1834)　頭部前縁の中央に切れ込みがある。第1背鰭は鎌形でなく先端が丸いことでヒラシュモクザメと識別できる。シロシュモクザメに比べて、体はやや太い。沿岸〜やや沖合の表層域を中心に生息する。内湾や汽水域に入ることもある。若い個体や成体ごとに大きな群れをつくる。魚類を主にイカ類、タコ、巻貝類、エビ・カニ類、等脚類を食べる。胎仔数は13〜31。妊娠期間は8〜12か月。日本近海では交尾期は7月、出産期は6〜7月。出生時は全長35〜40cm。雄は10歳、雌は15歳で成熟。35歳にはなる。日本列島沿岸では新潟県以南の日本海沿岸、青森県八戸以南の太平洋沿岸の記録があるが、少ない。世界中の熱帯〜亜熱帯海域を中心に分布。温帯海域には少ない。英名はScalloped Hammerhead。

(中坊徹次)

ラブカ

頭部背面と顎歯

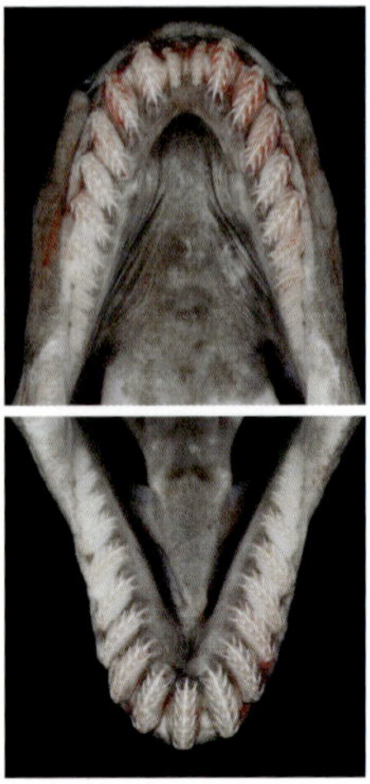
上顎歯（上）と下顎歯（下）

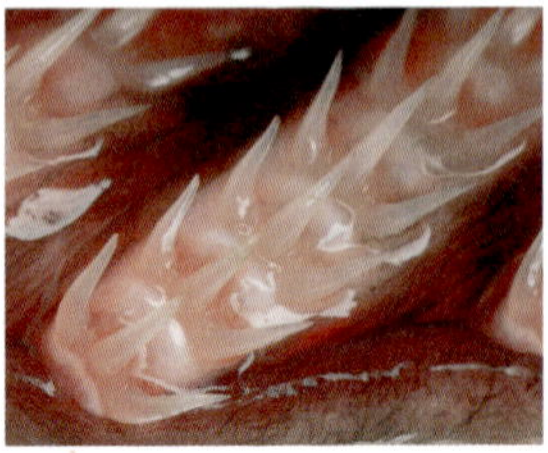
歯：祖先的なクラドーダス型

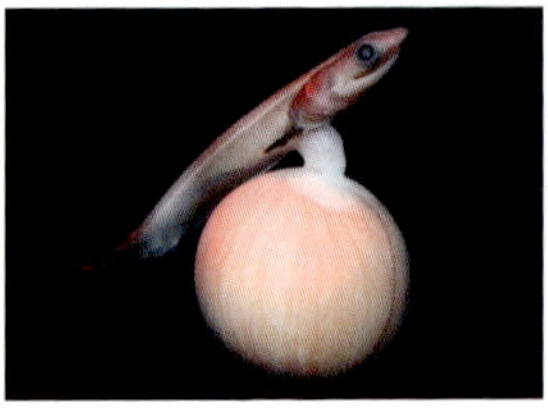
胎仔

各鰓孔の上端は頭部背面に達する

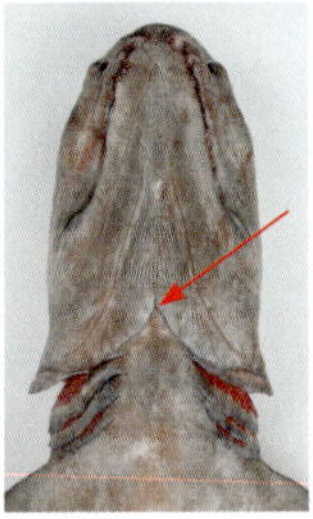
左右の第1鰓孔は頭部腹面で接する

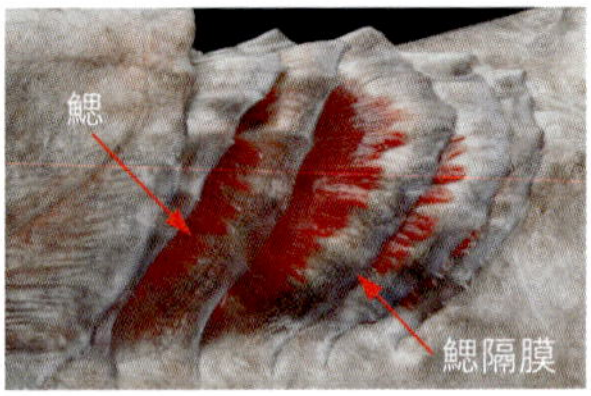

6対の鰓孔

柔らかい体

ツノザメ上目 Squalomorpha
ラブカ目 Chlamydoselachiformes
ラブカ科 Chlamydoselachidae　南アフリカ産のものは新種*Chlamydoselachus africana*として記載された。世界に1属2種、日本に1属1種。
ラブカ（ラブカ属） *Chlamydoselachus anguineus* Garman, 1884　体は黒褐色、細長くウナギ形に近く、柔らかい。頭部はヘビの形に似て縦扁。鰓孔は6対、上端は頭部背面、下端は頭部腹面の喉部に近づく。左右の第1鰓孔の下端は喉部でつながる。鰓隔膜の外縁はフリル状。鰓が鰓隔膜に張り付いているのが外から見える。口は吻端で、大きく、眼のはるか後方に達する。眼は大きく、瞬膜がある。背鰭は1基で尾柄部にある。歯は主に3尖頭だが、長い尖頭の間の根元に小さな棘があり、列をなして並ぶ。この歯はクラドーダス型とよばれ、板鰓類の中で、祖先的なものに相当する。胎生、非胎盤型。胎仔数は2〜12。平均6個体が右の子宮だけに入っている。子宮内の卵は直径10〜12cmと大きい。卵は薄い卵殻に包まれ、胎仔は全長6〜8cmになると卵殻から出る。子宮内で全長55cm、体重380gになって産出される。胎仔は卵黄から栄養を得て成長するが、全長40cmごろから卵黄は急に小さくなり、これ以後は母体から栄養を得ていると考えられるがよくわかっていない。妊娠期間は3.5年とかなり長い。胎仔の性比は1：1。雄は

エドアブラザメ

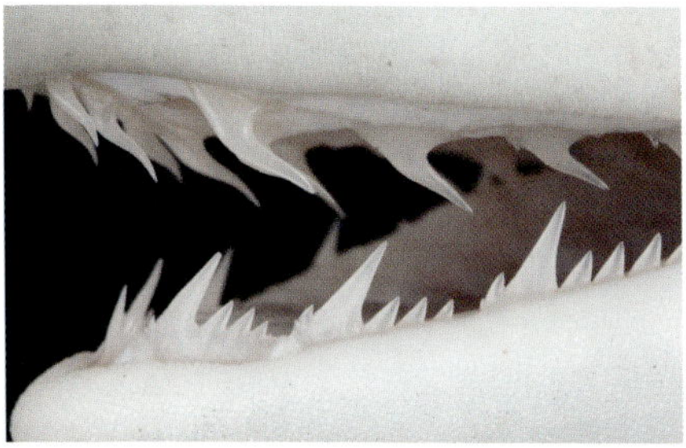

上下顎歯

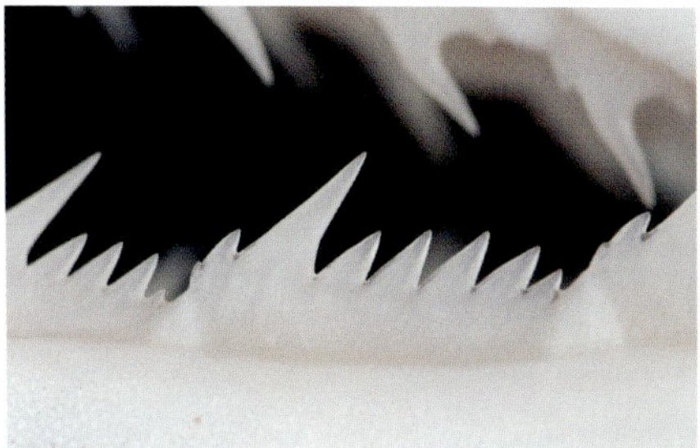

下顎歯

全長1.1m、雌は全長1.4～1.5mで成熟。水深120～1500mの大陸棚外縁に生息し、活発に泳ぎ、イカ類や魚類を食べる。相模灘、駿河湾、紀伊水道外海域、沖縄舟状海盆、オーストラリア東岸、ニュージーランド、ミッドウェー諸島、カリフォルニア沖、チリ沖、スリナム・仏領ギアナ沖、ミッドアトランティックバイト、北大西洋中央北部、中部～北部東大西洋、アフリカ中部西岸に分布。英名はFrilled Shark。

カグラザメ目 Hexanchiformes　デボン紀中期のオーストラリア・クィーンズランド西部から見つかった歯の化石はカグラザメ目のものと形が似ている。現生のサメ類は新鮫類(しんさめるい)に含められるが、最古の新鮫類は三畳紀初期である。クィーンズランド西部から見つかった歯がカグラザメ目だとすると、新鮫類の歴史は中生代三畳紀から古生代デボン紀に遡る。

カグラザメ科 Hexanchidae　体は円筒形で、しっかりしている。吻は短いが尖る。口は頭部腹面に開き、大きい。眼は大きい。背鰭は1基で、体の後方。鰓孔は6～7対、第1鰓孔の下端は左右でつながらない。世界の暖海(日本を含む)に2属3種。

エドアブラザメ(**エドアブラザメ属**) 準絶滅危惧種(IUCN) *Heptranchias perlo* (Bonnaterre, 1788)　体は円筒形。臀鰭は小さい。鰓孔は7対。上顎歯(じょうがくし)は主尖頭(しゅせんとう)が長く、側尖頭(そくせんとう)は数本で小さく、いずれも後方に傾く。下顎歯(かがくし)は主尖頭が長いが、側尖頭はほどほどに長く前方に数本、後方に5～7本で、いずれも後方に傾く。胎生。胎仔数は6～20。出生時は全長26～27cm。雄は全長70～80cm、雌は97cmで成熟。水深約1000mの大陸棚斜面域に生息し、魚類やイカ類を食べる。北海道南部～九州南岸の太平洋・日本海・東シナ海沿岸、東シナ海大陸縁辺～斜面域、朝鮮半島南岸、台湾、中国浙江省、東太平洋を除く北半球の温帯～熱帯海域に分布。英名はSharpnose Sevengill Shark。　(中坊徹次)

アブラツノザメ

1.4m TL（通常雄は80cm TL、雌は110～120cm TL）

幼魚

20cm TL

フトツノザメ

1.3m TL（通常65～90cm TL）

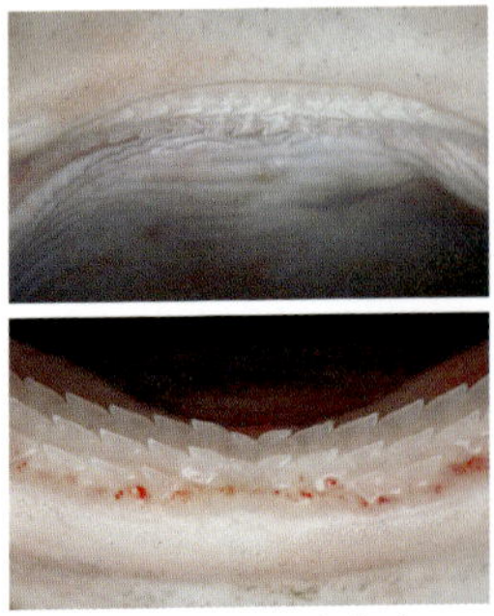

上顎歯（上）と下顎歯（下）

アブラツノザメの分布

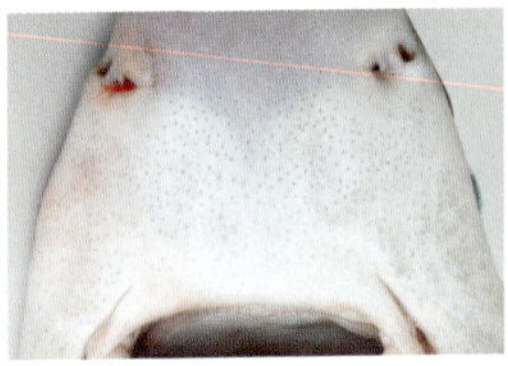

頭部腹面のロレンチニ瓶（点々）

ツノザメ目 Squaliformes　臀鰭がない。

ツノザメ科 Squalidae　第1・2背鰭の前端に棘がある。第1背鰭は第2背鰭より少し大きい。鰓孔は5対、下顎歯は上顎歯より大きくない。尾柄部尾鰭基底の背面にくぼみがある。尾柄部側面に1対の隆起縁がある。胎生、非胎盤型。世界の温帯～亜寒帯に2属31種、日本に2属8種。

アブラツノザメ（**ツノザメ属**）*Squalus suckleyi* (Girard, 1855)　体は背面と側面が灰褐色で小白色点が散在、腹面は白色。吻は尖る。胸鰭内側の後端は第1背鰭起点より前。群れで大規模な回遊をする。本州日本海沿岸の個体群は3～4月に北上開始、サハリン西岸や宗谷海峡からオホーツク海に抜け、7～9月にはサハリン東岸に達する。12～1月に日本海沿岸を南下、島根・山口県沖や朝鮮半島東南沖に達する。一部は津軽海峡を抜け、三陸沿岸を南下、2～3月に茨城県沖に達する。春夏の北上は索餌回遊で、移動が早く、この時期の漁期が短い。秋から冬の南下は越冬と出産のためで移動がゆっくりで、この時期の漁期は長い。胎仔数は11～13。妊娠期間は20～22か月。1年おきに出産。2～5月に出産。出生時は全長20～25cm。雄は全長70～75cmで成熟。雌は全長80～95cmで成熟を始め、110～115cmですべての雌が成熟。出産海域は日本海では青森県より南、太平洋では宮城・福島県の沖合。津軽海峡では雌が三厩沖、雄が大間沖とすみわけている

アイザメ

ヘラツノザメ

成長は極めて遅く、成熟は14～35歳、70～100歳にはなる(東太平洋の知見と思われる)。魚類、エビ・カニ類、イカ・タコ類を食べる。大陸棚縁辺～斜面の砂泥底に生息。北海道全沿岸、津軽海峡～山口県の日本海沿岸、津軽海峡～房総半島の太平洋沿岸、黄海、渤海、日本海のほぼ全域、カリフォルニアまでの北太平洋沿岸に分布するが、主な個体群は日本海北部とアラスカ湾東部。底曳網、浮延縄、底刺網で漁獲され、ムキザメ、棒ザメ、練製品で食される。肝臓はビタミン油として利用。英名はNorth Pacific Spiny Dogfish。

フトツノザメ(ツノザメ属) 準絶滅危惧(環) 絶滅危惧IB類(IUCN) *Squalus mitsukurii* Jordan and Snyder, 1903　体は背面と側面が灰褐色、腹面は白色。尾鰭の上葉後縁と下葉下端は白い。吻は短く鈍い。胸鰭内側の後端は第1背鰭起点より後ろ。胎仔数は2～15。出生時は全長21～30cm。雄は4～10歳、雌は15～20歳で成熟。14～27歳は生きる。水深100～500mの砂泥底に生息。津軽海峡～島根県の日本海沿岸、宮城県～豊後水道の太平洋沿岸、東シナ海・南シナ海の大陸斜面域、世界の温帯～亜熱帯域に分布。底延縄などで漁獲、練り製品の原料。英名はShortspine Spurdog。

アイザメ科 Centrophoridae　第1・2背鰭の前端に棘がある。鰓孔は5対。上顎歯は単尖頭で細く真下を向き、下顎歯は単尖頭でやや太く斜め後方を向く。胎生、非胎盤型。大陸斜面と島嶼棚斜面の水深200～1500m(最深4000m)の底層付近に生息。世界の暖

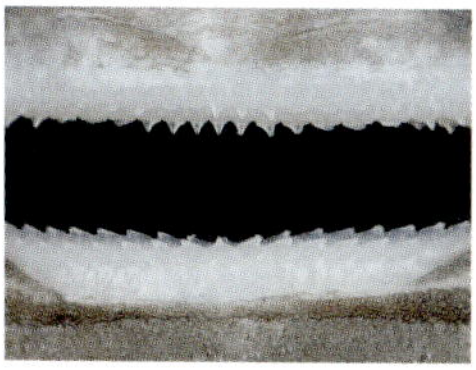

上下の顎歯

頭部背面

海に2属16種、日本に2属8種。

アイザメ(アイザメ属) 絶滅危惧IA類(IUCN) *Centrophorus atromarginatus* Garman, 1913
体は濃灰褐色、腹面はやや淡色。吻は短く、先端は丸い。噴水孔は大きく、頭部背側面にある。第1背鰭は第2背鰭よりやや高い。腹鰭は第2背鰭起部下の前方。胎仔数は1～2。出生時は30～36cm。雄は全長56cm、雌は75cmで成熟。水深150～450mに生息。鹿島灘～九州南岸の太平洋沖、東シナ海、パプアニューギニア北部、バリ島、ロンボク島、アデン湾に分布。英名はDwarf Gulper Shark。

ヘラツノザメ(ヘラツノザメ属) 準絶滅危惧(IUCN) *Deania calcea* (Lowe, 1839)　体は一様に黒褐色。吻は扁平で長く、先端は角張る。噴水孔は大きく、頭部背面にある。第1背鰭は低く基底が長い。腹鰭は第2背鰭起部下。魚類やエビ類を食べる。胎仔数は6～12。出生時は28～34cm。雄は全長73～94cm、雌は94～106cmで成熟。水深70～1470mに生息。房総半島～土佐湾の太平洋沖、東シナ海、オーストラリア南岸、ニュージーランド沖、南米太平洋沖、東大西洋に分布。英名はBirdbeak Dogfish。

(中坊徹次)

ヨロイザメ

上顎歯と門歯状の下顎歯

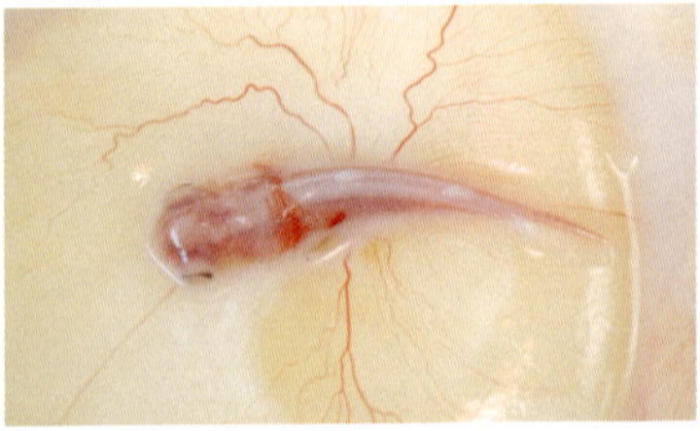

胎仔：血管網が卵黄に伸びる

ダルマザメ

キハダにつけられた、ダルマザメの噛み跡

上顎歯と門歯状の下顎歯

ヨロイザメ科 Dalatiidae
第1･2背鰭の前端に棘がない（但し *Squaliolus* を除く）。体の腹面に発光器（黒色点）がある。噴水孔は大きく頭部背面にある。鰓孔は5対。大陸斜面と島嶼棚斜面の底付近に生息、ダルマザメ属のみ外洋中深層。胎生、非胎盤型。ヨロイザメを除き、他は全長30～50cm。世界の暖海に7属10種、日本に3属5種。

ヨロイザメ（ヨロイザメ属） 絶滅危惧Ⅱ類（IUCN）
Dalatias licha (Bonnaterre, 1788)　体は一様に濃褐色。体は円筒形。第1背鰭は胸鰭と腹鰭の中間。上顎歯は小さく細く鋭い。下顎歯は大きく幅広く、先端が鋭く縁辺が鋸歯状、互いに隣接して門歯状に並ぶ。肝臓は大きく、脂質が多いので浮力調節に寄与。胎仔数は3～16。胎仔は卵黄の上にのっている状態。出生時は全長30～40cm。雄は全長1m、雌は1.2mで成熟。水深200～1800mに生息。茨城県～土佐湾の太平洋沖、東シナ海大陸棚縁辺～斜面域、オーストラリア・ニュージーランド近海、ハワイ諸島、大西洋に分布。肉とスクアレン（肝油）をとる漁業が数を減少させている可能性がある。英名はKitefin Shark。

ダルマザメ（ダルマザメ属） *Isistius brasiliensis* (Quoy and Gaimard, 1824)　体は細長く葉巻形。吻は短く、鼻孔は頭部のほぼ前端。鰓孔は小さい。胸鰭は側面。第1･2背鰭は小さくて体の後方。尾鰭は下葉がよく発達。体は一様に濃褐色で、鰓孔付近に黒褐色横帯がある。体幹部の腹部表面に発光器がある。上顎歯は小さく細くて鋭い。下顎歯は大きく幅広く、先端が鋭く縁辺が微小な鋸歯状、互いに隣接して門歯状。遊泳性のイカ類、ヨコエソ類、甲殻類を食べるが、大型のカジキ類、マグロ類、カマスサワラ、シイラなどに食いつき体を捻り、肉を円錐形に切り取って食べる。マグロ類などに噛み跡がみられる

カラスザメ

フジクジラ

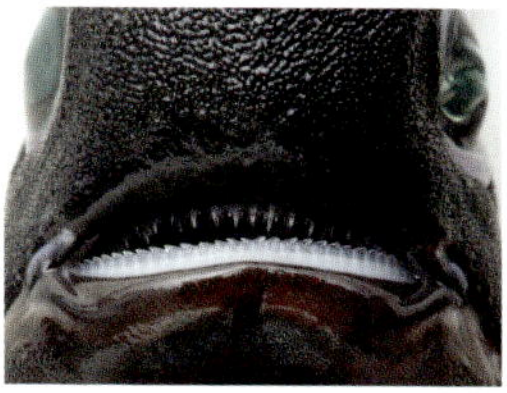

上下顎歯(フジクジラ)

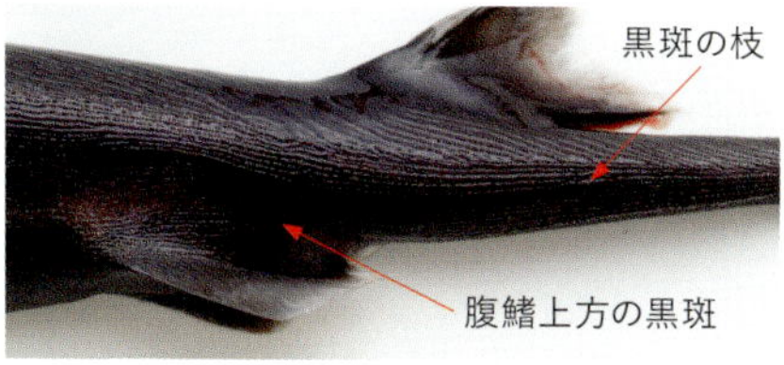

体側後半部(フジクジラ)

ヒレタカフジクジラ

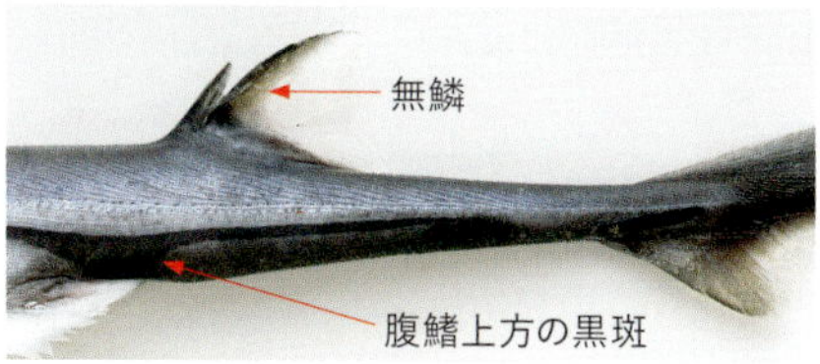

第2背鰭と体側後半部(ヒレタカフジクジラ)

胎仔数は6〜9。出生時は全長14〜15cm。雄は31〜37cm、雌は38〜44cmで成熟。表層〜水深6000mの中深層に生息。鹿島灘〜伊豆−小笠原諸島、琉球列島、東シナ海、世界の温帯〜熱帯域に分布。英名はCookiecutter Shark。

カラスザメ科 Etmopteridae　吻は鈍い。眼は大きい。第1背鰭は第2背鰭より、わずかに小さく、前端の棘も短い。臀鰭がない。鰓孔は5対。胎生、非胎盤型。カラスザメ属は体表に無数の発光器(自力発光型、肉眼視は困難)があり、総排泄腔の周囲に発光器はない。大陸斜面や島嶼棚斜面の水深200〜1500mの底付近に群れて生息。世界の暖海に4属51種、日本に4属12種。

カラスザメ(カラスザメ属) *Etmopterus pusillus* (Lowe, 1839)　体は黒褐色。臀鰭の上方に前方と後方に延びる黒色斑がある。上顎歯は細い主尖頭(しゅせんとう)と小さい側尖頭(そくせんとう)、下顎歯は主尖頭が幅広く斜め後方を向き、互いに隣接する(下記2種も同じ)。魚卵、ハダカイワシ類、メルルーサ類、イカ類を食べる。胎仔数は1〜6(平均3.5)。雄は5〜9歳、雌は8〜11歳で成熟。雄は13歳、雌は17歳にはなる。大陸斜面の表層〜水深1040mに生息。北海道〜土佐湾の太平洋沖、東シナ海、九州−パラオ海嶺、中国南シナ海北部、オーストラリア東岸・西岸、ニュージーランド沖、天皇海山、ハワイ諸島、大西洋に分布。英名はSmooth Lanternshark。

フジクジラ(カラスザメ属) *Etmopterus lucifer* Jordan and Snyder, 1902　体は黒褐色、腹面は黒色。腹鰭上方の黒斑は第2背鰭起部下で、前方と後方に長い枝をもつ。尾鰭の基部と後半に黒色線がある。イカ類、小魚を食べる。雄は29〜42cm、雌は34cm以上で成熟。大陸斜面の水深160〜1350mに生息。北海道〜土佐湾の太平洋沖、東シナ海、九州−パラオ海嶺、中国東シナ海・南シナ海沖、西太平洋に分布。英名はBlackbelly Lanternshark。

ヒレタカフジクジラ(カラスザメ属) *Etmopterus molleri* (Whitley, 1939)　体は黒褐色、腹面は黒色。腹鰭上方の黒斑は第2背鰭起部より前で、前方と後方に長い枝をもつ。尾鰭の基部と後半に黒色線がある。第2背鰭は鱗に被われない。出生時は全長15cm。大陸斜面の水深238〜860mに生息。相模灘〜土佐湾の太平洋沖、東シナ海、オーストラリア東岸、ニュージーランドに分布。英名はSlendertail Lanternshark。　(中坊徹次)

カスザメ

2m TL（通常1m TL）

卵黄をつけた胎仔 20cm TL

カスザメ目

Squatiniformes

カスザメ科 Squatinidae

体は縦扁し、胸鰭は大きく側面に張り出し、エイ類の体形に似るが、鰓孔（さいこう）は体の側面に5対。眼は小さく、噴水孔（ふんすいこう）とともに頭部背面にある。口は頭部前端に開く。左右1対の鼻ひげがある。体の背面は微小棘で密に被われる。背鰭は2基で尾部にあり、尾鰭は上葉より下葉が長い。臀鰭はない。胎生、非胎盤型。インド－太平洋、大西洋の暖海に1属22種、日本に1属3種。

カスザメ（カスザメ属） 準絶滅危惧(環) 絶滅危惧IA類(IUCN) *Squatina japonica* Bleeker, 1853

体の背面の地は淡褐色で、濃褐色斑点や褐色斑点が密在。胸鰭の先端の角度は直角に近い。頭部前縁の皮褶（ひしゅう）はあまりくぼまない。体の背面は背中線にそって棘の列がある。体表の微小棘はコロザメより小さい。両顎歯は鋭い棘状、前部で4列。胎仔（たいし）数は2～10。春～夏に出産。胎仔は全長20cm前後で卵黄をもっている。水深100m前後の砂泥底に生息。砂中に潜り、待ち伏せて餌となる生物を捕食。魚類、イカ類、甲殻類を食べる。北海道～九州南岸の日本海・東シナ海沿岸、瀬戸内海、岩手県～九州南岸の太平洋沿岸、朝鮮半島全沿岸、黄海、中国東シナ海沿岸に分布。底曳網などで漁獲。練り製品で食される。表皮は木工の仕上げ（サメやすり）などに使用。英名はJapanese Angelshark。

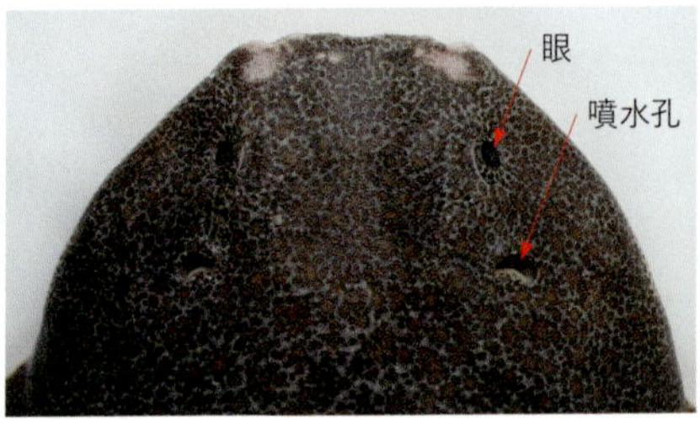

頭部背面

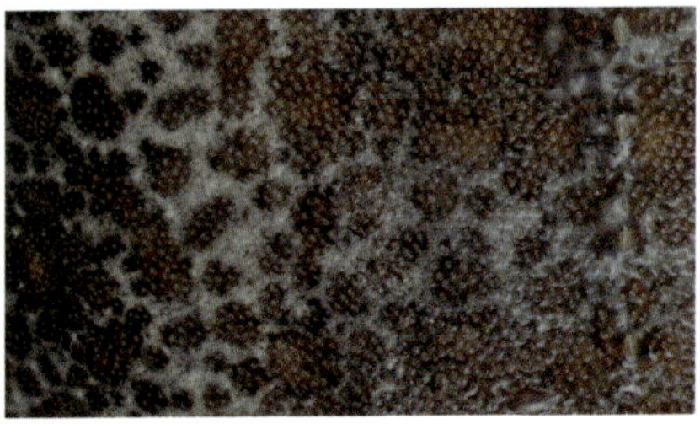

背面を被う微小棘

コロザメ（カスザメ属） 絶滅危惧IB類(IUCN)

Squatina nebulosa Regan, 1906　体の背面は黄褐色で、淡色点が散在。胸鰭の先端の角度は広い。頭部前縁の皮褶はくぼむ。体の背面は背中線に棘の列がない。体表の微小棘はカスザメより少し大きい。両顎歯は鋭い棘状、前部で3列、側部で2列。胎仔数は10～20。成熟は雌雄とも全長1mをこえてから。

コロザメ

2m TL

頭部前面

ノコギリザメ

1.5m TL

頭部腹面

背面

水深100～300mの砂・砂泥底に生息。魚類、イカ・タコ類を食べる。新潟県～九州北西岸の日本海沿岸、房総半島～土佐湾の太平洋沿岸、東シナ海大陸棚縁辺域、朝鮮半島南岸、中国東シナ海・南シナ海沿岸に分布。底曳網、底刺網で漁獲。湯引き、練り製品で食される。表皮は木工の仕上げ（サメやすり）などに使用。英名はClouded Angelshark。

ノコギリザメ目 Pristiophoriformes

ノコギリザメ科 Pristiophoridae　体は細長く、やや縦扁。吻は扁平で剣状に長く、両縁に顕著な棘が1列に並ぶ。吻の中ほどより少し後ろの腹面に1対の長いひげがある。噴水孔は眼の後方の頭部背面、鼻孔は剣状の吻の基部の頭部腹面にある。鰓孔は5対。眼に瞬膜がない。背鰭は2基、臀鰭はない。胎生、非胎盤型。ノコギリザメ属 *Pristiophorus* は鰓孔が5対でインド－西太平洋、西大西洋に7種、*Pliotrema* は鰓孔が6対で南アフリカに1種。日本にノコギリザメ属が1種。

ノコギリザメ（ノコギリザメ属） *Pristiophorus japonicus* Günther, 1870　腹鰭後縁付近から尾鰭基底までの体側腹部に1隆起縁がある。吻の両縁の棘は、左右それぞれ23～43本。体は背面が褐色、腹面は白色。歯は単尖頭であまり長くない。胎仔数は約12。出生時は全長約30cm。成熟は雌雄とも全長1mをこえてから。水深10～800m（多くは50～100m）の砂泥底に生息。剣状の吻で泥底の小動物を掘り出して捕食するほか、魚群に突っ込み吻を左右に振って魚を傷つけて捕食する。積丹半島～九州南岸の日本海・東シナ海沿岸、青森県～九州南岸の太平洋沿岸、伊豆－小笠原諸島、朝鮮半島南岸、渤海、黄海、東シナ海に分布。肉質はよく臭気もない。練り製品の原料。英名はJapanese Sawshark。

（中坊徹次）

2.7m TL（通常1.4〜2.3m TL）

サカタザメ

1m TL（通常70cm TL）

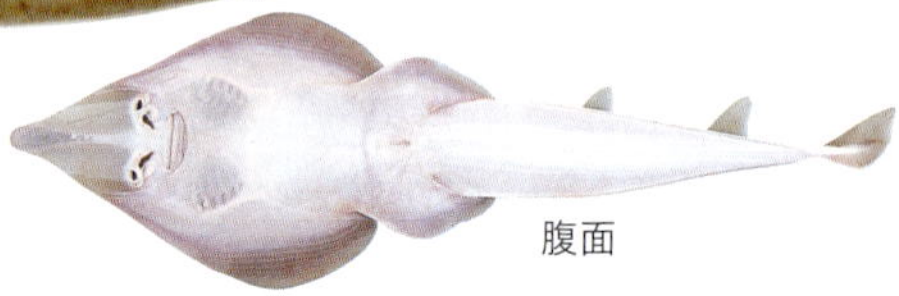
腹面

コモン
サカタザメ

70cm TL（通常60〜65cm TL）

エイ区 Batoidea　鰓孔は5〜6対で、体の腹面に開く。体は縦扁。

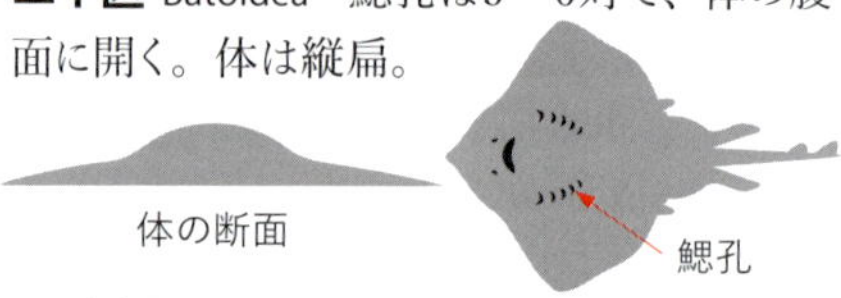

エイ上目 Batidoidimorpha
トンガリサカタザメ目 Rhynchobatiforme
トンガリサカタザメ科 Rhinidae
大きいものは全長3.1m、重さ227kgと大型。頭部は縦扁するが体盤は形成しない。尾部は縦扁するが太い。背鰭は2基。胸鰭は広く側方に張り出す。鼻孔、口、5対の鰓孔は腹面。噴水孔は眼の後ろ。前鼻弁がない。尾鰭は下葉が上葉とほぼ同大で発達。底生であるが遊泳性が強い。浅海に生息。底生の無脊椎動物や魚類を食べる。胎生、非胎盤型。世界の暖海に3属10種、日本に2属2種。
シノノメサカタザメ（シノノメサカタザメ属）
絶滅危惧IA類(IUCN) *Rhina ancylostoma* Bloch and Schneider, 1801　吻端は円い。背鰭の先端は円い。両顎歯は敷石状。肥大棘群列が吻後部背面に1対、体前半の背中線、その両脇に1対。体は背面が淡灰褐色で小白色斑が散在。胸鰭基底に黒色斑がある。胎仔数は2〜11。出生時は全長44〜53cm。水族館の記録では1972年7月に全長1.68mの個体が1977年6月に1.96mになった。水族館で照明下には水槽内の中層から底層を泳いでいるが、照明を落とすと底層で静止する。水深70m以浅の岩礁域に生息し、魚類、エビ・カニ類、貝類、イカ・タコ類を食べる。鹿島灘〜九州南岸の太平洋沿岸、男鹿半島〜五島列島の日本海・東シナ海沿岸(散発的)、沖縄諸島、台湾南部、福建省〜トンキン湾の中国沿岸、インド−西太平洋に分布。英名はShark Ray。
サカタザメ目 Rhinobatiformes
サカタザメ科 Rhinobatidae　吻は長く先端は尖る。頭部と体の前半は、胸鰭と三角形の

ウチワザメ

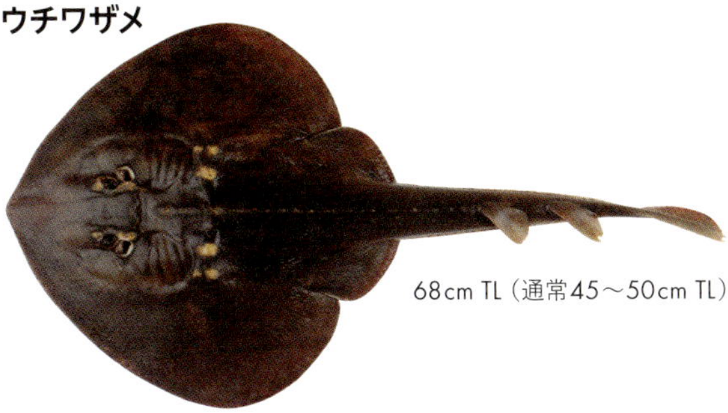

68cm TL（通常45～50cm TL）

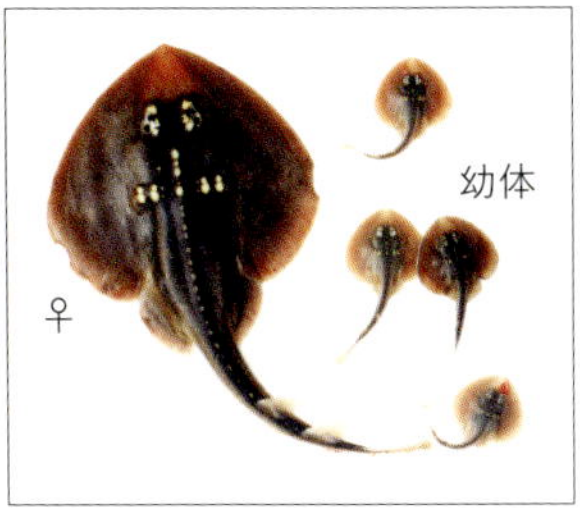

産み出された直後の幼体
13.5～16.6cm TL

体盤を形成し縦扁。尾部も縦扁。体は微小棘で被われる。噴水孔は眼の後ろ。鼻孔、口、5対の鰓孔は頭部腹面。前鼻弁がない。背鰭は2基、尾鰭は小さい。胎生、非胎盤型。大陸棚の浅海の砂底に生息。淡水域には入らない。世界の暖海に3属31種、日本に1属3種。

サカタザメ（サカタザメ属） 絶滅危惧IA類(IUCN) *Rhinobatos schlegelii* Müller and Henle, 1841　体の背面は黄褐色、腹面は白色。産仔期は6～10月、胎仔数は2～7。胎仔は体を折り曲げ頭部を母体の総排泄腔に向け、卵黄は卵黄柄で頭部後端腹面とつながる。胎仔は全長17.2cm。雌は雄より大きい。水深20～230mの砂底に生息。魚類、エビ類、頭足類を食べる。茨城県～九州南岸の太平洋沿岸、瀬戸内海、新潟県～九州南岸の日本海・東シナ海沿岸、東シナ海大陸棚域、朝鮮半島南岸、台湾、河北省～広東省の中国沿岸、ベトナムに分布。底曳網で漁獲。美味で刺身、煮付け、鰭はフカヒレで食される。英名はBottlenose Guitarfish。

コモンサカタザメ（サカタザメ属） 準絶滅危惧(環) 絶滅危惧IB類(IUCN) *Rhinobatos hynnicephalus* Richardson, 1846　体の背面は淡灰褐色で黒褐色点からなる輪紋が密に分布、腹面は白色。胎仔数は2～9。雄は全長38～40cm、雌は39～44cmで成熟。産仔期は夏、出生時は全長約16cm。水深140m以浅の砂泥底に生息。小魚、エビ類を食べる。和歌山県～九州南岸の太平洋沿岸、瀬戸内海、有明海、新潟県～九州北西岸の日本海・東シナ海沿岸、朝鮮半島南岸、台湾、江蘇省～広東省の中国沿岸に分布。湯引き、練り製品で食される。鰭はフカヒレで食される。英名はRinged Guitarfish。

ウチワザメ科 Platyrhinidae　吻は円く、頭部と体の前半、胸鰭はうちわ形の体盤を形成。噴水孔は眼の直後。鼻孔、口、5対の鰓孔は体盤の腹面。背鰭は2基で尾部背面。尾鰭がある。前鼻弁は短い。胎生。大陸棚の砂泥底に生息。淡水域に入らない。北西太平洋、中部東太平洋の温帯域に2属4種、日本に1属2種。

ウチワザメ（ウチワザメ属） 準絶滅危惧(環) 絶滅危惧II類(IUCN) *Platyrhina tangi* Iwatsuki, Zhang and Nakaya, 2011　体は背面が茶褐色、腹面は白色。体盤背面で両眼の内側と肩帯部に棘群があり周囲は黄色。項部から尾部の正中線に大小の棘が1列に並ぶ。尾部は側面に皮褶がある。和歌山県で12月に採集された全長56cmの雌から7個体の胎仔（全長13.5～16.6cm）が得られている。雄は全長39cm程度で成熟。両顎歯は小さく、雄では尖り、雌は敷石状。水深100m以浅の沿岸の岩礁に近い砂底に生息。エビ・カニ類、小魚を食べる。東京湾～九州南岸の太平洋沿岸、九州西岸、朝鮮半島南西岸、台湾西部、遼東半島～トンキン湾の中国沿岸に分布。底曳網で漁獲。練り製品。英名はYellowspotted Fanray。

（中坊徹次）

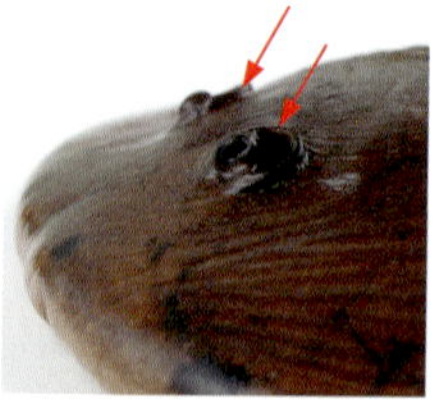

噴水孔

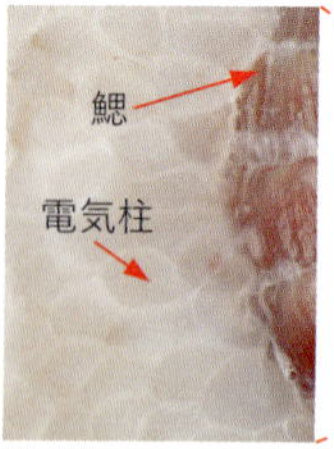

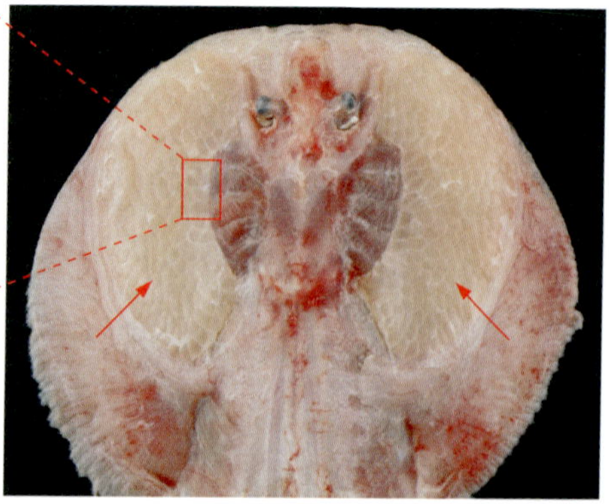

表皮の下の発電器官(背面)

シビレエイ

37cm TL
(通常30cm TL)

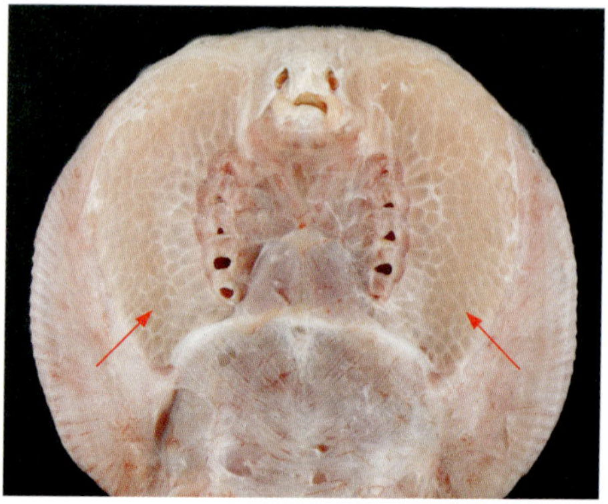

表皮の下の発電器官(腹面)

シビレエイ目

Torpediniformes

シビレエイ科 Torpedinidae　頭部と体は胸鰭と円い体盤を形成し縦扁。噴水孔は眼の後ろ。鰓孔は腹面で5対。背鰭は1～2基(ないものもいる)。体に発電器官があり、電気を発する。発電器官は脳の側方で鰓の外側と胸鰭条にはさまれ、左右1対で、ソラマメ状の形をしている。この器官は筋肉繊維から変化したもので、六角形の電気柱が密集する。各電気柱は厚さ10～30μmの電気細胞が数百以上背腹の方向に重なり、背面から腹面に達する。発電器官は延髄から発した神経の支配を受け、電流は神経面から無神経面に向かって流れる。電気細胞は腹面に神経支配を受けているので電流は腹側から背側に向かって流れる。ヨーロッパ産の*Torpedo marmorata*は全長約13cmで産出されるが、発電器官の原基が21.2mmの胎仔にあらわれ、7.3cmの胎仔で発電能力を備えている。発電器官による放電は餌となる魚類を捕えることに使われていることが水族館で観察されている。底でじっと待ち伏せし、近づいた小魚に放電して麻痺させ、動けなくして捕食したのである。アメリカ産の*Torpedo*は空気中で50Vを起電したことが知られている。板鰓類で発電器官はシビレエイ科とガンギエイ科の一部にみられ、いずれも筋肉繊維から変化したものであるが、ガンギエイ科に比べて、シビレエイ科の発電は強力である。胎生、非胎盤型。Narcinidae（Numbfishes)、Narkidae（Sleeper rays)、Torpedinidae（Torpedo rays)の3科に従うとNarkeはNarkidae、TetronarceはTorpedinidae。世界の暖海に12属57種、日本に4属6種。

ゴマフシビレエイ

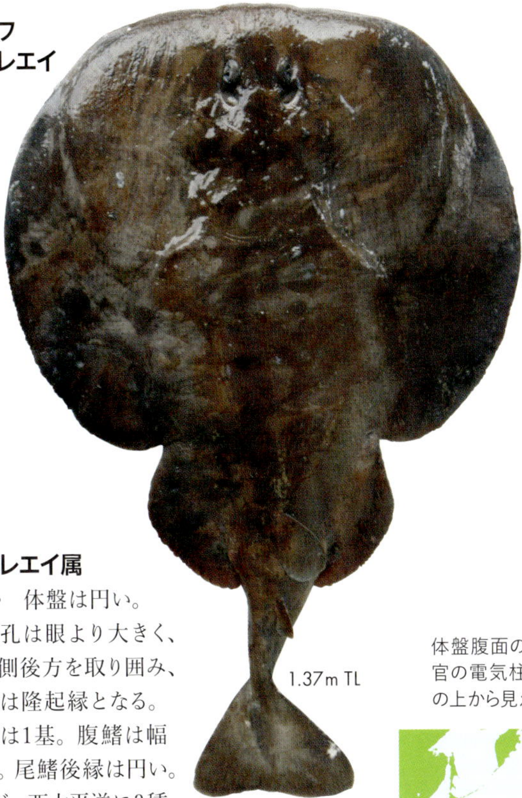

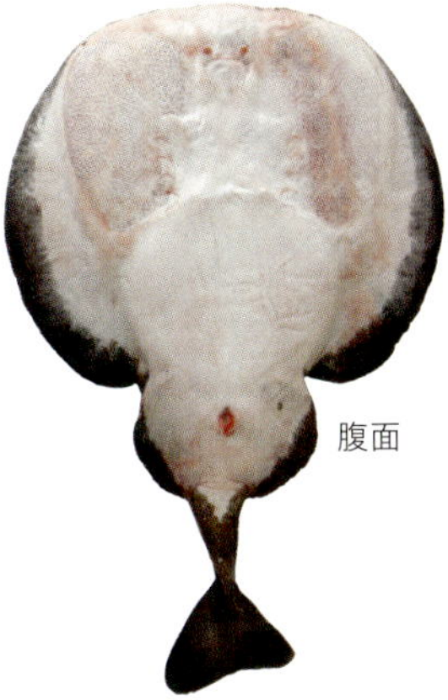

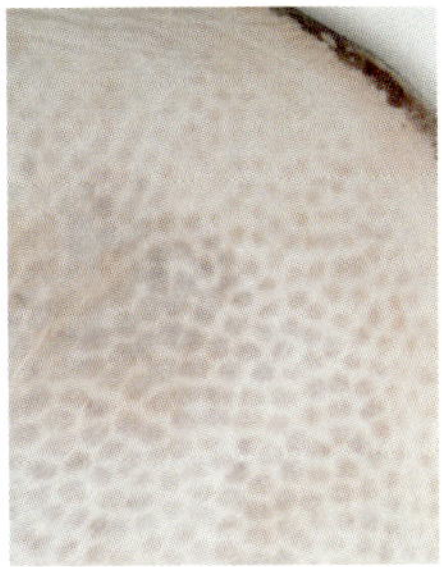

体盤腹面の発電器官の電気柱は皮膚の上から見える

ゴマフシビレエイの分布

シビレエイ属

Narke　体盤は円い。噴水孔は眼より大きく、眼の側後方を取り囲み、後縁は隆起縁となる。背鰭は1基。腹鰭は幅広い。尾鰭後縁は円い。インド－西太平洋に3種、日本に2種。

シビレエイ 絶滅危惧II類（IUCN）*Narke japonica* (Temminck and Schlegel, 1850)　体の背面は茶褐色、腹面は淡褐色。背鰭と尾鰭は暗褐色。両顎歯は敷石状。発電器官は背面も腹面も外からは見えない。胎仔数は4～6。全長25cmで成熟した雄が知られている。水深155m以浅の砂底に生息。若狭湾～九州南岸の日本海・東シナ海沿岸、福島県～九州南岸の太平洋沿岸、東シナ海大陸棚域、朝鮮半島南岸、台湾、江蘇省～広東省の中国沿岸に分布。英名はJapanese Sleeper Ray。

ヤマトシビレエイ属

Tetronarce　眼は小さい。噴水孔は眼の直後で、縁辺は盛り上がらず円滑。背鰭は2基。腹鰭は幅広い。世界の暖海に8種、日本に2種。

ゴマフシビレエイ *Tetronarce californica* (Ayres, 1855)　体盤は長さより幅の方が大きい。尾部は短い。尾鰭後縁は直線的。歯は小さくて鋭い。体の背面は暗色で、黒褐色点が散在、腹面は淡色だが、縁辺が暗色。発電器官は背面では見えないが、腹面では外側から見える。胎仔数は17。雄は全長65cm、雌は73cmで成熟。水深5～275mの大陸棚の砂泥底に生息し、魚類を食べる。昼間は砂底にひそんで、餌となる小魚を捕食する。しかし、夜間は水中に泳ぎ出して、体盤の幅広い胸鰭の部分で獲物を包みこむように捕らえ、放電して感電させてから飲み込む。三陸沿岸～紀伊水道和歌山県沿岸、カナダ・ブリティッシュ・コロンビア～バハカリフォルニアに分布。東太平洋と西太平洋の分断的な分布は興味深い。英名はPacific Torpedo。

（中坊徹次）

コモンカスベ

♂

腹面

43～45cm TL

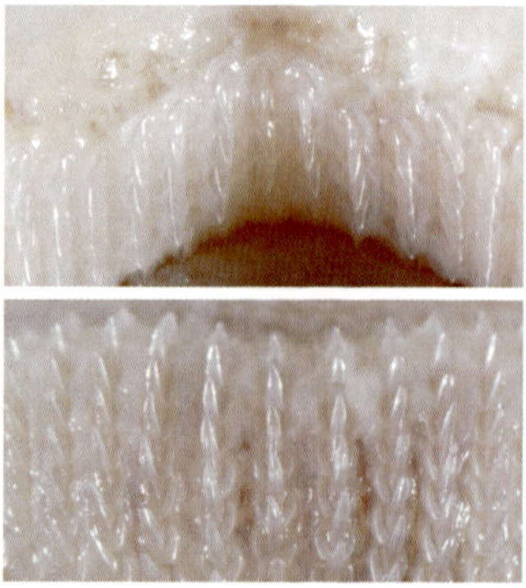

雄の上顎歯(上)と下顎歯(下):尖る

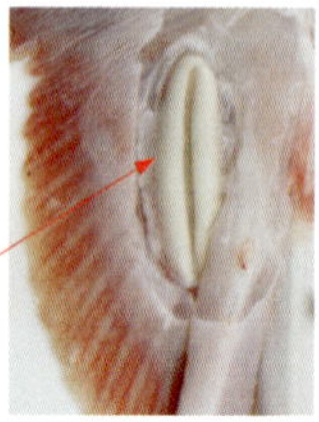

腹鰭交尾器基部外側に鰭脚腺(交尾のための潤滑液を分泌)がある

腹鰭交尾器先端

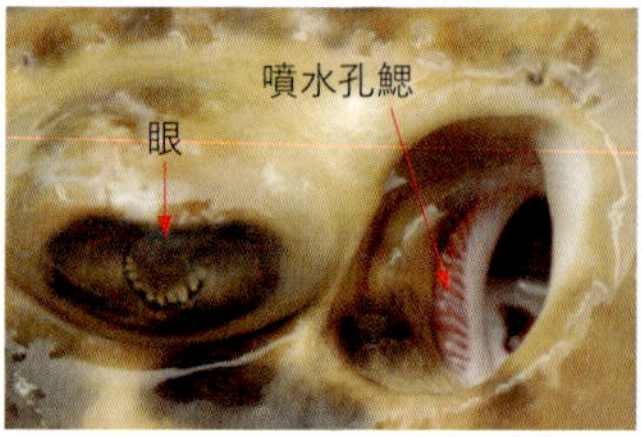

眼と噴水孔鰓(コウライカスベ)

ガンギエイ目

Rajiformes

ガンギエイ科

Rajidae　体盤はほぼ菱形、背面、特に背中線に棘の列がある。電気受容器であるロレンチニ瓶の開孔が体盤腹面のほぼ一面に分布する。噴水孔に噴水孔鰓がある。尾部に微弱電流を発する発電器官、末端に尾鰭がある。背鰭は小さく、尾部の後方にある(ない種もいる)。腹鰭が前後に分かれる。雄の腹鰭の後端は腹鰭交尾器になり、先端は開き複雑な軟骨で構成される。交尾器基部の外側には鰭脚腺があり、ここから交尾のための潤滑液を分泌する。雄は体盤背面の胸鰭基底沿いに小棘帯があり、両顎歯が棘状である。これらの小棘は交尾時に雌を離さないためである。雌の両顎歯は敷石状である。エイ区Batoideaで唯一の卵生で、長方形の付着性卵殻卵を産む。吻の硬いガンギエイ亜科と柔らかいソコガンギエイ亜科に分けられる。ただし、ガンギエイ類を4科に分ける考えもある。全長20cm～2.5m、体盤幅12cm～1.8m。世界で約30属258種以上、日本に8属35種。

ガンギエイ亜科(**新称**) Rajinae　吻は硬い。温帯種は大陸棚、冷水種は通常大陸斜面～水深2000m以浅(わずかに2000～4000m)の深海底に生息。17属154種以上、日本に6属14種。

オカメエイ属 *Okamejei*　吻は比較的短いが、吻軟骨は突出し、吻端は胸鰭前端の前担鰭軟骨とよく離れる。体盤背面の眼隔部に約10本、項部に数本の肥大棘があり、尾部背面に雄は3列、雌は5列の肥大棘がある。背面に様々な模様があり、腹面は白色か明るい灰色。大陸棚の砂泥底に生息。全長約40～50cm程度で成熟。卵殻卵は四角を除いて長径が6.5cmをこえない。北太平洋に8種、インド洋に3種、日本に6種。

45～48cm TL

コモンカスベ

絶滅危惧Ⅱ類(IUCN)

Okamejei kenojei

(Bürger, 1841)

吻部両側は半透明。体盤の背面は淡褐～暗褐色、胸鰭中部基底に1対の褐色がやや濃い楕円形斑、その後方で外側寄りに1対の眼状斑がある。体盤の腹面はほぼ白色だが、鰓孔付近に暗色部がある。吻はやや鈍いが、やや尖り、三角形状。頭部後方に2～16本の項部肥大棘が縦列に並び、その後方におよそ2列で微小棘がある。また、吻背面正中部や胸鰭縁辺に1群の微小棘がある。尾部は背面の肥大棘が雄は3列、雌が5列(幼期は雄雌で1列)。尾部の側面皮褶は尾鰭中央より後方に達する。体盤腹面に数百のロレンチニ瓶の開孔があり、その分布は左右の腹鰭起部に達しない。両顎歯は雄が棘状、雌は敷石状。上顎歯の列数は43～55。脊椎の腹椎骨数は25～29、背鰭前の尾椎骨数は35～46。全長55cmになるが、成熟は2～3歳で、雄は全長43～45cm、雌は45～48cm。四角を除いて長径約5cm、幅約2.7cmの卵殻卵を産み、数か月後に全長約10cm、体盤幅約5cmの幼体が孵化する。産卵は春に集中する。1歳で全長約20cm、2歳で32cm、3歳で45cmになる。飼育下では、雌の産卵数は3歳魚で3～5か月間に約60、4歳魚はほぼ1年間で約120であった。全長55cmになった個体は産卵後5年半以上も生存して8歳半であった。水深5～230mの砂泥底に生息し、主にエビ類やシャコ類を食べ、魚類やイカ類も食べる。北海道～鹿児島湾の日本海・東シナ海沿岸、北海道～豊後水道の太平洋沿岸、瀬戸内海、朝鮮半島全沿岸、済州島南西岸、渤海、黄海、中国浙江省、台湾、香港に分布。韓国西岸では水深20～30m前後(水温11～14℃)で漁獲量が多い。エイヒレ、干物、鍋物、煮付け、煮こごり、ぬた、味噌漬け、唐揚げ、吸い物、練り製品などで美味。英名はSpiny Rasp Skate。

(鄭 忠勲)

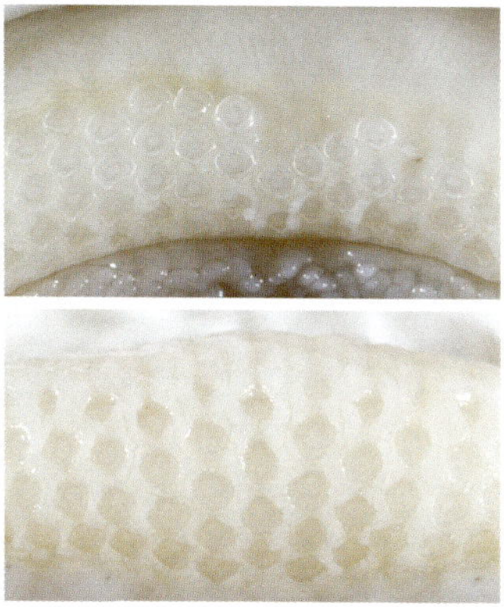

雌の上顎歯(上)と下顎歯(下):鈍い

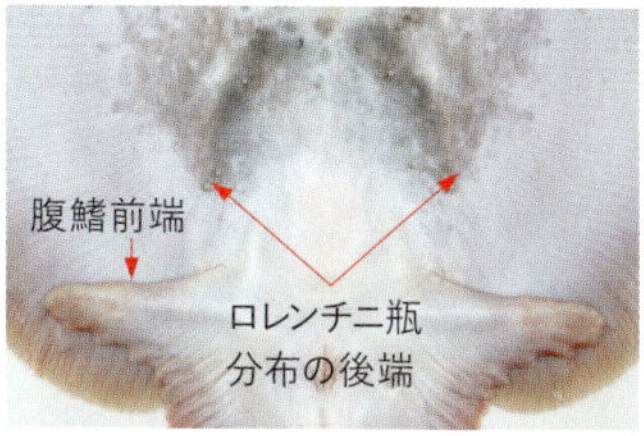

ロレンチニ瓶と腹鰭前端

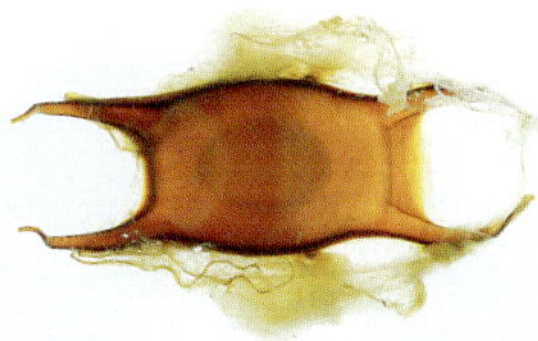

卵殻卵

メガネカスベ

若い個体

雌の尾部肥大棘は5列

メガネカスベ
(メガネカスベ属) 準絶滅危惧(環) 絶滅危惧IB類(IUCN) *Beringraja pulchra* (Liu, 1932)　体盤と尾部の背面は淡褐色で、不規則な茶色の斑紋があり、胸鰭中央に目玉模様がある(成体では不顕著)。体盤の腹面は白色か明るい灰色。和名は若い個体の胸鰭中央にある目玉模様に由来する。吻はやや長く、太い吻軟骨で支持されており、折り曲げられない。体盤中央に1本の項部棘がある。尾部は縦扁し、背面に雄は1列、雌は5列の肥大棘が並び、側面の皮下に前後方向に延びた紡錘形の発電器官がある。水深5～700mの砂泥底に生息。産卵は周年行われるが春に集中。卵殻卵を産む成熟雌は全長90～106cm、体盤幅66～81cm、体重5～10kg。卵殻は大きく、長さ14～18cm、幅7～9cm、厚さ2～3cm。卵径は大きいもので3cm、1個の卵殻卵から1～6尾の幼体が生まれる。オホーツク海では水深40m付近のホタテガイ漁場で多数の卵殻が見つかっている。北海道全沿岸、青森県～島根県の日本海沿岸、青森県～千葉県銚子の太平洋沿岸、沖縄舟状海盆、朝鮮半島全沿岸(特に西岸の深い所に多い)、ピーター大帝湾、中国の黄海・東シナ海沿岸に分布。北海道でマカスベとよばれ、カスベ刺網や“空釣縄”(餌をつけない底延縄)で漁獲、4～6月、奥尻島や礼文島との間の水深10～60mの砂泥域が主漁場。惣菜、煮付け、煮こごり、ぬた、味噌漬け、唐揚げ、吸い物、練り製品、鍋物、ムニエル、フライなどで美味。英名はMottled Skate。

ガンギエイ属 *Dipturus*　吻が長く、頭長に対する吻軟骨長が60%以上、吻軟骨は硬くて太い板状、吻端の翼状軟骨が吻軟骨と癒合する。尾部の棘は雄で1列、雌は3列。成熟サイズは全長55cm以上と比較的大型。

キツネカスベ

尾部肥大棘

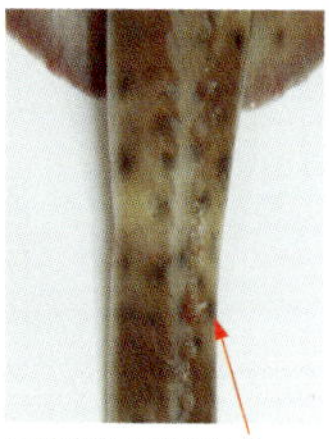

尾部棘は前向き

コウライカスベ

卵殻卵

世界に38種、日本に4種。

キツネカスベ 準絶滅危惧(IUCN) *Dipturus macrocauda* (Ishiyama, 1955) 吻が著しく伸長し先端が尖る。体盤中央に1(稀に0か2)本の項部棘がある。尾部は中央部がやや太い。背鰭後方長は短く第2背鰭基底長の80%以下。背面に淡色斑がない。水深150〜850mの砂泥底に生息。千葉県銚子〜宮崎県土々呂の太平洋沿岸、東シナ海大陸棚縁辺〜斜面域、朝鮮半島南岸・東岸、中国東シナ海・南シナ海沿岸に分布。英名はBigtail Skate。

コウライカスベ(コウライカスベ属) *Hongeo koreanus* (Jeong and Nakabo, 1997) 体盤の背面は灰褐色で、濃褐色斑点が散在、肩帯部に1対の輪郭が波打つ暗色斑があり、腹面は黒褐色。成体の尾部背面の肥大棘は雄雌とも1列で前向き。朝鮮半島南西岸(黒山(フクサン)群島〜済州(チェジュ)海峡〜麗水(ヨス)沿岸)、五島列島〜対馬海峡に分布。1属1種。分布域が限られており、韓国ではIUCNの絶滅危惧II類(Vulnerable)として登録するための資料が準備されている。英名はKorean Skate。 (鄭 忠勲)

ソコガンギエイ亜科(新称)

Arhynchobatinae　吻は柔らかい。大陸斜面から水深3280mの深海底に生息。多くは北太平洋に分布するが、南米近海の南西大西洋、ニュージーランドとオーストラリア南岸に分布し、13属104種以上、日本に3属19種。

ソコガンギエイ属

Bathyraja　吻端は尖るが鈍い。吻軟骨(ふんなんこう)(吻)は容易に折り曲げられる(クジカスベ属 *Rhinoraja*、トビツカエイ属 *Notoraja* も同様)。胸鰭の前担(ぜんたん)鰭軟骨(きなんこつ)の前端は吻軟骨と近い。全長は70cm～2mで、多くは水深200m以深に生息。世界に55種、北太平洋に約25種、日本に15種。

ドブカスベ　準絶滅危惧(環) 準絶滅危惧(IUCN)

Bathyraja smirnovi (Soldatov and Pavlenko, 1915)
体盤は背面が濃茶褐色で中央に1対の白色斑(ない個体もいる)、腹面は白色。肩帯部(けんたいぶ)に1～2対の肥大棘がある。体盤の縁辺部、正中線、眼の前縁と内側縁、第1背鰭、第2背鰭に小棘が分布するが、他の部分は比較的滑らか。背面正中線上の項部棘の列と尾部棘の列は躯幹部(くかんぶ)で分離。雄は全長90cm前後で成熟、雌は93cmで卵殻をもち、最大で約1.2mになる。四角(よすみ)を除いて長径約15cm、幅約9cmの卵殻卵(らんかくらん)を産む。数か月後、全長約22cmの幼体が孵化。水深100～1125mの砂泥底に生息、甲殻類(エビジャコ類)、魚類(マイワシ、サンマ、マサバ、トゴットメバル)、頭足類を食べるが、一度に食べる量は体重の4%近くに達する。水族館で飼育中、同じ水槽のサケを一晩で3、4匹も食べたという。北海道沿岸(太平洋沿岸を除く)、青森県～島根県隠岐の日本海沿岸、九州北西岸、韓国江原道～ピーター大帝湾をへてサハリンの日本海北部、オホーツク海、ベーリング海西部。カスベとよばれ、底曳網で漁獲。秋田県の7月の港祭り"カスベ祭り"では、特にドブカスベを珍重。惣菜、かまぼこで食する。英名はGolden Skate。

ドブカスベ

1.2m TL
(通常90cm TL)

マツバラエイ

腹面

1.2m TL (雄)、
1m TL (雌)

マツバラエイ
Bathyraja matsubarai (Ishiyama, 1952)
体盤の背面は一様に赤褐〜暗紫色、腹面は暗灰色。体盤腹面に小棘がなく円滑。尾部の棘はほぼ等間隔で並び、体盤まで延長しない。両眼は離れ、眼隔幅は頭長の20%以上。水深120〜2000mの砂泥底に生息。北海道釧路〜千葉県銚子の太平洋沿岸、北海道オホーツク海沿岸、千島列島太平洋沖、カムチャツカ半島西岸・東岸に分布。英名はDusky Purple Skate。

ザラカスベ 準絶滅危惧(IUCN)
Bathyraja trachouros (Ishiyama, 1958)　体盤の背面は小棘が密在し、ザラザラしているが、腹面は円滑。尾部正中線上の棘はほぼ等しい間隔で並び、周囲の小棘より大きい。尾部側面の皮褶(ひしゅう)は後方に限られる。体盤の背面は黄褐色、腹面は白色。眼隔幅は頭長の20%以下。水深100〜800mの砂泥底に生息。北海道室蘭〜福島県の太平洋沖に分布。英名はEremo Skate。

キタノカスベ *Bathyraja violacea* (Suvorov, 1935)　体盤の背面は微小棘が密在し、ザラザラしているが、腹面は円滑。尾部正中線上の棘は小さく不規則に並び、周囲の小棘と大差がない。尾部はやや短い。体盤の背面は灰褐〜褐色で濃褐色の虫食い状斑が散在、腹面は白色だが、肛門の周囲に暗色斑がある。水深23〜1110mの砂泥底に生息、オホーツク海沿岸(北海道を含む)、千島列島太平洋沖、ベーリング海に分布。英名はOkhotsk Skate。

トビツカエイ(トビツカエイ属) *Notoraja tobitukai* (Hiyama, 1940)　体盤の背面は微小棘が密在し、ザラザラしているが、肥大棘もなく、腹面は円滑。体盤背面は皮下に側線管が透けて見える。他種に比べて尾部は長い。体盤の背面と腹面は紫がかった暗褐色。水深60〜1017mの砂泥底に生息。遠州灘〜土佐湾の太平洋沿岸、沖縄舟状海盆、台湾南部、中国南シナ海沿岸に分布。英名はLeadhued Skate。

(鄭 忠勲)

ヒラタエイ

ツバクロエイ

尾部中央付近に1～2本の毒棘がある

トビエイ目 Myliobatiformes　幅広い胸鰭が胴体部分と合わさり、円形、楕円形、菱形など様々な形の平たくて大きな体盤を形成。アカエイ類は左右の胸鰭を前部から後部へと波打つようにしてうねらせて泳ぎ、トビエイ類は左右に長く張り出した翼のような胸鰭を上下に羽ばたかせて泳ぐ。多くの種は底生生活で海底近くの餌を食べるが、カラスエイ *Pteroplatytrigon violacea* は外洋の表層を泳ぐ。淡水、沿岸、外洋、深海域に生息し、世界に8科、日本に6科。

ヒラタエイ科 Urolophidae　体はほぼ円形、体盤長は体盤幅の1.3倍未満。尾鰭は小さいがよく発達。背鰭をもつ種もある。尾は短く、毒棘がある。西太平洋の大陸棚から陸棚斜面に3属28種、日本に1属1種。

ヒラタエイ（ヒラタエイ属） 準絶滅危惧種(IUCN) *Urolophus aurantiacus* Müller and Henle, 1841　体盤は背面が茶褐～濃褐色、腹面は白色、縁辺は淡黄土～暗色。眼は黄金色。比較的小型。体盤は丸みをおびた菱形。吻は短く、先端はわずかに突出。体盤前縁はほぼ直線で、後縁は丸みをおびる。体盤背面は円滑で小棘や小瘤状物がない。背鰭はない。尾部はやや短く、背面中央付近には1～2本の鋸歯状の毒棘がある。伊豆の下田海中水族館での観察によれば、交尾・産仔期は6～8月、1回の産仔数は2～4、出生時の全長は7.9～8.2cmであった。水深50～205mの砂底域に生息、但し、1000m以深の記録がある。若狭湾～九州南岸の日本海・東シナ海沿岸、千葉県銚子～九州南岸の太平洋沿岸、瀬戸内海、東シナ海大陸棚縁辺～斜面域に分布。練り製品の原料にされる程度。英名はOriental Stingaree。

ツバクロエイ科 Gymnuridae　体盤幅は広く、体盤長の1.5倍以上。尾部には小さな毒棘があるが、ないものもいる。尾は短い。背鰭をもつ種もいる。大陸棚域の砂泥底に生息。大西洋、インド洋、太平洋の熱帯～温帯域に1属10種、日本に1属2種。

ツバクロエイ（ツバクロエイ属） 絶滅危惧II類(IUCN) *Gymnura japonica* (Temminck and Schlegel, 1850)　体盤の背面は黒褐色、黒色円斑と小黒色点が散在（大型個体では黒色円斑が明瞭でないことがある）、腹面は白色で淡い橙～黄土色で縁取られる。噴水孔後側方に左右一対、もしくは片側のみに白色斑がある場合もある。体盤は横に伸びた菱形。吻は丸く、前縁はやや凹む。尾部は短く、体盤長の半分ほどの長さ。尾部背面には1～2本の後縁が鋸歯状のやや短い毒棘がある。毒棘より後方には数本の黒色帯があるが、

ホシエイ

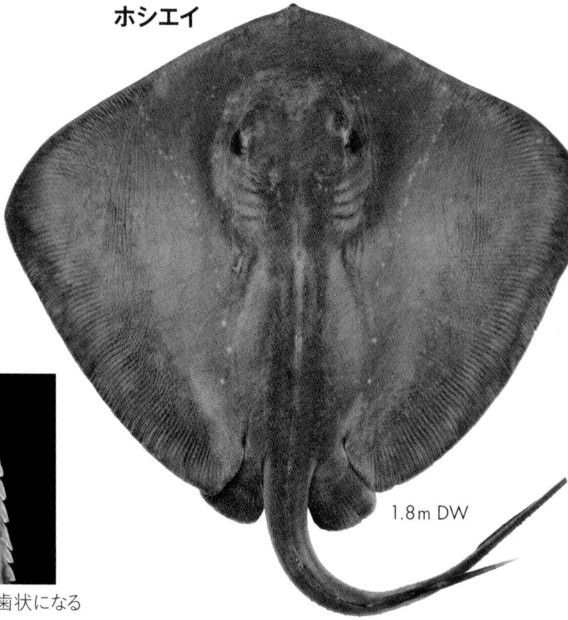

毒棘は鋸歯状になる

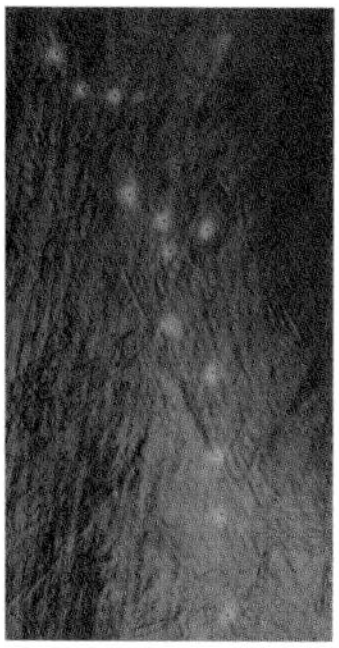
ホシエイのロレンチニ瓶開口部

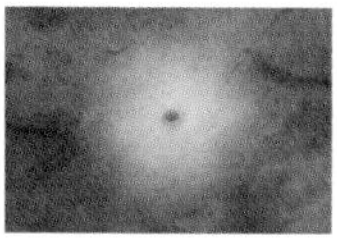
拡大したロレンチニ瓶開口部

大型個体では不明瞭。体盤の背面に小棘や小瘤状物はなく円滑。胎生で春に2～8個体を出産するといわれている。水深数～108mの砂泥底に生息。茨城県～九州南岸の太平洋沿岸、新潟県～九州南岸の日本海・東シナ海沿岸、東シナ海大陸棚域、朝鮮半島南岸、済州島、中国黄海・東シナ海・南シナ海沿岸、台湾、タイに分布。有明海の奥部沿岸地域ではコベとよばれ、特に柔らかく炊き上げた煮物や煮こごりなどで食される。英名はJapanese Butterfly Ray。

アカエイ科 Dasyatidae　体盤幅は体盤長の1.3倍をこえない。背鰭と尾鰭はない。尾部は非常に長くて鞭状、背面に毒棘がある。英名Stingrayは棘をもつエイの意味。毒棘は身を守るため。ほとんどの種は底生で海底付近の餌を捕食。しかし、カラスエイは外洋性。地中海を含む大西洋、インド洋、太平洋の大陸沿岸や陸棚斜面の上部の海水～汽水域、熱帯～温帯の川や湖に19属89種、日本に11属17種。淡水種は観賞用として人気が高い（日本にはいない）。2016年に分類体系が大幅に改訂されたので、それに従った。

ホシエイ（ホシエイ属：新称） *Bathytoshia brevicaudata* (Hutton, 1875)　大型のエイ。体盤背面は灰色、白色で縁取られた小孔（ロレンチニ瓶の開口）が並ぶ。腹面は白色で、灰色で縁取られる。体盤は菱形、吻は丸みをおび、先端はわずかに突出、前縁はほぼ直線で、吻はやや短い。体盤背面の正中線上から尾棘（毒棘）の前方に小棘が散在。体盤腹面の第5鰓孔間のやや後方に前方へ湾曲した溝がある。この溝は日本産では本種とアリアケアカエイだけにあるが、溝の形は両種で異なる。尾部背面に灰色の短い隆起線があり、尾部腹面には灰色のやや高い皮褶がある。尾部背面には後縁が鋸歯状の尾棘（毒棘）が1～2本、多くの個体で、尾棘前方に数個の斜め上向きの大きな棘が1列に並ぶ。尾は短く、表面は小棘で被われざらざらしている。下田海中水族館での飼育個体は1回あたり産仔数が3～6、妊娠期間は363日。沿岸域に生息。網走市沖、北海道～日向灘の太平洋沿岸、伊豆諸島、新潟県佐渡、富山湾、兵庫県浜坂、長崎県野母崎、朝鮮半島南西岸に分布。煮付けや煮こごりで食される。*Dasyatis matsubarai*は、本種の新参異名。英名はSmooth Stingray。　（山口敦子）

アカエイ ♀

雌の腹面

雄の腹鰭交尾器

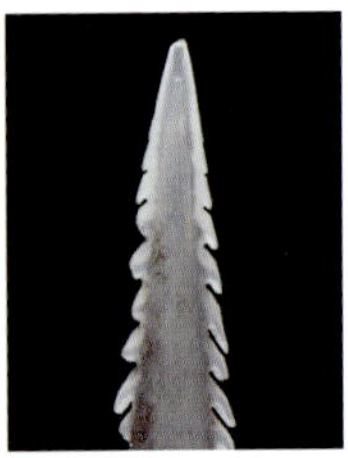
毒棘の前面。鋸歯状になる

毒棘の後面には中央線に溝がある

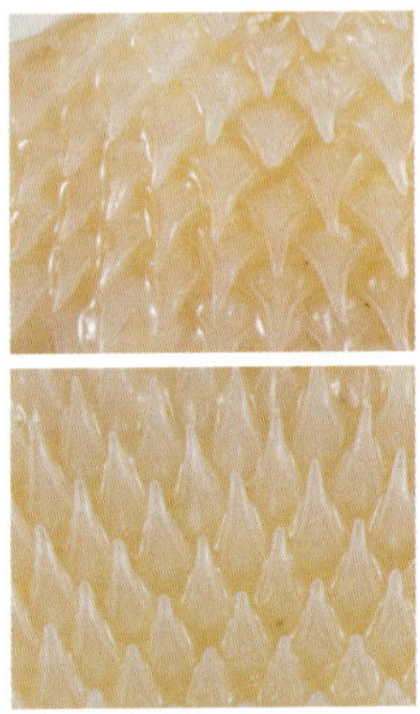
雄の上顎歯（上）と下顎歯（下）

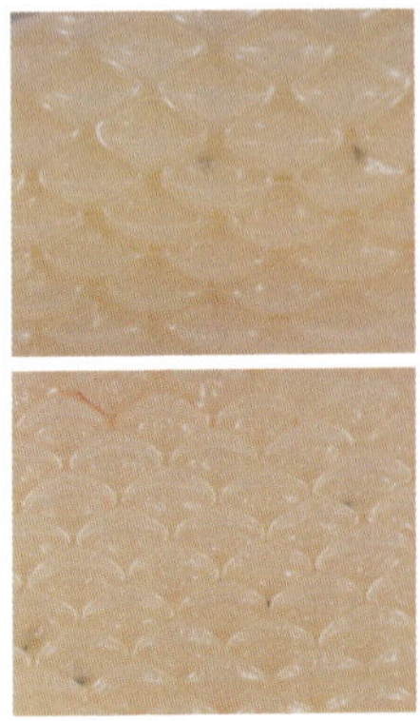
雌の上顎歯（上）と下顎歯（下）

アカエイ（アカエイ属） 準絶滅危惧種（IUCN）

Hemitrygon akajei (Müller and Henle, 1841)

体盤背面は褐色、眼球と噴水孔の上部周辺は山吹色、腹面は白色で山吹色斑が散在し、縁辺は山吹色。体盤は菱形、吻は鈍角三角形で先端がわずかに突出。体盤前縁はほぼ直線、後縁は丸みをおびる。尾部は背面に黒色の短い隆起線、腹面に黒色のやや長い皮褶がある。尾は鞭状。吻端、眼隔域、尾部に小棘や小瘤状物がある。これらの小棘や小瘤状物は出生時にはなく、成長に伴って現れて分布範囲が広がる。尾部背面に1〜2本の、後縁が鋸歯状の尾棘（毒棘）がある。体盤背面の正中線上から尾棘前方に1列に並ぶ小棘があり、多くの個体で、尾棘前方に数個の斜め上向きの大きな棘が1列に並ぶ。尾棘の毒は神経毒で、刺されると強烈に痛み、ときに失神、けいれん、吐き気、呼吸困難などの症状が現れる。胎生で、交尾は周年にわたるが、雌の排卵時期は決まっており、妊娠期間は約2.5か月で夏に出産。1回の産仔数は平均10以上。歯に性的二型があり、雄では成熟すると平らな歯から尖った歯へと変化する。雌雄で食性に大きな違いがなく、この歯の変化は交尾行動と関係があり、交尾の際に雌に噛みついて体を固定するためと思われる。水深3〜780mの砂底域に生息、甲殻類や魚類などを食べる。北海道全沿岸〜九州南岸の日本海・東シナ海・太平洋沿岸、瀬戸内海、東シナ海、小笠原諸島、朝鮮半島西岸・南岸、台湾、中国渤海・黄海・東シナ海・南シナ海沿岸、タイランド湾に分布。延縄（アカエイ漁）、刺網、底曳網、定置網で漁獲。美味で、湯引き、刺身、洗い、煮物

アリアケアカエイ ♂

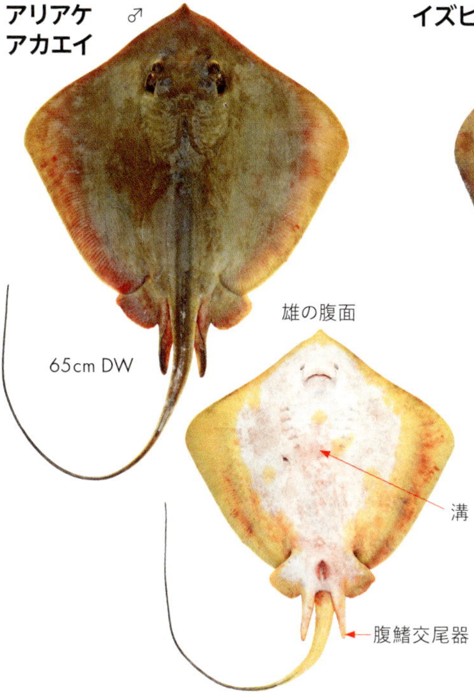

イズヒメエイ ♂

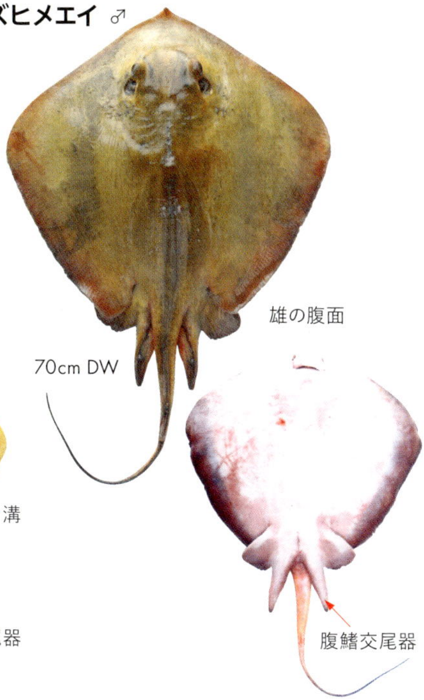

揚げ物、煮こごり、干物、練り製品で食される。エイ類を食用とする地域での市場価値は比較的高い。英名はRed Stingray。

アリアケアカエイ(アカエイ属) *Hemitrygon* sp. 体盤背面は褐色、腹面は白色で山吹色斑が散在し、縁辺は山吹色。体盤は菱形、吻は鈍角の三角形、先端はわずかに突出。体盤前縁はほぼ直線で、後縁は丸みをおびる。体盤腹面の第5鰓孔間のやや後方に小さな溝がある。体盤背面項部の正中線上に1列に並ぶ小棘がある。尾部背面に黒色の短い隆起線があり、尾部腹面には白色で縁取られた黒色の短い皮褶がある。尾は鞭状で、末端は小瘤状物で被われる。尾部背面には1～2本の鋸歯状の毒棘がある。大型個体には尾棘前方に小棘が散在する個体がいる。体盤背面と尾部の小棘や小瘤状物は出生時にはなく、成長に伴って現れる。アカエイおよびシロエイに非常によく似て、区別が難しいが、体盤腹面の第5鰓孔間のやや後方の小さな溝で区別できる。水深3～60mの砂泥底に生息し、甲殻類や魚類を食べる。長崎県野母崎、有明海、熊本県牛深、鹿児島県笠沙、高知県に分布。有明海にはアカエイも多くいるが、区別されずに食されることが多い。

イズヒメエイ(アカエイ属) 絶滅危惧Ⅱ類(IUCN) *Hemitrygon izuensis* (Nishida and Nakaya, 1988) 体盤背面は黄土色、腹面は白色で褐色または淡黄色で縁取られている。体盤は菱形、吻は丸みをおび、先端はわずかに突出。吻長はやや短く、体盤前縁はほぼ直線(わずかに凹む)で、後縁は丸みをおびる。アカエイ属の他種と比べて尾は短く、尾部は背面に黒色の短い隆起線、腹面に白色の短い皮褶がある(この皮褶はアカエイでは黒い)。体盤背面は小棘がなく円滑。しかし、成体では体盤背面項部の正中線上と尾棘前方に1列に並ぶ小棘をもつものもいる。尾部背面に1～2本の鋸歯状の尾棘(毒棘)がある。水深10～60mの砂泥底に生息。房総半島南部～九州南岸の太平洋沿岸、有明海、九州西岸、鹿児島湾、瀬戸内海に分布。本種はまとまってとれず、アカエイと混同されて食されていると思われる。英名はIzu Stingray。(山口敦子)

オニイトマキエイ

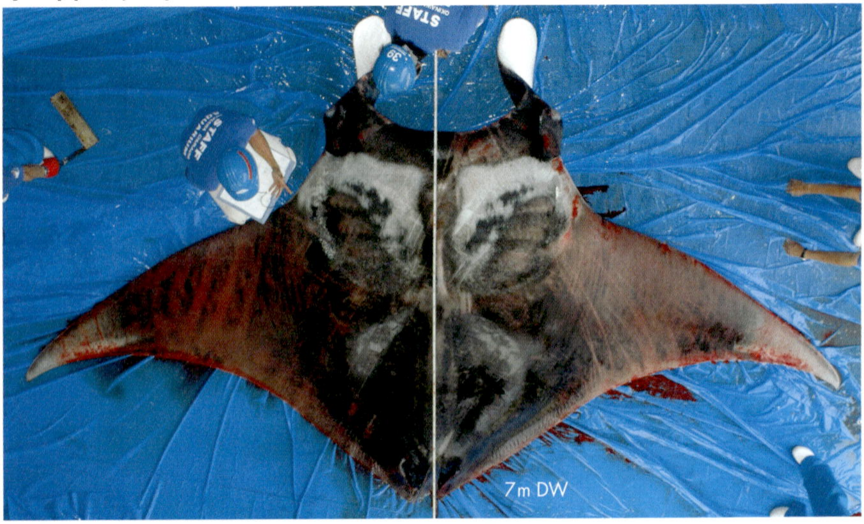

オニイトマキエイ：腹面縁辺が灰色〜黒色で太く縁取られる

ナンヨウマンタ：腹面は白色だが灰色〜黒色で縁取られることもある

トビエイ科 Myliobatidae　体盤の上部に頭部があり、目と噴水孔は頭部の側面。背鰭は小さく、尾鰭はない。たいていの種は1本か複数の尾棘（毒棘）を備える。尾は体盤長よりもかなり長い。胸鰭の先端は鋭く尖り、三角形。頭部と体盤の区別が明瞭で、胸鰭は目の後縁で途切れ頭部の前縁で再び現れ、頭鰭とよばれる。オニイトマキエイ属やイトマキエイ属では頭鰭がよく発達し、先端が角のような突起となる。大きな黒い体の先端に2つの角をもつ様子から、Devil rayとよばれることがある。オニイトマキエイ属では、頭鰭が大きくスプーン状に開いて漏斗のように機能し、ゆっくりと泳ぎながら動物プランクトンを口に引き寄せて取り込み、鰓耙で濾し取って食べる。この頭鰭は、高速で泳ぐ際には自分の体の方に引き寄せて筒状に巻かれる。種によって、空中へ高く跳ね上がる。その理由は出産のため、寄生虫を落とすため、交尾の際に雄が雌にその魅力を見せつけるためなど諸説ある。大西洋、インド洋、太平洋の熱帯から温暖な海域の大陸棚や島の沿岸域に主に生息し、7属37種、日本に6属10種。最近、トビエイ類が3科に分けられたが、ここでは従わない。また、*Manta*オニイトマキエイ属が*Mobula*イトマキエイ属の新参異名にされたが、頭鰭の構造を考えて別属として扱った。

オニイトマキエイ（オニイトマキエイ属）

絶滅危惧IB類（IUCN） *Manta birostris* (Walbaum, 1792)　口は頭部前縁。体盤背面は黒色、腹面は白色で縁辺は灰〜黒色で太く縁取られる。体盤背面の白色斑の前縁が口裂に沿って直線的、且つ平行する。口裂周辺は上顎、下顎ともに、一様に黒〜濃灰色。歯は幅広く、

ナンヨウマンタ

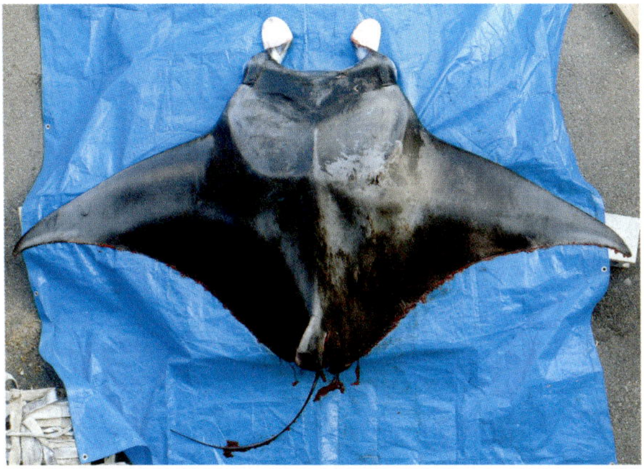

5.5m DW

イトマキエイ

3.1m DW
(インド－太平洋)

配列は互いに接する程度。ナンヨウマンタよりも外洋性で、小笠原諸島ではオニイトマキエイの方が多い。本種の生態的知見は少ない。小笠原諸島、青森県陸奥湾、静岡県富戸、駿河湾、和歌山県太地、高知県以布利、沖縄島、与那国島、台湾、インド－西太平洋(紅海を含み、ニュージーランドまで)、ハワイ諸島、東太平洋・大西洋の熱帯～温帯域。中国では鰓耙(さいは)を乾燥させたものは漢方薬として利用。英名はGiant Manta Ray。

ナンヨウマンタ(オニイトマキエイ属)

絶滅危惧Ⅱ類(IUCN) *Manta alfredi* (Krefft, 1868)
口は頭部前縁。体盤背面は黒色、腹面は白色で灰色～黒色で縁取られることもある。体盤背面の白色斑の前縁が体盤の正中部に向かって後方へ延び、口裂に並行しない。口裂周辺は上顎、下顎ともに、一様に白～薄灰色などでオニイトマキエイと識別できる。歯は細く、配列はまばら。雄は体盤幅約3m、雌は体盤幅約4mで成熟。繁殖周期は、通常は2年に1回(個体によっては1～3年に1回)。妊娠期間は約1年。1回あたりの産仔数は通常1個体だが、2個体の胎仔を妊娠していた例もある。出産サイズは約1.3～1.7mと推定されているが、沖縄美ら海水族館における飼育下での出産サイズは、平均約1.8m。かつてオニイトマキエイ属は1種であったが、2009年の研究で2種になった。採集記録を再同定した結果では、沖縄や高知ではオニイトマキエイよりもナンヨウマンタの方が多いことがわかったが、過去の生態観察については再検討が必要。高知県以布利、奄美大島、沖永良部島、沖縄諸島、八重山諸島、インド－太平洋(紅海を含む)、東大西洋(モロッコ～ギニアの沿岸)。中国では鰓耙を乾燥させたものは漢方薬として利用。英名はReef Manta Ray。

イトマキエイ(イトマキエイ属) 絶滅危惧IB類

(IUCN) *Mobula mobular* (Bonnaterre, 1788) 口は頭部腹面。頭鰭は2基。体盤の後縁は湾入。噴水孔は腹面で胸鰭起部の上方に開く。尾部付け根には背鰭、直後に尾棘がある。体盤の背面は濃青～黒色で、背面の肩帯部分に白色帯がみられる。腹面は白色。背鰭の先端は白色。沿岸～外洋域に生息。北海道全沿岸、岩手県～九州南岸の太平洋沿岸、新潟県佐渡、富山湾、島根県隠岐、五島列島福江島、小笠原諸島、朝鮮半島南西岸・南岸、台湾、中国東シナ海・南シナ海沿岸、インド－汎太平洋、南アフリカ東岸、コートジボワールに分布。身は少し黒ずみ弾力があって魚と肉の中間のような食感と食味だが、日本では食べない。最近、*M. japonica*は、*M. mobular*の新参異名(しんさんいめい)にされた。大西洋では体盤幅5.5m。英名はGiant Devil Ray。

(山口敦子)

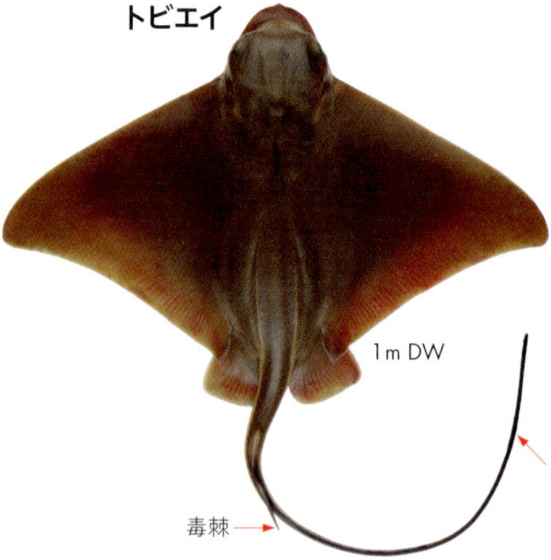

雄の頭部。トビエイ科の頭は背方に隆起する

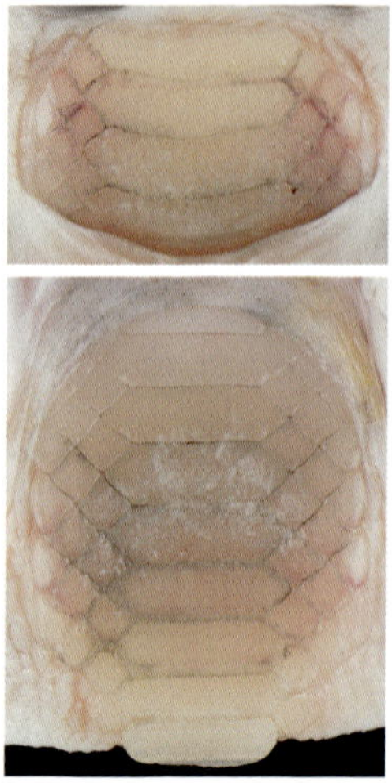

上顎歯(上)と下顎歯(下):プレート状で、貝殻をかみ砕く

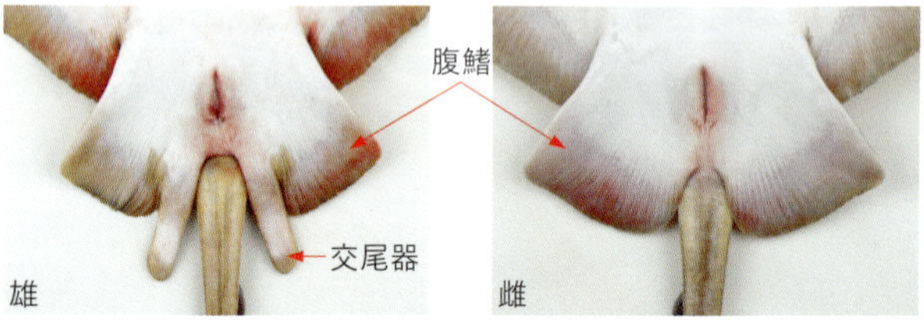

トビエイ(トビエイ属) 絶滅危惧Ⅱ類(IUCN)

Myliobatis tobijei Bleeker, 1854　体盤は横に長い菱形で、胸鰭前縁は頭部の両側で深くくびれるが、途切れることなく吻端に達する。体盤の背面は茶褐色(成魚では大きな黒斑が点在)、腹面は白色、後方は茶褐色で縁取られる。背鰭の後方に毒棘がある。上下顎歯ともに歯は7列で中央歯は幅広い。歯は古くなると新しい歯に交換される。比較的沿岸性で多くは水深60m以浅(12～333m)に生息。北海道渡島半島～九州南岸の日本海・東シナ海・太平洋沿岸、瀬戸内海、小笠原諸島、沖縄島、東シナ海大陸棚縁辺～斜面域、朝鮮半島南岸・東岸、中国渤海・黄海・東シナ海沿岸、台湾。エイ類を湯引きで食べる九州沿岸域ではときどき市場に水揚げされる。トビエイ科の中では肉質がよく、美味。英名はJapanese Eagle Ray。

ナルトビエイ(マダラトビエイ属) 準絶滅危惧(環) 絶滅危惧Ⅱ類(IUCN) *Aetobatus narutobiei* White, Furumitsu and Yamaguchi, 2013　体盤背面は一様に茶褐～黒褐色で腹面は白色。胸鰭前縁は頭部の両側で途切れ、頭鰭を形成。背鰭後方に尾棘がある。歯は癒合して1列のみのプレート状。歯は古くなると新しい歯に交換される。沿岸域や河口域に生息、貝類を専食。プレート状の歯で硬い貝殻をかみ砕き、貝殻をすべて外に吐き出し、軟体部を食べる。二枚貝類を好み、有明海や瀬戸内海をはじめ、西日本の沿岸各地でアサリ、サルボウ、タイラギ、カキ等の有用二枚貝を多く食べるので水産庁に有害生物に指定された。脊椎骨の年齢査定によると最高齢は雌で19歳、雄で9歳、最大サイズは体盤幅で雌が1.5m、雄が1mで雌の方が長寿で大きくなる。胎生で1度に平均3個体の胎仔を出産。春～秋に沿岸域に来遊、繁殖や摂餌を行い、水温が低下すると外洋の沖合域で越冬すると思われる。受精後、子宮内での胚発生が始まると、まもなく休眠。約9.5か月後(妊娠期間は12ヵ月)に目覚めた胚の発育は初期には外部卵

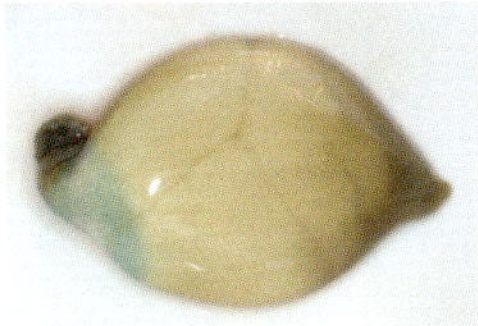
休眠中の胚（個体発生初期）

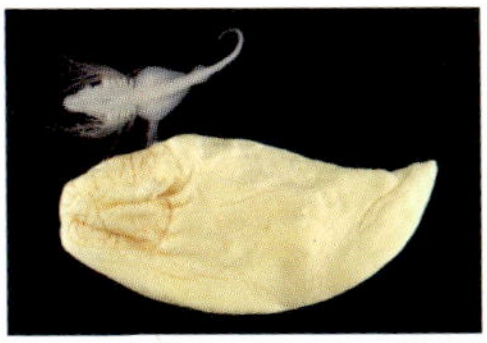
休眠から覚めて間もない胎仔

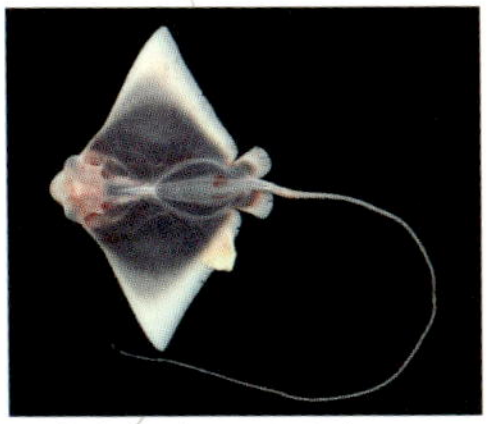
子宮内で成長した胎仔

黄嚢に依存、卵黄嚢がなくなりエイの形になるとその後子宮内に分泌される「子宮ミルク」により更に大きく成長、わずか2.5ヶ月で受精卵に対し最大346倍の重さになって生まれる。有明海では8月末に出産、交尾が行われ、排卵と受精はほぼ同時期に起こり、胚は休眠したまま越冬。雌は越冬の際に繁殖に必要なエネルギー需要を最小限に抑え、雄は死亡のリスクが高まる越冬前に交尾を済ませる。「胚休眠」は新生仔の生存が最適な夏季まで出産を遅らせ、厳しい環境下で生残を高める適応で、親と子の双方に利益をもたらす。秋田県男鹿、新潟県瀬波、能登半島、京都府舞鶴、兵庫県浜坂、長崎県野母崎、橘湾、有明海、八代海、天草灘、瀬戸内海、神奈川県江の島、三重県四日市市、高知県以布利、鹿児島県近辺、朝鮮半島東岸、台湾、中国浙江省〜広東省に分布。有明海や瀬戸内海、周防灘などでは貝類保護のために駆除されたナルトビエイの利用について検討がなされ、学校給食に利用されたことがある。幼期は身の色が黒いが、成長に従って灰色〜白色になる。鮮度がよければ干物、唐揚げ、フライ、湯引き、刺身で美味。1989年に五島列島の奈留島所属の漁船により持ち込まれた個体が日本での初記録。熱帯性の *A. flagellum* と同定されたが、その後2013年に新種とされた。標準和名も新種としての種小名も"奈留島"にちなんでいる。英名はNaru Eagle Ray。

マダラトビエイ（マダラトビエイ属） 絶滅危惧Ⅱ類(IUCN) *Aetobatus ocellatus* (Kuhl, 1823)

体盤の背面は褐色、後半部に白色点が散在する点でナルトビエイと異なる。腹面は白色で胸鰭両側は灰黒色に縁取られる。胸鰭前縁は頭部の両側で途切れ、頭鰭を形成。歯は癒合して1列。背鰭後方に毒棘がある。日本での生態は知られていないが、妊娠期間は1年、産仔数は最大4で、成熟に達する年齢は4〜6歳。数百の群れをつくることもある。サメ類に食われることがある。水深1〜60mの岩礁やサンゴ礁に生息。湾内や河口域に現れることもある。新潟県寺泊、紀伊半島南部〜九州南岸の太平洋沿岸、琉球列島、東シナ海、台湾、中国東シナ海・南シナ海沿岸、インド－西太平洋、トンガ諸島、ハワイ諸島、大西洋の熱帯〜亜熱帯域に分布。英名はSpotted Eagle Ray。　（山口敦子）

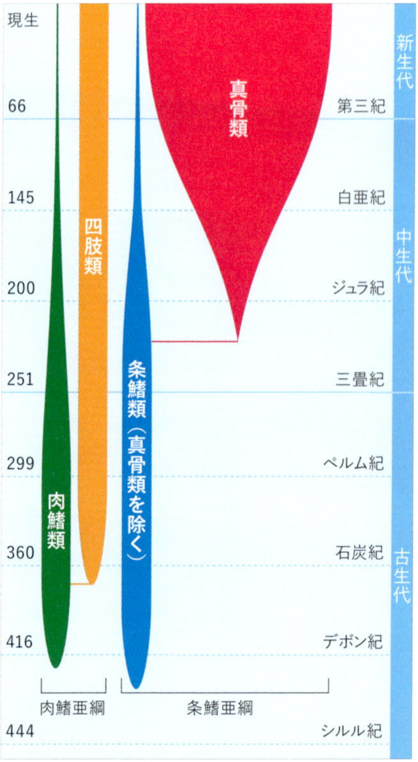

硬骨魚類の歴史　単位：百万年

硬骨魚綱 Osteichthyes　内骨格は基本的に軟骨性硬骨と膜骨（皮骨）からなる。一部、軟骨の部分もある。軟骨性硬骨は初期には軟骨で後に硬骨化し、膜骨は結合組織が硬骨化して軟骨の段階を経ない。鰓孔は1つで鰓弓は神経頭蓋の後半部下に位置する。鱗は覆瓦状に並ぶ。鰾がある。体は基本的に側扁。硬骨魚綱は条鰭亜綱と肉鰭亜綱に分けられる。内耳の半規管は3つで、通嚢には耳石、稀に平衡砂がある。

肉鰭亜綱 Sarcopterygii　胸鰭と腹鰭が後担鰭骨のみから構成され、四肢類では胸鰭が前脚（手）、腹鰭が後脚（足）に進化する。鱗はコズミン鱗（コズミン層、脈管層、イソペディン層）が基本、現生種ではこれからの派生。頰に鱗骨があり、頭部側線の走り方は条鰭類と異なる。古生代シルル紀末期に出現、デボン紀～中生代ジュラ紀は多様性を保ったが、現生ではシーラカンスと肺魚のみ。デボン紀末期にこの仲間が陸に上がり四肢類（両生類、爬虫類、鳥類、哺乳類）が進化した。

側扁した体形

条鰭亜綱 Actinopterygii
胸鰭と腹鰭が基本的に前担鰭骨、後担鰭骨、放射骨から構成される。鱗はパレオニスカス鱗（ガノイン層、コズミン層、板骨層）が基本、現生種ではこれからの派生。一部の祖先的なものが頰に鱗骨をもつが、ほとんどで消失し、頭部側線の走り方は肉鰭類と異なる。シルル紀中期に出現、祖先的なものはデボン紀から三畳紀まで栄えたが、現世ではわずかにポリプテルス類、チョウザメ類、アミア類、ガーパイク類が残存するのみ。派生的な真骨類は三畳紀末期に出現し、ジュラ紀から白亜紀を経て現世に至って繁栄。現生の条鰭類のほとんどが真骨類。

チョウザメ

2m TL

多鰭区 Cladistia　体の鱗は菱形のパレオニスカス鱗(ガノイン層、コズミン層、板骨層)。背鰭は5〜18の小離鰭で、それぞれの前端に1棘条。胸鰭は肩甲骨と烏口骨に前担鰭骨と後担鰭骨が軟骨板をはさみ多くの放射骨があり鰭条を支える。噴水孔がある。鰓弓は4対。左右1対の肺は気道で食道の下側に開く。腸に螺旋弁がある。稚魚に外鰓があり、肺魚の稚魚に似る。ポリプテルス類のみ。

軟質区 Chondrostei　噴水孔がある。内骨格は二次的にかなり軟骨化。胸鰭は肩甲骨、中烏口骨、烏口骨が鎖骨に癒着し、放射骨があるが、すべて軟骨化している。鰓弓は4対。鰾は単一形。腸に螺旋弁がある。現世はチョウザメ類のみ。　（中坊徹次）

チョウザメ目 Acipenseriformes　体は細長く、吻は尖る。背鰭、臀鰭は体の後方。脊椎は椎体がなく脊索の状態。尾鰭は脊索の後端が尾鰭の上葉に伸び、上下両葉が不相称で異尾とよばれる。骨格は軟骨が主体だが、鰓蓋(主鰓蓋骨がない)と肩帯は硬骨。鱗は硬鱗(ガノイン層、板骨層)。鰾は大きく、気道で消化管に連続する。腸に螺旋弁がある。チョウザメ科Acipenseridae(4属25種)とヘラチョウザメ科Polyodontidae(2属2種)の2科。

チョウザメ科 Acipenseridae　体側に5列の大きな板状硬鱗がある。口は下位、2対の口ひげがある。成魚に歯がない。主に貝、多毛類、甲殻類、魚類を食べる。海に生息し、産卵時は河川に遡上する遡河回遊をするが、一部は淡水域で一生を送る。雄は13年程度、雌は8〜14年で成熟。産卵は3〜5年か、それ以上の間隔で行われる。産卵後の親魚は海に戻る。100歳前後と思われる個体が知られている。チョウザメ類の卵はキャビアとして珍重されるが、厳密にはベルーガ *Huso huso* (Linnaeus 1758)など3種の未受精卵。しかし他種の卵もキャビアとよばれている。肉は燻製にされる。キャビアは美味で、乱獲や密漁の問題があり、また、河川改変、ダム建設や水質汚染などにより個体群が激減している。現在は27種のうち23種が国際自然保護連合(IUCN)レッドリストの絶滅危惧種に指定。さらに、ワシントン条約の附属書IまたはIIに全種が掲載。日本も含め、各国で養殖されている。全長6m以上の種がいる。北半球に4属25種、日本に2属 3種。日本産のチョウザメは絶滅、カラチョウザメ *Acipenser sinensis* Gray, 1835は迷魚、ダウリアチョウザメ *Huso dauricus* (Georgi, 1775)は北海道の定置網で稀に漁獲される程度。

チョウザメ(チョウザメ属) 日本では絶滅
準絶滅危惧種(IUCN) *Acipenser medirostris* Ayres, 1854　吻は鋭く突出、腹面に2対のひげがある。左右の鰓膜は腹面で癒合しない。腹鰭は体の中央より後方。体は背面が緑色をおびた褐色、腹面は淡い。北太平洋沿岸に分布。日本では、かつて新潟県、福島県以北、北海道の沿岸域、天塩川や石狩川に遡上群がいたが、現在では絶滅。　（波戸岡清峰）

新鰭類

新鰭区 Neopterygii　噴水孔がない。背鰭と臀鰭の鰭条は担鰭骨と同数。下記の2亜区に分けられる。

全骨亜区 Holostei　鱗は表面にガノイン層のある硬鱗（コズミン層を欠く）。鰾は左右2室に分かれた単一形で内面が胞状で血管に富み、気道によって食道の背面とつながる。腸に螺旋弁があるが、痕跡的。尾鰭は正尾に近い異尾。現世ではガーパイク、アミアがいる。幽門垂はガーパイクにはあるが、アミアにはない。

真骨亜区 Teleostei　鱗はガノイン層もコズミン層もない円鱗か櫛鱗、あるいはそれらの変形鱗。鰾は単一形で、肺の機能はない。鰾は気道で食道の背側に開くが、ほとんどは気道が消失している。腸に螺旋弁がないが、一部に痕跡的に残る。尾鰭は正尾またはその変形尾。現生魚類のほとんどが真骨類。基本的に体外受精で大量の卵を産み、小卵多産。これに合う生殖器官の形態をもつ。淡水域、汽水域、浅海から深海の表層、中層、底層と水域のあらゆる所に生息。（中坊徹次）

カライワシ下区 Elopomorpha

カライワシ目 Elopiformes　体は延長する。口は端位で、大きく、後端は眼の中央をこえる。喉板が発達。鰓条骨は23～35。レプトセファルスは尾鰭が二叉。全世界の熱帯～亜熱帯の浅海域に生息。カライワシ科とイセゴイ科の2科。

カライワシ科 Elopidae　鰓条骨数は27～35。全世界の熱帯～亜熱帯の浅海域に生息、種によって汽水域、淡水域にも侵入。1属7種。

カライワシ（カライワシ属） *Elops hawaiensis* Regan, 1909　体は銀白色で背面は青緑色。口は大きい。鱗は細かく、側線鱗数は93～100。暖海沿岸域の表層に生息、幼魚は汽水域に侵入することもある。青森県～九州西岸の日本海・東シナ海沿岸（散発的）、茨城県～九州南岸の太平洋沿岸（散発的）、瀬戸内海東部、琉球列島、朝鮮半島南岸、済州島、ハワイ諸島近海、インド－西太平洋の暖海域に分布。

イセゴイ科 Megalopidae　体はやや側扁。背鰭の最後の鰭条は延長する。インド－西太平洋域と大西洋にそれぞれ1種。

イセゴイ（イセゴイ属） *Megalops cyprinoides* (Broussonet, 1782)　臀鰭基底は相対的に背鰭基底より長い。鱗が大きく側線鱗数は30～40、側線鱗に放射状の溝がある。暖海沿岸域の表層に生息、仔魚や幼魚はときに汽水

カライワシ

75cm SL

イセゴイ

80cm SL

ソトイワシ

80cm SL

ギス

40cm SL

ギスのレプトセファルス　20mm TL

域や淡水域に侵入する。新潟県～山口県の日本海沿岸(散発的)、青森県～屋久島の太平洋沿岸(散発的)、大阪湾、浜名湖、琉球列島、朝鮮半島南岸、台湾、インド－西太平洋の暖海域に分布。

ソトイワシ目 Albuliformes　体は延長する。口は小さく下位。喉板は棒状で小さいかまたはない。下顎の側線管は骨にある溝を通る。鰓条骨は6～16。熱帯～亜熱帯の浅海域に生息、沿岸のソトイワシ科と深海性のギス科の2科。

ソトイワシ科 Albulidae　口は下位であるが吻端に近い。熱帯～亜熱帯の浅海域に生息。1属11種。

ソトイワシ(**ソトイワシ属**) *Albula* sp. 体は銀白色で約10本の暗色縦帯があり、延長し、側扁。背鰭の基底は短く、鰭条数は16～17。腹鰭は体の中ほど。側線鱗は62～72。口は下位で小さく、喉板はない。暖海の沿岸域に生息。千葉県～鹿児島県屋久島の太平洋沿岸、山陰地方～熊本県の日本海・東シナ海沿岸(散発的)、琉球列島に分布。

ギス科 Pterothrissidae　背鰭の基底は長い。口は下位。深海性。日本と西アフリカ沿岸沖に2属2種。

ギス(**ギス属**) *Pterothrissus gissu* Hilgendorf, 1877　体はほぼ円筒形、背部は青みがかった灰色で腹部は銀色。背鰭の基底は長く、鰭条数は54～65。腹鰭は体の中ほど。側線有孔鱗数は99～109。口は下位で小さく、喉板はない。水深200m以深の岩礁域に生息。北海道オホーツク海沿岸、北海道～九州南岸の太平洋沿岸、新潟県～隠岐にかけての日本海沿岸(少ない)、東シナ海大陸棚縁辺～斜面上部、九州－パラオ海嶺、台湾周辺に分布。小骨が多いが白身で、すり身にしてかまぼこや揚げ物で食される。(波戸岡清峰)

シギウナギ

1.4m TL

ウンブキアナゴ

35cm TL

ダイナンウミヘビ

ダイナンウミヘビの頭部

1.4m TL

イナカウミヘビ

80cm TL

尾端部は糸状、脊椎骨数は750以上。日本に分布するクロシギウナギ*Avocettina infans* (Günther, 1878)、クロシギウナギモドキ*A. paucipora* Nielsen and Smith, 1978は、尾端部は糸状でない、側線孔列が1列などで区別できる。北海道南部～土佐湾の太平洋沖、東シナ海大陸斜面域、台湾南部海域、地中海を含む世界の温帯～熱帯域に分布。

ウナギ目 Anguilliformes　体は円柱状で細長く、腹鰭はない。胸鰭のないものも多い。背鰭と臀鰭は基底が長く尾鰭と連続する。ただし、尾鰭がなく尾端が肉質で終わるもの、背鰭と臀鰭が尾端部付近のみにみられるものもいる。鰓の開口部は狭い。通常、鱗はないが、皮下に埋もれた微小鱗をもつものもいる。レプトセファルス幼生期を経る。19科159属938種。なお、2009年にパラオの浅海の洞窟で、2億2000万年前頃に現在のウナギ目魚類の共通の祖先から別れ、祖先的な形態を残した"生きた化石"ともいうべきウナギ目魚類*Protanguilla palau* Johnson, Ida and Sakaue, 2011が発見された。

シギウナギ科 Nemichthyidae　顎は細長くて著しく伸長し、上下に湾曲。ただし、成熟した雄の顎は短くなる。歯は小さく、顎の外側までみられる。眼は非常に大きい。肛門は体の中央よりはるかに前。水深300m以深の中深層に生息。口を開けた状態で垂直に体を保ち、細い顎に絡まった甲殻類などを食べる。世界で3属9種、日本に2属3種。

シギウナギ（シギウナギ属） *Nemichthys scolopaceus* Richardson, 1848　肛門は胸鰭の下方、側線孔（そくせんこう）は3列で体節ごとに五点形配列、

イワアナゴ科 Chlopsidae　鰓孔（さいこう）が小さく、1～2個の側線孔が鰓孔より前にあることで、ウツボ科に似ていることから、英語でfalse morays（偽のウツボ）とよばれる。しかし、胸鰭のあるものもおり、後鼻孔が上唇の縁辺や上方、ないし内側に開くなどで異なる。サンゴ礁や岩礁、礫底、藻場や、大陸棚の縁辺部に生息するが、隠れ住んでいることが多く、みることはほとんどない。世界で8属22種、日本に4属5種（1種はレプトセファルス幼生）。

ウンブキアナゴ（ウンブキアナゴ属） *Xenoconger fryeri* Regan, 1912　胸鰭がない。後鼻孔は上唇のやや上方に開く。奄美群島徳之島の海岸線から約400m内陸側に開いた洞窟の出口付近で2011年に採集された1個体が日本初記録。和名のウンブキは徳之島の方言で、海岸にある海に通じる洞窟という意味。西インド－太平洋の熱帯域に分布。

ホタテウミヘビ

ホタテウミヘビの頭部

1m TL

シマウミヘビ

90cm TL

シマウミヘビの頭部

ミナミホタテウミヘビ

1m TL

ウミヘビ科 Ophichthidae　後鼻孔は上唇の内側ないし縁辺に開く。鰓条骨は多くて糸状になり、左右のものが鰓孔の前方付近の腹部正中線上で重なり（重なりは皮膚を通して見えることが多い）、かご状の構造物をつくる。短い尾鰭があり尾端の柔らかいグループと、尾鰭はなく尾端が尖るグループに分けられる。砂泥底に生息。尾端から砂泥底に潜り、前後に移動する。世界に59属319種、日本に18属51種。

ダイナンウミヘビ（ダイナンウミヘビ属） *Ophisurus macrorhynchos* Bleeker, 1853　体は非常に細長く断面は円形。両顎は細長く尾端は硬く尖る。皮膚に皺のように見える隆起線がある。鋤骨に大きな犬歯状歯がある。沿岸の浅場から水深約500mの砂泥底に生息。夜行性で昼間は頭だけを出して砂に潜っている。延縄や底曳網で混獲されるが利用されない。福島県～九州南岸の太平洋沿岸、新潟県～九州北西岸の日本海・東シナ海沿岸、朝鮮半島南岸、東シナ海大陸棚縁辺域に分布。

イナカウミヘビ（ウミヘビ属） *Ophichthus asakusae* Jordan and Snyder, 1901　体は尾端まで一様な太さで、途中で切れたように見えることが多い。背鰭と臀鰭は尾端付近でやや低くなる。尾端付近に皺状の構造物がある。スソウミヘビ *Ophichthus urolophus* (Temminck and Schlegel, 1847) と間違えられることが多い。水深100m以浅の砂泥底に生息。相模湾～土佐湾の太平洋沿岸、東シナ海大陸棚域、福建省～海南島の中国沿岸に分布。底曳網や刺網で時々とれる。

ホタテウミヘビ（ウミヘビ属） *Ophichthus zophistius* (Jordan and Snyder, 1901)　頭部の側線孔は黒く縁取られて目立ち、背鰭の前方は黒い。主上顎骨歯は1～2列。水深約40mまでの沿岸の砂泥底に生息。砂に潜り、底から頭を出している。東京湾～鹿児島湾の太平洋沿岸、口永良部島、新潟県～九州北西岸の日本海・東シナ海沿岸（散発的）、瀬戸内海、朝鮮半島西岸・南岸に分布。

シマウミヘビ（ゴイシウミヘビ属） *Myrichthys colubrinus* (Boddaert, 1781)　体に24～35本の横帯がある。背鰭は眼のやや後方から始まり、胸鰭はかなり小さい。サンゴ礁の砂底に生息。同じような縞模様をもつソラウミヘビ *Leiuranus semicinctus* (Lay and Bennett, 1839) もサンゴ礁域でよくみられる。小笠原諸島、和歌山県～屋久島の太平洋沿岸（散発的）、南日本の沿岸域、インド－太平洋に分布。

ミナミホタテウミヘビ（ミナミホタテウミヘビ属） *Pisodonophis cancrivorus* (Richardson, 1848)　頭部側線孔は黒く縁取られない、主上顎骨歯は顆粒状で歯帯をなすなどでホタテウミヘビと異なる。小笠原諸島、神奈川県三崎～屋久島の太平洋沿岸、沖縄諸島、台湾、浙江省～海南島の中国沿岸、インド－西太平洋に分布。底曳網でとれる。　（波戸岡清峰）

ウツボ

80cm TL

ウツボの口腔内(上顎)

ウツボの口腔内(下顎)

ウツボの咽頭顎

ウツボの咽頭顎

ウツボ科 Muraenidae
体は無鱗で鰭とともに肥厚した皮膚に被われる。胸鰭と腹鰭はない。鰓孔は小さく頭部の側面。体側の側線孔は鰓孔前の背方に1～2個。前鼻孔は管状で吻端付近、後鼻孔は眼の前縁上方付近。魚類、甲殻類、タコなどを捕食。ウツボ類の喉には鉤状に曲がった鋭い咽頭歯の列(ウツボ類では咽頭顎とよばれる)があり、顎歯でとらえた餌生物をこの歯を使い効率よく飲み込む。ウツボ亜科とキカイウツボ亜科に分けられ、世界の熱帯～亜熱帯域に16属200種、日本に11属61種。

ウツボ科の分布

ウツボ亜科 Muraeninae　背鰭が肛門周辺より前方から始まり、臀鰭は肛門後方より始まる。歯は一般に鋭いが、臼歯をもつものもいる。世界に11属164種、日本に7属51種。

ウツボ(ウツボ属) *Gymnothorax kidako* (Temminck and Schlegel, 1847)　体は黄褐色地で、多くの濃茶褐色の不規則な横帯がある。臀鰭基部は濃褐色で縁辺は白色。顎歯は犬歯状で鋭く1列、上顎前方中央に2～3本の大きく鋭い歯がある。幼魚や若魚では上顎側方の主上顎骨の前方内側にやや大きな数本の歯の1列がみられるが成長に伴い消失する。以下、幼魚～成魚のこのような歯の形状をウツボ型とする。沿岸の岩礁域に生息し、魚類、甲殻類、タコなどを捕食する。伊豆諸島、茨城県～九州南岸の太平洋沿岸、島根県～九州南岸の日本海・東シナ海沿岸、瀬戸内海(中央部を除く)、屋久島、奄美大島、朝鮮半島南部、済州島、台湾北部に分布。和歌山県ではウツボかごや刺網で周年漁獲。旬は冬、ちり鍋、干物、刺身で食される。白身で非常に美味。

アミメウツボ(ウツボ属) *Gymnothorax pseudothyrsoideus* (Bleeker, 1853)　体は褐色地に黄白色の細かい網状紋がある。網状紋は若魚では明瞭だが、成長に伴い不明瞭になる。顎歯はウツボ型。沿岸域やサンゴ礁域

アミメウツボ

80cm TL

クラカケウツボ

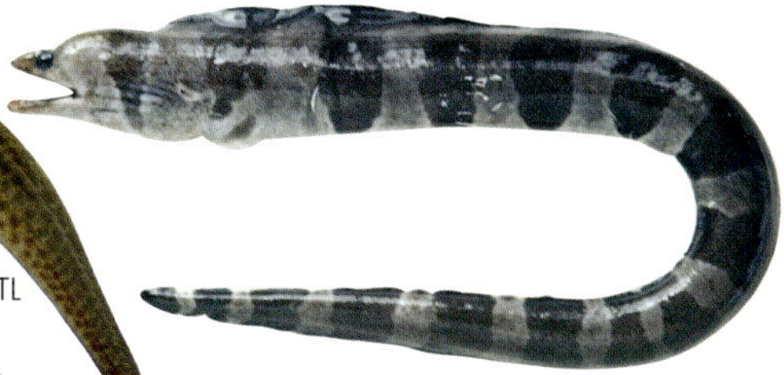

80cm TL

ユリウツボ

80cm TL

オキノシマウツボ

80cm TL

ナミウツボ

1m TL

に生息するが、内湾域や河口域でもみられる。和歌山県紀南、高知県、宮崎県、鹿児島県佐多・内之浦、山口県日本海側、沖縄島、台湾、澎湖諸島、海南島、西太平洋、アンダマン海に分布。

クラカケウツボ(**ウツボ属**) *Gymnothorax rueppellii* (McClelland, 1844)　体は淡褐色地に15～22本の幅広の暗褐色横帯がある。躯幹部前方の横帯は腹面でつながらない。生時、頭部は黄色の粘液で被われる。顎歯はウツボ型。サンゴ礁域の浅所に生息。琉球列島、インド－太平洋に分布。

ユリウツボ(**ウツボ属**) *Gymnothorax prionodon* Ogilby, 1895　体は暗褐色地に、淡褐色斑がブロック状に配置。淡褐色斑が大きく、暗褐色地が網目状に見える個体もいる。顎歯はウツボ型。沿岸岩礁域のやや深所(水深100m前後)に生息。小笠原諸島、千葉県館山湾～高知県柏島の太平洋沿岸、琉球列島、朝鮮半島南岸、台湾、海南島、西沙群島、オーストラリア東岸・北東岸、ニュージーランドに分布。

オキノシマウツボ(**ウツボ属**) *Gymnothorax ypsilon* Hatooka and Randall, 1992　体は淡褐色地に28～33本の幅の狭い黒褐色横帯ないしY字状の黒褐色帯がある。頭部前半は一様に褐色。顎歯はウツボ型。なお、成長した雌では、多くの場合、上顎側方の主上顎骨の前方内側の歯は消失しない(性的二型)。沿岸のやや深み(水深200mまで)に生息。神奈川県真鶴、伊豆諸島新島、和歌山県みなべ町、土佐湾、沖縄諸島、尖閣諸島、澎湖諸島、ニュージーランド、ハワイ諸島に分布。

ナミウツボ(**ウツボ属**) *Gymnothorax undulates* (Lacepède, 1803)　体は暗赤褐色地に黄白色の網状または線状斑がある。生時、頭部は黄色の粘液で被われる。顎歯はウツボ型。下顎はいくぶん湾曲する。サンゴ礁域に生息。小笠原諸島、三重県和具、高知県柏島、屋久島、琉球列島、インド－汎太平洋に分布。

(波戸岡清峰)

ドクウツボ

1.8m TL

ゴマウツボ

1m TL

アミウツボ

60cm TL

ニセゴイシウツボ

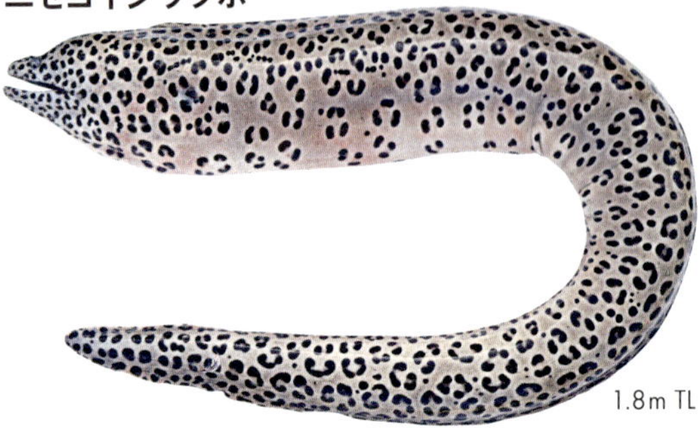

1.8m TL

ドクウツボ（ウツボ属） *Gymnothorax javanicus* (Bleeker, 1859)　体は濃い茶褐色地に、3〜4列のやや不規則に並ぶ黒褐色斑と多数の小黒褐色斑がある。黒褐色斑は、成長に伴い不明瞭となる。鰓孔(さいこう)は黒い。顎歯(がくし)はウツボ型（p.66）。上顎前方中央部の歯は大きくて通常2本。大型種で、大きな個体は皮膚が非常に分厚くなる。サンゴ礁域の浅所に生息。小笠原諸島、種子島、屋久島、琉球列島、台湾、澎湖諸島、インド−太平洋に分布。沖縄方面では付着性微細藻類がつくるシガテラ毒（シガトキシン類）による食中毒を起こす魚類として知られる。

ゴマウツボ（ウツボ属） *Gymnothorax flavimarginatus* (Rüppell, 1830)　体は茶色地に濃黒褐色の小斑点が密在。鰓孔は黒い。生時、鰭の縁辺は黄色ないし黄緑色。顎歯はウツボ型。上顎前方中央部の歯は2本のことが多い。サンゴ礁域の浅所に生息。伊豆−小笠原諸島、高知県柏島、種子島、屋久島、琉球列島、インド−汎太平洋に分布。

ニセゴイシウツボ（ウツボ属） *Gymnothorax isingteena* (Richardson, 1845)　体は白色地に、円形か楕円形、あるいはこれらがつながった濃褐色斑が密在。顎歯はウツボ型。大型種でサンゴ礁域に生息するが、岩礁域のやや深み（水深100m前後）や、内湾域でもみられる。八丈島、伊豆半島大瀬崎、愛媛県愛南、屋久島、琉球列島、西太平洋（オーストラリア沿岸を除く）に分布。

アミウツボ（ウツボ属） *Gymnothorax minor* (Temminck and Schlegel, 1847)　体は淡黄色地に14〜22本の太い褐色横帯があり、背方の横帯は点状。頭部に小さな不定形の褐色斑がある。体は側扁せず、むしろ円筒状。歯の前後の切縁は鋸歯状。上顎前方口蓋中央に普通は歯がない。沿岸のやや深みの砂泥底（水深100mまで）に生息。和歌山県みなべ町では水深60〜100mの刺網や延縄で時々とれる。新潟県〜山口県の日本海沿岸（散発的）、九州北岸〜南岸の玄海灘・東シナ海沿岸、千葉県外房〜九州南岸の太平洋沿岸、朝鮮半島南岸、台湾、澎湖諸島、中国江蘇省〜ベトナムの南シナ海沿岸、オーストラリア東岸・北西岸に分布。

ワカウツボ

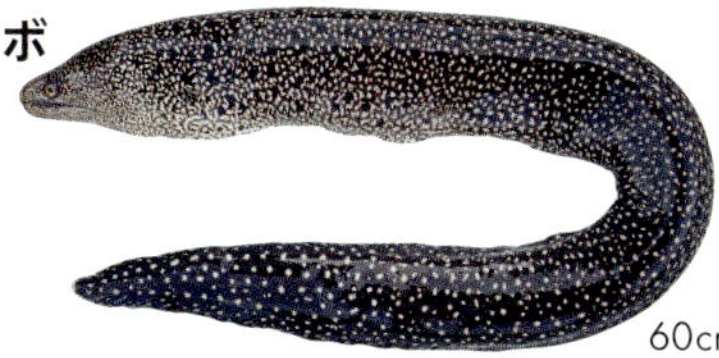

60cm TL

サビウツボ

60cm TL

アセウツボ

1.2m TL

若魚

40cm TL

オナガ
ウツボ

3m TL

ワカウツボ(ウツボ属)

Gymnothorax meleagris (Shaw, 1795)　体はあずき色地に多くの蠕虫状と円形の黄白色斑(生時)、黒色点がある。体色は変異が多く、黒色点がなくて黄白色の蠕虫状斑紋があるもの、全体が白色のものがいる。口腔内は体と同様の色彩。生時、頭部は黄色の粘液で被われる。両顎はわずかに湾曲し、歯は鋭い。上顎前方中央部の歯は3列、側方の主上顎骨歯は2列、下顎歯は前方で2列。南方系のハナビラウツボ*G. chlorostigma* (Kaup, 1856)も同じような歯列をもつが、体に白色点しかないことや、口腔内が白いので容易に区別できる。温帯沿岸の岩礁域〜亜熱帯サンゴ礁域に生息。伊豆−小笠原諸島、千葉県館山湾〜愛媛県愛南の太平洋沿岸、屋久島、琉球列島、南大東島、台湾、澎湖諸島、インド−太平洋に分布。

サビウツボ(ウツボ属) *Gymnothorax thyrsoideus* (Richardson, 1845)　頭部前半は濃褐色。体は淡褐色地に小濃褐色点が密在する。眼の虹彩は白色。上顎前方中央の歯列は鈍い円錐歯で周辺歯列とほぼ同じ大きさ。上顎側方の主上顎骨歯は2列。サンゴ礁域の浅所に生息。伊豆−小笠原諸島、三重県和具〜屋久島の太平洋沿岸(散発的)、琉球列島、モルジブ諸島、東インド−太平洋(ハワイ諸島を除く)に分布。

アセウツボ(ウツボ属) *Gymnothorax pictus* (Ahl, 1789)　体は白色地に微小黒点が密在。微小黒点が集まり不規則形の黒斑状態になったものがみられることが多い。眼の虹彩に斑点がある。背鰭は鰓孔上方より始まる。歯はウツボ型と異なり、上顎前方中央の歯は鈍い小円錐歯(通常1個)で、下顎先端の歯も鈍い。サンゴ礁域のごく浅所やタイドプールに生息。ときに上げ潮時に潮がさしているサンゴ礁の上で泳ぎまわるのがみられる。伊豆−小笠原諸島、屋久島、琉球列島、インド−汎太平洋に分布。

オナガウツボ(タケウツボ属) *Strophidon sathete* (Hamilton, 1822)　尾部は非常に長く、吻端から肛門までの距離の1.5〜2倍。体は一様な褐色。日本のウツボ類の中で最大。内湾の泥底域に生息。駿河湾、和歌山県、高知県須崎、沖縄島、台湾北部、マカオ、西インド−西太平洋に分布。　(波戸岡清峰)

トラウツボ

90cm TL

クモウツボ

60cm TL

シマアラシウツボ

60cm TL

幼魚

25cm TL

ゼブラウツボ

1m TL

トラウツボ(コケウツボ属) *Enchelycore pardalis* (Temminck and Schlegel, 1847)　両顎は細長く、湾曲し、前方に隙間ができる。歯列はウツボ型(p.66)だが、本種では牙状で大きな歯が数本の小さな歯をはさんで並ぶ。後鼻孔は前鼻孔と同様、管状で長い。体はオレンジ色で、黒褐色に縁取られる多くの白色点がある。沿岸の岩礁域に生息。和歌山県南部では水深60～90mの刺網やウツボ篭で漁獲される。千葉県館山湾～屋久島の太平洋沿岸、小笠原諸島、奄美大島、朝鮮半島南部、台湾、インド－太平洋に分布。

クモウツボ(アラシウツボ属) *Echidna nebulosa* (Ahl, 1789)　体は淡褐色の地に2列のアメーバ状斑がある。歯は鈍い。上顎口蓋部の鋤骨歯は側方の主上顎骨歯より大きく臼歯状。歯に性的二型があり、成長した雄の上顎前方側方の歯は鋭く、鋸歯縁があるが、雌の歯は鈍く、鋸歯縁はない。サンゴ礁域の浅所(礁湖内に多い)でよく見られる。伊豆－小笠原諸島、和歌山県串本～屋久島の太平洋沿岸(散発的)、琉球列島、インド－汎太平洋に分布。

シマアラシウツボ(アラシウツボ属) *Echidna polyzona* (Richardson, 1845)　全長約30cmまでは、体の地は白色で明瞭な25～30条の褐色横帯があるが、成長に伴って、地は淡褐色になり褐色横帯は不明瞭になる。一様に茶褐色になるものもいる。歯は鈍い。上顎口蓋部の鋤骨歯は洋梨状の幅広い歯帯を形成する。クモウツボ同様、歯に性的二型がみられるが、鋸歯縁はない。サンゴ礁域の浅所(礁湖内に多い)に生息し、甲殻類を食べる。八丈島、高知県柏島、屋久島、琉球列島、インド－太平洋に分布。

ゼブラウツボ(ゼブラウツボ属) *Gymnomuraena zebra* (Shaw, 1797)　体は黒色の地に30～100本以上の幅の狭い白色横帯がある。背鰭は低く不明瞭、起部は鰓孔よりかなり後方。肛門も体の中央より後方。歯は非常に鈍く大部分が臼歯。上顎前方の歯と上顎口蓋部の鋤骨歯は連続してひょうたん形の敷石状の歯帯を形成する。サンゴ礁域の浅所に生息、甲殻類、巻貝類、ウニ類を食べる。伊豆－小笠原諸島、屋久島、琉球列島インド－汎太平洋に分布。

ハナヒゲウツボ(ハナヒゲウツボ属) *Rhinomuraena quaesita* Garman, 1888　前鼻孔

ハナヒゲウツボ

1.2m TL

成魚(雄相)

若魚

は先が花びら状になった管に開く。体は未成熟期で黒色だが、雄性先熟の性転換をし、成長に伴って青色(雄相)から黄色(雌相)へと変化する。両顎の先端には肉質の細長い突起がある。歯は鋭い。サンゴ礁域に生息し、砂底に掘った穴や、岩の隙間で、頭だけを出している。ダイバーや水族館に人気。小笠原諸島、和歌山県串本、高知県柏島、屋久島、琉球列島、インド−太平洋(ハワイ諸島とジョンストン島を除く)に分布。

キカイウツボ亜科 Uropterygiinae　背鰭と臀鰭は尾鰭と連続するが、尾鰭付近のみに限られる。歯は鋭いが、ウツボ亜科に比べると細く、針状のものもある。世界に5属36種、日本に4属10種。

アミキカイウツボ(アミキカイウツボ属)

Uropterygius micropterus (Bleeker, 1852)　背鰭、臀鰭は尾端部に限られる。歯は針状で、ほぼ2列。淡褐色の地肌に褐色の樹枝状の斑紋があり、不明瞭な網目状の斑紋を形成する。小型種。サンゴ礁域(八重山諸島など)のごく浅所の石の下やタイドプールでよくみられる。屋久島、奄美大島、八重山諸島、台湾、西太平洋、フェニックス諸島、サモア諸島、紅海、西インド洋に分布。

ホシキカイウツボ(アミキカイウツボ属)

Uropterygius sp.　体は黒褐色の地に薄茶褐色の雪片状の斑紋が密在する。吻、下顎、尾端は淡褐色。吻は大きく、丸みをおびる。後鼻孔は眼の中央上。背鰭と臀鰭は尾端部に限られる。歯は針状で、ほぼ2列。岩礁域の浅所の石の下などに生息。伊豆−小笠原諸島、静岡県富戸、高知県室戸岬、屋久島、奄美大島、台湾に分布。

モヨウキカイウツボ(キカイウツボ属)

Scuticaria tigrina (Lesson, 1828)　体は淡褐色の地に、3縦列の地肌より淡い縁取りのある暗褐色ないし黒色の円形斑がある。これらの斑紋の間にはやや小さな暗色斑があり、吻や下顎先端にも小暗褐色斑がある。背鰭、臀鰭は尾端部に限られる。後鼻孔は短い管状で、眼の前縁上方にある。肛門は体の中央よりはるか後方。歯は犬歯状で、ほぼ2列(下顎は前半部)。サンゴ礁域の浅所に生息。日本ではやや稀種。鹿児島県屋久島・口永良部島、沖縄諸島、台湾、西沙群島、西インド洋−汎太平洋(オーストラリア沿岸を除く)に分布。

(波戸岡清峰)

アミキカイウツボ

20cm TL

ホシキカイウツボ

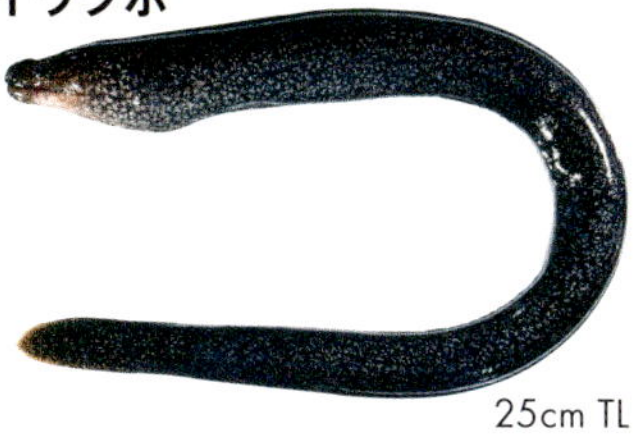

25cm TL

モヨウキカイウツボ

1.2m TL

コンゴウアナゴ

60cm TL

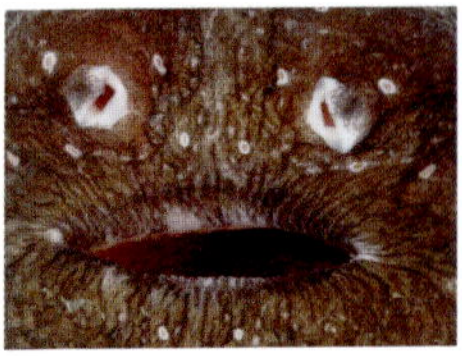

コンゴウアナゴの口（正面）

コンゴウアナゴの鰓孔（腹面）

クジラ類の死体に集まる
コンゴウアナゴ

イラコアナゴ

1m TL

イラコアナゴの体側鱗

ホラアナゴ科 Synaphobranchidae
体はやや側扁し、細長い。鰓孔は体の腹面か側面の胸鰭基底下。体に鱗があるものと、ないものがいる。第3下鰓骨が前方を向き、第3角鰓骨と鋭角的に接するのは、ウナギ目では本科のみ。本科はウナギ目の中でも祖先的なグループと考えられている。多くは200m以深に生息し、最深はケルマディック海溝での6068m。大きなもので全長1mをこえるが、多くは全長70cm。太平洋、インド洋、大西洋から3亜科12属約39種、日本には3亜科8属12種。

コンゴウアナゴ亜科 Simenchelyinae　大西洋・インド−太平洋の温帯域に1属1種。

コンゴウアナゴ（コンゴウアナゴ属）
Simenchelys parasitica Gill, 1879　口はスリット状で小さく、口裂の後端は眼の前縁に達しない。鰓孔は腹面にあり、左右は離れる。体に細長い鱗をもつ。水深136〜2620mに生息。種小名"*parasitica*"は「寄生」を意味し、これは本種の発見がカレイ科の大型種の体内からであったことに由来。しかし、寄生生活を示す事実はない。自由遊泳の個体が深海潜水艇調査などで撮影され、深海底の鯨類や大型魚類の死体に大量に蝟集し、典型的な腐肉食者と考えられる。ベイトトラップ式のかご網漁や筒漁で多獲されるが、なぜか底曳網漁ではあまり漁獲されない。北海道〜土佐湾の太平洋沖、沖縄舟状海盆、九州−パラオ海嶺、大西洋・インド−太平洋の温帯域（北東太平洋を除く）に分布。

ホラアナゴ亜科 Synaphobranchinae　口は大きく、口裂の後端は眼の後縁をはるかにこえる。歯骨の前端は前上顎骨の前端より前に突出する。ほとんどの種で両顎の歯は一様に小さい。鰓孔は腹面にあり、ほとんどの種で左右は接近。世界に4属約11種、日本に3属6種。ホラアナゴは分類が混乱しているので、示さなかった。

イラコアナゴ（ホラアナゴ属）
Synaphobranchus kaupii Johnson, 1862　体に細長い鱗をもつ。鰓孔は前方と後方で接近。水深400〜2000mに多い。口腔や鰓腔内から大型寄生性甲殻類ホラアナゴノエが見つかることがある。世界各地から類似で同定不可能な個体群が知られる。北海道のオホーツク海沖、北海道〜九州の太平洋沖、長崎県南西部、沖縄諸島北西部、九州−パラオ海嶺、台湾南部、東太平洋を除く全世界の大陸斜面域に分布。北海道〜東北沖の底曳網漁や深海釣りで大量に漁獲され、アナゴ類の代用として蒲焼き、天ぷら、煮付けなどで食され、近年、三陸地域などで食品ブランド化されている。しかし、資源量や生態の知見がほとんどなく、適切な漁獲管理が求められる。

ソデアナゴ

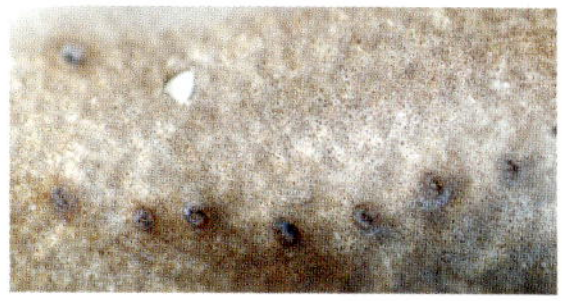
ソデアナゴの側線孔と体側鱗

アンコクホラアナゴ

ソコアナゴ

ユキホラアナゴ

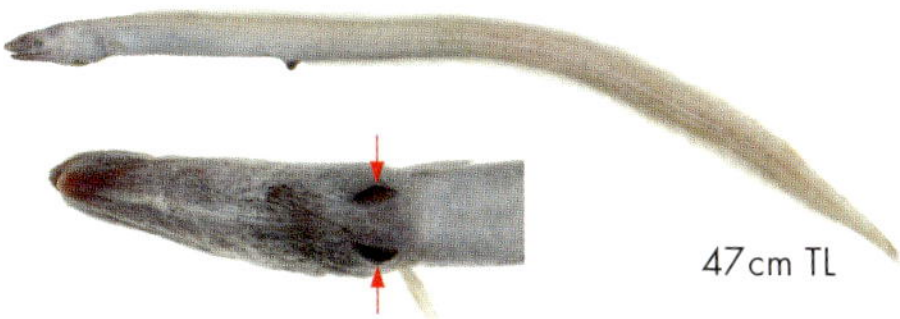

ユキホラアナゴの鰓孔(腹面)

アサバ
ホラアナゴ

アサバホラアナゴの鰓孔(腹面)

ソデアナゴ(**ホラアナゴ属**) *Synaphobranchus* sp.　日本産ホラアナゴ属では鱗が最大で、形は円形に近い。水深750〜1514mに生息。1000m以深に多く、採集記録は少ない。学名未詳で分類学的研究が必要。北海道釧路〜高知県土佐湾の太平洋沖、沖縄舟状海盆、九州−パラオ海嶺に分布。

アンコクホラアナゴ(**アンコクホラアナゴ属**) *Haptenchelys parviocularis* Tashiro and Shinohara, 2014　体は柔らかく、ぶよぶよしている。鰓孔は腹面、左右はよく離れる。眼は小さく、口裂のほぼ中央。体に鱗がなく、これはホラアナゴ亜科では本種のみ。水深2830〜4866mに生息。採集記録は少ないが、深海潜水艇調査では頻繁に撮影される。伊豆諸島、小笠原諸島、紀伊半島、高知、琉球列島の沖から記録。

ソコアナゴ(**ソコアナゴ属**) *Histiobranchus bathybius* Günther, 1877　鰓孔は腹面、前方は接近するが後方は離れる。眼は口裂の中心よりも前方。体に細長い鱗がある。水深2000〜5000mに多い。東北地方太平洋沖と土佐湾から記録、北西太平洋、ベーリング海、北大西洋に分布。

リュウキュウホラアナゴ亜科 Ilyophinae
前上顎骨の前端は歯骨の前端より前に突出するか、同じ位置。鋤骨歯(じょこつし)は主上顎骨歯(しゅじょうがくこつし)より大きい。鰓孔は腹面にあり、左右は離れる。世界に7属27種、日本に4属5種。

ユキホラアナゴ(**リュウキュウホラアナゴ属**) *Ilyophis nigeli* Shcherbachev and Sulak, 1997
体に細長い鱗がある。頭部感覚管開孔数が多い。水深568〜1800mに生息。リュウキュウホラアナゴ属は一部の種を除いて各種の分布範囲が比較的狭い。北海道〜東北の太平洋沖、千島列島沖のオホーツク海に分布。

アサバホラアナゴ(**アサバホラアナゴ属**) *Dysomma anguillare* Barnard, 1923　鰓孔は側面の胸鰭基底下。眼は小さく退化的。体に鱗はない。肛門は胸鰭後端下。生息場所はホラアナゴ科の中で最も浅く、通常水深200m以浅の大陸棚上。土佐湾および東シナ海沿岸で操業する底曳網でときに大量に漁獲されるが、食されていない。相模湾〜日向灘の太平洋沿岸、九州西岸、沖縄舟状海盆、山口県日本海沿岸、太平洋、大西洋、インド洋に分布。　(田城文人)

マアナゴ

1m TL（通常40～50cm TL）

クロアナゴ

胸鰭軟条

1.4m TL（通常60～90cm TL）

ダイナンアナゴ

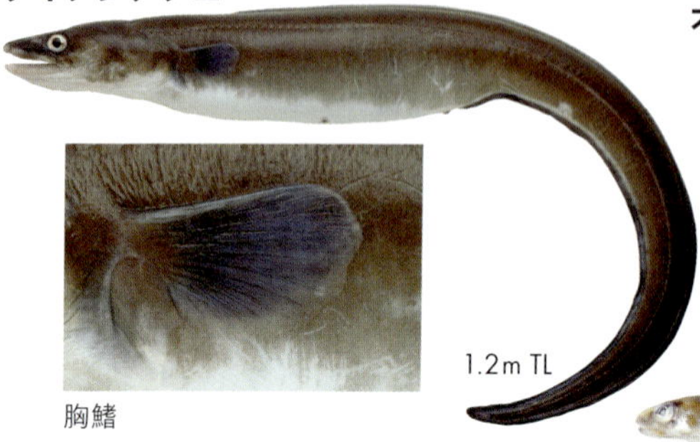

胸鰭

1.2m TL

オキアナゴ

尾鰭の大黒斑

50cm TL

ゴテンアナゴ

60cm TL

アナゴ科 Congridae　側線があるが、鱗はない。背鰭と臀鰭は明瞭で尾鰭に連続。ふつう胸鰭がある。3亜科で、世界に30属194種、日本に14属26種。

クロアナゴ亜科 Congrinae

マアナゴ（クロアナゴ属） *Conger myriaster* (Brevoort, 1856)　側線上と背中側に白点列がある。春、太平洋沿岸にレプトセファルスや変態中の十数センチの稚魚が出現、湾など浅くておだやかな海域で細長い体の“シラスアナゴ”に変態し、着底。産卵場が九州－パラオ海嶺で発見されたが、成熟卵をもったマアナゴ親魚が得られておらず、産卵生態はわからないことが多い。沿岸でみられる稚魚は外海の産卵場から黒潮にのってくると考えられている。変態した細長い稚魚は底生動物を食べる。成魚は内湾域の砂泥底に生息し、カニやエビ、魚類を食べる。全長17cm前後で雄雌に分かれ、夏～秋に全長30cm、2歳で全長40cmになる。雌の成長が早く、4歳で雌は全長60cmになるが、雄は50cm。北海道～九州南岸の太平洋・日本海・東シナ海沿岸、瀬戸内海、朝鮮半島全沿岸、渤海、黄海、東シナ海に分布。かご網や底曳網などで漁獲。美味で蒲焼きや白焼き（関西が主）、煮穴子（関東が主）、天ぷらで食される。脊椎骨の素揚げも美味。春先に日本各地で漁獲されるレプトセファルスは“ノレソレ”とよばれ食される。

クロアナゴ（クロアナゴ属） *Conger jordani* Kanazawa, 1958　体は黒っぽく、白色点がない。背鰭は胸鰭先端より後方。外洋に面した岩礁域やその沖合に生息。マアナゴより大きくなる。茨城県～屋久島の太平洋沿岸、瀬戸内海、京都府舞鶴～長崎県の日本海・東シナ海沿岸（散発的）、朝鮮半島南西岸、済州島、中国福建省、台湾・澎湖諸島に分布。刺網、延縄、定置網、底曳網で漁獲。食される。

ダイナンアナゴ（クロアナゴ属） *Conger erebennus* (Jordan and Snyder, 1901)　頭が大きく（頭長は全長の約18%、クロアナゴは約14%）、背鰭が胸鰭先端、胸鰭条数が19～21（クロアナゴは15～16）で、類似のクロアナゴと異なる。最近までクロアナゴと混同さ

チンアナゴ

ハモ

スズハモ

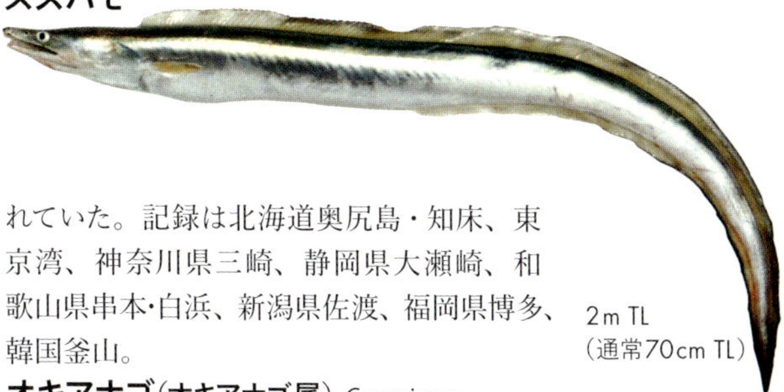

れていた。記録は北海道奥尻島・知床、東京湾、神奈川県三崎、静岡県大瀬崎、和歌山県串本・白浜、新潟県佐渡、福岡県博多、韓国釜山。

オキアナゴ(オキアナゴ属) *Congriscus megastomus* (Günther, 1877)　尾鰭に大黒斑がある。水深400～500mの砂泥底に生息し、底曳網や、深海釣りなどでとれることがある。レプトセファルス幼生は大きく、全長27cmになる。成魚は東北地方～九州南岸の太平洋沿岸、東シナ海大陸斜面上部域、九州－パラオ海嶺に分布。本種のレプトセファルスは北太平洋全体に分布するが、成魚は日本近海以外では見つかっていない。

ホンメダマアナゴ亜科 Bathymyrinae

ゴテンアナゴ(ゴテンアナゴ属) *Ariosoma meeki* (Jordan and Snyder, 1900)　眼の後ろに黒点が2つ。後鼻孔が眼を通る水平線より下。土佐湾や和歌山県南部では水深20～30m、東シナ海では水深65～160mの砂泥底に生息。房総半島～九州南岸の太平洋沿岸、瀬戸内海、新潟県～九州北西岸の日本海・東シナ海沿岸(散発的)、東シナ海大陸棚域、中国南シナ海沿岸に分布。刺網、延縄、定置網、底曳網で漁獲。あっさり味で、塩焼き、天ぷら、煮付けで食される。

チンアナゴ亜科 Heterocongrinae

チンアナゴ(チンアナゴ属) *Heteroconger hassi* (Klausewitz and Eibl-Eibesfeldt, 1959)　体が著しく細長く、鰓孔(さいこう)の周辺、肛門の周囲に黒斑がある。熱帯サンゴ礁の砂底で、多くの個体が集まって穴から体の前半部を出している。小笠原諸島、静岡県、高知県、屋久島、琉球列島、インド－太平洋。水族館やダイバーに人気。

ハモ科 Muraenesocidae　口が大きく吻が長くて尖る。背鰭と臀鰭は鰭条(きじょう)に分節をもち、よく発達し、尾鰭と連続。胸鰭はよく発達。インド洋、太平洋、大西洋の暖海に6属15種、日本に3属4種。

ハモ(ハモ属) *Muraenesox cinereus* (Forsskål, 1775)　ウナギ目の中では、顎歯が大きくて鋭い。特に、鋤骨歯(じょこつし)は目立つ。マアナゴと同様、雌の方が成長は早いが、産卵のための大きな移動をしない。日本沿岸域の産卵場は瀬戸内海西部、紀伊水道などで知られている。沿岸の浅場から水深100mくらいの砂泥底に生息し、魚類、エビ・カニ類、イカ・タコ類を食べる。新潟県佐渡～九州南岸の日本海・東シナ海沿岸、福島県～九州南岸の太平洋沿岸、瀬戸内海、朝鮮半島南岸・西岸、東シナ海、インド－西太平洋域に分布。刺網や延縄、底曳網で漁獲。美味で、湯びき、はもすき、ちり鍋、焼きはも、天ぷら、押しずしで食される。

スズハモ(ハモ属) *Muraenesox bagio* (Hamilton, 1822)　ハモとは、肛門より前の側線孔数(そくせんこうすう)が少なく33～39(ハモは40～47)、生時に胸鰭の内側が紅色で異なる。分布はハモとほぼ同じだが、各地に点々と分布する。漁獲量は少ない。　(波戸岡清峰)

ニホンウナギ

♀100cm TL, 1kg、♂50cm TL, 0.5kg

黄ウナギ 53cm TL

降河時の銀ウナギ 86.5cm TL

海で産卵回遊時の銀ウナギ 82cm TL

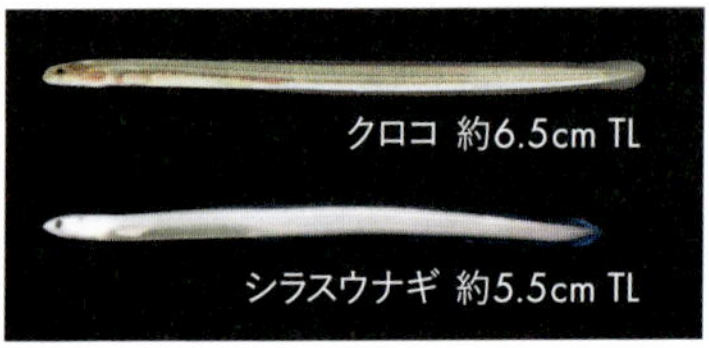

クロコ 約6.5cm TL

シラスウナギ 約5.5cm TL

レプトセファルス 約5.5cm TL

シラスウナギ

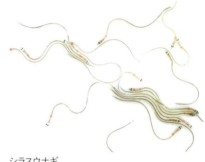

ウナギ科 Anguillidae　体は細長い円筒形。吻は丸く、下顎は上顎より突き出る。背鰭と臀鰭の基底は長く、尾鰭と連続する。胸鰭は大きく団扇状。腹鰭を欠く。体は粘膜に被われ、鱗は小判状で皮膚に埋没。生活史は降河回遊性、淡水域・汽水域で成長、成熟が始まると降海して産卵。仔魚はレプトセファルスとよばれ、海流によって受動輸送され、成育場近くの海域で変態する。吻端と尾部後端から細くなり、肛門が前方に移動、細長い円筒状の“シラスウナギ”（稚魚）に変態して、接岸する。変態期とシラスウナギ初期には摂餌しない。シラスウナギは神経頭蓋上部から黒色素胞が発達し、吻部、尾部後端、背鰭基底から体全体へと広がり、やがて筋節に沿う黒色素胞が不明瞭になるとクロコとなる。腹腔内へのグアニン色素の沈着が完了すると“黄ウナギ”となる。このあと性分化するが、ニホンウナギでは全長約30cmで起こる。黄ウナギは夜行性で、昼間は岩場や砂泥の中などの暗くて狭い場所に潜み、夜間に摂餌。肉食性で小魚、エビ類、カニ類、ザリガニ、ミミズ、アナジャコなどを捕食。数〜数十年かけて成長、成熟が始まると体は銀化し、背側は暗褐色、腹側はグアニン色素の沈着で金属光沢を呈し、“銀ウナギ”となる。銀化に伴い眼は大きくなり、胸鰭は伸びて黒化し、消化管壁はうすくなる。熱帯〜温帯、亜寒帯にウナギ属のみで16種3亜種。系統的には外洋中深層性のノコバウナギ科やシギウナギ科に近いと考えられている。

ニホンウナギ 絶滅危惧IB類(環) 絶滅危惧IB類(IUCN) *Anguilla japonica* Temminck and Schlegel, 1847　東アジアの日本、韓国、中国、台湾の河川、湖沼、河口から沿岸域まで広く生息する。体の背側は褐色または灰緑色、腹側は薄卵色。脊椎骨数は112〜119。太平洋のマリアナ諸島西方海域の水深150m前後で孵化、レプトセファルスは北赤道海流と黒潮により4〜6か月で東アジアの成育場ま

オオウナギ

黄ウナギ

♀200cm TL, 30kg、♂60cm TL, 0.5kg

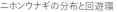

レプトセファルス 1.9cm TL

ニホンウナギの分布と回遊環

ウナギ属の分布

で運ばれる。全長5.5〜6cmでシラスウナギへ変態、日本では11〜4月に沖縄県〜岩手県の太平洋沿岸(稀に青森県、北海道南部)の河口域に接岸。水温上昇のころシラスウナギ後期になり摂餌行動が活発化、"クロコ"(全長約6.5cm)になって河川や湖沼の淡水域へ遡上。一部は河口などの汽水域、沿岸域にとどまる。全長約9cmで黄ウナギとなり、数年から十数年かけて成長。成熟が始まり銀化した銀ウナギは9〜11月に降海し、産卵場のマリアナ諸島西方海域まで回遊して産卵。産卵の最盛期は5〜7月、透明な直径約1.6mmの分離浮性卵(ぶんりふせいらん)を産む。美味で日本では主に蒲焼きとして賞味される。資源量は1970年代から減少し、2014年には国際自然保護連合(IUCN)の絶滅危惧種(EN)に指定。原因として、各地の河口域で養殖の種苗にするシラスウナギの乱獲、黄ウナギが生息する河川・河口域の環境悪化、銀ウナギの乱獲、レプトセファルスと銀ウナギの回遊に関わる海洋環境の変化などがあげられている。漁獲規制や保全活動の一方、養殖種苗用の人工シラスウナギの大量生産に向けて技術開発が進められている。2003年に人工授精により世界初の人工シラスウナギができ、2010年にはこれを成長・成熟させて親魚から採卵し、生活環を完結させる完全養殖が実験的に成功している。

オオウナギ *Anguilla marmorata* Quoy and Gaimard, 1824　ウナギ属内で最も広域に分布する大型種で、インド−太平洋の熱帯・亜熱帯に生息する。体の背側は黄褐色から緑色の地に黒褐色のまだら模様、腹側は薄卵色。脊椎骨数は100〜110。背鰭起部は胸鰭後端と肛門の中間点より前。成長すると全長に対して胴囲が大きくなり、太くずんぐりした体になる。遺伝的・形態的に異なる北太平洋集団、ミクロネシア集団、インド洋集団、南太平洋集団が知られている。北太平洋集団の産卵場はニホンウナギと同じ太平洋のマリアナ諸島西方海域。レプトセファルスは北赤道海流からフィリピン東方海域で、ミンダナオ海流によりフィリピン諸島やインドネシアなど東南アジアの熱帯に運ばれるものと、黒潮によって東アジアの亜熱帯・温帯に運ばれるものに分かれる。全長約5cmでシラスウナギに変態して接岸。日本では利根川〜九州南岸の太平洋側、九州西部、五島列島、屋久島、種子島、琉球列島の河川、湖沼、マングローブ林水域に生息。甲殻類を好んで捕食するためカニクイ、または体に斑模様があるためゴマウナギともよばれる。各地で生息地が天然記念物に指定されている。

(黒木真理)

ウルメイワシ

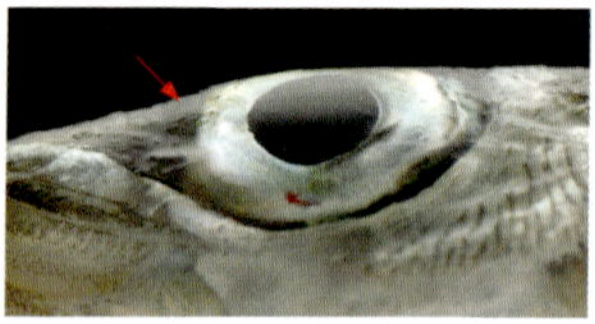
厚い脂瞼をもつ

鱗が剥がれていないときの体色

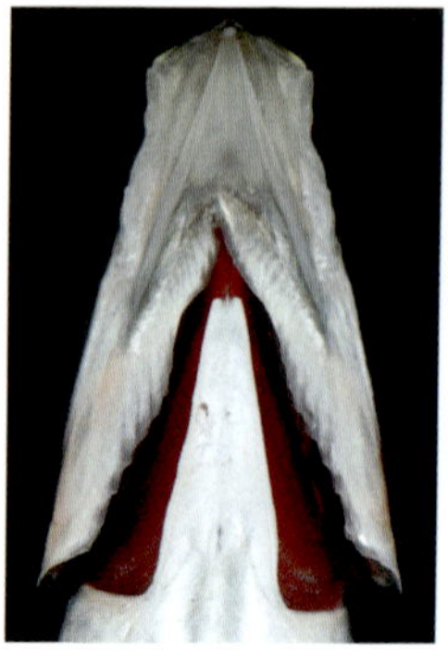
下顎腹面

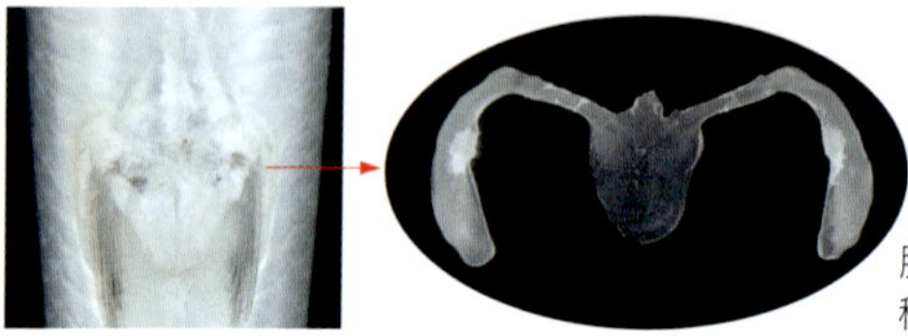
腹鰭基底前の稜鱗

ニシン・骨鰾下区 Otocephala
ニシン上目 Clupeomorpha
ニシン目 Clupeiformes
ニシン科 Clupeidae　体は側扁した紡錘形、背鰭は1基で体のほぼ中央、腹鰭はその下付近。多くは体の腹縁に稜鱗がある。多くは上主上顎骨が2個、棒状の後擬鎖骨が2個。沿岸で群泳。汽水や淡水に入るものもいる。多くは体長10～20cm。一部を除いて世界中の暖海に生息し、6亜科48属188余種。ほとんどが重要な漁業対象種。

分子系統論文によりウルメイワシ類やキビナゴ類を科として新和名が提唱されている。しかし、これまでニシン科に含められていた他のものの輪郭が明らかにされていない。全体の分類が明確にされるまで、従来の「ニシン科」にしておく。

ウルメイワシ属 *Etrumeus*
5種が世界の温帯域に分布。熱帯域に分布するギンイワシ属*Dussumieria*と本属は腹鰭の直前に逆W字状の稜鱗をもつ。

ウルメイワシ *Etrumeus micropus* (Temminck and Schlegel, 1846)　眼に顕著な厚い脂瞼がある。体に顕著な斑紋がない。鰓蓋後部縁辺に張り出しがない。他のイワシ類に比べて、やや外洋性。水深10m以浅の層を群泳、動物プランクトンを食べる。

九州北西岸では1歳で体長12.3cm、2歳で16.5cm、3歳で19.9cm、4歳22.5cm、5歳で24.5cm、6歳で26.0cm。四国・九州太平洋沿岸では、1歳で体長17cm、2歳で20cm、3歳で22cm、4歳で24cmという報告と、1歳で体長21.1cm、1.5歳で23.7cm、2歳で24.8cm、寿命は2年という報告がある。太平洋沿岸では1歳ですべての個体が成熟する。産卵期は東シナ海では周年、九州沿岸では1

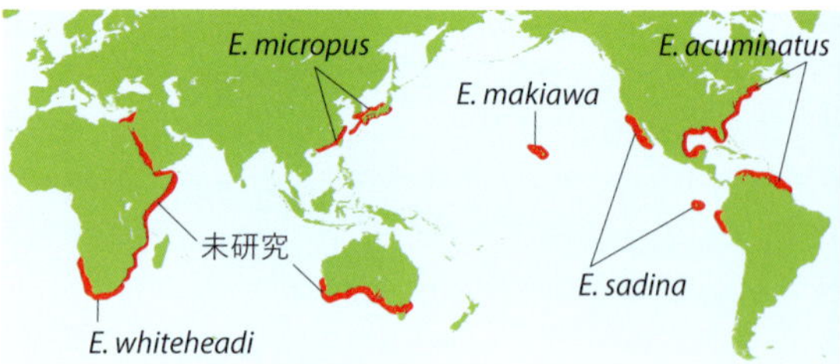

ウルメイワシ属5種の分布

キビナゴ

11cm FL
(通常約8cm FL)

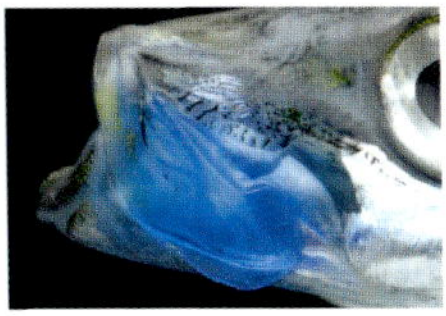

上顎

ギンイワシ

20cm FL

ギンイワシの
下顎腹面

～6月(盛期2月)、山陰では5～6月、紀伊半島から九州南岸では8月と9月を除いてほぼ周年。産卵場は、九州西北部、山口県・島根県沖、能登半島周辺の日本海沿岸、太平洋沿岸では日向灘、四国の沿岸域。産卵期の表面水温はマイワシより少し高い。分離浮性卵を産む。分布は日本を含む東アジアでは新潟県～九州南岸の日本海東シナ海沿岸、福島県～九州南岸の太平洋沿岸、瀬戸内海(少ない)、東シナ海中央部、朝鮮半島南岸、中国東シナ海・南シナ海沿岸。巻網、定置網、敷網、釣り(土佐湾)で漁獲される。旬は冬、丸干し、刺身、塩焼き、煮物、フライで賞味されるが、丸干しはイワシ類で最も美味で高価。

キビナゴ属 *Spratelloides* 上顎後半の第2上主上顎骨の後半部は四角形。世界の熱帯域から温帯域にキビナゴ *S. gracilis*、ミナミキビナゴ *S. delicatulus*、*S. lewisi*、リュウキュウキビナゴ *S. atrofasciatus*、*S. robustus* の4種が生息。温帯域に生息するのはオーストラリアの *S. robustus* とキビナゴ *S. gracilis* 日本近海個体群で、あとは熱帯海域に生息している。

キビナゴ *Spratelloides gracilis* (Temminck and Schlegel, 1846) 体側に幅広い銀白色の太い縦帯がある。体は細長い。岸近くの表層を群泳、動物プランクトンを食べる。産卵期は5～9月初め、内湾、入江、陸近くの島嶼の潮通しのよい粗い砂底で沈性粘着卵を産む。卵と粒径の粗い砂が粘着し、厚みのある板状になり海底を被う。生後6か月で全長約4cm、1歳で体長(おそらく尾叉長)7cm、2歳で11cm。約1年で成熟し、2歳が寿命だと考えられている。分布は隠岐～九州西岸、鹿島灘～九州南岸の太平洋沿岸、朝鮮半島南岸・東岸、中国南シナ海沿岸、インド－西太平洋、トンガ諸島。日本沿岸では四国太平洋沿岸、九州の各沿岸に多い。地曳網やシラスパッチ網で周年にわたり漁獲される。鮮度のよいものは手でひらいて刺身にして生姜醤油で食べる。その他フライで賞味される。

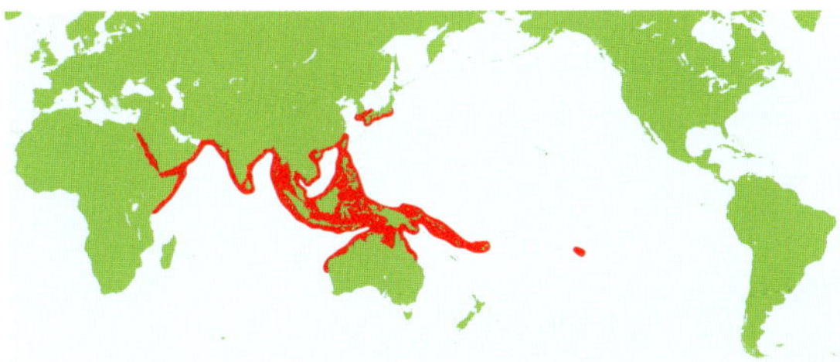

キビナゴの分布

ギンイワシ属 *Dussumieria* 鰓条骨は多く12～17本、前上顎骨は長方形。インド－西太平洋の熱帯域に *D. elopsoides*(ギンイワシ)と *D. acuta* の2種が生息する。

ギンイワシ *Dussumieria elopsoides* Bleeker, 1849 体は銀色で顕著な斑紋がない。背鰭と臀鰭はほぼ対在、鰓膜後部縁辺に張り出しがあることで、ウルメイワシと区別できる。インド－西太平洋の沿岸に広く分布するが、日本では和歌山県と沖縄県の記録があるのみ。

(中坊徹次)

ニシン

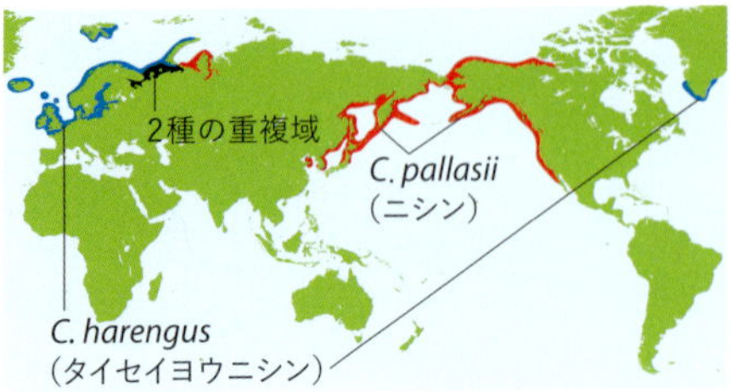

ニシン属2種の分布

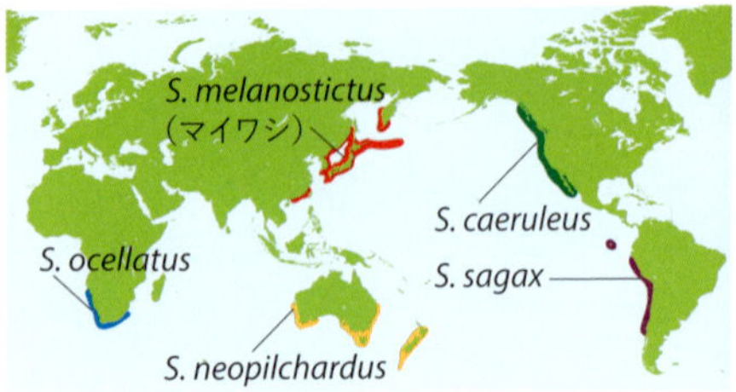

マイワシ属5種の分布

ニシン属 *Clupea*　体に暗色点がなく、鰓蓋部に放射状の骨質隆起線がない。北半球の寒帯域に生息。北大西洋のタイセイヨウニシン*C. harengus*と北太平洋のニシン*C. pallasii*の2種。

ニシン *Clupea pallasii* Valenciennes, 1847
春に北海道西岸に押し寄せた群れは、春ニシンとよばれた北海道・サハリン系群であった。雌は一度にすべての卵を塊状で海藻に産み、そこに雄が放精する。これにより付近の海水が白くなる。これが群来汁で、接岸を群来といった。卵は沈性粘着卵で、1粒の直径は1.3～1.6mm。北海道西岸では岸から350～550mの水深15m以浅（多くは0.5～5m）に、海が静かで暗夜の日没以後から夜明けにかけて産卵群が来遊した。春ニシンは1897年に97万トンの漁獲量があったが、1950年代に姿を消した。この系群は、3月下旬～6月中旬に北海道西岸で産卵、尾叉長が1歳で15cm、2歳で22cm、3歳で26cm、4歳で29cm、5歳で30cm、7歳で32cm、10歳で35cm、12歳で36cmになった。18歳の高齢個体が記録されている。稚魚は海流に運ばれ宗谷海峡からオホーツク海に入り、一部は千島列島を抜けて太平洋に、のち5～8月に北海道の太平洋やオホーツク海の沿岸に索餌群として来遊、これを夏ニシンといった。翌春、北海道西岸に向かい産卵した。早ければ3歳、多くは4歳で成熟し産卵。6歳まで産卵後の夏を日本海北部で過ごし、翌春に北海道西岸で産卵という南北回遊をした。7歳以上はサハリン南部西岸で産卵した。現在は年にわずか約100～300トンで石狩湾系群が漁獲されている。この系群は北海道・サハリン系群より少し早い1月下旬～5月下旬に石狩湾から宗谷湾までの日本海沿岸の数か所で産卵。尾叉長が1歳で15cm、2歳で24cm、3歳で27cm、4歳をこえ30cm以上になり、北海道・サハリン系群が衰退した後に定着。回遊などは不明。また、汽水の湖沼に生息する系群がおり、現在では北海道の風蓮湖、厚岸湖と厚岸湾に生息する。しかし、2008～2019年には1～4月と11～12月の北海道沿岸の漁獲量が高い傾向が続き、北海道・サハリン系群によると考えられている。
過去を含めた分布は富山湾以北・三陸地方以北、茨城県涸沼、朝鮮半島東岸、済州島、渤海、黄海、オホーツク海、ベーリング海、北極海～バレンツ海南西部・白海、アラスカ湾～カリフォルニア半島。塩焼き、身欠きニシン、卵はカズノコとして賞味される。

マイワシ属 *Sardinops*　第1鰓弓下枝の最上

マイワシ
（鱗が剥がれていない個体）

24cm FL
（通常18cm FL）

開けた口から見た鰓耙

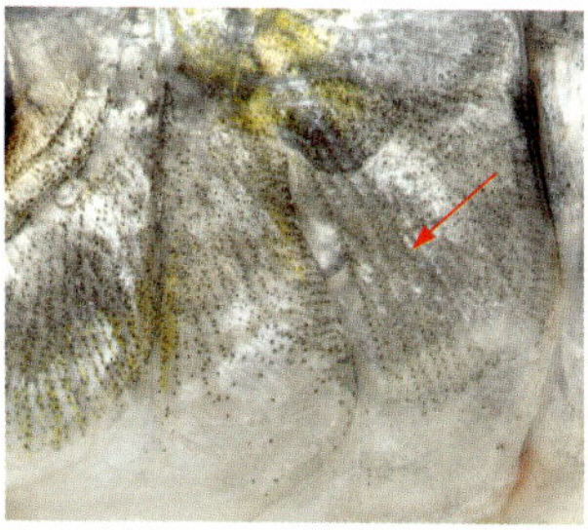

鰓蓋の放射状骨質隆起線

鱗が剥がれて黒点がはっきりと見える状態

マイワシ右第1鰓弓の隅角部の鰓耙：第1鰓弓下枝(右側)の最上部(隅角付近)の数本の鰓耙が短い

マイワシ鰓耙の微細突起

部(隅角付近)の数本の鰓耙(さいは)が短い。鰓蓋部の下半分に放射状に数本の骨質隆起線がある。インド－汎太平洋の温帯域に5種が生息。

マイワシ *Sardinops melanostictus* (Temminck and Schlegel, 1846)　体側に1縦列に並ぶ黒点と、その下部にやや小さい多くの黒点があるが、これらは鱗が剥がれた状態で顕著。岸から3～8kmの所を群泳。口を開けながら前進し、動物・植物プランクトンを口腔内に入れ、鰓耙で濾過して食する。このときの遊泳速度は秒速約2～3cm。摂食は昼間に盛ん。植物プランクトンを濾過するために成魚の鰓耙に多数の葉状の突起がある。

孵化後2か月で尾叉長6cm、1歳で15cm、1歳3か月で18cm、2歳で20cm、3歳で21cm、4歳で22cm。尾叉長5～9cmは小羽(こば)、12cm前後は中羽(ちゅうば)、18cm以上は大羽(おおば)とよばれる。7、8歳魚が知られているが、多くは尾叉長約18cmまでの0～1歳魚、次いで2～3歳魚。尾叉長16～18cmの満1歳で成熟し産卵。初冬から晩春に岸よりの渦流域、ときには暖水塊の境界域で産卵する。産卵期は日向灘や土佐湾では11～4月(盛期は2～3月)、九州北西岸～山口県沿岸では12～4月(2～3月)だが、北方ほど遅く津軽海峡では5～6月上旬。北海道～九州南岸の日本海・東シナ海・太平洋沿岸、瀬戸内海、沿海州、サハリン、千島列島、カムチャツカ半島南部、朝鮮半島東岸・南岸、済州島、台湾、中国福建省・広東省に分布。主に巻網で漁獲され、煮魚、素干し、塩干しの他様々に利用され美味。京都府与謝内海(よさないかい)ではキンタルイワシとよばれ、オイルサーディンにして賞味されている。(中坊徹次)

サッパ

カタボシイワシ

サッパ属 *Sardinella*
腹縁に強い稜鱗をもつ。サッパ属はかなり側扁した体の小型種（多くは体長10cm、大きいのは13cm）と、やや側扁した体の大型種（多くは20cm、大きいのは25cm）がいる。日本近海では前者はサッパ、後者はカタボシイワシで、大まかな形態は下記のとおり。小型種は内湾性、主にインドー西太平洋の熱帯域を中心に分布。大型種は沿岸性だが非内湾性、インドー西太平洋と大西洋熱帯域を中心に分布。

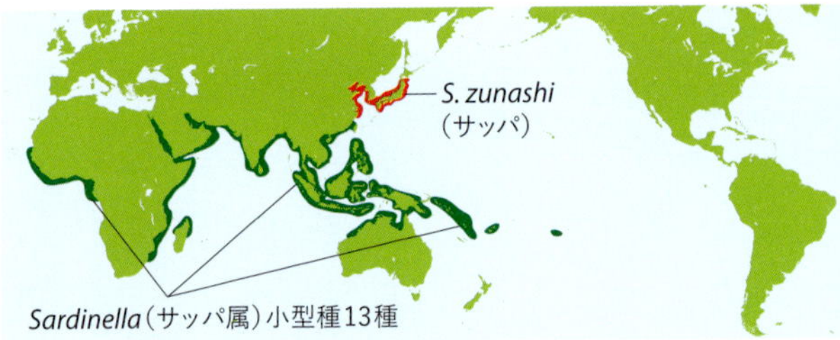

サッパ属小型種14種の分布

サッパ *Sardinella zunashi* (Bleeker, 1854)　内湾性。体はかなり側扁し、腹縁は丸く膨らんだ曲線をなす。春から秋は浅い湾奥の河口域、冬は湾の深みで過ごす。産卵期は5～7月、場所は湾奥の浅所と考えられている。卵は分離浮性で、直径1.15～1.91mmと比較的大きい。1歳で体長10～11cm、2歳で13cm。ほとんどが1歳で成熟し、2歳ですべてが成熟。2歳魚は少なく、ほとんどが標準体長10cmの1歳魚。カイアシ類やアミ類を食べる。
東アジア固有で、北海道～九州南岸の太平洋沿岸・日本海・東シナ海沿岸、瀬戸内海、朝鮮半島南岸、黄海、渤海、長江以北の中国東シナ海沿岸に分布。流刺網、底曳網、小型定置網、あんこう網、投網で漁獲。岡山県ではママカリといわれ、酢漬け、塩干し、みりん干しで賞味される。

カタボシイワシ 準絶滅危惧種(IUCN) *Sardinella lemuru* Bleeker, 1853　やや沖合性。体は側扁し、背縁と腹縁の曲線で流線形をなす。鰓蓋上縁に黒点があり、尾鰭後縁は黒い。多くは体長20cm。九州南岸、琉球列島、東シナ海中部で記録されているが日本近海では少なく、主にフィリピン諸島、スラウェシ島、スマトラ島、ジャワ島、ロンボク島、マレー半島西岸、オーストラリア西岸に分布。

コノシロ属 *Konosirus*　1属1種。前上主上顎骨を欠き、背鰭最後の軟条が糸状に長く伸び、インドー西太平洋熱帯域の *Clupanodon* とドロクイ属 *Nematalosa* と近縁。

コノシロ

21cm SL

ドロクイ

19cm SL

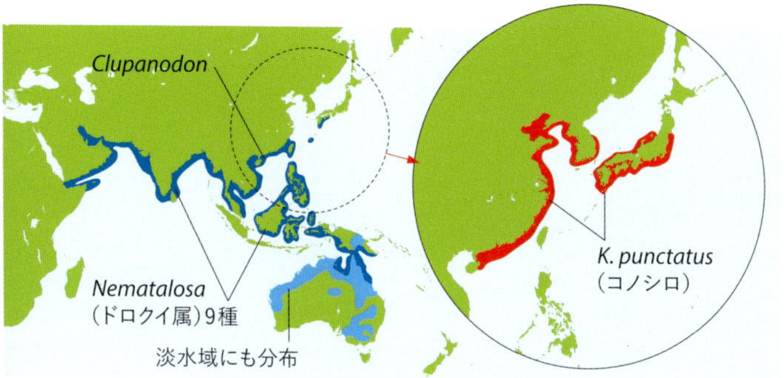

コノシロと、近縁のドロクイ属9種とClupanodon1種の分布

コノシロ *Konosirus punctatus* (Temminck and Schlegel, 1846)　内湾の表層から中層を群れで遊泳。春から秋は湾奥の浅所、冬は湾の深みで過ごす。有明海では1歳で体長14cm、2歳で19cm、3歳で21cm。大阪湾では6月に1歳で体長14cm、2歳で18cm、3歳で21cm。大阪湾で満6歳まで確認されているが、1歳で成長の良い個体は成熟、2歳ですべてが成熟。3歳魚以上は少ない。産卵は日没から真夜中、時期は晩春から初夏。分離浮性卵を産む。カイアシ類、甲殻類幼生、腹足類幼生、植物プランクトンを食べる。仙台湾〜九州南岸の太平洋沿岸、新潟県〜九州南岸の日本海・東シナ海沿岸、瀬戸内海、朝鮮半島全沿岸、黄海、渤海、中国東シナ海・南シナ海沿岸に分布。小繰網、巾着網、刺網、枡網で漁獲される。旬は秋で酢の物、粟漬け、卵の花漬けで食されるが、特にコハダとよばれる全長約10cmのものは寿司種で賞味される。韓国黄海沿岸では全長12〜13cmのものが生きたまま背越しにして食される。

ドロクイ属 *Nematalosa*　汽水域を好み、一部は淡水域に入り込んでいる。口は下位で、主上顎骨の後半は下方に曲がる。動物プランクトン濾過食者。

ドロクイ 絶滅危惧IB類(環) *Nematalosa japonica* Regan, 1917　内湾の泥底や砂泥底、大きな河川の河口域に生息。土佐湾では4〜6月に河口域で仔魚がみられることから、3〜5月に産卵していると考えられる。土佐湾沿岸、沖縄島、台湾、香港、フィリピン諸島、マレー半島北部東岸に分布。沖縄島ではリュウキュウドロクイとの交雑が進行していると言われている。

(中坊徹次)

カタクチイワシ

14.5cm FL
(通常12cm FL)

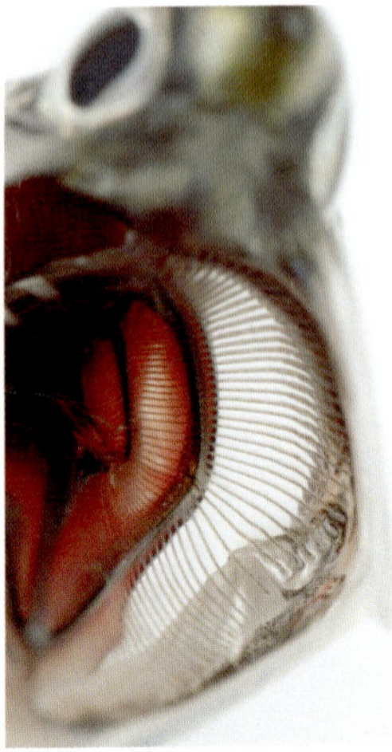

開いた口から見たカタクチイワシの鰓耙

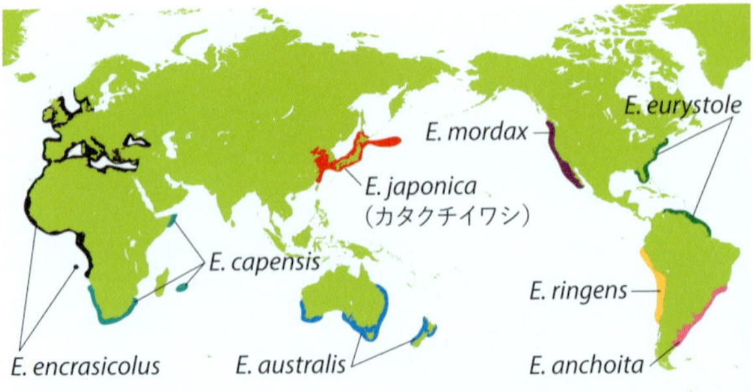

カタクチイワシ属8種の分布

カタクチイワシの産卵場

カタクチイワシ科 Engraulidae　吻は丸く、上顎先端より前。上顎は長く、後端は鰓蓋後縁に達するか、こえる。臀鰭基底が短いカタクチイワシ亜科 Engraulinae と長いエツ亜科 Coiliinae に分けられる。沿岸や汽水域で群れて生活。16属139種。世界の暖海域に生息。

カタクチイワシ属 *Engraulis*　体は細長く、やや側扁し、円筒形に近い。腹部に稜鱗がない。尾叉長は大きいもので20cm、多くは12～13cm。動物プランクトンを食べ、沿岸で大きな群れで生活。北半球と南半球の温帯域に8種が生息。

カタクチイワシ *Engraulis japonica* Temminck and Schlegel, 1846　臀鰭起点は背鰭基底後端より後ろ。沿岸近くの1～10mの表層付近を群れで遊泳する。晴れや曇天には1～5m層に多く、雨天には6～10m層を遊泳する傾向がある。鰓耙が細くて密生し、動物プランクトン食。沿岸や沖合の渦流が発達した所で産卵し、日本列島の各地、黄海と渤海の沿岸に産卵場がある。各地の産卵期（盛期）は、例えば日向灘や土佐湾は周年産卵（3月と6～7月）、豊後水道は3～11月（4～5月と9月）、瀬戸内海は周年（4～6月、7～8月、9月～12月）、九州西海～日本海南部は周年（春と秋）、津軽海峡から噴火湾は5～9月、道東太平洋沿岸は6～8月、黒潮親潮移行域（北緯37～40度、東経144～176度）は5～6月と様々だが、南方では春と秋、北方では夏という傾向がある。九州西岸では1歳で尾叉長11～13cm、最大は13～14cmで寿命は1.5年。一方、太平洋北区では1歳で8cm、2歳で13cm、3歳で14.5cm。若狭湾では8月以降、尾叉長約5.0cmで成熟するが、道東や千島列島沖では夏、約12.0cmで成熟する。瀬戸内海で6～10月に発生した群れは豊後水道外海域、土佐湾、紀伊水道外海域で越冬する。他の海域でも、若干の季節移動をする。

大型個体は刺身で食されるが、多くは乾製

エツ

30.5cm TL
（通常25cm TL）

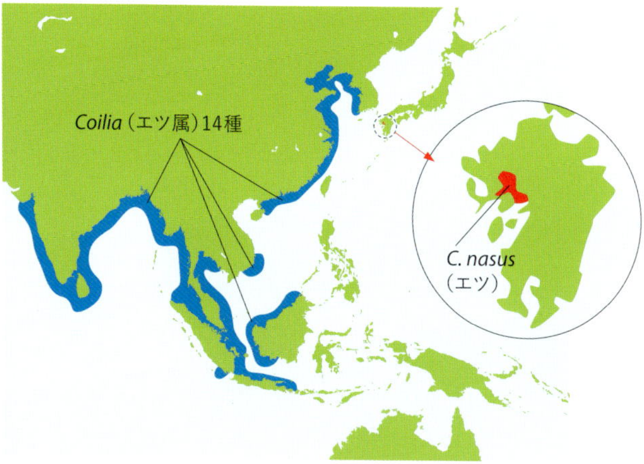

エツ属15種の分布

エツの胸鰭。長い遊離軟条がある

品にされる。稚魚（ちぎょ）は乾製品のチリメンジャコやタタミイワシとして食される。美味。

エツ属 *Coilia*　上顎後端は鰓蓋後縁をはるかにこえ、尾部は細長く、臀鰭後縁と尾鰭は連続。尾鰭は上葉が長い。胸鰭上方に5〜19（東アジアの種は6）本の著しく長い糸状軟条がある。インド西岸、ベンガル湾沿岸、マレー半島両岸、大スンダ列島北岸、インドシナ半島両岸、ボルネオ島北西・南西岸、中国南シナ海・東シナ海沿岸、黄海、渤海の沿岸汽水域から河川に15種が生息。東アジアにはエツ*C. nasus*の他にマエツ*C. mystus*とチョウセンエツ*C. ectenes*が黄海と渤海、中国東シナ海に生息している。マエツは東シナ海では長江口の汽水域で産卵するが、チョウセンエツは長江を遡り、中・下流あるいは支流で産卵する。エツ属の分布の東端である有明海に生息するエツは産卵生態がチョウセンエツに似る。大きい種は全長41cmになるが、多くは全長約30cm。

エツ　絶滅危惧IB類（環）絶滅危惧IB類（IUCN）

Coilia nasus Temminck and Schlegel, 1846　胸鰭上方に6本の著しく長い糸状軟条がある。有明海に固有。現在は筑後川で主に産卵が行われ、六角川や本明川では一時的にわずかに産卵が行われるにすぎない。5月から筑後川に遡上を始め、産卵は5月下旬〜9月（6〜7月が盛期）に河口から19〜20km上った所で行われる。卵は浮力が小さく、引き潮のときに下流に流され、満ち潮のときに上流に戻される。そして次第に下流の感潮域である高塩分域に移る。仔稚魚は筑後川の感潮域で成長、9月以降に全長約10cmになると有明海に降り、しばらく湾奥部で過ごし、沖合で越冬する。1歳（雌）で体長17〜21cm、2歳で体長22〜27cm、3歳で体長24〜30.5cm。2歳、全長約25cmで成熟する。仔稚魚も成魚（せいぎょ）もミジンコ類とカイアシ類といった動物プランクトンを食べる。漁獲されるのは産卵に遡上する2歳魚と3歳魚。刺身、唐揚げ、酢の物で美味。高級魚である。　（中坊徹次）

ネズミギス

40cm TL

サバヒー

1.5m SL

骨鰾上目 Ostariophysi

前骨鰾系 Anotophysi　ネズミギス目のみを含む。脊椎骨の最前部の変形がウェーバー器官の前駆的構造と見なされ、ウェーバー器官をもつ骨鰾類（コイ目、カラシン目、ナマズ目、デンキウナギ目）と共に1960年代後半に骨鰾上目にまとめられた。1990年代半ば以降、分子系統学の様々なデータから、骨鰾上目はニシン目と近縁であることが示され、さらにそれを支持する形態学的データも明らかにされた。その後の研究からセキトリイワシ類も含んで単系統群をなすことが示されている。

ネズミギス目 Gonorynchiformes　海産魚のサバヒーやネズミギスおよび淡水魚のクネリア類が含まれる。

サバヒー亜目 Chanoidei

サバヒー科 Chanidae　前上顎骨は大きく広い。上顎骨は後部が広い。鰓蓋骨は広がる。熱帯～亜熱帯の汽水域と沿岸に生息。インド－汎太平洋に1属1種。

サバヒー（サバヒー属） *Chanos chanos* (Forsskål, 1775)　体は側扁、やや長く銀白色。尾鰭は深く二叉。眼に脂瞼がある。前鼻孔と後鼻孔の間に1枚の皮弁がある。左右の鰓膜はつながる。主に藍藻や珪藻等を食べる。仔魚はシラス型。青森県陸奥湾・千葉県外房～屋久島の太平洋沿岸・沖縄県伊江島（以上、ほとんど仔稚魚と幼魚）、宮古島～西表島、台湾、インド－汎太平洋に分布。和名は台湾での名称に由来。台湾、フィリピン、インドネシア等では古くから天然種苗を用いた養殖が盛んで、水産重要種。魚粥、スープ、燻製などで食される。

ネズミギス亜目 Gonorynchiformes

ネズミギス科 Gonorynchidae　内翼状骨に歯板、基鰓骨が2つある。インド－太平洋、セント・ヘレナ島に1属5種、日本に1属1種。

ネズミギス（ネズミギス属） *Gonorynchus abbreviatus* Temminck and Schlegel, 1846

体は円筒形で長く、背鰭と腹鰭は体の後方に位置する。吻は尖る。口は腹面に開き、前方に1本のひげがある。全体に茶褐色で、各鰭の一部は黒い。仔魚はシラス型で、沿岸から沖合の表層に出現する。水深50～200mの砂泥底に生息。若狭湾～九州南岸の日本海・東シナ海沿岸、茨城県～九州南岸の太平洋沿岸、朝鮮半島南岸、台湾、中国福建省、九州－パラオ海嶺に分布。底曳網等で混獲されるがほとんど利用されない。

骨鰾系 Otophysi　コイ目、カラシン目Characiformes、ナマズ目、デンキウナギ目Gymnotiformesはウェーバー器官をもち、共通の祖先から生じたと考えられ、古くから“骨鰾類”とよばれている。ウェーバー器官は最前部の4個の脊椎骨の一部が変形して三脚骨、挿入骨、舟状骨、結骨とよばれ、鰾と内耳とを結んで鰾の振動を内耳に伝えて聴覚を補助する。コイ目、カラシン目、ナマズ目、デンキウナギ目はほとんどが淡水魚である。これら4目の種数は約1万440種で、全淡水魚の約76%、全魚類中でも約33%と、著しい種多

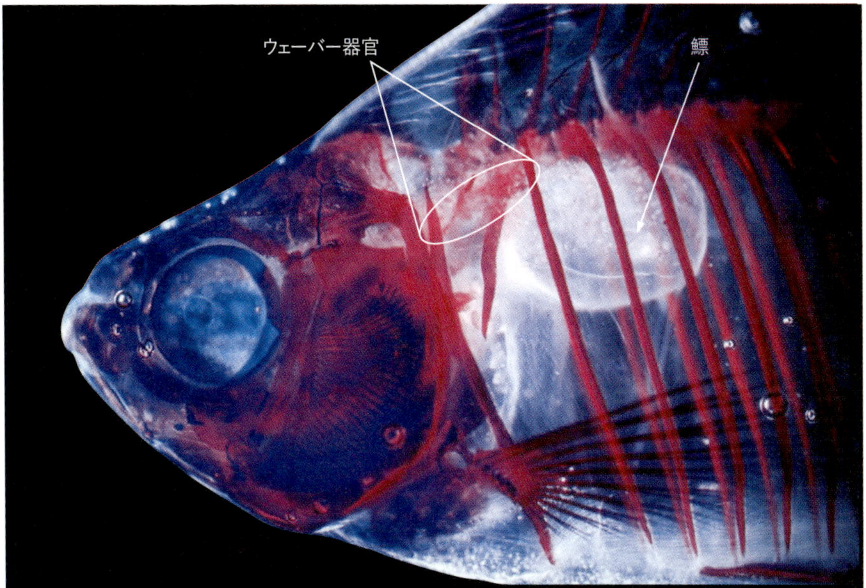

ウェーバー器官と鰾（タイリクバラタナゴ）

〈骨鰾系4目〉

コイ目

ギンブナ

カラシン目

コンゴテトラ

ナマズ目

ナマズ

デンキウナギ目

デンキウナギ

様性を示す。このグループはウェーバー器官による鋭敏な聴覚の他に、表皮中の棍棒細胞（こんぼうさいぼう）に警報物質をもち、ある個体が襲われて傷つくとこの警報物質が流れ出し、周辺の同種個体はそれを感知して逃避する。これらの生態的特性は“骨鰾類”4目の淡水中での繁栄に役立っていると思われる。コイ目はユーラシア・アフリカ・北アメリカ、カラシン目はアフリカ・南アメリカ、ナマズ目はユーラシア・アフリカ・南北アメリカに主に分布し、いずれもオーストラリアにはいない。このことは、過去の大陸移動による分断の歴史を示していると考えられてきた。しかし、近年、分子系統と分岐年代の推定により分断と分散の複雑な分布形成の歴史が示唆されている。

（中山耕至）

コイ
野生型

野生型

コイ目 Cypriniformes
コイ科 Cyprinidae　背鰭は1基。口は伸出し、顎歯がない。咽頭歯は1～3列に並び、列中の歯数は8をこえない。ユーラシア、アフリカ、北米（カナダ北部～メキシコ南部）の淡水域に約367属3006種、日本に25属64種・亜種。
コイ亜科 Cyprininae　日本産はコイ属とフナ属で、これらの背鰭と臀鰭の第3不分枝鰭条には後縁に鋸歯がある。ユーラシアとアフリカの淡水域に120属1300種以上。
コイ属 *Cyprinus*　咽頭歯は下咽頭骨にあり、臼歯状で3列。咬合面には横溝があり、溝の数や形状はとくに化石種で重要な分類形質。咬合は、神経頭蓋の腹側に位置する基底後頭骨の咀嚼突起上の角質板と咽頭歯の間で行われる。中国南部～東南アジア北部に22種が分布するほか、黒海、カスピ海、アラル海の流入河川に *C. carpio*、アムール川～ベトナム・ソンコイ川に *C. rubrofuscus* が自然分布する。後の2種は、長らくユーラシア大陸に広く分布する *C. carpio* とされ、日本のコイにもこの学名が適用されてきた。しかし、日本在来の野生型はこれら2種とは異なる種であることがわかってきており、これに適用する学名について分類学的研究が進行中。本書では暫定的に、日本産の野生型（在来）、飼育型（大陸由来）のどちらも *C. carpio* としておく。移植により南極を除く全大陸に分布しているのは、“広域分布種 *C. carpio*”に由来する養殖系統。

コイ *Cyprinus carpio* Linnaeus, 1758　北海道、本州、四国、九州の自然水域に分布。関東地方以西では野生型（マゴイ、ノゴイ）と飼育型（ヤマトゴイ）が区別されてきた。「あらい」や「こいこく」などで食されるほか、釣魚や観賞魚として親しまれている。
野生型（**マゴイ・ノゴイ**）絶滅のおそれのある地域個体群（琵琶湖在来型）（環）絶滅危惧Ⅱ類（IUCN）
日本在来のコイ。琵琶湖産の野生型は、飼育型と比べて細長い体型をしており、背鰭分枝軟条の数がやや多く（典型的な野生型では約21、飼育型では約18）、鰓耙数が少ない（前者で約19、後者で約24）。また、飼育型と比べて腸が約25％も短く、比較的肉食性が強いと考えられる。ミトコンドリアDNAの痕跡分布から、かつては少なくとも関東～九州地方の大河川や湖沼に分布していたと推定される。しかし、大陸由来の飼育型との交雑の結果、現在では琵琶湖の水深20m以深の深層部にのみ純度の高い野生型個体群が残存しているにすぎない。琵琶湖では、春～夏に沿岸・内湖や流入河川の水草帯および田圃に遡上して産卵する。警戒心が強く臆病で、飼育は難しい。琵琶湖の野生型は環境省のレッドリストで“絶滅のおそれのある地域個体群”に指定されている。

コイ亜科の分布

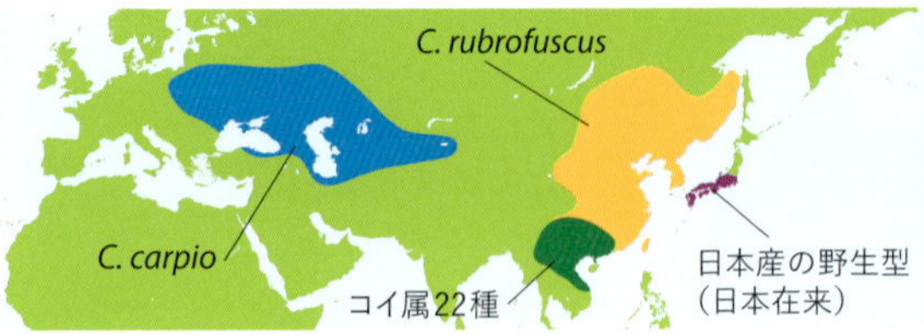

コイ属 *Cyprinus* 24種の分布

飼育型

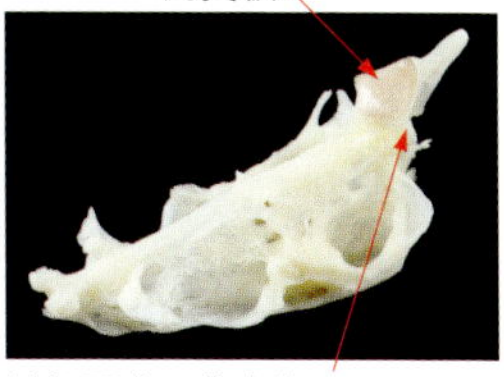

神経頭蓋の基底後頭骨の咀嚼突起

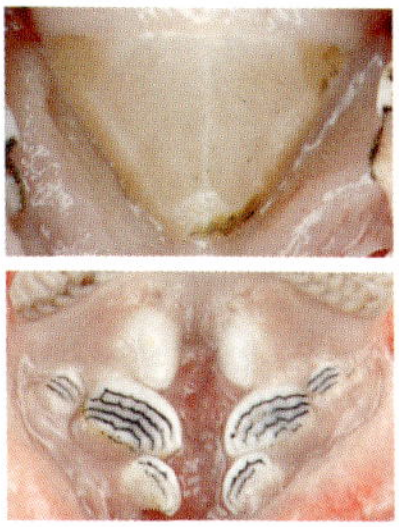
咀嚼突起上の角質板(上)と
下咽頭骨上の咽頭歯(下)

飼育型

50〜100cm TL

交雑型

30cm SL

飼育型(ヤマトゴイ) 大陸から導入された養殖系統に由来し、野生型との自然交雑個体も含む。野生型と比べて体高が高い。また、鰓耙数が多いことから濾過食性、腸が長いことから雑食性が強いと考えられる。放流や逸出により全国の自然河川・湖沼のほか、人工的な溜池やダム湖等に生息。飼育型が生息する溜池等では水質が悪化し水草が繁茂しなくなることが知られている。春〜夏に水草等に卵を産み、2年で全長25〜35cmになる。

野生型と飼育型の歴史と現状：確実にコイと同定できる骨(咽頭歯)は関東地方以西の縄文時代の貝塚から出土する。このことから縄文時代には東北地方以北にコイはいなかったと思われる。弥生時代の環濠集落遺跡である愛知県の朝日遺跡からは大量の幼魚の咽頭歯が出土しているが、これは原始的な養鯉の証拠とされている。大陸のコイがいつごろ日本に導入されたのか明確ではないが、文献記録上では、明治38年(37年説も)のドイツからの導入が最初。しかし、東京の本所にあった栗本鋤雲の屋敷から明治23年に移植されたと伝わる伊豆諸島御蔵島の御代ヶ池のコイは、錦鯉および中国の田魚(下記)とよばれるコイと同じミトコンドリアDNAを保有している。このことから、大陸由来のコイは少なくとも明治中期にはすでに一般に普及しており、錦鯉の歴史(下記)を考慮するとその導入は200年以上遡ると考えられる。食用コイは、明治以降、盛んに養殖・放流されてきた。近年のDNA調査が明かした自然水域における大陸由来コイの蔓延状態は、このような歴史によると考えられる。純粋に近い在来の野生型個体群は琵琶湖の深層でのみ確認されており、科学的な調査・保全が必要。

飼育品種：鱗が少ないカガミゴイや鱗がほとんどないカワゴイは、ドイツからの導入品種であり、ドイツゴイともよばれる。錦鯉は、200年ほど前に、新潟県の棚田で飼われていた食用コイから生じた色つきの個体から作出されたといわれている。しかし、近年のDNA調査では、日本の錦鯉の多くは、中国浙江省の甌江(オウジャン)流域の棚田で1200年以上前から飼育されている色つきの食用魚“田魚(ティエヌユイ)”と全く同じミトコンドリアDNAをもつことがわかっている。錦鯉が新潟で作出されたとしても、そのルーツの1つは200年以上前に何らかの経路で中国からもたらされた田魚と母系祖先を共有するコイに由来する可能性が高い。(馬渕浩司)

ギンブナ

40cm SL
（通常25cm SL）

ゲンゴロウブナ

50cm SL（通常30cm SL）

キンブナ

15cm SL（通常12cm SL）

オオキンブナ

30cm SL（通常25cm SL）

ギンブナの鰓耙

ゲンゴロウブナの鰓耙

フナ属 *Carassius*　上唇に口ひげがない。イングランド東部からユーラシア大陸、日本列島に分布し、6種とされているが、亜種など分類学的に未解決の問題が多く、はっきりとした種数はわからない。日本には下記の7つのフナ類が知られているが、各地での無秩序な放流に加え、同定の難しさから、各種・亜種の正確な自然分布域が不明瞭。そのため、一部の地域では、保全単位の把握が困難となっている。ミトコンドリアDNAと核DNAを用いた解析では北海道・本州・四国・九州と欧州～東アジア・琉球列島には明瞭な遺伝的分化が認められている。これらの解析で日本産については琉球列島産と本州・四国・九州産とに大きく分けられ、本州・四国・九州産はゲンゴロウブナとその他のフナ属魚類（キンブナ・ギンブナ・オオキンブナ・ナガブナ・ニゴロブナ）に二分される。

ギンブナ *Carassius* sp.　体高はゲンゴロウブナよりも低いが、日本産フナ属魚類の中では高い。背鰭分枝軟条は15～18。第1鰓弓の鰓耙数は39～58。染色体数は3n=150の3倍体で、雌性発生による単為生殖を行う。各地で他の2倍体フナ属魚類（ゲンゴロブナを除く）と有性生殖を稀に行うことで遺伝的多様性を維持している。雑食性。4～6月、大雨の後、浅所の水草などに強い粘着卵を産む。北海道、本州、四国、九州に生息するが、導入由来の地域も含まれ、正確な自然分布は不明。洗いにして卵をまぶした「子づくり」は珍重される。

ゲンゴロウブナ 絶滅危惧IB類（環） 絶滅危惧IB類（IUCN） *Carassius cuvieri* Temminck and Schlegel, 1846　フナ属の中で体高が最も高く、第1鰓弓の鰓耙数が92～128と最も多い。背鰭分枝軟条数は、15～19。植物プランクトン食。4～6月、雨での増水時、水草や浮遊物に産卵。琵琶湖・淀川水系に分布。改良品種はヘラブナとして釣り人に人気で、全国各地に移植。

キンブナ 絶滅危惧II類（環） *Carassius buergeri* subsp. 2　体は細長く、背鰭分枝軟条数は11～15、第1鰓弓の鰓耙数は28～42。体長は大きいもので15 cmという小型種。動物食に偏る雑食性。同じ所でとれるギンブナとは背鰭分枝軟条数と第1鰓弓の鰓耙数の組み

ニゴロブナ

40cm SL
（通常20～30cm SL）

ナガブナ

40cm SL（通常20cm SL）

フナ属の1種（琉球列島）

25cm SL（通常12cm SL）

フナ属の分布

合わせで区別できる。いずれもギンブナに比べて少ない。4～6月に岸辺の植物などに産卵。大雨のときに水域になる氾濫原湿地に依存した産卵生態のため、圃場整備（ほじょうせいび）や河川の三面コンクリート化が進行した地域で激減している。東北地方の太平洋側、関東地方に分布。雀焼き、甘露煮で食される。

オオキンブナ *Carassius buergeri buergeri* Temminck and Schlegel, 1846　同所域に生息するギンブナに比べて、体色は黄色みが強く、背鰭分枝軟条数と第1鰓弓の鰓耙数が少ない傾向がある。例えば、高知県物部川では背鰭分枝軟条数は14～16（平均15.0）、鰓耙数が36～45（平均44.7）だが、ギンブナの背鰭分枝軟条数は15～18（平均17.1）、鰓耙数が43～53（平均47.8）。佐賀県六角川では背鰭分枝軟条数は15～17（平均16.1）、鰓耙数が40～49（平均43.4）だが、ギンブナの背鰭分枝軟条数は15～17（平均16.5）、鰓耙数が44～48（平均46.2）。体色とこれらの数値でオオキンブナとギンブナは識別が可能。河川の中～下流域、池沼、湿原、農業水路に生息。3～6月に産卵。雑食性。キンブナと同様に氾濫原湿地に依存した産卵生態をもつ。静岡県以西の本州の太平洋・瀬戸内海側、四国、九州に分布。

ニゴロブナ 絶滅危惧IB類（環） *Carassius buergeri grandoculis* Temminck and Schlegel, 1846　体高は低く、喉部が角張る。背鰭分枝軟条は15～18、第1鰓弓の鰓耙数は54～72で、範囲がギンブナと少し重なる。主に底層にすみ、動物プランクトンや底生のユスリカ幼虫を食べる。春から夏は浅所だが冬は深みに移る。4～6月に湖岸のヨシ帯で産卵。琵琶湖特産（固有）。鮒ずしとして食される。

ナガブナ *Carassius buergeri* subsp. 1　体は赤みを帯び、頭部は大きい。ニゴロブナに似るが、喉部は角張らず、第1鰓弓の鰓耙数は48～57と少ない。背鰭分枝軟条数は15～18。ギンブナに混じってとれるが、体色と頭部の大きさで区別できる。北陸、山陰、長野県諏訪湖、福井県三方五湖に分布。諏訪湖や三方湖では珍重される。三方湖では高価で、刺身はハレの食べ物。

フナ属の1種（琉球列島） 絶滅危惧IA類（環） *Carassius* sp. 1　形態的にはギンブナと一致する。しかし、北海道・本州・四国・九州のギンブナ個体群とは遺伝的に別種レベルで異なっており、氷期に大陸から分散してきた系統と考えられている。比較的ゆるやかな流れの平地の河川や、それに隣接する溜池に生息。琉球列島に分布。　（宮崎佑介）

シロヒレタビラ

♂

7cm SL
臀鰭外縁は白色で
その内側は黒色

♀

アカヒレタビラ

♂

7cm SL
臀鰭外縁は赤色

♀

キタノアカヒレタビラ

♂

7cm SL
臀鰭外縁は赤色

♀

タナゴ亜科 Acheilognathinae　体は側扁し、腸は渦巻状に旋回。産卵期の雌は長く伸びた産卵管を使い、二枚貝の鰓に卵を産みつける。雄に明瞭な婚姻色と追星が現れるものが多い。体長3～15cm。日本列島、朝鮮半島、アムール川～メコン川水系のユーラシア大陸東部、台湾、海南島の河川、湖沼に3属(6属という考えもある)60種14亜種。

タナゴ属 *Acheilognathus*　側線は完全(ゼニタナゴでは不完全)。多くの種は上顎後端に1対の口ひげをもつが、イタセンパラ(p.94)のようにないものもいる。背鰭分枝軟条上に白色斑が規則的に並び、2列の縦帯のように見える。前期仔魚の卵黄嚢前方は膨らまない。前期仔魚の表皮上には三角錐形突起がある。染色体数は2n=44(中国に分布する *A. gracilis* では2n=42)。日本列島、朝鮮半島、アムール川～メコン川水系のユーラシア大陸東部、海南島に36種8亜種。

タナゴ属の分布

シロヒレタビラ 絶滅危惧IB類(環)
Acheilognathus tabira tabira Jordan and Thompson, 1914　タビラ *Acheilognathus tabira* '準絶滅危惧種(IUCN), 5亜種のタイプ亜種。雄の臀鰭外縁が白く縁取られる、稚魚～未成魚の背鰭に黒色斑がないなどで他亜種と異なる。河川中～下流域、平野部の細流や灌漑用水路、湖沼に生息し、琵琶湖では沖合の水深30m以深にもみられる。付着藻類や底生動物を食べる。産卵期は4～9月で、カタハガイ、イシガイ、ドブガイ類に鶏卵形の卵を産む。満1年で体長3～5cmに達し、雌

ミナミアカヒレタビラ

♂

7cm SL

♀

臀鰭外縁は桃色

雌や若い個体では黒色斑がある

セボシタビラ

♂

8cm SL

臀鰭外縁は白色

雄とも大部分は成熟。これら5亜種はいずれも日本固有で、本亜種は濃尾平野、琵琶湖・淀川水系、山陽地方、四国北部に分布。また、青森県や島根県に人為分布。

アカヒレタビラ 絶滅危惧IB類(環)

Acheilognathus tabira erythropterus Arai, Fujikawa and Nagata, 2007　アカヒレタビラ*A. t. erythropterus*、キタノアカヒレタビラ*A. t. tohokuensis*、ミナミアカヒレタビラ*A. t. jordani*の3亜種の“アカヒレ”は産卵期の雄の背鰭と臀鰭が赤く染まることに因む。これら3亜種は分布域が重ならないものの、互いによく似ており、外見で識別するのは難しい。本亜種の卵は鶏卵形であるのに対し、他2亜種の卵は長楕円形で、これが本亜種と他2亜種を分ける重要な判別形質となっている。平野部の河川、湖、池沼の流れの緩やかな所に生息し、4〜6月にイシガイに産卵。卵は約40時間で孵化し、孵化後約1か月で貝から泳出。自然下での寿命は1〜2年と思われる。付着藻類や底生動物を食べる。岩手県〜関東地方の本州太平洋側にやや不連続に分布。

キタノアカヒレタビラ 絶滅危惧IB類(環)

Acheilognathus tabira tohokuensis Arai, Fujikawa and Nagata, 2007　アカヒレタビラに酷似するが、卵が長楕円形であることで、鶏卵形であるアカヒレタビラと異なる。生態的な特徴はアカヒレタビラとほぼ同様と考えられるが、詳細は不明。秋田県〜新潟県の本州日本海側に分布。

ミナミアカヒレタビラ 絶滅危惧IA類(環)

Acheilognathus tabira jordani Arai, Fujikawa and Nagata, 2007　稚魚〜未成魚の背鰭前方に黒色斑があることで、アカヒレタビラやキタノアカヒレタビラと異なる。産卵期は4〜7月。産卵母貝はフネドブガイやヌマガイで、卵は長楕円形。富山県〜島根県の北陸・山陰地方にやや不連続に分布。河川改修や圃場整備(ほじょうせいび)による生息環境の悪化や産卵母貝の減少、外来魚による食害などにより激減。富山県、島根県と鳥取県では条例により、捕獲や譲渡などの行為が禁止されている。

セボシタビラ 絶滅危惧IA類(環) *Acheilognathus tabira nakamurae* Arai, Fujikawa and Nagata, 2007　和名の「セボシ」は稚魚〜未成魚の背鰭前方に黒色斑があることに因む。ミナミアカヒレタビラも本亜種と同様に黒色斑があるが、雄の臀鰭外縁が桃色に縁取られる点で異なる(本亜種は白色)。平野部の河川下流域や灌漑(かんがい)用水路などに生息し、砂礫もしくは砂泥底の流水環境を好む。産卵期は2〜8月で、産卵母貝としてカタハガイを選択的に利用する。卵は長楕円形。九州北西部、壱岐島(絶滅した可能性が高い)に分布。近年、激減傾向が著しく、絶滅した地域も多い。　(武内啓明)

イタセンパラ

飼育下のイタセンパラ

ゼニタナゴ

イタセンパラ 絶滅危惧IA類（環）絶滅危惧IB類（IUCN） *Acheilognathus longipinnis* Regan, 1905　体は高く、著しく側扁。口ひげはない。背鰭と臀鰭は軟条数が日本産タナゴ類の中では最も多く、それらの後端は尾鰭基底付近に達する。種小名の *longipinnis* は“長い鰭をもつ”の意味。体は銀白色だが、産卵期の雄は、体側が赤紫色に染まり、背鰭と臀鰭に灰白色の縦帯が現れる。タナゴ類では大型で、体長10cmに達するものもいる。平野部の河川下流域や湖沼に生息し、特に河川水位の季節変化の影響を受けるワンドのような浅い水域を好む。他の多くのタナゴ類が春に産卵するのに対し、本種、ゼニタナゴ、カネヒラは秋に産卵を行い、本種の産卵期は9～11月。産卵母貝として主にイシガイを利用し、仔魚はそのまま貝内で越冬して翌年の5～6月に貝から泳出する。泳出直後はワムシ類を中心とした動物プランクトンを食べるが、約1か月後には珪藻類を食べるようになる。泳出後、わずか4か月で体長6cm前後になり、9月中旬から産卵を始める。産卵後に多くの個体は斃死、寿命は1年。日本固有種で、琵琶湖・淀川水系（琵琶湖は文献記録のみ）、濃尾平野、富山平野に分布。氾濫原という水位変動が激しく不安定な環境に適応した生活史をもち、河川改修や遊水池の干拓による生息場所の消失、河川の水位調節による環境変化などの影響を強く受けて、数が激減。国指定の天然記念物、種の保存法の国内希少野生動植物種に選定。残された生息地では市民団体や行政による保護活動が盛んに行われている。

ゼニタナゴ 絶滅危惧IA類（環）絶滅危惧II類（IUCN） *Acheilognathus typus* (Bleeker, 1863)　タナゴ属の中では特異的に側線が不完全。体は銀白色、産卵期の雄は、頭部～体側前半部が赤紫色を帯びる。平野部の低湿地帯や灌漑用水路に生息し、泥底の止水域を好む。主に付着藻類を食べるが、底生小動物も食べる。秋産卵で9～11月にドブガイ類やカラスガイに産卵する。産卵の際、貝の出水管の奥に位置する鰓上腔に卵を塊状にして産み付け、孵化した仔魚は鰓上腔から鰓葉に移動して越冬する。翌年の5～6月に貝か

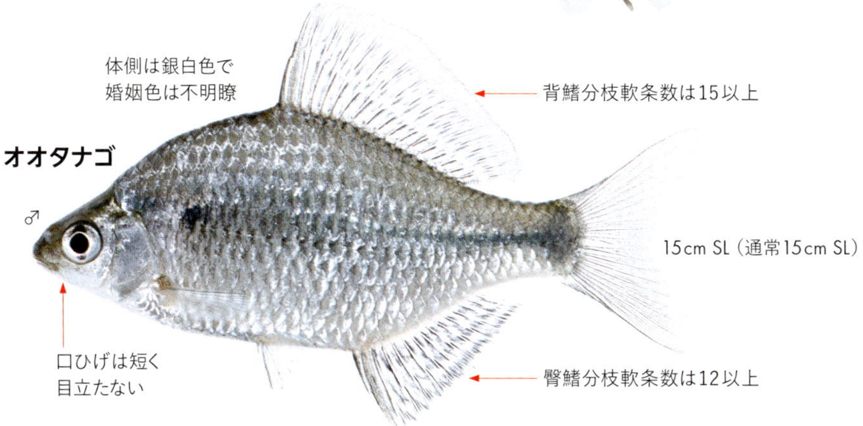

ら泳出した稚魚は、その年の9月に体長5～6cmで成熟し産卵する。自然下での寿命は1年と考えられる。日本固有種で、神奈川県・新潟県以北の本州に分布。生息場所の消失や外来魚の侵入などの影響を受けて激減。関東・北陸地方ではほぼ絶滅し、東北地方でも危機的状況。

カネヒラ *Acheilognathus rhombeus* (Temminck and Schlegel, 1846)　体は高く、側扁する。上顎後端に1対の口ひげをもつが、短くて目立たない。産卵期の雄では、背側が青緑色、頭部～体側前半部、背鰭、腹鰭と臀鰭が桃色。タナゴ類では大型で、体長10cmに達するものもいる。平野部を流れる大河川の緩流域、それに続く水路、湖沼などに生息。雑食性であるが、主に付着藻類や水草を食べる。秋産卵で7～11月（盛期は10月）にイシガイ、オバエボシガイ、マツカサガイに産卵。自然分布域は、濃尾平野以西の本州、四国北東部、九州北部、朝鮮半島。関東・北陸・東北地方に人為分布。

オオタナゴ *Acheilognathus macropterus* (Bleeker, 1871)　体は高く、著しく側扁。上顎後端に1対の口ひげをもつが、短くて目立たない。体は銀白色、雌の臀鰭前方は淡黄色。産卵期の雄は、臀鰭外縁が白く縁取られる。タナゴ類では最大で、体長15cmに達するものがいる。大河川の下流域、平野部の大きな湖沼とそれに続く水路に生息。霞ヶ浦周辺での産卵期は4～8月で、産卵母貝として主にイシガイを利用する。導入経路は不明だが、2000年頃から霞ヶ浦で確認されるようになり、茨城県、千葉県、東京都の利根川流域を中心に分布を拡大。原産地は、アムール川水系～ベトナム北部のユーラシア大陸東部、海南島。ちなみに原産地で“*A. macropterus*”とされているものは複数種の可能性があると考えられている。　（武内啓明）

ミヤコタナゴ

飼育下のミヤコタナゴ

アブラボテ

アブラボテの生息地

アブラボテ属

アブラボテ属の分布

Tanakia　1対の口ひげ、背鰭条間膜に紡錘形の黒色斑がある。前期仔魚（しぎょ）の卵黄嚢前方はやや膨らむ。染色体数は2n=48。日本列島、朝鮮半島、中国の鴨緑江〜九龍江水系、台湾に8種2亜種。

ミヤコタナゴ 絶滅危惧IA類（環）絶滅危惧IB類（IUCN） *Tanakia tanago* (Tanaka, 1909)　産卵期の雄は、背鰭を除く鰭および腹側部が橙色。日本の関東地方に固有で、平野部や丘陵地帯を流れる湧水を水源とする細流や溜池に生息。底生動物や付着藻類を食べる。産卵期は4〜7月。産卵母貝はマツカサガイ、ヨコハマシジラガイ、ドブガイ類。貝から泳出した仔魚は、その年の秋に体長2〜3cmになり、翌年の春に成熟する。飼育下では4〜5年は生きるが、自然下での寿命は1〜2年。都市化、圃場整備（ほじょうせいび）、農業形態の変化などの影響を受けて激減。野生では千葉県、埼玉県、栃木県の一部に残存するのみ。国指定の天然記念物および種の保存法の国内希少

ヤリタナゴ

ヤリタナゴの生息地

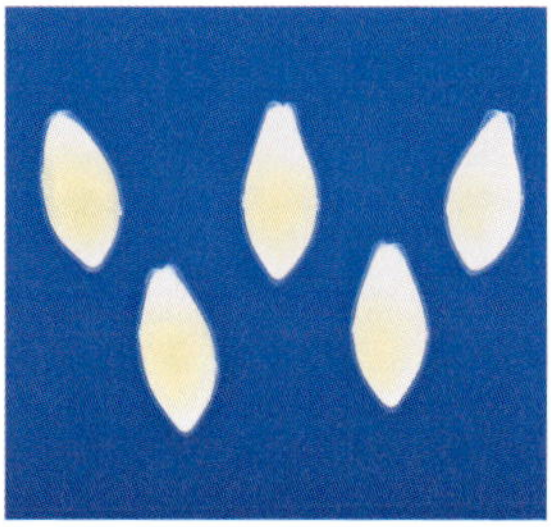
卵

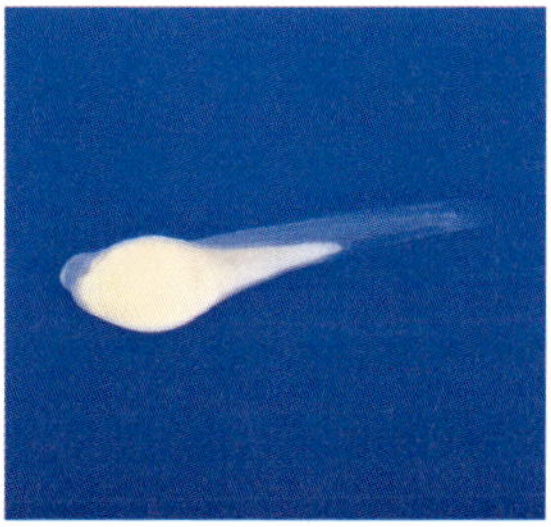
孵化直後の仔魚

仔魚

野生動植物種に選定。各地の水族館、博物館、水産試験場などで系統保存が行われているが、長期継代飼育による遺伝的多様性の低下や遺伝子組成の変化が懸念されている。アブラボテ属のなかで最も古い時代に分岐した系統で、遺存固有種と考えられる。

アブラボテ 準絶滅危惧(環) *Tanakia limbata* (Temminck and Schlegel, 1846)　体は雌雄とも褐色。産卵期の雄は背鰭と臀鰭に橙色と黒色の縦帯が出る。稚魚はヤリタナゴの稚魚に似るが、体に黒色素胞が密に分布し、体高がやや高い。河川中〜下流域、平野部の細流、灌漑用水路など、やや流れのあるところを好む。付着藻類や底生動物を食べる。産卵期は4〜8月、産卵母貝はカタハガイ、ヨコハマシジラガイ、マツカサガイ。濃尾平野以西の本州、淡路島、四国の瀬戸内側、九州北部、壱岐島、五島列島福江島に分布。日本固有だが、朝鮮半島南部に近縁の *T. somjinensis* が生息。

ヤリタナゴ 準絶滅危惧(環) *Tanakia lanceolata* (Temminck and Schlegel, 1846)　体高が低く細長い。体は銀白色で、産卵期の雄は、背鰭前上縁と臀鰭外縁が赤い。河川中〜下流域、平野部の細流、灌漑用水路に生息。産卵期は4〜8月、産卵母貝はカタハガイ、オバエボシガイ、ヨコハマシジラガイ、マツカサガイ。日本産タナゴ類のなかでは最も分布域が広く、北海道と南九州を除く日本各地、朝鮮半島〜中国の鴨緑江水系に分布。アブラボテ属の中では大型。　(武内啓明)

ニッポンバラタナゴ

♂

♀

ニッポンバラタナゴの生息地

ニッポンバラタナゴの産卵

タイリクバラタナゴの産卵

タイリクバラタナゴ

♂
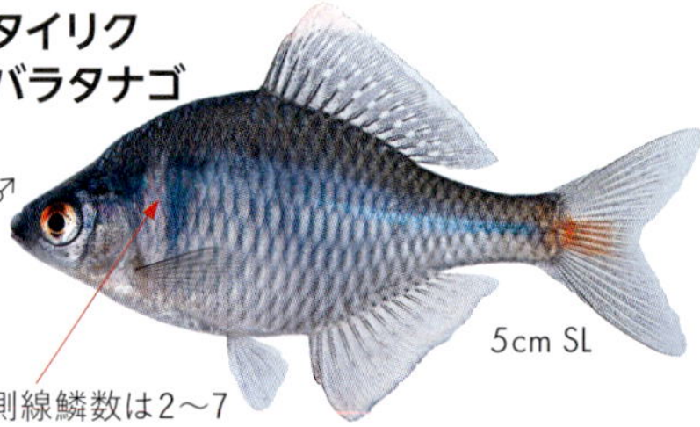

♀

バラタナゴ属 *Rhodeus*　口ひげはない。背鰭分枝軟条の上に白色斑が並ぶ。前期仔魚の卵黄嚢前方は膨らみ、1対の翼状突起を形成。染色体数は2n=48(カゼトゲタナゴは2n=46)。日本列島、朝鮮半島、アムール川〜メコン川水系のユーラシア大陸東部、台湾、海南島、ヨーロッパに15種4亜種。

バラタナゴ属の分布

ニッポンバラタナゴ 絶滅危惧IA類(環)
Rhodeus ocellatus kurumeus Jordan and Thompson, 1914　体が高く、著しく側扁。産卵期の雄は、眼の上縁、頭部側面〜腹側部、背鰭と臀鰭の縁辺、尾鰭の中央部が赤紫色。雌の産卵管は長く、全長とほぼ同長。平野部の細流や灌漑用水路、池沼に生息し、泥底の緩流域〜止水域を好む。産卵期は3〜9月、産卵母貝はドブガイ類。貝から泳出した仔魚は、翌年の春に成熟し、1〜2年は生きる。稚魚は動物プランクトン食、成長に伴い付着藻類を食べる。日本固有亜種

カゼトゲタナゴ

北九州集団

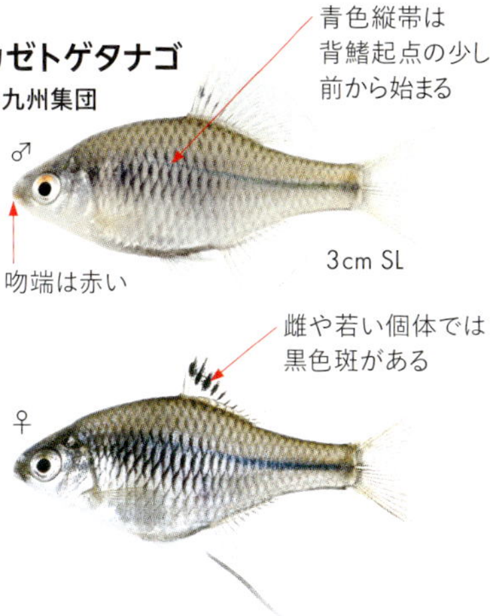

カゼトゲタナゴ（北九州集団）の産卵

カゼトゲタナゴ（山陽集団）の生息地

カゼトゲタナゴ

山陽集団

北九州集団に酷似し、外見から見分けるのは難しい

で、琵琶湖・淀川水系（大和川水系を含む）、山陽地方、四国北東部、九州北部に分布。各地でタイリクバラタナゴとの交雑が進み激減。奈良県、大阪府、香川県、岡山県、九州北部の一部に残存するのみ。生息地では市民団体により保全活動が行われている。

タイリクバラタナゴ *Rhodeus ocellatus ocellatus* (Kner, 1866)　形態・生態はニッポンバラタナゴとほぼ同じ。体色や側線鱗（そくせんりんすう）数などに若干の差異があるが、判別するには遺伝子分析が必要。朝鮮半島、中国の鴨緑江～珠江水系、台湾、海南島に分布。日本へは1940年代に中国から輸入されたソウギョ種苗に紛れて侵入し、日本全国に分布を拡大。侵入水域では急速にニッポンバラタナゴとの交雑が進む。

カゼトゲタナゴ 絶滅危惧IA類（山陽集団）（環）、絶滅危惧IB類（北九州集団）（環） 準絶滅危惧種（IUCN） *Rhodeus smithii smithii* (Regan, 1908)　タナゴ類の中では最も小さい。体側に1本の明瞭な青色縦帯が走り、その前端は背鰭起点より少し前に位置する。平野部の中～下流域や細流、灌漑用水路など、流れの緩やかな砂礫底を好む。産卵期は4～7月、産卵母貝はイシガイやマツカサガイ。自然下での寿命は1年。日本固有亜種で、兵庫県千種川～広島県芦田川の山陽集団、熊本県球磨川以北の九州北部と壱岐島の北九州集団に分けられる。圃場整備（ほじょうせいび）、河川改修、宅地化に伴う生息地の破壊などにより激減、特に山陽集団は絶滅寸前。山陽集団は種の保存法の国内希少野生動物種に選定。山陽集団と北九州集団との間で遺伝的分化がみられ、保全上の観点から両者を別亜種として扱うべきとの意見がある。大陸産亜種を含めた分類学的な検討に基づき、学名と標準和名の確定が急がれる。（武内啓明）

ハス

クセノキプリス亜科の分布

クセノキプリス亜科 Xenocypridinae　吻骨と上篩骨をつなぐ靱帯はY字状に分岐し、染色体数はハス属の一部の種を除いて2n=48。体長2～130cmと様々。日本列島、朝鮮半島、アムール川水系～マレー半島のユーラシア大陸東部、台湾、海南島、スマトラ島、ジャワ島、ボルネオ島の河川、湖沼に37属約150種。

ハス属 *Opsariichthys*　体は細長く、臀鰭は大きく伸長する。産卵期の雄に明瞭な婚姻色と追星が現れる。日本列島、朝鮮半島、アムール川水系～ベトナム北部のユーラシア大陸東部、台湾、海南島の河川、湖沼に12種2亜種が生息。2013年にハス類5属は体側に横帯をもつハス属*Opsariichthys*と縦帯をもつカワムツ属*Candidia*の2属にまとめられた。

ハス 絶滅危惧Ⅱ類 *Opsariichthys uncirostris uncirostris* (Temminck and Schlegel, 1846)
口裂は大きく“へ”の字に曲がる。体は背面が青褐色、体側と腹側は銀白色。体長6cmで魚食を始め、18cm以上でほぼ完全な魚食。産卵期は5～8月、雄は頭部・腹部・各鰭が赤紫色になり、頭部・尾柄部・臀鰭に追星が出る。流入河川を遡上して川底の砂礫に沈性卵を産む。卵の直径は1.3~1.6mmで、受精後2～3日(水温21～24℃)で孵化する。琵琶湖では1歳で体長5～6cm、2歳で10～11cm、3歳で13～16cmになり、多くは3歳で成熟。体長25cmになり、ハス属で最大。琵琶湖・淀川水系(大和川水系を含む)と福井県三方湖(絶滅した可能性が高い)に自然分布。琵琶湖個体群と三方湖個体群の間に分子遺伝と形態形質(尾柄長、側線鱗数、側線下方横列鱗数)に違いがある。日本固有亜種。朝鮮半島、アムール川～長江水系に*O. u. amurensis*が分布。

オイカワ *Opsariichthys platypus* (Temminck and Schlegel, 1846)　産卵期の雄は体側が鮮やかな赤や青緑色、頭部・体側・臀鰭に明瞭な追星が出る。関東以西の本州太平洋側、四国瀬戸内側、九州北部に自然分布。国外では朝鮮半島西岸を含むユーラシア大陸東部に分布。琵琶湖産アユや本種の種苗放流に伴い分布を拡大し、現在、北海道を除く日本各地の河川中～下流域、灌漑用水路、湖沼に広く分布。人為的に侵入したものと在来のものとの交雑による遺伝的攪乱が危惧されている。ハヤ、ハエ、ヤマベなどの地方名をもち、釣りの対象。

カワムツ属 *Candidia* Jordan and Richardson, 1909　体側に1本の暗色縦帯があることでハス属と異なる。体長10～15cm。日本列島、朝鮮半島～ベトナム北部のユーラシア大陸東部、台湾、海南島の河川、湖沼に6種2亜種

カワムツ *Candidia temminckii* (Temminck & Schlegel 1846)　体側は銀白色で、胸鰭と腹鰭の前縁は淡黄色。側線鱗数は43～51。

オイカワ(婚姻色)

カワムツ(婚姻色)

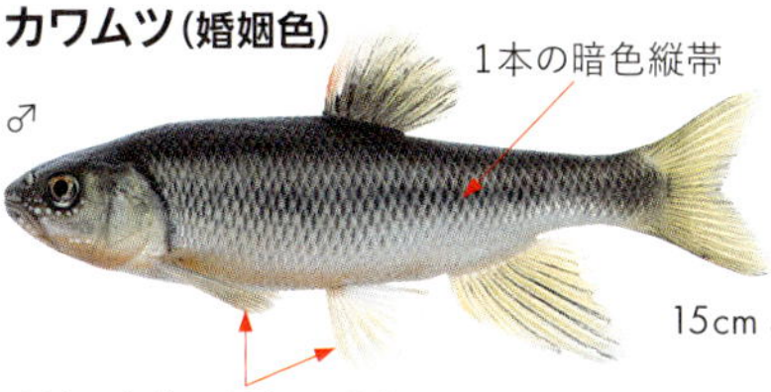

ヌマムツ(婚姻色)

ワタカ

産卵期は5〜8月、川底の砂礫に沈性卵を産む。河川上中流域に生息し、流れの緩やかな淵に多く、雑食性で底生動物、落下昆虫、付着藻類を食べる。静岡県・富山県以西の本州、四国、九州、朝鮮半島南西部に分布。琵琶湖産アユの移植に伴って、東北・関東地方に人為分布。

ヌマムツ *Candidia sieboldii* (Temminck and Schlegel 1846)　胸鰭と腹鰭の前縁が赤く、側線鱗数が53以上と多く、カワムツと区別できる。河川中〜下流域、灌漑用水路、湖沼に生息。カワムツとの共存河川では本種が下流側に偏る。静岡県以西の本州、四国瀬戸内側、九州北部に分布。日本固有種。琵琶湖産アユの移植に伴って、関東地方に人為分布。

ワタカ属 *Ischikauia*　体は側扁し、大型個体では頭部後方の背縁が盛り上がる。側線は完全で下方に湾曲する。腹鰭基底〜肛門の腹縁はキール状。臀鰭分枝軟条数は13〜15で日本産コイ科魚類の中では最も多い。日本固有属でワタカ1種。中国雲南省周辺の山間部に近似の *Anabarilius* がいる。これらは、かつてカワヒラ亜科 Cultrinae と呼ばれていたグループでは祖先的で地理的分布は遺存的。

ワタカ 絶滅危惧IA類(環) 絶滅危惧IB類(IUCN)
Ischikauia steenackeri (Sauvage, 1883)　ヨシ帯を主な生息場所とし、琵琶湖では湖南・湖東の沿岸域や内湖、河川では下流域のワンドや流れのほとんどない水路に多い。雑食性だが、成魚は水草や藻類を好んで食べる。6〜8月、岸際の水生植物帯に集まり、降雨後の増水時に水草や冠水した陸上植物などに粘着卵を産む。卵の直径は1.1〜1.2mmで、受精後約3日(水温22〜24°C)で孵化する。幼魚は水深2〜3mの泥底に生息。1歳で体長4〜8cm、2歳で12〜16cmになり、雌雄とも満2歳で成熟。琵琶湖・淀川水系に固有であるが、化石記録や古文書によると、江戸時代までは奈良盆地と福井県三方湖にも自然分布していたと思われる。近年、琵琶湖では著しく減少、滋賀県では増殖試験や種苗放流が行われている。　(武内啓明)

ヒナモロコ（交雑に由来する個体の可能性がある）

ヒナモロコの生息地

カワバタモロコ

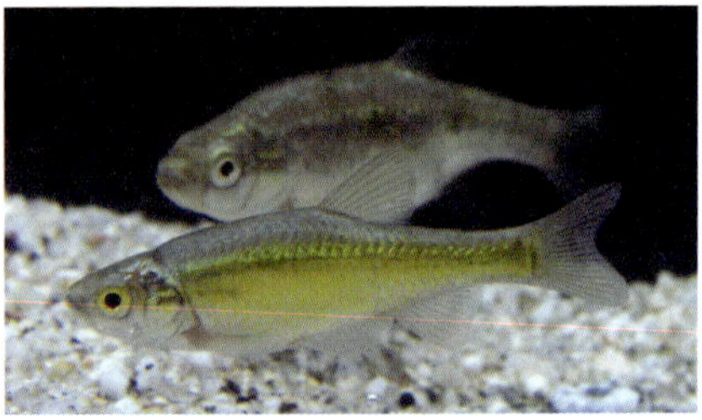

カワバタモロコ（婚姻色）：♂手前 ♀奥

ヒナモロコ（ヒナモロコ属） 絶滅危惧IA類（環） *Aphyocypris chinensis* (Günther, 1868)　体は細長く、口ひげはない。側線は不完全。体は地味な薄褐色だが、産卵期の雄には暗色縦帯が現れる。平野部の農業水路や池沼に生息し、雑食性。九州北西部、アムール川水系～珠江水系の中国大陸と朝鮮半島西部に分布。何らかの理由で静岡県に侵入し、定着。国内では圃場整備や都市化によって生息地が失われ、激減。現在残る生息地は筑後川水系の一部のみと日本で最も絶滅の危険性が高い淡水魚の1つである。さらに近年、誤って放流された台湾の固有種 *Aphyocypris kikuchii* との交雑が進み、純系はほぼ消滅している。

カワバタモロコ（カワバタモロコ属） 絶滅危惧IB類（環） *Hemigrammocypris neglectus* (Stieler, 1907)　体が高く、より側扁する、腹鰭～肛門の腹縁がキール状の隆起を形成する、雄は黄金色の婚姻色を示す、などでヒナモロコと区別できる。平野部の農業水路や浅い池沼、溜池、河川のワンドやタマリに生息し、雑食性。静岡県瀬戸川水系～岡山県の本州太平洋側と四国北東部、九州北部に分布。日本固有。最新の研究で本州・四国と九州北部の集団は遺伝的に離れていることがわかった。圃場整備や都市化、外来種の影響により各地で激減、現在では山間部の溜池にわずかに残存するのみとなっている。

カマツカ亜科 Gobioninae　体は細長く、口は下向きで1対のひげがある。背鰭分枝軟条数は7、臀鰭分枝軟条数は6。下流の止水域から渓流域に生息。東アジアで多様性が高いが、東アジア～ヨーロッパに約30属約200種、日本に9属23種・亜種。

タモロコ属 *Gnathopogon*　カマツカ亜科の中では比較的祖先的で、形態的特徴に乏しい。体長は大きくても10cm程度で、体は円筒形。口は亜端位、口唇は薄く1対の口ひげがある。咽頭歯は2列。アムール川水系～珠江水系までの中国大陸と朝鮮半島に7種、日本に3種・亜種。

ホンモロコ 絶滅危惧IA類（環） 絶滅危惧IB類（IUCN） *Gnathopogon caerulescens* (Sauvage, 1883)　タモロコより大型になり、体が細長く遊泳に適した体形をしている。体は銀光沢が強く、薄い暗色縦帯が肩部から尾部に向かって延びる。鰓耙数はタモロコよりも多く、沖合のプランクトンを濾しとって食べるのに適している。3～7月に湖岸や内湖、流入河川などで産卵。卵はヨシやヤナギの根、水草等に産み付け

タモロコの生息地

スワモロコ

保存標本 9cm SL

られる。孵化後、沖合に出て湖沼生活を送る。琵琶湖固有。ホンモロコ釣りは琵琶湖の春を告げる風物詩となっている。素焼きや佃煮、天ぷら、唐揚げで美味。琵琶湖を代表する魚の1つだが、1990年に入ってから水位操作による産着卵の干出、産卵場の減少、外来種による捕食等が原因で激減している。

タモロコ *Gnathopogon elongatus elongatus* (Temminck and Schlegel, 1846)　体形は紡錘形で、ややずんぐりしている。体側に1本の暗色縦帯があり、その下に2〜3列の小斑点が並ぶ。地域によって体形や顔つきが異なる。鰓耙数は6〜12と少なく、雑食性で底生動物から動物プランクトンまで食べる。水田地帯の農業水路、河川中〜下流域や池沼など流れの緩やかな水域に生息する。中層から底層を遊泳し、水草などの植物や石、流木などの物陰を好む。4〜7月に水草や陸上植物の根などに集団で産卵する。中部、北陸地方以西の本州、高知県を除く四国に自然分布する。日本固有。大阪府では溜池養殖が行われ、佃煮として利用される。近年はコイやフナ類の放流によって北海道と沖縄県を除く日本全国に侵入している。

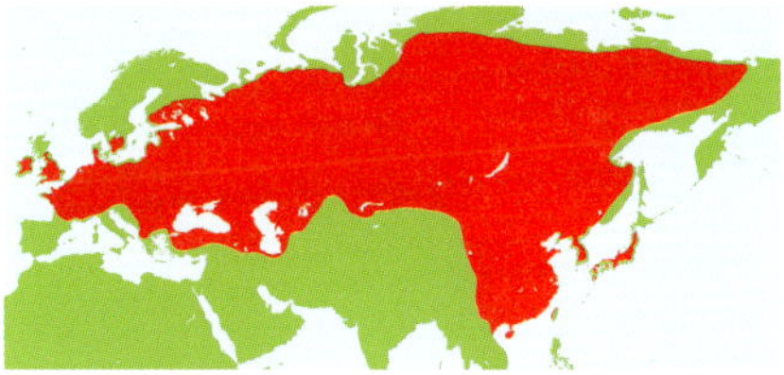
カマツカ亜科の分布

スワモロコ 絶滅 *Gnathopogon elongatus suwae* Jordan and Hubbs, 1925　長野県諏訪湖に固有で*G. elongatus*の亜種。諏訪湖の湖沼環境に適応して進化したといわれ、ホンモロコに近い細長い体形をもつ。1960年代に絶滅。絶滅の原因は定かではなく、諏訪湖に移植・放流されたホンモロコとの種間競争、人工護岸化による繁殖場所の消失など、諸説ある。近年、遺伝学的研究により、天竜川水系のタモロコから特異な遺伝子型をもつ集団が見つかっており、スワモロコとの関連が示唆されている。　(川瀬成吾)

兵庫県武庫川支流
船坂川産

ゼゼラ（ゼゼラ属）
絶滅危惧Ⅱ類（環） *Biwia zezera* (Ishikawa, 1895)
体は小さく、吻は短くて丸く、目が大きい。口は突出せず、底の表面をつついて藻類やデトリタスを食べる。湖沼や河川中～下流域の砂底や砂泥底に生息。濃尾平野、琵琶湖・淀川水系、山陽地方、九州北部に分布。朝鮮半島にはゼゼラに似たコウライゼゼラ *B.springeri* がいる。アムール川・朝鮮半島からベトナム北部にゼゼラ属と、近縁のコブクロカマツカ属 *Microphysogobio* や *Platysmacheilus* 属が分布。

ヨドゼゼラ（ゼゼラ属） 絶滅危惧IB類（環） 絶滅危惧IB類(IUCN) *Biwia yodoensis* Kawase and Hosoya, 2010　体や尾柄がゼゼラより高く、背鰭の外縁は直線状か膨らむ。側線鱗数は34～35（ゼゼラは35～38）。淀川の下流域を中心に分布。ワンドやタマリ、農業水路などの氾濫原環境に生息し、泥底から砂泥底を好む。

カマツカ（カマツカ属） *Pseudogobio esocinus* (Temminck and Schlegel, 1846)　吻は長く、口は下方に突出し口唇に乳頭突起がある。眼は高く、胸鰭は下方。河川中～下流域や農業水路の砂底や砂泥底に生息し底生動物を捕食。静岡県、富山県以西の本州、四国瀬戸内側、九州に分布。本州瀬戸内側と濃尾平野にはナガレカマツカ *P. agathonectris*、静岡県、新潟県以東の本州にはスナゴカマツカ *P. polystictus* が分布。

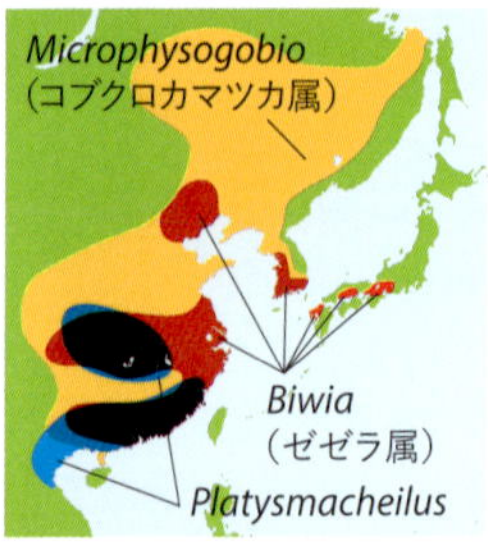

ゼゼラ類3属の分布

ツチフキ（ツチフキ属） 絶滅危惧IB類（環） *Abbottina rivularis* (Basilewsky, 1855)　カマツカに似るが、吻が短く、口唇の乳頭突起がない。背鰭と尾鰭の斑紋は濃い。カマツカと異なり、河川中～下流域のワンドや農業水路などの比較的浅い水域を好む。雄は雌より大きく、泥底にすり鉢状の巣をつくり、卵を保護。4～6月に川のワンドや農業水路など、流れの緩やかな泥底で産卵する。濃尾平野以西の本州と九州北部、アムール川水系・朝鮮半島東岸を除く南部から中国福建省に分布。近年激減し、淀川では20年以上記録がない。

ニゴイ（ニゴイ属） *Hemibarbus barbus* (Temminck and Schlegel, 1846)　吻が長くキツネ顔。幼魚は体側中央に暗色斑が並ぶが、成長とともに消失。産卵期は4～7月、雄は黒くなり、吻や胸鰭、腹鰭に細かい追星が現れる。比較的大きな河川の中～下流域や湖沼で、流れの緩やかな砂底の低層部に生息。底生動物のほか、小魚も食べる。琵琶湖以東の本州と九州北部に不連続分布。日本固有種。

コウライニゴイ（ニゴイ属） *Hemibarbus labeo* (Pallas, 1774)　ニゴイに似るが、下唇の腹面に皮弁がよく発達し、鰓耙数が多く19～25（ニゴイは12～18）。生態学的知見は少ない。淀川水系以西の本州、朝鮮半島、アムール川～ベトナム北部に分布。

スゴモロコ（スゴモロコ属） 絶滅危惧Ⅱ類（環）

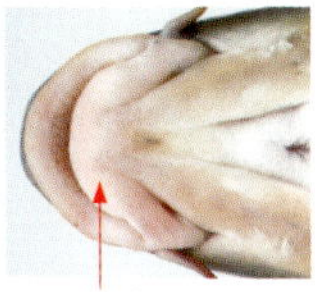

Squalidus chankaensis biwae (Jordan and Snyder, 1900)　体は細長く銀褐色。体側に黄緑色の薄い縦帯と、それに沿い小黒点が並ぶ。琵琶湖の沖で水深約10mの砂底～砂泥底で半底生生活を送り、水生昆虫や甲殻類を食べる。春～夏に産卵のために接岸する。琵琶湖の固有亜種だが、アユの種苗放流に混じり、各地に生息。

コウライモロコ（スゴモロコ属） *Squalidus chankaensis tsuchigae* (Jordan and Hubbs, 1925)　スゴモロコより吻が丸く、体が高く、口ひげが長い。河川中～下流域やその周辺の水路の砂底～砂泥底に生息。濃尾平野と近畿地方西部～山陽地方の本州と四国北東部、朝鮮半島南部に分布。

デメモロコ（スゴモロコ属） 絶滅危惧Ⅱ類(環)
Squalidus japonicus japonicus (Sauvage, 1883)　頭後部から背鰭前部が盛り上がり、口ひげは短く、顔はキツネ顔。日本固有亜種で、琵琶湖と濃尾平野に分布。琵琶湖では沿岸域や内湖、濃尾平野では農業水路に生息、泥底を好む。なお、淀川からは、本種の標本は確認されていない。

イトモロコ（スゴモロコ属） *Squalidus gracilis gracilis* (Temminck and Schlegel, 1846)　体が小さく、体高が高い。側線にそって明瞭な黒斑が並び、背面にゴマ状斑が散在。河川の中流域やその周辺の水路に生息し、砂礫底を好む。濃尾平野以西の本州、四国北部、九州北部に分布。日本固有亜種。　（川瀬成吾）

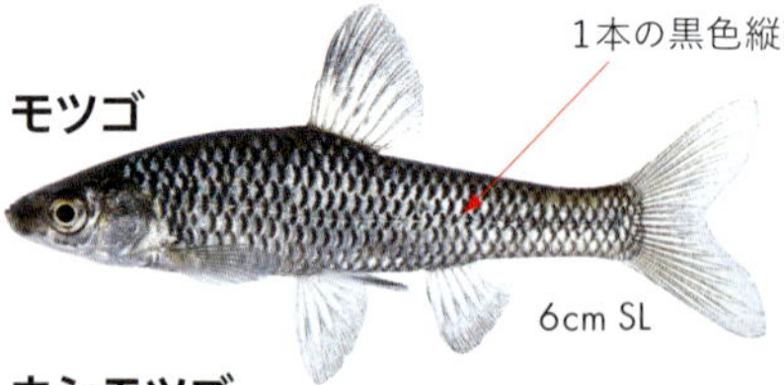

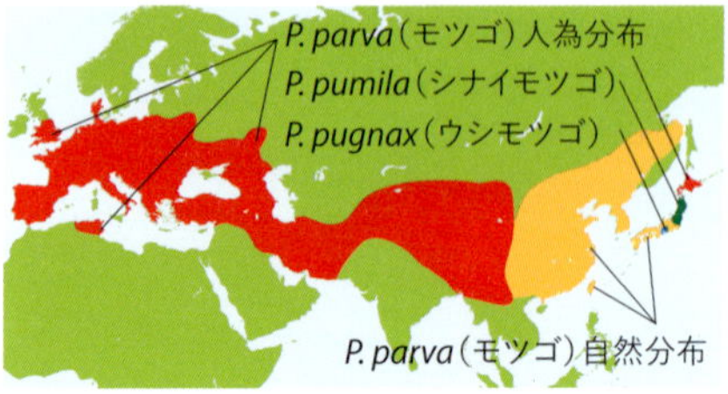

日本にいるモツゴ属の分布

ムギツク（ムギツク属） *Pungtungia herzi* Herzenstein, 1892　体は細長く、頭部はやや縦扁、尾部に向かって側扁。河川中流域の淵や淀み、農業水路の水生植物や岩の隙間に生息し、石の表面などの水生昆虫をつついて食べる。5～6月に石や植物片などに卵を産みつける。ギギ（p.120）、オヤニラミ（p.226）、ドンコ（p.386）と同所的に生息する河川ではこれらに托卵する。福井県・滋賀県・三重県以西の本州と四国北東部、九州北部、朝鮮半島南西部に分布。

モツゴ属 *Pseudorasbora*　口は吻端で小さく、上向き。口ひげがない。産卵期に雄は真っ黒になり、なわばりをつくり、卵を保護。小型で体長10cmまで。止水域に生息。東アジアに5種、日本に3種。

モツゴ *Pseudorasbora parva* (Temminck and Schlegel, 1846)　側線は完全（稀に不完全）。普通吻端から尾鰭基底に至る1本の黒い縦帯をもつ（稀に途中まで）。河川中～下流域、湖や池沼、農業水路、溜め池など多様な環境に生息し、富栄養化にも強い。産卵期は4～7月。関東以西の本州、四国、九州、朝鮮半島全域、台湾、アムール川～中国南部の珠江水系に分布。フナなどの放流に混じって日本全国に拡散。国外ではヨーロッパ、北アフリカなどに中国産コイやソウギョなどの養殖・放流に混入して拡散し、現地では深刻な問題となっている。

シナイモツゴ 絶滅危惧IA類(環) 絶滅危惧IB類(IUCN) *Pseudorasbora pumila* Miyadi, 1930　体側に黒い縦帯がある。側線は不完全、前方3～5枚の側線有孔鱗が見られることが多い。モツゴに比べて頭部が大きく、尾柄が短く、追星の発達が悪い。長野県、新潟県、神奈川県以北の本州に分布。日本固有。コイやフナ類の放流に混じり北海道に侵入。自然分布域ではオオクチバスなどの外来種による食害や、侵入種モツゴ雄による雌の独占、平地開発、圃場整備、里山の荒廃により激減。

ウシモツゴ 絶滅危惧IA類(環) 絶滅危惧II類(IUCN) *Pseudorasbora pugnax* Kawase and Hosoya, 2015　成魚は体側の黒色縦帯が不明瞭で追星の発達は日本産モツゴ類魚類の中で最も悪く、目立たない。東海地方に固有で愛知県、岐阜県、三重県に分布。オオクチバスなどによる食害や平地開発、圃場整備、里山の荒廃により激減。現在は溜池にかろうじて生きながらえた個体群しか残っておらず、生息池は10か所にも満たない状態。1963年に和名、2015年に学名が付された。（川瀬成吾）

ヒガイ属 *Sarcocheilichthys*　体は細長い紡錘形。大きくても全長20cm以下。口は小さく、

カワヒガイ

♂

♀

吻が丸い

12〜16cm TL

ビワヒガイ

♂

15〜20cm TL

吻がとがる

体は黄色味を帯びる

♀

アブラヒガイ

保存標本

極めて短い口ひげがある。咽頭歯は1列か2列、日本産は1列。産卵は雌雄1対、雌は産卵管を淡水二枚貝の入水管へ挿入し(タナゴ類では出水管)、卵を外套腔内へ産着させる。卵は大型の沈性不付着卵で真球形、吸水後の卵径は約4mm。砂底や砂礫底に生息、水生昆虫や付着藻類を食べる。アムール川流域〜北ベトナムのアジア大陸東部、朝鮮半島と日本に約10種、日本に2種2亜種。

カワヒガイ 準絶滅危惧(環)
Sarcocheilichthys variegatus variegatus (Temminck and Schlegel, 1846)
吻は丸く、頭は小さい。眼は大きい。成魚でも全長約10cmと小さい。4〜7月、イシガイ、タガイ、ササノハガイ類に産卵。産卵期の雄は頬が桜色になる。河川の中〜下流域やこれに連なる水路に生息。愛知県豊川水系以西の本州太平洋岸と山陽地方、九州北西部、壱岐(絶滅)、京都府由良川、兵庫県円山川、島根県江の川に分布。移植されたビワヒガイとの交雑が危惧される。

ビワヒガイ *Sarcocheilichthys variegatus microoculus* Mori, 1927　頭長は変異に富み、長頭型(ツラナガ)、短頭型(トウマル)、中間型(ヒガイ)など様々。カワヒガイに似るが、より大型。雌はやや黄色味をおびる。4〜7月、イシガイ、マルドブガイ、カラスガイ、ササノハガイ類に産卵。琵琶湖の流入河川下流域と湖岸の砂底や砂礫底に生息。美味で、明治天皇が好まれ、鰉の字があてられた。琵琶湖固有亜種。移植によって現在では琉球列島を除く日本各地で定着。

アブラヒガイ 絶滅危惧IA類(環) 絶滅危惧IB類(IUCN) *Sarcocheilichthys biwaensis* Hosoya, 1982　体と鰭は濃黄褐色(和名の由来)。頭は長く、吻は尖る。琵琶湖北部の岩礁地帯の砂礫底や礫底に生息。頭部の形態は泥や岩の隙間に隠れた餌を吸い込むのに適し、独自の体色とともに生息環境によく適応。4〜6月、イシガイ、マルドブガイに産卵。石田川河口と余呉川河口を結ぶ湖北部、沖島、愛知川河口から日野川河口を結ぶ湖東部に分布。琵琶湖固有。かつて琵琶湖ではアブラヒガイはヒガイ類の漁獲量の10〜20%であったが、1980年代後半から減少し始め、現在では絶滅寸前。沖島および湖東部対岸の栗味出在家周辺でも採集されるが、多くはビワヒガイとの交雑個体と考えられる。(細谷和海)

アブラハヤ

ヤマナカハヤ

タカハヤ

ヤチウグイ

ウグイ

エゾウグイ

婚姻色

50cm TL（通常20～30cm TL）

産卵期は婚姻色として3本の朱条が現れる

ウグイ亜科 Leuciscinae　体は細長く紡錘形、やや側扁。口ひげがない。全長数cm～80cm。ヨーロッパから北米の旧北区と新北区、日本では九州から北海道に分布。101属564種、日本に2属7種4亜種。北海道を含むシベリア亜区の淡水域はウグイ亜科が主。

アブラハヤ属 *Rhynchocypris*　体は細長くやや側扁、臀鰭前端は背鰭基底後端直下。大きくても全長24cm。止水域～河川最上流域に生息。ユーラシア大陸北部に約21種、日本に3種2亜種。

アブラハヤ *Rhynchocypris lagowskii steindachneri* (Sauvage, 1883)　体形は細長く、体表のぬめりが強い。体は背面が黄土色、腹面は白っぽい。体側に黒と金の縦帯があるが、見えないこともある。タカハヤよりも眼が大きく、尾鰭の切れ込みが深い。4～7月の産卵期に雌の吻が伸びる。河川中～上流域の流れの緩やかな所に生息。雑食性。青森県～福井県、岡山県に分布。異亜種は朝鮮半島～ロシア北東部のレナ川に分布。

ヤマナカハヤ *Rhynchocypris lagowskii yamamotis* (Jordan and Hubbs, 1925)　アブラハヤに酷似するが、尾柄高が低い。最大で全長12cm程度、山中湖の標本で記載し命名。本栖湖、精進湖、河口湖、西湖、四尾連湖のアブラハヤ類は本亜種の集団と考えられる。

タカハヤ *Rhynchocypris oxycephala jouyi* (Jordan and Snyder, 1901)　体は細長く体表のぬめりが強い。体は黄土色だが黒色とまだらに見えることも多い。アブラハヤより眼が小さく尾鰭の切れ込みが浅い。4～7月の産卵期に雌の吻が伸びる。河川中流域より上流の流れの緩やかな場所に生息。河川の最上流域まで生息。神奈川県・新潟県以西の本州・四国・九州・対馬・五島列島に分布。異亜種は朝鮮半島および朝鮮半島南部の島嶼、福建省～アムール川に分布。

ヤチウグイ 準絶滅危惧(環) *Rhynchocypris percnura sachalinensis* (Berg, 1907)　体は背面が黄土色、腹面は銀白色。小型で体がやや側扁。水草の繁茂する流れの緩やかな小水域に生息。産卵期は6～7月。付着藻類や底生小動物を食べる。勇払（ゆうふつ）平野以北の北海

ウケクチウグイ
頬部が長受け口

80cm TL
（通常50cm TL）

婚姻色は2本の黒色帯と
腹側に1本の朱条があらわれる

マルタ

60cm TL（通常30～40cm TL）
婚姻色は黒味が強く朱条は腹側に
1本のみ

ジュウサンウグイ

60cm TL
（通常30～40cm TL）

道、サハリンに分布。異亜種は朝鮮半島東岸からロシアを経てドイツまで広範囲に分布。

ウグイ属 *Pseudaspius*　体は紡錘形で細長く、背面が灰褐色、腹面は銀白色。婚姻色は朱色と黒色。遡河回遊の種がいる。形や婚姻色がウグイと似る北米のピーマウス *Mylocheilus caurinus* も海へ降る。東アジアに4種2亜種。

ウグイ *Pseudaspius hakonensis* (Günther, 1877)　臀鰭の外縁がやや湾入。1年で全長約10cm、2～4年で20cmになり成熟。2～7月、体側に3本の朱色の縦線が出て瀬で雌に雄が群がり産卵。藻類や水生昆虫を食べ、雑食性。河川上～下流域、湖に生息。河川集団と、降海集団がいる。北海道、本州、四国、九州、朝鮮半島東部、吉林省豆満江水系、アムール水系、サハリンに分布。

エゾウグイ 絶滅のおそれのある地域個体群(東北地方)(環) *Pseudaspius sachaliensis* (Nikolskii, 1889)　ウグイ属で最も小型。臀鰭の外縁はほぼ直線。5～7月の産卵期に頭部や鰭の付け根に薄い朱色帯がでるが、色が薄い。群れで産卵するが、雌は吻が伸び、砂礫に潜り込む。河川の流れの緩やかな所に生息。雑食性。東北地方の河川上流域、北海道、千島列島、サハリン～シャンタル諸島に分布。

ウケクチウグイ 絶滅危惧IB類(環) 絶滅危惧IB類(IUCN) *Pseudaspius nakamurai* (Doi and Shinzawa, 2000)
大型種。下顎は上顎より前に出て、頬部が長い。産卵期に腹側に1本の朱帯と2本の黒色帯が出る。6月頃に産卵。魚食性が強く、河川の上～下流域に生息。信濃川以北～東北地方南部の日本海に流入する大河川に分布。

マルタ *Pseudaspius brandtii maruta* Sakai and Amano, 2015　婚姻色は体に黒色帯がなく、腹側に朱色の縦帯。ウグイより吻端がわずかに尖る。河川中～下流域から内湾に生息。雑食性。遡河回遊性。3年で成熟。4～6月に河川の流れの速い礫底で産卵。東京湾～岩手県大船渡湾の太平洋沿岸の流入河川に分布。

ジュウサンウグイ 絶滅のおそれのある地域個体群(本州)(環) *Pseudaspius brandtii brandtii* (Dybowski, 1872)　マルタに似るが、鱗数が多く、頭長が大きい。河川中～下流域から内湾に生息。遡河回遊性。富山湾以北から青森県太平洋側の本州、北海道、サハリン～沿海州、朝鮮半島東部に分布。　（藤田朝彦）

ウグイ亜科の分布

アユモドキ

12〜16cm SL

アユモドキの生息地（岡山県）

アユモドキ科 Botiidae　口ひげは3対（6本）で、眼下棘を有する。体は側扁し、尾鰭は二叉。アジアの温帯域から熱帯域に分布し、8属57種が知られる。日本にはアユモドキ1種のみが分布する。従来ドジョウ科に含まれていたが、最近、独立した科とされた。

アユモドキ（アユモドキ属） 絶滅危惧IA類（環）絶滅危惧IA類（IUCN）*Parabotia curtus* (Temminck and Schlegel, 1846)　体は独特の緑がかった褐色で、若魚期までは明瞭な横帯があるが、成長とともに不明瞭になる。比較的流れのある河川中〜下流域、周辺水路などに生息。産卵期は6〜8月、雨で冠水した河川敷の湿地や水田、水路などに移動し産卵する。孵化仔魚はしばらくそのような湿地環境で成長する。この生態は比較的大規模な平野の氾濫原湿地に適応したものである。近年、ダム建設による水位変動の抑制、河川改修による植生域の消滅、農業用水路の近代化で水路と水田間の移動が妨げられ、生息状況が著しく悪化している。かつては琵琶湖淀川水系と岡山県高梁川水系から広島県芦田川水系の間の山陽地方に分布していたが、現在では京都府の淀川水系桂川、岡山県の吉井川水系と旭川水系の限られた場所でのみ生息が確認されている。天然記念物や国内希少野生動植物種に指定されているが、生息状況がよくなっているという兆しはない。近縁な種がアムール川水系や長江水系に分布しており、本種は日本列島が大陸と地続きだった時代の湿地帯に起源があり、日本列島が大陸と離れた後も同様の環境をもつ限られた地域に生き残り、独自の種に分化したものと考えられる。

アユモドキ科の分布

ドジョウ科 Cobitidae　口ひげは3〜5対（6〜10本）で、体は細長い。口は下向きで小さい。ユーラシア全域と北アフリカの一部地域の淡水域に分布し、21属約190種が知られる。日本には外来種であるカラドジョウを含めて、3属25種・亜種が知られるが、分類学的な問題が残っている。ドジョウ属 *Misgurnus* はヨーロッパと東アジアに分断して分布する。

ドジョウ（ドジョウ属） 準絶滅危惧（環）*Misgurnus anguillicaudatus* (Cantor, 1842)　体は細長く目立つ模様はないが、斑点状の模様をもつ個体もいる。口ひげは5対。雄は雌よりも長い胸鰭をもつ。河川下流域や水田、池沼などの流れのあまりない水域に生息。産卵期は5〜8月、雨で水位が上昇し冠水した湿地や水田に移動して産卵する。早いものは1歳で成熟し、野生での寿命は多くは1〜2年と考えられる。しかし、飼育下では10年以上生きる。国内では北海道から琉球列島にかけてのほぼ全域、国外では朝鮮半島、遼河水系以南の中国本土、ベトナム北部、台湾などに広く分布する。ただし、自然分布の実態については明らかでない。少なくとも北海道や琉球列島のものは外来の可能性が

ドジョウ

10～20cm SL

キタドジョウ

12～21cmSL

ドジョウの生息環境

シノビドジョウ

6～11cmSL

ヒョウモンドジョウ

7～11cmSL

カラドジョウ

15cm SL

高い。身近で、よく知られているが、人為的な環境改変、食用に導入された遺伝的に異なる海外産の集団の影響により、日本列島在来のドジョウ集団は減少している。ドジョウ汁、柳川鍋などで賞味される。かつて三重県伊賀市近郊には、独特の斑紋をもち全長約30cmになる“ジンダイドジョウ”と称されるドジョウの地域集団が生息していたが、特に保護等や詳細な科学的調査もされず、現在では絶滅したと考えられている。

キタドジョウ（ドジョウ属） *Misgurnus* sp. (Clade A)　2008年に北海道と本州東部の一部地域から報告され、2017年に和名が提唱された。ドジョウに似るが雄の胸鰭の骨質盤の形態で区別できる。自然分布の実態、生態や形態の研究が進められている。

シノビドジョウ（ドジョウ属） *Misgurnus* sp. IR　2010年に沖縄県西表島から報告され、2017年に和名が提唱された。これと同じ種と考えられるものが鹿児島県奄美群島からも見つかっている。本種は琉球列島在来のドジョウと考えられるが、生息状況は非常に悪化しており絶滅が危惧される。現在、生態や形態の研究が進められている。

ヒョウモンドジョウ（ドジョウ属） *Misgurnus* sp. OK　2010年に沖縄県沖縄島から報告され、2017年に和名が提唱された。これと同じ種と考えられるものが沖縄県八重山諸島の一部からも見つかっている。在来性については不明な点が多いが、生息状況は悪化しており絶滅が危惧される。現在、生態や形態の研究が進められている。

カラドジョウ（ドジョウ属） *Misgurnus dabryanus* (Dabry de Thiersant, 1872)　中国長江水系中下流域～ベトナム北部、朝鮮半島、台湾に自然分布し、本州～九州の各地に外来種として定着している。口ひげは5対、体に目立つ模様はない。ドジョウに比べて口ひげが長い、尾柄高が高いなどで区別できる。原産地ではドジョウよりも干上がりやすい不安定な浅い湿地環境に生息する。輸入された海外産ドジョウに混ざって持ち込まれたものが本州～九州の各地に定着している。日本国内に定着した集団の生活史はわからないことが多い。本種はヨーロッパに分布する *M. fossilis* やアムール川水系等に分布する *M. nikolskyi* に近縁でドジョウとは系統的に大きく異なる。

（中島 淳）

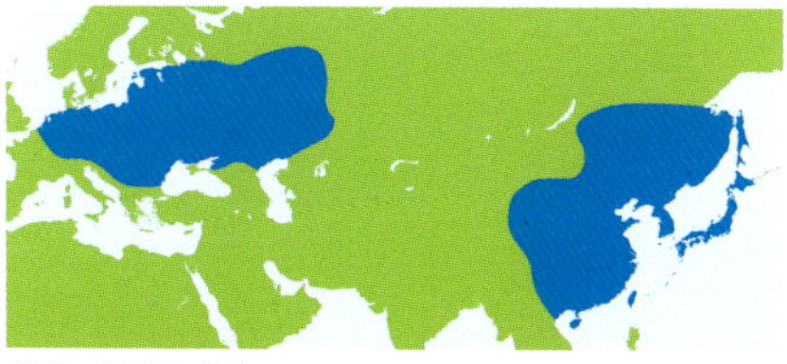

ドジョウ属の分布

オオシマドジョウ

10〜13cm SL

シマドジョウ属の口
（ヒガシシマドジョウ）

ニシシマドジョウ

9〜12cm SL

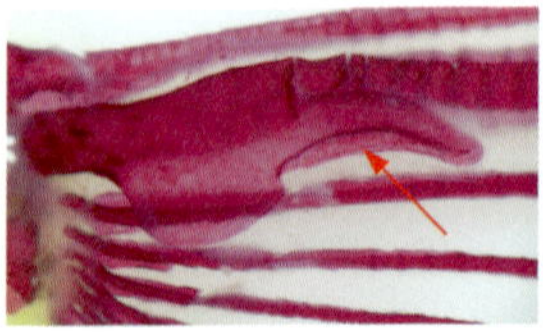

オオシマドジョウ♂の胸鰭基部にある骨質盤（くちばし状）

ヒガシシマドジョウ

6〜12cm SL

トサシマドジョウ

8〜10cm SL

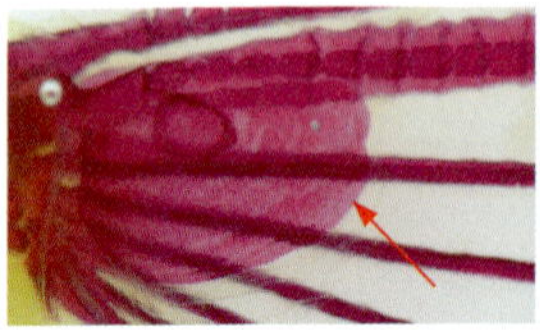

サンヨウコガタスジシマドジョウ♂の胸鰭基部にある骨質盤（円形）

シマドジョウ属 *Cobitis*　体は細長く、やや側扁。口ひげは3対（6本）。可動式の眼下棘がある。雄成魚の胸鰭基部に骨質盤がある。背部から体側に5斑紋列がある。ユーラシア温帯域と北アフリカの一部に約96種・亜種、日本は本州〜九州の各地域に19種・亜種。種 *C. minamorii* は、準絶滅危惧種（IUCN）。

オオシマドジョウ *Cobitis* sp. BIWAE type A　体側斑紋は雌雄ともに点列だが、縦帯模様の個体もいる。尾鰭基部の黒斑は上下ともに明瞭。雄胸鰭基部の骨質盤は嘴状。流れのある砂礫底の場所に生息。本州、四国の瀬戸内海流入河川と本州の一部の日本海流入河川（由良川、江の川〜阿武川）、九州（大分川、大野川）に分布。従来の"シマドジョウ *C. biwae* Jordan and Snyder, 1901"は、本種、ニシシマドジョウ、ヒガシシマドジョウ、トサシマドジョウという遺伝的・形態的に区別可能な4種の種群であることが判明。学名については研究中。

ニシシマドジョウ *Cobitis* sp. BIWAE type B　体側斑紋は雌雄ともに点列だが、縦帯模様の個体もいる。尾鰭基部の黒斑は東海地方と山陰地方で上のみが明瞭、琵琶湖では上下ともに明瞭と地域による変異がある。雄胸鰭基部の骨質盤は嘴状。流れのある砂礫底の場所に生息。瀬戸内海流入河川を除く中部以西の本州、および琵琶湖に分布。

ヒガシシマドジョウ *Cobitis* sp. BIWAE type C　体側斑紋は雌雄ともに点列だが、縦帯模様の個体もいる。尾鰭基部の黒斑は上下とも不明瞭。模様と体長は地域変異がある。雄胸鰭基部の骨質盤は細長い。流れのある砂礫底の場所や農業用水路に生息。関東・中部地方以東の本州に分布。関東地方北部の一部では"すなさび"とよばれて食される。

トサシマドジョウ 絶滅危惧Ⅱ類（環）*Cobitis* sp. BIWAE type D　体側斑紋は雌雄ともに点列。尾鰭基部の黒斑は上下とも明瞭で、わずかに分離。雄胸鰭基部の骨質盤は後中央部がややくびれたナイフ形。流れのある砂礫底の場所に生息。高知県の一部の太平洋流入河川に分布。無許可の採集と飼育は条例で禁止。

サンヨウコガタスジシマドジョウ
絶滅危惧ⅠA類（環）*Cobitis minamorii minamorii* Nakajima, 2012　体側斑紋は雌雄ともに幅狭い点列、もしくは途切れがちの縦帯だが、産卵期の雄は明瞭な縦帯。尾鰭基部の上下

**サンヨウコガタ
スジシマドジョウ**

4～5.5cm SL

**ビワコガタ
スジシマドジョウ**

5～6cm SL

**アリアケ
スジシマドジョウ**

産卵期の雄

5～7cm SL

**トウカイコガタ
スジシマドジョウ**

4～5.5cm SL

**サンインコガタ
スジシマドジョウ**

6～7cm SL

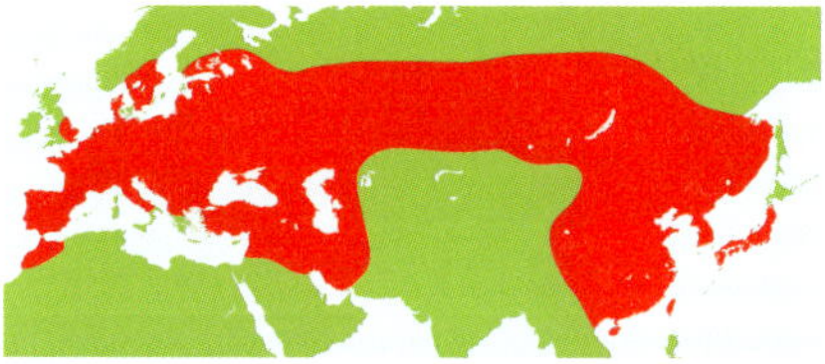

シマドジョウ属の分布

の黒斑は小さく、分離。第2口ひげは短く、眼径と同程度。雄胸鰭基部の骨質盤は側方にやや歪んだ円形。流れが緩やかな河川下流域とその周辺の水路などの砂泥底に生息。5～7月頃、浅い湿地に移動して産卵。岡山県·広島県の限られた河川に分布。従来の"スジシマドジョウ小型種山陽型"。個体数の減少が著しく、広島県では近年の確認例はない。

トウカイコガタスジシマドジョウ

絶滅危惧IB類(環) *Cobitis minamorii tokaiensis* Nakajima, 2012　体側斑紋は雌雄ともに点列だが、産卵期の雄は明瞭な縦帯になる。尾鰭基部の上下の黒斑は小さく、分離。第2口ひげは短く、眼径と同程度。雄胸鰭基部の骨質盤は側方にやや歪んだ円形。流れが緩やかな河川下流域とその周辺の水路に生息。5～6月頃、浅い湿地に移動して産卵。静岡県西部、愛知県、岐阜県、三重県に分布。従来の"スジシマドジョウ小型種東海型"。

ビワコガタスジシマドジョウ 絶滅危惧IB類(環) *Cobitis minamorii oumiensis* Nakajima, 2012　体側斑紋は雌雄ともに縦帯。尾鰭基部の上下の黒斑は接続するように見える。琵琶湖の周辺水域で、湖岸や湖と接続する水路、小河川に生息。6～7月頃、浅い湿地に侵入して産卵。生息状況は著しく悪化。従来の"スジシマドジョウ小型種琵琶湖型"。なお、琵琶湖の流出河川である宇治川や淀川には別亜種ヨドコガタスジシマドジョウ *C. minamorii yodoensis* が分布していたが、1996年を最後に採集例がなく絶滅した可能性もある。

サンインコガタスジシマドジョウ

絶滅危惧IB類(環) 準絶滅危惧種(IUCN) *Cobitis minamorii saninensis* Nakajima, 2012　体側斑紋は雌雄ともに点列だが、産卵期の雄は明瞭な縦帯。尾鰭基部の上下の黒斑は小さく、分離。第2口ひげは短く、眼径と同程度。雄胸鰭基部の骨質盤は側方にやや歪んだ円形。やや大型になる。流れが緩やかな河川下流域とその周辺の水路に生息。産卵期は5～6月頃と考えられるが、詳しくは不明。兵庫県西部、鳥取県、島根県東部に分布。従来の"スジシマドジョウ小型種山陰型"あるいは"点小型"。

アリアケスジシマドジョウ 絶滅危惧IB類(環) 絶滅危惧Ⅱ類(IUCN) *Cobitis kaibarai* Nakajima, 2012　体側斑紋は雌雄ともに点列だが、産卵期の雄は明瞭な縦帯。尾鰭基部の黒斑は下部が不明瞭。第2口ひげは短く、眼径と同程度。流れが緩やかで植物が豊富な砂泥底に生息。5～6月頃、浅い湿地に移動して産卵すると考えられる。九州の有明海流入河川に分布。従来の"スジシマドジョウ小型種九州型"あるいは"点小型"。　(中島 淳)

チュウガタ
スジシマドジョウ

7～8cm SL

ハカタ
スジシマドジョウ

6～7cm SL

タンゴ
スジシマドジョウ

6～8cm SL

オンガ
スジシマドジョウ

7～8cm SL

オオガタ
スジシマドジョウ

8～9cm SL

ヤマトシマ
ドジョウ

7～10cm SL

チュウガタスジシマドジョウ 絶滅危惧Ⅱ類(環)
Cobitis striata striata Ikeda, 1936　体側斑紋は雌雄ともに縦帯。尾鰭基部の黒斑は下部が不明瞭。第2口ひげは短く、眼径と同程度。流れが緩やかで植物が豊富な砂泥底に生息。6～7月頃、梅雨時の降水などで水位が上昇し冠水した河川敷の浅い湿地などに移動し産卵。本州、四国、九州の瀬戸内海流入河川と、本州の一部の日本海流入河川(由良川、江の川)に分布。従来の“スジシマドジョウ中型種”。

オンガスジシマドジョウ 絶滅危惧IB類(環)
Cobitis striata fuchigamii Nakajima, 2012
体側斑紋は雌雄ともに点列だが、産卵期の雄は明瞭な縦帯。尾鰭基部の黒斑は下方が不明瞭。第2口ひげは短く、眼径と同程度。体側斑紋は明るい茶褐色。流れが緩やかで植物が豊富な砂泥底に生息。九州の遠賀川水系中～下流域の固有亜種。

ハカタスジシマドジョウ 絶滅危惧IA類(環)
Cobitis striata hakataensis Nakajima, 2012
体側斑紋は雌雄ともに点列だが、産卵期の雄は明瞭な縦帯。尾鰭基部の黒斑は下方が不明瞭。第2口ひげは短く、眼径と同程度。オンガスジシマドジョウに似るが、体側斑紋はより黒みがかった褐色で、各斑紋列の幅が広い。九州の博多湾流入河川中～下流域の固有亜種。都市開発の影響で生息状況は極めて危機的、保全対策が必要。国内希少野生動植物種に指定。

オオガタスジシマドジョウ 絶滅危惧IB類(環)
絶滅危惧IB類(IUCN) *Cobitis magnostriata* Nakajima, 2012　体側斑紋は雌雄ともに縦帯。尾鰭基部の上下の黒斑は明瞭でつながる。琵琶湖では通常湖内の水深1～3mの砂底で生活し、5～6月頃に湖とつながる小河川や水路、浅い湿地に遡上して産卵。孵化した仔魚は成長しながら湖内に移動すると考えられている。琵琶湖とその周辺水域の固有種だが、本州のいくつかの河川に移入・定着。従来の“スジシマドジョウ大型種”。

タンゴスジシマドジョウ 絶滅危惧IA類(環)
絶滅危惧IA類(IUCN) *Cobitis takenoi* Nakajima, 2016　体側斑紋は雌雄ともに点列だが、産卵期の雄は明瞭な縦帯。尾鰭基部の上下の黒斑は明瞭で接続しない。第2口ひげは短く、眼径と同程度。個体により模様の変異が多い。中～下流域の植物が豊富な流れの緩やかな砂底に生息。京都府丹後半島の1河川のみから知られている。国内希少野生動植物種に指定

ヤマトシマドジョウ 絶滅危惧Ⅱ類(環) *Cobitis matsubarae* Okada and Ikeda, 1939　体側斑紋は雌雄ともに点列。尾鰭基部の上下の黒斑は明瞭で接続しない。第2口ひげは長く、眼径より明らかに長い。比較的水質の良好な

オオヨドシマドジョウ

7～9cm SL

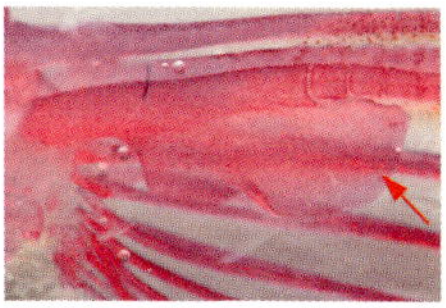

オオヨドシマドジョウ雄の胸鰭基部にある骨質盤（長方形で後縁中央がくびれる）

イシドジョウ

4～6cm SL

ヒナイシドジョウ

6～7cm SL

アジメドジョウ

7～10cm SL

アジメドジョウの口

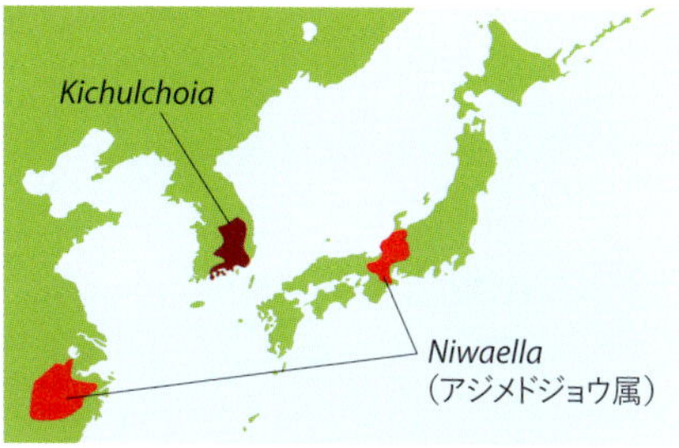

アジメドジョウ属と、類似の *Kichulchoia* の分布

河川中流域の砂底に生息。5～6月頃、岸際のヨシ群落等の根際で産卵。山口県西部、壱岐島、九州のほぼ全域に分布。染色体数の異なる複数の集団が知られているが、それらの形態的な差異については未詳。

オオヨドシマドジョウ 絶滅危惧IB類（環）絶滅危惧IB類（IUCN） *Cobitis sakahoko* Nakajima and Suzawa, 2015　形態と模様の特徴はヤマトシマドジョウと似ているが、雄胸鰭基部の骨質盤は長方形でくびれがあることで異なる。比較的水質の良好な河川中流域の砂底に生息。九州の大淀川水系のみに分布。

イシドジョウ 絶滅危惧IB類（環）準絶滅危惧種（IUCN） *Cobitis takatsuensis* Mizuno, 1970　体側斑紋は雌雄ともに縦帯。第2口ひげは長く、眼径より明らかに長い。尾柄高が高く独特の体型。頬部に明瞭な縦帯がある。水質の良好な河川上～中流域の礫底に生息。6～8月頃、礫底中で産卵。孵化した仔魚はしばらく礫底中にとどまって成長すると考えられている。島根県西部、広島県西部、山口県、福岡県東部の限られた河川に分布。

ヒナイシドジョウ 絶滅危惧IB類（環）絶滅危惧II類（IUCN） *Cobitis shikokuensis* Suzawa, 2006　体側斑紋は雌雄ともに途切れがちの縦帯あるいは点列模様だが、河川により変異がある。形態的特徴や体形はイシドジョウに似るが、頬部に縦条がないことで異なる。水質が良好な河川上～中流域の礫底に生息。産卵期は5～7月頃。愛媛県と高知県の一部の河川に分布。

アジメドジョウ属 *Niwaella*　口ひげは3対（6本）で、上下の口唇は半月状で全体として吸盤状。眼下棘（がんかきょく）がある。背鰭はやや後方。背部から体側に明瞭な斑紋列がある。雄の胸鰭基部に骨質盤（こつしつばん）がない。河川上流域で藻類を食べる。中国に7種、日本に1種。朝鮮半島の *Kichulchoia*（キチョルチョイア）は近縁。

アジメドジョウ 絶滅危惧II類（環） *Niwaella delicata* (Niwa, 1937)　体側斑紋は産地や個体により変異が大きい。口唇は肥厚し、やや吸盤状。河川上～中流域の流れのある礫底に生息、主に珪藻類を食べる。晩秋に集団で移動し河床深く潜り越冬。産卵は越冬後の3～4月頃に越冬場所である河床中で行うと考えられており、産卵生態はドジョウ科の中でも極めて特異。中部地方、北陸地方、近畿地方の一部河川に分布。長野県、岐阜県、福井県の一部では登（のぼ）り落（お）ち漁（りょう）や箱漁（はこりょう）などの専門の漁業が行われ、食される。美味。　（中島 淳）

フクドジョウ

10〜16cm SL

フクドジョウ属の分布

ホトケドジョウ属の分布

フクドジョウ科 Nemacheilidae　ユーラシア全域と北アフリカの一部地域の淡水域に分布し、46属約630種以上が知られる。アジアの温帯域から熱帯域に種数が多い。ドジョウ科あるいはタニノボリ科Balitoridaeの1亜科(あか)とされることもある。日本には外来種であるヒメドジョウを含めて2属6種。

フクドジョウ属 *Barbatula*　口ひげは3対(6本)で、体はやや縦扁する。尾鰭後端は截形(せっけい)〜浅く湾入する。ヨーロッパからアジア東北部の冷温帯域に21種、日本では北海道に1種。

フクドジョウ *Barbatula oreas* (Jordan and Fowler, 1903)　体は暗色で不規則な斑紋をもち、個体変異が大きい。腹部は白い。河川の上流から下流まで広く生息し、流れのある礫底を好む。産卵期は4〜6月。河川に付随する植生の豊富な水域に移動して産卵すると考えられるが、詳細は不明。北海道に分布するが、本州東部のいくつかの河川に人為的に持ち込まれて定着している。分子系統解析の結果、サハリンや朝鮮半島日本海側、アムール川水系などに分布する同属の*B. nuda*や*B. toni*と近縁であることが判明している。しかし、本種を含めたこれらの種の形態的な違いについては不明な点が多く、分類学的に混乱している。

ホトケドジョウ属 *Lefua*　鼻孔に1対、口部に3対のひげがあり、体は円筒形。鰾(うきぶくろ)が発達しており、よく泳ぐ。朝鮮半島、極東ロシアから中国広東省にかけて6種が分布、日本には北海道から本州中部にかけて、いずれも日本固有の4種が分布する。他に外来の1種が本州各地に定着している。

ホトケドジョウ 絶滅危惧IB類(環) *Lefua echigonia* Jordan and Richardson, 1907　体側には小斑点があり、眼から吻端にかけて不明瞭な縦条があるが、その濃淡は地域により違いがある。河川敷の湿地や丘陵地の細流、溜池等に生息し、湧水の流入する低水温の環境を好む。産卵期は3〜6月で、植生域でばら撒き型の産卵を行う。秋田県・岩手県〜兵庫県に至る本州に分布するが、地域により遺伝的な違いが大きいことが知られている。

ナガレホトケドジョウ 絶滅危惧IB類(環) *Lefua torrentis* Hosoya, Ito and Miyazaki, 2018　体は細長く、腹鰭基部は背鰭基部よりかなり前方に位置する。眼から吻端にかけての縦条がよく目立つ。河川の源流〜上流域に生息し、樹林に被われた流れのある礫底を好む。5〜7月に岩下の空隙において産卵する。静岡県から岡山県までの本州と高知県を除く四国、淡路島に分布する。日本固有。無斑の集団と小斑紋が散在する集団がいる。

トウカイナガレホトケドジョウ 絶滅危惧IB類(環) *Lefua tokaiensis* Ito, Hosoya and Miyazaki, 2019　形態はナガレホトケドジ

ホトケドジョウ

5〜7cm SL

ナガレホトケドジョウ

5〜7cm SL

トウカイナガレホトケドジョウ

5〜7cm SL

エゾホトケドジョウ

♀

6〜9cm SL

ヒメドジョウ♂

5〜6cm SL

♀

ョウに類似しているが、眼から吻端にかけての縦条はより太く、尾鰭基部に不明瞭な暗色横帯がある。河川の源流〜上流域に生息し、流れのある礫底で樹林に被われたところを好む。産卵期は春から晩秋まで続くとされているが、詳細不明。静岡県西部から愛知県東部の限られた水系に分布。分子系統解析の結果では、ナガレホトケドジョウよりもホトケドジョウに近縁であることが示されている。

エゾホトケドジョウ 絶滅危惧IB類(環) *Lefua nikkonis* (Jordan and Fowler, 1903) 幼魚(ようぎょ)や雄には明瞭な縦帯があるが、これは成熟した雌では不明瞭になる。河川中〜下流域に付随する湿地や細流、池沼や農業用水路などに生息し、植物が豊富な環境を好む。産卵期は主に4〜6月であるが、湧水池などでは9月頃まで続く。北海道と青森県に分布する。極東ロシア地域に分布する同属の *L. pleskei* と最も近縁であることが分子系統解析で示されている。

ヒメドジョウ 移入種 *Lefua costata* (Kessler, 1876) 朝鮮半島から中国大陸北部、アムール川水系等に自然分布する外来種。エゾホトケドジョウに似るが縦列鱗数(じゅうれつりんすう)が多く、体は細長い。河川中下流域に付随する湿地や細流、池沼や農業用水路などに生息し、植物が豊富な環境を好む。食用の海外産ドジョウに混ざって国内に入ったと考えられている。富士川水系(山梨県、静岡県)、信濃川水系(長野県)、黒部川水系(富山県)などで定着が確認されている。

(中島 淳)

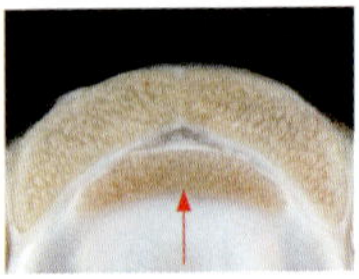

鋤骨歯帯はつながる

ナマズ

70cm TL（通常55cm TL）

ビワコオオナマズ

1.3m TL（通常90cm TL）

ナマズ目 Siluriformes
40科約490属約3730種。約2000種が南北アメリカ大陸に分布。淡水域に生息。ただし、ハマギギ科Ariidaeとゴンズイ科Plotosidaeに海産がいる。（藤田朝彦）

ナマズ科 Siluridae　体表は鱗がなく、粘液で被われている。脂鰭がなく、ほとんどが臀鰭の基底が長い。胸鰭だけに棘がある。ユーラシア大陸に特有で、主にアジアに生息し、2種のみヨーロッパに分布。12属約100種、日本に1属4種。

ナマズ属 *Silurus*　頭は大きく縦扁し、体は側偏する。背鰭は小さく、尾鰭の切れ込みは浅い。東アジアを中心に15種が知られる。ナマズ科の中では唯一2種がヨーロッパに分布し、そのうちの1種ヨーロッパオオナマズ *S. glanis* は世界最大級の淡水魚の一つで最大5mにもなる。ヨーロッパオオナマズは日本に定着する恐れがあり、定着予防外来種に指定されている。日本には4種が自然分布し、2種は琵琶湖・淀川水系に固有である。

ナマズ *Silurus asotus* Linnaeus, 1758　仔魚には3対のひげがあるが、成長とともに消失して2対になる。左右の鋤骨歯帯はつながる。成長は非常に早く、1歳で10cm以上になる。夜行性の動物食性で、魚類や甲殻類などを貪欲に捕食する。産卵は4〜7月の増水時に水に浸かる一時的水域で行われ、水路や水田にまで入り込む。雄が雌に巻き付き、雌は卵を水底にばら撒く。本来は東海地方以西の本州と四国、九州に分布していた。しかし、江戸時代頃に関東地方に人為的に導入、大正時代末期までには北海道まで分布を拡大したといわれ、現在では日本全土に分布。国外はアムール川水系〜ベトナム北部の東アジアに広く分布。すべすべした体に大きな頭の愛嬌ある姿は浮世絵や絵画に描かれるなど古くから人々に親しまれてきた。釣り、刺し網、延縄、エリなどによって漁獲。蒲焼で食される。

ビワコオオナマズの産卵

イワトコナマズ 準絶滅危惧（環）絶滅危惧Ⅱ類（IUCN） *Silurus lithophilus* (Tomoda, 1961)　ナマズと類似するが、眼が頭部の側面につき、前鼻孔に発達した長い鼻管、体側に黄褐色の雲状斑がある、左右の鋤骨歯帯は分離し八の字状になることで区別できる。成長はナ

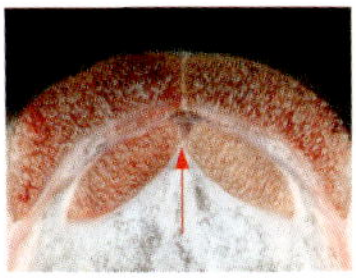

鋤骨歯帯は分離する

イワトコナマズ

65cm TL（通常50cm TL）

タニガワナマズ

60cm TL（通常45cm TL）

鋤骨歯帯は分離する
個体が多い

マズと同程度だが、成魚はナマズよりやや小さい。動物食性で、魚類や甲殻類を摂餌する。梅雨期の降雨後の温暖な夜に湖岸の礫底で産卵が行われる。その際、雄が雌の体に巻き付く。産卵行動はナマズよりビワコオオナマズに似る。琵琶湖に固有で岩礁域を主な生息場所としているが、流出河川瀬田川でも見られる。姉妹種のタニガワナマズと共にナマズと最も近縁。

タニガワナマズ *Silurus tomodai* Hibino and Tabata, 2018　頭が小さく体が細長い、頭部腹面や腹部に斑紋が入りやすい、左右の鋤骨歯帯が分離する個体が多い、卵は黄色味を帯びることなどで区別できる。伊勢湾流入河川を中心とした東海地方、長野県に分布。和名の由来のように河川上流域から中流域の山間部に生息。姉妹種のイワトコナマズとは生息環境が異なるが、礫底を好む点で共通している。鈴鹿山脈隆起による隔離後の生息環境の違いが種分化を促したと考えられている。

ビワコオオナマズ *Silurus biwaensis* (Tomoda, 1961)　成長すると最大で1.3mにもなる日本最大級の淡水魚の1つ。ナマズに似るが、下顎の突出や頭部の縦扁が他のナマズより顕著であること、腹部が白い、尾鰭の上葉が

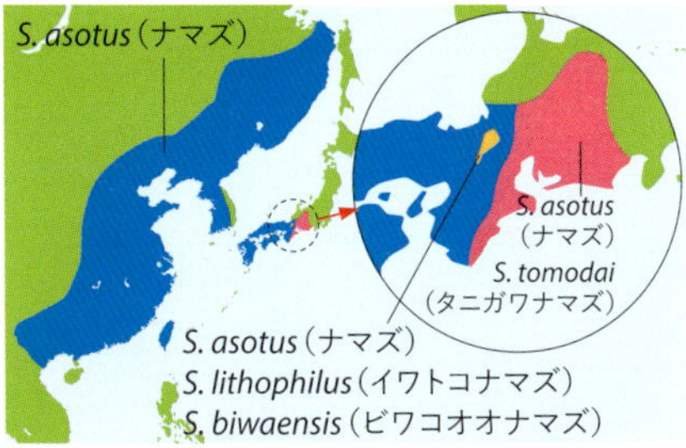

日本産ナマズ属4種の分布

下葉より長いことなどで識別できる。雄よりも雌の方が顕著に大きくなる。琵琶湖・淀川水系の固有種で、琵琶湖の沖帯や流出河川瀬田川･宇治川･淀川に分布する。琵琶湖ではフナ類やコアユなどの魚類を捕食する。梅雨期の増水時にヨシ帯のある礫底の浅瀬に集団で押し寄せて雄が雌に巻き付き、雌が産卵する。他の日本産ナマズ属よりも成長が早く、1歳で20cmに達する。10歳を超えるものもいるという。中国の長江から珠江にかけて分布する“大口鮎”*S. meridionalis* が本種に最も近縁と考えられている。*S. meridionalis* は、ビワコオオナマズと同じく1mを超える大型のナマズ属魚類で、胸びれに細かい棘が散在することや尾鰭の上葉が下葉より長くなること等、いくつかの共通点がある。このことから、ビワコオオナマズは琵琶湖で進化した初期固有ではなく、温暖期に日本から中国にかけて広く分布していた祖先種が琵琶湖・淀川水系に取り残された遺存固有（いぞんこゆう）と考えられている。（川瀬成吾）

ギギ

30cmTL

胸鰭鋸歯（外来種コウライギギ）

胸鰭（ギバチ）：ギギ科魚類は胸鰭と背鰭に毒棘がある。棘には鋸歯があり、刺さると容易には抜けない

ギバチ

20cmTL

アカザ

8cmTL

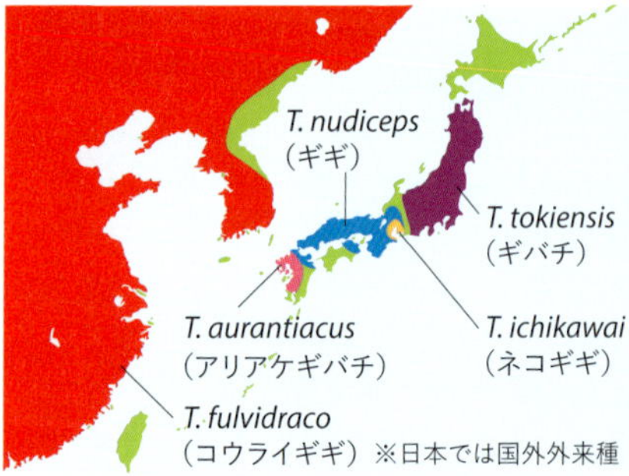

日本に生息するギギ科の在来分布域

ギギ科 Bagridae　体は黒褐色のものが多く、体表に鱗がない。吻に4対のひげ、胸鰭と背鰭に後縁部が鋸歯になった棘がある。アフリカ中央部、中近東、アジアに19属約221種。日本にギバチ属のギギ、ネコギギ、ギバチ、アリアケギバチが生息、いずれも日本固有種。現在、日本産ギギ科魚類のうちギギ以外は絶滅危惧種、ネコギギは天然記念物。近年、国外外来種としてコウライギギ *Pseudobagrus fulvidraco* が関東地方で確認されている。

ギギ（ギバチ属） *Tachysurus nudiceps* (Sauvage, 1883)　日本産のギギ科では最も大きくなる。体は概ね黒色だが、稚魚（ちぎょ）から未成魚期にかけて黄褐色の模様が顕著。ギバチに比べて尾鰭が深く切れ込み、吻端が尖る。主に河川中流部に生息し、昼間は礫間や抽水植物帯等に隠れ、夜に遊泳して主に小動物を捕食する。5〜7月に、礫の間隙内でペアをつくって産卵、雄親が巣内で卵と仔稚魚を保護する。琵琶湖淀川水系以西の本州、四国の吉野川、九州北東部に分布。胸鰭の関節をこすり合わせてギギと発音するが、これが和

ゴンズイ

20cm TL（通常18cm TL）

ミナミゴンズイ

30cmTL（通常25cm TL、写真個体7cm TL）

名の由来とされている。近年は、琵琶湖産アユ種苗放流の混入等に由来すると考えられる個体が関東や中部地方で多く確認されており、その影響が懸念される。

ギバチ（**ギバチ属**）絶滅危惧Ⅱ類（環）*Tachysurus tokiensis* (Döderlein, 1887)　ギギに似るが、尾鰭の切れ込みが浅く、吻が丸い。体は概ね黒色だが、稚魚から未成魚期にかけて黄褐色の模様が顕著。河川の中〜下流域の淵などの流れの緩やかな所や溜池に生息。夜行性で、礫の間隙や岩の下に潜んでおり、主に水生昆虫、甲殻類を捕食する。神奈川県・富山県以北の本州に分布。

アカザ科 Amblycipitidae　中央アジアから東アジアにかけて分布し、河川の中〜上流域の礫間に生息する小型の魚類である。体色は赤褐色のものが多く、4対のひげをもつ。日本には日本固有種であるアカザ1種のみが生息。

アカザ（**アカザ属**）絶滅危惧Ⅱ類（環）*Liobagrus reini* Hilgendorf, 1878　体は細長く、赤〜赤褐色の体色と胸鰭に鋭い棘をもつ。河川の最上流域で、石の下や礫の間の狭い隙間に生息し、夜行性で水生昆虫等の小動物を捕食する。宮城県、秋田県以南の本州、四国、九州に分布。岩手県でみられる集団は移入であるとされる。

ゴンズイ科 Plotosidae　口の近辺に4対のひげがある。脂鰭がない。第2背鰭と臀鰭は尾鰭と連続する。インド－西太平洋の海水、汽水、淡水に10属約40種、半数はオーストラリアとニューギニアの淡水域に生息。日本は1属2種で海産。

ゴンズイ（**ゴンズイ属**）*Plotosus japonicus* Yoshino and Kishimoto, 2008　体は鱗がなく、粘液で被われ、茶褐色で2本の黄色縦線（成長に伴い不顕著）があり、腹側は白色。背鰭と胸鰭の棘には棘毒、体表粘液中に毒成分がある。これらの毒は成分が似ていると考えられている。幼魚は黒い体色に明瞭な白黄色の縦条があり、警戒色を示している。稚魚は高密度なゴンズイ玉とよばれる群れをつくる。群れ形成に関与する物質はホスファチジルコリンであることが知られている。沿岸の岩礁域に生息し、産卵期は6〜8月。第1鰓弓の鰓耙数が23-25、脊椎骨数が48-53でミナミゴンズイと区別される。房総半島南端〜九州南岸の太平洋沿岸、九州西岸に分布。日本海沿岸の個体は詳しく研究されていない。

ミナミゴンズイ（**ゴンズイ属**）*Plotosus lineatus* (Thunberg, 1787)　第1鰓弓の鰓耙数が27-31、脊椎骨数が52〜58でゴンズイと区別される。ゴンズイよりもやや大きくなり、汽水域によく侵入する。沖縄島以南の琉球列島、インド－西太平洋に分布。　（藤田朝彦）

ニギス

22cm SL（通常16cm SL）

カゴシマニギス

17cm SL（通常13cm SL）

ソコイワシ

16cm SL

デメニギス

12cm SL

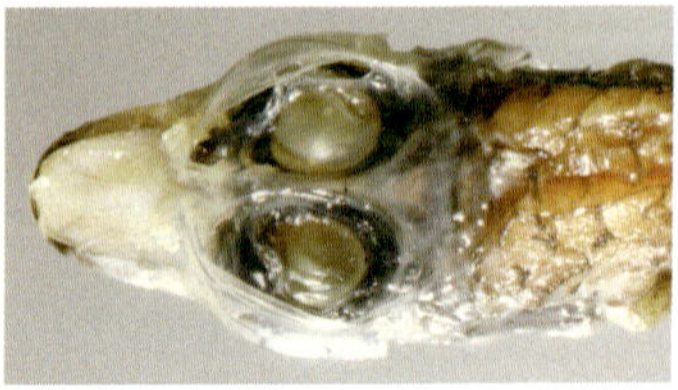

頭部背面（デメニギス）

正真骨下区 Euteleostei
原棘鰭上目 Protacanthopterygii
ニギス目 Argentiniformes
ニギス亜目 Argentinoidei

ニギス科 Argentinidae　眼は大きく、吻端の近く。吻は尖る。背鰭と腹鰭は体のほぼ中央に位置する。脂鰭がある。臀鰭は尾柄の近く。体の円鱗は大きく、脱落しやすい。体は淡色で、薄い斑紋や、銀白色の縦帯がある。インド洋、太平洋、大西洋の暖海域の大陸棚〜大陸棚縁辺部に2属27種、日本に2属5種。

ニギス（ニギス属） *Glossanodon semifasciatus* (Kishinouye, 1904)　吻は三角形で、下顎は上顎より突出。青森県〜島根県沿岸の日本海系群と太平洋中・南部系群（熊野灘と紀伊水道沖および土佐湾）がいるが、漁獲量の約8割は日本海系群である。水深100〜350mに生息。年中産卵するが、春と秋に多い。土佐湾では水深200〜300mあたりで産卵するといわれているが、産卵生態は不明な点が多い。日本海系群は2〜3歳で成熟し、体長16〜18cm、5歳で22cmになる。太平洋系群は成長がよく2歳で体長17〜19cmになる。青森県〜房総半島の太平洋沿岸、駿河湾、遠州灘〜土佐湾の太平洋沿岸、青森県〜九州北岸の日本海沿岸、東シナ海大陸棚縁辺域に分布。底曳網で漁獲。干物、新鮮なものは塩焼きで美味。

カゴシマニギス（カゴシマニギス属）
Argentina kagoshimae Jordan and Snyder, 1902
上顎が下顎より突出する。第1鰓弓の鰓耙数は6〜10（ニギス属では27〜40）。水深100〜450mに生息。産卵期は春と推定されている。房総半島沖、駿河湾〜九州南岸の太平洋沿岸（日向灘と薩南に多い）、東シナ海大陸棚縁辺域、台湾南部。干物や練り製品として利用。

ソコイワシ科 Microstomatidae　眼は大きく、吻端の近く。吻は短くて丸いものが多く、口は小さい。背鰭は1つで体のほぼ中央に位置する。脂鰭があるものとないものがあるが、日本産のものは脂鰭がある。体は深海魚特有で黒色のものが多いが、発光器はない。全世界の水深200〜1000mの中深層に生息し、11属42種。日本に7属8種。

ソコイワシ（ソコイワシ属） *Lipolagus ochotensis* (Schmidt, 1938)　鰓蓋上部は深く湾入する。水深約80〜300mに生息。北海道オホーツク海沿岸、北海道〜土佐湾の太平洋沿岸、北太平洋の亜寒帯〜寒帯域に分布。北方海

ヤセナメライワシ

21cm SL

ミズヒキイワシ

37cm SL

セキトリイワシ

30cm SL

トガリコンニャクイワシ

16cm SL

域では、カラスガレイ(p.458)やシロゲンゲ(p.363)などの大型魚類の重要な餌生物となっている。駿河湾では春のサクラエビ漁で親潮系水塊が卓越するときに混獲される。

(波戸岡清峰)

デメニギス科 Opisthoproctidae　眼は管状で鰾がない(一部を除く)。暖海の中深層に生息。世界に8属19種、日本に5属6種。

デメニギス(デメニギス属) *Macropinna microstoma* Chapman, 1939　体は高く、眼が背方を向く。臀鰭起部は背鰭基底後端より前方。水深約400～800mの中深層に生息。茨城県以北の東北地方太平洋沖、北海道釧路沖、ベーリング海南東部、北太平洋の亜寒帯域、バハカリフォルニア沖に分布。

セキトリイワシ亜目 Alepocephaloidei

セキトリイワシ科 Alepocephalidae　腹部に発光器がある。世界の中深層に18属約95種、日本に10属23種。

ヤセナメライワシ(ナメライワシ属) *Leptoderma retropinnum* Fowler, 1943　体は細長く、鱗がない。背鰭と臀鰭は尾鰭との境界が不明瞭。側線が管状の変形鱗。背鰭軟条数は45～50、臀鰭軟条数は65～69。水深約600～1000mの海底付近に生息。沖縄舟状海盆、台湾南部、フィリピン諸島に分布。

ミズヒキイワシ(ヒレナガイワシ属) *Talismania longifilis* (Brauer, 1902)　体は細長く側扁、鱗がある。背鰭と臀鰭はほぼ対在。主上顎骨の歯は細く円錐状。胸鰭軟条の先端は糸状に伸びる。側線上方横列鱗数は17～19、腹鰭軟条数は6～7。水深820～1000mに生息。青森県太平洋沖、土佐湾、沖縄舟状海盆、ニュージーランド、オーストラリア南岸、アラビア海、アフリカ西岸に分布。

セキトリイワシ(セキトリイワシ属) *Rouleina squamilatera* (Alcock, 1898)　体は細長く、側扁、鱗がない。頭部背縁は前方に向かって急に傾斜。上主上顎骨は2個。水深約310～1440mに生息。相模湾、駿河湾、土佐湾、沖縄舟状海盆、台湾南部、東インド－西太平洋に分布。

トガリコンニャクイワシ(ハゲイワシ属) *Alepocephalus longiceps* Lloyd, 1909　体に鱗がある。吻はへら状に鋭く尖り突出する。背鰭軟条数は20～21。臀鰭軟条数は22～24。鰓条骨数は5～8。主上顎骨に歯がない。水深約700～1533mの大陸斜面に生息。沖縄舟状海盆、ベンガル湾、オーストラリア東岸沖に分布。

(藍澤正宏)

ワカサギ

9cm SL

チカ

20cm SL
(通常12cm SL)

イシカリワカサギ

9cm SL

サケ目 Salmoniformes
キュウリウオ亜目 Osmeroidei
キュウリウオ科 Osmeridae　体は細長く、やや側扁。生活史は淡水性、海水性、通し回遊性と様々。北半球の極域から温帯域に6属15種、日本に4属6種。北の海では数が多く、動物プランクトンと大型捕食者をつなぐ中間捕食者で、多くは水産重要種。

ワカサギ(ワカサギ属) *Hypomesus nipponensis* McAllister, 1963　本来は汽水魚。背鰭前端は腹鰭前端より後ろ。側線鱗数は56〜57。鰾の前端から腸へ管が伸びる。宍道湖、中海、霞ヶ浦・涸沼などの茨城県以北の本州太平洋岸、北海道、千島列島、沿海州、サハリンに自然分布。自然分布の汽水湖では雪解け後の2〜5月に湖沼の浅瀬や流入河川を遡上して産卵。涸沼では涸沼川を遡上し産卵。霞ヶ浦では湖岸の砂地に付着膜をもつ沈性卵を産む。卵は直径1.0mm。多くの水域では1年で成熟。しかし岩手県閉伊川のように2、3歳魚が海から遡上し産卵する河川もある。日本各地の湖沼やダム湖に移植。1909年に涸沼から松川浦(福島県相馬市)への移植が最初。その後、あちこちの湖沼に移植。移植されたダム湖や湖沼では流入河川へ産卵遡上し繁殖している。完全結氷する内陸湖では氷上の穴釣りが有名。天ぷらなどで食す。

チカ(ワカサギ属) *Hypomesus japonicus* (Brevoort, 1856)　海産。背鰭前端は腹鰭前端より前。体側の縦列鱗数は65〜68。沿岸浅所に生息。1歳で体長10〜12cm、2歳で15〜17cm、3歳で18〜19cm、4歳で20cmになる。多くは1年で成熟。春に砂浜に集まり、直径1.1mmの沈性付着卵を産む。産卵個体が多い場合は産卵場周辺海域が白くなる。動物プランクトンやエビ類を食べる。千葉県銚子以北の太平洋沿岸、北海道全沿岸、朝鮮半島〜沿海州をへてサハリン、千島列島、カムチャツカ半島に分布。以前はワカサギと区別されずに流通、現在はチカで流通。天ぷら、フライ、塩焼き、甘酢漬けで食される。

イシカリワカサギ(ワカサギ属) 準絶滅危惧(環) *Hypomesus olidus* (Pallas, 1814)　鼻孔の皮弁がよく発達し、鰾の前端より後方から腸へ管が伸びる。ワカサギと比べて吻端が丸い。流れの緩やかな湖沼または池沼性の止水域に生息。1年で成熟し、春に直径1mm前後の付着膜をもつ沈性付着卵を産む。北海道石狩川水系、ピーター大帝湾、サハリン、カムチャツカ半島、アラスカ、カナダに分布。

カラフトシシャモ(カラフトシシャモ属) *Mallotus villosus* (Müller, 1776)　海産。体の鱗は小さく体側の縦列鱗数は170〜220。臀鰭の外縁は円い。側線は完全。胸鰭は17〜20軟条。3、4歳で成熟し春に砂浜域または浅瀬で産卵。北海道オホーツク海沿岸、豆満江〜サハリン、太平洋・大西洋の寒帯域、北極海に分布(環北極分布)。春先、網走などのオホーツク海沿岸で漁獲。シシャモの代用で輸入されていたが、現在はカラフトシシャモで流通。

シシャモ(シシャモ属) 絶滅のおそれのある地域個体群(襟裳岬以西)(環) *Spirinchus lanceolatus* (Hikita, 1913)　遡河回遊魚。体の鱗は大きく体側の縦列鱗数は59〜70。臀鰭の外縁は円い。側線は不完全。胸鰭は10〜12軟条。10〜11月に産卵のために河川を遡上、河口から1〜10km上流の砂礫底で直径1.5mmの沈

カラフトシシャモ

♂

15cm SL

♀

シシャモ

♂ 婚姻色

16～18cm SL
(通常11～14cm SL)

♀

キュウリウオ

♂

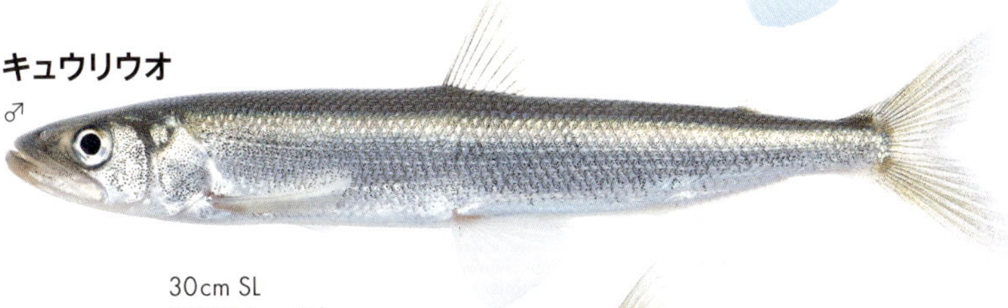

30cm SL
(通常15cm SL)

♀

性付着卵を産む。卵で越冬、翌年4～5月に孵化。仔魚は沿岸域へ流下し海で生活。孵化後、1年半で多くは体長11～14cmになり成熟。雄は体側鱗の先端が伸長しフェルト状、胸鰭と臀鰭が伸長、体が黒くなるなど二次性徴が出る。雄は雌より1.5cmほど大きい。北海道太平洋沿岸に分布。日本固有。10～11月にシシャモ桁網で漁獲。干物で食され美味。柳の葉の魚を意味するアイヌ語“スス・ハモ”あるいは“シュシュ・ハモ”が和名の由来。

キュウリウオ(**キュウリウオ属**)*Osmerus mordax* (Mitchill, 1814)　遡河回遊魚。下顎が突出し口は大きく吻は長い。北海道噴火湾では2歳で成熟、周辺の河川を4月下旬～5月下旬に1～2kmほど遡上し、砂礫地で直径0.9～1mmほどの沈性付着卵を産む。住宅街を流れる川で遡上した産卵親魚が観察される。産卵後、夜明け前に降海する。稚魚は網走沿岸では1年で体長5～6cmになる。キュウリウオ科の中では大型。小型甲殻類、多毛類、イカ類などを食べる。北海道オホーツク海側～噴火湾の太平洋側、朝鮮半島東部、沿海州、アラスカ、北米ワシントン州北部に分布。産卵直前の4～5月に河口周辺に集まるところを小型定置網や刺網で漁獲。フライ、天ぷら、マリネなどで食される。和名は粘液中に含まれる芳香族エステル(ノナディナールとノネナール)の発する青臭い匂いに由来。

(猿渡敏郎)

アユ

30cm TL
(通常20～25cm TL)

反転膜で石に付着した卵

海で冬を過ごす仔魚

遡上する若アユ

“さびアユ”とよばれ、やがて産卵(婚姻色)

アユ科 Plecoglossidae　東アジア固有で、3亜種に分けられるアユ *Plecoglossus altivelis* のみを含む。稚魚の一時期を海、成長と産卵を川という両側回遊性の生活史を送る。キュウリウオ類やシラウオ類とキュウリウオ科 Osmeridae に含められることもあるが、付着藻類を食べるのに使う櫛状歯と舌唇(口腔底で舌の前方のひだ)で区別される。これらを別にするとアユはワカサギ(キュウリウオ科)と酷似、卵と仔魚はほとんど区別がつかないという。属名 *Plecoglossus* は“捩れた舌”の意で舌唇、種小名 *altivelis* は“高い帆”で高い背鰭を表現している。最近、中国遼寧省から江西省のものは亜種 *P. a. chinensis* にされ、台湾産もこの亜種に含められた。ただし、台湾のものは絶滅し、現在は琵琶湖産を移植。朝鮮半島産は *P. a. altivelis* にしておくが未検討。朝鮮半島は西部と南部・東部では地形が異なるので、南西部を境にして異なる亜種かもしれない。島根県松江の中新世後期の層(1200万～900万年前)からアユ *P. altivelis* の化石が見つかり、約1000万年前もアユはアユであった。

アユ(アユ属) *Plecoglossus altivelis altivelis* Temminck and Schlegel, 1846　生まれた卵は流れの刺激によって反転する膜で石に付着、10～14日で孵化、10～12月に仔魚は卵黄を吸収して海に入る。海の沿岸域でシラスアユ(全長2.5～6cm)として冬を越し、カイアシ類などの動物プランクトンを食べる。春(3～5月)に稚アユ(全長5～6cm)になり群れで川を遡上、ユスリカなどを食べる。付着藻類を食べるための舌唇と櫛状歯は全長4cm前後から形成され始め、6～7cmで成魚の形になる。初夏(6月ごろ)に中流域に達し石の表面の藍藻や珪藻といった付着藻類を食み、“すみつきアユ”になる。体をくねらせて櫛状歯のある上下の顎(片側)を岩肌におしつけ、藻を削り取って食べ、食み跡を残す。すみつきアユは“なわばり”をもち、7～8月に全長20

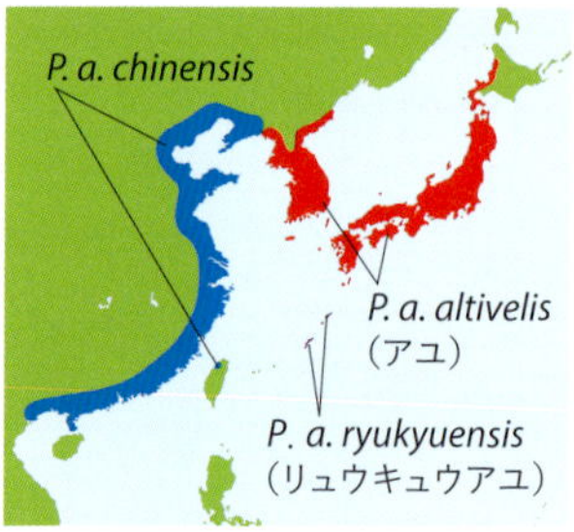

P. altivelis 3亜種の分布

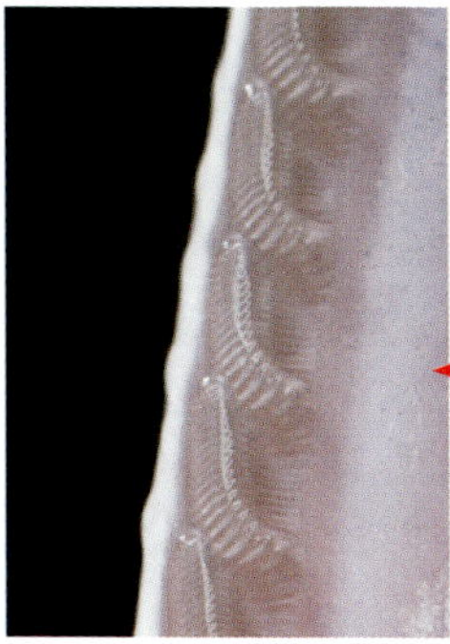

アユ独特の櫛状歯

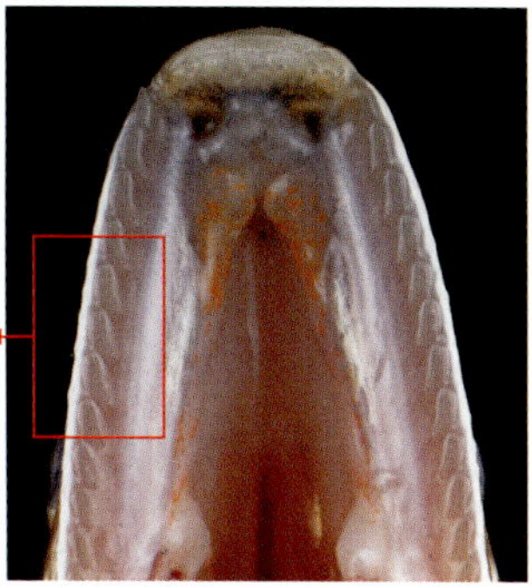

口腔上面、左右に上顎の櫛状歯が並ぶ

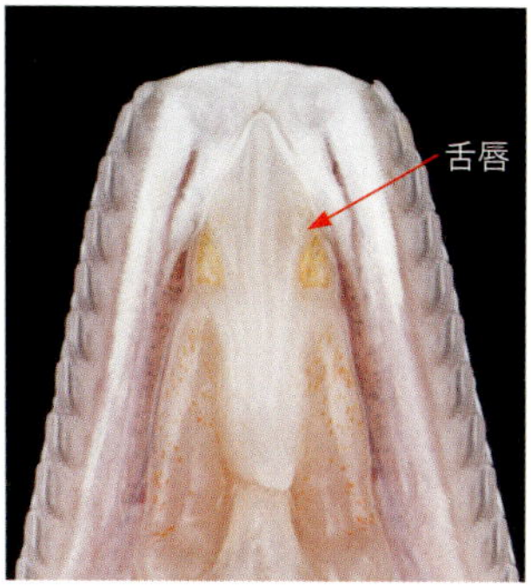

口腔下面、中央前半の舌唇。左右に下顎の櫛状歯が並ぶ

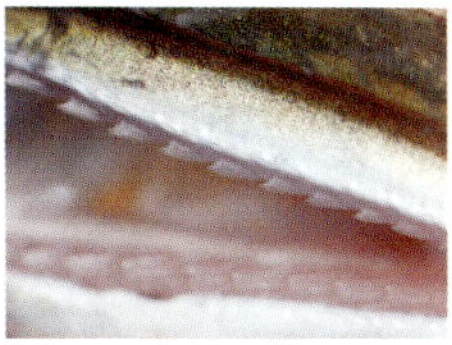

上下顎の櫛状歯側面

食み跡：櫛状歯で付着藻類を削り取った跡

リュウキュウアユ 20cm TL（通常10〜13cm TL）

〜25cmに成長する。アユの友釣りは“なわばり”をもつ習性を利用したもの。9月になり、瀬から淵に移るようになり、9月中旬から10月にかけて下り行動を始め“落ちアユ”になる。そして、日本の中部では10月下旬〜11月中旬に石の多い中流域から、さらさらと水の流れる小石に砂の混じった“ざら場”とよばれる下流域の浅瀬に移り、そこで産卵する。雌雄とも婚姻色になり、体表面はざらざらし“さびアユ”となる。雄では婚姻色がより顕著で追星が著しい。産卵後、雌雄とも死に、寿命は満1年。日本列島のアユは6地方個体群に分けられる。琵琶湖と池田湖では、川と湖を往復する湖産アユがいる。現在、湖産アユは各地に移植されている。琵琶湖産アユは生活史が多様である。天塩川・遊楽部川以南の北海道西部、本州、四国、九州、済州島、朝鮮半島に分布。アユのキュウリの香りはノナディナールとノネナール（人では加齢臭）。いろいろな料理で賞味されるが、“塩焼きのタデ酢に限る”という人がいる。腸の塩辛“うるか”は珍重される。

リュウキュウアユ（アユ属） 絶滅危惧IA類（環）

Plecoglossus altivelis ryukyuensis Nishida, 1988

“なわばり”をもつ個体の背鰭は、アユでは後ろ半分が長くて黒くなるが、リュウキュウアユでは全体が長くて茶褐色。胸鰭軟条数が約12（アユでは多くが14）、側線上方横列鱗数は14〜16（同17〜23）、側線下方横列鱗数は9〜10（同11〜14）。生活史は基本的にアユと同じだが、“なわばり”が不安定。11月下旬〜3月初旬に感潮域直上の浮石状の瀬で産卵。孵化仔魚は直ちに海に降り、内湾で約90日過ごす。海では12月に全長1.2cm、1〜2月に2cm、3月に3cm。遡上は1〜5月（盛期は3〜4月）で、全長2.5〜3.5cm。海ではカイアシ類、遡上後はユスリカやカゲロウ類の幼虫、全長5.0cmで藻類を食べる。沖縄島（絶滅）と奄美大島に分布。現在、沖縄島には奄美大島から移植されている。（中坊徹次）

シラウオ

70mm SL

生時の体色は透明

イシカワシラウオ

50mm SL

アリアケヒメシラウオ

保存標本 45mm SL

アリアケシラウオ

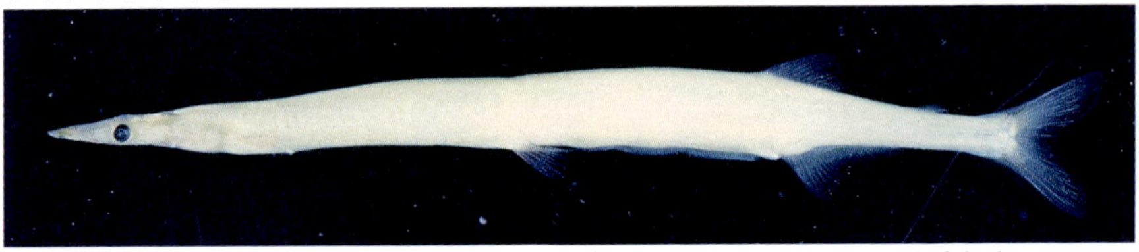
保存標本 150mm SL

シラウオ科 Salangidae　体は細長く透明、骨格の化骨程度が低く体表に鱗はない。稚魚のような特徴をもつ。成熟すると雄は胸鰭と臀鰭が伸び、臀鰭は基底に吸盤状の鱗が1列に並び表皮が肥厚して波打つ。卵門を基部とする纏絡糸か付着膜で基質に付着する沈性卵を産む。年魚で産卵後死亡。生活史は淡水性、海水性、遡河回遊性と様々。ピーター大帝湾～中国厦門のユーラシア大陸東部、朝鮮半島、日本列島に7属20種。日本に4属4種。

シラウオ（シラウオ属） *Salangichthys microdon* (Bleeker, 1860)　吻は長い。尾鰭に黒色素胞が散在。臀鰭基底に並ぶ鱗は放卵放精時に雌雄の泌尿生殖孔を密着させる吸盤になる。体の大きさは年や水域により異なる。汽水域で一生を送る。2～5月（年と水域で異なる）に河口域や汽水湖の砂礫底に直径0.7～0.9mmの纏絡糸をもつ沈性卵を産む。北海道～三重県の太平洋沿岸、北海道～九州北岸の日本海沿岸、大阪府～岡山県の瀬戸内海沿岸、有明海、朝鮮半島東岸～沿海州、サハリンの主要河川の河口域と周辺沿岸域に分布。生食、寿司の軍艦巻き、卵とじ、吸い物で食される。

イシカワシラウオ（新称：イシカワシラウオ属） *Neosalangichthys ishikawae* (Wakiya and Takahasi, 1913)　吻は短い。尾柄部に明瞭な1対の黒色素胞がある。海水域で岩礁の散在する砂浜域に生息。3～5月に直径1.0mmの付着膜で砂礫や小石に付着する沈性卵を産む。卵は付着膜をもつことでシラウオ卵と異なる。青森県～宮崎県（四国を除く）の太平洋沿岸に分布。シラウオと区別されずに流通。近年、東京湾に戻った“白魚”は本種。

アリアケヒメシラウオ（ヒメシラウオ属） 絶滅危惧IA類（環） 絶滅危惧IB類（IUCN） *Neosalanx reganius* Wakiya and Takahasi, 1937　下顎は上顎より前に出る。口蓋骨歯がない。有明海に注ぐ筑後川、緑川の感潮域上部に生息。3～6月に感潮域の砂礫底に直径0.9mmの纏絡糸をもつ沈性卵を産む。筑後川では河口から15～21kmほど上流の感潮域からのみ確認されている。

イトウ

1.5m FL
（通常70cm FL）

幼魚

8.4cm FL

アリアケシラウオ（アリアケシラウオ属）

絶滅危惧IA類（環） *Salanx ariakensis* Kishinouye, 1902　日本産シラウオ科魚類中最大。吻端が尖り、頭部が著しく縦扁。10～12月に筑後川などの有明海流入河川を遡上、感潮域の砂礫底に直径0.9mm、纏絡糸をもつ沈性卵を産む。卵は年内に孵化。産卵期に限らず、本種は有明海と流入河川の感潮域を移動する。

（猿渡敏郎）

サケ亜目 Salmonoidei

サケ科 Salmonidae　上顎と下顎の歯は円錐状か犬歯状。サケ亜科Salmoninae、コクチマス亜科Coregoninae、カワヒメマス亜科Thymallinaeが含まれるが、この分類には議論がある。淡水域、あるいは遡河回遊性で北半球に分布。11属約66種。

イトウ属 *Parahucho*　頭頂部が平らで、口が大きい。降海性を有する。一生を河川で送り降海しない*Hucho*と異なる。また形態と分子遺伝学でも異なるので、イトウは現在*Parahucho*（イトウ属）である。

イトウ 絶滅危惧IB類（環） 絶滅危惧IA類（IUCN）

Parahucho perryi (Brevoort, 1856)　体は細長い円筒形。成魚は背面が青っぽい褐色、側面は銀白色、腹面が白色。背面と側面には無数の小黒点がある。雄は成熟すると全体的に赤みをおびて婚姻色になる。稚魚は体側に6～7個のパーマークが並ぶ。降海性を有し、サハリンでは餌環境が良好な海に降りる。北海道北部では約3歳で一部が沿岸域に降海するが、多くは汽水域に限られる。産卵期は3月末～5月、淵から瀬への移行場所で、雌雄ペアが放卵・放精をする。産卵後も死亡せず、翌年も産卵する多回産卵。日本産のサケ科で春産卵はイトウのみ。稚魚は産卵床から7～8月ごろに浮上、水生昆虫などを摂餌。その後1～2年間を上流域で過ごすと考えられるが、尾叉長30cmをこえる頃から魚類、両生類、ときにはネズミを捕食し、生息場所は河川の下流域に移行。成熟は遅く、最小で雄は6～7歳、尾叉長約50cm、雌は8～9歳約60cm。20歳以上の個体がいる。北海道東部および北部の湿地帯のある河川の下流域や湖沼に多い。北海道、国後島、択捉島、サハリン、沿海地方、ハバロフスク地方に分布。堰堤による移動阻害、河川改修、農地開発などの生息環境の悪化、釣り人による乱獲、移植ニジマスのイトウ産卵床の掘り返しなどが原因で減少。現在、比較的安定した個体群が6水系、少数個体の絶滅危惧個体群が5水系のみ。水系間で成熟サイズや齢構成、遺伝子特性などが異なり、別の水系への移植放流をしてはいけない。産卵期のイトウ釣りを控えるようよびかけられている。

（亀甲武志）

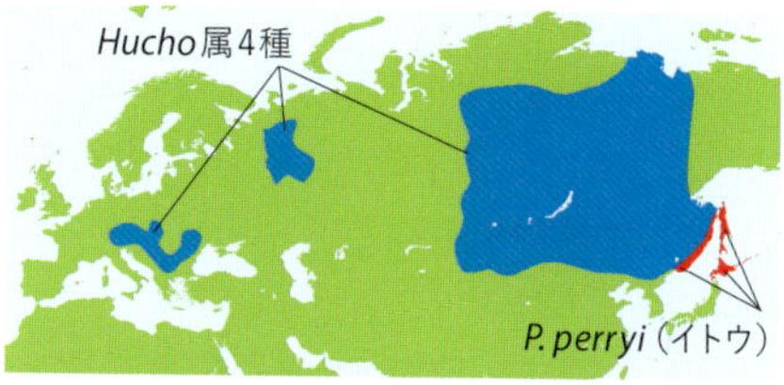

イトウと*Hucho*属4種の分布

“イワナ”

アメマス

80cm TL
（通常30cm TL）

エゾイワナ

40cm TL
（通常20cm TL）

ヤマトイワナ

40cm TL（通常20cm TL）

ニッコウイワナ

60cm TL（通常20cm TL）

ゴギ

30cm TL（通常20cm TL）

ナガレモンイワナとよばれるイワナ

イワナ属 *Salvelinus*　口蓋中央の鋤骨・口蓋骨の歯帯はM字状。腹鰭と臀鰭の前縁が白く、臀鰭の後縁が垂直。山岳地帯の源流域から河口域、低湿地帯、湖そして海に関わる生活史を送る。北半球北部に6種、日本に2種。

“イワナ” White Spotted Charr *Salvelinus leucomaenis* (Pallas, 1814)　生活史に降海型、降湖型、河川型がある。降海型は北海道と本州北部、降湖型は北海道と本州北部、河川型は本州にみられる。降海型、降湖型、河川型の順に大きい。

降海型：孵化後1〜3年を河川で過ごし、3〜4月に銀毛して降海。沿岸域で2か月〜1年間索餌して成長。5〜7月に河川を遡上。多くは9月中旬〜12月上旬に産卵。浅い水深30cm程度の淵尻や瀬尻で産卵。産卵後は死亡せず、越冬して再び降海、河川を遡上して産卵。雄にずっと河川で生活する河川残留型がいる。降海個体は5〜6年で全長60cm、7〜8年で80cm、河川残留型は3年で15〜25cmになる。**降湖型**：海を湖に置き換えた生活史を送る。**河川型**：雌雄とも河川で一生を終える。降海型と降湖型の河川残留型とは異なる。1年で全長10〜16cm、2年で13〜25cm、3年で15〜30cmになる。1歳で雌雄とも一部が成熟、2歳でほとんどが成熟、産卵。ベーリング海ナバリン岬から朝鮮半島東岸北部の大陸沿海地方、カムチャツカ半島、サハリン北海道、千島列島の一部、本州（紀伊半島南部を除く）に分布。イワナ属最南の分布。体色や斑紋から4亜種に分けられている。

亜種分類の問題：亜種ヤマトイワナが生息する琵琶湖流入河川では河川により体側に白色点が顕著な個体が多く、形態的特徴での識別は困難である。亜種識別の形態的特徴と遺伝的特徴に厳密な対応がみられないことがある。また、琵琶湖周辺で斑紋が虫

オショロコマ
降海型

河川型

降海型　70cm TL（通常30cm TL）
河川型　30cm TL（通常15cm TL）

ミヤベイワナ

30cm TL（通常20cm TL）

食い模様になるナガレモンイワナとよばれるものは亜種分類にあてはまらない。なお、ナガレモンイワナは虫食い模様をもつイワナとアマゴの交雑個体とは異なる。

保全：砂防堰堤や林道の設置による生息環境の悪化や高い釣獲圧により各地域で数が減少。放流養殖個体と交雑が生じており、各地域の独自の遺伝的特徴をもつ個体群の保全が必要。奈良県のキリクチや琵琶湖流入河川のナガレモンイワナの生息支流は禁漁。

アメマス（降海型）・エゾイワナ（河川残留型） *Salvelinus leucomaenis leucomaenis* (Pallas, 1814) 体側に白色点が散在、有色斑点がない。山形県以北・千葉県以北の本州、北海道、千島列島、朝鮮半島東北部、沿海州、サハリンに分布。

ヤマトイワナ 絶滅のおそれのある地域個体群（紀伊半島）（環） *Salvelinus leucomaenis japonicus* (Oshima ,1938)　体側に白色点はないか少なく、橙黄色～朱色点がある。神奈川県相模川以西の本州太平洋側、琵琶湖流入河川、紀伊半島北部に分布。夏の最高水温が15℃以下の河川の上流部に生息。世界最南限の紀伊半島個体群のキリクチは環境省“絶滅のおそれのある地域個体群”に指定。

ニッコウイワナ *Salvelinus leucomaenis pluvius* (Hilgendorf, 1876)　体側に多くの白色点が散在。山梨県富士川以北・鳥取県日野川以北の本州に分布。夏の最高水温が15℃以下の河川の上流部に生息。

ゴギ 絶滅危惧Ⅱ類（環） *Salvelinus leucomaenis imbrius* (Jordan and McGregor, 1925)　体に多くの白色点が散在し、背面の白色点は吻端におよぶ。岡山県吉井川、島根県斐伊川以西の中国地方に分布。夏の最高水温が20℃以下の河川の上流部に生息。

“ドリーバーデン” Dolly Varden

Salvelinus malma (Walbaum, 1792) 体側にパーマークと白色点、朱色点が散在。北米太平洋沿岸からアリューシャン列島をへてロシアの太平洋沿岸に4亜種。日本に2亜種。

オショロコマ 絶滅危惧Ⅱ類（環） *Salvelinus malma krascheninnikovi* (Taranetz, 1933)　体側にパーマークと、白色点および朱色斑点が散在。北海道では河川型、サハリンでは降海型。山岳地帯の源流域～湿原の冷水域に生息。産卵期は10～11月。南部を除く北海道、サハリン、朝鮮半島北部～沿海州の沿岸部に分布。河川の工作物による個体群の分断、外来のニジマスやブラウントラウトとの競合、高い釣獲圧などで数が減少。

ミヤベイワナ 絶滅危惧Ⅱ類（環） *Salvelinus malma miyabei* (Oshima, 1933)　オショロコマに比べて鰓耙（さいは）が細長く、数が多い。9～11月に然別湖の流入河川で産卵、稚魚（ちぎょ）は翌年の春に湖に降り、湖中で生活。然別湖とその流入河川に固有、北海道では天然記念物。ミヤベイワナ釣りはキャッチ&リリース、日数と遊漁者数の制限で保全。　（亀甲武志）

サケ

♂ 婚姻色

雌雄とも65〜75cm FL

サケの産卵

♀ 婚姻色

♂ 海洋生活期

稚魚

5.2cm FL

サケ属 *Oncorhynchus* 鋤骨と口蓋骨の歯帯は小の字状。川や湖の浅瀬で産卵（クニマスは例外）、海や湖で生育。北太平洋沿海域の主に西部と東部に生息し、基本的に産卵後に死亡するPacific salmon［サケ、カラフトマス、ベニザケ種群（ヒメマスとクニマスを含む）、マスノスケ、ギンザケ、サクラマス種群（サクラマス、サツキマス、ビワマス、タイワンマス）］と、北太平洋沿海の東部に生息し、産卵後に死亡しないニジマスRainbow trout（亜種多数）、Cutthroat trout（亜種多数）がいる。クニマス稚魚の特徴と考えられていた後頭部にある1対のゴマ状斑はサケ属の種で広くみられる（サケ、ヒメマス、クニマス、ギンザケ、マスノスケ、ビワマス、サクラマスで確認。写真はp.135）。

サケとカラフトマス

稚魚がすぐに降海、海で成長し、生まれた川に帰って産卵。

サケ *Oncorhynchus keta* (Walbaum, 1792) 尾鰭に鰭条にそって銀白色線がある。産卵時は雌雄とも黒を基調に紫赤色と暗黄色の雲状斑紋が出て、雄の吻は尖って鉤状。海洋生活期は銀色で、背部が藍灰色。稚魚は細長く、体側に多くのパーマークがある。成熟した親魚は、生まれた川の河口付近に達し、数日そこで滞在。大河川だと、遡上時は婚姻色をしていないが、下流域に産卵場所のある川では河口域で婚姻色をしている。産卵は地下水温が7〜10℃の北海道では9〜10月、10〜14℃の本州では主に10〜11月（1月中旬〜2月初旬のところがある）。川の中〜下流域の浅瀬で地下湧水のある砂利底で、雌は体を横にし、尾鰭を底にたたきつけ、直径1mで深さ50cmほどの穴を掘る。雌は産卵床に関係してなわばりをもち、雌雄1対で産卵。1個体の雌は4〜6個の産卵床を掘る。雌は全卵を放出した後、しばらく産卵床を守るが、やがて衰弱して死亡。発眼卵の状態で越冬、翌春に孵化、数か月は砂礫中で卵黄を消費。尾叉長3cm前後で泳ぎ始め、ユスリカの幼虫や蛹、カゲロウの幼虫、トビケラ類などを食

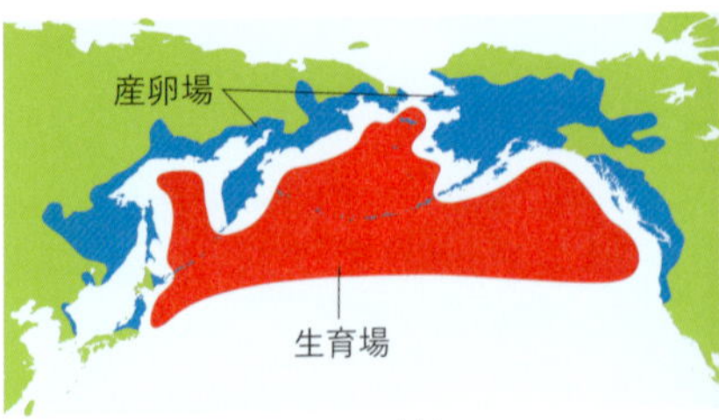

サケの生育場（赤）と産卵場（青）

カラフトマス

♂ 婚姻色

雌雄とも55cm FL

♀ 婚姻色

稚魚

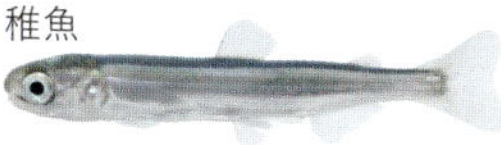

3.7cm FL

べる。稚魚は4月下旬～5月中旬に川を下り河口の汽水域に達し数週間で銀化(スモルト化、尾叉長5～8cm)、夏の始めに沿岸域に出てカイアシ類、オキアミ類、等脚類、ヨコエビ類を食べて尾叉長8～11cmとなる。その後、沖合に出て、北太平洋とベーリング海を基本的に春夏には北上、秋冬には南下。北太平洋とベーリング海で翼足類、ニシン、ハダカイワシ、オキアミ類、サルパと様々なものを食べて成長し成熟する。海で1～5冬を過ごすが、3冬を過ごす4歳魚が最も多い。4歳魚はカムチャツカやサハリンでは雌で尾叉長61～64.7cm、雄は65cm、北海道や本州北部の日本海・太平洋沿岸では雌で73～76cm、雄は75～76cm。成熟すると、嗅覚をたよりに生まれた川に戻る。産卵場の分布は日本海・太平洋の本州北部、北海道東部、朝鮮半島東部、日本海北部沿海、オホーツク海・ベーリング海の沿海地方、カリフォルニア～アラスカの北東太平洋沿海地方。定置網、流し刺網、延縄で漁獲。塩焼き、塩鮭、燻製など利用範囲は広い。卵はイクラやスジコとして賞味。英名はChum Salmon。

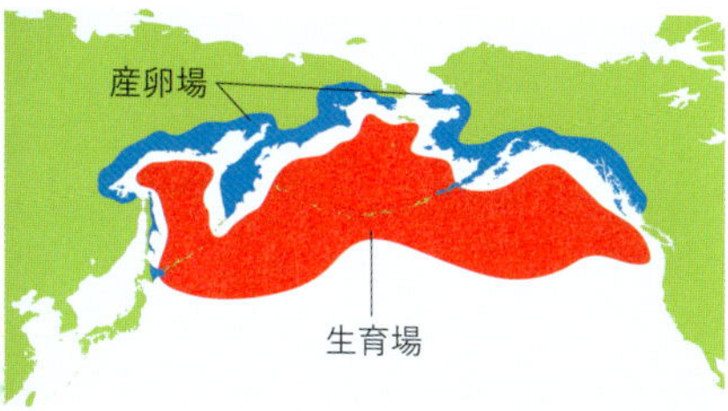

カラフトマスの生育場(赤)と産卵場(青)

カラフトマス *Oncorhynchus gorbuscha* (Walbaum, 1792)　体背部、背鰭、尾鰭に斑点が散在。産卵時は体の背部が濃緑色で腹部に不定形の暗色紋があり、雄は背鰭前の背部が著しく張り出す。海洋生活期は銀色で、背部が濃緑色。稚魚はパーマークがない。産卵は北海道では水温が10℃前後の7月中旬～10月上旬。水深30～100cm(浅ければ10～15cm)の川で雌は砂まじりの礫底に長径1.2m、短径0.6～1.2mの楕円形か卵形の穴を掘る。雌は産卵すると、他の雌からその場所を数日間防御する。4～5月に泳ぎ始めた稚魚は、川ではあまり摂餌せず、すぐに海に降りる。海洋の生活域はサケほど広くはないが、1冬を過ごして成長する。6～8月、成熟すると内湾、小河川の汽水域、大河川の影響のある沿岸に現れ、生まれた川に帰る。寿命は2年。満1歳で尾叉長約25cm、満2歳で約55cm。2歳で成熟し産卵するので、生まれた川に帰るのは翌々年となる。このことで奇数年と偶数年に遡上する個体群の間で遺伝的交流がなく、同じ川でも偶数年と奇数年の個体群は生存率や体重が異なる。産卵場所の分布は日本海北部沿海、オホーツク沿海、カムチャツカ半島東岸、アラスカ半島、アラスカ湾沿海、ワシントンとブリティッシュコロンビア。北海道東方海域で漁獲、塩蔵、缶詰、燻製で食される。北米太平洋側のものは北米大西洋側と南米チリ、サハリンのものはヨーロッパ、カムチャツカ半島のものは沿海州に移植。英名はPink Salmon。(中坊徹次)

ベニザケ
♂ 婚姻色

雌雄とも57～60cm FL

ベニザケ種群　稚魚は湖を経由して降海。成長し、生まれた川に帰って産卵。海に降りず、湖で一生を送るものもいる。

ベニザケ 絶滅危惧IA類(環) *Oncorhynchus nerka* (Walbaum, 1792)　尾鰭に銀白色の放射状線がなく、斑点が密にある。産卵時は赤色で、頭部と尾鰭が濃緑色、体の背部に斑点がないか、あっても目立たない、下顎は白色、雄は背鰭前の背部が著しく張り出す。海洋生活期は銀色で、背部が金属光沢のある青。稚魚は細長く、体側に多くのパーマークがある。海に降りて成長、成熟して生まれた川に戻る降海型、淡水域にとどまって成熟して産卵する残留型とコカニー（陸封型）がおり、生活史は多様。産卵場の分布はオホーツク海北部沿海地方、カムチャツカ半島、ベーリング海西部沿海地方、千島列島、アリューシャン列島、アラスカ湾と北緯40度までの北米太平洋沿海地方。英名はSockeye Salmon。

降海型：湖で1年ほど過ごして海に降りる。北太平洋とベーリング海を春夏に北上、秋冬に南下して成長。海で1～4冬をこして成熟するが、多くのものは2冬か3冬をこして成熟する。2冬の成熟魚は雄で尾叉長約54cm、雌は約52cm、3冬の成熟魚は雄で約60cm、雌は約57cm。成熟すると地磁気と太陽コンパスを使って沿岸を目指し、匂いを頼りに、母川に達して遡上、生まれ故郷の川や湖のある水系で産卵する。稀だが、ある地方に数か月間川に滞在して湖を経由しないで当歳魚で降海する個体群がいる。産卵は6月から翌年の2月初めまで続くが、一般的に9～

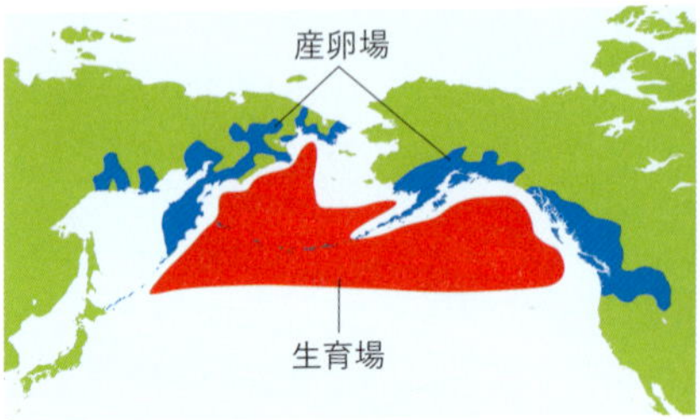

ベニザケの生育場（赤）と産卵場（青）

11月。カナダ・ブリティッシュコロンビア州のフレーザー川では産卵場の水温は8月には2～3℃で11月には7～8℃と季節が深まるほど上昇する。産卵場所は湖の流入河川の上流や支流、湖間の川、湖の流出河川、泉、湖の湖岸近くの湧水箇所、湖岸で水の動きのある岩礁域と様々。川の浅瀬では魚体の背が水面に出るような砂礫底、湖岸では多くは水深3～4mの湧水箇所で産卵する。場所の条件は卵が酸欠にならずに越冬可能な所。稚魚は春に湖に降り、動物プランクトンを食べて成長。1年後、4月の終わりから7月初めに尾叉長8～10cmで銀化（スモルト化）して海に降りる。海では魚類（ニシン、イカナゴ、スケソウダラなどの稚魚）、イカ類、オキアミ類を食べる。冬、北西太平洋では1.5～6℃の所に多く、他のサケ属魚類より低水温を好む（サケ1.5～10℃、カラフトマス3.5～8.5℃、ギンザケ5.5～9℃）。また、成熟個体はより低水温を好む傾向がある。

残留型：海に降りない。ほとんどが雄で、産卵時に顕著な二次性徴を示さない。体が小さく、雄は成熟年齢が降海型より早く、繁

ヒメマス
♂ 婚姻色

雌雄とも18～30cm FL

♀ 婚姻色

若魚

15cm FL

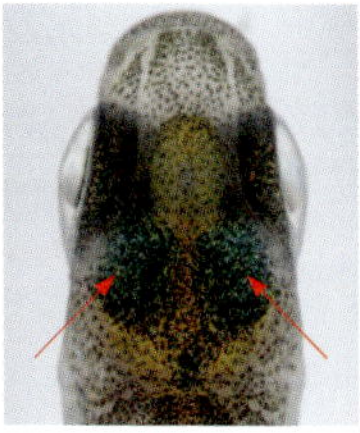

稚魚の後頭部にある1対のゴマ状斑

稚魚

3.4cm FL

殖力が低い。残留型と降海型の産卵に関する関係については疑問があり、産卵時期は一致していない。残留型は分布域の北方にはみられない。

コカニー（**陸封型**）: 体は小さいが、雌雄は降海型と同様の二次性徴を示す。残留型と違い、正常な性比をもち、産卵を川で行う降湖型と湖岸で行う湖沼型がいる。コカニーの成因は地質年代に求められ、降海型がいない湖に多いが、降海型と共存している湖もある。ただし、降湖型コカニーの産卵の場所と時期は降海型と分離している。成熟の大きさと年齢は湖ごとに異なるが、尾叉長18～30cm。動物プランクトンと浮遊性の昆虫を食べる。

ヒメマス 絶滅危惧IA類（環）*Oncorhynchus nerka* (Walbaum, 1792)　日本産のコカニー。原産地は阿寒湖とチミケップ湖。体の背部、背鰭、尾鰭に多くの斑点がある（ただし変異あり）。産卵時は赤色で、頭部と尾鰭が濃緑色（ベニザケほど鮮やかではなく、尾柄部を除いて体が黒ずむものがいる）、下顎は白色、雄は背鰭前の背部が張り出す。産卵時の色彩と形態には変異がある。小さい体で成熟した個体は体全体が黒っぽく、雄は背鰭前の背部が張り出さない。湖中を遊泳している成長期は銀色で背部が緑褐色。稚魚は細長く、体側に多くのパーマークがある。9月中旬～10月中旬、湖の流入河川か、水深15m以浅の湖岸の礫底で産卵。水温は9～15°C。親魚は2～4歳。稀に5歳。4～5歳で全長30cm。"カバチェッポ"とよばれていたが、"ヒメマス"とよばれるようになった。各地の湖に移植され、遊漁の対象。フライで美味。英名はHimemasu Trout（新称）。（中坊徹次）

クニマス

♂ 産卵期

30cm FL
（雌雄とも通常20〜30cm FL）

♀ 産卵期

25cm FL

若魚

12cm FL

クニマス 野生絶滅

Oncorhynchus kawamurae

Jordan and McGregor, 1925　体や各鰭に斑点が全くないか、あっても頭部背面と尾柄背面に散在。産卵時、下顎は白色、体は暗い濃緑色（死後は黒色、飼育下で暗い濃青色のものがいるが下顎は白色）、大型の雄は尾柄が灰色。産卵時、体の幅は薄くなり、大型の雄では背鰭前の背部が張り出すが、小型の雄は張り出さない。成長期の若魚は銀色で、背部が淡い緑褐色。成熟すると、体の背部が濃褐色になる。稚魚は細長く、体側に薄いパーマークがある。ほぼ周年、湖底の深い所で産卵。最も盛んなのは1〜2月を中心とした頃で水深40〜50mの湖底、次に盛んなのが9月前後で、水深100〜200mの湖底で産卵していた。産卵場所の周囲には水温4°Cの水があり、季節による産卵場所の違いは低温の水の季節による垂直移動と関連している。氷期の田沢湖における湖沼型コカニーであり、ヒメマスより出現時期が古いと考えられる。秋田県田沢湖固有。移植個体群が西湖で生存。英名はKunimasu Trout（新称）。

クニマス漁の漁場はホリとよばれた産卵場所であった。田沢湖の湖岸は急な傾斜になっており、湖の周囲に隈なくホリがあった。出産祝いや病気見舞いに贈られ、塩焼きや味噌押し、貝焼きで食された。電力と農業用水を確保するために1940年に玉川の酸性水が導入され、湖水は酸性となり、クニマスは田沢湖で絶滅。いっぽう、クニマスは1930〜1939年に長野県野尻湖、富山県、山梨県西湖と本栖湖、滋賀県琵琶湖に移植されていた。現在、生存がわかっているのは1935年に移植された山梨県西湖のみ。西湖のクニマスは12〜3月に水深30〜40mの湧水砂礫底で産卵。これは、田沢湖の冬産卵の個体群に由来したことによる特性。田沢湖で冬以外に産卵していたクニマスは消えたので、周年産卵は検証ができない。

なぜ、行方がわからなかったのか：1930〜1939年に田沢湖から各地に移植されたクニマスはどうなったのか。ヒメマスは1894年に阿寒湖から支笏湖に移植されたことから始まり、支笏湖で産卵回帰が確認された後、各地の湖に移植されている。十和田湖や田沢湖でもヒメマスの自然産卵が知られている。しかしクニマスはいずれの湖でも、放流後が知られていない。ヒメマスは湖の流入河川の浅瀬や湖岸の浅い所で産卵するので、産卵回帰が見える。いっぽう、クニマスの産卵は

田沢湖採集の京都大学クニマス標本、31cm FL

山梨県西湖で発見された最初の2個体のうちの1個体、20cm FL

クニマス卵の分譲

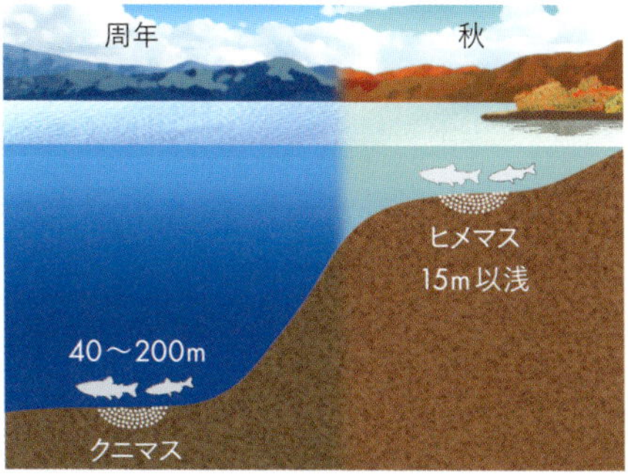

クニマスとヒメマスの産卵場所

湖の深い所であった。移植したクニマスが自然産卵をしても、湖の深い湖底なので見えなかったのである。これが移植されたクニマスの行方がわからなかった理由である。

なぜ、判定ができなかったのか：1995年に田沢湖町(当時)で各地に移植されたクニマスを探すキャンペーンが始まった。ヒメマス釣りの遊漁者や湖の漁業協同組合に声をかけ、クニマスかもしれない魚が釣れたら送ってくださいというものであった。そして、識者が鑑定委員を務め、送られてきた魚がクニマスであれば100万円の報奨金を出すという企画であった。報奨金は後に500万円に上げられたが、届けられたマスはどれもクニマスだと判定されず、キャンペーンは1998年に終わった。体が黒くて斑点がない、幽門垂が少ない等が判定の基準であったが、絶滅前のクニマスの特徴は部分的にしかわかっておらず、形態の変異幅も知られていなかった。さらに、生活史における体色や体形の変化は知られていなかった。こういう状態で送られてきた1個体のマスを判定したのである。サケ属の魚は互いに似ており、変異の幅が知られていても、1個体で特定することはできない。さらに、成長に伴う体色や体形の変化も知られていなかった。釣れる時の色や形が知られていなかったのである。クニマスが出てきても、判定は不可能に近かったと思われる。たとえ、クニマスだと判定して論文を書いても1個体では学術誌が受理しなかっただろう。

なぜ、わかったのか：2010年の3月に私の前に現れた2個体は尾叉長が19～20cmで「小さな黒っぽいマス」という印象だけであった。尾鰭破損で産卵中、クニマス移植先の山梨県西湖ということなので、念のために捕った方に電話で採集場所の深さと漁法をきいてみた。水深30～40mで底刺網だった。産卵場所が異様に深い。クニマスの特性である"深い湖底での産卵"に一致する。また、3月の産卵はヒメマスとは異なる。しかし、2個体では結論が出せない。結局、9個体を入手後、クニマス発見の論文を出すことができた。最初の2個体は小さく、尾叉長が30cm前後の京都大学の田沢湖産クニマス標本と見比べても同じ種とは見えない。これを見て、ただちにわかったという伝説が作られ一般に流布しているが、クニマスは見てわかる魚ではない。決め手は"深い湖底での産卵"という特性であった。そもそも中坊がクニマスに興味をもったのは"深い湖底での産卵"だったのである。

(中坊徹次)

マスノスケ

1m FL
（通常80～90cm FL）
体重45kg

稚魚

4.5cm FL

ギンザケ
♂

88cm FL（通常55cm FL）

稚魚

4cm FL

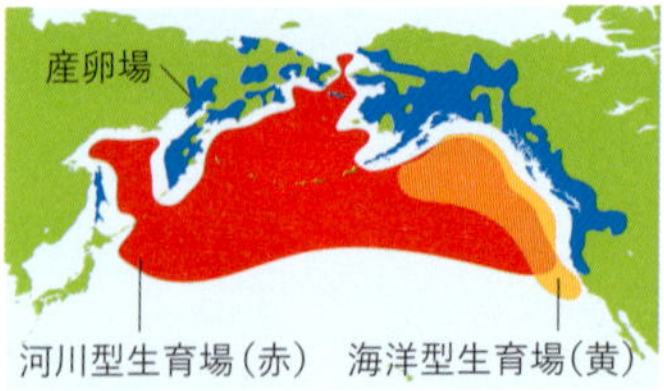

マスノスケの生育場と産卵場（青）

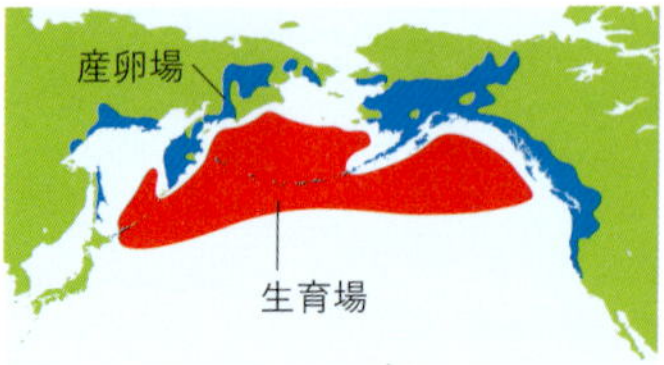

ギンザケの生育場（赤）と産卵場（青）

マスノスケとギンザケ　稚魚は1年ほど川で過ごした後、海に降りて成長。生まれた川に帰り産卵。

マスノスケ *Oncorhynchus tschawytscha* (Walbaum, 1792) 体の背部と尾鰭に斑点が多い。産卵時は赤褐色で背部は濃褐色。雄は背鰭前の背部が少し高くなる。海洋生活期は銀色で背部は緑褐色。稚魚はパーマークがある。産卵期は6～12月だが、低緯度で早く、高緯度で遅い。川幅が2～3mの小さな支流の水深数cm～数mの砂礫底で産卵。産卵場の分布は北米西岸が主だが、オレゴン州～アラスカ南部、アラスカ西部～カムチャツカ半島西岸・サハリン。生活史に河川型(stream-type)と海洋型(ocean-type)の二型。アジアはすべて河川型。日本近海では海洋生活期の個体がとれる。

河川型：卵黄消費後、浮上して泳ぎ始めた稚魚は淡水域に生息、川の支流から本流の淵で冬をこす。多くは1冬で銀化（スモルト化）して4～6月に海に降り、北太平洋を広く回遊する。5歳で尾叉長約90cm、6歳で約95cm。7歳と8歳は97～98cm。産卵の数か月前の春か夏に匂いをたよりに母川回帰。海に降りずに成熟する“早熟雄”もいる。

海洋型：卵黄消費後、浮上して泳ぎ始めた稚魚は約3か月以内に海に降り、アラスカ湾～カリフォルニア州北部の沿岸～沖合域に生息。5歳で尾叉長約95cm、6歳で約1m。6歳が最高齢。河川型より大きくなる。産卵の数日前あるいは数週間前の夏と秋に母川回帰。英名は Chinook Salmon or King Salmon。

ギンザケ *Oncorhynchus kisutch* (Walbaum, 1792)　体の背部と尾鰭上部に斑点が散在。産卵時、体は赤褐色で背部と尾鰭は濃緑褐色、雄の吻部と上顎は著しく湾曲。海洋生活期は銀色で背部が緑褐色。稚魚はややずんぐりし、パーマークがある。産卵は水深1m以浅の砂礫底、盛期は11月～翌年1月。産卵場の分布は北米太平洋側が主だが、アラスカ湾～北部東太平洋沿海地方、アラスカ～カムチャツカ半島、アリューシャン列島、オホーツク海沿海地方～サハリン東部と千島列島（少ない）。卵黄消費後、春に泳ぎ始めた稚魚は川で1冬をこし、翌年の春～初夏に銀化（スモルト化）して降海。多くは1冬をこして3歳で成熟。夏の終わりか秋に匂いをたより

ビワマス

♂ 婚姻色

60cm FL（通常45cm FL）

♀ 婚姻色

稚魚

7cm FL

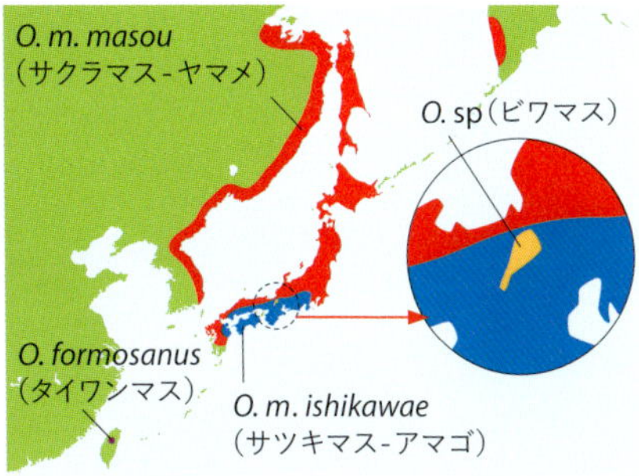

サクラマス種群の分布

に母川回帰。遡上時、3歳魚は尾叉長53cm、2冬をこした4歳魚は57cm。早熟の雄Jacksは1冬を河川でこし、尾叉長約30cmで成熟し産卵に参加。河川残留型の雌雄は3歳、尾叉長46.5～59.5cmで成熟し産卵。北米、アジア、ヨーロッパ、南米チリに移植。英名はCoho salmon。（中坊徹次）

サクラマス種群　生活を主に陸水域に依存し、降海型は広く回遊をしない。降海型を含め多くは産卵後に死亡するが、河川残留型の一部は産卵後も死亡しない。北東アジアに分布。下記の他に台湾固有のタイワンマス*O. formosanus*がいる。大分県玖珠盆地の更新世の地層から、この種群の化石が出ている。

ビワマス 準絶滅危惧(環) *Oncorhynchus* sp.

琵琶湖に降りて成長、成熟し川を遡上して産卵。産卵期は雌雄とも頭部が黒くなり、体は赤紫に暗緑色の縞模様、雄の吻は尖り、口は鉤状となる。稚魚にパーマークと朱点がある。湖内の銀白色個体は吻がやや丸く、朱点は消え、背鰭の先端は黒くない。川の砂礫中で孵化した仔魚は、卵黄吸収後の2～4月に尾叉長2.8cmで川に浮上して泳ぎ出し、流れの緩い川岸などに生息。1か月余りで尾叉長6cm以上に成長、瀬に出て流下する水生昆虫などを活発に食べる。尾叉長5cm以上で体側に朱点が現れ、成長とともに増え多いもので15個ほどになる。4～7月に尾叉長6～8cmで降雨による増水時に琵琶湖へ降下。降下時期から体の銀白色化が始まり、降湖後しばらくして体側のパーマークが消えるが、降海種の銀化（スモルト化）とは異なり、海水への適応能力の上昇はない。琵琶湖の沖合には水深15m以下に周年水温20℃以下の水域が広がり、湖へ降下した幼魚は、ここで水深70mまでの層に移動して湖中生活を始める。最初は琵琶湖固有種のアナンデールヨコエビを食べるが、尾叉長17cmをこえるとアユなどの魚類を食べて、成長が早くなる。銀白色化に伴って尾叉長22cm以上で体側の朱点は完全に消失。湖中の深い層を遊泳しながら成長し、3年後に尾叉長35～45cm、5年後に45～55cmに成長。雌雄とも3～5歳で成熟。成熟した個体は8月頃から婚姻色になり9～11月に川の中上流部まで遡上、雌が直径約2mの産卵床をつくり雌雄ペアで産卵を行う。産卵後は死亡。幼魚の一部の雄（約5%）は琵琶湖へ降下せず夏以降も河川に残留、その年の秋に尾叉長11cmで成熟して産卵に加わり、産卵後は死亡しない。また、6～7月に河川に遡上する個体がいる。琵琶湖固有。刺網やトローリングで漁獲、美味で刺身や塩焼き、フライなどで賞味される。中禅寺湖のホンマスは130年前に移植されたビワマスとサクラマス由来だが、ビワマスの特質を多くもつ。英名はBiwa Salmon。

（藤岡康弘）

サクラマス
♂ 婚姻色

サクラマス70cm FL
（通常55cm FL）

♀ 婚姻色

降海型

25cm FL

サクラマスの海での生育域

ヤマメ

8cm FL

稚魚

3.4cm FL

稚魚の背面

サクラマス（ヤマメ） 準絶滅危惧(環)

Oncorhynchus masou masou (Brevoort, 1856)

海に降りて成長、川を遡上して産卵する降海型と、川で成長して産卵する河川残留型がいる。前者をサクラマス、後者をヤマメとよぶ。また、降海型でも銀化（スモルト化）の前はヤマメとよぶ。分布が南北に広く、南に行くほど、河川残留型が主になる。降海型は沿岸域を中心に回遊して成長する。産卵期は雌雄とも頭部が黒くなり、体が赤色に暗緑色の縞模様、雄の吻は尖り、口は鉤状となる。稚魚は体側に7～10個のパーマーク、背部に小黒点が散在する。銀白色のスモルトは背鰭先端が黒く、大きくなると吻はやや尖る。稚魚もスモルトも朱点はない。河川上流部の砂礫底で孵化した仔魚は、卵黄を消費して北海道では3月下旬から5月上旬に泳ぎ始め、5月下旬頃には河川全域に生息する。関東の利根川水系では2月～3月頃に泳ぎ始め、上流部だけに生息、最南の九州の球磨川水系では、2月に泳ぎ出して上流部だけに生息。7月に尾叉長約7cmの雄が10月には8～12cmになり、成熟し産卵に参加する。翌春、尾叉長11cmをこえる頃から、体が銀白色のスモルトが出現、2～7月に川から海へ降りパーマークは完全に消失する。尾叉長10cm未満の小型個体の中に、河川に残留して2～3年目の春に尾叉長10cmで、スモルトになって海に降りるものがいる。降海型は雌が多く、1年間の海洋生活の後に3～10月（ピークは5月と8月）に生まれた川に遡上、8月下旬（北方）～11月上旬（南方）に産卵する。河川残留型の多くは2年目の秋に成熟、産卵後も生き残り翌年再度産卵する個体がいる。産卵は、川ごとに比較的短期間に集中。降海型と河川型は、どちらも雌が淵尻の砂礫底に産卵床を掘って雌雄ペアで産卵する。卵径は4～6mm。1個体あたりの産卵数は降海型が1000～4000粒、河川残留型は30～800粒。朝鮮半島東岸～シャンタル諸島付

サツキマス
婚姻色

サツキマス40cm FL
(通常25cm FL)

アマゴ

15cm FL

降海型

32cm FL

斑紋のないタイプ
(イワメと呼ばれる)
14.2cm FL

近のロシア沿岸と北九州〜サハリンの日本海側、神奈川県酒匂(さかわ)川〜北海道の太平洋側、国後島、択捉島、サハリン東岸、カムチャツカ半島西岸に分布。自然分布はサツキマス(アマゴ)と分離。ヤマメは渓流で釣られ、塩焼きや甘露煮で美味。サクラマスは刺網等で漁獲され、ます寿しやムニエルまたは冷凍後に刺身で美味。英名はMasu Salmon。

サツキマス(アマゴ) 準絶滅危惧(環)

Oncorhynchus masou ishikawae (Jordan and McGregor, 1925)　海に降りて成長、川を遡上して産卵する降海型と、川で成長して産卵する河川残留型がいる。前者をサツキマス、後者をアマゴとよぶ。また、降海型でも銀化(スモルト化)の前はアマゴとよぶ。分布は本州の南部で、ほとんどが河川残留型のアマゴ。降海型のサツキマスは一部の内湾に限られる。産卵期は雌雄とも頭部が黒くなり、体が暗緑色に赤色の縞模様、雄の吻は尖り、口は鉤状となる。サツキマスは雄が少なく、長良川と揖斐川の調査では雄は16.7%であった。池中飼育でも雄は数%だった。稚魚は体側に7〜10個のパーマークと数〜30個の小朱点が散在、背部に黒点が散在。スモルトは背鰭先端が黒く、大きくなると吻はやや尖る。体の朱点は婚姻色(こんいんしょく)になっても消えない。河川の砂礫中で孵化した仔魚は、12〜5月に尾叉長3cmで浮上、川岸で生活を始め、流下昆虫などを食べる。夏には尾叉長7〜9cmに成長し、流れのある川の中心部で水生昆虫などを活発に食べる。成長は川の規模や生息密度により大きく変化するが、冬には尾叉長10〜23cmになる。多くは海に降りずに水温20℃以下の川の上〜中流に留まって生活する。岐阜県の長良川や広島県の太田川などの大きな河川では、秋〜冬に主に成長の早い雌の中から体色が銀白色のスモルトが現れ、川を下り沿岸海域で生活する。スモルトの中には海に下らず川の中〜下流域に留まる個体もいる。3〜6か月間沿岸海域で主に魚を食べて尾叉長25〜43cmになり、5月に生まれた川を遡上して中〜上流域の淵などで夏を過ごす。一部成長の早い雄は満1歳で成熟するが、雌雄とも主に満2歳で成熟し、10〜11月に雌が砂礫底に産卵床を掘って雌雄ペアで産卵する。産卵床(さんらんしょう)は淵尻に形成されることが多く、降海型の産卵床は130×90cm、河川残留型では30×50cmほどの楕円形。卵径は4.5mmで産卵数は降海型で600〜2000粒、河川残留型は300〜700粒。神奈川県酒匂川〜四国太平洋側、九州を含む瀬戸内海沿海地方に分布。アマゴは渓流釣り。長良川ではサツキマスを刺網で漁獲。塩焼きや甘露煮で美味。英名はAmago Salmon。(藤岡康弘)

ヨコエソ

12cm SL

オニハダカ

6cm SL

キュウリエソ

5cm SL

ムネエソモドキ

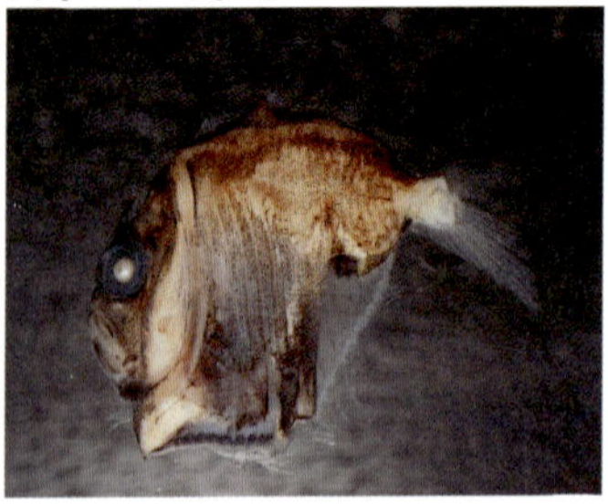

保存標本
7cm SL

ホシホウネンエソ

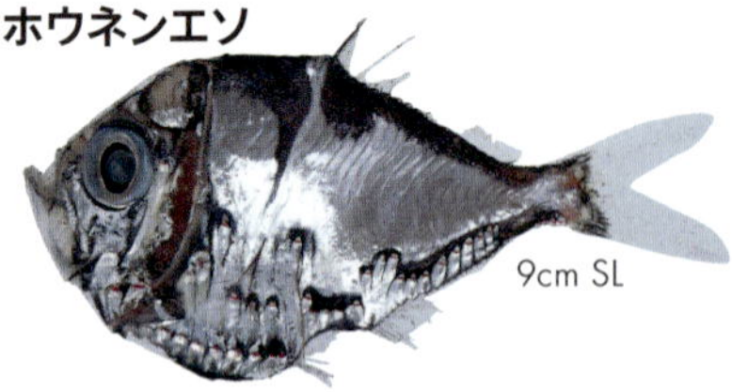

9cm SL

狭鰭上目 Sternopterygii
ワニトカゲギス目 Stomiiformes
ヨコエソ亜目 Gonostomatoidei
ヨコエソ科 Gonostomatidae　世界の中深層に8属31種、日本に5属12種。

ヨコエソ（ヨコエソ属） *Sigmops gracilis* (Günther, 1878)　臀鰭基底は長く、背鰭基底の2倍以上。脂鰭がない。背鰭起部は臀鰭起部より後位か同位。1年で雄として成熟した後、体長7～9cmで雌になる雄性先熟型の性転換をする。水深約100～500mの中深層遊泳性。北海道～土佐湾の太平洋沖、沖縄舟状海盆、南シナ海東北部、太平洋の亜熱帯（北半球）～亜寒帯域に分布。

オニハダカ（オニハダカ属） *Cyclothone atraria* Gilbert, 1905　背鰭起部は臀鰭起部と同位、体に発光器があり、体色は一様に黒色から黒褐色、尾柄上部発光腺（SCG）は短く、尾柄下部発光腺(ICG)と同長などで同属他種と識別。水深約500～1500mの漸深層に生息。体長は5～6.5cmの小型種、雄性先熟型の性転換をする。北海道オホーツク海沖、北海道～琉球列島の太平洋沖、南シナ海東北部、太平洋の亜熱帯（北半球）～亜寒帯域に分布。

ムネエソ科 Sternoptychidae　世界の中深層に10属約73種、日本に7属17種。

キュウリエソ（キュウリエソ属） *Maurolicus japonicus* Ishikawa, 1915　腹部縁辺に骨質や肉質の隆起がなく、背鰭起部に棘突起や骨質板がない。体は側扁し、体高は低い。臀鰭発光器群は連続する。水深約50～300mの中深層遊泳性。北海道～福岡県の日本海沖、青森県～土佐湾の太平洋沖、沖縄舟状海盆、小笠原諸島近海、ハワイ諸島周辺に分布。

ムネエソモドキ（ムネエソ属） *Sternoptyx pseudobscura* Baird, 1971　臀鰭基底部に透明域がある。腹部上部発光器(SAB)がなく、臀鰭発光器(AN)後縁と臀鰭基底部の腹縁は狭いV字形をなす。背鰭起部から後部腹縁棘基部の体高は体長の85％以上。臀鰭上発光器は高位。中深層遊泳性。東北地方太平洋沖、伊豆諸島近海、小笠原諸島近海、琉球列島近海、南シナ海、太平洋・インド洋・大西洋の熱帯～亜熱帯域に分布。

ホシホウネンエソ（ホウネンエソ属） *Polyipnus matsubarai* Schultz,1961　腹部発光器(AB)は10個、腹部上部発光器(SAB)は3個。後側頭骨棘は小さく、分枝しない。腹部の竜骨板縁辺に鋸歯がない。背鰭前黒色帯は細く尖り、体側中線をこえるなどで同属他種と識別。水深約100～350mの大陸斜面、海山、中深層に生息。東北地方～琉球列島の太平洋沖、西－中央太平洋の亜熱帯～温帯域（北半球）に分布。

ギンハダカ亜目 Phosichthyoidei
ギンハダカ科 Phosichthyoidae　世界の中深層に7属約24種、日本に5属9種。

ギンハダカ（ギンハダカ属） *Polymetme corythaeola* (Alcock, 1898)　囲眼部発光器(ORB)は、1個で眼前発光器(PO)のみ。臀鰭

ギンハダカ

20cm SL

ホウライエソ

35cm SL

トカゲハダカ

15cm SL

ホソギンガエソ

12cm SL

オオクチホシエソ

22cm SL

起部は背鰭基底後端より前か、ほぼ直下付近。第1、2腹部体側発光器（VAL）は他と同位で、第2尾部発光器（AC）は他より高位。頭部は大きく、体長は頭長の約4倍。臀鰭基底は短く、背鰭基底長とほぼ同長。中深層に生息。相模湾～土佐湾の太平洋沖、インド－西太平洋・大西洋の亜熱帯～温帯域に分布。

ホウライエソ科 Chauliodontidae　世界の中・漸深層に1属8種、日本に2種。

ホウライエソ（**ホウライエソ属**）*Chauliodus sloani* Bloch and Schneider, 1801　背鰭起部は臀鰭起部よりはるか前方。腹側肛門上方の尾柄背側に脂鰭がある。前上顎骨の第3歯は第4歯より小さい。眼後発光器(PTO)は円形。水深500～2800mに生息。北海道オホーツク海沖、北海道～琉球列島の太平洋沖、沖縄舟状海盆、南シナ海、太平洋・インド洋・大西洋・地中海の亜熱帯～温帯域に分布。

トカゲハダカ科 Astronesthidae　世界の大陸斜面、海山の中深層に6属約55種、日本に5属16種。

トカゲハダカ（**トカゲハダカ属**）*Astronesthes ijimai* Tanaka, 1908　主上顎骨歯は櫛状で、密に並ぶ。体側発光器（OA）は31～45個。腹鰭前腹側発光器(PV)はほぼ等間隔で、腹部体側発光器(VAL)は最後2～3個が前方の発光器より明らかに高い。尾部は太く尾柄長は尾柄高の1.2～1.8倍で下部に黒色帯がある。臀鰭は12～21軟条。大陸斜面、海山の中深層に生息。相模湾～土佐湾の太平洋沖、沖縄舟状海盆、西太平洋、西インド洋に分布。

ホテイエソ科 Melanostomiidae　世界の中深層に16属約180種、日本に11属約32種。

ホソギンガエソ（**チヒロホシエソ属**）*Bathophilus pawneei* Parr, 1927　背鰭起部は臀鰭起部と同位か、わずかに後方。眼下発光器(SUO)がない。下顎は湾曲しない。胸鰭は2軟条、腹鰭は10～13軟条で、左右の基部は離れて、体側下部にある。水深約200～700mに生息、本州南岸の黒潮域、小笠原諸島近海、西太平洋・西大西洋(中央部)の熱帯～亜熱帯域に分布。

ホウキボシエソ科 Malacosteidae　世界の中・漸深層～深海層に3属15種、日本に3属4種。

オオクチホシエソ（**オオクチホシエソ属**）*Malacosteus niger* Ayres, 1848　胸鰭がある。背鰭と臀鰭は表皮に被われる。下顎にひげがない。胸鰭は3～5軟条。頭部に発光斑がない。外洋の水深900～3900mに生息。岩手県沖、小笠原諸島近海、熊野灘、沖縄舟状海盆、南シナ海、太平洋・インド洋・大西洋の熱帯～亜熱帯域に分布。　（藍澤正宏）

シャチブリ

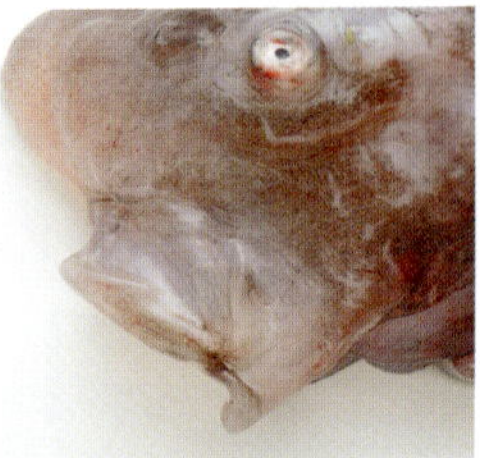

口を開いた状態

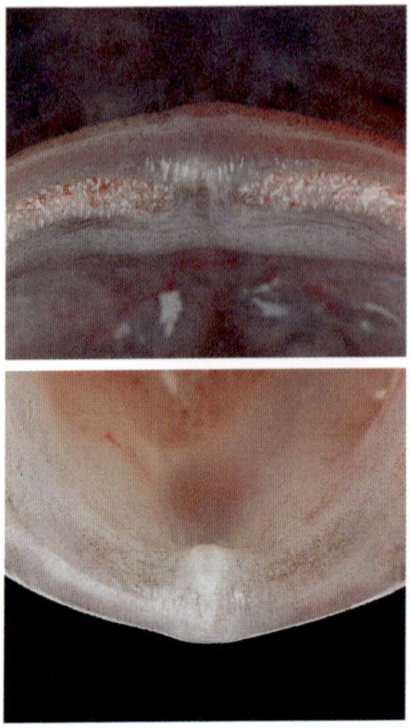

上顎（上）と下顎（下）

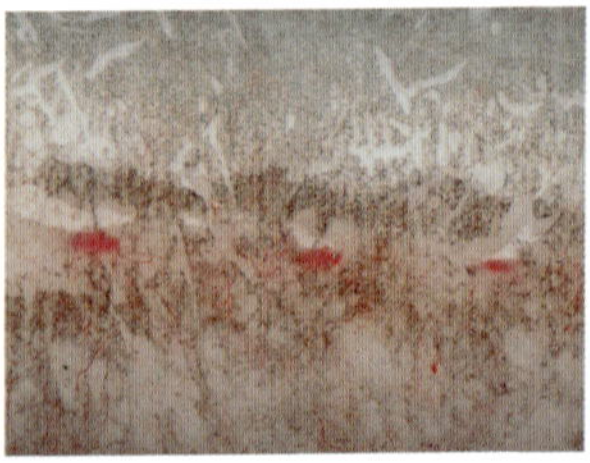

側線孔

遊泳するシャチブリ

シャチブリ上目
Ateleopodomorpha

シャチブリ目
Ateleopodiformes

シャチブリ科
Ateleopodidae　体は頭部と軀幹部が短く、尾部が著しく長いオタマジャクシ状。皮膚は薄く、肉質部はクラゲのように極度に柔らかい。水深100m以深の海底に生息。カリブ海、東大西洋、インド－太平洋、東太平洋に4属11種。日本には口が亜端位で大型になるオオシャチブリ属 *Ijimaia* のオオシャチブリ *I. dofleini* を含めて3属4種。ミトコンドリアDNAによる系統解析ではアカマンボウ目と姉妹群関係にあるとされたが、核DNAを用いた研究ではそれらが姉妹群関係にはならず、系統的な位置は定まっていない。

シャチブリ属 *Ateleopus*　口は下位。吻はゼラチン質で柔らかい。腹鰭の軟条は2～4軟条、それらのうち1本だけが長いアンテナ状。水深100～600mの砂泥底や泥底に生息。日本を含むインド－太平洋から2種。最近の研究でタナベシャチブリとムラサキシャチブリはシャチブリと同種であることがわかった。

シャチブリ *Ateleopus japonicus* Bleeker, 1853　上顎に小さな歯があることで、九州－パラオ海嶺から知られるシログチシャチブリ *Ateleopus edentatus* と区別できる。仔魚は大型で、少なくとも体長258.0mmまでゼラチン質の吻を欠く。先端が少し膨れたアンテナ状の腹鰭を海底に接触させながらゆっくり遊泳する。遊泳時、長い尾部を上方に反らせており、そ

シャチブリ属の分布

オオシャチブリ属の分布

1m TL

ヒョウモン シャチブリ

77cm TL

の姿勢はシャチホコを彷彿とさせる。歯が未発達で口を前下方に突出させることができるので、海底の小動物を泥ごと吸い取って食べると考えられる。通常生息する水深帯は100〜500mだが、集団で浅瀬に現れることがある。宮城県〜土佐湾の太平洋沿岸、新潟県〜山口県の日本海沿岸(散発的)、瀬戸内海、東シナ海、南シナ海北部、インド洋に分布。日本の沿岸でみられるシャチブリ科魚類のほとんどは本種。

ヒョウモンシャチブリ属 *Guentherus*　尾部は他属と比較して短い。腹鰭は9〜11軟条で、鰭膜とともによく発達、前部3軟条は遊離してアンテナ状で、そのうち2本の先端はパッド状に肥厚する。水深210〜700mにある岩礁の海底洞窟の開口部やその付近に生息し、腹鰭の遊離軟条を使って洞窟内の壁や海底を探りながら極めてゆっくりと遊泳する。東大西洋のポルトガル〜アフリカ北西岸およびアフリカ南西岸、東太平洋のコスタリカ〜ペルーに分布する *Guentherus altivela* と、西太平洋の日本近海とビスマルク海に分布するヒョウモンシャチブリが知られる。これら2種は腹鰭が通常の魚のように発達しており、シャチブリ科に含まれる4属の中では祖先的と考えられる。また、分布が広範囲で局所的ということも祖先的であることを示唆していると思われる。

ヒョウモンシャチブリ属の分布

ヒョウモンシャチブリ *Guentherus katoi* Senou, Kuwayama and Hirate, 2008　体にヒョウ柄の茶色い斑紋がある。腹鰭遊離軟条の先端は白い。最初の標本は2006年2月、熊野灘の水深320〜350mで底曳網により漁獲された。そして、その1か月後に沖縄県久米島沖の水深600mに設置された海洋深層水の取水口に同じ魚が吸い込まれ、地上まで吸い上げられたのが見つかった。さらに、久米島では2003年にも1個体が吸い込まれ、冷凍保存されていた。これら一連の標本を基にして、この種は2008年に新種として記載された。その後、2014年12月にNHKの取材班とオーストラリアの研究者がビスマルク海の水深275mの海底洞窟で、この種の生態映像を撮影している。久米島の海洋深層水の取水口が設置された海底の環境は岩礁、生態映像が得られたところは海底洞窟という岩礁であり、本種は岩礁域に生息している。また、同じ属の *Guentherus altivela* もコスタリカのココス島の水深210mの海底洞窟のある岩礁で生態映像が撮影されている。本種は大型で目立つ色彩であるにもかかわらずその存在が最近まで知られていなかったのは、海底洞窟という生息場所の特異性によるものと考えられる。熊野灘、鹿児島県宇治群島、沖縄県久米島、ビスマルク海から記録されている。

(瀬能 宏)

マエソ

31cm SL（通常20cm SL）

クロエソ

40cm SL（通常25cm SL）

ワニエソ

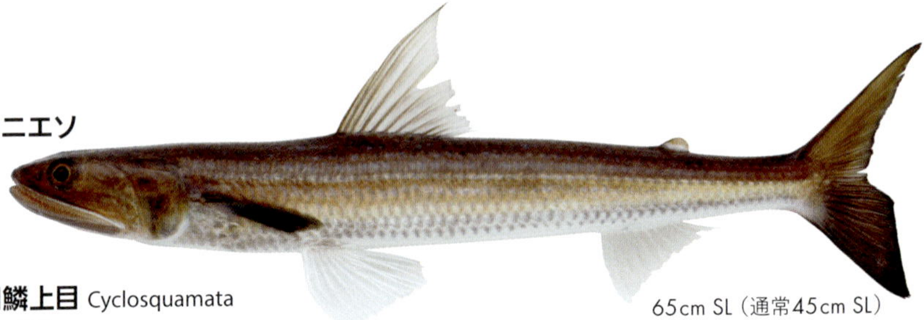

65cm SL（通常45cm SL）

円鱗上目 Cyclosquamata
ヒメ目 Aulopiformes
ヒメ亜目 Aulopoidei

エソ科 Synodontidae　体は細長く、ほぼ円筒形。背鰭は1基で脂鰭がある。口は大きく、両顎の歯はよく発達する。世界に4属約70種、日本には4属25種。

マエソ属 *Saurida*　上顎歯列内側に左右それぞれ2歯帯がある。腹鰭の外側と内側の軟条の長さはほぼ同長。多くは大陸棚の砂泥底に生息するが、河口域など浅海に生息する種もいる。世界に約24種、日本近海に8種。

マエソ *Saurida macrolepis* Tanaka, 1917　胸鰭後端は腹鰭基部に達する。側線の下方に暗色斑がなく、腹側は白い。尾鰭は上縁に黒点列がないか、あっても不明瞭、下縁は白い。雌は1歳で尾叉長19cm、2歳で26cm、3歳で31cm程度になる。雄は各年齢とも雌より2cmほど小さい。産卵期は5〜9月、1歳から成熟し、2歳で大部分が成熟。水深100m以浅の砂泥底に生息し、魚類、エビ類、イカ類、シャコ類を食べる。千葉県〜九州南岸の太平洋沿岸、若狭湾〜九州南岸の日本海・東シナ海沿岸、瀬戸内海、東シナ海大陸棚域、インド−西太平洋に分布。練り製品の原料。

クロエソ *Saurida umeyoshii* Inoue and Nakabo, 2006　マエソに似るが、側線の下方に暗色斑があり、腹面は黒色を帯び、尾鰭上縁に顕著な黒色点列がある。雌は1歳で尾叉長13cm、3歳で23cm、5歳で30cm、7歳で35cm、10歳で40cmになる。雄は雌より数cm小さい。産卵期は東シナ海では4〜12月だが、盛期は6〜9月。雌雄とも3歳以上で成熟。マエソよりやや深い水深100〜150mの大陸棚砂泥底に生息し、魚類、イカ類、エビ類を食べる。三重県尾鷲〜日向灘の太平洋沿岸、山陰地方〜九州西岸の日本海・東シナ海沿岸、東シナ海大陸棚域に分布。練り製品の高級原料。

ワニエソ *Saurida wanieso* Shindo and Yamada, 1972　マエソ属で最も大きくなる。尾鰭下縁は黒く、側線鱗数は54〜56（マエソでは46〜49）。雄では背鰭第2軟条が成長に伴い伸長。5 月を中心に産卵。東シナ海では、マエソとクロエソの中間の水深の砂泥底に生息し、魚類、イカ類、エビ類を食べる。相模灘〜九州南岸の太平洋沿岸、若狭湾〜九州南岸の日本海・東シナ海沿岸、瀬戸内海

トカゲエソ

50cm SL
（通常40cm SL）

アカエソ

30cm SL（通常25cm SL）

ヒトスジエソ

24cm SL（通常15cm SL）

チョウチョウエソ

18cm SL（通常14～16cm SL）

東シナ海大陸棚域、朝鮮半島西岸・南岸、スマトラ島南岸に分布。練り製品の高級原料。

トカゲエソ *Saurida elongata* (Temminck and Schlegel, 1846)　胸鰭は短く、後端は腹鰭基部に達しない。側線鱗数は57～65、脊椎骨数は56～61(通常59)。雌は1歳で尾叉長16cm、2歳で23cm、3歳で28cm、4歳で33cmになり、各年齢とも雄は雌より数cm小さい。産卵期は5～8月、産卵群は2歳以上で構成。マエソ属の中では最も冷水性で、内湾の浅海～やや深みの砂泥底に生息し、魚類、エビ類、イカ類を食べる。青森県～九州南岸の各地沿岸(紀伊水道・瀬戸内海・豊後水道に多い)に分布。黄海・東シナ海に近縁のコウカイトカゲエソ *S. microlepis* がいる。練り製品の高級原料。

アカエソ属 *Synodus*　腹鰭は外側の軟条が内側の軟条よりかなり短い。臀鰭基底は短く8～11軟条。浅海の岩礁・サンゴ礁に生息する種と大陸棚域に生息する種に分かれる。世界に約47種、日本に14種生息。

アカエソ *Synodus ulae* Schultz, 1953　口蓋骨・外翼状骨歯は先端付近のみが他より長い。側線鱗数は60～66、背鰭は13～14(通常14)軟条。前鼻孔の皮弁は幅広くへら状。体は背部が褐色、腹部は淡色、側部に多数の暗赤色横帯。背鰭の各鰭条に4～5個の赤褐色点がある。浅海の岩礁・サンゴ礁の砂地に生息。昼間は砂に潜り餌が近づくのを待つ。八丈島、小笠原諸島、千葉県外房域～屋久島の太平洋沿岸、島根県～九州北西岸の日本海・東シナ海沿岸（散発的)、トカラ列島、奄美大島、台湾、ハワイ諸島に分布。

ヒトスジエソ *Synodus variegatus* (Lacepède, 1803)　体側中央部に1褐色縦帯がある。背鰭は11～13軟条。前鼻孔の皮弁は細い。サンゴ礁でサンゴと砂地の境目付近に生息し、小魚を食べる。伊豆－小笠原諸島、相模湾～屋久島の太平洋沿岸(散発的)、琉球列島、済州島、台湾南部、インド－太平洋に分布。

チョウチョウエソ *Synodus macrops* Tanaka, 1917　吻は尖る。口蓋骨・外翼状骨歯は先端付近とその後方でほぼ同長。上顎と下顎はほぼ同長。体にXあるいはY字状の暗色斑がある。水深70～160mの砂泥底に生息し、魚類、エビ類、イカ類を食べる。若狭湾～山口県沖の日本海沿岸、相模湾～土佐湾の太平洋沿岸、東シナ海大陸棚縁辺域、東インド－西太平洋に分布。練り製品の原料。

（柳下直己）

ヒメ
♂

18cm SL

♀

18cm SL

イトヒキヒメ
♂

20cm SL

ヒメ科 Aulopidae
体は細長く、ほぼ円筒形。背鰭は1基で前方が高く、基底が長い。背鰭軟条数は14〜22。大陸棚縁辺〜大陸斜面上部の砂泥底に生息し、世界の暖海に4属約15種、日本に2属4種。高知県や愛知県などでは“トラハゼ”とよばれる。

ヒメ（ヒメ属） *Hime japonica* (Günther, 1877)
背鰭の軟条は伸長しない。鰓耙数は19〜22。雄の背鰭は前縁付近が一様に赤く、後方は黄色斑が散在し、雌の背鰭は全体に赤色斑が散在する。雄は臀鰭に1本の黄色縦帯があるが、雌にはない。水深約100〜200mに生息。青森県津軽海峡〜九州西岸の日本海沿岸、茨城県〜九州南岸の太平洋沿岸、東シナ海大陸棚縁辺域に分布。

イトヒキヒメ（ヒメ属） *Hime formosanus* (Lee and Chao, 1994)　雄の背鰭第2軟条が糸状に伸長する。鰓耙数は14〜17。水深120〜230mに生息。和歌山県〜東シナ海、台湾、オーストラリア北西岸に分布。

ミズウオ亜目 Alepisauroidei

アオメエソ科 Chlorophthalmidae　体は細長い円筒形。背鰭軟条数は10〜12。上唇より前の下顎の先端に歯がある。直腸を取り囲むように溝状の構造が発達し、その内部に発光バクテリアを共生させる。採集直後の個体を暗室下で観察すると、肛門の周囲が青緑色に光る。眼は大きく、水晶体は黄色。網膜の外側にタペータムとよばれる構造が発達し、眼が光る。これは網膜を通った光を反射させ、再び網膜で拾い、少ない光を多く感知する。太平洋、インド洋、大西洋の温帯〜熱帯域の大陸棚縁辺域に2属約17種、日本近海に1属7種。“メヒカリ”や“アオメ”とよばれ、沖合底曳網で漁獲される水産重要魚。

アオメエソ（アオメエソ属） *Chlorophthalmus albatrossis* Jordan and Starks, 1904　鋤骨外縁と舌上に歯がある。胸鰭は短く、先端は腹鰭後端に達しない。尾鰭は一様に灰色。水深125〜620mに生息。土佐湾では8〜2月に体長約4.5cm（孵化後約6〜7か月）で水深150

アオメエソ

15cm SL

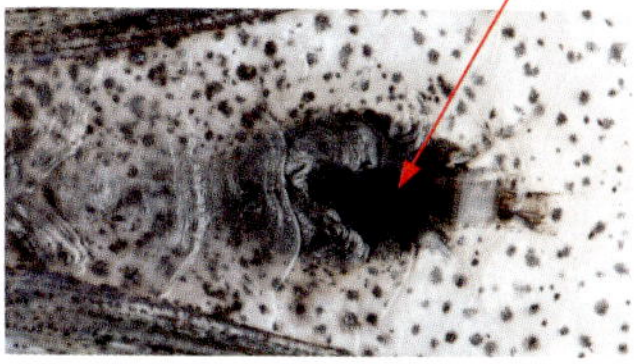

アオメエソ：肛門付近の発光器

マルアオメエソ

15cm SL

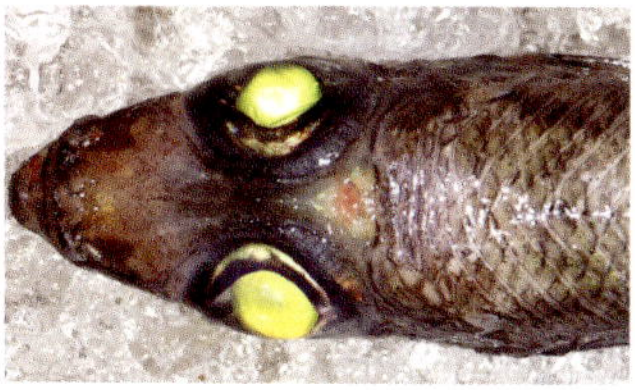

アオメエソの眼：光を反射するタペータム構造

ツマグロ
アオメエソ

20cm SL

トモメヒカリ

20cm SL

〜200mに着底する。成長に伴い深場に移り、2歳で200〜300m、3歳で300〜350m。3歳で体長14.5〜15.0cmになり、夏に他海域に移動する。黒潮の上流域に産卵場をもち、仔魚(しぎょ)は海流に乗って日本列島に輸送されると考えられるが、産卵場所は不明で、成熟個体が知られていない。相模湾〜九州南岸の太平洋沿岸、東シナ海大陸棚縁辺域、新潟県〜山口県の日本海沿岸(散発的)、九州–パラオ海嶺、七島・硫黄島海嶺(海徳海山)、台湾南部、ニュージーランド、ニューカレドニアに分布。秋〜冬が旬。干物、揚げ物、佃煮で美味。

マルアオメエソ(アオメエソ属)
Chlorophthalmus borealis Kuronuma and Yamaguchi, 1941　青森県〜千葉県銚子の太平洋沿岸に分布。アオメエソと本種との種の異同は検討を要する。食べ方はアオメエソとほぼ同じ。

ツマグロアオメエソ(アオメエソ属)
Chlorophthalmus nigromarginatus Kamohara, 1953　尾鰭の後縁は黒く縁取られ、鋤骨(じょこつ)外縁に歯がない。水深185〜440mに生息。熊野灘、土佐湾、東シナ海大陸斜面上部域、台湾南部、南沙群島、西沙群島、大スンダ列島中部、オーストラリア北西に分布。アオメエソより大型。

トモメヒカリ(アオメエソ属) *Chlorophthalmus acutifrons* Hiyama, 1940　鋤骨外縁に歯がなく、ツマグロアオメエソに似るが、尾鰭後縁が黒くない。水深183〜950mに生息。駿河湾〜九州南岸の太平洋沿岸、東シナ海大陸斜面上部、先島諸島南方(仔魚)、済州島、中国南シナ海沿岸、フィリピン諸島に分布。

(中山直英)

ホタテエソ

8.8cm SL

岩礁に接する砂底にみられる

危険を感じると砂に潜る

イトヒキイワシ

15cm SL

ミズウオ

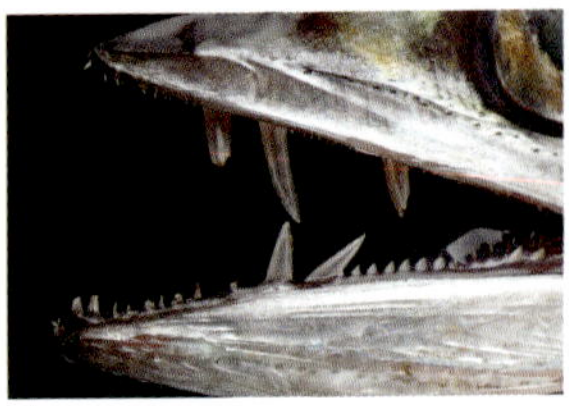

長く鋭い上下顎歯

ホタテエソ科 Pseudotrichonotidae　体は細長い円筒形で吻は尖る。背鰭は1基で基底が長い。脂鰭を欠く。分子遺伝学的・形態学的にヒメ科やエソ科に近縁。インド－西太平洋に局所的に分布し、1属4種、日本に1種。

ホタテエソ（ホタテエソ属） *Pseudotrichonotus altivelis* Yoshino and Araga, 1975　背鰭は第1・第2鰭膜が黒い。形態に2型がある。背鰭前部の鰭条が長く、色彩が派手な大型個体は雄と考えられる。潮通しのよい崖状の岩礁に隣接する砂底に周年みられ、水深23～65mに生息するが、40m前後に多い。大小の個体が小さな群がりをつくり、長い腹鰭を使って海底に定位しており、中層に泳ぎ出すことはない。危険を感じると砂に浅く潜って身を隠す。相模湾西部、駿河湾東部、高知県（柏島・勤崎）に分布するが、局所的でどこでも極めて個体数は少ない。（瀬能 宏）

編者注：ホタテエソ科はヒメ亜目でヒメ科の後に位置するが、紙面の都合上ここに置いた。

チョウチンハダカ科 Ipnopidae　体は細長い。眼は小さく背方を向く。大西洋、インド洋、太平洋の深海に5属約29種、日本に1属3種。

イトヒキイワシ属 *Bathypterois*　鰾がない。胸鰭を流れに向かって広げ、腹鰭前端の長い軟条と尾鰭下端の軟条の3点で海底に立ち動物プランクトンを食べる。この姿勢ゆえに三脚魚tripod fishとよばれる。太平洋、インド洋、大西洋の深海に19種、日本に3種。

イトヒキイワシ *Bathypterois atricolor* Alcock, 1896　胸鰭最上軟条は長く糸状に伸びる。腹鰭第1軟条は長く伸びるが、倒しても臀鰭

ナガヅエエソ

26cm SL

1.3m SL

胃からは、丸飲みされた魚が出てくることがある

起部には至らない。脂鰭がある。尾柄腹面に鉤状突起をそなえた切れ込みがある。水深258〜5150mに生息。福島県〜土佐湾の太平洋沖、沖縄舟状海盆、インド−太平洋、ギニア湾に分布。

ナガヅエエソ *Bathypterois guentheri* Alcock, 1889　胸鰭は最上軟条が著しく長く伸びるだけでなく、その他の軟条も長く、これを流れに向かって広げる。この姿でspider fishとよばれる。脂鰭がある。尾柄腹面に切れ込みがない。体は黒く、背鰭の前と尾柄に白色横帯がある。尾鰭後半は白い。水深550〜1163mに生息。遠州灘〜土佐湾の太平洋沖、沖縄舟状海盆、南シナ海、インド洋に分布。

ミズウオ科 Alepisauridae　体は細長く側扁、鱗も発光器もない。太平洋、インド洋、大西洋の中深層に5属9種、日本に4属4種。

ミズウオ（ミズウオ属） *Alepisaurus ferox* Lowe, 1833　体は著しく細長くて側扁。背鰭は大きく、基底は著しく長い。脂鰭がある。口は大きく、眼の後縁をこえる。口蓋骨歯は鋭くて大きく犬歯状、上顎には小さくて鋭い歯が並び、下顎には中ほどに大きな犬歯状歯、他は上顎歯よりやや大きい鋭い歯が並ぶ。大きな口と鋭い歯で魚類を食べる。表層〜中深層（水深1830m以浅）に生息。北海道太平洋・オホーツク海沖、青森県〜土佐湾の太平洋沖、東シナ海、南シナ海、インド−汎太平洋、大西洋、地中海に分布。　（中坊徹次）

ハダカイワシ

17cm SL（通常12cm SL）

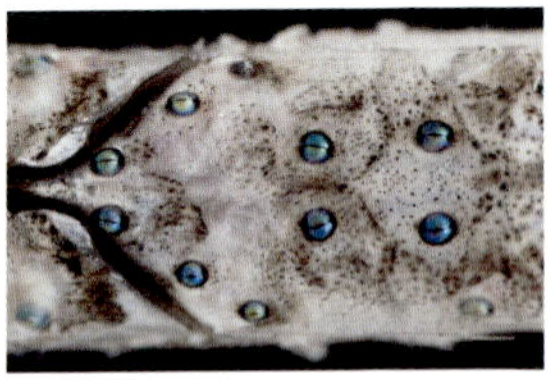

ハダカイワシの発光器

ヒロハダカ

5.4cm SL

センハダカ

6.7cm SL

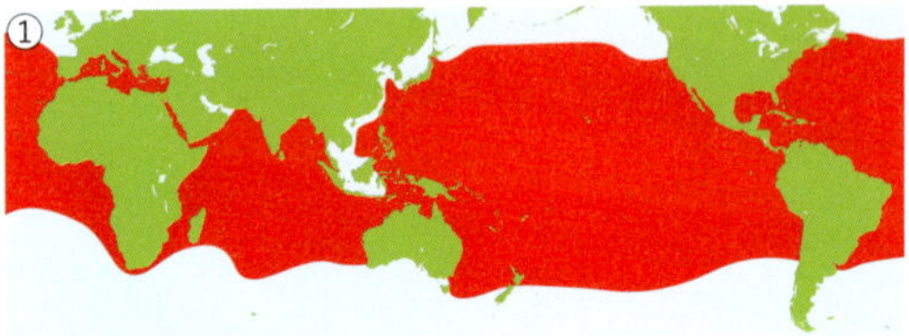

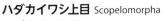

暖水性ハダカイワシ科魚類の分布

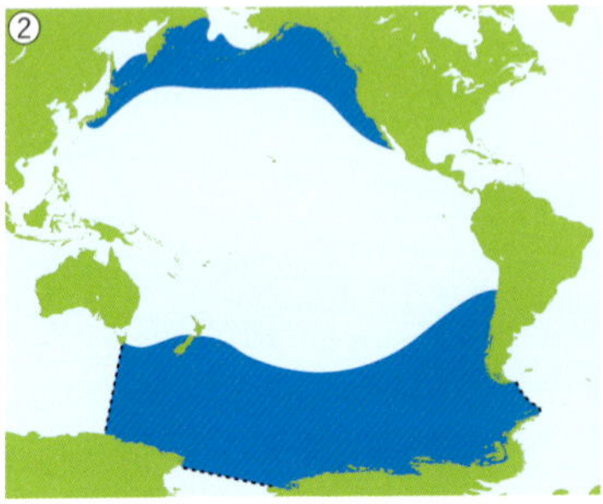

冷水性ハダカイワシ科魚類の太平洋域における分布（Becker, 1967を改変）

ハダカイワシ上目 Scopelomorpha
ハダカイワシ目 Myctophiformes
ハダカイワシ科 Myctophidae　脂鰭は軟骨板が支持する。眼下骨床がある。頭部、体の腹側を中心に小円形の発光器が散在する。発光器の配列に種の独自性があり、これで種の識別が可能。尾柄上端と下端に発光腺がある種がおり、あり方は雌雄で異なる。発光器はレンズ、発光体、反射層、色素層が並び、化学発光型で、神経の支配を受けて点滅する。鰾があり、昼間は深い所にいて、夜に浅い所に上がるという日周鉛直移動をする。腹面発光器は、昼間上方からの光によってできる自分の影を消す機能（countershading）をもっており、発光照度の調節範囲がその種の昼間の生息層の照度範囲と対応することが知られている。多くは体長10cmまで、大きいもので20cm。世界中の海の中深層に分布し、約33属で少なくとも248種、日本には23属87種。多くが暖水域に分布する（分布図①）が、冷水域に分布するホクヨウハダカ属 *Tarletonbeania*、ダルマハダカ属 *Electrona*、セッキハダカ属 *Stenobrachius*、オオメハダカ属 *Protomyctophum*、ナガハダカ属 *Symbolophorus*（分布図②）がいる。ハダカイワシ類のように小型遊泳性魚類で運動力の小さいものは魚類マイクロネクトンとよばれる。

ハダカイワシ（ハダカイワシ属） *Diaphus watasei* Jordan and Starks, 1904　尾柄上部発光腺も尾柄下部発光腺もない。本種は体が黒褐色、鼻部腹側発光器は普通の大きさで三角形、両顎歯は小さく絨毛状。ハダカイワシ属は体側の鱗が剥がれやすく、漁獲されたものはほとんど裸の状態で、和名の由来となっている。水深300～400m（昼間）、100m以浅（夜間）で甲殻類を食べる。青森県～土佐湾の太平洋沿岸、東シナ海、南シナ海、スル海、ティモール海、オーストラリア沿岸（北岸を除く）、西インド洋に分布。練り製品の原料や丸干し、高知ではヤケドといわれて食されている。

ヒロハダカ（ハダカイワシ属） *Diaphus garmani* Gilbert, 1906　体は暗褐色。鼻部の

オオクチイワシ

13cm SL

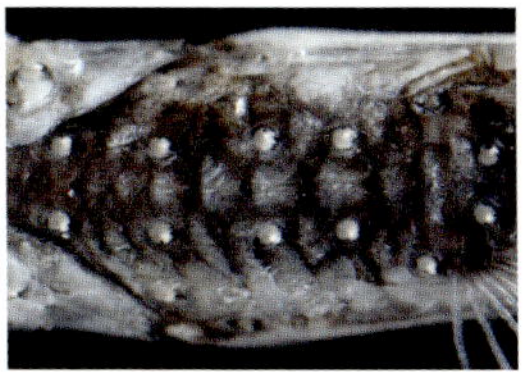

アラハダカの発光器

アラハダカ

8.1cm SL（通常7.5cm SL）

マメハダカ

14cm SL

サンゴイワシ

17cm SL

背側と腹側の発光器は連続し、後者の方が大きく三日月形。水深325～750m（昼間）、15～150m（夜間）に生息。岩手県～紀伊半島の太平洋沖、東シナ海、インドー汎太平洋に分布。

センハダカ（**ハダカイワシ属**）*Diaphus suborbitalis* Weber, 1913　鼻部腹側発光器の背縁に微小突起がない。腹鰭上発光器、肛門上第3発光器、体側後部発光器、尾部前第4発光器のそれぞれに発光鱗がある。駿河湾では2.5歳で体長6.7cmになる。深ければ水深3240m、夜間は水深120m以浅に生息。福島県～奄美諸島の太平洋沖、インドー西太平洋に分布。

オオクチイワシ（**オオクチイワシ属**）*Notoscopelus japonicus* (Tanaka, 1908)　鼻部前発光器は4個。体側鱗は櫛鱗。側線有孔鱗数は42～43。東北地方太平洋沿岸の大陸棚斜面では夜間は水深約400m、昼間は水深約800～1000mと鉛直移動をするが、いずれの層でもツノナシオキアミを食べる。一方、北西太平洋でトドハダカ *Diaphus theta* とコヒレハダカ *Stenobrachius leucopsarus* は日周鉛直移動をするが、中層ではカイアシ類を、底層ではオキアミ類を食べる。北海道～土佐湾の太平洋沖、北太平洋に分布。

アラハダカ（**アラハダカ属:新称**）*Dasyscopelus asper* (Richardson, 1845)　鱗は強い櫛鱗で脱落しにくい。鰓蓋上端は滑らか、肛門上発光器は折れ曲がる。水深425～750m（昼間）、125m以浅（夜間）に生息。寿命は1年。北海道～土佐湾の太平洋沖、北太平洋、東太平洋の熱帯海域、オーストラリア西岸・東岸沖、インド洋（北・南赤道海流域）、アガラス海流域、大西洋（北緯20度～南緯8度）、ニューイングランド地方沖、メキシコ湾に分布。

マメハダカ（**トミハダカ属**）*Lampanyctus jordani* Gilbert, 1913　脂鰭基底前縁に発光器がある。胸鰭上発光器は2個。胸鰭は長く、腹鰭基底をこえる。水深1400m付近（昼間）、200m以浅（夜間）に生息。北海道オホーツク海沖、北海道～土佐湾の太平洋沖、北太平洋に分布。

ソトオリイワシ科 Neoscopelidae　体は側扁。臀鰭は比較的、後ろ。多くは体側腹面に発光器の列がある。世界の暖海の大陸斜面上部に生息し、3属6種、日本に2属4種。

サンゴイワシ（**ソトオリイワシ属**）*Neoscopelus microchir* Matsubara, 1943　体側発光器は臀鰭起部をこえる。胸鰭後端は背鰭基底後端に達しない。水深180～740mに生息。北海道～土佐湾の太平洋沿岸、沖縄舟状海盆、西インドー太平洋、西大西洋に分布。（中坊徹次）

アカナマダ

2m SL

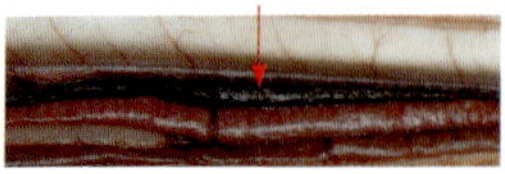

墨汁嚢　銚子沖産
962mm SL

フリソデウオ

幼魚

21cm SL

海面付近を漂う幼魚

リュウグウノツカイ

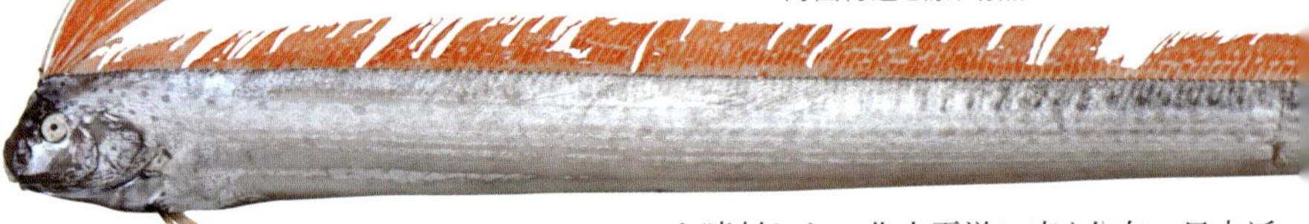

アカマンボウ上目 Lampridiomorpha

アカマンボウ目 Lampriformes

アカナマダ科 Lophotidae　体はリボン状。肛門は体の後端近くにあり、その直後に小さな臀鰭がある。腹鰭はないが、稚魚にはある。腸に沿って墨汁嚢があり、墨汁をつくって肛門から噴射する。この特異な習性は、防衛説が有力。かつては口から墨汁を吐出すると考えられていた。中深層遊泳性。体高が低く、額が前方へ突出するテングノタチ属 *Eumecichthys* と、体高がやや高く、額が前上方へ突出するアカナマダ属 *Lophotus* がいる。前者は1種で、南アフリカ、西－中央太平洋、中央大西洋に分布。後者は北太平洋、南太平洋、大西洋それぞれに1種が分布。

アカナマダ（アカナマダ属） *Lophotus capellei* Temminck and Schlegel, 1845　1997年に小笠原諸島父島近海の水深10mで発見された体長約2cmの稚魚は、採集時に肛門から墨汁を噴射した。北太平洋に広く分布。日本近海では北海道～琉球列島、四国海盆、小笠原諸島から得られている。稀種。

フリソデウオ科 Trachipteridae　体はリボン状。肛門は体の中央付近あるいはその前後。腹鰭はないが、稚魚にはある。終生、臀鰭を欠く。中深層遊泳性。全世界の温～熱帯海域に分布し、ユキフリソデウオ属 *Zu* 2種、フリソデウオ属 *Desmodema* 2種、サケガシラ属 *Trachipterus* 7種、日本に3属5種。

フリソデウオ（フリソデウオ属） *Desmodema polystictum* (Ogilby, 1898)　軀幹部の体高は高く、尾部は著しく細長い。尾鰭は体軸の延長上にあり、後向きに付く。稚魚は尾部を上方へ反らし、尾鰭が真後ろに向くように体を斜めに立てた姿勢で遊泳する。全世界の温～熱帯海域に分布、日本では北海道釧路～九州南部の太平洋沿岸、鳥取県大谷以西の日本海沿岸、五島列島、屋久島から知られる。

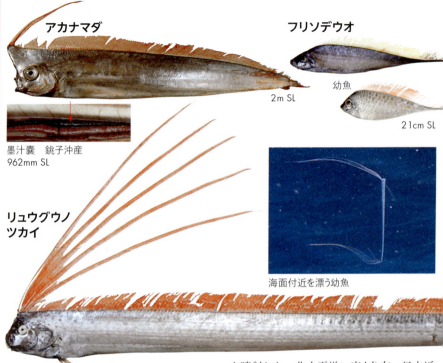

サケガシラ（サケガシラ属） *Trachipterus ishikawae* Jordan and Snyder, 1901　躯幹部から尾部にかけて体は徐々に低くなる。体は銀

サケガシラ

1m SL

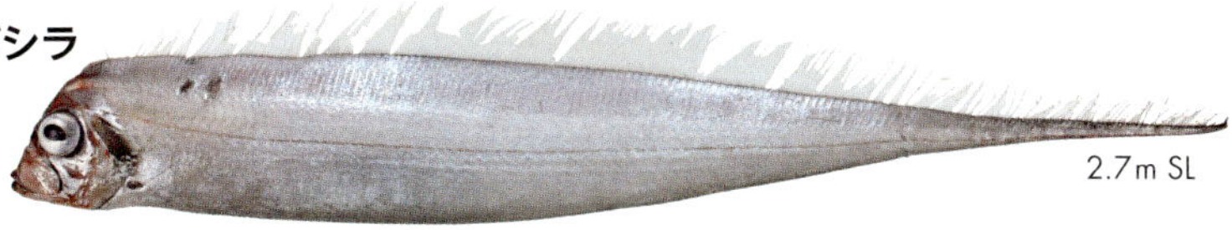

2.7m SL

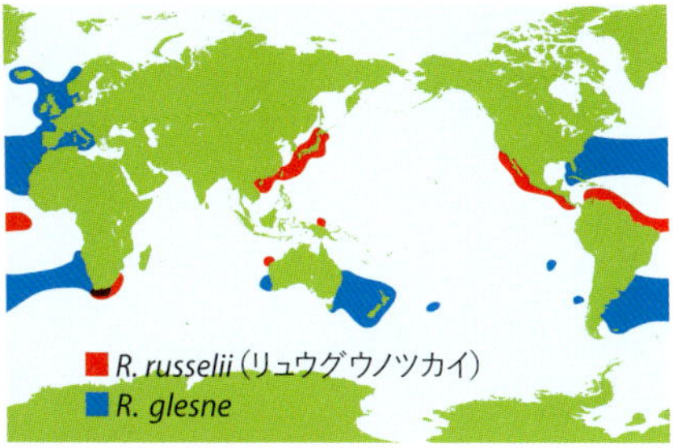

リュウグウノツカイ属の分布

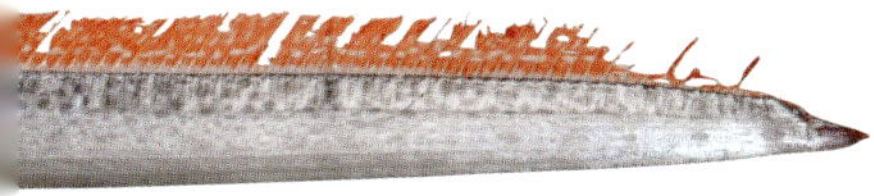

5m TL（通常2〜4m TL）

白色、背鰭は赤い。
尾鰭上葉は体軸に対して上向き。尾鰭が水平になる斜めの姿勢で体を真っ直ぐに伸ばし、背鰭を波打たせて前方へ遊泳する。北海道〜九州南部までの太平洋沿岸、奄美諸島、日本海に分布する。テンガイハタ *T. trachypterus* (Gmelin, 1789) は、本種の稚魚期に相当する可能性が高いが、“サケガシラ”とされている種には複数種が混同されている可能性があり、親子関係を含めた分類学的検討が必要。

リュウグウノツカイ科 Regalecidae　体は著しく細長いリボン状。肛門は体の前から4分の1〜3分の1の位置。成魚の腹鰭鰭条は1本。終生、臀鰭はない。背鰭が眼の中央より後から始まる *Agrostichthys* と、前から始まるリュウグウノツカイ属 *Regalecus* が知られる。前者は *A. parkeri* のみを含み、南半球の温帯域に局所的に分布し、全長3m。後者は2種を含み、インド洋、太平洋、大西洋に広く分布し、全長は最大で8m。

リュウグウノツカイ（リュウグウノツカイ属）
Regalecus russelii (Cuvier, 1816)　尾鰭は体軸に対してやや上向き。体は銀白色で、円形の黒点と虫食い状黒斑が散在する。各鰭は赤い。背鰭前部の伸長鰭条は6本で前部の5本は鰭膜で連なり、6番目は遊離する。腹鰭の鰭条は1本で著しく長く、硬くて先端を含めて3〜5個の皮弁が等間隔に付属する。尾鰭が水平軸になる斜めの姿勢で体を真っ直ぐに伸ばし、背鰭を波打たせて前方へ遊泳する。上顎は柔らかく、歯はないが、口を前方へ突出させて、動物プランクトンを吸引して食べる。稚魚の形態や初期生活史は不明な点が多く、知られている最小の稚魚は体長13.7mmで、沖縄県渡嘉敷島渡嘉志久湾の海岸で得られた。少なくとも体長7.3cmまでは腹鰭の鰭条は2本。全長15〜30cmでは、背鰭前部と尾鰭の鰭条が糸状に伸長し、遊泳時の姿からクラゲ類への擬態と考えられている。体が著しく側扁しているため、背中を向けて逃げる際に敵から見えにくくなる。成魚の尾部は著しく切れやすく、僅かな力をかけただけで簡単に切断する。また、尾部の後方が欠損し、傷口が再生している個体が多いので、自切の機能を考える研究者もいる。全長8mに達するとされるが、日本では5mをこえるものは稀、同属の *R. glesne* は、背鰭前部の伸長鰭条は10〜12本で、後半の鰭条が遊離する。中深層遊泳性。北海道から九州、沖縄諸島の沿岸に分布。国外では東太平洋、大西洋、南アフリカ、東インド洋、西太平洋から知られる。全国的には冬の終わりから春にかけての出現記録が多いが、山陰地方では夏、相模湾では夏や秋にも記録されている。ルイ・ルナールの『モルッカ諸島魚類彩色図譜』(1719年) は人魚の存在をヨーロッパに伝えた最初の出版物であるが、人魚の項の解説にジュゴン捕獲時の観察記録があり、絵はリュウグウノツカイをモデルにしていると考えられる。このことから、人魚のモデルがリュウグウノツカイとジュゴンという2つの考えが生じた。

（瀬能 宏）

クサアジ

40cm SL

ヒメクサアジ

25cm SL

幼魚（クサアジ）
5.4cm SL

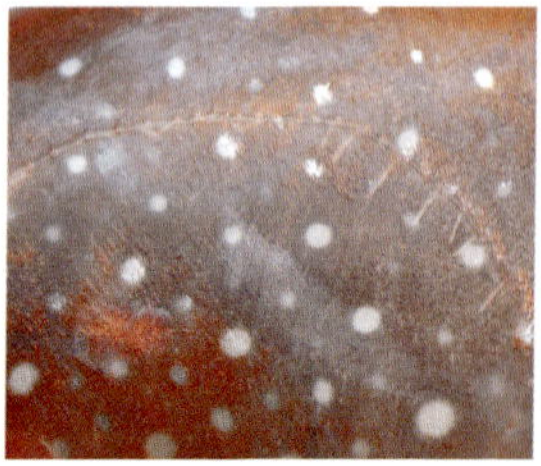

アカマンボウの側線：
胸鰭上方で湾曲

アカマンボウ

1.8m SL

クサアジ科
Veliferidae　体は卵形で、よく側扁。口は斜め下方へよく突出し、両顎に歯がない。背鰭と臀鰭の基底が長く、棘を含めた鰭条数は背鰭が32～44、臀鰭が25～35。腹鰭は棘がなく、7～9軟条。尾柄は細く、尾鰭は深く二叉する。インド－西太平洋の熱帯～温帯域に分布し、沿岸から大陸棚縁辺に生息。2属2種。

クサアジ（クサアジ属） *Velifer hypselopterus* Bleeker, 1879　頭と体に7本の暗色横帯がある。小型個体では各鰭や体側に小斑点が散在するが、大型個体では消失する。背鰭と臀鰭は三角形状で、暗色の地色に多数の黄色線が走る。腹鰭は暗色。背鰭は1～2棘33～34軟条、臀鰭は1棘24～25軟条。底曳網で稀にとれる。紀伊半島南部～九州南岸の太平洋沿岸、九州西岸、東シナ海大陸棚縁辺域、西インド洋に分布。

ヒメクサアジ（ヒメクサアジ属） *Metavelifer multiradiatus* (Regan, 1907)　頭と体に5本の褐色横帯、背鰭軟条部下に1黒斑がある。幼魚では背鰭と臀鰭の棘が長く、成魚では背鰭第6棘のみが伸長し、他は短い。背鰭は21～23棘20～23軟条、臀鰭は17～18棘16～19軟条。千葉県以南の太平洋岸、東シナ海北東部の大陸斜面域、ハワイ諸島、南緯20度以南のオーストラリア沿岸、ニュージーランド、モザンビーク。

アカマンボウ科 Lampridae　体は円形から楕円形で、よく側扁する。鰭はすべて軟条で、一様に赤色。胸鰭基底は水平に位置する。体の地色は銀色で、背側は青みをおびる。これまで*Lampris guttatus*と*L. immaculatus*の2種だったが、遺伝子解析を含めた最近の研究

ギンメダイ

34cm SL

アラメギンメ

20cm SL

オカムラギンメ

34cm SL

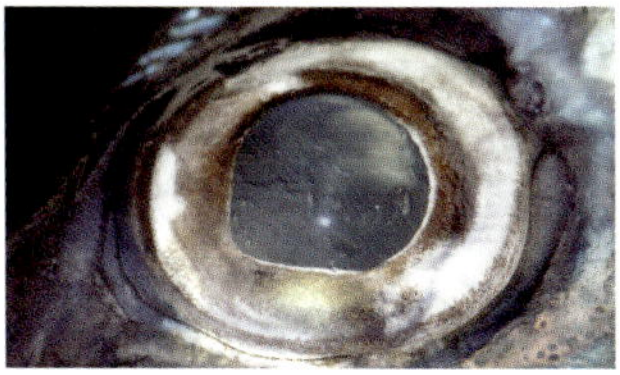

オカムラギンメの眼

で5種が確認され、日本産の種の学名も変わった。インド洋、太平洋、大西洋の外洋域に分布。

アカマンボウ（**アカマンボウ属**）*Lampris megalopsis* Underkoffer, Luers, Hyde and Craig, 2018　体は円形に近く、朱色をおびて小白点が散在する。側線は胸鰭上方で湾曲する。世界の暖海域に分布し、外洋表層から水深500mに生息。胸鰭を使って高速で遊泳し、中深層で魚類やイカ類を補食する。最近の研究で本種の体温は周りの水温よりも5°C高いことが判明した。鰓は細かな動脈と静脈が接して熱交換器として働く奇網の構造をもつ。遊泳時に胸鰭の筋肉が収縮することで発生した熱は、心臓や動脈血を温め、鰓呼吸で冷えた静脈血に奇網を介して受け渡される。脳や心臓、眼が温められる点は、奇網をもつ恒温性の大型魚類と異なり、低水温の中深層でも長く活発に遊泳し、索餌できると考えられている。日本では北海道以南の太平洋沿岸、津軽半島以南の日本海沿岸、東シナ海に分布。インド–太平洋の暖海域（東経160度以東では稀）とメキシコ湾に分布。マグロ漁で混獲され、“マンダイ”とよばれ食される。

ギンメダイ目 Polymixiiformes

ギンメダイ科 Polymixiidae　体はやや長い楕円形で、側扁する。下顎腹面に1対の長いひげをもつ。両顎、鋤骨と口蓋骨に絨毛状の歯帯をもつ。体は銀色から銀白色。最近の分子系統仮説では、側棘鰭上目の中でサケスズキ目と近縁か、側棘鰭上目とアカマンボウ目を含む一群の次に分岐した棘鰭類Acanthomorphaの初期派生群とされる。大陸棚縁辺に生息。西インド洋、太平洋、大西洋の暖海域に分布し1属10種、日本に4種。

ギンメダイ（**ギンメダイ属**）*Polymixia japonica* Günther, 1877　吻の皮膚は寒天質で柔らかく、微小皮弁がない。側線上方横列鱗数は13〜16。背鰭前部上方と尾鰭両葉の先端は黒色。水深150〜650mの礫質砂底や岩礁域に生息。福島県〜九州南岸の太平洋沿岸、東シナ海の大陸棚縁辺域、九州–パラオ海嶺、台湾南部、ハワイ諸島に分布。

アラメギンメ（**ギンメダイ属**）*Polymixia berndti* Gilbert, 1905　体高はやや低い。吻端は上顎先端より、わずかに前方へ突出する。側線上方横列鱗数は9〜11。背鰭上端は黒色。水深99〜550mに生息。房総半島以南の太平洋岸沖、東シナ海、九州–パラオ海嶺、西太平洋に分布。

オカムラギンメ（**ギンメダイ属**）*Polymixia sazonovi* Kotlyar, 1992　吻の皮膚は肥厚し、微小皮弁がある。側線上方横列鱗数は12〜15。上顎と下顎の先端、各鰭は暗色から黒色。原記載では胸鰭が白色とされたが、渥美半島や与論島産の標本では黒色。愛知県渥美半島沖、与論島沖、九州–パラオ海嶺の水深130〜510mで採集記録がある。（遠藤広光）

マダラ

1.2m SL（通常80～90cm SL）

スケトウダラ

91cm SL（通常60cm SL）

タイセイヨウマダラ

2m SL（通常1m SL）

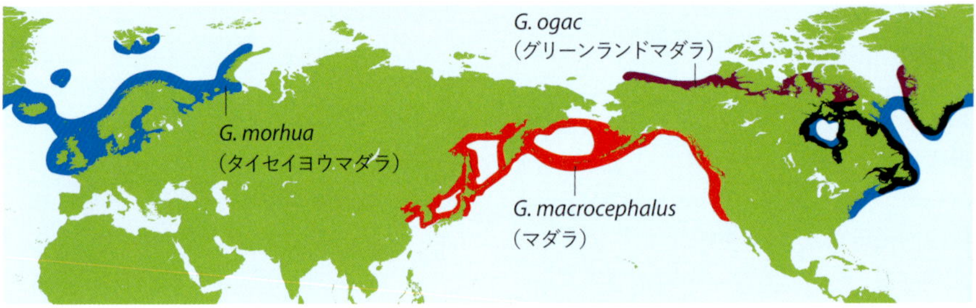

マダラ属3種の分布

側棘鰭上目 Paracanthopterygii

タラ目 Gadiformes

タラ科 Gadidae　背鰭は1～3基、臀鰭は1～2基（タラ亜科では各3基と2基）。擬尾はよく発達する。ひげは全種で下顎先端に1本、ヒゲダラ亜科で吻に2～4本。卵は分離浮性か沈性で油球をもたない。最大で全長 2m。アルゼンチン南方沖、太平洋、大西洋の温帯～極域と北米～ユーラシア大陸の淡水域（カワメンタイ *Lota lota* のみ）、河川下流の淡水～汽水、潮間帯～深海底に4亜科19属55種、日本に2亜科3属4種。

マダラ属 *Gadus*　背鰭は3基、臀鰭は2基。第1臀鰭基底は短く、第2背鰭基底とほぼ同長かわずかに長い。頭部の側線に開孔がある。マダラとグリーンランドマダラ *G. ogac*、タイセイヨウマダラ *G. morhua*、スケトウダラが含まれる。マダラとグリーンランドマダラは沿岸域で沈性不付着卵を産むが、タイセイヨウマダラとスケトウダラは沖合で分離浮性卵を産む。さらに、分子系統解析から、マダラとグリーンランドマダラ、タイセイヨウマダラとスケトウダラがそれぞれ近縁であることがわかった。スケトウダラは従来のマダラ属3種とは形態がやや異なるため、これまでスケトウダラ属 *Theragra* に分類されてきた。しかし、マダラ属はスケトウダラを含み単系統群となる。北太平洋と北大西洋に4種。

マダラ *Gadus macrocephalus* Tilesius, 1810
上顎は下顎より前へ出る。ひげは長い。胴部は太い。体の背面から側面に斑模様をもつ。3～5歳で成熟し、日本近海では3歳で38～53cm、5歳で55～75cm、8歳で68～91cm。

コマイ

55cm SL（通常35cm SL）

スケトウダラの分布

高緯度では成長が遅く、成熟年齢が高く、20歳以上の個体がいる。日本近海での産卵期は12～3月。沿岸の砂泥底上で、雌雄ペアまたは一妻多夫の1回産卵を行う。水深1280m以浅（通常は水深150～250m）の大陸棚～斜面域に生息。魚類や甲殻類、頭足類を食べる。北海道全沿岸、青森県～山口県の日本海沿岸、青森県～茨城県の太平洋沿岸、渤海、黄海、朝鮮半島南岸から沿海地方をへてサハリンの日本海沿岸、オホーツク海、ベーリング海～カリフォルニア中部沿岸に分布。水産重要種で、底曳網や定置網、延縄などで漁獲、鍋や昆布締め、フライなどで食される。精巣の“たち”は特に美味。グリーンランドマダラとマダラは分子遺伝の研究では亜種レベルの違いと考えられている。

スケトウダラ *Gadus chalcogrammus* Pallas, 1814　下顎は上顎より前へ出る。ひげは退化的。眼は大きい。体側に斑点縦列がある。3～4歳で成熟し、体長30～38cm、5歳で38～43cm。寿命は14～15歳（最長28歳）。日本周辺では、12月から5月に雄雌ペアで多数回産卵する。雄は鰾と発音筋による鳴音で威嚇や求愛をする。表中層から沖合の水深0～2000m（産卵親魚は水深100～400m）に生息。オキアミ類などの小型甲殻類や小型魚類を食べる。北海道全沿岸、青森県～和歌山県白浜の太平洋沿岸、青森県～山口県の日本海沿岸、朝鮮半島東岸から沿海地方をへてサハリンの日本海沿岸、オホーツク海～カリフォルニア中部沿岸の北太平洋、ノルウェー北部の北大西洋沿岸に分布。水産重要種で、底曳網、中層曳網、刺網や延縄で大量に漁獲され、タラ目では漁獲量が最も多い。身は蒲鉾などのすり身の原料。卵巣は“鱈子”として食され美味。スケトウダラ属 *Theragra* は、北太平洋に分布するスケトウダラ *T. chalcogramma* とノルウェー沿岸に分布する *T. finnmarchica* Koefoed, 1956の2種を含むとされたが、最近の分子系統解析と形態比較により同一種と見なされ、属もマダラ属に変更された。

コマイの分布

コマイ属 *Eleginus*　上顎は下顎より前に出る。ひげは短い。頭と眼は小さい。背鰭は3基、臀鰭は2基。第1臀鰭基底は短く、臀鰭前長の半分以下。胸鰭は短い。体に明瞭な模様がない。北太平洋と北極海沿岸に2種。

コマイ *Eleginus gracilis* (Tilesius, 1810)　第1鰓耙数は14~25。第9～10椎体から後方の側突起はよく発達する。2～3歳で成熟し、1歳で体長18cm、2歳で28cm、3歳で33cm、9歳で47cm。10～14歳まで生きる。1～3月に岸近くの氷点下かそれに近い水温で、日没から夜間にかけて集団で産卵する（1回産卵）。沿岸から水深300m（通常は100～150m、稀に汽水域）に生息。小型の魚類、アミ類や甲殻類を食べる。北海道全沿岸、青森県～宮城県の太平洋岸、青森県～山口県の日本海沿岸、朝鮮半島東岸北部から沿海地方をへてサハリン、オホーツク海、千島列島、カムチャツカ半島、ベーリング海、チュクチ湾～ビクトリア島、シベリア海南岸の北極海、シトカ以西のアラスカ湾に分布。底曳網や定置網などで漁獲、主に干物“氷下魚”とすり身の材料となる。（遠藤広光）

チゴダラ

35cm SL

チゴダラの分布

イソアイナメ

30cm SL

ナガチゴダラ

28cm SL

カラスダラ

50cm SL

チゴダラ科 Moridae　尾部は細長く尾鰭は小さい。背鰭は2基、臀鰭は1基。第2背鰭と臀鰭の基底は長い。通常下顎先端に1本のひげをもつ。3属では腹部に1個の発光器がある。体長は最大で1m、通常30～50cm。浅海から深海底に生息。インド洋、太平洋、大西洋に約19属106種、日本に8属17種。

チゴダラ（チゴダラ属） *Physiculus japonicus* Hilgendorf, 1879　第1背鰭は9～10軟条で、伸長しない。肛門は臀鰭の前方で、背鰭起部直下にある。腹鰭基底間よりやや後ろの腹中線上に1個の円形発光器がある。体は淡褐色～濃褐色で、腹面は黒色。沿岸と深海を移動し、冬に深海域で産卵すると考えられている。沿岸から水深1000mの砂泥底に生息。エゾイソアイナメは本種と同種とされ、*P. maximowiczi* は *P. japonicus* のシノニムとされた。北海道～高知県のオホーツク海・太平洋岸、北海道～山口県の日本海沿岸、東シナ海、九州－パラオ海嶺、済州島、台湾に分布。東北地方太平洋沿岸では定置網や底曳網で漁獲される。“ドンコ”とよばれ、鍋や味噌汁（ドンコ汁）で食され、とくに肝臓は美味。

イソアイナメ（イソアイナメ属） *Lotella phycis* (Temminck and Schlegel, 1846)　下顎のひげは長い。腹鰭は9軟条。臀鰭は第2背鰭起部直下より後方に始まる。腹部に発光器がない。体は赤褐色から茶褐色。沿岸から沖合の深海域に生息。東北地方～九州南岸の太平洋岸、新潟県～九州北岸の日本海沿岸、朝鮮半島南岸、済州島、オーストラリア東岸・南岸・南西岸、ノーフォーク島、ロードハウ島に分布。

ナガチゴダラ（ナガチゴダラ属） *Gadella jordani* (Böhlke and Mead, 1951)　眼は小さく、下顎にひげがない。尾部後半は著しく細い。腹部に発光器がある。体は暗褐色で、頭部下面から腹部は黒色。水深400～760mに生息。駿河湾～土佐湾、沖縄舟状海盆、台湾、南シナ海、九州－パラオ海嶺、南鳥島近海、オーストラリア北岸・北西岸に分布。

カラスダラ（カラスダラ属） *Halargyreus johnsonii* Günther, 1862　下顎は上顎より突出し、ひげがない。臀鰭は中央部が凹み、尾鰭は二叉。発光器がない。体は銀白～灰褐色。水深200～2000mに生息。東北地方～土佐湾の太平洋岸沖、カムチャツカ半島南西岸～東岸沖、アラスカ湾南部～カリフォルニア湾、桓武海山（天皇海山）、ニューカレドニア、南太平洋（南緯30度以南）、大西洋の高緯度（北緯40度以北、南緯45度以南）に分布。

カナダダラ

65cm SL

ソコクロダラ

1m SL

ヒメダラ

10cm SL

イトヒキダラ

60cm SL

カナダダラ（カナダダラ属） *Antimora microlepis* Bean, 1890　眼は大きく、吻は突出し、三角形で平たい。第1背鰭と腹鰭の鰭条が伸長する。臀鰭は中央部が凹み、尾鰭は二叉する。発光器がない。水深175～3048mに生息。北海道～相模湾の太平洋岸沖、千島列島～カリフォルニア湾の北部北太平洋、オホーツク海、ベーリング海、ハワイ諸島に分布。

ソコクロダラ（ソコクロダラ属） *Lepidion inosimae* (Günther, 1887)　下顎のひげは長い。鋤骨に小円形の歯帯がある。第1背鰭と腹鰭の鰭条が伸長する。臀鰭は49～55軟条で、第2背鰭起部下よりかなり後方に始まる。水深580～1100mに生息。相模湾～土佐湾の太平洋沖、東シナ海、硫黄島海嶺、天皇海山～ハンコック海山、ハワイ諸島北西部、ニューカレドニア、オーストラリア南東岸～南岸、ニュージーランドに分布。

ヒメダラ（ヒメダラ属） *Guttigadus nana* (Taki, 1953)　眼は大きく、ひげは長い。腹鰭は2軟条で伸長する。体は明褐色で、背鰭に暗色縦帯がある。腹部、腹鰭や臀鰭は白色。小型種。水深100m以浅の砂泥底に生息。青森県八戸、新潟県、富山湾、若狭湾、兵庫県但馬、山口県日本海沿岸、瀬戸内海、土佐湾、東シナ海大陸棚域に分布。

イトヒキダラ（イトヒキダラ属） *Laemonema longipes* Schmidt, 1938　体は細長く、頭は小さい。下顎は上顎より突出し、ひげがない。腹鰭は2軟条でよく伸長する。近底生性で水深80～2025mの大陸棚～斜面域に生息。北海道オホーツク海沿岸、北海道～駿河湾の太平洋岸、千島列島～カムチャツカ半島の太平洋岸沖、オホーツク海、ベーリング海に分布。底曳網で漁獲、すり身の原料。

（遠藤広光）

トウジン

93cm TL 以上（通常50cm TL）

トウジンの腹面

オニヒゲ

65cm TL 以上（通常40cm TL）

オニヒゲの腹面

ヤリヒゲ

37cm TL（通常25cm TL）

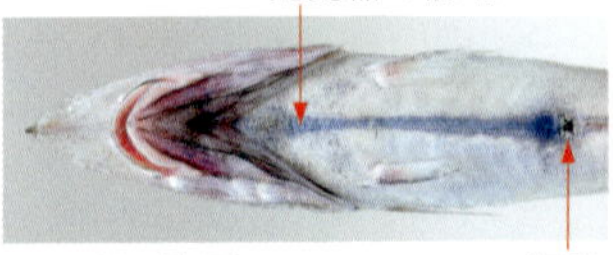

ヤリヒゲの腹面

ムネダラ

1.5m TL（通常80cm TL）

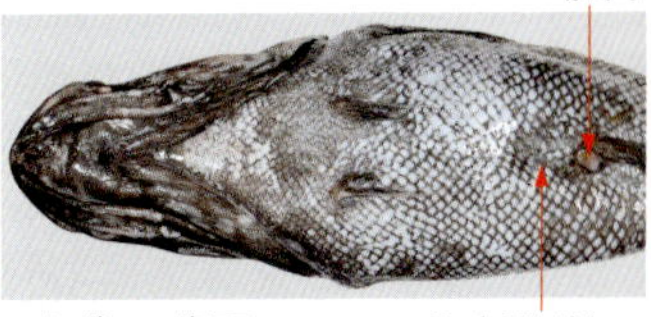

ムネダラの腹面

ソコダラ科 Macrouridae　頭は大きく、尾部は紐状。背鰭は2基。第2背鰭と臀鰭は基底が長く、尾端で連続し、尾鰭はない。通常、下顎下面の先端に1本のひげがある。腹部に発光バクテリアが共生する発光器をもつ種が多い。主に水深200～2000mの海底付近に生息。汎世界的に分布、約27属370種。一部の種は中深層(ちゅうしんそう)に出現。東南アジア周辺で種多様性が高く、日本に約17属74種。生活史の初期段階を中深層で過ごす。

トウジン（トウジン属） *Coelorinchus japonicus* (Temminck and Schlegel, 1846)　吻は長く、先端は鋭い。体は一様に暗色。肛門の直前に短い発光器がある。頭部下面は鱗を被る。水深150～1000mに生息。福島県～高知県の太平洋沿岸、東シナ海北東部大陸斜面域に分布。深海釣りの外道。駿河湾では“ゲボウ”とよばれ、煮付けや刺身にされる。

オニヒゲ（トウジン属） *Coelorinchus gilberti* Jordan and Hubbs, 1925　吻は長く、先端は鋭い。体は一様に黒褐色。肛門前の発光器はきわめて短く痕跡的。頭部下面に鱗はなく、表面に水流を感知する感丘(かんきゅう)（感覚器官）が発達。水深400～930mに生息。北海道～高知県の太平洋沿岸、東シナ海北東部大陸斜面域、九州－パラオ海嶺、天皇海山群に分布。白身で美味。

ヤリヒゲ（トウジン属） *Coelorinchus multispinulosus* Katayama, 1942　体側に虫食い状の斑紋がある。発光器は長く、肛門から峡部付近まで達する。頭部下面は大部分が無鱗。同属他種より浅場を好み、水深約80～400m（通常200m以浅の大陸棚）に生息。対馬暖流域の北方まで分布するソコダラ科は本種のみ。秋田県～長崎県の日本海・東シナ海沿岸、福島県～九州南岸の太平洋沿岸、韓国東岸、東シナ海大陸棚域。

ムネダラ（ホカケダラ属） *Coryphaenoides pectoralis* (Gilbert, 1981)　ソコダラ科の中で最大、全長1.5m以上。肛門は臀鰭直前に位置し、腹部に発光器はない。第1背鰭の前縁

シンカイ ヨロイダラ

77cmTL（通常50cm TL）

ニホンマンジュウダラ

49cm TL（通常35cm TL）

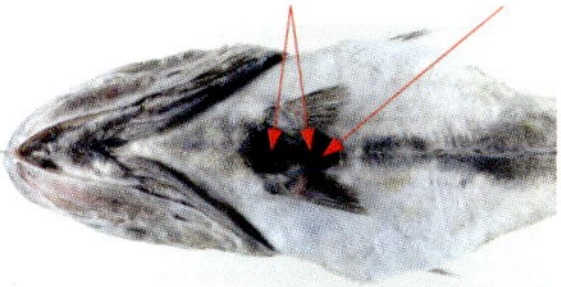

ニホンマンジュウダラの腹面

スジダラ

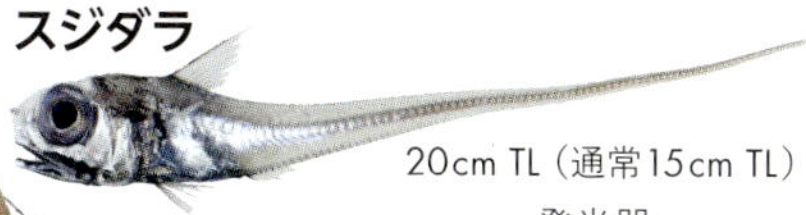

20cm TL（通常15cm TL）

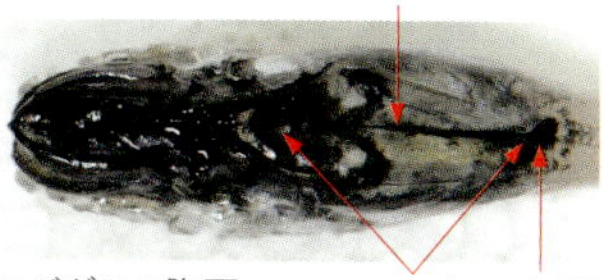

スジダラの腹面

サガミソコダラ

33cm TL（通常20cm TL）

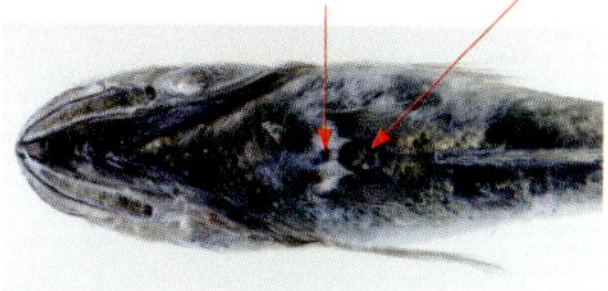

サガミソコダラの腹面

は鋸歯状。背鰭の間隔は第1背鰭基底より短い。腹鰭軟条数は5～8。北西太平洋では4歳（全長51～55cm）で底生生活に移行。32歳の個体が記録されている。水深約140～1200mに生息。北海道～房総半島の太平洋沿岸、オホーツク海、ベーリング海、アリューシャン列島～アラスカ湾をへてカリフォルニア半島北部の北太平洋、天皇海山群、南大西洋のフォークランド沖に分布。

シンカイヨロイダラ（ホカケダラ属）

Coryphaenoides yaquinae Iwamoto and Stein, 1974　腹鰭軟条数は9～11で、背鰭の間隔は第1背鰭基底より長い。水深約3400～7012mに生息、水深6000m以深の海溝に出現する数少ない魚類。日本海溝～伊豆・小笠原海溝、中部～北太平洋に分布。

スジダラ（スジダラ属） *Hymenocephalus striatissimus* Jordan and Gilbert, 1904　頭部の骨は薄く、属の学名は“膜状の頭”を意味する。発光器は肛門から腹鰭前方に達し、両端に円形のレンズを備える。発光器の周辺にバーコード状の線条が発達。第1背鰭の前縁は円滑。尾部の筋肉は半透明で、中軸骨格が透けて見える。水深150～1188m（通常は300～500m）に生息。駿河湾～宮崎県の太平洋沿岸、東シナ海大陸斜面上部域、九州－パラオ海嶺、台湾南部に分布。

ニホンマンジュウダラ（マンジュウダラ属）

Malacocephalus nipponensis Gilbert and Hubbs, 1916　肛門は臀鰭始部から離れる。第1背鰭の前縁は円滑。下顎歯は犬歯状で、1列に並ぶ。体側鱗（たいそくりん）の棘は針状。腹鰭基底間と肛門直前に発光器が2つ、前方の発光器は豆形で大きい。水深250～550mに生息。千葉県銚子～宮崎県土々呂の太平洋沿岸、沖縄舟状海盆、九州－パラオ海嶺、台湾南部に分布。20世紀初頭の文献に、ポルトガルの漁師がマンジュウダラ属魚類の発光バクテリアを釣り餌に塗る、とある。

サガミソコダラ（ミサキソコダラ属）

Ventrifossa garmani (Jordan and Gilbert, 1904) 南日本太平洋沿岸の沖合で普通にみられる。第1背鰭の前縁は鋸歯状。下顎歯は小さな円錐状で、帯状に並ぶ。体側鱗（たいそくりん）の棘は三角形。腹鰭基底間の発光器は円形で小さい。水深110～980mに生息。岩手県～宮崎県土々呂の太平洋沿岸、沖縄舟状海盆、韓国東岸、台湾南部に分布。　（中山直英）

イタチウオ

60cm SL

ヨロイイタチウオ

70cm TL

アシロ

20cm SL

シマイタチウオ

18cm SL

ウミドジョウ

20cm SL

アシロ目 Ophidiiformes　体は細長く、尾鰭に向かって細くなる。鰭はすべて軟条。背鰭と臀鰭は各1基で、基底が長い。腹鰭をもつ場合は、下顎直後～胸位、1～2軟条。尾鰭は背鰭・臀鰭と連続するか離れる。卵生のアシロ亜目は2科58属300種、胎生のフサイタチウオ亜目は3科61属242種が、インドー汎太平洋、大西洋の熱帯～温帯の潮間帯やサンゴ礁から深海底（水深8370m）に生息。

アシロ亜目 Ophidioidei

アシロ科 Ophidiidae　背鰭鰭条は臀鰭鰭条と同長か長い。多くの種では肛門が胸鰭後端より後方に位置する。上主上顎骨をもつ。主鰓蓋骨棘は1～数本。最大で全長2m。世界の熱帯～温帯の潮間帯～深海底に4亜科50属約265種、日本に27属45種。

イタチウオ（イタチウオ属） *Brotula multibarbata* Temminck and Schlegel, 1846　頭はやや小さく、吻と下顎に各3対のひげがある。腹鰭は2軟条で峡部。皮膚と鰭膜は厚く、体は小円鱗に被われる。頭と体は一様に濃茶褐色。口唇とひげ、胸鰭を除く鰭の縁辺は白色。潮間帯～沖合の岩礁域（水深650mまで）に生息。千葉県銚子～屋久島の太平洋沿岸、新潟県以南の日本海沿岸（散発的）、瀬戸内海、インドー太平洋に分布。

ヨロイイタチウオ（ヨロイイタチウオ属） *Hoplobrotula armata* (Temminck and Schlegel, 1846)　頭部は丸く、吻は角張る。鰓蓋に強い1棘がある。腹鰭は2軟条で、眼の直下。体の背側と体側に褐色の虫食い状斑、腹側は銀白色から白色。1歳で体長16cm、3歳で25cm、8歳で42cmになる。水深70～440mの砂底、砂泥～泥底に生息、魚類やエビ類を食べる。青森県～九州南岸の日本海・東シナ海沿岸、遠州灘～九州南岸の太平洋沿岸、東シナ海大陸棚域、山東半島～海南島の中国沿岸、オーストラリア沿岸（南岸を除く）に分布。肉は白身で美味。

アシロ（アシロ属） *Ophidion asiro* (Jordan and Fowler, 1902)　体の断面は円形に近く、尾部は太い。背鰭鰭条は147～158本。腹鰭鰭条は2本で眼の直下。体側鱗は小楕円形で重ならず、2～3枚が交互に直角に配列。水深100～200mの砂泥底に生息。相模湾、熊野灘、土佐湾、壱岐、東シナ海、台湾に分布

シマイタチウオ（シオイタチウオ属） *Neobythites stigmosus* Machida, 1984　腹鰭は

カクレウオ

19cm SL

クマノカクレウオ

17cm TL

寄主のナマコと
カクレウオ

クロウミドジョウ

25cm SL

ミスジオクメウオ

18cm SL

前鰓蓋骨の後縁下にあり、2軟条。眼を通る1暗色縦帯がある。背鰭と臀鰭に数個の暗色斑が規則的に並ぶ。水深90〜980mの大陸棚から斜面上部の砂泥底〜泥底に生息。相模湾〜土佐湾の太平洋岸、東シナ海に分布。

ウミドジョウ（**ウミドジョウ属**）*Sirembo imberbis* (Temminck and Schlegel, 1846)　腹鰭は1軟条で、眼の後縁直下。体は背側が淡褐色で体側から腹部は銀白色。眼を通る1暗色縦帯がある。背鰭から体側に多数の黒色から暗色の斑紋がある。臀鰭には1黒色縦帯がある。水深30〜200mの砂泥底に生息。千葉県外房〜九州南岸の太平洋沿岸、新潟県〜九州南岸の日本海・東シナ海沿岸、東シナ海大陸棚域、中国南シナ海沿岸、フィリピン諸島、オーストラリア沿岸（南岸を除く）に分布。

クロウミドジョウ（**クロウミドジョウ属**）*Luciobrotula bartschi* Smith and Radcliffe, 1913 吻の先端に3対の肉質皮弁がある。頭部に棘がない。腹鰭は2軟条で、前鰓蓋骨後縁下。水深400〜2583mに生息。土佐湾、沖縄舟状海盆、インド−西太平洋、ハワイ諸島に分布。

カクレウオ科 Carapidae　体は細長く、背鰭と臀鰭の基底は長い。腹鰭はないか、鰓蓋下に1軟条。上主上顎骨を欠く。鰓孔は広い。肛門は臀鰭起部直前で、多くの種では胸鰭下。体に鱗を欠く。仔魚期（ベクシリファー期）に著しく伸長した背鰭第1鰭条があるが、その後脱落。自由遊泳性か、浅海でナマコ類やヒトデ類と共生。全長10〜30cm。インド−汎太平洋、大西洋の熱帯〜温帯域に3亜科8属約35種、日本に6属13種。

カクレウオ（**カクレウオ属**）*Encheliophis sagamianus* (Tanaka, 1908)　両顎に絨毛状歯をもつ。左右の鰓膜は癒合し、峡部から離れる。腹鰭を欠く。肛門は胸鰭基底直下。体は半透明で薄茶色、腹膜外側は銀色。水深30〜100mの砂礫底に生息するナマコ類と共生。富山湾、山口県日本海沿岸、千葉県館山湾〜高知県の太平洋沿岸、小笠原諸島に分布。

クマノカクレウオ（**クマノカクレウオ属**）*Echiodon anchipterus* Williams, 1984　両顎先端に強い犬歯をもつ。鰓蓋上部に1棘をもつ。腹鰭を欠く。肛門は胸鰭基底直下。体は透明で、腹膜外側は銀色。体表に多数の褐色点をもつ。水深10〜20mの砂礫底に生息するナマコ類と共生。熊野灘、紀伊水道、フィリピン諸島に分布。

フサイタチウオ亜目 Bythitoidei

フサイタチウオ科 Bythitidae　眼は小さいか、退化的。雄は交接器と陰茎をもつ。遺伝子解析を含めた最近の研究で、ソコオクメウオ科（Aphyonidae）は、本科に含められた。全長8〜50cm。三大洋の熱帯〜温帯域の浅海から深海に36属127種、日本に8属10種。

ミスジオクメウオ（**ソコオクメウオ属**）*Barathronus maculatus* Shcherbachev, 1976 眼は退化し、皮下に埋没、体は寒天質で鱗がない。両顎の前半部に絨毛状の歯帯、犬歯状歯が鋤骨に1対、下顎後方に4〜5本。口蓋骨歯がない。生鮮時には橙色で、体に不明瞭な暗色斑の縦列がある。近底生性で水深386〜1525mに生息。相模湾、土佐湾、沖縄舟状海盆、オーストラリア東岸沖、マダガスカル沖に分布。　（遠藤広光）

アンコウ

40cm TL
(通常30cm TL)

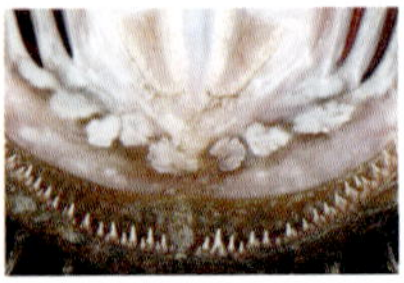

口腔下底に
白色斑がある

キアンコウ

1.5m TL
(通常50〜60cm TL)

幼魚

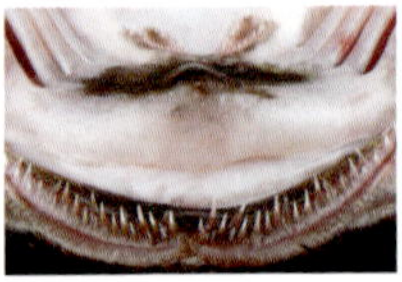

口腔下底に白色斑がない

アンコウ目 Lophiiformes
アンコウ亜目 Lophioidei
アンコウ科 Lophiidae　頭部は大きく縦扁し、口は大きい。皮膚に鱗はなく、頭部と体の側縁に多数の皮弁をもつ。胸鰭は大きく、腹鰭がある。両顎、鋤骨、口蓋骨と上下の咽頭骨に犬歯状歯をもつ。両顎歯は不規則1〜3列で、多くは可倒性。鋤骨歯と口蓋骨歯は疎らで大きく、固着性。咽頭歯は小さく可倒性で、下咽頭骨では左右の骨の縁辺にV字状に並ぶ。背鰭の第1棘が変形した誘引突起は吻端にあり、細長く、先端の擬餌状体は小さい。透明なゼラチン状の卵塊を産む。大陸棚上から斜面上部の水深25〜1500mに生息。普通体長25〜70cm、大きいもので1.5m。太平洋、インド洋、大西洋、地中海の暖海に4属31種、日本に3属9種。

アンコウ(アンコウ属) *Lophiomus setigerus* (Vahl, 1797)　鰓孔は胸鰭起部の直下。舌の褐色部に白色斑がある(大型個体では不明瞭)、上膊棘は多尖頭、臀鰭軟条数は5〜7、胴と尾部の長さは頭長より短い。大陸棚砂泥底に生息。東シナ海では雄は3歳で全長16cm、雌は5歳で27cmが最小成熟個体。雌は雄より成長がよく、7歳で雄は全長27.5cmだが、雌は32cmになる。また、雌は11歳

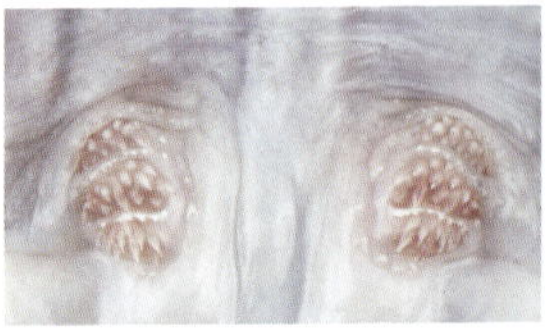

キアンコウの上咽頭歯

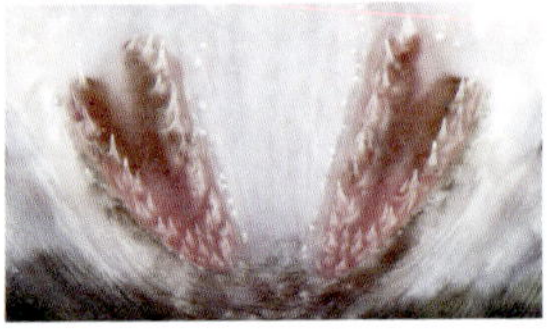

キアンコウの下咽頭歯

キアンコウの下顎歯

キアンコウの擬餌状体(表側)

キアンコウの擬餌状体(裏側)

ミドリフサアンコウ

側面

背面

30cm SL
（通常20cm SL）

ハナグロフサアンコウ

側面

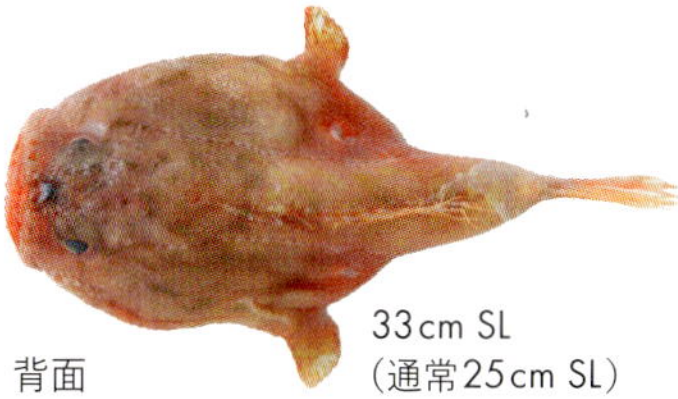

背面

33cm SL
（通常25cm SL）

で全長41cm。餌生物の50％以上が魚類で、他にエビ類やイカ類が多い。産卵期は5～11月。北海道～九州南岸の日本海・東シナ海沿岸、北海道噴火湾～九州南岸の太平洋沿岸、瀬戸内海、東シナ海、渤海、黄海、インド－西太平洋に分布。“クツアンコウ”とよばれ、キアンコウ同様に食されるが、味は少し劣る。アンコウ属は1種のみ。

キアンコウ（**キアンコウ属**）*Lophius litulon* (Jordan, 1902)　鰓孔は胸鰭起部の直下。舌の褐色部に白色斑がない、上膊棘は単尖頭、臀鰭軟条数は8～9、胴と尾部の長さは頭長より長い。大陸棚砂泥底に生息。東シナ海での産卵期は2～5月、東北太平洋岸の産卵期は4～8月。雌は雄より成長がよく、大きくなり、長く生きる。東シナ海では、雄は8歳で全長55cm、体重約2kgとなり、9歳以上は少ない。雌は8歳で全長64cm、体重約4kg、15歳で1m、30kgをこえる。最大は1.5m、40kg。餌生物は主に魚類。北海道～九州南岸の日本海・東シナ海・太平洋沿岸、瀬戸内海、渤海、黄海、東シナ海北部、中国南シナ海沿岸に分布。日本で漁獲量が最も多いアンコウ類。“アンコウ”や“ホンアンコウ”とよばれ、鍋料理や煮付け、塩干物などにされ、美味。肝は特に好まれる。キアンコウ属は世界で7種。

フサアンコウ亜目 Chaunacoidei

フサアンコウ科 Chaunacidae　誘引突起は短く、吻上の誘引突起溝に収まる。擬餌状体は総状。口は大きく垂直位。皮膚は強く、筋肉からゆるく離れ、微小な針状鱗で被われる。側線は溝状で顕著。頭部下面と体の側縁に多数の皮弁がある。体の背面と側面は橙色、朱～赤色で、種により黄～緑色の斑紋があり、腹面は白色。太平洋、インド洋、大西洋、地中海の暖海域の大陸棚上から斜面上部の水深30～2500mに生息し、2属26種、日本に1属3種。

ミドリフサアンコウ（**フサアンコウ属**）*Chaunax abei* Le Danois, 1978　朱色の地色に黄色で縁取られた淡緑色の小円形斑が散在。誘引突起は細長く、擬餌状体は小さい。誘引突起溝は極めて浅く、その後端は両眼前縁を結ぶ線上にある。東シナ海では体長25cmをこえる個体は稀。水深75～508mに生息。魚類や甲殻類を食べる。千葉県銚子～九州南岸の太平洋沿岸、東シナ海大陸棚縁辺域に分布。アンコウやキアンコウの代用で食される。

ハナグロフサアンコウ（**フサアンコウ属**）*Chaunax penicillatus* McCulloch, 1915　背面と側面は一様に明橙色で、黄～黄緑色の斑紋が散在。背面は小型個体では黒褐色で、中型個体まで背側に同心円状の暗色斑が残るが、大型個体では消失。誘引突起は太短く、誘引突起溝は深い。擬餌状体は大きく、背面が黒色、腹面が白色。水深170～620mに生息。千葉県銚子～九州南岸の太平洋沿岸、東シナ海大陸棚縁辺域、インド－西太平洋に分布。ミドリフサアンコウより漁獲量は少ないが、同様に食される。従来、本種の学名であった*Chaunax tosaensis* Okamura and Oryuu, 1984は新参異名とされた。　（遠藤広光）

ハナオコゼ

14cm SL

カエルアンコウモドキ

4.9cm SL

ベニカエルアンコウ

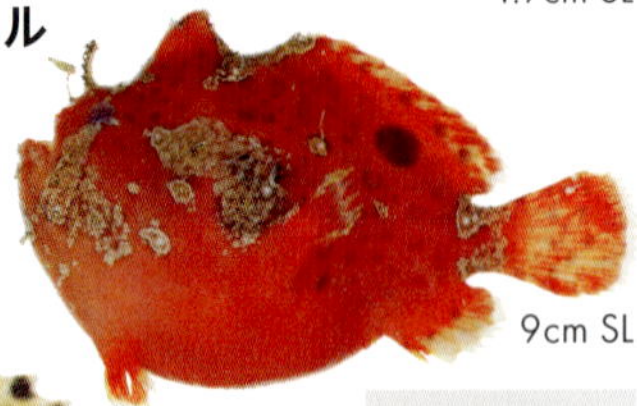

9cm SL

カエルアンコウ

16cm SL

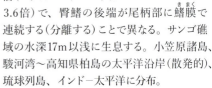

ベニカエルアンコウの誘引突起と先端の擬餌状体

カエルアンコウ亜目
Antennarioidei

カエルアンコウ科
Antennariidae　体はやや側扁したボール状、柔軟で分厚い皮膚に被われる。背鰭棘は3本、第1棘は誘引突起（イリシウム：吻上棘）に変化し、第3棘は肥大。隠蔽性が高く海底に静止し、多くの種で誘引突起先端の擬餌状体（エスカ）を動かして小魚をおびき寄せて食べる攻撃擬態を行う。体に比較して口腔は大きく、捕食時のスピードは真骨類（p.62）中で最速。1対のらせん状の卵塊を海中に放出するAntennariinaeカエルアンコウ亜科と、一塊の卵塊を産み様々なレベルの卵保護を行うHistiophryninaeに分けられるが、日本産は前者のみ。世界の温暖な浅海域に2亜科15属52種、日本に1亜科5属15種。

ハナオコゼ（**ハナオコゼ属**）*Histrio histrio* (Linnaeus, 1758)　体表は低い円形の小瘤で被われる。誘引突起は短く、先端の擬餌状体も小さく目立たない。黄色と黒、あるいは黄色と茶色の縞模様（稀に全身が黒い）。沿岸～沖合の表層を漂う流れ藻につくが、着底直後の幼魚は海底でみつかる。北海道～琉球列島、小笠原諸島など日本全域、海外ではインド－西太平洋、ハワイ諸島、大西洋に分布。

カエルアンコウモドキ（**カエルアンコウモドキ属**）*Antennatus tuberosus* (Cuvier, 1817)　誘引突起は細長く、先端に擬餌状体を欠く。近縁のムチカエルアンコウ*A. flagellatus*（稀種）とは、誘引突起が短く背鰭第2棘の1.5～2倍（ムチカエルアンコウは3.6倍）で、臀鰭の後端が尾柄部に鰭膜で連続する（分離する）ことで異なる。サンゴ礁域の水深17m以浅に生息する。小笠原諸島、駿河湾～高知県柏島の太平洋沿岸（散発的）、琉球列島、インド－太平洋に分布。

ベニカエルアンコウ（**カエルアンコウモドキ属**）*Antennatus nummifer* (Cuvier, 1817)　背鰭第2棘に鰭膜を欠く。臀鰭の後端は鰭膜で尾柄に連結しない。背鰭基底の眼状斑は明瞭。誘引突起は短いが、擬餌状体は発達し、小型甲殻類に似る。水深293m以浅の岩礁に生息し、岩に身を寄せて定位し、赤や黄、白などの体色で付近の岩肌に付着するカイメンに擬態している。伊豆－小笠原諸島、千葉県～九州南岸の太平洋沿岸、屋久島、奄美諸島、インド－太平洋、東大西洋（局所的）に分布。

カエルアンコウ（**カエルアンコウ属**）*Antennarius striatus* (Shaw, 1794)　誘引突起の基部が上顎よりも前に突出し、擬餌状体は基部で2～7本に分離し多毛類に似る。体の地は白や黄、黒など変異に富み、縞模様も多い。体表に糸状突起が著しく発達する変異型もいる。水深219m以浅の砂底または砂泥

イロカエルアンコウ

16cm SL

幼魚

クマドリカエルアンコウ

8.5cm SL

ヒメヒラタ
カエルアンコウ

2.1cm SL

ソウシカエル
アンコウ

28cm SL

底に生息し、本州沿岸では普通種。伊豆−小笠原諸島、北海道〜九州南岸の日本海・東シナ海沿岸、瀬戸内海、宮城県〜九州南岸の太平洋沿岸、浙江省〜海南島の中国沿岸、インド−太平洋に分布。

イロカエルアンコウ（**カエルアンコウ属**）*Antennarius pictus* (Shaw, 1794)　背鰭第2棘は鰭膜で頭部に連続。幼魚は白や黄色、オレンジなど、色鮮やかで、鰭や体に明瞭な眼状斑をもつ。近縁のオオモンカエルアンコウ *A. commerson*（体長29cmの大型種）は背鰭軟条が13本、胸鰭軟条が11本と本種より1本多い。しかし、両種の写真同定は難しい。沿岸の水深75m以浅の岩礁やサンゴ礁に生息。伊豆諸島、相模湾〜九州南岸の太平洋沿岸（散発的）、琉球列島、インド−太平洋に分布。

クマドリカエルアンコウ（**カエルアンコウ属**）*Antennarius maculatus* (Desjardins, 1840)　背鰭第2棘はほぼ真っ直ぐで、先端に向かって太くなる。背鰭第2・3棘の鰭膜は薄く、発達して頭部に連続する。体の地は白や黄、黒など変異に富む。成魚（せいぎょ）は体表にいぼ状突起が発達する。成長に伴い擬餌状体の形が変わり、幼魚では小型甲殻類、成魚になると小型魚類に似る。水深35m以浅の岩礁やサンゴ礁に生息。伊豆諸島、相模湾〜九州南岸の太平洋沿岸（散発的）、琉球列島、インド−太平洋に分布。

ヒメヒラタカエルアンコウ（**カエルアンコウ属**）*Antennarius randalli* Allen, 1970　体は他種に比べて強く側扁、背鰭第2棘の鰭膜が第3棘に連続する。誘引突起は短い。体の地は黄や茶、白など変異に富むが、眼の後下縁直後、胸鰭基部上方の体側などに白色円斑があるものが多い。水深34m以浅の岩礁やサンゴ礁に生息。伊豆−小笠原諸島、相模湾〜九州南岸の太平洋沿岸（散発的）、琉球列島、西−中央太平洋に分布。矮小種。

ソウシカエルアンコウ（**ソウシカエルアンコウ属**）*Fowlerichthys scriptissimus* (Jordan, 1902)　胸鰭軟条が分枝。誘引突起は短く、擬餌状体も小さく目立たない。背鰭基底に眼状斑がある。通常は岩肌に擬態しているが、稀にゼブラ模様の変異型が現れる。山口県（日本海）、伊豆諸島、相模湾〜高知県柏島、沖縄島、フィリピン諸島、ニュージーランド、レユニオン島（インド洋）から記録されている。大型種。最近、*Fowlerichthys* に含められた。

（瀬能 宏）

アカグツ

背面

40cm SL
(通常20cm SL)

30cm SL
(通常16cm SL)

腹面

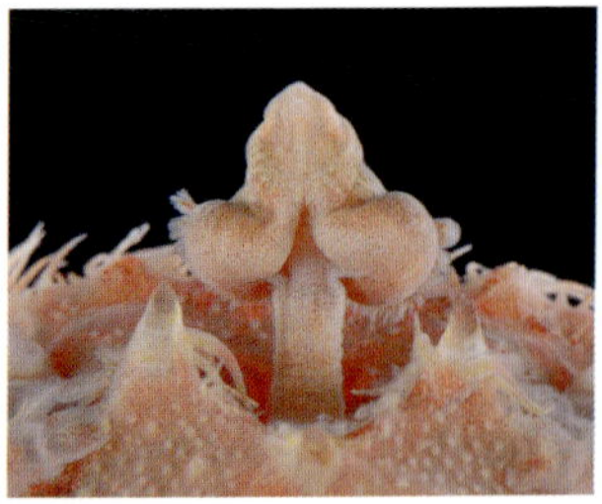

短い誘引突起と先端にある疑餌状体

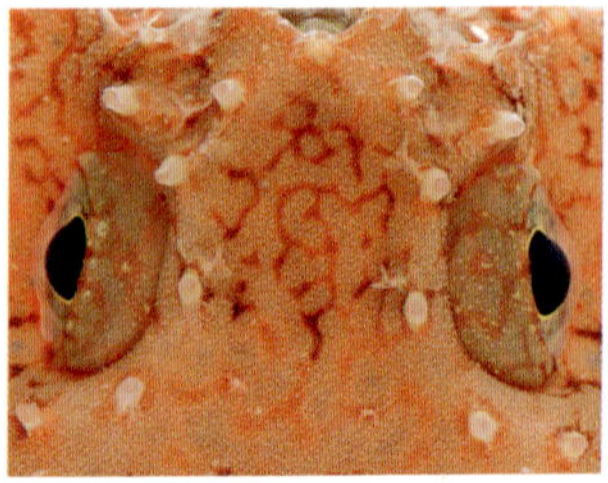

頭部背面

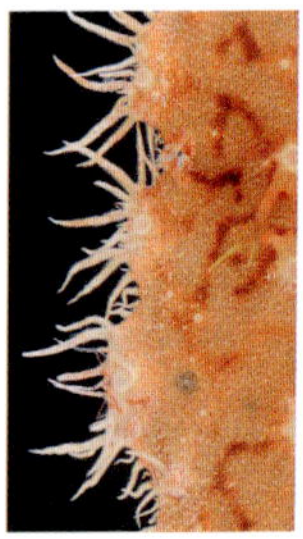

体盤縁辺の
棘状鱗と総状皮弁

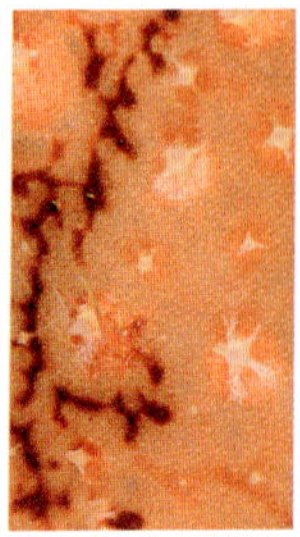

体表面の拡大

アカグツ亜目 Ogcocephaloidei

アカグツ科 Ogcocephalidae　頭部は大きく、短い胴部とともに、三角形から半円形や円形でよく縦扁した体盤、あるいはあまり縦扁しない箱形か球形となる。尾部は円筒状。体は硬く、棘状や瘤状の鱗で被われる。誘引突起は短く、擬餌状体は吻端の誘引突起溝に収まる。世界で10属75種、日本で7属23種。

アカグツ(アカグツ属) *Halieutaea stellata* (Vahl, 1797)　縦扁した体盤は円形で縁辺は硬く、吻は突出しない。尾部は小さく、縦扁した円錐状。体盤の背面と縁辺および尾部の背面では先端が鋭い大きな棘状鱗が散在し、腹面では微細な棘状鱗が密在する。体盤の側縁に総状皮弁が並ぶ。体は鮮紅色で、体盤の背面に網目状と帯状模様がある。鰭の縁辺は黒くない。海底面では発達した胸鰭と腹鰭で体を支えて静止し、移動時には胸鰭を交互に使って匍匐する。吻端の誘引突起は上顎より前方へ突出可能で、通常は誘引突起溝へ収まる。擬餌状体の先端はやや尖り、下縁は左右に分かれ膨らむ。小型甲殻類、他に巻貝、多毛類やクモヒトデ類などを食べる。通常、消化管内の特定の場所には多数の線虫類が寄生する。土佐湾では水深100～120m、和歌山県南部では50～150m、東シナ海では70～160mの砂底に生息。新潟県～九州西岸の日本海・東シナ海沿岸、青森県～日向灘の太平洋沿岸、瀬戸内海、朝鮮半島南岸、中国東シナ海・南シナ海沿岸、

ワヌケフウリュウウオ

9cm SL

側面

クスミアカフウリュウウオ

8.7cm SL

イガフウリュウウオ

11cm SL

ヒラムシフウリュウウオ

6.3cm SL

インドー西太平洋に分布。底曳網でとれ、味はよいといわれているが、一般には食用とされない。和名のアカグツの“クツ”は、“ヒキガエル”あるいは“クツアンコウ(アンコウの別名)”の意味といわれる。

ワヌケフウリュウウオ(**フウリュウウオ属**)

Malthopsis annulifera Tanaka, 1908　体盤は三角形で、前鰓蓋骨(ぜんさいがいこつ)に前向棘がある。体は大小の瘤状鱗に被われ、腹部と肛門間は鱗がないか、疎ら。臀鰭後端は尾鰭基底をこえない。体盤に黒い縁取りの小斑点がある。水深90～740mに生息。千葉県銚子～日向灘の太平洋岸、東シナ海大陸棚縁辺域、中国東シナ海・南シナ海沿岸、台湾、フィリピン諸島、チェスターフィールド諸島に分布。

クスミアカフウリュウウオ(**アミメフウリュウウオ属**) *Halicmetus niger* Ho, Endo and Sakamaki, 2008　体盤は丸みをおびた五角形で、吻は短く、前縁はやや丸い。尾部は細長い。前鰓蓋骨は未発達。背鰭がない。体は微小な棘状鱗で被われ、模様がなく、一様に灰褐色。水深280～1000mに生息。八丈島東方、相模灘、伊豆諸島、土佐湾、沖縄舟状海盆、台湾、オーストラリアに分布。

イガフウリュウウオ(**イガフウリュウウオ属**)

Solocisquama stellulata (Gilbert, 1905)　体盤は五角形で、吻は尖る。吻棘と側縁に並ぶ棘状鱗、前鰓蓋骨突起の先端は多数の棘に分岐。体の背面は大小の棘状鱗で被われ、腹面の棘状鱗は背面より小さい。背面は淡黄褐色で、腹面は白い。水深275～550mに生息。土佐湾、東シナ海、九州－パラオ海嶺、台湾、フィリピン諸島、ハワイ諸島、ケニア沿岸に分布。

ヒラムシフウリュウウオ(**ムシフウリュウウオ属**) *Halieutopsis bathyoreos* Bradbury, 1988　体盤は丸く、吻は前方に突出し、幅が広い。擬餌状体は腹面から見える。尾部は細長い。体の棘状鱗は単尖頭で疎らに分布し、体盤側縁では二叉。腹面は無鱗。体は一様に暗色、鰭は黒色。水深 800～2000mに生息。三宅島、日向灘、奄美大島、沖縄舟状海盆、インドー西太平洋、ハワイ諸島沖に分布。

(遠藤広光)

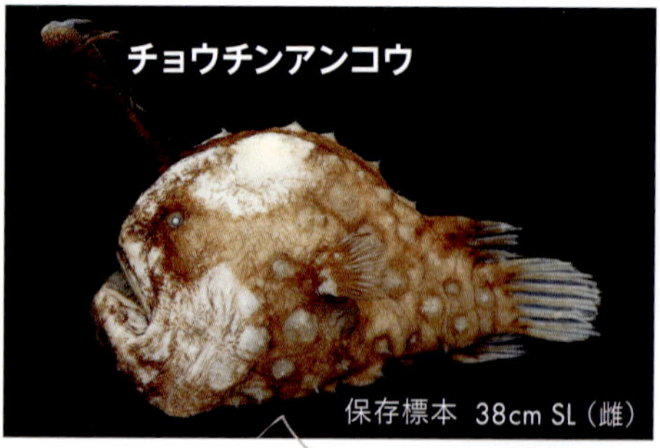
チョウチンアンコウ
保存標本 38cm SL（雌）

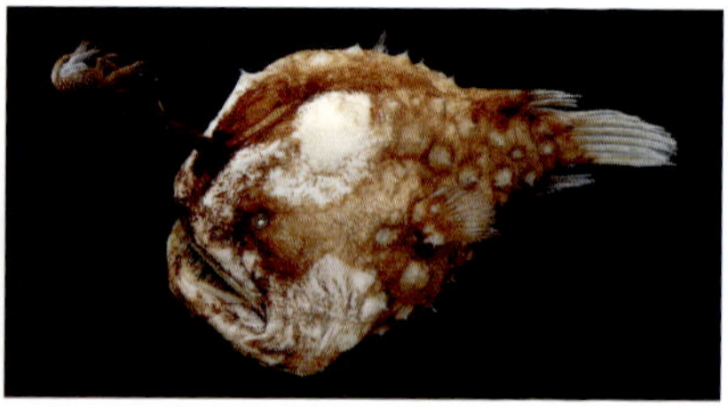
斜め上から見たチョウチンアンコウ　保存標本

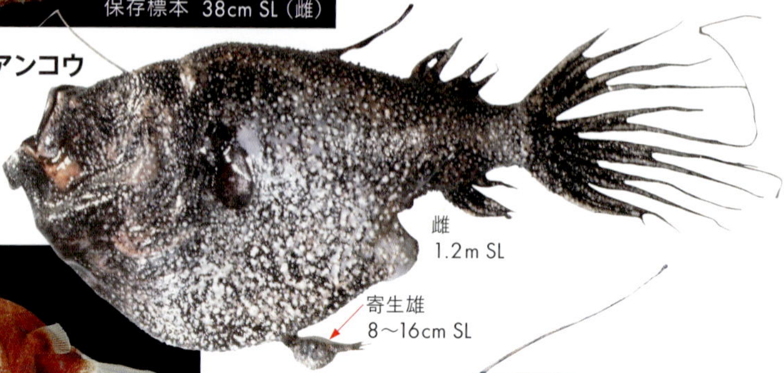
ビワアンコウ
雌 1.2m SL
寄生雄 8～16cm SL

オニアンコウ
保存標本
9cm SL（雌）、1.7cm SL（寄生雄）

ミツクリエナガチョウチンアンコウ
30cm SL（雌）

チョウチンアンコウ亜目 Ceratioidei　腹鰭はない。体は黒褐色で鱗がないか、あっても棘として散在。雌は擬餌状体をもち、先端に発光器がある。雄は小さく、雌の3分の1～13分の1の大きさ。ミツクリエナガチョウチンアンコウ科Ceratiidae, オニアンコウ科Linophrynidae, キバアンコウ科Neoceratiidaeでは雄は雌の体に付着して栄養を摂取する。雄は成熟して雌に付着するまで自由遊泳生活を送る。他の多くの科の雄は非寄生的である。世界の暖海に11科35属約166種、日本に10科21属37種。

チョウチンアンコウ科 Himantolophidae　生涯にわたって口蓋骨をもつ。太平洋、インド洋、大西洋に1属21種、日本に1属1種。

チョウチンアンコウ（チョウチンアンコウ属） *Himantolophus sagamius* (Tanaka, 1918)　雌の体は球形に近く、表面に1棘をもつ骨質板が散在する。擬餌状体は2本の短い突起と約10本の細長い皮弁をもつ。雌の成魚は体長11～38cm。釧路～相模湾の太平洋沖、汎太平洋に分布。大西洋に広く分布する *Himantolophus groenlandicus* と似ている。

ミツクリエナガチョウチンアンコウ科 Ceratiidae　雌は、体が側扁し背鰭前方に数個の肉質突起がある。インド－太平洋、大西洋に2属4種、日本に2属3種。

ビワアンコウ（ビワアンコウ属） *Ceratias holboelli* Kroyer, 1845　雌は微細な小棘で被われ側扁、背鰭前方の肉質突起は2個、擬餌状体先端に1～2本の糸状皮弁がある。雄は雌の体に付着。付着した雄は眼、歯、腸が退化する。北海道～熊野灘の太平洋沖、東シナ海、南シナ海、インド－汎太平洋、大西洋に分布。

ミツクリエナガチョウチンアンコウ（ミツクリエナガチョウチンアンコウ属） *Cryptopsaras couesii* Gill, 1883　雌の体は側扁し、下顎の縫合部に骨質突起があり、背鰭前方の肉質突起は3個、擬餌状体は先端に1本の糸状物をもつ。寄生雄は1.2～8.7cm SL。北海道～土佐湾の太平洋沖、東シナ海、インド－汎太平洋、大西洋に分布。

トゲカブトウオ

12cm SL

アカクジラウオダマシ

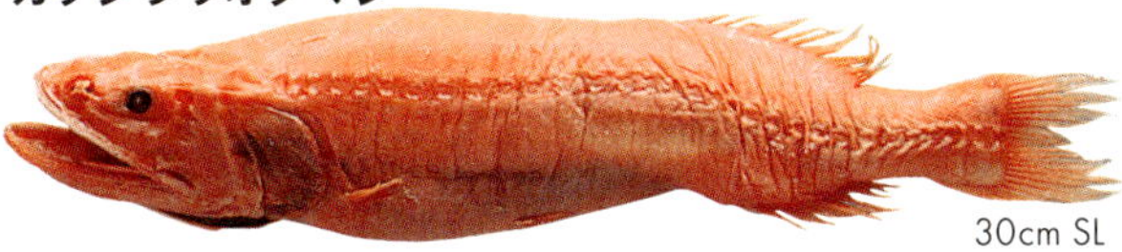
30cm SL

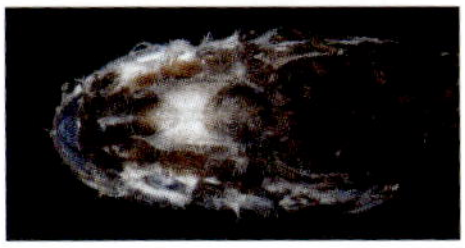
カブトウオの頭部背面

アカチョッキクジラウオ

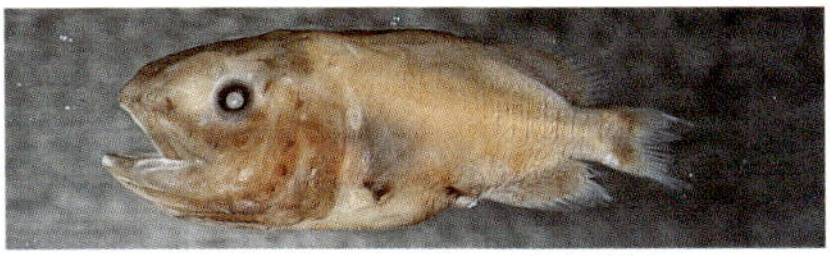
保存標本 10cm SL

オニアンコウ科 Linophrynidae　雌は眼上部に強い棘がある。インド－太平洋、大西洋に5属27種、日本に2属4種。

オニアンコウ（オニアンコウ属） *Linophryne densiramus* Imai, 1941　雌は誘引突起が短いが、擬餌状体は大きく、先端の突起は長くて大きい。下顎のひげは大きく、太い幹は3本で先端は多分枝する。北海道～駿河湾の太平洋沖、インド－汎太平洋、大西洋に分布。

（中坊徹次）

棘鰭上目 Acanthopterygii

カンムリキンメダイ系 Stephanoberycomorpha

カンムリキンメダイ目 Stephanoberyciformes

カブトウオ科 Melamphaidae　体は一様に黒色か黒褐色。頭部に棘や骨質の隆起が発達する。体の鱗は薄い円鱗で、剝がれやすい。全長は16cmまで。全大洋の熱帯～亜寒帯に分布し、中深層～深海層を遊泳する。世界に5属約60種、日本に4属14種が知られているが、今後の研究の進展により種数は増加する可能性がある。

トゲカブトウオ（ホンカブトウオ属） *Melamphaes suborbitalis* (Gill, 1883)　頭の背面に冠状隆起はないが、後側頭部に棘がある。前鰓蓋骨の縁辺は円滑。背鰭は3棘15軟条。水深600～1500mの中深層～漸深層遊泳性。小笠原諸島近海、南シナ海、東太平洋、タスマン海、大西洋（北半球）の熱帯～亜寒帯域に分布。

カブトウオ（カブトウオ属） *Poromitra cristiceps* (Gilbert, 1890)　頭の背面に冠状隆起があり、縁辺は鋸歯状。前鰓蓋骨縁辺は鋸歯状だが隅角部に鋸歯状突起のない部分がある。背鰭は3棘12～13軟条。水深2000mまでの中深層～漸深層遊泳性。オホーツク海南部、東北地方太平洋沖、小笠原諸島近海、南シナ海、太平洋（北半球）の温帯～亜寒帯域に分布。

アカクジラウオダマシ科 Barbourisiidae　口は大きく、上顎後端は眼の後縁をはるかにこえる。体は微細な棘で被われ、ビロード状をなす。側線は大きな管状。世界の暖海（局所的）に1属1種。

アカクジラウオダマシ（アカクジラウオダマシ属） *Barbourisia rufa* Parr, 1945　体と各鰭は一様に赤橙色。水深約600m以深に生息。北海道南東沖、三陸地方沖、沖縄舟状海盆、千島列島近海、オーストラリア北西岸、西インド洋、マダガスカル近海、ハワイ諸島、グリーンランド南部近海、北米デラウェア州沖、メキシコ湾、スリナム沖、南アフリカ西岸に分布。

アンコウイワシ科 Rondeletiidae　頭が大きく、頭長は体長の約半分。体は滑らかで鱗はなく、体側に乳頭状感覚突起が列をなして並ぶ。世界の暖海に1属2種。

アカチョッキクジラウオ（アンコウイワシ属） *Rondeletia loricata* Abe and Hotta, 1963　体の肩帯部の赤味が強く、チョッキを着ているように見える。水深約800m以深に生息。北海道～駿河湾の太平洋沖、伊豆小笠原海溝、沖縄舟状海盆、九州－パラオ海嶺、太平洋、インド洋、大西洋の熱帯～温帯域に分布。（土居内 龍）

キンメダイ

55.4cm FL
（通常30cm FL）

未成魚：背鰭第5軟条が伸長する
20cm FLまで

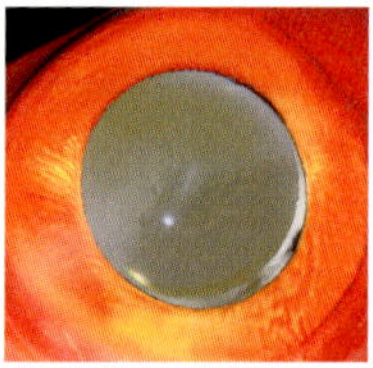

光る眼：タペータム（キンメダイ）

涙骨棘は不明瞭

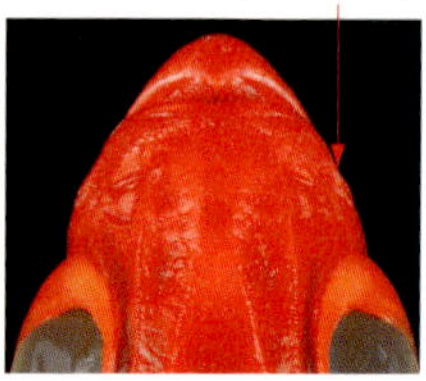

頭部背面（キンメダイ）

後鼻孔の幅が狭い

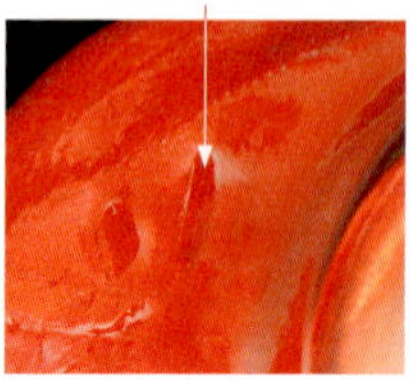

鼻孔（キンメダイ）

鋸歯は粗い

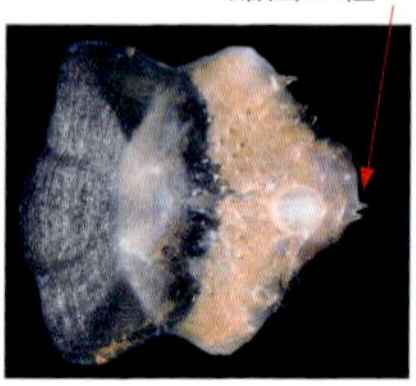

背部体側鱗（キンメダイ）

キンメダイ系 Berycomorpha
キンメダイ目 Beryciformes
キンメダイ科 Berycidae　体は卵形で側扁し胸鰭は中位。口は端位で大きい。眼も大きく、網膜下にあるタペータムによって光を反射し金色に光る。タペータムは網膜を通過した光を反射させ、暗中でもよく見えるようにする構造で、ネコなどの夜行性の哺乳類などにも見られる。大西洋、インド洋、西－中央太平洋に2属10種、日本に2属4種。

キンメダイ（キンメダイ属） *Beryx splendens* Lowe, 1834　背鰭棘条数は4、同軟条数は13～15（通常14）、体長は体高の2.5～2.9倍、キンメダイ属の特徴である涙骨棘は不明瞭、後鼻孔の幅が狭い、体の背部の鱗の後縁は滑らかなどで、フウセンキンメと区別できる。ハダカイワシ科のような小型魚類、エビ類、オキアミ類、イカ類を食べる。通常、水深200～800mの岩礁に生息するが、若齢魚で浅く、高齢魚で深い傾向があり、夜間に浅い所にくる。神奈川県城ヶ島沖では、水深約40mの刺網にかかったことがある。伊豆諸島周辺での本種の産卵は6～9月、主に八丈島以北の海域の水深200～400mの海底付近で行われる。卵は発育が進むにつれて50m以浅の表層へ浮上し、仔稚魚は水深50m付近から採集されることが多い。しかし、仔稚魚から漁獲される大きさになるまでの生態は不明な点が多い。稚魚は胸鰭を除く各鰭条がよく伸長し、体長20cm程度までの未成魚は背鰭の第5軟条が目立って長く、漁業者は“糸引きキンメ”などとよぶ。この特殊な形態は浮遊生活に適応したもので、成長に伴い消失する。相模灘では1歳で尾叉長15.3cm、2歳で24.5cm、3歳で30.5cm、4歳で34.4cm、5歳で38.5cmになる。成熟するまでに4～5年。耳石輪紋解析による最高齢魚は26歳。最大個体は八丈島沖の尾叉長55.4cm、体重4.66kg。立縄、樽流し、底立延縄などの釣り漁業のほか、トロールや刺網でも漁獲される。釣り漁業では、漁場となる海山などに深層の潮流がぶつかり、湧昇流が発生するような状況で好漁となる。房総半島で放流された標識魚が伊豆諸島～鳥島、紀南礁～南西諸島の広い範囲に移動すること、ミトコンドリアDNAの解析では漁場間の遺伝的差異は小さいことから、日本周辺では単一の遺伝的集団と考えられている。成長が遅く長命な

フウセンキンメ

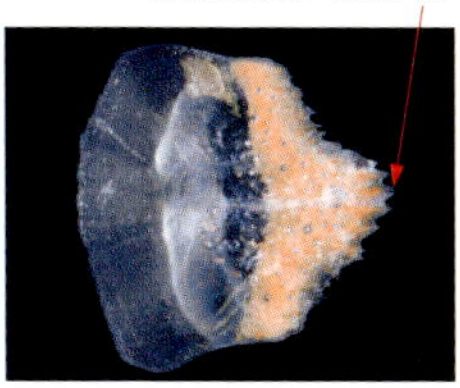

背部体側鱗（フウセンキンメ）

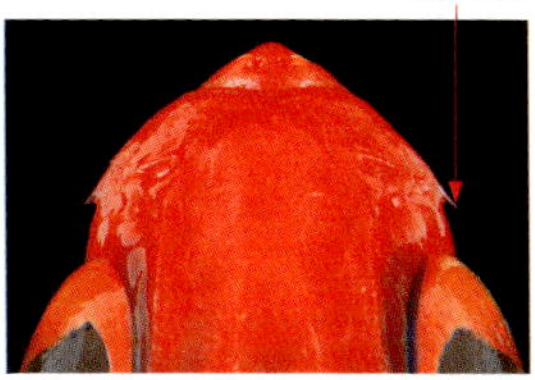

頭部背面（フウセンキンメ）

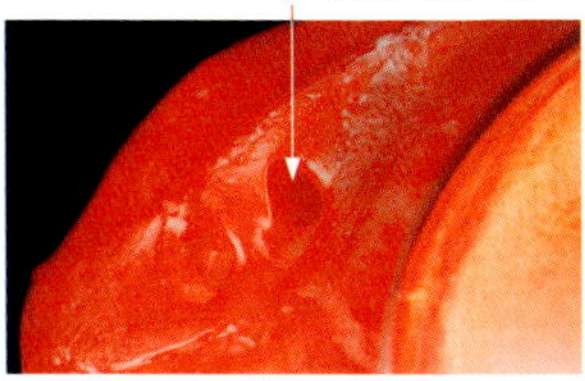

鼻孔（フウセンキンメ）

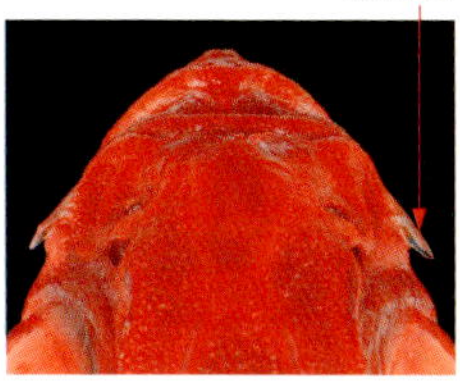

頭部背面（ナンヨウキンメ）

ナンヨウキンメ

ので、乱獲に陥りやすい。従って、資源を有効に利用するためにキンメダイ漁は広域的で一体的な管理をしなければならない。北海道釧路～土佐湾の太平洋沿岸、東シナ海大陸棚縁辺域、九州－パラオ海嶺、大西洋、インド－汎太平洋に分布。大変おいしい魚で、煮付け、刺身、鍋物、しゃぶしゃぶ、焼き物など、様々な料理で食される。

フウセンキンメ（キンメダイ属） *Beryx mollis* Abe, 1959　涙骨棘が顕著、後鼻孔が楕円形、体の背部の鱗の後縁は鋸歯状、背鰭軟条数が12～13（通常13）でキンメダイと区別できる。さらに、ミトコンドリアDNAによる分子解析で別種であることが支持されている。釣り上げられると風船のように膨らむことが和名の由来。水深100～500mの大陸棚縁辺域に生息。相模湾、東シナ海、琉球列島、ベトナム沖、西インド洋北部に分布。キンメダイに混獲されるが、ナンヨウキンメより少ない。種小名*mollis*は柔らかいという意味で、身は柔らかい。しかし、食味評価は良い。

ナンヨウキンメ（キンメダイ属） *Beryx decadactylus* Cuvier, 1829　同属の2種より明らかに体高が高く（体長は体高の1.9～2.2倍）、関東の魚市場で“ヒラキンメ”や“イタキンメ”などとよばれるように、キンメダイに比べ強く側扁する。背鰭軟条数が多く（18～20）涙骨棘が強いことでキンメダイとナンヨウキンメと区別される。雌は尾叉長30cmで成熟すると考えられており生殖腺重量は6～7月に増大する。水深200～805mに生息し、甲殻類、頭足類を食べる。大きな回遊はしないと考えられている。青森県～土佐湾の太平洋沿岸（散発的）、東シナ海大陸棚縁辺域、九州－パラオ海嶺、中央太平洋、西インド洋、大西洋に分布。キンメダイに混獲されるが漁獲は多くはなく市場価値や味はキンメダイよりやや劣る。

（岡部 久）

テリエビス

17cm SL

スミツキカノコ

20cm SL

トガリエビス

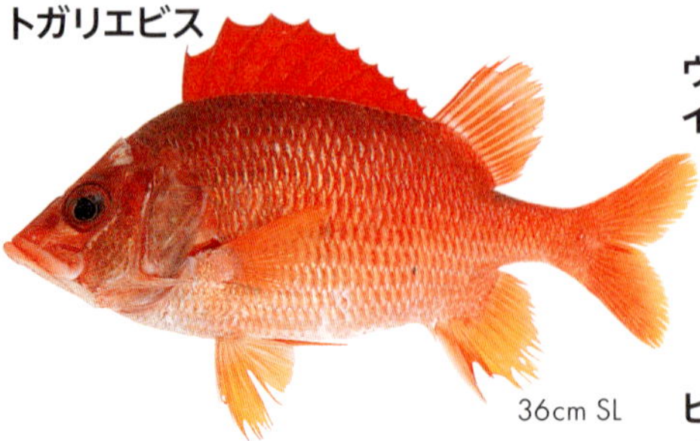

36cm SL

ウケグチ
イットウダイ

20cm SL

ヒレグロ
イットウダイ

25cm SL

イットウダイ科 Holocentridae　全身が大きく硬い鱗で被われる。主に沿岸の岩礁・サンゴ礁域に生息する。日中は岩の隙間や水中洞窟、消波ブロックの中などの暗所でみられる。大きな頭部に巨大棘が発達するリンキクチス期と称される特異な形態の幼期をもつ。太平洋、インド洋、大西洋の熱帯・亜熱帯域に8属約80種、日本に2亜科6属40種。

イットウダイ亜科 Holocentrinae　臀鰭軟条数は7～10、前鰓蓋骨隅角部に強くて長い1棘がある。多くの種は岩礁・サンゴ礁域に単独あるいは少数個体による群れで生息。一部を除き食用にされない。

テリエビス（イットウダイ属） *Sargocentron ittodai* (Jordan and Fowler, 1902)　背鰭棘条部に白色縦帯があることで同属のニジエビス *S. diadema* と異なる。琉球列島では夜釣りでよく釣れる。釣り上げたときには鰓蓋を広げて暴れるが、臀鰭第3棘を強く押さえると静まる。八丈島、小笠原諸島、千葉県～九州南岸の太平洋沿岸（散発的）、琉球列島、インド－太平洋に分布。

スミツキカノコ（イットウダイ属） *Sargocentron melanospilos* (Bleeker, 1858)　体は全体に黄色みを帯びる。背鰭と臀鰭の基底、尾柄中央の黒斑が特徴。岩礁域の岩の下や、砂泥域の岩や死サンゴの周辺に生息。八丈島、小笠原諸島、和歌山県～九州南岸の太平洋沿岸（散発的）、琉球列島、インド－太平洋に分布。沖縄では稀に魚市場に並ぶ。

トガリエビス（イットウダイ属） *Sargocentron spiniferum* (Forsskål, 1775)　前鰓蓋骨隅角部の棘が強く大きい。背鰭棘条部は深赤色。岩礁・サンゴ礁域に単独で生息し、ホンソメワケベラなどにクリーニングされる姿がよくみられる。八丈島～小笠原諸島、和歌山県～九州南岸の太平洋沿岸（散発的）、琉球列島、インド－太平洋に分布。本亜科中で最大種。沖縄県では電灯潜りで漁獲され、美味で高級魚。八重山地方では“ハマサキノオクサン”とよばれる。

ウケグチイットウダイ（ウケグチイットウダイ属） *Neoniphon sammara* (Forsskål, 1775)　背鰭棘条部の第1～3鰭膜に大きな黒斑がある。岩礁・サンゴ礁域の暗がりやその周辺に生息し、時に100個体ほどの大きな群れをつくる。小笠原諸島、和歌山県～種子島の太平洋沿岸（散発的）、琉球列島、インド－太平洋に分布。

リュウキュウ
エビス

18cm SL

アカマツカサ

20cm SL

エビスダイ

35cm SL

クロオビ
マツカサ

15cm SL

アカマツカサ属の
リンキクチス期

ヒレグロイットウダイ
（ウケグチイットウダイ属） *Neoniphon opercularis* (Valenciennes, 1831)　背鰭棘条部すべての鰭膜が黒色であることでウケグチイットウダイと異なる。やや大型の種で、日中は岩礁・サンゴ礁域の暗がりやその周辺、枝サンゴの下に単独、あるいは数個体で静止している。八丈島、琉球列島、インド－太平洋に分布。

アカマツカサ亜科 Myripristinae　臀鰭軟条数は10以上、前鰓蓋骨隅角部に強い棘がない。アカマツカサ属の多くは沿岸の岩礁・サンゴ礁域、エビスダイ属の多くは沖合の深場に生息。沖縄県では前者が“アカイユ”、後者が“フコーアカイユ”とよばれ、煮付けやあら炊き、塩焼きなどで食される。一部のアカマツカサ属の種で耳石を調べたことがあるが、複数の種で20歳をこえることが示唆される。

リュウキュウエビス（リュウキュウエビス属） *Plectrypops lima* (Valenciennes, 1831)　鼻骨間の溝が菱形でV字状のエビスダイ属と異なる。生時に体に顕著な白点がなく同属のヤセエビス *P. oligolepis* と異なる。岩礁・サンゴ礁域や港内に生息。小笠原諸島、和歌山県、琉球列島、インド－太平洋に分布。

エビスダイ（エビスダイ属） *Ostichthys japonicus* (Cuvier, 1829)　沿岸から沖合の93～700mの岩礁域に生息する。青森県～九州北西岸の日本海・東シナ海沿岸、青森県～屋久島の太平洋沿岸、東シナ海大陸棚縁辺域、九州－パラオ海嶺、上海、香港、小スンダ列島、オーストラリア北西・南東岸、アンダマン海に分布。本亜科中で最大種。沖縄県では深海一本釣りにより漁獲され、美味。

アカマツカサ（アカマツカサ属） *Myripristis berndti* Jordan and Evermann, 1903　吻端がやや尖り、下顎が上顎より前に出る。生時、背鰭棘条部の上方は黄色。主にサンゴ礁域に生息し、岩の隙間や水中洞窟の中で何百という密度の高い群れをつくる。豆南諸島～小笠原諸島、南鳥島、琉球列島、インド－太平洋に分布。本亜科魚類の中で最も普通にみられる。煮付けで美味。ナミマツカサ *M. kochiensis* は下顎の突出程度が弱く、背鰭・臀鰭の軟条部と尾鰭両葉の端に黒斑がある。

クロオビマツカサ（アカマツカサ属） *Myripristis kuntee* Valenciennes, 1831　鰓蓋膜と主鰓蓋骨、肩部に幅の広い暗色帯がある。岩礁・サンゴ礁域に生息し、岩の隙間や穴の中で数十の群れをつくり、アカマツカサと混群を形成する。体の赤色が薄く、鱗が細かく、鰓蓋の暗色帯が斜めの長方形に見え、水中でも容易にアカマツカサと識別できる。八丈島、小笠原諸島、和歌山県～九州南岸の太平洋沿岸（散発的）、琉球列島、インド－太平洋に分布。　（小枝圭太）

ハシキンメ

ハリダシエビス

ヒカリ
キンメダイ

オオヒカリキンメ

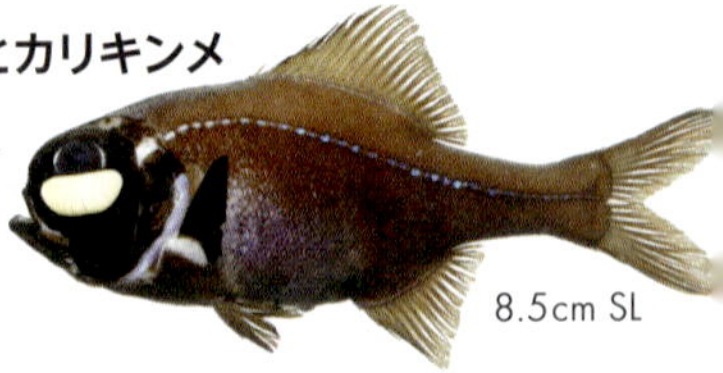

ヒウチダイ科

Trachichthyidae　発光器をもつ種ともたない種がいるが、発光器をもつ種は350m以浅に生息。多くは体長約10cm、大きいもので30～50cm。水深90～1000mに生息し、世界では7属39種、日本には3属6種。美味で高級魚のオレンジラフィー *Hoplostethus atlanticus* は本科であるが、成長が遅く、オーストラリア近海では乱獲の危機に瀕している。

ハシキンメ（**ハシキンメ属**）*Gephyroberyx japonicus* (Döderlein, 1883)　ヒウチダイ科のなかで最も大きくなる。発光器がない。肛門は臀鰭の直前。口腔内は黒い。茨城県～土佐湾の太平洋沿岸、長崎県五島灘以南の東シナ海大陸棚縁辺～斜面上部、九州－パラオ海嶺、天皇海山、台湾に分布。

ハリダシエビス（**ハリダシエビス属**）*Aulotrachichthys prosthemius* (Jordan and Fowler, 1902)　発光器には発光バクテリアが共生し、胸部と両腹鰭の間の肛門のわきから尾柄部まで達する。発光器の外側の筋肉は半透明でレンズの役割を果たしている。伊豆大島、房総半島東岸～大隅半島の太平洋沿岸、兵庫県浜坂、台湾、ハワイ諸島に分布。

ヒカリキンメダイ科 Anomalopidae

体は黒褐色。背鰭は1基あるいは2基。眼下に半月形、楕円形、円形などの発光器をもち、暗闇では青緑色の美しい光を明滅させる。発光器は発光バクテリア共生型。多くの発光魚とは異なり、共生する発光バクテリアはヒカリキンメダイ科魚類の発光器の中にのみ生息している。ちなみに、他の多くの発光魚はウミホタルやヤコウチュウなどを食べることで発光バクテリアを得ている。本科の発光バクテリアは、他の発光魚とは遺伝的にかなり遠いと考えられている。攻撃（光で動物プランクトンを寄せて捕食する）、防御（群れ全体で光を同時に消すことで被食を回避する）、情報伝達（光の明滅により同種間コミュニケーションを行う）で発光を使うことが知られている。これら3つに発光を使うのは発光生物のなかでヒカリキンメダイ科魚類だけである。水深1～80mのサンゴ礁内外と274～400mの深い岩礁に生息。インド－太平洋と大西洋の熱帯域に6属9種、日本に2属2種。

〈発光器の明滅の仕組み〉

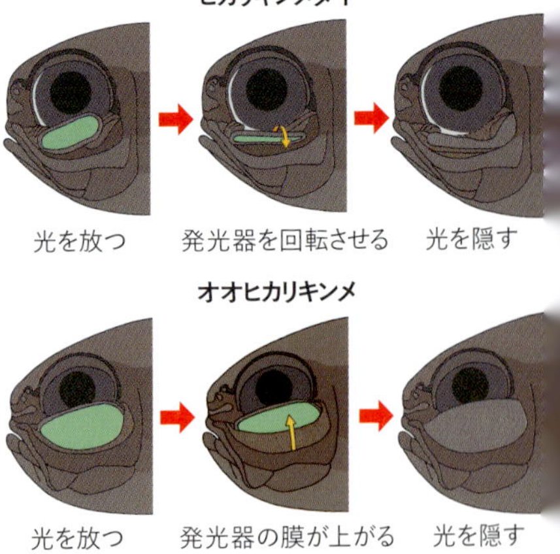

マツカサウオ

14cm SL

マツカサウオの背面

マツカサウオの背鰭棘：左右交互に傾く

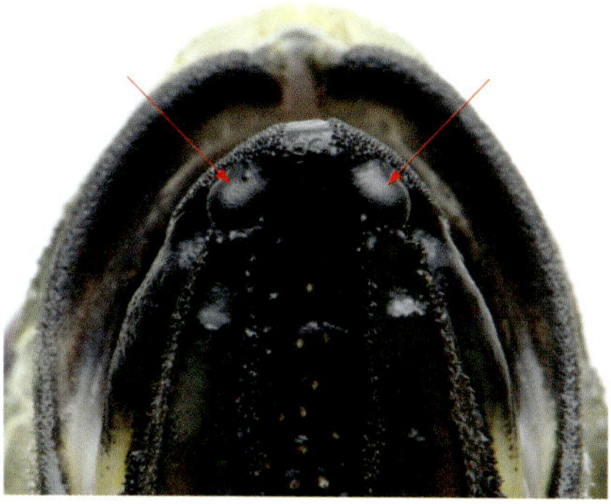

マツカサウオの1対の発光器

ヒカリキンメダイ（ヒカリキンメダイ属）

Anomalops katoptron (Bleeker, 1856)　背鰭が2基。眼下の発光器は水平方向に長い楕円形、内側に回転させて光を隠す回転型。フィリピン諸島では日中は水深30～40mの洞窟の奥に身を隠し、夜になると5～30mの中～底層を群れて泳ぐ様は天の川のようで美しい。日本産のヒカリキンメダイは海外に比べて体が大きく、より深いところに生息。千葉県小湊、八丈島、琉球列島、西太平洋に分布。フィリピン諸島ではヒカリキンメダイから発光器を切り取り、釣りによる漁業の集魚灯に用いていた。

オオヒカリキンメ（オオヒカリキンメ属）

Photoblepharon palpebratum (Boddaert, 1781)　背鰭が1基。眼下の発光器は水平方向に長いソラマメ形、発光器下に収納された膜を上げて光を消すシャッター型。本種の光は発光生物のなかで最も明るいとされる。フィリピン諸島ではヒカリキンメダイと同じ洞窟の奥に身を隠し、夜になると外に出るが、浅場には出ず、大きな群れを作らない。普段は光を明滅させずに泳ぎ、警戒するとゆっくりと光を明滅させ、驚いて逃げる際には光を消す。日本では沖縄島の水深1mから1個体が採集されたのみ。西太平洋に分布。

マツカサウオ科 Monocentrididae　体は金色で硬い装甲状の鱗で包まれ、背鰭棘は鰭膜がなく左右交互に傾く。腹鰭棘は強い。下顎中央に1対の卵円形の発光器があり、発光バクテリアが共生し青色に発光。光は弱く、口の開閉で光の強さを調整していると考えられている。インド－太平洋の熱帯・亜熱帯域に2属4種、日本に1属1種。

マツカサウオ（マツカサウオ属） *Monocentris japonica* (Houttuyn, 1782)　浅海～水深約100mの岩礁に生息。北海道積丹半島～九州南岸の日本海・東シナ海沿岸、青森県～九州南岸の太平洋沿岸、瀬戸内海、沖縄諸島、朝鮮半島南岸、台湾、中国東シナ海・南シナ海沿岸、インド－西太平洋に分布。日本では北方ほど浅場、南方では深場にいる。

（小枝圭太）

マトウダイ

28cm SL
(通常25cm SL)

カガミダイ

55cm SL
(通常30～40cm SL)

マトウダイの口：
前方に伸びる

カガミダイの口：
前上方に伸びる

マトウダイ系 Zeomorpha
マトウダイ目 Zeiformes
マトウダイ科 Zeidae　暖海域に生息。体は著しく側扁。大陸棚から大陸棚縁辺の砂泥底に生息。太平洋、インド洋、大西洋に2属6種、日本に2属2種。

マトウダイ(マトウダイ属) *Zeus faber* Linnaeus, 1758　頭部の背縁は丸い。口は大きく、前方に伸びる。背鰭軟条部と臀鰭の基底に骨質棘状板がある。体側中央に大きな黒斑がある。産卵期は東シナ海では2～4月、雌は体長25m(4歳)、雄は26cm(4歳半)で成熟を始める。すべての個体の成熟は体長28cm(8歳)。産卵場は対馬南岸～西方海域の大陸棚縁辺域。大陸棚縁辺域の砂泥底に生息し、魚類が主で、他にイカ類、エビ類を食べる。北海道～九州南岸の日本海・東シナ海沿岸、北海道～九州南岸の太平洋沿岸、瀬戸内海、東シナ海大陸棚域、中国南シナ海沿岸、オーストラリア沿岸、ニュージーランド、モザンビーク、南アフリカ、東大西洋に分布。底曳網で漁獲され、刺身、煮付け、鍋物で食される。白身で美味。

オオメマトウダイ

29cm SL

カガミダイ(カガミダイ属) *Zenopsis nebulosa* (Temminck and Schlegel, 1845)　頭部の背縁はくぼむ。口は大きく、前上方に伸びる。背鰭と臀鰭の基底に骨質棘状板がある。体は銀色、体側に黒斑がないか、あっても薄い。幼魚の体側に小黒斑が散在する。大陸棚縁辺域に生息し、魚類を主に、他にイカ類やエビ類を食べる。北海道～九州南岸の日本海・東シナ海沿岸、北海道～九州南岸の太平洋沿岸、瀬戸内海西部、東シナ海大陸棚縁辺、南シナ海北部、西－中央太平洋に分布底曳網で漁獲され、刺身、惣菜物で食される

オオメマトウダイ科 Oreosomatidae　冷水域に生息。体は側扁。南極海、大西洋、インド洋、太平洋に4属10種、日本に1属1種。

タウナギ

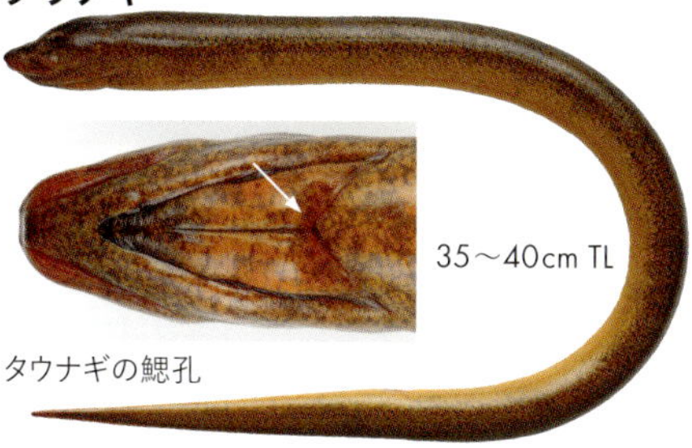

タウナギの鰓孔

シワイカナゴ

クダヤガラ

オオメマトウダイ（**オオメマトウダイ属**）
Allocyttus folletti Myers, 1960　口は大きいが伸びない。眼の前縁と上縁に多数の小棘のある骨板がある。頭部背面と腹部下面の鱗は小棘をもつ。背鰭と臀鰭の軟条部基底には縁辺に小棘をもつ鱗が1列に並ぶ。胸鰭と腹鰭の間の体側に2列の骨質板がある。水深360～860mに生息。北海道～茨城県の太平洋沿岸、千島列島、ベーリング海南西部～南部に分布。（中坊徹次）

タウナギ系 Synbranchiomorpha
タウナギ目 Synbranchiformes
タウナギ科 Synbranchidae　体はウナギ状。眼は小さい。胸鰭と腹鰭がない。左右の鰓膜は腹面でつながり、鰓孔は腹面からは逆V字状に見える。背鰭と臀鰭は退化して皮褶化。口の中の粘膜で空気呼吸をする。雌性先熟の性転換をする。アフリカ西部、アジア、インド－オーストラリア群島、中・南アメリカの熱帯～亜熱帯の淡水域に生息し4属23種、現時点で日本に1属1種。

タウナギ（**タウナギ属**）*Monopterus albus* (Zuiew, 1793)　池、水田地帯の水路や流れの穏やかな河川に生息し、夜間に小魚や昆虫、ミミズなどの餌を求めて活動する。水質汚染に強い。冬は水たまりなどで穴を掘り越冬、初夏に産卵。産卵は巣穴入り口の水面につくった泡巣で行う。中国・東南アジアから朝鮮半島を通って近畿地方に移入、その後に日本の中南部に分布を広げた。琉球列島のものは在来で、繁殖様式や分子遺伝学的研究で本州のものと異なっていると考えられている。本州のものは雄が口内保育をするが、琉球列島のものは口内保育をしない。

トゲウオ系 Gasterosteomorpha
トゲウオ目 Gasterosteiformes
トゲウオ亜目 Gasterosteoidei
シワイカナゴ科 Hypoptychidae　背鰭は棘条がなく、体の後方でほぼ同形の臀鰭と相対する。腹鰭はない。鱗がない。背中線と腹中線に透明な皮褶があり、腹中線の皮褶は雄では後部で鉤状。歯は雄にはあるが、雌にない。1属1種で、新潟県と相模湾以北の本州および北海道沿岸、朝鮮半島東岸からサハリン南部の日本海沿岸に分布。

シワイカナゴ（**シワイカナゴ属**）*Hypoptychus dybowskii* Steindachner, 1880　沿岸の浅場に生息する小型の1年魚。岩手県大槌湾では、初夏、ホンダワラ類に沈性粘着卵を産みつける。縄張りをもつ雄は体が鮮やかな黄色になり、背鰭や臀鰭がより黒くなる。ただし、群れ雄は体色変化をしない。

クダヤガラ科 Aulorhynchidae　体は細長く、吻は管状。背鰭は、短く連続しない棘条部と臀鰭と相対する三角形の軟条部からなる。北太平洋の浅海域に2属2種、日本に1属1種。

クダヤガラ（**クダヤガラ属**）準絶滅危惧(環)
Aulichthys japonicus Brevoort, 1862　沿岸の浅場に生息する小型魚類。シワイカナゴと同様雄に歯はあるが雌にはない。雄の臀鰭の後縁は凹む。夏に交尾が行われ、ホヤ類に産卵する。寿命は1～2年。北海道～長崎県の日本海・東シナ海沿岸、北海道～相模湾の太平洋沿岸、瀬戸内海、朝鮮半島南岸・東岸、済州島に分布。（波戸岡清峰）

ニホンイトヨ

7〜10cm TL

太平洋系降海型イトヨ

保存標本
7〜11cm TL

太平洋系陸封型イトヨ

5〜7cm TL

トゲウオ科 Gasterosteidae　体は小さく紡錘形。名前のとおり背鰭、臀鰭、腹鰭に鋭い棘を備える。繁殖期は春、雄は水草を利用して鳥の巣のような丸い産卵床をつくり、ジグザグダンスで雌を誘う。海産種もみられるが、基本的に生活史は川と海を往復する通し回遊。北半球の冷温帯から5属18種。日本に2属8種3亜種で、多くは淡水域に生息。

イトヨ属 *Gasterosteus*　背鰭の棘が少なく3〜4本。太平洋系イトヨと日本海系イトヨの2つの系統がある。太平洋系イトヨには降海型と一生を淡水で過ごす陸封型がいる。日本海系イトヨでは降海型のみが知られる。日本産の2種のほか、北アメリカ東岸域から*G. wheatlandi*が知られる。

ニホンイトヨ 絶滅のおそれのある地域個体群(本州)(環) *Gasterosteus nipponicus* Higuchi, Sakai and Goto, 2014　背鰭棘は鰭膜がないか、あっても基部付近のみ。体の鱗板は体前部から尾柄部隆起縁まで。背鰭軟条数が多い(通常14、太平洋系イトヨでは通常12)、尾柄部隆起縁が膜状(太平洋系イトヨでは骨質化)。淡水域で生まれ、海で成長する遡河回遊魚。内湾や潮だまりに生息し、3〜5月に川を遡上し水田周りの小溝や小川に達し、雄は水草で鳥の巣状の巣をつくり、雌を巣の中のトンネルに誘い、雌は巣内で産卵。動物プランクトンや小型甲殻類を食べる。日本海を囲む各地と北海道から茨城県までの太平洋沿岸域に分布。日本海系イトヨとされていた種。

太平洋系降海型イトヨ *Gasterosteus aculeatus aculeatus* Linnaeus, 1758　背鰭棘は鰭膜がないか、あっても基部付近のみ。体の鱗板は体前部から尾柄部隆起縁まで。背鰭軟条数は通常12、尾柄部隆起縁が骨質化してキール状。淡水域で生まれ、海で成長する遡河回遊魚。産卵期と生息場所、食性はニホンイトヨと同じ。ニホンイトヨと同所的に生息している場合、識別は困難なことが多く、分子遺伝学的分析が必要。北海道太平洋岸から千島列島

ハリヨ

♂

5〜7cm TL

♀

湧水起源の澄んだ細流や池に生息する

ベーリング海の北太平洋沿岸部に広く分布。

太平洋系陸封型イトヨ 絶滅のおそれのある地域個体群(福島県以南)(環) *Gasterosteus aculeatus* subsp.1　背鰭棘は鰭膜が先端までおよぶ。鱗板は体前部から尾柄部後端まで。夏は水温20℃以下の湧水を水源とする細流や池に生息し、一生を内陸部の淡水域で過ごす。産卵期は4〜8月。産卵場所や繁殖生態は降海型イトヨと変わらない。動物プランクトン、カゲロウの幼虫、ヨコエビ類を食べる。北海道大沼、青森県、岩手県、十和田湖周辺、栃木県那須、福井県大野市、濃尾平野、滋賀県湖東部の湧水地帯に不連続分布。北米やヨーロッパからも類似の型が知られるが日本産との類縁関係は不明。

ハリヨ 絶滅危惧IA類(環) *Gasterosteus aculeatus* subsp.2　背鰭棘は鰭膜が先端までおよぶ。鱗板は体前部に限られるか、鱗板のないものもいる。成熟した雄は体が青緑色がかり、喉から腹部にかけて橙色の婚姻色(こんいんしょく)が出る。雌と若魚(わかうお)は体が黄褐色。夏は水温20℃以下の湧水を水源とする細流や池に生息し、一生を淡水域で過ごす。産卵期は3〜5月。婚姻色が出た雄はなわばりをつくり、他の雄を激しく追い払う。寿命は1〜2年。小型甲殻類や水生昆虫を食べる。岐阜県と滋賀県に自然分布。滋賀県米原の河川では人為的に放流された太平洋系陸封型イトヨとの間で交雑が起こり、純系が消滅。ハリヨと太平洋系陸封型イトヨは自然分布地では湧水枯渇(ゆうすいこかつ)、圃場整備(ほじょうせいび)、宅地開発、農薬の過剰散布などによる生息環境の悪化により激減。　(細谷和海)

エゾトミヨ

4〜7cm TL

エゾトミヨの生息地

トミヨ属淡水型

6〜9cm TL

トミヨ属汽水型

6cm TL

トミヨ属淡水型の生息地

トミヨ属 *Pungitius*　背鰭の棘が多く7〜10本。日本列島からは下記の6つが知られるが、明確に種が認められているのはエゾトミヨのみで、他は分類が混乱。陸封型の生活史をもつ種が多く、過去に複数回の陸封化が起こり、最初に陸封化したのはエゾトミヨ、最後に陸封化したのがトミヨ属汽水型と考えられている。北半球の冷水域に7種。

エゾトミヨ 絶滅危惧Ⅱ類(環) *Pungitius tymensis* (Nicolsky, 1889)　背鰭棘は短く、特に軟条部直前のものは短い。体は低く、鱗板が不完全で尾柄部のみ。トミヨ属で最も淡水適応が進んでおり、一生を淡水域で過ごす。平野部の河川の下流域、湿地帯や低地帯を流れる細流や水たまりに生息し、やや底層を好む。産卵期は4〜7月。寿命は2〜3年。動物プランクトン、カゲロウの幼虫、ヨコエビ類を食べる。北海道の天北原野、根釧原野、石狩川水系、サハリンに分布。湿地の埋め立て、ニジマスの生息地への侵入などで数が減少。他のトミヨ属魚類との交雑も知られている。

トミヨ属淡水型 絶滅のおそれのある地域個体群(本州個体群)(環) *Pungitius* sp.1　体は細長く、銀色が強く、多くは側面に緑色の雲状斑がある。背鰭棘は比較的長く、鰭膜は透明。鱗板は完全型と不完全型が混在。湧水を源にもつ細流、池、扇状地の湿地に生息。産卵期は4〜6月、雄は成熟すると黒ずむ。動物プランクトン、カゲロウの幼虫、ヨコエビ類などを食べる。北海道、岩手県以北の太平洋側、福井県以北の日本海側、朝鮮半島日本海側〜アムール川流域、カムチャツカ半島に不連続に分布。南方ほど生息域は分断され狭くなる。かつてのトミヨ *P. sinensis*(鱗板連続)とイバラトミヨ(キタノトミヨ)*P. pungitius*(鱗板分離)は分子遺伝学的分析で同一種となりトミヨ属淡水型と称されている。

トミヨ属汽水型 準絶滅危惧 *Pungitius* sp.2　トミヨ属淡水型より細長く、光沢がある。鱗板は不完全で15〜25枚。雄は成熟すると体

トミヨ属雄物型

♂

5cm TL

秋田県雄物川水系産

♀

4cm TL

秋田県雄物川水系産

ムサシトミヨ

5～7cm TL

カクレトミヨ

6cm TL

山形県最上川水系産

ミナミトミヨ

保存標本 5～7cm TL

の腹縁だけが黒ずみ、全身が黒化する他のトミヨ属魚類と異なる。汽水域に生息。北海道東部の生息域だけが知られている。

トミヨ属雄物型 絶滅危惧IA類(環) *Pungitius* sp.3 体形はトミヨ属のなかでも太短く、背鰭棘は比較的短く、鰭膜は黒ずむ。鱗板は完全型と不完全型が混在。水の澄んだ細流や池に生息。一生、淡水域。秋田県雄物川水系の一部に分布。生息環境が著しく損なわれ絶滅寸前。保全は急務。最近の分子遺伝分析ではトミヨ属雄物型と朝鮮半島産*P. kaibarae*が同じ系統に含まれるので雄物型に*P. kaibarae*の学名が当てられているが、検討を要する。

カクレトミヨ *Pungitius modestus* Matsumoto, Matsuura and Hanzawa, 2021 従来、トミヨ属雄物型最上川集団とされていたもの。山形県天童市と東根市の湧水地帯に局在する。新種として記載された論文ではトミヨ属雄物型との違いについて触れていない。しかし、体側の鱗板はカクレトミヨでは完全であるのに対して、トミヨ属雄物型では完全と不完全があるなど変異に富む。

ミナミトミヨ 絶滅 *Pungitius kaibarae* (Tanaka, 1915) 鰭棘は短い。鱗板は完全型。体は灰緑色で、暗緑色の不規則な斑紋をもつ個体もいた。液浸標本で婚姻色と思われる紫黒色の雄個体が残っている。湧水を水源とする稲田、芹田、小川、池沼に生息。一生、淡水域。産卵期は2～7月(盛期は3～4月)。雄は抽水植物の水面近くにある茎に径3～4cmの丸い巣をつくり、3～10尾の雌を誘って、計400～1200個の卵を産ませ、その後、卵と仔稚魚を守った。京都府西南部、大阪府楠葉、兵庫県氷上郡(現丹波市)に生息していたが、いずれも絶滅。

ムサシトミヨ 絶滅危惧IA類(環) *Pungitius* sp. 頭部は丸く、体はトミヨ属の中で最も高い。鱗板は不完全で尾柄部に4～7枚。体はくすんだ暗緑色で、小黒点が散在。背鰭棘は短く、鰭膜は橙黄色。湧水を水源とする水温10～18℃の河川、小川、池沼に生息。一生、淡水域。産卵期は3～11月(盛期は5～9月)。雄は成熟すると体が黒ずむ。寿命は野外で1年、飼育下で1年半。付着珪藻や水生小動物を食べる。かつては東京都、埼玉県、千葉県、茨城県の一部に生息。現在では埼玉県熊谷市の元荒川源流域だけに残存。生息環境が悪化して遺伝的に均一になり集団の存続が危ぶまれている。埼玉県では県魚であり生息地が県指定の天然記念物。 (細谷和海)

アカヤガラ

アカヤガラの口

アオヤガラ

サギフエ

15cm SL

ダイコクサギフエ

19cm SL（通常13～17cm SL）

ヨウジウオ亜目 Syngnathoidei

ヤガラ科 Fistulariidae　体は細長く、円筒形でやや縦扁。体表は小棘で被われるが、成魚では消失するものもある。吻は管状で細長く、先端にある口で餌生物を吸い込む。尾鰭は二叉、中央鰭条が長く伸長。インド－太平洋と大西洋の熱帯海域に1属4種、日本に1属2種。

アカヤガラ（ヤガラ属） *Fistularia petimba* Lacepède, 1803　生時、体は赤色。両眼間隔域は凹む。背鰭前方と肛門前方の正中線上に細長い鱗がある。尾柄部の側線鱗は先端の尖った後向棘がある。アオヤガラより大型で沖合性。土佐湾では主に水深30～100m、東シナ海では50～180m、中国南シナ海北部沿岸では150～200mに多い。主に魚類やイカ類を食べる。北海道～九州南岸の各地沿岸、中国東シナ海・南シナ海沿岸、インド－西太平洋、大西洋に分布。底曳網で漁獲され、白身で美味、大型魚は刺身、小型魚は吸い物で食される。

アオヤガラ（ヤガラ属） *Fistularia commersonii* Rüppell, 1838　生時、体は暗青色、暗色横帯が出ることがある。背鰭前方と肛門前方の正中線上は無鱗、尾柄部の側線鱗に鋭い後向棘がない。尾鰭の伸長鰭条は吻より短い。北海道～九州南岸、琉球列島、山東省～広東省の中国沿岸、インド－汎太平洋に分布。

サギフエ科 Macroramphosidae　体は側扁、吻は管状に伸長、口はその先端で小さい。4～8本の背鰭の棘は第2棘が長い。大きいものは体長30cm。インド洋、太平洋、大西洋の熱帯～温帯域に3属約11種、日本に1属2種。

サギフエ（サギフエ属） *Macroramphosus sagifue* Jordan and Starks, 1902　体は鮮やかな薄紅色。背鰭第2棘は後縁が鋸歯状で倒すと先端は背鰭軟条部基部に達しない。500m以浅の砂底に生息。通常は頭がやや下向きの状態で遊泳、移動や摂餌の際は水平で泳ぐ。北海道南部～兵庫県浜坂の日本海沿岸、相模湾～九州南岸の太平洋沿岸、東シナ海大陸棚縁辺域に分布。底曳網で大量にとれる。

ダイコクサギフエ（サギフエ属） *Macroramphosus japonicus* (Günther, 1861)　体は紅褐色に暗褐色の規則的な虫食い模様。背鰭第2棘は後縁に鋸歯がないか、あっても弱く、倒すと先端は背鰭軟条部基部をこえる。最近の研究でサギフエとダイコクサギフエは同種の生態型とされた。学名に関する分類学的研究がまだなので旧来のままとした。

ヘコアユ科 Centriscidae　体は著しく側扁、硬い平滑な小骨板で被われる。吻は管状、口はその先端に小さく開く。インド－西太平洋に2属4種、日本に2属2種。

ヘコアユ（ヘコアユ属） *Aeoliscus strigatus* (Günther, 1861)　体の後端に可動性の強い背鰭第1棘、その腹側に背鰭鰭条、そのやや前方の腹側に尾鰭がある。浅海のサンゴ礁の隙間や海草が生えている砂地海岸などで、頭を下にして群れで泳ぐ。相模湾～屋久島の太平洋沿岸（散発的）、琉球列島、インド－西太平洋に分布。

カミソリウオ科 Solenostomidae　体は全体がよく側扁。吻は伸長、口はその先端で小さい。腹鰭や尾鰭は大きい。雌は腹鰭が癒合した育児嚢で卵を保護。インド－太平洋域に1属約4種、日本に3種。

2m SL
(通常1m SL)

1.2m SL (通常1m SL)

ヘコアユ

15cm TL

カミソリウオ

11cm (通常8cm TL)

ニシキフウライウオ

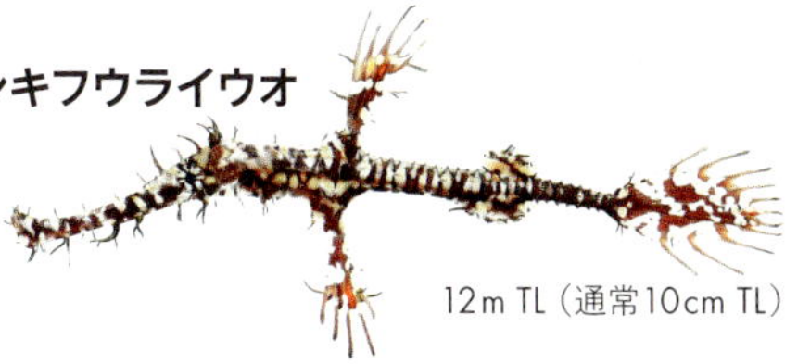

12m TL (通常10cm TL)

ウミテング

7cm SL

ヤリテング

側面

11cm SL

背面

ヘラヤガラ

80cm SL

カミソリウオ（カミソリウオ属） *Solenostomus cyanopterus* Bleeker, 1854　体色は変異が多く褐色や黄緑、赤、黒色。サンゴ礁域やその周辺に生息し、藻場などで雌雄ペアがみられる。頭を下にして海藻のくずが漂うような動きで泳ぐ。相模湾〜屋久島の太平洋沿岸、琉球列島、インド−西太平洋に分布。

ニシキフウライウオ（カミソリウオ属） *Solenostomus paradoxus* (Pallas, 1770)　鰭や体に細い皮弁がある。ウミシダ類やウミトサカ類の周辺に生息。伊豆大島、八丈島、相模湾〜宿毛湾の太平洋沿岸、長崎県、屋久島、琉球列島、台湾、インド−西太平洋に分布。

ウミテング科 Pegasidae　体は縦扁、固い骨板で被われる。胸鰭は大きい。吻はヘラ状や棒状。口は吻の下面で歯はない。腹鰭で歩くようにゆっくり海底を移動する。大きくても体長14cm。水深150m以浅の砂底に生息。インド−西太平洋の熱帯〜温帯域に2属5種、日本に2属3種。

ウミテング（ウミテング属） *Eurypegasus draconis* (Linnaeus, 1766)　体の背面の隆起が大きく、尾輪（びりん）数は8–9。浅海の砂底に生息、雌雄ペアが多い。伊豆−小笠原諸島、相模湾〜屋久島の太平洋沿岸、琉球列島、インド−太平洋に分布。

ヤリテング（テングノオトシゴ属） *Pegasus volitans* Linnaeus, 1758　体と吻がウミテングより細長く、尾輪数は12。沿岸の砂泥底に生息。和歌山県田辺湾、土佐湾、西表島、台湾南部、福建省〜広西省、インド−西太平洋に分布。

編者注：ウミテング科はトゲウオ亜目のトゲウオ科の後に位置するが、編集の都合上ここに置いた。

ヘラヤガラ科 Aulostomidae　体は細長く、側扁。吻は太い管状で長く、側扁し、先端に口がある。下顎先端にひげがある。尾柄部は細い。インド洋、太平洋、大西洋の熱帯域に1属4種、日本に1種。

ヘラヤガラ（ヘラヤガラ属） *Aulostomus chinensis* (Linnaeus, 1766)　サンゴ礁域や岩礁域の水深30m以浅に生息。伊豆−小笠原諸島、相模湾〜九州南岸の太平洋沿岸（散発的）、屋久島、琉球列島、インド−汎太平洋に分布。

（片山英里）

イシヨウジ

20cm SL

オイランヨウジ

18cm SL（通常15cm SL）

ノコギリヨウジ

8cm SL

カワヨウジ

17cm SL

ヨウジウオ

29cm SL（通常20cm SL）

ヒフキヨウジ

33cm SL

ヨウジウオ科 Syngnathidae　体は骨板でできた体輪からなる。口は小さく管状、斜位で歯を欠く。吸い込み型の摂餌を行う。ヨウジウオ亜科とタツノオトシゴ亜科に分けられ、大西洋、インド－太平洋に52属232種、日本に19属54種。雄は軀幹部腹面に育児嚢をもつ。ヨウジウオ亜科の育児嚢は発達した皮褶や保護板で卵を被うもの、皮褶が発達せず卵が露出したままと様々。ヨウジウオ亜科の仔稚魚は孵化後すぐに浮遊生活をする。タツノオトシゴ亜科ではトゲヨウジ属とスミツキヨウジ属を除いて、育児嚢は完全な袋状で、仔稚魚が一定期間哺育される。育児嚢から出た稚魚は親と同じ形をし、海藻やヤギなどに巻き付く。

ヨウジウオ亜科 Syngnathinae　尾鰭がある。体輪に隆起がある。

イシヨウジ（イシヨウジ属） *Corythoichthys haematopterus* (Bleeker, 1851)　吻長は眼の後縁から胸鰭基底までの距離と同じ、背鰭に暗色の斑点がない。イシヨウジ属は育児嚢の皮褶が発達せず、卵が露出した状態で保護される。伊豆諸島、相模湾～屋久島の太平洋沿岸、琉球列島、台湾、インド－西太平洋に分布。

オイランヨウジ（ヒバシヨウジ属） *Doryrhamphus (Dunckerocampus) dactyliophorus* (Bleeker, 1853)　体は赤褐色と白色の縞模様。尾鰭は鮮やかな赤色で、中央に白色斑がある。皮褶や甲板はない。水深15m以浅の岩礁やサンゴ礁域に生息。琉球列島、西太平洋に分布。

ノコギリヨウジ（ヒバシヨウジ属） *Doryrhamphus (Doryrhamphus) japonicus* Araga and Yoshino, 1975　体は短く、吻は長い。尾鰭に橙色の大斑1個と小斑2個がある。水深約10m以浅の岩礁の隙間でペアがみられる。伊豆－小笠原諸島、相模湾～屋久島の太平洋沿岸、山口県日本海沿岸、長崎県野母崎、済州島、台湾、インドネシアに分布。

カワヨウジ（カワヨウジ属） *Hippichthys (Hippichthys) spicifer* (Rüppell, 1838)　体は茶褐色で、腹部が褐色と白色の縞模様。河川汽水域に生息。千葉県小櫃川～屋久島の太平洋沿岸、琉球列島、台湾、海南島、インド－太平洋に分布。

ヨウジウオ（ヨウジウオ属） *Syngnathus schlegeli* Kaup, 1856　体は細長く、吻が長い。体色には茶色や緑色など変異がある。河川汽水域や内湾のアマモ場に生息。北海道～九州南岸の日本海・東シナ海・太平洋沿岸、瀬戸内海、朝鮮半島全沿岸、黄海・渤海、中国東シナ海・南シナ海沿岸に分布。

ヒフキヨウジ（ヒフキヨウジ属） *Trachyrhamphus serratus* (Temminck and Schlegel, 1847)　体は著しく長い。吻は短い。水深15～100mの砂底、砂泥底に生息。千葉県外房～九州南岸の太平洋沿岸、新潟県～天草諸島の日本海・東シナ海沿岸、瀬戸内海、済州島、台湾、インド南西岸からマレー半島をへて中国浙江省の沿岸に分布。

タツノオトシゴ亜科 Hippocampinae　尾鰭がなく尾部で海藻やヤギ類に巻き付く。

トゲヨウジ

30cmTL（通常25cm TL）

タツノイトコ

10cm TL

タツノオトシゴ

高さ約10cm

イバラタツ

高さ約13cm

オオウミウマ

オオウミウマの骨格

高さ約30cm（通常25cm）

クロウミウマ

高さ約17cm

トゲヨウジ（トゲヨウジ属） *Syngnathoides biaculeatus* (Bloch, 1785)　体前方の断面は台形。体表の突起や、体色に変異があり、茶色や緑色の個体が多い。育児嚢は皮褶がない柔軟な皮膚状で、卵は露出する。主に内湾に生息するが流れ藻と一緒に採集されることもある。茨城県～九州南岸の太平洋沿岸、琉球列島、インド－太平洋に分布。

タツノイトコ（タツノイトコ属） *Acentronura (Acentronura) gracilissima* (Temminck and Schlegel, 1847)　頭部はヨウジウオに似てほぼ一直線だが尾鰭がなく、タツノオトシゴに似る。体に棘や突起がない。水深35m以浅の転石や海藻の茂みに生息。育児嚢は完全な袋状で尾部にある。伊豆－小笠原諸島、相模湾～高知県柏島の太平洋沿岸、山口県日本海沿岸、長崎県香焼（こうやぎ）、奄美群島、沖縄諸島、ベトナム、ニューカレドニア、パラオに分布。

タツノオトシゴ（タツノオトシゴ属） *Hippocampus coronatus* Temminck and Schlegel, 1847　頭頂部にある頂冠は後方へ曲がり、左右の縁は滑らか。沿岸の藻場に生息。青森県～和歌山県白浜の太平洋沿岸、青森県～鹿児島県出水の日本海・東シナ海沿岸、瀬戸内海、朝鮮半島南岸、渤海、黄海に分布。

イバラタツ（タツノオトシゴ属） 絶滅危惧Ⅱ類(IUCN) *Hippocampus histrix* Kaup, 1856　体に多数の鋭い棘をもつ。水深40m以浅の岩礁域に生息。相模湾～屋久島の太平洋沿岸、朝鮮半島南岸、台湾、インド－太平洋に分布。

オオウミウマ（タツノオトシゴ属） 絶滅危惧Ⅱ類(IUCN) *Hippocampus kelloggi* Jordan and Snyder, 1901　尾輪数は39～41。タツノオトシゴ類の中で最も大型。体色の変異が著しく、黄色や淡褐色の個体もいる。水深40m以浅に生息し、海藻やムチカラマツ類などに尾部を巻き付ける。相模湾～九州南岸の太平洋沿岸、中国南シナ海沿岸、インド－西太平洋に分布。

クロウミウマ（タツノオトシゴ属） 絶滅危惧Ⅱ類(IUCN) *Hippocampus kuda* Bleeker, 1852　尾輪数は34～38。内湾や河川汽水域に生息。和歌山県～屋久島の太平洋沿岸、琉球列島、中国南シナ海沿岸、インド－太平洋に分布。

（片山英里）

ボラ

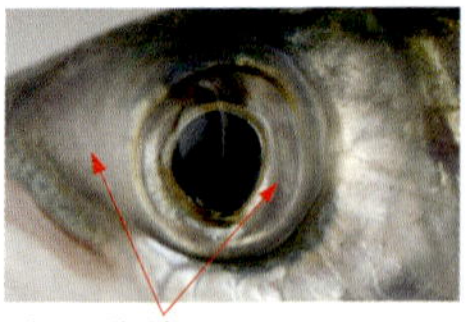

ボラの脂瞼

オニボラ

コボラ

セスジボラ

ボラ系 Mugilomorpha
ボラ目 Mugiliformes
ボラ科 Mugilidae　体は紡錘形で、後方ほど側扁。背鰭は2基で、第1背鰭の最初の3棘の基部は互い違いに接する。体の各鱗に感覚器官の開孔がある。多くの種の顎歯は触毛状、胃は筋肉質で、そろばん玉のような形をしている。全世界の暖海に14属（26属とする説もある）80種、日本に8属16種。ただし、近年の分子系統解析により、これらが増える可能性がある。

ボラ（ボラ属） *Mugil cephalus cephalus* Linnaeus, 1758　胸鰭の基底上半に青い斑紋がある。体長5cm以上で眼に脂瞼が発達し、遊泳時の抵抗を軽減すると同時に前方の視界を確保する。成魚は沿岸浅所に生息。10～1月頃に黒潮または対馬暖流の影響を直接受ける岩礁性海岸に大群で移動して産卵。産卵行動の観察記録はないが、産卵を終えた親魚は腹面の鱗が剥がれ、腹鰭や臀鰭にかすり傷を負っており、海底に腹部を擦りつけて放卵・放精をすると思われる。孵化仔魚は外洋の表層で動物プランクトンを食べ、全長2.3～3.1cmの幼魚は冬から春に大挙して接岸、さらに河川汽水域に侵入。このころ、餌は付着ケイ藻やデトリタスに変化し、上唇の微細な触毛状歯を使って海底の餌をかき集め、薄い縁状の下唇をちりとりのように使って口内に取り込む。北海道オホーツク海沿岸を除いた日本各地、千島列島南部太平洋沿岸、サハリン東岸、朝鮮半島全沿岸、遼寧省～トンキン湾の中国沿岸、世界中の暖海（赤道付近では局所的で少ない）に分布。世界各地のボラについて分子系統解析が行われ、13の隠蔽種が示されている。

ボラの分布

オニボラ（オニボラ属） *Ellochelon vaigiensis* (Quoy and Gaimard, 1825)　胸鰭が黒く、尾鰭は截形で黄色い。沿岸浅所や河川汽水域で小さな群れをつくる。接岸直後の銀色の幼魚は波打ち際で人が近づくとくるくると回るように泳ぎ出す。この行動は風に吹かれて海面を漂う波泡への擬態と考えられている。ワニグチボラ *Oedalechilus labiosus* の幼魚も同様な行動をする。房総半島～九州南岸の太平洋沿岸（散発的）、琉球列島、インド－太平洋に分布。

メナダ

38cm SL

トウゴロウイワシ

15cm SL

ムギイワシ

7cm SL

ナミノハナ

5cm SL

セスジボラ（メナダ属） *Chelon lauvergii* (Eydoux and Souleyet, 1850)　背中線が隆起縁になる（全長3cmで顕著）。沿岸浅所や河川汽水域で群れをつくる。体長1.5cm前後の幼魚は4〜6月に出現。津軽海峡〜九州南岸の日本海・東シナ海沿岸、南三陸〜九州南岸の太平洋沿岸、瀬戸内海、琉球列島、朝鮮半島南岸、台湾（東岸を除く）、長江〜トンキン湾の中国沿岸に分布。*Chelon affinis* は *C. lauvergii* の新参異名（しんざんいめい）。

コボラ（メナダ属） *Chelon macrolepis* (Smith, 1846)　胸鰭基底に金色の横帯がある。沿岸浅所や河川汽水〜淡水域に群れで生息。相模湾〜九州南岸の太平洋沿岸（普通種）、琉球列島、インド−太平洋に分布。

メナダ（メナダ属） *Chelon haematocheilus* (Temminck and Schlegel, 1845)　頭部は縦扁し、舌顎骨部が膨出。濁った内湾や潟湖、河川汽水域に生息。有明海での産卵期は3月下旬〜5月上旬。ボラ科としては分布が北に偏り、北海道では普通種。北海道全域、青森県〜山口県の日本海沿岸、岩手県〜三重県の太平洋沿岸、瀬戸内海、有明海、千島列島南部太平洋沿岸、サハリン、アムール川、朝鮮半島全沿岸、遼寧省〜トンキン湾の中国沿岸に分布。

トウゴロウイワシ系 Atherinomorpha

トウゴロウイワシ目 Atheriniformes

トウゴロウイワシ科 Atherinidae　体は細長く、やや側扁した円筒形。背鰭は2基で、第1背鰭の各棘は基部で分離。動物プランクトン食。纏絡卵（てんらくらん）を産む。世界に22属79種、日本に6属12種。

トウゴロウイワシ（トウゴロウイワシ属） *Doboatherina bleekeri* (Günther, 1861)　体は弱い櫛鱗（しつりん）に被われ、肛門は腹鰭の後端よりも前。沿岸浅所の表層で大群をつくる。春から夏に、水深2〜5mの海底に繁茂する糸状藻類に産卵。小笠原諸島、千葉県館山〜屋久島の太平洋沿岸、瀬戸内海、新潟県〜九州南岸の日本海・東シナ海沿岸、遼寧省〜広東省の中国沿岸、ベトナム、台湾、朝鮮半島南部に分布。

ムギイワシ（ムギイワシ属） *Atherion elymus* Jordan and Starks, 1901　頭部に小棘列が発達する。岩礁性海岸の潮だまりで群れをつくり、体をくねらせて泳ぐ。小笠原諸島、千葉県小湊〜九州南岸の太平洋沿岸、琉球列島、西部太平洋の熱帯域に分布。

ナミノハナ科 Isonidae　体は細長く、著しく側扁し、腹縁が張り出す。第1背鰭がある。1属で、インド−太平洋に5種、日本に1種。

ナミノハナ（ナミノハナ属） *Iso flosmaris* Jordan and Starks, 1901　体側中央にある銀色の縦帯が尾部で途切れずに尾鰭基底まで達する。波の強い岩礁性海岸の波打ち際の表層で小さな群れをつくる。伊豆諸島、新潟県佐渡〜九州北西岸の日本海・東シナ海沿岸、千葉県小湊〜鹿児島湾の太平洋沿岸、琉球列島、済州島、鬱陵島、台湾、香港に分布。（瀬能 宏）

ミナミメダカ

キタノメダカ

ダツ目 Beloniformes
メダカ亜目 Adrianichithyoidei
メダカ科 Adrianichthyidae　かつてはグッピーと同じ分類群（現在のカダヤシ目）に分類されていたが、1981年にトビウオ科やサヨリ科などと同じダツ目に移された。メダカ科は小型のメダカ亜科（最大体長16.1〜58mm）と大型のアドリアニクティス亜科（最大体長69.3〜192mm）に大別され、それぞれ1属32種と1属4種が知られる。インド西部から中国、朝鮮半島、日本までと、台湾、ルソン島、スラウェシ島・チモール島を東限とする東インド諸島に分布。

ミナミメダカ 絶滅危惧Ⅱ類（環） *Oryzias latipes* (Temminck and Schlegel, 1846)　モデル生物として世界的に有名。いわゆる“メダカ”として長らく中国や朝鮮半島、台湾にも広く分布する種とされてきたが、2012年に日本産の“メダカ”はミナミメダカとキタノメダカの2種に分類され、海外のもの［遺伝的に定義された東韓集団（未記載種）や中国－西韓集団（＝*Oryzias sinensis* Chen, Uwa and Chu, 1989）］とは別種であることが明らかにされた。本種は“南日本集団”に相当し、東日本型や琉球型など9地域型に細分される。雄は背鰭の縁辺が大きく欠刻し、臀鰭の鰭条が長い。雌は背鰭が欠刻せず、臀鰭は低い。キタノメダカとは、尾部の黒色素胞が黒い染みや明瞭な網目模様をつくらず、雄では背鰭の欠刻が深いことで識別される。体長は雄3.2cm、雌3.6cm。昼行性で、水面直下を群泳する。プランクトン植物やプランクトン動物、落下昆虫などを食べる雑食性。繁殖期は春から夏。早朝、一連の求愛行動の後に雄が雌に寄り添い、背鰭と臀鰭で包接し、放精と産卵が行われる。毎日10〜30個の卵を産む。卵には付着糸があり、雌がしばらく塊のまま腹に付けて保護するが、やがて水草などに何度かに分けて付着させる。千葉県では5〜

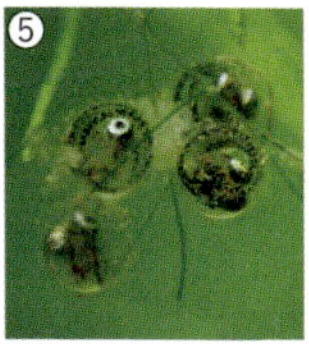

①ミナミメダカの生息地　②キタノメダカ　③ミナミメダカの産卵行動。オスは背鰭と臀鰭でメスを抱える　④ミナミメダカの卵保護　⑤ミナミメダカの発眼卵　⑥キタノメダカ

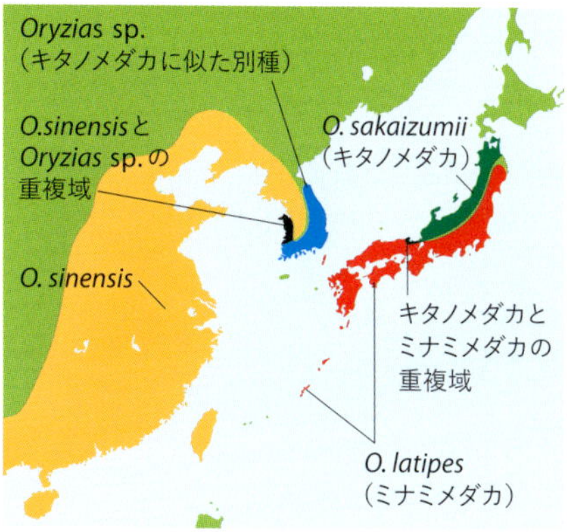

東アジアにおけるメダカ属各種の分布

6月に孵化した個体の一部は8月末に成熟するが、多くは未成熟のまま越冬し、翌年の4月末に成熟する。産卵後、6〜7月には約14か月の寿命を終える。平野部の河川、池沼、水田、用水路、塩性湿地など、止水域あるいは秒速15cm以下の緩やかな流れで、水草が繁茂した場所に生息。日本固有種で、日本海側では京都府以西、太平洋側では盛岡・大船渡以南の本州、四国、九州と付近の島嶼、沖縄諸島までの琉球列島に分布。1都2府18県で絶滅危惧、11県で準絶滅危惧に選定。各地で市民団体による保全活動や水族館等での系統保存が行われている一方、国内外来種の遺棄や逸出による遺伝子汚染が深刻化している。5000の地方名をもつとされるが、キタノメダカが分離されたことや、他の魚類の誤認を数多く含むと考えられることから、この数字の扱いには注意を要する。

キタノメダカ 絶滅危惧Ⅱ類(環) *Oryzias sakaizumii* Asai, Senou and Hosoya, 2012　本種は遺伝的研究により定義された“北日本集団”と“ハイブリッド集団”に相当し、2012年に新種として記載されたもの。京都府の由良川水系ではミナミメダカと同所的に生息し、生殖的な隔離の成立が確認されている。外観はミナミメダカよりも日本海をはさんだ対岸に分布する韓国の東韓集団に類似する。体長は雄3.2cm、雌3.3cm。一般的な生態はミナミメダカと同様と考えられる。青森県での繁殖期は5月初旬から8月。7〜8月の間に前年生まれの個体は寿命を終える。日本固有種で、下北半島、奥入瀬川水系、福島県郡山、佐渡島、津軽半島から兵庫県円山川水系までの本州日本海側、兵庫県浜田(岸田川水系)に分布。1府2県で絶滅危惧、3県で準絶滅危惧、1県で情報不足に選定。　(瀬能 宏)

サンマ

38cm FL
（通常30cm FL）

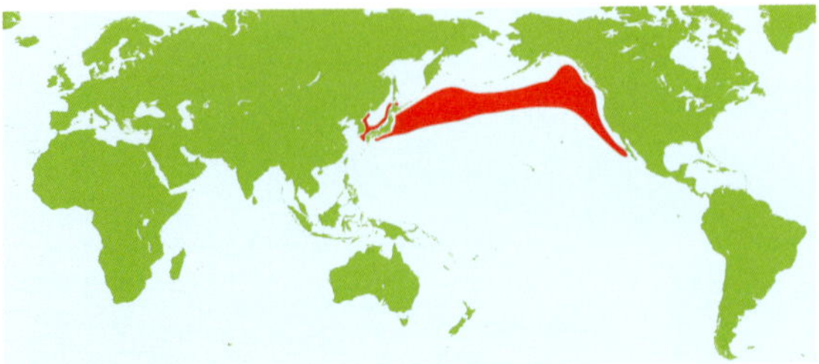

サンマの分布

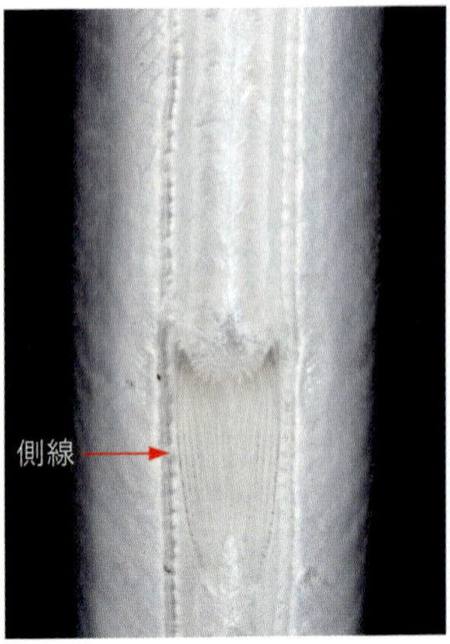

腹面

トビウオ亜目 Exocoetoidei　サンマ科、ダツ科、サヨリ科、トビウオ科が含まれる。いずれも表層遊泳魚で、側線が体側の腹縁近くを走る。

サンマ科 Scomberesocidae　トビウオ亜目のなかでサンマ科だけが海洋の沖合に生息。特にサンマは栄養豊かな北太平洋を生息域として大きな漁業資源となっている。

サンマ（サンマ属） *Cololabis saira* (Brevoort, 1856)　体は細長く、口は尖り、下顎は上顎より突出し先端が黄色い。背鰭と臀鰭はほぼ対在、後ろに小離鰭がある。胃がなく、腸は短く直走する。表層を群れで遊泳し、カイアシ類、オキアミ類、ヨコエビ類など、動物プランクトンを食べる。卵は球形に近い楕円形で卵膜上に約20本の付属糸があり、これで流れ藻や浮遊物に付着する。日本沿岸から北米沿岸に至る北太平洋と日本海に分布するが、東部北太平洋では漁業の対象となっておらず、主な生息域は北太平洋の西部と中部であろう。秋サンマは動物プランクトンの栄養豊かな北太平洋の高緯度からの南下群で脂がのって美味。集魚灯を使う棒受網で漁獲。塩焼き、刺身などで賞味。

太平洋サンマ：4月、小型魚や若魚が犬吠埼から金華山の東方沖の黒潮分派周辺を通って北に出る。5月、大型・中型・稚魚が黒潮と親潮の中間水域に出現。7月に親潮前線をこえて親潮域に入る。これは動物プランクトンの濃密層の移動と一致。8月初旬、まず大型魚が南下を開始。その後、中型や小型も南下。大型魚は9月中旬～10月下旬に東北海域、中型魚は11～12月に常磐沖、1月には日本近海から東の外洋水域にかけての黒潮主流と反流の潮境、2～3月にはさらに南に移る。黒潮内側の沿岸を西に移動、千葉近海から遠州灘をへて四国へ向かうものがおり、冬季のサンマ分布南限は亜熱帯潮境（北緯25～30度付近）で、その表面水温は18～22℃。東北海域を秋に南下する大型魚は、10月下旬～11月に親潮・黒潮前線周辺で産卵。流れ藻の総量と付着卵数は三陸沖のこの前線周辺で最も多い。中型魚（尾叉長26～27cm）はそれより遅れて成熟、熊野灘や四国で3～6月に産卵、東北地方で6月中・下旬に近海から沖合東経160度付近までの海域で産卵。最高齢は約2歳、ほとんどが1.5歳。

日本海サンマ：日本海では大型群（32cm前後）は10月下旬～1月に五島列島や男女群島付近で成熟、潮境の浮遊物に産卵。中型群（30cm前後）は5～6月に成熟、山陰から北

サヨリ

36cm TL（通常 雄25cm TL、雌32cm TL）

サヨリの短い上顎と長い下顎

サヨリの吻背面の鱗

クルメサヨリ

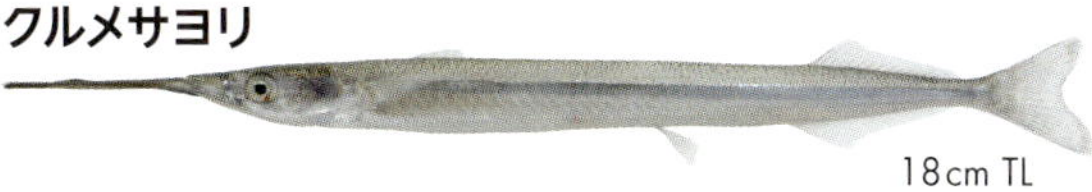

18cm TL

ダツ

1m TL

海道へ潮境を北上中に沿岸や島の周囲のホンダワラ類や流れ藻に産卵。卵と仔稚魚は周年採集されるが、春～初夏と秋～冬にピークがある。

サヨリ科 Hemiramphidae　上顎は小さく、下顎は棒状で長い。沿岸性。

サヨリ属 *Hyporhamphus*　吻背面が鱗で被われる。多くは東インド－西太平洋の熱帯域に分布。

サヨリ *Hyporhamphus sajori* (Temminck and Schlegel, 1846)　沿岸の岸近くの表層域を小群で遊泳する。汽水域に入るが、淡水域には入らない。動物性プランクトン、ときには水に落ちた昆虫を食べる。春～初夏に藻場または流れ藻に群れで来て水面近くで産卵、親魚の雌は全長31～36cm、雄は26～29cm。雄は早いものは1歳の25cmで成熟。雌は1歳で成熟せず、2歳で32cmに達して成熟。卵は球形で卵膜上の細い糸でホンダワラ類に絡まる。寿命は満2歳と考えられている。北海道オホーツク海沿岸、北海道～九州南岸の日本海・東シナ海沿岸、北海道～土佐湾の太平洋沿岸、瀬戸内海、朝鮮半島全沿岸、黄海、渤海に分布。刺網や延縄（はえなわ）で漁獲され、刺身、塩焼き、干物で食される。

クルメサヨリ 準絶滅危惧(環) *Hyporhamphus intermedius* (Cantor, 1842)　胸鰭は通常13軟条（サヨリは通常11軟条）、下顎腹面は黒色。汽水域や川の下流、海に連なる湖沼に生息。産卵は春～初夏。汽水域や淡水域で水草の小枝、アマモ・ガラモに卵膜の糸で卵を絡みつける。仔稚魚は産卵場付近、川の下流や池の表層を群れで遊泳。冬は汽水域にいることが多い。本州・九州北西部（局所的）、朝鮮半島南部・西部、台湾北部、中国遼寧省～広西省、ベトナム北部の沿海の汽水域や湖沼に分布。吸い物や酢の物で美味という。

ダツ科 Belonidae　上顎と下顎はともに著しく長く、歯は鋭い。沿岸性。

ダツ（ダツ属） *Strongylura anastomella* (Valenciennes, 1846)　内骨格は青い。春～初夏、藻場で群泳して産卵。卵膜の糸で海藻に絡まる。北海道～九州南岸の各地沿岸（瀬戸内海を含む）、朝鮮半島南岸、中国渤海～南シナ海沿岸に分布。定置網で漁獲、煮物や刺身で食され、夏に美味。（中坊徹次）

トビウオ 35cm TL

ハマトビウオ 50cm TL

ツクシトビウオ 35cm TL

ツクシトビウオの分布

トビウオ科 Exocoetidae　胸鰭は著しく大きく、尾鰭は上葉より下葉が長い。このような尾鰭を左右に振ると推進力とともに体が上を向く力が生じ、水面から飛び出す。そして、胸鰭を主翼、腹鰭を水平尾翼として水面上を滑空する。卵は卵膜に細糸があり、これで海藻などに絡まる。太平洋、インド洋、大西洋の熱帯～温帯域に8属約52種。日本には7属31種。

ハマトビウオ属 *Cypselurus*　日本列島沿岸ではトビウオ、ハマトビウオ、ツクシトビウオ、ホソトビウオが主で、いずれも東アジア固有。定置網や浮刺網で漁獲され、大型は刺身、中型は塩焼きや干物で食される。高知県以布利では冬から春はハマトビウオ、夏はツクシトビウオとホソトビウオ、秋はトビウオが来遊、生息空間の季節的すみわけであろう。これら4種の分布は黒潮と対馬暖流に対応している。特にツクシトビウオとホソトビウオはそうである。

トビウオ *Cypselurus agoo* (Temminck and Schlegel, 1846)　胸鰭の前から3軟条が不分枝(第1軟条は見にくい)。臀鰭起部は背鰭第3軟条の下か、それより後ろ。胸鰭に顕著な斑紋がない。稚魚の下顎前端のひげは1対で短く、先端は不分枝。屋久島・種子島では3月下旬～翌1月下旬に多く漁獲、産卵期は1～5月と10月。仔稚魚は九州近海では秋から春、台湾東部～奄美大島の沖では6月、土佐湾では5～6月、房総半島では8～9月に出現。仙台湾～屋久島の太平洋沿岸、九州西岸、琉球列島、朝鮮半島全沿岸、中国黄海・東シナ海沿岸、台湾東岸に分布。

ハマトビウオ *Cypselurus pinnatibarbatus* (Franz, 1910)　胸鰭の前から2軟条が不分枝(第1軟条は見にくい)。背鰭前方鱗数は61～68。胸鰭は褐色で顕著な斑紋がない。稚魚の下顎前端のひげは1対で幅広く、先端は5分枝。屋久島・種子島では9月下旬～翌5月中旬に多く漁獲、産卵期は1～3月。八丈

ホソトビウオ 28cm TL

アヤトビウオ 27cm TL

島や伊豆大島では3～4月に産卵。岩手県～屋久島の太平洋沿岸、九州西岸、朝鮮半島西岸に分布。

ツクシトビウオ *Cypselurus doederleini* (Steindachner, 1887)　胸鰭の前から2軟条が不分枝(第1軟条は見にくい)。背鰭前方鱗数は30～35。胸鰭は淡褐色で顕著な斑紋がない。第1鰓弓下枝の鰓耙数は15～18。稚魚は橙黄色で5本の褐色横帯があり、下顎前端のひげは1対で短く先端は幅広いが不分枝。1年で成熟。屋久島・種子島では4月下旬～6月下旬と8月中旬～9月上旬に多く漁獲、産卵盛期は5月。九州北西岸では秋に全長12～18cmの個体、春から初夏に全長25～30cmの個体が来遊、産卵盛期は6月。日没後、密な群れで接岸、水深7～20mの藻場で産卵、周辺は乳白色となる。稚魚は東シナ海中部では6月、薩摩海域と土佐湾では6～7月、房総半島では7～8月に出現。北海道石狩湾～九州西岸の日本海・東シナ海沿岸、北海道臼尻～仙台湾の太平洋沿岸、房総半島東岸～屋久島の太平洋沿岸、朝鮮半島南岸に分布。

ホソトビウオ *Cypselurus hiraii* Abe, 1953　胸鰭の前から2軟条が不分枝(第1軟条は見にくい)。背鰭前方鱗数は31～35。胸鰭は淡褐色で顕著な斑紋がない。第1鰓弓下枝の鰓耙数は19～24。稚魚の下顎前端のひげは1本で短いが先端が広がった花弁状。1歳で成熟。屋久島・種子島では4月上旬～6月上旬と8月中旬～9月上旬に多く漁獲、産卵

尾鰭下葉のジグザグの跡を残し飛び立つ

下葉が長い尾鰭は体を上に向ける

盛期は5～6月。天草諸島では6～7月に水深20～30mの浅い岩礁地帯、隠岐では小湾で砂底を選んで来遊し海底から3m程度の層で産卵。北海道～九州西岸の日本海・東シナ海沿岸、北海道函館市臼尻～仙台湾の太平洋沿岸、房総半島東岸～屋久島の太平洋沿岸、朝鮮半島南岸に分布。

アヤトビウオ *Cypselurus poecilopterus* (Valenciennes, 1847)　背鰭軟条数は7～9。胸鰭は淡黄色で多くの褐色点がある。稚魚に下顎先端のひげがない。屋久島・種子島では4月下旬～10月下旬に多く漁獲、産卵期は5～7月。稚魚は薩摩海域と土佐湾で6～8月、房総半島で8～9月に出現。房総半島～琉球列島の黒潮流域沿岸、台湾、インド－西太平洋の熱帯域に分布。　(中坊徹次)

カサゴ

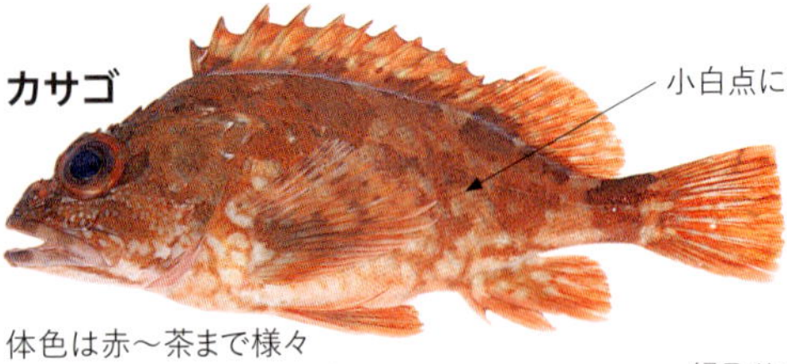

体色は赤～茶まで様々

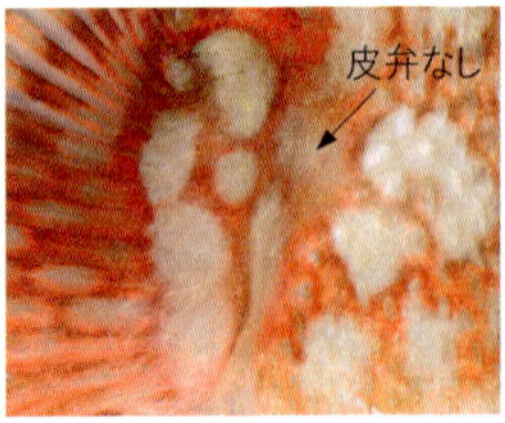

カサゴの胸鰭基部：皮弁はない

ウッカリカサゴ

アヤメカサゴ

スズキ系 Percomorpha

スズキ目 Perciformes

カサゴ亜目 Scorpaenoidei　眼の周囲を取り囲む眼下骨とよばれるいくつかの骨のうち、前から3番目が後方に伸びて眼下骨棚という突起をもつ。この特徴はメバル科、フサカサゴ科、コチ科、ホウボウ科などのカサゴ類だけでなく、カジカ科、トクビレ科、アイナメ科、クサウオ科などのカジカ類ももっており、かつてカサゴ目としてまとめられていた。しかし、近年の比較解剖学や分子遺伝学の研究により、カサゴ類とカジカ類は共通の祖先をもたないことがわかってきた。眼下骨棚は、共通祖先に由来するのではなく、カサゴ類とカジカ類で別々に生じた形質だと考えられるようになった。メバル科、フサカサゴ科、コチ科、ホウボウ科など世界に20科約130属780種以上、日本に15科73属約210種。

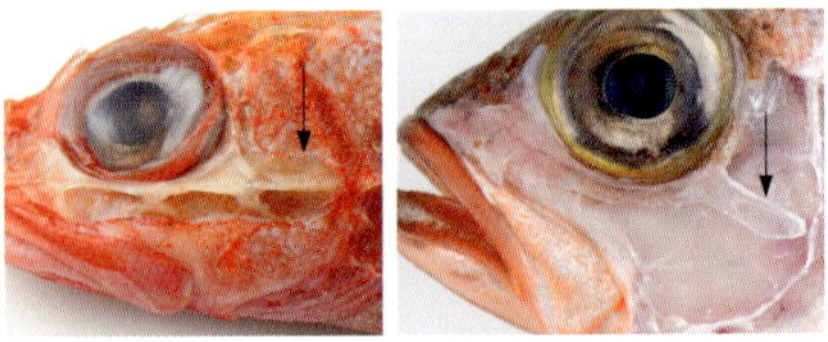

カサゴ亜目の眼下骨棚：アラスカキチジ(左、p.209)、ウスメバル(右、p.203)

メバル科 Sebastidae　頬には棘がないか、あっても1本。メバル属、カサゴ属、ユメカサゴ属、ホウズキ属などが、太平洋、インド洋、大西洋の温帯から寒帯域を中心に6属120種以上、日本には6属42種。ほとんどの種が体内受精をし、仔魚を産出する。わずかに受精卵を産むものがいる。

カサゴ属 *Sebastiscus*　胸鰭上半部の後縁は浅く湾入する。胸鰭腋部に皮弁がない。東アジア固有で、3種が岩礁域に生息。体内受精で胎生。

カサゴ *Sebastiscus marmoratus* (Cuvier, 1829)　頭部に棘が発達するが、眼の下や頬に棘がない。体は茶色～暗赤色が多いが、赤色の強い個体もいる。体側には白い斑点が散在するが、これらは黒く縁取られない。胸鰭軟条数は通常18。胸鰭軟条は下半分がやや長くて太く、これで体を支えて岩場に定位する。通常水深50m以浅の沿岸の岩礁に生息し、カニ類や魚類を食べる。3歳で体長約12cmに成長し、成熟。その後は成長が遅く、6歳で約15cmになる。交尾は10～11月

カサゴ属3種の分布

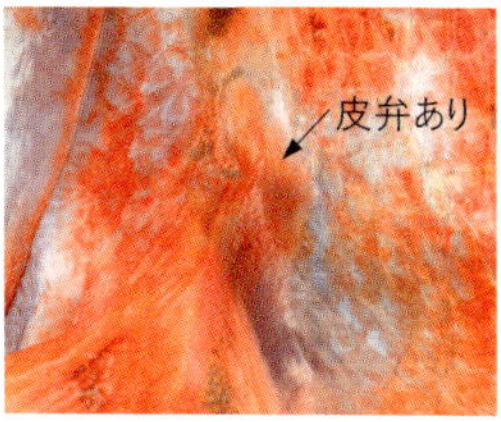

ユメカサゴの胸鰭基部：皮弁がある

初旬、卵の成熟を待ち11月ごろに体内で受精、水温15℃で受精後20～25日で孵化、11～翌5月に体長3～4mm程度の仔魚を産出する。北海道～九州南岸の太平洋沿岸、北海道～九州南岸の日本海・東シナ海沿岸、瀬戸内海、朝鮮半島南岸、済州島、台湾、中国南シナ海沿岸に分布。オーストラリアのシドニー湾から得られた個体は、おそらく船のバラスト水が原因。刺網や釣りなどで漁獲、煮付け、唐揚げで美味。

ウッカリカサゴ *Sebastiscus tertius* Barsukov and Chen, 1978　体は赤みが強く（まれに茶色がかる）、体側の白色斑は黒く縁取られる。胸鰭軟条数は通常19。長らく、カサゴの色彩変異とされてきたが、形態的・遺伝的に別種である。カサゴよりも深い所を好み、水深150m付近まで生息する。青森県～宮崎県の太平洋沿岸、若狭湾、山口県日本海沿岸、東シナ海大陸棚縁辺域、朝鮮半島南岸、台湾、香港、ジャワ島に分布。長くカサゴと混同されていたので、分布については再検討を要する。生態的な知見についても情報が不足している。

アヤメカサゴ *Sebastiscus albofasciatus* (Lacepède, 1802)　頭部と体側に黄色い網目状の模様があり各鰭は黄色。眼の下に1本の棘がある。水深150m付近の岩礁地帯に生息。4月頃仔魚を産出する。茨城県～九州南岸の太平洋沿岸、新潟県～山口県の日本海沿岸（散発的）、九州北岸・西岸、済州島、東シナ海大陸棚縁辺域、香港に分布。延縄（はえなわ）や底曳網で漁獲されるが数は少ない。

ユメカサゴ（ユメカサゴ属） *Helicolenus hilgendorfii* (Döderlein in Steindachner and Döderlein, 1884)　体は赤く、数本の暗赤色の横帯がある。胸鰭は上半分が浅く湾入しており、基部の腋部には皮弁がある。ユメカサゴ属魚類は、交尾後にゼラチン質の嚢に包まれた胚が産み出され、その後に孵化が起こる受精卵生であるが、本種の繁殖に関する詳しい知見は少ない。水深150～200mに生息。青森県～薩摩半島の太平洋沿岸、若狭湾～九州北西岸の日本海・東シナ海沿岸、東シナ海大陸棚縁辺域に分布。インドネシアのバリ島からの記録は要検討。延縄やトロール網などで漁獲される。

ホウズキ（ホウズキ属） *Hozukius emblemarius* (Jordan and Starks, 1904)　アコウダイ（p.200）に似るが背鰭棘数が12、尾鰭後縁が切れ込まないことで異なる。大型個体では眼の上の縁に鋸歯状の棘が発達する。体色は一様に鮮やかな赤色だが、若魚では体側に濃赤色の不明瞭な帯がある。メバル属は胎生で仔魚を産出することが知られているが、ホウズキ属魚類の繁殖生態はわかっていない。水深100～900mに生息。青森県～熊野灘の太平洋沿岸、東シナ海大陸斜面上部域、九州－パラオ海嶺に分布。釣り、底曳網で漁獲、アコウダイと似た食べ方で美味。（甲斐嘉晃）

アコウダイ

53cm SL（通常30～40cm SL）

サンコウメヌケ

50cm SL

オオサガ

60cm SL

メバル属 *Sebastes*　太平洋と北大西洋の高緯度地域で約110種が知られているカサゴ亜目で最大の属。日本周辺には28種。胎生で、仔魚(しぎょ)を産出する。生態的にも多様で、深海域に生息し体色の赤いメヌケ類、ウスメバルのように浅海の底近くを群れで遊泳しているメバル類、ムラソイなどのように岩礁域に潜んで生活するソイ類などが含まれる。ただし、メヌケ類、メバル類、ソイ類の区別は必ずしも明確ではない。形態的に区別の難しい種が多く、これらは分子遺伝学的研究から比較的近い過去に種分化したと考えられている。

メバル属の分布

アコウダイ *Sebastes matsubarae* Hilgendorf, 1860　背鰭棘数は13、眼のすぐ下に小さい数本の棘があり、尾鰭はやや切れ込む。体は成魚では鮮やかな赤色、若魚では体側や鰓蓋(さいがい)に不明瞭な暗色斑がある。水深500～700mの大陸斜面に生息し、産仔期の12～4月にはやや浅い150～300m付近に移動。深海性「めぬけ」類の代表的な種。深海性のメバル属魚類は長寿で、近縁の *Sebastes aleutianus* では205歳という記録があるが、本種の年齢と成長についてはわかっていない。青森県～土佐湾の太平洋沿岸、千島列島太平洋沿岸に分布。日本海では稀。深海釣りの対象魚で、針が10～15本も付いた長い仕掛けで狙う。このほか深海延縄(しんかいはえなわ)で漁獲され、鍋、煮付け、味噌漬けなどで食される。皮付きで湯をかけるか、焼き霜造りで美味。

サンコウメヌケ 準絶滅危惧(環) *Sebastes flammeus* (Jordan and Starks, 1904)　アコウダイに似るが、目の下に棘がなく、体高もやや低く、尾鰭は明瞭に二叉。体は鮮やかな赤色で、口の中は黒い。水深200～1000mの岩礁域に生息。北海道～茨城県の太平洋沿岸に分布。北海道や関東地方では深海釣りの対象魚。美味。深海延縄で漁獲され、鍋、煮付けなどで食される。

オオサガ 準絶滅危惧(環) *Sebastes iracundus* (Jordan and Starks, 1904)　体は鮮やかな赤色、しかし、体側や頭部に黒色の斑紋が入るものがいる。サンコウメヌケに似るが、口の中が白い。水深200～1300mの岩礁域に生息。産仔期は5～6月で、秋～春には沖合に分散する。千島列島～千葉県銚子の太平洋沿岸、

バラメヌケ

42cm SL

アラメヌケ

54cm SL（通常40cm SL）

ウケグチメバル

25cm SL（通常18cm SL）

カタボシアカメバル

25cm SL（通常20cm SL）

天皇海山に分布。サンコウメヌケと本種は遺伝的・形態的差異が小さく、詳細な研究が必要である。アコウダイと同様に深海延縄で漁獲され、鍋などで食される。

バラメヌケ 準絶滅危惧(環) *Sebastes baramenuke* (Wakiya, 1917)　体は鮮やかな赤色で、鰓蓋に不明瞭な1暗色斑がある。頭部背面には3本の暗色横帯がある。水深100〜420mの岩礁域に生息。北海道〜青森県の日本海沿岸、北海道〜千葉県銚子の太平洋沿岸、朝鮮半島東岸中部から沿海州、千島列島に分布する。アコウダイと同様に深海延縄で漁獲され、鍋などで食される。

アラメヌケ 準絶滅危惧(環) *Sebastes melanostictus* (Matsubara, 1934)　体はやや暗い赤色で、体側と背鰭に多数の黒色斑点が散在。背鰭の軟条部、臀鰭、尾鰭、腹鰭は黒く縁取られる。東部北太平洋に分布する *Sebastes aleutianus* (Jordan and Evermann, 1989) と混同されていた。水深84〜490mの岩礁域に生息。北海道〜千葉県銚子の太平洋沿岸、千島列島北部、カムチャツカ半島南東岸からベーリング海・アリューシャン列島〜カリフォルニア州南部に分布する。アコウダイと同様に深海延縄で漁獲され、鍋などで食される。

ウケグチメバル *Sebastes scythropus* (Jordan and Snyder, 1900)　下顎は上顎よりも長く、先端には突起がある。体は赤みをおび、鰓蓋に黒色帯、体側にHの文字に似た暗色斑紋がある。水深150〜300mの岩礁地帯に生息し、しばしば深海釣りで釣れる。青森県〜土佐湾の太平洋沿岸に分布。

カタボシアカメバル *Sebastes kiyomatsui* Kai and Nakabo, 2004　かつてはウケグチメバルの大型個体と考えられていたが、形態的・遺伝的に異なり、2004年に新種とされた。鰓蓋上部に丸い黒斑がある。アコウダイの若魚にも似るが、上顎の直上にある涙骨（るいこつ）に鋭い2棘があることで区別可能。水深250m付近の岩礁地帯に生息する。房総半島〜和歌山県紀伊勝浦の太平洋沿岸に分布。　（甲斐嘉晃）

アカメバル

18cm SL（通常15cm SL）

クロメバル

20cm SL（通常18cm SL）

シロメバル

20cm SL（通常17cm SL）

メバル複合種群 *Sebastes inermis* species complex　従来“メバル”の種内変異とされていた赤色型、黒色型、白色型は、形態的・遺伝的に異なり、それぞれアカメバル、クロメバル、シロメバルの3つの種にされた。これら3種は上顎の直上にある涙骨に鋭い2棘がある、頭部の棘はあまり発達しない、体に不明瞭な暗色の帯がある等で同属他種と区別できる。3種とも釣りの対象種として人気があり、冬～春によく釣れる。“メバル”としての報告では晩秋に交尾、冬～早春に体長4～5mmの仔魚を産む。しかし、アカメバル、クロメバル、シロメバルは、3種に分けられてからの生態学的知見は少ない。釣りの他、刺網や定置網などで漁獲され、煮付け、塩焼き、唐揚げ、薄造りなどで食される。

アカメバル *Sebastes inermis* Cuvier, 1829
体や各鰭が赤からオレンジ色、体側の横帯は濃い赤。胸鰭軟条数は通常15、臀鰭軟条数は通常7。胸鰭は長く、臀鰭近くまで伸びる。あまり大きくならず、他の2種より成長

アカメバルの分布

クロメバルの分布

シロメバルの分布

トゴットメバル

15cm SL

ウスメバル

30cm SL（通常20cm SL）

が遅い。藻場で群れて泳ぎ、ワレカラ類やヨコエビ類といった小型の甲殻類、カタクチイワシなどの小型の魚類を食べる。北海道積丹半島〜長崎県の日本海沿岸、津軽海峡〜紀伊水道の太平洋沿岸、瀬戸内海、宮崎県、朝鮮半島東岸、済州島に分布。味は3種の中ではやや水っぽく、好まれる地方と、好まれない地方がある。

クロメバル *Sebastes ventricosus* Temminck and Schlegel, 1843　生時、体は背側が青みをおびた黒色で、体側の横帯は濃い黒色、腹側は白から銀色。死後は体全体が黒っぽくなる。胸鰭軟条数は通常16、臀鰭軟条数は7か8。胸鰭と腹鰭は、やや短く、肛門に届かないことが多い。ヨコエビ類やアミ類などの小型甲殻類を好む。他の2種に比べるとやや外海に面した岩礁地帯に生息し、単独で底近くに定位する。津軽海峡〜長崎県の日本海・東シナ海沿岸、津軽海峡〜紀伊水道の太平洋沿岸、瀬戸内海、高知県以布利に分布。

シロメバル *Sebastes cheni* Barsukov, 1988
生時、背側と体側の横帯が濃い茶色、腹側は白から金色。死後、体全体が濃い茶から金色になる。胸鰭軟条数は通常17、臀鰭軟条数は通常8。胸鰭と腹鰭はやや長く、どちらも通常肛門をこえる。他の2種に比べるとやや魚食性が強く、その他、小型の甲殻類を捕食する。沿岸の岩礁域で群がりをつくる。津軽海峡〜九州北西岸の日本海・東シナ海沿岸、津軽海峡〜三重県の太平洋沿岸、瀬戸内海、有明海、朝鮮半島東岸に分布。

トゴットメバル *Sebastes joyneri* Günther, 1878
体型、上顎の直上にある涙骨に鋭い2棘があること、体色は赤みをおびることなどでアカメバルに似るが、体側の模様ははっきりしており、黒色または濃い茶色で丸い。稚魚（ちぎょ）期は流れ藻につくが、成魚は水深100m前後のやや深い岩礁地帯に生息する。ウスメバルに混じって釣れることがあるが、あまり数は多くない。青森県〜高知県柏島の太平洋沿岸、愛媛県伊予、鬱陵島に分布。

ウスメバル *Sebastes thompsoni* (Jordan and Hubbs, 1925)　トゴットメバルに似るが、体側の黒色の模様は丸みをおびない。“オキメバル”として釣りの対象となっているのは本種。トゴットメバルと同じく、稚魚期は流れ藻につくことが多いが、流れ藻につかない群れも確認されている。成魚（せいぎょ）は水深約100mのやや深い岩礁地帯で群れる。11月頃に交尾し、翌3〜6月に体長5mmほどの仔魚を産む。北海道〜相模湾の太平洋沿岸、北海道〜対馬の日本海沿岸、朝鮮半島東岸・南岸に分布、刺網や釣りなどで漁獲される水産重要種、主に煮付けで食される。　（甲斐嘉晃）

エゾメバル

25cm SL（通常20cm SL）

ヨロイメバル

17cm SL

コウライヨロイメバル

15cm SL

タケノコメバル

35cm SL

エゾメバル *Sebastes taczanowskii* (Steindachner, 1880)　クロメバルやシロメバルに似るが、目の下の涙骨（るいこつ）に棘がない。下顎に鱗がない。体は普通茶褐色だが、赤みをおびることもある。体の各鱗に小白色点がある。尾鰭は白く縁取られる（白バックの標本写真ではわかりにくい）。北海道に多く、“がやがや釣れた”ことから“ガヤ”ともよばれるが、現在は資源量が少なくなっている。浅海（水深100m以浅）の岩礁地帯に生息、稀に汽水域でもみられる。北海道では10～11月頃に交尾し、約4か月以上卵巣内にとどまった精子で3～4月に受精、仔魚（しぎょ）の産出は5～6月。成長は遅く、3歳で体長18cm、5歳で19.4cmになる。北海道全沿岸、青森県～石川県の日本海沿岸、青森県～宮城県の太平洋沿岸、朝鮮半島東岸中部～サハリン、千島列島に分布。定置網、刺網、釣りなどで漁獲され、味噌汁、煮付け、唐揚げなどで利用される。

ヨロイメバル *Sebastes hubbsi* (Matsubara, 1937)　頭部の棘は発達し両眼間隔はくぼむ。眼の下の涙骨には目立つ棘はない。体はやや赤みをおび胸部や腹鰭には暗色点が散らばる。背鰭棘条数が14で通常13の沿岸性のメバル属魚類と区別できる。沿岸の藻場や岩礁域に生息。青森県～宮城県・茨城県～三重県の太平洋沿岸、青森県～九州北西岸の日本海・東シナ海沿岸、瀬戸内海、中国山東半島・遼東半島、朝鮮半島南岸・東岸に分布。

コウライヨロイメバル *Sebastes longipinis* (Matsubara, 1934)　ヨロイメバルによく似るが、背鰭棘条数が13、尾鰭に白色の帯があるこ

ムラソイ

32cm SL

オウゴンムラソイ

26cm SL

オウゴンムラソイ
（アカブチムラソイと
よばれていた変異）

とで区別できる。水深44mまでの岩礁域や砂底に生息。日本では紀伊水道、瀬戸内海、山口県日本海沿岸、九州北岸などの限られた地域に分布し、数は少ない。しかし、朝鮮半島南岸、鬱陵島、済州島、遼東半島黄海沿岸、江蘇省北部に分布し、数も多い。

タケノコメバル 準絶滅危惧(環) *Sebastes oblongus* Günther, 1877　頭部はやや大きく、両眼間隔はほぼ平坦。眼の下の涙骨には目立った棘はない。眼から鰓蓋(さいがい)後端にかけて暗色帯があり、胸部には暗色点が散在する。沿岸の岩礁の藻場に生息し、小型甲殻類や魚類を食べる。 北海道～長崎県の日本海・東シナ海沿岸、瀬戸内海、青森県～三重県の太平洋沿岸、朝鮮半島南岸・東岸に分布。香川県では高級魚。瀬戸内海では種苗生産された稚魚(ちぎょ)を放流して資源の安定化を図る試みが行われている。

ムラソイ *Sebastes pachycephalus* Temminck and Schlegel, 1843　頭部の棘はよく発達し、両眼間隔はくぼむ。眼の下の涙骨には目立った棘はない。背鰭の基部は細かい鱗で被われている。体は茶褐色で、暗色点が腹部や胸鰭にあるが、稀に暗色点のない個体がいる。尾鰭に褐色で暗色の斑点がある。かつて“ホシナシムラソイ”とされていたのは本種の種内変異である。沿岸の岩礁域に生息し、小型甲殻類や魚類を食べる。近縁のオウゴンムラソイに比べるとやや暖かい海域に分布する。房総半島～鹿児島湾の太平洋沿岸、能登半島～鹿児島湾の日本海・東シナ海沿岸、朝鮮半島南岸、渤海、黄海に分布する。津軽海峡や東北地方太平洋沿岸からも記録があるが稀。

オウゴンムラソイ *Sebastes nudus* Matsubara, 1943　背鰭棘条部の基部は鱗で被われないことでムラソイと区別できる。体は茶褐色で、背側に黄色、あるいは赤褐色の斑紋がある個体が多い(全くない個体もいる)。尾鰭は茶褐色で、淡色の斑点がある。かつて“アカブチムラソイ”とされていたのは本種の種内変異である。ムラソイに比べるとやや北方海域に分布し、黒潮流域にはいない。北海道～九州北部の日本海沿岸、東北地方～相模湾の太平洋沿岸、瀬戸内海、朝鮮半島南岸、渤海、黄海に分布。刺網や釣りで漁獲、主に煮付けで食される。　(甲斐嘉晃)

クロソイ

50cm SL（通常40cm SL）

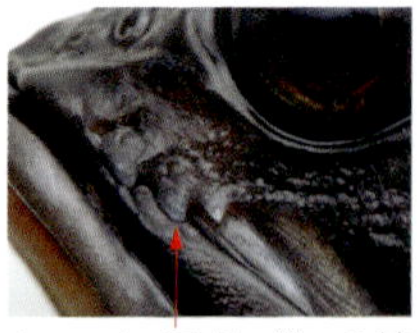

クロソイの涙骨。鋭い3棘がある

ゴマソイ

35cm SL

シマゾイ

30cm SL

クロソイ *Sebastes schlegelii* Hilgendorf, 1880
眼の下の涙骨に鋭い3棘があり、他のメバル属魚類と異なる。2歳までは防波堤や岸近くの藻場・岩礁域に生息、それより成長すると深場に移動し水深約100m付近の岩礁域に生息。東北地方では冬期に交尾すると考えられ、4～6月頃に全長7mmほどの仔魚を産出する。5歳で雄は体長約30cm、雌は33cmになり、10歳で雄は33cm、雌は40cmになる。北海道全域、青森県～長崎県の日本海・東シナ海沿岸、青森県～千葉県銚子の太平洋沿岸、瀬戸内海、河北省～浙江省の中国沿岸、朝鮮半島全沿岸～間宮海峡をへてサハリン南東岸・西岸、千島列島南部に分布。水産重要種、刺網や釣りで漁獲され、煮付け、刺身、塩焼き、汁物で食される。北海道や東北地方では、資源の増殖に向けて種苗生産された稚魚が放流されている。韓国では高級魚で主に刺身で食される。

ゴマソイ *Sebastes nivosus* Hilgendorf, 1880
体型や棘の状態はオウゴンムラソイに似るが、暗色の体に黄緑色の斑点が鰭を含めて体全体に散らばる。沿岸の岩礁地帯に生息。北海道～相模湾の太平洋沿岸、青森県～秋田県の日本海沿岸、中国遼寧省猪子島・小平島に分布する。ただし、東北地方太平洋沿岸以外の所には少ない。

シマゾイ *Sebastes trivittatus* Hilgendorf, 1880
頭部の棘は発達し、両眼間隔はくぼむ。眼の下の涙骨には目立った棘はない。体側に側線をはさんで2本の暗色の帯がある。体は黄色がかるが、暗褐色の強い個体がいるなど変異がある。北東太平洋沿岸に分布する *Sebastes caurinus* も同じような模様をもつが、系統的には遠く、それぞれで独立に進化したと考えられる。沿岸の岩礁域に生息。北海道全沿岸、青森県～福島県の太平洋沿岸、青森県～秋田県の日本海沿岸、遼東半島大連、朝鮮半島西岸、朝鮮半島東岸～サハリン西岸の日本海沿岸、サハリン南東岸、千島列島太平洋沿岸に分布。（甲斐嘉晃）

キツネメバル *Sebastes vulpes* Döderlein1884
頭部に棘が発達。体と各鰭は灰色から黒色で、白斑が散在。やや青みをおびる個体もいる。頬に2本の太い暗色斜帯がある。背鰭と尾柄部の鞍状斑は不明瞭なことが多い。下顎後端と背鰭基底前半に通常微小鱗がない。能登半島では水深数～60m、宮古や北海道では

キツネメバル

26cm SL（通常20cm SL）

タヌキメバル

36cm SL（通常20cm SL）

キツネメバル×タヌキメバル
(キツネメバル寄りの個体)

キツネメバル×タヌキメバル
(タヌキメバル寄りの個体)

36cm SL（通常20cm SL）

キツネメバルの分布

タヌキメバルの分布

数～50mの岩礁に生息。北海道苫前～山口県の日本海沿岸、北海道羅臼、北海道苫小牧～福島県の太平洋沿岸、朝鮮半島南岸・東岸に分布。北海道ではキツネメバルとタヌキメバルは区別されず“マゾイ”とよばれ高級魚、栽培漁業もされている。どちらも、仔魚（しぎょ）は橈脚類、甲殻類の幼生、ミジンコ類、魚卵などを食べ沿岸の表層を浮遊、体長約25mmで着底。成魚（せいぎょ）は甲殻類や魚類などを食べる。

タヌキメバル *Sebastes zonatus* Chen and Barsukov 1976　頭部に棘が発達。体と胸鰭は赤褐色から黒褐色。背鰭、臀鰭、腹鰭は灰白色から黒色で、白斑が散在する。頬の暗色帯は比較的細い。背鰭と尾柄部の鞍状斑は明瞭なことが多い。下顎後端と背鰭基底は通常微小鱗に被われる。能登では100～150m、宮古や北海道では約50～100mの岩礁に生息。北海道小樽～山口県の日本海沿岸、北海道羅臼、北海道日高～福島県の太平洋沿岸、朝鮮半島南岸・東岸に分布。

キツネメバル×タヌキメバル（雑種個体）

S. vulpes×*S. zonatus*　体色はキツネメバルとタヌキメバルの中間を示す個体が多いが、どちらかに近い個体もいる。下顎と背鰭基底の微小鱗の状態は様々。雑種個体の割合は、石川県能登半島周辺に比べ、岩手県宮古市周辺、北海道小樽市周辺で多い。能登ではキツネメバルとタヌキメバルの主な生息水深帯は分離するが、小樽、宮古では少し重なる。小樽や宮古では能登より交雑頻度が高いのは生息水深帯の重なりが理由だと思われる。なお、交雑が生じているにもかかわらず、どちらの種も独自性を維持している。

（武藤望生）

ハツメ
成長した♂

19cm SL（通常17cm SL）

♀

24cm SL（通常19cm SL）

ハツメ（メバル属） *Sebastes owstoni* (Jordan and Thompson, 1914)
眼窩下縁に棘がなく、涙骨の棘は不顕著、頭頂棘がある。尾鰭後縁は2叉、背鰭棘数は通常14（13～14）。ハツメには性的二型が知られている。雌雄は体長12cm未満では体は赤色、しかし雄は体長12cmをこえると体が黄色い個体が徐々に増加し、体長17cmをこえるとすべてが黄色になる。一方、雌は成長して、一部は黄色になるが、ほとんどが体は赤色のままである。メバル属魚類は雌雄がつがいとなり体内受精を行う。成長すると雄の体が黄色く変化するのは、交尾の相手となる雌をひきつけるためであると考えられる。メバル属では現在のところ体色の性的二型はハツメだけが知られている。また、雄は雌より小さく、大きくても体長20cmをこえないが、雌は24cmをこえる。そして、雄は雌より頭や眼が大きく、下顎や背鰭前長が長い。一方、雌は雄より腹鰭と臀鰭の間が長い。メバル属でこのような性的二型が知られている種で雄の頭長、眼径、下顎長、背鰭前長が大きいのは、体の小さい雄がより大きな餌の摂食や、求愛時に雌に対して自身の体を大きく見せるためだと考えられている。また、雌の体長や腹鰭－臀鰭間長が大きいのは、より多くの卵をもつためだと考えられている。水深100～303mに生息。朝鮮半島東岸中部～間宮海峡、北海道～山口県の日本海沿岸、北海道～福島県の太平洋沿岸に分布。刺網、底曳網で漁獲され、味噌漬け、粕漬け、塩焼き、煮付けで食される。（柳下直己）

ハツメの分布

キチジ科 Sebastolobidae　体は側扁する。頭部は大きく、背面や眼下、頬に棘がある。胸鰭は大きく、下部に欠刻がある。鰾はない。北太平洋の水深100～1700mの大陸斜面に生息。キチジ属*Sebastolobus*のみで、日本近海のキチジの他、北東太平洋のアラスカキチジ*Sebastolobus alascanus*、東太平洋のヒレナガキチジ*Sebastolobus altivelis*がふくまれる。アラスカキチジは日本近海で稀にみられる。いずれも、雌はゼラチン状の組織に包まれた浮遊性の卵塊を産み、孵化から稚魚の着底までの浮遊期間は種によって異なるがいずれも1年以上。最大の種で体長80cm。

キチジ（キチジ属） *Sebastolobus macrochir* (Günther, 1877)　体は鮮やかな赤橙色。背鰭棘条部に黒色斑があり、その大きさには

キチジ

アラスカキチジ

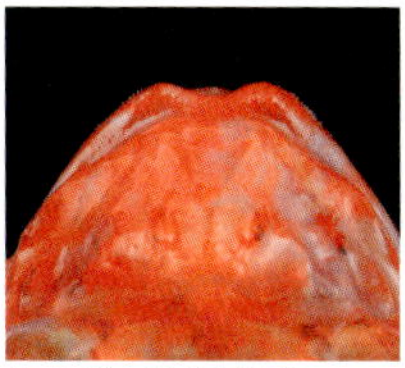
キチジの吻部背面

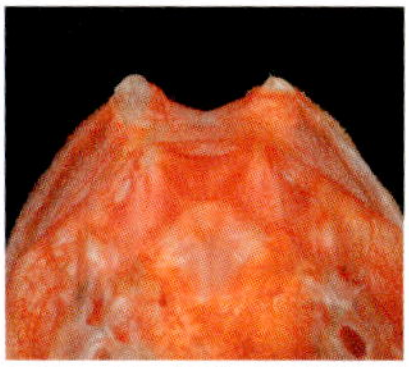
アラスカキチジの吻部背面

個体変異がある。胸鰭下葉の軟条は肥厚し指状。腹鰭は長い。大陸斜面や堆で、起伏がある複雑な地形を好み、群れはつくらず単独で海底に定位し、クモヒトデ類、エビ類、オキアミ類、多毛類、魚類などを食べる。

北海道のオホーツク海沿岸で延縄漁業により1～4月は水深400～700m、5～12月では水深700～1200mで漁獲され、季節による浅深移動をしていることがわかる。北海道と北千島の太平洋沿岸では体長15cmまでは水深500～700mに集中して生息するが、これより大きくなると水深300～1000mに分散して生息する。

成長は、大型魚で耳石縁辺部の輪紋が不明瞭になるため十分に解明されていないが、極めて遅い。東北地方太平洋沿岸のもので示された成長曲線から年齢ごとに体長を推定してみると、1歳で体長8.1cm、2歳で12.4cm、3歳で15.9cm、4歳で18.7cm、5歳で20.9cm、6歳で22.6cm、7歳で24.0cm、8歳で25.1cm、9歳で26.0cm、10歳で26.7cm、11歳で27.2cm、12歳で27.7cm、13歳で28.0cm、14歳で28.3cm。漁獲物の多くは体長12～25cm(最大30cm)。東北地方太平洋沿岸では産卵期は1～4月、雌の50%が体長15cmで成熟するが、成長曲線から判断すると、この海域の個体群は3歳で雌の半数が成熟することになる。北海道太平洋沿岸では産卵期は3～5月、雌の50%が24cmで成熟する。従ってこの海域のものは7歳で雌の半数が成熟すると思われる。

北海道オホーツク海沿岸、北海道～相模湾の太平洋沿岸、オホーツク海、サハリン南東岸、千島列島、カムチャツカ半島南東岸に分布。美味で、高級魚。“キンキ”、“メンメ”などの地方名で親しまれる。底曳網を中心に、刺網、延縄、エビ桁網などにより漁獲される。

(武藤望生)

キチジの分布

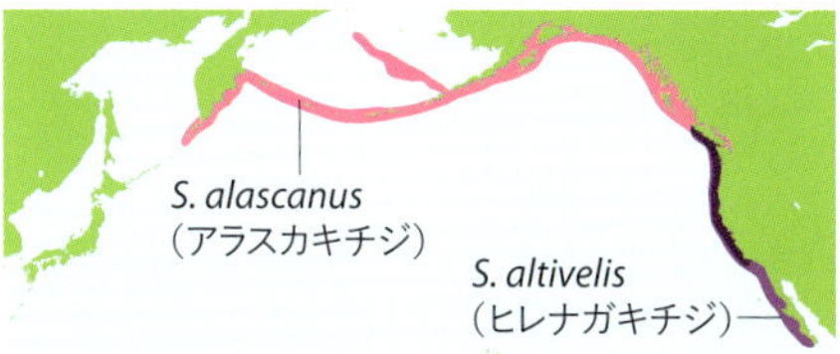

アラスカキチジとヒレナガキチジの分布

イズカサゴ

30cm SL

コクチ
フサカサゴ

13cm SL

カボチャ
フサカサゴ

25cm SL

ネッタイフサカサゴ

10cm SL

フサカサゴ科 Scorpaenidae　体はやや側扁し、卵形〜楕円形。口は大きく、端位。背鰭は1基で、12〜14棘。胸鰭はよく発達する。これまでフサカサゴ科に含まれていたメバル亜科やハチ亜科、シロカサゴ亜科、ヒレナガカサゴ亜科などは近年独立した科として扱われている。淡水種は知られていない。全世界に26属約200種、日本に24属62種。

イズカサゴ（フサカサゴ属） *Scorpaena neglecta* Temminck and Schlegel, 1843　フサカサゴ属の中で最も両眼間隔が広い。腹鰭前方域は無鱗。胸鰭腋部に皮弁がある。水深40〜600mの砂底に生息。42歳の個体が記録されている。房総半島〜九州南岸の太平洋沿岸、新潟県〜九州南岸の日本海・東シナ海沿岸（散発的）、朝鮮半島南岸、沖縄舟状海盆、台湾、東インド－西太平洋に分布。

コクチフサカサゴ（フサカサゴ属） *Scorpaena miostoma* Günther, 1877　胸鰭は通常16軟条。腹鰭前方域は有鱗。体は赤褐〜赤紫色。高緯度ほど浅海でみられ、千葉県では潮だまりにも出現するが、台湾では水深400〜500mに多い。千葉県〜鹿児島県の太平洋沿岸、瀬戸内海、富山県〜山口県の日本海沿岸、朝鮮半島南岸、台湾、ベトナム北部に分布。東アジア固有種。

カボチャフサカサゴ（フサカサゴ属） *Scorpaena pepo* Motomura, Poss and Shao, 2007　胸鰭は通常16軟条。体はオレンジ色、頭部には黒点が散在する。雄は背鰭棘条部の鰭膜に黒斑がある。種小名と和名は本種の体色と体型に因み、カボチャを意味する。水深50〜400mの岩礁に生息。和歌山県〜九州南岸の太平洋沿岸、トカラ列島、琉球列島台湾に分布。台湾で水産重要種。焼き魚で食される。

ボロカサゴ

18cm SL

カスリフサカサゴ

7cm SL

プチフサカサゴ

3.7cm SL

イソカサゴ

10cm SL

ネッタイフサカサゴ（**ネッタイフサカサゴ属**）

Parascorpaena mossambica (Peters, 1855)　涙骨下縁に2棘があり、後方棘は前方へ反る。後頭窩はくぼむ。雌雄とも背鰭棘条部の鰭膜上に黒斑がない。尾柄部の白色斑には前方から後方に向かって体色の地色が入り込む。浅海のサンゴ礁や岩礁域に生息。相模湾〜屋久島の太平洋沿岸、トカラ列島、琉球列島、台湾、香港、西太平洋に分布。西インド洋の個体群は別種と考えられ、現在研究が進められている。

ボロカサゴ（**ボロカサゴ属**）*Rhinopias frondosa* (Günther, 1892)　体は著しく側扁、体高が高い。体中に発達した皮弁がある。背鰭軟条部に黒斑。体色は紫、赤、黄、白など変異に富む。脱皮することが知られている。近縁のホウセキカサゴ *R.eschmeyeri* はボロカサゴの変異個体と考えられていたが、別種である。水深100m以浅の岩礁域に生息。伊豆大島、八丈島、伊豆半島〜高知県柏島の太平洋沿岸、インド−西太平洋（紅海、ペルシャ湾、ニューカレドニアからの記録はない）に分布。

カスリフサカサゴ（**マダラフサカサゴ属**）

準絶滅危惧（環）*Sebastapistes cyanostigma* (Bleeker, 1856)　口蓋骨に歯がある。眼下骨に1棘、涙骨下縁は3棘以上。体は赤色系で、黄斑と黄〜白点が散在する。サンゴ礁に強く依存しており、枝サンゴの間隙に多い。伊豆−小笠原諸島、千葉県〜屋久島の太平洋沿岸（散発的）、琉球列島、インド−西太平洋に分布。小型種。

プチフサカサゴ（**マダラフサカサゴ属**）

Sebastapistes fowleri (Pietschmann, 1934)　口蓋骨に歯がない。眼下骨に2棘がある。涙骨下縁に2棘あり後方棘が下向き。口蓋骨に歯がないことでオニカサゴ属とされていたが、最近マダラフサカサゴ属に帰属された。世界最小のフサカサゴ科魚類。大きくても体長3.7cm。1.8cmの成熟個体がいる。伊豆半島〜屋久島の太平洋沿岸（散発的）、トカラ列島、琉球列島、台湾南部、インド−太平洋に分布。

イソカサゴ（**イソカサゴ属**）*Scorpaenodes evides* (Jordan and Thompson, 1914)　口蓋骨に歯がない。背鰭13棘。下鰓蓋骨上に1暗色斑。体色は変異に富み、真っ白い個体も観察される。伊豆−小笠原諸島、房総半島〜宮崎県の太平洋沿岸、秋田県〜九州北西岸の日本海・東シナ海沿岸（散発的）、屋久島〜奄美諸島、インド−太平洋の温帯域（局所的）に分布。反赤道分布をする温帯・亜熱帯性の小型種。

（本村浩之）

オニカサゴ

22cm SL

サツマカサゴ

18cm SL

サツマカサゴの背面

オオウルマカサゴ

37cm SL

オニカサゴ(オニカサゴ属) *Scorpaenopsis cirrosa* (Thunberg, 1793)　口蓋骨に歯がない。背鰭は12棘で、第3棘と4棘はほぼ同長。涙骨前方隆起の先端は皮膚に埋没。体側に明瞭な小黒点が散在。浅海の岩礁域に生息。伊豆諸島、房総半島〜種子島の太平洋沿岸、秋田県〜九州北岸の日本海沿岸(散発的)、朝鮮半島南岸、香港に分布。琉球列島の記録はすべてイヌカサゴの誤認。東アジア固有で、中型種。

サツマカサゴ(オニカサゴ属) *Scorpaenopsis neglecta* Heckel, 1839　口蓋骨に歯がない。背鰭前方は著しく隆起する。胸鰭内側は黄色く、外縁近くを黒色帯が縁取る。通常は岩に擬態しているが、逃げる際は胸鰭を内側が上を向くように羽ばたかせ、内側の黄色を目立たせて敵を惑わす。胸鰭の模様はマルスベカサゴ *S. macrochir* と同じだが、吻が長く尖っていることで識別できる。浅海の砂泥や礫底を好む。房総半島〜屋久島の太平洋沿岸、奄美諸島、沖縄諸島、台湾西部・南部、澎湖諸島、中国・ベトナムの南シナ海沿岸、東インド−西太平洋に分布。低緯度ほど小型化し、香港以南から採集された個体は体長12cm以下。

オオウルマカサゴ(オニカサゴ属) *Scorpaenopsis oxycephala* (Bleeker, 1849)　口蓋骨に歯がない。背鰭は12棘で、第3棘が最長。胸鰭は通常18軟条。側線上方横列鱗数はオニカサゴ属で最多の59〜67。浅海のサンゴ礁や岩礁域に生息。鹿児島湾、三島村(竹島・硫黄島)、種子島、沖縄島、インド−西太平洋(ニューギニアが東限)に分布。ハワイ諸島固有の *Scorpaenopsis cacopsis* と並んでオニカサゴ属で最大。

ミミトゲオニカサゴ(オニカサゴ属) *Scorpaenopsis possi* Randall and Eschmeyer, 2002　口蓋骨に歯がない。背鰭は12棘で、第3棘が最長。胸鰭は17軟条。耳棘前方に発達した余棘がある(幼魚では小瘤)。体は黒色から赤色まで変異に富む。琉球列島南部ではオニカサゴ属の中で最もよくみられる。駿河湾、伊豆半島、伊豆諸島、長崎県対馬、琉球列島(大隅諸島を含む)、インド−太平洋(ハワイ諸島・ライン諸島・サンゴ海を除く)に分布。熱帯・亜熱帯域では最大体長20cm以下だが、分布域の北限付近では30cmをこえる。

イヌカサゴ(オニカサゴ属) *Scorpaenopsis ramaraoi* Randall and Eschmeyer, 2002　口蓋骨に歯がない。背鰭は12棘で、第3棘と4棘は

ミミトゲオニカサゴ

32cm SL

イヌカサゴ

18cm SL

ヒュウガカサゴ

18cm SL

ハダカハオコゼ

8cm SL

ダンゴオコゼ

5.2cm SL

ほぼ同長。涙骨前方隆起の先端は露出し尖る。体色は変異に富むが、灰〜黒色の個体が多く、同属のオニカサゴによくみられる赤色系の個体は少ない。主に大陸沿岸の浅海のサンゴ礁や岩礁域に生息、海洋島には生息しない。伊豆半島〜屋久島の太平洋沿岸(四国以北は稀)、九州西岸(甑島・薩摩半島西岸)、トカラ列島、琉球列島、インド−西太平洋(アラビア海〜ニューカレドニア)に分布。

ヒュウガカサゴ(**オニカサゴ属**)

Scorpaenopsis venosa (Cuvier, 1829)　口蓋骨に歯がない。背鰭は12棘で、第3棘が最長。胸鰭は17軟条。後頭窩は著しくくぼむ。体は黒〜赤色まで変異に富む。岩礁・サンゴ礁域に生息するミミトゲオニカサゴに似るが、本種は砂泥底を好む。伊豆諸島、駿河湾〜鹿児島県の太平洋沿岸、大隅諸島、トカラ列島、奄美大島、徳之島、台湾、インド−西太平洋に分布。

ハダカハオコゼ(**ハダカハオコゼ属**)

Taenianotus triacanthus Lacepède, 1802　体は著しく側扁。口蓋骨に歯がない。体側に鱗がなく、微小棘が散在する。色彩は白、黄、赤、黒など変異に富み、同一個体が比較的短時間で体色を変化する。脱皮する。高知県柏島・沖の島、薩摩硫黄島、屋久島、与論島、沖縄県伊江島、八重山諸島、インド−太平洋(紅海を除く)、ガラパゴス諸島に分布。小型種。

ダンゴオコゼ(**ダンゴオコゼ属**) 準絶滅危惧(環)

Caracanthus maculatus (Gray, 1831)　体は楕円形で側扁、柔らかい指状突起に被われる。体側に赤褐色点が散在する。腹鰭は1棘2軟条。浅海のハナヤサイサンゴ科の隙間に生息。伊豆−小笠原諸島、高知県柏島・沖の島、大隅諸島、トカラ列島、与論島、宮古諸島、西表島、インド洋ココス諸島からフランス領ポリネシアにかけての太平洋に分布。生息環境の嗜好性が高く、ハナヤサイサンゴがない場所ではみられない。小型種。　(本村浩之)

ミノカサゴ

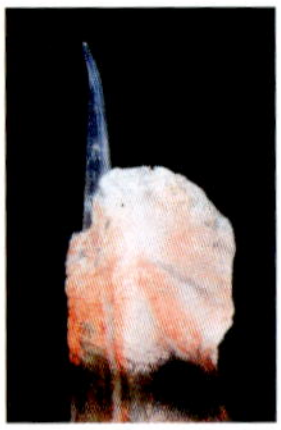
ミノカサゴの毒棘
(背鰭第4棘)

ミノカサゴの分布

ミノカサゴ属の1種

ハナミノカサゴ

ミノカサゴ属の1種+*Pterois russelii* +ハナミノカサゴの分布

ハナミノカサゴの眼上皮弁：目玉模様が特徴的

ミノカサゴ属 *Pterois*　胸鰭が非常に大きく、頭部に棘が発達する。胸鰭軟条は不分枝。背鰭・臀鰭・腹鰭の棘条(きょくじょう)に毒腺がある。卵は、ゼラチン質の袋に包まれて産み出される。この特性はミノカサゴ類の多くの種で知られている。一部を除き、浅海域の岩礁・サンゴ礁に生息し、インド－太平洋に13種、日本に6種。ミノカサゴ、ミノカサゴ属の1種、*Pterois russelii*、ハナミノカサゴは互いに形態が似ており、インド－西太平洋に広く分布する。これらの中でミノカサゴだけが東アジアだけに分布する。

ミノカサゴ *Pterois lunulata* Temminck and Schlegel, 1843　体色は桃～赤色、ときに白色で、全身に暗色の横縞模様がある。頭部腹面と胸部に顕著な斑紋がない。背鰭と臀鰭の軟条部，尾鰭に大小の暗色斑をもつ個体もいるが、ハナミノカサゴのような明瞭な黒色点列ではない。胸鰭軟条は不分枝で通常13本。上半分の胸鰭軟条の鰭膜(きまく)は先端に達する。沿岸の岩礁や砂地に生息。漁港内にもみられる。北海道～九州南岸の日本海・東シナ海沿岸、津軽海峡～種子島の太平洋沿岸、瀬戸内海、小笠原諸島(稀)、朝鮮半島南岸に分布。定置網や底曳網で漁獲され、大型の個体は水揚げされるが、身は少し水っぽい。最近の研究でこれまでミノカサゴとされていたものは本種と下記のミノカサゴ属の1種が混同されていることがわかってきた。本種は東アジア固有で温帯域に適応した種である。

ネッタイミノカサゴ

キリンミノ

ミノカサゴ属の1種 *Pterois* sp.　体は赤色で、暗色の横縞模様がある。背鰭と臀鰭の軟条部、尾鰭に黒点がない。胸鰭軟条は不分枝で通常13本。上半分の胸鰭軟条の鰭膜は先端に達する。腋部に複数の白色点、腹鰭に多数の白色点があることで、ミノカサゴと区別できる。またミノカサゴと比べて赤みが強く、胸鰭の黒色の縞模様が不明瞭。沿岸の岩礁や砂地に生息する。インド−西太平洋に広く分布する *Pterois russelii* Bennett, 1831 の可能性がある。現在のところ、三重県志摩半島〜九州南岸の太平洋沿岸、琉球列島南部に分布するが、採集される個体数は多くない。

ハナミノカサゴ *Pterois volitans* (Linnaeus, 1758)　体色は赤〜赤黒色で、暗色の横縞模様がある。下顎腹面と胸部に縞模様があり、これでミノカサゴとミノカサゴ属の1種(上記)と区別される。背鰭、臀鰭、尾鰭に多数の小さな黒点がある。胸鰭軟条は不分枝で通常14本。上半分の胸鰭軟条の鰭膜は先端に達する。眼上皮弁は幼魚では鞭状に長く、その後成長に伴って先端に1対の目玉模様がある葉状の皮弁ができる。老成するに伴って眼上皮弁は退縮する。岩礁やサンゴ礁に生息し、魚食性が強い。小笠原諸島、房総半島〜九州南岸の太平洋沿岸、琉球列島、台湾東北部・南部、澎湖諸島、東インド−太平洋に分布。鰭の棘条に強い毒があり、沖縄では“ハニアファ”といわれ漁師は刺されるのを恐れており、死亡例もある。しかし、ハナミノカサゴの毒はミノカサゴ類自身には毒の効果が低いことがわかっている。米大西洋沿岸で、同属の *Pterois miles* とともにハナミノカサゴが侵略的外来生物として爆発的に増えている。これらは毒をもつので天敵がおらず、現地では駆除活動が進められている。個人が観賞用に飼育していた個体を放流したことに端を発すると考えられている。

ネッタイミノカサゴ *Pterois antennata* (Bloch, 1787)　体は赤色で、多数の暗色横帯があり、胸鰭に多数の暗色点がある。胸鰭の軟条は不分枝で通常17本、後半は鰭膜を欠き、糸状。サンゴ礁や岩礁に生息。小笠原諸島、房総半島〜九州南岸の太平洋沿岸(散発的)、琉球列島、インド−太平洋に分布。ネッタイミノカサゴとキリンミノが共同で狩りをすることが知られている。協力して狩りをするほうが高い確率で成功するという。

キリンミノ(ヒメヤマノカミ属) *Dendrochirus zebra* (Cuvier, 1829)　体は乳白〜赤色で、多くの暗色横帯がある。尾鰭基部にT字を横にした斑紋がある。眼上皮弁が長く、吻のひげは3本。胸鰭軟条は幼魚では先端が不分枝で鰭膜をこえて長く伸びるが、成魚では分枝で後端まで鰭膜がある。岩礁やサンゴ礁に生息し、単独生活をする。雄は雌よりも体がわずかに大きい。産卵時、雄は体色が濃く、雌は白っぽくなる。雄は雌をめぐり、毒のある棘条を使って争う。産卵は日没後、沖へ向かう潮が緩やかに流れる場所で行われ、雌は数千個の卵を含む粘液質の卵嚢を2個産む。この粘液によって卵が捕食を免れることが知られている。小笠原諸島、房総半島〜九州南岸の太平洋沿岸(散発的)、琉球列島、インド−西太平洋に分布。(松沼瑞樹)

36.5cm SL（通常16～20cm SL）

18cm SL

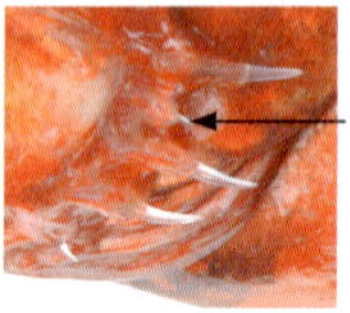
前鰓蓋骨上から2番目の棘が小さい

23cm SL

ヒオドシ（ヒオドシ属）
Pontinus macrocephalus (Sauvage, 1882)　体は側扁、吻は長く、胸鰭軟条はすべて不分枝。眼の上に紐状の肉質皮弁があり、長さは変異に富む。体は一様に赤色で、背側に不定形の暗色斑がある。水深80～650mの砂底に生息。小笠原諸島、茨城県～宮崎県の太平洋沿岸、東シナ海大陸棚縁辺域、九州－パラオ海嶺、ハワイ諸島沖に分布。釣りや底曳網で漁獲されるが、量的に少ない。惣菜物で食される。ヒオドシ属の分類は混乱しており今後の研究が必要。

シロカサゴ科 Setarchidae　体は側偏し、長円形～紡錘形。側線鱗は、体側鱗より著しく大きく、側線管がよく発達する。胸鰭は大きく、腹鰭は小さい。世界に4属10種、日本に4属6種。

アカカサゴ（アカカサゴ属）
Lythrichthys eulabes Jordan and Starks, 1904　体はやや側扁し、紅色。口腔内は黒色。鱗は円鱗で小さい。前鰓蓋骨の上方から2番目の棘が小さく、これでシロカサゴと識別できる。臀鰭棘数は3。胸鰭は大きく、腹鰭は小さい。背鰭棘に毒腺があり、刺されると痛むといわれている。水深100～500mの砂泥底に生息。福島県～九州南岸の太平洋沿岸、東シナ海大陸斜面上部域、台湾、東インド・西太平洋に分布。

シロカサゴ（シロカサゴ属）*Setarches guentheri* Johnson, 1862　体はやや側扁し、紫をおびた紅色。口腔内は黒色。鱗は円鱗で小さい。前鰓蓋骨の上方から2番目の棘はよく発達する。臀鰭棘数は3。胸鰭は大きく、腹鰭は小さい。腹部正中線に1本の暗色帯がある。水深150～1000m（通常200～400m）の砂泥底に生息。小笠原諸島、茨城県～宮崎県の太平洋

ヒオドシの分布

ヤマヒメ

ハオコゼ

ハチオコゼ

ツマジロオコゼ

沿岸、東シナ海大陸斜面上部域、九州－パラオ海嶺、インド・西－中央太平洋、ナスカ海嶺、大西洋に分布。　　　　　（松沼瑞樹）

ハオコゼ科 Tetrarogidae　前方の背鰭棘は頭蓋骨上に位置し、多くの種で背鰭・臀鰭・腹鰭棘に毒をもつ。オーストラリア東部から淡水域に生息する1種が知られているが、これ以外は海域（あるいは汽水域）に生息。インド－西太平洋に17属40種、日本に5属9種。

ヤマヒメ（ヤマヒメ属） *Snyderina yamanokami* Jordan and Starks, 1901　体の鱗は小さく、皮膚下にあり、外からはほとんどわからない。胸鰭は大きく、その後端は臀鰭直上部に達するか、こえる。体側に大きな1暗色斑紋がある。水深約90mの岩礁に生息。千葉県館山、相模湾、三重県志摩、高知県柏島、宮崎県、鹿児島県薩摩半島西岸、奄美大島、済州島、台湾に分布。

ハオコゼ（ハオコゼ属） *Hypodytes rubripinnis* (Temminck and Schlegel, 1843)　鱗は皮下。背鰭は前方の棘の鰭膜が深く切れ込み、第2・3棘が長い。体は赤色みをおびることが多いが、茶色が強い個体もいる。浅海のアマモ場や岩礁域に生息。青森県津軽海峡～九州南岸の日本海・東シナ海・太平洋沿岸、瀬戸内海、朝鮮半島南岸・東岸、台湾に分布。よく釣れるので、毒棘に注意が必要。刺棘からカラトキシンと命名された血清の一種マンノース結合性レクチンが精製されている。

ハオコゼの分布

ハチオコゼ（ハチオコゼ属） *Ocosia vespa* Jordan and Starks, 1904　体に鱗はない。眼の上後方に3本の棘が並ぶ。背鰭棘の鰭膜の切れ込みは浅い。体は赤く、濃赤色の横帯が5本あることが多いが、これらが目立たない個体もいる。水深72～90mの砂泥底に生息。相模湾、尾張湾（伊勢湾）、熊野灘、土佐湾、台湾から知られている。

ツマジロオコゼ（ツマジロオコゼ属） *Ablabys taenianotus* (Cuvier, 1829)　背鰭前端部は著しく高い。体は小鱗に被われ、褐色。頭部背面は白色であることが多いが、変異に富み、鰭が白く縁取られる個体や白色班をもつ個体もいる。浅海のサンゴ礁・岩礁域で縄張りをもち、単独で生息。波の揺れに合わせて体を左右に揺らす行動が知られており、落ち葉や海藻に擬態していると考えられている。伊豆大島、八丈島、静岡県富戸～屋久島の太平洋沿岸、鹿児島県硫黄島・竹島・トカラ列島、琉球列島、台湾、中国広東省、フィジーからアフリカ東岸までのインド－西太平洋に分布。　　　　　（甲斐嘉晃）

オニオコゼ

28cm SL

頭部背面

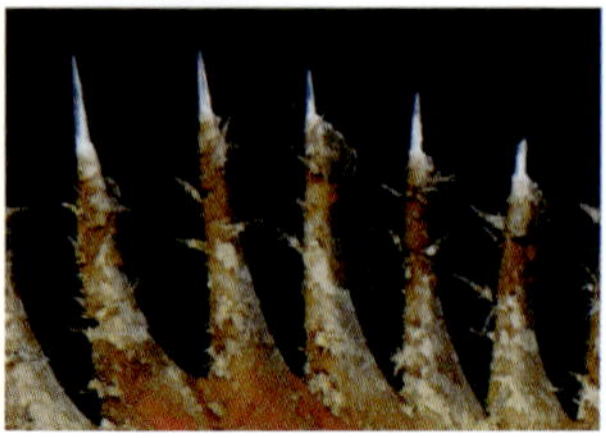

背鰭の毒棘

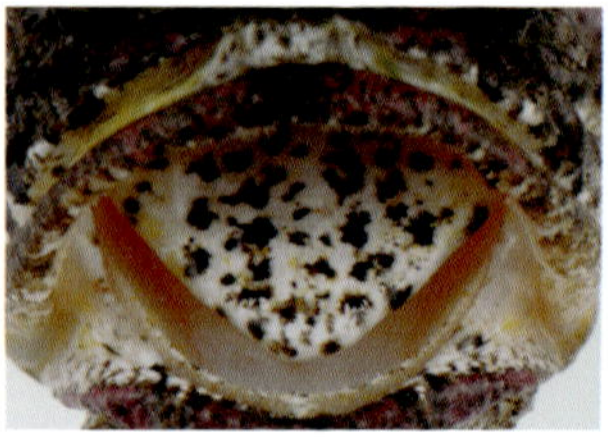

口

オニダルマオコゼ

30cm SL

じっとしていると、岩のようにみえる

オニオコゼ科 Synanceiidae　体に鱗がない。背鰭棘の根元に毒腺があり、刺されると命に関わる場合もある。主に浅海の岩礁域や砂泥底に生息するが、海外には淡水域に生息する種もいる。インド－西太平洋に9属36種、日本に4属9種。

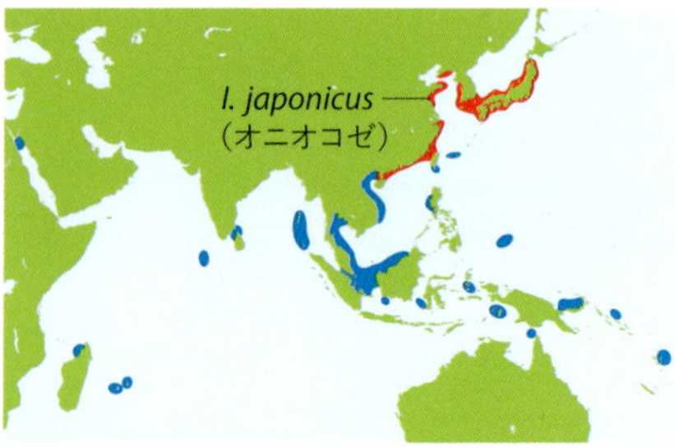

オニオコゼ属の分布

オニオコゼ（オニオコゼ属） *Inimicus japonicus* (Cuvier, 1829)　背鰭棘は長く、鰭膜はその半分くらいの位置まで。胸鰭の下部2条は遊離し、これで海底を歩くように移動する。眼は上方に突出し、頭部に皮弁が発達する。体は褐色や灰色の強い個体が多いが、稀にオレンジ色や黄金色の個体もいる。砂泥底に生息し、日中は体を砂泥の中に潜らせている。産卵期は有明海で4～7月、新潟県で6～8月。1産卵期に複数回産卵し、飼育下では3か月の間に14回の産卵が確認されている。雄、雌ともに3歳で成熟し、成熟時の体長はそれぞれ約14cm、16cm。最大体長は雄で約27cm（12歳）、雌で約28cm（9歳）と雌の方がやや大きい。水深200mまでに生息。青森県

アブオコゼ

9.0cm SL

イボオコゼ

8.0cm SL

ハチ

12cm SL

～九州南岸の日本海・東シナ海・太平洋沿岸、瀬戸内海、朝鮮半島西岸・南岸・南東岸、中国渤海南部・浙江省～トンキン湾、台湾に分布。小型底曳網、刺網、底延縄などで漁獲、刺身、唐揚げ、吸い物などで美味。高級魚。瀬戸内海沿岸では人工飼育した稚魚の放流が行われ栽培漁業の対象種。

オニダルマオコゼ（オニダルマオコゼ属） *Synanceia verrucosa* Bloch and Schneider, 1801　体は厚い皮膚に被われ、多くの瘤状の突起がある。頭部は縦扁。口は上向きに開く。背鰭は低い。体色は変異に富むが、褐色、赤褐色、黒褐色の個体が多い。まれに灰色や黄白色の個体もいる。各鰭は白色で縁取られる。背鰭棘には猛毒があり、毒腺の代わりに毒液が入った袋状の組織（毒嚢）が各棘に左右1対で付いている。これに刺されての死亡例も知られている。沿岸のサンゴ礁・岩礁域に生息し、岩などに擬態している。砂底・砂泥底でもみられる。足で踏みつけないように注意が必要。伊豆－小笠原諸島、高知県～屋久島の太平洋沿岸、トカラ列島、琉球列島、台湾南部・北部、西沙群島、インド－太平洋に分布。沖縄地方では刺身や唐揚げで食される高級魚。

イボオコゼ科 Aploactinidae　ハオコゼ科に似るが、体が絨毛状の鱗で被われ、各鰭の軟条は分枝しないことで異なる。インド－西太平洋に17属48種、日本に5属9種。

アブオコゼ（アブオコゼ属） *Erisphex pottii* (Steindachner, 1896)　背鰭の棘条部は第3棘の後方で深く凹む。体はやや高く、絨毛状の鱗で密に被われる。体色は薄い茶色で褐色から赤褐色の不定形斑紋が多数あるが、個体変異も大きい。水深30～140 mの大陸棚砂底・泥底に生息する。青森県から九州南岸の日本海・東シナ海・太平洋沿岸、瀬戸内海、東シナ海、朝鮮半島南岸・東岸に分布。底曳網などで漁獲されるが、市場価値はない。

イボオコゼ（イボオコゼ属） *Aploactis aspera* Richardson, 1845　体は細長く、絨毛状の鱗で密に被われる。背鰭の棘条部は第3棘の後方で深く凹む。体色は一様に暗褐色から黒色。浅海の砂底に生息。八丈島、相模湾～九州南岸の太平洋沿岸、長崎県、台湾、中国広東省東部、オーストラリア沿岸（南岸を除く）、ニューカレドニアに分布。

ハチ科 Apistidae　胸鰭は長く、1～3本の遊離軟条をもつ。鰾は2葉に分かれる。インド－西太平洋に3属3種、日本に1属1種。

ハチ（ハチ属） *Apistus carinatus* (Bloch and Schneider, 1801)　下顎は、縫合部に1本、側面に1対と計3本のひげがある。背鰭の棘条部に大きな黒斑がある。胸鰭は大きく、下部に1本の遊離軟条があり、外側は暗色で内側は黄色。海底を胸鰭を広げて泳ぐ。水深100 m以浅（30 m前後に多い）の砂底・砂泥底に生息。背鰭棘に毒があるので要注意。茨城県～九州南岸の太平洋沿岸、新潟県～九州南岸の日本海・東シナ海沿岸、瀬戸内海、屋久島、東シナ海大陸棚域、小笠原諸島、朝鮮半島南岸、台湾、中国広東省～トンキン湾、ベトナム、インド－西太平洋（紅海を含み、オーストラリア東岸まで）に分布。（甲斐嘉晃）

ホウボウ

31cm SL
(通常25cm SL)

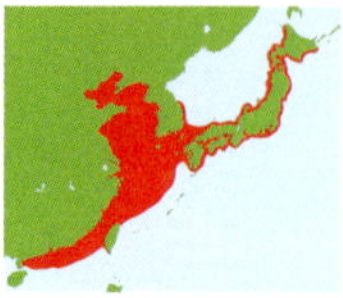

ホウボウの分布

ホウボウの胸鰭

ホウボウの胸鰭遊離軟条

カナガシラ

23cm SL (通常20cm SL)

カナド

15cm SL

ホウボウ科 Triglidae　頭部は骨質の甲で被われ、吻棘がある。胸鰭は上部が大きく下部の3軟条は遊離。胸鰭の遊離軟条を指のように動かし、海底に潜む餌となる小動物を探索、これらの表皮中に味蕾に類似した細胞がある。世界の熱帯〜温帯海域に9属約126種、日本に3属19種。

ホウボウ(**ホウボウ属**) *Chelidonichthys spinosus* (McClelland, 1843)　第1・2背鰭の基底両側に1列の小棘のある骨質板、頬部下方に顕著な隆起線がある。胸鰭の内面は鶯色で青色斑が散在し、縁辺部は青色。産卵期は東シナ海では3〜5月、渤海では5〜7月だが、九州近海では12〜翌4月。1歳で体長13〜14cm、2歳で約20cm、3歳で24〜25cm、4歳で28〜29cm、5歳で30〜31cmになる。水深5〜615mの砂泥底に生息し、主に甲殻類と魚類を食べる。北海道〜九州南岸の日本海・東シナ海・太平洋沿岸、瀬戸内海、東シナ海大陸棚域、渤海、黄海、朝鮮半島全沿岸、中国東シナ海・南シナ海沿岸に分布。肉は白身で本科中最も美味、市場価値は高い。

カナガシラ(**カナガシラ属**) *Lepidotrigla microptera* Günther, 1873　吻棘は1本のやや長い棘とその内側に並ぶ4〜5本の微小棘からなる。胸鰭内面は通常赤橙〜赤色で顕著な模様がないが、変異が多い。産卵期は陸奥湾で5〜8月、瀬戸内海で2〜6月、山口県沖では2〜5月、東シナ海・黄海・渤海の産卵盛期は5〜6月。1歳で体長約10cm、2歳で約15cm、3歳で約19cm、4歳で20〜21cm、5歳で約23cmになる。水深20〜100mの大陸棚砂泥底に生息し、魚類、エビ類、ヨコエビ類、アミ類などを食べる。北海道〜九州南岸の各地沿岸、瀬戸内海、朝鮮半島南西岸、渤海、黄海、済州島、東シナ海中部以北に分布。旬は冬、洋食や和食の食材や練り製品の原料。

カナド(**カナガシラ属**) *Lepidotrigla guentheri* Hilgendorf, 1879　背鰭第2棘は第1棘より著

ソコカナガシラ

11cm SL

両眼間隔は左右の吻棘間より広い

胸鰭

オニカナガシラ

17cm SL
(通常13cm SL)

吻棘の1つが長い

胸鰭

トゲカナガシラ

14cm SL

しく長い。胸鰭内面は下部に虫食い状の白～青色斑を含む大黒斑、縁辺は薄い赤褐色。産卵期は東シナ海では4～6月と9～1月、愛媛県や宮崎県では周年、九州では冬季。東シナ海では1歳で体長8cm、2歳で16cmになる。水深60～350mの砂泥底に生息し、小魚、エビ・カニ類、エビジャコ類、多毛類などを食べる。青森県～九州南岸の各地沿岸(東北地方沿岸は少ない)、瀬戸内海、東シナ海大陸棚域、朝鮮半島南岸に分布。練り製品、塩焼き、煮付け、味噌汁で食される。美味。

ソコカナガシラ(カナガシラ属) *Lepidotrigla abyssalis* Jordan and Starks, 1904　両眼間隔は左右の吻棘間より広い。胸鰭は内面がうぐいす色で縁辺は赤黒色。冬季に産卵。水深35～415mの砂泥底に生息し、エビ・カニ類、魚類を食べる。新潟県～九州南岸の日本海・東シナ海沿岸、鹿島灘～九州南岸の太平洋沿岸、東シナ海大陸棚縁辺域、朝鮮半島南岸、中国東シナ海沿岸に分布。市場価値は低く、主に練り製品の原料。

オニカナガシラ(カナガシラ属) *Lepidotrigla kishinouyei* Snyder, 1911
吻棘は隅角部の1棘が内側の多くの棘より顕著に長い。胸鰭内面は下部に青～白色の小斑点が散在する大黒斑がある。東シナ海における産卵期は1～2月、体長9～10cmでは6割強が成熟、16cmですべてが産卵に関与。水深30～145mの砂泥底に生息し、エビ・カニ類、魚類、ヨコエビ類を食べる。新潟県～九州南岸の日本海・東シナ海沿岸、千葉県銚子～九州南岸の太平洋沿岸、瀬戸内海、東シナ海大陸棚全域、朝鮮半島南岸。美味、練り製品の材料や総菜用。

トゲカナガシラ(カナガシラ属) *Lepidotrigla japonica* (Bleeker, 1854)　胸鰭は大きい。胸鰭の内面は青色で縁取られ、内側半分は楕円状の大黒斑、黒斑より上方は緑黄色の地に青色の流状斑がある。産卵期は、東シナ海では1～2月、愛媛県や宮崎県では9～11月と2月。東シナ海では、体長12cmで成熟する個体がみられる。産卵場は、東シナ海では水深100m前後の海域と考えられている。水深30～130mの砂泥底に生息し、エビ・カニ類、魚類を食べる。兵庫県浜坂～九州南岸の日本海・東シナ海沿岸、千葉県外房～九州南岸の太平洋沿岸、瀬戸内海、東シナ海中部以南の大陸棚域～中国の南シナ海沿岸、朝鮮半島南岸、小スンダ列島南岸に分布。練り製品の材料。　(柳下直己)

マゴチ

65cm SL（通常50cm SL）

頭部の棘は
弱くて細かい

マゴチの
頭部背面

ヨシノゴチの
頭部背面

ヨシノゴチ

55cm SL（通常50cm SL）

ワニゴチの
頭部背面

ワニゴチ

50cm SL

コチ科 Platycephalidae

体は強く縦扁、頭部に細かい棘が発達する。口は大きく、下顎が上顎よりも前に突出。背鰭は2基。眼に虹彩皮弁とよばれる瞳に垂れ下がる膜がある。主に水深200m以浅の砂泥底に生息するが、岩礁域やサンゴ礁の砂底に生息するものもいる。小型魚類や甲殻類などを待ち伏せして捕食する。コチ科魚類は、成長に伴って雄から雌へと性転換することが知られている。主にインド－太平洋の熱帯～温帯域に約18属80種、日本に12属21種。地中海からの報告はスエズ運河を通して、あるいは船のバラスト水によるものと考えられている。

マゴチ（コチ属） *Platycephalus* sp. 1　頭部は強く縦扁しており、棘は弱くて細かい。眼が小さく、両眼間隔は広い。ヨシノゴチより、体は黒っぽく、茶褐色のごく小さい斑点が密に並ぶ。産卵期は鹿児島県西部で5～7月。ヨシノゴチより沿岸域（水深30m以浅）の砂泥底に生息。コチ科魚類は性転換することが知られているが、本種とヨシノゴチでは1歳魚から雌雄ともにみられ、例外的に性転換しない可能性が示唆されている。雌の方が成長は早く、最大体長が65cm程度であるのに対し、雄は40cmに満たない。北海道南部、宮城県～九州南岸の太平洋沿岸、若狭湾～九州南岸の日本海・東シナ海沿岸、瀬戸内海、種子島に分布。刺網や定置網などで漁獲される高級魚。旬は夏で、薄造りの刺身や、ちり鍋で美味。コチ属魚類は分類が混乱しており、どの種にどの学名を適用すべきなのか、まだ十分に研究されていない。

ヨシノゴチ（コチ属） *Platycephalus* sp. 2　体はマゴチより、白っぽく、背面に散在する褐色点はより大きくて網目模様をなす。マゴチより少し深い水深25m以深の泥底、あるいは砂混じりの泥底に生息。産卵期は鹿児島県西部で3～5月で、マゴチより早い。マゴチと同様、雌の方が成長は早く、大きく成長する。瀬戸内海、大阪湾、八代海、九州南部西岸、

メゴチ

21cm SL（通常17cm SL）

メゴチの頭部背面

頭部側面：眼に虹彩皮弁がある

イネゴチの
頭部背面

イネゴチ

45cm SL（通常40cm SL）

オニゴチ

10cm SL

東シナ海北西部、渤海、黄海、台湾に分布。利用はマゴチと同じ。

ワニゴチ（トカゲゴチ属） *Inegocia ochiaii* Imamura, 2010　頭部は大きい。眼に複雑な形の虹彩皮弁をもつ。鰓蓋（さいがい）の腹側近くに大きい皮弁がある。体には6つの濃褐色の横帯があり、胸鰭と腹鰭には多くの茶褐色斑がある。水深16～35mの岩礁に近い砂底に多い。八丈島、房総半島～屋久島の太平洋沿岸、済州島、台湾、浙江省～海南島の中国沿岸に分布。

メゴチ（メゴチ属） *Insidiator meerdervoortii* (Bleeker, 1860)　体は茶色で濃褐色の斑点が背面に散在する。眼の下には細かい棘が多数並ぶ。第1背鰭後部に黒斑があり、尾鰭には褐色の帯が2本ある。あまり大きくならず、最大体長は21cm（全長で24cm）。全長14cm以下では雌はほとんどみられないが、19cmをこえると逆にほとんどが雌となる。秋田県～九州南岸の日本海・東シナ海沿岸、茨城県～九州南岸の太平洋沿岸、瀬戸内海、東シナ海大陸棚域、朝鮮半島西岸･南岸に分布。底曳網で漁獲され、練り物などにされる。なお、関東地方の“メゴチ”はネズッポ科魚類、特にネズミゴチ（p.384）を指す。

イネゴチ（イネゴチ属） *Cociella crocodila* (Cuvier, 1829)　体は茶色で濃褐色の斑点が背面に散在するが、この数にはかなりの変異がみられる。第1背鰭は黒く縁取られ、尾鰭には不定形の暗色斑がある。眼の下には3本の棘が並ぶ。最大体長は45cm。体長30cmのころ（5歳前後）から雄から雌へと性転換する。茨城県～日向灘の太平洋沿岸、瀬戸内海、秋田県～薩南半島の日本海・東シナ海沿岸、黄海、東シナ海大陸棚域、浙江省～海南島の中国沿岸に分布。底曳網や刺網などで漁獲、煮付けや練り製品の原料とされる。

オニゴチ（アネサゴチ属） *Onigocia spinosa* (Temminck and Schlegel, 1843)　側線鱗（そくせんりん）の前方8～11枚に強い棘がある。眼の下に細かい棘が多数並ぶ。体は赤みをおび4本の濃褐色横帯がある。胸鰭の上半分に褐色点がある。腹鰭に広い褐色帯があり、先端は黄色をおびる。体長10cmほどの小型種で、大陸棚の砂泥底に生息。茨城県～豊後水道の太平洋沿岸、新潟県～九州南部西岸の日本海・東シナ海沿岸、瀬戸内海、東シナ海南部大陸棚域、朝鮮半島南岸、済州島、台湾、中国広東省、フィリピン諸島西岸、アラフラ海・ティモール海～オーストラリア北西岸に分布。

（甲斐嘉晃）

アカゴチ

30cm SL

キホウボウ

17.5cm SL

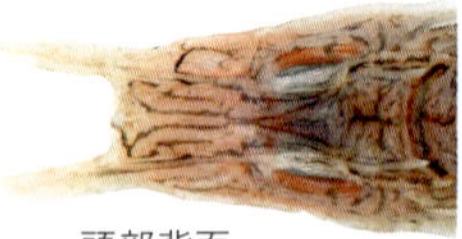

頭部背面

オキキホウボウ

48cm SL

側面

背面

アカゴチ科 Bembridae　体は縦扁し、頭部には棘が発達する。下顎は上顎とほぼ同長。インド－西太平洋にアカゴチ属5種、日本に1種。

アカゴチ（アカゴチ属） *Bembras japonicus* Cuvier, 1829　体は赤く、褐色点が背側に散在。第1背鰭と尾鰭に大きい黒色斑がある。第2背鰭に1棘があり、臀鰭に棘条はない。水深80～230mの砂泥底に生息。産卵期は10～12月、体長18cm以上が産卵に加わる。山口県～九州南岸の日本海・東シナ海沿岸、瀬戸内海、駿河湾～九州南岸の太平洋沿岸、東シナ海大陸棚縁辺域、中国南シナ海沿岸に分布。

キホウボウ科 Peristediidae　頭部と体が骨質の板で被われる。胸鰭下部に2本の遊離軟条がある。口は腹面で、周囲にひげがある。体はほとんどが赤みをおびる。ホウボウ科に近縁であるという考えと、ハリゴチ科に近縁であるという考えがある。水深50～800mの砂泥底に生息。世界のすべての暖海に6属約44種、日本に6属16種。

キホウボウ（キホウボウ属） *Peristedion orientale* Temminck and Schlegel, 1843　吻の先端に長い板状突起があり、やや外向きに広がって伸びる。体は赤く、背側に虫食い状の暗色斑がある。第1背鰭の縁辺部は暗色で縁取られ、第2背鰭には2列の暗色斑がある。水深110～500mの大陸棚縁辺部から斜面に生息。福島県～九州南岸の太平洋沿岸、東シナ海大陸棚縁辺域に分布。底曳網などでとれるが、食用として利用されない。

オキキホウボウ（イソキホウボウ属） *Satyrichthys moluccensis* (Bleeker, 1850)　吻の先端の突起は短い。体色は一様に赤色で、模様や斑点がない。水深192～420mに生息。土佐湾、東シナ海大陸棚縁辺域、インドネシア沖のバンダ海、オーストラリア西岸に分布。本種の学名は *Satyrichthys isokawae* ではなく、*S. moluccensis* が妥当とされた。

ハリゴチ科 Hoplichthyidae　頭部と体は著しく縦扁し、背面に多くの小棘や骨板がある。胸鰭下部に3～5本の遊離軟条がある。水深50～1500mの大陸棚～大陸斜面の砂泥

ソコハリゴチ

側面

背面

20cm SL

セミホウボウ

35cm SL

胸鰭を広げたセミホウボウ

ホシセミホウボウ

30cm SL

底に生息。近年の形態学的研究からコチ科よりキホウボウ科と近縁という考えが出ている。ハリゴチ属のみで、インド−太平洋の暖海域に13種、日本に6種。

ソコハリゴチ（**ハリゴチ属**）*Hoplichthys gilberti* Jordan and Richardson, 1908　眼が大きく両眼間隔が狭い。体側骨板に1棘がある。胸鰭の遊離軟条は短く、胸鰭後端をこえない。尾鰭後縁は緩やかな丸みをおびる。第2背鰭第5〜7軟条の長さは雄が雌より長い。水深90〜436mの大陸棚縁〜斜面上部の砂泥底に生息。京都府丹後半島沖〜九州北岸の日本海沿岸、福島県小名浜〜九州南岸の太平洋沿岸、朝鮮半島南岸、東シナ海大陸棚縁辺域、台湾南部、海南島東方海域、ニュージーランドに分布。

セミホウボウ亜目 Dactylopteroidei

セミホウボウ科 Dactylopteridae　頭部は完全に骨質板(こつしつばん)で被われる。体は稜のある硬い鱗で被われる。胸鰭は大きく団扇状で、威嚇のときに広げる。索餌をするとき、胸鰭を翼のように細長くしてゆっくり泳ぎ、これに驚いた砂泥底上の小動物を食べる。外見上はホウボウ科やキホウボウ科に似ているが、内部骨格は著しく異なり、近年の分子遺伝学研究からサギフエ科、ヘコアユ科、ヤガラ科、ヨウジウオ科のほか、ネズッポ科、ボラ科などとの近縁性がいわれている。インド−太平洋、大西洋の暖海に2属約7種、日本に2属4種。

セミホウボウ（**セミホウボウ属**）*Dactyloptena orientalis* (Cuvier, 1829)　吻は短いが丸い。後頭部の長い遊離棘と棘条背鰭の間に1本の短い遊離棘がある。臀鰭に大きな1黒斑がある。水深57〜145mの砂泥底に生息。新潟県〜九州南岸の日本海・東シナ海沿岸、千葉県銚子〜九州南岸の太平洋沿岸、瀬戸内海、東シナ海大陸棚域、インド−太平洋に分布。底曳網などでとれるが、身に独特の酸味があり不味。

ホシセミホウボウ（**セミホウボウ属**）*Dactyloptena peterseni* (Nyström, 1887)　吻は短いがわずかに尖る。後頭部の長い遊離棘と棘条背鰭の間に短い遊離棘はない。臀鰭に黒斑がない。セミホウボウよりもやや深い水深90〜300m（通常110〜150m）の砂泥底に生息。青森県〜九州北西岸の日本海沿岸、青森県〜豊後水道の太平洋沿岸、東シナ海大陸棚域、台湾、中国南シナ海沿岸、小スンダ列島、オーストラリア北西岸、南アフリカに分布。

（甲斐嘉晃）

オヤニラミ

13cmTL（通常8cm TL）

水草の茎に卵を産みつけ、雄が守る

コウライオヤニラミ

保存標本

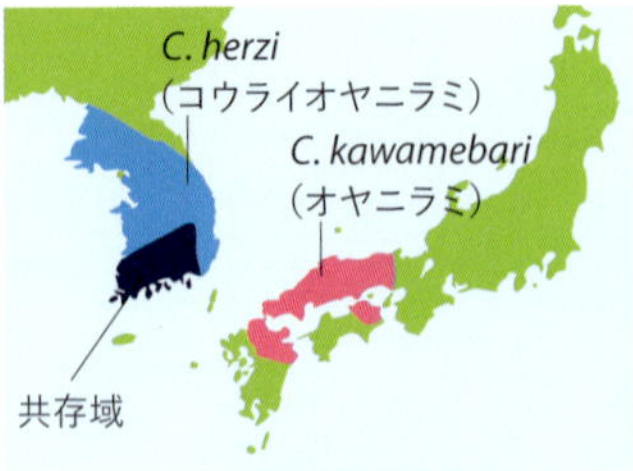

オヤニラミとコウライオヤニラミの分布

コウライケツギョ

50cmTL

スズキ亜目

Percoidei

ケツギョ科 Sinipercidae　体は側扁、スズキ型で円鱗に被われる。頭部の背面は無鱗。東アジアの淡水域に2属12種、日本に1属1種。

オヤニラミ属 *Coreoperca*　小型で河川に生息し、小動物を食べる。朝鮮半島、中国、ベトナム北部に5種、日本に1種。

オヤニラミ 絶滅危惧IB類（環）*Coreoperca kawamebari* (Temminck and Schlegel, 1843)

鰓蓋に特徴的な眼状斑がある。また、眼から後方に朱色帯、体側に6～7本の横帯がみられるが、体色の変化が激しいため判別できないことも多い。成魚の全長8cmほどの小型種。河川中流域の流れの緩やかな場所に生息。4～9月、水生植物の茎や流木等に産卵し、雄が卵を保護する。コイ科のムギツク等(p.106)が本種の巣に托卵することが知られている。京都府桂川・由良川水系以西の本州、四国北東部、九州北部および朝鮮半島南部に分布。近年は琵琶湖水系、関東地方等の多くの場所に移入し、定着している。主に朝鮮半島に分布するコウライオヤニラミ *C. herzi* は、本種より大型で、全長20cm以上になる。本種より流れの速い場所に生息し、岩の壁面等に卵を産みつけるが、近年、大淀川水系で再生産が確認されている。

ケツギョ属 *Siniperca*　大型で魚食性。朝鮮半島、中国、ベトナム北部に9種。

コウライケツギョ *Siniperca scherzeri* Steindachner, 1892　体全体に環状のヒョウ柄の斑紋がある。朝鮮半島から中国およびベトナムに分布。韓国と中国では、高級食材とされ、重要な水産対象種。大型の肉食魚で冬季の低水温にも耐えるため、日本に定着した場合の影響のおそれから特定外来生物に指定されている。　（藤田朝彦）

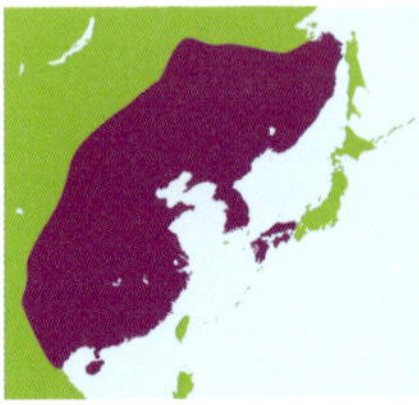

ケツギョ科の分布

アカメ科 Latidae　体は高く側扁。脊椎骨数は25。インド−西太平洋、アフリカの汽水、淡水、海水域に2属12種。アカメ属 *Lates* はアフリカの淡水域にナイルパーチ（ナイルアカメ）*L. niloticus* をはじめとする7種、インド−西太平洋の沿岸域と淡水域にアカメやバラマンディ *L. calcarifer* などの4種が生息。魚食性の強い大型種が多く、体重100kg以上になる種もいる。ナイルパーチ（最大全長2m）が本来分布していなかったビクトリア湖に移植され、在来種に深刻な悪影響を及ぼした例はよく知られているが、近年ではバラマンディ（最大全長1.8m）の養殖・放流が南アジアと東南アジアの各所で盛んに行われている。このことがバラマンディの地域個体群に遺伝的撹乱を引き起こすことが懸念されている。アカメモドキ属 *Psammoperca* はインド−西太平洋の海域に生息し、1種のみ。以前は北米から中米に

アカメ

1.37m TL
（通常80～100cm TL）

タペータム構造により、赤く見える目

幼魚

約15cm TL

バラマンディ

ナイルパーチ

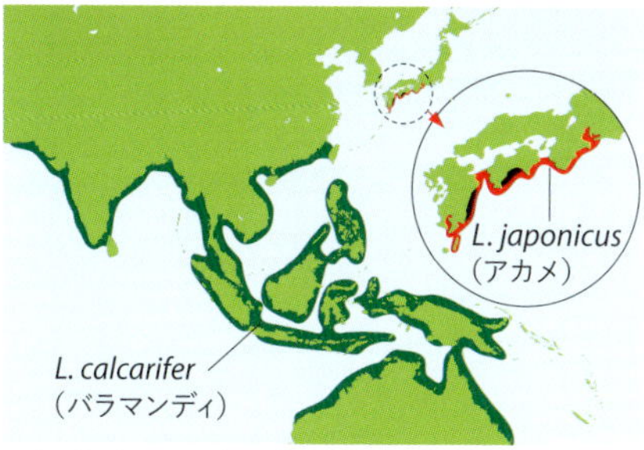

アカメとバラマンディの分布

分布する*Centropomus*もアカメ科に含まれていたが、現在では別の科として扱われている。*Hypopterus*がアカメ科に含められることもあるが、この属は*Psammoperca*との異同について異なる見解がある。どちらも明確な根拠が示されていないので、ここでは取り上げなかった。

アカメ（**アカメ属**） 絶滅危惧IB類（環） 絶滅危惧Ⅱ類（IUCN） *Lates japonicus* Katayama and Taki, 1984　体高が高く、背鰭第3棘および臀鰭第2棘の体長比が長いことなどでバラマンディと異なる。眼は光に当たると赤く見え、これが和名の由来。体は成魚で一様に銀白色、稚(ち)魚(ぎょ)および幼魚(ようぎょ)では薄い褐色に明瞭な暗褐色の模様がある。成魚は沿岸域、内湾、河口域などに生息し、6～8月頃に産卵するが、詳しい産卵生態はわかっていない。仔稚魚は主に河口域のコアマモ場で成育する。鱗の輪紋によって、1歳で全長約16cm、3歳で約50cm、5歳で約72cm、7歳で約86cm、9歳で約96cmになることが知られている。大きなものは20歳以上で、全長130cmをこえる。雌雄共に全長約60cmで成熟する。日本固有種。静岡県浜名湖～鹿児島県志布志湾・内之浦湾の太平洋沿岸、大阪湾、香川県、種子島に分布。宮崎県と高知県の他は稀。釣りの対象魚や観賞魚として人気が高いが、宮崎県では指定希少野生動植物で、条例で捕獲が禁止されている。本種の保全のためには仔稚魚の成育場である河口域環境の改善が特に重要である。かつてはバラマンディと同種とされていたが、1984年に新種にされた。（中山耕至）

スズキ

90cm SL
（通常60cm SL）

幼魚

5cm SL

若魚

12cm SL

下顎腹面：鱗列は、ないか少ない

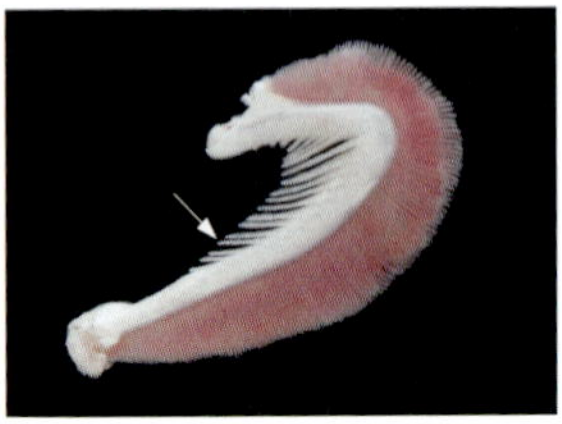

鰓耙

鰓耙の微細突起

スズキ科 Lateolabracidae　体はやや長く側扁し、銀白色。脊椎骨数は35～36前後。以前はスズキ科にはオヤニラミ、オオクチイシナギ、アカムツ、シマスズキ（ストライプトバス）など様々な種が含められ、科名もPercichthyidae, Moronidaeなどが適用されていたが、現在は東アジアの温帯域の沿岸に1属3種。いずれも魚食性の大型種で、全長80cm以上。分子系統学的にはクシスミクイウオ属、カワビシャ、アカムツ、ヤセムツ属、アオバダイなどとの近縁性が示唆されているが、まだ明確な結果は得られていない。

スズキ（スズキ属） 絶滅のおそれのある地域個体群（有明海）（環） *Lateolabrax japonicus* (Cuvier, 1828)　体側上部が褐色、下部が銀白色。体側上部や背鰭に成魚では小黒色点がないが、幼魚では小黒色点が散在する個体が多い。尾柄は長く細い。吻は長く顔は尖る。下顎腹面の鱗列はあまり発達しない。背鰭軟条数は12～14。播磨灘では1歳で体長約22cm、2歳で33cm、3歳で45cm、4歳で56cm、5歳で69cmという報告があるが、房総や三陸地方では1歳で体長約20cm、2歳で30～32cm、3歳で37～40cm、4歳で45～48cm、5歳で54cmと成長がやや遅い。雄は2～3歳、雌は3～4歳で成熟し、12～1月を中心に産卵する。稚魚はカイアシ類やアミ類、成魚はエビ類や魚類を食べる。索餌で夏期を中心に河川淡水域に入ることも多い。北海道南部、青森県～九州北西岸の日本海・東シナ海沿岸、青森県～日向灘の太平洋沿岸、瀬戸内海、朝鮮半島南岸・西岸南部に分布。成長によってよび方が変わる出世魚、地方名も多い。瀬戸内海、東京湾、伊勢湾などの内湾を中心に、定置網、釣り、底曳網、刺網など様々な漁法で漁獲。白身で塩焼き、洗い、ムニエルで美味。遊漁の人気魚。

タイリクスズキ（スズキ属） *Lateolabrax* sp. 体側や背鰭に鱗より大きい黒色点が散在、成魚になっても消えない。尾柄は長く細い。吻は短く顔は比較的丸い。下顎腹面の鱗列はあまり発達しない。黄海、渤海、東シナ海と南シナ海の中国大陸沿岸に自然分布。1990年頃から“中国産スズキ”として韓国・

タイリクスズキ

1.1m SL
（通常60cm SL）

下顎腹面：鱗列は、ないか少ない

若魚

15cm SL

35cm SL

タイリクスズキに似た黒斑をもつ有明海産スズキ

下顎腹面：鱗列が発達する

ヒラスズキ

80cm SL
（通常50cmSL）

中国・台湾から幼魚や卵を輸入した養殖が盛んになり、生け簀から散逸した個体が西日本を中心に各地で確認されるようになった。現在では養殖量は減少しているものの、いまだに自然海域で確認される。国内で繁殖が確認された例はないが、スズキの産卵期とほぼ同じ季節に成熟した生殖腺の個体がみつかっており、注意が必要。国内採集の雄個体の年齢を推定した研究ではスズキよりも成長が早い傾向が見られた。雌は体長1.1mをこえる個体も知られている。

有明海のスズキ：有明海にはタイリクスズキに似た黒斑をもつ“スズキ”がいるが、これはタイリクスズキとスズキの交雑に由来する。近年に人為的に持ち込まれたタイリクスズキによるものではなく、氷河期の海水面変動により形成された歴史的な交雑個体群と考えられ、日本の他のスズキとは異なる独立した個体群である。

ヒラスズキ（スズキ属） *Lateolabrax latus* Katayama, 1957　体が高く、よく側扁し、尾柄部は短く太い。尾鰭後縁の切れ込みは浅い。下顎腹面の鱗列はよく発達する。幼魚は体側上部にごく小さい黒色点が出ることがあるが、成長すると消失。外海の影響の強い沿岸岩礁域に多いが、河口域にも出現する。産卵期は11月下旬～3月下旬。仔稚魚は砕波帯やアマモ場に出現するが、スズキより外海側に分布する傾向がある。日本海西部、九州西部の東シナ海沿岸、茨城県～屋久島・種子島の太平洋沿岸に分布。美味で、スズキより高値で取り引きされることも多いが、一般にはあまり流通しない。　（中山耕至）

オオクチイシナギ

1m SL

若魚
60cm SL

アカムツ

30cm SL

ホタルジャコ

10cm SL

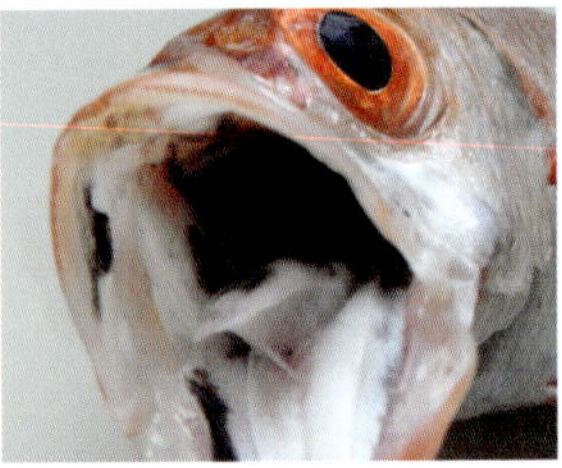
アカムツは口の中が黒い

イシナギ科 Polyprionidae　背鰭は11～12棘、10～12軟条。体長が1.5mをこえる大型のスズキ目魚類であるが、分布域が点々としていることやあまり漁獲されないことから分類学的に不明な部分が多い。大陸斜面に生息。世界に2属4種、日本に1属2種。

オオクチイシナギ（イシナギ属） *Stereolepis doederleini* Lindberg and Krasyukova, 1969
体は暗褐色で5本の淡色縦帯がある。上顎後端は眼の中央をこえる。最大体長が約2mになるといわれているが、通常漁獲されるのは体長40cmから1m。水深120～600mの岩礁域に生息。和歌山県では産卵で水深130m付近まで上がり、春にときどき刺網や延縄（はえなわ）で漁獲される。北海道全沿岸～屋久島の日本海・東シナ海・太平洋沿岸、朝鮮半島南岸・東岸、九州－パラオ海嶺に分布。鮮度が落ちるのが早いが塩焼きなどで賞味される。肝臓に大量のビタミンAが含まれており、食べ過ぎると中毒（ビタミンA過剰症）が起こるので注意が必要。日本近海を含め西部太平洋域には、上顎後端が眼の前縁下までにしか達しないコクチイシナギ*S. gigas*が分布するとされるがその詳細は不明。コクチイシナギとして報告されたものはいずれも体長が1mをこえ、本種の老成魚の可能性もある。

ホタルジャコ科 Acropomatidae　背鰭は明瞭に2基。眼が大きい。鱗は剥げやすい。ホタルジャコ属*Acropoma*は発光器をもつ。大陸棚や大陸斜面に生息。大きくても体長は

オオメハタ

15cm SL

マメオニガシラ

19cm SL

35cm程度。アカムツを除き、ほとんどは練り製品として利用。全世界の暖海域に10属36種、日本に6属14種。ホタルジャコ属の発光器の系統に関して周辺のスミクイウオ属とオオメハタ属が科に昇格されているが、まだ、未検討のところがあるので、本書では変更しなかった。

アカムツ（**アカムツ属**）*Doederleinia berycoides* (Hilgendorf, 1879)　背鰭は1基で、棘条部と軟条部は深く欠刻する。銀色の腹部以外は鰭を含めて体は赤い。“ノドグロ”という俗称があるように、口腔内が黒い。水深60～600mの大陸棚および同斜面に生息。産卵期は初夏。魚類、エビ類、オキアミ類を食べる。成熟年齢は3～4歳。4歳で雄は体長18cm、雌は19cm、8歳で雌は29cmになる。青森県～九州南岸の日本海・東シナ海沿岸、北海道～九州南岸の太平洋沿岸、東シナ海大陸棚～斜面域、フィリピン諸島、インドネシア、オーストラリア北西岸に分布。新潟県以北と山陰地方で多く、底曳網で漁獲。また、紀伊水道周辺では刺網で漁獲。非常に美味で、塩焼きや刺身で食される。

ホタルジャコ（**ホタルジャコ属**）*Acropoma japonicum* Günther, 1859　体は淡赤色で腹部は黒っぽい。肛門は腹鰭に近い。腹鰭腹面付近に発光バクテリアが共生する発光器をもつ。発光器は肛門付近で体表に開口するが、大部分は筋肉に埋まっている。発光器の体内側には反射装置があり、顎から尾柄部にかけての腹面にある透明筋肉層を通して、腹部が光って見える。発光器は消化管の内胚葉起源である。大陸棚に生息。千葉県外房～九州南岸の太平洋沿岸、瀬戸内海、対馬～九州西岸の東シナ海周辺、インド－西太平洋に分布。愛媛県西部では練り製品“じゃこ天”として利用。

スミクイウオ

20cm SL

オオメハタ（**オオメハタ属**）*Malakichthys griseus* Döderlein, 1883　淡褐色の背面を除き、体は銀白色。下顎の先端に棘をもつ。水深100～600mの大陸棚縁辺および斜面域に生息。千葉県外房～九州の太平洋沿岸、沖縄舟状海盆、ルソン島南シナ海沿岸、オーストラリア北岸・北西岸に分布。

スミクイウオ（**スミクイウオ属**）*Synagrops japonicus* (Döderlein, 1883)　体は黒褐色。口腔内の奥が黒く、和名の由来となっている。腹鰭の前縁は滑らか。最近、本種以外の日本産スミクイウオ属魚類は*Parascombrops*に移された。水深100～1000mの大陸棚や海山の斜面。北海道～九州南岸の太平洋沿岸、九州北西岸～東シナ海大陸棚縁辺域、インド－太平洋に分布。

オニガシラ科 Ostracoberycidae　頭部骨格が顕著で、前鰓蓋骨に後方に向かう大きな棘がある。第1背鰭は9棘。日本を含めインド・西太平洋に分布するマメオニガシラ（下記）、日本の駿河湾のみに分布するオニガシラ *O. fowleri*、オーストラリア南東部の *O. paxtoni* の1属3種からなるが、分類学的研究がほとんどない。

マメオニガシラ（**オニガシラ属**）*Ostracoberyx dorygenys* Fowler, 1934　主鰓蓋骨の後縁は滑らか。小さな個体では後頭部に角状の突起がみられる。稀種。静岡県戸田沖の駿河湾、土佐湾、台湾南部、フィリピン諸島、西インド洋に分布。　（波戸岡清峰）

アラ

1m TL（80cm SL）

コクハンアラ

1.2m TL
（91cm SL）

スジアラ

71cm TL
（57cm SL）

若魚

33cm SL

ハタ科 Serranidae　体は側扁し、鰓蓋に3棘。ハタ亜科Epinephelinae、ヒメコダイ亜科Serraninae、ハナダイ亜科Anthiinaeの3亜科。世界の暖海に75属538種。背鰭棘数はハタ亜科では痕跡的あるいは埋没したものを含めて8～13（含めないと6～13）だが、他の亜科は10棘。ほとんどが雌性先熟。

ハタ亜科 Epinephelinae　背鰭棘数が痕跡的あるいは埋没したものを含めて8～13（含めないと6～13）。世界の暖海に32属234種、日本に11属65種。

アラ（アラ属） *Niphon spinosus* Cuvier, 1828　背鰭棘数が13と前鰓蓋隅角部の強大な1棘で、ハタ科の他属から容易に区別できる。体高が低く、吻部が伸長する。1属1種。ハタ科におけるアラ属の系統的位置は更なる研究が必要である。水深70～369mに生息。北海道～九州南岸の太平洋沿岸、青森県～九州南岸の日本海・東シナ海沿岸、東シナ海大陸棚縁辺～斜面域、スル海に分布。漁獲量は少なく、高価。鍋物にして美味。

コクハンアラ（スジアラ属） 絶滅危惧Ⅱ類（環）絶滅危惧Ⅱ類（IUCN） *Plectropomus laevis* (Lacepède, 1801)　幼魚では体に濃褐色帯があり斑紋が小型有毒フグのシマキンチャクフグ（p.481）に似ており、ベイツ型擬態といわれることがある。しかし本種は全長60cmになっても濃褐色帯が残る個体がおり、幼魚時代の斑紋

バラハタ

81cm TL（60cm SL）

がある程度の成長まで残るだけなのか、そもそも幼魚が擬態しているのかについては明らかではない。岩礁・サンゴ礁に生息。小笠原諸島、琉球列島、インド－太平洋に分布。

スジアラ（スジアラ属） 準絶滅危惧種（IUCN） *Plectropomus leopardus* (Lacepède, 1802)　コクハンアラに似るが眼が水色で縁取られ（コクハンアラは縁取られない）胸鰭が淡色（コクハンアラは一部または全体が黒色）であることで識別できる。頭部、各鰭、および体側に白～水色の小斑点が散在する。相模湾～屋久島の太平洋沿岸（散発的）、九州南部西岸の島々、琉球列島、西－中央太平洋に分布。

バラハタ（バラハタ属） *Variola louti* (Forsskål, 1775)　体は鮮やかな赤色で白点が散在、各鰭の後縁は黄色。尾鰭は三日月形で、後縁は黄色。岩礁・サンゴ礁に生息。伊豆－小笠原諸島、相模湾～屋久島の太平洋沿岸（散発的）、琉球列島、インド－太平洋に分布。シガテラ毒をもつことがある（厚）。

アザハタ（ユカタハタ属） *Cephalopholis sonnerati* (Valenciennes, 1828)　体が高く、頭

アザハタ

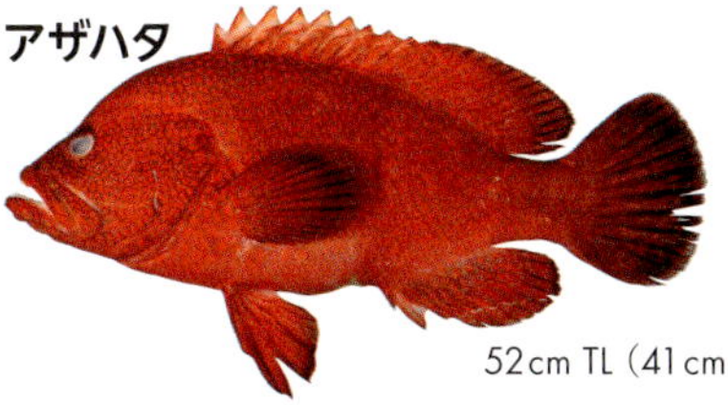

52cm TL（41cm SL）

ニジハタ

26cm TL（22cm SL）

ユカタハタ

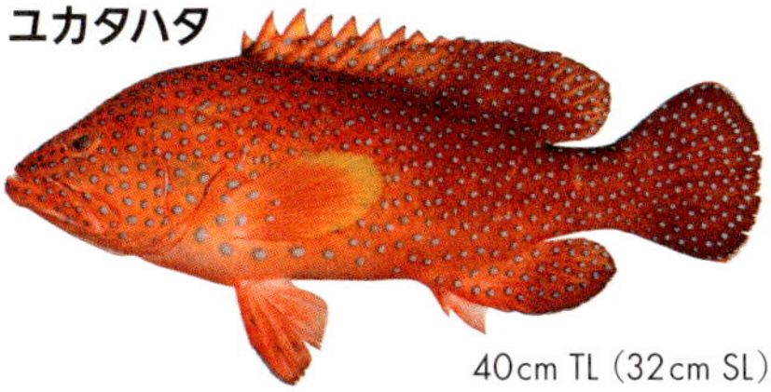

40cm TL（32cm SL）

アオノメハタ

48cm TL（40cm SL）

シマハタ

35cm TL（29cm SL）

サラサハタ

59cm TL（48cm SL）

部が盛り上がる。体は暗い赤で、明るい赤色点が散在し、頬部では赤色点は網目状になる。岩礁やサンゴ礁の、やや深場に生息。小笠原諸島、駿河湾～屋久島の太平洋沿岸（稀）、琉球列島、インド－太平洋に分布。

ニジハタ（**ユカタハタ属**）*Cephalopholis urodeta* (Forster, 1801)　体は赤色。尾鰭は2本の白色斜帯がある。尾柄部から尾鰭の斜帯の内は黒っぽく、斜帯の外側は鮮やかな赤色。全長30cmほどの小型種。サンゴ礁に生息。伊豆－小笠原諸島、熊野灘～屋久島の太平洋沿岸（稀）、琉球列島、東インド－太平洋に分布。

ユカタハタ（**ユカタハタ属**）*Cephalopholis miniata* (Forsskål, 1775)　体は鮮やかな赤色で、白～水色の白点が散在する。1個体の雄と2～12個体の雌からなるハレムをつくり、そのテリトリーは最大で475㎡に及ぶ。岩礁・サンゴ礁に生息。伊豆－小笠原諸島、駿河湾～屋久島の太平洋沿岸（散発的）、琉球列島、インド－太平洋に分布。

アオノメハタ（**ユカタハタ属**）*Cephalopholis argus* Bloch and Schneider, 1801　体は褐～黒色で、藍～黒色で縁取られた白斑が散在。胸鰭後縁および背鰭棘条部の鰭膜（きまく）が橙色で各鰭は白く縁取られる。岩礁・サンゴ礁に生息。伊豆－小笠原諸島、和歌山県串本～屋久島の太平洋沿岸（散発的）、琉球列島、インド－太平洋に分布。シガテラ毒をもつことがある（厚）。

シマハタ（**ユカタハタ属**）*Cephalopholis igarashiensis* Katayama, 1957　体は高く、鮮やかな赤～橙色で、複数の黄色の横帯が入る。水深80～250mの岩礁に生息。伊豆－小笠原諸島、相模湾、琉球列島、西太平洋に分布。種小名（しゅしょうめい）はホロタイプとなる個体を須美寿島（豆南諸島）で釣った五十嵐氏への献名。

サラサハタ（**サラサハタ属**）絶滅危惧IA類（環）絶滅危惧Ⅱ類（IUCN）*Cromileptes altivelis* (Valenciennes, 1828)　ハタ亜科で唯一、背鰭棘が10棘。1属1種。頭部後端から背鰭起部にかけて大きく盛り上がる独特の体形。体は白く、黒斑が散在する。小笠原諸島、相模湾～高知県の太平洋沿岸（稀）、沖縄諸島、東インド－西太平洋に分布。食用、観賞魚。（栗岩 薫）

クエ

1.5m TL
(1.2m SL)

カンモンハタ

32cm TL (25cm SL)

シロブチハタ

46cm TL (37cm SL)

幼魚

5.8cm SL

マハタ

1.08m TL (90cm SL)

クエ(マハタ属) 絶滅危惧Ⅱ類(IUCN) *Epinephelus bruneus* Bloch, 1793　体は灰褐色で6本の濃褐色斜帯があるが、成長に伴い不明瞭になる。尾鰭後縁は白い。産卵期は5～7月。体長2～3cmの稚魚は秋に内湾や入江のアマモ場や潮だまりにいるが、成長とともに沿岸の岩礁から深場に移動し、水深120～200mの大陸棚縁辺に生息。魚類、エビ・カニ類を食べる。雌性先熟で、雄への性転換は飼育個体では全長約1mで10歳前後。房総半島～屋久島の太平洋沿岸、九州北西岸、新潟県佐渡～山口県の日本海沿岸(散発的)、朝鮮半島南岸、台湾、浙江省～トンキン湾の中国沿岸に分布。底刺網、底延縄、釣りで漁獲。刺身、湯引き、ちり鍋で極めて美味。*E. moara* は現在 *E. bruneus* と同種とされているが、最近の研究で別種という結果が出ており、クエの学名が変わるかもしれない。

カンモンハタ(マハタ属) *Epinephelus merra* Bloch, 1793　胸鰭全体に暗色斑が密在して網目模様となるが、背鰭基底部に大きな黒斑がない。最大全長32cmの小型種。サンゴ礁の浅場に生息。伊豆−小笠原諸島、相模湾～屋久島の太平洋沿岸(散発的)、琉球列島、インド−太平洋に分布。

シロブチハタ(マハタ属) *Epinephelus maculatus* (Bloch, 1790)　頭部から各鰭を含めて全身に暗色斑が散在。幼魚は背鰭起部・背鰭第8～11棘・背鰭最終棘～尾柄部から体側にそれぞれ白色域があるが、成魚になると尾柄部の白色域はほぼ消失し、前方2つの白色域が顕著になる。伊豆−小笠原諸島(散発的)、相模湾～屋久島の太平洋沿岸(散発的)、琉球列島、西太平洋に分布。

マハタ(マハタ属) *Epinephelus septemfasciatus* (Thunberg, 1793)　体は茶褐色で7～8本の暗色横帯がある。体は背鰭起部で最も高く、尾鰭後縁は白い。後鼻孔の直径は鼻孔後縁から眼窩縁までの距離に等しいか短い。幽門垂数は7～8。飼育個体では3歳で体長33cm、8歳で50cm、10歳で56cm。産卵期は長崎県～山口県近海で6～7月、和歌山県で

キジハタ

67cm TL (54cm SL)

アオハタ

60cm TL (48cm SL)

アカハタ

40cm TL (33cm SL)

ホウキハタ

75cm TL (61cm SL)

は5月と考えられている。水深110～300mの岩礁や貝殻混じりの砂底に生息するが、水深160m以浅に多く、魚類、甲殻類、イカ類を食べる。北海道～九州南岸の日本海・東シナ海沿岸、仙台湾～屋久島の太平洋沿岸、瀬戸内海、東シナ海大陸棚縁辺～斜面域、朝鮮半島南岸、中国浙江省寧波、香港に分布。底曳網や釣りで漁獲、刺身、煮付け、鍋物で食され、美味。旬は夏。類似のマハタモドキ *E. octofasciatus* は本州沿岸では極めて稀。

キジハタ（マハタ属） 絶滅危惧IB類(IUCN) *Epinephelus akaara* (Temminck and Schlegel, 1843)　体は褐色～橙色で全身に橙色斑が散在し、背鰭基底部に1つの黒斑がある。類似のノミノクチ *E. trimaculatus* は体の斑模様が赤褐色で、背鰭基底部から尾柄部に黒斑が3つ。吻部は尖る。体長約30cmで雌から雄に性転換する。沿岸の岩礁に生息。津軽海峡～九州南岸の日本海・東シナ海沿岸、瀬戸内海、相模湾～九州南岸の太平洋沿岸（少ない）、朝鮮半島南岸、済州島、福建省～トンキン湾の中国沿岸に分布。延縄や刺網で漁獲。水炊き、塩焼きで賞味され美味。日本や香港では高級種。

アオハタ（マハタ属） *Epinephelus awoara* (Temminck and Schlegel, 1843)　体高はやや低く、吻部および頭部はやや丸みを帯びる。体は灰～茶褐色で側面腹部は黄金色、全身に黄色の小斑が散在。体側に4本、尾柄部に1本の暗色帯がある。山形県～山口県の日本海沿岸、相模湾～愛媛県内海の太平洋沿岸（少ない）、朝鮮半島南岸、済州島、台湾、浙江省～広東省の中国沿岸に分布。日本海に多い水産重要種。

アカハタ（マハタ属） *Epinephelus fasciatus* (Forsskål, 1775)　体は朱色の地に白色の横帯が入り、各鰭は黄色く、背鰭棘先端の鰭膜は黒い。本州沿岸から伊豆諸島などの温帯域に生息する個体は赤みが強い個体が多いが、琉球列島や小笠原など亜熱帯域やサンゴ礁域に生息する個体は黄色みが強いか、白っぽい個体が多い。全長約20cmで成熟。産卵期は温帯域では5～11月だが、亜熱帯域ではほぼ周年。温帯域の個体は亜熱帯域の個体に比べて非常に大型化し、これは産卵より成長にエネルギーを充てられるためと考えられる。西太平洋の広域、相模湾～九州の太平洋沿岸、小笠原諸島近海と3つの種内集団がいる。伊豆－小笠原諸島、硫黄島・南硫黄島、相模湾～屋久島の太平洋沿岸、琉球列島、インド－太平洋に分布。

ホウキハタ（マハタ属） *Epinephelus morrhua* (Valenciennes, 1833)　体側に弧状の暗色帯があり、中央の暗色帯が背鰭基底部へ分岐する。水深80～370mの深場に生息。伊豆－小笠原諸島、相模湾～屋久島の太平洋沿岸、琉球列島、インド－太平洋に分布。高価で美味。

（栗岩 薫）

タマカイ

2.3m TL（1.9m SL）

幼魚

15cm SL

イシガキハタ

26cm TL（21cm SL）

アカハタモドキ

50cm TL（41cm SL）

アカマダラハタ

1.2m TL（98cm SL）

タマカイ（マハタ属） 絶滅危惧IA類（環） 絶滅危惧Ⅱ類（IUCN） *Epinephelus lanceolatus* (Bloch, 1790)　体は灰～暗褐色で、大きさの不ぞろいな白色斑が頭部から体側に不規則に散在。各鰭は黄色で、黒色斑が入る。吻部および頭部はやや丸みをおびる。全長2m・体重300kgをこえ、大西洋および東部太平洋の *E. itajara* と並んで、ハタ科で最大。伊豆－小笠原諸島、和歌山県紀伊大島、鹿児島県笠沙、琉球列島、インド－太平洋に分布。日本近海では稀。

イシガキハタ（マハタ属） *Epinephelus hexagonatus* (Forster, 1801)　体は暗色斑が網目状に密在し、それらの隙間に小さな白色点がちりばめられている。胸鰭に密在する赤褐色斑は前半部で網目状になる。背鰭基底部～尾柄部に5つの黒斑がある。背鰭軟条部、胸鰭後方部と尾鰭上葉は黄色みをおびる。小型種。島嶼域の浅海サンゴ礁に生息。伊豆－小笠原諸島、琉球列島、西インド洋、東インド－太平洋に分布。

アカハタモドキ（マハタ属） *Epinephelus retouti* Bleeker, 1868　背鰭棘先端の鰭膜（きまく）は赤く、背鰭軟条および尾鰭上葉が暗黄色。吻部および頭部は尖る。島嶼域で、幼魚は水深20～40m、成魚は70～220mの深場に生息。伊豆－小笠原諸島、沖縄諸島、大東諸島、インド－太平洋（局所的）に分布。

アカマダラハタ（マハタ属） 絶滅危惧Ⅱ類（IUCN） *Epinephelus fuscoguttatus* (Forsskål, 1775)　最大で全長120cmになる大型種。後頭部が大きく盛り上がり、背鰭基底部および尾柄部背部に黒斑がある。類似のマダラハタ *E. polyphekadion* は頭部背縁が滑らかで丸く、黒斑は尾柄部背部のみ。サンゴ礁域に生息。沖縄諸島、八重山諸島、インド－太平洋に分布。小笠原諸島にはいない。シガテラ毒をもつことがある（厚）。

アライソハタ（マハタ属） 準絶滅危惧種（IUCN） *Epinephelus socialis* (Günther, 1873)　吻部および頭部はやや丸みをおびる。頭部および体側（腹部を除く）に茶褐色の小斑点が密在する。胸鰭後方は暗色。各鰭は白く縁取られる。太平洋プレートの西縁からプレート上の外洋

アライソハタ

52cm TL（43cm SL）

オオスジハタ

1.5m TL（1.2m SL）

ツチホゼリ

1.2m TL
（96cm SL、写真個体は25cm SL）

ハクテンハタ

59cm TL（47cm SL）

ホウセキハタ

29.6cm SL

性島嶼域のサンゴ礁の浅場に生息。このような分布はハタ亜科で本種のみ。小笠原諸島父島、南鳥島、マリアナ諸島、中央太平洋に分布。

オオスジハタ（マハタ属） *Epinephelus latifasciatus* (Temminck and Schlegel, 1843) 幼魚は、眼の背縁から背鰭軟条基底部と吻部から尾柄部下部までの黒色で縁取られた2本の白色縦帯がある。成魚では白色域は暗色となり、黒色の縁取りが残り黒色縦帯となる。そして、黒色縦点列を経て老成魚では黒色縦点列は消失する。水深20～230mの岩礁域に生息。大型種。九州北西岸（稀）、相模湾～宮崎県の太平洋沿岸（稀）、小笠原諸島（稀）、浙江省～海南島の中国沿岸、西太平洋東アジア沿岸に分布。タイプ産地は長崎県。

ツチホゼリ（マハタ属） *Epinephelus cyanopodus* (Richardson, 1846)　頭部背縁から背鰭基底部までが盛り上がり、体が高い。体は青灰色で、大きさの不揃いな小黒点が不規則に全体に散在する。体が黒ずみ、小黒斑の上に大きさの不揃いな白色点が散在する個体もいる。小笠原諸島、硫黄島、相模湾～屋久島の太平洋沿岸（散発的）、沖縄諸島以南の琉球列島、西太平洋、ミクロネシアに分布。

ハクテンハタ（マハタ属） *Epinephelus coeruleopunctatus* (Bloch, 1790)　体は低く、吻部が眼の直前で隆起する。体は暗色で、黒く縁取られた大小の白色斑が全体に散在する。成魚では尾鰭には白色斑はなく、胸鰭は一様に黒色で白く縁取られる。岩礁・サンゴ礁域に生息。伊豆－小笠原諸島、相模湾～屋久島の太平洋沿岸、琉球列島、インド－西太平洋、ミクロネシアに分布。

ホウセキハタ（マハタ属） *Epinephelus japonicus* (Temminck and Schlegel 1843)　体は茶褐～黄褐色で、橙色の斑点が網目状に密在。尾鰭は上縁が黄色味を帯び、後縁は白くない。大陸沿岸域のやや深場（水深32～280m）に生息。九州北西岸、相模湾～九州南岸の太平洋沿岸、台湾南部、中国南シナ海沿岸に分布。琉球列島、小笠原諸島、西太平洋には近縁のマホロバハタ *Epinephelus insularis* が分布する。（栗岩 薫）

ヌノサラシ

25cm SL

幼魚2.8cm SL

幼魚1.2cm SL

アゴハタ

30cm SL

幼魚1.3cm SL

キハッソク

20cm SL

ルリハタ

25cm SL

幼魚2.7cm SL

稚魚1.5cm SL

ヌノサラシ類4種　この類は英名“ソープフィッシュ”、多量の粘液を分泌して石鹸のように海水を泡立たせる。この粘液は皮膚毒であり他の魚を殺す。この毒はアゴハタ、ヌノサラシ、ルリハタではグラミスチンだが、キハッソクでは脂溶性の低分子化合物である。アゴハタとヌノサラシでは表皮に2種の粘液細胞、鱗の下に粘液腺があるが、ルリハタとキハッソクでは後者がない。捕食者はヌノサラシ類を口にすれば吐き出すので、皮膚毒は防御物質と考えられている。ただし、ヌノサラシは共食いをすることから同種内では効力がないのであろう。これらは皮膚毒をもつことから、以前はヌノサラシ科として扱われていた。

ヌノサラシ（ヌノサラシ属）*Grammistes sexlineatus* (Thunberg, 1792)　成魚は体が黒色で多くの白色の線あるいは破線がある。幼魚は体が黒色で不規則な黄色の縦線がある。相模湾～高知県柏島の太平洋沿岸、琉球列島、インド－太平洋に分布。ニューギニアでヌノサラシを食べて2人が中毒し、1人が死亡した報告がある。

アゴハタ（アゴハタ属）*Pogonoperca punctata* (Valenciennes, 1830)　成魚は下顎先端下部に皮弁をもち、体が暗鳶色に小白色斑が散在、背部に5つの鞍状黒色横帯がある。稚魚は体が黒色で大白色斑がある。水深6～216mのサンゴ礁や岩礁に生息。

キハッソク（キハッソク属）*Diploprion bifasciatum* Cuvier, 1828　体は高く、黄色に2本の黒色横帯がある。幼魚の体は黄色のみ。稚魚は背鰭が伸長する。相模湾～鹿児島湾の太平洋沿岸、中国南シナ海沿岸、インド－西太平洋に分布。つかまえると体表は粘液でドロっとした感じであった。“煮えにくく木八束を要する”のが和名の由来（和歌山県南部）。不味。

ルリハタ（ルリハタ属）*Aulacocephalus temminckii* Bleeker, 1855　成魚は体が瑠璃色、

トゲハナスズキ

19cm SL

ヒメコダイ

20cm SL

ボロジノハナスズキ

6.5cm SL（通常4cm SL）

アカイサキ

♂

雄41cm SL, 雌36cm SL

♀

吻端から眼を通り背中側に沿う黄色帯がある。幼魚は体が黄色で鰓蓋後端から側線に沿った体側上方が藍色。水深10～100mの岩礁に生息。相模湾～高知県柏島の太平洋沿岸、インド－西太平洋（局所的）に分布。　（吉田朋弘）

トゲハナスズキ（**ハナスズキ属**）*Liopropoma japonicum* (Döderlein, 1883)　体の背側が鮮やかな赤色で、腹側は白桃色をしており、体側には濃い赤色の帯がある。仔稚魚は背鰭の2番目と3番目の棘がヒモ状に伸び、体長の10倍以上になる。水深約100～200mの岩礁域の海底付近に生息。相模湾～九州南岸の太平洋沿岸、東シナ海大陸棚縁辺から斜面上部、台湾南部に分布。底曳網、また底物釣りで稀にとれる。

ボロジノハナスズキ（**ハナスズキ属**）*Liopropoma tonstrinum* Randall and Taylor, 1988　体側に黄土色の2本の縦帯とそれにはさまれた白く細い帯がある。水深約10～65mに生息。日本では南大東島、琉球列島、小笠原諸島、伊豆諸島でみつかっており、東インド洋－太平洋に広く分布する。海外の個体は、体側の2本の帯が赤い。

ヒメコダイ亜科 Serraninae

ヒメコダイ（**ヒメコダイ属**）*Chelidoperca hirundinacea* (Valenciennes, 1831)　体は円筒形で、体色は赤く、背鰭と尾鰭は黄色。胸鰭の上方には濃い赤色の斑紋が1個ある。尾鰭の上端は後方へ伸びる。産卵期は夏。水深約100～150mの大陸棚砂泥底に生息。若狭湾～九州南岸の日本海・東シナ海沿岸、相模湾～九州南岸の太平洋沿岸、朝鮮半島南岸、東シナ海、台湾南部、トンキン湾、南沙群島、南シナ海南部に分布。底曳網で漁獲され、練り製品あるいは惣菜として食される。

ハナダイ亜科 Anthiinae

アカイサキ（**アカイサキ属**）*Caprodon schlegelii* (Günther, 1859)　雄は黄色の虫食い模様があり、眼を通る黄色の線、および背鰭の中央に黒斑が1個ある。雌は背鰭の基底に3～5個の褐色斑があり、全体的に雄より赤みが強い。背鰭軟条数は19～21で、他のハタ科魚類よりも多い。産卵期は冬。仔稚魚は1～2月に足摺岬沖、紀伊半島沖から鹿島灘沖で採集されている。水深約40～300mの岩礁に生息。兵庫県～九州南岸の日本海・東シナ海沿岸、相模湾～九州南岸の太平洋沿岸、伊豆－小笠原諸島、東シナ海大陸棚縁辺、朝鮮半島南岸、済州島、台湾、ニューカレドニア、オーストラリア東岸・西岸、ハワイ諸島、チリに分布。このように広域に分布するとされているが、同一種かどうか精査が必要。釣りや底曳網で漁獲され、惣菜として食される。（岡本 誠）

サクラダイ

♂

12〜14cm SL

♀

カシワハナダイ

5.6〜7.3cm SL

キンギョハナダイ

9.5〜11cm SL

スミレナガハナダイ

♂

9cm SL

♀

サクラダイ属 *Sacura*

サクラダイ *Sacura margaritacea* (Hilgendorf, 1879)　体は雄が赤く、雌は橙色。雌にのみ背鰭棘に黒色斑がある。雌雄とも体側に白色斑が散在し、背鰭第2〜4軟条の1〜3本が糸状に伸びる。雄の背鰭第3棘は糸状に伸びる。水深10〜110mの岩礁に生息。伊豆−小笠原諸島、相模湾〜九州南岸の太平洋沿岸、朝鮮半島南岸、済州島、台湾南部に分布。

ナガハナダイ属 *Pseudanthias*　体はやや低く長い。多くの種は雌雄で体色が異なる。沿岸の岩礁やサンゴ礁域に生息。世界の暖海(西太平洋に多い)に分布。日本に22種。

カシワハナダイ *Pseudanthias cooperi* (Regan, 1902)　尾鰭は深く湾入し、両葉は長く伸びる。吻端から眼の下部を通って胸鰭起部に至る淡紫色の細い縦帯がある。頭、体、各鰭は赤橙色で、背鰭棘と軟条の先端は淡紫色。水深4〜60mの岩礁およびサンゴ礁に生息。伊豆−小笠原諸島、相模湾〜愛媛県西部の太平洋沿岸(散発的)、琉球列島、インド−太平洋(ハワイ諸島を除く)に分布。

キンギョハナダイ *Pseudanthias squamipinnis* (Peters, 1855)　吻は丸い。眼の後方から胸鰭基底にかけて赤紫色で縁取られた橙色縦帯がある。背鰭第3〜10棘間の鰭膜(きまく)は、交互に先端付近まで鱗で被われる。水深2〜58mの岩礁およびサンゴ礁に生息。伊豆−小笠原諸島、相模湾〜屋久島の太平洋沿岸、琉球列島、インド−西太平洋に分布。

スミレナガハナダイ *Pseudanthias pleurotaenia* (Bleeker, 1857)　頭部背縁は強く傾斜、体が高い。背鰭第3棘が最も長く、雄ではより長

アカネハナゴイ

オオテンハナゴイ

ハナゴイ

ヒメハナダイ

い。雄は橙赤色で、体側前方に四角形の淡色域がある。雌は明るい橙色で、各鱗は濃い橙色で縁取られる。吻端から眼と胸鰭基底を通り、尾柄付近に至る赤紫色で縁取られた橙赤色縦帯がある。水深6～70mの岩礁やサンゴ礁に生息。伊豆諸島、駿河湾～屋久島の太平洋沿岸(散発的)、琉球列島、西太平洋に分布。

アカネハナゴイ(アカネハナゴイ属：新称)
Nemanthias dispar (Herre, 1955)　雌は口の先端が尖り上唇がやや前、腹鰭は糸状に伸びる。雌の吻は丸みをおびる。雌雄とも背鰭第2棘が最長だが糸状に伸びない。体は橙～橙赤色で、背鰭は鮮やかな赤色。吻端から眼を通り胸鰭基底に至る赤紫色で縁取られた橙赤色縦帯がある。水深1～20mのサンゴ礁に生息。沖縄県久米島、宮古諸島、八重山諸島、西－中央太平洋、インド洋クリスマス島に分布。

オオテンハナゴイ(アカボシハナゴイ属：新称)
Pyronotanthias smithvanizi (Randall and Lubbock, 1981)　雄は口の先端が尖り、上唇がやや前に出て、背鰭第3棘は長く伸びる。雌の頭部前縁はやや丸みをおび、背鰭第3棘は伸びない。体は橙赤色で、黄色斑点が密在。吻端から眼の前方と、背鰭基底部から尾柄部背縁に鮮やかな黄色縦帯がある。水深1～70mの岩礁およびサンゴ礁に生息。八丈島、沖縄県伊江島・久米島、宮古諸島、西表島、東インド－西太平洋に分布。

ハナゴイ(ハナゴイ属) *Mirolabrichthys pascalus* (Jordan and Tanaka, 1927)　雌雄ともに、口の先端は尖り、腹鰭最長軟条、尾鰭両葉、臀鰭後縁はそれぞれ糸状に伸びる。雄は上唇がやや前、背鰭第10～12軟条が伸長し、背鰭軟条部外縁が赤い。水深1～60mの岩礁域やサンゴ礁に生息。伊豆－小笠原諸島、相模湾～屋久島の太平洋沿岸(散発的)、トカラ列島、琉球列島、西－中央太平洋(ハワイ諸島を除く)に分布。

ヒメハナダイ(ヒメハナダイ属) *Tosana niwae* Smith and Pope, 1906　体はやや細長く、吻は丸みをおびる。尾鰭両葉の後端は糸状に長く伸びる。吻端から眼の下部を通り胸鰭後方に至る細い黄色縦帯、眼の後方から尾鰭基底部に至る太い黄色縦帯がある。水深17～120mの砂泥底に生息。富山県～長崎県の日本海・東シナ海沿岸(散発的)、相模湾～豊後水道の太平洋沿岸、東シナ海中部大陸棚縁辺付近、浙江省～広東省の中国沿岸に分布。

(栗岩 薫)

アズマ
ハナダイ

20cm SL

カスミサクラダイ

20cm SL

アマミ
ハナダイ

20cm SL

チビハナダイ

2.8cm SL

イズハナダイ属
Plectranthias　体は高く、吻は尖る。臀鰭軟条数は6～8、側線有孔鱗数は12～38。やや深い岩礁やサンゴ礁域に生息。世界の暖海に49種、日本に8種。

アズマハナダイ *Plectranthias azumanus* (Jordan and Richardson, 1910)　体が高く、吻端が尖る。上顎は鱗で被われる。背鰭第2軟条と尾鰭上葉は糸状に伸びる。体側の中ほどに鮮やかな赤色横帯、尾柄に大きな赤色斑、尾鰭上方部に小さな赤色斑がある。水深150～170m（オーストラリア西部では250m）の大陸棚縁辺の岩礁および砂礫底に生息。新潟県～九州北西岸の日本海沿岸、伊豆－小笠原諸島、相模湾～豊後水道の太平洋沿岸、東シナ海大陸棚縁辺域、九州－パラオ海嶺、朝鮮半島南岸、台湾南部、オーストラリア西部に分布。

カスミサクラダイ *Plectranthias japonicus* (Steindachner, 1883)　尾鰭後縁は丸い。背鰭は棘条部と軟条部の間に深い欠刻がある。上顎は鱗で被われる。体は鮮やかな赤色で、赤色斑点がある個体もいる。各鰭は黄色。水深70～200mの大陸棚上の砂底および砂礫底に生息。相模湾～九州南岸の太平洋沿岸、朝鮮半島南岸、済州島、沖縄諸島、台湾南部、南沙群島、フィリピン諸島、ティモール海、オーストラリア北西岸に分布。

アマミハナダイ *Plectranthias yamakawai* Yoshino, 1972　眼が大きく、上顎は無鱗。背鰭は第4・5棘が最長。尾鰭後縁は截形。頭と体は赤橙色で、背側に茶褐色の小斑点が散在、腹側は黄色斑点が散在。体側後半部に眼径大の赤色斑がある。水深200～340mの岩礁に生息。屋久島、琉球列島、台湾南部、サモア諸島に分布。

チビハナダイ *Plectranthias nanus* Randall, 1980　体は低く、吻部はやや尖る。側線は不完全で背鰭軟条基底中央部より後方まで背鰭軟条部後方に1白色斑、尾柄部の背縁と腹縁に1対の黒斑がある。水深6～73 mの岩礁やサンゴ礁のガレ場に生息。琉球列島・大東諸島・火山列島など島嶼域に分布近縁のムラモミジハナダイ *P. longimanus*（尾柄部に1対の黒斑がない）は本州太平洋沿岸から琉球列島に分布。

イッテンサクラダイ属 *Odontanthias*　体は高く、吻は短く丸い。前鰓蓋隅角部に棘や鋸歯があり、尾鰭は湾入。深場の岩礁やサンゴ礁域に生息し、世界に15種（西太平洋が多い）、日本に5種。

イッテン
サクラダイ

14cm SL

バラハナダイ

16cm SL

マダラ
ハナダイ

13cm SL

ハナゴンベ

8.2cm SL

イッテンサクラダイ *Odontanthias unimaculatus* (Tanaka, 1917)　背鰭第3棘は長く伸び、先端の鰭膜は旗状で黒色。背鰭軟条はほとんどが糸状に伸びる。体は高く、頭部背縁は強く傾斜。尾鰭は深く湾入し、両葉は太い。体は赤橙色、吻端から眼の下を通って前鰓蓋骨に至る太い黄色帯がある。水深60～192mの岩礁に生息。小笠原諸島、相模湾～土佐湾の太平洋沿岸、沖縄舟状海盆、台湾基隆・高雄、ルバング島（フィリピン）に分布。

バラハナダイ *Odontanthias katayamai* (Randall, Maugé and Plessis, 1979)　体は高く、頭部背縁は強く傾斜。背鰭第2・3軟条、腹鰭と臀鰭第2軟条は糸状に長く伸びる。尾鰭は深く湾入し、両葉は太く、先端が白色。眼より上方の頭部、背鰭、体側背側上方は鮮やかな黄色で、尾鰭両葉も黄色で縁取られる。水深55～300mの岩礁に生息。八丈島、相模湾、伊豆大島、土佐湾、琉球列島、台湾東港、マリアナ諸島に分布。

マダラハナダイ *Odontanthias borbonius* (Valenciennes, 1828)　背鰭第3棘は長く伸び、先端の鰭膜は旗状で淡色。背鰭軟条は前半部が糸状に伸びる。体高は高く、頭部背縁は強く傾斜。尾鰭は深く湾入し、両葉は太い。体は淡い赤橙色で、背部に多くの大きな黄褐色斑がある。吻端から眼の下を通り前鰓蓋骨に至る太い黄色縦帯と、眼の後方から主鰓蓋骨に至る細い黄色縦帯がある。水深15～300mの岩礁に生息。伊豆－小笠原諸島、相模湾、駿河湾、高知県柏島、琉球列島、台湾東港、西インド洋（赤道以南）、西太平洋（赤道以北）に分布。

ハナゴンベ（ハナゴンベ属） *Serranocirrhitus latus* Watanabe, 1949　頭部背縁は強く傾斜し、体は円形に近い。尾鰭は深く湾入し、両葉は糸状に伸びる。吻部および眼から上方は黄色で、赤～紫色の帯が入る。体側は赤橙色で、各鱗にある黄色斑点は背側ほど大きい。眼から胸鰭基底に向けて2本の細い黄色縦帯がある。主鰓蓋骨後縁に1黄色斑点がある。水深9～70mの岩礁およびサンゴ礁に生息。伊豆諸島、静岡県大瀬崎～高知県柏島の太平洋沿岸（散発的）、琉球列島、台湾南部、西太平洋に分布。

（栗岩 薫）

メギス

♂

12cm SL

♀

10cm SL

クレナイニセスズメ

5cm SL

タナバタメギス

2.3cm SL

センニンガジ

40cm TL

メギス科 Pseudochromidae
体は細長く、背鰭は1基で、基底は長い。体色は様々で美しく、観賞魚として人気が高い。主に岩礁域やサンゴ礁域に生息。メギス科は、メギス亜科、タナバタメギス亜科、センニンガジ亜科、およびAnisochrominaeの4亜科に分けられる。世界で20属約120種。日本には8属17種。体長3〜10cm程度の浅海性小型魚類。ただしセンニンガジは全長40cm。背鰭棘数が0〜3で、タナバタウオ科魚類(背鰭棘数11〜18)と区別される。

メギス亜科 Pseudochrominae

メギス(メギス属) *Labracinus cyclophthalmus* (Müller and Troschel, 1849)　背鰭棘が2本で同科他種と識別される。体色が雌雄で異なる。浅海域のサンゴ礁に生息。八丈島、和歌山県〜九州南岸の太平洋沿岸(散発的)、大隅諸島、琉球列島、西太平洋に分布。体長が10cmをこえ、釣りで採集される。

クレナイニセスズメ(クレナイニセスズメ属) *Pictichromis porphyrea* (Lubbock and Goldman, 1974)　水中では青紫色だが、水からあげると桃色。水深5〜40mのサンゴ礁域の岩穴に生息するので、赤色光は波長が長く水中では吸収されてしまう。鮮やかな体色によって観賞魚として人気がある。大隅諸島、琉球列島、西太平洋に分布。

タナバタメギス亜科 Pseudoplesiopinae

タナバタメギス(タナバタメギス属) *Pseudoplesiops rosae* Schultz, 1943　体長2〜3cmの小型種。側線は側線有孔鱗が1枚のみ。体の前半は暗褐色、後半は淡褐色。腹鰭は長く、折りたたんだ際に臀鰭始部をこえる。水深1〜40mの岩礁、サンゴの下に生息。屋久島、琉球列島、東インド－西太平洋に分布。

センニンガジ亜科 Congrogadinae

センニンガジ(センニンガジ属) *Congrogadus subducens* (Richardson, 1843)　体は細長く、鶯色。下顎は上顎より突出。背鰭、臀鰭、および尾鰭が連続。背鰭棘がなく、腹鰭を欠く。全長は40cmでメギス科の中では大きい。沖縄島、宮古島、八重山諸島、西太平洋に分布。

タナバタウオ科 Plesiopidae　背鰭は1基。背鰭棘は11〜18本、臀鰭棘は3〜10本。トゲタナバタウオ亜科とタナバタウオ亜科からなる。主に潮だまり、サンゴ礁域の岩下、水中洞窟の暗所に生息。世界で11属38種。日本に5属10種。大きいものは体長20cm、多くは7cm以下。

タナバタウオ(タナバタウオ属) *Plesiops coeruleolineatus* Rüppell, 1835　体は黒色、背鰭棘の縁辺は鮮やかな橙色。尾鰭後縁は丸い。背鰭は11棘7軟条。潮だまりやサンゴ

タナバタウオ

7cm SL

シモフリタナバタウオ

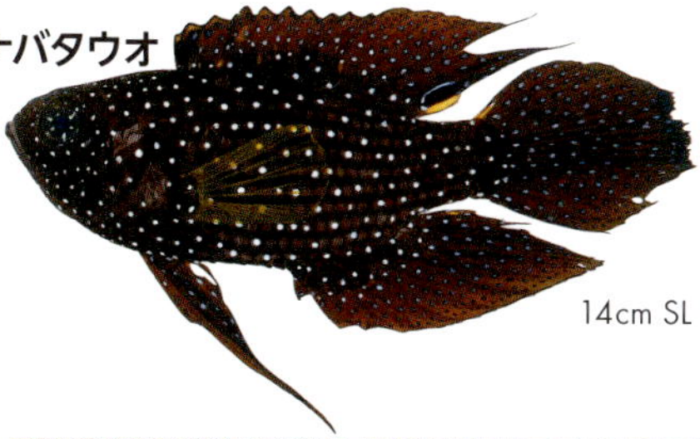

14cm SL

ニジアマダイ

8cm SL

シモフリタナバタウオ（左）は、ハナビラウツボ（右）にそっくりな体色をもつ

ニラミアマダイ

7cm SL

アゴアマダイ

10cm SL

の岩下に生息。伊豆諸島、小笠原諸島、伊豆半島～九州南岸の太平洋沿岸（散発的）、大隅諸島、琉球列島、インド－太平洋に分布。

シモフリタナバタウオ（シモフリタナバタウオ属） *Calloplesiops altivelis* (Steindachner, 1903)　臀鰭が大きく、先端は尖る。体は黒く、多数の小白色斑が散在、背鰭基底後端に黄色で縁取られた1黒色斑がある。この体色は、ハナビラウツボ *Gymnothorax meleagris* へのベイツ型擬態といわれている。伊豆諸島、小笠原諸島、和歌山県串本、大隅諸島、琉球列島、インド－西太平洋に分布。

アゴアマダイ科 Opistognathidae　背鰭は1基。口は大きく、その後端は眼の後端をはるかにこえる。大きな口で海底に穴を掘り、そこから顔を出している。雄が口の中で卵を孵化まで保護する口内保育をし、ジョーフィッシュとよばれる。東大西洋、地中海、中央太平洋を除く全世界の水深0.3～375mの砂礫底に生息し、世界で3属約83種、日本に2属16種。

ニジアマダイ（アゴアマダイ属） *Opistognathus evermanni* (Jordan and Snyder, 1902)　背鰭棘の先端は針状で二叉しない。体は茶色。腹鰭に黒色域がある。背鰭と臀鰭は暗色で白色線がある。水深100m以浅の砂礫底に生息。底曳網で時々とれる。八丈島、和歌山県～愛媛県の太平洋沿岸、山口県吉見、長崎県、中国広東省、ベトナムのニャチャンから報告されている。

ニラミアマダイ（アゴアマダイ属） *Opistognathus iyonis* (Jordan and Thompson, 1913)　体は栗皮色で背鰭棘部に1黒色斑がある。尾鰭に黒色帯がない。主上顎骨は大きく前上顎骨をこえることでワニアマダイ *O. castelnaui* に似るが、上顎後端は鰓蓋部に達しない。また、ワニアマダイは大型で体長25cmになるが、本種は小さく体長7cm。浅海の砂礫底に生息、ときどき釣れる。佐渡島、山口県・長崎県の日本海沿岸、瀬戸内海、東京湾～高知県の太平洋沿岸に分布。

アゴアマダイ（アゴアマダイ属） *Opistognathus hopkinsi* (Jordan and Snyder, 1902)　体に黄色の不規則な縦線、尾鰭の上下葉に黒色線がある。水深50～60mの砂礫底に生息、ときどき釣れる。神奈川県三崎、島根県隠岐、長崎県対馬から報告されている。　（吉田朋弘）

キントキダイ

26cm SL

ホウセキキントキ

25cm SL

ミナミキントキ

30cm SL

キビレキントキ

20cm SL

キントキダイ科 Priacanthidae　体は側扁し、楕円形から卵形。眼と口が著しく大きい。背鰭は1基で、棘は長くて鋭い。体表には細かい鱗が密集し、ザラザラしてやや硬い。沿岸から中深層の岩礁域に多い。大西洋、インド洋、および太平洋に4属19種、日本に3属11種。

キントキダイ属 *Priacanthus*　体高は比較的低く、腹鰭は普通の大きさ。鱗は小さく、側線鱗数が56～115。体長20～30cm、日本に6種。多くは浅海の岩礁・サンゴ礁に生息。

キントキダイ *Priacanthus macracanthus* Cuvier, 1829　体高はやや低く、背鰭、臀鰭および腹鰭に黄色い斑紋がある。尾鰭は截形か、わずかに凹む。東シナ海では1歳で体長約9cm、2歳で約17cm、3歳で約22cm、4歳で約26cmになる。大型魚も小型魚も東シナ海南部海域で季節移動をする。少なくとも尾叉長20cm以上で成熟し、産卵期は5～7月。産卵場は台湾北部の東シナ海南西部海域と考えられ、仔稚魚は黒潮によって北上し、夏季には東シナ海に出現する。大陸棚砂泥底に生息し、主に底曳網、定置網、釣りで漁獲される。近年、資源量の減少で小型化している。刺身、また煮付けやフライなどで美味。相模湾～九州南岸の太平洋沿岸、新潟県～九州西岸の日本海・東シナ海沿岸、東シナ海、朝鮮半島南岸、南シナ海北部、東インド－西太平洋に分布。大陸棚砂泥底に生息することによって、岩礁・サンゴ礁に生息する他種より日本近海での分布が広いと考えられる。

ホウセキキントキ *Priacanthus hamrur* (Forsskål, 1775)　尾鰭は深く湾入し、鰭の両端が少し伸びる。体高が低く、体は一様に赤色で、目立った模様などはない。水深約30～300mの岩礁・サンゴ礁。相模湾～屋久島の太平洋沿岸、九州西岸、琉球列島、インド－太平洋、チュニジア(地中海)に分布。刺網や釣りで漁獲され、食用。

ミナミキントキ *Priacanthus sagittarius* Starnes, 1988　背鰭の前端に黒斑があり、眼が大きい。尾鰭は截形かわずかに丸みをおびる。水深50～200mの岩礁域に生息。神奈川県～九州南岸の太平洋沿岸(散発的)、インド－西太平洋、紅海に分布。

キビレキントキ *Priacanthus zaiserae* Starnes and Moyer, 1988　生鮮時は胸鰭が黄色く、腹鰭の鰭膜は暗色。尾鰭は截形。体や鰭には目立った模様はない。体高はやや高い。水深28～320mの岩礁域。三宅島、神奈川県三浦、静岡県沼津市内浦、三重県志摩、和歌山県印南、尖閣諸島、沖縄県糸満、東シナ海、奄美大島、フィリピン諸島から記録。

ゴマヒレキントキ

20cm SL

チカメキントキ

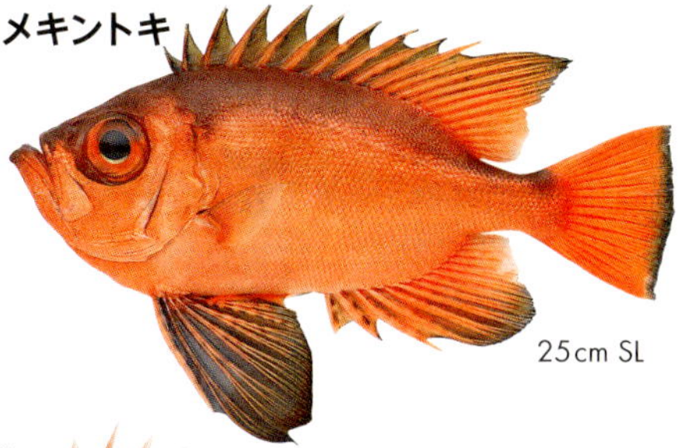

25cm SL

クルマダイ

18cm SL

幼魚 5cm SL

ミナミクルマダイ

21cm SL

オキナワクルマダイ

21cm SL

ゴマヒレキントキ

（ゴマヒレキントキ属） *Heteropriacanthus carolinus* (Cuvier, 1829)　背鰭と臀鰭の後半部、および尾鰭に暗赤色の小点が並ぶ。体側の濃い赤色のまだら模様は、鮮度が落ちると不鮮明になる。尾鰭はごく浅い二重湾入形。水深10〜50mの岩礁・サンゴ礁。相模湾〜屋久島の太平洋沿岸、琉球列島、インド−太平洋域の熱帯、亜熱帯域。食用。

チカメキントキ（チカメキントキ属） *Cookeolus japonicus* (Cuvier, 1829)　腹鰭がきわめて大きく、折りたたむと後端は臀鰭の始部をはるかにこえる。尾鰭の中央はわずかに尖る。背鰭の棘は長く、鰭膜は深く切れ込む。腹鰭は黒く、尾鰭、背鰭、および臀鰭の縁も黒い。大陸棚砂泥底に生息。北海道南部〜九州南岸の日本海・東シナ海、大西洋、インド洋、および太平洋の熱帯〜亜熱帯域に分布。味はやや淡泊で、刺身、煮付けなどにして食される。キンメとして売られていることもあるが、キンメダイとは近縁ではない。

クルマダイ属 *Pristigenys*　体高は高く、卵形。腹鰭が長い。鱗は大きく、側線鱗数はおよそ30〜50。背鰭の膜に欠刻がある。すべて体側に帯状の模様がある。最大で体長約27cm。どの種も、キントキダイ属に比べて深場である大陸棚縁辺から斜面上部に生息。

クルマダイ *Pristigenys niphonia* (Cuvier, 1829)　体側に太くて赤い4本の横帯がある。背鰭、臀鰭および尾鰭の後縁は黒くない。相模湾〜九州南岸の太平洋沿岸、新潟〜九州北西岸の日本海沿岸、東シナ海、東インド−西太平洋に分布。

ミナミクルマダイ *Pristigenys refulgens* (Valenciennes, 1862)　体側に太くて赤い4本の横帯があり、クルマダイに似るが、背鰭、臀鰭および尾鰭の後縁に黒い縁取りがある。遠州灘、三重県、和歌山県串本町和深、宮崎県、トカラ海峡、東シナ海、南シナ海南部、インド−西太平洋に分布。

オキナワクルマダイ *Pristigenys meyeri* (Günther, 1872)　体側に赤くて細い横線が10本前後あり、その間に赤色の破線がある。八丈島、土佐湾、琉球列島、東シナ海、台湾、西太平洋に分布。

（岡本 誠）

オニイシモチ
15cm SL
(20cm TL)

アカフジ
テンジクダイ
4cm SL

ヤミテンジクダイ
4cm SL

トゲナガ
イシモチ
4.9cm SL

オグロ
テンジクダイ
4cm SL

テンジクダイ科 Apogonidae　体は側扁、眼と口は大きく、基本的に背鰭は2基。多くは体長5～10cm。主に沿岸の岩礁域・サンゴ礁域に生息。日中は岩の隙間や水中洞窟などの暗所に潜み、夜間に外に出て摂食する。雄が口内保育を行う(オオスジイシモチ参照p.250)。腸管につながる発光器が、複数の系統において進化。その多く(ツマグロイシモチ属の一部、アトヒキテンジクダイ属、クロスジスカシテンジクダイ属)は、餌生物に由来する発光化学物質により光るが、ヒカリイシモチ属では共生細菌が発光する。最近、分類が再検討され、世界の暖海に4亜科14族39属約360種。旧テンジクダイ属(全種数の60%以上)は7族13属に分けられた。日本に3亜科13族26属104種(分類表参照、族は略)。

オニイシモチ属 *Amioides*　両顎に大きな犬歯状歯がある。側線鱗の開孔は分枝状。第1背鰭棘は7本。

オニイシモチ *Amioides polyacanthus* (Vaillant, 1877)　大きな犬歯状歯をもつ。体は銀白色で、体側に黒みをおびた金色の縦帯、尾柄後端に黒みをおびた金色横帯がある。大型で全長20cmをこえる。鹿児島県硫黄島の水深80mで、5～6個体の小群内で口内保育中の数個体が観察されている。外洋や離島の深所に生息し、延縄で時々採集される。大隅諸島硫黄島、奄美大島、慶良間諸島、インド－西太平洋に分布。稀ではあるが、フィリピンでは市場に水揚げされて食される。

コミナトテンジクダイ属 *Apogon*　多くは体長5cm程度の小型種。ただし、10cmをこえる種もいる。多くは体の地色が赤色。

トゲナガイシモチ *Apogon caudicinctus* Randall and Smith, 1988　体色は一様に赤く、尾柄の中央から後端に帯状に黒色素胞が密に分布する。第1背鰭第2棘が伸長する。岩礁域に生息。大隅諸島、琉球列島、インド－西太平洋に分布。

アカフジテンジクダイ *Apogon crassiceps* Garman, 1903　体色は一様に赤く、体側後半から尾柄部に側線に沿う赤色縦帯がある。浅海のサンゴ礁や岩礁域に生息。琉球列島、西太平洋に分布。

オグロテンジクダイ *Apogon seminigracaudus* Greenfield, 2007　体色は一様に赤く、尾柄中央から尾鰭下葉は黒色。同属他種に比べて体はやや細長い。浅海のサンゴ礁・岩礁に生息。静岡県大瀬崎～屋久島の太平洋沿岸(散発的)、琉球列島、西太平洋に分布。

ヤミテンジクダイ *Apogon semiornatus* Peters, 1876　体は赤色。眼の後端から胸鰭基部に黒色帯、第2背鰭基部直下の体側中央から尾鰭中央後端に黒色線がある。岩礁域に生息し、日中は岩穴にひそむ。伊豆諸島、千葉県小湊～屋久島の太平洋沿岸、琉球列島、インド－西太平洋に広く分布。

(吉田朋弘・馬渕浩司)

表1　テンジクダイ科の新しい分類体系に基づいた日本産の亜科、属、種

オニイシモチ亜科	
オニイシモチ属	オニイシモチ
コミナトテンジクダイ亜科	
ナンヨウマトイシモチ属	マトシボリ、ハワイマトイシモチ
タイワンマトイシモチ属	タイワンマトイシモチ
シボリ属	ナハマトイシモチ、オビシボリ、シボリダマシ、シボリ
ヤツトゲテンジクダイ属	カクシヤツトゲテンジクダイ、シキナミヤツトゲテンジクダイ、ヤツトゲテンジクダイ
コミナトテンジクダイ属	トゲナガイシモチ、アカフジテンジクダイ、ヤリイシモチ、リュウキュウイシモチ、コミナトテンジクダイ、オグロテンジクダイ、ヤミテンジクダイ、トウマルテンジクダイ、アカネテンジクダイ、ハナイシモチ、アサヒテンジクダイ
トマリヒイロテンジクダイ属	トマリヒイロテンジクダイ
アトヒキテンジクダイ属	フタホシアトヒキテンジクダイ、スミツキアトヒキテンジクダイ、アトヒキテンジクダイ、クロオビアトヒキテンジクダイ
ヤライイシモチ属	カスミヤライイシモチ、スダレヤライイシモチ、リュウキュウヤライイシモチ、ヤライイシモチ
カガミテンジクダイ属	カガミテンジクダイ
サクラテンジクダイ属	サクラテンジクダイ
クダリボウズギス属	クダリボウズギス、ナンヨウクダリボウズギス、コモンクダリボウズギス
クダリボウズギスモドキ属	クダリボウズギスモドキ
スジイシモチ属	ウスジマイシモチ、アオハナテンジクダイ、アオスジテンジクダイ、ムナホシイシモチ、ヒラテンジクダイ、スジイシモチ、カブラヤテンジクダイ、オオスジイシモチ、コスジイシモチ、フウライイシモチ、コンゴウテンジクダイ、ニセフタスジイシモチ、フタスジイシモチ、スジオテンジクダイ、ミヤコイシモチ、テッポウイシモチ、セホシテンジクダイ、ミナミフトスジイシモチ、クロホシイシモチ、タスジイシモチ、ネオンテンジクダイ、キンセンイシモチ、アカホシキンセンイシモチ、ナガレボシ、ネンブツダイ、ミスジテンジクダイ、ミスジテンジクダイL型、ヤマトイシモチ、ヤクシマダテイシモチ
ヒトスジイシモチ属	ユカタイシモチ、ヒトスジイシモチ、カスリイシモチ
アカヒレイシモチ属	フタスジアカヒレイシモチ、アカヒレイシモチ、ミスジアカヒレイシモチ
スカシテンジクダイ属	スカシテンジクダイ、ソウリュウスカシテンジクダイ、シンゲツスカシテンジクダイ
ヒカリイシモチ属	マジマクロイシモチ、セノウヒカリイシモチ、ヒカリイシモチ、イナズマヒカリイシモチ
カクレテンジクダイ属	クロイシモチ、モンツキイシモチ、ヨコスジイシモチ、カクレテンジクダイ、マダラテンジクダイ
ツマグロイシモチ属	シロヘリテンジクダイ、マトイシモチ、テンジクダイ、ツマグロイシモチ
ナミダテンジクダイ属	バンダイイシモチ、ホソスジナミダテンジクダイ、ナミダテンジクダイ
マンジュウイシモチ属	マンジュウイシモチ、ホソスジマンジュウイシモチ
クロスジスカシテンジクダイ属	クロスジスカシテンジクダイ
サンギルイシモチ属	アマミイシモチ、ワキイシモチ、サンギルイシモチ
イトヒキテンジクダイ属	イトヒキテンジクダイ、ウスモモテンジクダイ
ヌメリテンジクダイ亜科	
ヌメリテンジクダイ属	ヒルギヌメリテンジクダイ、ヌメリテンジクダイ、サビクダリボウズギスモドキ、ウスベニテンジクダイ、シマクダリボウズギスモドキ

カスミヤライイシモチ

12cm SL

ヤライイシモチ

10cm SL

オオスジイシモチ

10cm SL

コンゴウテンジクダイ

10cm SL

ヤライイシモチ属 *Cheilodipterus*　両顎に大きな犬歯状歯がある。側線鱗の開孔は単孔状。第1背鰭棘は6本。

カスミヤライイシモチ *Cheilodipterus artus* Smith, 1961　体は銀白色で、体側に8本の黄褐色縦帯、尾柄後端に黒色横帯がある。尾鰭の上下葉縁辺は黒色。前鰓蓋骨縁辺は平滑。サンゴ礁域に生息。大隅諸島、琉球列島、インド－太平洋に分布。

ヤライイシモチ *Cheilodipterus quinquelineatus* Cuvier, 1828　体は白色で、体側に5本の黒色縦帯、尾柄中央に黄色で縁取られた黒色斑がある。サンゴ礁・岩礁に生息し、日中は物陰に隠れる。産卵は沖縄県瀬底島では4月下旬から8月下旬に日没1～2時間後に行われる。伊豆－小笠原諸島、静岡県大瀬崎～高知県の太平洋沿岸(散発的)、大隅諸島、琉球列島、インド－太平洋に分布。

スジイシモチ属 *Ostorhinchus*　多くは体側に縦帯、尾柄に黒斑がある。尾鰭は二叉。

オオスジイシモチ *Ostorhinchus doederleini* (Jordan and Snyder, 1901)　体側に5本の黒褐色縦帯、尾柄部に瞳大の黒斑がある。岩礁域に生息し昼間は単独で岩陰等に隠れる。春～夏の産卵期に雌雄のペアが形成され、雌の積極的な求愛をへて生まれた卵塊(数千から1万個の卵)は、雄により直ちに受精、雄の口中に入れられる。雄は孵化(7−10日程度)まで、単独で保育し絶食状態となるが、ときどき自分の卵塊をすべて食べてしまう。卵食は産卵後1日以内に起こるが、ベテランの雄では産卵シーズンの終わりごろ、若い雄では初めごろに比較的多く観察される。房総半島外房～屋久島の太平洋沿岸、島根県～長崎県の日本海・東シナ海沿岸、朝鮮半島南岸、済州島、台湾、中国広東省、オーストラリア沿岸(南岸を除く)に分布。西太平洋の温帯～亜熱帯域に反赤道分布。

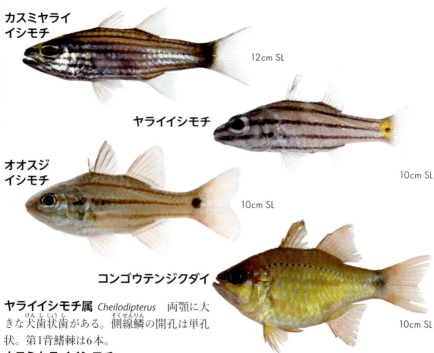

コンゴウテンジクダイ *Ostorhinchus fleurieu* Lacepède, 1802　体は金色、各鰭は赤みをおび、尾柄部に樽形の黒斑がある。本属では大型、筋骨逞しい金剛力士像を連想させることからの命名。アオスジテンジクダイ *Ostorhinchus aureus* (Lacepède, 1802)に似るが、尾柄部の黒色帯等で識別可能。水深5～40mに生息。静岡県～鹿児島県大隅半島東岸の太平洋沿岸、鹿児島県薩摩半島西側、大隅諸島、インド－西太平洋に分布。屋久島では幼魚か

スジオテンジクダイ

5cm SL

キンセンイシモチ

6cm SL

テッポウイシモチ

6cm SL

クロホシイシモチ

7cm SL

ネンブツダイ

10cm SL

ら若魚の混泳が観察されている。

スジオテンジクダイ *Ostorhinchus holotaenia* (Regan, 1905)　体は黄色、体側に5本の銀白色縦線がある。眼の下を通る5本目の銀白色線は不連続。体側中央の黄色縦線は尾柄をこえて尾鰭後縁付近まで達する。伊豆諸島、千葉県館山〜屋久島の太平洋沿岸、福岡県、長崎県、東インド−西太平洋に分布。

キンセンイシモチ *Ostorhinchus wassinki* (Bleeker, 1860)　体色は黄色で、体側に5本の銀白色縦線がある。眼の下を通る5本目の銀白色線は連続する。本種はスジオテンジクダイと混同されていたが、眼下の銀白色線が連続していることで異なる。また、両種は遺伝的にも異なる。屋久島ではキンセンイシモチは水深25m以浅に、スジオテンジクダイは25m以深に生息。小笠原諸島、神奈川県〜高知県の太平洋沿岸、大隅諸島、琉球列島に分布。

テッポウイシモチ *Ostorhinchus kiensis* (Jordan and Snyder, 1901)　体は銀白色、体側中央の黒色線が吻端から尾鰭後縁まで達する。第1背鰭棘数は6。フウライイシモチ *O. quadrifasciatus* とは第1背鰭棘数が7本で異なる。内湾の泥底に生息。千葉県〜九州南岸の太平洋沿岸、島根県〜九州西岸の日本海・東シナ海沿岸、朝鮮半島南岸、東シナ海大陸棚域、台湾、中国南シナ海沿岸に分布。

クロホシイシモチ *Ostorhinchus notatus* (Houttuyn, 1782)　吻端から眼に1黒色縦線、頭頂部に左右1対の黒色斑、尾柄中央に黒色斑がある。岩礁域に生息。普段は群れで生活し、産卵期(和歌山県と鹿児島県では6〜9月)になるとペアで行動を共にする。八丈島、千葉県〜大隅諸島の太平洋沿岸、琉球列島、フィリピン諸島、パラオ諸島、ニューカレドニアに分布。

ネンブツダイ *Ostorhinchus semilineatus* (Temminck and Schlegel, 1843)　吻端から眼を通り鰓蓋に至る黒色縦線、眼の上から第2背鰭基部後端に至る黒色縦線、尾柄中央に黒色斑がある。クロホシイシモチとは頭頂部に黒色斑がないことで異なる。内湾の水深3〜100mの岩礁にて群れで生息。千葉県館山〜九州南岸の太平洋沿岸、山形県〜九州南岸の日本海・東シナ海沿岸、瀬戸内海、慶良間諸島、宮古島、朝鮮半島南岸、済州島、台湾、中国南シナ海沿岸、西太平洋に分布。

(吉田朋弘・馬渕浩司)

スカシ
テンジクダイ

5cm SL

クロイシモチ

7cm SL

スカシテンジクダイ属 *Rhabdamia*　体は長楕円形、生時は体が半透明。他属に比べ、臀鰭軟条が12本程度と多く、各棘が細い。

スカシテンジクダイ *Rhabdamia gracilis* (Bleeker, 1856)　体は半透明の桃色。水中では体が透けて見える。サンゴ礁から内湾の岩礁で群れをなす。三重県〜九州南岸の太平洋沿岸、大隅諸島、インド−西太平洋に分布。

ヒカリイシモチ属 *Siphamia*　胸部の透明な筋肉中に消化管と連結する発光器をもち、内部に発光細菌が共生する。光は腹部から臀鰭上方の透明な筋肉を通して外部から観察され、一部の種では、舌下にも発光器が存在し口内の下部も光る。インド−西太平洋に23種、日本に4種。

ヒカリイシモチ *Siphamia tubifer* Weber, 1909　体表の模様は状況によって変化し、ガンガゼ類の棘の間にいるときは全体に暗褐色だが、ガンガゼを離れサンゴの白砂上に出たときは3本の暗褐色の縦帯が現れる。サンゴ礁や岩礁のガンガゼ類の棘の間に群れですむ。伊豆−小笠原諸島、屋久島、琉球列島、インド−西太平洋に分布。

カクレテンジクダイ属 *Apogonichthyoides*　体は高く側扁。腹鰭はやや大きく、折りたたんだ際に先端は臀鰭始部に達する。

クロイシモチ *Apogonichthyoides niger* (Döderlein, 1883)　体は卵形で尾鰭は円い。成魚の体は一様に黒色。幼魚では黄化個体

ヒカリイシモチ

4cm SL

モンツキイシモチ

6cm SL

テンジクダイ

7cm SL

もいる。内湾の砂泥底に生息。伊豆大島、千葉県〜九州南岸の太平洋沿岸、朝鮮半島南東岸、台湾、中国南シナ海沿岸に分布。

モンツキイシモチ *Apogonichthyoides melas* (Bleeker, 1848)　背鰭、臀鰭、腹鰭が長い。成魚の体は地色が黒みがかり、第2背鰭と臀鰭基底にそれぞれ黒色斑がある。幼魚では体の後半部は黒色素胞が少なく、白色をおびる。サンゴ礁の内湾に生息し、サンゴの中に隠れて生活。琉球列島、西太平洋に分布。

ツマグロイシモチ属 *Jaydia*　第1背鰭は7棘で、第4棘が最長。尾鰭は円い。ツマグロイシモチは胸部と肛門近くに発光器を有する。

テンジクダイ *Jaydia lineata* (Temminck and Schlegel, 1843)　体は長卵形で尾鰭は円い。体側に8〜11本の黒色横帯がある。内湾の砂泥底に生息し、甲殻類などを食べる。千葉県〜宮崎県の太平洋沿岸、瀬戸内海、新潟県〜九州北西岸の日本海・東シナ海沿岸、朝鮮半島南岸、台湾、中国南シナ海沿岸に分布。大阪府岸和田や広島県では“ネブト”とよばれ、唐揚げ、南蛮漬け、天ぷら、煮干しで食される。

ツマグロイシモチ *Jaydia truncata* (Bleeker,

ツマグロイシモチ

12cm SL

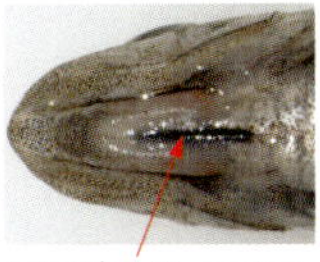

ツマグロイシモチの胸部発光腺

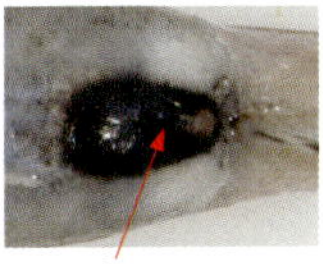

ツマグロイシモチの肛門発光腺

マンジュウイシモチ

5cm SL

アマミイシモチ

6cm SL

クロスジスカシテンジクダイ

4.5cm SL

ヌメリテンジクダイ

4cm SL

1855)　体は長卵形で尾鰭は円い。第1背鰭の先端が黒い。第2背鰭と臀鰭の中央に1本の黒色縦帯がある。第2背鰭と尾鰭の縁は黒い。砂泥底に生息、甲殻類などを食べる。胸部発光腺と肛門発光腺がある。胸部発光腺は半透明の胸部筋肉中に埋まり、消化管につながる。肛門発光腺は肛門付近前方の腹部筋肉中に埋まり、直腸につながる。ウミホタルを摂餌し、ウミホタルルシフェリンを蓄えて発光に用いる。和歌山県～鹿児島県の太平洋沿岸、長崎県、慶良間諸島、八重山諸島、インド－西太平洋に分布。

マンジュウイシモチ属 *Sphaeramia*　体は高く側扁。腹鰭は大きく、折りたたんだ際は臀鰭始部をこえる。尾鰭最長軟条は分枝しない。

マンジュウイシモチ 準絶滅危惧(環)
Sphaeramia nematoptera (Bleeker, 1856)　体は卵形。体側中央の黒色横帯は太く、体側後半に褐色の水玉模様がある。枝サンゴの間に群れで生息。八重山諸島、西太平洋に分布。英名はPajama cardinalfishで、観賞魚として人気。

クロスジスカシテンジクダイ属 *Verulux*
体は長楕円形で、生時の体は透明。第1背鰭は6棘。擬鎖骨下方に1発光器がある。クロスジスカシテンジクダイと*V. solmaculata*（パプアニューギニアと西オーストラリアに分布）の2種。

クロスジスカシテンジクダイ *Verulux cypselurus* (Weber, 1909)　体は半透明の桃色。吻端から鰓蓋後端に黒色線、尾鰭上下両葉の縁辺に黒色線がある。水中では体が透けて見える。サンゴ礁から内湾の岩礁に生息し、群れをなす。三宅島、琉球列島、インド－西太平洋に分布。

サンギルイシモチ属 *Fibramia*　体は側扁。前鼻孔は鼻管をもつ。汽水や内湾に生息。

アマミイシモチ *Fibramia amboinensis* (Bleeker, 1853)　体は側扁。体は枯れ草色で、側線に沿って黒色線、尾柄中央に瞳孔大の黒斑がある。河口や汽水域に生息。口内保育で一度に育てる卵の数は約3000粒、卵塊は直径2cmほどで橙色。屋久島、琉球列島、西太平洋に分布。

ヌメリテンジクダイ属 *Pseudamia*　体は細長い。両顎に犬歯状歯がある。鰓蓋後端に皮膜があり、棘はあっても弱い。

ヌメリテンジクダイ *Pseudamia gelatinosa* Smith, 1956　体は細長く、円鱗に被われる。側線有孔鱗数は35～36。前鼻孔の鼻弁は長い。岩穴の奥にひそむ。八丈島、和歌山県、大隅諸島、琉球列島、インド－太平洋に分布。

（吉田朋弘・馬渕浩司）

アカアマダイ

通常35cm SL

キアマダイ

28cm SL

シロアマダイ

通常35cm SL

アマダイ科 Branchiostegidae　体は側扁し、長方形に近く、英名はタイルフィッシュ。前頭部から口にかけての角度が急峻。背鰭は1基で基底が長い。太平洋、インド洋、大西洋の温帯～熱帯域に3属30種。日本にはアマダイ属5種。

アマダイ属 *Branchiostegus*　体は多くが桃色から赤色、腹部は銀白色。種によって眼の周辺、体側、背鰭、尾鰭の模様が異なる。水深20～600m（多くは90～200m）の砂泥底に生息。東大西洋、紅海、インド－西太平洋に17種がいる。

アカアマダイ *Branchiostegus japonicus* (Houttuyn, 1782)　眼の後方に銀白色の三角形の模様がある。体は赤く、体側に黄色い不定形の模様がある。産卵期は5～11月、雌雄ともに2歳（体長17cm前後）から成熟。東シナ海では、1歳で体長約12cm、雄は3歳で約22cm、5歳で約29cm、7歳で約32cm、最大で53cm、雌は3歳で約20cm、5歳で約25cm、7歳で27cm、最大で47cmになる。水深20～270mの砂泥底に生息。千葉県外房～九州南岸の太平洋沿岸、青森県津軽海峡～九州西岸の日本海・東シナ海沿岸、瀬戸内海、渤海、黄海、朝鮮半島南岸、東シナ海大陸棚域。底曳網、延縄（はえなわ）や刺網で漁獲され、近年、東シナ海では水揚げは減少し、中国からの輸入が増加。身は柔らかく、蒸し物、塩焼き、干物、揚げ物、味噌漬けなどで美味。

キアマダイ *Branchiostegus auratus* (Kishinouye, 1907)　眼の下に1本の細長い銀白色の線がある。背鰭は黄色く、尾鰭の下部には黄色い斑点がある。アマダイ類の中では大きくならず、体長30cmをこえるものは稀。水深30～300mの砂泥底に生息。紀伊水道～九州南岸の太平洋沿岸、対馬、九州西岸、東シナ海大陸棚域、朝鮮半島南岸、台湾、広東省、海南島に分布。底曳網や延縄で漁獲、他のアマダイ類と比べて極めて少ない。身は柔らかく美味。

シロアマダイ *Branchiostegus albus* Dooley, 1978　眼の下に模様はない。体色は薄い桃色で、尾鰭には黄色い帯模様がある。東シナ海では産卵期が3～5月。雄は1歳で体長19cm、3歳で37cm、5歳で46cm、7歳で50cmに、雌は1歳で16cm、3歳で31cm、5歳で39cm、7歳で45cmになる。水深30～100mの砂泥底に生息。紀伊水道～豊後水道の太平洋沿岸、若狭湾～九州西岸の日本海・東シナ海沿岸、瀬戸内海、朝鮮半島南岸・東岸中部、

ムツ

80cm FL
（通常30～40cmFL）

若魚

12cm SL

クロムツ

56cm FL
（通常30～40cm FL）

済州島、東シナ海南部、台湾、香港に分布。他のアマダイ類よりも大型で、味も良く価値が高い。やや浅瀬に生息しているため漁獲されやすく、近年では資源量が著しく減少。肉質は柔らかく、蒸し物、塩焼き、干物、揚げ物、味噌漬けなどで美味。（岡本 誠）

ムツ科 Scombropidae　体は長楕円形でやや側扁する。背鰭は2基でよく離れ、臀鰭棘は3本、口は端位で大きく、両顎に1列の鋭い犬歯をもつ。インド－西太平洋、西大西洋に1属3種、日本には1属2種。

ムツ（ムツ属） *Scombrops boops* (Houttuyn,1782)　体は黒褐色。第1背鰭の前半は褐色で後半は透明。他の鰭は褐色。側線有孔鱗数は50～57。全長5mm以上の仔稚魚は頭頂部の骨質突起と前鰓蓋骨後縁隅角の1棘が特徴的。稚魚はカイアシ類などのプランクトンを食べるが、次第に魚食性が強まる。鋭い犬歯はその証だが、不用意に触れないこと。1歳で尾叉長17.4cm、2歳で23.2cm、3歳で28.5cm、4歳で33.2cm、5歳で37.4cm、6歳で41.2cm、7歳で44.6cm、8歳で47.6cm、9歳で50.3cm、10歳で52.7cmになる。産卵期は土佐湾では2～3月、紀州では11～12月、三重県浜島では1～2月。3歳で成熟する。冬期に全長15mmほどの稚魚が沿岸の岩礁域や藻場から沖合の表層に現れる。幼魚は沿岸の浅場、2歳以上の若魚や成魚は水深100～700mの岩礁に生息する。相模湾沿岸では尾叉長23cm程度までの若魚は沿岸の定置網で、それ以上のものは沖合の伊豆諸島海域の“ムツ場”での立縄釣りで漁獲される。伊豆諸島海域の“ムツ場”はキンメダイとは漁場が異なる。北海道～九州南岸の太平洋沿岸、北海道～九州南岸の日本海・東シナ海沿岸、朝鮮半島南岸、東シナ海大陸棚縁辺域、デラゴア湾（南アフリカ）に分布。煮魚として親しまれ、身離れもよく美味だが、刺身も見ばえがよく美味。

クロムツ（ムツ属） *Scombrops gilberti* (Jordan and Snyder, 1901)　ムツとよく似ており、市場では混同される場合もある。ムツとは成魚の体がより黒い、鱗が小さい、側線有孔鱗数が59～70と多いことで区別できる。しかし、仔稚魚でムツとの識別点は不明。関東近海では、耳石の輪紋解析の結果、3歳で尾叉長33cmになり、8歳で尾叉長48cmと推定されている。ムツと同じように成長に従って生息水深は深くなる。しかし、クロムツの成魚の生息場所の方がより深く、水温が低いことによる成長の違いかもしれない。福島県～伊豆半島の太平洋沿岸に分布。漁法、調理法はムツと同じ。（岡部 久）

コバンザメ

背面

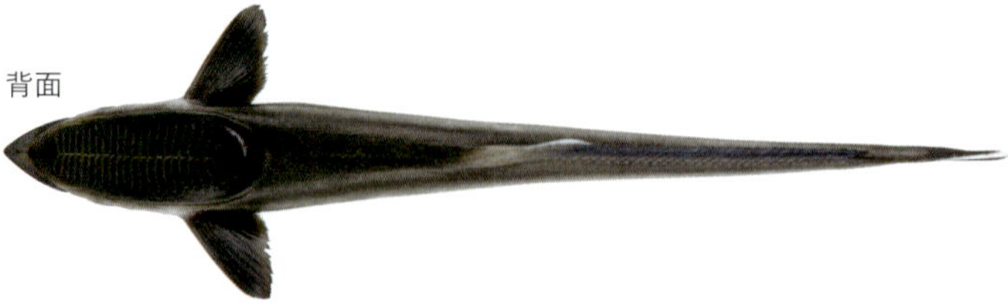

コバンザメ頭部背面の吸盤：左右に延びたひだは板状体

ナガコバン

ヒシコバン

コバンザメ科 Echeneidae　体は延長し、小円鱗に被われる。頭部背面に第1背鰭が変形した吸盤があり、左右1対の多くの板状体（ばんじょうたい）をもつ。これらの動きで大型海産動物に吸着する。下顎先端は突出。第2背鰭と臀鰭は軟条からなり、背面と腹面で対在する。大型の海産動物に吸着し、移動して、摂餌や呼吸の利益を得る。世界と日本の暖海域に3属8種。

コバンザメ（コバンザメ属） *Echeneis naucrates* Linnaeus, 1758　体は細長く、暗色縦帯がある。胸鰭の先端は鋭く尖る。幼魚（ようぎょ）の尾鰭は突出するが、截形（せっけい）（体長30cmくらい）をへて二重湾入形（にじゅうわんにゅうけい）になる。沿岸の浅海域でみられ、ふつう大型のサメ類に吸着するが、単独で自由遊泳することもある。主に、イワシ類など表層性の魚類を捕食、吸着時には宿主の食べ残しを食べるといわれる。日本と世界の暖海域に分布。

ナガコバン（ナガコバン属） *Remora remora* (Linnaeus, 1758)　コバンザメと同様に大きくなるが、比べると体はやや太い。尾鰭は湾入する。外洋性で、サメ類、イトマキエイ類、カジキ類に吸着。世界中の暖海域に分布するが、日本海北部や、千島列島、カムチャツカ半島周辺などの寒海域でもみられる。

ヒシコバン（ナガコバン属） *Remora osteochir* (Cuvier, 1829)　吸盤後端は胸鰭先端よりも後ろ、胸鰭上方は硬い。尾柄は細い。カジキ類や大型のマグロ類（稀）に吸着。北海道を除く、日本各地、世界中の暖海域に分布。

スギ科 Rachycentridae　体は延長し、側扁。頭部は縦扁し、背面は平坦。遊離した7〜9本の背鰭棘条があり、その後方に基底が長い背鰭がある。背鰭、臀鰭は軟条（なんじょう）からなる。1属1種。スギ科とコバンザメ科は似ており、祖先を共有する単系統群（たんけいとうぐん）と考えられている。

スギ（スギ属） *Rachycentron canadum* (Linnaeus, 1766)　体側中央部に幅広い暗色縦帯がある。成魚（せいぎょ）は尾鰭後縁が湾入するが、幼魚は円い。大型魚類に随伴して遊泳することがある。大型魚に随行するコバンザメ類は幼魚期に円い尾鰭をもち、縦帯をもつものがあり、本種と類縁が示唆される。オホーツク海沿岸を

スギ

1.5m SL（通常80cm SL）

シイラ

2m SL
（通常1m SL）

稚魚

4cm SL

ギンカガミ

20cm SL

除く北海道〜九州南岸の日本海・東シナ海・太平洋沿岸、琉球列島、東シナ海大陸棚域、遼寧省〜トンキン湾の中国沿岸、インド−西太平洋、大西洋の熱帯〜温帯域に分布。底曳網や定置網で時々漁獲される。刺身や塩焼きにして食される。最近では、沖縄方面、東南アジア等で養殖されている。

シイラ科 Coryphaenidae　体は細長く、強く側扁。尾鰭は2叉。背鰭と臀鰭は軟条からなる。成熟した雄の額は角張る。スギ科とコバンザメ科、それにシイラ科は共通の祖先をもつと考えられている。世界の暖海に1属2種。日本にも1属2種。

シイラ（シイラ属） *Coryphaena hippurus* Linnaeus, 1758　体の背縁と腹縁は直線的。成魚の背面は鮮やかな青色、腹面は黄色みをおびた銀白色。幼魚の体に10数条の暗色横帯があり、流れ藻につく。成魚は沿岸や沖合の潮目付近、漂流物の下を群泳する。餌は主に魚類で、イワシなどを追って漁港に迷い込むことがある。日本各地、世界中の暖海に分布。千島列島やオホーツク海でもみられる。主に定置網で漁獲されるが、漬け木の下で群泳する魚群（普通10〜30個体）を巻網で漁獲する“シイラ漬け漁”は有名。白身のおいしい魚。新鮮なものは刺身で美味。

ギンカガミ科 Menidae　インド−西太平洋の暖海に1属1種。

ギンカガミ（ギンカガミ属） *Mene maculata* (Bloch and Schneider, 1801)　体は著しく側扁、鱗はない。腹縁はとても薄くて鋭く、前下方に張り出す。背鰭の棘は痕跡的で、成長とともに消える。腹鰭は長い。体に2〜3列の暗色斑点がある。茨城県〜九州南岸の太平洋沿岸、九州西岸、浙江省〜トンキン湾の中国沿岸、インド−西太平洋に分布。定置網で時々混獲されるが、利用されない。

（波戸岡清峰）

マアジ（クロアジ型）

50cmFL（通常30cmFL）

マアジの尾柄：小離鰭はない

マアジ（キアジ型）

45cmFL（通常30cmFL）

アジ科 Carangidae
体は側扁、臀鰭に2本の遊離棘条をもつ。側線に稜鱗をもつ種が多い。漁業対象種が多く、太平洋、インド洋、大西洋の暖海に31属、148種、日本に24属61種。

マアジ属 *Trachurus*　体はやや長く側扁する。稜鱗は大きく側線全体にわたって発達し、小離鰭がない。世界の暖温帯域に14種、日本近海にはマアジ1種が分布。地中海・東部大西洋のニシマアジ*T. trachurus*、西部大西洋のタイセイヨウマアジ*T. lathami*、南・中東部太平洋、南西大西洋のチリマアジ*T. murphyi*、南太平洋のニュージーランドマアジ*T. novaezelandiae*などは大量に輸入されている。沿岸性が強い。

マアジ 準絶滅危惧種(IUCN)
Trachurus japonicus (Temminck and Schlegel, 1844)　体高が低く背部の黒っぽい沖合回遊群の“クロアジ型”と、体高が高く黄色みが強い瀬つき群の“キアジ型”が知られる。漁獲量は前者が圧倒的に多いが、後者の方が美味。東シナ海南部中央で厳冬（1～2月）に産卵する東シナ海南部群、東シナ海中部の大陸棚外縁域で冬（2～3月）に産卵する東シナ海中部群、九州西～北岸域で春（5～6月）に産卵する九州北部群、富山湾を中心とした海域で越冬し6～7月に産卵する日本海北部群、九州南岸～東北地方太平洋沿岸の太平洋系群がいる。仔稚魚は対馬暖流と黒潮によって運ばれ、東シナ海で2～3月、東北太平洋岸で4～8月、釧路沖で8～9月に稚魚が出現する。成長は地方群ごとに異なり、東シナ海中部群では1歳で尾叉長17.1cm、2歳で23.1cm、3歳で27.4cm、4歳で31.1cm、5歳で34.1cm、6歳で35.2cmになる。この群は2歳で4分の1、3歳の半数が成熟する。1歳魚以上は春夏に餌を求めて北上し、秋冬に越冬と産卵のために南下する。北海道全沿岸～九州南岸の日本海・東シナ海・太平洋沿岸、瀬戸内海、東シナ海、黄海、朝鮮半島全沿岸、台湾西岸、中国東シナ海・南シナ海沿岸に分布。特に日本海南西部から九州西岸を経て東シナ海に多い。巻網や定置網で漁獲、鮮魚や塩干物など様々に賞味される。豊後水道の“関アジ”に代表されるキアジ型のブランド化が各地で進められている。

ムロアジ属 *Decapterus*　体は細長い紡錘形。側線の直走部に稜鱗があり、尾柄部に小離鰭がある。世界の暖温帯域に12種、日本近海に8種。いずれも漁業対象種。

マアジ属14種の分布

マルアジ

40cmFL
(通常30cmFL)

マルアジの尾柄：ムロアジ属の尾柄には小離鰭がある

ムロアジ

60cmFL（通常35cmFL）

オアカムロ

40cmFL
（通常30cm）

クサヤモロ

35cmFL

モロ

45cmFL（通常35cm）

マルアジ *Decapterus maruadsi* (Temminck and Schlegel, 1844)　稜鱗は側線直走部の全体を被う。マアジに似るが青味が強く“アオアジ”ともよばれる。日本産本属中最も沿岸性が強く、内湾など沿岸域からやや沖合に生息する。小笠原諸島、千葉県～九州南岸の太平洋沿岸、京都府～九州南岸の日本海・東シナ海沿岸、瀬戸内海、東シナ海、中国東シナ海・南シナ海沿岸に分布。巻網や定置網で漁獲。

ムロアジ *Decapterus muroadsi* (Temminck and Schlegel, 1844)　稜鱗は側線直走部の後方から4分の3を被う。生時は体側中央を走る黄色縦帯が鮮明。尾鰭は上葉が黄色・下葉が灰褐色。沿岸や島嶼の周辺に生息する。津軽海峡～九州南岸の太平洋沿岸、秋田県～九州南岸の日本海・東シナ海沿岸、琉球列島、オーストラリア西岸、ハワイ諸島、東太平洋、セントヘレナ（南大西洋アフリカ沖）に分布。一般的に干物で賞味されるが、大型のものは脂がのり、塩焼きや刺身で美味。

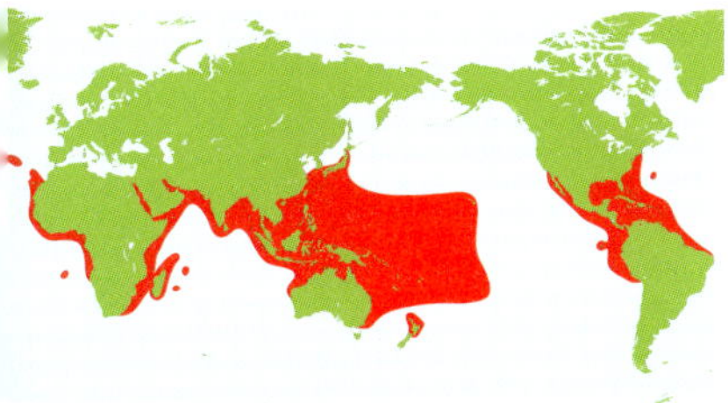

ムロアジ属12種の分布

オアカムロ *Decapterus tabl* Berry, 1968　稜鱗は側線直走部の全体を被う。尾鰭全体が赤い。大陸棚縁辺部の表層～水深360mに生息。北海道～九州南岸の太平洋沿岸（茨城県以北は散発的）、小笠原諸島、山形県～山口県の日本海沿岸（散発的）、九州西岸、東シナ海、琉球列島、台湾、インド－太平洋、大西洋に分布。美味で刺身やたたきで賞味される。

クサヤモロ *Decapterus macarellus* (Cuvier, 1833)　稜鱗は側線直走部の後半分を被う。体側中央に青色縦帯が走る。尾鰭は暗色がかった黄色、下葉前端が淡紅色、後縁は黄色。沿岸や島嶼周辺の水深40～200mの中・下層に生息。伊豆－小笠原諸島、相模湾～九州南岸の太平洋沿岸、九州西岸、琉球列島、全世界の温・熱帯域に分布。伊豆諸島名物の“クサヤ”は本種が最も美味とされる。

モロ *Decapterus macrosoma* Bleeker, 1851　稜鱗は側線直走部の後方から4分の3を被う。尾鰭は全体が黄色く後縁が赤い。沿岸の水深30～170mの中・下層に生息。千葉県～種子島・屋久島の太平洋沿岸、九州西岸、東シナ海、台湾、中国東シナ海・南シナ海沿岸、インド－汎太平洋に分布。（工藤孝浩）

シマアジ

60cm SL

カイワリ

25～31cm SL

シマアジの大型老成魚

シマアジの分布

シマアジ（シマアジ属） *Pseudocaranx dentex* (Bloch and Schneider, 1801)　体はやや長く、よく側扁。背鰭と臀鰭の最後の軟条は1つ前の鰭条(きじょう)よりも離れて小離鰭(しょうりき)状。両顎歯は1列。体側中央に1本の黄色縦帯がある。沿岸の水深200m以浅の中～下層に群れで生息し、軟体動物や甲殻類、小型魚類を食べる。その名の通り、島嶼に多い傾向がある。日本の太平洋沿岸では春から夏に北上し、秋から冬に南下する南北回遊を行う。産卵期は水温が20℃前後に下降する時期（小笠原諸島父島では12月～2月）で、分離浮性卵(ぶんりふせいらん)を産む。孵化後1年で体長15cm前後、体重170g、2年で24cm前後800g、3～4年で33～37cm前後2～3kgに成長し、成熟する。伊豆－小笠原諸島、青森県～屋久島の太平洋沿岸（茨城県以北は未成魚のみで散発的）、新潟県～九州北岸の日本海沿岸（未成魚のみで散発的）、九州西岸、沖縄島以南の琉球列島、台湾、東太平洋を除く全世界の温帯域（局所的）に分布。日本周辺の“シマアジ”には、脊椎骨数が異なり、遺伝的にも区別できる2種が含まれており、国外産も含めて分類学的再検討が必要。釣りや定置網で漁獲。1977年に大分マリーンパレス（現うみたまご）で水温刺激により産卵誘発させる技術が開発され養殖技術が進み、市場のシマアジの多くは養殖魚。刺身で美味。

カイワリ（カイワリ属） *Kaiwarinus equula* (Temmicnk and Schlegel, 1844)　体は菱形に近く、よく側扁。側線直走部全体に稜鱗(りょうりん)が発達。背鰭と臀鰭の軟条部が鎌状に伸長しない、肛門が腹鰭よりも後に位置するなどで、シマアジに似る。水深200m以浅の砂泥底に小さな群れで生息し、軟体動物や甲殻類、小型魚類を食べる。東シナ海では、“白手メッキ”と“黒手メッキ”とよばれる2つの型が知られる。“白手メッキ”は北部の男女群島や長崎近海に多く、金属光沢が強く、体は高くて眼が小さく、大きくても体長25cm。“黒手メッキ”は南部の深みに生息し、黒味をおびて、体が低くて眼が大きく、体長31cmをこえる。東シナ海での産卵期は5～10月。北海道～九州南岸の各地沿岸、東シナ海大陸棚域、

メアジ

25cm SL

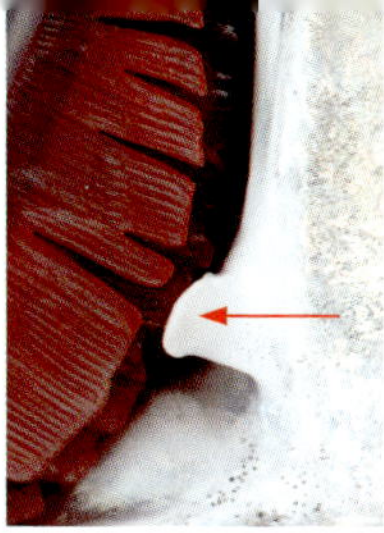

肩帯下部にある突起（鰓蓋を開けるとわかる）

オニアジ

30cm SL

アイブリ

40cm SL

朝鮮半島南岸〜中国の東シナ海・南シナ海沿岸、インド洋（局所的）、ハワイ諸島、イースター島に分布。

メアジ（メアジ属） *Selar crumenophthlmus* (Bloch, 1793)　体はやや細長く、よく側扁。肩帯下部に前向きの突起があり、これは鰓蓋を開けると確認できる。体側中央に1本の黄色縦帯がある。沿岸の水深170m以浅の中〜下層に群れで生息し、動物プランクトンや小型魚類を食べる。東シナ海における産卵期は5〜6月、産卵場の水温は26〜28℃。伊豆−小笠原諸島、津軽海峡〜山口県の日本海沿岸（散発的）、津軽海峡〜屋久島の太平洋沿岸（茨城県以北では散発的）、東シナ海大陸棚域、琉球列島、全世界の熱帯〜亜熱帯海域に分布。沖縄ではカツオ竿釣用の生き餌として体長3〜7cmの幼魚を多量に漁獲する。相模湾では体長20cm前後のものが9月から出現、定置網で漁獲される。

オニアジ（オニアジ属） *Megalaspis cordyla* (Linnaeus, 1758)　体は細長く、やや側扁した紡錘形。第2背鰭と臀鰭よりも後に小離鰭が発達。側線直走部が第1背鰭下から始まり、全体に渡って大きな稜鱗が並ぶ。沿岸の表層に単独で生息。津軽海峡〜九州南岸の日本海・東シナ海沿岸（稀）、相模湾〜九州南岸の太平洋沿岸（散発的）、インド−西太平洋に分布。

アイブリ（アイブリ属） *Seriolina nigrofasciata* (Rüppell, 1829)　第1背鰭は黒く、体側上半に斜めの横帯が並ぶ。側線に稜鱗がなく、臀鰭基底は短く、その始部は第2背鰭起部よりもはるか後方。水深20〜150mの大陸棚上の沖合の岩礁域に単独で生息。幼魚はときに海底に静止することがある。茨城県〜九州南岸の太平洋沿岸、新潟県〜山口県の日本海沿岸（散発的）、沖縄島、東シナ海の大陸棚域、朝鮮半島南岸、中国東シナ海・南シナ海沿岸、インド−西太平洋に分布。（瀬能 宏）

カッポレ

ギンガメアジ

幼魚

オニヒラアジ

ロウニンアジ

カスミアジ

カッポレ
(ギンガメアジ属) *Caranx lugubris* Poey, 1860
体高が高く、頭部背縁はやや凹む。稜鱗が明瞭に黒い。島嶼のサンゴ礁の水深25～65mに大小の群れで生息。漁獲されるもの、ダイビングで観察されるものはすべて成魚で、幼魚の形態や生態は不明。伊豆－小笠原諸島、駿河湾～宮崎県の太平洋沿岸(稀)、琉球列島、全世界の熱帯海域(主に島嶼域、西インド洋と東大西洋では局所的)に分布。

ギンガメアジ(ギンガメアジ属) *Caranx sexfasciatus* Quoy and Gaimard, 1825　体高は低く、鰓蓋上部に瞳孔よりもやや小さな1黒色斑がある。内湾やサンゴ礁の沿岸に群れで生息し、ときに大群をつくる。産卵期の雄は全身が真っ黒になる。本種とオニヒラアジ、ロウニンアジ、カスミアジの幼魚は、夏から秋の高水温期に房総半島～九州南岸の太平洋沿岸における河川汽水域に侵入する。伊豆－小笠原諸島、青森県津軽海峡～九州南岸の太平洋沿岸(茨城県以北では稀)、九州西岸、琉球列島、南大東島、インド－汎太平洋に分布。近似種のミナミギンガメアジ*C. tille*は日本では稀種で、幼魚の河川からの記録はない。標準和名は銀色のがめついアジ“ガメアジ”の意。

オニヒラアジ(ギンガメアジ属) *Caranx papuensis* Alleyne and Macleay, 1877　体高は低く、側線始部に三角形の白色斑がある。内湾やサンゴ礁の沿岸に生息、群れをつくらない。小笠原諸島、和歌山県～九州南岸の太平洋沿岸(幼魚が多い)、琉球列島、インド－太平洋(局所的)に分布。近似種のイトウオニヒラアジ*C. heberi*は日本では稀種で、幼

ホシカイワリ

70cm SL

魚の河川からの記録はない。

ロウニンアジ（ギンガメアジ属） *Caranx ignobilis* (Forsskål, 1775)　体高はやや高く、吻背縁と体軸がなす角度は60～70度。内湾やサンゴ礁の沿岸に群れで生息する普通種。小笠原諸島、茨城県～九州南岸の太平洋沿岸、九州西岸（幼魚が多い）、琉球列島、南大東島、インド－太平洋に分布。

カスミアジ（ギンガメアジ属） *Caranx melampygus* Cuvier, 1833　体高はやや低く、胸鰭が明瞭に黄色い。生時、体の周囲や垂直鰭が青みをおびる。内湾やサンゴ礁の沿岸に群れで生息する普通種。伊豆－小笠原諸島、相模湾～九州南岸の太平洋沿岸、九州西岸（幼魚が多い）、屋久島、琉球列島、南大東島、尖閣諸島、インド－汎太平洋に分布。

ホシカイワリ（属和名未定） *Turrum fulvoguttatum* (Forsskål, 1775)　体は低く、体側には上3分の2に6本の幅広い横帯、瞳孔よりも小さい黒斑が散在する。幼魚は体が高く、体側に黄色い斑点がある。サンゴ礁など沿岸に群れで生息。旧ヨロイアジ属の幼魚は沿岸の表層に生息し、河川には侵入しない。個体数は少ない。小笠原諸島、宮崎県延岡、屋久島、沖縄島、伊江島、西インド－太平洋に分布。

マルヒラアジ（属和名未定） *Turrum coeruleopinnatum* (Rüppell, 1830)　体は高く、第2背鰭と臀鰭の前部が低く、ほとんど鎌状にならない。幼魚は体が円形に近く、第2背鰭と臀鰭の前部が糸状に伸長する。内湾など沿岸浅所に生息。大きな群れはつくらない。宮城県～大隅半島の太平洋沿岸（散発的）、奄美大島以南の琉球列島、インド－西太平洋に分布。

クロヒラアジ（属和名未定） *Ferdauia ferdau* (Fabricius, 1775)　体は高く、体側に“くの字形”の横帯がある。

マルヒラアジ

30cm SL

クロヒラアジ

40cm SL

リュウキュウヨロイアジ

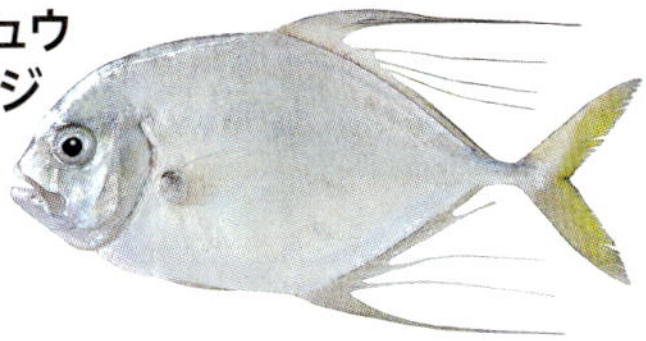

19cm SL

サンゴ礁など沿岸に群れで生息。伊豆－小笠原諸島、相模湾～九州南岸の太平洋沿岸（散発的）、琉球列島、インド－太平洋に分布。

リュウキュウヨロイアジ（属和名未定） *Atropus hedlandensis* (Whitley, 1934)　体は高く、頭部背縁は眼の前方で少し突出する。アジ科では珍しく雌雄差が明瞭で、雄の第2背鰭と臀鰭の軟条は糸状に伸長する。内湾など沿岸浅所の下層に生息。大きな群れはつくらない。相模湾～九州南岸の太平洋沿岸、九州西岸、沖縄島、中国南シナ海沿岸、インド－西太平洋に分布。近似種のヨロイアジ *A. armatus* は日本では稀種。　（瀬能 宏）

イケカツオ（イケカツオ属）
Scomberoides lysan (Forsskål, 1775)　体側に側線をはさんで2列の小斑点がある。側線に稜鱗がなく、第2背鰭と臀鰭の基部は相対し、背鰭棘は交互に左右に傾く。沿岸浅所〜やや沖合の表層から水深100mに単独または小さな群れで生息。ミナミイケカツオよりみることが少ない。茨城県〜九州南岸の太平洋沿岸（幼魚が多い）、屋久島、琉球列島、インド−太平洋に分布。

ミナミイケカツオ（イケカツオ属）
Scomberoides tol (Cuvier, 1832)　イケカツオに似るが、体側の小斑点は側線に沿って1列のみ。沿岸浅所の表層に単独で生息。幼魚は高水温期に河川汽水域に侵入することがある。茨城県〜九州南岸の太平洋沿岸（幼魚が多い）、沖縄島、インド−西太平洋に分布。

ツムブリ（ツムブリ属） *Elagatis bipinnulata* (Quoy and Gaimard, 1825)　体は細長い紡錘形で、体側中央付近に2本青い縦線がある。側線に稜鱗がなく、尾柄部に小離鰭がある。沖合〜沿岸の表層に大きな群れで生息。幼魚は係留ロープにつくことがある。伊豆−小笠原諸島、青森県〜九州南岸の日本海・東シナ海・太平洋沿岸（瀬戸内海を除く）、琉球列島、南大東島、全世界の温・熱帯海域に分布。

マルコバン（コバンアジ属） *Trachinotus blochii* (Lacepède, 1801)　体は楕円形でよく側扁。吻端が円く、背鰭と臀鰭の前部鰭条はよく伸長する。沿岸浅所の下層に生息し、ときに大群になる。宮城県名取川〜九州南岸の太平洋沿岸（散発的で幼魚が多い）、屋久島、琉球列島、インド−西太平洋に分布。

コバンアジ（コバンアジ属） *Trachinotus baillonii* (Lacepède, 1801)　体はひし形でよく側扁、側線に沿って2〜3個の明瞭な黒斑がある。沿岸浅所の砂底域の下層で小さな群れをつくる。幼魚は砂浜海岸の波打ち際に現れる。伊豆−小笠原諸島、相模湾〜九州南岸の太平洋沿岸（幼魚が多い）、琉球列島、インド

オキアジ

ブリモドキ

イトヒキアジ

クロアジモドキ

－太平洋に分布。

オキアジ（**オキアジ属**） *Uraspis helvola* (Forster, 1801)　体は楕円形、第2背鰭と臀鰭の前部に鎌状部がない。口腔内は舌、口腔上・下部が白く、残りの部分は黒い。沿岸から沖合の底層に群れで生息。伊豆－小笠原諸島、北海道太平洋沿岸、青森県～九州南岸の日本海・東シナ海・太平洋沿岸、東シナ海大陸棚縁辺域、西インド洋（局所的）、西太平洋（局所的）、ハワイ諸島、大西洋のアセンション島・セントヘレナ島に分布。

ブリモドキ（**ブリモドキ属**） *Naucrates ductor* (Linnaeus, 1758)　体は細長い紡錘形、体側に明瞭な6本の横帯がある。沖合～沿岸の表層に生息。大型遊泳魚に随伴する習性があり、先頭を泳ぐ姿が魚を先導しているように見えることから“パイロットフィッシュ”とよばれる。小笠原諸島、北海道～屋久島の太平洋沿岸、琉球列島、青森県～山口県の日本海沿岸（散発的）、全世界の温～熱帯海域に分布。

イトヒキアジ（**イトヒキアジ属**） *Alectis ciliaris* (Bloch, 1787)　体は高く、やや歪な五角形で、よく側扁。眼の脂瞼は未発達。内湾など沿岸の水深100m以浅に生息。幼魚は海面近くをゆっくり遊泳し、背鰭と臀鰭の前部鰭条の伸長した数本が長く糸を引いている。この姿はクラゲへの擬態と考えられている。伊豆－小笠原諸島、北海道～九州南岸の日本海・東シナ海・太平洋沿岸（日本海と茨城県以北では幼魚が多い）、屋久島、琉球列島、東シナ海中部の大陸棚縁辺域、中国東シナ海・南シナ海沿岸、全世界の熱帯海域に分布。

クロアジモドキ（**クロアジモドキ属**） *Parastromateus niger* (Bloch, 1795)　体は高く、鰭を含めて全体が暗い灰色～茶色。腹鰭は成魚ではないが、稚魚にはある。背鰭や臀鰭の棘は成長に伴い体内に埋没して、見えなくなる。大陸棚の水深55～80mの砂泥底域に生息。東シナ海大陸棚域、青森県～九州南岸の日本海・東シナ海・太平洋沿岸（散発的で稀）、インド－西太平洋に分布。　（瀬能 宏）

ブリ

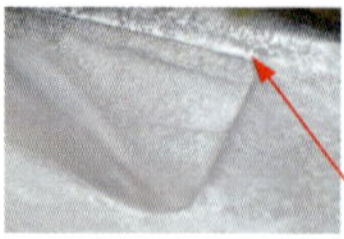
上顎後端は角張る

稚魚
5cm TL

若魚 40cm FL

ヒラマサ

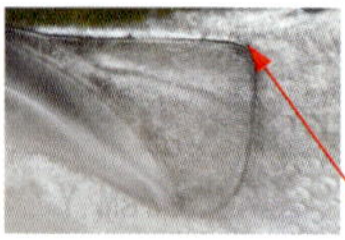
上顎後端は円い

ブリ属 *Seriola*　側線に稜鱗がなく成魚に暗色の横帯や斜帯がない。日本近海には4種が生息し、体が尾叉長1～1.5mと大きくなる。ブリとヒラマサはカンパチやヒレナガカンパチに比べて遊泳型の体形をもち、より沖合に生息。

ブリ *Seriola quinqueradiata* Temminck and Schlegel, 1845　孵化した全長約1.5cmまでの仔魚は表層で浮遊生活をし、各鰭条が完成して稚魚になれば流れ藻につき、その中で成長する。全長が約3cmから体に横縞ができ、“モジャコ”とよばれる。全長が7.5～16cmになると体の横縞が消え流れ藻を離れ、沿岸の浅所に向かう。1～2歳の尾叉長40～60cmのものは各地で“イナダ”（和歌山県から東北地方）、“ワラサ”（東海地方から伊豆）、“ハマチ”（高知から和歌山）、“フクラギ”（北陸地方）とよばれている。3歳後半からの尾叉長75cm以上の大きな個体は“ブリ”とよばれるが、地方名として、“オオイオ”（高知）、“オオウヲ”（北九州）がある。4～5歳で尾叉長90cm、多くは3歳なかばで尾叉長80cmとなる。
産卵、稚魚の成育、成長と成熟は対馬暖流と黒潮に密接に関係する。産卵場所と時期は東シナ海大陸棚縁辺（2～3月）、男女群島（3～4月）、九州西岸・日本海西部（5～7月）、九州南岸（3～4月）、土佐湾（4～5月）、伊豆・関東海域（3～6月）。

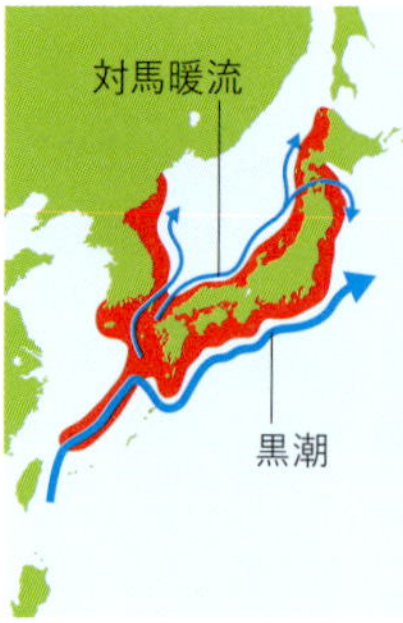

ブリの分布と海流

日本海沿岸では、モジャコは対馬暖流に沿って北海道沿岸までの各地沿岸で尾叉長7～15cmのときに流れ藻から離れ、それぞれの浅所にとどまる。この当歳魚は秋冬季に水温が低下すると、佐渡海峡より西の沿岸で越冬する。越冬した1歳魚は2歳魚まで大きな回遊を行わず、3歳になり南下回遊を行う。4歳以上は東シナ海と北海道沿岸の間を、春から夏に北上、秋から冬に南下。太平洋沿岸でもモジャコは黒潮によって房総半島あたりまでの各地沿岸で流れ藻を離れ、それ

ブリ（正面）

ヒラマサ（正面）

カンパチ

1.5m FL

稚魚 5cm FL

ヒレナガカンパチ

1.0m FL

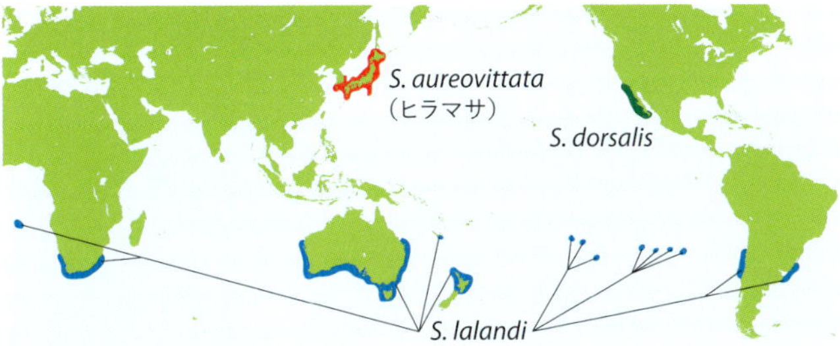

ヒラマサ種群3種の分布

ぞれの浅所にとどまる。1歳以上では春夏に餌を求めて北上、秋冬には越冬または産卵のために南下する。回遊の行動範囲は年齢が高くなるほど広くなる。魚類やイカ類を食べ沿岸浮魚群集の中で食物環の最高位。定置網で漁獲され、様々な料理で賞味される。

ヒラマサ *Seriola aureovittata* Temminck and Schlegel, 1845　ブリに比べて体が少し平たく、上顎後端上部が円い。また、体側中央の黄色帯がより顕著、種小名*aureovittata*は“黄色い帯”という意味。産卵は五島列島や高知県西部では4月上旬～5月中旬。高知県西部では尾叉長が1歳で約40cm、2歳で65cm、3歳で83cm、4歳で95cm、その後は1.2mになる。体重0.4～1.2kgの個体は流木などに付着する性質があり、五島列島西方から対馬南方の海域で4～7月にシイラ漬けという漁法で漁獲される。大きい個体は巻網、刺網、定置網、1本釣りで漁獲される。旬は夏、刺身で美味。シガテラ毒をもつことがある(厚)。回遊については不明。日本列島沿岸と朝鮮半島南岸に固有。近縁種はカリフォルニア沿岸の*S. dorsalis*、南半球温帯域の*S. lalandi*。

カンパチ *Seriola dumerili* (Risso, 1810)　吻端が円く赤みをおび、“アカハナ”（西日本）とか“アカイオ”（北陸）とよばれる。前額部の八の字に見える暗色線が“カンパチ”(間八)の名前の由来。産卵期は東シナ海では4月初旬～5月、小笠原近海では5～7月初旬。沖縄近海では春～秋に流れ藻とともに5.0～37.5mmの仔稚魚が得られている。稚魚(ちぎょ)の体に数本の暗色横帯がある。流れ藻から離れるのは体長約10cm。定置網や1本釣りで漁獲、刺身にして美味、旬は夏。青森県～九州南岸の日本海・東シナ海・太平洋沿岸、瀬戸内海、朝鮮半島南岸、琉球列島、東シナ海、全世界の温帯～熱帯海域に分布。

ヒレナガカンパチ *Seriola rivoliana* Valenciennes, 1833　第2背鰭と臀鰭の前端が鎌状に伸びる。沿岸のやや深い中・下層に生息。島嶼にもみられる。相模湾～九州南岸の太平洋沿岸、琉球列島、全世界の温帯～熱帯海域に分布。　（中坊徹次）

ヒイラギ

9cm SL

著しく伸びる口

オキヒイラギ

7cm SL

ヒメヒイラギ

9cm SL

シマヒイラギ

19cm SL

ヒイラギ科 Leiognathidae　体はよく側扁し、鱗は細かく、全体が粘液に富む。背鰭と臀鰭の棘は強く、基部にロック機構を備え、これで捕食者から身を守る。摂餌のために口を著しく伸出させ、その方向は上方（ウケグチヒイラギ属 *Secutor*）、前方（コバンヒイラギ属 *Gazza* とキビレヒイラギ属 *Photopectoralis*）、下方（その他の属）がある。食道を取り囲むドーナツ形の発光器を備え、共生細菌により発光する。光は後方の鰾の内面に反射して、脇腹にある筋肉と皮膚が半透明になった層（透過層）を通して外に出る。発光器や透過層は性的二型が顕著な場合は雄で大きい。インド－西太平洋に10属53種、日本に8属15種。

ヒイラギ（ヒイラギ属） *Nuchequula nuchalis* (Temminck and Schlegel, 1845)　体はやや高く、前半上部は無鱗。項部と背鰭棘条部に黒斑がある。内湾浅所～河川汽水域の砂泥底の底層に群れで生息。青森県・宮城県～九州南岸の各地沿岸、瀬戸内海、朝鮮半島西岸・南岸、済州島、台湾、浙江省～広東省の中国沿岸に分布。

オキヒイラギ（イトヒキヒイラギ属） *Equulites rivulatus* (Temminck and Schlegel, 1845)　頭部を除き体は有鱗。背鰭第2棘は長く伸びない。体側背部に粗い虫食い状斑がある。内湾浅所の砂底～砂泥底の底層に大きな群れで生息。夜間に発光するが、繁殖に関係した信号と考えられている。秋田県・茨城県～九州南岸の各地沿岸、瀬戸内海、東シナ海大陸棚域、朝鮮半島南岸に分布。

ヒメヒイラギ（イトヒキヒイラギ属） *Equulites popei* (Whitley, 1932)　体は低く、細長い。内湾浅所の砂底～砂泥底の底層に群れで生息。夜間に発光するが、繁殖に関係した信号と考えられている。相模湾～九州南岸の太平洋沿岸、九州西岸、インド－西太平洋に分布。

シマヒイラギ（属和名未定） *Aurigequula fasciata* (Lacepède, 1803)　体は高く、胸部は無鱗。背鰭第2棘は長く伸びる。体側背部に10～15本の横帯がある。内湾浅所～河川汽水域の砂泥底の底層に群れで生息。沖縄県久米島、伊良部島、八重山諸島、インド－西太平洋に分布。（瀬能 宏）

シマガツオ科 Bramidae　体は黒色ないし銀白色で、著しく側扁、独特の形をした硬くて大きな鱗で被われる。背鰭と臀鰭は棘条がなく、ほぼ全体に小鱗で被われるものと、基底部のみがやや大きな鱗で被われるものがある。科内ではチカメエチオピア属が祖先的と考えられている。外洋の表～中層に生息。インド洋、太平洋、大西洋に7属20種。日本に6属9種。

シマガツオ（シマガツオ属） *Brama japonica* Hilgendorf, 1878　頭の前部背面は丸く、吻端は垂直に近い。背鰭と臀鰭上に小鱗がある。尾柄～尾鰭基底の鱗は徐々に小さくなる。生時は銀白色だが、死後急速に黒褐色になる。

シマガツオ

ヒメシマガツオ

ヒレジロマンザイウオ

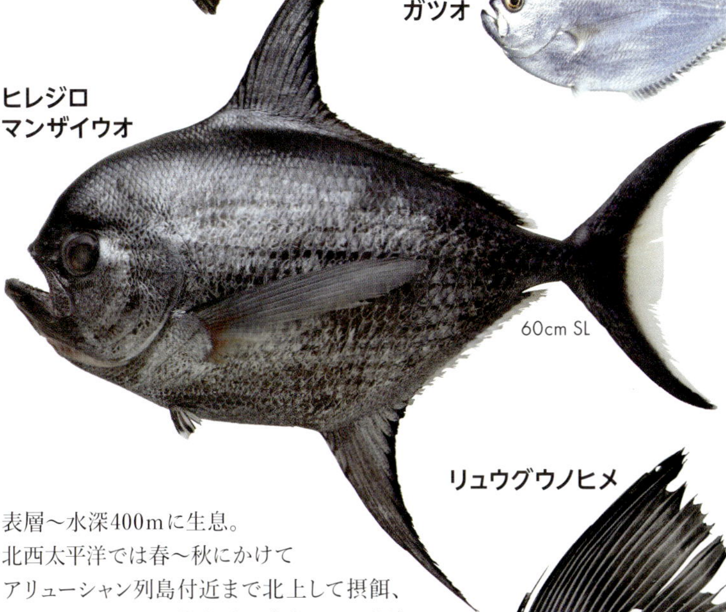

リュウグウノヒメ

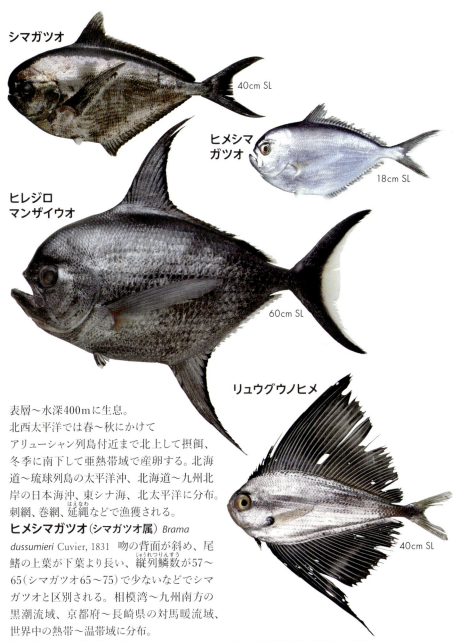

表層〜水深400mに生息。北西太平洋では春〜秋にかけてアリューシャン列島付近まで北上して摂餌、冬季に南下して亜熱帯域で産卵する。北海道〜琉球列島の太平洋沖、北海道〜九州北岸の日本海沖、東シナ海、北太平洋に分布。刺網、巻網、延縄などで漁獲される。

ヒメシマガツオ（シマガツオ属） *Brama dussumieri* Cuvier, 1831　吻の背面が斜め、尾鰭の上葉が下葉より長い、縦列鱗数が57〜65（シマガツオ65〜75）で少ないなどでシマガツオと区別される。相模湾〜九州南方の黒潮流域、京都府〜長崎県の対馬暖流域、世界中の熱帯〜温帯域に分布。

ヒレジロマンザイウオ（ヒレジロマンザイウオ属） *Taractichthys steindachneri* (Döderlein, 1883)　尾鰭後縁は白色。背鰭と臀鰭の前部は長く伸びる。成魚では尾柄の背面に溝がある。日本各地（散発的）、インド−太平洋に分布。

リュウグウノヒメ（リュウグウノヒメ属） *Pterycombus petersii* (Hilgendorf, 1878)　臀鰭起部は胸鰭基部下付近。体長20cmくらいの若魚では背鰭と臀鰭が大きく広いが成長に伴い狭くなる。背鰭と臀鰭は折りたたむことができ、基底部に鱗鞘をもつ。琉球列島を除く日本各地沖（散発的）、西太平洋、赤道付近の中央太平洋、西インド洋、南アフリカ大西洋沿岸に分布。　（波戸岡清峰）

フエダイ

50cm FL（通常35cm FL）

ヨコスジ
フエダイ

40cm FL（通常25cm FL）

タテフエダイ

38cm FL（通常23cm FL）

イッテン
フエダイ

55cm FL（通常30cm FL）

フエダイ科 Lutjanidae　沿岸性が強く、体が高いフエダイ属やマダラタルミ属などと、沖合の深場に生息し、体の低いハマダイ属やヒメダイ属などがいる。雌雄異体。食性は底生甲殻類、甲殻類プランクトン、魚類など様々。尾叉長は普通30〜60cm、大きいもので1mをこえる。世界の暖海に17属116種。日本に12属54種。漁業対象種が多く、年齢や成長、成熟や産卵などが研究されている。刺身、塩焼き、煮付けで賞味される。

フエダイ属 *Lutjanus*　砂礫・岩礁・サンゴ礁域に生息。河川に侵入する種もいる。耳石による年齢査定の研究によって、多くの種は20年以上生きることが知られている。50年以上生きる個体がいる種もいる。小型の種では成長は5〜10歳まで著しいが、その後は停滞する。世界に73種、日本に25種が分布。

フエダイ *Lutjanus stellatus* Akazaki, 1983　岩礁域に生息。体は桃〜赤褐色で、鰭は黄〜橙色。眼下から吻部に細い青色縦線、体側後半部に1白色斑がある。飼育下で5〜6月に産卵した例がある。鹿島灘〜九州南岸の太平洋沿岸、小笠原諸島などの島嶼、琉球列島（散発的）、台湾、広東省に分布。東アジア固有。九州で“ホシフエダイ”、“シブダイ”とよばれ食される。

ヨコスジフエダイ *Lutjanus ophuysenii* (Bleeker, 1860)　岩礁域に生息。体は赤褐色で、鰭は黄色。眼上から体側中央を通る1暗色縦帯と縦帯の後半部に眼状斑がある。全長2〜3cmの稚魚はアマモ場に出現する。房総半島〜九州南岸の太平洋沿岸、新潟県〜九州南岸の日本海・東シナ海沿岸、朝鮮半島南岸、中国南シナ海沿岸に分布。東アジア固有。“タルミ”とよばれ食される。

タテフエダイ *Lutjanus vitta* (Quoy and Gaimard, 1824)　岩礁域に生息。ヨコスジフエダイに似るが暗色縦帯が細く、眼状斑をもたない。オーストラリアでは、2歳で尾叉長20cm、10歳で25cmに達する。10年以上生きるが、フエダイ属では短命。琉球列島（沖縄島に多い）、東インド−西太平洋に分布。

イッテンフエダイ *Lutjanus monostigma* (Cuvier 1828)　岩礁・サンゴ礁域に生息し、幼魚は河川にも侵入する。体は褐〜赤褐色、鰭は黄〜橙色で、体側後半部に1黒色斑がある。南日本太平洋沿岸（散発的）、琉球列島、インド−太平洋に分布。沖縄では“ヒシヤマトビー”とよばれ食されるが、シガテラ毒をもつことが多く、流通が禁止されている。

クロホシフエダイ *Lutjanus russellii* (Bleeker, 1849)　岩礁域に生息し、幼魚は河川にも侵入する。体は桃〜黒褐色で、腹鰭と臀鰭は黄色。体側後半部に大きい眼状斑がある。幼魚は体側に4本の暗色縦帯がある。房総半島〜九州南岸の太平洋沿岸、琉球列島、

クロホシフエダイ

45cm FL
（通常30cm FL）

幼魚

10cm FL

ニセクロホシフエダイ

38cm FL
（通常25cm FL）

幼魚

9cm FL

オキフエダイ

33cm FL
（通常25cm FL）

幼魚

8cm FL

ヨスジフエダイ

30cm FL
（通常23cm FL）

幼魚

9cm FL

中国南シナ海沿岸、フィリピン、インドネシア、オーストラリア北部に分布。“モンツキ”などとよばれ食される。

ニセクロホシフエダイ *Lutjanus fulviflammus* (Forsskål, 1775)　砂礫・岩礁・サンゴ礁域に生息し、幼魚は河川にも侵入する。体は背から腹にかけて褐～桃色。体側に6本程度の黄色縦帯と後半部に眼状斑がある。幼魚には眼を横切る暗色縦帯がある。体側後半部の眼状斑は、眼がある頭部を狙う捕食者の攻撃をそらす効果があると考えられている。甲殻類や魚類を食べる。沖縄諸島での産卵期は4～9月で、5～6月が盛期。3歳で尾叉長約24cmに達して成熟し、漁獲され始める。10歳で27cm、その後の成長は停滞する。雌がわずかに大きくなる。雌雄ともに24歳の個体が知られている。南日本太平洋沿岸（散発的）。琉球列島、インドー太平洋に分布。沖縄では最も普通にみられ、“ヤマトビー”とよばれ食される。

オキフエダイ *Lutjanus fulvus* (Forster 1801)　岩礁域に生息し、幼魚は河川にも侵入する。体は背から腹が黄褐～黄色。背鰭と尾鰭は赤く縁が白い。幼魚は体側に4本の黄色縦帯がある。底生甲殻類を食べる。八重山諸島での産卵期は4～10月、満月から下弦の月のときにのみ産卵。雌がわずかに大きくなる。4歳で尾叉長約22cmになり成熟、10歳で26cm、その後成長は停滞するが、雌では34歳、雄では29歳の個体が知られている。漁獲されるのは尾叉長22cm（4歳）以上の個体である。南日本太平洋沿岸（散発的）、琉球列島、インドー太平洋に分布。

ヨスジフエダイ *Lutjanus kasmira* (Fabricius, 1775)　サンゴ礁域を群泳する。体は黄色で、背部に4本の青色縦帯があり、個体によっては後半部に眼状斑をもつ。背鰭と尾鰭の縁が暗色で、腹部に青白色の線があることから、類似種のベンガルフエダイ *L. bengalensis* と識別可能。南日本太平洋沿岸（散発的）、琉球列島、インドー太平洋に分布。ハワイ諸島は移入個体群。本種を含む小型フエダイ属魚類は、沖縄で総じて“ビタロー”とよばれ食される。

（下瀬 環）

アミメフエダイ

31cm FL（通常25cm FL）

ヒメフエダイ

45cm FL（通常27cm FL）

幼魚

10cm FL

ヨコフエダイ

80cm FL（通常40cm FL）

センネンダイ

70cm FL（通常35cm FL）

アミメフエダイ *Lutjanus decussatus* (Cuvier, 1828)　体は背から腹にかけて緑褐～赤色で、何本かの赤褐色の縦帯と横帯があり、尾柄部に大きい眼状斑がある。サンゴ礁域に生息。犬歯状歯が大きく魚食性が強い。同程度の大きさの同種他個体に対して排他的な行動をとり、縄張りをもつ。八重山諸島での産卵期は6～10月で、下弦の月のときにのみ産卵。琉球列島（八重山諸島に多い）、東インド－西太平洋に分布。

ヒメフエダイ *Lutjanus gibbus* (Forsskål, 1775)　尾鰭は両葉後端が丸く、上葉がわずかに大きい。体は一様に赤く、各鰭の縁辺は白い。幼魚は淡い緑色で、尾柄部が暗色。八重山諸島での産卵期は5～10月。雌雄で成長が異なり、雄が大きくなる。雄では、3歳で尾叉長25cm、5歳で30cm、10歳で36cm、20歳で39cm。雌では、3歳で尾叉長24cm、5歳で26cm、10歳で29cm、20歳で30cm。雌では24歳、雄では21歳の個体が知られている。岩礁・サンゴ礁域に生息。カニ類を好んで食べる。房総半島～九州南岸の太平洋沿岸（散発的）、琉球列島、インド－太平洋に分布。沖縄では“ミミジャー”とよばれ、主に釣りで漁獲される高級魚。漁獲されるのは尾叉長25～35cm、年齢3～10歳の個体が多い。

ヨコフエダイ *Lutjanus malabaricus* (Bloch and Schneider, 1801)　体は一様に桃色。幼魚では眼上に暗色縦帯、尾柄部背面に鞍状暗色斑がある。類似種のワキグロアカフエダイ *L. timorensis* は胸鰭腋部が黒い。雄が雌より大きくなり、オーストラリアでは3歳で尾叉長31cm、5歳で42cm、10歳で雄58cm、雌53cm、20歳で雄67cm、雌56cmになる。30歳以上の個体が知られている。岩礁域に生息。南日本太平洋沿岸（散発的）、琉球列島（沖縄諸島に多い）、東インド－西太平洋に分布。沖縄で“ナンバー”と呼ばれ食される。

センネンダイ 準絶滅危惧（環） *Lutjanus sebae* (Cuvier, 1816)　体は白地に3本の明瞭な赤色横帯があるが、大型個体では一様に赤くなる。雄が雌より大きくなり、オーストラリアでは3歳で尾叉長26cm、5歳で36cm、10歳で雄50cm、雌45cm、20歳で雄60cm、雌48cmになる。30歳以上の個体が知られている。岩礁域に生息。南日本太平洋沿岸（散発的）、琉球列島、インド－西太平洋に分布。沖縄で“サンバナー”とよばれ食される。

バラフエダイ

80cm FL（通常40cm FL）

幼魚

10cm FL

ナミフエダイ

70cm FL（通常50cm FL）

幼魚

10cm FL

ゴマフエダイ

1m FL（通常30cm FL）

幼魚

10cm FL

マダラタルミ

60cm FL（通常40cm FL）

幼魚

20cm FL

バラフエダイ
Lutjanus bohar (Fabricius, 1775)
体は一様に赤黒いが、各鱗の中央部は白い。幼魚はスズメダイ類に似ており、体側後半部に1～2個の白色斑がある。この色彩は本種の幼魚をスズメダイ類と思って油断して近づく小魚を襲う攻撃擬態と考えられている。オーストラリア北東部での研究では56歳の個体が報告されている。岩礁・サンゴ礁域に生息。南日本太平洋沿岸（散発的）、琉球列島、インド－太平洋に分布。沖縄では“アカナー”とよばれ食されるが、大型個体はシガテラ毒をもつことが多く、流通が禁止されている。

ゴマフエダイ *Lutjanus argentimaculatus* (Forsskål, 1775)　体は赤褐～黒褐色。成魚は体側各鱗の中央部が暗色。幼魚は眼下に1～2本の青色縦線、体に約8本の暗色横帯がある。オーストラリア東部では、3歳で尾叉長34cm、5歳で43cm、10歳で59cm、20歳で75cmに成長し、57歳の個体が知られている。岩礁域に生息。幼魚は河川マングローブ域に侵入し、1～3歳になると海域に移動する。南日本太平洋沿岸（散発的）、琉球列島、インド－太平洋に分布。沖縄では“カースビ”とよばれ食されるが、シガテラ毒をもつバラフエダイに似るため、流通はしていない。海外ではマングローブ域の釣魚で、養殖も行われている。

ナミフエダイ *Lutjanus rivulatus* (Cuvier, 1828)
頭部に青色縦線、体側に青色点列が多数並ぶ。幼魚では数条の暗色横帯、後半部に白色斑がある。岩礁域に生息し、幼魚は河川にも侵入する。南日本太平洋沿岸（散発的）、琉球列島、インド－太平洋に分布。

マダラタルミ（マダラタルミ属） *Macolor niger* (Forsskål, 1775)　成魚は体が一様に黒色に見えるが、頬部に褐色小点が密在する。幼魚は明瞭な白黒模様。同属のホホスジタルミ *M. macularis* は頬部に波状模様を持つ。岩礁域に生息。南日本太平洋沿岸（散発的）、琉球列島、インド－太平洋に分布。沖縄では“イナクー”とよばれ食される。　（下瀬 環）

アオチビキ

90cm FL（通常50cm FL）

オオグチイシチビキ

70cm FL（通常45cm FL）

ハマダイ

90cm FL（通常45cm FL）

ハチジョウアカムツ

90cm FL（通常40cm FL）

アオダイ

55cm FL（通常35cm FL）

ウメイロ

45cm FL（通常30cm FL）

幼魚

5.5cm FL

アオチビキ（**アオチビキ属**）*Aprion virescens* Valenciennes, 1830　体は細長く、眼の前から鼻孔上に溝がある。体色は一様に青緑色で、背鰭中部根元の鰭膜（きまく）に黒斑がある。岩礁・サンゴ礁域に生息。南日本太平洋沿岸（散発的）、琉球列島、インド−太平洋に分布。魚食性が強く、大物釣りの対象。鹿児島で“アオマツ”、沖縄で“オーマチ”とよばれ食される。

オオグチイシチビキ（**イシフエダイ属**）*Aphareus rutilans* Cuvier, 1830　名の通り口が大きく、下顎が突出し、顎の後端は眼の中央下に達する。尾鰭の先端は尖り、中央部は切れ込む。沖合の水深120～200mの深場に生息。本種が薄い赤褐色で深場に生息するのに対し、同属のイシフエダイ *A. furca* は青緑褐色で沿岸近くに生息する。南日本太平洋沿岸（散発的）、琉球列島、インド−太平洋に分布。沖縄で“タイクチャーマチ”とよばれ食される。

ハマダイ（**ハマダイ属**）*Etelis coruscans* Valenciennes, 1862　体は鮮やかな赤色で、尾鰭後端、特に上葉が伸長する。沖合の水深250～350mの深場に生息。南日本太平洋沿岸（散発的）、伊豆諸島以南、琉球列島、インド−太平洋に分布。関東で“オナガ”、鹿児島で“チビキ”、沖縄で“アカマチ”とよばれる水産重要種。沖縄県では三大高級魚の1つ。

ハチジョウアカムツ（**ハマダイ属**）*Etelis carbunculus* Cuvier, 1828　体は桃色で、尾鰭後端は伸長しない。沖合の水深250～350mの深場に生息。南日本太平洋沿岸（散発的）伊豆諸島以南、琉球列島、インド−太平洋に分布。沖縄で“ヒーランマチ”とよばれ食される。

アオダイ（**アオダイ属**）*Paracaesio caerulea* (Katayama, 1934)　体は青く、鰭は黄褐色。沖合の水深150～250mの深場に生息。伊豆・小笠原諸島、相模湾～台湾に分布。鹿児島で“ホタ”、沖縄で“シチューマチ”とよばれる水産重要種。

ヒメダイ

50cm FL（通常30cm FL）

オオヒメ

70cm FL（通常35cm FL）

ハナフエダイ

37cm FL（通常25cm FL）

ハチビキ

60cm FL（通常40cm FL）

ロウソクチビキ

30cm FL（通常20cm FL）

ウメイロ（**アオダイ属**）*Paracaesio xanthura* (Bleeker, 1869)　体は前半で青く、後半背側から尾鰭にかけて黄色。本種に色彩の酷似するタカサゴ科のウメイロモドキ（p.276）は、胸鰭の付け根が黒く、背鰭と臀鰭の基部を鱗が被うことで識別可能。沿岸から沖合の岩礁域に群れで生息。南日本太平洋沿岸、伊豆諸島以南、琉球列島、インド－太平洋に分布。食用種。

ヒメダイ（**ヒメダイ属**）*Pristipomoides sieboldii* (Bleeker, 1855)　体は淡い赤褐色で、鮮度がよいものはやや青っぽい。沖合の水深200～300mの深場に生息。南日本太平洋沿岸（散発的）、琉球列島、インド－太平洋に分布。沖縄で“クルキンマチ”とよばれる水産重要種。

オオヒメ（**ヒメダイ属**）*Pristipomoides filamentosus* (Valenciennes, 1830)　体は淡い赤褐色で、尾鰭の縁は赤色。ハワイの研究では、40歳以上の個体が知られている。沖合の水深120～200mの深場に生息。南日本太平洋沿岸（散発的）、琉球列島、インド－太平洋に分布。鹿児島で“クロマツ”、沖縄で“マーマチ”とよばれる水産重要種。

ハナフエダイ（**ヒメダイ属**）*Pristipomoides argyrogrammicus* (Valenciennes, 1832)　体は桃色で、背部に黄色の斑が4つ、体側に青白い点列が数本並ぶ。背鰭と尾鰭は黄色で、縁が白い。沖合の水深250～350mの深場に生息。南日本太平洋沿岸（散発的）、琉球列島、インド－太平洋に分布。八重山諸島での主な産卵期は4～8月。雄が大きくなる。沖縄で“フカヤービタロー”とよばれる水産重要種。

ハチビキ科 Emmelichthyidae　形態はフエダイ科のハマダイ属やヒメダイ属に似るが、主上顎骨上に鱗がある、背鰭が中央部で深く切れ込むか2基に分かれる、などの特徴をもつ。沖合の深場に生息。尾叉長は約25～60cm。世界に3属19種。日本に2属5種。

ハチビキ（**ハチビキ属**）*Erythrocles schlegelii* (Richardson, 1846)　体は背から腹にかけて赤褐色～赤色。尾柄部に明瞭な1隆起線がある。沖合の水深300～380mに生息。千葉県～九州南岸の太平洋沿岸、新潟県～九州北岸の日本海沿岸、琉球列島、インド－太平洋（局所的）に分布。沖縄ではハマダイを狙った深場の一本釣りによって混獲される。“チョーチンマチ”とよばれ刺身などで賞味されるが、身が赤く、傷みが早い。

ロウソクチビキ（**ロウソクチビキ属**）*Emmelichthys struhsakeri* Heemstra and Randall, 1977　尾柄部に隆起線がなく、眼が大きい。沖合の深場に生息。主に房総半島以南の太平洋沿岸と琉球列島（散発的）、西－中央太平洋（局所的）に分布。　（下瀬 環）

タカサゴ

25cm FL（通常20cm FL）

ニセタカサゴ

30cm FL（通常20cm FL）

クマササ
ハナムロ

25cm FL（通常20cm FL）

ササムロ

通常25cm FL

ウメイロ
モドキ

通常25cm FL

ユメ
ウメイロ

35cm FL
（通常25cm FL）

タカサゴ科 Caesionidae　フエダイ科に近縁で、フエダイ科に含める研究者もいる。尾叉長約20～40cm。インド－太平洋の熱帯域を中心に4属23種。日本に4属10種。多くが食用。

クマササハナムロ属 *Pterocaesio*　体は紡錘形。サンゴ礁・岩礁域を群泳する。昼間の遊泳時は青味が強いが、夜間休息するときは赤味が強く体側に数本の淡い横帯が現れる。鮮魚の体は取り扱い方により青から赤になる。日本に4種。南日本太平洋沿岸では散発的で、琉球列島に多い。沖縄で総じて“グルクン”とよばれ、唐揚げなどで食される重要な食用魚。かつては、沖縄でも追込網漁で多く漁獲されていたが、現在は輸入物も多い。稚魚は八重山地方で“サネラー”とよばれ、唐揚げなどで食されるほか、カツオ一本釣り漁の活餌にも使われている。

タカサゴ *Pterocaesio digramma* (Bleeker, 1864)　体の腹側は淡い赤、背側は青緑で2本の黄緑色縦帯がある。尾鰭両葉の後端は暗色。体側の縦帯と側線は重ならない。5～7月に水槽内での産卵行動が観察されている。琉球列島、西太平洋の熱帯に分布。沖縄県の県魚に指定されている。

ニセタカサゴ *Pterocaesio marri* Schultz, 1953　タカサゴに酷似するが、体側の縦帯が側線に重なる。琉球列島、インド－太平洋の熱帯に分布。タカサゴに混じって水揚げされる。

クマササハナムロ *Pterocaesio tile* (Cuvier, 1830)　赤味が強く、背側は青緑。尾鰭両葉に暗色縦帯があり、上葉の縦帯は体側の暗色縦帯につながる。琉球列島、インド－太平洋の熱帯に分布。沖縄で“ウクー”ともよばれ、上記2種より不味。

タカサゴ属 *Caesio*　体は高く側扁。サンゴ礁域を群泳。日本に4種。いずれも琉球列島に多く、釣りなどで漁獲される重要な食用魚。唐揚げ、煮付け、刺身で賞味される。

ササムロ *Caesio caerulaurea* Lacepède, 1801　体は青く、体側に1黄色縦帯、尾鰭両葉に暗色縦帯がある。6～7月に水槽内での産卵行動が観察されている。琉球列島、インド－西太平洋に分布。平たい体形のため、沖縄で“ヒラーグルクン”とよばれる。

ウメイロモドキ *Caesio teres* Seale, 1906　体は青く、後半部背側から尾鰭が黄色。胸

クロサギ

23cm SL（通常18cm SL）

前下方に伸びる口

ミナミクロサギ

19cm SL
（通常16cm SL）

セダカクロサギ

29cm SL
（通常20cm SL）

ヤマト
イトヒキサギ

25cm SL
（通常20cm SL）

イトヒキサギ

24cm SL
（通常18cm SL）

鰭の付け根上部が黒い。琉球列島、インド－太平洋に分布。沖縄で“アカジューグルクン”とよばれる。

ユメウメイロ *Caesio cuning* (Bloch, 1791) 後頭部がやや盛り上がる。体は青緑色で、背から尾鰭が黄色。琉球列島、東インド－西太平洋に分布。沖縄で“シチューグルクン”とよばれる。

クロサギ科 Gerreidae　汽水域を含む内湾の砂地に生息。体は高く側扁し、口が前下方に突出する。体は銀白色、鱗は大きく剥がれやすい。体形と顎の構造が似るヒイラギ科は鱗が小さい。世界の暖海に約7属60種、日本に2属14種。刺網、定置網などで漁獲される食用魚。

クロサギ（クロサギ属） *Gerres equulus* Temminck and Schlegel, 1844　体はやや細長く、背鰭背縁と尾鰭後縁が黒い。九州西部では、雌は体長14.1cmで成熟、6～9月に複数回産卵する。体長は2歳で雌12.7cm、雄12cm、5歳で雌19.1cm、雄18.2cm、10歳で雌21.1cm、雄20.3cmになる。沿岸の砂底に生息。千葉県外房～九州南岸の太平洋沿岸、朝鮮半島南部に分布。日本海沿岸は少ない。

ミナミクロサギ（クロサギ属） *Gerres oyena* (Fabricius, 1775) クロサギに酷似。沖縄島では、雌は体長9cm、雄は8.1cmで成熟、4～5月に産卵する。体長は2歳で12cm、5歳で15.6cmになる。多毛類を食べる。琉球列島、インド－太平洋に分布。沖縄で“アマイユ”とよばれる。

セダカクロサギ（クロサギ属） *Gerres erythrourus* (Bloch, 1791)　体側に数条の暗色縦線があり、腹鰭、臀鰭、尾鰭下縁が黄色。多毛類や動物プランクトンを食べる。琉球列島に分布。

ヤマトイトヒキサギ（クロサギ属） *Gerres microphthalmus* Iwatsuki, Kimura and Yoshino, 2002　体が高く、背鰭第2棘が糸状に伸びる。体側に斑点が並ぶ横帯がある。和歌山県～鹿児島県の太平洋沿岸に分布。

イトヒキサギ（クロサギ属） *Gerres filamentosus* Cuvier, 1829　ヤマトイトヒキサギに酷似。琉球列島、インド－西太平洋に分布。

（下瀬 環）

イサキ

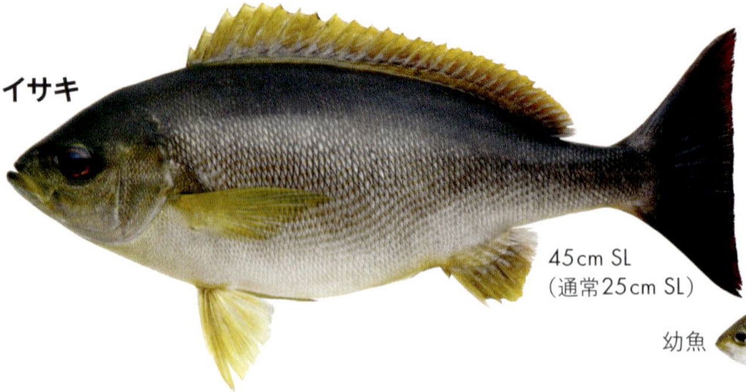

45cm SL
（通常25cm SL）

幼魚

10cm SL

イサキ科 Haemulidae　多くは体が少し高いがイサキなど細長い種も含まれる。体は小さな櫛鱗で被われ、尾鰭後縁は湾入するものから丸く突出するものまでいる。全世界の暖海域の主に浅海岩礁域やサンゴ礁域に生息するが一部は大陸棚の砂泥域に生息する。世界に17属約145種、日本に5属21種。体長は普通20～40cm、大きいもので体長1m。

イサキの分布

ヒゲダイ属8種の分布

イサキ（イサキ属） *Parapristipoma trilineatum* (Thunberg, 1793)　幼魚は体に3本の暗褐色縦帯があるが、成長とともに不明瞭になる。水深10～100mの岩礁域に生息し、大規模な季節回遊は行わない。三浦半島、伊豆半島、熊野灘、五島列島、山口県日本海沿岸では1歳で体長9～11cm、2歳で15～16cm、3歳で19～21cm、4歳で21～24cm。一方、紀伊水道と豊後水道では1歳で体長13～15cm、2歳で18～21cm、3歳で21～24cm、4歳で22～26cmになる。この違いは水温や資源密度の差異が要因と考えられている。耳石横断切片の観察により、紀伊水道で21歳（体長31cm）、豊後水道で23歳（体長31cm）の個体が確認されている。熊野灘では雌は2歳で43％、3歳で95％、4歳で100％の個体が成熟し、雄は2歳で83％、3歳で100％の個体が成熟する。一方、紀伊水道和歌山県側では雌は2歳で100％、雄は1歳で100％の個体が成熟する。この違いは上述した成長差によるものと考えられる。両海域とも5歳以上は少ない。産卵期は各海域で5～8月の範囲にあり、盛期は6～7月。魚類やカイアシ類、端脚類を食べる。一本釣り、刺網、定置網等で漁獲されるが、摂餌活動は水温に呼応して夏季に活発化し、冬季に低下するため、一本釣りの漁獲量は夏季に多い。新潟県～九州南岸の日本海・東シナ海沿岸、瀬戸内海、宮城県～九州南岸の太平洋沿岸、東シナ海大陸棚域、朝鮮半島南岸、中国南シナ海沿岸に分布。刺身、塩焼き、煮付けで極めて美味で高価。

ヒゲダイ属 *Hapalogenys*　下顎腹面にひげがある（痕跡的な種もある）。背鰭起部に前向きの棘がある。尾鰭後縁は円い。主に内湾から大陸棚の砂泥底に生息。ベンガル湾から日本までの東インド－西太平洋（マレー半島沿岸、フィリピン諸島、オーストラリア北西岸を含む）に8種。日本に4種。

ヒゲダイ *Hapalogenys sennin* Iwatsuki and Nakabo, 2005　下顎に白いひげが密生。主上顎骨に鱗はない。体は暗褐色で、2本の不明瞭な黒褐色斜帯がある。幼魚は全身が黒褐色で背鰭・臀鰭軟条部縁辺および尾鰭は透明。水深5～50mの岩礁域や砂底域に生息。2005年に従来の学名の適用が誤りであることが判明、新種として発表された。日本

ヒゲダイ

48cm SL（通常25cm SL）

幼魚

5～6cm SL

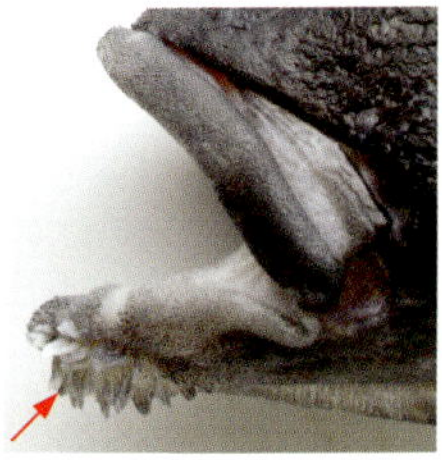

ヒゲダイの下顎：ひげは顕著

ヒゲソリダイ

44cm SL（通常20cm SL）

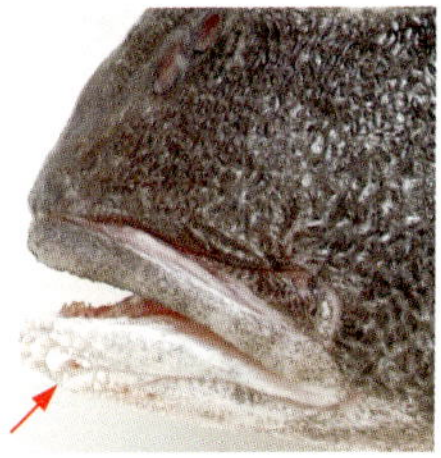

ヒゲソリダイの下顎：ひげは痕跡的

セトダイ

24cm SL（通常14cm SL）

シマセトダイ

56cm SL（通常20cm SL）

固有種。福島県～九州南岸の太平洋沿岸、瀬戸内海、山形県鶴岡～熊本県天草諸島の日本海・東シナ海沿岸（散発的）に分布。刺身や煮付けで美味だが、漁獲量は少ない。

ヒゲソリダイ *Hapalogenys nigripinnis* (Temminck and Schlegel, 1843)　下顎のひげは痕跡的。主上顎骨に鱗がある。体は淡褐色で、2本の幅広い暗褐色斜帯がある。水深25～81mの砂泥底に生息し、魚礁によく蝟集する。朝夕は底層に密集し、夜間は分散する。青森県～熊本県の日本海・東シナ海沿岸、神奈川県～九州南岸の太平洋沿岸、瀬戸内海、東シナ海大陸棚域、朝鮮半島西岸・南岸、遼寧省～広東省の中国沿岸。刺身や煮付けで美味だが、漁獲量は少ない。

セトダイ *Hapalogenys analis* Richardson, 1845　下顎に短いひげが密生する。頭部に1本、体に5本の濃褐色横帯がある。背鰭・臀鰭の軟条部の縁辺および尾鰭の後縁は黒い。水深30～83mの砂泥底に生息し、内湾に多い。富山湾～鹿児島県長島の日本海・東シナ海沿岸、瀬戸内海、黄海・東シナ海中央部、朝鮮半島西岸・南岸、河北省～トンキン湾の中国沿岸に分布。瀬戸内海では“タモリ”とよばれ、刺身や煮付けで食される。夏季にはマダイより美味。

シマセトダイ *Hapalogenys kishinouyei* Smith and Pope, 1906　下顎のひげは痕跡的。体側に4本の暗褐色縦帯があるが最下部の縦帯は不明瞭。大陸棚砂泥底に生息し、漁獲水深はヒゲソリダイやセトダイより深く、水深110～284m。和歌山県南部～九州南岸の太平洋沿岸、九州西岸、東シナ海大陸棚縁辺域、朝鮮半島南岸に分布。漁獲量は少ないが、塩焼きや練り製品にされる。　（土居内 龍）

コロダイ

60cm SL

若魚

19cm SL

若魚

8.2cm SL

幼魚

5.6cm SL

幼魚

2cm SL

コショウダイ

50cm SL

幼魚

3.1cm SL

若魚

7.9cm SL

コロダイ（**コロダイ属**） *Diagramma pictum* (Thunberg, 1792)　体は高く、よく側扁。体や背鰭、尾鰭に瞳孔大の黄色斑点が密に分布する。水深5m以浅の岩礁やサンゴ礁に隣接する砂底域や転石帯に生息、ただし東シナ海では水深50～120mの大陸棚上に生息。成魚（せいぎょ）は小さな群れをつくり、エビ類などの甲殻類を食べる。西日本での産卵期は5～8月。幼魚（ようぎょ）は体や鰭に白あるいは黄と黒の鮮やかな縦線があり、海底直上で体をくねらせながら泳ぐ。この斑紋と行動はウミウシやヒラムシなどの有毒な無脊椎動物を彷彿とさせるため、ベイツ型擬態（がたぎたい）であると考えられる。茨城県～九州南岸の太平洋沿岸、台湾、福建省～トンキン湾の中国沿岸、伊豆－小笠原諸島（幼魚が多い）、新潟県佐渡～九州北岸の日本海沿岸（散発的）、琉球

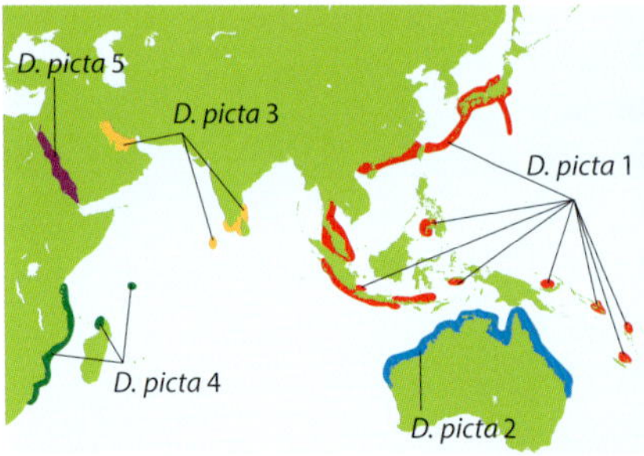

コロダイの分布

チョウチョウ
コショウダイ

35cm SL

幼魚

3.8cm SL

アヤ
コショウダイ

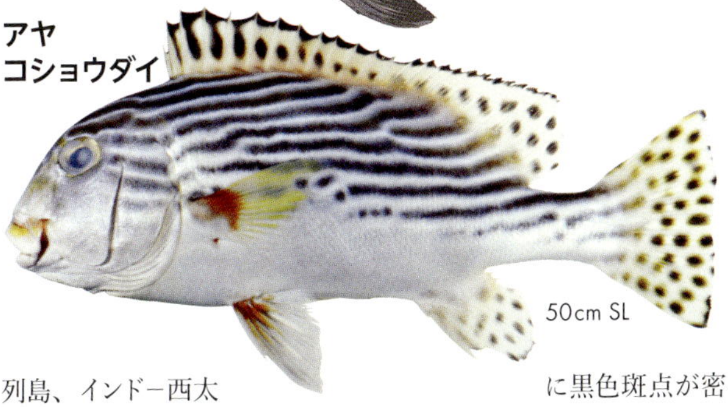

50cm SL

幼魚

4.7cm SL

幼魚

1.5cm SL

列島、インド−西太平洋に分布。分布図に番号で示したのは現在細分されている5亜種である。しかし、本州・四国・九州と琉球列島の個体群間には別種に相当する違いが見つかっており、分類学的な再検討が必要である。

コショウダイ（コショウダイ属） *Plectorhinchus cinctus* (Temminck and Schlegel, 1843)　体は高く、よく側扁。背鰭から体背部、尾鰭にかけて瞳孔〜眼径大の黒色斑点が密在、体側に2本の弧状の黒色斜帯がある。水深20m以浅の岩礁域に生息。ただし、東シナ海では水深24〜111mの大陸棚域に生息。幼魚、成魚とも単独で生活し、幼魚はしばしば河川汽水域に侵入する。甲殻類や魚類を食べる。土佐湾での産卵期は5〜6月。着底直後の幼魚は透明な尾鰭と臀鰭の一部を除き全体が焦げ茶色で、海底直上をゆっくり泳ぐ。この姿は波間に漂う植物片を彷彿とさせるため、擬態の効果があると考えられる。新潟県〜九州南岸の日本海・東シナ海沿岸、相模湾〜九州南岸の太平洋沿岸、瀬戸内海、屋久島、朝鮮半島西岸・南岸、台湾、福建省〜海南島の中国沿岸、タイランド湾、マンナール湾、オマーン湾に分布。

チョウチョウコショウダイ（コショウダイ属）
Plectorhinchus chaetodonoides Lacepède, 1801
体は高く、よく側扁。胸鰭を除く各鰭と、体に黒色斑点が密在する。水深30m以浅のサンゴ礁域に生息し、成魚は小さな群れをつくる。幼魚の体にはオレンジの地色に白く大きな円形あるいは虫食い状の斑紋があり、海底直上で各鰭を目一杯広げ、頭をやや下に向けた姿勢で体をくねらせながら泳ぐ。この斑紋と行動は有毒なウミウシやヒラムシへのベイツ型擬態と考えられている。小笠原諸島（稀）、静岡県伊東・高知県柏島（幼魚）、鹿児島湾〜琉球列島、南大東島、インド−西太平洋、カロリン諸島西部に分布。

アヤコショウダイ（コショウダイ属）
Plectorhinchus lineatus (Linnaeus, 1758)　体はやや細長く、よく側扁。体の上半分に多くの黒色斜走帯が多数ある。胸鰭基部は赤い。水深35m以浅のサンゴ礁域に生息し、成魚は大きな群れをつくる。着底直後の幼魚は体や鰭に白、オレンジ、黒の鮮やかな縦線があり、海底直上で体をくねらせながら泳ぐ。この斑紋と行動はウミウシやヒラムシなどの有毒な無脊椎動物へのベイツ型擬態であると考えられる。この斑紋は成長に伴って黒い縦線に変化し、最終的には斜走帯になる。このため、同様な斑紋変化をする近似種との区別が難しく、以前は分類学的に混乱していた。小笠原諸島（稀）、屋久島、琉球列島、南大東島、西太平洋、アンダマン海に分布。

（瀬能 宏）

イトヨリダイ

30cm SL（通常23cm SL）

イトヨリダイの分布

ソコイトヨリ

20cmSL（通常16cm SL）

ソコイトヨリの分布

キツネウオ

18cm SL

イトヨリダイ科 Nemipteridae
体は側扁し、細長いものから卵形のものまで多様。背鰭は1基で、9〜10棘、8〜10軟条。海底付近に生息し、水深400m付近まで記録があるが、多くは100m以浅に生息。インド−西太平洋、紅海、地中海（*Nemipterus japonicus*のみ、ただし紅海からの侵入）の熱帯〜温帯域に5属69種。日本には4属22種。

イトヨリダイ属 *Nemipterus*　体はやや細長く、体色は桃色か銀色に赤、黄、青色などの模様がある。水深300m付近まで生息するが、多くは水深50m以浅。通常、雄が雌より大きくなる。底曳網、延縄などで漁獲され、水産重要種を含む。インド−西太平洋、紅海（地中海は省く）に26種。日本に8種。

イトヨリダイ 絶滅危惧Ⅱ類(IUCN) *Nemipterus virgatus* (Houttuyn, 1782)　鰓蓋の上方に赤い斑紋、体側に6本の黄色縦線がある。尾鰭の上葉は糸状に伸びる。水深40〜250m（小型個体は水深18〜33mに多い）の砂泥底に生息。日本近海では50〜125m付近で多く漁獲される。東シナ海では春〜夏に大陸側の浅瀬に多く、冬は沖へと移動する。1歳で尾叉長約12cm、2歳で22cm、3歳で30cm、4歳で36cm、5歳で42cmに成長。尾叉長20cm前後の2歳で成熟するが、多くは尾叉長26cm前後の3歳で成熟し産卵。産卵期は東シナ海で6〜8月、駿河湾では1〜6月（盛期は4〜6月）。仔稚魚は南日本の沿岸で5〜8月に出現。雄は機能していない卵巣をもつ（痕跡的雌雄同体）。新潟県〜九州南岸の日本海・東シナ海沿岸、鹿島灘〜九州南岸の太平洋沿岸、瀬戸内海、東シナ海大陸棚、朝鮮半島南岸、済州島、台湾、広東省、広西省、ベトナム、オーストラリア北西岸に分布。柔らかい白身で美味、旬は秋〜冬。

ソコイトヨリ *Nemipterus bathybius* Snyder, 1911　体側に黄色縦帯が2本、腹側縁は黄色。尾鰭の上葉は細長く伸びる。水深35〜300m（通常45〜90m）の貝殻の混じる砂地を好む。東シナ海では水深130m付近で漁獲されるが、近年は減少。鹿児島薩摩半島西方海域では本種の方がイトヨリダイよりもとれる割合が多い。1歳で雄は尾叉長約12cm、雌13cm、3歳で雄20cm、雌16cm、5歳で雄24cm、雌18cm、最高齢は雄が8歳、雌が10歳で、尾叉長30cmをこえるが稀。鹿児島湾では産卵期が6〜10月、雌は満1歳から産卵する。仔稚魚は南日本で8〜10月に出現。雄は機能していない卵巣をもつ（痕跡的雌雄同体）。

タマガシラ

20cm SL

アカタマ
ガシラ

25cm SL

フタスジタマガシラ

16cm SL

フタスジタマガシラの幼魚

ヒトスジタマガシラ

26cm SL

九州西岸、相模湾～九州南岸の太平洋沿岸、東シナ海大陸棚、済州島、台湾、南シナ海南部、フィリピン諸島、インドネシア、アンダマン海、オーストラリア北西岸に分布。やや柔らかい白身で美味だが、イトヨリダイよりも小型で味もやや劣る。（岡本 誠）

キツネウオ（**キツネウオ属**）*Pentapodus caninus* (Cuvier, 1830)　礁斜面の水深が急激に深くなるドロップオフでよくみられる。好奇心が強く、ダイバーと並泳することがある。尾鰭の上下両葉が伸長する。琉球列島、西太平洋に分布。八重山諸島石垣島では“コウコウセイ”とよばれる。

タマガシラ（**タマガシラ属**）*Parascolopsis inermis* (Temminck and Schlegel, 1843)　体は淡赤色で4本の赤褐色横帯がある。水深50～210mの砂礫底や岩礁域で延縄や定置網などで漁獲される。日本海南西海域～九州西岸、千葉県館山～九州南岸の太平洋沿岸、東シナ海大陸棚縁辺域、朝鮮半島南岸、東インド－西太平洋に分布。

アカタマガシラ（**タマガシラ属**）*Parascolopsis akatamae* Miyamoto, McMahan and Kaneko, 2020　体は淡赤色で、体側中央に1本の幅広い黄色縦帯、側線始部に暗赤色斑がある。水深100m付近の深場から時々釣獲される。刺身と塩焼きで食したが美味。南日本太平洋沿岸（幼魚が多い）、琉球列島に分布。

フタスジタマガシラ（**ヨコシマタマガシラ属**）*Scolopsis bilineata* (Bloch, 1793)　吻から背鰭にむかう黒で縁どられた白色縦帯がある。背鰭軟条部は黄色。幼魚は体側に3本の暗褐色の縦帯があり、その間は黄色く、毒をもつヒゲニジギンポ属 *Meiacanthus* のオウゴンニジギンポ *M. atrodorsalis* やヒゲニジギンポ *M. grammistes* に似たベイツ型の擬態であると考えられている。ただし、アンダマン海の幼魚は *Meiacanthus smithi* に似て白地に一本の黒色縦帯をもち、フィジー諸島の幼魚は *M. oualensis* に似て全身が黄色となる。琉球列島、インド－西太平洋に分布。

ヒトスジタマガシラ（**ヨコシマタマガシラ属**）*Scolopsis monogramma* (Cuvier, 1830)　眼隔域に黄色帯、体側に1褐色縦帯がある。雌性先熟の性転換をする。やや内湾性、電灯潜り漁や釣りにより漁獲。沖縄島での産卵期は6～7月、最高齢は10歳。沖縄では“ジューマー”とよばれ刺身、マース煮（塩煮）、煮付けで賞味される。屋久島、琉球列島、西太平洋に分布。（小枝圭太）

マダイ
（老成魚）

老成魚77cm FL

マダイ

40cm FL

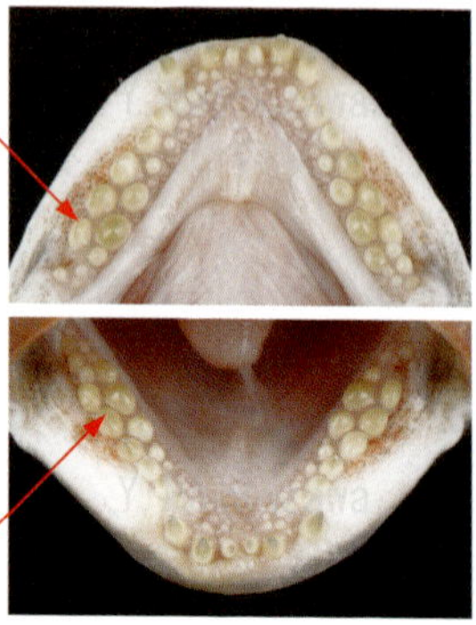

マダイ：上顎歯（上）、下顎歯（下）

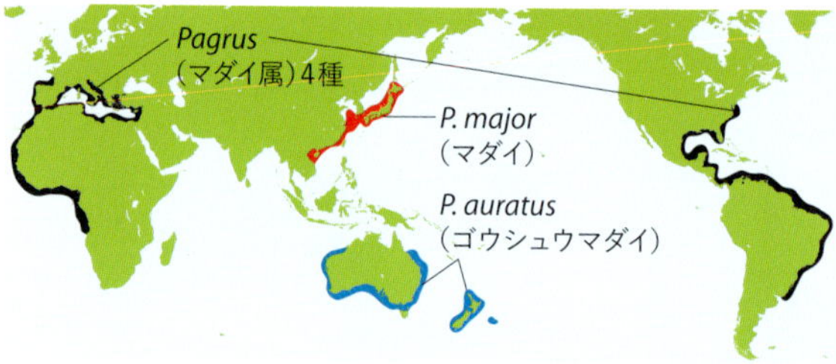

マダイ属6種の分布

タイ科 Sparidae　大陸棚の砂泥底に生息。33属約115種で、太平洋、インド洋、大西洋の暖海に分布。地中海は多くの種が生息し、分散の中心だと考えられている。多くは尾叉長約40cm。しかし、マダイ属*Pagrus*はどの種も全長で1m近く（尾叉長95cm）になり、大西洋、地中海、インド－西太平洋に6種がいる。オーストラリア近海のゴウシュウマダイ*P. auratus*と日本近海のマダイ*P. major*はよく似ている。マダイとチダイは両顎中央部に2列の臼歯状歯、キダイは両顎外列に円錐歯をもつ。

マダイ（マダイ属） *Pagrus major* (Temminck and Schlegel, 1843)　体に青い斑点があり、尾鰭は後縁が黒く下縁は白い。16歳で尾叉長77.5cmの個体が知られ、他のタイ類に比べて大きくなる。種小名*major*はより大きいという意味。尾叉長約2～3cmの当歳魚は初夏に内湾の砂底に出現、約9cmで秋から冬に湾外に出て、水深50～60mで越冬、春に10数cmで沿岸域に出るといった季節移動を3歳まで繰り返し、多くの個体は4歳で成熟し産卵する。産卵場は水深25～100mの起伏の激しい天然礁。産卵期は春から初夏、しかし北の地方ほど遅い。

成長は地方により異なる。鹿児島湾では3歳で尾叉長35cm、4歳で41cm、5歳で47cm、6歳で53cm。しかし、広島では3歳で尾叉長25cm、4歳で30cm、5歳で32cm、6歳で40cm。この違いは水温と関係があると考えられている。成熟年齢は天然魚と養殖魚で異なる。広島湾では天然魚は雌4歳、尾叉長33cm

25cm FL
（通常20cm FL）

35cm FL
（通常24cm FL）

（800g）、雄は3歳、尾叉長22cm（240g）で成熟するが、養殖魚は雌3歳、尾叉長32.1cm（729g）で成熟する。成熟は年齢ではなく体の大きさに関係している。

稚魚期にはヨコエビ類やアミ類、成長するとエビ類、カニ類、シャコ類、ヒトデ類や魚類を食べる。北海道全沿岸～九州南岸の日本海・東シナ海・太平洋沿岸、瀬戸内海、渤海、黄海、東シナ海の大陸棚、中国南シナ海沿岸に分布。美味で刺身、塩焼き、鯛茶漬けの他、様々な料理で賞味される。

チダイ（チダイ属） *Evynnis tumifrons* (Temminck and Schlegel, 1843)　体に青い斑点があるが、尾鰭の後縁は黒くなく、下縁が白くない。雄老成魚の前額部は背面が膨らむ。種小名 *tumifrons* は額が膨れるという意味。マダイより小さい。尾叉長2～3cmの稚魚は11月から翌2月に湾奥の砂底に出現、春から秋に水深10～30mの砂泥底で生育し成長、冬は水深60～80mで越冬、春に浅海に移って索餌する。北の地方ほど成長は遅い。九州では尾叉長が2歳で17cm、3歳で22cm、4歳で25cm、5歳で27cm、6歳で29cmだが、秋田では尾叉長が2歳で11cm、3歳で18cm、4歳で22cm、5歳で24cm、6歳で25cmとなる。雌も雄も尾叉長15～16cmの2歳で成熟、水深30～60mの天然礁や人工礁で秋に産卵。稚魚期にはヨコエビ類やアミ類、成長すると多毛類、クモヒトデ類、エビ類や魚類を食べる。北海道渡島半島～九州南岸の日本海・東シナ海・太平洋沿岸、瀬戸内海、朝鮮半島南岸・東岸に分布。美味で刺身、塩焼きで賞味される。マダイの味が落ちる夏に喜ばれる。

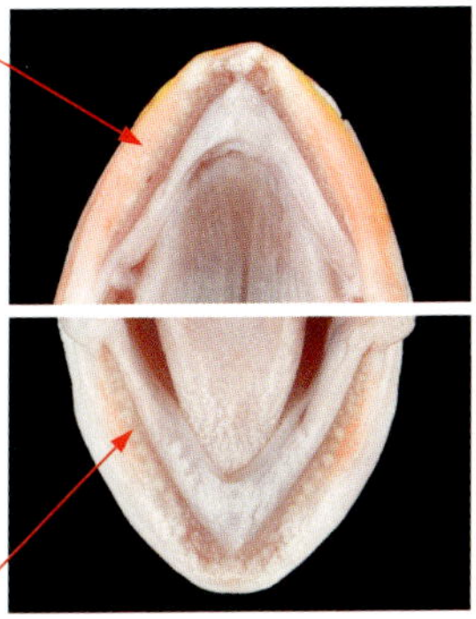

キダイ：上顎歯（上）、下顎歯（下）

キダイ（キダイ属） *Dentex hypselosomus* Bleeker, 1854　体に青い小斑点がなく、不明瞭であるが背に3つの黄斑がある。雄は頭が大きく背部外縁はごつごつしている。大陸棚縁辺の砂泥底に生息。定着性が強く、産卵期にも移動せず生息場所の季節移動はない。成長は1歳で尾叉長10.0cm、2歳で15～16cm、3歳で20～21cm、4歳で23～25cm、5歳で27～29cm、6歳で29.6cm、7歳で31.5cmになる。8歳か9歳で尾叉長最大35cm。東シナ海では産卵期は6～7月と10～11月の年2回。4歳魚以上が産卵群の主体だが、2歳魚が10月に50％、3歳魚は6月に20％、10月に90％が成熟する。年齢により性比が逆転、4歳までは雌が多いが、5歳から雄が多くなり、8歳ではすべて雄となる。観察個体の約0.7％だが4歳から5歳に両性個体がみられる。山形県～九州南岸の日本海・東シナ海沿岸、房総半島～九州南岸の太平洋沿岸、東シナ海・中国南シナ海大陸棚縁辺に分布。美味。刺身、塩焼き、煮付けで賞味される。

（中坊徹次）

クロダイ

50cm SL
（通常30cm SL）

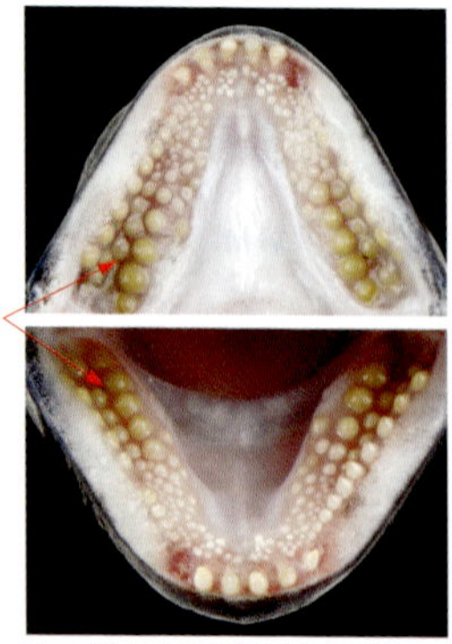

クロダイ：上顎歯（上）、下顎歯（下

ミナミクロダイ

45cm SL
（通常25cm SL）

キチヌ

45cm SL
（通常30cm SL）

オキナワ
キチヌ

50cm SL（通常35cm SL）

クロダイ属 *Acanthopagrus*　体色は銀黒色で臀鰭軟条数は8（稀に9）。主に内湾や汽水域、沿岸域に生息。大きいものは体長50cmをこえる。インドー西太平洋の熱帯～温帯域に22種、日本近海には5種。

クロダイ *Acanthopagrus shlegelii* (Bleeker, 1854)　背鰭棘条部中央下側線上方横列鱗数は6～7（一番上の1枚は小鱗）。春～初夏、水温が16℃をこえた頃に産卵。卵は分離浮性、約2日で孵化。仔魚は1か月ほど浮遊生活をし、体長1cmで稚魚となり内湾浅所の砕波帯やアマモ場に生息。体長6cmの頃から河川の汽水域や沿岸の岩礁域で生息。両顎は前部に2～3対の犬歯状歯、側部に2～4列の臼歯、上顎は側部外側に1列の円錐歯があり、貝類、エビ・カニ類、多毛類、カイアシ類、ヨコエビ類、小型魚類、藻類を食べる。雄性先熟の機能的雌雄同体を示す。1歳（体長13.7cm）では両性生殖腺を有するが未成熟、2歳（18.9cm）で大部分が機能的に雄として成熟した両性個体となり、3歳（23.1cm）で雌雄どちらかの生殖腺が消失し性が分離した個体が増加し成熟した雌がみられるが、約3割は両性のまま機能的雄性。4歳（25.7cm）以上ではほとんどで性が分離。しかし、稀に5歳以上でも両性個体がいる。最小で成熟した雌は体長19cm。知られている最高齢は広島湾の19歳、体長42.3cm。北海道～屋久島の日本海・東シナ海・太平洋沿岸、瀬戸内海、朝鮮半島全沿岸、渤海、黄海、済州島、台湾、中国東シナ海・南シナ海沿岸、ベトナムに分布。底曳網、定置網、刺網、一本釣り、延縄で漁獲。釣り人に人気、西日本では“チヌ”とよばれる。冬～春に刺身やカルパッチョ、ポアレ、味噌汁などで美味。日本、韓国、台湾で養殖が行われ、種苗放流の天然魚への影響が懸念されている。

ミナミクロダイ 絶滅危惧Ⅱ類(IUCN)
Acanthopagrus sivicolus Akazaki, 1962　背鰭棘条部中央下側線上方横列鱗数が5（一番上の1枚は小鱗）、これでクロダイと異なる。琉球列島の奄美大島、与論島、沖縄島、宮古島、石垣島、西表島に分布し、内湾や汽水域のほか礁湖にも生息する。稀に屋久島でも観

ナンヨウチヌ

50cm SL（通常25cm SL）

ヘダイ

45cm SL（通常25cm SL）

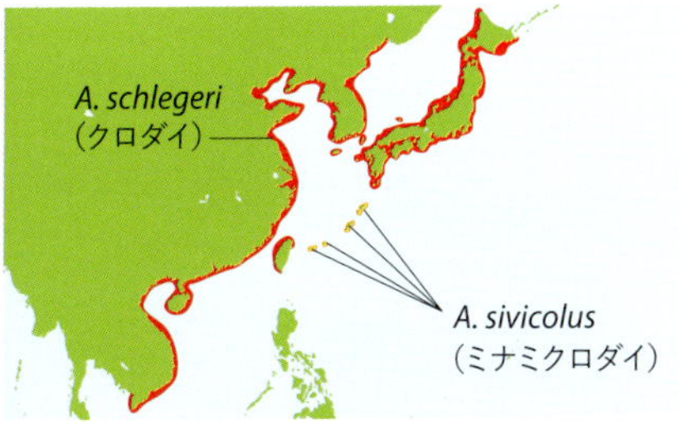

クロダイとミナミクロダイの分布

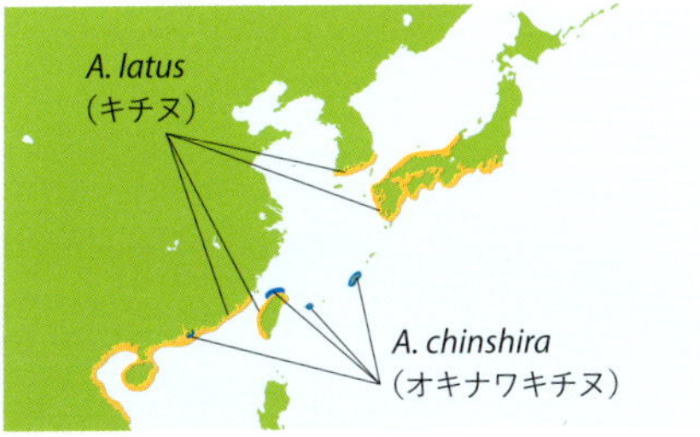

キチヌとオキナワキチヌの分布

察される。沖縄や奄美では“チン”とよばれる。遺伝的にクロダイと非常に近縁であり、各々の個体のミトコンドリアDNAを調べても判別はできないが、多数個体を比較すると2種の間でDNA型の出現頻度（組成）が異なり、両種は遺伝的に分化している。

キチヌ *Acanthopagrus latus* (Houttuyn, 1782)
背鰭棘条部中央下側線上方横列鱗数は4～5（一番上の1枚は小鱗）。腹鰭・臀鰭・尾鰭下葉が黄色。他のクロダイ属魚類に比べて寸詰まりで体高が高い。内湾や汽水域に生息。房総半島～九州南岸の太平洋沿岸、瀬戸内海、石川県～九州南岸の日本海東シナ海沿岸、朝鮮半島南岸・東岸、台湾（東岸を除く）、中国南シナ海沿岸、ベトナム北部沿岸に分布。釣り人に“キビレ”とよばれ人気。

オキナワキチヌ 絶滅危惧II類（環） 準絶滅危惧種（IUCN） *Acanthopagrus chinshira* Kume and Yoshino, 2008　背鰭棘条部中央下側線上方横列鱗数が5（一番上の1枚は小鱗）。腹鰭と臀鰭は黄白色であることからキチヌに似るが、遺伝的にはキチヌより他のクロダイ属魚類に近縁である。汽水の影響のある内湾に生息。沖縄島、石垣島、台湾、香港に分布。

ナンヨウチヌ 絶滅危惧II類（環） *Acanthopagrus pacificus* Iwatsuki, Kume and Yoshino, 2010
背鰭棘条部中央下側線上方横列鱗数が4（一番上の1枚は小鱗）。腹鰭と臀尾は暗灰色。内湾や河口域に生息。西表島では河川上流の淡水域でも観察され、ほぼ同じ所にミナミクロダイも生息しているが、ミナミクロダイに比べて本種は警戒心が薄い（好奇心が強い）のかよく釣れる。西表島、低～中緯度の西太平洋沿岸に分布。

ヘダイ属 *Rhabdosargus*　体色は銀黒色で臀鰭軟条数は10～11（稀に12）。吻は丸みを帯びる。大きいものは体長50cmをこえる。主に内湾などの沿岸域に生息。インド－西太平洋の熱帯～温帯域に6種、日本近海に1種。

ヘダイ *Rhabdosargus sarba* (Forsskål, 1775)
臀鰭軟条数は通常11。体側に多くのオリーブ色の縦線がある。若魚（わかうお）は腹鰭と臀鰭が黄色。成魚はクロダイに較べて沖合に生息するとされているが港内など岸の近くにもみられる。幼魚（ようぎょ）は河口などに生息。新潟県～九州南岸の日本海・東シナ海沿岸、宮城県～屋久島の太平洋沿岸、瀬戸内海、琉球列島、朝鮮半島南岸、福建省～トンキン湾の中国沿岸、インド－西太平洋に分布。但し、インド－西太平洋各地で同種と考えられているものの間に遺伝的差異があり複数種の存在が示唆されている。　（千葉 悟）

メイチダイ

35cm FL（通常30cm FL）

タマメイチ

45cm FL（通常30cm FL）

ヒキマユメイチ

45cm FL（通常35cm FL）

シロダイ

45cm FL（通常35cm FL）

フエフキダイ科 Lethrinidae　タイ科やイトヨリダイ科に近縁とされる。体は側扁し、体高が高い。主上顎骨（しゅじょうがくこつ）の大部分が露出しない。世界の暖海に5属43種、日本に5属30種。尾叉長（びさちょう）25cmほどの小型種から1m近い大型種までいる。東大西洋産の1種を除き、インド-太平洋の熱帯～温帯沿岸に分布。多くの種が水産資源としての価値が高く、年齢・成長・繁殖生態などに関する研究がある。刺身、塩焼き、煮付けなどで賞味される。海外ではシガテラ中毒をおこす種もいる。

メイチダイ属 *Gymnocranius*　体は強く側扁し、体高が高い。体は銀白色～褐色で、多くの種に眼を横切る暗色横帯がある。砂礫・岩礁域の100m以浅に生息。世界の暖海に11種、日本に8種。漁獲量が少なく、高級魚。巻貝類を含む小型の底生無脊椎動物を摂餌する。

メイチダイ *Gymnocranius griseus* (Temminck and Schlegel, 1843)　体側に数本の暗色横帯があり、眼を通る1横帯が和名の由来。5月、午後8時30分～9時に水槽内でペアの産卵行動が観察されている。砂礫・岩礁域に生息。千葉県館山～屋久島の太平洋沿岸、九州北西岸、台湾南部に分布。高級魚。琉球列島以南で従来本種とされていたものは2017年に新種ツキノワメイチダイ *G. obesus* とされた。ただし、両種の正確な分布は要再検討。

タマメイチ *Gymnocranius satoi* Borsa, Béarez, Paijo and Chen, 2013　尾鰭両葉の後縁が円く、体側各鱗の中央に暗色点がある。砂礫・岩礁域に生息。琉球列島、オーストラリア北東部に分布。

ヒキマユメイチ *Gymnocranius superciliosus* Borsa, Béarez, Paijo and Chen, 2013　体は細長い。各鰭が赤く、各鱗中央に暗色点、頬部に多数の青色点、眼前部に青色縦帯がある。砂礫・岩礁域に生息。琉球列島、西太平洋に分布。

シロダイ *Gymnocranius euanus* (Günther, 1879)　体側各鱗の暗色斑は不規則に並ぶ。各鰭は赤みがあり、胸鰭を除く各鰭の背縁・腹縁は白い。砂礫・岩礁域に生息。屋久島、琉球列島、西太平洋に分布。普通一本釣りで漁獲、沖縄では"シルイユー"とよばれる水産重要種。

サザナミダイ *Gymnocranius grandoculis* (Valenciennes, 1830)　大型種。頬部に波状の青色縦線が数本ある。各鰭は黄色。砂礫・岩礁域に生息する。南日本太平洋沿岸（散発

サザナミダイ

70cm FL（通常40cm FL）

ナガメイチ

40cm FL

ヨコシマクロダイ

50cm FL
（通常35cm FL）

幼魚

8.4cm TL

ノコギリダイ

25cm FL（通常20cm FL）

コケノコギリ

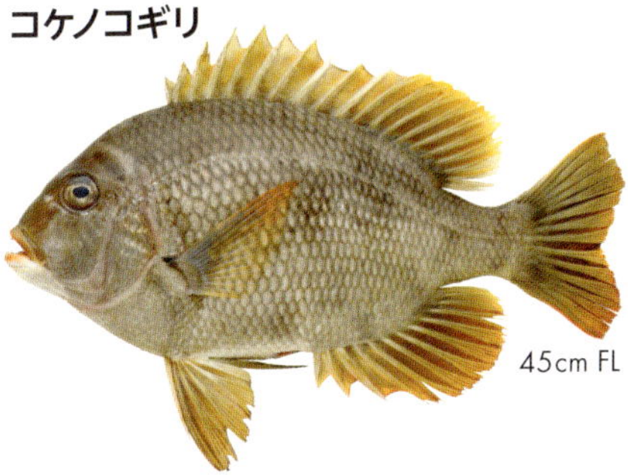

45cm FL

的)、琉球列島、インド－太平洋に分布。沖縄では“アマクチャー”とよばれる水産重要種。

ナガメイチ *Gymnocranius microdon* (Bleeker, 1851)　体はやや細長く、頬部に青色点がある。砂礫・岩礁域に生息。琉球列島、西太平洋に分布。

ヨコシマクロダイ（ヨコシマクロダイ属） *Monotaxis grandoculis* (Forsskål, 1775)　体は銀白色で、背部は黒く、上下唇は黄色。背鰭・尾鰭は黒く、背鰭の縁と胸鰭は赤い。幼魚は体側に4白色横帯がある。ヨコシマクロダイ属は2種が知られるが、どちらも臼歯がよく発達し、貝やウニなどの小型無脊椎動物を摂餌する。砂礫・岩礁・サンゴ礁域に生息。南日本太平洋沿岸(散発的)、琉球列島、インド－太平洋に分布。沖縄では“ダルマー”とよばれる食用種。

ノコギリダイ（ノコギリダイ属） *Gnathodentex aureolineatus* (Lacepède, 1802)　小型種。体は銀白色で体側に4橙色縦帯がある。生時は、体側後方背側の黄色斑が目立つ。ノコギリダイ属は本種のみ。岩礁・サンゴ礁域に生息し、群泳する。南日本太平洋沿岸(散発的)、琉球列島、インド－太平洋に分布。沖縄では“ムチヌイユ”、“ムチグヮー”とよばれる食用種。

コケノコギリ（コケノコギリ属） *Wattsia mossambica* (Smith, 1957)　体高が高く、尾鰭後縁が丸い。体は黄褐色～銀白色。コケノコギリ属は本種のみ。やや深い岩礁域に生息。琉球列島、インド－太平洋に分布。

（下瀬 環）

フエフキダイ

45cm FL

ハマフエフキ

70cm FL（通常45cm FL）

イソフエフキ

42cm FL（通常26cm FL）

タテシマフエフキ

33cm FL（通常26cm FL）

ハナフエフキ

26cm FL（通常22cm FL）

マトフエフキ

34cm FL（通常26cm FL）

フエフキダイ属 *Lethrinus*　暖海の砂礫・岩礁・サンゴ礁域に生息。他の4属と異なり、頬に鱗がない。世界に28種、日本に19種。雌雄同体現象が報告されており、一部の種では雌から雄に性転換する。ウニ類、甲殻類、貝類、魚類などを摂餌する。

フエフキダイ *Lethrinus haematopterus* Temminck and Schlegel, 1844　体は淡い褐色で、体側に網目状の横帯がある。背鰭の縁が赤い。南日本から南シナ海東部付近まで分布する東アジア固有種。

ハマフエフキ *Lethrinus nebulosus* (Forsskål, 1775)　体は淡い褐色で、眼から前方・下方に数条の青白色帯が放射状に延びる。生時は体側に網目状の横帯がある。体側の各鱗に青白い点がある。沖縄島での産卵期は3～6月。稚魚は6月を盛期に尾叉長1.7cmで着底、アマモ場に出現。4歳で尾叉長41cm、10歳で55cmになるが、その後の成長は停滞する。尾叉長約40cmで成熟。20歳以上の個体がいる。砂礫・岩礁域に生息。南日本太平洋沿岸、琉球列島、インド－西太平洋に分布。沖縄では“タマン”とよばれる人気の釣魚、水産重要種。本種を含むフエフキダイ属魚類は、口内が橙色であるため、“クチビ（口火）”ともよばれる。

イソフエフキ *Lethrinus atkinsoni* Seale, 1910　体は褐色で、各鱗の前半部が暗色。各鰭は淡い赤。産卵期は、八重山諸島で3～6月、沖縄島で4～11月。八重山諸島では、3歳で尾叉長22cm、5歳で25cm、10歳で30cmになるが、その後の成長は停滞する。雌雄の最小成熟尾叉長は、八重山諸島で19cm沖縄島で21cm。20歳以上の個体がいる。岩礁・サンゴ礁域に生息。南日本太平洋沿岸（散発的）、琉球列島、中西部太平洋に分布沖縄では“クチナジ”とよばれる水産重要種。

タテシマフエフキ *Lethrinus obsoletus* (Forsskål, 1775)　体は褐色で、淡い数条の橙色縦帯、胸鰭を通る太い縦帯がある。八重山諸島における産卵期は4～10月。八重山諸島では、3歳で尾叉長25cm、5歳で

アミフエフキ

30cm FL（通常25cm FL）

ミンサーフエフキ

32cm FL（通常28cm FL）

ホオアカクチビ

42cm FL（通常32cm FL）

キツネフエフキ

75cm FL（通常45cm FL）

28cm、10歳で30cmになるが、その後の成長は停滞する。雌は尾叉長22cmで成熟。20歳以上の個体がいる。岩礁・サンゴ礁域に生息。琉球列島(八重山諸島に多い)、インド－太平洋に分布。沖縄では“クサムルー”とよばれ食される。

ハナフエフキ *Lethrinus ornatus* Valenciennes, 1830　体は褐色で、4～5本の橙色縦帯がある。前鰓蓋骨(ぜんさいがいこつ)と主鰓蓋骨(しゅさいがいこつ)の後縁および背鰭・尾鰭は赤い。八重山諸島における産卵期は5～11月。3歳で尾叉長21cm、5歳で23cmになるが、その後の成長は停滞する。雌は尾叉長19cmで成熟。10歳以上の個体がいる。19～24cmで雌から雄に性転換する。岩礁・サンゴ礁域に生息。琉球列島(八重山諸島に多い)、東インド－西太平洋に分布。

マトフエフキ *Lethrinus harak* (Fabricius, 1775)　体は緑褐色で、各鰭は淡い赤。体側中央に大きな黒色斑がある。種内で同程度の大きさの他個体に対する縄張りをもつ。八重山諸島における産卵期は4～11月。3歳で尾叉長24cm、5歳で27cmになるが、その後の成長は停滞する。雌は尾叉長19cmで成熟。10歳以上の個体がいる。砂礫・アマモ場に生息。南日本太平洋沿岸(散発的)、琉球列島、インド－太平洋に分布。

アミフエフキ *Lethrinus semicinctus* Valenciennes, 1830　体は褐色。体側に網目状の暗色横帯があり、体側後半部の暗色斑につながる。岩礁・サンゴ礁域に生息。琉球列島、東インド－西太平洋に分布。小型のフエフキダイ属魚類は、沖縄で総じて“ムルー”とよばれ食される。

ミンサーフエフキ *Lethrinus ravus* Carpenter and Randall, 2003　アミフエフキに似るが、体側後方に暗色斑がなく、眼前部がやや角張ることで識別可能。沖縄島における産卵期は4～10月。3歳で尾叉長27cm、5歳で30cmになるが、その後の成長は停滞する。雌は尾叉長23cmで成熟。10歳以上の個体がいる。27～30cmで雌から雄に性転換する。サンゴ礁域に生息。琉球列島、西太平洋に分布。

ホオアカクチビ *Lethrinus rubrioperculatus* Sato, 1978　体はやや細長く褐色で、主鰓蓋の上部に赤色斑がある。産卵期は、八重山諸島で4～8月、沖縄島で4～12月。沖縄島では、3歳で尾叉長30cm、5歳で35cmになるが、その後の成長は停滞する。雌は尾叉長20cmで成熟。10歳以上の個体がいる。29～33cmで雌から雄に性転換する。砂礫・岩礁域に生息。南日本太平洋沿岸(散発的)、琉球列島、インド－太平洋に分布。

キツネフエフキ *Lethrinus olivaceus* Valenciennes, 1830　体はやや細長く吻が長い。全体的に褐色で、網目状の暗色横帯。岩礁・サンゴ礁域に生息。琉球列島、インド－太平洋に分布。沖縄では“ウムナガー”とよばれる。シガテラ毒をもつことがある(厚)。（下瀬 環）

シログチ

30cm SL（通常20～25cm SL）

耳石

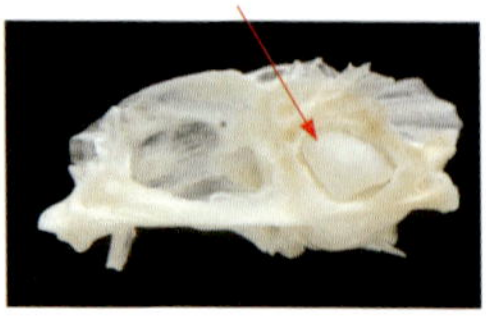

シログチの頭蓋骨：耳殻域の骨を外して、耳石を見られるようにした状態

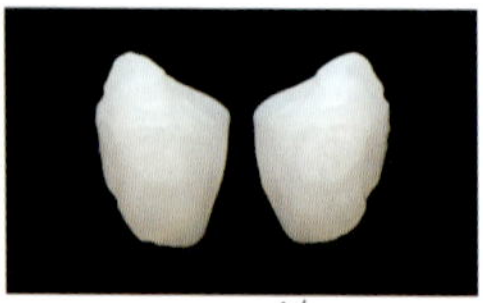

シログチの耳石（扁平石）

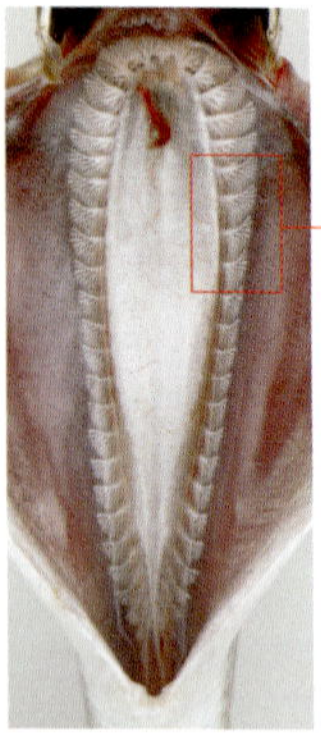

シログチの鰾

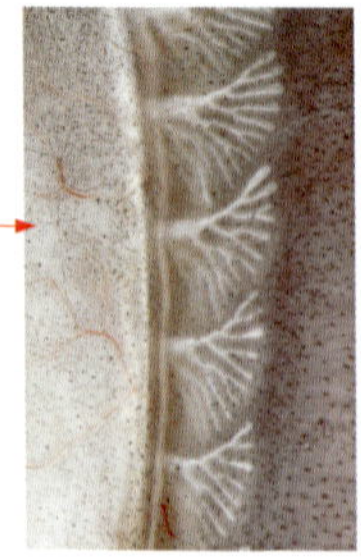

鰾の拡大：樹枝状の側枝が見られる

ニベ

35cm SL（通常32cm SL）

コイチ

37cm SL（通常20～30cm SL）

ニベ科 Sciaenidae　体は側扁、尾鰭は尖るか二重湾入形。鰾に多くの樹枝状の側枝がある。耳石（扁平石）が大きく、これによってニベ類は俗に“イシモチ”とよばれる。腹腔側面に発音筋があり、産卵期に音を発する。オオニベはグーグー、フウセイはグワッグワッと鳴く。鰾の側枝や大きな耳石は聴音と関係していると思われる。大陸沿岸の汽水、浅海、ときには淡水域に分布し、島嶼域にはいない。インド－太平洋、大西洋の暖海域に67属283種。日本近海には10属17種、これらのうち12種が東アジア固有で東シナ海・黄海を中心に分布する。水産重要種が多い。

シログチ（シログチ属） *Pennahia argentata* (Houttuyn, 1782)　体は白く、鰓蓋に不明瞭な暗色斑がある。尾鰭後端は尖る。東シナ海では産卵期は6～7月、2歳の体長20cmでほとんどが成熟、6歳で26cm。有明海では産卵期は4～6月、7歳で体長24cm。大阪湾では約15cmで成熟、6歳で25cm。水深15～140mの砂泥底に生息し、エビ類、シャコ類、小型魚類を食べる。青森県～九州南岸の日本海・東シナ海沿岸、青森県～九州南岸の太平洋沿岸、瀬戸内海、黄海、渤海、東シナ海、朝鮮半島南岸に分布。底曳網で漁獲され、主に練り製品にされる。

ニベ（ニベ属） *Nibea mitsukurii* (Jordan and Snyder, 1900)　体は淡褐色で、斜線が尾柄部まであり、側線上方の斜線は中断せず乱れない。尾鰭後端は尖る。第1鰓弓の鰓耙数は23～27(通常23以上)。土佐湾では産卵期は4月下旬～6月中旬、場所は水深30m以浅の砂底。2歳で体長27.2cm、3歳で31.1cm 4歳で33.7cm、5歳で35.3cm。成熟は体長26cm未満では雄が多く、それ以上は雌が多くなり、体長32cmではすべてが成熟する。産卵期は鹿島灘では7～9月。沿岸の砂底に生息し、稚魚は小型甲殻類やハゼ類の稚魚を食べるが、体長10cmを境に魚食性が強くなる。仙台湾～九州南岸の太平洋沿岸に分布

オオニベ

1.5m SL

キグチ

27cm SL（通常22cm SL）

フウセイ

38.2cm SL（通常27〜30cm SL）

新潟県〜島根県浜田・東北三陸地方・瀬戸内海にも分布するが少ない。定置網で漁獲。刺身や煮付けで食される。

コイチ（**ニベ属**）絶滅危惧IB類（環）*Nibea albiflora* (Richardson, 1846)　体は黄色みを帯びた淡褐色で、斜線が尾柄部まであり、側線上方の斜線は中断し乱れる。尾鰭後端は尖る。第1鰓弓の鰓耙数は16〜23（通常21）。有明海では湾奥部が産卵場で盛期は5〜6月、3歳で体長23.3cm（雄）、26.7cm（雌）、4歳で25.5cm（雄）、27.7cm（雌）、5歳で27.1cm（雄）、29.8cm（雌）になり、雌が雄より大きくなる。瀬戸内海では産卵盛期は6月、2歳の体長23.8cmで成熟、4歳で35.7cmになる。黄海では5歳で体長35cm、渤海では最高齢が10歳の個体が知られている。水深100m以浅の内湾砂泥底に生息し、アミ類、エビ・カニ類、ハゼ類などを食べる。兵庫県浜坂・土佐湾〜九州南岸の各地沿岸（瀬戸内海と有明海に多い）、渤海、黄海、中国東シナ海・南シナ海沿岸に分布。底曳網で漁獲。刺身、煮付け、塩焼き、練り製品。シログチより美味。

オオニベ（**オオニベ属**）絶滅危惧IB類（IUCN）*Argyrosomus japonicus* (Temminck and Schlegel, 1843)　宮崎県で体長1.5m、体重35kgの個体が知られる。側線上に小暗色点列（目立たないこともある）。胸鰭は短い。下顎の感覚管孔は3対。尾鰭後縁は二重湾入形。宮崎県では産卵期は2〜4月、1歳で全長28.2cm、2歳で40.5cm、3歳で51.6cm、4歳で61.5cm、5歳で70.5cmになる。8歳で8.3〜13.1kg。土佐湾の産卵期は9〜12月。河口、岩礁、浅海の砂底に生息し、エビ・カニ類、魚類を食べる。土佐湾〜九州南岸の太平洋沿岸、黄海、東シナ海、中国南シナ海北部沿岸、オーストラリア中部以南沿岸、南アフリカ〜インド東岸に分布。日向灘では定置網や釣りで漁獲され、晩秋〜冬が旬で刺身、煮付け、塩焼き、鍋物で食される。

キグチ（**キグチ属**）*Larimichthys polyactis* (Bleeker, 1877)　生時、体は黄金色。口唇は橙紅色。東シナ海・黄海では5歳で27.3cm。水深120mの砂泥底に生息。東シナ海北部、黄海、渤海に分布。塩焼き、フライ、あんかけ、干物で食される。韓国では本種のクルビ（ニベ類の干物）は美味で高価。

フウセイ（**キグチ属**）絶滅危惧IA類（IUCN）*Larimichthys croceus* (Richardson, 1846)　体は背部が灰黄色、腹部が黄金色。口唇は黄色、口の内部は紅色。東シナ海では21〜24歳で体長38cmになる。南シナ海では9歳が最高齢。水深約30〜100m（50mに多い）の砂泥底に生息。東シナ海、黄海、渤海、中国南シナ海沿岸に分布。あんかけや唐揚げで賞味され、美味。（中坊徹次）

シロギス

25cm SL（通常20cm SL）

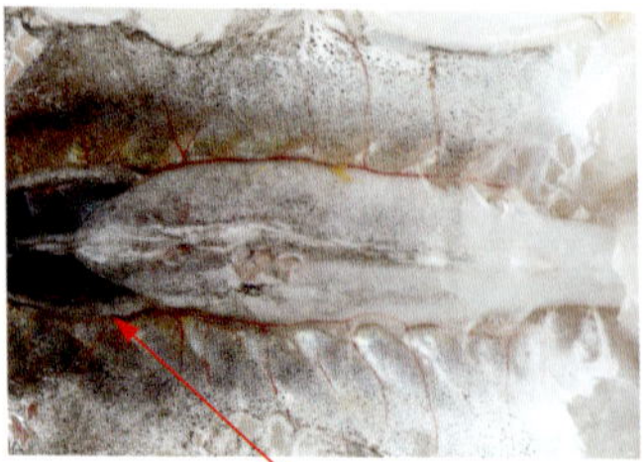

シロギスの鰾　鰾前端の不分枝突起

ホシギス

27.5cm SL（通常20cm SL）

キス科の大陸沿岸性温帯域10種（北半球シロギスとアオギスの2種、南半球8種）の分布

キス科の大陸沿岸性熱帯・亜熱帯域20種の分布

キス科 Sillaginidae　体は少し側扁するが、ほぼ円筒形。鰾は前端に突起があり、後端はほとんど不分枝だが、一部が二叉する。鰾の後部に肛門の後部に伸びる管状突起がある。主に大陸沿岸の浅海や汽水の砂底に生息し、熱帯・亜熱帯域に20種、温帯域に10種（北半球にシロギスとアオギスの2種、南半球に8種）、熱帯島嶼域には最近新属にされたアトクギスが1種。熱帯・亜熱帯域の大陸沿岸域から、温帯域の大陸沿岸域と熱帯島嶼域に分布する種が派生したと考えられる。インド－西太平洋に5属34種（キス属 *Sillago* が30種）、日本に2属5種。

シロギス（キス属） *Sillago japonica* Temminck and Schlegel, 1843　体の背部に斑紋がなく、第2背鰭に小黒点列がない。腹鰭は白い。体の斑紋はモトギスに似るが、鰾の形状や生息場所は異なる。鰾は前端に不分枝の突起が3本、後端は不分枝。沿岸浅海の砂底に生息。未成魚はヨコエビ類や多毛類、成魚は甲殻類をはじめ様々な底生小動物を食べる。体長0.5～4.5cmの稚魚は岸近くの浅い砂底に生息。九州北部筑前海では産卵期は6～8月（盛期は7月）、1歳で体長13.2cm、2歳で17.5cm、3歳で20.5cm、4歳で22.2cm、5歳で23.4cm。瀬戸内海では産卵期は6～8月、1歳で体長10cm、2歳で13.5cm、3歳で16.0cm、4歳で17.5cm。2歳以上の雌はすべて成熟。北海道積丹半島～九州南岸の日本海・東シナ海沿岸、襟裳岬～九州南岸の太平洋沿岸、瀬戸内海、朝鮮半島南岸・西岸、台湾、中国東シナ海・南シナ海沿岸に分布。東アジア固有。底刺網、底曳網、釣り定置網で漁獲。美味で、天ぷら、刺身、塩焼きで賞味される。

ホシギス（キス属） *Sillago aeolus* Jordan and Evermann, 1902　体はやや高く、体側に2～3列に並ぶ小暗色斑、胸鰭基部に暗色斑がある。背鰭先端は暗色。鰾は前端に不分枝突起が1本、その左右に房状の短い突起が数本あり、後端は不分枝。沖縄島での産卵期は2～5月、1歳で体長14cm（雄）、15cm

アオギス

30cm SL（通常26cm SL）

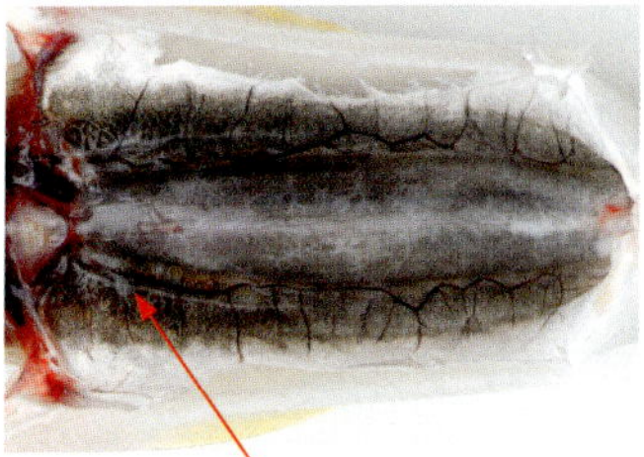

アオギスの鰾　鰾前端の長い房状突起

モトギス

30cm SL（通常24cm SL）

アトクギス

20cm SL

キス科島嶼性熱帯域1種（アトクギス）の分布

（雌）、2歳で17.5cm（雄）、20cm（雌）、3歳で19cm（雄）、23cm（雌）。いずれの年齢でも雌は雄より大きい。雌は4歳で25cmになるが、雄は3歳まで。雄も雌も2歳から成熟。沿岸の砂泥底に生息。奄美大島以南の琉球列島、インド－西太平洋の島嶼を中心に分布。

アオギス（キス属） 絶滅危惧IA類（環） 絶滅危惧IB類（IUCN）*Sillago parvisquamis* Gill, 1861　吻が長く、体はやや細長い。第2背鰭に多くの小黒点列がある。腹鰭は黄色い。体側中央に1本の暗色縦線が出る（濃淡に個体差がある）。鰾は前端に1対の不分枝突起と1対の長い房状の突起があり、後端は二叉。冬は湾口部の深みで過ごし、水温が上がる5月頃河口域で水の澄んだ干潟砂底に現れ、9月頃深みに移動する。冬季に東シナ海の水深約70mから採集されている。九州豊前海での産卵期は5～7月（盛期は6月）。1歳で体長14.6cm（雄）、16.2cm（雌）、2歳で19.3cm（雄）、22.5cm（雌）、3歳で22.0cm（雄）、25.5cm（雌）、4歳で23.5cm（雄）、27.4cm（雌）になる。アオギスとモトギスは鰾の後端が二叉、吻も長く、生息場所も似ている。東京湾・伊勢湾・和歌山県和歌浦・徳島県吉野川河口（以上では絶滅したとされる）、瀬戸内海東部、鹿児島県、朝鮮半島南岸、台湾に分布。音に敏感で江戸期から明治に脚立に乗って釣られたが、この性質は鰾の前端に長い房状突起があることと関係があると思われる。

モトギス（キス属） *Sillago sihama* (Forsskål, 1775)　体に斑紋がなく、胸鰭基底に斑紋がない。第2背鰭に小暗色点列があるが、薄い。鰾は前端に1対の不分枝突起と1対の長い房状の突起があり、後端は二叉。河口で干潟の発達した場所に生息し、多毛類、小型甲殻類などを食べる。インドでは8～10月に産卵、2歳で体長16～20cm、3歳で20～24cm、4歳で24～28cmになる。種子島、琉球列島、朝鮮半島南岸、台湾、中国東シナ海・南シナ海沿岸、インド－西太平洋に分布。

アトクギス（アトクギス属） 絶滅危惧IB類（環）*Sillaginops macrolepis* (Bleeker, 1859)　第2背鰭に小黒点列がない。腹鰭は白い。体長14cm以下の個体の体は背中線にそって黒点列がある。鰾は前端が丸く突起がなく後端は二叉せず鈍い。河口域の浅所に生息。西表島から記録、西太平洋の島嶼に分布。（中坊徹次）

ヒメジ

18cm FL（通常12cm FL）

ヨメヒメジ

30cm SL

サクヤヒメジ

12cm SL

アカヒメジ

38cm SL

幼魚

10cm SL

モンツキ
アカヒメジ

40cm SL

ヒメジ科 Mullidae　下顎に1対のひげをもつ。背鰭は2基。温帯〜熱帯の内湾の砂泥やサンゴ礁、深場の岩礁に生息。稚魚は表層遊泳性で、体色はほぼすべての種で背方が銀青色で、腹側は銀白色。浮遊期が長く、インド−太平洋の広域に分布する種が多い。太平洋、インド洋、大西洋に6属約62種、日本に3属25種。

ヒメジ（**ヒメジ属**）*Upeneus japonicus* (Houttuyn, 1782)　背鰭棘数は7、第1棘が最も長い。ひげは黄色い。尾鰭は上葉が赤色の縞模様、下葉は赤色。魚類、エビ類、ヨコエビ類などを食べ、水深35〜160mの砂泥底に生息。産卵場は東シナ海大陸棚縁辺と考えられ、産卵期は4〜9月（盛期は7月）、最小成熟尾叉長は12cmで、大部分は14cm以上で成熟すると考えられている。九州西方〜青森県では全長3.0〜41.0mmの稚魚が5〜12月に出現、全長4cmから底生に移行する。紀伊水道での稚魚の出現は6〜11月。満1歳で尾叉長8.5〜9.5cmになると考えられている。北海道〜九州南岸の日本海・東シナ海・太平洋沿岸、瀬戸内海、東シナ海大陸棚域、朝鮮半島南岸、福建省〜海南島沿岸に分布。小型の種だが、南蛮漬け、煮付け、天ぷら、練り製品として食される。

ヨメヒメジ（**ヒメジ属**）*Upeneus tragula* Richardson, 1846　ひげは短く、黄色い。体に1本の暗色縦帯、尾鰭両葉に暗色帯がある。浅海のガレ場や砂底で、単独あるいは数個体でじっとしていることが多い。茨城県〜九州南岸の太平洋沿岸、瀬戸内海、九州北岸・西岸、琉球列島、インド−西太平洋に分布。

サクヤヒメジ（**ヒメジ属**）*Upeneus itoui* Yamashita and Motomura, 2011　ヨメヒメジに似るが、ひげが白い。愛媛県、高知県、宮崎県、鹿児島県薩摩半島西岸および鹿児島湾、種子島、沖縄島、台湾から記録されている。

アカヒメジ（**アカヒメジ属**）*Mulloidichthys vanicolensis* (Valenciennes, 1831)　モンツキアカヒメジに似るが、体高がやや高く、体側に黒色斑がない。生鮮時、体側に明瞭な黄色1縦帯がある。生時は白色だが、釣り上げると濃桃色になる。腹膜は暗褐色。水深113mまでのサンゴ礁湖内外の砂底域・サンゴ礁域で多く、数十個体の群れをつくることがある。白と黄色の色彩が似たヨスジフエダイ（p.271）と混群を形成することもある。中央太平洋にはヨスジフエダイと模様が酷似した *M. mimicus* が生息する。豆南諸島、小笠原諸島、房総半島〜九州南岸の太平洋沿岸、琉球列島、インド−西太平洋に分布。

オキナヒメジ

ホウライヒメジ

ミナベヒメジ

オジサン

マルクチヒメジ

モンツキアカヒメジ(アカヒメジ属) *Mulloidichthys flavolineatus* (Lacepède, 1801) 第1背鰭下方の体側に1暗褐色斑があるが、不明瞭な個体もいる。興奮すると体の地色が白色から濃桃色になる。腹膜は暗褐色。アカヒメジより内湾性の環境を好み、港湾内や河川の河口・汽水域にも生息。伊豆諸島、小笠原諸島、琉球列島、インド-太平洋に分布。

ウミヒゴイ属 *Parupeneus* 歯は大きく1列、鋤骨・口蓋骨に歯がない。第2背鰭は鱗で被われない。大型になり、南太平洋沿岸から琉球列島では主に煮付けで食される。

オキナヒメジ *Parupeneus spilurus* (Bleeker, 1854) 頭部から体にかけて2本の暗赤色縦線があり、尾柄の黒斑は側線を越えない。ひげは黄色い。臀鰭は低い。水深20～30mの浅い岩礁に生息。茨城県～九州南岸の太平洋沿岸、東インド-西太平洋に分布。

ホウライヒメジ *Parupeneus ciliatus* (Lacepède, 1802) 頭部から体にかけて2本の暗赤色縦線があり、尾柄の黒斑は大きく側線をこえる。ひげは黄色い。臀鰭は高い。小型個体は海藻繁茂域や浅場の砂底域でもみられるが、大型個体は水深30～40mのやや深いサンゴ礁の外縁に生息。房総半島～屋久島の太平洋沿岸、琉球列島、インド-太平洋に分布。

ミナベヒメジ *Parupeneus biaculeatus* Richardson, 1846 ホウライヒメジ、オキナヒメジとよく似るが，ひげが白色、第2背鰭と臀鰭に白色斑がない、尾柄部に黒色鞍状斑がない等で識別される。和歌山県南部の水深30～90m、薩摩半島と大隅半島の水深20～80mの岩礁に生息。小型個体は港湾内外の砂泥底の浅場に生息。和歌山県南部、鹿児島県薩摩半島と大隅半島、中国南シナ海沿岸、ベトナムに分布。

オジサン *Parupeneus multifasciatus* (Quoy and Gaimard, 1825) 体の後半に2本の暗色横帯がある。水深161mまでのサンゴ礁域とその周辺に生息し、単独あるいは数個体のみで遊泳。琉球列島、東インド-太平洋に分布。ウミヒゴイ属としては小型、あまり食用にされない。ウミヒゴイ属魚類は“おじさん”とよばれることが多いが、標準和名オジサンは本種。

マルクチヒメジ *Parupeneus cyclostomus* ひげは長く鰓蓋後縁に達する。魚食性で、サンゴや岩の間の魚を長いひげで追い出して捕食する。生時、体は紫暗褐色だが、“オウゴンヒメジ”とよばれた黄色個体もいる。数個体による群れをつくるか、ベラ類(p.330)などに寄り添って単独で泳ぐことがある。サンゴ礁湖内から水深125mまでの外縁に生息。小笠原諸島、琉球列島、インド-太平洋に分布。

(小枝圭太)

キンメモドキ

6cm SL

ミエハタンポ

16.5cm SL

ミナミハタンポ
南日本太平洋
沿岸型

13cm SL

ミナミハタンポ
西太平洋型

13cm SL

ハタンポ科 Pempheridae　体は著しく側扁、眼が大きい。背鰭は1基。主に沿岸の岩礁域・サンゴ礁域に生息。日中は岩の隙間や水中洞窟、消波ブロックの中などの暗所でみられる。世界で2属約40種。日本には2属9種。小型で多くは体長12cm以下、大きいものは体長20cm。アオバダイ科と近縁。

キンメモドキ属 *Parapriacanthus*　体は長卵形でハタンポ属に比べて体高は低く、臀鰭基底長が短い。胸部筋肉内にY字状、肛門にI字状の発光器（化学発光型）をもっている。ハタンポ属に比べて小さい。

キンメモドキ *Parapriacanthus ransonneti* Steindachner, 1870　サンゴ礁域の枝サンゴで大群を形成する。インド－太平洋に広く分布し、日本では房総半島～屋久島の太平洋沿岸、九州北岸・北西岸、琉球列島に分布。

ハタンポ属 *Pempheris*　体は菱形、臀鰭基底が長い。剥がれにくい硬い鱗の種群と剥がれやすく柔らかい鱗の種群がいる。動物プランクトン食。夜行性。夜は日中より体色が薄く、銀白色に近い。オーストラリアには発光器をもつ種がいる。インド－太平洋、大西洋、紅海の温帯～熱帯域に分布。

ミエハタンポ *Pempheris nyctereutes* Jordan and Evermann, 1902　体は茶～金色。多くは腹鰭前方に隆起線がある。鱗は楕円形の弱い櫛鱗で、柔らかくて細かく、剥がれやすい。表層の下に小鱗をもつ。大きな群れはつくらず、水深50m付近で採集されることもある。相模湾～口永良部島の太平洋沿岸、台湾、ベトナム沿岸に分布。琉球列島にはいない。

ミナミハタンポ *Pempheris schwenkii* Bleeker, 1855　体は薄い茶～金色で、吻はやや尖る。腹鰭前方に隆起線のある個体が多い。表層の鱗は大きくて柔らかい楕円形の弱い櫛鱗で、剥がれやすい（鱗の特徴は本種と下記4種で同じ）。この鱗の下層に円形小鱗がある。胸鰭基部に黒斑がなく、腋部は黒い。尾鰭は福島県～大隅諸島の太平洋沿岸および小笠原諸島では黄色く（南日本太平洋沿岸型）、大隅諸島以南の西太平洋では茶色からピンク（西太平洋型）。大隅諸島では両方の型が混在する。沖縄島での産卵期は1～6月。数百～千個体ほどの大きな群れをつくる。福島県～鹿児島県大隅諸島の太平洋沿岸、九州北岸・北西岸、小笠原諸島、琉球列島、西太平洋に分布。高知、種子島、喜界島で食され、塩干し、塩煮で美味。

リュウキュウハタンポ *Pempheris adusta* Bleeker, 1877　体は濃い茶～赤褐色で、吻は丸い。腹鰭前方に弱い隆起線のある個体が多い。胸鰭基部に淡い黒色斑がある。琉球列島、インド－太平洋に分布。南日本太平洋沿岸と小笠原諸島ではきわめて稀。ミナミハタンポとは胸鰭基部の黒色斑と鱗の枚数が多いことで区別できる。

ユメハタンポ *Pempheris oualensis* Cuvier, 1831　体は銀白色から黒褐色。腹鰭前方は平たんではないが、隆起線はあっても弱い。胸鰭基部に明瞭な黒色斑がある。大型個体では唇の外側に顕著な歯帯がある。小笠原諸島、

リュウキュウハタンポ

16cm SL
（通常13cm SL）

ユメハタンポ

20cm SL
（通常17cm SL）

ダイトウハタンポ

20cm SL
（通常17cm SL）

キビレハタンポ

15cm SL

ツマグロハタンポ

15cm SL

ボニンハタンポ

15cm SL

大隅諸島、琉球列島、南大東島にみられるが少ない。太平洋の熱帯域に分布。リュウキュウハタンポとは体が大きく、明瞭な黒色斑と鱗の枚数が多いことで区別される。

ダイトウハタンポ *Pempheris ufuagari* Koeda, Yoshino and Tachihara, 2013　体は銀白色で、背鰭と尾鰭が黄色い。腹鰭前方に弱い隆起線がないが、平坦ではない。胸鰭基部に明瞭な黒色斑がある。潮通しの良い場所では、大きい群れをつくることがあり、ユメハタンポが混じっていることがある。大東諸島と小笠原諸島に固有。

キビレハタンポ *Pempheris vanicolensis* Cuvier, 1831　体は銀白色で、胸鰭が黄色い。腹鰭前方に明瞭な隆起線がある。胸鰭基部に黒斑がない。臀鰭縁辺は黒い。日本では与那国島と西表島からの記録にとどまる。西太平洋の熱帯域に分布。胸鰭と臀鰭の色と鱗の枚数の多さでミナミハタンポと区別できる。

ツマグロハタンポ *Pempheris japonica* Döderlein, 1883　体は褐色。鱗は硬く、くびれがあるダルマ形で剥がれにくい。表層の下に小鱗がない。腹鰭前方は隆起線がなく平坦。あまり大きな群れはつくらない。鹿島灘～九州南岸の太平洋沿岸、九州北岸・北西岸、小笠原諸島、沖縄島、朝鮮半島南岸、済州島に分布。鱗の硬い近縁種はオーストラリア・ニュージーランドの温帯域に分布。

ボニンハタンポ *Pempheris familia* Koeda and Motomura, 2017　体は茶褐色で、硬い鱗をもち、ツマグロハタンポによく似る。しかし、胸鰭基部の明瞭な黒斑、鱗の枚数が多いことで異なる。流れのやや穏やかな環境の岩の下で、数個体～十数個体がミナミハタンポと共に群泳している。現在のところ小笠原諸島に固有。（小枝圭太）

アオバダイ

37cm SL

幼魚

8cm SL

ヒメツバメウオ

14cm SL

幼魚

8cm SL

アオバダイ科 Glaucosomatidae　体は高く、側扁、大きな櫛鱗（しつりん）で被われる。口は大きい。背鰭は1基で棘数は8、軟条部は棘条部より高い。ハタンポ科と近縁であることが形態と遺伝子から支持されている。東インド－西太平洋に1属4種、日本に1属1種。非常に美味で、オーストラリアでは価値の高い漁業対象種。

アオバダイ（アオバダイ属） *Glaucosoma hebraicum* Richardson, 1846　成魚（せいぎょ）は一様に銀白色だが、やや青みがかる個体もいる。背鰭基底の後端に1黒斑がある。幼魚（ようぎょ）の体に10本程度の明瞭な褐色縦帯があるが、成魚では消える。以前、縞模様の幼魚は別種と考えられ、スジアオバダイ *G.fauvelii* とされていた。やや深場に生息。山陰沖、長崎、宇和海、土佐湾、九州南岸、台湾南部、中国広東省での記録があるが稀。マレーシア・サバ州沿岸、オーストラリア北西岸に分布。釣りや延縄（はえなわ）により漁獲。非常に美味でオーストラリアではパールパーチとよばれ、価値が高い。上質の白身は刺身、焼き、揚げ、蒸しと調理法を選ばない。（小枝圭太）

ヒメツバメウオ科 Monodactylidae　体は菱形で高く、よく側扁。背鰭と臀鰭は基底が長く相対し、前方部は高い。ヒメツバメウオ属 *Monodactylus* は腹鰭が退化的で4種が西アフリカとインド－西太平洋の熱帯～亜熱帯域に分布。*Schuettea* は腹鰭があり、2種がオーストラリアの温帯域～熱帯域に分布。世界に2属6種、日本に1属1種。

ヒメツバメウオ（ヒメツバメウオ属）

Monodactylus argenteus (Linnaeus, 1758)

幼魚には腹鰭があるが、成魚では退化して短い1本の棘になる。着底直後の稚魚（ちぎょ）は河川淡水域に生息し、浮遊する植物片に擬態している。成魚は河口や隣接する沿岸に大きな群れで生息。近年、九州以北の太平洋沿岸では出現記録が北上しつつある。千葉県～九州南岸の太平洋沿岸（散発的で稀）、屋久

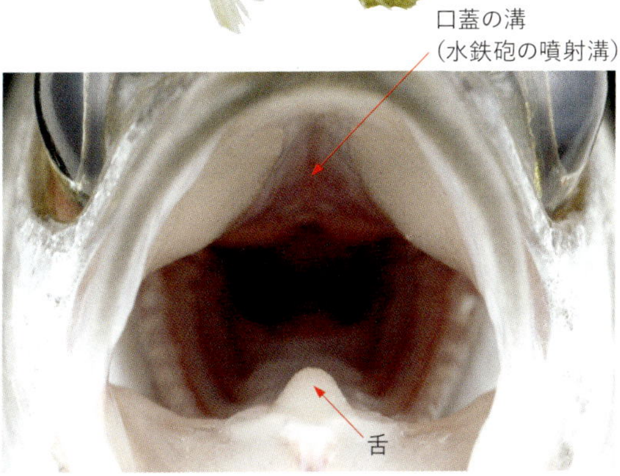

テッポウウオ属の1種 *T. chatareus*（タイ産13cm SL）の口腔内部

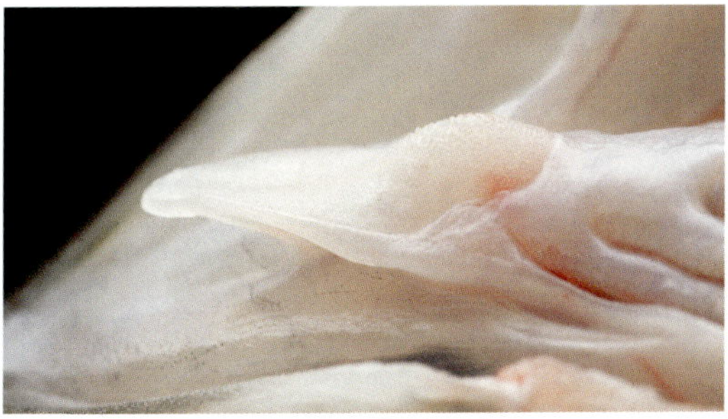

T. chatareus の舌の側面：舌を口蓋に押し当てる

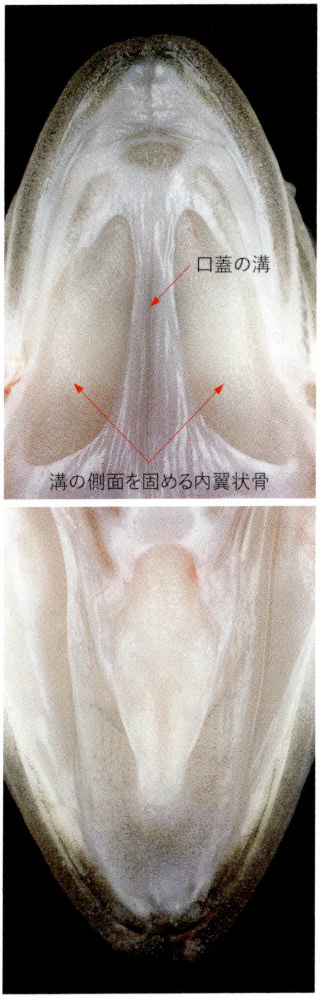

T. chatareus の上顎（上）と下顎（下）

島、沖縄島以南の琉球列島、福建省～海南島の中国沿岸、台湾南部、インド－西太平洋、カロリン諸島、サモア諸島に分布。

テッポウウオ科 Toxotidae　体はやや高く、よく側扁し、背面が広く、腹面が狭い。口蓋の正中線上に狭い溝がある。溝の両側は内翼状骨（ないよくじょうこつ）という内骨格で固められている。この溝に舌を押し当てることで細長い管をつくり、鰓蓋（さいがい）を閉じる。その内圧で口腔内の水を口から噴き出し、水鉄砲を撃つ。この行動で空気中に静止している昆虫を撃ち落として食べる。しかし、この方法によるより、水面や水中の小動物をたくさん捕食していることがわかっている。なぜ、水鉄砲のような特殊な行動が進化したのかは謎とされている。東インド－西太平洋の熱帯域に1属10種、日本に1属1種。

テッポウウオ（テッポウウオ属）絶滅危惧IA類（環）*Toxotes jaculatrix* (Pallas, 1767)　背鰭棘数は4、体側上半部に5個の大きな黒色斑が並ぶ。河川の汽水域や河口に隣接する沿岸に小さな群れで生息。西表島、東インド－西太平洋に分布。西表島では遊漁による捕獲圧の影響で個体数が減少している。（瀬能 宏）

ゲンロクダイ

17cm SL

チョウチョウウオ

20cm SL

シラコダイ

15cm SL

ユウゼン

15cm SL

チョウチョウウオ科 Chaetodontidae　体は円盤形に近く、著しく側扁。背鰭と臀鰭の棘条はよく発達する。吻部は一部の種で丸みを帯びるが、多くは多少とも尖り、フエヤッコダイ属やハシナガチョウチョウウオ属 *Chelmon* では管状に突出する。多くは造礁サンゴに依存した生活を送っている。ある種はサンゴのポリプのみを食べるが、サンゴ以外も食べる雑食性の種や動物プランクトン食性の種もおり、各種の社会構造が摂餌場所や生息環境と密接に関連している。仔魚後期から稚魚期はトリクチス期とよばれ、頭にかぶとを被ったような形をしている。トリクチス期はゲンロクダイ等では体長約25mmで終わるが、トノサマダイ *Chaetodon speculum* では約16mmで終わる。太平洋、インド洋、大西洋の熱帯〜温帯域（主にインド−西太平洋の熱帯域）に分布。11属約122種。九州から東北地方沿岸域では夏季に様々な種の幼魚が出現する。これらは冬をこさなかったが、近年では東京湾でも冬にみられる。

ゲンロクダイ（ゲンロクダイ属） *Roa modesta* (Temminck and Schlegel, 1844)　頭部に1本、体に3本の黄色横帯がある。水深50〜200mに生息するが、鹿児島湾では水深10mの浅海でみられた。津軽海峡〜九州南岸の日本海・東シナ海沿岸、茨城県〜九州南岸の太平洋沿岸、東シナ海南部大陸棚域、沖縄島に分布。

チョウチョウウオ（チョウチョウウオ属） *Chaetodon auripes* Jordan and Snyder, 1901　頭部に1本の黒色横帯、体に多くの暗色縦線がある。岩礁やサンゴ礁に生息。約10℃の低水温に耐える。多くはペアだが、5〜10個体程度の群れもみられる。津軽海峡〜九州西岸の対馬暖流沿岸、伊豆諸島〜小笠原諸島、茨城県〜九州南岸の太平洋沿岸、琉球列島、朝鮮半島南岸、台湾、中国南シナ海沿岸、東沙群島、南沙群島に分布。

シラコダイ（チョウチョウウオ属） *Chaetodon nippon* Steindachner and Döderlein, 1883　体の後部に暗褐色横帯がある。幼魚は浅場、成魚は水深10〜20mの岩場に生息。伊豆での産卵期は春〜秋、産卵は日没後に1個体の雌と優位な雄によって行われるが、そこに複数の雄が一斉に侵入して放精する。分離浮性卵で直径は約0.7mm。伊豆諸島、小笠原諸島、房総半島〜九州南岸の太平洋沿岸、大隅諸島、台湾、フィリピン諸島北部に分布。

ユウゼン（チョウチョウウオ属） *Chaetodon daedalma* Jordan and Fowler, 1902　体に網目暗色模様がある。ペアでいることが多いが、

トゲチョウチョウウオ

23cm SL

トゲチョウチョウウオのトリクチス期

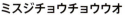

フウライチョウチョウウオ

20cm SL

ミスジチョウチョウウオ

15cm SL

チョウハン

25cm SL
(通常15cm SL)

春と秋にはユウゼン玉とよばれる数十個体からなる群れをつくる。これは岩肌に産みつけられたキホシスズメダイ(p.315)の卵を捕食する際、親魚からの攻撃をかわすためと考えられている。好奇心が強く、ダイバーが砂を巻き上げたりすると近づいてくることがある。日本固有種。伊豆諸島、小笠原諸島、火山列島、相模湾、和歌山県串本、高知県柏島、沖縄県座間味島(幼魚)、沖縄島、南大東島に分布。小笠原諸島と八丈島で多く、他では少ない。

トゲチョウチョウウオ(チョウチョウウオ属)

Chaetodon auriga Forsskål, 1775　成魚(せいぎょ)は背鰭第5・6軟条が糸状に伸びる。サンゴ礁域の浅場にペアでいる。口は小さいが、比較的よく釣れる。八丈島〜小笠原諸島、伊勢湾湾口〜九州南岸の太平洋沿岸、琉球列島、南大東島、インド−太平洋に分布。意外に美味。

フウライチョウチョウウオ

(チョウチョウウオ属) *Chaetodon vagabundus* Linnaeus, 1758　体側前半に右上がり、後半に右さがりの斜線が多くある。琉球列島ではトゲチョウチョウウオと本種が多い。ペアで遊泳、相手がいなくなっても数か月以上は単独でいる。夜になると、摂餌なわばりから、遠く離れた隠れ家へ帰る。八丈島、小笠原諸島、神奈川県横須賀市県芦名〜九州南岸の太平洋沿岸、琉球列島、南大東島、尖閣諸島、インド−太平洋に分布。

ミスジチョウチョウウオ(チョウチョウウオ属)

Chaetodon lunulatus Quoy and Gaimard, 1825

吻はあまり尖らない。眼を通る黒色横帯があり、体に多くの暗色縦線がある。摂餌なわばりをもちサンゴを食べるが、大型個体は糸状藻類も食べる。産卵場所は、摂餌なわばりから数十〜数百m離れた礁原(しょうげん)。八丈島、小笠原諸島、沖ノ鳥島、琉球列島、東インド−太平洋に分布。本州沿岸では少ない。

チョウハン(チョウチョウウオ属)

Chaetodon lunula(Lacepède, 1802)　胸鰭上方に幅広い暗色斜帯がある。幼魚の背鰭軟条部にある眼状斑は特に顕著。内湾域からサンゴ礁の外縁部まで普通にみられ、チョウチョウウオ類としては珍しく夜行性。ウミウシ類などの小動物を食べる。八丈島〜小笠原諸島、火山列島、沖ノ鳥島、和歌山県串本〜九州南岸の太平洋沿岸、琉球列島、尖閣諸島、南大東島、インド−太平洋に分布。　(小枝圭太)

ニセフウライ
チョウチョウウオ

36cm SL

スダレ
チョウチョウ
ウオ

20cm SL

ヤリカタギ

16cm SL

ミカド
チョウチョウウオ

15cm SL

ハナグロ
チョウチョウウオ

20cm SL

ニセフウライチョウチョウウオ
(チョウチョウウオ属) *Chaetodon lineolatus* Cuvier, 1831　項部から眼を通る太い暗色帯があり、体に多くの暗色横線がある。体長は最大で36cmと大型。幼魚は内湾、成魚は礁縁付近の水深10〜20mにペアで生活。サンゴを食べず、主に無脊椎動物を摂餌。国内では八丈島〜小笠原諸島、琉球列島、南大東島、尖閣諸島、インド−太平洋に分布。南日本太平洋沿岸には少ない。

スダレチョウチョウウオ
(チョウチョウウオ属) *Chaetodon ulietensis* Cuvier, 1831　吻が長い。体は黄色で2つの黒色鞍状斑がある。サンゴ礁の外縁のやや深場にペアでいるが、群れもつくる。サンゴ食ではないが、造礁サンゴのない場所にはいない。国内では八丈島〜火山列島、琉球列島、南大東島、東インド−太平洋に分布。南日本太平洋沿岸では少ない。観賞魚として人気がある。

ヤリカタギ(チョウチョウウオ属) 準絶滅危惧種(IUCN) *Chaetodon trifascialis* Quoy and Gaimard, 1825　体はやや低く、多数の“く”の字形の模様がある。ミドリイシ類のポリプを選択的に食べ、生きた造礁サンゴにのみ生息する。雄1個体のなわばり内に2〜3個体の雌のなわばりがある一夫多妻の社会構造をもつ。産卵は満月か新月に同調し、日没後の約1時間に、ペアで行われる。雌は自分のなわばり内、あるいはその近くで産卵し、別の雌の侵入に対して攻撃的になる。国内では八丈島、小笠原諸島、沖ノ鳥島、琉球列島、南大東島、インド−太平洋に分布。南日本太平洋沿岸では少ない。

ミカドチョウチョウウオ
(チョウチョウウオ属) *Chaetodon baronessa* Cuvier, 1829　ヤリカタギ同様、体に“く”の字形の模様があるが、体が高い。サンゴを専食し、流れの穏やかなサンゴ礁をペアで遊泳する。小笠原諸島、琉球列島、南大東島、東インド−西太平洋に分布。南日本太平洋沿岸では少ない。

ハナグロチョウチョウウオ
(チョウチョウウオ属) *Chaetodon ornatissimus* Cuvier, 1831　吻は黒い。一夫一妻の社会構造をもち、餌のサンゴを確保するためペアでなわばりを防衛する。片方が餌を食べているとき、もう片方は周りを見張る。琉球列島では本種とハクテンカタギ *C. reticulatus* との交

フエヤッコダイ

18cm SL

カスミ
チョウチョウウオ

16cm SL

ハタタテダイ

20cm SL

ムレハタタテダイ

18cm SL

シマハタタテダイ

24cm SL

雑個体が知られている。小笠原諸島、火山列島、沖ノ鳥島、琉球列島、南大東島、インド－太平洋に分布。南日本太平洋沿岸では少ない。

フエヤッコダイ（フエヤッコダイ属） *Forcipiger flavissimus* Jordan and McGregor, 1898　吻が長いが、オオフエヤッコダイ *F. longirostris* に比べて少し短い。サンゴ礁・岩礁域をゆっくりとペアで泳ぎ回り、垂直になって岩盤やサンゴをついばむ。八丈島～火山列島、相模湾～愛媛県愛南の太平洋沿岸（少ないが稀ではない）、琉球列島、インド－太平洋に分布。

カスミチョウチョウウオ（カスミチョウチョウウオ属） *Hemitaurichthys polylepis* (Bleeker, 1857)　頭部と背鰭、体後半の背部、臀鰭は黄色、体は白色。動物プランクトン食で、流れのある環境で餌生物を捕食していると考えられる。礁斜面のドロップオフ（p.283）の中～上層を数十～数百個体で群泳、美しい景観をつくる。八丈島、小笠原諸島、琉球列島、南大東島、東インド－太平洋に分布。南日本太平洋沿岸では少ない。

ハタタテダイ（ハタタテダイ属） *Heniochus acuminatus* (Linnaeus, 1758)　背鰭棘数が11（ムレハタタテダイは12）。多くの場合ペアか数個体からなる小さな群れしかつくらない。いっぽう、ムレハタタテダイは数十個体からなる大きな群れをつくる。岩礁やサンゴ礁の底層を泳ぐことが多い。青森県下北半島からも記録があり、北方まで姿を見せる。青森県以南の太平洋沿岸および富山県以南の日本海・東シナ海沿岸（ここで生活史を送っているかは不明）、琉球列島、小笠原諸島、インド－太平洋に分布。

ムレハタタテダイ（ハタタテダイ属） *Heniochus diphreutes* Jordan, 1903　ハタタテダイとは、臀鰭の黒色域が最長軟条まで及ぶことで識別できる。岩礁域の中層で動物プランクトンを摂餌する。八丈島、小笠原諸島、千葉県館山～九州南岸の太平洋沿岸、琉球列島、インド－太平洋（局所的）に分布。南北20度より低緯度には分布しない。

シマハタタテダイ（ハタタテダイ属） *Heniochus singularius* Smith and Radcliffe, 1991　オニハタタテダイ *H. monoceros* やツノハタタテダイ *H. varius* と同じく角状の眼上棘をもつ。サンゴや岩の影で単独あるいはペアでいるが、多くのチョウチョウウオ類と異なり泳ぎ回らず、あまり動かない。サンゴを専食。八丈島、琉球列島、東インド－西太平洋に分布。南日本太平洋沿岸では少ない。　（小枝圭太）

サザナミヤッコ

33cm SL

幼魚

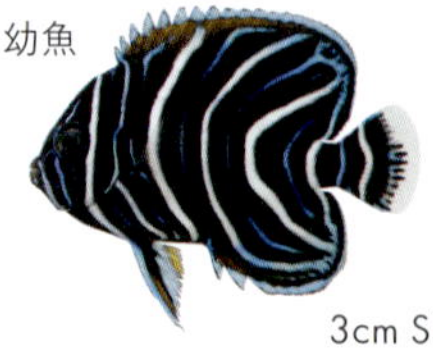

3cm SL

タテジマ
キンチャクダイ

31cm SL

キンチャクダイ

19cm SL

幼魚

3cm SL

幼魚

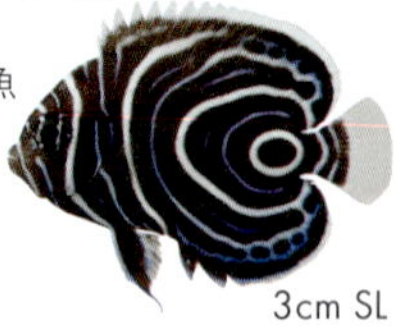

3cm SL

キンチャクダイ科

Pomacanthidae　体は楕円形で、よく側扁。チョウチョウウオ科に近縁だが、稚魚はトリクチス期を経ず、前鰓蓋骨に強大な1棘がある。沿岸浅所の岩礁やサンゴ礁に生息。サザナミヤッコ属やキンチャクダイ属のような大型種は主に海綿食性で、補助的に付着藻類を食べる。アブラヤッコ属は付着藻類やデトリタス、タテジマヤッコ属は動物プランクトン食性。ほとんどの種は雌性先熟型の性転換を行い、雄1個体と複数の雌からなるハレムをつくる。全世界の暖海に7属90種、日本に7属33種。

サザナミヤッコ（サザナミヤッコ属）

Pomacanthus semicirculatus (Cuvier, 1831)　成魚は体側に多数の濃紺の斑点がある。サザナミヤッコ属の幼魚は色彩が成魚と全く異なる。成魚は同じ色彩の同種個体をなわばりから排除する性質があり、色彩が異なる幼魚は、なわばり内で攻撃を受けないと考えられている。幼魚はタテジマキンチャクダイに似るが、眼隔域の斑紋は白色縦線である（タテジマキンチャクダイは白色横線）。伊豆−小笠原諸島、三浦半島〜九州南岸の太平洋沿岸（散発的）、屋久島、琉球列島、インド−西太平洋に分布。

タテジマキンチャクダイ（サザナミヤッコ属）

Pomacanthus imperator (Bloch, 1787)　成魚は多数の青と黄の斜走帯がある。成長に伴って一定のパターンで増え続けるこの斜走帯については、1952年に数学者アラン・チューリングが提示した生物の模様形成のモデルが、

ニシキヤッコ

21cm SL

ナメラヤッコ

8cm SL

ルリヤッコ

8cm SL

ヘラルドコガネヤッコ

10cm SL

タテジマヤッコ

♂

16cm SL

適用できることがわかった。伊豆−小笠原諸島、茨城県鹿島灘〜九州南岸の太平洋沿岸（散発的）、屋久島、琉球列島、インド−太平洋に分布。

キンチャクダイ（キンチャクダイ属） *Chaetodontoplus septentrionalis* (Temminck and Schlegel, 1844)　成魚は体側に地色の幅よりも狭い青い縦線がある。幼魚は地色が黒く、鰓蓋（さいがい）を通る黄色横帯がある。東アジア温帯大陸棚域沿岸岩礁に固有。山形県〜九州南岸の日本海・東シナ海沿岸、千葉県館山湾〜九州南岸の太平洋沿岸、済州島、台湾、中国広東省、ベトナムに分布。

ニシキヤッコ（ニシキヤッコ属） *Pygoplites diacanthus* (Boddaert, 1772)　成魚は体側に黄・黒・白の横帯がある。幼魚は背鰭軟条部に眼状斑（がんじょうはん）があり、チョウチョウウオ科の魚に似る。伊豆−小笠原諸島、屋久島、琉球列島、インド−太平洋に分布。

ナメラヤッコ（アブラヤッコ属） *Centropyge vrolikii* (Bleeker, 1853)　体は淡い青灰色〜オリーブ色で、尾部は後方ほど黒ずむ。アブラヤッコ属は警戒心が強く、危険を察知すると素早く巣穴に逃げ込み、大型捕食者は襲おうとしない。ニザダイ科のクログチニザ *Acanthurus pyroferus* の幼魚は、本種に擬態（ぎたい）することで捕食者からの攻撃を回避しているらしい。伊豆−小笠原諸島、相模湾〜高知県柏島（散発的）、屋久島、琉球列島、西太平洋に分布。

ルリヤッコ（アブラヤッコ属） *Centropyge bispinosa* (Günther, 1860)　鰭を含めた体の周囲が濃紺で幅広く縁取られる。ダイダイヤッコ *C. shepardi* やアカハラヤッコ *C. ferrugata* に似るが、尾鰭に不規則な暗色斑がある。八丈島、小笠原諸島、和歌山県串本、琉球列島、インド−太平洋に分布。

ヘラルドコガネヤッコ（アブラヤッコ属） *Centropyge heraldi* Woods and Schultz, 1953　体は黄色く、コガネヤッコ *C. flavisima* に似るが、眼の周囲は黒ずむ。また、コガネヤッコのように幼魚に眼状斑がない。伊豆−小笠原諸島、和歌山県串本〜屋久島の太平洋沿岸（散発的）、琉球列島、西−中央太平洋に分布。

タテジマヤッコ（タテジマヤッコ属） *Genicanthus lamarck* (Lacepède, 1802)　体側中央に4本の黒色縦帯がある。雌の尾鰭の上・下縁は黒い。タテジマヤッコ属は遊泳性が強く、尾鰭後縁は湾入する。伊豆諸島、相模湾〜高知県柏島の太平洋沿岸（散発的）、屋久島、琉球列島、西太平洋に分布。　（瀬能 宏）

イソゴンベ

32cm TL

オキゴンベ

15cm TL

サラサゴンベ

9cm TL

ヒメゴンベ

11cm TL

メガネゴンベ

17cm TL

ホシゴンベ

25cm TL

クダゴンベ

12cm TL

ウイゴンベ

19cm TL

ゴンベ科 Cirrhitidae　背鰭棘は10本で、先端に1～数本の糸状突起が付属する。胸鰭軟条は14本で、下部の5～7軟条は不分枝で伸長して太くなる。普通は体長30cm以下の小型種、大きいもので55cm。インド－太平洋を中心に、西大西洋と東大西洋の熱帯域などに12属35種、日本に8属14種。

イソゴンベ（イソゴンベ属） *Cirrhitus pinnulatus* (Forster, 1801)　頭部は大きく丸みをおびる。体は褐色で、白色斑と暗色小点が散在する。岩礁やサンゴ礁の外縁の波あたりの強い場所に生息。伊豆－小笠原諸島、伊豆半島～琉球列島（散発的）、台湾、西沙群島、インド－太平洋に分布。

オキゴンベ（オキゴンベ属） *Cirrhitichthys aureus* (Temminck and Schlegel, 1843)　体は高く体高は体長の43％以上。体は黄～橙色で、幼魚では一様に黄色。体側に暗色の不規則な斑紋がある。岩礁やサンゴ群落に生息し、水深10～40mのウミトサカ類やカイメン類などの周辺でよくみられる。雌性先熟の性転換をする。千葉県館山～屋久島の太平洋沿岸、済州島、台湾、中国南シナ海沿岸、フィリピン諸島、バリ島（インドネシア）に分布。

サラサゴンベ（オキゴンベ属） *Cirrhitichthys falco* Randall, 1963　体は白色で、赤～褐色の数本の鞍掛け状の斑紋と多数の小斑があり、眼下に2本の褐色縦線がある。造礁サンゴの群体上に生息。房総半島～屋久島の太平洋沿岸（散発的）、琉球列島、西太平洋、南アフリカに分布。

ヒメゴンベ（オキゴンベ属） *Cirrhitichthys oxycephalus* (Bleeker, 1855)　体は白～淡赤色で、大小の赤～褐色の楕円斑が散在する。潮通しのよいサンゴ礁の外縁に生息。伊豆半島～土佐湾の太平洋沿岸（散発的）、小笠原諸島、琉球列島、台湾、インド－太平洋、カリフォルニア湾に分布。

メガネゴンベ（ホシゴンベ属） *Paracirrhites arcatus* (Cuvier, 1829)　体は赤褐～淡褐色で眼の周囲に黄色の環状の斑紋と、体側から尾鰭にかけて1本の白色縦帯がある。造礁サンゴの群体上に生息。伊豆－小笠原諸島和歌山県田辺湾～屋久島の太平洋沿岸（散発的）、琉球列島、台湾、南沙群島、西沙群島、インド－太平洋に分布。

ホシゴンベ（ホシゴンベ属） *Paracirrhites forsteri* (Schneider, 1801)　体の色と斑紋は変異が多く、背鰭基部と体側の白色縦帯の有無も個体差がある。ただし、いずれの個体も

タカノハダイ

40cm TL

幼魚

5〜6cm TL

東アジア産タカノハダイ科3種の分布

ミギマキ

32cm TL

ユウダチタカノハ

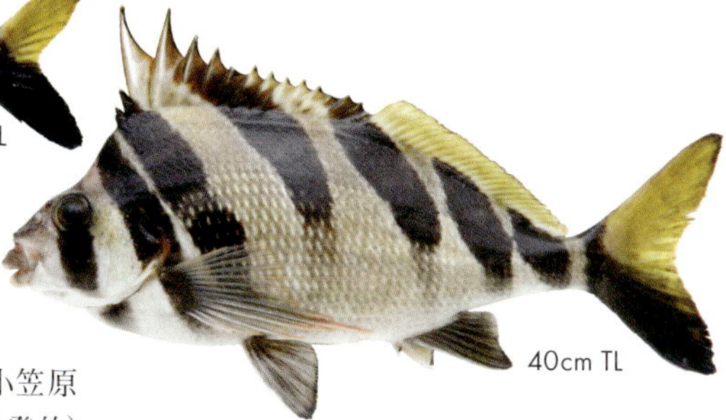

40cm TL

頭部には赤〜褐色小点が散在する。造礁サンゴの群体上に生息。伊豆－小笠原諸島、和歌山県田辺湾〜沖縄諸島(散発的)、インド－太平洋に分布。

クダゴンベ(クダゴンベ属) *Oxycirrhites typus* Bleeker, 1857　体高は低く、吻が著しく突出する。体側には赤い格子状の斑紋がある。水深10〜数10mのヤギ類やウミトサカ類の群体上に生息。房総半島〜琉球列島(散発的)、伊豆－小笠原諸島、インド－太平洋に分布。

ウイゴンベ(ウイゴンベ属) *Cyprinocirrhites polyactis* (Bleeker, 1874)　体高は高く、尾鰭は深く二叉。体色は橙〜赤桃色で、背鰭や尾鰭は黄色をおびる。水深10〜130mの岩礁やサンゴ礁の崖地に生息し、遊泳性が強い。房総半島〜琉球列島(散発的)、台湾、インド－太平洋に分布。

タカノハダイ科 Latridae　口唇(こうしん)は肥厚する。背鰭棘数は14〜22。胸鰭軟条は下部の4〜7本が分枝せず、伸長して太い。普通体長40cm、大きいもので体長1.2m。南半球は太平洋、インド洋、大西洋の温帯域、北半球は東アジアの温帯域とハワイ諸島に4属27種、日本に1属3種。

タカノハダイ(タカノハダイ属) *Goniistius zonatus* (Cuvier, 1830)　体は青灰色で8〜9本の褐色斜帯、尾鰭に白色の小円斑が散在する。浅い岩礁の藻場に生息。津軽海峡〜屋久島の太平洋沿岸、津軽海峡〜九州南岸の日本海・東シナ海沿岸、瀬戸内海、朝鮮半島南岸、台湾、香港に分布。冬に煮付けで美味。

ミギマキ(タカノハダイ属) *Goniistius zebra* (Döderlein, 1883)　体は白〜淡黄色で、8〜9本の黒色斜帯がある。吻部に黒色斜帯がある。口唇は赤く、尾鰭は下葉が黒色。タカノハダイよりやや深い岩礁に生息。房総半島〜屋久島の太平洋沿岸、奄美大島、新潟県〜山口県の日本海沿岸(散発的)、台湾に分布。

ユウダチタカノハ(タカノハダイ属) *Goniistius quadricornis* (Günther, 1860)　ミギマキに似るが、口唇は赤くならず、吻部に黒色斜帯がない。岩礁やその周辺の砂地に生息。新潟県〜九州南岸の日本海・東シナ海沿岸、房総半島〜屋久島の太平洋沿岸、瀬戸内海、朝鮮半島南岸、台湾、中国南シナ海沿岸に分布。

(萩原清司)

ツボダイ

30cm SL
(通常25cm SL)

幼魚

6.7cm SL

クサカリツボダイ

55cm SL

テングダイ

50cm SL

カワビシャ科 Pentacerotidae　体は高く、よく側扁する。鱗や皮膚は硬い。背鰭は1基で4～15棘8～29軟条、臀鰭は2～5棘6～17軟条、腹鰭は1棘5軟条、各鰭の棘条は強い。頭部の大部分は皮膚に被われず、骨が露出する。体は小櫛鱗で被われる。大陸棚上から斜面上部の砂泥底や岩礁域に生息する。インド－太平洋、南西大西洋に7属12種、日本に4属4種。

ツボダイ（ツボダイ属） *Pentaceros japonicus* Steindachner, 1883　体は短く、体高は体長の2分の1をこえ、頭部は三角形で、口は小さい。体はやや粗い櫛鱗で被われ、褐色で、頬から胸部は銀白色。背鰭は11棘13～15軟条。体長14～94mmの稚魚は表層で浮遊生活し、頭部に多数の棘があり、体には暗褐色の雲状斑紋がある。体長95mmになると、頭部の棘と体の斑紋が消失し、水深100m以深の底生生活へ移行する。水深100～950mに生息し、水深250～500mでの底延縄や底曳網で漁獲される。北海道南部～九州南岸の太平洋沿岸、小笠原諸島、東シナ海大陸棚縁辺～斜面域、九州－パラオ海嶺、天皇海山、ハワイ諸島に分布。刺身や塩焼き、煮付けで食され美味。

クサカリツボダイ（ツボダイ属） *Pentaceros wheeleri* (Hardy, 1983)　体はツボダイより長く、体高は体長の3分の1。背鰭は13～14棘8～10軟条。水深146～500mに生息。千葉県沖合、八丈島、小笠原諸島、九州－パラオ海嶺、北太平洋に分布。天皇海山南部からハワイ海嶺北部にかけての海山域で多く漁獲されている。ツボダイよりも多く流通し、美味。

テングダイ（テングダイ属） *Evistias acutirostris* (Temminck and Schlegel, 1844)　頭と体に6本の黒色横帯がある。背鰭、臀鰭、尾鰭、胸鰭は黄色。腹鰭は黒色。背鰭は三角形で広く、4棘26～29軟条、臀鰭は3棘13軟条、いずれの最長棘もカワビシャ *Histiopterus typus* に比べて短い。腹鰭は大きい。水深18～250mの砂底や岩礁域に生息。北海道～新潟県の日本海沿岸、北海道～九州南岸の太平洋沿岸、八丈島、小笠原諸島、東シナ海、台湾、ハワイ諸島に分布。

アカタチ科 Cepolidae　背鰭が1基で、基底が長い。口は著しく斜位。側線は背鰭基底の直下をはしる。体の地色は橙～赤色。砂泥底や砂礫底に掘った巣穴にすむ。アカタチ亜科Cepolinaeとソコアマダイ亜科Owstoninaeに分けられる。アカタチ亜科は、体が側扁し帯状で長い。背鰭に棘条がなく、臀鰭とともに尾鰭と連続する。ソコアマダイ亜科は体が短く、尾鰭は顕著で、背鰭と臀鰭とは連続しない。背鰭に3～4棘と臀鰭に1～2棘をもつ。インド－西太平洋、東大西洋、地中海の暖海に4属約20種、日本に4属9種。

アカタチ

50cm SL（通常35cm SL）

立ち泳ぎするイッテンアカタチ

イッテンアカタチ

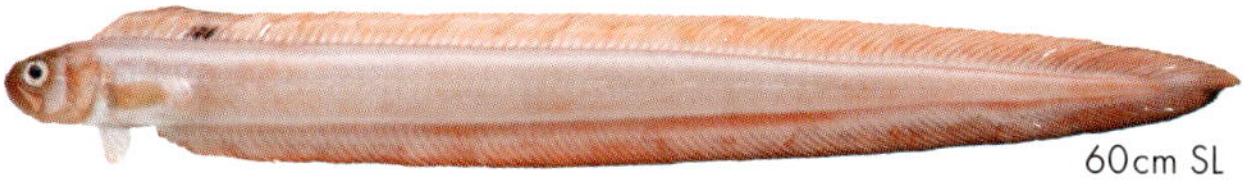

60cm SL

インド
アカタチ

76cm SL

スミツキアカタチ

50cm SL

ソコアマダイ

34cm SL

アカタチ（**アカタチ属**）*Acanthocepola krusensternii* (Temminck and Schlegel, 1845) 体長は体高の約8～11倍。体は赤橙色で、体側に黄色点が並ぶ。頭部側面から腹部は銀白色。腹鰭は白色、他の鰭は黄～淡赤色。背鰭は黒斑がなく、基底付近が白色。臀鰭の基底は淡色、縁辺は暗色。巣穴から姿を出し、立ち泳ぎをしながら、小型の甲殻類や魚類を補食する。産卵期は晩春～晩秋（6～9月が盛期）。仔魚は頭部に多数の棘をもち、体は短い。通常水深50～100mに生息。新潟県～九州南岸の日本海・東シナ海沿岸、相模湾～九州南岸の太平洋沿岸、東シナ海大陸棚、中国南シナ海沿岸、フロレス島（インドネシア）に分布。底曳網で漁獲され、練り製品の材料。

イッテンアカタチ（**アカタチ属**）*Acanthocepola limbata* (Valenciennes, 1835) 背鰭前方に1黒斑がある。体長は体高の約13倍。背鰭は97～105軟条、臀鰭は102～113軟条。水深30～100mに生息。富山湾～九州西岸の日本海・東シナ海沿岸、相模湾～九州南岸の太平洋沿岸、東シナ海大陸棚、中国南シナ海沿岸、アラビア海に分布。

インドアカタチ（**アカタチ属**）*Acanthocepola indica* (Day, 1888) 背鰭前方の濃赤～黒色斑は生時には明瞭で白く縁取られるが、標本では不明瞭になる。生時、体側に多数の橙黄色横帯がある。体長は体高の約7倍。背鰭は84～88軟条、臀鰭は95～100軟条。水深15～300mに生息。島根県隠岐、相模湾～土佐湾の太平洋沿岸、東シナ海大陸棚、中国南シナ海沿岸、チェンナイ（インド）に分布。

スミツキアカタチ（**スミツキアカタチ属**）*Cepola schlegelii* Bleeker, 1854 前上顎骨と主上顎骨間に黒斑と胸鰭後方の体側に1白斑がある。背鰭は68～70軟条。臀鰭は60～64軟条。水深30～150mに生息。青森県～長崎県の日本海・東シナ海沿岸、瀬戸内海、青森県～土佐湾の太平洋沿岸、東シナ海大陸棚、フロレス島（インドネシア）に分布。

ソコアマダイ（**ソコアマダイ属**）*Owstonia totomiensis* Tanaka, 1908 頬部は無鱗。左右の側線は背鰭前方でつながる。背鰭は3棘20～21軟条、臀鰭は1棘13～14軟条。水深150～400mに生息。駿河湾～土佐湾の太平洋沿岸、東シナ海大陸棚縁辺、台湾南部に分布。

（遠藤広光）

ウミタナゴ

30cm TL
（通常20～23cm TL）

マタナゴ

23cm TL

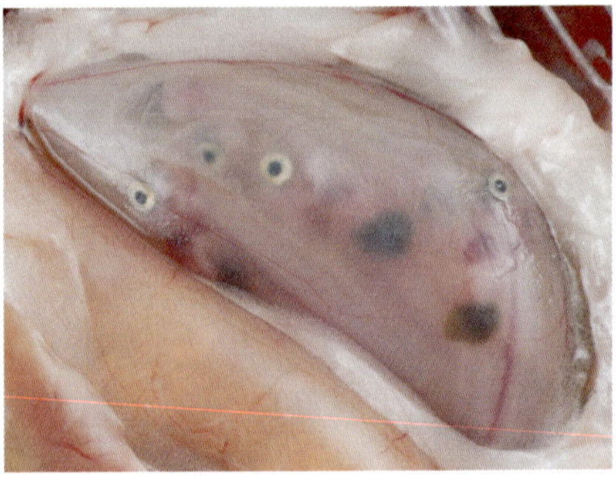

胎仔発育中の胎内の様子（親魚は17.1cm TLのマタナゴ）

産出直前の胎内の様子（親魚は15.2cm TLのマタナゴ）

3.4cm TL

各鰭が大きく毛細血管網が発達した胎仔

5.2cm TL

産出直前、成魚と同様の形をした胎仔

ウミタナゴ科 Embiotocidae　体は側扁、左右の下咽頭骨が癒合。胎生。雄の臀鰭前部には交尾用の突起がある。沿岸の岩礁域を中心に生息。北東太平洋沿岸に11属18種、東アジア沿岸に2属4種2亜種。両海域に共通の属や種はいない。

ウミタナゴ属 *Ditrema*　背鰭棘数は9～11。雄の臀鰭軟条は糸状に伸びる。多くの胎仔は尾鰭から産まれる。

ウミタナゴ *Ditrema temminckii temminckii* Bleeker, 1853　体は暗青色か赤っぽく、多くの細い銀色の縦線がある。眼下に黒色斜線（多くは2本）がある。前鰓蓋縁に2つの黒色点、腹鰭基部に黒色点がある。精巣の成熟は9月に始まり、交尾は10～11月初旬。精子は約3か月間、卵の成熟まで雌の卵巣腔内で休眠。12月中旬～1月上旬に排卵後に卵巣腔内で受精、1月上旬に孵化。胎仔は卵巣腔

アオタナゴ

20cm TL

アカタナゴ

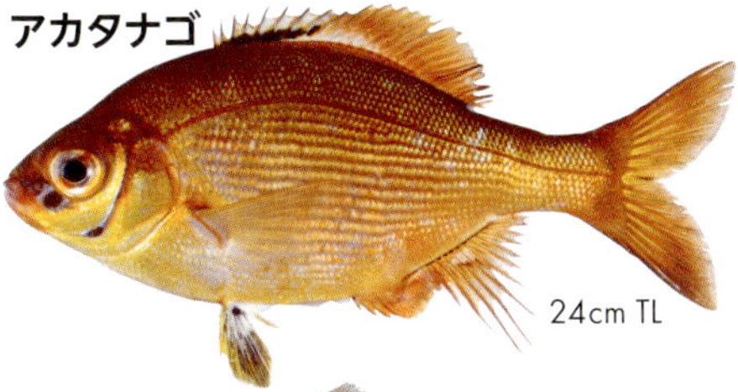

24cm TL

オキタナゴ

23cm TL（通常15cm TL）

内で小さい卵黄を吸収後、消化管、体側面や大きな鰭には毛細血管が発達し漿液から栄養と酸素をとり成長（マタナゴの全長3.4cmの胎仔参照）、産出間近には成魚に似る（マタナゴの全長5.2cmの胎仔参照）。2月上旬に11mm、3月上旬に20mm、4月には40mm、4月下旬～5月初旬に55～70mmで産出。胎仔数は1歳魚で平均20、2歳魚以上は20～30。1歳で全長12cm、2歳で17cm、3歳で23cmになる。藻場のある岩礁と付近の砂底に生息。海藻につくワレカラ類、等脚類、ミジンコ類や小型貝類を食べる。北海道積丹半島～九州北西岸の日本海・東シナ海沿岸、津軽海峡～福島県の太平洋沿岸、愛媛県宇和海、宮崎県門川湾、朝鮮半島南岸・東岸、済州島、渤海、中国杭州に分布。刺網や定置網で漁獲、釣魚としても人気。肉質は柔らかく淡泊、塩焼きや煮付けで食される。

マタナゴ *Ditrema temminckii pacificum* Katafuchi and Nakabo, 2007　体は暗青色か赤褐色、多くの細い銀色の縦線がある。眼下に黒色斜線がある。前鰓蓋縁に1つの黒色点、腹鰭基部に黒色点がないことでウミタナゴと異なる。腹鰭棘に沿って黒色線がある。交尾は9～12月上旬、岩礁の岩陰で行われる。5月ごろに6～13尾の稚魚を産出。胎仔の成長様式はウミタナゴとほぼ同じ。藻場のある岩礁と付近の砂底に生息。房総半島～紀伊水道の太平洋沿岸、瀬戸内海、豊後水道に分布。

アオタナゴ *Ditrema viride* Oshima, 1940
体は淡緑色で、多くの細い銀色の縦線がある。頭部背縁は眼上でくぼむ。腹鰭は淡暗色で基部に黒色点がない。臀鰭基底に黒色線があり、これで同属他種と区別できる。交尾は9～10月、翌年4～7月に全長約5cmの稚魚を産出。胎仔数は1歳で14～20、2歳で15～37、3歳で26～51、4歳で57～64。内湾のアマモ場に生息。青森県～九州北西岸の日本海・東シナ海沿岸、宮城県～神奈川県三浦半島の太平洋沿岸、瀬戸内海、朝鮮半島南西岸、中国山東半島に分布。

アカタナゴ *Ditrema jordani* Franz, 1910
体は銅赤色で、多くの細い銀色の縦線がある。眼下に黒色斑があるが、円いことが多い。前鰓蓋後縁にゴルフクラブ状の暗色斑（固定後明瞭）がある。背鰭棘条部は下半分が黒いことが多い。潮通しのよいやや沖合の岩礁域に生息。房総半島～紀伊水道の太平洋沿岸に分布。伊豆半島を境に西と東の個体群は分子遺伝学的に相違がある。

オキタナゴ属 *Neoditrema*　背鰭棘数は6～7。1属1種。繁殖期の雄の尾鰭上下葉の先端は糸状に伸びる。

オキタナゴ *Neoditrema ransonnetii* Steindachner, 1883　体高は低い。体は褐色か淡赤色で、多くの細い銀色の縦線がある。交尾は10～12月、翌年4～6月に産出、多くは尾鰭から産み落とされる。交尾は中層と底層の2つの場所でなわばりをもって行われる。胎仔数は最多で40、全長4～4.5cmで産出。岩礁域の中層で群れをつくり、動物プランクトンを食べる。北海道～九州北岸の日本海沿岸、北海道～相模湾の太平洋沿岸、瀬戸内海、大分県佐伯湾、朝鮮半島南岸・東岸南部、済州島に分布。煮付けや唐揚げで食される。

（片渕弘志）

クマノミ

10cm SL

幼魚

3cm SL

イソギンチャクにすむクマノミ

ハナビラクマノミ

7.5cm SL

ハマクマノミ

11cm SL

カクレクマノミ

8cm SL

スズメダイ科 Pomacentridae　鼻孔は1対（稀に2対）。体側線は不完全。臀鰭棘は2本。主にインド−太平洋の熱帯域のサンゴ礁や岩礁に生息し、28属約350種、日本に18属104種。

クマノミ亜科 Amphiprioninae　鰓蓋後縁は鋸歯状。サンゴ礁に生息し、イソギンチャク類と共生。1属でインド−西太平洋の熱帯域に約27種、日本に6種。

クマノミ属 *Amphiprion*　クマノミ類は浮遊仔魚期を除きイソギンチャク類にすみ、イソギンチャク類の体表の粘膜を食べる。イソギンチャク類はクマノミ類による防衛の結果、日中に触手を隠す必要がなくなり、口盤を大きく開いて体内の褐虫藻に光合成をさせることができる。さらに、クマノミ類の排泄物に含まれる栄養塩類を体内の褐虫藻が行う光合成の栄養素として利用する。クマノミ属の何種かは、特定の宿主イソギンチャクが放出する化学成分に強く惹かれる。

クマノミ *Amphiprion clarkii* (Bennett, 1830)　基本的に体は橙色で2本の白色横帯があり、腹部はやや黄色がかる。小笠原諸島などに体が黒い個体がいる。繁殖期の雄は尾鰭が黄色。宿主イソギンチャクの中で社会的序列が1位（多くは最大の個体）は雌、2位以下は雄あるいは未成魚、3位以下は繁殖に加われない。1位の個体が除かれると2位の雄が性転換して雌になる雄性先熟型の性転換機構をもつ。伊豆諸島、小笠原諸島、千葉県外房〜九州南岸の太平洋沿岸、琉球列島、インド−太平洋に分布。

ハナビラクマノミ *Amphiprion perideraion* Bleeker, 1855　比較的潮通しのよいサンゴ礁域でシライトイソギンチャクに共生。稀に同じ宿主イソギンチャク内でセジロクマノミ *A. sandaracinos* がみられるが、斑紋で識別できる。和歌山県串本、琉球列島、南大東島、東インド−西太平洋に分布。

カクレクマノミ *Amphiprion ocellaris* Cuvier, 1830　浅海のサンゴ礁や砂泥域でハタゴイソギンチャクやセンジュイソギンチャクと共生。体側に白色横帯が3本あり、1本のハマクマノミ、2本のクマノミと識別可能。しかし、着底直後の幼魚では3本目の白色横帯が細く不明瞭。琉球列島、東インド−西太平洋に分布。

ハマクマノミ *Amphiprion frenatus* Brevoort, 1856　浅場のサンゴ礁域でタマイタダキイソギンチャクと共生することが多い。全長12cm、日本産クマノミ属で最大。気性が荒く、大型個体は近づいたダイバーや他の魚を威嚇

ハナダイダマシ

7cm SL

スズメダイ

10cm SL

キホシスズメダイ

13cm SL

アマミスズメダイ

14cm SL

するため宿主から数mも離れることがある。小笠原諸島、静岡県下田、土佐湾、琉球列島、南大東島、西太平洋に分布。琉球列島ではクマノミより生息数がやや多い。

ハナダイダマシ亜科 Lepidozyginae　スズメダイ科魚類としては体高が低く、ハタ科のハナダイ類に似た形態をもつ。ハナダイダマシ1種で、インド－西太平洋の熱帯域に分布。

ハナダイダマシ（ハナダイダマシ属） *Lepidozygus tapeinosoma* (Bleeker, 1856)　水深1～30mのサンゴ礁域で群れるハナダイ類（ハタ科）のアカネハナゴイ（p.241）やキンギョハナダイ（p.240）などと混泳することが多く、動物プランクトンを食べる。体色を瞬時に変化させ、ハナダイ類の群れと混泳するときは橙色。しかし、ハナダイダマシだけの群れでは、体色は一様に暗緑色。国内では八重山諸島と宮古諸島の記録がある。インド－太平洋に分布。

スズメダイ亜科 Chrominae　尾鰭上下端の前尾鰭条が棘条（きょくじょう）。多くは熱帯性。

スズメダイ（スズメダイ属） *Chromis notata* (Temminck and Schlegel, 1843)　大群で磯の中～低層を泳ぎ動物プランクトンを食べる。産卵期は夏、雄は岩礁のくぼみを清掃し、雌を誘って産卵させ、孵化に至るまでの間、卵を捕食者から保護する。10℃程度の水温にも耐え、日本海で越冬する唯一のスズメダイ類。亜種とされていたミヤケスズメダイ *Cromis notatus miyakeensis* は本種と同種とされた。青森県～九州南岸の日本海・東シナ海・太平洋沿岸、瀬戸内海、伊豆諸島、朝鮮半島東岸・南岸、中国南シナ海沿岸に分布。福岡では塩干しされ“アブッテカモ”とよばれて賞味される。

キホシスズメダイ（スズメダイ属） *Chromis yamakawai* Iwatsubo and Motomura, 2013　岩礁域やサンゴ礁域の水深が落ち込む場所で数百～数千個体が群れで泳ぎ、浮遊性の動物プランクトンを食べる。産卵期は春～秋、この時期に雄はなわばりをもち群れが少なくなる。ユウゼン（p.302）がユウゼン玉を形成するのは、岩肌に産みつけられた本種の卵を捕食するためと考えられている。伊豆諸島、小笠原諸島、千葉県外房～大隅諸島の太平洋沿岸、琉球列島、南大東島に分布。奄美大島では“ヒキ”とよばれ、追い込み漁などで漁獲され、唐揚げや塩蒸しなどで食される。

アマミスズメダイ（スズメダイ属） *Chromis chrysura* (Bliss, 1883)　体は全体が薄く青みがかり、眼前域には青色線がある。成魚（せいぎょ）は全体が黒く、尾部のみ白い。水深10～30mの岩礁・サンゴ礁域に生息し、海底よりやや上を数十～数百で群泳する。小笠原諸島、伊豆諸島、伊豆半島、和歌山県串本、高知県柏島、琉球列島、南大東島、インド－西太平洋域で反赤道分布をする。奄美大島では“ズーズル”とよばれキホシスズメダイと一緒に追い込み漁で漁獲され、唐揚げや塩蒸しで食される。

（小枝圭太）

デバススズメダイ

7cm SL

ヒマワリスズメダイ

12cm SL

ミツボシクロスズメダイ

11cm SL

ミスジリュウキュウスズメダイ

6.5cm SL

デバススズメダイ（スズメダイ属） *Chromis viridis* (Cuvier, 1830)　礁湖内の枝状サンゴ周辺で大群をつくる。大群は礁湖内を移動することが多いが、小群はあまり移動しない。驚くと一斉に枝状サンゴの隙間に隠れる。アオバスズメダイ *C. atripectoralis* とは胸鰭の内側に黒斑がないことで識別可能。ただし、多くの熱帯魚店で両種はデバスズメダイで売られている。小笠原諸島、高知県柏島、琉球列島、南大東島、インド−太平洋に分布。

ヒマワリスズメダイ（スズメダイ属） *Chromis xouthos* Allen and Erdmann, 2013　体は鮮やかな黄色。サンゴ礁域で深くなる場所を単独で泳ぐことが多い。コガネスズメダイ *C. albicauda* は尾鰭が白いこと、タンポポスズメダイ *C. analis* とは肛門が黒いことで区別される。伊豆大島、伊豆半島、大隅半島、琉球列島、西太平洋に分布。

ミツボシクロスズメダイ（ミスジリュウキュウスズメダイ属） *Dascyllus trimaculatus* (Rüppell, 1829)　幼魚はサンゴ礁・岩礁域のイソギンチャクにクマノミ類とともに共生する。ただし、イソギンチャク類への選択性は低く、また、本種のみでイソギンチャク類と共生することは少ない。幼魚はイソギンチャク類のない場所でもみられ、成魚になるとイソギンチャクに依存せず岩場やサンゴの周りの中層を泳ぐ。気性が荒く、近づいたダイバーに噛みつくことがある。頭部や体の一部がまだらに白化した個体がいる。八丈島、千葉県外房〜鹿児島県南岸の太平洋沿岸、琉球列島、インド−太平洋に分布。

ミスジリュウキュウスズメダイ（ミスジリュウキュウスズメダイ属） *Dascyllus aruanus* (Linnaeus, 1758)　水深約10mまでの枝状サンゴをなわばりとして1個体の雄が複数の雌とハーレムを形成する。その大きさはサンゴの大きさによって決まり、雄がいなくなると、次に大きな雌が雄に性転換する雌性先熟型。ただし、低密度の環境では雄が雌へと性転換することもある。八丈島、小笠原諸島、和歌山県田辺湾・串本、高知県柏島、琉球列島。尖閣諸島、インド−太平洋に分布。

オヤビッチャ（オヤビッチャ属） *Abudefduf vaigiensis* (Quoy and Gaimard, 1825)　サンゴ礁・岩礁域でごく普通にみられ、群れで底〜中層を泳ぐ。幼魚は流れ藻などにもつく。産卵期には岩盤に産みつけた紫色に見える卵を保護するため、親魚が攻撃的になり体色のコントラストが強くなる。青森県〜九州南岸の日本海・東シナ海・太平洋沿岸（紀伊半島以南に多く、その他では少ない）、八丈島、琉球

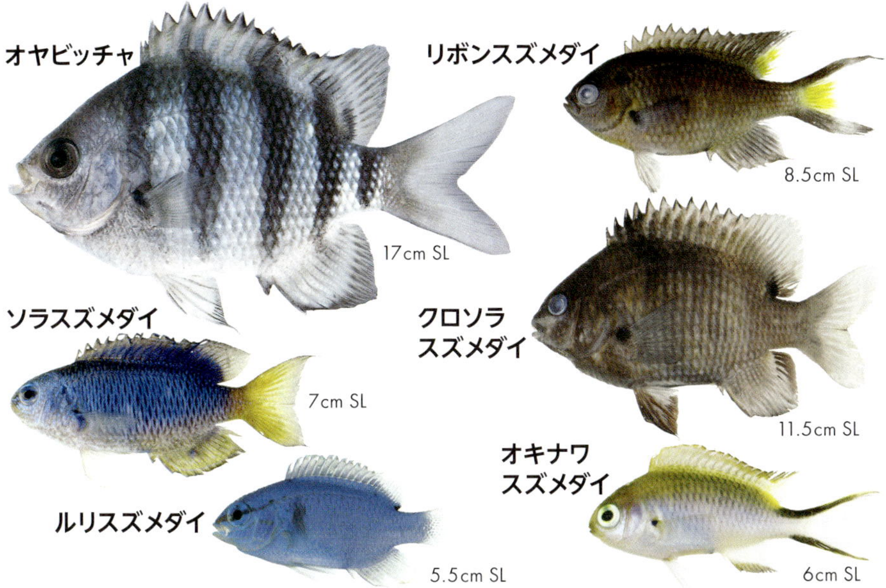

列島、尖閣諸島、南大東島、インド－太平洋に分布。大型のスズメダイ類で、薩南諸島では釣りで漁獲され“アヤビキ”、“ヒキ”、“ピキ”とよばれて唐揚げで食される。

リボンスズメダイ(リボンスズメダイ属)

Neopomacentrus taeniurus(Bleeker, 1856)　体は細長く、尾鰭上下両葉は伸長する。尾鰭中央は鮮やかな黄色。マングローブ域や河口近くの岸沿いの汽水域、港湾の岸壁などに多く、川沿いに数百～数千個体が群れることもある。屋久島、沖縄島、西表島など大きな川のある島嶼、インド－西太平洋に分布。

ソラスズメダイ(ソラスズメダイ属)

Pomacentrus coelestis Jordan and Starks, 1901

水深1～12mの岩礁域の転石地帯やサンゴ礁の外側斜面、比較的透明度の高い港湾の岸壁などで数十個体の小さな群れで生息。伊豆諸島、小笠原諸島、鹿島灘～九州南岸の太平洋沿岸、琉球列島、尖閣諸島、東インド－太平洋に分布。

クロソラスズメダイ(クロソラスズメダイ属)

Stegastes nigricans(Lacepède, 1802)　雌雄共にサンゴ礁湖内で藻類のあるガレ場をなわばりとし、侵入した他の藻食性魚類を激しく攻撃して海藻を守る。しかし、なわばりに侵入して本種から攻撃をうけても、アイゴ科(p.434)やニザダイ科(p.436)の魚は海藻をついばんでいる。本種やセダカスズメダイ *S. altus*、ハナナガスズメダイ *S. punctatus* は餌となる海藻を守るため“農業する魚”ともよばれる。和歌山県、長崎県野母崎(のもざき)、琉球列島、尖閣諸島、インド－太平洋に分布。

ルリスズメダイ(ルリスズメダイ属)

Chrysiptera cyanea(Quoy and Gaimard, 1825)

水深0～10mのサンゴ礁域で普通にみられる。ソラスズメダイと混同されるが、両種が混じって泳ぐ姿を見ることはほとんどない。ソラスズメダイと違い臀鰭や尾部が黄色くない。ルリスズメダイをはじめとする青いスズメダイ類の体色は、色素によるものではなく細胞内の反射板によって青い光のみが反射され青色にみえる。琉球列島、尖閣諸島、東インド－西太平洋に分布。南日本太平洋沿岸では、ソラスズメダイが圧倒的に多く、ルリスズメダイは少ない。

オキナワスズメダイ(オキナワスズメダイ属)

Pomachromis richardsoni(Snyder, 1909)　サンゴ礁内およびサンゴ礁外縁の中層で群れをつくる。魚食性のバラフエダイの幼魚が本種を含むいくつかのスズメダイ類に攻撃擬態(こうげきぎたい)する。八丈島、和歌山県串本、福岡県津屋崎(つやざき)、琉球列島、インド－西太平洋に分布。(小枝圭太)

シマイサキ

30cm SL

シミズシマイサキ

20cm SL

コトヒキ

30cm SL

シマイサキ科

Teraponidae　体は側扁、細かく丈夫な櫛鱗で被われる。各鰭の棘条は強大。背鰭棘は鞘状の鱗の溝に収納される。鰾前室背面に付着した1対の発音筋で、鰾を共鳴させて発音する。インド－西太平洋の温～熱帯域に16属62種。海産種は少なく、多くはオーストラリアとニューギニア島の淡水種。日本に4属7種。

シマイサキ（シマイサキ属） *Rhynchopelates oxyrhynchus* (Temminck and Schlegel, 1843)
頬と腹部を除き、体側に6～7本の黒色縦帯（幼魚は4本）がある。沿岸浅所～河川汽水域に群れで生息。幼魚は河川淡水域に侵入。津軽海峡～九州南岸の日本海・東シナ海沿岸、岩手県～九州南岸の太平洋沿岸、朝鮮半島南岸、厦門～トンキン湾の中国沿岸、台湾、ルソン島に分布。

シミズシマイサキ（ヨコシマイサキ属）
絶滅危惧IA類（環） *Datnia iravi* (Yoshino, Yoshigou and Senou, 2002)　体側に4本の黒色縦帯がある。ニセシマイサキ *Datnia argentea* に似るが、中央の縦帯が眼の直後で途切れる。主に大河川の淡水域の渓流的な環境に単独もしくは少数の群れで生息。西表島、レイテ島、カリマンタン島、ニューギニア島に分布。

コトヒキ（コトヒキ属） *Terapon jarbua* (Forsskål, 1775)　体側上半に3本の弧状の黒色縦帯がある。活発に遊泳し、ボラなど大型魚の鱗を食べる鱗食性。沿岸浅所～河川汽水域に群れで生息。幼魚は河川淡水域に侵入しない。青森県～長崎県の日本海・東シナ海沿岸（少ない）、北海道～九州南岸の太平洋沿岸（東北地方以北は少ない）、琉球列島、朝鮮半島、山東省青島～トンキン湾の中国沿岸、インド－西太平洋、サモア諸島に分布。（瀬能 宏）

タカベ

20cm SL

ユゴイ

17cm SL

ギンユゴイ

21cm SL

カゴカキダイ

20cm SL

タカベ科 Scorpididae　オーストラリア南東部からニュージーランドにタカベと似た黄色縦帯をもつ *Labracoglossa nitida* がいる。1属2種。

タカベ（タカベ属） *Labracoglossa argentiventris* Peters, 1866　体は細長く、濃青色で鰓蓋の上端から尾柄に黄色縦帯がある。口は小さい。背鰭の棘条部と軟条部の間に欠刻がある。水深50m以浅の沿岸岩礁域に群れで生息し、動物プランクトンを食べる。産卵期は秋。仔稚魚は沿岸から沖合の表層に生息。房総半島〜九州南岸の太平洋沿岸、朝鮮半島南岸、済州島に分布。関東（特に伊豆諸島）では、刺網や定置網で漁獲、夏に脂がのり美味。煮付けもよいが、振り塩をして少しおいた塩焼きが特によい。平安時代に“タカベ”の塩焼きで酒を飲むのはこの上もないという歌が詠まれており、室町時代頃から貢租として現物で上納されていた。（波戸岡清峰）

ユゴイ科 Kuhliidae　体は側扁し、背鰭は深く欠刻。多くは体色が銀色で、尾鰭に特徴的な斑紋がある。広塩性で、多くの種が淡水域から沿岸の幅広い環境に生息。インド－太平洋の温帯〜熱帯域に1属12種、日本に1属4種。ギンユゴイのみ東太平洋にも分布。

ユゴイ（ユゴイ属） *Kuhlia marginata* (Cuvier, 1829)　尾鰭後縁は黒い。河川の汽水域〜淡水域に生息するが、淡水域に多い。降河回遊魚と考えられ、仔稚魚は海で生活し、全長約25mmで遡上。近縁のオオクチユゴイ *K. rupestris* の尾鰭は成魚では全体が黒く、幼魚では上下1対の黒斑がある。茨城県〜高知県の太平洋沿岸（散発的）、琉球列島、朝鮮半島、台湾、西太平洋の島嶼域、仏領ポリネシア、スリランカに分布。

ギンユゴイ（ユゴイ属） *Kuhlia mugil* (Forster, 1801)　尾鰭に上下対称の黒と白の帯状斑がある。波あたりの強い岩礁性海岸に生息。幼魚は潮だまりに多い。伊豆－小笠原諸島、茨城県〜九州南岸の太平洋沿岸、九州の東シナ海沿岸、琉球列島、朝鮮半島、インド－汎太平洋に分布。（瀬能 宏）

カゴカキダイ科 Microcanthidae　体が高く、著しく側扁。口は小さくて尖り、両顎には、櫛状の鋭い歯が帯状に並ぶ。チョウチョウウオ類に似るが、鰓膜が峡部から離れ、稚魚期にトリクチス期を経ない。東インド－西太平洋に4属5種、日本に1属1種。

カゴカキダイ（カゴカキダイ属） *Microcanthus strigatus* (Cuvier, 1831)　黄色の体に5本の黒褐色の縦帯をもつ。産卵期は春。産卵場所は沿岸のやや沖合。稚魚や幼魚は潮だまりでみられる。昼行性。餌は小動物。水深数〜20mの岩礁域で、群れで生息。青森県〜九州南岸の日本海・東シナ海・太平洋沿岸、琉球列島、朝鮮半島南岸、済州島、台湾、浙江省〜広東省の中国沿岸、東インド－西太平洋に分布。入手が簡単で飼育もしやすく観賞魚として人気がある。食べても美味。

（波戸岡清峰）

イシダイ

30～50cm TL

イシダイの歯

老成魚　80cm TL

イシダイ科 Oplegnathidae　体は高く、側扁。鱗は小さな櫛鱗で、剥がれにくい。顎歯は層状に癒合し、くちばし状。岩礁域にすみ、ウニ類等硬いものを食べる。比較的目立つ背鰭後半、臀鰭、大きな尾鰭、尖った口等から、本科魚類はシルエットでも容易に区別できる。赤道をはさんで、東アジアに2種イシダイ *Oplegnathus fasciatus* (Temminck and Schlegel, 1844)、イシガキダイ *O. punctatus* (Temminck and Schlegel, 1844)、オーストラリア南部に1種 *O. woodwardi* Waite, 1900、インド洋南西部に3種 *O. conwayi* Richardson, 1840、*O. robinsoni* Regan, 1916、*O. peaolopesi* Smith, 1947、東部太平洋に1種 *O. insignis* (Kner, 1867)、の1属7種が反赤道分布をする。北半球のイシダイとイシガキダイは背鰭や臀鰭の鰭条数でインド洋西部の *O. robinsoni* と *O. peaolopesi* と似ている。また、それぞれ前者が横帯、後者が斑点状の斑紋をもち、2種間の相違が共通している。どういう進化の歴史でこのような類似が生じたのか興味あるところである。

イシダイ（イシダイ属） *Oplegnathus fasciatus* (Temminck and Schlegel, 1844)　体に7本の横帯をもつ。雄は成長とともに体が銀白色になり、尾柄部以外の横帯は消え、吻から口元が黒くなり“クチグロ”とよばれる。雌は老成しても帯は薄くなる程度で消失はしない。背鰭は10～12棘、17～18軟条。臀鰭は3棘12～13軟条。3歳以上になると、南下産卵回遊を行う。伊豆半島東岸の群れの例では、回遊は2～3月に始まり、熊野灘あたりまで移動（速度は13～19km/日くらい）するとされている。回遊を行わないいわゆる“根付き”の群れもいる。産卵は4～7月の夕方、外洋に面した磯の近くで、日没を中心にした数時間の間に行われる。腹の膨らんだ雌は、雄につつかれ、水面で横になって放卵する。卵は分離浮性。稚魚は全長1cmをこえる頃特有の縞模様が形成され、流れ藻につき動物プランクトンを食べる。孵化後、流れ藻について北上する。全長数センチになると流れ藻を離れ、磯付近を中心に生活を始める。幼魚は非常に好奇心が強く、何にでも噛みつく習性の他、視覚も発達して、ダイバーを見つけるとまとわりつく。また、水族館では、輪くぐりショーで人気がある。全長10cmをこえる頃から海底の岩礁付近で生活するようになり、くちばし状の歯が形成される。全長15cm程度でウニ類、フジツボ類、貝類を食べるようになる。1歳で全長15cm、2歳で20数cm、3歳で約30cmの成魚になる。脊椎骨

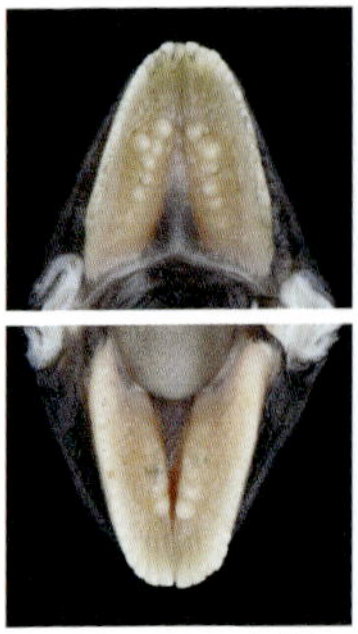

イシダイの上顎歯（上）と下顎歯（下）

イシガキダイ

90cm TL（通常30～60cm TL）

イシガキダイの歯

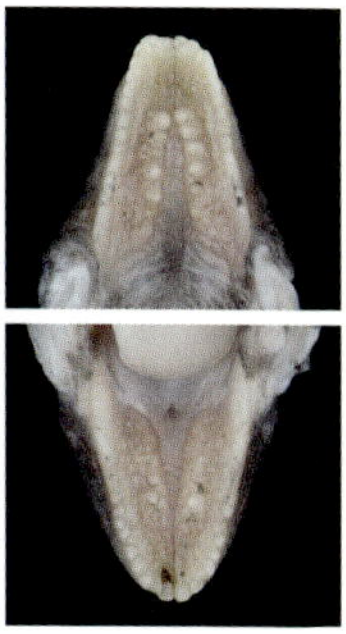

イシガキダイの上顎歯（上）と下顎歯（下）

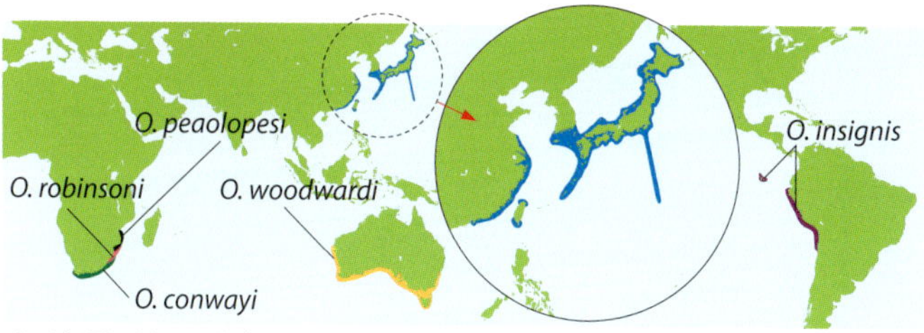

イシダイ属7種の分布（円内は*O. fasciatus* イシダイと*O. punctatus*イシガキダイ）

による年齢推定では6歳で全長約45cmになることが知られ、最大では全長約80cmになる。北海道全沿岸～九州南岸の各地沿岸（能登半島以南と房総半島以南に多い）、瀬戸内海、朝鮮半島南岸、済州島、中国江蘇省･香港、台湾に分布。ピーター大帝湾や黄海、琉球列島でもみられるが稀。ミッドウェー環礁からの記録もあるが無効分散（むこうぶんさん）。磯釣りの人気魚。刺身や塩焼きで美味。ただ、皮膚に粘液が多く、調理に際しては食塩を使った粘液の洗い落としが必要。

イシガキダイ（イシダイ属） *Oplegnathus punctatus* (Temminck and Schlegel, 1844) 体に石垣状ないし網目状の多くの黒色斑がある。黒色斑は成長に伴い細かくなり、雄ではこの模様が消えるとともに、イシダイとは逆に吻から口元は白くなり、“クチジロ”とよばれる。雌にはイシダイ同様、斑紋は残る。成魚の体形はイシダイが横長なのに対して、背鰭後部や臀鰭の張り出しから寸詰まりの印象を受ける。背鰭は12棘、15～16軟条。臀鰭は3棘13軟条。イシダイより大きくなり、最大では全長約90cmになる。イシダイとの交雑種が記録されている。北海道全沿岸～九州南岸の各地沿岸（房総半島～九州南岸の太平洋沿岸に多く、日本海沿岸と瀬戸内海には少ない）、朝鮮半島南岸、済州島、台湾、浙江省～香港の中国沿岸に分布。有明海にはいない。南方ではマリアナ諸島から記録があるが無効分散。イシダイと同様に釣りの好対象魚。刺身や塩焼きで非常に美味。シガテラ毒をもつことがある（厚）。（波戸岡清峰）

イスズミ

55cm SL
(通常30cm SL)

テンジクイサキ

40cm SL (通常30cm SL)

ノトイスズミ

51cm SL
(通常40cm SL)

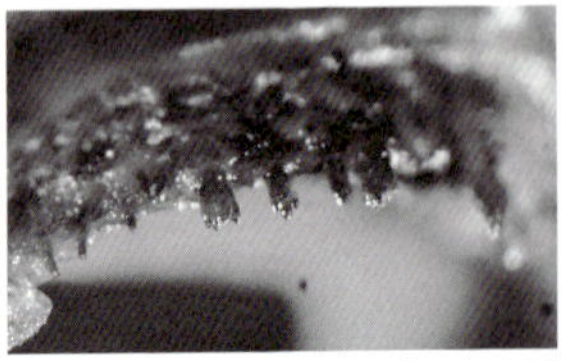

テンジクイサキ(幼魚)の上顎歯:多尖頭

ノトイスズミの歯(横):単尖頭

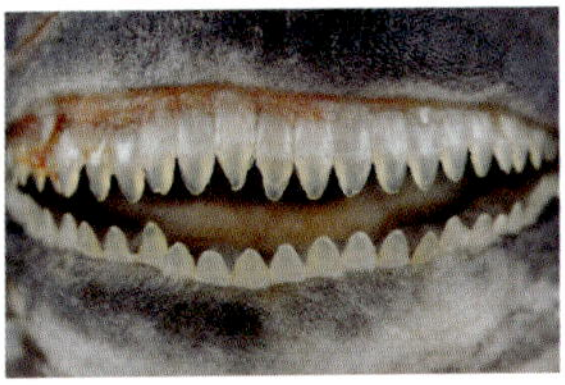

ノトイスズミの歯(前):単尖頭

ノトイスズミの上顎歯:歯根部伸長

イスズミ科 Kyphosidae　沿岸の岩礁域に生息し、上下の顎に並ぶ単尖頭の門歯状歯で藻類をはぎ取って食べる。ただし、主に外洋島嶼に分布する種は小動物食に偏る傾向がある。歯は幼魚期には円錐歯、その後に横幅を拡大させて多尖頭歯に変わる。さらに、歯根部を後方に伸長させ、最終的に単尖頭の門歯状歯になる。成魚の各顎の歯数は上下とも最大でも約36。体長が15cm程の若魚期までは両顎後方部に新しい歯が出芽し、歯数が約30になる。その後、歯と歯の間に新しい歯が挿入され歯数が増える。体と頭の大部分、背鰭と臀鰭の軟条部、尾鰭が小鱗で被われる。世界の暖海に3属14種、日本にイスズミ属4種と1属1種のコシナガイスズミ *Sectator ocyurus*。イスズミ属各種は大陸沿岸と島嶼沿岸に生息するが、コシナガイスズミは外洋島嶼を中心に表・中層遊泳性。コシナガイスズミは流線形の体で体側中央に鮮やかな青色の縦帯があり、両顎の門歯状歯はイスズミ属の各種より小型で歯根部の伸長が悪い。イスズミ属とコシナガイスズミ属の歯の違いは生態の違いに対応していると考えられる。

イスズミ属 *Kyphosus*　体側には鱗列に沿った十数本の細い縦帯があり(大型個体では不鮮明となる)、眼と上顎の間(眼下域)が白銀に輝く。各種は互いによく似ており、体色による識別は難しいが、背鰭と臀鰭の軟条数体側中央の縦列鱗数、そして鰓把数によって識別できる。世界に11種、日本に4種。ノトイスズミはインド－太平洋の大陸沿岸域に反赤道分布。イスズミとテンジクイサキはインド－太平洋の沿岸域から外洋島嶼域に広く分布。ミナミイスズミは太平洋の主に外洋島嶼域に分布する。

ミナミイスズミ

45cm SL
(通常30cm SL)

ミナミイスズミの黄色個体

36cm SL

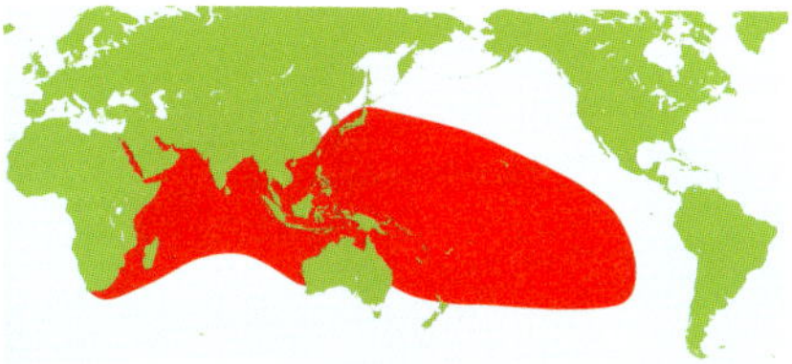

イスズミ、テンジクイサキの分布

ノトイスズミの分布

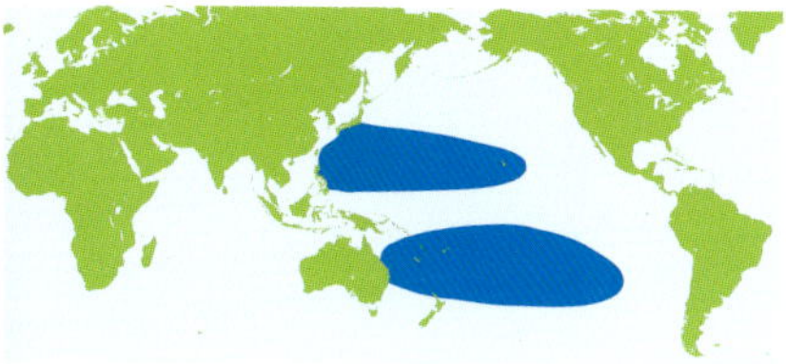

ミナミイスズミの分布

イスズミ *Kyphosus vaigiensis* (Quoy and Gaimard, 1825)　背鰭11棘14軟条、臀鰭3棘13軟条、体側中央の縦列鱗数56～64、鰓耙数29～33、全長なら約70cmに達する。本種は背鰭の棘条部基底長が軟条部基底長より短く、他の3種は棘条部基底長の方が長い。生時の体側縦帯は青緑色、または黄色かオレンジ色。日本列島では房総半島～九州南岸の太平洋沿岸に多く、他では少ない。インド－太平洋に分布。特有の臭いがあるが、シガテラ毒をもたないので熱帯・亜熱帯地域の島嶼で食される。

テンジクイサキ *Kyphosus cinerascens* (Forsskål, 1775)　背鰭11棘12軟条、臀鰭3棘11軟条、体側中央の縦列鱗数51～57、鰓耙数27～31、全長なら約50cmに達する。背鰭と臀鰭の前方部軟条が長く伸びる。生時の体側縦帯は青色か藍色。日本列島では房総半島～九州南岸の太平洋沿岸と琉球列島に多く、他では少ない。インド－太平洋に分布。シガテラ毒をもたないので、琉球列島の他、熱帯・亜熱帯地域の島嶼で食される。

ノトイスズミ *Kyphosus bigibbus* Lacepède, 1801　背鰭11棘12軟条、臀鰭3棘11軟条、体側中央の縦列鱗数58～69、鰓耙数21～24、全長なら約62cmに達する。背鰭と臀鰭の前方部軟条は伸びない。生時の体側縦帯は濃茶色か褐色。能登半島～九州南岸の日本海・東シナ海沿岸、房総半島～九州南岸の太平洋沿岸、琉球列島、インド－西太平洋（赤道付近の熱帯域を除く）に分布。特有の臭いが弱く、シガテラ毒をもたないので、伊豆大島や沖縄などでは季節的に好まれ食されている。冬に塩焼きで美味。

ミナミイスズミ *Kyphosus pacificus* Sakai and Nakabo, 2004　背鰭11棘12軟条、臀鰭3棘11軟条、体側中央の縦列鱗数62～72、鰓耙数26～29、全長なら約58cmに達する。体長20cmをこえると臀鰭の前方部軟条が伸びる。生時の体側縦帯は灰色または薄い青色。全身が黄色、またはこれに黒色が不規則に混じる個体、ときには全身が白色の個体がいる。伊豆諸島と琉球列島の黒潮流域の島嶼、小笠原諸島と南鳥島、西－中央太平洋（赤道付近を除く）に分布。　（坂井恵一）

オキナメジナ

38cm SL（通常20cm SL）

メジナ

41cm SL（通常25cm SL）

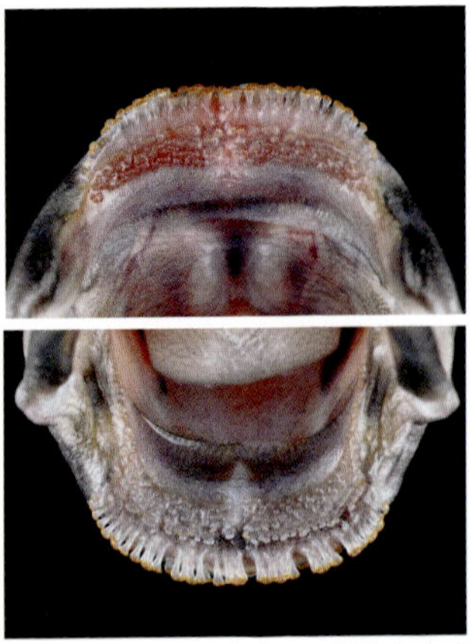

メジナの口腔背部（上）と口腔腹部（下）

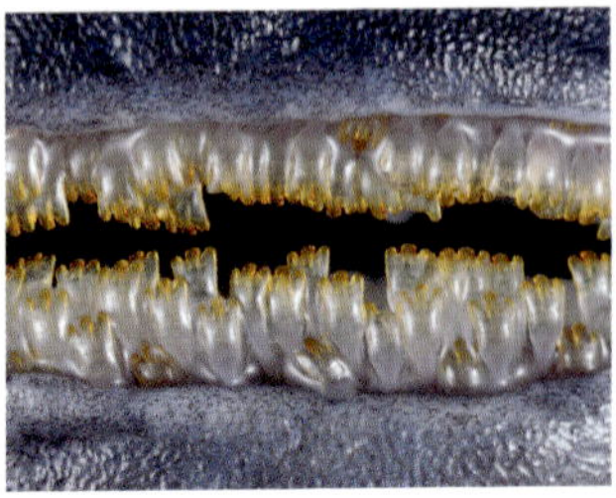

メジナの上・下顎歯

メジナ科 Girellidae　温暖な浅海の岩礁域に生息。*Graus*属とメジナ属（*Girella*）とからなる。*Graus*属はペルーからチリの沿岸に生息する*Graus nigra*のみ。メジナ属は赤道付近を除く環太平洋を中心に15種で、オーストラリア・ニュージーランド周辺に6種、カリフォルニア周辺に1種、南米の太平洋岸に4種、北アフリカ西岸の大西洋に1種、東アジアに3種（下記）。*Graus nigra*は犬歯状歯（けんしじょうし）をもつが、メジナ属は3尖頭歯をもつ。メジナ属は、幼魚（ようぎょ）はどの種も小動物食か雑食であり、外列歯が1〜2列で歯のそれぞれの尖頭の幅は等しいが、植物食が強い種は、成魚（せいぎょ）になると外列歯の列数が増加し、歯の形も変化して中央の尖頭の幅が両側の尖頭よりも広くなる。東アジアの3種では、オキナメジナは植物食に特化、クロメジナは雑食性が強く、メジナはその中間であり、食性の違いに応じて成魚の腸管の長さが異なる。オキナメジナは成長して植物食に特化し、多くの植物の固い繊維を消化する必要が生じ、腸管は巻き方が複雑になり、長さは体長の5倍になる。腸の長さはメジナで体長の1.9倍、クロメジナは1.8倍である。これらの3種は分子系統解析から共通の祖先を有し、最初にオキナメジナが分化、後にメジナとクロメジナが分化したと考えられている。メジナ属の祖先は植物食に特化、他の海域においても、雑食性の傾向をもつ種は後から分化したと考えられる。

オキナメジナ（メジナ属） *Girella mezina* Jordan and Starks, 1907　口は幅広く、上唇が厚い。鰓蓋（さいがい）の後縁は黒くなく、生時は体側に鮮黄色の1黄帯がある。頭部背縁は眼の前方で急傾斜。尾柄は高い。臀鰭は高くて丸く、尾鰭の切れ込みは浅い。背鰭棘条部中央下側線上方横列鱗数は通常6（5〜7）。沿岸の岩礁に生息。成長とともに外列歯の列数が3〜4列に増加し、歯の尖頭は中央のものが両側の尖頭よりも幅が広くなり、口を大きく開き岩の上に歯列を強く押し当てて、糸状の藻類をすき取る。千葉県外房〜九州南岸の太平洋沿岸、五島列島、奄美群島、台湾に分布。

メジナ（メジナ属） *Girella punctata* Gray, 1835　口は幅が狭く上唇は薄い。鰓蓋の後縁は黒

クロメジナ

57cm SL（通常30cm SL）

クロメジナの鰓蓋：後縁が黒い

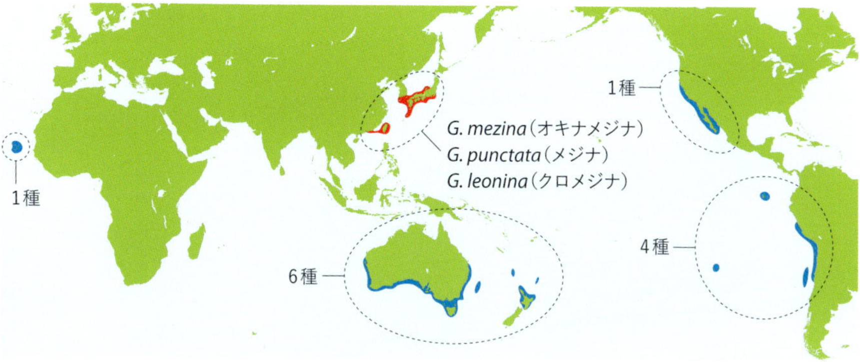

メジナ属の分布　Yagishita and Nakabo(2003)を改変

くない。頭部背縁は眼の前方で急傾斜しない。尾柄は低い。臀鰭は低く、尾鰭の切れ込みは浅いものから深いものまで様々。鱗はやや大きい。沿岸の岩礁に生息。和歌山県串本では雌雄に成長の違いは見られず、1歳で尾叉長約14cm、2歳で19cm、3歳で23cm、4歳で26cm、5歳で29cm、6歳で31cm程度に成長する。串本における産卵盛期は4月で、多くは3年目の春に産卵に加わると考えられる。成長するにつれ外列歯の列数は2列（1列のまま、3列、まれに4列）になるが、歯の形は変わらない。摂食方法はオキナメジナとクロメジナの中間で、主に海藻を、甲殻類などの小動物を補助的に摂食する。行動実験から、少なくとも赤色と青色を見分けることができ、視細胞の密度などから視力は0.13（1cm間隔の2つの点を、約4.4mの距離から2つの点と認めることができる）と推定されている。新潟県～九州南岸の日本海・東シナ海沿岸、千葉県外房～九州南岸の太平洋沿岸、瀬戸内海、朝鮮半島南岸、済州島、台湾、中国南シナ海沿岸に分布。冬季に塩焼きや鍋料理で美味。

クロメジナ（メジナ属） *Girella leonina* Richardson, 1846　口は幅が狭く上唇は薄い。鰓蓋の後縁は黒い。頭部背縁は眼の前方で急傾斜せず、尾柄は低い。臀鰭は低く、尾鰭の切れ込みは深い。鱗は小さい。沿岸の岩礁に生息。伊豆七島や九州以南では、1～2月に成熟した生殖巣をもつ個体が釣れるといわれるが、年齢と成長、成熟については不明。成長しても外列歯の列数は1列のまま、歯の形も変わらない。口をあまり大きく開かずに、主に岩の上に付いている葉状の藻類をついばみ、補助的に甲殻類などの小動物を摂食する。千葉県外房～九州南岸の太平洋沿岸、青森県～島根県の日本海沿岸（散発的）、九州北岸・西岸、屋久島、済州島、台湾、中国南シナ海沿岸。冬季に塩焼き、鍋料理で美味。

（柳下直己）

イボダイ

22cm SL
（通常15cm SL）

幼魚
6.3cm SL

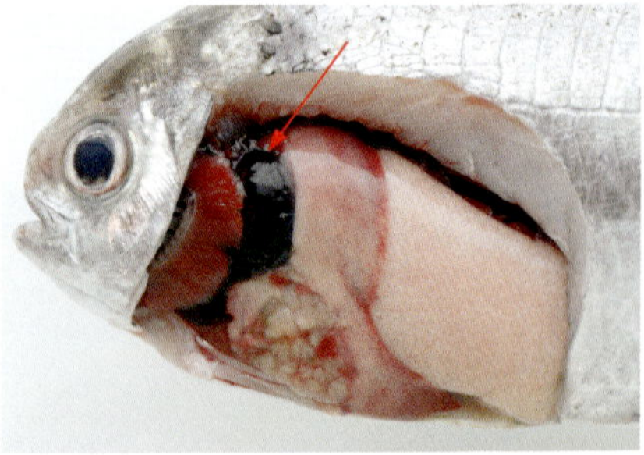

イボダイの食道嚢（側面）

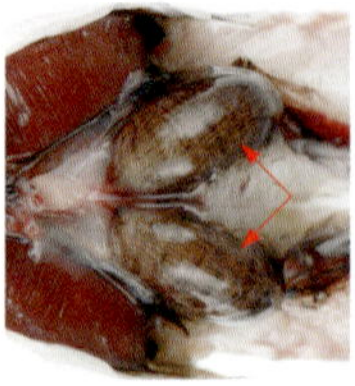

イボダイの食道嚢（腹面）

メダイ

70cm SL

幼魚 10cm SL

イボダイ亜目 Stromateoidei　咽頭部と食道の間に食道嚢（しょくどうのう）とよばれる器官があり、内壁に歯のような小突起が密生する。幼魚（ようぎょ）は表層性で、多くはクラゲや流れ藻に付随し、成長に伴い底生生活へ移行する。クラゲ類は餌としても利用しており、食道嚢はこれらの消化に適したものだと考えられる。ただし、トコナツイボダイ *Amarsipus carlsbergi* には食道嚢がない。全世界の熱帯～温帯域に6科16属約70種。日本に6科9属23種。

イボダイ科 Centrolophidae　背鰭棘はないか、あっても短い。体表は粘液で被われ、ぬめりが強い。体長は15～120cm。世界の熱帯～温帯域に7属31種、日本に3属4種。

イボダイ（イボダイ属） *Psenopsis anomala* (Temminck and Schlegel, 1844)　背鰭棘は短く不明瞭。体は銀白色で、背は褐色をおび、鰓孔（さいこう）の上方に1暗色斑がある。幼魚の体は全体的に暗色。食道嚢は左右1対の腎臓形。幼魚は夏季に出現し、ミズクラゲ、エチゼンクラゲ、アカクラゲなどに付く。成魚（せいぎょ）は大陸棚上の底層に生息。オキアミ類、サルパ類、クラゲ類、橈脚類などを食べる。北海道～九州南岸の日本海・東シナ海・太平洋沿岸、瀬戸内海、東シナ海大陸棚域、朝鮮半島西岸南部・南岸・東岸、中国南シナ海沿岸に分布。肉は白身で柔らかく、バター焼き等で美味。

メダイ（メダイ属） *Hyperoglyphe japonica* (Döderlein, 1884)　大型種。背鰭棘は短いが明瞭。幼魚の体には虫食い状の褐色斑がある。産卵期は12～2月で、幼魚は流れ藻に付随し、成長に伴い底層に移る。成魚は水深100～300mに多く、岩礁につき、夜間は数十m浮上する。北海道～九州南岸の日本海・東シナ海・太平洋沿岸、瀬戸内海、東シナ海大陸棚縁辺～斜面域、九州－パラオ海嶺、朝鮮半島南岸・東岸南部、ハワイ諸島北西部に分布。肉は白身で刺身や塩焼きにして美味。

オオメメダイ科 Ariommatidae　背鰭は2基。眼の周囲に脂肪組織が発達する。体長は15～65cm。1属で世界の熱帯～温帯域に約7種、日本に3種。

マルイボダイ

20cm SL
(通常15cm SL)

ドクウロコイボダイ

70cm SL

マナガツオ

34cm SL
(通常23cm SL)

コウライ
マナガツオ

27cm SL
(通常18cm SL)

マルイボダイ(オオメメダイ属) *Ariomma indicum* (Day, 1871) 体は卵円形で、銀白色。背面はやや暗色。幼魚の体には暗色斑が散在する。東シナ海で1970年代〜1985年前後に増加したが、以後急速に減少した。水深30〜135mの大陸棚上に生息。若狭湾〜長崎県橘湾の日本海・東シナ海沿岸、相模湾〜土佐湾の太平洋沿岸、東シナ海、朝鮮半島東岸南部、中国南シナ海沿岸、インド−西太平洋に分布。イボダイに比べ味は劣る。

ドクウロコイボダイ科 Tetragonuridae
体は細長い。背鰭は2基。尾鰭基底に2本の縦走隆起線がある。体の鱗は表面に小棘があり硬くて剥がれにくく、斜めに規則正しく並ぶ。体長は30〜70cm。1属で世界の熱帯〜温帯域に3種、日本に2種。

ドクウロコイボダイ(ドクウロコイボダイ属) *Tetragonurus cuvieri* Risso, 1810 体は一様に黒褐色。第1背鰭は16〜19棘。中層遊泳性。北海道・東北地方太平洋沖、神奈川県真鶴、駿河湾、三重県南伊勢町奈屋浦、土佐湾、山陰沖、鳥島沖、太平洋・大西洋の熱帯〜温帯域、クワズール・ナタール(南アフリカ共和国)に分布。

マナガツオ科 Stromateidae 体は卵円形で、かなり側扁、腹鰭はない。背鰭と臀鰭の前部は鎌状。体長は18〜34cm。世界の熱帯〜温帯域に3属15種、日本に1属4種。

マナガツオ(マナガツオ属) *Pampus punctatissimus* (Temminck and Schlegel, 1845) 背鰭と臀鰭は前部の軟条が著しく伸長し、鎌状。後頭部に波状リッジがあり、その領域は胸鰭基部上端よりはるか後方に達する。鰓蓋(さいがい)の切れ込みは眼下に達しない。体は銀色だが、市場ではたいてい鱗が剥がれており、背側は青灰色、腹側は白色になる。大陸棚の砂泥底に生息し、東シナ海の主分布域は北緯33度以南。瀬戸内海にも多く、主に夏に流し刺網で漁獲される。マルソコシラエビ、オキアミ類、ヤムシ類、クラゲノミ類を捕食する。新潟県〜九州西岸の日本海・東シナ海沿岸、相模湾〜土佐湾の太平洋沿岸、瀬戸内海、黄海と東シナ海大陸棚域に分布。関西で珍重され、刺身や味噌漬けにして美味。

コウライマナガツオ(マナガツオ属) *Pampus echinogaster* (Basilewsky, 1855) マナガツオより小型。後頭部の波状リッジ域が胸鰭基部上端付近までしか達しない、鰓蓋の切れ込みが眼下に達するなどでマナガツオと異なる。大陸棚の砂泥底に生息し、東シナ海の主分布域はマナガツオより北方で、北緯30度以北。有明海、渤海、黄海、東シナ海大陸棚域、本州日本海沿岸(散発的)に分布。塩焼きや煮付けで美味だが小型のためやや安価。

(土居内 龍)

スジハナビラウオ

ハナビラウオ

クラゲ類につくハナビラウオの幼魚

幼魚

ボウズ
コンニャク

エボシダイ

幼魚

エボシダイ科 Nomeidae　背鰭は2基。幼魚と成魚で体形や体色が著しく異なる種が多い。体長は13〜100cm。世界の熱帯〜温帯域に3属16種、日本に3属9種。

スジハナビラウオ（スジハナビラウオ属） *Psenes cyanophrys* Valenciennes, 1833　体は金色で、体側鱗に1暗色点があり、多数の縦線を形成する。体は卵形で、成長に伴う体型の変化はあまりない。幼魚は流れ藻につき、モジャコ（ブリの幼魚）の採捕時に混獲される。成魚は中底層に生息。千葉県館山〜九州南岸の太平洋沿岸、若狭湾〜九州南岸の日本海・東シナ海沿岸、朝鮮半島南岸、太平洋・インド洋・大西洋の熱帯域に分布。塩焼きや干物で美味。

ハナビラウオ（スジハナビラウオ属） *Psenes pellucidus* Lütken, 1880　成魚の体は黒褐色。幼魚の体は半透明。体は非常に柔らかく、成長に伴い細長くなる。側線鱗数は約120。幼魚はユウレイクラゲ、イボクラゲ、アカクラゲなどに付随する。成魚は底層に生息。釧路〜土佐湾の太平洋沿岸、新潟県佐渡〜五島列島の日本海沿岸、太平洋・インド洋・大西洋の熱帯〜温帯域に分布。

ボウズコンニャク（ボウズコンニャク属） *Cubiceps whiteleggii* (Waite, 1894)　体は黒褐色。胸鰭後端は臀鰭起部に達しないか、わずかにこえる。体の鱗ははがれやすい。吻部は無鱗。水深200m以深の底層に生息。千葉県館山〜九州南岸の太平洋沿岸、新潟県〜九州南岸の日本海・東シナ海沿岸、東シナ海大陸棚縁辺域、インド－西太平洋の熱帯〜温帯域に分布。

エボシダイ（エボシダイ属） *Nomeus gronovii* (Gmelin, 1789)　成魚の体は黒褐色で腹面は銀白色。幼魚の体は銀白色で、体側に4〜5本の黒色横帯と数個の黒色斑がある。腹鰭は幼魚期では長く、成魚では短くなる。幼魚はカツオノエボシの触手の間にすみ、強力な刺胞毒に対しては免疫がある。成魚は水深200〜1000mの底層に生息。千葉県銚子〜土佐湾の太平洋沿岸、太平洋・インド洋・大西洋の熱帯〜亜熱帯域に分布。（土居内 龍）

ツバメコノシロ亜目 Polynemoidei

ツバメコノシロ科 Polynemidae　体は側扁し、やや細長い。眼は発達した脂瞼に被われる。吻は半透明の軟骨質で、突出し、口は亜端位から下位。背鰭は2基。胸鰭は上下2基に分かれ、下方は鰭膜を伴わない遊離軟条。尾鰭は深く二叉。側線は尾鰭鰭膜の後端付近まで達する。河川や湖沼の純淡水域から水深360mに生息。全世界の熱帯〜温帯域に8属43種、日本に2属4種。

ミナミコノシロ（ミナミコノシロ属）

Eleutheronema rhadinum (Jordan and Evermann,

ミナミコノシロ

ツバメコノシロ

ナンヨウ
アゴナシ

カタグロ
アゴナシ

1902) 胸鰭遊離軟条数は4。側線有孔鱗数は82～95。成魚の胸鰭は黒色。海洋の砂泥底上を高速で遊泳。眼が大きく、よく発達するため、索餌における遊離軟条の役割は低く、本科魚類の中で最も遊離軟条が短い。青森県深浦、鹿児島県笠沙、東シナ海大陸棚、台湾、遼寧省～トンキン湾の中国沿岸、ベトナム北部、南沙群島に分布。日本からは2個体のみの記録だが、台湾では食用として養殖(1999年には38トン)されている。

ツバメコノシロ(ツバメコノシロ属)

Polydactylus plebeius (Broussonet, 1782) 胸鰭遊離軟条数は5。体側に黒色縦線が14～17本。沿岸の砂泥底上を群泳するが、特に幼魚は河口域で巨大な群れを形成。常に泳ぎ続けながら遊離軟条で海底の餌を、眼で中層の餌を探す。雄性先熟。福島県～屋久島の太平洋沿岸、若狭湾～長崎県の日本海・東シナ海沿岸(散発的)、伊豆－小笠原諸島、琉球列島、インド－太平洋(紅海、ペルシャ湾、ミクロネシア、ハワイ諸島を除く)に分布。熱帯地方では水産重要種。

ナンヨウアゴナシ(ツバメコノシロ属)

Polydactylus sexfilis (Valenciennes, 1831) 胸鰭遊離軟条数は6。体側に黒色縦線が8～21本。体型・色彩ともにツバメコノシロによく似るが、ナンヨウアゴナシは吻が比較的丸く、背鰭と臀鰭の軟条がやや長い。ツバメコノシロよりも河川依存性が低く、海洋島の沿岸域に好んで生息。体長27～36cmに達すると雄から雌に性転換する。伊豆－小笠原諸島、琉球列島、インド－太平洋に分布。ハワイでは重要な養殖魚。

カタグロアゴナシ(ツバメコノシロ属)

Polydactylus sextarius (Bloch and Schneider, 1801) 胸鰭遊離軟条数は6。側線始部の上に1黒色斑がある。雄性先熟。宮崎県南郷、鹿児島県志布志、東シナ海大陸棚から採集されたが、夏～秋の稀な記録で無効分散だろう。スンダランドの海域に分布。熱帯地方では水産重要種。

(本村浩之)

メガネモチノウオ

1.7m TL
(通常40～60cm TL)
TP

ギチベラ

35cm TL

黄色変異

12cm TL

捕食の際に口が突出する

幼魚

4cm TL

ベラ亜目 Labroidei　左右の第5角鰓骨が癒合した下咽頭歯と、頭蓋底と可動関節でつながる上咽頭歯をもつ。ベラ科、ブダイ科、オダクス科Odacidae(オーストラリア・ニュージーランド海域)の3科から成り、ベラ目Labriformesとされることもある。

ベラ亜目に見られる上咽頭歯(上)と下咽頭歯(下)(アカササノハベラ)

ベラ科

Labridae　世界の熱帯～亜熱帯の浅海域を中心に約70属520種、日本に約50属150種。食性や生息場所の違いにより多様な形態の種に分化し、大部分の種が分離浮性卵を産む。多様な色彩斑紋は種の重要な識別点になるが、多くの種で成長段階や雌雄により異なる。

性転換:基本的に雌から雄に変化する。また、多くは、これに伴い色彩斑紋が地味なIP(Initial Phase 始相)から派手なTP(Terminal Phase 終相)に変化する。普通はまず地味なIPの雌として成熟し、その中で大型になった個体が性転換して派手なTPの雄となる。このように雌から性転換した雄を“二次雄”という。一方、外見は地味なIPだが初めから雄として成熟する“一次雄”も存在する。このIP一次雄も、大型になると外見がTPとなる。一般的にTP雄は繁殖なわばりをもち、その中の中層でIP雌とペア産卵を行う。一方、地味なIP一次雄は、雌の外見(IP)を隠れ蓑にしてTP雄のなわばり内に侵入し、ペア産卵に突進して放精するストリーキングを行う。または、複数で雌を追尾し、集団で放精放卵するグループ産卵を行う。なお、性転換は同居する他個体から制約を受ける。例えば、ハレム内の最大個体のTP雄がいなくなると、残りの個体(多くはIP雌)のなかで最大の個体がTP雄になる。

ベラ科の睡眠:昼行性で夜に睡眠をとるが、寝方は様々。イラ属、タキベラ属、モチノウオ属、クギベラ属、ニシキベラ属、オハグロベラ属、

ホホスジモチノウオ

30cm TL

成魚

24cm TL

ヒトスジモチノウオ

40cm TL

幼魚

6cm TL

ササノハベラ属などはサンゴの隙間や岩陰で眠る。イトヒキベラ属、クジャクベラ属、ニセモチノウオ属やソメワケベラ属は粘液でつくった寝袋の中で眠る。ホンベラ属、キュウセン属、カミナリベラ属、シロタスキベラ属、カンムリベラ属、テンス属、オビテンスモドキ属、ホンテンスモドキ属等は砂中に潜って眠る。オビテンスモドキやイラ属のクラカケベラはサンゴ片を運んで寝床をつくる。

モチノウオ属 *Cheilinus*　側線は不連続、前部は体の上半部、後部は尾柄の中軸部を走る。前鰓蓋骨後縁は円滑。下咽頭歯の歯は臼歯状で、上咽頭歯背面の隆起には広く深い溝がある。サンゴ礁・岩礁域に生息、主に底生動物を食べる。インド－太平洋に7種。

メガネモチノウオ 準絶滅危惧(環) 絶滅危惧IB類(IUCN) *Cheilinus undulatus* Rüppell, 1835　眼の後ろに2本の黒色線がある。老成魚は前額が瘤状に突出。約8歳（全長40～60cm）で成熟。30年は生きる。琉球列島、インド－太平洋に分布。沖縄、香港では高級魚。刺身、汁物、ソテー、唐揚げで食される。ダイビングでの観察対象として人気。観賞用として高価。英名“ナポレオンフィッシュ”は前額の瘤状突起がナポレオンの軍帽に似ることから。

ギチベラ（ギチベラ属） *Epibulus insidiator* (Pallas, 1770)　体は暗色、灰色、黄色と変異が多く、同じ個体でも環境によって変わる。雄は尾鰭の上葉と下葉が糸状に伸長する。幼魚は眼から放射状に5本の白色線、背鰭から尾柄の体側に4本の白色横線がある。口は著しく突出可能。サンゴや転石の隙間にいる小魚や甲殻類にゆっくりと近づき、口を瞬時に突出して吸い込み捕食する。口の突出速度は秒速約2.3m。琉球列島、インド－太平洋に分布。沖縄や奄美では煮付けなどで食される。

ホホスジモチノウオ属 *Oxycheilinus*　下咽頭顎の左右の前方に棚状の膨らみがある。インド－太平洋に9種。

ホホスジモチノウオ *Oxycheilinus digramma* (Lacepède, 1801)　頬から鰓蓋下部に数本の斜線がある。ヒトスジモチノウオに似るが、眼から後方に延びる2本の縦線が鰓蓋後部に達しない。体色は変異が多く、環境によって変わるが、通常は雌の尾が黄色い。幼魚はしばしば、ソフトコーラルやヒドロ虫の羽根型群体のそばにいる。琉球列島、インド－西太平洋に分布。

ヒトスジモチノウオ *Oxycheilinus unifasciatus* (Streets, 1877)　尾柄部前部の白色横帯が特徴的だが不明瞭なこともある。眼から後方に延びる2本の縦線は鰓蓋後縁に達する。体色は変異が多く、また瞬時に変わる。幼魚の体側後方から尾柄部の体軸上に2つの眼状斑がある。伊豆－小笠原諸島、琉球列島、東インド－太平洋に分布。

（馬渕浩司）

タキベラ

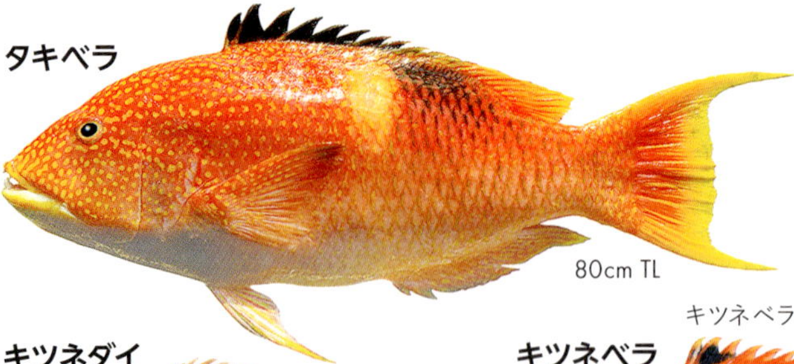

80cm TL

キツネベラ幼魚 3.5cm TL

キツネダイ

TP 40cm TL

キツネベラ

IP 60cm TL

フタホシキツネベラ

成魚 10cm TL

タキベラ属 *Bodianus*　側線は連続。神経頭蓋に発達した前頭骨棚があり、歯骨の前腹縁は鋭角に尖る。吻部が長く、英名ではhogfishes（豚魚）。インド－太平洋と大西洋の熱帯～暖温帯に少なくとも43種。

タキベラ *Bodianus perditio* (Quoy and Gaimard, 1834)　若魚は体側中央部背側に短い白色横帯、後方に黒色斑があるが、老成魚ではこれらの斑紋は消失する。やや深い岩礁域に生息し、数十mの水深でよく釣れる。伊豆－小笠原諸島、静岡県～屋久島の太平洋沿岸、琉球列島、インド－西太平洋に分布。小笠原や沖縄で煮付けや刺身で食される。

キツネダイ *Bodianus oxycephalus* (Bleeker, 1862)　雌は体側の3～4列の赤色斑が明瞭。雄は体側上方に1列の淡色斑が顕著。やや深い岩礁域に生息。伊豆－小笠原諸島、富山湾～長崎県の日本海沿岸、千葉県館山～屋久島の太平洋沿岸、琉球列島、台湾、東沙群島、南沙群島に分布。水深が数十mの所でよく釣れる。唐揚げやソテーで食される。

キツネベラ *Bodianus bilunulatus* (Lacepède, 1801)　背鰭後半の下部から尾柄前部の背側に大きな黒斑があるが、雄では不明瞭。幼魚は背鰭の後半から臀鰭および尾柄前部に達する黒色横帯がある。やや深い岩礁域に生息。伊豆－小笠原諸島、静岡県富戸～屋久島の太平洋沿岸、琉球列島、インド－西太平洋に分布。水深が数十mの所でよく釣れる。刺身や煮付けで食される。

フタホシキツネベラ *Bodianus bimaculatus* Allen, 1973　鰓蓋後方と尾鰭の基部に黒色斑があるが、後ろの黒斑は成長に伴い赤くなり、雄では消失。幼魚は鰓蓋の黒斑が不明瞭で、体側中央部に1本の暗色縦線がある。水深30m前後の岩礁域に生息する小型種で、クリーニング行動が知られている。伊豆－小笠原諸島、相模湾～高知県柏島の太平洋沿岸、琉球列島、インド－西太平洋に分布。

イラ属 *Choerodon*　体は高く、頭部前面は急下降する。顎の前部に大きな1対の犬歯がある。側線は連続。サンゴ礁や岩礁に生息、底生動物食。インド－太平洋域に24種。

イラ *Choerodon azurio* (Jordan and Snyder, 1901)　大型個体では前頭部が直角状に張り出す。成魚は全体的に赤っぽく、胸鰭基部から背鰭基底中央部に暗色斜帯があり、すぐ後ろに白色斜線が接する。頭部や体の腹側は紫色をおびる。伊豆諸島、千葉県館山～九州南岸の太平洋沿岸、新潟県～九州南岸の日本海・東シナ海沿岸、瀬戸内海、朝鮮半島南岸、済州島、台湾、中国南シナ海沿岸に分布。肉は柔らかく味噌汁やちり鍋で食される。

イラ

成魚　50cm TL

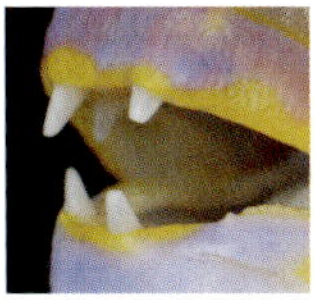

上顎・下顎の歯

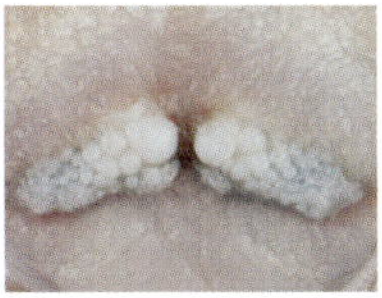

上咽頭歯

下咽頭歯

シロクラベラ

大型成魚　1m TL

クサビベラ

成魚　40cm TL

コブダイ

成魚　1m TL

幼魚　12cm TL

シロクラベラ
準絶滅危惧(環) 準絶滅危惧種(IUCN) *Choerodon schoenleinii* (Valenciennes, 1839)　背鰭の棘条部と軟条部の境界域の鱗鞘(りんしょう)に黒色斑、その斜め下後方に白色斑があるが、これらは成長に伴い不明瞭になる。若魚の地色は鮮やかな黄色、成長に伴って青っぽくなる。八重山諸島では1歳で全長約30cm、4歳で約50cmになる。サンゴ礁域の浅い砂礫底に生息。琉球列島、東インド−西太平洋に分布。沖縄では三大高級魚の1つで“マクブ”とよばれ、刺身や汁物の具として美味。

クサビベラ *Choerodon anchorago* (Bloch, 1791)　胸鰭後方の体側に白または黄色の楔(くさび)形の斑紋、尾柄の上半分に鞍状の白色斑がある。体側の楔形斑は、若魚では腹鰭後方から背鰭まで広がり横帯状。幼魚は薄い赤褐色の体に白い格子模様がある。サンゴ礁域の浅い砂礫底や藻場に生息。小笠原諸島、琉球列島、東インド−西太平洋に分布。

コブダイ(コブダイ属) *Semicossyphus reticulatus* (Valenciennes, 1839)　雌雄とも大型個体は前額部が瘤状に突出、下顎も瘤状に膨らむ。頭部の瘤の中は脂肪を多く含んだ組織で満たされ、外から触ると柔らかい。背鰭と臀鰭の基底に鱗鞘がない。後部に犬歯状歯がない。側線は連続。成魚の体色は一様に暗赤色。幼魚は体側に1本の白色縦線、胸鰭以外の鰭に黒色斑がある。岩礁域に生息、貝類や甲殻類などを食べる。北海道〜九州西岸の日本海・東シナ海沿岸、瀬戸内海、北海道〜九州南岸の太平洋沿岸、朝鮮半島南岸・東岸南部、済州島に分布。汁物や煮付け、塩焼きなどで美味。大型個体はダイビングでの観察対象、引きが強く釣りの対象として人気。

(馬渕浩司)

ツユベラ

大型雄　36cm SL

成魚　20cm SL

幼魚　3cm SL

クギベラ

TP　18cm SL

IP　10cm SL

ホンベラ

TP　15cm SL

IP　10cm SL

幼魚（ホンベラ）　5cm SL

ツユベラ（カンムリベラ属） *Coris gaimard* (Quoy and Gaimard, 1824)　側線は連続。背鰭は9棘12～13軟条、臀鰭は3棘12～13軟条。成長と性転換に伴う斑紋変化が著しい。幼魚は体が赤く、背側に黒い縁取りの白色斑が並ぶ。若魚は白色斑が薄く、尾鰭は黄色で、尾柄から前方の体側へ青色斑点が広がる。成魚は頭部に緑色の隈取り模様がある。大型の雄は顔が青っぽく、体側中央部の1本の黄色横帯が明白になり、背鰭の第1棘が著しく伸長する。サンゴ礁・岩礁や周辺の砂礫底に生息、エビやカニを好んで食べる。夜は砂に潜り眠る。伊豆－小笠原諸島、神奈川県三浦半島～屋久島の太平洋沿岸（散発的、幼魚）、琉球列島、東インド－西太平洋に分布。幼魚は観賞魚として人気。

クギベラ（クギベラ属） *Gomphosus varius* Lacepède, 1801　側線は連続。吻が細長く、サンゴの隙間にいる小型無脊椎動物を食べる。ただし、幼魚の吻は成魚ほど細長くない。幼魚は体側に2本の黒色縦帯があり、その間は白色、背側は緑色。雌は吻部が赤く、体の前半が白色、後半は黒色。雄は体が一様に緑色をおび、胸鰭付近に明るい黄緑色斑がある。伊豆－小笠原諸島、千葉県館山～屋久島の太平洋沿岸（散発的、幼魚）、琉球列島、インド－太平洋に分布。特徴的な吻によって水族館で人気。

ホンベラ属 *Halichoeres*　背鰭棘数は9、一部の種を除き頭部に鱗がなく、前鰓蓋骨の後縁は円滑で尾鰭は円い。インド－汎太平洋、西大西洋に79種。

ホンベラ *Halichoeres tenuispinis* (Günther, 1862)　幼魚から若魚は背鰭の後半部と尾柄基部に眼状斑がある。IPは白っぽいが、TPは赤地に薄緑の模様が入る。IP一次雄が多く存在し、グループ産卵がよく観察されるが、TP雄とIP雌のペア産卵も行われる。TP雄

キュウセン

TP

30cm SL

IP

20cm SL

ニシキベラ

IP

17cm SL

ヤマブキベラ

TP

20cm SL

IP

10cm SL

幼魚

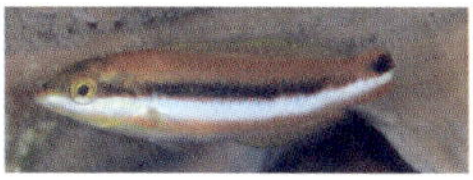

3cm SL

がグループ産卵に加わる逆ストリーキングも観察されている。海藻が茂った岩礁やゴロタ場（大きな礫が重なっている場所）に多い。青森県陸奥湾〜九州西岸の対馬暖流沿岸、伊豆諸島、千葉県館山〜九州南岸の太平洋沿岸、瀬戸内海、朝鮮半島南岸、中国南シナ海沿岸に分布。

キュウセン（キュウセン属） *Parajulis poecileptera* (Temminck and Schlegel, 1845)　IPの体は白地に黒い縦帯が2本、細く赤い破線状の縦線が6本。TPの体は緑地に橙色の点列、胸鰭付近の側部に黒色斑がある。一般的にTP雄とIP雌のペア産卵が多いが、IP一次雄の頻度が高い瀬戸内海広島県袴島ではグループ産卵のみが観察されている。瀬戸内海では1歳で体長6.1cm、3歳で10.6cm、5歳で14.1cmになる。岩礁や転石の周りの砂底に生息、夜や低温期は砂中に潜って眠る。北海道〜九州南岸の日本海・東シナ海沿岸、瀬戸内海、青森県〜九州南岸の太平洋沿岸、朝鮮半島南岸・東岸、済州島、台湾、中国福建省〜広東省に分布。瀬戸内海沿岸では砂中で眠るものを干潮時に掘り取る漁がある。“ギザミ”とよばれ、煮付け、塩焼き、刺身で食される。“青ベラ”とよばれるTP個体は、“赤ベラ”とよばれるIP個体より美味とされる。

ニシキベラ属 *Thalassoma*　側線鱗数（そくせんりんすう）は26前後。背鰭は8棘12〜14軟条。臀鰭は3棘10〜12軟条（ただし、最初の棘は小さく、しばしば埋もれている）。多くは成長と性転換（せいてんかん）に伴い体の斑紋が大きく変化する。インド－汎太平洋と大西洋に28種。

ニシキベラ *Thalassoma cupido* (Temminck and Schlegel, 1845)　性転換しても体の斑紋はあまり変化しない。しかし、TPでは全体に青みが強く、背鰭前方の黒斑が目立つ。IP一次雄が存在し、夏の産卵期にはグループ産卵が主で、TP雄とIP雌のペア産卵は稀。小型個体はホンソメワケベラのように掃除行動を行う。新潟県〜九州西岸の日本海・東シナ海沿岸、瀬戸内海、茨城県鹿島灘〜屋久島の太平洋沿岸、伊豆諸島、朝鮮半島南岸、済州島、台湾に分布。

ヤマブキベラ *Thalassoma lutescens* (Lay and Bennett, 1839)　IPの体は全体的に山吹色。TPでは体側の胸鰭付近から後方が青色。どちらの相でも頭部は赤色（TPではときに紫色）の隈取り模様があり、TPでより明瞭。幼魚は体の上半分が赤褐色または緑色、下半分が白色、体側中央には目から後方へ黒色縦帯が、頬から後方へ褐色の縦帯がある。TP雄とIP雌のペア産卵およびIP一次雄のグループ産卵が知られている。浅い岩礁・サンゴ礁域に生息。伊豆－小笠原諸島、千葉県館山〜屋久島の太平洋沿岸、琉球列島、インド－太平洋に分布。　（馬渕浩司）

カミナリベラ

TP
12cm SL

IP
7cm SL

幼魚 3cm SL

シロタスキベラ

TP 30cm SL

IP
25cm SL

幼魚
5cm SL

ホンソメワケベラ

9.6cm SL

カミナリベラ(カミナリベラ属) *Sethojulis terina* Jordan and Snyder, 1902　背鰭棘数は9で頭部は無鱗。犬歯状に発達した歯はない。成長と性転換に伴い色彩斑紋が大きく変化する。TPの頭部には、眼の上と下を通る青白色線、眼の上方から背鰭基底を通って尾柄の上部に至る青白色線がある。尾柄部中央には体側から尾鰭基部に至る青白色線があり、尾柄上部の青白色線との間には黒斑がある。IPは体の下半分に鱗列にそって黒点列が並び、胸鰭基部から体側中央に白く縁取られた短い黒色縦線がある。幼魚は体の腹側半分が白色、背側半分が褐色、背側の吻端から尾柄に白色縦帯、眼から尾柄後端に黒色縦帯、背鰭後端に眼状斑がある。TP雄とIP雌のペア産卵の他に、IP一次雄によるグループ産卵が知られている。岩礁・サンゴ礁に生息。伊豆－小笠原諸島、新潟県佐渡島～九州南岸の日本海・東シナ海沿岸、神奈川県葉山～屋久島の太平洋沿岸、琉球列島、台湾、中国南シナ海沿岸に分布。

シロタスキベラ(シロタスキベラ属) *Hologymnosus doliatus* (Lacepède, 1801)　体は細長い。IPとTPのどちらも体側にバーコード状の横帯があり、鰓蓋の最後端部は黄色く縁取られる。TPでは胸鰭後方の体側に1本の白色横帯がある。幼魚は白地で吻部から尾部にかけて3本の赤褐色縦帯がはしる。アヤタスキベラ *H. rhodonotus* の幼魚では赤い縦帯が5本ある。サンゴ礁・岩礁やその周辺の砂礫底に生息。底生動物を食べ、しばしば、ヒメジ科魚類に随伴摂餌する。伊豆－小笠原諸島、静岡県富戸～屋久島の太平洋沿岸(散発的、幼魚)、琉球列島、インド－太平洋に分布。

ソメワケベラ属 *Labroides*　口は、ほぼ短い筒状。側線は連続。下顎中央部に深い切れ込みがある。サンゴ礁や岩礁で、他の魚の体表や口内につく寄生虫を食べる。この行動は掃除行動(クリーニング)とよばれ、ソメワケベラ属は専門にこれを行う。クリーニングステーションとよばれる決まった場所があり、体表や口内につく寄生虫(主に甲殻類のウミクワガタ)をとってもらう魚(クライアント)がここを訪れる。掃除中、クライアントは基本的にじっとしており、口の中に掃除する魚が入っても食べない。ホンソメワケベラはクライアントの体表粘液も食べており、むしろこちらの方を好む傾向がある。粘液は寄生虫よりも栄養価が高く、自分の体表にも必要な紫外線吸収物質(マイコスポリン様アミノ酸)の

テンス

28cm SL

幼魚

5cm SL

オビテンスモドキ

♂ 25cm SL

♀ 25cm SL

幼魚 4cm SL

供給源としても重要らしい。クライアントにとって体表粘液をとられるのは不利益なので、ときにクライアントが掃除魚を追い払ったり、掃除魚から逃避したりする。インド−太平洋域に5種。

ホンソメワケベラ *Labroides dimidiatus* (Valenciennes, 1839)　雌雄の体色斑紋は同じで、吻から眼を通り尾鰭後端に至る黒色帯は、後方に向かうほど幅が広い。幼魚は黒い体に青い縦帯が吻端から尾鰭の上部に向けてはしる。イソギンポ科のニセクロスジギンポ(p.381)は本種の成魚と酷似するが、理由はよくわかっていない。岩礁・サンゴ礁に生息。伊豆−小笠原諸島、千葉県館山〜屋久島の太平洋沿岸、琉球列島、インド−太平洋に分布。

テンス(テンス属) *Iniistius dea* (Temminck and Schlegel, 1845)　側線は不連続。背鰭の第1・2棘が顕著に長く、第2棘と第3棘の間は離れて鰭膜が深く切れ込む。口角から前鰓蓋後部に1本の細い溝がある。成魚は全体に赤っぽい。幼魚は体側に4本の太い褐色横帯があり、背鰭第1棘が成魚より顕著に長い。驚いたときに素早く砂に潜り、砂中でも移動できる。新潟県〜九州西岸の対馬暖流沿岸、千葉県館山〜九州南岸の太平洋沿岸、伊豆−小笠原諸島、朝鮮半島南岸、済州島、台湾、中国広東省、オーストラリア北西岸・北東岸・東岸に分布。

オビテンスモドキ(オビテンスモドキ属) *Novaculichthys taeniourus* (Lacepède, 1801)　側線は不連続。臀鰭軟条は背鰭軟条より長い。幼魚は背鰭の第1・2棘が顕著に長く赤褐色、同色の体側横帯および腹鰭と合わせて海藻の切れ端のような外観になる。雌は黒っぽく、体側は鱗列に対応した白色斑列、眼の後ろに斜め上方と下方に向かう2本ずつの黒色線がある。雄は頭部に黒色線がなく、胸鰭基部に小さい黄色斑、その後方により大きい黒色斑がある。サンゴ礁の砂礫底に生息し、礫(サンゴ片)をひっくり返して底生動物を探索する。サンゴ片を運んで寝床をつくり、その下に潜る。この行動によって英名はRockmover wrasse(石を動かすベラ)。伊豆−小笠原諸島、琉球列島、インド−汎太平洋に分布。　(馬渕浩司)

イトヒキベラ

TP　9cm SL

クジャクベラ

TP　8cm SL

ニセモチノウオ

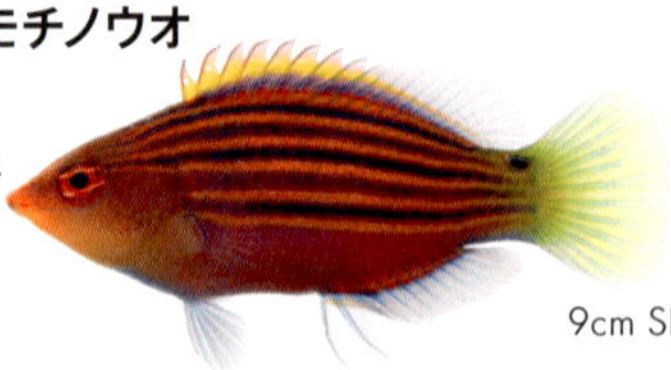

成魚　9cm SL

オハグロベラ

TP　17cm SL

IP　15cm SL

イトヒキベラ（イトヒキベラ属） *Cirrhilabrus temminckii* Bleeker, 1853　側線は不連続。前鰓蓋骨の後縁は鋸歯状。背鰭は11棘9軟条。体は赤桃色で腹側は白っぽい。雄は胸鰭軟条が伸長、求愛時に体全体がメタリックブルーに輝く。サンゴ礁または岩礁の潮通しのよい中層で群れをつくり、動物プランクトンを食す。伊豆諸島、千葉県館山～屋久島の太平洋沿岸、九州北岸・西岸、沖縄諸島以南の琉球列島、西太平洋、オーストラリア西岸に分布。地理的変異があり、複数種を含んでいる可能性がある。

クジャクベラ（クジャクベラ属） *Paracheilinus carpenteri* Randall and Lubbock, 1981　側線は不連続。前鰓蓋骨の後縁は円滑。背鰭は9棘11軟条。雄は背鰭中央部の2～5本の軟条が伸長、体は桃～赤橙色、複数の紅紫～青色の縦線がある。雌は体が赤っぽく、複数の薄い暗色縦線がある。やや深いサンゴ礁域の中層で群れをつくり、動物プランクトンを食す。伊豆諸島、伊豆半島～屋久島の太平洋沿岸（散発的）、沖縄諸島以南の琉球列島、西太平洋に分布。

ニセモチノウオ（ニセモチノウオ属） *Pseudocheilinus hexataenia* (Bleeker, 1857) 側線は不連続。体は青紫色で、6本の橙色縦帯、尾柄の背部に黒い眼状斑がある。成魚は、頭部の下半分に小白色点が密在する。サンゴ礁の物陰に隠れて生活し、小型の底生動物や底層プランクトンを食べる。伊豆－小笠原諸島、伊豆半島～屋久島の太平洋沿岸（散発的）、琉球列島、インド－太平洋に分布。

幼魚　3cm SL

オハグロベラ（オハグロベラ属） *Pteragogus aurigarius* (Richardson, 1845)　側線は連続。TPは体が黒く黄色い鱗縁で網目模様、眼下や鰓蓋は黄色の虫食い模様、背鰭の第1～3棘の鰭膜が糸状に伸びる。IPは体が赤茶色で腹部に鱗列に沿った小紫斑がある。幼魚は胸鰭以外の鰭と体が赤褐色のまだら模様、鰓蓋後部に青い眼状斑がある。TP雄とIP雌のペア産卵が基本だが、なわばりをもたないTP雄やIP一次雄がこれに加わるストリーキングも観察されている。海藻の茂る浅い岩礁域やソフトコーラルのある深い岩礁域に生息。津軽海峡～九州西岸の日本海・東シナ海沿岸、房総半島～九州南岸の太平洋沿岸、伊豆諸島、瀬戸内海、朝鮮半島南岸、済州島、台湾、中国広東省、東沙群島、南沙群島に分布。

ササノハベラ属 *Pseudolabrus*　臀鰭軟条数

ホシササノハベラ

TP　20cm SL

アカササノハベラ

TP　20cm SL

カマスベラ若魚　10cm SL

カマスベラ

TP　35cm SL

は10。側線鱗の側線管は二叉状で複雑に分枝。背鰭と臀鰭の基部は浅く鱗鞘に被われ、棘間の鰭膜は切れ込む。岩礁に生息、底生生物を食べる。東アジア沿岸に2種、南半球9種と太平洋の温帯域に反赤道分布。

ホシササノハベラ *Pseudolabrus sieboldi* Mabuchi and Nakabo, 1997　体側上部に白色斑が並び、眼の下部から後方に延びる暗色線が胸鰭基部の上端に達しない。TPは全身が緑色をおび頭部下半分に橙色の虫食い模様がある。IPの全身は赤い。IP一次雄が存在し、TP雄とIP雌のペア産卵へのストリーキングを行う。アカササノハベラと共存する場所でも正しく同種間のペアで産卵することが、愛媛県宇和海で観察されている。飼育下で雄から雌への逆方向の性転換が知られている。浅海岩礁に生息。津軽海峡〜九州西岸の日本海・東シナ海沿岸、瀬戸内海、千葉県館山〜屋久島の太平洋沿岸、済州島、台湾に分布。日本海沿岸で多く、太平洋沿岸では内湾に多い。西日本ではアカササノハベラとともに煮付けや塩焼き、揚げ物、刺身で食される。

アカササノハベラ *Pseudolabrus eoethinus* (Richardson, 1846)　体側上部に白色斑がなく（興奮時、一時的に白色斑が出る）、眼の下部から後方に延びる暗色線は胸鰭基部の上端に達する。TPでは頭部を含む体の前半が赤色、後半が黄色。IPでは全身が赤色。外洋に面した沿岸の浅海岩礁に生息。IP一次雄が存在し、TP雄とIP雌のペア産卵へのストリーキングを行う。伊豆−小笠原諸島、千葉県館山〜屋久島の太平洋沿岸、福井県〜九州西岸の日本海・東シナ海沿岸（稀）、済州島、中国南シナ海沿岸に分布。

カマスベラ（カマスベラ属） *Cheilio inermis* (Forsskål, 1775)　体は細長く、口は大きい。体は基本的に緑色だが、色彩変異が多く、稀に全身黄色。大型の雄は、体側に黒、橙、黄、白などの大小の斑紋がある。若魚は体側に吻端から尾柄後部に至る2本の白色縦帯がある。幼魚と若魚は藻場や海草域に隠れて住み、成魚は砂地に出て底生動物を食べる。伊豆−小笠原諸島、千葉県館山〜屋久島の太平洋沿岸（散発的、幼魚）、琉球列島、インド−太平洋に分布。　（馬渕浩司）

ブダイ

TP　45cm TL

IP　25cm TL

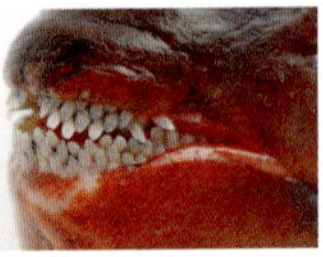

上顎・下顎の歯

ブダイ科 Scaridae
大部分の種で顎歯は癒合しくちばし状。咽頭歯では左右に広がった線状歯が洗濯板状に並ぶ。頭部がオウムに似て、英名でparrotfishes。背鰭は9棘10軟条、臀鰭は3棘9軟条。サンゴ礁に生息する種が大部分。死サンゴ骨格に生える微小藻類を基質ごと齧るので、糞は白いサンゴ砂を含む。世界で10属99種。日本には7属36種。性転換や繁殖の基本様式はベラ科と同じ。

粘液の寝袋：ブダイ科とベラ科の一部(p.330)は、鰓蓋腺から分泌される粘液で寝袋をつくり、その中で眠る。この寝袋は長年、ウツボ類などからの捕食を防ぐと考えられていたが、最近の研究で、寄生虫がつくのを防ぐ効果があることが示された。

ブダイ(ブダイ属) *Calotomus japonicus* (Valenciennes, 1840)　両顎歯は覆瓦状に並び不完全に癒合。IPでは全体的に赤から茶褐色だが、TPでは尾鰭と口の周り以外は緑色、腹部から胸びれの後ろが白っぽい。幼魚と若魚は体が黄褐色で体側に白点が並ぶ。長崎半島では1歳で全長10cm、2歳で20cm、3歳で30cmになる。夏は石灰藻や底生生物を、冬は大型・小型の藻類を多く食す。冬はハバノリやヒジキなど海藻を餌にして釣られる。IP一次雄が存在し、TP雄とIP雌のペア産卵へのストリーキングが観察されている。海藻の茂る岩礁域に生息。千葉県～九州南岸の太平洋沿岸、トカラ列島、奄美大島、台湾に分布。

オオモンハゲブダイ

TP　30cm TL

粘液の寝袋で眠るオオモンハゲブダイ

ハゲブダイ

TP　30cm TL

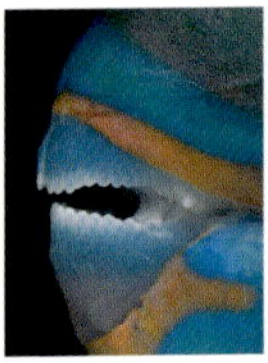

上顎・下顎の歯

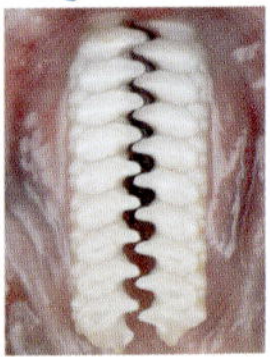

上咽頭歯

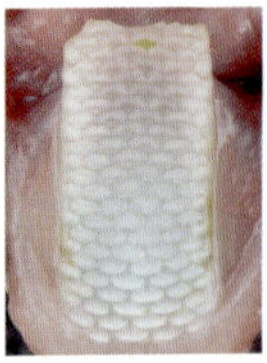

下咽頭歯

オオモンハゲブダイ(ハゲブダイ属) 準絶滅危惧種(IUCN) *Chlorurus bowersi* (Snyder, 1909)
TPでは眼の後ろから体側の前半に大きな三角形の橙色斑がある。IPでは暗褐色だが尾柄から尾鰭が白い。西表島ではTP雄とIP雌のペア産卵が多く観察されるが、IP一次雄のストリーキングやグループ産卵も観察されている。粘液寝袋の中で眠る。琉球列島西太平洋に分布。沖縄では、他のブダイ類とともに“イラブチャー”とよばれ、刺身や汁物で賞味される。

ハゲブダイ(ハゲブダイ属) *Chlorurus sordidus* (Forsskål, 1775)　TPでは体が全体に緑っぽく後半は黄～橙色。黄～橙色の部分が体側全体に広がるものもいる。IPでは体が全体的にえび茶色、しかし、生時は尾柄が白く、中心に暗色の円形斑が出る。沖縄ではIP一次雄のグループ産卵がよく観察される。粘液寝袋の中で眠る。小笠原諸島、琉球列島、

ナンヨウブダイ

TP

70cm TL
(60cm FL)

ヒブダイ

TP

80cm TL

IP

30cm TL

スジブダイ

TP

40cm TL

インド−太平洋に分布。沖縄では、オオモンハゲブダイと同様に食される。

ナンヨウブダイ（ハゲブダイ属） *Chlorurus microrhinos* (Bleeker, 1854)　成魚は体が青〜緑色で、頭部の頬に口角から後方へはしる明るい青色帯がある。性転換に伴う色彩の変化はあまりないが、大型個体では吻部が絶壁状になり、尾鰭の上下両端が糸状に伸長する。老成魚は頭部が瘤状に張り出す。粘液寝袋の中で眠る。八重山諸島で、雌は1歳で尾叉長約10cm、2歳で約20cm、6歳以上で40cmをこえる。伊豆−小笠原諸島、静岡県〜屋久島の太平洋沿岸（散発的、幼魚）、琉球列島、西−中央太平洋に分布。沖縄では、老成魚の瘤が玄翁（かなづち）で殴られた状態を連想させ、“ゲンノウイラブチャー”あるいは“ゲンナー”などとよばれ、刺身や汁物で賞味される。

ヒブダイ（アオブダイ属） *Scarus ghobban* (Forsskål, 1775) TPは全体に青緑色、各鱗の前方部が薄桃〜橙色。IPは黄色で5本の不規則な青緑横帯がある。IP一次雄の存在が確認されている。岩礁・サンゴ礁に生息し、微小藻類のほか底生動物も食べる。伊豆−小笠原諸島、神奈川県三浦半島〜九州南岸の太平洋沿岸、台湾、インド−汎太平洋に分布。ブダイ科の中で最も美味。沖縄では“アーガイ”とよばれ、刺身や汁物で賞味される高級魚。

スジブダイ（アオブダイ属） *Scarus rivulatus* Valenciennes, 1840　TPは全体的に緑色で頬が橙色、眼から口にかけて赤から紫色の虫食い模様があり、求愛中は体の後半部が白っぽくなる。IPや幼魚は全体的に灰〜灰褐色で目立つ斑紋はなく、オウムブダイ *S. psittacus* やダイダイブダイ *S. globiceps* のIPと区別することは困難。シルトで濁った礁池から澄んだ礁縁で、群れをつくる。西表島ではグループ産卵が多く観察されるが、TP雄とIP雌のペア産卵とこれへのIP一次雄のストリーキングも観察されている。琉球列島、東インド−西太平洋に分布。沖縄では刺身や汁物で食される。

（馬渕浩司）

ハタハタ

24cm SL（通常18〜20cm SL）

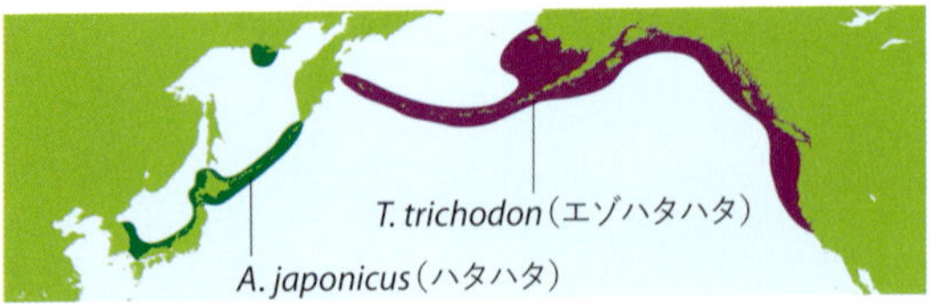

ハタハタ科2種の分布

日本列島と朝鮮半島沿岸におけるハタハタ系群の産卵場（赤）と分布

カジカ亜目 Cottoidei

ハタハタ科 Trichodontidae　体は側扁、鱗がない。口は大きく、斜位で下顎が前に出る。背鰭は2基でよく離れる。胸鰭は非常に大きい。臀鰭基底は長い。東部北太平洋にエゾハタハタ *Trichodon trichodon*、西部北太平洋にハタハタ *Arctoscopus japonicus* の2属2種。

ハタハタ（ハタハタ属）

Arctoscopus japonicus (Steindachner, 1881)

側線（そくせん）は不明瞭。前鰓蓋骨（ぜんさいがいこつ）に5棘。海底の砂底に潜って眼だけを出しているか、底面を大きな胸鰭を使って泳ぐ。ヨコエビ類、オキアミ類、イカ類、キュウリウオなどの小魚を食べる。水槽実験で、砂に潜る習性は全長3.2〜3.7cmで仔魚（しぎょ）から稚魚（ちぎょ）への変態が終わったころに始まる。

秋田沿岸の産卵群は産卵期以外は青森県から新潟県の沖、水深約250mで水温約1.5℃の海域に生息。雌雄とも8月頃から生殖腺が発達し始め、成熟とともに魚群はまとまりだし、11月には秋田沖で大きな群れをつくる。産卵期は11月〜1月。秋田県人は前線の通過による雷でハタハタ到来を待ちわびる。沿岸域の水温が13℃を下回ると、一気に移動し接岸、水温が12〜13℃と下がったときに浅瀬の藻場（水深2〜3m）に雄が夕方から集まり始め、雌は夜9時ごろから現れ、深夜から明け方にかけて産卵、ホンダワラ類の根元の茎を巻き込むようにして卵塊を産みつける。雌はすぐに沖合に戻るが、雄は産卵場周辺で次の雌が来るのを待つ。卵塊は球形で径3.3〜7cm、海底から20〜60cmの高さの所に付着。卵塊は体長約17cmの2歳で約900粒、約21cmの3歳で約1600粒、4歳の約25cmで約2600粒。卵径は1.5〜3mm、淡紅色・淡緑色・淡褐色で卵膜が厚くて強い。卵は水温8℃前後で51〜75日で表面のものから順に孵化する。2〜3月には水深20mまでの所に生息し、5〜6月に4〜5cmに成長する頃、水深200m以深の海域に移動する。餌生物はカイアシ類からコブヒゲハマアミが主となる。2歳で体長15〜16cm（雄）、16〜17cm（雌）、3歳で18〜20cm（雄）、19〜21cm（雌）、4歳で21〜22cm（雄）、23〜25cm（雌）。北海道太平洋沿岸の産卵群は1歳で雄は体長15cm、2歳で18cm、3歳で22cm、雌は1歳で17cm、2歳で20cm、3歳で24cmになり、産卵群は1歳が多い年と2歳が多い年があり、3歳以上は少ない。

主産卵場と対応して再生産の独立性の強い系群は日本海朝鮮半島東岸群（朝鮮半島東岸〜山口県）、日本西岸群（隠岐〜北海道）、北海道太平洋岸群（北海道南岸）がある。ちなみに、卵は北海道太平洋沿岸では青緑色が多く、秋田県のものと少し異なっている。

北海道〜山口県の日本海沿岸、大和堆、朝鮮半島東岸、北海道太平洋・オホーツク海沿岸、オホーツク海タウイ湾、千島列島、カム

ギンダラ

1m SL
(通常60cm SL)

アブラボウズ

1.8m SL

幼魚

ギンダラの分布

チャツカ半島南東部に分布。底曳網、建網、刺網で漁獲される。塩焼き、煮付け、干物、糠漬けで食される。産卵で押し寄せる秋田では、魚醤であるショッツル、飯鮨(いいずし)、ブリコ(卵)が賞味される。昔は干鰕(ほしか)とよばれ、肥料として利用された。現在、産卵後のブリコは資源保護のために採捕が禁止されている。

ギンダラ科 Anoplopomatidae　頭部に棘も皮弁もない。背鰭は2基。臀鰭基底は短い。北太平洋に分布し、2属2種。

ギンダラ(ギンダラ属) *Anoplopoma fimbria* (Pallas, 1814)　体は細長く、わずかに側扁。第1背鰭と第2背鰭はよく離れる。第1背鰭は17〜30棘。ブリティッシュコロンビア沖水深250mで2月に成熟雌が得られているので、産卵は1〜2月と考えられている。5月にオレゴン州沖161〜312kmで全長2.5cmの後、仔魚がとれている。幼魚(ようぎょ)の大群が時々ヌートカ湾やモントレー湾の岸近くに押し寄せる。オレゴン州沖では5歳で雄は体長50cm、雌は53cmになり、魚食性でサンマやハダカイワシ類を食べるが、甲殻類も食べる。20年以上生きることが知られている。水深300〜900mの泥底に生息。北海道オホーツク海沿岸、北海道〜青森県の太平洋沿岸、千島列島、オホーツク海南東部・北部、カムチャツカ半島南東岸、ベーリング海、アリューシャン列島〜バハカリフォルニアに分布。底曳網、延縄で漁獲され、味噌漬け、刺身として食され、寿司種にもされる。カナダでは燻製で食されることが多い。

アブラボウズ(アブラボウズ属) *Erilepis zonifer* (Lockington, 1880)　体は太く、わずかに側扁。第1背鰭と第2背鰭は接近。第1背鰭は12〜14棘。体は暗褐色で大きな白斑が散在。バンクーバーの水族館では体長40cmの個体が2.3年で76cm、25cmの個体が10年で102cmになった記録がある。幼魚は表層で浮遊物につき、成魚(せいぎょ)は水深680mまでの岩礁域に生息し、魚食性。北海道〜熊野灘の太平洋沿岸、オホーツク海南東部、千島列島、カムチャツカ半島南東岸、アリューシャン列島南部、アラスカ湾南部〜モントレー湾、天皇海山に分布。深海延縄や底曳網で時々体長1mほどのものがとれる。脂質を多く含む。

(中坊徹次)

アイナメ

38cm SL（通常20～30cm SL）

稚魚

6cm SL

エゾアイナメ

26cm SL

クジメ

24cm SL

ウサギアイナメ

75cm SL（通常30～40cm SL）

アイナメ科 Hexagrammidae　頭部に棘がなく、眼上に皮弁がある。基本的に体に5本の側線をもつが、アイナメ属では上から3本目、ホッケ属では上から2本目のものが機能している。稚魚は体が青く、表層生活をし、成長後に底生生活に移る。北太平洋域を中心に3属9種。日本に2属7種。沿岸性。

アイナメ属 *Hexagrammos*　背鰭中央部に欠刻がある。尾鰭後縁は二叉しない。クジメを除いて側線は5本。北太平洋域の冷水域に3種、東アジアの温帯域に2種、東太平洋の温帯域に1種 *H. decagrammus* が生息。

アイナメ 絶滅のおそれのある地域個体群(瀬戸内海)(環) *Hexagrammos otakii* Jordan and Starks, 1895　頬と鰓蓋の大部分に鱗がある。尾鰭は截形。体は基本的には茶褐色だが変異に富む。産卵期に雄は橙黄色が強くなる。晩秋から初冬、沿岸で潮通しがよくて水の澄んだ岩礁域か小石の多い所に集まり、海藻の茎や岩石に沈性粘着卵を産む。他の雄や雌が卵塊を食べるので、雄は卵を守る。三河湾・伊勢湾では全長約7mmで孵化し遊泳を始め、約9mmで摂餌を開始し、コペポーダなどを食べる。2月下旬ごろから稚魚はアマモ場に出現、6～7月ごろ姿を消し、10月ごろから未成魚として沿岸の岩礁域に姿を現す。浮遊遊泳期の稚魚はカイアシ類、浅海の岩礁で底生生活に入ってからは小型エビ・カニ類、ハゼ類などの小型魚類、多毛類などを食べる。三河湾・伊勢湾では1歳で体長15cm、2歳で22cm、3歳で26cm、4歳で29cmになる。成熟最小魚は体長が雄で1歳11.6cm、雌で2歳19cm。雄は雌より1年早く成熟する。陸奥湾では2歳で17～21cm、3歳で24～29cm、4歳で30～38cm、漁獲されるのは2～3歳魚が多く、4歳魚は少ない。北海道全沿岸～九州南岸の日本海・東シナ海・太平洋沿岸、瀬戸内海、朝鮮半島全沿岸、渤海・黄海・東シナ海北部沿岸に分布。釣りなどで漁獲。夏に美味、刺身、照焼き、煮付けで賞味される。

クジメ *Hexagrammos agrammus* (Temminck and Schlegel, 1843)　体の側線は1本。尾鰭後縁は丸い。体は基本的に濃褐色で多くの淡色斑点が散在する。水深5m以浅の藻場や岩礁に生息。定住性が強く径1mほどのなわばりをもち、侵入者に対して攻撃をする。産卵盛期は11～12月。産卵後は雄が卵を保護する。全長4cmまで浮遊遊泳生活、2～5月に流れ藻につき、全長3～4cmで底生生

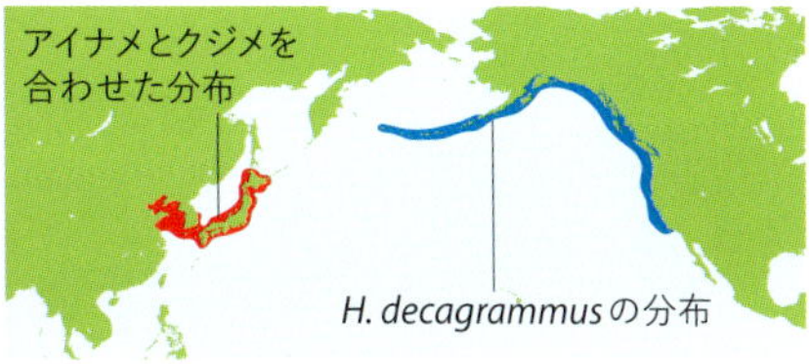

アイナメ属温帯域3種の分布

アイナメ属冷水域3種の分布

活に移行する。北海道〜九州北岸の日本海沿岸、北海道〜土佐湾の太平洋沿岸、瀬戸内海、朝鮮半島全沿岸に分布。釣りや刺網で漁獲され、刺身や煮付けで食される。アイナメに比べてやや不味。

エゾアイナメ *Hexagrammos stelleri* Tilesius, 1810　頬部と鰓蓋はほとんど無鱗。尾鰭後縁は円くない。体は黄褐〜淡緑色。2歳で体長20cm、3歳で26cm。日本海北部沿岸、北海道全沿岸、千島列島〜ピュージェットサウンドに分布。

ウサギアイナメ *Hexagrammos lagocephalus* (Pallas, 1810)　側線有孔鱗(そくせんゆうこうりん)数は97〜112。尾鰭後縁は円い。多くの雄は赤褐色で、雌は淡褐〜黄褐色。産卵期は11〜12月。アイナメより深いところに生息。北海道全沿岸、サハリン東岸〜カリフォルニア沿岸に分布。刺網などで漁獲され、煮付けや塩焼きで食される。

ホッケ属 *Pleurogrammus*　背鰭中央部に欠刻がない。尾鰭後縁は二叉する。側線は5本。北太平洋域に2種。

ホッケ *Pleurogrammus azonus* Jordan and Metz, 1913　体に明瞭な暗色横帯がないか、あっても不明瞭。産卵期には雄はコバルト色に鮮黄色の唐草模様、雌は暗褐色の地色に黄色の唐草模様になる。産卵は水深25〜40mで潮通しがよく、底が岩か石の凹凸の多い所で行われ、卵塊が岩礁のくぼみや裂け目、石と石の間隙に産みつけられる。雄は餌をとらずに産卵床(さんらんしょう)で卵を守る。産卵期は北海道周辺では9月中旬〜12月中旬、本州北部の日本海沿岸では12〜2月。体長4〜16cm“アオボッケ”は青緑色で表層生活、満1歳の18〜22cm“ローソクボッケ”では体が淡褐色に唐草模様で水深約100mの大陸棚底層で密群をなす。1.5歳の23〜25cm“ハルボッケ”で体が濃褐色になる。ほぼ2歳で約26cmの成魚“ネボッケ”となり岩礁域で底生生活する。北海道日本海沿岸では1歳で体長21cm、2歳で28cm、3歳で32cm、4歳で33cm。2〜3歳で成熟する。7歳の雌が知られている。雌は雄より1〜2cmほど大きい。北海道全沿岸、青森県〜山口県の日本海沿岸、東北地方太平洋沿岸、朝鮮半島東岸中部〜サハリンの日本海沿岸、オホーツク海南部に分布。刺網、定置網、釣りなどで漁獲され、焼き魚、煮付け、干物で食される。夏が旬。

キタノホッケ *Pleurogrammus monopterygius* (Pallas, 1810)　体に明瞭な暗色横帯がある。ホッケより寒冷な海域にすむ。北海道全沿岸、東北地方太平洋沿岸、千島列島〜アラスカ湾に分布。別名“シマホッケ”。　（中坊徹次）

カジカ大卵型

10〜15cm TL

カジカ中卵型

12〜18cm TL

ウツセミカジカ（カジカ小卵型）

12〜20cm TL

ハナカジカ

12〜18cm TL

カジカ科 Cottidae
腹鰭は1棘2〜5軟条、第2背鰭と臀鰭は基底が長く軟条のみ。成魚に鰾がない。主に北半球の冷水性の淡水域と海水域に約70属275種、南半球に深海性の1属が4種、日本に33属88種。

カジカ属 *Cottus*　周北極圏の淡水域に約42種が分布、多くは両側回遊魚。日本の1種は陸封、5種が両側回遊。

カジカ大卵型 準絶滅危惧（環）*Cottus pollux* Günther, 1837　胸鰭軟条数は12〜14。河川の上〜中流域の礫底で小石の隙間に生息し、水生昆虫や小魚を食べる。産卵期は3月下旬〜6月上旬、雌は直径2.5〜3.7mmの卵を浮石下の空所に産む。雄は孵化まで卵を保護。仔魚は海へ降りず、平瀬の礫底にすむ。雌は2歳、雄は3歳で成熟。雌の産卵場所と雄の卵の保護、食性は下記のカジカ中卵型、ウツセミカジカ、ハナカジカ、エゾハナカジカ、カンキョウカジカで基本的に同じ。千葉県を除く本州と九州北西部の河川に分布。

カジカ中卵型 絶滅危惧IB類（環）*Cottus* sp.
胸鰭軟条数は13〜16。頬部に2本の暗色線がある。大卵型よりやや下流の礫底で石の間に生息。産卵期は九州で2〜3月中旬、東北地方で3月下旬〜4月下旬、卵は直径2.2〜3.2mm。孵化後は海に降り内湾で2〜4週間を過ごし、3月上旬〜4月下旬に稚魚になり、河川を遡上する。雌は2歳、雄は2〜3歳で成熟。北海道、本州日本海側、山陽地方、愛媛県、九州北部・東部の河川に分布。

ウツセミカジカ（カジカ小卵型） 絶滅危惧IB類（環）*Cottus reinii* Hilgendorf, 1879　胸鰭軟条数は15〜17。頬部に2本の暗色線がある。尾柄が細長い。河川の中・下流域の流れの緩やかな礫底に生息。産卵期は東日本では2月中旬〜4月中旬、卵は直径1.8〜3.1mm。孵化後は海に降り、約1か月間の浮遊生活後、3〜5月に稚魚になり河川を遡上する。琵琶湖流入河川のものは琵琶湖を海代わりにする。雌は2歳、雄は2〜3歳で成熟する。青森県〜茨城県、静岡県〜和歌山県、愛媛県を除く四国、琵琶湖周辺の河川に分布。

ハナカジカ *Cottus nozawae* Snyder, 1911
胸鰭軟条数は13〜15。前鰓蓋骨最上棘の先端は太くて鈍い。体側の4本の褐色横帯の幅が広い。河川の上〜中流域の礫底に生息。産卵期は4月上旬〜5月中旬。孵化後、仔魚は海に降りずに巣内の礫間におり、稚魚になり川岸の浅瀬でユスリカ科の幼虫などを食べる。雌の多くは2歳、雄は3歳で成熟。北海道（別寒部牛川以東を除く）、青森県〜新潟県、岩手県の河川に分布。

エゾハナカジカ *Cottus amblystomopsis* Schmidt, 1904　胸鰭軟条数は15〜17。前鰓蓋骨最上棘の先端は細くてやや鋭い。体側

エゾハナカジカ

10〜15cm TL

カンキョウカジカ

12〜17cm TL

カマキリ
(アユカケ)

20〜25cm TL

ヤマノカミ

10〜16cm TL

の4本の褐色横帯の幅が狭い。尾柄は細長い。川の感潮域を含む下流域の平瀬の石礫底に生息。産卵期は4月中旬〜5月上旬。孵化した仔魚は海に入り、約3週間の浮遊生活の後、全長1.1〜1.4cmの稚魚になり群れで底面に沿って川を遡る。雌の多くは2歳、雄は3歳で成熟。津軽海峡〜標津地方の北海道太平洋側、択捉島、国後島、色丹島、サハリン東部オホーツク海沿岸、沿海州日本海沿岸の河川に分布。

カンキョウカジカ *Cottus hangiongensis* Mori, 1930　体が低く、体に白い縁取りの緑褐色斑が散在する。川の中・下流域の早瀬や岸寄りの浅瀬に生息。産卵期は4〜5月、孵化仔魚は海に降り、約1か月浮遊生活を送る。全長1.3〜1.6mmの稚魚になり、中層〜底層を遊泳し川を遡る。下流域の雄は全長8cmの3歳で成熟、上流では全長14cmの4歳以上で成熟する個体がいる。北海道の津軽海峡〜噴火湾・日本海・オホーツク海側、青森県〜石川県、岩手県、朝鮮半島東部沿岸〜沿海州、国後島の河川に分布。

カマキリ属：新称 *Rheopresbe*　降河回遊。日本固有で1種のみ。

カマキリ（アユカケ） 絶滅危惧Ⅱ類(環)

Rheopresbe kazika (Jordan and Starks, 1904) 頭は大きく丸い。口蓋骨に歯がある。前鰓蓋骨の一番上の棘は強くて上方に曲がる。川の中流域で主に瀬の礫底に生息し、アユなどの小魚を食べる。11〜12月に川を下り1〜3月に河口域や内湾の岩礁域で産卵するが、30‰以上の塩分の海水が必要である。卵は直径1.5〜1.7mmで、孵化まで雄が保護をする。孵化した仔魚は沿岸で浮遊生活をし3〜5月に全長1.3〜1.5cmの稚魚になり、川を遡る。2歳で成熟。青森県〜山口県の日本海側、茨城県、千葉県、神奈川県〜愛知県、三重県、和歌山県、徳島県、高知県、宮崎県の河川に分布。秋田県〜山口県の日本海側の河川が主な分布域。

ヤマノカミ（ヤマノカミ属） 絶滅危惧IB類(環)

Trachidermus fasciatus Heckel, 1837　頭は大きく、後頭部と頬部に隆起線がある。口蓋骨に歯がある。尾鰭基底に扇状の暗色斑がある。川の上〜中流域の清流で浅くて砂礫や石のところに単独でおり、夜に活動、甲殻類とその幼生を食べる。11〜12月に川を下り、12〜1月に河口から有明海の湾奥部に達し、タイラギの空き殻の内面に産卵。雄は卵を保護する。産卵は2歳魚と成長の早い1歳魚で行われる。産卵後は雌雄ともに死ぬ。仔魚は3〜4月に河口付近に集まって浮遊生活をし、5月に川を遡る。満1歳で全長10〜12cm、2歳で16cmになる。有明海沿岸、朝鮮半島黄海沿岸、中国黄海・東シナ海沿岸の河川に分布。

（中坊徹次）

ニラミカジカ

20cm SL（通常15cm SL）

アイカジカ

20cm SL（通常18cm SL）

ツマグロカジカ

30cm SL（通常20cm SL）

セビロカジカ

30cm SL（通常15cm SL）

オニカジカ

28cm SL（通常20cm SL）

ニラミカジカ（ホッキョクカジカ属） *Triglops scepticus* Gilbert, 1896　体側下部に斜めの鱗列がある。頭部はほとんどが小鱗で被われる。水深100～380mの砂底、砂泥底に生息。北海道全沿岸、朝鮮半島元山～サハリン西岸、千島列島～アラスカ湾に分布。

ツマグロカジカ（ツマグロカジカ属） *Gymnocanthus herzensteini* Jordan and Starks, 1904　眼隔域は狭く中央部に骨質板が並び、頭部背面は骨質板に被われる。眼上皮弁がない。胸鰭に数本の太く明瞭な黒褐色帯がある。水深30～150mの砂礫底に生息。北海道全沿岸、青森県～島根県隠岐の日本海沿岸、朝鮮半島東岸中部～サハリン、千島列島に分布。

アイカジカ（ツマグロカジカ属） *Gymnocanthus intermedius* (Temminck and Schlegel, 1843)　眼隔域は狭く中央部に骨質板が並び、頭部背面は骨質板に被われる。眼上皮弁がある。胸鰭に黒褐色帯が太いのと細いのが交互にある。水深10～256mの礫底に生息。北海道全沿岸、青森県～島根県隠岐の日本海沿岸、青森県～茨城県の太平洋沿岸、朝鮮半島東岸中部～サハリン西岸・南東岸、千島列島南部に分布。

セビロカジカ（ツマグロカジカ属） *Gymnocanthus detrisus* Gilbert and Burke, 1912　眼隔域は広く頭部背面とともに骨質板に被われる。後頭部に2対の骨質隆起がある。ツマグロカジカと混獲されるが、胸鰭・背鰭・尾鰭の黒褐色帯がやや不明瞭で、体色の赤みが強く、識別できる。水深15～450mの砂礫底に生息。北海道日本海沿岸北部・太平洋沿岸東部・オホーツク海沿岸、ピーター大帝湾～間宮海峡、千島列島～ベーリング海西部に分布。

オニカジカ（オニカジカ属） *Enophrys diceraus* (Pallas, 1787)　前鰓蓋最上棘は著しく長く、その内側は鋸歯状。後頭部は幅広く、背面に大きな骨質隆起がある。側線に瘤状の板状鱗がある。水深100m以浅の砂礫底、岩礁に生息。北海道全沿岸、朝鮮半島東岸～間宮海峡、千島列島、オホーツク海北部、チュクチ海～アラスカ湾に分布。

ヨコスジカジカ（ヨコスジカジカ属） *Hemilepidotus gilberti* Jordan and Starks, 1904　第1と第2の背鰭は鰭膜でつながる。体の背側と腹側に顕著な鱗列がある。性的二型があり、雄の腹部と伸長した腹鰭に黒点が並ぶ。大陸棚外縁に生息。北海道全沿岸、朝鮮半島東岸中部～間宮海峡、オホーツク海、千島列島、カムチャツカ半島東岸に分布。

ヨコスジカジカ

36cm SL（通常20cm SL）

クジャクカジカ

30cm SL（通常20cm SL）

コオリカジカ

20cm SL（通常15cm SL）

トミカジカ

13cm SL

コブコオリカジカ

12cm SL

ダルマコオリカジカ

7.3cm SL

クジャクカジカ（ヨコスジカジカ属） *Hemilepidotus papilio* (Bean, 1880)　第1と第2の背鰭は鰭膜でつながる。体側腹側の鱗は著しく小さい。性的二型があり、雄は胸鰭が赤褐色で数本の明瞭な白色帯があり、腹鰭は著しく伸長し、黒色帯による縞模様がある。また、腹中線に沿って黄褐色で縁取られた白点が並ぶ。水深150m以浅に生息。北海道全沿岸、間宮海峡北部、千島列島、オホーツク海北部、カムチャツカ半島東岸～アラスカ湾に分布。

コオリカジカ（コオリカジカ属） *Icelus cataphractus* (Pavlenko, 1910)　後頭部に1対の大きな棘がある。ただし、この棘は左右で異なることもある。体の背側に単尖頭の顕著な棘を備えた鱗列がある。水深79～454mの砂泥底に生息。北海道全沿岸、朝鮮半島元山から沿海州をへてサハリン西岸・東岸、千島列島に分布。

トミカジカ（コオリカジカ属） *Icelus toyamensis* (Matsubara and Iwai, 1951)　後頭部に1対の棘があるが弱い。体の背側と腹側に櫛鱗（しつりん）が鱗列にならず散在する。前鰓蓋最上棘は長くない。水深240m付近の砂泥底に生息。北海道～石川県の日本海沿岸に分布。

コブコオリカジカ（コオリカジカ属） *Icelus ochotensis* Schmidt, 1927　後頭部に強い棘がある。背鰭起部付近の体は盛り上がる。頭部上半分には微小瘤状突起が密在する。水深10～210mの砂泥底に生息。北海道オホーツク海沿岸、能登半島以北の日本海沿岸、朝鮮半島東岸北部、千島列島北部、カムチャツカ半島東岸に分布。

ダルマコオリカジカ（コオリカジカ属） *Icelus gilberti* Taranetz, 1936　後頭部に3対の皮弁がある。背側鱗列は1列。背側と側線の鱗列の間に櫛鱗が散在する。水深56～180mに生息。北海道太平洋・オホーツク海沿岸、サハリン西岸・南岸、千島列島北部に分布。

（東海林 明）

トゲカジカ

70cm TL, 58cm SL
（通常30～50cm TL、
25～40cm SL）

オクカジカ

40cm SL（通常25cm SL）

ギスカジカ

40cm SL（通常30cm SL）

シモフリ
カジカ

30cm SL（通常25cm SL）

ニジカジカ

30cm SL（通常25cm SL）

トゲカジカ（ギスカジカ属） *Myoxocephalus polyacanthocephalus* (Pallas, 1814)　口が大きく、後頭部に2対の骨質突起がある。前鰓蓋（ぜんさいがい）の最上棘は真っ直ぐで大きい。体側背面に単尖頭の微小な棘状変形鱗（きょくじょうへんけいりん）が散在するが、わかりにくく、体表はほぼ滑らか。体側背側に大きな暗褐色の鞍状斑紋が2つ入る。尾鰭後縁は白い。水深200m以浅の岩礁近くの砂底に生息。魚類や甲殻類を食べる。12～2月、産卵のために岸近くに移動。北海道全沿岸、朝鮮半島東岸中部～サハリン西岸・南東岸、千島列島、オホーツク海東部・北部、チュクチ海南部～ベーリング海、アラスカ湾～ピュージェットサウンドに分布。延縄（はえなわ）、底曳網、刺網で漁獲。美味、旬は冬、鍋で賞味され、“ナベコワシ”と称される。肝臓は美味。

オクカジカ（ギスカジカ属） *Myoxocephalus jaok* (Cuvier, 1829)　頭部が側扁。口が大きく、後頭部に2対の骨質突起（こっしつとっき）がある。前鰓蓋の最上棘は真っ直ぐで大きい。体側背側に小棘が円形に並んだ変形鱗がおろし金のように並ぶ。この変形鱗は小型個体にはなく、北海道噴火湾沖では大型になってもないものがある。体側背側には複雑な虫食い模様が入る。水深80m以浅の砂底、砂泥底に生息。北海道全沿岸、朝鮮半島清津～サハリン西岸・南東岸、千島列島北部、オホーツク海東部・北部、チュクチ海～ベーリング海西部、アリューシャン列島東部、アラスカ湾に分布。

ギスカジカ（ギスカジカ属） *Myoxocephalus stelleri* Tilesius, 1811　口が大きく、後頭部に棘がない。前鰓蓋の最上棘は真っ直ぐで大きい。体は鱗がほとんどなく滑らか。腹部の模様は腹中線付近まで広がる。水深55m以浅の藻場・岩礁域に生息。北海道全沿岸、青森県～茨城県の太平洋沿岸、朝鮮半島東岸北部～サハリン西岸、オホーツク海東部・北部、ベーリング海西部～アラスカ湾に分布。

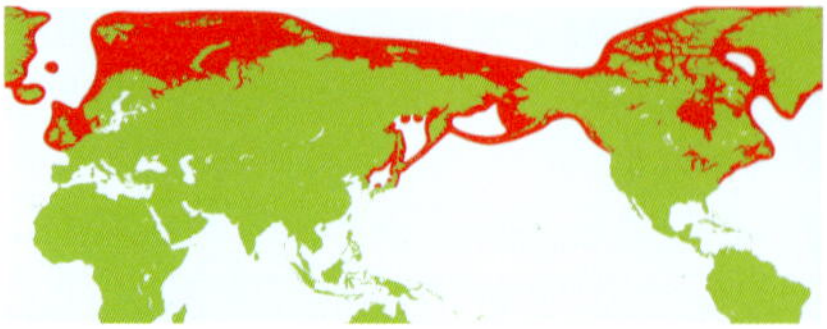

ギスカジカ属の分布

ベロ

15cm SL（通常12cm SL）

アナハゼ

18cm SL（通常15cm SL）

シモフリカジカ（ギスカジカ属）

Myoxocephalus brandtii (Steindachner, 1867)

口が大きく、後頭部に棘がない。前鰓蓋の最上棘は真っ直ぐで大きい。体は鱗がほとんどなく滑らか。腹部の模様は側面のみ。沿岸の藻場・岩礁域に生息。北海道全沿岸、東朝鮮湾～サハリン西岸・南東岸、千島列島、オホーツク海、カムチャッカ半島東岸に分布。

ニジカジカ（ニジカジカ属） *Alcichthys elongatus* (Steindachner, 1881)　前鰓蓋最上棘が最も大きく2～4叉。眼後部の皮弁は総状、後頭部の皮弁は単一形。体は鱗がほとんどなく滑らか。水深15～269mの岩礁に生息。北海道全沿岸、武蔵堆、青森県～山口県の日本海沿岸、青森県～茨城県の太平洋沿岸、朝鮮半島東岸～間宮海峡に分布。

ベロ（ベロ属） *Bero elegans* (Steindachner, 1881)

前鰓蓋最上棘が最も大きく単一形。眼の後ろと後頭部の皮弁は総状。体は鱗がほとんどなく滑らか。沿岸の岩礁域に生息。北海道全沿岸、青森県～島根県の日本海沿岸、青森県～宮城県の太平洋沿岸、朝鮮半島東岸～間宮海峡に分布。

スイ（スイ属） *Vellitor centropomus* (Richardson, 1848)　吻が鋭く尖り、頭と体は著しく側扁。胸鰭が大きく、その後縁は臀鰭起部を超え、下部の鰭膜は深く切れ込む。雄の第1背鰭は非常に大きく、尾鰭後縁は深く湾入する。鱗はほとんどなく、体表は滑らか。沿岸のガラモ場・アマモ場に生息。青森県津軽海峡～九州北西岸の日本海沿岸、青森県～和歌山県白浜の太平洋沿岸、山口県瀬戸内海沿岸、朝鮮半島南岸に分布。

スイ

12cm SL（通常10cm SL）

アサヒアナハゼ

13cm SL（通常10cm SL）

アヤアナハゼ

11cm SL（通常10cm SL）

アナハゼ（アナハゼ属） *Pseudoblennius percoides* Günther, 1861　吻端は尖る。眼後部に総状皮弁がある。側線上に皮弁がない。腋部に鱗がなく、体表は滑らか。尾鰭後縁は湾入しない。沿岸のガラモ場・アマモ場に生息。山形県～長崎県の日本海沿岸、千葉県外房～愛媛県愛南の太平洋沿岸、瀬戸内海、朝鮮半島南岸、済州島に分布。

アサヒアナハゼ（アナハゼ属） *Pseudoblennius cottoides* (Richardson, 1848)　下顎腹面に多くの明瞭な暗色斑がある。眼後部に総状皮弁がある。側線上に皮弁がないか、あっても中央部付近に2～3枚。腋部にわずかに鱗がある。沿岸のガラモ場・アマモ場に生息。北海道積丹半島～九州北西岸の日本海沿岸、青森県～土佐湾の太平洋沿岸、瀬戸内海、朝鮮半島東岸南部、済州島に分布。

アヤアナハゼ（アナハゼ属） *Pseudoblennius marmoratus* (Döderlein, 1884)　第1背鰭の第2・第3棘が他の棘よりわずかに長い。眼後部に総状皮弁がある。腋部にわずかに鱗がある。沿岸の藻場に生息。石川県能登半島～長崎県野母崎の日本海沿岸、千葉県～三重県の太平洋沿岸、朝鮮半島釜山に分布。（東海林 明）

アナハゼ属の分布

ケムシカジカ

40cm SL（通常23cm SL）

稚魚は、金属光沢をもつ

イソバテング

20cm SL（通常15cm SL）

ホカケアナハゼ

25cm SL
（通常20cm SL）

ケムシカジカ科 Hemitripteridae　体は小瘤状突起で被われる。3属8種で、北太平洋に7種、北大西洋に1種が分布。

ケムシカジカ（**ケムシカジカ属**）*Hemitripterus villosus* (Pallas, 1814)　頭部はやや縦扁、背面に多くの骨質隆起がある。頭部、背鰭棘先端、胸鰭基部上端付近、側線上に皮弁がある。体は灰褐色だが、赤色や黄色と変異がある。水深10～540mに生息、冬～春に浅海域で産卵、仔稚魚は中層を浮遊。稚魚(ちぎょ)は頭部が丸く、体は強く側扁し、背鰭基部は暗色。体側は金属光沢のある淡桃色、腹部は銀色。北海道全域、青森県～対馬東部と間宮海峡～ピーター大帝湾の日本海沿岸、青森県～千葉県銚子の太平洋沿岸、朝鮮半島全沿岸、千島列島、黄海、渤海に分布。釧路では鍋で食し、特に肝臓が賞味される。

イソバテング（**イソバテング属**）*Blepsias cirrhosus* (Pallas, 1814)　体は著しく側扁。吻部と下顎、眼上に皮弁がある。背鰭の前端は著しく長い。胸鰭、背鰭軟条部、臀鰭が大きい。体色は変異に富む。水深0～150m（多くは50m以浅）の藻場に生息。北海道全沿岸、青森県～千葉県銚子の太平洋沿岸、朝鮮半島東岸北部～間宮海峡の日本海沿岸、北太平洋沿岸に分布。

ホカケアナハゼ（**イソバテング属**）*Blepsias bilobus* Cuvier, 1829　体は高く、著しく側扁。眼上に皮弁がない。吻部と下顎に細長い皮弁がある。背鰭棘部に欠刻はない。胸鰭、背鰭軟条部、臀鰭が大きい。体色は変異に富む。水深0～250mに生息するが、水深120m以浅の藻場に多い。流れ藻につくので沖合にも出現する。富山湾～間宮海峡の日本海沿岸、宮城県～北海道の太平洋沿岸、北海道オホーツク海沿岸、千島列島～ブリティッシュコロンビア北部沿岸、チュクチ海に分布。

ウラナイカジカ科 Psychrolutidae　体は無鱗か、粟粒状の変形鱗がある。側線(そくせん)は退化的。太平洋、インド洋、大西洋に8属約35種。

コブシカジカ（**コブシカジカ属**）*Malacocottus zonurus* Bean, 1890　頭部は大きく、幅広い。後頭部に1対の瘤状突起がある。頭部と背鰭

コブシカジカ

20cm SL（通常15cm SL）

北海道太平洋沿岸産の個体

ヤマトコブシカジカ

28cm SL（通常15cm SL）

コンニャクカジカ

8.5cm SL（通常7cm SL）

前から見た姿

ガンコ

36cm SL（通常20cm SL）

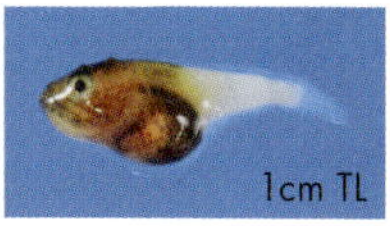

1cm TL

オタマジャクシのような形の稚魚

周辺の粟粒状の変形鱗は顕著だが、ない個体もある。頭部と体側は暗褐色。頭部や胸鰭、体側下部に白色斑紋が入る。すべての鰭は黒色で、白く縁取られる。尾鰭では前半部分に太い白色横帯が入る。北海道太平洋沿岸には、体色が明るく、全身に細かい無数の白色斑紋が入る個体がいる。また、第2背鰭・臀鰭・尾鰭に複数の白色帯が入る個体もいる。水深27〜2000mに生息。仔稚魚は中〜表層を浮遊、体は球形で柔らかく皮下にゼラチン様の層をもつ。鹿島灘〜米国ワシントン州の太平洋沿岸に分布。

ヤマトコブシカジカ（**コブシカジカ属**）

Malacocottus gibber Sakamoto, 1930　頭部は大きく、幅広い。後頭部に1対の瘤状突起がある。鰓耙数は9〜15(通常12)でコブシカジカ(4〜9、通常6)より多い。頭部変形鱗をもつ個体もいる。両眼間隔はコブシカジカより広い。水深255〜1740mに生息(水深1220m以深では稀)。仔稚魚は中層〜表層を浮遊。成魚は通常底性だが、冬季に北海道奥尻島沖水深400〜420mの中層(海底は水深800〜1500m)から採集されている。飼育下での観察だが雌は卵の保護をする。山口県〜北海道奥尻島の日本海沿岸、大和堆に分布。分布を含めて、コブシカジカとの比較研究が必要。

ガンコ（**ガンコ属**）*Dasycottus setiger* Bean, 1890

頭部は縦扁し、多くの棘がある。両顎と頬に多くの皮弁がある。性的二型があり、雄は背鰭と臀鰭が伸び、体の黒みが増す。仔稚魚はオタマジャクシ様で、中〜表層を浮遊。水深15〜850mに生息。日本海、千葉県銚子から米国ワシントン州の太平洋沿岸に分布。

コンニャクカジカ（**コンニャクカジカ属**）

Gilbertidia pustulosa Schmidt, 1937　体は非常に柔らかく、全体に微小な皮質突起がある。頭部はやや縦扁。頭部および体側線の感覚孔は大きい。生鮮時は透明感のある明るい灰色、稀に鮮やかな赤色(写真個体)。水深126〜700mに生息。サハリン南西沖、オホーツク海、カムチャツカ半島南東岸に分布。

（東海林 明）

トクビレ

♂

35cm SL
（通常雄30cm SL、
雌20cm SL）

♀

吻下部のひげ

サメトクビレ

26cm SL（通常20cm SL）

ヤセトクビレ

26cm SL（通常15cm SL）

トクビレ科 Agonidae　体は発達した骨板で被われ、角張る。背鰭は多くは2基。性的二型がある種が多い。主に沿岸砂泥域や岩礁域に生息。20属46種。北太平洋に19属43種。南米と北大西洋、南大西洋西部、北極周辺に6属7種。日本に14属23種。

トクビレ（トクビレ属） *Podothecus sachi* (Jordan and Snyder, 1901)　吻下面のひげは総状で前端が暗色。体は横断面が八角形で、体側に暗褐色雲状斑紋が並ぶ。性的二型が顕著。雌に比べて雄の第2背鰭と臀鰭は非常に大きく、腹鰭がやや長い。水深20～269mに生息。10～11月に産卵。仔稚魚は表層を浮遊。北海道全沿岸、青森県～富山湾・朝鮮半島東岸中部～サハリンの日本海沿岸、青森県～福島県の太平洋沿岸、オホーツク海南部に分布。北海道では“ハッカク”とよばれ、刺身や、鱗が付いたまま開き、身に味噌を塗って焼く軍艦焼きで賞味される。

サメトクビレ（トクビレ属） *Podothecus sturioides* (Guichenot, 1869)　吻下面のひげは総状で前端が黄色。体と第1背鰭、第2背鰭に黒色斑が散在する。この黒色斑は雄で大きく、雌や若魚では小さい。臀鰭は雄では縁が黒く、雌は全体が白い。腹鰭は雄が長く、先端が黒い。水深8～432mに生息。北海道全沿岸、新潟県～島根県隠岐・朝鮮半島北東岸～間宮海峡の日本海沿岸、東北地方太平洋沿岸、千島列島、オホーツク海北部、カムチャツカ半島南東岸に分布。

ヤセトクビレ（ヤセトクビレ属） *Freemanichthys thompsoni* (Jordan and Gilbert, 1898)　吻下面のひげは総状で前端が褐色。前鰓蓋骨最上棘は側方へ張り出し薄板状で大きい。頭部が大きく、頭幅が広い。腹鰭は雄の方が長い。水深10～300mに生息。北海道全沿岸、青森県～島根県隠岐・朝鮮半島東岸中部～サハリンの日本海沿岸、オホーツク海南部・西部、千島列島南部に分布。

テングトクビレ（テングトクビレ属） *Leptagonus leptorhynchus* (Gilbert, 1896)　吻下面のひげは単一形。吻は成長に伴い伸長する。

トクビレ科20属46種の分布

テングトクビレ　20cm SL（通常15cm SL）

オニシャチウオ

32cm SL（通常25cm SL）

ヤギウオ

20cm SL（通常15cm SL）

タテトクビレ

17cm SL（通常15cm SL）

イヌゴチ

32cm SL（通常23cm SL）

アツモリウオ

17cm SL（通常12cm SL）

胸鰭は上部が褐色、下部は白い。腹鰭は雄の方が長い。水深15～345mに生息。北海道全沿岸、青森県～島根県隠岐・朝鮮半島東岸中部～サハリンの日本海沿岸、青森県～宮城県の太平洋沿岸、千島列島～アラスカ湾北部に分布。

オニシャチウオ（オニシャチウオ属）*Tilesina gibbosa* Schmidt, 1904　吻は長く、下顎が突出。第一背鰭と臀鰭の基底は第2背鰭基底よりはるかに長い。腹鰭は雄の方が長い。水深15～400mに生息。北海道全沿岸、青森県～島根県隠岐・朝鮮半島北東部中部～間宮海峡の日本海沿岸、青森県～宮城県の太平洋沿岸、オホーツク海南部に分布。

ヤギウオ（ヤギウオ属）*Pallasina barbata* (Steindachner, 1876)　体は棒状。下顎が突出し、先端に1本の長いひげ（長さには変異がある）がある。腹鰭は雄の方が長い。水深128m以浅（通常は沿岸浅海域の砂泥底や藻場）に生息。北海道全沿岸、青森県～富山湾・朝鮮半島北東部～間宮海峡の日本海沿岸、陸奥湾、岩手県、オホーツク海、ベーリング海～チュクチ海、アラスカ湾～カリフォルニア州北部に分布。

タテトクビレ（タテトクビレ属）*Aspidophoroides monopterygius* (Bloch, 1786)　体は棒状。体の骨板は棘がなく、滑らか。吻端に鼻棘がある。第1背鰭がない。腹鰭は雄の方が長い。水深8～500m（通常200m以浅）に生息。北海道全沿岸、ピーター大帝湾～間宮海峡の日本海沿岸、岩手県、チュクチ海南部、オホーツク海～アラスカ湾、グリーンランド～ニューイングランド地方に分布。

イヌゴチ（イヌゴチ属）*Percis japonica* (Pallas, 1769)　体はやや側扁。第1背鰭起部付近で体背部が隆起、これは幼魚では弱く、成長に伴って強くなる。臀鰭は7～9軟条、基底が第2背鰭基底より長い。体にいくつかの不定形の褐色斑がある。水深19～750m（通常150～250m）に生息。北海道全沿岸、青森県～島根県隠岐・朝鮮半島東岸中部～間宮海峡をへてサハリンの日本海沿岸、オホーツク海～アラスカ湾に分布。同属のトンボイヌゴチ *P. matsuii* は遠州灘～土佐湾の太平洋沿岸に分布し、日本固有。

アツモリウオ（ツノシャチウオ属）*Hypsagonus proboscidalis* (Valenciennes, 1858)　体は高く、側扁。吻に1本のひげがある。眼上の大きな棘の直後に小棘がある。体に赤色から褐色の不定形の斑紋があり、側線域は黒くならない。水深30～102mの岩礁域と砂泥底に生息。北海道全沿岸、朝鮮半島東岸中部～間宮海峡の日本海沿岸、サハリン南東岸、千島列島南部に分布。　（東海林 明）

ホテイウオ

35cm SL

ホテイウオの腹吸盤

ナメダンゴ

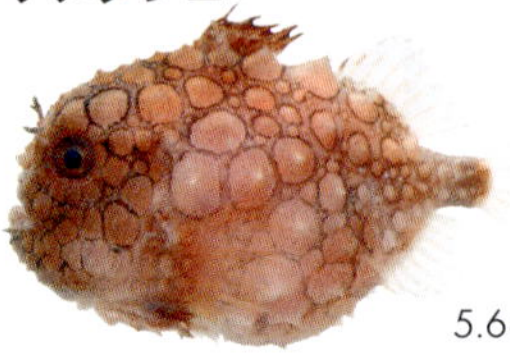

5.6cm SL

フウセンウオ

6.2cm SL

ダンゴウオ科 Cyclopteridae　体は球状で、左右の腹鰭は癒合して吸盤状。ほとんどが底生で大陸棚や大陸斜面上部に生息。ただし、ホテイウオのように生活史の大部分を底から離れて生活している種もいる。北極海を中心とする北半球の冷水域に4属28種、日本に2属11種。ダンゴウオ科の属の分類に使われてきた体に並ぶ骨質の瘤状突起は、同一種内の雌雄で異なり、分類に使えない。ホテイウオや大西洋に分布する *Cyclopterus lumpus* 以外は食用とされない。この種の卵は、キャビアの代用品として使われる。

ホテイウオ（ホテイウオ属） *Aptocyclus ventricosus* (Pallas, 1769)　体は球形で柔らかい。第1背鰭は完全に皮下に埋没し、外部から見えない。腹部に腹鰭が変形した吸盤がある。ダンゴウオ科では大型で、体長35cmをこえるものもいる。成熟するまで（体長30cmくらいまで）は中層を泳いでおり、表層からときには水深数百mの場所にも生息。浮遊生活期は、クラゲ類を捕食し、吸盤はあまり発達していない。成熟までに約3年かかり、体長21〜35cmに成長した親魚は、冬〜早春の産卵期には浅海域の岩礁域へ移動、岩礁の隙間などで産卵。雄は卵塊を保護し、この時期に胸鰭や吸盤が大きくなる。ブリティッシュコロンビア州からベーリング海、カムチャツカ半島を経て北海道全沿岸、島根県隠岐以北・朝鮮半島東岸以北の日本海沿岸、青森県〜千葉県の太平洋沿岸に分布。北海道の道南地方では鍋料理のゴッコ汁が有名。卵をもった雌は高価。

イボダンゴ属 *Eumicrotremus*　頭部や体には皮弁がなく、骨質状突起がある場合がある。鰓孔は胸鰭の上端よりも上。背鰭は2基で、第1背鰭も明瞭。最近の研究でダンゴウオ属 *Lethotremus* とオキフウセンウオ属 *Cyclopteropsis* は本属に含められた。北極海を中心とする北半球の冷水域に分布。25種。

ナメダンゴ *Eumicrotremus taranetzi* Perminov, 1936　体はダンゴウオ科の中ではやや側扁骨質の瘤状突起で被われ、特に体側中央の

イボダンゴ属の分布

ダンゴウオ

2.4cm SL

赤色の個体。ダンゴウオは色彩変異に富む

サクラダンゴウオ

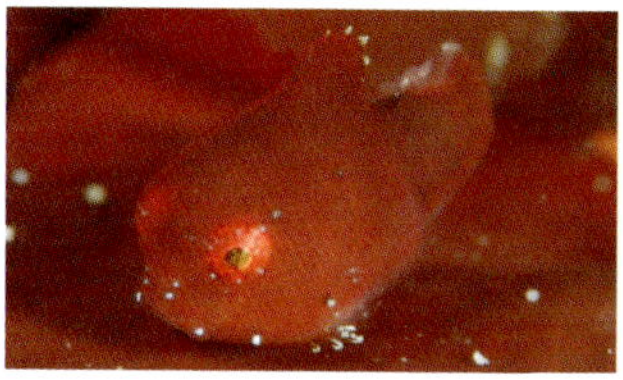

2.0cm SL

コンペイトウ

11.5cm SL

ものは大きい。鼻孔付近と下顎にはひげ状に伸びた感覚管がある。北海道オホーツク海沿岸、青森県、朝鮮半島東岸、間宮海峡、千島列島、カムチャツカ半島西岸をへてベーリング海南西部まで分布。

フウセンウオ *Eumicrotremus pacificus* Schmidt, 1904　体には骨質の瘤状突起があるが、まばらで数は少なく、下顎には全くない。水深232mまで生息、しかし、水深40m以浅に多い。カムチャツカ半島、千島列島、サハリン南部、北海道全沿岸、青森県三厩、兵庫県香住、隠岐、東シナ海北部、清津～間宮海峡に分布。本州以南では稀。和名と見た目のかわいらしさから、水族館で人気が高い。

ダンゴウオ *Eumicrotremus awae* (Jordan and Snyder, 1902)　成熟サイズが著しく小さく、最大体長が2cmほどの矮小種。体に骨質の突起はなく、皮膚は円滑。下顎にひげのように見える3対の感覚管がある。体色は変異に富み、緑色、赤色、茶色が強い個体などがいる。稚魚(ちぎょ)は頭部に輪状の白い模様があるが、成長に伴い消失。春に浅海域の岩礁地帯でフジツボ類の殻の中などで産卵、雄が卵を保護する。雄の第1背鰭は雌よりも大きく、卵の保護に役立っていると考えられている。千葉県～三重県の太平洋沿岸に分布。形態と分子系統の研究から、本種と考えられてきた渤海と黄海のものは*E. jindoensis* Lee and Kim, 2017、日本海のものは下記の種とされた。

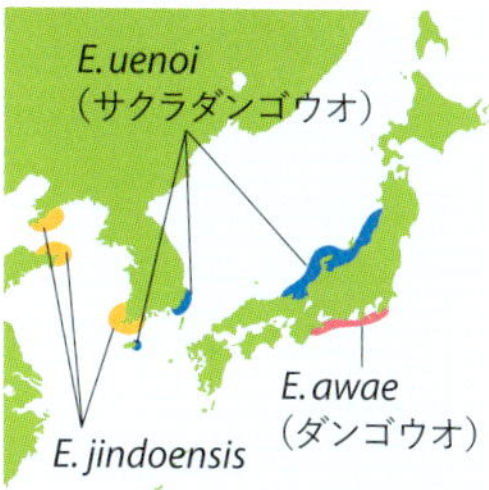

ダンゴウオ種群の分布

サクラダンゴウオ *Eumicrotremus uenoi* Kai, Ikeguchi and Nakabo, 2017　眼の後方と両眼間に感覚孔があること（稀にないこともある）などでダンゴウオと異なる。2～4月の産卵期に浅海に現れ、桜の開花時期に重なるのが和名の由来。普通は水深100m前後の場所に生息。秋田県～兵庫県の日本海沿岸、朝鮮半島南東岸、済州島に分布。

コンペイトウ *Eumicrotremus asperrimus* (Tanaka, 1912)　体全体が骨質の瘤状突起で被われ、第1背鰭が小さく目立たない。雄では骨質の瘤状突起が発達しないことがわかり、従来のナメフウセンウオ *Cyclopteropis lindbergi* とコブフウセンウオ *C. bergi* は、本種の雄である可能性が高い。属や種の分類で使われてきた瘤状突起は雌雄差であることが判明しており、本種の分類は再検討を要する。日本列島周辺では水深900mまでに生息、日本海ではエッチュウバイやエゾボラモドキの殻の中に産卵、雄が保護。島根県・朝鮮半島東岸以北の日本海と、オホーツク海南部に分布。これまで、ベーリング海やアラスカ湾に分布するとされてきたが、それは別種の *E. gyrinops* (Garman, 1892) である。　（甲斐嘉晃）

クサウオ

50cm SL（通常35cm SL）

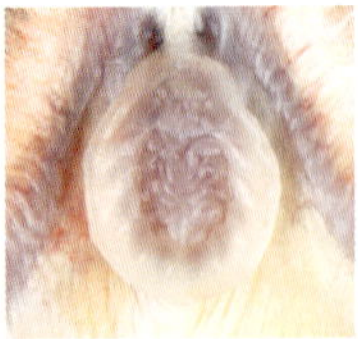

腹吸盤（クサウオ）

エゾクサウオ

♂

♀

体表の微小棘（クサウオ）

36cm SL（通常30cm SL）

イサゴビクニン

60cm SL（通常40cm SL）

クサウオ科 Liparidae　体は柔らかく、鱗がなく滑らかで、皮下にゼラチン様の層がある。背鰭と臀鰭の基底が長く、後端は尾鰭と連続。頭部や体、背鰭、臀鰭に微小棘のある個体が見られるが、脱落しやすい。どの個体も生時はこの微小棘があるか不明。潮間帯～水深8000mの岩礁や砂泥底、底層から離れた少し上の層に生息。腹鰭が変化した吸盤で岩などに張りつく。ただし、生息場所が底層から離れるに従って吸盤は小さくなり、消失。寒冷海域を主に世界で30属約420種、日本には11属56種。

クサウオ属 *Liparis*　頭部はやや縦扁、体は尾部へ向かって側扁。吸盤はよく発達。皮下のゼラチン様の層は薄い。種によって性的二型や色彩変異がある。体の後半を巻く習性がある。体長数cm程度～60cm。約70種、北太平洋に多く生息。日本に11種。クサウオ科の中では比較的浅い水深に生息。

クサウオ *Liparis tanakae* (Gilbert and Burke, 1912)　胸鰭下部の軟条は伸長せず、胸鰭後縁は円みを帯びる。尾鰭基部に明瞭な白色線がある。エビジャコ類を中心に甲殻類、魚類を捕食。産卵期は冬、能登島や仙台湾では産卵のため接岸。直径7～13cmの卵塊をロープや海藻に産みつける。卵は直径1.7～1.8mm。孵化後、体長4.8～5.5mmで浮上と沈下を繰り返す。体長約10mmで吸盤ができて、約20mmで稚魚になる。仙台湾では孵化後の5月までは水深25m以浅、成長して水深100mほどの深場へ移る。体長組成からの推定で仙台湾では寿命が1年、瀬戸内海では2年以上と考えられている。北海道奥尻島～山口県の日本海沿岸、北海道～紀伊半島の太平洋沿岸、紀伊水道、瀬戸内海、豊後水道、朝鮮半島南岸、黄海、渤海、中国東シナ海沿岸に分布。韓国では干物にして保存、蒸し物、煮付け、汁物等、特に冬に賞味される。刺身で食べられることもある。日本では福島県の一部でおろし和え、煮付け、卵巣の醤油漬けで食される。

エゾクサウオ *Liparis agassizii* Putnam, 1874　胸鰭下部の軟条が伸長、胸鰭後縁が切れ込む。鰓孔下端は胸鰭第5～12軟条に達する。雄は背鰭前端付近に切れ込みがある。100m以浅に生息。ピーター大帝湾～サハリンと石川県以北の日本海沿岸、茨城県～北海道の太平洋沿岸、北海道オホーツク海沿岸に分布。

アバチャン

赤色円斑型

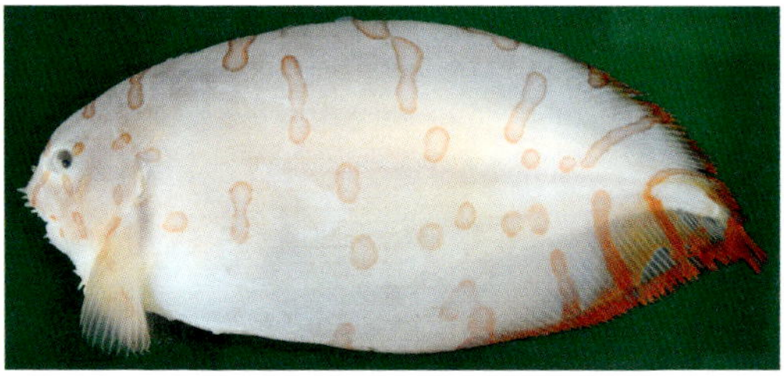

36cm SL（通常21cm SL）

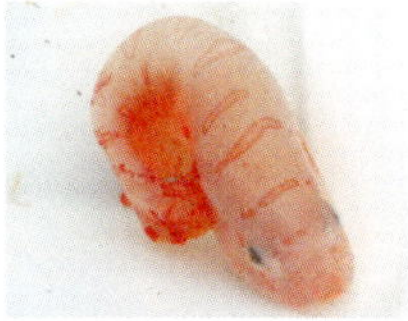

上から見た姿

黄色虫食い状斑型

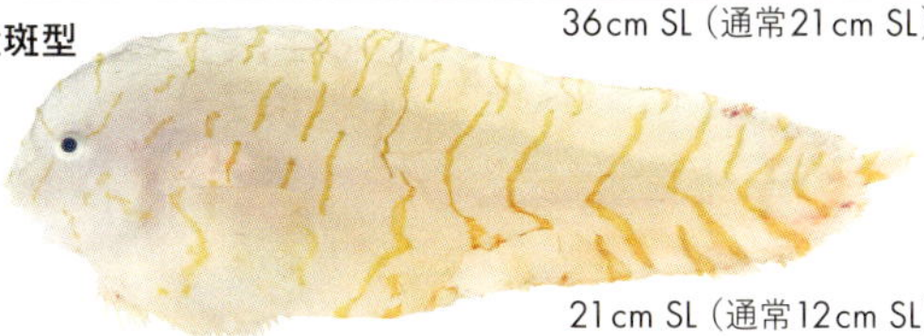

21cm SL（通常12cm SL）

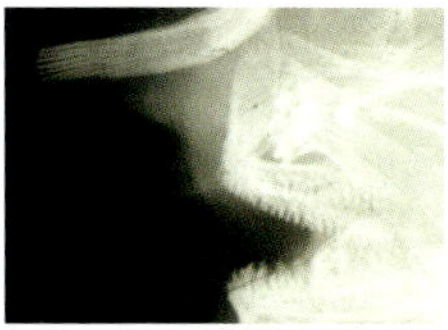

吻の軟X線写真

吻の長く尖る個体

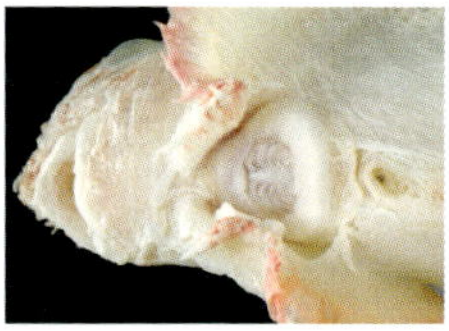

吻のひげと吸盤

アバチャンの分布

イサゴビクニン *Liparis ochotensis* Schmidt, 1904　胸鰭下部の軟条が伸長、胸鰭後縁が切れ込む。鰓孔はエゾクサウオよりも大きく、下端は胸鰭第11～18軟条に達する。体の模様は変異が多い。上記2種に比べ、皮膚が破れやすい。水深0～761m（主に50～200m）の砂泥底に生息。日本海、オホーツク海、青森県太平洋沿岸～千島列島、ベーリング海西部に分布。

スイショウウオ属 *Crystallichthys*　体は側扁し、柳の葉状。皮膚は半透明で淡い桃色。吸盤はよく発達する。北太平洋および縁海の大陸沿岸に4種が生息。

アバチャン *Crystallichthys matsushimae* (Jordan and Snyder, 1902)　吻部と両顎に多数の肉質のひげがある。皮下のゼラチン様の層は厚い。吻が短く丸い個体と長く尖る個体がいる。大陸棚縁辺の砂泥底に生息。本州と朝鮮半島東岸中部～間宮海峡をへて北海道の日本海沿岸、北海道～千葉県銚子の太平洋沿岸、北海道オホーツク海沿岸～千島列島をへてカムチャツカ半島南東岸に分布。赤色円斑型と黄色虫食い状斑型がおり、体の大きさ、胸鰭・背鰭・臀鰭の軟条数と脊椎骨数に違いがあり、遺伝的にも異なる。卵径はどちらも4mm。

赤色円斑型：体全体に明瞭な赤色の円形斑紋（頭部と鰭では棒状の個体もいる）をもつ。大型個体では斑紋の中央部の赤色が薄く、ドーナツ状になることもある。体長36cm（通常21cm）。水深30～700m（主に200～300m）の砂泥底に生息。朝鮮半島東岸中部、沿海州～間宮海峡をへて北海道の日本海沿岸、サハリン南部～北海道のオホーツク海沿岸、北海道～千葉県銚子の太平洋沿岸に分布。

黄色虫食い状斑型：体に黄色く細い虫食い状の斑紋が散在する。体長21cm（通常12cm）。水深170～342m（主に200～300m）の砂泥底に生息。本州日本海沿岸に分布。（東海林 明）

コンニャクウオ属 *Careproctus*　体は柔らかいゼラチン質に被われ、目立った斑紋や模様がない。肛門は体の前半部、鰓孔の下あたりに位置する。腹鰭は吸盤状に変化しているが、頭長の約半分の大きさをもつ種から、棒状に退化した種まで様々。本属魚類はいくつかの系統の存在があり、複数の属に分離される可能性も指摘されている。食用価値はないが、ユーモラスな形から多くの水族館で飼育されており、一部の種では飼育を行う中で繁殖生態が明らかにされつつある。水族館や潜水調査船では、海底近くを浮遊する様子が確認されている。クサウオ科の中で最も種多様性に富み、赤道付近を除く全世界で約150種、それらのうち約50種が北太平洋の深海に生息、日本に23種。

サケビクニン複合種群 *Careproctus rastrinus* species complex　従来、サケビクニンとその類似種は分類が混乱していた。しかし、形態学的、遺伝学的研究により、海域ごとに異なる種が分布することが明らかとなり、サケビクニン複合種群（日本近海のサケビクニン、ザラビクニン、アオビクニン、トゲビクニン、ベーリング海、アラスカ湾、北極海の *C. scottae*, *C. spectrum*, *C. phasma*, *C. lerikimae*）として理解されている。これらは、氷期に海水面が下がり、それぞれの海域が孤立することによって種分化したと考えられる。

サケビクニン *Careproctus rastrinus* Gilbert and Burke, 1912　体は一様にピンク色。胸鰭の下部の軟条は伸長する。ここには味蕾があることが知られており、水族館などでは頭を下に向けて、胸鰭の伸長部で海底の餌を探っている様子が観察できる。サケビクニン複合種群の中では背鰭軟条数が57～63と多く、最大体長が約39cmと大きくなる。水深114～217mに生息し、以前は、日本海・東北太平洋沿岸からベーリング海にまで分布するとされていたが、オホーツク海のみに分布。

ザラビクニン *Careproctus trachysoma* Gilbert and Burke, 1912　体はピンク色で、背鰭や臀鰭の縁辺部は暗色。水深の深い所の個体ほど暗色が強い傾向がある。色彩以外はサケビクニンによく似るが、遺伝的には太平洋沿岸のアオビクニンに最も近縁。近年の遺伝子の研究から、太平洋側に分布していた祖先種が過去に2回日本海に侵入したと推定されている。日本海に最初に侵入して分化した種と、後から侵入して分化した種の間では大規模な交雑が起こっており、現在はザラビクニン1種として認識されている。水深150～1345mに生息するが、サケビクニンよりも深い水深300mより深い所に多い。日本海に広く分布し、日本海中央部にある大和堆で数が多い。

チヒロクサウオ

30cm SL

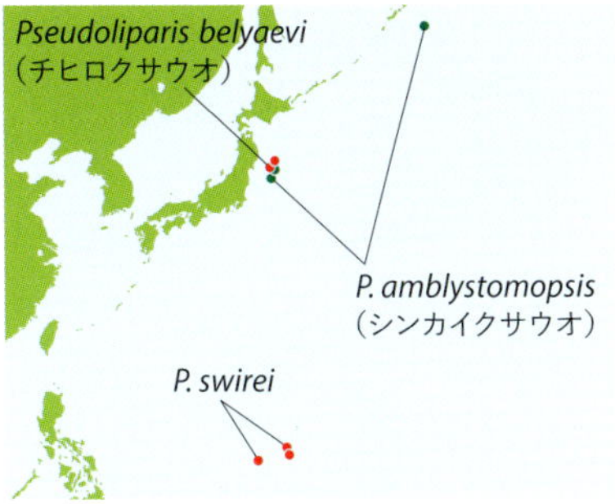

シンカイクサウオ属3種の分布

日本海は深海魚（しんかいぎょ）が少ないが、本種は代表的な日本海の深海魚。

アオビクニン *Careproctus pellucidus* Gilbert and Burke, 1912 体は一様にピンク色。サケビクニン複合種群中、背鰭軟条数が51～60と少なく、最大体長が約21cmとあまり大きくならない。水深145～300mから知られており、ザラビクニンよりも浅い所に生息する。北海道～東北地方の太平洋沿岸に分布。

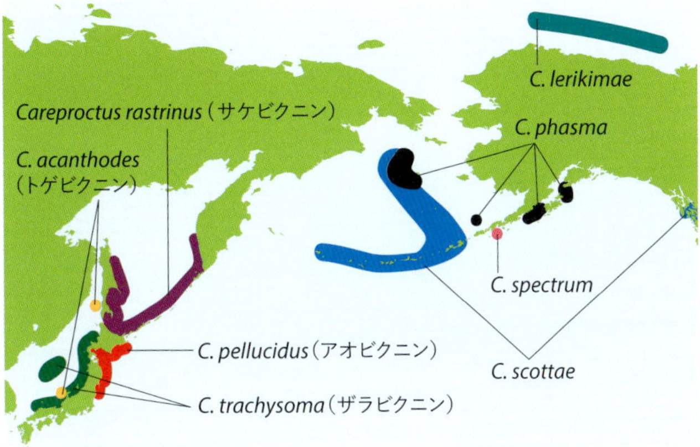

サケビクニン複合種群8種の分布

トゲビクニン *Careproctus acanthodes* Gilbert and Burke, 1912 体は一様にピンク色。サケビクニン複合種群の中では背鰭軟条数が52～55と少なく、最大体長が約10cmと小型種。ホッコクアカエビ（甘エビ）を漁獲するためのかごで混獲されることが多く、底曳網ではあまりとれない。日本海の底曳網でよく混獲されるザラビクニンとは生息場所が異なると思われる。水深114～582mに生息。現在のところ、間宮海峡、石川県能登半島沖、島根県沖の日本海から記録がある。

シンカイクサウオ属 *Pseudoliparis* 腹吸盤（ふくきゅうばん）をもち、体に目立った模様をもたないことでコンニャクウオ属に似るが、左右の鼻孔の間に1個の感覚孔があることで区別できる。水深6000m以深の超深海に生息する。アシロ目のヨミノアシロ *Abyssobrotula galatheae*（8370mから記録）に次ぐ深い場所に生息する魚類として知られる。日本海溝、千島海溝、マリアナ海溝から知られており、シンカイクサウオ *P. amblystomopsis*、チヒロクサウオ *P. belyaevi*、および *P. swirei* の3種がいる。

チヒロクサウオ *Pseudoliparis belyaevi* (Andriashev and Pitruk, 1993) 頭部は丸く、体の前半部はやや幅広い。しかし、体の後半部にかけては強く側扁し、オタマジャクシの体形に似る。眼は著しく小さく、胸鰭に欠刻がなく、下半分の軟条は伸長しない。シンカイクサウオは胸鰭に欠刻がある。日本海溝の水深6380～7587mに生息。潜水調査船に備え付けられたカメラにより、群がって小型のヨコエビ類を捕食している姿が撮影されている。

（甲斐嘉晃）

タナカゲンゲ

クロゲンゲ

32cm TL

カワリヘビゲンゲ

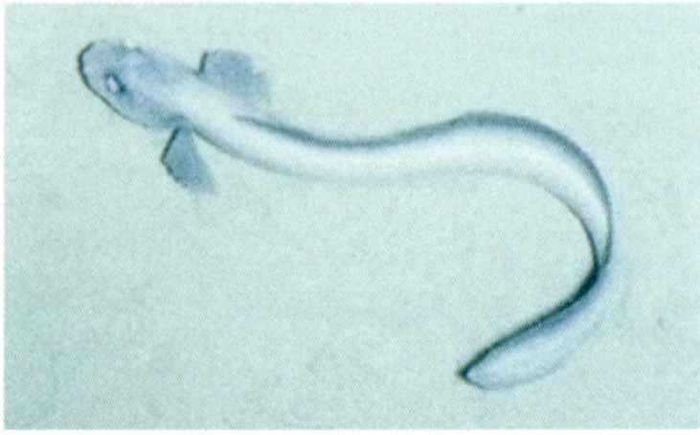

潜水調査船「しんかい2000」により南海トラフの水深515～1990mで撮影された個体　32cm TL

イレズミガジ

25cm TL

ゲンゲ亜目 Zoarcoidei

ゲンゲ科 Zoarcidae　体は細長くて多くが柔軟。口は頭の前端もしくはわずか下方。背鰭、臀鰭、尾鰭はつながる。背鰭は多くが軟条であるが、棘条をもつものもいる。腹鰭はあっても小さい。鱗はある場合、小さな円鱗で皮膚に埋まる。胎生のものもいるが、ほとんどが卵生。卵を保護するものもいる。マユガジ属 *Lycodes* をはじめ、多くは大陸棚縁辺域から斜面域に生息するが、大陸棚（ナガガジ属 *Zoarces*、ハレガジ属 *Krusensterniella*、サラサガジ属 *Davidijordania*）や、大陸斜面下部（ヘビゲンゲ属 *Lycenchelys* 等）に生息するものもいる。全世界に分布。北太平洋、北大西洋に多く、北極海や南極周辺でもみられ、59属294種、日本に21属64種。

タナカゲンゲ（マユガジ属） *Lycodes tanakae* Jordan and Thompson, 1914　体は暗褐色で、背鰭の基部を中心に若魚（全長20cm）では白色、成魚（全長1m）では暗色斑の入った白色の10本前後の横帯がある。水深120～870m（多くは300～500mの大陸棚縁辺部）に生息。北海道～山口県の日本海沿岸、オホーツク海中部以南、間宮海峡、朝鮮半島東岸中北部に分布。底曳網で漁獲、ゲンゲ科の中では筋肉がしっかりして美味。京都府、兵庫県、鳥取県の日本海沿岸では“ババア”と呼ばれ賞味されている。

クロゲンゲ（マユガジ属） *Lycodes nakamurae* (Tanaka, 1914)　胸鰭の後縁が凹み、背鰭前方と胸鰭上方に白色に縁取られた黒色斑がある。水深141～930m（多くは150～200mの大陸棚）に生息。日本海全沿岸、大和堆、間宮海峡、オホーツク海南西部に分布。

イレズミガジ（マユガジ属） *Lycodes caudimaculatus* Matsubara, 1936　尾端は白色で黒色斑点がある。側線は明瞭で、尾部の後方に達する。小型種。水深200～600mに生息。宮城県～土佐湾の太平洋沿岸に分布。

カワリヘビゲンゲ（ヘビゲンゲ属） *Lycenchelys remissaria* Fedorov, 1995　体は円筒状で尾端に向かって側扁。眼は大きい。体は小鱗に被われ、背鰭と臀鰭は基底から5分の4が小鱗で被われる。頭部に鱗はない。両眼間隔に頭部側線孔がない。腹鰭が鰓蓋よりかなり前（頭部側線孔列が目印となる前鰓蓋骨より前）にある。水深1408～2034mに生息。岩手県～茨城県の太平洋沖に分布。なお、熊野灘沖から紀伊水道沖にかけての

1m TL

ノロゲンゲ

30cm TL

シロゲンゲ

60cm TL

ナガガジ
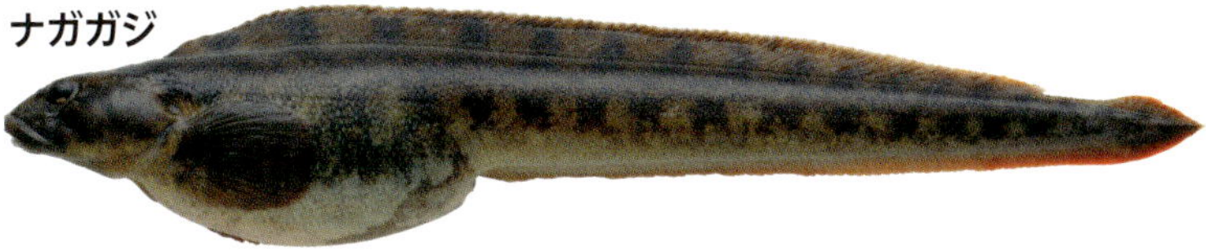
50cm TL

コウライガジ

47cm TL

南海トラフの水深515～1990mの海底でヘビゲンゲ属魚類が撮影されているが、本種と思われる。

ノロゲンゲ（シロゲンゲ属） *Bothrocara hollandi* (Jordan and Hubbs, 1925)　体は寒天質で柔らかい。直角に配列する楕円形の鱗をもつ。小型で全長30cmほど。水深140～1980m（多くは300～1800m）の大陸斜面域に生息。北海道～山口県の日本海沿岸、大和堆、北海道～宮城県の太平洋沿岸、朝鮮半島東岸、間宮海峡、オホーツク海～ベーリング海東部に分布。底曳網で漁獲され、京都府や兵庫県では、味噌汁や、ぐら汁とよばれる吸い物で賞味される。

シロゲンゲ（シロゲンゲ属） *Bothrocara zestum* Jordan and Fowler, 1902　体は寒天状でノロゲンゲに似るが、全長60cmになる。水深199～1620m（水深500m前後に多い）の大陸棚縁辺域に生息。北海道～千葉県銚子の太平洋沿岸、相模湾、八丈島沖、オホーツク海、ベーリング海、アラスカ湾に分布。最近、東北沖の底曳網で混獲されたものが利用されている。

ナガガジ（ナガガジ属） *Zoarces elongatus* Kner, 1868　背鰭が尾端付近で低くなりその部分に9～14本の棘をもつ。胎生で、北海道では沿岸や汽水湖に生息し、冬に全長6cmくらいの稚魚を200個体ほど産む。新潟県～兵庫県の日本海沿岸、北海道太平洋・オホーツク海沿岸、千島列島南部、間宮海峡、サハリンに分布。

コウライガジ（ナガガジ属） *Zoarces gillii* Jordan and Starks, 1905　ナガガジに似るが、背鰭の低くなった部分の棘が14～18本、背鰭前方に黒色斑がある、両眼が広く平坦で離れる（ナガガジは狭くて膨らむ）ことで異なる。胎生で、沿岸の砂泥底、汽水域に生息し、黄海では冬に全長4cmくらいの稚魚を400個体ほど産む。黄海、渤海、済州島、朝鮮半島全沿岸、島根県、兵庫県、北海道日本海沿岸・南部に分布。　（波戸岡清峰）

タウエガジ

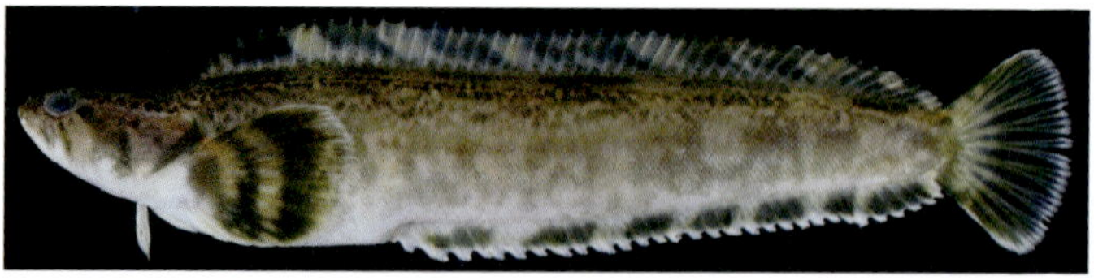

40cm SL

ナガヅカ

80cm SL

フサギンポ

50cm SL

ダイナンギンポ

28cm SL

タウエガジ科

Stichaeidae　体が細長く、背鰭鰭条は多くの棘条からなる。北極海、北太平洋（九州とカリフォルニア州南部以北）、北大西洋に37属約80種、特に北太平洋に多い。日本に25属46種。いくつかの属は日本海北部を中心に近縁種が分布するパターンを示す。日本海は周囲を列島と大陸で囲まれる閉鎖的な海域であり、氷期には海水準の低下とともにほぼ孤立したことが知られている。このことにより、日本海に閉じ込められた祖先種が、周囲の海域とは異なる種に分化したと考えられている。イトギンポ属*Eulophias*、ヒメイトギンポ属*Neozoarces*、カズナギ属*Zoarchias*、ダイナンギンポ属*Dictyosoma*は、近年の分子系統学的研究により、別の科にすべきという意見がある。

タウエガジ（タウエガジ属） *Stichaeus nozawae* Jordan and Snyder, 1902　体は円筒状に近く、やや側扁。側線は1本。背鰭には斜めにはしる暗色斑紋がある。水深500mまでの砂泥底に生息し、底曳網でとれる。北海道全沿岸、青森県八戸・牛滝、武蔵堆、新潟県佐渡、ピーター大帝湾～サハリン西岸の日本海沿岸、宗谷海峡、アニヴァ湾・サハリン東岸、千島列島南部に分布。

ナガヅカ（タウエガジ属） *Stichaeus grigorjewi* Herzenstein, 1890　体はほぼ円筒状。眼は小さく、頭部の背面に位置する。口は大きく、その後端は眼の後縁をはるかにこえる。背側は焦げ茶色、腹側は薄い茶色から黄色。水深300mまでの砂泥底に生息するが、冬～春に浅い岩礁域で産卵し、雄が卵塊を保護する。北海道全沿岸、北海道～千葉県銚子の太平洋沿岸、北海道～島根県隠岐の日本海沿岸、黄海、済州島、朝鮮半島東岸から間宮海峡をへてサハリン西岸、千島列島南部に分布。かまぼこの原料にされることがあるが、卵は有毒なので注意が必要。

フサギンポ（フサギンポ属） *Chirolophis japonicus* Herzenstein, 1890　体は円筒状に近く、体の後半部はやや側扁。頭部に皮弁が発達し、眼上に2本の大きい皮弁がある。頭部に鱗がないが、体長18cm以上の個体では眼の下方に鱗がある。背鰭起部から後方は細かい鱗に被われる。水深30mまでの岩礁域に生息。北海道全沿岸、北海道～山口県の日本海沿岸、北海道～茨城県の太平洋沿岸、朝鮮半島全沿岸、中国遼寧省、山東半島、ピーター大帝湾に分布。あまり食用とはされない。

ダイナンギンポ（ダイナンギンポ属） *Dictyosoma temminckii* Bürger, 1853　体は側扁。体側に4本の側線とそれを結ぶ側線枝が複雑な網目模様を形成。腹側の

ベニツケギンポ

モヨウダイナンギンポ

ムロランギンポ

トビイトギンポ

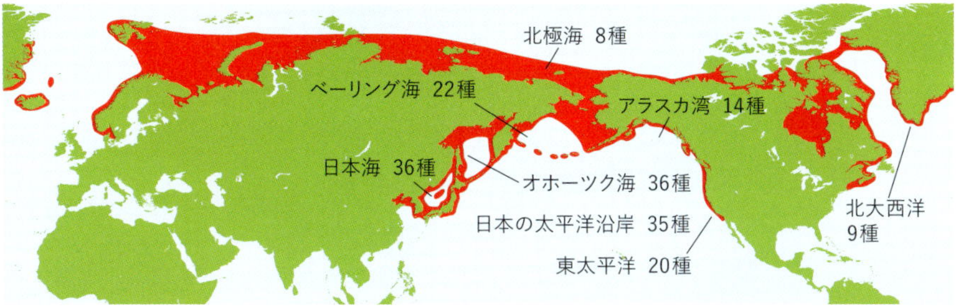

タウエガジ科の分布

側線は一部で途切れる。鰓蓋(さいがい)上部に2つの暗色斑があり、胸鰭は無斑紋。太平洋沿岸と日本海沿岸の集団の間には、背鰭条数や腹鰭の有無に違いがあり、明瞭な遺伝的差異が知られている。太平洋の集団では体長16cm以下の個体で腹鰭があることが多い。ところが、瀬戸内海には両者の中間的形態をもつ個体がおり、分類学的に詳細な比較研究が必要である。沿岸域のごく浅い岩場に生息。北海道〜長崎県の日本海・東シナ海沿岸、北海道〜伊勢湾の太平洋沿岸、瀬戸内海、朝鮮半島全沿岸、済州島、渤海、中国山東省、台湾北部に分布。

ベニツケギンポ(ダイナンギンポ属)

Dictyosoma rubrimaculatum Yatsu, Yasuda and Taki, 1978　ダイナンギンポに似るが、腹側の側線は完全につながる。鰓蓋上部の2つの暗色斑の間に朱斑がある。胸鰭は無斑紋。大きくても体長15cm。ダイナンギンポと違って、ごく浅い岩礁域の藻が多い所に多い。青森県〜兵庫県の日本海沿岸、千葉県〜紀伊水道の太平洋沿岸、朝鮮半島西岸・南岸、済州島に分布。

モヨウダイナンギンポ(ダイナンギンポ属)

Dictyosoma tongyeongensis Ji and Kim, 2012

頭部がやや長く、体はより強く側扁。腹側の側線は完全につながる。通常、鰓蓋の上部に暗色斑はない。胸鰭に2〜4本の暗色帯がある。水深10m前後のやや深い岩礁域に生息。石川県能登島、瀬戸内海、朝鮮半島南岸から知られている。

ムロランギンポ(ムロランギンポ属)

Pholidapus dybowskii (Steindachner, 1880)

体はやや側扁し、褐色(幼魚では黄緑や赤褐色など色彩変異が激しい)。個体によって背鰭の前部には2〜3個の暗色斑紋がある。大型で、最大体長は50cm。沿岸の砂底域や岩礁域の藻場に生息。北海道全沿岸、朝鮮半島元山(ウォンサン)〜間宮海峡の日本海沿岸、サハリン東岸、オホーツク海北部、千島列島に分布。

トビイトギンポ(カズナギ属)

Zoarchias glaber Tanaka, 1908　カズナギ属魚類は日本から6種が知られており、どれも体長10cm程度の小型種。本種は、背鰭と臀鰭に不明瞭な三角形に近い模様がある、尾端付近に無鱗域がある等で、同属他種と区別できる。沿岸の岩場や藻場、潮だまりに生息し、大型藻類に絡みついていることが多い。11月頃にカキなどの貝殻の中で産卵。千葉県〜三重県の太平洋沿岸、紀伊水道付近に分布。

(甲斐嘉晃)

ギンポ

30cm SL

タケギンポ

20cm SL

オオカミウオ

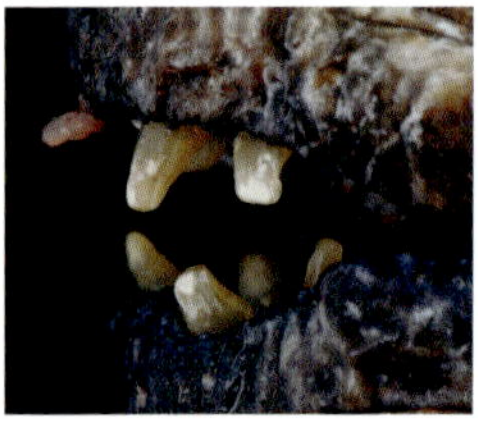
両顎に犬歯状歯が並ぶ

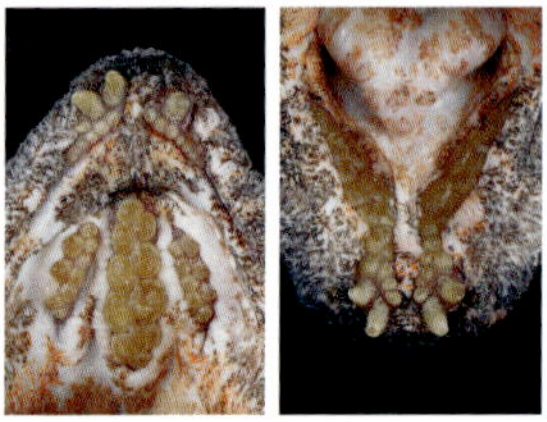
上顎(左)と下顎(右)

ニシキギンポ科 Pholidae　体は細長く側扁し帯状。背鰭は棘のみ。腹鰭は小さく、ある場合は1棘1軟条。産卵後、卵を保護する種類が多い。北太平洋と北大西洋に4属15種、日本に2属6種。

ギンポ(ニシキギンポ属) *Pholis nebulosa* (Temminck and Schlegel, 1845)　背鰭にそって三角形の暗褐色の斑紋がある。尾鰭の周囲は白色ないし透明のことが多い。主に岩礁域(水深20mまで)の石の間に生息。産卵期は秋〜春、親魚が卵を保護。北海道〜豊後水道の太平洋沿岸、北海道〜長崎県の日本海・東シナ海沿岸、瀬戸内海、朝鮮半島東岸・南岸に分布。天ぷらで美味。

タケギンポ(ニシキギンポ属) *Pholis crassispina* (Temminck and Schlegel, 1845)　ギンポによく似るが、眼の下の明瞭な横帯、尾鰭全体が一様な褐色でギンポと識別できる。主に砂礫底域の藻場(水深5mまで)に生息。北海道〜三重県英虞湾の太平洋沿岸、北海道〜九州北岸の日本海沿岸、瀬戸内海、紀伊水道北部、黄海、渤海、朝鮮半島南岸・東岸に分布。ギンポと同様に食される。韓国では稚魚がタタミイワシのように干されたものが食されている。

オオカミウオ科 Anarhichadidae
両顎の前方の歯は大きな犬歯状歯、後方の歯や鋤骨歯は臼歯状歯。鱗はないか、あっても非常に小さな円鱗。腹鰭はない。背鰭は棘条からなる。北太平洋と北大西洋に2属5種、日本に1属1種。

オオカミウオ(オオカミウオ属) *Anarhichas orientalis* Pallas, 1814　頭は丸くて大きく、体にはしわがある。産卵期は冬、直径20cmほどの卵塊を体で巻きつけて雌が保護する。稚魚は沖合の表層で春から夏に稀にみられる。体長20cm以下の若魚には数本の縦帯があり、10cmほどの個体では垂直鰭の縁や胸鰭の後縁より少し前方に赤い帯がある。水深100mまでの岩礁域に生息。タコ類や貝類、ウニ類などを食べる。北海道全沿岸、青森県〜新潟県の日本海沿岸、青森県〜茨城県の太平洋沿岸、日本海北部、オホーツク海〜アラスカ湾、北極海(アラスカ北側)に分布。北欧の近縁種は食される。

ハネガジ科 Ptilichthyidae　北太平洋に1属1種。

ハネガジ(ハネガジ属) *Ptilichthys goodei* Bean, 1881　体は著しく細長く延長。腹鰭は

ハネガジ

40cm SL（尾鰭を含まない）

ボウズギンポ

75cm SL

85cm SL

頭部に散在する明瞭な感覚管孔

ないが、大きな胸鰭がある。全長14cm（尾鰭を含む）以上の個体は尾鰭先端が糸状に伸びる。全長9cm（尾鰭を含む）以上では下顎の先端に側扁した肉質の突起がある。昼は海底の泥に潜り、夜間表層に浮上。水深360m以浅に生息。北海道オホーツク海沿岸、ピーター大帝湾、千島列島〜カムチャツカ半島・アリューシャン列島をへてオレゴン州の北米太平洋沿岸に分布。

ボウズギンポ科 Zaproridae　北太平洋に1属1種。

ボウズギンポ（ボウズギンポ属） *Zaprora silenus* Jordan, 1896　体は柔らかく、側扁。腹鰭はない。吻の周辺を除き、小さな円鱗で被われる。頭部に明瞭な感覚管孔（かんかくかんこう）がある。水深200m前後の大陸棚縁辺に生息。北海道知床半島〜千葉県銚子の太平洋沿岸、千島列島、オホーツク海北部、北太平洋、チュクチ海、南カリフォルニア以北の東太平洋に分布。

ワニギス亜目 Trachinoidei

ワニギス科 Champsodontidae　体は側扁。体側に2本の縦走する孔器列（こうきれつ）と、多くの垂直な孔器列がある。口は大きい。背鰭は2基。腹鰭は大きい。前鰓蓋骨（ぜんさいがいこつ）の隅角部に大きな棘がある。大陸棚や大陸斜面の砂泥底に生息。インド−太平洋の暖海に1属13種、日本に1属4種。

ワニギス（ワニギス属） *Champsodon snyderi* Franz, 1910　前上顎骨（ぜんじょうがくこつ）先端付近に凹みがあり、主上顎骨後端は眼の後縁をこえる。下顎

ワニギス

12cm SL

クロボウズギス

15cm SL

腹面、腹鰭周辺の腹部、垂直孔器列の周辺に鱗がない。大陸棚縁辺に生息。鹿島灘〜九州南岸の太平洋沿岸、新潟県〜九州西岸の日本海・東シナ海沿岸、黄海・東シナ海大陸棚域、朝鮮半島南岸、オーストラリア南東岸に分布。

クロボウズギス科 Chiasmodontidae　体は側扁。前上顎骨、主上顎骨（しゅじょうがくこつ）は細くて長い。背鰭は2基。口や胃は大きく膨らみ、大きな餌を食べる。世界中の暖海の中深層に4属32種、日本に4属11種。

クロボウズギス（クロボウズギス属）

Pseudoscopelus sagamianus Tanaka, 1908

体は黒色。吻は長くて尖る。胸鰭は長く、その後端は臀鰭起部をはるかにこえる。鱗はなく、側線は明瞭。腹面に発光組織をもつ。駿河湾、相模湾、小笠原諸島沖に分布。

（波戸岡清峰）

トラギス

18cm SL

コウライトラギス

12cm SL

クラカケトラギス

20cm SL

アカトラギス

17cm SL

マトウ
トラギス

11cm SL

トラギス科 Pinguipedidae
体は長く円筒状。背鰭は1基で、基底が長く、前端に4～7棘。腹鰭は胸鰭よりわずかに前方。雌性先熟（しせいせんじゅく）の性転換（せいてんかん）を行う。インド洋、太平洋、大西洋の暖海に7属約82種、日本に2属30種。

トラギス（トラギス属） *Parapercis pulchella* (Temminck and Schlegel, 1843)　体は赤褐色で、体側（たいそく）に不明瞭な6褐色横帯がある。頭部に5本の青白色横線がある。浅海の砂礫底に生息し、底生動物や魚類などを捕食。伊豆諸島、房総半島～九州南岸の太平洋沿岸、新潟県～九州南岸の日本海・東シナ海沿岸、瀬戸内海、朝鮮半島南岸、中国南シナ海沿岸に分布。

コウライトラギス（トラギス属） *Parapercis snyderi* Jordan and Starks, 1905　吻はやや尖り、尾柄がやや低い。体の背側に暗色の5鞍状斑があり、下方に8～9本の細い暗色横帯がある。やや内湾的な環境の砂礫底で、一夫多妻型ハレムをもち、繁殖する。房総半島～屋久島の太平洋沿岸、九州北岸・西岸、瀬戸内海、朝鮮半島南岸、東インド－西太平洋に分布。

クラカケトラギス（トラギス属） *Parapercis sexfasciata* (Temminck and Schlegel, 1843)
胸鰭基部の大きな黒色斑、体側の斑紋が中央部で濃くなるなどでアマノガワクラカケトラギス *P. lutevittata* と異なる。水深70～90mの砂泥底に生息。茨城県～九州南岸の太平洋沿岸、青森県～九州南岸の日本海・東シナ海沿岸、瀬戸内海、東シナ海大陸棚域、朝鮮半島、台湾、ジャワ島南部に分布。

アカトラギス（トラギス属） *Parapercis aurantiaca* Döderlein, 1884　体は鮮やかな赤色で7本の幅の太い黄色横帯がある。各鰭は黄色、尾鰭は細い灰色の横線が約5～6本。水深100～200mの大陸棚縁辺の砂泥底に生息。千葉県～高知県の太平洋沿岸、東シナ海大陸棚縁辺域、南シナ海に分布。

マトウトラギス（トラギス属） *Parapercis ommatura* Jordan and Snyder, 1902　吻から頬部に2～3本の暗色縦線、体に不明瞭なV字形の鞍状斑がある。尾鰭の基底部上部に瞳孔大の眼状斑がある。内湾に生息。東京湾～土佐湾の太平洋沿岸、島根県～鹿児島県笠沙の日本海・東シナ海沿岸、瀬戸内海（多い）、台湾、中国福建省・広東省の沿岸に分布。

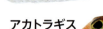

ホカケトラギス科 Percophidae　背鰭は2基。体は細長い。ホカケトラギス類は1対の

ホカケトラギス

♂

♀

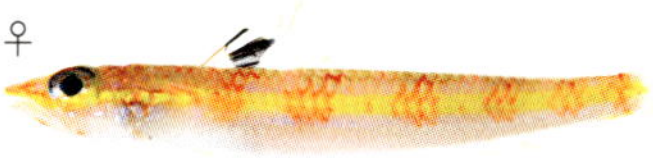

雄は7cm SL（雌は通常5cm SL）

吻棘があるが、アイトラギス属*Bembrops*やイバラトラギス属*Chrionema*の吻棘はない。やや深場に生息する。インド－太平洋、大西洋に11属約45種、日本に6属13種。

ホカケトラギス（ホカケトラギス属）

Pteropsaron evolans Jordan and Snyder, 1902
頭部は円筒形でやや縦扁、体は後方では側扁。吻端に1対の前向棘がある。雄は第1背鰭と臀鰭鰭条が長く伸長するが、雌では伸長しない。雌雄ともに鮮時は淡橙色の体に約6本の濃橙色鞍状斑があり、体側中央に1本の紫の縦帯がある。水深約100～150mの大陸棚に生息するが、40m付近でも採集されている。相模湾～土佐湾の太平洋沿岸、兵庫県～五島列島の日本海・東シナ海沿岸、台湾に分布。

マツバラトラギス（マツバラトラギス属）

Matsubaraea fusiformis (Fowler, 1943)　眼は頭部背面で小さい。吻棘がない。浅海に生息、砂に潜って生活をする。青森県、新潟県、鳥取県、瀬戸内海、土佐湾、鹿児島県、ソンクラ（タイ）、ルソン島に分布。

ベラギンポ科 Trichonotidae　体は細長く、背鰭は1基で基底は長い。下顎は上顎より前方に突出。眼は頭部背面にあり、細長い虹彩皮弁をもつ。潮あたりのよい砂地に生息。雌性先熟の性転換を行い、小型個体はすべて雌で、大型個体が雄。一夫多妻のハレムをつくり繁殖を行う。1属でインド－西太平洋の熱帯～亜熱帯域に約11種、日本に3種。

虹彩皮弁（ベラギンポ *T. setiger*）

マツバラトラギス

7cm SL（通常5cm SL）

リュウグウベラギンポ

♂

雄は18cm SL（雌は通常10cm SL）

♀

トビギンポ

5cm SL（通常3～4cm SL）

リュウグウベラギンポ（ベラギンポ属）

Trichonotus elegans Shimada and Yoshino, 1984
体はより円筒形。雄は前の3本の背鰭棘が伸長し、雌では伸長しない。雄の腹鰭は雌より大きい。尾鰭は上下不相称。ベラギンポ属で最も遊泳頻度が高く、砂に潜る頻度が低い。水深約20～40mの潮通しのよい砂地に生息。高知県南宿毛、沖縄諸島以南の琉球列島、西太平洋に分布。

トビギンポ科 Creediidae　体はやや細長く、円筒状。背鰭は1基で、腹鰭は小さい。上顎は下顎より前に出る。眼は頭部背面で、前後左右によく動く。砂に潜って生活し、眼だけを出して周囲の様子をうかがう。摂餌の際は砂から勢いよく飛び出す。インド－西太平洋域に8属約17種。日本に3属5種。

トビギンポ（トビギンポ属） *Limnichthys fasciatus* Waite, 1904　体は黒色の横帯があるもの、白地に薄い褐色鞍状斑があるものなど、変異が多い。浅海の砂礫底に生息、潮だまりの砂だまりなどでハレムがみられる。伊豆－小笠原諸島、房総半島～屋久島の太平洋沿岸、琉球列島、台湾、オーストラリア西岸・東岸、ニュージーランド、フィジー諸島に分布。

（片山英里）

イカナゴ

23cm SL

オオイカナゴ

23cm SL

イカナゴ科 Ammodytidae　体は細長く、下顎が上顎よりも前に出る。体側に皮褶とよばれる溝が斜めに細かく走り（目立たない種もいる）、小さい鱗がその間に並ぶ。多くの種は浅海の砂底に生息し、外敵から身を守るときや寝るときには砂に潜る。南大西洋を除く世界中から7属32種、日本に3属5種。寒帯から温帯にイカナゴ属を含む3属、インド－太平洋の温帯～熱帯域にタイワンイカナゴ属 *Bleekeria* とミナミイカナゴ属 *Ammodytoides* を含む5属が生息。

イカナゴ属 *Ammodytes*　腹鰭はない。腹側にそった皮褶をもつ。背鰭と臀鰭の軟条は不分枝。チュクチ海からグリーンランド東岸、アイスランド、バレンツ海、バルト海からスペイン西岸と北太平洋（朝鮮半島沿岸・九州沿岸以北、カリフォルニア州南部以北）に4種、東部大西洋と地中海に2種（あるいは1種）、西部北大西洋に2種が生息。生物量が多く、海棲哺乳類、海鳥、大型魚類に食されている。日本のイカナゴ属魚類は、長くイカナゴとキタイカナゴの2種とされてきたが、東北地方太平洋沿岸に生息する種が新種オオイカナゴとして記載された。かつて日本のイカナゴは *Ammodytes personatus* の学名が適用されてきたが、この種はアリューシャン列島からアラスカ湾をへてカリフォルニア州南部に分布する。イカナゴ属の各種は外部形態が似ており、一見しての区別が困難である。

イカナゴ *Ammodytes japonicus* Duncker and Mohr, 1939　体は銀色で背面は黒から暗褐色。胸鰭は13～17軟条で、上から4～11軟条は暗色。脊椎骨数は59～64、背鰭鰭条数は50～60とキタイカナゴより少ない。眼は頭長の12～20%でオオイカナゴよりやや大きい。瀬戸内海のイカナゴは12月下旬～1月に産卵。水温の上がる7～12月に海底の砂に潜って夏眠する（北海道では夏眠しない）。1980年以後香川県の漁獲量は兵庫県の約5分の1に減少しているが、これは夏眠のための砂底と関係していると考えられている。1976年以降兵庫県は海砂利採取を止めていたが、香川県では2004年まで続けていたのである。北海道では体長20cmをこえる個体も多いが、瀬戸内海や伊勢湾では大きくても体長15cm地域個体群間に遺伝的な分化がみられ、比較的狭い水域で一生を終えると考えられる東シナ海北部、瀬戸内海、伊勢湾、朝鮮

寒帯～温帯のイカナゴ科魚類の分布

温帯～熱帯域のイカナゴ科魚類の分布

キタイカナゴ

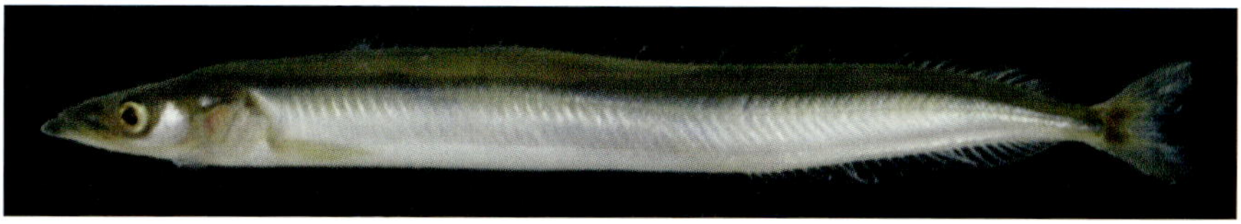

26cm SL

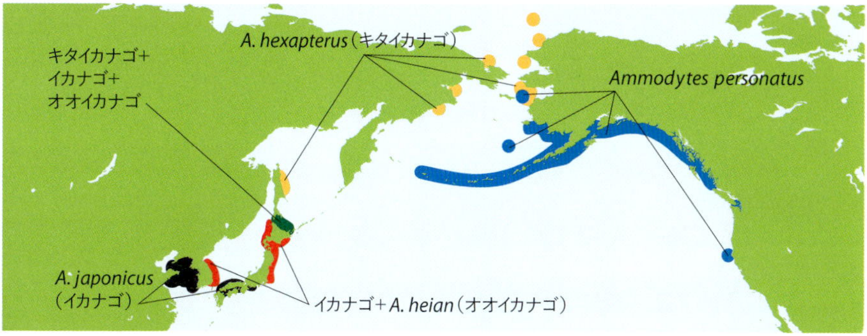

イカナゴ属各種の分布

半島西岸・南東岸（黄海に多い）、青森県陸奥湾、北海道の日本海・オホーツク海沿岸に分布。水産重要種で資源管理が行われている。青森県の陸奥湾では資源量が激減し、2013年から禁漁処置がとられている。伊勢湾では産卵前の親魚の漁獲を抑えるため、試験的に捕獲した親魚の8割以上が産卵を終了したことを確認した後、親魚の漁を解禁、さらに経済価値の高い体長3.5cmにまで稚魚が成育する日を予測して解禁日を設定しているが、2016年と2017年は禁漁にされた。瀬戸内海では春に稚魚の“くぎ煮”を炊くのが有名。伊勢湾では釜揚げチリメンとして食される。瀬戸内海や韓国では魚醤の材料としても用いられる。

オオイカナゴ *Ammodytes heian* Orr, Wilders and Kai, 2015　体は銀色で背面は黒から暗褐色。胸鰭は14〜17軟条で、上から4〜10軟条は暗色。脊椎骨数は63〜67、背鰭鰭条数は55〜60とキタイカナゴより少ない。眼は頭長の11〜15%でイカナゴやキタイカナゴよりやや小さい。朝鮮半島では、東岸にオオイカナゴとイカナゴの2種が分布するが、北部では前者が多く、南部では後者が多い。長らくイカナゴと混同されてきたので、本種に限定された資源生態の研究はこれからである。東北地方太平洋沿岸、朝鮮半島東岸、日本海南西部、北海道の日本海・オホーツク海沿岸に分布。瀬戸内海と伊勢湾には生息しない。タイプ産地は岩手県大船渡、学名（種小名）は東北地方太平洋沖地震で被害を受けた地域の“平安”を祈念して命名。利用はイカナゴと同じ。

キタイカナゴ *Ammodytes hexapterus* Pallas, 1814　体は銀色で背面は黒から暗褐色。胸鰭は13〜16軟条で、上から2〜6軟条は暗色。脊椎骨数は65〜72、背鰭鰭条数は56〜63で、両方ともイカナゴやオオイカナゴよりもやや多い。眼は頭長の12〜20%でオオイカナゴよりやや大きい。北海道稚内沖のオホーツク海にはキタイカナゴ、イカナゴ、オオイカナゴの3種が生息しており、本種は12〜1月に産卵し、イカナゴ（あるいはオオイカナゴ）は4〜5月に産卵する。水温の高くなる時期に産卵するイカナゴやオオイカナゴに比べると発生初期から1年程度の間は成長が遅い。キタイカナゴは夏眠をしない。北海道稚内沖、サハリン西岸、ベーリング海北部、チュクチ海に分布。イカナゴとは市場で区別されず、利用も同じ。

（甲斐嘉晃）

ミシマオコゼ

28cm SL
（通常20cm SL）

キビレミシマ

25cm SL（通常20cm SL）

表皮（ミシマオコゼ）

下顎内側中央の疑似餌のような皮弁（キビレミシマ）

両眼間隔（ミシマオコゼ）

ミシマオコゼ科 Uranoscopidae

頭部は大きく、縦扁。体は後方に向かい側扁。口は垂直方向に開き、下顎は上顎より前方に突出。眼は小さく、背面に位置する。両眼の間に凹みがある。両唇の縁辺は小さい皮質突起で縁取られる。下顎内側の中央部に疑似餌のような皮弁が発達する。砂に潜って生活し、砂から眼と吻部を出して獲物を待ち構える。皮質突起を動かして、小魚を誘って捕食する。腹鰭は喉位にあり、小さくて肉厚。ミシマオコゼ属では体側の鱗は小さく円鱗で、皮下に埋没し、斜走列をなす。底曳網で漁獲され、主に練り製品として利用。インド洋、太平洋、大西洋の暖海に8属53種、日本に4属8種。

ミシマオコゼ（ミシマオコゼ属） *Uranoscopus japonicus* Houttuyn, 1782　両眼はよく離れ、両眼間の凹みは眼の後縁に達しない。前鰓蓋骨の下縁にある棘は通常3本。擬鎖骨棘は長く、ほぼ尾柄高に等しい。胸鰭上半部が湾入する。下顎皮質突起は白色で、黒色素胞が散在する。呼吸弁の中央に短い葉状の皮質突起が発達するが、大型個体では消失する。鱗は小円で斜走列をなす。体の上半分は暗褐色で、虫食い状の白色斑が散在、腹側は白色。尾鰭は一様に暗色。背鰭は2基で、第1背鰭は基底部を除き黒色。本科魚類のうち日本沿岸で最も普通にみられ、底曳網で漁獲される。主に水深約70〜100mの大陸棚砂泥底に生息。北海道苫小牧〜九州南岸の太平洋沿岸、青森県〜九州南岸の日本海・東シナ海沿岸、瀬戸内海、朝鮮半島南岸・西岸、東シナ海大陸棚域に分布。

キビレミシマ（ミシマオコゼ属） *Uranoscopus oligolepis* Bleeker, 1878　ミシマオコゼに類似し、しばしば混同されるが、両眼間の凹みは眼縁に達し、前鰓蓋骨の下縁にある棘は4本、胸鰭の上半部後縁は湾入しない、第1背鰭は全体が黒いことで区別される。これら2種は漁港では区別されず、まとめて“ミシマ”“ミシマアンコウ”などとよばれる。下顎呼吸弁の皮質突起は暗色で細長く、大型個体では短い。砂底で小魚が近づいた際に突起を素早く数回伸ばす。ミシマオコゼとともに練り製品にされる。千葉県銚子〜九州南岸の太平洋沿岸、青森県〜九州西岸の日本海・東シナ海沿岸、朝鮮半島南岸、台湾、中国東シナ海・南シナ海沿岸に分布。

メガネウオ（ミシマオコゼ属） *Uranoscopus bicinctus* Temminck and Schlegel, 1843　体は薄い褐色で、第1と第2背鰭、それぞれの後方

メガネウオ

30cm SL

頭部背面

ヤギミシマ

24cm SL

頭部背面

アオミシマ

40cm SL

直下に黒褐色横帯がある。尾部後縁は黒褐色。眼から前鰓蓋部にかけて褐色帯がある。下顎皮質突起の皮質突起は橙色で細長く、伸長する。前鰓蓋骨下縁にある棘は5本。ヤギミシマに似るが、体に暗色横帯があることで区別される。100m以浅の砂礫底に生息し、水中での観察例もある。千葉県外房〜九州南岸の太平洋沿岸、琉球列島、朝鮮半島南岸、台湾、南シナ海からオーストラリア北西岸に分布。

ヤギミシマ（ミシマオコゼ属） *Uranoscopus tosae* (Jordan and Hubbs, 1925)　両眼間隔域の凹みは、眼の後縁に達しない。項部後半に鱗がある。擬鎖骨棘は強大で、前鰓蓋骨下縁にある棘は4〜5本。下顎皮質突起の皮質突起は暗色で、細長い葉状。小型個体ではより長い。体の背側は淡褐色、腹側は白色。虫食い状の模様や黒色横帯がないことで、他種と容易に識別される。第1背鰭は基底を除いて黒色。尾鰭の後縁は白い。水深16〜200mの砂泥底に生息。新潟県佐渡、長崎県、紀伊半島、土佐湾から記録、東シナ海中部以南の大陸棚域、朝鮮半島南岸･西岸に分布。

アオミシマ（アオミシマ属） *Xenocephalus elongatus* (Temminck and Schlegel, 1843)
背鰭は1基でその前端は臀鰭前端直上よりも後方。ミシマオコゼ属に比べて体が細長い。体は皮下に埋没した小円鱗で被われ、斜走鱗列を形成しない。擬鎖骨棘は痕跡的で短い。前鼻孔の皮弁はやや短く、眼径の約25%。両唇の縁辺は円滑で、下顎内側に呼吸弁はない。体は暗緑青色で、背側に黒色小斑点が散在する。体長7.8mmの後期仔魚では、体は丸く頭部が大きい。また、腹鰭は小さく、喉部にあり、尾部を除く体全体に黒色素胞が散在する。鰓蓋隅角部と後方上部の棘は仔魚期には太くて鋭いが、成魚では痕跡的で鈍い。仔魚は夏から秋に、本州中部以南の沿岸〜沖合の表層にみられる。北海道渡島半島〜九州南岸の日本海・東シナ海沿岸、青森県〜九州南岸の太平洋沿岸、瀬戸内海、朝鮮半島南岸、黄海、東シナ海大陸棚域、浙江省〜トンキン湾の中国沿岸、大スンダ列島に分布。　（片山英里）

ヘビギンポ

♂

5.5cm SL

♀

4.3cm SL

クサギンポ

♂

2.5cm SL

♀

2.8cm SL

クロマスク

♂

3cm SL

♀

2.7cm SL

アヤヘビギンポ

♂

5cm SL

♀

4.1cm SL

ギンポ亜目 Breniioidei

ヘビギンポ科 Tripterygiidae　背鰭は3基。浅海の岩礁やサンゴ礁域に生息し、河口域に出現する種もいる。太平洋、インド洋、大西洋の温帯から熱帯域に約29属171種。インドー西太平洋で最も多様性が高く、日本を含む西太平洋域に5属29種。学名未詳種も多い。

ヘビギンポ(ヘビギンポ属) *Enneapterygius etheostomus* (Jordan and Snyder, 1902)　ヘビギンポ属は第1背鰭が3棘、臀鰭は1棘、側線鱗が2列。本種は、前鼻管の皮弁が2分枝、軀幹部から尾部には幅広いH字形の帯が複数、雄の婚姻色は全身黒色で尾柄部には2本の帯が出る。外海に面した岩礁の潮間帯から潮下帯に生息し、主に甲殻類や貝類などの小型無脊椎動物を食べる。日本の温帯域での産卵期は4～11月で、雄は岩の平らな面を縄張りとし、近づく雌に対して8の字を描くダンスで求愛し、縄張り内の小型の藻類に産卵させ、放精をする。産卵期に縄張りをもつ雄は、卵を保護するが、その卵を摂餌することが示唆されている。新潟県佐渡～九州南岸の日本海・東シナ海沿岸、千葉県小湊～九州南岸の太平洋沿岸、台湾、中国南シナ海沿岸に分布。

クサギンポ(ヘビギンポ属) *Enneapterygius philippinus* (Peters, 1869)　雄の体は全体的に暗緑色で、鱗は赤く縁取られる。雌の体は白味がかった淡緑色に白色点が散在する。岩礁やサンゴ礁域の潮だまりに生息する。和歌山県串本～西表島(散発的)、台湾、インドー西太平洋に分布。

クロマスク(クロマスク属) *Helcogramma fuscipectoris* (Fowler, 1946)　クロマスク属は第1背鰭が3棘、臀鰭は1棘、側線鱗が1列本種は婚姻色の雄は全身が橙色、頭部下半部から胸鰭基部が黒色、眼下に青色線がある。雌と通常時の雄は体が半透明で黄緑色で複数の不明瞭な褐色横帯がある。水深2m以浅の潮通しのよい岩礁に生息し、潮だ

テングヘビギンポ

♂

3cm SL

♀

3.1cm SL

コクテンニセヘビギンポ

♂

4cm SL

♀

3.7cm SL

ヒメギンポ

♂

5cm SL

♀

2.6cm SL

まりにも出現する。八丈島、小笠原諸島、屋久島、与論島、沖縄島、マリアナ諸島、インド洋に分布。

アヤヘビギンポ（クロマスク属） *Helcogramma inclinata* (Fowler, 1946)　婚姻色の雄は体が黒色、吻端～眼下をへて頬部に達する青色の線があり、これより上は赤色。雌と通常時の雄の体は乳白色でわずかに緑がかり、複数の褐色斜帯がある。水深5m以浅の岩礁やサンゴ礁域に生息する。八丈島、鹿児島県硫黄島・竹島、屋久島、与論島、沖縄県粟国島、石垣島、台湾、フィリピンのバタン島に分布。

テングヘビギンポ（クロマスク属） *Helcogramma rhinoceros* Hansen, 1986　雄は上唇前縁に側扁した大きな皮質突起があり、雌にはない。婚姻色の雄は皮質突起と頭部下半部、胸鰭基部、胸鰭下半分が黒色、体は橙色。雌と通常時の雄は体が半透明で、体側中央に赤褐色斑と黄色斑が1列に並ぶ。水深2～11mの潮通しのよい岩礁に生息する。鹿児島県竹島、屋久島、奄美大島、与論島、沖縄諸島、フィリピン諸島、カリマンタン島、バリ島、スマトラ島、ソロモン諸島、バヌアツ、アンダマン海に分布。

コクテンニセヘビギンポ（ニセヘビギンポ属） *Norfolkia brachylepis* (Schultz, 1960)　ニセヘビギンポ属は第1背鰭が4棘、臀鰭は2棘、側線鱗は2列。本種は眼上皮弁の先端は3～6分枝する。体全体は黄褐色で、体側上部に複数の褐色横帯がある。雌雄で背鰭の色彩が異なり、雄では背鰭鰭膜は赤色、雌では透明ないしは褐色。水深15m以浅の岩礁域の亀裂や岩の下に生息する。八丈島、小笠原諸島、静岡県富戸、鹿児島県硫黄島・竹島、屋久島、琉球列島、台湾、インド－西太平洋に分布。

ヒメギンポ（ヒメギンポ属） *Springerichthys bapturus* (Jordan and Snyder, 1902)　第1背鰭は3棘、臀鰭が2棘、側線鱗は2列。婚姻色の雄は頭部が黒い。雌と通常時の雄は体が黄色で多くの橙色斑点があり、尾鰭が黒色。水深10m以浅の潮通しのよい岩礁の岩陰やオーバーハングの天井などに生息する。11～5月にヘビギンポと違い岩の垂直面や下側で産卵。伊豆諸島、千葉県小湊～九州南岸の太平洋沿岸、九州北岸・北西岸、朝鮮半島南岸、済州島、台湾北西部に分布。

（村瀬敦宣）

コケギンポ

♂

8cm SL

♀

6.8cm SL

アライソコケギンポ

6cm SL

シズミイソコケギンポ

5cm SL

ハダカコケギンポ

5cm SL

トウシマコケギンポ

6cm SL

コケギンポ科 Chaenopsidae　体は細長くほぼ円筒形で、大半の種には樹枝状の眼上皮弁がある。浅海の岩礁域に生息。東太平洋と西大西洋（特にカリブ海沿岸）の熱帯域に13属85種、東アジアと東太平洋の温帯域にコケギンポ属*Neoclinus*11種が分布。本科は合計14属96種。

コケギンポ属 *Neoclinus*　日本を含む東アジア沿岸に8種、北米太平洋沿岸に3種、それぞれの海域に固有で両海域に分布する種はいない。東アジアの種は、眼上皮弁が1列3対のコケギンポ、アライソコケギンポ、シズミイソコケギンポ、2〜3列のハダカコケギンポ、トウシマコケギンポ、イワアナコケギンポ、および1列2対のチシオコケギンポ、オキマツゲの3種群に分けられる。

コケギンポ *Neoclinus bryope* (Jordan and Snyder, 1902)　眼上皮弁は1列3対。背鰭の前端付近に白く縁取られた青〜緑色の眼状斑がある。産卵期の雄は頭部が黒く軀幹部から尾部は黄橙色。コケギンポとアライソコケギンポ、シズミイソコケギンポは形態的に酷似しており、これらを確実に識別するには頭部感覚管と脊椎骨数を数える必要がある。これら3種で、ここに記した識別可能の斑紋は現在研究の途中にある。岩礁の潮間帯から潮下帯に生息し、主に甲殻類や底生の小魚を食す。繁殖期は冬。岩盤上にあいた穴を巣穴とした雄は、雌が近くに来ると体を伸ばし、頭を振って求愛、産卵・受精を行う。雌は巣穴に沈性付着卵を産み、雄は巣穴の外に出ることはなく、卵保護を行い、近づいて来る肉食性貝類や他の魚種を追い払う。房総半島〜九州南岸の太平洋沿岸、伊予灘、積丹半島〜長崎県野母崎の日本海・東シナ海沿岸、朝鮮半島南岸、済州島に分布。

アライソコケギンポ *Neoclinus okazakii* Fukao, 1987　眼上皮弁は1列3対。背鰭の前端付近に眼状斑がある。宮崎県沿岸で得られた個体は口腔内が黄色い。水深0.2〜7mの岩礁に生息。千葉県館山湾〜屋久島の太平洋沿岸、屋久島、八丈島、沖縄島に分布。

シズミイソコケギンポ *Neoclinus chihiroe* Fukao, 1987　眼上皮弁は1列3対。背鰭の前端付近に眼状斑がある。コケギンポおよびアライソコケギンポにある体側の逆しずく状

イワアナコケギンポ

頭部の黒いタイプ

6cm SL

頭部の赤いタイプ

5cm SL

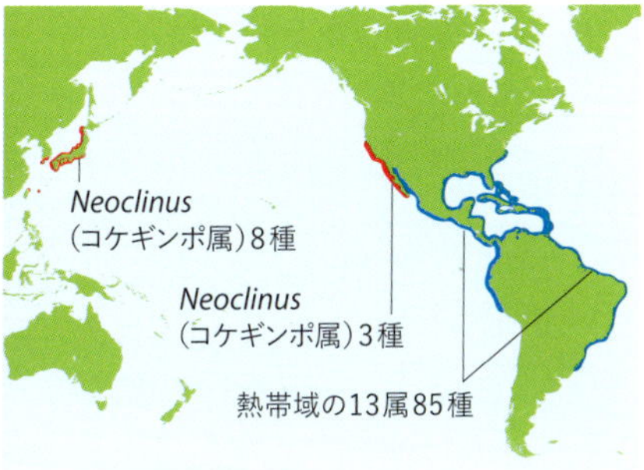

コケギンポ科14属96種の分布

の斑紋は不明瞭。水深10～25mの岩礁に生息。千葉県勝浦～和歌山県田辺湾の太平洋沿岸、および佐渡島に分布。

ハダカコケギンポ *Neoclinus nudus* Stephens and Springer, 1971　眼上皮弁は2列6～7対。項部皮弁（こうぶひべん）がない。黒い個体と黄色またはオレンジ色の個体がいる。水深0.2～15mの岩礁に生息。八丈島、宮崎県日南市、鹿児島県硫黄島、屋久島、沖縄島、台湾に分布。

トウシマコケギンポ *Neoclinus toshimaensis* Fukao, 1980　眼上皮弁は3列9～11対。項部皮弁がある。体側に複数の横帯がある。波当たりの強い岩礁の潮下帯に生息。房総半島、伊豆大島、三浦半島、伊豆半島、和歌山県田辺湾に分布。

イワアナコケギンポ *Neoclinus lacunicola* Fukao, 1980　眼上皮弁は2列6～7対。項部皮弁がある。体側に多くの暗色横帯がある。岩礁の潮下帯から水深約10mで穴居生活をする。千葉県館山湾、三浦半島、伊豆大島、伊豆半島、和歌山県田辺湾、徳島県伊島、

チシオコケギンポ

♂

6.5cm SL

♀

5.4cm SL

オキマツゲ

♂

4.5cm SL

♀

4cm SL

愛媛県室手、佐渡島、山口県日本海沿岸に分布。

チシオコケギンポ *Neoclinus monogrammus* Murase, Aizawa and Sunobe, 2010　眼上皮弁は1列2対。背鰭前方に白く縁取られない黒色斑を有することがある。雄の体は全体的に茶褐色で、頭部には虫食い状の赤色斑点が散在する。雌は体全体が赤い個体と黄色を呈する個体がおり、どちらにも頭部下半部に密集した不定形の白色斑点がある。水深5～28mの岩礁域に生息する。房総半島鵜原と伊豆大島から知られている。

オキマツゲ *Neoclinus nudiceps* Murase, Aizawa and Sunobe, 2010　眼上皮弁は1列2対で、前方のものは2～6分枝、後方のものは1～2分枝。背鰭前方に眼状斑がない。雄の体は全体的に黄色であるが、個体によって頭部から体側の前方が黒色を帯びる。雌は頭部上方と体側が赤紫色で、体側の下方に白色斑点の縦列がある。頭部下半部は白色、顎から頬部にかけて赤紫色の網状斑点がある。和名は産地である隠岐諸島と、眼上皮弁がまつ毛のように見えることに因む。水深7～9mの岩礁に空いた穴の中に生息する。島根県隠岐諸島から知られている。　（村瀬敦宣）

イソギンポ

6cm SL

タテガミギンポ

7cm SL

スジギンポ

8cm SL

タマギンポ

6cm SL

タネギンポ

8cm SL

カエルウオ

10cm SL

イソギンポ科 Blenniidae　主に沿岸の岩礁域、サンゴ礁、および河口域に生息する。大西洋、インド洋、および太平洋の温帯～熱帯域に分布し、58属397種。形態的に6族に分けられ、日本にはイソギンポ族、カエルウオ族、ナベカ族、ニジギンポ族の4族80種。ニジギンポ族以外の種は鰾(うきぶくろ)がなく、底生生活をする。

イソギンポ族 Parablenniini　カエルウオ族と極めて近縁で、カエルウオ亜科Salariinaeとしてひとまとめにする考えもある。14属80種以上で、日本産の2種は東アジア固有。

イソギンポ（イソギンポ属） *Parablennius yatabei* (Jordan and Snyder, 1900)　眼上に櫛状に分枝する皮弁があり、上顎に犬歯をもつ。岩礁性海岸や潮だまりに生息し、小型の藻類や甲殻類を食す。積丹半島～九州南岸の日本海・東シナ海沿岸、北海道臼尻～九州南岸の太平洋沿岸、瀬戸内海、奄美大島、朝鮮半島南岸、山東半島青島、浙江省、台湾に分布。

タテガミギンポ（タテガミギンポ属） *Scartella emarginata* (Günter, 1861)　頭部の正中線上に房状の皮弁があり、他種との区別は容易。岩礁性海岸や潮だまりに生息。山口県日本海沿岸、三浦半島、静岡県沿岸、和歌山県白浜、高知県以布利・柏島、愛媛県室手、台湾に分布。

カエルウオ族 Salariini　イソギンポ科で最も分化したグループで、28属約215種。岩礁域やサンゴ礁域に生息し、海岸で水中から露出した石の表面での生活に適応した種もいる。種によって、後頭部正中線上に鶏冠状の皮弁がある。

スジギンポ（スジギンポ属） *Entomacrodus striatus* (Valenciennes, 1836)　体側(たいそく)にいくつかの帯状をなす小暗色点の集まりがある。波当たりの強い岩礁性海岸のごく浅い場所に生息。八丈島、小笠原諸島、相模湾、和歌山県白浜、高知県、屋久島、琉球列島、台湾、ハワイ諸島を除くインド－太平洋の熱帯域に分布。

タマギンポ（タネギンポ属） *Praealticus bilineatus* (Peters, 1868)　多数に分枝する掌状(しょうじょう)の眼上皮弁(がんじょうひべん)、雌雄とも後頭部に正中線皮弁(せいちゅうせんひべん)がある。頭部、胸鰭、体側に白色点が散在する。岩礁性潮だまりに生息。熊本県天草、千葉県館山、和歌山県白浜、高知県、屋久島、種子島、琉球列島、台湾、西太平洋の熱帯域に分布。

ハナカエルウオ

9cm SL

シマギンポ

♂

6cm SL

♀

4.5cm SL

タネギンポ(**タネギンポ属**) *Praealticus tanegasimae* (Jordan and Starks, 1906) 眼上皮弁は縁辺が多数に分枝した羽板状で長く、後頭部の正中線皮弁は雄のみにある。頰に数本の暗色の斜線がある。岩礁性海岸の潮間帯に生息し、同科の他種よりも高い位置の潮だまりに出現する傾向がある。八丈島、小笠原諸島、和歌山県白浜、高知県、長崎県野母崎、屋久島、種子島、琉球列島、台湾、グアム島に分布。

カエルウオ(**カエルウオ属**) *Istiblennius enosimae* (Jordan and Snyder, 1902) 後頭部の正中線皮弁は雌雄両方にあり、眼上皮弁は糸状で大型個体では太く、分枝することがある。体側に多くの暗色横帯がある。岩礁性海岸に生息。産卵期は夏で、雄は潮だまり内の巣穴の周囲に縄張りを構え、繁殖行動を行う。兵庫県香住～九州南岸の日本海・東シナ海沿岸、八丈島、千葉県勝浦～種子島・屋久島の太平洋沿岸、瀬戸内海、済州島に分布。

ハナカエルウオ(**ハナカエルウオ属**) *Blenniella periophthalmus* (Valenciennes, 1836) 眼上皮弁は糸状で、通常分枝しない。吻部から頰にかけて微小斑点が密在する。サンゴ礁域の岩礁性海岸に生息。屋久島、琉球列島、台湾、南沙群島、インド－西太平洋の熱帯域に分布。

ヤエヤマギンポ

12cm SL

ロウソクギンポ

♂

6cm SL

♀

5.2cm SL

ヤエヤマギンポ(**ヤエヤマギンポ属**) *Salarias fasciatus* (Bloch, 1786) 他のイソギンポ科魚類に比べ体高が高い。眼上皮弁と項部皮弁の先端が分枝する。サンゴ礁域に生息。琉球列島、台湾、澎湖諸島、広東省、東沙群島、南沙群島、インド－西太平洋の熱帯域に分布。

シマギンポ(**ヤエヤマギンポ属**) *Salarias luctuosus* Whitley, 1929 眼上皮弁と項部皮弁は糸状。雌雄ともに後頭部に正中線皮弁がある。胸部に橙色の円形斑がある。岩礁性海岸に生息し、潮だまりにも出現する。八丈島、和歌山県白浜・串本、高知県、愛媛県室手、屋久島、種子島、長崎県野母崎、琉球列島に分布。

ロウソクギンポ(**ロウソクギンポ属**) *Rhabdoblennius nitidus* (Günter, 1861) 眼上皮弁は糸状で長く伸びる。体側には輪郭が不明瞭な暗色斑が体軸上に並び、縦長の明色斑点が散在する。繁殖期の雄は頭部から腹鰭にかけて黒色を呈する。岩礁性潮だまりに生息。八丈島、和歌山県白浜、高知県柏島、愛媛県室手、屋久島、種子島、長崎県野母崎、琉球列島、台湾、フィリピン諸島、中国南シナ海沿岸、ティオマン島(マレーシア)に分布。 (村瀬敦宣)

ヨダレカケ 8cm SL

フタイロカエルウオ 6cm SL

ヒトスジギンポ 7cm SL

マダラギンポ 4cm SL

トサカギンポ 5cm SL

イダテンギンポ 9cm SL

ヨダレカケ(ヨダレカケ属) *Andamia tetradactyla* (Bleeker, 1858)　眼上皮弁は掌状で分枝する。下唇に吸盤があり、尾鰭の鰭条の先端は分枝しない。岩礁性海岸の潮間帯から潮上帯に生息。海岸で水中から露出した石の表面で生活し、下唇の吸盤と胸鰭を使って岩表面上に張りつく。飛沫帯の岩盤の割れ目で産卵と卵保護を行う。屋久島、琉球列島、台湾、およびインドネシアに分布。

フタイロカエルウオ(ニラミギンポ属) *Ecsenius bicolor* (Day, 1888)　眼上皮弁はなく、前鼻孔の前縁と後縁に糸状の皮弁がある。体の前半は青色、後半は黄色。サンゴ礁域に生息。雌雄ともに基質から離れてホバリングをする。屋久島、琉球列島、台湾、東インド－西太平洋の熱帯域に分布。

ヒトスジギンポ(ニラミギンポ属) *Ecsenius lineatus* Klausewitz, 1962　眼上皮弁はなく、前鼻孔の後縁のみに糸状の皮弁がある。眼の後縁から尾柄部にかけて眼径とほぼ同じ幅の暗色縦帯がある。サンゴ礁域に生息。三宅島、小笠原諸島、屋久島、琉球列島、台湾、インド－西太平洋の熱帯域に分布。

ナベカ族 Omobranchini　鰓の開孔は胸鰭基底の範囲までに限られ、腹鰭は1棘2軟条。7属30種以上を含む。多くの種は岩礁性海岸の潮間帯や河川の影響を受ける汽水域に生息する。

マダラギンポ(マダラギンポ属) *Laiphognathus longispinis* Murase, 2007　前鼻孔縁辺に3本、後鼻孔縁辺に2本の糸状皮弁がある。体側には暗色斑点が複数の斜帯を形成するように並ぶ。雄の背鰭後半の棘条数本は糸状に伸びる。水深5～30mの岩礁域や転石帯に生息。雄は孵化した稚魚を巣穴の外に口で運び、放出する行動をとる。山口県の日本海側、長崎県香焼、伊豆半島～鹿児島県錦江湾の太平洋沿岸、伊予灘、台湾、香港に分布。

トサカギンポ(ナベカ属) *Omobranchus fasciolatoceps* (Richardson, 1846)　後頭部の正中線に鶏冠状の皮弁がある。内湾や河口の岩礁、感潮域に生息。富山湾～熊本県天草の日本海・東シナ海沿岸、東京湾～土佐湾の太平洋沿岸、大分県中津、瀬戸内海、台湾、福建省、香港、マカオに分布。

イダテンギンポ(ナベカ属) *Omobranchus punctatus* (Valenciennes, 1836)　体側に多数の暗色縦線があり、網目模様になることもある。

ナベカ

6cm SL

クモギンポ

6cm SL

ニジギンポ

10cm SL

ニセクロスジギンポ

12cm SL

内湾や河口域の岩礁や潮だまりに生息。富山湾〜熊本県天草の日本海・東シナ海沿岸、隠岐、五島列島、東京湾〜愛媛県室手の太平洋岸、瀬戸内海、朝鮮半島西岸南部、済州島、台湾、澎湖諸島、インド−西太平洋の熱帯域に分布。カリブ海、ブラジル、地中海の記録は人為的導入による。

ナベカ(ナベカ属) *Omobranchus elegans* (Steindachner, 1876)　頭部に皮弁がない。体は全体的に黄色で、頭部と体側の前半に数本の黒色横帯がある。岩礁性海岸やタイドプールに生息。北海道〜九州西岸の日本海・東シナ海沿岸、北海道〜土佐湾の太平洋沿岸、瀬戸内海、対馬、五島列島、朝鮮半島、山東半島に分布。

クモギンポ(ナベカ属) *Omobranchus loxozonus* (Jordan and Starks, 1906)　頭部に皮弁がない。眼の直後に楕円形の明瞭な緑青色斑がある。岩礁性海岸や潮だまりに生息。九州西岸、五島列島、瀬戸内海、相模湾、紀伊半島〜屋久島の太平洋沿岸、琉球列島、済州島に分布。

ニジギンポ族 Nemophini　鰾をもち、遊泳するグループ。世界の暖海に5属50種以上。下顎に1対の強大な犬歯状歯をもち、英名はSaber-toothed blenny(剣状の犬歯をもつギンポ)である。

ニジギンポ(ハタタテギンポ属) *Petroscirtes breviceps* (Valenciennes, 1836)　下顎に1対の不分枝皮弁がある。体側に眼の直後および眼の下から尾柄部に向かう2本の暗色縦帯がある。岩礁性海岸や藻場に生息。青森県〜九州南岸の日本海・東シナ海沿岸、北海道襟裳岬〜九州南岸の太平洋沿岸、八丈島、小笠原諸島、瀬戸内海、屋久島、琉球列島、朝鮮半島南岸、鬱陵島、済州島、台湾、インド−西太平洋の熱帯〜温帯域に分布。

ニセクロスジギンポ(クロスジギンポ属) *Aspidontus taeniatus taeniatus* Quoy and Gaimard, 1834　頭部に皮弁がない。体側に吻端から尾鰭後端までの暗色縦帯があり、この縦帯は後方で幅が広くなる。サンゴ礁域や岩礁域に生息。ホンソメワケベラに攻撃擬態をし、他の魚の鱗や鰭を食べると考えられていたが、実際は主に魚卵や無脊椎動物を食べており、擬態は捕食者からの被食を避ける目的である可能性が高い。近縁のテンクロスジギンポ属 *Plagiostoma* は主に魚の鱗や鰭を食べる。八丈島、相模湾〜高知県柏島の太平洋岸、愛媛県室手、屋久島、琉球列島、台湾、西〜中央太平洋の熱帯域に分布。

(村瀬敦宣)

イレズミコンニャクアジ

2m SL（成魚）

未成魚

40cm SL

未成魚

30cm SL

イレズミコンニャクアジ亜目 Icosteoidei

イレズミコンニャクアジ科 Icosteidae

体は側扁するが頭部は円筒形。骨格は多くが軟骨性で、肉も柔らかい。英名ではぼろ布のような軟弱な魚Ragfishだが、体はグニャグニャしているものの、皮膚は厚くて、和名のコンニャクと同様しっかりしており、英名より和名の方がこの魚をうまく表現している。英名は海岸に流れついたものを見てつけられたようである。和名は宮城県気仙沼（1952年）および神奈川県真鶴（1953年）で、本邦から初めて採集された斑点模様のある若魚に基づき1954年につけられた。高位の分類学的な位置については不明である。外形がイボダイ（p.326）に似ているのでスズキ目イボダイ亜目に近縁であるとか、和名に”アジ”とあるようスズキ亜目のアジ科に近縁であるという意見がある一方、スズキ目とはかけ離れたカブトウオ（p.173）などが含まれるカンムリキンメダイ目に近縁であるという意見や、最近の分子遺伝の研究ではサバ亜目やイボダイ亜目などを総括した新しい分類群である”ペラジア”の一員であるという意見もある。1属1種。

イレズミコンニャクアジ（**イレズミコンニャクアジ属**） *Icosteus aenigmaticus* Lockington, 1880 上顎は前上顎骨で縁取られ、側線には小棘がある。成魚は細長く、黒色。若魚は太短く、楕円形で、体の皮下には入れ墨を思わせる紫色の斑紋がある。体型は、体長40～60cmくらいから変化するが、この頃までは腹鰭があり、以後消失する。背鰭50～56軟条、臀鰭33～44軟条。胸鰭18～22軟条。脊椎骨数66～70。成魚は体長2mをこす大型の魚類。沖合の深場（水深1420mくらいまで）に生息。若魚は沿岸の表層近くでもみられる。北海道～神奈川県の太平洋沖、高知沖、北太平洋。神戸からの記録があるが、真偽のほどは不明。食用にされない。（波戸岡清峰）

ウバウオ亜目 Gobiesocoidei

ウバウオ科 Gobiesocidae　体はやや縦扁。腹鰭は胸鰭の下で基質に吸着するための吸盤となる。吸盤は前後に二分される複型と、二分されない単型に分けられる。多くの種は浅海の岩礁域に生息、稀に淡水域に生息。底生小動物やそれらの卵、種によっては魚卵を食べる。大西洋、インド洋、および太平洋に47属169種。複型の種は熱帯～温帯域、単型の種は熱帯域に分布する。通常、体長7cm程度、しかし、南アフリカとチリに

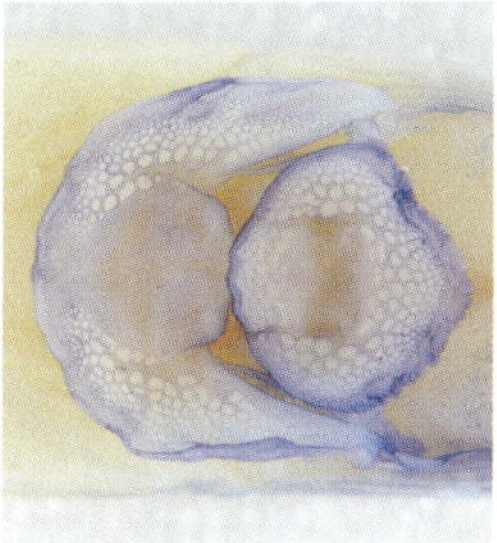

複型の吸盤（ウバウオ、着色）

単型の吸盤（ミサキウバウオ、着色）

ツルウバウオ

7cm SL

ツルウバウオ（背面）

ウバウオ

5cm SL

ヒメウバウオ

3cm SL

ハシナガウバウオ

5cm SL

ミサキウバウオ

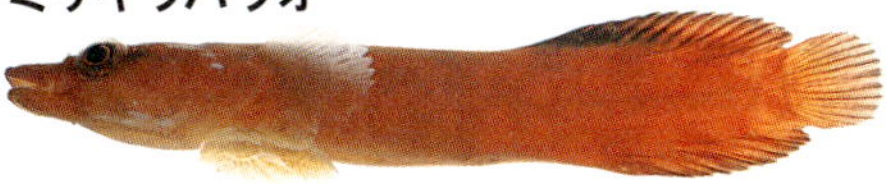

5cm SL

は30cmの種がいる。

ツルウバウオ（ツルウバウオ属）*Aspasmichthys ciconiae* (Jordan and Fowler, 1902)　腹鰭は複型。下顎の感覚管孔は1対。岩礁の転石下に生息。三宅島、千葉県小湊～和歌山県白浜の太平洋沿岸、新潟県佐渡～長崎県野母崎の日本海・東シナ海沿岸、瀬戸内海、朝鮮半島南岸、済州島、台湾に分布。

ウバウオ（ウバウオ属）*Aspasma ubauo* Fujiwara and Motomura, 2019　腹鰭は複型。口は小さく、上顎後端は眼の前縁を越えない。下顎感覚管孔がない。眼下に三角形の淡色域がある。岩礁の浅い場所に生息。千葉県小湊～和歌山県串本の太平洋沿岸、富山湾～長崎県野母崎の日本海沿岸、愛媛県宇和海に分布。

ヒメウバウオ（ヒメウバウオ属）*Propherallodus briggsi* Shiogaki and Dotsu, 1983　腹鰭は複型。口はやや大きく、上顎の後端は眼の前縁を越える。潮だまりや亜潮間帯の転石下に生息。稀種で、伊豆半島東岸の富戸、三宅島、男女群島からのみ知られる。

ハシナガウバウオ（ハシナガウバウオ属）*Diademichthys lineatus* (Sauvage, 1883)　腹鰭は単型。吻は著しく長く、他種との区別は容易。岩礁域やサンゴ礁域に生息。遊泳力があり、ガンガゼ類と共生している。稚魚期は宿主ガンガゼ類の叉棘などを摂餌、成魚は宿主の管足を食すが、サンゴの周囲などに行動圏を広げて二枚貝類やガンガゼ類、エビ類の卵を食す。雌は雄よりも細長い吻をもち、二枚貝類やエビ類の卵を食べる頻度が雄よりも高い。三宅島、千葉県館山湾～高知県の太平洋沿岸、愛媛県宇和海、琉球列島、海南島、インド－西太平洋海域に分布。

ミサキウバウオ（ミサキウバウオ属）*Lepadichthys misakius* (Tanaka, 1908)　腹鰭は単型。吻はやや上向きに突出。吻端から眼の後方にかけて暗色縦帯がある。岩礁域の潮だまりから水深6mほどのところに生息。三宅島、千葉県館山湾～和歌山県田辺湾の太平洋沿岸、九州北西岸、屋久島、琉球列島、済州島、台湾南部、西太平洋に分布。（村瀬敦宣）

口を伸ばした状態
（ネズッポ属）

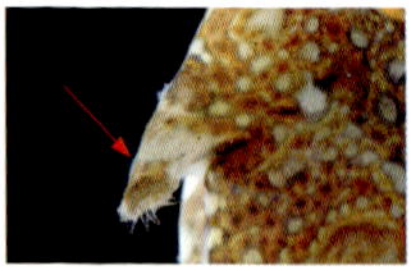

前鰓蓋骨棘（ネズッポ属）

ベニテグリ

17cm SL

トンガリヌメリ

16cm SL

ネズミゴチ

♂

17cm SL

♀

17cm SL

ネズッポ亜目 Callyonymoidei

ネズッポ科 Callionymidae　体は縦扁、前鰓蓋骨に強い棘がある。雌雄で二次性徴を示す。前下方に伸びる口で、多毛類などの底生小動物を食べる。主に大陸棚上から縁辺の砂泥底と砂底に生息するが、サンゴ礁・岩礁にも生息。世界中の暖海に17属約140種。日本に14属38種。ネズッポ類の主なものについて進化の歴史を系統関係と地理的分布から概観してみる。まず砂泥底である。ベニテグリ属は世界中の水深150～200mの砂泥底（分布図①）、*Callionymus*属は欧州大西洋沿岸と地中海の水深数～200mの砂泥底、トンガリヌメリ属はインド－西太平洋の水深150～200mの砂泥底（分布図②）、ネズッポ属はインド－西太平洋の水深100mまでの砂泥底（分布図③）に生息している。これら4属の内部骨格を比較すればベニテグリ属が最も祖先的で、ネズッポ属が最も派生的で新しい。*Callionymus*属とトンガリヌメリ属はそれらの中間の姉妹群。ベニテグリ属が最も古く分布も広い。次に姉妹群である*Callionymus*属とトンガリヌメリ属の祖先が出現、その後スエズ地峡で分断、それぞれに分化。その後インド－西太平洋ではネズッポ属が水深100mまでの大陸棚に出現。欧州と地中海では*Callionymus*属は水深数～200mに生息しているが、インド－西太平洋のトンガリヌメリ属は水深150～200mに生息し、水深100mまでの最も餌生物が豊かな大陸棚にはいない。この場所はインド－西太平洋では最新型のネズッポ属が最も多くの種に分化して生息している。岩礁とサンゴ礁にはインド－太平洋でコウワンテグリ属が繁栄している（分布図④）。この属の種は付着生物が付いた岩場で体がわかりにくい複雑な模様をしているが、内部骨格では祖先的な特徴が多く、もっと広く分布していてもいいのだが、大西洋にはいない。理由は不明。

ベニテグリ属 *Foetorepus*　基本的に体は赤い。前鰓蓋骨棘の外側に前向棘がない。背鰭は4棘8軟条、臀鰭は7軟条。大陸棚縁辺域に生息。東太平洋、西大西洋、東大西洋、地中海、アフリカ東岸、西太平洋、中央太平洋に約15種が分布。日本では3種。

ベニテグリ *Foetorepus altivelis* (Temminck and Schlegel, 1845)　体は赤い。第1背鰭の暗色斑は雄では薄いが雌では濃い。第2背鰭は黄色で多くの淡赤色の斜帯がある。臀鰭

ヤマドリ ♂

7.2cm SL

♀

5.2cm SL

ベニテグリ属の分布（水深150～200mの砂泥底）

Callionymus（水深数～200mの砂泥底）と
トンガリヌメリ属（水深150～200mの砂泥底）の分布

ネズッポ属の分布（水深～100mの砂泥底）

コウワンテグリ属の分布（浅海の岩礁・サンゴ礁）

と尾鰭の下縁が赤い。大陸棚縁辺域の砂泥底に生息。兵庫県香美町香住～九州南岸の日本海・東シナ海沿岸、遠州灘～九州南岸の太平洋沿岸、東シナ海、海南島に分布。

トンガリヌメリ属 *Bathycallionymus*　前鰓蓋骨棘は1本の前向棘があり、内側の棘の後端は鉤状。背鰭は4棘9軟条、臀鰭は9軟条。大陸棚縁辺域に生息。インド－西太平洋に11種が分布。日本では3種。

トンガリヌメリ *Bathycallionymus kaianus* (Günther, 1880)　体の背面は暗黄緑色。雌雄とも第1背鰭に黒斑がある。尾鰭は上部に数本の黄色斜帯と中部にいくつかの黄色斑があり、下部は淡褐色。大陸棚縁辺域の砂泥底に生息。愛知県～九州南岸の太平洋沿岸、東シナ海、インドネシアバンダ海に分布。

ネズッポ属 *Repomucenus*　前鰓蓋骨棘は1本の前向棘があり、内側に数本の棘があるか、槍状で内側が鋸歯状。背鰭は4棘9軟条、臀鰭は9軟条。大陸棚浅海域の砂底か砂泥底に生息。最も種数が多く、インド－西太平洋に約39種が分布。日本では8種。

ネズミゴチ *Repomucenus curvicornis* (Valenciennes, 1837)　第1背鰭は雌雄とも棘条は伸びず、雄は縁辺が黒く、雌には黒斑がある。雄の体の腹側には多くの暗色斜線があり、雌にはない。内湾浅所の砂底に生息。石狩湾～九州南岸の日本海・東シナ海沿岸、岩手県～九州南岸の太平洋沿岸、瀬戸内海、朝鮮半島南岸、中国南シナ海沿岸に分布。天ぷらで美味。

コウワンテグリ属 *Neosynchiropus*　体が高い。前鰓蓋骨棘は短く、基本的に前向棘はなく、内側に1～2棘。雄の第1背鰭は著しく高くて大きい。サンゴ礁や岩礁に生息。インド－西太平洋に10種が分布。日本では5種。

ヤマドリ *Neosynchiropus ijimae* (Jordan and Thompson, 1914)　前鰓蓋骨棘は1本の前向棘と内側に1棘。眼上に1対の小皮弁がある。雄の第1背鰭には多くの白く縁取られた褐色の斜帯がある。北海道～長崎県の日本海・東シナ海沿岸、千葉県館山～高知県柏島の太平洋沿岸と、この属では珍しく温帯域に分布。日本固有。　（中坊徹次）

ツバサハゼ

13cm SL

ツバサハゼの
頭部背面

ツバサハゼの
頭部腹面

ドンコ

21cm SL（通常17cm SL）

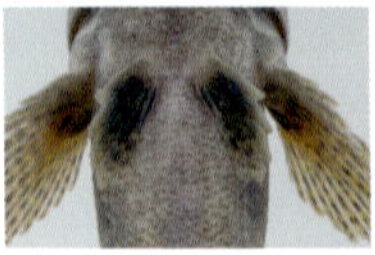

ドンコの腹鰭

イシドンコ

16cm SL

カワアナゴ

19cm SL

テンジク
カワアナゴ

15cm SL

ハゼ亜目 Gobioidei
頭頂骨はなく、基本的に眼下骨もない。但し、ツバサハゼ科では軟骨質の痕跡的な眼下骨がある。背鰭は普通2基、腹鰭は胸位。小型で主に底生生活を送るが、遊泳性の種や体長60cmの大型種もいる。世界と日本に9科。

ツバサハゼ科 Rhyacichthyidae　ハゼ亜目で唯一体に側線がある。鰓条骨は6本。腹鰭は左右が大きく離れる。両側回遊魚。世界に2属3種、日本に1属1種。

ツバサハゼ（ツバサハゼ属） 絶滅危惧IA類（環）*Rhyacichthys aspro* (Valenciennes, 1837)　頭部は丸く著しく縦扁、口は下向き。体側に数本の不明瞭な暗色縦線がある。河川の急流に生息し、岩に吸いつくような姿勢で定位する。屋久島～沖縄島（稀）、石垣島、西表島、台湾、西太平洋、オセアニアに分布。

ドンコ科 Odontobutidae　肩甲骨が大きく、鰓条骨数は6。腹鰭は左右が完全に分離。体の櫛鱗後縁に敷石状の構造がある。純淡水性。世界に6属23種、日本に2属5種。（うち外来は2属2種）

ドンコ（ドンコ属） *Odontobutis obscura* (Temminck and Schlegel, 1845)　体は太くて丸く、口は大きい。体は褐色で、体側に山形の3暗色斑がある。河川上～中流域に生息し、孵化直後から底生生活を送る。夜行性。富山県と愛知県以西の本州、四国、九州、関東地方（移入）、朝鮮半島南部に分布。

イシドンコ（ドンコ属） 絶滅危惧II類（環）準絶滅危惧種（IUCN）*Odontobutis hikimius* Iwata and Sakai, 2002　頭部の不規則な暗色斑が顕著。両眼間の孔器列が眼の後方で途切れるなどでドンコと異なる。河川渓流～中流域の淵の礫間に生息。島根県西部と山口県東部の日本海側に分布。

カワアナゴ科 Eleotridae　鰓条骨数は6。腹鰭は左右が完全に分離。主に両側回遊性または汽水性であるが、一部に純海水性を含む。世界の熱帯～亜熱帯域に35属173種、日本に9属14種。

カワアナゴ（カワアナゴ属） *Eleotris oxycephala* Temminck and Schlegel, 1845　体色は暗褐色で背面は淡褐色。頭部腹面に白色斑があるが、体色の変化によって不明瞭となる。温帯性種で、河川中～下流域に生息。茨城県および福井県以南の本州・四国・九州、屋久島

ホシマダラハゼ

26cm SL

タナゴモドキ

6cm SL

タメトモハゼ

20cm SL

ヤエヤマノコギリハゼ

8cm SL

ジャノメハゼ

20cm SL

コモンヤナギハゼ

2.5cm SL

済州島、中国浙江省～海南島に分布。

テンジクカワアナゴ(**カワアナゴ属**)

Eleotris fusca (Forster, 1801)　カワアナゴに似るが頭部腹面に白点はなく、尾鰭基底上部に暗色斑が出ることがある。神奈川県～大隅諸島(散発的)、琉球列島、台湾南部、中国広州珠江、インド-太平洋に分布。

ホシマダラハゼ(**ホシマダラハゼ属**)

絶滅危惧Ⅱ類(環) *Ophiocara porocephala* (Valenciennes, 1837)　体は太く、暗褐色で、鱗にそって多数の青緑色点が並ぶ。第2背鰭、臀鰭、尾鰭は黄色で縁取られる。マングローブ域や汽水域の湿地に生息。種子島、琉球列島、インド-太平洋に分布。

タナゴモドキ(**タナゴモドキ属**)　絶滅危惧IB類(環) *Hypseleotris cyprinoides* (Valenciennes, 1837)　体は側扁し、口は小さい。体に不明瞭な1暗色縦帯、尾柄部に1暗色斑がある。雄は繁殖期に垂直鰭(すいちょくき)が赤みをおびる。遊泳性で、ワンド、用水路、小河川などに生息。和歌山県～宮崎県(散発的)、琉球列島、台湾南部、インド-西太平洋に分布。

タメトモハゼ(**タメトモハゼ属**)　絶滅危惧IB類(環) *Ophieleotris tolsoni* (Bleeker, 1854)　体は丸く太く、口は幅広い。背部は淡褐色で腹部は白色、眼から鰓蓋に2～3褐色縦線、体側中央に不規則な1縦帯がある。河川上～中流域の澱(よど)み、水草や沈木の陰などに生息。静岡県、種子島～琉球列島、台湾南部、ルソン島、パラオ諸島、ソロモン諸島に分布。

ヤエヤマノコギリハゼ(**ノコギリハゼ属**)

絶滅危惧IA類(環) *Butis amboinensis* (Bleeker, 1853)　体高は低く、頭部はやや長い。胸鰭基部に黒色と赤色の斑紋がある。マングローブ域や植物の茂った下流～河口域に生息。琉球列島、インド-太平洋に分布。

ジャノメハゼ(**ジャノメハゼ属**)　絶滅危惧IB類(環) *Bostrychus sinensis* Lacepède, 1801　体はやや長く、前鼻孔は鼻管が長い。鱗が細かく、縦列鱗数(じゅうれつりんすう)は90以上。尾鰭基底上部に1眼状斑がある。マングローブ域や汽水域の湿地に生息し、夜行性。琉球列島、台湾西部・南部、中国上海～海南島、西太平洋に分布。

ヤナギハゼ科 Xenisthmidae　鰓条骨数は6。左右の腹鰭は分離。体は細く伸長し、頭部は縦扁。下唇は伸長して下方に折り返す。世界に6属14種、日本に1属5種。

コモンヤナギハゼ(**ヤナギハゼ属**)

Xenisthmus sp.2　体は白色～淡褐色。体側から背部にかけて小褐色斑が散在。下顎から眼の後方に達する褐色線、尾鰭基部中央に小黒斑がある。サンゴ礁の石や死サンゴの下に生息する。琉球列島に分布。　(萩原清司)

マハゼ

26.5cm SL（通常12～20cm SL）

マハゼ：左右が癒合した吸盤状の腹鰭

ハゼクチ

アシシロハゼ

雄8cm SL、雌6cm SL

ハゼ科 Gobiidae
小型。頭部に感覚管が発達。体の側線管(そくせんかん)は未発達。多くの種で左右の腹鰭が鰭膜(きまく)でつながり吸盤状となる。世界の海域、汽水域、淡水域に約250属約2000種、日本で和名が付されている種は111属約540種。

マハゼ属 *Acanthogobius* 吻(ふん)が長い。第1背鰭は8棘。河川中流域～河口域、河口域周辺の沿岸海域など淡水の影響が大きい環境に生息。ロシア沿海地方～中国南部の太平洋、日本海、渤海、黄海、東シナ海、南シナ海沿岸域に6種。

マハゼ *Acanthogobius flavimanus* (Temminck and Schlegel, 1845) 第2背鰭軟条数は10～15、体側(たいそく)や尾鰭に点列がある。河川下流域～河口域や内湾浅所の砂泥底に生息し、主に多毛類を食べる。産卵期は九州と四国西南部で1～3月、東京湾で2月下旬～5月、宮城県で3～5月。産卵期には雄の口幅が広くなる。卵は、干潟の砂泥底につくられたY字状の巣穴の産卵室の壁面に産みつけられる。1歳で体長約15～20cmになり産卵して死ぬが、成長の悪かった個体は1歳では成熟せず、越年して2歳で約16～20cmになり産卵して死ぬ。東京湾の個体は他地域の個体と比べて体が小さく、多くは1歳で体長11～12cmとなり産卵して死ぬが、1歳で体長10cmに満たず成熟しなかったものは、越年して2歳で体長12～13cmになり産卵して死ぬ。北海道留萌～鹿児島県枕崎の日本海・東シナ海沿岸、有明海、瀬戸内海、津軽海峡～屋久島の太平洋沿岸、朝鮮半島南西岸・南岸、中国河北省・山東省・海南島に分布。カリフォルニアとシドニー湾は移入。竿釣り、延縄(はえなわ)、かご縄などで漁獲。冬に美味。天ぷら、佃煮、干物、昆布巻などで食される。

ハゼクチ 絶滅危惧Ⅱ類（環）*Acanthogobius hasta* (Temminck and Schlegel, 1845) 第2背鰭軟条数は18～20で、体側や尾鰭に点列はない。

ヤミハゼ

10cm SL

シロウオ

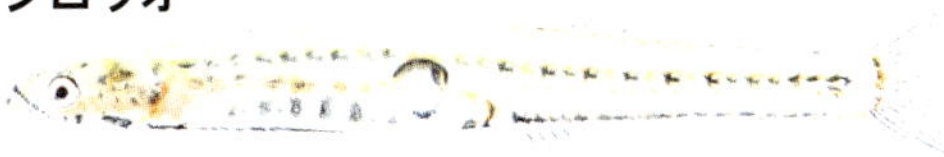

雄4cm SL、雌5cm SL

雄42cm SL、雌32cmSL

内湾の湾奥～河川感潮域の泥底に巣穴を掘って生息。産卵期は2～4月。産卵期に雌雄とも尾部が伸長し、細長い体型になる。尾部の伸長は雄で顕著で、体は雄の方が大きくなる。成熟雄の頭部は背面から見るとU字形で産卵孔（さんらんこう）を掘るために顎の筋肉が発達すると考えらる。卵は、巣穴内に横向きに掘られた産卵室の天井面に産み付けられる。産卵後、雄が産卵室に残り、卵が孵化するまで保護。孵化仔魚（ふかしぎょ）は約18日間の浮遊生活を送り、全長約1cmで着底する。その後、1年で成熟し、産卵して死ぬ。寿命は1年。雄は最大で体長64cmになるものがいる。有明海、八代海、黄海と渤海の沿岸、中国杭州湾銭塘江河口、台湾西岸に分布。延縄、かご、潮待ち網などで漁獲されるほか、遊漁でも親しまれる。

アシシロハゼ *Acanthogobius lactipes* (Hilgendorf, 1879)　尾鰭基底部の暗色斑は後方で二叉。成熟個体では雌雄ともに体側に数本の白色横線が現れる。河口域や内湾浅所の砂底や砂礫底に生息。北海道小樽～鹿児島県川内の日本海・東シナ海沿岸、北海道オホーツク海沿岸、北海道～大隅半島の太平洋沿岸、瀬戸内海、朝鮮半島南岸・東岸、黄海と渤海の沿岸、中国浙江省に分布。

ヤミハゼ（ヤミハゼ属） *Suruga fundicola* Jordan and Snyder, 1901　眼が大きい。体側中央部に数個の不明瞭な褐色斑が並ぶ。第1背鰭は8棘。水深50～400mと深場の砂底や砂泥底に生息。宮城県松島湾～土佐湾の太平洋沿岸、青森県～山口県の日本海沿岸、沖縄舟状海盆に分布。

シロウオ（シロウオ属） 絶滅危惧Ⅱ類（環）
Leucopsarion petersii Hilgendorf, 1880　幼形成熟（ようけいせいじゅく）で、成魚（せいぎょ）になっても体が透明で、鰾（うきぶくろ）が透けて見える。日本海型と太平洋型が知られており、前者は後者より体が大きく脊椎骨数が多い傾向がある。内湾の浅所に生息。早春、潮が満ちてくると群れで勢いよく河川を遡上、感潮域～下流域の砂礫底で産卵。産卵遡上は南方ほど早く、九州で1～2月、四国・本州西部～中部で2～3月、東北地方では4～5月に始まり1～2か月間続く。雄は石の下に産卵室をつくり、雌はその中に入り卵を石に産みつける。産卵後、雌は数日で死ぬが、雄は2～3週間の卵保護を行い、仔魚（しぎょ）の孵化後数日で死ぬ。孵化仔魚は河川を流下、海で成育し、流下直後に5mm程度だった仔魚は翌冬に4cm程度に成長。産卵遡上の1か月前ごろ、全ての鰭の鰭条（きじょう）がそろい稚魚（ちぎょ）期に移行する。寿命は1年。青森県～九州南岸の日本海・東シナ海・太平洋沿岸、瀬戸内海、有明海、朝鮮半島東岸、東沙群島に分布。

（松井彰子）

キヌバリ
太平洋型

日本海型

10cm SL

チャガラ

8cm SL

リュウグウハゼ

16cm TL（通常12cm SL）

ニシキハゼ

20cm SL

サビハゼ

12cm SL

キヌバリ属 *Pterogobius*
体側に横帯や縦帯がある。第1背鰭は8棘。内湾の岩礁域の中～底層に、単独あるいは群れで浮いている。日本列島、朝鮮半島南岸、済州島に4種。

キヌバリ *Pterogobius elapoides* (Günther, 1872) 体は白から桃色。体側に黄色で縁取られた黒色横帯（太平洋型は6本、日本海型は7本）がある。幼魚はガラモ場周辺の中層で群れ、成魚は底層付近で単独から数匹で浮いている。潮通しの悪い環境では見られない。北海道南東岸～長崎県の日本海・東シナ海沿岸、青森県～宮城県、対馬、済州島、朝鮮半島南岸（日本海型）、房総半島～三重県の太平洋沿岸、瀬戸内海、大分県佐伯、宮崎県門川（太平洋型）に分布。能登の穴水では海ごりとよばれ佃煮で食される。

チャガラ *Pterogobius zonoleucus* Jordan and Snyder, 1901　体は桃～灰桃色。体側には細い黄褐色横帯（太平洋型は6本、日本海型の多くは5本）がある。岩礁域のガラモ場や砂

ミミズハゼ

6cm SL

イドミミズハゼ

5cm SL

イソミミズハゼ

5cm SL

泥底のアマモ場、沖合の根のカジメ場の中層で群れている。また、比較的潮通しの悪い藻場や漁港内でもみられる。青森県〜鹿児島県の日本海・東シナ海沿岸、朝鮮半島南岸、済州島（日本海型）、千葉県〜三重県の太平洋沿岸、瀬戸内海（太平洋型）に分布。隠岐島前の海士町ではつぼ網でとり、“サカヅクリ”とよばれる甘露煮にして食べる。

リュウグウハゼ *Pterogobius zacalles* Jordan and Snyder, 1901　体側から尾鰭基底部に5本の黒色横帯があり、尾鰭は黒色帯で縁取られる。岩礁域の砂礫底や砂底に生息、水深は分布域の北部は2〜3mと浅く、南部は40〜50mと深い。幼魚は底層付近で群がり、成魚は単独〜数匹で浮くか着底している。幼魚は漁港内でもみられる。北海道余市〜九州南岸の日本海·東シナ海沿岸、津軽海峡、青森県〜三重県の太平洋沿岸、済州島、朝鮮半島南岸に分布。

ニシキハゼ *Pterogobius virgo* (Temminck and Schlegel, 1845)　体側中央部に1本の橙色縦帯がある。幼魚は底層付近で群がり、成魚はオーバーハング下など、やや深場の岩礁と砂底の境付近で単独でみられる。秋田県〜九州北西岸の日本海・東シナ海沿岸、千葉県館山湾〜三重県の太平洋沿岸、瀬戸内海、済州島、朝鮮半島南岸に分布。

サビハゼ（サビハゼ属） *Sagamia geneionema* (Hilgendorf, 1879)　顎の下に多数のひげがある。頭部〜体側に不明瞭な小褐色斑点が散在する。第1背鰭は8棘。内湾の砂底から砂泥底に生息。幼魚は底層付近で群がり、成魚は単独または集団で着底している。青森県〜鹿児島県長島の日本海・東シナ海沿岸、青森県〜豊後水道の太平洋沿岸、瀬戸内海、済州島、朝鮮半島南岸に分布。

ミミズハゼ属 *Luciogobius*　体は細長く、ミミズ状。眼は退化的。多くは沿岸海域〜感潮域上端部の礫下や礫間に生息。沿岸域の多様な礫環境に適応して、体型と脊椎骨数の多様化が起こったと考えられる。東アジア固有の属であり15種が記載されているが、多くの未記載種の存在が示唆されている。

ミミズハゼ *Luciogobius guttatus* Gill, 1859
体色は淡黄色から黄褐色、暗褐色まで変異し、同一個体でも短時間で変化する。尾柄の水平長は背鰭基底長より長い。脊椎骨数は38〜39。河川下流域〜河口域に生息し、低塩分環境の砂礫下や間にひそむ。北海道函館市臼尻〜屋久島の太平洋沿岸、瀬戸内海、北海道小樽〜薩摩半島の日本海・東シナ海沿岸、朝鮮半島全沿岸、済州島、遼寧省〜浙江省の中国沿岸に分布。

イソミミズハゼ *Luciogobius martellii* Di Caporiacco, 1948　体はミミズハゼより太短い。体色は成魚で淡黄〜褐色、若魚で淡黄〜黒色と変異し、同一個体でも短時間で変化する。尾柄の水平長は背鰭基底長とほぼ同じか、少し短い。脊椎骨数は35〜37。多くの若魚は尾鰭縁辺部に明瞭な透明域があるが、成魚には透明域はないか不明瞭。高塩分環境の転石下や砂礫下にひそむが、若魚は岩礁域潮間帯〜河口域、成魚は内湾〜河口域でみつかることが多い。北海道〜屋久島の太平洋沿岸、瀬戸内海、北海道〜熊本県天草の日本海・東シナ海沿岸に分布。

イドミミズハゼ 準絶滅危惧（環） *Luciogobius pallidus* Regan, 1940　体はミミズハゼやイソミミズハゼより細長く、薄桃〜橙色。眼は小さい。伏流水の湧き出る河川下流域〜河口域の礫中に生息。新潟県〜鹿児島県の日本海・東シナ海沿岸、三重県〜宮崎県の太平洋沿岸、瀬戸内海、奄美大島に分布。（松井彰子）

ムツゴロウ

16cm SL（通常11cm SL）

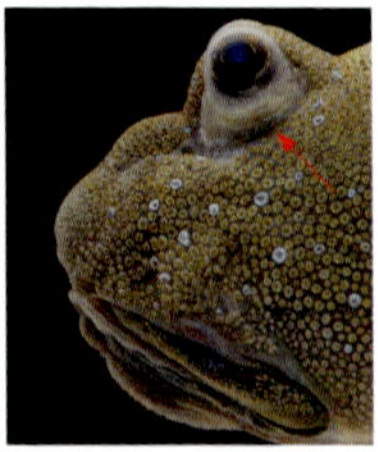

ムツゴロウの下眼瞼

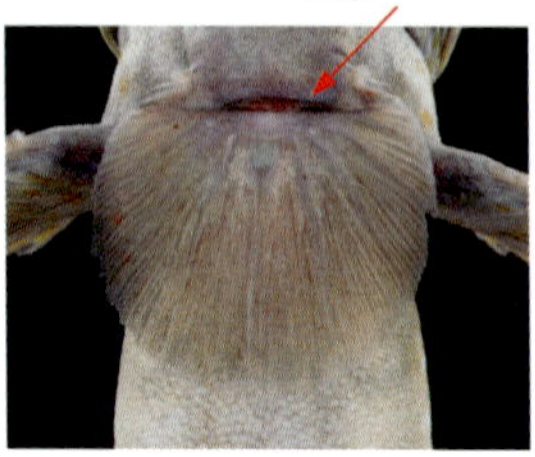

ムツゴロウの腹鰭：膜蓋がない

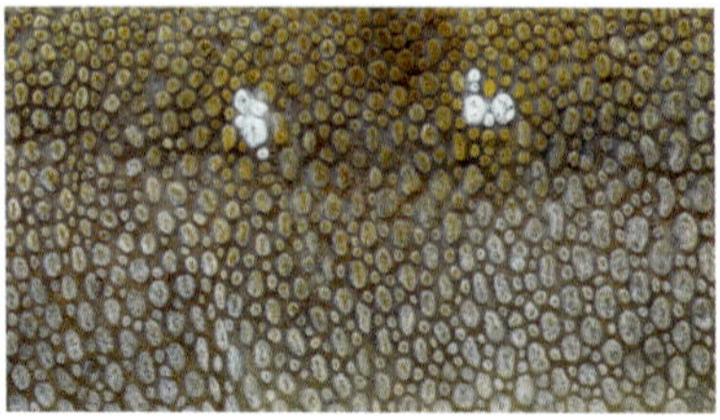

ムツゴロウの体表：円形か楕円形の小瘤板で密に被われる

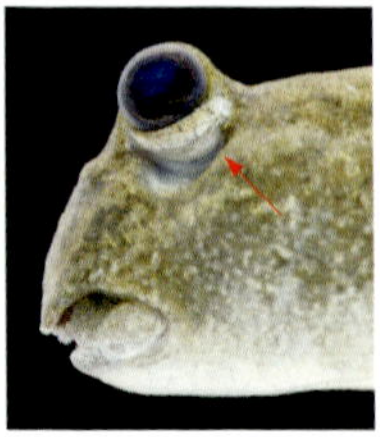

トビハゼの下眼瞼

トビハゼ

8cm SL

ミナミトビハゼ

8cm SL

ムツゴロウ（**ムツゴロウ属**）
絶滅危惧IB類（環） *Boleophthalmus pectinirostris* (Linnaeus, 1758)
体は暗灰色で、頭、体、鰭に青く輝く斑点が散在。眼は頭部背面に突出し、眼下に眼を収納するくぼみがある。魚類には珍しく下眼瞼（下まぶた）がある。腹鰭に膜蓋がない。頭部や体は無鱗だが、円形あるいは楕円形の小瘤板で密に被われる。河口に広がる軟泥干潟に巣穴を掘って生息。冠水時には巣穴にひそみ、干出時は巣穴近くの泥上をはって泥表面の珪藻類を食べる。干出時は皮膚や口腔内面から酸素を取り込み空気呼吸する。産卵期は有明海で5月上旬～8月上旬。雄は泥上でジャンプして雌に求愛し、雌を自分の巣穴に誘う。卵は、巣穴内の産卵室の天井に産みつけられる。産卵後は雄が産卵室に残り、卵が水没しないよう頻繁に空気を運び込み、孵化まで卵を保護。産卵室の地表からの深さは夏に向かって徐々に深くなる傾向があり、干潟表面の高温を避けるためと考えられている。孵化仔魚は約30～50日間の浮遊生活の後、全長1.5～1.8cmで着底。秋に全長5～6cmになり、満1歳で約8cm、満2歳で約11cm、満3歳で約13cmになる。4歳以上になる個体はごくわずか。2歳で成熟・産卵を行う。有明海、八代海北部、朝鮮半島南西岸、台湾北岸・南岸、浙江省～海南島北部の中国沿岸に分布。佐賀県では漁獲対象種であり、ムツ掛漁などの伝統漁法が知られる。

トビハゼ（**トビハゼ属**） 準絶滅危惧（環）
Periophthalmus modestus Cantor, 1842　体側に小黒点が散在。眼は頭部背面に突出し眼下に眼を収納するくぼみと下眼瞼がある。胸鰭基部の筋肉が発達し胸鰭で泥をかいて移動する。腹鰭前部には膜蓋があり腹鰭後縁部の癒合膜はくぼむ。河口域～内湾の塩性湿地の砂泥上に生息。干出時は砂泥上で皮膚や口腔内面から酸素を取り込み空気呼吸す

ワラスボ

雄39cm SL（通常30cm SL）、雌28cm SL（通常17cm SL）

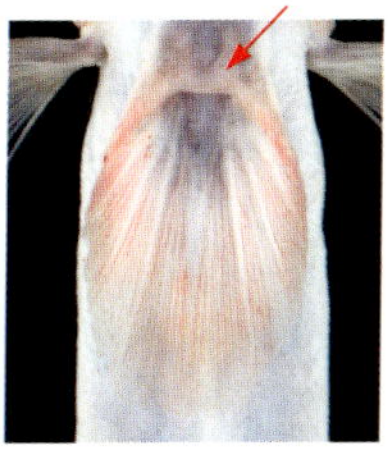

腹鰭：膜蓋がある

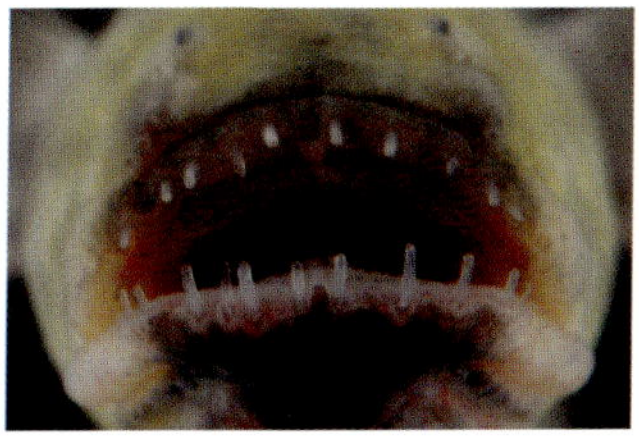

大きな口に強くて長い歯が並ぶ

頭部側面

チワラスボ

21cm SL（通常15cm SL）

アカウオ

15cm SL

る。千葉県～屋久島・種子島の太平洋沿岸、瀬戸内海、福岡県津屋崎～九州南岸の日本海・東シナ海沿岸、有明海、朝鮮半島西岸・南岸、台湾北部・南部、澎湖諸島、浙江省～海南島の中国沿岸に分布。

ミナミトビハゼ（トビハゼ属） *Periophthalmus argentilineatus* Valenciennes, 1837　第1背鰭は前方が尖り上縁付近に暗色帯がある。腹鰭には膜蓋も癒合膜もない。河川感潮域～内湾の塩性湿地の泥上に生息。種子島、屋久島、琉球列島、インド－西太平洋、サモア諸島に分布。

ワラスボ（ワラスボ属） 絶滅危惧Ⅱ類（環）
Odontamblyopus lacepedii (Temminck and Schlegel, 1845)　体は細長く、灰色がかった赤紫色。成魚の眼は退化的で小さい。両顎の犬歯は強くて長く、露出する。腹鰭は吸盤状で膜蓋がある。産卵期は5～8月。河口域～内湾の泥干潟に深さ30cmほどの孔を掘って生息。貝類、魚類、甲殻類、頭足類を食べる。有明海、大村湾、朝鮮半島西岸・南岸、台湾、遼寧省～トンキン湾の中国沿岸に分布。有明海では“すぼかき”という鉄鉤のついた伝統漁具などでとられ、煮付けや干物で食される。

チワラスボ（チワラスボ属） *Taenioides snyderi* Jordan and Hubbs, 1925　体が細長くワラスボに似るが、胸鰭上部に糸状の遊離軟条はなく、顎の下面に前から2本－2本－2本のひげが並ぶ。眼は小さく、皮下に埋没。体は赤っぽい。胸鰭は17～21軟条、脊椎骨数は31～32。東京湾～高知県、九州日本海沿岸～東シナ海沿岸、瀬戸内海、有明海、八代海、鹿児島湾。従来の「チワラスボ *T. cirratus*」には本種、*T. gracilis*（コガネチワラスボ）、*T. anguillaris*、*T. kentalleni* が含まれていたことがわかった。各種の詳しい分布は今後の課題である。環境省レッドリスト2019で「チワラスボ *T. cirratus*」は絶滅危惧IB類と評価されているが、このランクは今後の検討を要する。

アカウオ（アカウオ属） 準絶滅危惧種（IUCN）
Paratrypauchen microcephalus (Bleeker, 1860)
体は細長く、生時は鮮やかな紅色。眼は退化的で小さく皮下に埋没。内湾の水深5～20mの軟泥底に生息。東京湾～宮崎県の太平洋沿岸、瀬戸内海、大阪湾、有明海、新潟県～熊本県の日本海・東シナ海沿岸、朝鮮半島西～南西岸、済州島、台湾、河北省～広東省の中国沿岸、西太平洋に分布。

（松井彰子）

ツマグロスジハゼ

5cm SL

スジハゼ

雄6.5cm SL、雌7cm SL

モヨウハゼ

雄6.5cm SL、雌7cm SL

クモハゼ

8cm SL

キララハゼ属 *Acentrogobius*　生時に頬～体側に青白く輝く斑点が散在し、体側に数個の暗色斑が並ぶ種が多い。インド－西太平洋の熱帯～亜熱帯域の汽水域に分布する種が多い。ツマグロスジハゼ、スジハゼ、モヨウハゼは主に日本の温帯域に分布、内湾の砂泥底に高密に生息し、魚食性底生魚の重要な餌資源となっている。3種の産卵期は本州で晩春～初秋。卵は石や貝殻の下などに産みつけられ、孵化までの数日間、雄が卵保護を行う。仔魚は約1か月間の浮遊期を経て着底。大半の個体は生後1年で死亡するが、2年近く生きる個体もいる。

ツマグロスジハゼ *Acentrogobius* sp.　体側中央やや腹寄りの縦線上に暗色斑が並ぶ。尾鰭基底部の暗色斑は“イ”の形で、その後方に弧状の赤褐色線がある。背鰭前方に鱗はない。腹鰭後端が黒い個体が多い。内湾の河口干潟や淡水湧出部などの水深0.1～5m付近の軟らかい砂泥底に生息。テッポウエビ類の巣穴を生息孔や産卵床として利用することがある。本州西部では5～8月に産卵。秋田県～鹿児島県の日本海・東シナ海沿岸、宮城県～鹿児島県の太平洋沿岸、瀬戸内海、琉球列島、朝鮮半島南岸、台湾台南に分布。

スジハゼ *Acentrogobius virgatulus* (Jordan and Snyder, 1901)　体側中央部に不定形の暗色斑が並び、その下に明瞭な褐色縦線がはしる。尾鰭基底部の暗色斑は三角形。背鰭前方に小鱗が高密に並ぶ。第1背鰭後部に黒斑がある。湾奥～河口域のアマモ場、ガラモ場、漁港スロープなど、水深0.2～10m付近の比較的潮通しのよい、粒の粗い砂泥底に生息。テッポウエビ類の巣穴を生息孔として利用することがある。本州西部では5～9月に産卵。北海道～鹿児島県の日本海・東シナ海沿岸、岩手県～鹿児島県の太平洋沿岸、瀬戸内海、朝鮮半島南岸に分布。

ツマグロスジハゼの分布

スジハゼの分布

モヨウハゼの分布

クツワハゼ

8cm SL

ホシノハゼ

10cm SL

クロミナミハゼ

15cm SL

ツムギハゼ

12cm SL

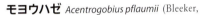

モヨウハゼ *Acentrogobius pflaumii* (Bleeker, 1853)　体側中央部に2本の褐色縦線にはさまれた暗色斑が並ぶ。尾鰭基底部の暗色斑は楕円形。背鰭前方に明瞭な小鱗が並ぶ。第1背鰭後部に黒斑のある個体や腹鰭縁辺部が黒い個体もいる。湾奥～湾央の水深1～50m（主に5～30m）の軟らかい砂泥底に高密に生息。テッポウエビ類の巣穴を生息孔として利用することがある。本州西部では4～9月に産卵。北海道～鹿児島県の日本海・東シナ海沿岸、青森県～鹿児島県の太平洋沿岸、瀬戸内海に分布。オーストラリア南東部やニュージーランド北部でバラスト水によって運ばれたとされる個体が外来魚として定着。

クモハゼ（クモハゼ属） *Bathygobius fuscus* (Rüppell, 1830)　頭が丸く体は太短い。第1背鰭縁辺部に黄色帯と黒褐色帯がある。下顎に台形の皮蓋（ひがい）がある。胸鰭の上部軟条の3本は分枝する。岩礁域やサンゴ礁域の潮間帯（ちょうかんたい）に生息。大型雄は雌とペア産卵を行うのに対し、小型雄はスニーキングを行う。石川県～九州南岸の日本海・東シナ海沿岸、房総半島～屋久島の太平洋沿岸、朝鮮半島南岸、済州島、台湾北岸・南岸、中国南シナ海沿岸、インド－太平洋に分布。

クツワハゼ（クツワハゼ属） *Istigobius campbelli* (Jordan and Snyder, 1901)　頭部体側に赤褐色小斑が散在し、眼の後方から胸鰭基部上方に暗色縦線がある。内湾の砂泥～砂礫底の浅所に生息。富山湾～長崎県橘湾の日本海・東シナ海沿岸、千葉県館山湾～屋久島の太平洋沿岸、朝鮮半島南岸、済州島、中国南シナ海沿岸に分布。

ホシノハゼ（クツワハゼ属） *Istigobius hoshinonis* (Tanaka, 1917)　生時、頬と前鰓蓋（ぜんさいがい）に青白い斜帯がある。体側中央部に長方形の黄褐色斑が縦列する。内湾のやや深いところの砂泥～砂底に生息。秋田県～長崎県の日本海・東シナ海沿岸、千葉県館山湾～高知県柏島の太平洋沿岸、朝鮮半島南岸、済州島に分布。

クロミナミハゼ（ミナミハゼ属） *Awaous melanocephalus* (Bleeker, 1849)　吻が長く、体側中央部に不定形の黒斑が縦列する。第1背鰭に黒色斑はない。一見マハゼに似るが、第1背鰭棘は6本（マハゼでは8本）。河川中流域～渓流域下部の流れが緩やかな砂底に生息。千葉県小湊～屋久島の太平洋沿岸の河川、琉球列島や西太平洋の島々の河川に分布。

ツムギハゼ（ツムギハゼ属） *Yongeichthys nebulosus* (Forsskål, 1775)　頭と眼が大きく、体側と尾鰭基底部に3個の黒褐色大斑と多数の褐色小斑がある。マングローブ域や湾奥の干潟の砂泥底に生息。静岡県～屋久島の太平洋沿岸（散発的）、琉球列島、インド－西太平洋に分布。毒魚として知られ、筋肉や皮下にフグ毒と同じテトロドトキシンをもつことが多い。

（松井彰子）

ボウズハゼ

♂

雄6.5cm SL、雌9.1cm SL
（最大15cm SL）

河川加入時の仔魚
2.9cm SL

♀

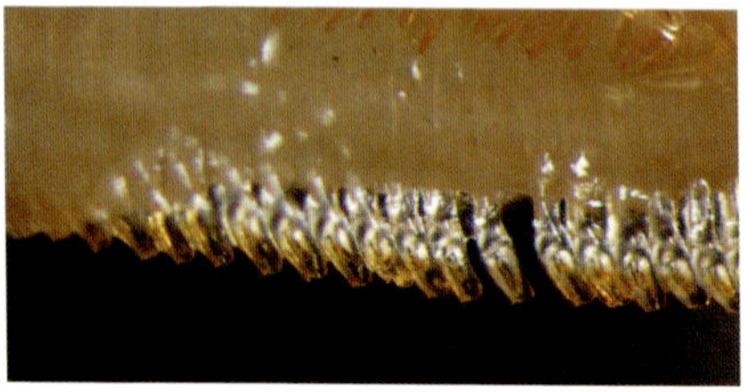

上顎にある3尖頭の歯の列。上に予備の歯が準備されている

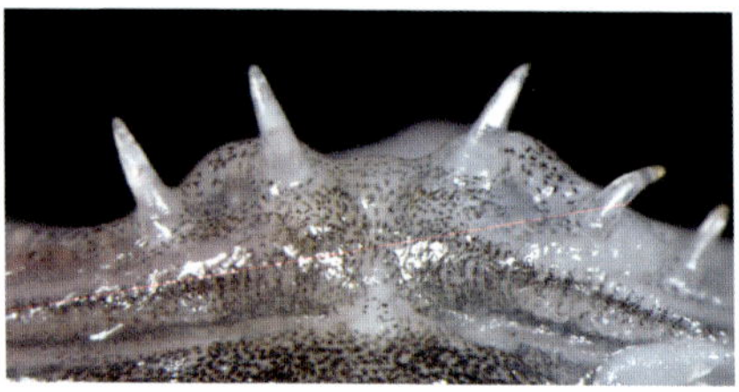

下顎にある犬歯状の歯

ボウズハゼの頭部腹面

腹鰭の吸盤で指にくっついてぶら下がるボウズハゼ

ボウズハゼ類　多くは熱帯島嶼の小河川に生息、海洋島の河川では魚類の多くがボウズハゼ類である。左右の腹鰭は癒合、吸着力の強い肉質の吸盤となり、これで急流や滝をこえて川を遡上、100m以上の落差の滝を登る種もある。体色、鱗や歯、鰭の大きさと形に性的二型が発達。一般に雄は鮮やかな体色になり、求愛行動を行う。両側回遊魚。産卵は川で行われ、岩の下などに産みつけられた小さな卵を雄が保護。孵化直後の仔魚は、大きな卵黄をもち、眼を含むほぼ全身が透明。孵化後、川から海に降り、約3日で卵黄を吸収、眼が黒化し、口、鰾、胸鰭が形成される。海で2～9か月の浮遊期を過ごすが、その間に海流に運ばれ、生まれた川とは異なる遠く離れた川に入ることがあると考えられる。川に入ると、口の形態が変化し、腹鰭が肉質の吸盤になり、体表面が色素に被われ、底生になる。着底後は藻類食、動物食、雑食と種によって様々。インド洋、太平洋、大西洋の熱帯～亜熱帯の島嶼域を中心に9属100種以上、日本に5属16種。ただし、九州以北で普通にみられる種はボウズハゼのみ。琉球列島には多くの種が分布するが、稀種もあり、熱帯地方からの分散が示唆される。ボウズハゼ亜科Sicydiinaeとされることが多い。

ボウズハゼ属 *Sicyopterus*　大型のボウズハゼ類で、体長20cmに達する種も含まれる。上顎に櫛状の歯列があり、藻類食。インド－太平洋に約30種、日本に3種。近縁の*Sicydium*属が東太平洋と大西洋に分布。

ボウズハゼ（ボウズハゼ属） *Sicyopterus japonicus* (Tanaka, 1909)　全身褐～淡灰色で、躯幹部から尾部に約10本の暗褐色横帯があ

ルリボウズハゼ

♂

♀

雄5.8cm SL、雌4.1cm SL（通常4～7cm SL、最大13cm SL）

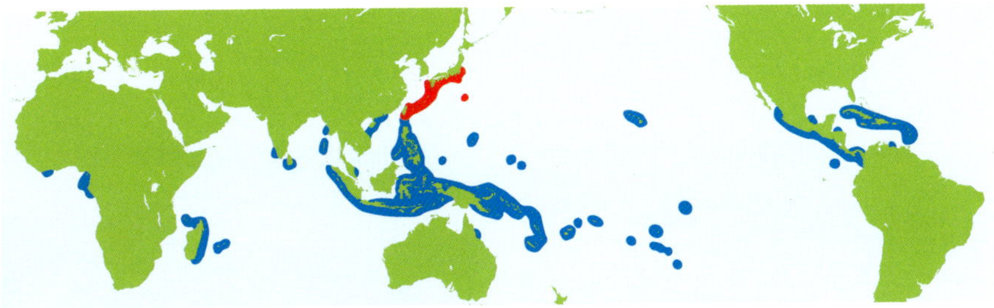

ボウズハゼ類9属100種以上の分布（赤はボウズハゼ）

る。雌雄の色彩差は少ないが、雌は臀鰭の縁辺近くに黒色線がある。吻は丸く、前方に突出。口は下位。上唇は厚く、縁に3つの切れ込みがあり、内側に小さな皮質突起が並ぶ。上顎に小さな3尖頭の歯が櫛状に並ぶ。下顎に唇歯とよばれる細長い歯が1列に並び、それらが皮質に被われ板状になる。唇歯の内側に数本の大きな犬歯状の歯がある。櫛状の上顎歯で岩の表面の付着藻類を削り取り、下顎の唇歯でそれを受け止めて食べる。口を岩の表面に吸着させ、少しずつ前進しながら摂餌する。滝を登るときには、腹鰭の吸盤とともに、口も吸着器として使われる。上顎の櫛状歯は、損耗するとその後ろにある多数の予備歯と置き換わる。産卵期は、和歌山で7～9月、沖縄島で5～9月。ボウズハゼとルリボウズハゼの卵は、他の多くのハゼ類のように縦長ではなく、わずかに横長の球形（長径約0.4mm）で、房状に産みつけられる点で特徴的。ボウズハゼの卵塊は、中～上流の川底で一部が底に埋まった“はまり石”の下面に産みつけられ、雄によって保護される。孵化仔魚は体長1.1～1.6mmで、淡水中では発育できない。孵化後、すぐに海に降り、6～9か月の長い浮遊期を過ごす。海での生態はほとんど不明。着底直前の仔魚は河口周辺で頭を下にして逆立ちの姿勢で遊泳する。川に入って着底する体長は他のハゼ類と比べて大きく約3cm。和歌山では4～6月、沖縄島では3～6月をピークに川に入る。和歌山では満2歳、体長約5cmで成熟し、6歳で雄は約8cm、雌は約7cmに達する。和歌山では、水温が下がる冬に姿がみえなくなり、岩の下などにひそんで越冬すると考えられている。沖縄島では4～4.5cmで成熟し、冬にも活動する。短い産卵期、長い浮遊期、低水温期に活動を停止するなど、温帯での生活に適応し、ボウズハゼ類の中で最も北に生息。福島県～九州南岸の太平洋沿岸、長崎県野母崎、五島列島、種子島、屋久島、琉球列島、八丈島、小笠原諸島、台湾に分布。

ルリボウズハゼ（ボウズハゼ属） 絶滅危惧II類
Sicyopterus lagocephalus (Pallas, 1770) 婚姻色の雄は体が青く尾鰭は橙色、胸鰭は白色か灰色。雌や平常時の雄は体側中央にそって6～7個の暗色斑が目立つ。口の構造や食性はボウズハゼとほぼ同じ。春～秋に婚姻色の個体がみられ、産卵期は比較的長いと思われる。ボウズハゼと同じく石の下に房状の卵塊を産みつける。卵と孵化仔魚の形態はボウズハゼとほぼ同じだが、海での浮遊期はボウズハゼよりやや短く、4～8か月。種子島、屋久島、口永良部島、琉球列島、小笠原諸島、インド－太平洋に広く分布。（前田 健）

ナンヨウボウズハゼ

♂

雄2.9cm SL、雌3.2cm SL
（通常2〜3cm SL、最大4.2cm SL）

♀

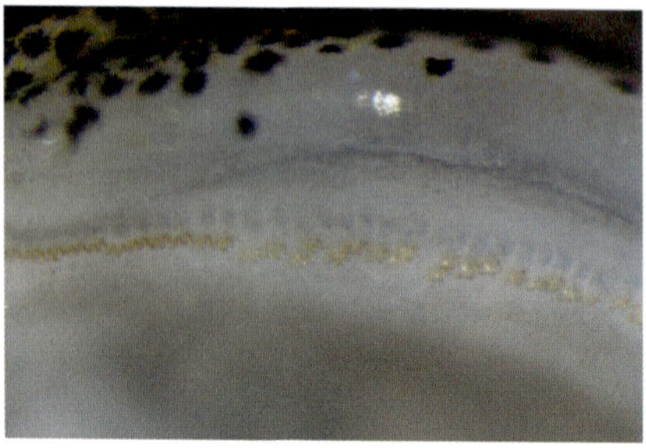

ナンヨウボウズハゼの上顎にある3尖頭の歯の列

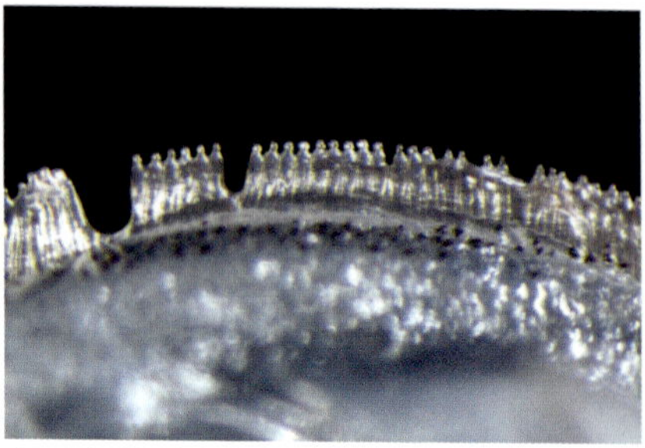

ナンヨウボウズハゼの下顎の唇歯

コンテリボウズハゼ

♂

雄3.2cm SL、雌3.8cm SL
（通常2〜4cm SL、最大4.7cm SL）

♀

ナンヨウボウズハゼ属 *Stiphodon*　小型の種が多く、成魚の体長は2〜6cm。雌雄の体色は著しく異なる。吻は丸く、口は下位。上顎に櫛状の3尖頭の歯の列、下顎に皮質に被われた唇歯がある。下顎には犬歯状の歯もあるが、雌はこれを欠く種もある。藻類食。インド－太平洋に約30種、日本に7種。

ナンヨウボウズハゼ *Stiphodon percnopterygionus* Watson and Chen, 1998
第1背鰭は雄では鎌状に伸長、雌では伸長しない。雄の体色は変化に富む。婚姻色の雄は頭部が空色に輝き、体は小型個体が黒色と空色、大型個体は橙色のことが多い。雌は淡い黄褐色で体側に2本の黒色縦帯がある。下顎の犬歯状歯は、雄は左右それぞれ2〜6本、雌はないか、あっても1本。沖縄島での産卵期は5〜12月。卵は電球形で、長径約0.55mm、短径約0.5mm。卵塊は、川底の石の下面に単層に産みつけられ、雄が保護。孵化仔魚は、体長1.2〜1.6mmで、海で2.5〜5か月の浮遊期を過ごし、約1.2〜1.4cmで川に入って着底。約2cm、1歳未満で成熟すると推測される。静岡県〜九州南岸の太平洋沿岸（散発的）、種子島、屋久島、口永良部

ハヤセボウズハゼ

♂

雄3.1cm SL、雌4.4cm SL
（通常2～4cm SL、最大5.2cm SL）

♀

ニライカナイボウズハゼ

♂

雄3.7cm SL、雌3.0cm SL

♀

島、琉球列島、小笠原諸島、台湾、中国広東省、パラワン島、グアム島、パラオ島に分布。

コンテリボウズハゼ 絶滅危惧IA類 *Stiphodon atropurpureus* (Herre, 1927)　雌雄とも第1背鰭は丸い。雄は青緑色、求愛時に特に鮮やか。雌は淡い黄褐色、体側に2本の黒色（あるいは赤色）縦帯、臀鰭に黒色縦線があり、縁が青白い。上顎の3尖頭の歯と下顎の唇歯の数はナンヨウボウズハゼよりやや少ない。下顎の犬歯状歯は、雄は左右それぞれ2～5本、雌は1～3本。両側回遊魚と考えられるが、生活史の詳細は不明。和歌山県（1個体の記録のみ）、種子島、屋久島、琉球列島、台湾、香港、中国広東省、フィリピン諸島、ティオマン島（マレーシア）、インドネシアに分布。日本では個体数は多くない。

ハヤセボウズハゼ 絶滅危惧IA類（環）絶滅危惧II類(IUCN) *Stiphodon imperiorientis* Watson and Chen, 1998　雄の第1背鰭の先端は尖る。雄は淡い緑褐色で、体側に12本の暗色横帯があり、胸鰭鰭条にそって4～14個の黒点が並び、その間に白点がある。婚姻色の雄は体が黒く、頭部側面と体側の上部が空色または白色に輝く。雌は淡い黄褐色で体側に2本の黒色縦帯があり、第1･2背鰭、尾鰭、胸鰭の鰭条にそって黒点と白点が交互に並ぶ。上顎の3尖頭の歯と下顎の唇歯の数は少ない。下顎の犬歯状歯は、雄は左右それぞれ2～6本、雌は1～3本。河川中流部の比較的大きな淵にいるが、数は少ない。両側回遊魚と考えられるが、生活史の詳細は不明。琉球列島、台湾、中国広東省に分布。

ニライカナイボウズハゼ *Stiphodon niraikanaiensis* Maeda, 2013　雄の第1背鰭の先端は尖る。婚姻色の雄は体側後半部の腹側と第1･2背鰭、尾鰭が橙色、さらに第2背鰭と尾鰭の上部に明瞭な黒色帯または赤色帯がある。雌は体側に2本の黒色縦帯があり、第1･2背鰭、尾鰭、胸鰭の鰭条にそって多数の黒点がある。上顎の3尖頭の歯と下顎の唇歯の数は比較的多い。下顎の犬歯状歯は、雄は左右それぞれ4～5本、雌は1本。河川中流部の主に平瀬に生息。両側回遊魚と考えられるが、生活史の詳細は不明。これまで沖縄島でしか見つかっておらず、極めて稀。熱帯域に未知の生息地があり、そこで生まれた仔魚が海流に流されてきたことも考えられる。

（前田 健）

ヒスイボウズハゼ

♂

雄2.4cm SL、雌3.9cm SL
（通常2～4cm SL、最大5.2cm SL）

♀

アカボウズハゼ

♂

雄2.8cm SL、雌3.5cm SL
（通常2～4cm SL、最大5.5cm SL）

♀

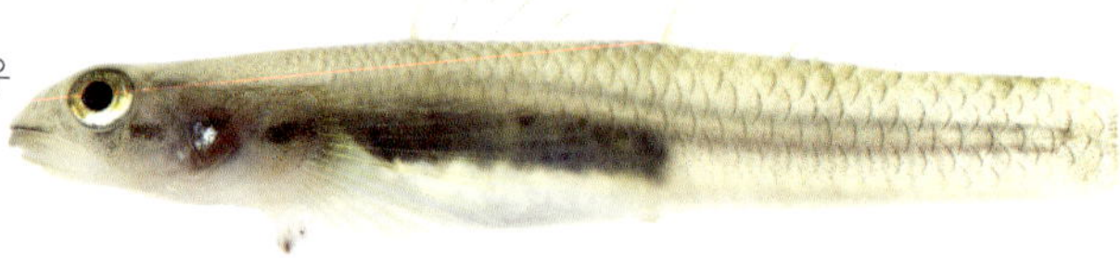

ヒスイボウズハゼ（ナンヨウボウズハゼ属）
絶滅危惧IA類（環） *Stiphodon alcedo* Maeda, Mukai and Tachihara, 2012　雄の第1背鰭の先端は尖る。通常の雄は頭部側面に青色光沢があり、体側が淡褐色で中央下側に網目状の黒色縦帯がある。婚姻色の雄は黒っぽく、頭部側面は金属光沢のある青緑色。また、軀幹部から尾部の体側、背鰭、臀鰭、尾鰭が橙色の婚姻色の雄もいる。雌は淡い黄褐色で体側に2本の黒色縦帯があり、下側の黒色縦帯は体側中央よりやや下にある。上顎の3尖頭の歯と下顎の唇歯の数は少ない。下顎の犬歯状歯は、雄は左右それぞれ1～5本、雌は普通この歯を欠く。河川中流部の淵にいるが、多くない。両側回遊魚と考えられる。沖縄島での産卵期は10～12月。川底の石の下面に卵塊が単層に産みつけられ、雄が保護をする。卵と孵化仔魚の形態はナンヨウボウズハゼとほぼ同じ。沖縄島、西表島と台湾に分布。

アカボウズハゼ（アカボウズハゼ属）
絶滅危惧IA類（環） *Sicyopus zosterophorus* (Bleeker, 1856)　吻は丸くない。雄は体の前半が褐色または灰色で後半が赤く、4～5本の暗色横帯がある。雄の第2背鰭と臀鰭は赤い。雌は全身淡褐色で体側の鱗は黒く縁取られる。上顎と下顎に櫛状の歯や唇歯がなく、犬歯状歯をもち、水生昆虫や甲殻類を食べる。小河川の滝の上流の小さな淵などに生息。両側回遊魚と考えられ、仔魚は海で約2か月の浮遊期を過ごし、体長1.3～1.4cmで川に入り、着底する。種子島、屋

カエルハゼ

♂

雄4.4cm SL、雌3.5cm SL
（通常2～4cm SL、最大5.5cm SL）

♀

ヨロイボウズハゼ

♂

雄2.8cm SL、雌3.3cm SL
（通常2～3cm SL、最大5cm SL）

♀

久島、琉球列島、西太平洋に分布。

カエルハゼ（**カエルハゼ属：新称**）
絶滅危惧IA類（環） *Smilosicyopus leprurus* (Sakai and Nakamura, 1979)　体は細長く、頭部は縦扁。体の前半に鱗がなく、後半は円鱗に被われる。第1背鰭は四角い。雌雄とも体は灰褐色で、吻端から眼の下に至る黒色縦線の他に目立つ模様はない。第1背鰭と第2背鰭に小黒点が散在。成熟すると雌の腹部は赤くなる。上顎と下顎に櫛状の歯や唇歯がなく、犬歯状歯をもち、水生昆虫や甲殻類を食べる。河川上流部の淵に生息。両側回遊魚と考えられ、仔魚は海で約2か月の浮遊期を過ごし、体長約1.3cmで川に入り、着底する。屋久島、琉球列島（個体数は少ない）、台湾、インドネシア、パラオ諸島、クイーンズランド（オーストラリア）に分布。

ヨロイボウズハゼ（**ヨロイボウズハゼ属**）
絶滅危惧IA類（環） *Lentipes armatus* Sakai and Nakamura, 1979　頭部はやや縦扁。雄の体側の一部の鱗に大きな棘があり、これが鎧“armor”を連想させ和名と種小名の由来。雄は体が灰色、腹部側面に3本の黒色横線、第2背鰭前方に1個（稀に2～3個）の黒色点がある。婚姻色の雄は吻と腹が空色、尾柄や背鰭の縁辺は白い。雌の体は透明感のある淡い灰色。雄は上顎の3尖頭の歯と下顎の唇歯はそれぞれ中央部分に限られ上顎と下顎の後方に犬歯状歯がある。雌は上顎に3尖頭の櫛状の歯、下顎に唇歯があるが犬歯状歯はない。水槽内では付着藻類と昆虫を食べ、雑食と考えられる。流水中での生活に適した形態をもち瀬の中でも特に流れの早い場所に生息。両側回遊魚と考えられ、仔魚は海で約2～3か月の浮遊期を過ごし、体長約1.3cmで川に入り、着底する。屋久島、琉球列島、台湾に分布。　（前田 健）

ウキゴリ

12cm SL

スミウキゴリ ♀(婚姻色)

15cm SL

シマウキゴリ

10cm SL

イサザ

7cm SL

ウキゴリ属 *Gymnogobius*
基本的に成魚でも浮遊性を示す。多様な塩分環境に適応し、内湾から、汽水、湖沼、河川に生息、種により両側回遊魚。婚姻色は雌に顕著に出現し、多くは背鰭、腹鰭、臀鰭などが黒色化、腹部が黄色化する。産卵は冬～翌年の初夏で、基本的に高緯度ほど遅い。日本を含む東アジアに16種。分類学的未検討の種もいる。

ウキゴリ *Gymnogobius urotaenia* (Hilgendorf, 1879)　口が大きく上顎の後端は眼の後端をこえる。下顎の先端は上顎先端よりも前。頭部はやや縦扁。雄はさらに頸部が盛り上がり、眼上部付近がくぼみ、吻がやや盛り上がる"スプーンヘッド"となる。第1背鰭後端に黒色斑があり、尾鰭基底の黒色斑は二叉しない。河川中～下流域の淵や河川敷の溜まりなど流れの緩やかな場所に生息。河川中～下流域の泥底～砂礫底にある石の下面に産卵巣をつくり、春に産卵(九州北部では3～5月、北海道では5～6月)。両側回遊型は、孵化仔魚は海に流下、体長3cmほどの稚魚となり河川を遡上、成長して河川で産卵。一生、淡水域の湖沼型は流入河川や湖岸の浅場でも産卵。サハリン、ウルップ島、択捉～色丹島、北海道、本州、四国、九州、朝鮮半島東部・南部、中国河北省・浙江省に分布。

スミウキゴリ 絶滅のおそれのある地域個体群(北海道南部・東北地方)(環) *Gymnogobius petschiliensis* (Rendahl, 1924)　第1背鰭後端に黒色斑がない。河川中～下流域の流れの緩やかな場所を好むが、汽水域にも生息。ウキゴリと同じ水系にいる場合、本種はより下流側に生息するか、異なる支流に分かれて生息。産卵期は対馬・九州北部では12～3月、北海道では5～6月。北海道日高地方～渡島半島、青森県～九州南岸の日本海・東シナ海沿岸、瀬戸内海沿岸、青森県～屋久島・種子島の太平洋沿岸、朝鮮半島南岸・東岸済州島、中国河北省・浙江省に分布。ウキゴリよりやや温暖な地域に多い。

シマウキゴリ *Gymnogobius opperiens* Stevenson, 2002　体がやや細身で、尾鰭基底の黒色斑が二叉。ウキゴリやスミウキゴリと異なり、河川中～下流域の平瀬に生息。産卵

チクゼンハゼ

3cm SL

エドハゼ ♂

4cm SL

♀

4cm SL

は春～初夏に生息場所付近で行う。国後島、奥尻島、北海道全域、青森県～福井県の日本海側、青森県～茨城県の太平洋側、朝鮮半島東岸、ピーター大帝湾と、ウキゴリとスミウキゴリより寒冷域に分布。

イサザ 絶滅危惧IA類(環) 絶滅危惧IB類(IUCN) *Gymnogobius isaza* (Tanaka, 1916)　尾柄部が細長く、頬の孔器列は横列。第1背鰭の黒色斑前方に白色斑がない。琵琶湖固有で、主として北湖に生息。成魚は水深約30m以深の沖合で生活し、日中は湖底にいるが、夜間は水温躍層上部（躍層が形成されない冬期では表層）まで浮上し摂餌する。体長約4cmの満1歳、あるいは体長約6cmの満2歳で成熟し産卵。通常、寿命は2歳。3月末、湖岸で水際から水深約7mまでの礫底への接岸回遊が始まり、湖水の冬季鉛直混合が終了し水温躍層が形成され、湖岸が水温13℃前後になる4月末～5月初めに産卵する。卵は紡錘形で、石裏にぶら下がる。孵化までの約1週間、雄が卵の世話をする。孵化した体長約2.8mmの仔魚は沖合へ分散し表～中層にいるが、体長約1cmをこえる頃から水深約10～40mの湖底の少し上の層に集まる。アロザイム分析から、本種は湖岸のウキゴリから分化して深くて広い沖合域に適応したと考えられている。冬の沖曳網によって漁獲、佃煮や大豆と炊いた“イサザ豆”、すき焼き風の“じゅんじゅん”で食される。

チクゼンハゼ 絶滅危惧Ⅱ類(環) *Gymnogobius uchidai* (Takagi, 1957)　下顎に1対のひげ状突起があり、体の斑紋が明確。前浜干潟や河口干潟の砂底～砂泥底に生息し、エドハゼと同じくアナジャコ類やスナモグリ類の生息孔を産卵孔として利用する。産卵期は冬～春、孵化した仔魚は沿岸で浮遊生活を送り、体長約1cmで接岸、体長約2cmまでに干潟のごく浅い所に着底。北海道有珠湾、京都府～山口県の日本海沿岸、岩手県三陸～鹿児島県志布志湾の太平洋沿岸、瀬戸内海、福岡県福津市津屋崎～鹿児島県南さつま市大浦の九州沿岸（有明海と島原湾を除く）、鹿児島湾に分布。

ウキゴリ属の分布

エドハゼ 絶滅危惧Ⅱ類(環) *Gymnogobius macrognathos* Bleeker, 1860　チクゼンハゼに似るが、下顎にひげ状突起がなく、体の斑紋がより不明確。チクゼンハゼより泥の多い底質を好み、広大な泥質干潟が発達する内海や、湾内の前浜干潟、河口干潟に生息。チクゼンハゼと比べて仔魚の出現時期、場所、大きさはほぼ同じだが、着底稚魚はやや大きい。兵庫県の日本海沿岸、宮城県万石浦～徳島県吉野川の太平洋沿岸、宮崎県一ツ瀬川、福岡県津屋崎～熊本県八代の九州沿岸、瀬戸内海、朝鮮半島西岸、中国山東省、ピーター大帝湾に分布。　（原田慈雄）

シンジコハゼ

♀

5cm SL

♀ 婚姻色

5cm SL

ジュズカケハゼ

♂

5cm SL

♀ 婚姻色

5cm SL

ビリンゴ

5cm SL

ムサシノジュズカケハゼ

4cm SL

シンジコハゼ 絶滅危惧Ⅱ類(環) *Gymnogobius taranetzi* (Pinchuk, 1978)　頭部感覚管(眼上管)の開口が2対で、ビリンゴ、ジュズカケハゼ、ムサシノジュズカケハゼ、コシノハゼおよびホクリクジュズカケハゼと異なる。河川の河口域～汽水域、汽水湖に生息。富山県～島根県、朝鮮半島東岸中部～沿海州、中国河北省に分布。ミトコンドリアDNA分析では本種の島根県、北陸地方、朝鮮半島東岸、沿海州の各個体群とジュズカケハゼの本州北部日本海沿岸と東京湾沿岸の個体群の系統関係がモザイク状になり、それぞれが種としてまとまらない。ミトコンドリアDNAによる系統関係は過去の交雑による遺伝子浸透の影響が反映されることがあり、核DNAによる研究が待たれる。

ジュズカケハゼ 準絶滅危惧(環) *Gymnogobius castaneus* (O'Shaughnessy, 1875)　頭部感覚管(眼上管)がないことでビリンゴとシンジコハゼと異なる。仔稚魚は、ビリンゴよりも小さい体長で発育が進む。平野部の湖沼やその周辺の水路、河川下流域に生息。北海道、青森県～兵庫県円山川の日本海側、青森県～神奈川県相模川の太平洋側、サハリン南部、ウルップ島に分布。太平洋側と北海道～日本海側の個体群は遺伝的に分化している。ムサシノジュズカケハゼ(関東平野に分布)、ホクリクジュズカケハゼ(富山平野に分布)、コシノハゼ(新潟県・山形県に分布)とは、吻長や顎長が短い、婚姻色を呈した雌が通常第1背鰭後半に黒色斑をもつ、体側には明瞭な黄色横帯がある等で異なる。

ビリンゴ *Gymnogobius breunigii* (Steindachner, 1879)　体高に比べて尾柄高が低い、上顎は前端が下顎先端より後ろ、後端は眼の後縁をこえない、両眼間隔は眼径と同じか短い等でジュズカケハゼ、シンジコハゼ、ムサシノジュズカケハゼ、コシノハゼおよびホクリクジュズカケハゼに似る。しかし、頭部感覚管(眼上管)の開口が3対、婚姻色を呈した雌は体側に明瞭な黄色横帯がない、第1背鰭後縁上部が丸い等で異なる。比較的低塩分の汽水域を中心に生息し、河口感潮域の泥底の溜まりのような環境を好む。サハリン南部、ウルップ島、北海道、青森県～九州南岸の各地沿岸、瀬戸内海、朝鮮半島南岸に分布。

ムサシノジュズカケハゼ 絶滅危惧IB類(環) *Gymnogobius* sp.1　関東地方の那珂川、利根川、荒川、多摩川の4水系の中流域の淵や河川敷の溜まりに分布。これらの水系の下流域や周辺の湖沼にはジュズカケハゼが生息するが、識別は可能(ジュズカケハゼ参照)。河川敷の溜まりで採集された稚魚は、ジュズカケハゼよりも小さい体長で発育が進んでおり、体長約9mmで水際に定着していた。

ドロメ

15cm SL

アゴハゼ

7cm SL

ウロハゼ

16cm SL

ドロメ（アゴハゼ属）
Chaenogobius gulosus (Guichenot, 1882)　胸鰭と尾鰭に明瞭な黒色点列がない。尾鰭後縁が白い。仔稚魚は春に岩礁性海岸の浅所で表層付近を群泳。体長約2～4cmで着底するが、このときアゴハゼより大きい。岩礁性海岸、特に閉鎖的な内湾のガラモ場に多く生息。北海道余市～九州南岸の日本海・東シナ海沿岸、瀬戸内海、千葉県小湊～宮崎県宮崎の太平洋沿岸、中国山東省、朝鮮半島南岸、済州島に分布。日本海側と太平洋側の個体群間で遺伝的な分化が知られている。

アゴハゼ（アゴハゼ属） *Chaenogobius annularis* Gill, 1859　口は大きく、上顎は下顎よりも前方に出て、その後端は眼の後端をこえる。胸鰭に遊離軟条があることで、ウキゴリ属と異なる。胸鰭と尾鰭に明瞭な黒色点列があり、尾鰭後縁が白くないことでドロメと異なる。ドロメより小さい。岩礁性海岸の潮だまりや波打ち際に生息。ドロメよりも開放系海岸の環境を好む。仔稚魚は春に岩礁性海岸の浅所で表層付近を群泳。体長約2cmまでに着底する。北海道小樽～熊本県天草の日本海・東シナ海沿岸、噴火湾、函館、岩手県大槌～屋久島・種子島の太平洋沿岸、瀬戸内海、朝鮮半島南岸に分布。日本海側と太平洋側の個体群間で遺伝的な分化が知られている。

ウロハゼ（ウロハゼ属） *Glossogobius olivaceus* (Temminck and Schlegel, 1845)　舌の先端が深く切れ込む。下顎は上顎よりも前に出る。鱗が比較的大きい。後頭部背面に明瞭な小黒点が散在。眼から下顎に1本の黒色帯がある。雄は雌よりも成長が早く、最大体長が1cmほど大きい。ハゼ類の中では大型であるが、孵化仔魚の脊索長は約2mmで稚魚の着底体長が約7mmと、多くのハゼ科他種の同時期に比べると小さい。河口域や内湾、汽水湖の泥底を中心に生息。福島県～九州南岸の太平洋沿岸、瀬戸内海、新潟県～九州南岸の日本海・東シナ海沿岸、種子島、台湾南部・西部、中国浙江省・広東省に分布。岡山県を中心とした瀬戸内海沿岸では、夏期に素焼きの壺や木箱を沈め、産卵習性を利用した“はぜつぼ漁業”が知られている。

（原田慈雄）

アカオビシマハゼ

縦帯の出た個体

6.3cm SL

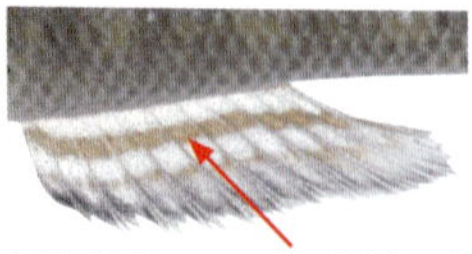

アカオビシマハゼの臀鰭：赤色縦帯がある

♂ 婚姻色

8.4cm SL

横帯の出た個体
♀

4.2cm SL

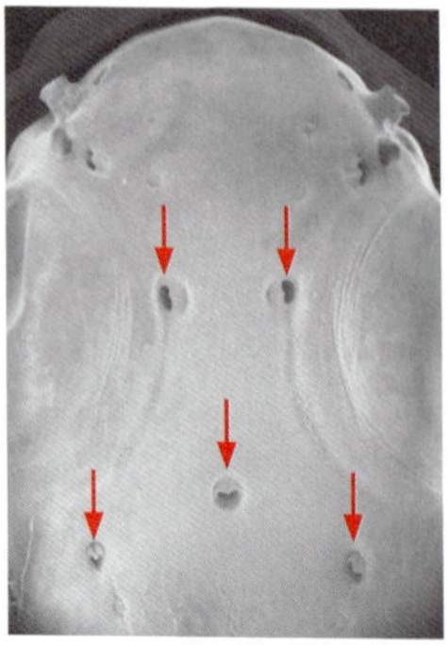

アカオビシマハゼの頭部背面の感覚管開孔は大きい（走査型電子顕微鏡写真）

頭側に大きな白色点が散在するが下面にはない

胸鰭の最上軟条が遊離する

チチブ属 *Tridentiger* 上顎と下顎の歯は3尖頭。属名は3尖頭の顎歯の形に由来する。体は櫛鱗で被われる。産卵期の雄の頬部は膨らむ。内湾や河口の汽水域、河川中流域、湖沼に生息。日本に本書の5種、他に瀬戸内海や有明海などの内湾にシロチチブとショウキハゼが生息。

チチブ属の顎歯（アカオビシマハゼの下顎）

シマハゼ類：頭部から尾部にかけて2本の黒色縦帯がある。縦列鱗数が50以上。全長15mm前後で体側の縦帯が出はじめ、着底する20mm前後で2本の縦帯が明瞭になり、婚姻色が出るまで顕著。ながく、シマハゼ1種とされていたが、臀鰭に赤色縦帯があり、高塩分水域に生息するアカオビシマハゼと、頭部下面に小白色点が密にあり、低塩分水域に生息するシモフリシマハゼの2種がいることがわかった。例えば、島根県では塩分の薄い宍道湖・中海ではシモフリシマハゼ、海水の美保湾ではすべてアカオビシマハゼである。

アカオビシマハゼ *Tridentiger trigonocephalus* (Gill, 1858)　胸鰭の最上軟条は遊離する。シモフリシマハゼに比べて、頭部背面の感覚管開孔は大きく、両眼間隔幅はやや狭い。

シモフリシマハゼの臀鰭：赤色縦帯がない

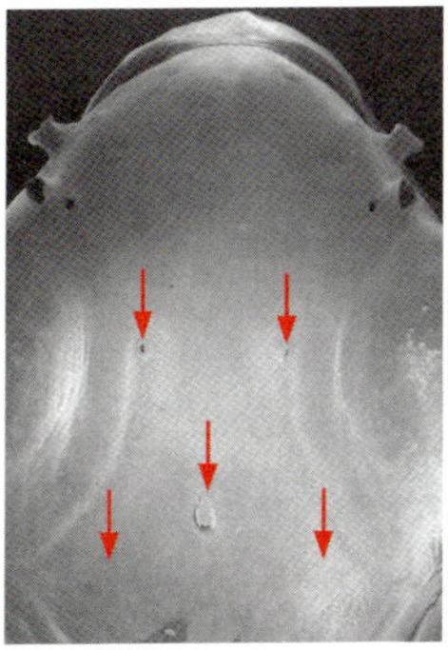

シモフリシマハゼの頭部背面の感覚管開孔は小さい（走査型電子顕微鏡写真）

シモフリシマハゼ

縦帯の出た個体

3.9cm SL

♂ 婚姻色

7.4cm SL

横帯の出た個体
♀

4.4cm SL

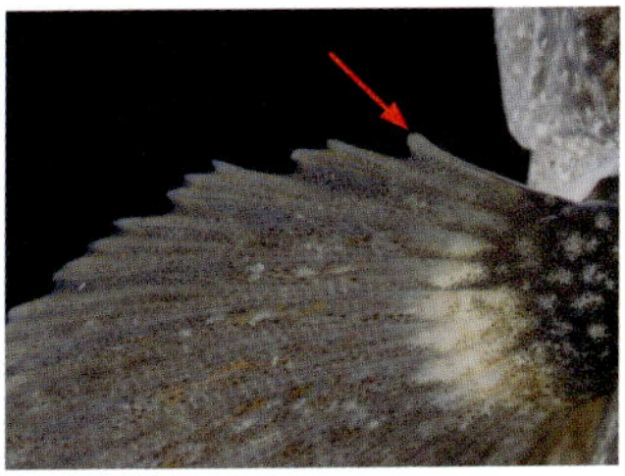

胸鰭の最上軟条は遊離しない

頭側から下面にかけて不規則な形の白色点が密に散在

頭部は側面に大きい白色点がまばらに散在するが、下面に白色点はない。臀鰭に赤色縦帯がある。婚姻色を示す雄は、頭、体、各鰭が黒くなり、臀鰭の赤色縦帯はより黒味を帯びる。内湾の沿岸部や河口域の転石やカキ殻のあるところに生息。産卵期は春〜夏、石の下やカキ殻に産卵する。北海道石狩湾〜九州南岸の日本海・東シナ海沿岸、瀬戸内海、青森県〜土佐湾の太平洋沿岸、朝鮮半島西岸・南岸、遼寧省〜海南島の中国沿岸に分布。内湾や港の防波堤などで釣れる。米国カリフォルニア州、オーストラリアのニューサウスウェールズ州、地中海にタンカーのバラスト水が原因となり侵入。

シモフリシマハゼ *Tridentiger bifasciatus* Steindachner, 1881　胸鰭の最上軟条は遊離しない。アカオビシマハゼに比べて頭頂部の感覚管開孔は小さく、両眼間隔幅はやや広い。頭部の側面から下面には小白色点、または不規則な形の白色点が密に散在する。臀鰭は赤色縦帯がない。婚姻色を示す雄は、頭、体、各鰭が黒くなり、臀鰭の基底近くに白色点が散在する。河口から感潮域（かんちょういき）上流の転石やカキ殻のあるところに生息。産卵期は春〜夏で、石の下やカキ殻に産卵する。宮城県石巻〜土佐湾の太平洋沿岸、瀬戸内海、能登半島東岸〜九州北西岸の日本海・東シナ海沿岸、朝鮮半島全沿岸、山東半島青島〜広西省欽州の中国沿岸、台湾北西部に分布。河口や近くの海岸などで釣れる。

（明仁）

チチブ

♂

7.5cm SL

♀

7.5cm SL

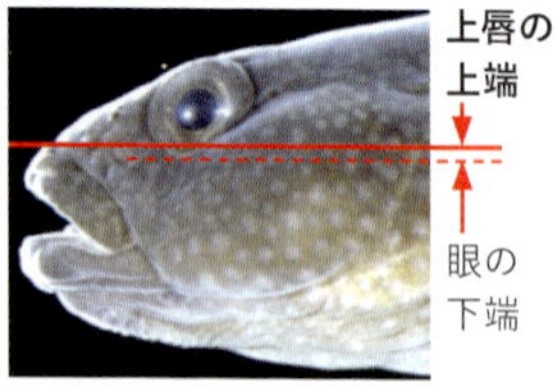

チチブ

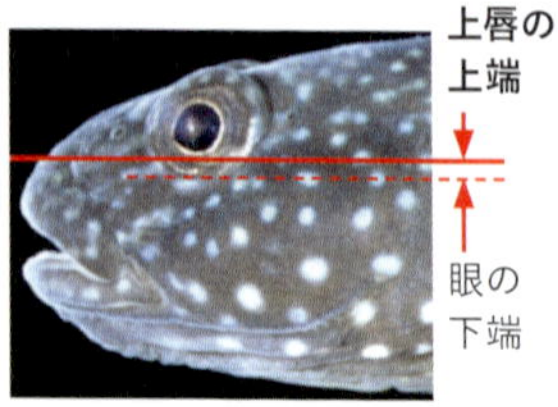

ヌマチチブ

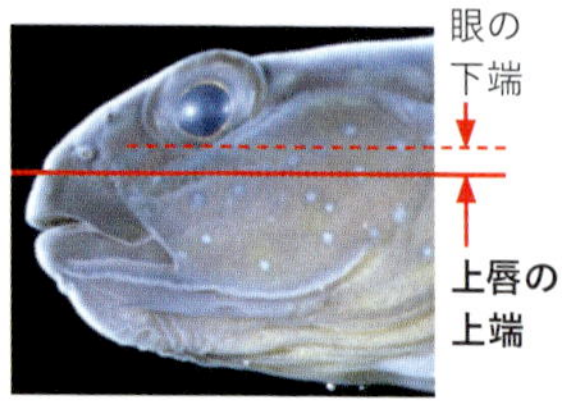

ナガノゴリ

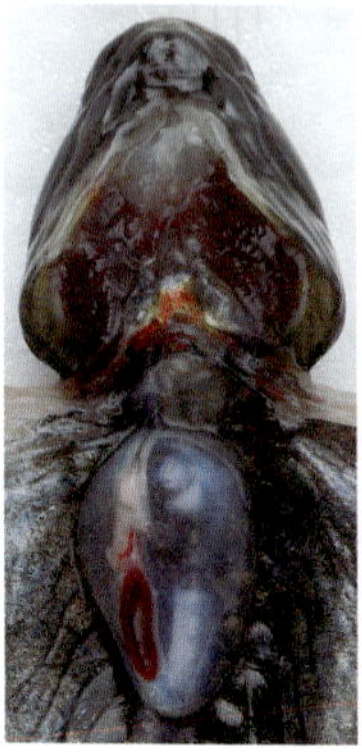

チチブの鰓

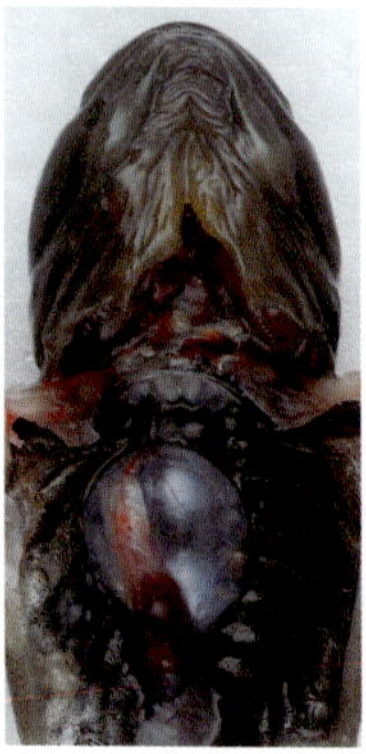

ヌマチチブの鰓

ナガノゴリの鰓

チチブ類：チチブ・ヌマチチブ・ナガノゴリの3種は、黒っぽい体色で目立った色彩の差がないことから、1種とされている時期があった。しかし、成魚では第1背鰭の形状、頭部の色彩、吻部の形態、鰾の大きさに違いがみられる。胸鰭基部に黄色系統の横帯があるが、産卵期の雄では青白色になり、体色は黒みを増す。体側の縦列鱗数は約40。河口の汽水域から淡水域の転石や石組みのあるところに生息し、基本的に両側回遊を行う。

チチブ *Tridentiger obscurus* (Temminck and Schlegel, 1845)　雌雄とも頭部に白色点が密在し、体色が薄いときには体側に数本の暗色縦線がある。第1背鰭の棘条は、若魚のころから雌雄とも糸状に伸びるが、成魚の雄では顕著。河川の下流域や河口域あるいは潮だまりに生息し、雑食性。ときに淡水の池(例えば島根県隠岐島島後の男池・女池、鹿児島県池田湖)でも生息している。東京湾沿岸の河川下流域や河口では、5～9月に転石の下や石組みの隙間で産卵する。水槽観察によると、雄は産卵期に第1背鰭の棘条が太くなり、鰭膜がやや伸びる。黒色の雄は頭をやや上に反らせて浅く上下に動かし、明色になった雌に求愛して巣穴に呼び込む。卵は巣穴の天井部に1層で産みつけられ、雄が孵化まで保護する。全長3.2～3.7mmの仔魚は海で1か月ほど浮遊生活を送り、16～17mmで内湾や河口の汽水域に着底。1歳で成熟。水槽観察では胸鰭をひらひらさせながら水中に浮いていることが多い。いっぽう、ヌマチチブとナガノゴリは水底にとどまることが多い。この生態は、本種が他の2種に比べて鰾がやや大きいことと関係していると思われる。青森県～九州南岸の太平洋沿岸、瀬戸内海、新潟県～九州南岸の日本海・東シナ海沿岸、朝鮮半島南岸・東岸南部、済州島に分布。マハゼ釣りに混じって釣られ、唐揚げ、佃煮、蒲焼きなどにされることがある。

ヌマチチブ

♂

8cm SL

♀

8cm SL

ナガノゴリ

♂

8.7cm SL

縦帯は生時に顕著

♀

4.5cm SL

ヌマチチブ *Tridentiger brevispinis* Katsuyama, Arai and Nakamura, 1972

雌雄とも頭部に比較的大きな白色点が散在し(産卵期の雄では青味を帯びる)、体色が薄いときには体側に数本の不明瞭な暗色縦線がある。第1背鰭の棘条は、成魚の雄では少し糸状に伸びるが、雌や若魚では伸びない。若魚は第1背鰭の暗色縦線が基底からかなり上方の位置にあることで、下方にしかないチチブやナガノゴリと区別できる。河川の中流〜下流域、湖沼、池に生息し、湖沼や池では陸封される。雑食性。中下流域で春〜夏に転石の下や石組みの隙間で産卵する。産卵生態はチチブと同様である。仔魚は海で浮遊生活を送り、2〜4月に全長30〜40mmに成長し、四万十川ではアユの稚魚の群れとともに川を遡上。北海道・本州・四国・九州・壱岐・対馬の海に流入する河川、遼寧省〜江蘇省の中国沿岸、朝鮮半島全沿岸、済州島、千島列島に分布。チチブと同じ水系にも生息。ワカサギなどの移植放流に混じって、奥多摩湖、芦ノ湖、富士五湖、鳳来湖、琵琶湖などに侵入。四万十川ではがらびき漁で漁獲され、佃煮にされる。

ナガノゴリ *Tridentiger kuroiwae* Jordan and Tanaka,1927　雌雄とも頭部に小さな青白色点が散在し、体色が薄いときには体側中央に暗色縦帯がある。第1背鰭の棘条は雌雄とも糸状に伸びる。胸鰭基部の黄色横帯はチチブとヌマチチブに比べると薄い。河川中流域に生息し、雑食性だが、転石上の付着珪藻を主に食べる。他の2種に比べてナガノゴリは吻がやや下向きで、上唇の上端は眼の下端より下方に位置する。これは付着珪藻を食べることと関係していると思われる。成魚が川を下り、汽水域上流部か淡水域下流部で産卵。産卵期は12月ごろから翌6月まで続く。海で1か月ほど浮遊期をすごして、着底した稚魚は、しばらく河川の汽水域で成長、6月ごろから淡水域に移動。種子島〜西表島に分布。

(明仁)

ネジリンボウ

5〜6cm SL

ヤシャハゼ

4〜5cm SL

オニハゼ

7〜8cm SL

ホタテツノハゼ

4〜5cm SL

共生ハゼ類：ほぼ決まった種類のテッポウエビと巣穴を共有し、巣穴の入口で見張りをする。眼の悪いエビは穴の外では触角でハゼに触れ、ハゼは警戒すると体と鰭を震わせ、危険を察知して巣穴に入る。それに続いてエビも巣穴に入る。また、飼育実験でニシキテッポウエビがダテハゼの糞を餌にしていることが確かめられている。

ネジリンボウ（**ネジリンボウ属**） *Stonogobiops xanthorhinica* Hoese and Randall, 1982　頭と体側は白地で、数本の黒色斜帯がある。下顎前方から吻を通り眼上方にかけて黄色、その後方は黒色。第1背鰭の黒色域は後方まで。第1背鰭の第2棘は著しく伸長しない。水深5〜15mの砂底で、単独か雌雄ペアで主にニシキテッポウエビと共生。上げ潮のときに巣穴上方をホバリングして摂餌。伊豆諸島、千葉県館山湾〜鹿児島県鹿児島湾の太平洋沿岸、西太平洋に分布。

ヤシャハゼ（**ネジリンボウ属**） *Stonogobiops yasha* Yoshino and Shimada, 2001　頭と体側は白地。頭部に赤色斑、体側に3本の赤色縦帯、頤に黒色斑がある。第1背鰭は第2棘が著しく伸長、後方に黒色斑がある。腹鰭は黄色、雄の腹鰭後端には黒色斑がある。水深15〜55mの砂底で、単独か雌雄ペアで主にコトブキテッポウエビと共生。上げ潮のときに巣穴上方をホバリングして摂餌。伊豆−小笠原諸島、静岡県〜高知県の太平洋沿岸（散発的）、大隅諸島、琉球列島、西太平洋に分布。

オニハゼ（**オニハゼ属**） *Tomiyamichthys oni* (Tomiyama, 1936)　第1背鰭は伸長せず、尾鰭後縁は丸い。上顎後端は眼の後端をこえる。眼の後方の頭部側面は盛り上がり、その左右の上端は頭部背面で接近する。水深10〜35mの砂底で、単独か雌雄ペアで主にニシキテッポウエビと共生。伊豆−小笠原諸島、千葉県館山〜屋久島の太平洋沿岸、島根県隠岐〜鹿児島県の日本海・東シナ海沿岸、琉球列島、インドネシアに分布。

ホタテツノハゼ（**オニハゼ属**） *Tomiyamichthys emilyae* Allen, Erdmann and Utama, 2019　第1背鰭は大きく多数の暗色斑がある。頭と体は暗色。前鼻孔は著しく長く、前方に伸びる。大きな第1背鰭を広げ、前端を前に倒してディスプレイをする。水深25〜40mの砂底で、単独か雌雄ペアで主にコトブキテッポウエビと共生。伊豆大島、和歌山県、高知県、大隅諸島、琉球列島、フィリピン諸島、ボルネオ島、スラウェシ島に分布。

ヒレナガハゼ（**ヤツシハゼ属**） *Vanderhorstia*

ヒレナガハゼ

7〜8cm SL

クロオビハゼ

7〜8cm SL

ダテハゼ

7〜8cm SL

ダテハゼとニシキテッポウエビの共生

イトヒキハゼ

9〜10cm SL

macropteryx (Franz, 1910) 上唇と吻の間に赤色線、頬に黄色縦線がある。体側と背鰭、尾鰭に多数の小黄色点がある。胸鰭に白色斑はない。尾鰭後端は丸い。頭部背面の鱗は前鰓蓋上方をこえる。胸鰭基底に鱗がある。水深20〜40mの泥底で、単独でテッポウエビ類と共生。千葉県館山湾〜愛媛県愛南の太平洋沿岸、島根県、長崎県志々伎湾に分布。

クロオビハゼ(**ハゴロモハゼ属**) *Myersina nigrivirgata* Akihito and Meguro, 1983　第1背鰭は第2背鰭よりかなり高い。頬と鰓蓋に青色点、眼の後方から鰓蓋の上半部を通り尾鰭基底に達する暗色縦帯がある。頭部背面は鰓蓋上方まで鱗がある。体側の暗色縦帯がない黄色個体がおり、かつてヒメコガネハゼ *Myersina* sp. とされていた。水深3〜26mの泥底で、単独か雌雄ペアでテッポウエビ類と共生。上げ潮のときに巣穴の上方をホバリングして、摂餌。沖縄島、八重山諸島、西太平洋に分布。

ダテハゼ(**ダテハゼ属**) *Amblyeleotris japonica* Takagi, 1957　暗色横帯は背鰭前方から鰓蓋後端上方に1本、体側に4本、尾鰭に1本。第1背鰭は第2背鰭より高い。腹鰭は膜蓋があるが、後縁は深く切れ込む。水深3〜20mの砂底で、単独で主にニシキテッポウエビと共生。伊豆−小笠原諸島、千葉県〜屋久島の太平洋沿岸、島根県隠岐〜鹿児島県の日本海・東シナ海沿岸に分布。

イトヒキハゼ(**イトヒキハゼ属**) *Cryptocentrus filifer* (Valenciennes, 1837)　第1背鰭は高く、数本の鰭条は糸状。第1背鰭の前方に黒色点がある。頬と鰓蓋に青白色点がある。暗色斑は体側に4つ、尾柄部後端に1つ。尾鰭は楕円形。水深6〜26mの砂底で、単独でテッポウエビ類と共生。新潟県〜熊本県の日本海・東シナ海沿岸、瀬戸内海、千葉県館山〜九州南岸の太平洋沿岸、黄海、渤海、台湾、中国東シナ海・南シナ海沿岸、シンガポール、モーリシャス諸島に分布。（池田祐二）

カワヨシノボリ

奈良県産♂

富山県産♀

6cm SL（通常4〜5cm SL）

シマヨシノボリ

沖縄県産♂

沖縄県産♀

クロヨシノボリ

沖縄県産♂

7cm SL（通常4〜6cm SL）

沖縄県産♀

7cm SL（通常4〜6cm SL）

ヨシノボリ属 *Rhinogobius*
上下の唇は厚く吻端は尖る。
左右の腹鰭は癒合して吸盤状、その形は横長、円形、縦長と様々。背鰭は2基、雄は第1背鰭第2・3棘が伸長する種が多い。生活史は基本的に両側回遊性。川で産まれた仔魚は降海、稚魚は川を遡上して成長する。ダム湖が海の役目をすることもある。一生を河川で送る河川性の種、湖や池で送る湖沼性の種もいる。海に降りる種は卵が小さく、長径2mmほどの紡錘形の卵を1回当たり数百〜数千粒程度産み、雄が保護する。河川性の種は長径4〜6mmと大きく、数十〜数百粒程度の卵を産み、産まれる仔魚も大きく浮遊期間をもたない種もいる。これらは、かつて中卵型や大卵型とよばれていた。湖沼性のものは長径1.6〜2mmと小さい。体長は大きくても10cm程度。東アジアから東南アジアの淡水域から汽水域に約60種、日本に約18種が分布。

カワヨシノボリ *Rhinogobius flumineus* (Mizuno, 1960)　胸鰭条数は14〜18と少なく、鰭条間が広く見える。雄の第1背鰭は高く烏帽子形。腹鰭は横長。産卵期の雄は尾鰭に橙色斑が出る。河川の上〜中流域の平瀬や淵尻に生息。生活史は河川性で、日本では卵は最も大きい。富山県と静岡県以西の本州、九州北部に分布。関東地方の個体群は移植起源。地域ごとに遺伝的相違がある。

シマヨシノボリ *Rhinogobius nagoyae* Jordan and Seale, 1906　頬にミミズ状の赤褐色模様がある。雄の第1背鰭は高く烏帽子形。腹鰭は横長。体側に数本の暗褐色の斜横帯があることが多い。熟卵をもつ雌の腹は青色。主に河川の平瀬に生息。生活史は両側回遊性。但し、ダム湖等との両側回遊性集団もいる。本州（紀伊半島南部を除く）、四国、九州、屋

オガサワラヨシノボリ
♂

4cm SL（通常3〜5cm SL）

ルリヨシノボリ
和歌山県産♂

和歌山県産♀

8cm SL（通常7〜9cm SL）

久島〜琉球列島に分布。九州以北と屋久島以南の個体群で遺伝的相違がある。

クロヨシノボリ *Rhinogobius brunneus* (Temminck and Schlegel, 1845)　胸鰭基部に暗褐色の三日月状斑、体側中央に暗色点列が並び、背側に鞍状の暗色斑がある。雌雄ともに頬に小赤色点がある個体が多い。背鰭縁辺部は黄色、臀鰭縁辺は青輝色。雄の第1背鰭は高く烏帽子形。腹鰭は横長。熟卵をもつ雌の腹は黄色。特に黒潮の影響を受けやすい河川に多く、淵や澱みに生息する。生活史は両側回遊性。但し、ダム湖等との両側回遊性集団もいる。秋田県〜薩摩半島の日本海・東シナ海側、房総半島〜大隅半島の太平洋側、本州・四国の瀬戸内海側、種子島〜琉球列島に分布。九州以北と屋久島以南の個体群で遺伝的相違がある。

オガサワラヨシノボリ 絶滅危惧IB類(環) 絶滅危惧II類(IUCN) *Rhinogobius ogasawaraensis* Suzuki, Chen and Senou, 2011　胸鰭基部に三日月状斑がない。体側に暗色点列が並ぶ、背鰭縁辺部は黄色、臀鰭縁辺は青輝色などで、クロヨシノボリに似る。雄の第1背鰭は高く烏帽子形。腹鰭は横長。河川の淵に生息。生活史は両側回遊性。砂防ダムや取水堰、河口閉塞によりできた水域との両側回遊性集団もいる。小笠原諸島固有。

ルリヨシノボリ *Rhinogobius mizunoi* Suzuki, Shibukawa and Aizawa, 2017　頬に多くのルリ色斑点、胸鰭基部に三日月状の褐色斑がある。熟卵をもった雌の腹は白色。雄の第1背鰭は高く烏帽子形。腹鰭は横長で肥厚する。大きな河川の早瀬に生息。生活史は両側回遊性。但し、ダム湖等との両側回遊性集団もいる。積丹半島〜渡島半島の日本海側、下北半島西部、青森県〜薩摩半島の日本海・東シナ海側、房総半島南部〜大隅半島の太平洋側、本州・四国の瀬戸内海側、済州島に分布。

（平嶋健太郎）

オオヨシノボリ

和歌山県産♂

和歌山県産♀

8cm SL（通常7〜9cm SL）

アヤヨシノボリ

沖縄県産♂

沖縄県産♀

4cm SL（通常3〜5cm SL）

ケンムンヒラヨシノボリ

沖縄島産♂

沖縄島産♀

5cm SL（通常4〜7cm SL）

ヤイマヒラヨシノボリ

石垣島産♂

石垣島産♀

通常3〜4cm SL

オオヨシノボリ *Rhinogobius fluviatilis* Tanaka, 1925　胸鰭基部の上部に円形の暗色斑、尾鰭基底に暗色帯、眼の後方と鰓蓋の上方に赤褐色縦線がある。熟卵をもった雌の腹は白色。雄の第1背鰭は高く烏帽子形。腹鰭は横長で肥厚する。大きな河川の早瀬に生息。生活史は両側回遊性。但し、ダム湖等との両側回遊性集団もいる。青森県〜薩摩半島の日本海・東シナ海側、宮城県〜大隅半島の太平洋側、本州・四国の瀬戸内海側に分布。

アヤヨシノボリ *Rhinogobius* sp. MO (Mozaic)　頬に多くのルリ色斑点がある。胸鰭基部に三日月状の褐色斑がない。体側に背面から体側中央に延びる暗褐色横帯が並ぶ。熟卵をもった雌の腹は青色。雄の第1背鰭は高く烏帽子形。腹鰭は横長。河川中流域の平瀬に生息。生活史は両側回遊性。但し、ダム湖等との両側回遊性集団もいる。徳之島、奄美大島、加計呂麻島、沖縄島、久米島に分布。

ケンムンヒラヨシノボリ *Rhinogobius yonezawai* Suzuki, Oseko, Kimura and Shibukawa, 2020　頭部と体は縦扁。眼の後方と鰓蓋上方に赤褐色縦線がある。雄の第1背鰭は烏帽子形で高く、倒すと第2背鰭に届く。雌の尾柄の黒色斑は上下に分岐。河川上中流域の早瀬、滝壺に生息。生活史は

アオバラヨシノボリ
沖縄県産♂

沖縄県産♀

4cm SL（通常3〜6cm SL）

キバラヨシノボリ
沖縄県産♂

沖縄県産♀

5cm SL（通常3〜7cm SL）

ゴクラクハゼ
沖縄県産♂

沖縄県産♀

6cm SL（通常4〜6cm SL）

両側回遊性。但し、ダム湖等との両側回遊性集団もいる。種子島、屋久島、奄美大島、沖縄島に分布。

ヤイマヒラヨシノボリ
Rhinogobius yaima Suzuki, Oseko, Kimura and Shibukawa, 2020　頭部と体は縦扁。眼の後方と鰓蓋の上方に赤褐色縦線がある。雄の第1背鰭は低く、倒すと第2背鰭に届かない。雌の尾柄の黒色斑は上下1対。河川上中流域の早瀬、滝壺に生息。生活史は両側回遊性。但し、ダム湖や滝の上流域等に両側回遊性集団の存在が示唆。石垣島と西表島に分布。

アオバラヨシノボリ 絶滅危惧IA類（環）
Rhinogobius sp. BB (Blue belly)　体色は雌雄ともに飴色で、雄の背鰭と尾鰭の鰭膜は黄〜朱色。熟卵をもった雌の腹は青色。雄の第1背鰭は高く烏帽子形。腹鰭は縦長で肥厚しない。河川上〜中流域の淵に生息。生活史は河川性。卵の大きさはカワヨシノボリと両側回遊性のものの中間で、両側回遊性のものより仔魚の発達が進んで産まれてくる。沖縄島の名護市以北の東シナ海側と東村以北の太平洋側（中南部の個体群は絶滅）の河川だけに分布。

キバラヨシノボリ 絶滅危惧IB類（環）
Rhinogobius sp. YB (Yellow belly)　体色は雌雄ともに褐色で、背側は暗色斑紋がある。雌雄ともに頬に赤小点が現れる個体が多い。特に雌の体側中央に暗色点列が現れる。尾鰭の鰭膜には褐色から赤色の点列があり、縁辺部は透明〜黄色。熟卵をもった雌の腹は黄色。雄の第1背鰭は高く烏帽子形。腹鰭は縦長で肥厚しない。河川の上〜中流域の淵や滝の上流に生息。生活史は河川性。卵と仔魚はアオバラヨシノボリとほぼ同じ。生息地ごとに遺伝的相違がある。琉球列島固有。

ゴクラクハゼ *Rhinogobius similis* (Gill, 1859)
頬から吻部にかけてミミズ状の赤褐色模様、体側中央に暗色斑の列がある。熟卵をもつ雌の腹は黄色。雄の第1背鰭は高く烏帽子形。腹鰭は縦長で肥厚しない。河川の中〜下流域や汽水域の流れの緩い場所に生息。生活史は両側回遊性。但し、ダム湖等との両側回遊性集団もいる。能登半島〜薩摩半島の日本海・東シナ海側、茨城県〜大隅半島の太平洋側、本州・四国の瀬戸内海側、屋久島〜琉球列島、朝鮮半島南部、台湾に分布。ダム湖などに移入された個体群がいる。（平嶋健太郎）

ビワヨシノボリ

滋賀県産♂

滋賀県産♀

5cm SL（通常3～4cm SL）

シマヒレヨシノボリ

和歌山県産♂

和歌山県産♀

5cm SL（通常3～5cm SL）

トウカイヨシノボリ

岐阜県産♂

岐阜県産♀

5cm SL（通常3～5cm SL）

ビワヨシノボリ 絶滅危惧ⅠB類(IUCN)
Rhinogobius biwaensis Takahashi and Okazaki, 2017　雄の喉は橙色。産卵期の雄は、尾鰭基底上部に橙色斑が出る。熟卵をもつ雌の腹は青黒い。第1背鰭前方鱗がない。雄の第1背鰭は低いが、第2背鰭は非常に高い。腹鰭は縦長で肥厚しない。普段は琵琶湖の深場に生息。底面から少し浮かぶことが多い。産卵期は晩春～初夏で沿岸域に集まり水深1～2mの砂礫底の石の下で産卵。湖沼性で琵琶湖固有。アユやゲンゴロウブナの移植に伴って三重県、島根県、愛媛県などに侵入。

シマヒレヨシノボリ 準絶滅危惧(環)
Rhinogobius tyoni Suzuki, Kimura and Shibukawa, 2019　雌雄ともに尾鰭と第2背鰭、臀鰭に点列がある。産卵期の雄は喉と尾鰭、臀鰭に橙～朱色の斑紋が出て、尾鰭の点列はわかりにくい。熟卵をもつ雌の腹は黄色。雄の第1背鰭は低い。腹鰭前方鱗がない。腹鰭は縦長で肥厚しない。池や沼、それへの水路、河川中～下流域のワンドの砂礫底や泥底に生息。湖沼性。三重県、奈良県、和歌山県北部、大阪府、兵庫県～広島県と徳島県～愛媛県の瀬戸内海沿岸、兵庫県円山川下流域や周辺水域に分布。鈴鹿山脈周辺や静岡県、和歌山県南部の移植個体群は他種と交雑。

トウカイヨシノボリ 準絶滅危惧(環)
Rhinogobius teima Suzuki, Kimura and Shibukawa, 2019　第1背鰭は上縁が黄色で、その下に黒色斑がある。雌雄とも尾鰭に点列がある。産卵期の雄は、喉が橙色、第1背鰭と第2背鰭、尾鰭の縁辺は黄～青白色、尾鰭基底に橙色斑、体側に雲状の暗色斑紋が出る。熟卵をもつ雌の腹は黄色。雄の第1背鰭は低い。腹鰭は縦長で肥厚しない。水路や池沼、河川下流域のワンドの砂礫底や泥底に生息。湖沼性。岡崎平野～濃尾平野に固有。静岡県や愛知県の一部の移植個体群は他種と交雑。

クロダハゼ *Rhinogobius kurodai* (Tanaka, 1908)
第1背鰭に黒色斑はないか不明瞭。雄の尾鰭は縁辺が白く、内側に赤褐色帯がある。産卵期の雄は喉に橙色、第1背鰭に青輝色の斑紋が現れ、縁辺は黄色になり、尾鰭基底の上部に黄～橙色の斑紋が出る。熟卵を

クロダハゼ

東京都産♂

東京都産♀

5cm SL（通常3〜5cm SL）

トウヨシノボリ 小型で雄の第1背鰭が低い型

千葉県産♂

千葉県産♀

5cm SL（通常3〜6cm SL）

トウヨシノボリ 大型で雄の第1背鰭が高くて烏帽子形の型

滋賀県琵琶湖産♂

滋賀県琵琶湖産♀

6cm SL（通常5〜7cm SL）

もつ雌の腹は白色か青色。雄の第1背鰭は低い。腹鰭は縦長で肥厚しない。湧水池、池沼、河川のワンドの砂礫底に生息。湖沼性。東京都、神奈川県、静岡県に分布。

トウヨシノボリ *Rhinogobius* sp. OR　雄の尾鰭基底付近は繁殖期に橙色、頬に小赤点が生じる個体もある。垂直鰭の縁辺は明色で、特に雄の成魚で顕著。おおよそ、下記の型が生態と関連してみられる。

小型で雄の第1背鰭が低い型

雄の第1背鰭は低い。体は小さく体長4cm程度で、腹鰭は縦長の楕円形。多くは内陸部の小水域で一生を送る。地域ごとに色斑変異がある。本州、四国、九州に分布。

大型で雄の第1背鰭が高くて烏帽子形の型

雄の第1背鰭は高く烏帽子形。体は大きく体長5cm以上の個体が多い。腹鰭は円形。多くは海あるいは湖、ダム湖等との両側回遊性。河川の中〜下流域に広く生息。北海道〜九州北部の日本海側、九州北部〜薩摩半島の東シナ海側、瀬戸内海沿岸地域、房総半島から四国をへて大分県の太平洋側に分布。オウミヨシノボリやカズサヨシノボリと称されたもの、旧トウヨシノボリの宍道湖型、北日本型、西日本型、黒色大型B(矮小型)などが含まれる。

トウヨシノボリについて:『日本産魚類検索 第二版』(2000)の“トウヨシノボリ”のうちシマヒレヨシノボリ、トウカイヨシノボリ、クロダハゼ、ビワヨシノボリが区別されている。ここでは、これら4種を除いたものを新たに“トウヨシノボリ”にする。なお、『日本産魚類検索 第三版』(2013)で琵琶湖産をオウミヨシノボリ、房総半島産はカズサヨシノボリと和名が付されたが、個体変異を考慮すると、これらは識別が困難な場合があることが判明したので、上記の“大型で雄の第1背鰭が高くて烏帽子形の型”に含め、これら二名称は使用しない。

（平嶋健太郎）

イチモンジハゼ

2〜3cm SL

オオメハゼ

1.5〜2cm SL

ホテイベニハゼ

2〜2.5cm SL

ナガシメベニハゼ

2〜2.5cm SL

ベニハゼ属 *Trimma*　腹鰭に膜蓋がなく、癒合膜はないものから第5軟条の先端近くまであるものがいる。第2背鰭と臀鰭に分枝軟条があり、臀鰭の最初の鰭条は棘条。腹鰭第5軟条の長さは第4軟条の長さの40%以上。頭部感覚管とその開孔はない。背鰭前方鱗がないものと、あるものがおり、遊泳するものは後者に含まれる。生息場所は岩礁やサンゴ礁の穴や割れ目、サンゴ瓦礫の隙間、被覆サンゴの上と多様。単独で底にいるものから群れて遊泳するものがいる。インドー太平洋に106種、日本に28種。

イチモンジハゼ *Trimma grammistes* (Tomiyama, 1936)　吻端から体側中央に明瞭な暗色縦帯、吻端から両眼間隔域を通り第1背鰭に達する白色縦線がある。眼の上縁と下縁は白色か青色。第1背鰭棘は伸長しない。両眼間隔域は狭く、背鰭前方鱗がない。岩礁域の水深4〜60mで、岩の周辺に単独でいる。伊豆諸島、千葉県鴨川〜屋久島の太平洋沿岸、愛媛県伊予灘、山形県飛島、石川県九十九湾、島根県隠岐、長崎県香焼、済州島、台湾に分布。

オオメハゼ *Trimma macrophthalmum* (Tomiyama, 1936)　頭部や体側には多数の橙色点、胸鰭基底に2つの赤色点がある。第1背鰭第2棘は伸長する。両眼間隔域は狭く、背鰭前方鱗がない。岩礁域やサンゴ礁域の水深3〜25mで、岩の割れ目やサンゴ根の下に単独でいる。伊豆諸島、静岡県富戸以南の太平洋沿岸、大隅諸島、琉球列島、東インドー西太平洋に分布。

ホテイベニハゼ *Trimma yanoi* Suzuki and Senou, 2008　体側中央の背骨上方に細長い暗色斑が並ぶ。頭と体高が高く、第1背鰭棘は伸長しない。胸鰭には分枝軟条があり、腹鰭の癒合膜は第5軟条の先端近くまで。背鰭前方鱗がない。水深8〜15mのサンゴ礁域のドロップオフで、岩の割れ目やくぼみに単独でいる。西表島、ルソン島(フィリピン)、パラオ諸島に分布。

ナガシメベニハゼ *Trimma kudoi* Suzuki and Senou, 2008　眼の上縁・中央・下縁に赤色線がある。第1背鰭棘は伸長しない。胸鰭には分枝軟条がなく、腹鰭の癒合膜は第5軟条の基底近くのみ。背鰭前方鱗がない。水深25〜50mの岩礁域で、岩の周囲に単独でいる。伊豆大島、静岡県富戸、和歌山県田辺湾、高知県柏島、鹿児島県錦江湾、大隅諸島、沖縄島に分布。

エリホシベニハゼ *Trimma hayashii* Hagiwara and Winterbottom, 2007　鰓蓋下方の腹面に1対の白い縁取りの黒色点、第1背鰭基底に黄色点列がある。頭部に赤色点が散在。腹

エリホシ
ベニハゼ

2～3cm SL

アオギハゼ

2.5～3cm SL

オニベニハゼ

3～4cm SL

オキナワベニハゼ

2～2.5cm SL

オヨギ
ベニハゼ

2～2.5cm SL

鰭の癒合膜は第5軟条の先端近くまで。背鰭前方鱗がない。水深5～26mのサンゴ礁域で、サンゴ瓦礫の周辺に単独でいる。屋久島、琉球列島、西太平洋に分布。

アオギハゼ *Trimma caudomaculatum* Yoshino and Araga, 1975　体は橙色で、眼と体側に白色縦線、眼の下方に白色縦線、尾鰭基底に赤黒色斑がある。第1・2背鰭と臀鰭の先端と基底、腹鰭の先端に赤紫色線、尾鰭に基底から軟条にそって赤紫色線がある。第1背鰭は伸長する。胸鰭に分枝軟条はなく、腹鰭の癒合膜は第5軟条の先端近くまで。背鰭前方鱗がある。水深6～55mのサンゴ礁域で、岩やサンゴ根の割れ目、大きな穴やリーフの裂け目に群れで遊泳。八丈島、和歌山県串本、高知県柏島、大隅諸島、吐噶喇列島、琉球列島、台湾南部に分布。

オニベニハゼ *Trimma yanagitai* Suzuki and Senou, 2007　体側上方に交互に太い黄褐色横帯と細い青白色横帯、眼下に2本の黄褐色横帯がある。第1背鰭は伸長する。胸鰭に分枝軟条があり、腹鰭に癒合膜はない。背鰭前方鱗がある。水深35～76mの岩礁域で岩の周辺に単独でいる。静岡県富戸・田子・大瀬崎、鹿児島県錦江湾、沖縄県伊江島に分布。

オキナワベニハゼ *Trimma okinawae* (Aoyagi, 1949)　体側や背鰭、臀鰭、尾鰭に橙色点、眼下に2本、前鰓蓋(ぜんさいがい)に1本の橙色横線がある。第1背鰭は伸長する個体としない個体がいる。胸鰭に分枝軟条があり、腹鰭の癒合膜はわずかで基底近くのみ。背鰭前方鱗がある。岩礁域やサンゴ礁域の水深3～55mで、岩やサンゴ根の周辺に単独でいる。伊豆－小笠原諸島、静岡県富戸以南の太平洋沿岸、大隅諸島、琉球列島、東インド－西太平洋に分布。

オヨギベニハゼ *Trimma taylori* Lobel, 1979　体側や背鰭、臀鰭、尾鰭に黄色点、瞳孔の上下に黄色線がある。第1背鰭は伸長する。胸鰭に分枝軟条があり、腹鰭の癒合膜は第5軟条の先端近くまで。背鰭前方鱗がある。岩礁域やサンゴ礁域の水深6～55mで、岩やサンゴ根の割れ目、大きな穴やリーフの裂け目に群れで遊泳。八丈島、静岡県大瀬崎、和歌山県串本・和深、大隅諸島、沖縄島以南の琉球列島、インド－太平洋に分布。（池田祐二）

イソハゼ

2〜3cm SL

ミナミイソハゼ

2〜2.5cm SL

アカ
イソハゼ

2.5〜3.5cm SL

ウラウチイソハゼ

1.5〜2cm SL

イソハゼ属 *Eviota*　ハゼ類の中では最も小さく、かつ、種数の多いグループの1つで、多彩な色彩をもつ。生息場所は岩礁やサンゴ礁の穴や割れ目、サンゴ瓦礫の隙間、エダサンゴの枝の中や被覆サンゴの上、岩やサンゴ瓦礫の散らばる砂地や砂泥地などと多様。単独、群れ、底生から遊泳するものと多様。胸鰭軟条が分枝するものと、分枝しないものに分かれ、遊泳するものは後者に含まれる。これら2グループは脊椎骨数が1つ異なる。体長1〜3cm。インド－太平洋に129種、日本に46種。未記載種多数。

イソハゼ *Eviota abax* (Jordan and Snyder, 1901)　前鰓蓋上方の黒色斑は1つ。頬に暗色縦線がない。鰓蓋下方と頭部腹面に多数の暗色点、臀鰭基底に暗色点が3つある。腹鰭の鰭膜は鰭条の先端近くまである。雄の第1背鰭前方棘は伸長する。胸鰭軟条は分枝する。岩礁域やサンゴ礁域の水深1〜15mで、岩やサンゴ瓦礫の周辺に生息。伊豆－小笠原諸島、千葉県〜屋久島の太平洋沿岸、青森県〜長崎県の日本海・東シナ海沿岸、大隅諸島、琉球列島、済州島、台湾に分布。

ミナミイソハゼ *Eviota japonica* Jewett and Lachner, 1983　前鰓蓋上方の黒色斑は2つ。胸鰭基底と腹鰭基底の間に黒色点がない。臀鰭基底に暗色点が3つある。腹部の暗色点は腹面に達する。腹鰭の鰭膜は基底近くにしかない。雄の第1背鰭前方棘は伸長する。胸鰭軟条は分枝する。河口域や岩礁域、サンゴ礁域の水深1〜3mで、岩やサンゴ瓦礫の周辺に生息。紀伊半島、高知県、薩南諸島、琉球列島に分布。

アカイソハゼ *Eviota masudai* Matsuura and Senou, 2006　前鰓蓋上方の黒色斑は1つ。頬に暗色縦線がある。鰓蓋下方と頭部腹面の暗色点はごく少ない。臀鰭基底の3つの暗色点から臀鰭軟条にそって赤色線がある。腹鰭の鰭膜は鰭条の先端近くまである。雄の第1背鰭前方棘は伸長する。胸鰭軟条は分枝する。岩礁域やサンゴ礁域の水深2〜64mで、岩やサンゴの周辺に生息。伊豆－小笠原諸島、千葉県以南の太平洋沿岸、大隅諸島、青森県〜長崎県の日本海・東シナ海沿岸、伊予灘、琉球列島、台湾に分布。

ウラウチイソハゼ 絶滅危惧IA類(環) 絶滅危惧IA類(IUCN) *Eviota ocellifer* Shibukawa and Suzuki, 2005　頭と体は高い。第1背鰭下半部に大きな黄色線に囲まれた黒色斑、頭部側面と腹

ハナビイソハゼ

2cm SL

ボンボリイソハゼ

2〜2.5cm SL

オヨギイソハゼ

2〜3cm SL

シズクイソハゼ

1〜1.5cm SL

面には不規則な黒色模様、背鰭前方域に3個の黒色の鞍掛け状の斑紋がある。第1背鰭の第1棘が伸長する。腹鰭の鰭膜は半分ほど。胸鰭軟条は分枝する。河口域の水深1〜1.5mで、岩の割れ目や穴やカキ殻の間に生息。西表島に分布。

ハナビイソハゼ *Eviota rubriguttata* Greenfield and Suzuki, 2011　頭と体は太短い。頭と体の背面に赤褐色の横帯、尾柄部後方の上半部に暗色斑、鰓蓋(さいがい)の腹面に多数の暗色点がある。背鰭に暗色点が散在。胸鰭基底に暗色斑がない。第1背鰭棘は伸長しない。腹鰭の鰭膜は基底近くにしかない。胸鰭軟条は分枝する。水深3〜8mのサンゴ礁域で、ハナヤサイサンゴ属の枝の間に生息。水中でサンゴの枝の間にいると、体型から判断するとコバンハゼ類やダルマハゼ類のように見える。奄美群島、慶良間諸島、西表島に分布。

オヨギイソハゼ *Eviota bifasciata* Lachner and Karnella, 1980　吻端や眼の上方から尾鰭基底までの体側(たいそく)の上方と下方に赤色縦帯、尾鰭基底の下方に暗色点がある。雄の第1背鰭棘と尾鰭鰭条は糸状に伸長する。腹鰭の鰭膜は鰭条先端近くまであり、左右の腹鰭は癒合膜でつながる。胸鰭軟条は分枝しない。水深3〜30mのサンゴ礁域の枝状サンゴやテーブル状サンゴの周囲で群れて遊泳。琉球列島、西太平洋に分布。

ボンボリイソハゼ *Eviota ancora* Greenfield and Suzuki, 2011　頭や体は赤みがなく、前鼻孔は暗色ではない。第1背鰭基底下に3つの暗色点がある。尾鰭基底に2つの暗色点がある。尾鰭には暗色点列がない。第1背鰭は糸状に伸長せず、雄では第1棘が最長。腹鰭の鰭膜は半分ほど。胸鰭軟条は分枝しない。水深3〜8mの砂底や砂泥底の転石、サンゴ瓦礫の周辺に生息。琉球列島、西太平洋に分布。

シズクイソハゼ *Eviota flebilis* Greenfield, Suzuki and Shibukawa, 2014　眼から上顎後方に向けて赤色線、上顎後方下の頭部腹面中央に暗色点(雄では黒赤点、雌では赤点)がある。尾鰭基底中央に黒色線があり、尾柄部後端の褐色斑と重なる。雄は第1背鰭の第1棘は暗色点があり、糸状に伸長して第2背鰭後方に達し、尾鰭に2本の暗色線がある。腹鰭の鰭膜は基底近くにしかない。胸鰭軟条は分枝しない。水深3〜20mで、岩が埋まった砂底やガレサンゴが混じった砂礫底に生息。琉球列島に分布。　（池田祐二）

イレズミハゼ

2～3cm SL

背面

**フトスジ
イレズミハゼ**

2～2.5cm SL

背面

ミサキスジハゼ

2～3cm SL

背面

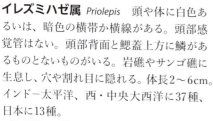

イレズミハゼ属 *Priolepis*　頭や体に白色あるいは、暗色の横帯か横線がある。頭部感覚管はない。頭部背面と鰓蓋上方に鱗があるものとないものがいる。岩礁やサンゴ礁に生息し、穴や割れ目に隠れる。体長2～6cm。インド－太平洋、西・中央大西洋に37種、日本に13種。

イレズミハゼ *Priolepis semidoliata* (Valenciennes, 1837)　頭部背面や鰓蓋上方に鱗はない。第1背鰭は棘が糸状に伸び、鰭膜は深く切れ込む。頭部は暗色で、数本の白色横帯がある。両眼間隔域の暗色横帯は前方の2本は両眼をつなぐが、後方のものは眼とつながらず、楕円形から三角形に近い形の暗色斑となる。サンゴ礁域の潮だまりや水深1～3mのサンゴ瓦礫の下に生息。伊豆－小笠原諸島、和歌山県串本、大隅諸島、琉球列島、インド－太平洋に分布。

フトスジイレズミハゼ *Priolepis latifascima* Winterbottom and Burridge, 1993　頭部背面や鰓蓋上方、胸鰭基底に鱗はない。第1背鰭棘は糸状に伸び、鰭膜は深く切れ込む。第2背鰭の高さは尾柄高よりはるかに高い。頭部は暗色で、数本の白色横帯がある。両眼間隔域の暗色横帯は前方の2本は両眼につながるが、後方のものは眼とつながらず、楕円形から三角形に近い形の暗色斑となる。水深1～13mの岩礁域やサンゴ礁域の岩の割れ目やサンゴ瓦礫の下に生息。伊豆－小笠原諸島、和歌山県串本、大隅諸島、琉球列島、インド－太平洋に分布。

ミサキスジハゼ *Priolepis borea* (Snyder, 1909)　頭部背面や鰓蓋上方、胸鰭基底に鱗はない。第1背鰭棘は糸状に伸びない。第2背鰭の高さは尾柄の高さとほぼ同じ。眼の後縁の白色横帯は背鰭前方域で後方に湾曲しない。鰓蓋の白色横帯は胸鰭基部の白色横帯とは合流しない。水深2～20mの岩礁域の岩の

ベンケイハゼ

3～4cm SL

背面

コクテンベンケイハゼ

5～6cm SL

背面

アミメ
ベンケイハゼ

2.5～3cm SL

背面

割れ目や穴に生息。青森県仏ヶ浦～熊本県天草の日本海・東シナ海沿岸、千葉県小湊～愛媛県愛南の太平洋沿岸、屋久島、済州島、台湾に分布。

ベンケイハゼ *Priolepis cincta* (Regan, 1908) 頭部背面や鰓蓋上方、胸鰭基底に鱗がある。第1背鰭棘は糸状に伸びない。第2背鰭の起部下から尾鰭基底までの体側に6本の白色横帯がある。尾鰭中央に暗色点列がある。尾鰭後縁の白色縁は狭い。岩礁域やサンゴ礁域の水深3～45mで岩の割れ目やサンゴ塊や瓦礫の下に生息。伊豆－小笠原諸島、千葉県以南の太平洋沿岸、瀬戸内海、大隅諸島、琉球列島、インド－太平洋に分布。

コクテンベンケイハゼ *Priolepis akihitoi* Hoese and Larson, 2010 頭部背面や鰓蓋上方、胸鰭基底に鱗がある。第1背鰭棘は糸状に伸びない。第2背鰭の起部下から尾鰭基底までの体側に6本の白色横帯がある。尾鰭は上方に黒色斑があり、後縁の白色縁は広い。岩礁域の水深5～45mで岩の割れ目や穴に生息。本属中で最も大きい。伊豆－小笠原諸島、長崎県香焼、千葉県～鹿児島県の太平洋沿岸、西表島、オーストラリア西岸・東岸、ニューカレドニアに分布。種小名は明仁上皇陛下に献名。

アミメベンケイハゼ *Priolepis inhaca* (Smith, 1949) 頭部背面や鰓蓋上方、胸鰭基底に鱗がある。第1背鰭棘は糸状に伸びない。鱗鞘(りんしょう)の縁辺が暗色になるため体側(たいそく)は網目模様となる。頭部の白色横線は明瞭であるが、体側の後半になるに従い不明瞭になる。サンゴ礁域の水深1～28mでサンゴ瓦礫の下に生息。八丈島、高知県柏島、屋久島、奄美大島、沖縄島、慶良間諸島、八重山諸島、台湾南部、東沙群島、インド－西太平洋に分布。

（池田祐二）

ガラスハゼ

2〜2.5cm SL

ホソガラスハゼ

2〜2.5cm SL

アカメハゼ

1.3〜1.8cm SL

ガラスハゼ属 *Bryaninops*　ムチカラマツ類やアナサンゴモドキ類、ハマサンゴ類などの刺胞動物をホストとして付き、体長1.5〜4.5cm。種によりホストが異なるが、重複することもある。ただし、遊泳するアカメハゼは刺胞動物に付かない。ガラスハゼやオオガラスハゼはホストの触手や肉質部を剥ぎ取り骨格だけにして、そこに産卵。雄は卵が孵化するまで守る。インド−太平洋に16種、日本に9種。

ガラスハゼ *Bryaninops yongei* (Davis and Cohen, 1969)　オオガラスハゼやホソガラスハゼに類似するが、頭が大きく、やや太短い。第1背鰭下に2本、第2背鰭下に2本、尾柄部に1本の橙色横帯がある。水深5〜35mにあるムチカラマツ類に付く。千葉県館山〜屋久島の太平洋沿岸、琉球列島、インド−太平洋に分布。

オオガラスハゼ *Bryaninops amplus* Larson,

オオガラスハゼ

5cm SL（通常3〜4.5cm SL）

1985　属内の大型種。ホソガラスハゼに似るが、大きくなると頭部が高くなる。第1背鰭下に2本、第2背鰭下に2本、尾柄部に2本の橙色横帯がある。水深10〜35mのウミスゲ類やムチヤギ類に付く。海藻類の付着したロープについて上がることがある。小笠原諸島、千葉県館山〜屋久島の太平洋沿岸、琉球列島、東インド−西太平洋に分布。

ホソガラスハゼ *Bryaninops loki* Larson, 1985　オオガラスハゼに似るが、やや細い。第1背鰭下に1本、第2背鰭起部の直前に1本、第2背鰭下に1本、尾柄部に1本の橙色横帯がある。水深10〜35mくらいのウミスゲ類やムチヤギ類に付く。静岡県、愛媛県（宇和海）、高知県柏島、屋久島、琉球列島、西太平洋、サモア諸島、チャゴス諸島に分布。

アカメハゼ 準絶滅危惧種（IUCN） *Bryaninops natans* Larson, 1985　目は極めて大きく、薄い赤色。体側下半部は黄色。サンゴ礁域の水深1〜20mの枝状のミドリイシ類サンゴの周囲を複数個体で群れているが、警戒するとサンゴの枝の中に隠れる。屋久島、琉球列島、インド−西太平洋に分布。

ミツボシガラスハゼ（ミツボシガラスハゼ属） *Minysicya caudimaculata* Larson, 2002　腹鰭軟条が内側に丸まらず、腹鰭は椀状にならない、腹鰭膜蓋が後方にくぼまない、後鼻孔の直後の感覚管の開孔がない、胸鰭の軟条は分枝しない等でガラスハゼ属と異なり、1属1種。吻から眼の前端に橙色線、眼の背面に3黒色点がある。脊柱の上方と下方に白色線、体側下方は暗色。尾鰭基底の3黒色点の後方

ミツボシガラスハゼ

1～1.5cm SL

タレクチウミタケハゼ

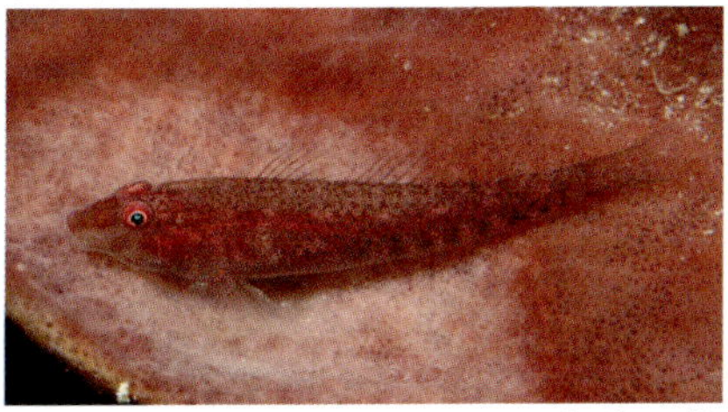

2～3cm SL

ウミショウブハゼ

2～2.5cm SL

ヤギハゼ

2～3cm SL

に白色斑がある。水深3～20mのリュウキュウスガモやヒロハサボテングサ、海藻の生えたエダサンゴの残骸の間を泳ぐ。追いかけると海草の間を逃げ続ける。加計呂麻島、八重山諸島、オーストラリア西岸・北西岸、ツアモツ諸島（ポリネシア）に分布。

ウミショウブハゼ属 *Pleurosicya*　ウミトサカ類、サンゴ類、カイメン類、海草にすみ、体長1.5～3cm。頭部背面の両眼間で感覚管が癒合して同大の開孔が2つになることでガラスハゼ属と異なる。1つのコロニーには複数個体がおり、大きい雄と小さい雌や未成魚でハレムを構成する。多くの種は雌性先熟の繁殖を行っていると思われる。雄は卵を孵化まで守る。インド－太平洋に18種、日本に9種。

ウミショウブハゼ *Pleurosicya bilobata* (Koumans, 1941)　頭や体は細い。腹鰭後端は肛門にはるかに達しない。体側に多数の不明瞭な褐色斑、臀鰭から尾鰭基底にかけての腹側中央に暗色点がある。雄の第2背鰭後方には黒色点がある。水深1～3mに生えているウミショウブやリュウキュウスガモといった海草に付く。稀にヒロハサボテングサに付く。沖縄島、八重山諸島、インド－西太平洋に分布。

タレクチウミタケハゼ *Pleurosicya labiata* (Weber, 1913)　吻は背方が暗色、赤色線はない。臀鰭から尾鰭基底の腹側に暗色点がある。水深20～35mの緩斜面に生えている大きな壺状のカイメンの内側に付く。1つのカイメンのコロニーから雄と、次に大きな雌を2個体捕り、個別に隔離して約1週間後、雌2個体の泌尿生殖突起は雄と雌の中間の形をしていた。このことから本種は雌性先熟と考えられる。八丈島、和歌山県串本、高知県柏島、奄美群島、西表島、西太平洋、スリランカに分布。

ヤギハゼ（ヤギハゼ属） *Luposicya lupus* Smith, 1959　頭と体は細く、吻は長い。上唇は吻より前方に出る。上唇から眼前端に橙色線、脊柱の上方と下方に交互に白色と暗色の線列、肛門以降の腹中線上に交互に白色点と黒色線の列がある。上唇は頭部背面で頭部とつながる、下唇は口角から下顎に癒合する、下顎の外列歯は長く側方に伸びて鋤状になる等で、ウミショウブハゼ属と異なる。1属1種。水深約15mのサンゴ礁域の礁湖のラッパ状のカイメンに付く。西表島、インド－西太平洋に分布。　（池田祐二）

ダルマハゼ

パンダ
ダルマハゼ

クロダルマハゼ

カサイダルマハゼ

ダルマハゼ属 *Paragobiodon*　体は円筒形で、側面に大型の鱗がある。頭部にひげ状突起が密生。ハナヤサイサンゴ類やショウガサンゴ類の枝間に生息。インド－西太平洋の熱帯～亜熱帯のサンゴ礁域に6種、日本には6種すべて。

ダルマハゼ 準絶滅危惧(環) *Paragobiodon echinocephalus* (Rüppell, 1830)　体と鰭は暗褐色、頭部は茶褐色。頭部のひげは長い。サンゴ礁の礁原、礁池、礁斜面でショウガサンゴの枝間に生息。和歌山県串本、屋久島、琉球列島、インド－太平洋に分布。

クロダルマハゼ 準絶滅危惧(環) *Paragobiodon melanosoma* (Bleeker, 1853)　体は一様に黒色。サンゴ礁の礁原、礁池、礁斜面でトゲサンゴ属の枝間に生息。琉球列島、東インド－西太平洋に分布。

パンダダルマハゼ 準絶滅危惧(環) *Paragobiodon lacunicolus* (Kendall and Goldsborough, 1911)　体はクリーム色ですべての鰭が黒褐色。サンゴ礁の礁外縁、礁斜面でチリメンハナヤサイサンゴなどの枝間の狭いハナヤサイサンゴ属の枝間に生息。小笠原諸島、和歌山県串本、高知県沖の島、愛媛県愛南町、屋久島、琉球列島、インド－太平洋に分布。

カサイダルマハゼ 準絶滅危惧(環) *Paragobiodon kasaii* Suzuki and Randall, 2011　体はパンダダルマハゼに類似するが胸鰭が透明であることで異なる。サンゴ礁の礁外縁、礁斜面で、枝間の広いハナヤサイサンゴ属の枝間に生息。琉球列島に分布。

ミジンベニハゼ属 *Lubricogobius*　砂底・砂礫底の貝殻やタコ壺（つぼ）、空き缶などの中に生息。頭部に感覚管がなく、体側（たいそく）に鱗がない、鰓孔（さいこう）が幅広いことでコバンハゼ属やダルマハゼ属と異なる。インド－西太平洋の熱帯～温帯域に6種、日本に3種。

ミジンベニハゼ *Lubricogobius exiguus* Tanaka, 1915　頭と体は一様に黄色、鼻孔は2個。内湾の砂礫底の貝殻、タコ壺、空き缶などに生息。千葉県館山湾～愛媛県愛南町室手の太平洋沿岸、兵庫県香美町香住、壱岐水道～天草灘、台湾北部、フィリピン諸島、マレー諸島に分布。

イレズミミジンベニハゼ *Lubricogobius ornatus* Fourmanoir, 1966　体は一様に黄色、鼻孔は2個。頭部と眼の周辺に輝青色線が放射状にある。内湾の砂礫底の貝殻、タコ壺、空き缶などに生息。和歌山県串本～九州南岸の太平洋沿岸(散発的)、熊本県天草、沖縄島、西太平洋に分布。

コバンハゼ属 *Gobiodon*　体は鱗がほとんどなく、体高が高く、側扁。鰓孔が著しく狭い。浅海のサンゴ礁域に生息し、ミドリイシ類の枝間にみられる。インド－西太平洋の熱帯～亜熱帯域に40種以上(未記載種も多く、実態は不明)、日本に25種。

シュオビコバンハゼ 準絶滅危惧(環) 絶滅危惧Ⅱ類(IUCN) *Gobiodon erythrospilus* Bleeker, 1875　体に赤色斑点がある。頭部腹面に赤点がな

ミジンベニハゼ

2.5cm SL

イレズミミジンベニハゼ

2.5cm SL

シュオビコバンハゼ

3cm SL

アカテンコバンハゼ

3.5cm SL

クマドリコバンハゼ

3cm SL

アワイロコバンハゼ

3cm SL

タスジコバンハゼ

3cm SL

いことでアカテンコバンハゼと異なる。サンゴ礁域の礁外縁、礁斜面に生息。潮通しのよいミドリイシ属のテーブル状サンゴの枝間に生息。琉球列島、東インド－西太平洋に分布。

アカテンコバンハゼ 準絶滅危惧(環) 絶滅危惧II類(IUCN) *Gobiodon aoyagii* Shibukawa, Suzuki and Aizawa, 2013　体に赤色斑点がある。頭部腹面に赤点があることでシュオビコバンハゼと異なる。サンゴ礁域の礁外縁、礁斜面に生息。ミドリイシ属のテーブル状サンゴの枝間に生息。高知県沖の島、屋久島、琉球列島に分布。

クマドリコバンハゼ 準絶滅危惧(環) *Gobiodon oculolineatus* Wu, 1979　体は一様に茶色、眼を通る2本の青白色垂線は下顎後端に達し、その間は暗色。サンゴ礁域の礁外縁、礁斜面に生息。ミドリイシ属のテーブル状サンゴの枝間に生息。小笠原諸島、屋久島、琉球列島、台湾南部、南沙群島に分布。

アワイロコバンハゼ 準絶滅危惧(環) *Gobiodon prolixus* Winterbottom and Harold, 2005　体が低い。頭部から胸鰭起部に5本の輝青色線がある。後鼻孔が管状。胸鰭は淡色。サンゴ礁域の礁外縁に生息。テーブル状サンゴや枝状サンゴが重なり密集する枝間に生息。石垣島、西表島、ベトナム、グレートバリアリーフ(オーストラリア)、インド洋チャゴス諸島に分布。

タスジコバンハゼ 準絶滅危惧(環) *Gobiodon rivulatus* (Rüppell, 1830)　体は一様に黄緑色から淡褐色。体側に多数の青白色横線がある。内湾やサンゴ礁域の外縁、礁斜面で潮通しのよいミドリイシ属のテーブル状サンゴの枝間に生息。小笠原諸島、和歌山県串本、高知県沖の島、屋久島、琉球列島、インド－西太平洋に分布。　(藍澤正宏)

ミツボシゴマハゼ

1.0〜1.3cm SL

イトヒキ
インコハゼ

8〜10cm SL

ヒメトサカハゼ

3〜4cm SL

アカヒレハダカハゼ

2〜2.5cm SL

イトヒキインコハゼ（インコハゼ属） *Exyrias akihito* Allen and Randall, 2005　吻は丸く、上唇より前に出る。第1背鰭の第1〜4棘は長く伸び、鰭膜は深く切れ込む。尾鰭は楕円形。頭部、体側、背鰭、臀鰭と尾鰭に多数の黄色点がある。水深8〜45mでサンゴやサンゴ瓦礫の周辺の砂泥底に単独で生息。危険を感じると砂煙を立てて逃げる。西表島、フィリピン諸島、インドネシア、パプアニューギニア、グレートバリアリーフに分布。種小名は明仁上皇陛下に献名。

ミツボシゴマハゼ（ゴマハゼ属） *Pandaka trimaculata* Akihito and Meguro, 1975　第1背鰭は前方下半部に黒色斑、その後方は黄色、上方は青白色。腹部中ほどの青色点は列にならない。臀鰭基底〜尾鰭基底の腹中線上に3〜4個の黒点がある（3個が多い）。マングローブ林内やその周辺で群れ、マングローブゴマハゼと一緒にいることが多い。潮が引くと、よく潮だまりに取り残される。奄美大島以南の琉球列島、シンガポール、ミンダナオ島に分布。

ヒメトサカハゼ（トサカハゼ属）絶滅危惧IA類（環） *Cristatogobius aurimaculatus* Akihito and Meguro, 2000　両眼間隔域から第1背鰭前方にかけて皮褶がある。第1背鰭はやや三角形に近く、第4棘が伸びる。頭部や体側には黒色点がなく、第2背鰭と尾鰭に多数の黄色点がある。干潮時の水深10〜50cmのマングローブ域や河口域の軟泥底に生息。奄美大島、石垣島、西表島、パプアニューギニア、フィジーに分布。

アカヒレハダカハゼ（ハダカハゼ属） *Kelloggella cardinalis* Jordan and Seale, 1906　第1背鰭は長方形に近い。第2背鰭基底は臀鰭基底よりはるかに長い。口はほぼ水平。頭と体に鱗がない。体は濃緑色、背鰭、臀鰭、尾鰭は橙〜赤色。潮間帯上部の潮だまりに複数でみられる。ときには大きな岩の人の背丈ほどの高さにあるくぼみの小さな水溜まりにもいる。八丈島、屋久島、琉球列島、台湾南部、西−中央太平洋に分布。

ホムラハゼ（ホムラハゼ属） *Discordipinna griessingeri* Hoese and Fourmanoir, 1978　第1背鰭の前方は伸長し、第1棘と第2棘の間は切れ込む。腹鰭前端は鰓蓋後端より前。第1背鰭と第2背鰭はかなり離れる。胸鰭軟条は鰭膜が深く切れ込む。頭部に黒色点、体側下半部に赤色縦帯がある。第2背鰭と尾鰭上方に眼状斑がある。第1背鰭を上方に立てたり、前方に倒したりして、胸鰭をひらひらと波打たせながら移動する。この行動

ホムラハゼ

2～3cm SL

ギンポハゼ

3～4cm SL

イトヒゲモジャハゼ

2～2.5cm SL

背面

リュウキュウナミノコハゼ

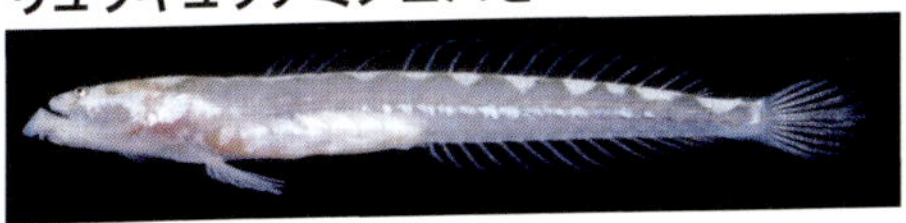

3～4cm SL

背面

は有毒なヒラムシ類の泳ぐ姿に似ている。水深8～45mで、サンゴ瓦礫の間やサンゴの根元の隙間に単独でいる。和歌山県、高知県、屋久島、琉球列島、インド−太平洋に分布。

ギンポハゼ(ギンポハゼ属) 絶滅危惧Ⅱ類(環) 準絶滅危惧種(ICUN) *Parkraemeria saltator* Suzuki and Senou, 2013 背鰭は棘条部と軟条部の間に浅い切れ込みがあるが、基底が長く1基。背鰭や臀鰭と尾鰭はつながらない。上唇先端に前方に伸びる小突起がない。頭と体に鱗がない。臀鰭に棘条がない。眼は頭部前方の背方。体側中央に4つの黒色斑がある。雄は産卵期に体が黒っぽくなり、胸鰭と腹鰭は黒くなる。体をくねらせ、巣穴から全身が出た瞬間に胸鰭と腹鰭をパッと広げ、すぐ尾鰭から巣穴に入るといった求愛行動を繰り返す。内湾や河口域の水深0.5～2mの砂泥底で無脊椎動物の穴を単独で利用。沖縄島、石垣島、西表島に分布。

イトヒゲモジャハゼ(ヒゲモジャハゼ属) 絶滅危惧IB類(環) *Barbuligobius boehlkei* (Lachner and McKinney, 1974) 頭は大きくて縦扁。眼は大きく背面で、両眼間隔域は狭い。頭部に糸状で細長いひげ状突起がある。腹鰭は大きく、その後端は臀鰭の起点をこえる。ヒゲモジャハゼ*Barbuligobius* sp.のひげ状突起はへら状。水深1～15mの砂礫底で、潮通しのよいリーフの水路やリーフエッジ外の岩の周囲に生息。砂に潜る。1個体見つかると複数が見つかり、パッチ状に生息する。伊豆大島、八丈島、静岡県下田、高知県須崎、屋久島、吐噶喇列島、奄美大島、沖縄諸島、台湾南部、インド−西太平洋に分布。

スナハゼ科 Kraemeriidae 下顎は突出し、前端は尖る。眼は小さく、頭部背面にある。前鰓蓋後縁は頭部下面に近い。背鰭は1基で、基底は臀鰭基底よりはるかに長い。頭骨には軟骨が多い。鱗はない。河口や海岸の砂浜に生息し、砂に潜る。体長3～7cm。世界に2属10種、日本に2属4種。

リュウキュウナミノコハゼ(スナハゼ属) *Kraemeria cunicularia* Rofen, 1958 体側背面には白色の鞍状斑がある。背鰭は5棘14軟条。胸鰭は8～9軟条。左右の腹鰭は分離。河口や海岸の砂浜の潮間帯下部で日中は砂に潜り、夜は砂から出て泳ぐ。一日中カイアシ類を食べている。琉球列島、西太平洋に分布。

(池田祐二)

タンザクハゼ

9〜10cm SL

ハタタテハゼ

5〜6cm SL

ハナハゼ

10cm SL

クロユリハゼ科 Pterelotridae　頭部と体は側扁。第1背鰭と第2背鰭は連続するが、間に切れ込みがある。第1背鰭棘数は6。腹鰭は膜蓋がなく、癒合膜は全くないか基底近くのみ。腹鰭軟条数は3〜5。鱗は小さく、ほとんど皮下に埋没。脊椎骨数は26。体長は1.5〜12cm。世界に6属62種、日本に5属31種。

タンザクハゼ（**タンザクハゼ属**）*Oxymetopon compressus* Chan, 1966　体は長く、頭とともに著しく側扁。眼の後方から頭頂部にトサカ状の突起がある。第1背鰭は台形で高さは第2背鰭とほぼ同じ。腹鰭の先端は肛門に達しない。尾鰭は楕円形。胸鰭基底上方に赤色点がある。臀鰭基底から後方の体側下方と尾鰭下方と臀鰭は暗色。水深10〜40mのシルト状の軟泥底で巣穴の上方をペアか単独でホバリングしており、驚くと巣穴に逃げ込む。巣穴の上部はお椀状にくぼみ、穴の断面は体の断面と同じで非常に細長い長方形。加計呂麻島、沖縄島、香港、タイ、インドネシア、フィリピン諸島、パプアニューギニアに分布。

ハタタテハゼ（**ハタタテハゼ属**）*Nemateleotris magnifica* Fowler, 1938　第1背鰭前端は著しく長く伸び、尾鰭の後縁は円い。下顎、吻、頭部背面は黄色。体側の前半は白色、後半は橙〜濃赤色。第1背鰭は前縁が赤色、後部は黄色。腹鰭は淡黄色。尾鰭は濃赤色で上と下に斜めの暗色線がある。水深10〜30mの砂底で、単独かペアでホバリングしており、驚くと瓦礫の間の穴に逃げ込む。伊豆−小笠原諸島、静岡県大瀬崎以南の太平洋沿岸、大隅諸島、琉球列島、インド−西太平洋に分布。

ハナハゼ（**クロユリハゼ属**）*Ptereleotris hanae* (Jordan and Snyder, 1909)　臀鰭基底から尾鰭基底にかけて淡赤色線がある。成魚、幼魚とも尾鰭基底下方に黒色斑がない。第1背

リュウキュウハナハゼ

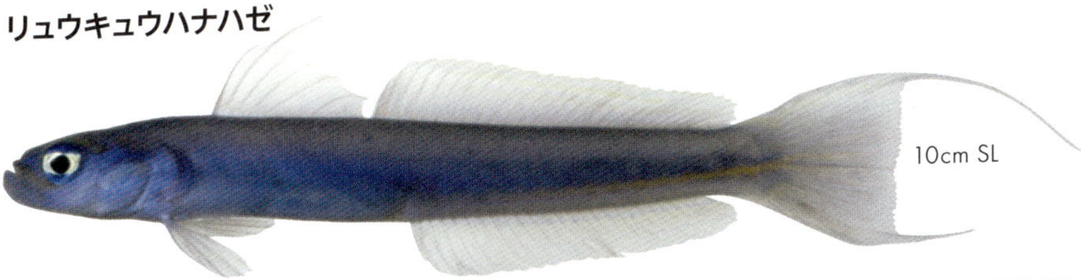

10cm SL

サツキハゼ

3～4cm SL

オオメワラスボ

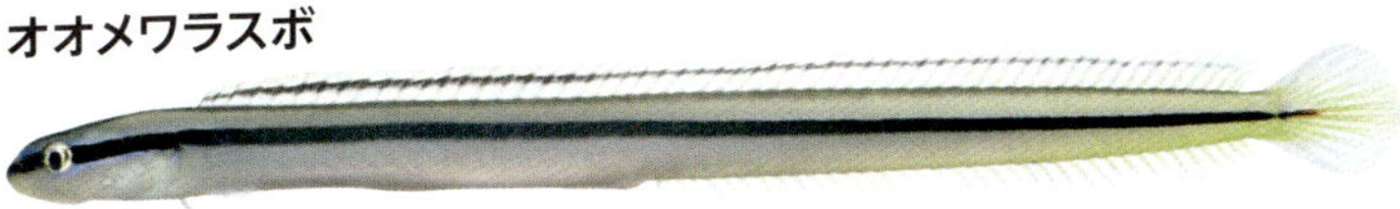

6～7cm SL

鰭はどの棘も糸状に伸びない。尾鰭後縁は5～6本の軟条が糸状に伸びる。頤に後方に向かう肉質突起がある。和名と種小名は明治の海洋動物学者、箕作佳吉博士の息女“花子”さん（戸籍上はハナ）への献名。水深3～30mの砂底で、単独かペアでホバリングしている。驚くとダテハゼ（p.411）等の共生ハゼの巣穴に逃げ込む。千葉県館山～屋久島の太平洋沿岸、富山湾、隠岐、山口県～九州西岸、朝鮮半島南岸、済州島に分布。

リュウキュウハナハゼ（クロユリハゼ属）
Ptereleotris sp.　臀鰭基底から尾鰭基底にかけて淡赤色線がある。幼魚は尾鰭基底下方に黒色斑がある。第1背鰭は第2棘が糸状に伸びる。尾鰭後縁は上端と下端の2軟条が糸状に伸びる。頤に後方に向かう肉質突起がある。ハナハゼの琉球列島型とされていたが、別種である。水深5～35mの砂底で、単独かペアでホバリングしている。驚くとダテハゼ等の共生ハゼの巣穴に逃げ込む。伊豆諸島、千葉県～屋久島の太平洋沿岸（散発的）、琉球列島、西太平洋に分布。

サツキハゼ（サツキハゼ属） *Parioglossus dotui* Tomiyama, 1958　雄の第1背鰭は後方に伸びない。眼下の青色斑は短い。吻から眼を通る黒色線があり、体側中央に不明瞭な黒色縦帯がある。尾鰭基底の黒色斑は後方に伸びる。雌の肛門は黒い。汽水域から海水域の水深0.5～1mでカキが付着した岩や橋脚などのシェルターになるものの周辺に群れている。八丈島、千葉県～屋久島の太平洋沿岸、能登半島～九州西岸、済州島、琉球列島に分布。

オオメワラスボ科 Microdesmidae　体は著しく長く、側扁。下顎は突出。眼は頭部側面。腹鰭は膜蓋と癒合膜がなく、軟条数は2～4。背鰭は棘状部と軟条部の間に切れ込みがない。背鰭棘数は20～28。背鰭と臀鰭の基底は著しく長い。鱗は小さく、ほとんど皮下に埋没し、ない種もある。脊椎骨数は42～71。体長は3～21cm。世界に5属36種、日本に1属4種。

オオメワラスボ（オオメワラスボ属）
Gunnellichthys pleurotaenia Bleeker, 1858
体は著しく長くて細い。下顎は上顎より突出。背鰭と臀鰭は尾鰭と連続しない。背鰭棘数は20以上。下顎前端から体側中央を通り尾柄部後端に明瞭な黒色縦帯がある。水深1～3mの砂底で、単独で巣穴周辺の中層を泳ぐ。干潮時に巣穴に入り、潮が上がり始めると巣穴から出て摂餌する。警戒すると巣穴に逃げ込む。屋久島、琉球列島、西－中央太平洋に分布。

（池田祐二）

マンジュウダイ

20cm SL

ツバメウオ

60cm SL

ミカヅキツバメウオ

25cm SL

幼魚

3.5cm SL

幼魚

3.5cm SL

アカククリ

30cm SL

幼魚

2.5cm SL

アマシイラ

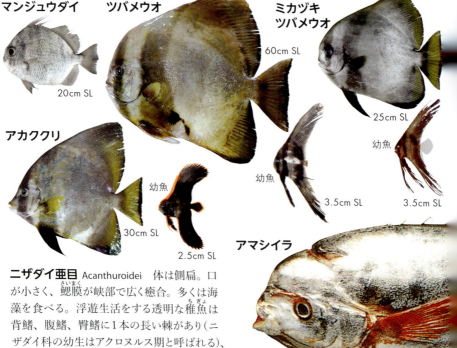

ニザダイ亜目 Acanthuroidei　体は側扁。口が小さく、鰓膜(さいまく)が峡部で広く癒合。多くは海藻を食べる。浮遊生活をする透明な稚魚(ちぎょ)は背鰭、腹鰭、臀鰭に1本の長い棘があり(ニザダイ科の幼生はアクロヌルス期と呼ばれる)、成魚(せいぎょ)の鰾(うきぶくろ)は大きい。鰓条骨(さいじょうこつ)数は5。

マンジュウダイ科 Ephippidae　体が高く強く側扁。口は小さい。全世界の暖海に8属15種、日本に2属5種。

マンジュウダイ(マンジュウダイ属) *Ephippus orbis* (Bloch, 1787)　背鰭は棘条部(きょくじょうぶ)と軟条部(なんじょうぶ)の間に深い欠刻があり、棘条数は9。水深10〜30mに生息。沖縄島(稀)、インドネシアを中心とした西太平洋、インド洋に分布。

ツバメウオ(ツバメウオ属) *Platax teira* (Forsskål, 1775)　幼魚(ようぎょ)は背鰭と臀鰭が長く尖り、眼や胸鰭、尾部後半を通る横帯がある。成魚の背鰭と臀鰭は円い。腹鰭基部後方に黒色斑、臀鰭起部前方に小さな横帯がある。口内は白い。幼魚は流木などに付着、成魚は沿岸の中層で群泳。北海道〜九州南岸の太平洋沿岸(幼魚が多く散発的)、新潟県〜長崎県の日本海・東シナ海沿岸(幼魚が多く散発的)、屋久島、琉球列島、小笠原諸島、インド−西太平洋に分布。

ミカヅキツバメウオ(ツバメウオ属) *Platax boersii* Bleeker, 1853　腹鰭は暗色。口内は白い。幼魚は背鰭と臀鰭が細長く、眼や胸鰭、尾部後半を通る横帯がある。幼魚の腹鰭は著しく長い。成魚の背鰭と臀鰭は円い。サンゴ礁域に生息。岩手県以南の太平洋沿岸、琉球列島(稀、散発的)、西太平洋に分布。

アカククリ(ツバメウオ属) *Platax pinnatus* (Linnaeus, 1758)　幼魚の背鰭と臀鰭は細長く、体は暗褐色、橙色に縁取られる。体色は毒性をもつウミウシ類の擬態と考えられている。成長に伴って吻は尖り、眼や胸鰭を通る横帯が出る。口内は黒い。サンゴ礁域に生息。琉球列島、西太平洋、アンダマン海、ペルシア湾に分布。

ナンヨウツバメウオ(ツバメウオ属) *Platax orbicularis* (Forsskål, 1775)　幼魚は背鰭と臀鰭が細長く、眼や胸鰭を通る横帯(不明瞭な場合もある)があり、体は橙色で、斑点がある。幼魚は枯葉に擬態する。成魚は橙色が失せ灰褐色になるとともに、眼や胸鰭を通る横帯

ナンヨウツバメウオ

40cm SL

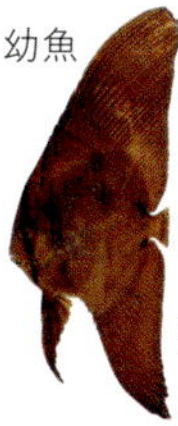

幼魚

3cm SL

クロホシマンジュウダイ

35cm SL

幼魚

3cm SL

ツノダシ

25cm SL

2m SL

が顕著になり、背鰭と臀鰭は円くなる。口内は黒い。岩礁・サンゴ礁域に生息。岩手県以南の太平洋沿岸（幼魚が多い）、琉球列島、インド－太平洋（ハワイ諸島を除く）に分布。

クロホシマンジュウダイ科 Scatophagidae
鰭も含めた、体型はイシダイ科によく似る。糞を食べるものがおり、学名は糞を食べるという意味。インド－西太平洋に2属4種、日本に1属1種。

クロホシマンジュウダイ（クロホシマンジュウダイ属） *Scatophagus argus* (Linnaeus, 1766)
体に多くの黒斑がある。体長10cm以上の個体では背鰭起部に1本の前方に向かう棘がある。稚魚期はチョウチョウウオ科と同様に頭の骨が骨板状に発達したトリクチス期をへる。内湾や汽水域に生息。秋田県・東京湾～九州南岸の各地沿岸（散発的）、琉球列島。インド－西太平洋に分布。

アマシイラ科 Luvaridae　体は延長し、垂直鰭は低く、尾柄部に隆起縁がある。消化管は長くて巻いている、成魚は歯が消失し、消化管にクラゲやクシクラゲ類が見られ、魚食性ではないと考えられている。外洋域に生息し、世界に1属1種。

アマシイラ（アマシイラ属）
Luvarus imperialis Rafinesque, 1810　幼魚は背鰭起部が胸鰭起部に近いが、成長に伴って背鰭軟条は減少し、胸鰭先端より後方になる。仔魚の背鰭棘は2棘だが、早い時期に前の1棘は消失。成魚は腹鰭の軟条が消失し、左右の棘が癒合して1棘になる。肛門は腹鰭付近。北海道余市、青森県六ヶ所村泊、岩手県、相模湾の記録があり、全世界の暖海域に分布。

ツノダシ科 Zanclidae　幼生期の形態（鰭の長い棘）を含めた多くの共通形質によりニザダイ科に近縁と考えられている。インド－太平洋の暖海に1属1種。

ツノダシ（ツノダシ属） *Zanclus cornutus* (Linnaeus, 1758)　体は高く、強く側扁。背鰭第3棘が糸状に伸びる。眼隔部に1対の棘がある。尾鰭は黒い。吻は細長く、ブラシ状の歯で海綿類や藻類を食べる。岩礁域やサンゴ礁に生息、昼行性で単独あるいは数個体の群れで行動する。伊豆－小笠原諸島、青森県～九州南岸の太平洋沿岸、琉球列島、インド－汎太平洋に分布。　（波戸岡清峰）

ハナアイゴ

セダカハナアイゴ

アミアイゴ

アイゴ

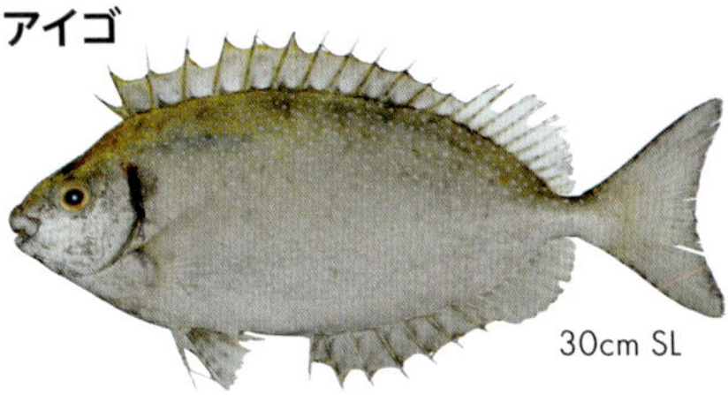

アイゴ科 Siganidae　体は側扁、腹鰭は1棘3軟条1棘。各鰭の棘に毒をもつ。全種で各鰭の棘数および軟条数が同じで、種の識別は体型と色彩による。しかし、①浮性卵、尾鰭は深く二叉し腹鰭前部から胸部に鱗がない（ハナアイゴおよびセダカハナアイゴの2種）、②沈性卵、尾鰭は截形で腹鰭前部から胸部に鱗がない（アミアイゴ、アイゴなど6種）、③沈性卵、腹鰭前部から胸部が鱗で被われる（ゴマアイゴ、ヒフキアイゴなど21種）の3グループに分けられる。サンゴ礁、岩礁、藻場に生息。紅藻を主とした藻類食あるいは雑食で、サンゴ礁域における優占種の1つ。アイゴ属 *Siganus* のみで地中海、紅海、インド洋、太平洋に29種、日本に12種。

第1グループ

ハナアイゴ *Siganus argenteus* (Quoy and Gaimard 1825)　体高が低く、尾鰭が深く二叉。サンゴ礁・岩礁域に生息。伊豆－小笠原諸島、伊豆半島～屋久島の太平洋沿岸（散発的）、琉球列島、インド－太平洋に分布。稚魚が夏にサンゴ礁の礁池に大挙して来遊、沖縄では、この群れを漁獲、塩辛にしてスクガラスとよんで食する。

セダカハナアイゴ *Siganus woodlandi* Randall and Kulbicki 2005　背鰭軟条先端部は黄色で3～4分枝（ハナアイゴでは黄色くなく2分枝）。成長に伴い頭部背縁が盛り上がる（ハナアイゴでは盛り上がりの程度が少ない）。岩礁・サンゴ礁に生息。伊豆－小笠原諸島、岩手県～屋久島の太平洋沿岸（散発的）、琉球列島、西太平洋に分布。

第2グループ

アミアイゴ *Siganus spinus* (Linnaeus 1758)
体高は低く、体長20cmほどの小型種。体側に虫食い模様、背鰭の棘条部と軟条部の間に欠刻がある。サンゴ礁の礁池や藻場で群泳。静岡県～屋久島の太平洋沿岸（散発的）、琉球列島、東インド－太平洋に分布。

アイゴ *Siganus fuscescens* (Houttuyn 1782)
体は背部が褐色、腹部は淡褐色、側面に多くの白斑がある。尾鰭後端は浅く湾入。産卵期は7月中旬～8月、沖縄島では4～6月。稚魚は海草藻場で生育。体長14cmごろはカイアシ類、18～20cmでは珪藻類、30cmでは珪藻類やホンダワラ類を食べる。内湾の岩礁や藻場に生息。青森県～九州南岸の各地沿岸、琉球列島、朝鮮半島南岸、済州島、台湾、浙江省～広西省の中国沿岸、東インド－西太平洋に分布。定置網や釣りで漁獲。刺身、煮付け、干物で食される。従来、シモフリアイゴ *S. canaliculatus* とされたものは本種と同種。

第3グループ

ゴマアイゴ *Siganus guttatus* (Bloch 1787)
体が高く、尾鰭は截形。体側に黄色斑が散在。最大体長35cmの大型種。サンゴ礁や

ゴマアイゴ

35cm SL

ムシクイアイゴ

38cm SL

ヒメアイゴ

26cm SL

サンゴアイゴ

25cm SL

ヒフキアイゴ

20cm SL

藻場に群れで生息。河口域も好む。琉球列島、東インド－西太平洋に分布。沖縄ではカーエーとよばれ、シークヮーサーの絞り汁をかけた刺身や塩焼きで食される。

ムシクイアイゴ *Siganus vermiculatus* (Valenciennes 1835)　体が高く、尾鰭は截形。体側全体に虫食い模様がある。背鰭軟条・臀鰭軟条・尾鰭に暗色点が散在する。全長45cmになる大型種。背鰭の棘条部と軟条部の間に欠刻がない、腹鰭前部から胸部に鱗がある、体が高いことで、虫食い模様をもつアミアイゴと異なる。また、アミアイゴに比べて、本種は大型で、虫食い模様が明瞭。サンゴ礁・汽水域に群れで生息。琉球列島、東インド－西太平洋に分布。

ヒメアイゴ *Siganus virgatus* (Valenciennes 1835)　体は高く、尾鰭は截形。頭部、背鰭から体側上部、尾鰭は黄色。眼と鰓蓋後縁に暗色斜帯がある。吻部、頭部、および2本の暗色斜帯の間は淡色域が線状あるいは虫食い状、それより後方の体側上部では小斑点が散在。サンゴ礁に生息し、成魚になるとペアで行動する。琉球列島、インド－西太平洋に分布。

サンゴアイゴ *Siganus corallinus* (Valenciennes 1835)　吻は少し伸びる。体は地色が黄色、眼と鰓蓋後縁に暗色帯があり、頭部および体の辺縁部に淡色～青色点が密在。鰓蓋後方から体側はやや暗黄色になり、淡色～青色点が散在。尾鰭は幼魚では截形から浅い湾入形、成長すると二叉形。サンゴ礁域に生息、成魚ではペアで行動する。琉球列島、インド－西太平洋に分布。

ヒフキアイゴ *Siganus unimaculatus* (Evermann and Seale 1907)　吻は著しく突出する。体の地色が黄色で、頭部背縁は黒色、眼の後方の体側から鰓蓋後縁にそって胸部に至る黒色帯、体側上部に黒斑がある。体側の黒斑は大きさと形に変異があり、体の片側だけの個体もいる。サンゴ礁域に生息。琉球列島、台湾、フィリピン諸島東部、オーストラリア北西部に分布。　（栗岩 薫）

ニザダイ

50cm FL（通常35cm FL）

ナンヨウハギ

30cm FL（通常20cm FL）

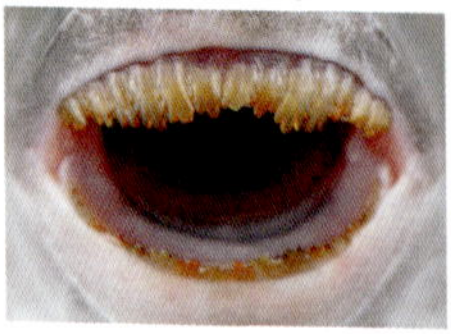

ニザダイの歯（前面）

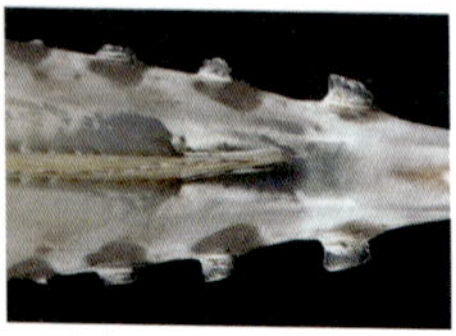

ニザダイ尾柄の棘（背面）

キイロハギ

20cm TL
（通常16cm TL）

クロハギ

50cm FL（通常35cm FL）

シマハギ

25cm FL（通常20cm FL）

ニザダイ科 Acanthuridae　沿岸の岩礁・サンゴ礁域に生息。体は高く側扁し、口は小さい。鱗は微小。ニザダイ属とテングハギ属の尾柄部には縁の鋭い1～数個の骨質板がある。ナンヨウハギ属、ヒレナガハギ属、クロハギ属、サザナミハギ属 *Ctenochaetus* の尾柄部には、前方を向いた折りたためる槍状の棘があり、毒をもつ。あまり知られていないが、各鰭の棘条に毒をもつ種もいる。魚体に触れるときに注意をしたい。基本的に藻類食だが、動物プランクトンも食べる。尾叉長15～60cm。世界の暖海に6属約85種、日本に6属44種。サンゴ礁性の種は色彩が多様で、鑑賞魚として人気があるが、大型種は地方により食される。海外ではシガテラ毒をもつ種もいる。

ニザダイ（ニザダイ属） *Prionurus scalprum* Valenciennes, 1835　体は黒褐色で、尾柄部に4個の黒い骨質板がある。岩礁域に生息。伊豆諸島、小笠原諸島、南日本太平洋沿岸、中国南シナ海沿岸に分布。散発的にみられるのは青森県～九州西岸の日本海・東シナ海沿岸、朝鮮半島南岸、琉球列島。磯釣りで“サンノジ”とよばれ、磯臭さがあるが、冬は刺身で美味。

ナンヨウハギ（ナンヨウハギ属） *Paracanthurus hepatus* (Linnaeus, 1766)　青・黒・黄色の模様が顕著。サンゴ礁域に生息。南日本太平洋沿岸（散発的）、琉球列島、インド－太平洋に分布。ナンヨウハギ属は本種のみ。鑑賞魚。

キイロハギ（ヒレナガハギ属） *Zebrasoma flavescens* (Bennett, 1828)　全身鮮やかな黄色。ハワイでは満月に産卵。稚魚は水深10～25mのサンゴ礁の発達した場所に着底、5歳になって雌は全長約13cm、雄は15cmで藻類の生えた浅場に移動する。雄は雌より成長が速く、5歳で雄は全長14cm、雌は13cm、10

ニジハギ

25cm FL
(通常20cm FL)

ナミダクロハギ

20cm FL

テングハギ

60cm FL (通常40cm FL)

ミヤコテングハギ

30cm FL (通常20cm FL)

歳で雄は17cm、雌は15cmになり、その後の成長は停滞する。41歳の個体が知られている。サンゴ礁域に生息。小笠原諸島、南日本太平洋沿岸(散発的)、琉球列島、西〜中央太平洋(北半球のみ)に分布。鑑賞魚。

クロハギ(**クロハギ属**) *Acanthurus xanthopterus* Valenciennes, 1835 背鰭・臀鰭に3〜5本の褐色縦帯、尾鰭根元に白色横帯がある。尾柄部棘の皮膜が暗色で胸鰭が黄色。岩礁・サンゴ礁域に生息。南日本太平洋沿岸、琉球列島、インド−太平洋に分布。クロハギ属やサザナミハギ属は、沖縄で“トカジャー”とよばれ食される。

シマハギ(**クロハギ属**) *Acanthurus triostegus* (Linnaeus, 1758) 背は灰緑色で、体に5〜6本の細い暗色横帯がある。岩礁・サンゴ礁域に生息。伊豆・小笠原諸島、南日本太平洋沿岸(散発的)、琉球列島、インド−汎太平洋に分布。

ニジハギ(**クロハギ属**) *Acanthurus lineatus* (Linnaeus, 1758) 体の上半部は緑が暗色の青色縦帯と黄色縦帯があり腹は青白い。産卵期以外に縄張りをもつ。サンゴ礁・岩礁域に生息。伊豆・小笠原諸島、南日本太平洋沿岸(散発的)、琉球列島、インド−太平洋に分布。

ナミダクロハギ(**クロハギ属**) *Acanthurus japonicus* (Schmidt 1931) 体は青黒く、胸鰭基部、背鰭・臀鰭基底、尾柄部が黄色。眼下から吻に白色帯がある。岩礁・サンゴ礁域に生息。小笠原諸島、琉球列島、西太平洋に分布。

テングハギ(**テングハギ属**) *Naso unicornis* (Forsskål, 1775) 前頭部に角状突起がある。成魚の尾鰭両端は糸状に伸びる。尾柄部の骨質板は2個。浮遊期が2〜3か月と長く、体長5〜6cmまで外洋におり、カジキ類やマグロ属に捕食される。グアムでは、3歳で尾叉長26cm、5歳で34cm、10歳で44cm、20歳で49cmになる。雌は尾叉長30cm、雄は27cmで成熟する。サンゴ礁・岩礁域に生息。南日本太平洋沿岸、琉球列島、インド−太平洋に分布。独特の匂いがあるが、沖縄では“チヌマン”とよばれ、刺身で食される。

ミヤコテングハギ(**テングハギ属**) *Naso lituratus* (Forster, 1801) 雄の成魚は尾鰭両端が糸状に伸びる。尾柄部の骨質板は2個で周辺が橙色。グアムでは、1歳で尾叉長14cm、2歳で18cmになり、その後の成長は停滞する。雌は尾叉長15cm、雄は18cmで成熟する。サンゴ礁・岩礁域に生息。南日本太平洋沿岸(散発的)、琉球列島、インド−太平洋に分布。

(下瀬 環)

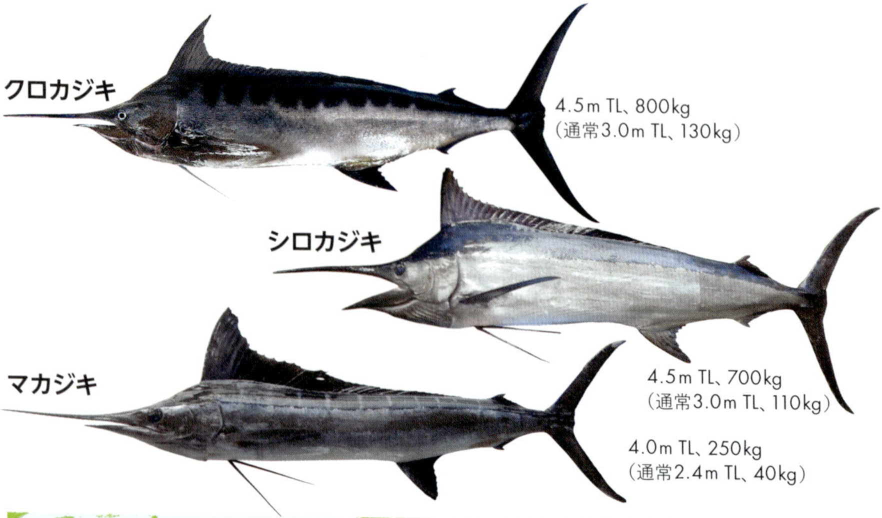

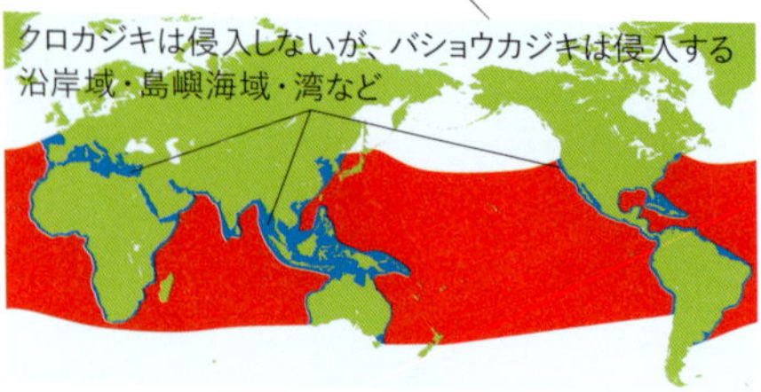

クロカジキ・バショウカジキの分布
（大西洋・インド洋・太平洋に分布する種）

シロカジキ・マカジキ・フウライカジキの分布
（インド洋・太平洋に分布する種）

カジキ亜目 Xiphioidei　マカジキ科とメカジキ科からなる。主上顎骨（しゅじょうがくこつ）が伸出不能で、左右が癒合した前上顎骨（ぜんじょうがくこつ）に固着し、剣状の吻となる。外洋に生息し、高速遊泳するなどの生態から、かつてサバ科との類縁関係が議論されたが、近年のDNA研究により、サバ科よりも、アカメ科・アジ科やカレイ目に近いと考えられている。英名Billfishes。

マカジキ科 Istiophoridae　体はやや側扁。吻は断面が丸く側面から下面に無数の小さな歯がある。体側の皮下に細長い鱗がある。尾柄部に2本の隆起線がある。大型の魚食性魚類。世界の熱帯～温帯を中心に5属9種、日本に5属5種。スポーツフィッシングや漁業の対象になっている。5種ともに、春～秋に本州近海に来遊するが、出現時期や頻度、回遊の範囲に種間で差がある。雌は雄よりも大きく、特にクロカジキとシロカジキでの差が顕著。

クロカジキ（**クロカジキ属**）絶滅危惧Ⅱ類（IUCN） *Makaira nigricans* Lacepède, 1802　外洋に生息。体はわずかに側扁し、背鰭は体高より低い。生時、体色が青い。体側に15本前後の青白い横帯があるが、マカジキほどは目立たない。大西洋・インド洋・太平洋の熱帯を中心に分布。大西洋の個体群は、以前は別種にされていた。低緯度海域では雌雄が周年分布し、小型の雄が多く、産卵が周年みられる。本州太平洋側などの高緯度海域では、夏季に、大型の雌のみ摂餌のため来遊する。釣りによる最大記録は818kg。シロカジキと同様に、100kgをこえるものは、ほとんどが雌。大型のクロカジキの胃からは、しばしば吻で突き刺されたと考えられる傷痕をもったカツオやマグロ類が出現する。“クロカワ”、“カツオクイ”とよばれる。英名Blue marlin。

シロカジキ（**シロカジキ属**）*Istiompax indica* (Cuvier, 1832)　沖合～外洋に生息し、沿岸近くや大陸棚上にも出現する。体高が高く背鰭が低い。胸鰭が直立して動かない。第2

ヤマトカマス

38cm FL（通常27cm FL）

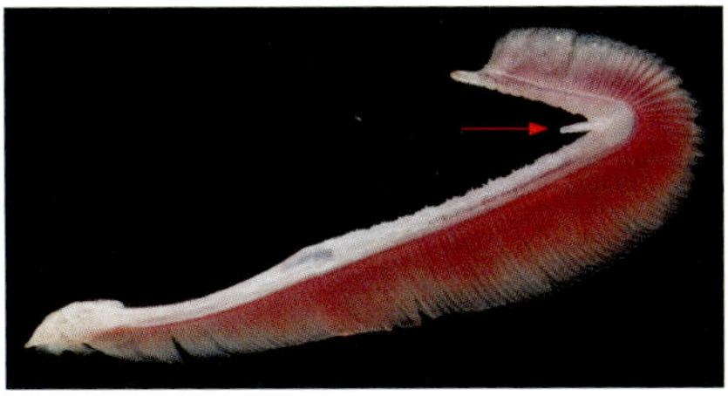

ヤマトカマスの鰓耙（1本）

オオメカマス

71cm FL（通常38cm FL）

オニカマス

1.6m FL（通常96cm FL）

底中央より下に達する。外洋に面した沿岸の岩礁に生息。相模湾西部、和歌山県白浜・串本、高知県以布利、愛媛県深浦、八重山諸島竹富島、八丈島、アンダマン海、紅海に分布。定置網で漁獲され、食される。

ヤマトカマス（カマス属） *Sphyraena japonica* Bloch and Schneider, 1801　日本で普通にみられるが、アカカマスより沖合性が強い。第1鰓弓の鰓耙は1本。第1背鰭起部は腹鰭起部よりやや前方。生時、体の背側に虫食い状の褐色斑があるが、死後しばらくすると消える。体の鱗は細かい。南日本太平洋沿岸では5月頃から幼魚(ようぎょ)が出現し、成長とともに年末頃まで漁獲対象となる。しかし、年明け～春季には沖合に移動するとみられ、ほとんど漁獲されなくなる。産卵期は仔稚魚の出現状況から相模湾で3～7月(盛期4～5月)、東シナ海で5～6月と推定されているが、これらの時期に親魚がほとんど採捕されておらず、正確には不明。成長についても詳細がわかっていない。新潟県～九州南岸の日本海・東シナ海沿岸、北海道～九州南岸の太平洋沿岸、瀬戸内海、朝鮮半島東岸南部、中国浙江省、香港、台湾に分布。定置網で漁獲され、美味だがやや水っぽく、干物が好まれる。

オオメカマス（カマス属） *Sphyraena forsteri* Cuvier, 1829　第1鰓弓に小棘を備えた瘤状の鰓耙が多数並ぶ。胸鰭腋部後方に1暗色斑がある。第1･2背鰭の上半部と胸鰭は黄色。体の鱗は細かい。幼魚の体側上半部には5本の暗色横帯がある。内湾やサンゴ礁域の浅所に生息する。夜行性。山口県日本海沿岸、小笠原諸島、相模湾～琉球列島(散発的)、インド－太平洋に分布。

オニカマス（カマス属） *Sphyraena barracuda* (Edwards, 1771)　カマス科中最も大きくなる。第1鰓弓に鰓耙はない。全長50cm以下の幼魚を除き、尾鰭後縁に1対の葉状突起がある。体側上半部に多数の暗色横帯がある。幼魚の体には縦1列に並ぶ暗色斑がある。成魚(せいぎょ)は内湾やサンゴ礁域の浅所に生息し、人を襲うことがある。幼魚は河口域やマングローブでみられる。小笠原諸島、硫黄島、相模湾～トカラ列島の太平洋沿岸・若狭湾・長崎県野母崎(散発的)、琉球列島、インド－太平洋、大西洋に分布。大型個体はシガテラ毒をもつことがあり、一般に食用にはされない。

（土居内 龍）

タチウオ

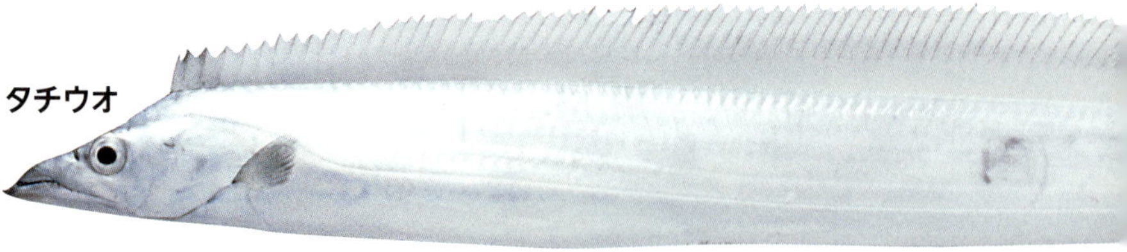

テンジクタチ

タチモドキ

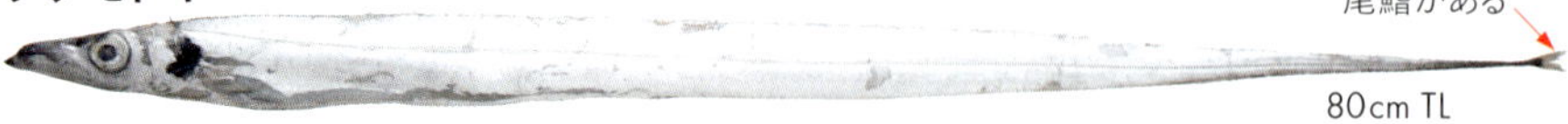

タチウオ科 Trichiuridae　体は薄く、細長く、リボン状。口は大きく、主上顎骨は伸出不能の前上顎骨に固着。尾鰭があるものと、ないものがいる。尾鰭のあるものは祖先的、ないものはより進化していると考えられる。尾鰭のあるものは、ないものに比べてより深所に生息。すべて尾鰭をもつクロタチカマス科(p.440)と近縁。大きなもので全長約1.8m。太平洋、インド洋、大西洋の暖海に10属約30種、日本に8属13種。

タチウオ属 *Trichiurus*　尾鰭と腹鰭は退化して消失。背鰭は長く基底が鰓蓋の上部から尾部後端付近まで。胸鰭は上を向く。遊泳は背鰭を波打たせて行う。臀鰭は基底が長いが、鰭条が皮膚の外に出ず外部からは見えない。眼は大きい。口は大きく、歯は鋭い。上顎の犬歯状歯は大きく先端が鉤状となる。世界の温帯〜熱帯海域の大陸棚に10〜11種、あるいはそれ以上が生息、正確な種数は分類学的研究を待つ。

タチウオ *Trichiurus japonicus* Temminck and Schlegel, 1844　口床は暗色。背鰭の地色は白色。小型の若魚ではオキアミ類やソコシラエビ類などの浮遊性甲殻類を食べるが、全長58cmをこえると魚類を中心に食べる。全長55cmごろから上顎歯の先端は鉤状になり、80cmではすべてが鉤状。日本列島を南北に移動するような季節回遊を行わず、限定された海域で産卵と生育、越冬のために季節移動をする。産卵期は春から秋だが、場所によって異なる。また、成熟年齢も場所によって違う。紀伊水道では1歳で全長54.9cm、2歳で78.4cm、3歳で96.4cm、4歳で110.6cmになるが、産卵群の9割は満1歳で、1割は満2歳、満3歳以上の高齢魚は極めて少ない。ここでの産卵期は4〜10月(盛期6月)、場所は紀伊水道南部。日本海西部海域では1歳で全長約57cm、2歳で雌87cm、雄82cm、3歳で雌99cm、雄90cm、4歳で雌107cm、雄98cm、5歳で雌113cm、雄97cmになるが、産卵群は2〜3歳が雌は9割、雄は8割を占め、4歳以上は少ない。1歳は未熟。ここでは産卵期は7〜8月、水深約120mのあたり、日没から夜間に産卵する。同一年齢の雌は雄より大きい(上記の全長は文献の肛門前長からの換算値)。

立ち泳ぎの群れは上を通過する小魚を捕食するための待ち伏せといわれている。しかし、NHKの映像によると群れで水平に泳いでおり、おそらくこれが小魚を捕食するときの活動であろう。自然状態の立ち泳ぎの群れが撮影されており、タチウオは後ろ向きに一気に、体操選手が着地をするようにストンと立ち泳ぎの姿勢になる。この姿勢は休息であろ

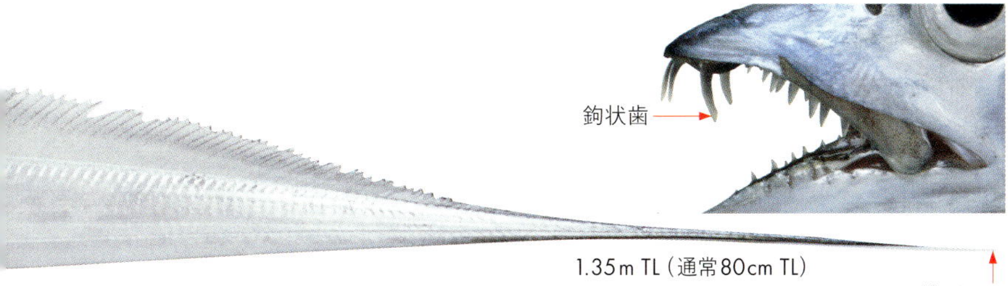

上から見た
タチウオ

下から見た
タチウオ

タチウオの口床：暗色

テンジクタチの口床：淡黄色

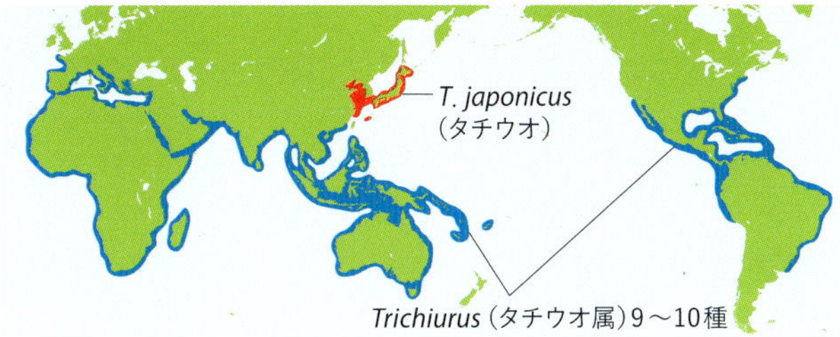

タチウオ属10〜11種（赤はタチウオ）の分布

う。この映像を撮影した方の話では、潮が止まったとき、立ち泳ぎの群れを形成、その上のタチウオ釣り遊漁船では食いが止まったという。これは待ち伏せ捕食説の誤りを示している。タチウオは体が薄く、背鰭を波打たせる遊泳で近づき、暗闇の中からスッと現れる。小魚の群れにとって怖い魚だと思う。大陸棚上に生息し、北海道全沿岸〜九州南岸の日本海・東シナ海・太平洋沿岸、瀬戸内海、東シナ海大陸棚域、黄海、渤海、朝鮮半島南岸に分布。釣り、刺網、定置網、底曳網で漁獲。刺身、照焼き、煮付けで美味。

テンジクタチ *Trichiurus* sp.　口床は淡黄色、背鰭の地色が黄緑色。沿岸域に生息。生態は不明。和歌山県南部から九州南岸の太平洋沿岸、沖縄島沿岸に分布。学名未詳で日本列島以外の分布も不明。

タチモドキ属 *Benthodesmus*　腹鰭はあるが、1棘（全長27mmの稚魚では1棘1軟条）。背鰭の基底は長く、肛門付近の上方に切れ込みがある。臀鰭は顕著。尾鰭があり、後端は二叉。世界の温帯〜熱帯海域の大陸棚縁辺から大陸斜面上部に11種が生息。

タチモドキ *Benthodesmus tenuis* (Günther, 1877)　多くは全長42〜57cm。東シナ海では産卵期は3月ごろと考えられている。水深230〜1100mの底層に生息するが、250〜300mに多い。駿河湾の水深200m付近の底層でほぼ垂直の姿勢で小さな尾鰭を左右にくねらせながら群れている映像が撮られている。青森県〜土佐湾の太平洋沿岸、沖縄舟状海盆（東シナ海の深海域）、西〜中央太平洋、西大西洋、東大西洋に分布。漁業の対象にはなっていない。　（中坊徹次）

マサバ

60cm FL(通常30cm TL)

マサバ：鰾がある

ゴマサバ

55cm FL（通常30cm FL）

ゴマサバ：鰾がある

タイセイヨウサバ

50cm FL（通常30cm FL）

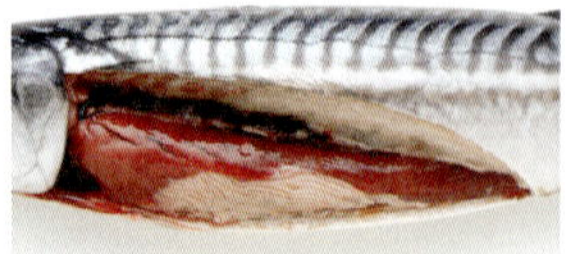

タイセイヨウサバ：鰾がない

サバ科 Scombridae　体は紡錘形でやや側扁。背鰭は2基。第2背鰭後方に5～10個、臀鰭後方に5～9個の小離鰭（しょうりき）がある。尾柄中央に1本の隆起線、その後ろに上下1対の隆起線がある。外洋の表中層に生息し、沿岸に回遊するものもいる。尾叉長は普通50cm、大きいものは3m。世界の熱帯から温帯域に15属51種、日本に9属21種。

サバ属 *Scomber*　第2背鰭と臀鰭後方の小離鰭は5つ。胸鰭は高位。世界の暖海にタイセイヨウサバ *Scomber scombrus*、*Scomber colias*（最近までマサバと同種と考えられていた）と下記の2種がいる。タイセイヨウサバは鰾（うきぶくろ）がないが、他の3種には鰾がある。タイセイヨウサバは体背部の濃く太い波状の線が顕著、“ノルウェーサバ”ともよばれ、脂分が多く人気が高い。

マサバ *Scomber japonicus* Houttuyn, 1782
体は背部が緑青色で縞状や虫食い状の暗色斑がある。腹部は銀白色であるが、淡く小さな暗色点や虫食い状の斑紋が出ることもある。体はやや側扁し、“ヒラサバ”ともよばれる。仔稚魚は甲殻類の卵や幼生、尾虫類やサルパなどを食べ、成長するとカタクチイワシなどの魚類、イカ類、アミ類、オキアミ類、端脚類などを食べる。太平洋系群、対馬暖流系群、東シナ海系群がいるが、前2者が日本列島沿岸では主である。

太平洋系群：産卵期は3～6（盛期4～5）月、伊豆半島周辺～房総半島が主産卵場。産卵後、夏～秋は北上、冬～春は南下。生息水深は冬～春に深く、夏～秋に浅くなる。成長は資源量が最低だった2001年と回復期の2015年で異なり、2歳で尾叉長（びさちょう）30.8cm（前者）、28.3cm（後者）、3歳で35.5cm（前者）、33.2cm（後者）、4歳で36.6cm（前者）、35.5cm（後者）、となり、資源の高水準期における初期の成長は低水準期に劣る。半数が成熟するのは尾叉長約30cm、資源の低水準期には成長が早まり、2歳で半数が成熟、3歳ですべてが成熟。資源の高水準期には4歳ですべてが成熟する。犬吠崎東方沖で漁獲された尾叉長57.6cm、2.3kgの個体は9歳以上と推定された。石廊崎沖の尾叉長60.2cm、体重2.85kgが最大である。

対馬暖流系群：東シナ海～山陰沖が産卵場で対馬暖流域を回遊。産卵は北に行くほど遅くなるが、山陰地方と能登半島周辺が主な産卵場で4～7月。春～夏に北上、秋～冬に南下。1歳で尾叉長22.4cm、2歳で29.9cm、3歳で34.2cm、4歳 で36.6cm、5歳 で38.0cm、6歳で38.8cmになる。北海道～九州南岸の日本海・東シナ海・太平洋沿岸、瀬戸内海、朝

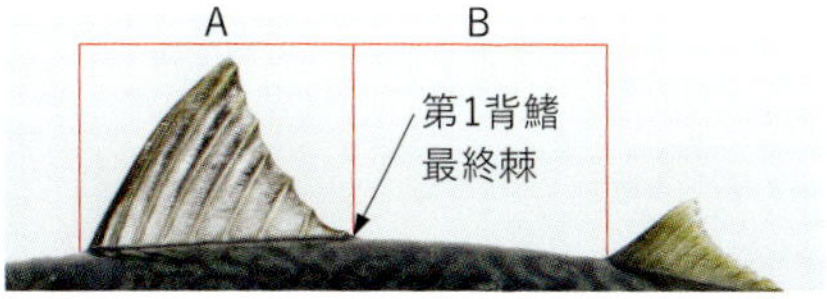

マサバの背鰭（A≧B）

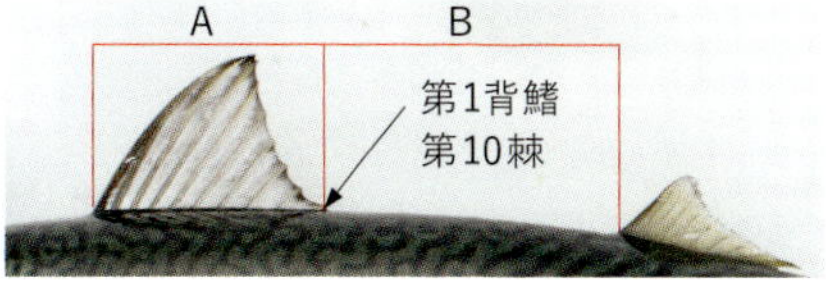

ゴマサバの背鰭（A<B）

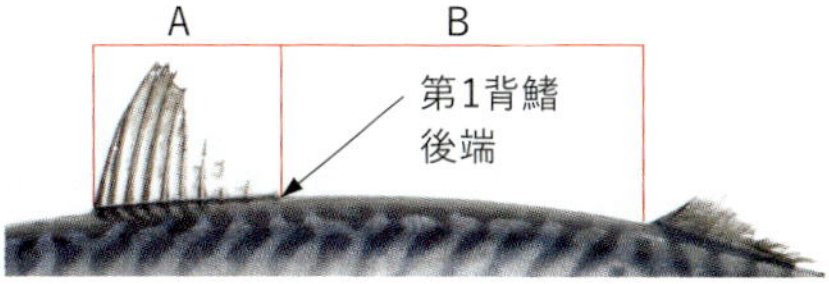

タイセイヨウサバの背鰭（1.5A≒B）

鮮半島全沿岸、東シナ海、フィリピン諸島、ハワイ諸島、北米と南米の太平洋沿岸に分布。主に巻網で漁獲。"関さば"や"松輪サバ"は一本釣り。焼き魚、煮魚、しめさばで食される。九州では刺身も食べるが、三陸から関東では、アニサキスの寄生によって生で食べない。北陸の"塩さば"や"へしこ"が知られる。旬は秋～冬。

ゴマサバ *Scomber australasicus* Cuvier, 1832

体の背部はマサバに似た斑紋があり、中央に暗色点の1縦列、腹部に多数の暗色点がある。しかし、稀に無斑紋でムロアジ(p.259)のようなものがいる。釣れた直後は斑紋が薄く、マサバとの正確な識別は難しいことが多い。この場合は第1背鰭を立てて棘の強さと第1背鰭第1棘と第10棘の距離(A)と第10棘と第2背鰭起点の間隔(B)を見る。マサバでは背鰭棘が強くて、A≧B。ゴマサバは同体長のマサバより背鰭棘が弱くて、A<B。これは尾叉長数cmの幼魚でも識別可能。仔魚期での区別は困難だが、卵はゴマサバが大きく、直径1.10mm以上はゴマサバ、それ以下はマサバ。体の断面は円に近く"マルサバ"ともよばれる。食性はマサバと同様。マサバに比べて暖水性で沖合性が強く、太平洋系群と東シナ海系群がいる。

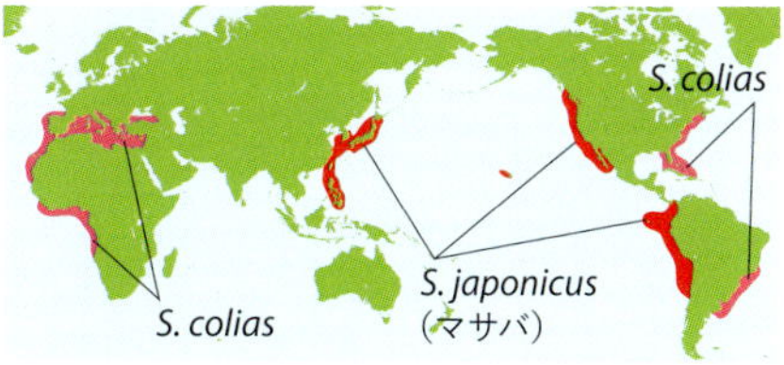

マサバとS.coliasの分布

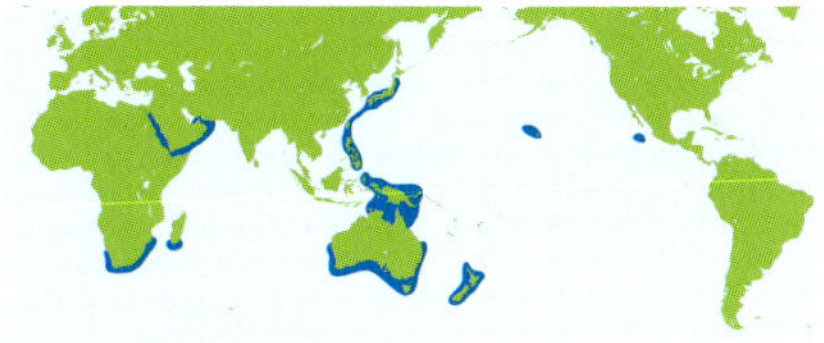
ゴマサバの分布

タイセイヨウサバの分布

太平洋系群：薩南～伊豆諸島海域で産卵し、資源水準が高く水温の高い年は三陸・道東海域まで回遊。2～6月に産卵。1歳で尾叉長29.7cm、2歳で32.7cm、3歳で35.1cm、4歳以上で38.9cmになる。

東シナ海系群：東シナ海南部および台湾北部の水深100～200m等深線の海域で、1月下旬～5月下旬(2～4月が盛期)に産卵。九州西部、一部は日本海まで回遊。1歳で尾叉長22.7cm、2歳で26.8cm、3歳で30.3cm、4歳で33.1cm、5歳で35.4cm、6歳で37.4cm、7歳で39.0cm、8歳で40.3cmになる。成熟は1歳で40%弱、2歳で70%、3歳でほぼすべて。北海道南部～九州南岸の太平洋沿岸、新潟県～九州南岸の日本海・東シナ海沿岸、瀬戸内海、東シナ海、朝鮮半島南岸、台湾、フィリピン諸島、ニューギニア島～オーストラリア沿岸、ニュージーランド、ハワイ諸島、ソコロ島、紅海～アラビア半島、マダガスカル南岸、南アフリカ沿岸に分布。主に巻き網漁業で漁獲。関東近海ではマサバが産卵後で脂が抜ける6月ごろ、ゴマサバに脂がのり旬となる。"清水さば"は一本釣りで漁獲され刺身で食される。（岡部 久）

クロマグロ

3m FL
(通常2m FLまで)

幼魚

鰓耙

尾柄の隆起縁

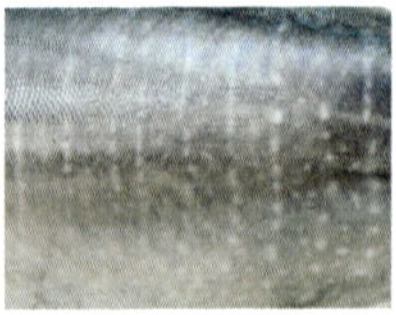

幼魚の斑紋

マグロ属 *Thunnus*
外洋の表〜中層を高速で遊泳する。体は紡錘形。第1背鰭、胸鰭、腹鰭は、たたむと溝や凹みに収納される。背鰭と臀鰭の後方に小離鰭がある。尾鰭は大きく強靭。尾柄に隆起がある。鰓弁条の骨化の程度が高く海水の高速流入による鰓弁の変形が抑制されていると考えられている。以上は高速遊泳へ適応した構造となっている。水産上極めて重要なグループだが、乱獲により絶滅が危惧されている種もいる。尾叉長3mに達する。全世界の熱帯〜温帯域に8種、日本に5種。

クロマグロ *Thunnus orientalis* (Temminck and Schlegel, 1844) 準絶滅危惧種(IUCN)　胸鰭が短く、先端は第2背鰭起部に達しない。若魚は体の下半分に白色横帯と白斑列が交互に並ぶことが多い。主な産卵場は琉球列島近海(沖縄島〜八重山諸島)と日本海(能登半島〜隠岐諸島)。産卵期は前者で4月下旬〜7月上旬、後者で6月下旬〜7月。0〜1歳魚は日本列島沿岸で過ごすが、2〜3歳魚は太平洋北半球の日付変更線付近まで分布を広げ、一部は太平洋を横断して北米大陸西岸に達し、数年間そこにとどまって、日本近海に戻る。3歳で一部が成熟を開始し、5歳ですべてが成熟する。成魚は太平洋横断をせず、産卵場と日本列島太平洋沖合を季節的に回遊する。一部の小・中型成魚(4〜10歳)は日本海を北上しながら産卵し、津軽海峡や宗谷海峡をへて太平洋へ抜ける。尾叉長は1歳で49cm、2歳で81cm、3歳で107cm、4歳で130cm、5歳で149cm、10歳で207cm。魚類、甲殻類、頭足類を食し、他のものはほとんど食べない。主に太平洋の北半球温帯域に生息し、日本海や青森県など比較的低水温域でも普通にみられる。これは奇網とよばれる毛細血管の熱交換器をもち、体温保持能力に優れていることによる。クロマグロに近縁なものにタイセイヨウクロマグロ *T. thynnus* が大西洋北半球の温帯域、ミナミマグロ *T. maccoyii* が太平洋・大西洋・インド洋の南半球温帯域に生息する。これら3種は大トロがとれ、マグロ類のなかで最も高価である。なお、クロマグロとタイセイヨウクロマグロは、かつて同種あるいは同種内の別亜種とされていた。日本近海、朝鮮半島南岸・東岸、北緯5〜40度の太平洋、サハリン・千島列島南部のオホーツク海、アラスカ湾に分布。ホンマグロともよばれ、寿司や刺身で極めて美味。資源の減少が甚だしい。

メバチ *Thunnus obesus* (Lowe, 1839) 絶滅危惧Ⅱ類(IUCN)　眼が大きく、体高があり、体形はずんぐりする。胸鰭後端は第2背鰭起部をこえる。若魚の体側下部に体軸に垂直な数本の白線がある。マグロ属の中では沖合性が

メバチ

2m FL
（通常1.8m FLまで）

キハダ

2m FL
（通常1.5m FLまで）

ビンナガ

1.2m FL
（通常1m FLまで）

コシナガ

1.3m FL
（通常70cm FLまで）

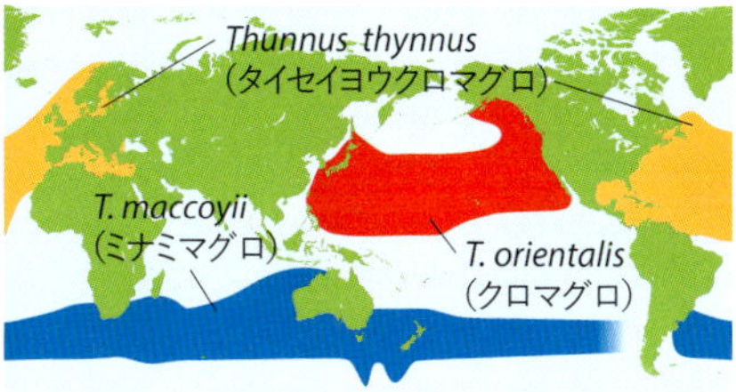

クロマグロ、ミナミクロマグロ、タイセイヨウクロマグロの分布

強く、生息水深も深い。通常は水深100～150m、ときには水深400mに生息する。日本近海では秋～翌年の初夏に未成魚が漁獲される。日本近海（日本海には稀）、朝鮮半島南岸、済州島、世界中の熱帯～温帯域に分布。身は鮮やかな赤色。刺身や寿司ネタとして流通する“マグロ”は本種が多い。

キハダ *Thunnus albacares* (Bonnaterre, 1788)
第2背鰭と臀鰭は黄色く、成長に伴い伸長する。小離鰭も黄色い。胸鰭後端は第2背鰭起部をこえる。若魚では体の下半分に白色斜線があるか、白色斑が斜めに列をなして並ぶ。外洋の表層に生息。漂流物につく習性があり、浮き漁礁（パヤオ）にもよく集まる。高水温を好み、分布の中心は熱帯海域。日本近海には主に夏季に来遊する。日本近海（日本海には稀）、朝鮮半島南岸、済州島、世界中の熱帯～温帯域に分布。身は淡いピンク色で、脂肪が少なく、あっさりしている。

ビンナガ *Thunnus alalunga* (Bonnaterre, 1788)
胸鰭が著しく長く、小離鰭まで達する。これをトンボの翅や頭髪の鬢に見立てて“トンボ”や“ビンチョウ”ともよばれる。尾鰭後縁は白い。外洋の表～中層に生息。太平洋では北緯35度付近と南緯10～30度に多く、北半球では日本沿岸と北米大陸沿岸との間を東西に大回遊する。日本近海（日本海には稀）、朝鮮半島南岸・東岸、世界中の熱帯～温帯域に分布。身は白っぽく、ツナ缶に加工されるほか、“ビントロ”とよばれ回転寿司のネタになる。

コシナガ *Thunnus tonggol* (Bleeker, 1851)
マグロ属では小型種。尾部が比較的細長い。胸鰭後端は第2背鰭起部に達する。体側下部に縦長の小判形白斑が密に分布。分布の中心は熱帯域で日本沿岸における漁獲量は少ないが他のマグロ類と混同されている可能性がある。富山県～九州西岸の日本海・東シナ海沿岸（散発的）、相模灘以南の黒潮域太平洋沿岸、琉球列島、朝鮮半島南岸、済州島、インド－西太平洋に分布。（土居内 龍）

カツオ

1.1m FL
（通常80cm FLまで）

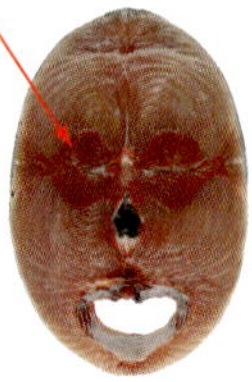

カツオの
体側筋

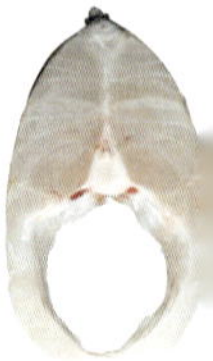

スズキの
体側筋

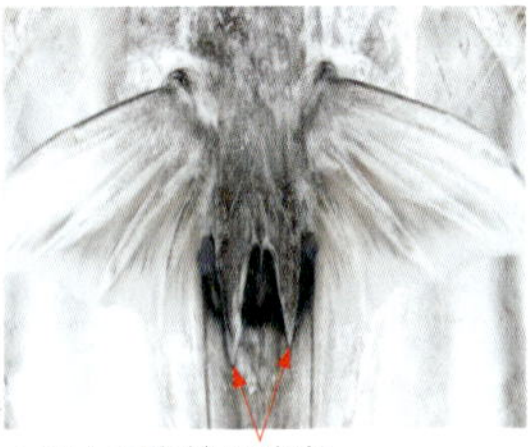

カツオの腹鰭間突起

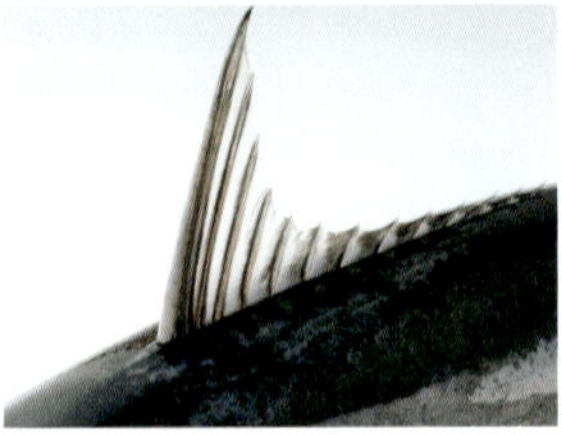

第1背鰭

閉じた第1背鰭

スマ

1m FL（通常60cm FLまで）

カツオ（カツオ属） *Katsuwonus pelamis* (Linnaeus, 1758)　体は紡錘形。背鰭と臀鰭の後方に小離鰭がある。尾柄に隆起が発達する。第1背鰭は、たたむと溝に収納される。以上は高速遊泳に適応した構造である。腹鰭間突起は2尖頭。釣り上げられた直後や死後に、体側下部に数本の縦縞が現れる。沿岸～沖合の表層を群遊し、遊泳速度は瞬間的には尾叉長1mのカツオで時速約50kmに達する。分布の中心は熱帯域で、特定の産卵場はなく、表面水温24℃以上の主に熱帯域で周年にわたり産卵する。雌は尾叉長40cmから、雄は35.5cmから成熟を開始する。1歳で尾叉長44cm、2歳で62cmに成長する。日本近海への北上は主に1歳魚の季節的な索餌回遊で、高齢魚ほど熱帯海域にとどまる傾向がある。1歳魚は2～5月に太平洋熱帯域から日本近海まで北上し、9月頃に餌生物が豊富な三陸沖まで到達した後、南下する。北上期のカツオは初ガツオ、南下期のカツオは戻りガツオとよばれる。日本近海への北上経路は、主に東シナ海黒潮沿い、九州－パラオ海嶺沿い、伊豆・小笠原諸島沿いの3ルートがある。この他、伊豆諸島の東方沖合を北上するルートも想定されている。主に魚類、甲殻類、頭足類を食する。筋肉はスズキなど白身魚に比べてミオグロビンを多く含むため、赤色をおびる。さらに脊椎の両側に真正血合筋とよばれる赤味の強い血合肉が発達し、ここにも血液のほかミオグロビンなど赤色の呼吸色素が多く含まれ、これにより長時間連続で遊泳することができる。日本近海（日本海には稀）、朝鮮半島南岸、済州島、世界中の熱帯～温帯域に分布。巻網、一本釣り、曳縄等で漁獲される。たたきや刺身にして美味。鰹節や缶詰にもされる。中西部太平洋における本種の漁獲量は増加の一途をたどっておりこのことが引き起こす資源状態の悪化と、日

マルソウダ

50cm FL（通常35cm FLまで）

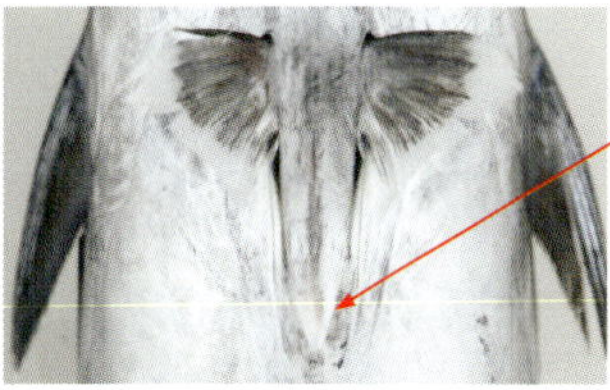

マルソウダの
腹鰭間突起

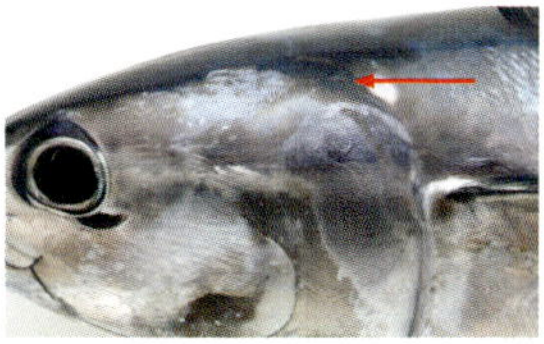

鰓蓋上端の暗色斑が頭部
背面の暗色域につながる

正面から見た
マルソウダ

ヒラソウダ

58cm FL（通常40cm FLまで）

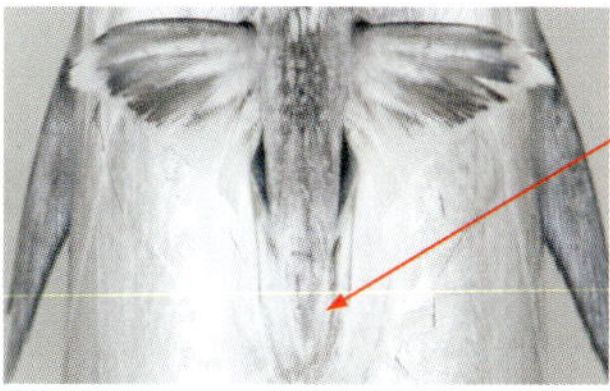

ヒラソウダの
腹鰭間突起

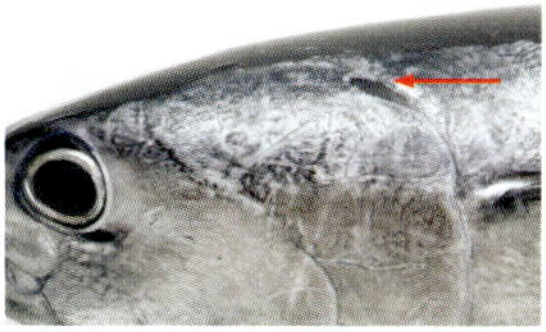

鰓蓋上端の暗色斑が頭部
背面の暗色域から離れる

正面から見た
ヒラソウダ

本を含む高緯度域への来遊量の減少が懸念されている。

スマ（**スマ属**）*Euthynnus affinis* (Cantor, 1849) 胸鰭の下方に数個の小黒斑があり、これをお灸の痕に見立てて“ヤイト”とよばれることもある。体の後方の背側面に多数の暗色斜線がはしる。沿岸表層域に生息し、大きな群れは形成せず、他のカツオ・マグロ類の群れに混じって遊泳する。兵庫県浜坂～長崎県の日本海・東シナ海沿岸（少ない）、相模灘～屋久島の太平洋沿岸（北部では少ない）、琉球列島、小笠原諸島、朝鮮半島南岸、済州島、インド–太平洋の熱帯～温帯域に分布。漁獲量は少ないが、ピンク色の身は刺身にして美味。和歌山県と愛媛県では養殖の研究が進められている。

マルソウダ（**ソウダガツオ属**）*Auxis rochei rochei* (Risso, 1810)　“ソウダガツオ”という名称は本種とヒラソウダの総称。体高が低く体の断面が円い、鰓蓋（さいがい）上端の暗色斑が頭部背面の暗色域につながる、体の鱗域が第2背鰭起部より後方に達する等で、ヒラソウダと区別できる。腹鰭間突起は1尖頭。沿岸～沖合表層域を大群で遊泳し、定置網などに一度に大量に入網する。北海道～九州南岸の日本海・東シナ海沿岸（秋に多い）、北海道～九州南岸の太平洋沿岸（房総以南に多い）、屋久島、琉球列島、小笠原諸島、朝鮮半島東岸南部、済州島、東太平洋を除く世界中の熱帯～温帯域。血合肉が多く、ヒスタミン中毒を起こすことがあるので、食用には鮮度管理に注意が必要。本種が主原料の削り節は“そうだ節”とよばれ、そばつゆに利用される。

ヒラソウダ（**ソウダガツオ属**）*Auxis thazard thazard* (Lacepède, 1800)　マルソウダに似るが、マルソウダより体高があり体の断面がやや平たい、鰓蓋上端の暗色斑が頭部背面の暗色域から離れる、体の鱗域は第2背鰭起部に達しない等で区別できる。腹鰭間突起は1尖頭。生息域はマルソウダよりやや岸寄り。漁獲量はマルソウダより少ない。北海道～九州南岸の日本海・東シナ海沿岸（少ない）、北海道～九州南岸の太平洋沿岸（房総以南に特に多い）、屋久島、琉球列島、小笠原諸島、朝鮮半島南岸・東岸、済州島、東太平洋を除く世界中の熱帯～温帯域に分布。マルソウダより血合肉が少なくて脂ののりがよく、新鮮なものは刺身で美味。　　　（土居内 龍）

サワラ

1m FL（通常80cm FL）

サワラの頭部背面（左）と側面（右）

ヨコシマサワラ

2.2m FL
（通常90cm FL）

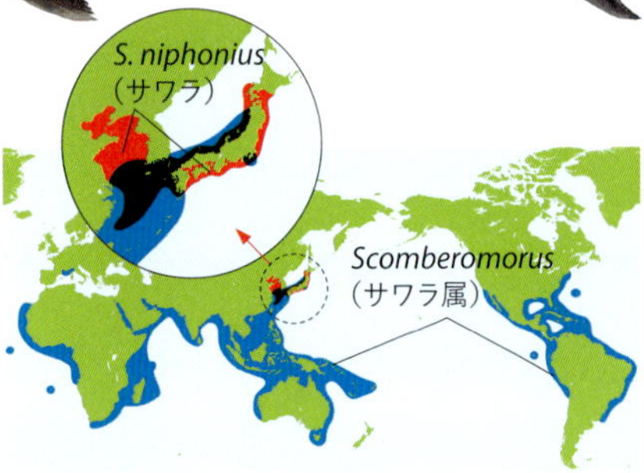

サワラ属の分布

サワラ属 *Scomberomorus*　サバ科の中では体はよく側扁し、細長く、沿岸性が強い。両顎歯は扁平した三角形か小刀状で、極めて鋭い。腹鰭は小さい。大きいもので尾叉長2m以上。全世界の熱帯～温帯域に18種、日本に5種。美味。特に東アジア、南～東南アジアの熱帯域、オーストラリア、メキシコ湾、ブラジルで重要な漁業対象となっている。

サワラ *Scomberomorus niphonius* (Cuvier, 1832)　東アジア固有。体側に多数の暗色斑点が並ぶ。第1背鰭は19～21棘。両顎歯は小刀状で鋭く、縁辺は鋸歯状ではない。頭部側線は著しく分枝し、表皮に多数の孔器が開口する。沿岸表層性。季節回遊を行い、瀬戸内海中央部の安芸灘～播磨灘で産卵し紀伊水道または豊後水道の東西水道域に分かれて越冬する群と、黄海・渤海で産卵し東シナ海で越冬する群がいる。両群とも産卵盛期は5～6月、秋季まで産卵場周辺で索餌した後、越冬場に移動する。1歳で一部の個体が産卵し、2歳から大部分が産卵する。1990年代後半から日本海の漁獲量が増加しているが、東シナ海から来遊した0～1歳魚が主体で、成熟に伴い東シナ海に回帰し、日本海ではほとんど産卵しない。太平洋沿岸にも生息するが、これらの産卵場や越冬場はわかっていない。成長は資源量に依存し、資源の低水準期で早く、高水準期で遅くなる。2000年以降の研究では、低水準期の瀬戸内海では1歳で尾叉長約60cm、2歳で約80cm、3歳で約95cm、高水準期の日本海では1歳で約50cm、2歳で約70cmである。魚食性が強く、イワシ類、アジ類、イカナゴなどを捕食する。北海道南部～九州南岸の日本海・東シナ・太平洋沿岸、瀬戸内海、東シナ海大陸棚域、朝鮮半島西岸・南岸、済州島、黄海、渤海に分布。尾叉長50cm以下の若魚は“サゴシ”または“サゴチ”とよばれ、瀬戸内海では流し刺網、東シナ海では巻網、日本海では定置網で漁獲される。旬は冬～春。刺身

や味噌漬けで美味。東アジアではサワラ属の中で最も多い。近年は中国の漁獲量が飛び抜けて多く、韓国、日本に次ぐ。

ヨコシマサワラ 準絶滅危惧種(IUCN)

Scomberomorus commerson (Lacepède, 1800) 体側に多数の暗色横帯がある。第1背鰭は15～18棘。両顎歯は扁平な三角形で、縁辺は鋸歯状。側線は第2背鰭後方で急降下する。沿岸表層群遊性。新潟県佐渡～鹿児島県笠沙の日本海・東シナ海沿岸（散発的）、琉球列島、朝鮮半島南岸西部、台湾、中国広東省、海南島、インド－西太平洋に分布。肉質はよいが、分布の中心は熱帯域で、日本での漁獲量は少ない。

カマスサワラ（カマスサワラ属）

Acanthocybium solandri (Cuvier, 1832) 吻がカマス類のように尖る。体側に多数の暗色横帯がある。この横帯は若魚（わかうお）では明瞭、成魚（せいぎょ）では漁獲直後に出る。第1背鰭は23～28棘で、後半部まで低くならない。両顎歯は扁平な三角形で、縁辺は鋸歯状。鰓耙（さいは）はない。側線は第1背鰭中央付近で急降下する。外洋表層域を小群で回遊する。秋田県～長崎の日本海・東シナ海沿岸（少ない）、青森県八戸～九州南岸の太平洋沿岸、屋久島、琉球列島、小笠原諸島、東シナ海、済州島、世界中の熱帯～温帯域に分布。身は淡泊でくせがなく、味噌漬けやフライに向く。

ハガツオ（ハガツオ属） *Sarda orientalis* (Temminck and Schlegel, 1844) 体側上半部は暗色の縦縞となる。両顎歯は大きく鋭い。沿岸域の表層を群遊、ときには水深100m以深の海底近くにも出現する。幼魚（ようぎょ）は体側に黒斑が連なった横帯が数本ある。北海道南部～九州南岸の日本海・東シナ海沿岸と北海道～九州南岸の太平洋沿岸（漁獲量は少ない）、屋久島、東シナ海大陸棚域、朝鮮半島南岸西部、インド－太平洋に分布。カツオよりも市場価値は低いが、身は淡い桃色で軟らかく、新鮮なものは刺身で美味。

イソマグロ（イソマグロ属） *Gymnosarda unicolor* (Rüppell, 1836) 第1背鰭は前端が高くない。側線は体の後半部で激しく波打つ。腹鰭間突起は1尖頭。体の鱗は胸甲部のみ。両顎歯は大きく鋭い。成魚に目立った斑紋はない。沿岸表層性。岩礁域やサンゴ礁域で数～数十尾で群遊する。肉食性で、魚類やイカ類を捕食する。幼魚は頭が大きく上顎がやや突出し、体側に数本の暗色横帯がある。相模灘～屋久島の太平洋沿岸、琉球列島、小笠原諸島、インド－西太平洋の熱帯～亜熱帯域に分布。引きが強く釣りの対象として人気。身は水っぽく、美味とはいえない。

（土居内 龍）

ヒラメ

1m TL（通常80cm TLまで）

ヒラメの無眼側

無眼側に色のついた個体。
養殖個体に多くみられる

テンジクガレイ

48cm TL

ヘラガンゾウビラメ

28m TL

カレイ目 Pleuronectiformes

ヒラメ科 Paralichthyidae　両眼は体の左側にある。左右の腹鰭は基底が短く、ほぼ対称の位置にある。内湾～大陸棚上の砂底や砂泥底に生息。体長は通常20～30cm、大きいもので1.5m。全世界の暖海域に約14属111種、日本に3属10種。ヒラメ属*Paralichthys*は東アジア沿岸に1種（ヒラメ）、南北アメリカ大陸の太平洋沿岸に8種、大西洋沿岸に10種が分布。これらのうち南アメリカ大陸の東西沿岸に1種が共通。

ヒラメ（ヒラメ属） *Paralichthys olivaceus* (Temminck and Schlegel, 1846)　上眼は頭部背縁付近。口は大きく、上顎後端は眼の後縁下より後方。両顎には強大な犬歯状歯が1列に並ぶ。有眼側の体には黒色や白色の小斑点が散在。無眼側の体は一様に白色だが、人工種苗には無眼側にも黒色斑が出現する場合があり、これで放流物かどうかが識別される。水深10～200mの砂底に生息し、魚類、イカ類、甲殻類を食べる。孵化直後、眼は体の両側にあるが、全長8mmで右目が移動、14mm前後で頭部背縁に達する。孵化後の仔魚は浮遊生活、眼の移動が完了する直前に底生生活に移る。雌は雄より成長がよく、九州南岸（鹿児島県）では、雄は1歳で全長33cm、2歳で42cm、3歳で47cm、4歳で50cm、5歳で52cmになり、雌は1歳で34cm、2歳で46cm、3歳で56cm、4歳で63cm、5歳で68cmになる。雄は全長約35cm、雌は約40cmから成熟、50cmをこすと雌が多く、70cm以上はほぼ雌。産卵期は南ほど早く、長崎県で2～3月、鳥取県で4～5月、新潟県北部で4月下旬～7月上旬、石狩湾で6月下旬～8月上旬。北海道～九州南岸の日本海・東シナ海沿岸、青森県～屋久島の太平洋沿岸、瀬戸内海、渤海、黄海、東シナ海北部、朝鮮半島全沿岸、中国江蘇省・福建省・広東省に分布。底曳網や刺網で漁獲。高級魚で、刺身、寿司、ムニエルで美味、旬は冬。背鰭と臀鰭の筋肉は"えんがわ"とよばれ珍重。全国各地で養殖や種苗放流が行われている。

ヒラメ属18種の分布（赤はヒラメ）

テンジクガレイ（ガンゾウビラメ属）

Pseudorhombus arsius (Hamilton, 1822)　有眼側の側線の湾曲部終点と直走部中央に小白点で囲まれた黒色眼状斑がある。水深45m

タイワンガンゾウビラメ

42cm TL

ガンゾウ
ビラメ

42cm TL

タマガンゾウ
ビラメ

30cm TL（通常12～20cm TL）

アラメガレイ

7cm TL

以浅の砂底や砂泥底に生息し、幼魚は河口域や潮だまりにも出現する。神奈川県三崎～九州南岸の太平洋沿岸（散発的）、長崎県、琉球列島、台湾南部、中国福建省・広東省、海南島、インド－西太平洋に分布。

ヘラガンゾウビラメ（ガンゾウビラメ属）

Pseudorhombus oculocirris Amaoka, 1969　背鰭前部の軟条はやや平たく、糸状に伸びる。有眼側の側線の上下にそれぞれ3個の黒色眼状斑がある。鱗は有眼側では櫛鱗、無眼側では円鱗。水深45m以浅の砂泥底に生息。相模湾～九州南岸の太平洋沿岸に分布。

タイワンガンゾウビラメ（ガンゾウビラメ属）

Pseudorhombus levisquamis (Oshima, 1927)

有眼側の側線の湾曲部終点に小白点で囲まれた黒色眼状斑がある。水深60m以浅の砂底に生息。相模湾、和歌山県紀南、土佐湾、台湾南部、中国広東省・広西省に分布。

ガンゾウビラメ（ガンゾウビラメ属）

Pseudorhombus cinnamoneus (Temminck and Schlegel, 1846)　有眼側の側線の湾曲部終点に小白点で囲まれた黒色眼状斑がある。水深30～125mの砂泥底に生息し、エビ類、魚類、アミ類を食べる。福岡県筑前海では1歳で全長18.5cm、2歳で23.8cm、3歳で27.7cm、4歳で30.6cm、5歳で32.7cmになる。土佐湾および日向灘では産卵期は10～12月。千葉県銚子～日向灘の太平洋沿岸、青森県～長崎県の日本海沿岸、東シナ海大陸棚域、渤海、黄海、朝鮮半島南岸、済州島、台湾、中国福建省・広東省に分布。底曳網で漁獲、唐揚げ、フライ、煮付けで美味。

タマガンゾウビラメ（ガンゾウビラメ属）

Pseudorhombus pentophthalmus Günther, 1862

有眼側は黒色眼状斑が側線の上方に3個、下方に2個。水深50～130mの砂泥底に生息し、魚類、甲殻類、多毛類を食べる。山口県瀬戸内海では1歳で全長7～17cm、2歳で14～23cmになる。ただし雄は雌より小さく、大部分が全長17cm以下。産卵期は山口県瀬戸内海で3～8月（盛期5～6月）、紀伊水道で4～7月（盛期5～6月）、新潟県で6～10月（盛期7～8月）。北海道室蘭～九州南岸の太平洋沿岸、北海道～九州南岸の日本海・東シナ海沿岸、瀬戸内海、東シナ海大陸棚域、朝鮮半島南岸・東岸、済州島、台湾、浙江省～広西省の中国沿岸に分布。底曳網で多獲。瀬戸内海では干物が“デベラ”とよばれる。

アラメガレイ（アラメガレイ属） *Tarphops oligolepis* (Bleeker, 1858)　小型種で、口は小さい。有眼側に褐色で縁取られた円形斑が散在する。水深110m以浅（多くは30m以浅）の砂底に生息。北海道石狩湾～九州西岸の日本海・東シナ海沿岸、青森県津軽海峡沿岸、茨城県～土佐湾の太平洋沿岸、瀬戸内海、韓国群山、済州島、台湾、中国広東省、海南島に分布。底曳網で漁獲、稀に干物として利用。

（土居内 龍）

トゲダルマガレイ

20cm SL

ダルマガレイ

12cm SL

カネコダルマガレイ

有眼側

15cm SL

雄の無眼側

ナガダルマガレイ

10cm SL

ダルマガレイ科 Bothidae

両眼は体の左。無眼側では側線が未発達。左右の腹鰭は不相称。腹鰭の始部は有眼側が前方で、無眼側の第1軟条は有眼側の腹鰭第2〜4軟条の位置にあり、無眼側の基底が有眼側のそれよりも短い。多くの種で両眼間隔幅や鰭の伸長などに性的二型がある。大陸棚浅海域から縁辺域、斜面上部の砂泥底に生息。インド−太平洋、大西洋に22属約163種、日本に15属40種。

トゲダルマガレイ（ホシダルマガレイ属）

Bothus pantherinus (Rüppell, 1831)　体は楕円形で、頭部の背側はくぼまない。雄は胸鰭軟条が糸状に長く伸び、有眼側の後半中央に黒斑がある。岩礁域やサンゴ礁付近の砂底に生息。伊豆−小笠原諸島、静岡県〜屋久島の太平洋沿岸（散発的）、琉球列島、インド−太平洋に分布。

ダルマガレイ（ダルマガレイ属）*Engyprosopon grandisquama* (Temminck and Schlegel, 1846)

体は高く、両眼間隔が広い（雌は雄より狭い）。鱗は小さく脱落しやすい。胸鰭は短い。尾鰭に1対の黒点がある。水深30m以浅の砂泥底に生息。兵庫県〜九州南岸の日本海・東シナ海沿岸、相模湾〜九州南岸の太平洋沿岸、中国南シナ海沿岸、インド−西太平洋に分布。

カネコダルマガレイ（コウベダルマガレイ属）

Crossorhombus azureus (Alcock, 1889)　尾鰭に1対の黒点がなく、中央と鰭膜の先端に黒色横帯があり、ダルマガレイ属の種と区別される。雄の胸鰭は短い。尾鰭の上下2軟条は不分枝。雄の無眼側に濃紫色斑があるが、コウベダルマガレイ *C. kobensis* より小さい。山口県日本海沿岸、長崎県、土佐湾、鹿児島県笠沙、台湾、南シナ海、ベンガル湾、オーストラリア北西岸、アルー諸島に分布。

ナガダルマガレイ（ナガダルマガレイ属）

Arnoglossus tenuis Günther, 1880　体は細長く、体高が低い。吻部の背側はくぼむ。両眼はよく接近する。仔魚期は他のナガダルマガレイ属の種と同様に1本の鞭のような背鰭伸長鰭条をもつ。沿岸の砂泥底に生息。遠州灘、紀伊水道、土佐湾、伊予灘、島根県、山口県、長崎県、台湾、ベトナム、クイーンズランド（オーストラリア）、ニューカレドニアに分布。

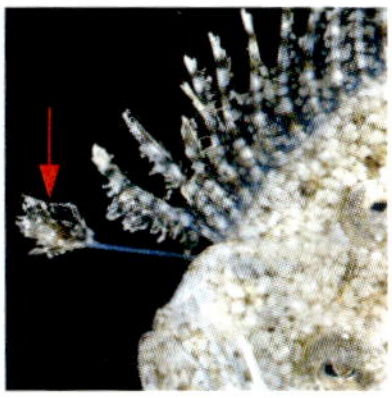

タイコウボウ
ダルマの
背鰭第1軟条

タイコウボウ
ダルマ

11cm SL

オオシャク
ダルマ

11cm SL

稚魚

2cm SL

ザラガレイ

35cm SL

コケビラメ

25cm SL

タイコウボウダルマ（セイテンビラメ属） *Asterorhombus cocosensis* (Bleeker, 1855)　体に顕著な黒色斑がなく、茶褐色と赤褐色の小斑点が散在する。背鰭第1軟条は遊離し顕著に大きく、根元が細くて先端部が広がる。この軟条をルアーのように動かす姿が観察されている。ただし、この行動が摂餌に関わるものかどうかは確かめられていない。水深20m以浅のサンゴ礁域の砂底に生息。慶良間諸島、台湾南部、インド－西太平洋に分布。

オオシャクダルマ（セイテンビラメ属） *Asterorhombus filifer* Hensley and Randall, 2003　体には茶褐色斑が散在する。背鰭の遊離した第1軟条は他のセイテンビラメ属の種と比べて長く、その縁辺は滑らか。水中でこの軟条を振りながら泳ぐ姿が観察されている。琉球列島、インド－西太平洋に分布。

ザラガレイ（ザラガレイ属） *Chascanopsetta lugubris lugubris* Alcock, 1894　体は極めて柔らかく、暗色で半透明。口は大きく斜めで、下顎はわずかに前方に突出する。両顎に犬歯（けんし）がない。主に水深約300～500mの砂泥底に生息し、肉食性で甲殻類などを捕食。福島県～土佐湾の太平洋沿岸、沖縄舟状海盆、中国南シナ海沿岸、インド－西太平洋に分布。

コケビラメ科 Citharidae　腹鰭は1棘5軟条。左右の鰓膜（さいまく）は癒合しない。鱗は大きい。有眼側の胸鰭は無眼側のそれよりも短い。背鰭と臀鰭の後方鰭条は分枝する。眼はコケビラメでは左だが、本科のウロコガレイ *Lepidoblepharon ophthalmolepis* は右。インド－西太平洋、地中海に4属約6種、日本に2属2種。

コケビラメ（コケビラメ属） *Citharoides macrolepidotus* Hubbs, 1915　眼は体の左。背鰭と臀鰭後端基部に黒色斑がある。駿河湾～九州南岸の太平洋沿岸、兵庫県～九州南岸の日本海・東シナ海沿岸、東シナ海大陸棚縁辺域、朝鮮半島南岸、フィリピン諸島に分布。

（片山英里）

オヒョウ

2.7m SL
（通常1m SL）

幼魚

カラスガレイ

1m SL（通常50cm SL）

アブラガレイ

1m SL
（通常60cm SL）

カレイ科 Pleuronectidae　両眼は体の右側（ヌマガレイを除く）。側線は体の両側に顕著。腹鰭は左右対称。北極海、大西洋、インド洋、太平洋に23属56種、日本に17属33種。漁業対象種が多い。

オヒョウ（オヒョウ属） *Hippoglossus stenolepis* Schmidt, 1904　口は大きく、両顎歯は有眼側・無眼側ともよく発達。側線は胸鰭上方で湾曲。尾柄は細長く、尾鰭後縁は湾入。有眼側は淡褐色で乳白色の小斑点と暗褐色の不定形斑紋が散在し、無眼側は無色。夏に水深30～300mの沿岸域で餌をとり、冬は水深200m以深の大陸棚縁辺部に移動して産卵。産卵場は主にアラスカ湾やベーリング海。産卵期はアラスカ湾やベーリング海では11～2月、北海道襟裳岬以東の太平洋や択捉島周辺では10月下旬～2月上旬。移動距離は長く、標識放流では3700km以上離れた地点で再捕された記録がある。雌は12歳、雄は7～8歳で半数が成熟する。雌は雄よりも成長が速く、寿命も長い。ベーリング海から体長2.7mで体重220kgの33歳雌の記録がある。雄は体長1.4mになる。最高齢は、雌42歳、雄27歳。水深1100mまで（400m以浅に多い）の砂泥底に生息し、魚類、貝類、カニ類などを食べる。北海道全沿岸、オホーツク海、ベーリング海、アラスカ湾～カリフォルニア半島北部に分布。白身で脂質が少なく洋風料理に向き、新鮮なものは刺身やすし種として美味。肝臓はビタミンAが多く、肝油として利用。日本近海では少ないのでアメリカなどから冷凍で輸入される。英名はPacific halibut。

カラスガレイ（カラスガレイ属） *Reinhardtius hippoglossoides* (Walbaum, 1792)　口は大きく、両顎歯は上顎に2列、下顎に1列。鰓耙は短くて強い。上眼は頭部背縁で、両眼間隔は広い。側線はほぼ真っ直ぐ。尾鰭後縁は湾入。5歳で体長26cm、10歳で52cm、15歳で78

オヒョウの分布

アカガレイ

45cm SL
（通常30cm SL）

cmになり、20年以上生きる。最大で体長1m、体重11kg。水深50～2000mに生息し、魚類、イカ、エビ・カニ類を食べる。北海道全沿岸、東北地方太平洋沿岸、日本海北部、オホーツク海、チュクチ海～アラスカ湾、北大西洋に分布。トロールで漁獲。フライや煮付け、魚粉の原料として輸入されている。

アブラガレイ（**アブラガレイ属**） *Atheresthes evermanni* Jordan and Starks, 1904　鰓耙は細長く、上眼は頭部背縁には達せず両眼間隔は狭い。水深200～500mに生息し、イカ・タコ類、エビ類、魚類を食べる。北海道全沿岸、青森県～茨城県の太平洋沿岸、日本海北部、アナディール湾までのオホーツク海、ブリストル湾までのベーリング海、シェリコフ海峡までのアリューシャン列島に分布。フライで食される。魚油はビタミン剤の原料。

アカガレイ（**アカガレイ属**） *Hippoglossoides dubius* Schmidt, 1904　口は大きく、両顎歯は有眼側・無眼側ともよく発達。上眼は頭部背縁に達しない。胸鰭軟条は不分枝。無眼側の体は漁具に触れて内出血したように赤くなる。産卵期は山陰沖で11～2月、京都府で3月上～中旬、北海道で1～5月。京都府沖では雌は1歳で体長約6cm、2歳で9cm、3歳で13cm、4歳で16cm、5歳で19cmになり、11歳で29cmになる。雄は4～5歳以降は雌より小さく、11歳では6cm小さい。水深40～900mの砂泥底に生息し、クモヒトデ類、二枚貝類、エビ類、オキアミ類、小型魚類、イカ類を食べる。サハリン～山口県の日本海沿岸、北海道～宮城県金華山の太平洋沿岸、朝鮮半島東岸中部～ピーター大帝湾、オホーツク海、カムチャツカ半島西岸に分布。底曳網や底刺網で漁獲、近年資源は減少傾向。旬は冬、新鮮なものは刺身、塩焼きや煮付け、干物で食される。

ソウハチ

45cm SL
（通常25cm SL）

無眼側

ソウハチ（**ソウハチ属**） *Cleisthenes pinetorum* Jordan and Starks, 1904　口は大きく、両顎歯は有眼側・無眼側ともよく発達。上眼は頭部背縁。島根県では雌は1歳で体長5cm、2歳で12cm、3歳で17cm、4歳で21cm、5歳で26cm、6歳で29cm、7歳で31cmになるが、雄は3歳で16cm、4歳で19cm、5歳で21cmと雌より小さい。石狩湾では5歳で雌は体長17cm、雄は15cmで、島根県より成長が遅い。産卵期は山陰沖で2～3月だが、北へ行くほど遅く、北海道石狩湾で6～7月。すべての個体が成熟するのは日本海南西海域では雌は体長22cm、雄17cm、石狩湾では雌は18cm、雄17cm。水深数～250mの砂泥底に生息し、オキアミ類、ヨコエビ類、エビ類、イカ類、クモヒトデ類、小型魚類などを食べるが、他のカレイ類と異なり遊泳性のものが多い。北海道全沿岸、青森県～対馬海峡の日本海沿岸、青森県～福島県の太平洋沿岸、渤海、黄海、朝鮮半島南東岸、サハリンに分布。底曳網で漁獲、干物で食される。　（柳下直己）

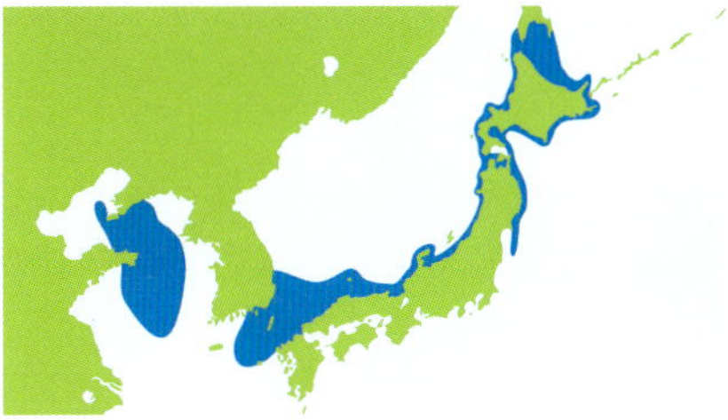
ソウハチの分布

ヤナギムシガレイ

30cm SL
(通常20cm SL)

ムシガレイ

32cm SL
(通常23〜24cm SL)

ヤナギムシガレイ(ヤナギムシガレイ属)

準絶滅危惧種(IUCN) *Tanakius kitaharae* (Jordan and Starks, 1904) 体は細長く、口は小さく両顎歯は門歯状で1列に並び、眼の上表面に鱗があり、背鰭・臀鰭軟条の後方8〜9軟条先端が分枝。若狭湾西部海域では1〜2月に水深40〜60mで産卵を行い、4〜5月に水深110〜120m域、9〜10月に水深130〜150m域と、季節移動を行う。若狭湾〜福島県では3〜4歳でほとんどが成熟、産卵期は山口県で11〜3月、新潟県で2〜3月。若狭湾西部海域で雌は1歳で体長約7cm、2歳で11cm、3歳で15cm、4歳で17cm、5歳で19cm、6歳で20cmになり、雄は各年齢で雌より0.4〜2cm小さい。北に行くほど成長がよく、福島県では若狭湾西部海域よりも雌雄とも各年齢で2〜5cm大きい。水深100〜200mの砂泥底に生息し、多毛類、甲殻類、貝類、クモヒトデ類を食べる。北海道積丹半島〜九州北西岸の日本海沿岸、北海道噴火湾〜千葉県銚子の太平洋沿岸、渤海南部、黄海、東シナ海北東部に分布。生干しは美味、若狭では"ササガレイ"とよばれ高級魚。

ムシガレイ(ムシガレイ属) 絶滅危惧II類(IUCN) *Eopsetta grigorjewi* (Herzenstein, 1890) 口はやや大きく、上顎歯は2列で外列歯がやや大きくて粗生、下顎歯は1列に並ぶ。尾鰭は両截形。有眼側は淡褐色で大小の褐色眼状斑が散在。雌は1歳で体長8cm、5歳で26cm、8歳で32cmになり、各年齢で雄は雌より1〜3cm小さい。産卵期は東シナ海では1〜2月、茨城県から千葉県では2〜5月、青森県と新潟県では5〜6月。体長18〜19cm前後(3歳)で成熟する個体が出現しはじめ、23〜24cm(4歳)をこえると大部分が成熟。水深200m以浅の砂泥底に生息し、甲殻類、イカ類、魚類を食べる。北海道〜長崎県の日本海・東シナ海沿岸、噴火湾〜土佐湾の太平洋沿岸、瀬戸内海、渤海、黄海、朝鮮半島全沿岸に分布。主に塩乾品で美味。

ヒレグロ(ヒレグロ属) *Glyptocephalus stelleri* (Schmidt, 1904) 無眼側の頭部にいくつかの粘液腔のくぼみがある。背鰭・臀鰭軟条の先端は不分枝。眼上に鱗がない。背鰭・臀鰭の外縁は黒い。山陰沖では雌は3歳で体長15cm、7歳で23cmになり、4〜5歳で雄は雌よりも約2cm小さい。北海道では雌は5歳で体長26cm、6歳で28cm、7歳で30cmになり、4歳以降では雄は雌より1〜2cm小さい。産卵期は山口県沖で1〜4月、兵庫県や島根県沖で3〜4月、噴火湾で4〜6月、北海道東部太平洋沖で7〜8月と北の地方ほど遅い。山陰沖では雌は体長15cmの大部分が成熟、北海道では雌27〜28cm、雄24〜25cmの

ヤナギムシガレイの分布

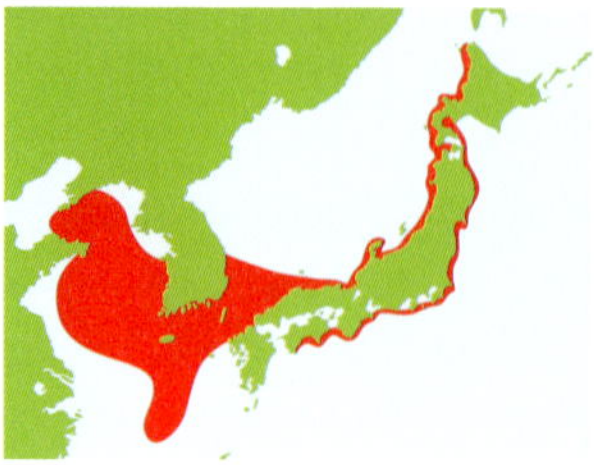

ムシガレイの分布

ヒレグロ

40cm SL（通常20〜25cm SL）

ババガレイ

40cm SL
（通常30cm SL）

ヌマガレイ

90cm SL
（通常50cm SL）

大部分が成熟。浮遊仔魚は大きく、体長5cmで変態を終え底生生活に移る。水深30〜700mの砂泥底に生息し、多毛類、ヨコエビ類、二枚貝類を食べる。北海道全沿岸、青森県〜山口県の日本海沿岸、青森県〜千葉県銚子の太平洋沿岸、朝鮮半島南岸・東岸から沿海州をへてサハリン南部西岸・東岸、オホーツク海、ベーリング海に分布。干物、煮付け、練り製品の原料。

ババガレイ（ババガレイ属） *Microstomus achne* (Jordan and Starks, 1904)　体表は粘液で被われる。口は小さく唇は厚い。歯は無眼側に発達、有眼側にはほとんどない。側線は胸鰭上方で湾曲。有眼側には不定形の輪郭が不明瞭な暗色斑がある。襟裳岬以西太平洋沿岸では、1歳で体長8〜9cm、2歳で12〜15cmになり、雌は3歳で20cm、4歳で24cm、5歳で28cm、6歳で31cm、7歳で34cm、雄は3歳で18cm、4歳 で22cm、5歳 で25cm、6歳 で27cm、7歳で29cmになる。産卵場は津軽海峡西口や八戸沖、産卵期は3〜4月。八戸沖では体長27cmで半数、30cmで8割の個体が成熟する。水深50〜450mの砂泥底に生息し、多毛類、ヨコエビ類、クモヒトデ類を食べる。北海道全沿岸、青森県〜対馬の日本海沿岸、青森県〜千葉県外房の太平洋沿岸、朝鮮半島南岸・東岸、黄海、サハリン、千島列島南部に分布。かつては油粕の原料、近年では特に春の抱卵魚が東北・北海道で高級魚。煮付けやフライで美味。

ヌマガレイ（ヌマガレイ属） *Platichthys stellatus* (Pallas, 1787)　浅海域〜汽水・淡水域に生息。有眼側の体の背鰭と臀鰭の基底に多数の小骨板がある。背鰭、臀鰭、尾鰭に黒色線がある。視神経交叉から眼は右側が正常だが、日本では全個体で眼が左側の逆位。アメリカでは約50%、アラスカでは約70%の個体の眼が逆位。産卵期は石狩湾で2〜3月、仙台湾で1月。水深20mより浅い河口域や沼の近くで産卵。雌は3歳で体長約30cm、雄は2歳で約22cmから成熟。3歳からは、雌は雄に比べて成長がよい。甲殻類、多毛類、魚類などを食べる。北海道全沿岸、青森県〜島根県中海の日本海沿岸、青森県〜千葉県九十九里浜の太平洋沿岸、朝鮮半島元山〜沿海州、サハリン、カムチャツカ半島東岸からアリューシャン列島をへて北太平洋カリフォルニア沿岸に分布。水っぽく不味。（柳下直己）

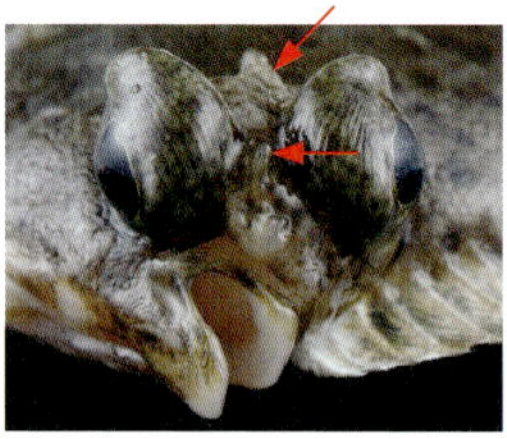

メイタガレイ属の両眼間隔の棘
(写真はナガレメイタガレイ)

メイタガレイ

28cm TL
(通常23cm TL)

ナガレメイタガレイ

26cm TL
(通常19cm TL)

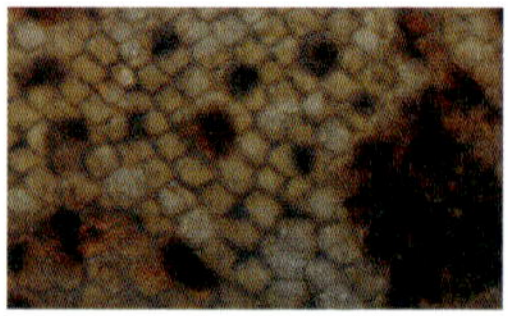

ナガレメイタガレイの有眼側の体表:
円形で不規則な配列の鱗

イシガレイ

60cm SL
(通常40cm SL)

メイタガレイ(メイタガレイ属)

Pleuronichthys cornutus (Temminck and Schlegel, 1846)　両眼間隔域に前後に向く骨質突起がある。体の鱗は楕円形で、規則的に配列。有眼側に縁辺がギザギザした不定形の小黒斑が多く分布する。背縁をはしる側線は前方部で分枝しないことが多い。左眼の移動は体長約10mmで始まり、約18mmで完了。水深20～120mの砂泥底に生息(80m以浅に多い)、多毛類や端脚類を食べる。有明海では雄は1歳で全長13.4cm、2歳で17.9cm、3歳で20.7cm、4歳で22.5cm、5歳で23.6cm、雌は1歳で16.0cm、2歳で21.1cm、3歳で24.1cm、4歳で25.9cm、5歳で27.0cmになる。産卵期は周防灘で10月中旬～12月中旬、有明海で11月上旬～12月下旬、紀伊水道で11月中旬～1月上旬。秋田県～九州西岸の日本海・東シナ海沿岸、仙台湾～豊後水道の太平洋沿岸、瀬戸内海、渤海、黄海、東シナ海大陸棚域、遼寧省～香港の中国沿岸に分布。"ホンメイタ"ともよばれ、底曳網や刺網で漁獲、刺身や煮付けで美味。西日本で珍重される。

ナガレメイタガレイ(メイタガレイ属)

Pleuronichthys japonicus Suzuki, Kawashima and Nakabo, 2009　メイタガレイに似るが、体表の鱗が円形で不規則に配列、有眼側の小黒斑が小円状か縁辺が滑らかな不定形、背縁をはしる側線が前方部で分枝することが多いなどで区別できる。左眼の移動は体長約7mmで始まり、約14mmで完了。水深20～210m(40～120mに多い)の砂泥底に生息、多毛類や端脚類を食べる。東シナ海では、雄は1歳で全長12.0cm、2歳で16.5cm、3歳で19.6cm、4歳で21.8cm、5歳で23.3cm、雌は1歳で12.1cm、2歳で16.3cm、3歳で19.4cm、4歳で21.8cm、5歳で23.6cmになる。産卵期は東シナ海で12～3月、紀伊水道で1月中旬～5月上旬。北海道余市～九州南岸の日本海・東シナ海沿岸、岩手県宮古～九州南岸の太平洋沿岸、瀬戸内海西部、東シナ海大陸棚縁辺域に分布。"バケメイタ"ともよばれ、メイタガレイよりやや淡泊で水っぽい。

マツカワ

70cm SL

無眼側

ホシガレイ

60cm SL
（通常50cm SL）

ホシガレイ：硬い櫛鱗

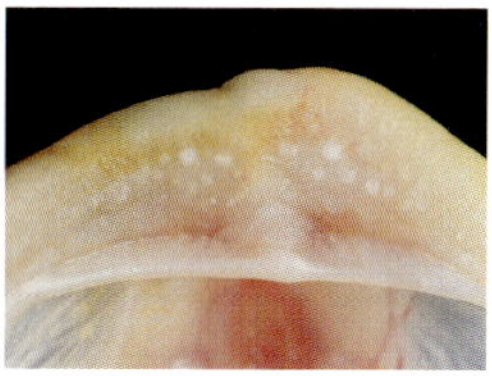

ホシガレイ：上顎歯

イシガレイ（ヌマガレイ属） 絶滅危惧II類（IUCN） *Platichthys bicoloratus* (Basilewsky, 1855) 有眼側・無眼側とも鱗がない。成魚の有眼側の背側部、腹側部および側線付近に石状骨質板が並ぶ。側線はほぼ直走。水深100mまでの砂泥底に生息、汽水域にも入る。産卵期は各地で12～3月、北海道東部やオホーツク海沿岸では5～7月。北海道全沿岸、青森県～九州西岸の日本海・東シナ海沿岸、青森県～豊後水道の太平洋沿岸、瀬戸内海、渤海、黄海北部、朝鮮半島全沿岸、サハリン、千島列島に分布。底曳網や刺網で漁獲。煮付けや刺身で美味だが、皮にややくせがある。

マツカワ（マツカワ属） 絶滅危惧II類（IUCN） *Verasper moseri* Jordan and Gilbert, 1898　口の上顎後端は下眼中央下。背鰭に6～8本、臀鰭に5～7本の黒色帯があり、鰭の縁辺付近に達する（人工種苗は黒色帯が不明瞭）。大陸棚砂泥底に生息。北海道～茨城県の太平洋沿岸、青森県～島根県浜田の日本海沿岸、朝鮮半島西岸・南岸、日本海北部～間宮海峡、オホーツク海南部、千島列島に分布。1970年代後半に資源が激減。種苗放流や養殖が行われ、刺網や定置網で獲れるが、多くは放流由来。刺身、寿司、煮付けで極めて美味。

ホシガレイ（マツカワ属） 準絶滅危惧（環）絶滅危惧II類（IUCN） *Verasper variegatus* (Temminck and Schlegel, 1846)　背鰭と臀鰭の黒色斑が円形でマツカワと区別できる。有眼側は硬い櫛鱗で、触るとザラザラする。無眼側の体に小暗色斑が散在する。顎歯は鈍い円錐歯で、上顎歯は2～3列の歯帯をなす。大陸棚砂泥底に生息、小型のエビ・カニ類を食べる。成長が早く、福島県では雄は1歳で全長19.5cm、2歳で31.4cm、3歳で34.2cm、雌は1歳で17.0cm、2歳で34.0cm、3歳で42.6cmになる。4歳以上は少ない。雄は2歳、全長28cm以上、雌は3歳、全長40cm以上で成熟、産卵する。産卵期は日本各地で概ね12～2月。青森県～九州西岸の日本海・東シナ海沿岸、宮城県～豊後水道の太平洋沿岸、瀬戸内海、朝鮮半島全沿岸、渤海、黄海、東シナ海北部に分布。天然資源が減少、各地で種苗放流が行われている。底曳網や刺網で漁獲。刺身、寿司、煮付けで極めて美味。　（土居内 龍）

マコガレイ

50cm SL
(通常35cm SL以下)

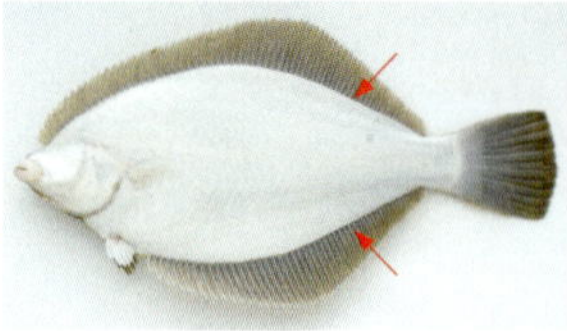

マコガレイ：無眼側、縁辺が黄色くない

マガレイ

マガレイ：無眼側、縁辺が黄色い

50cm SL
(通常30cm SL以下)

マコガレイ(マガレイ属) *Pseudopleuronectes yokohamae* (Günther, 1877)　口は小さく、上顎後端は下眼の瞳孔に達しない。両眼間隔域に鱗がある。無眼側の体は一様に白色。産卵期は各地で概ね12〜2月だが、北海道木古内湾では2〜4月、青森県日本海側では3〜5月。沈性付着卵を産む。播磨灘と大阪湾では雄は1歳で体長14.0cm、2歳で18.7cm、3歳で21.9cm、4歳で24.0cm、5歳で25.4cm、6歳で26.4cm、雌は1歳で13.9cm、2歳で20.5cm、3歳で24.8cm、4歳で27.7cm、5歳で29.7cm、6歳で31.0cmになる。水深100m以浅の砂泥底に生息、多毛類を主体に二枚貝、甲殻類等を食べる。北海道西岸〜九州西岸の日本海・東シナ海沿岸、北海道南岸〜土佐湾の太平洋沿岸、瀬戸内海、朝鮮半島全沿岸、渤海〜東シナ海北部に分布。底曳網や刺網で漁獲。白身で、刺身や煮付けで美味。大分県日出町沿岸の別府湾産は"城下かれい"というブランド名で流通する。

マガレイ(マガレイ属) *Pseudopleuronectes herzensteini* (Jordan and Snyder, 1901)　吻がやや尖る、両眼間隔域に鱗がない、生時に無眼側の尾柄部縁辺が黄色いなどでマコガレイと区別できる。産卵期は新潟県で2〜5月、仙台湾で3〜5月、北海道北部日本海沿岸で4〜6月。分離浮性卵を産む。水深150m以浅の砂泥底に生息。マコガレイよりも北よりに分布し、東北地方以北に多い。北海道全沿岸、青森県〜長崎県の日本海・東シナ海沿岸、青森県〜福島県の太平洋沿岸、渤海〜東シナ海北部、朝鮮半島南岸・東岸〜間宮海峡の日本海沿岸、サハリン南東岸〜千島列島南部に分布。刺網、底曳網、底建網で漁獲。塩焼きや煮付けで美味。

クロガシラガレイ(マガレイ属) *Pseudopleuronectes schrenki* (Schmidt, 1904)　背鰭と臀鰭に数本の黒色帯がある(濃淡には個体差がある)。尾鰭後縁は白い。上眼の後方に明瞭な骨質隆起がある。側線は胸鰭上方で高く湾曲。鰓蓋下部に白色か黄色の小皮弁のある個体がいる。水深100m以浅の砂泥底に生息し、汽水域にも入る。沈性付着卵を産む。北海道全沿岸、東北地方太平洋沿岸、朝鮮半島東岸北部から沿海州をへてサハリン南部、千島列島に分布。北海

クロガシラガレイ

50cm SL
（通常30cm SL以下）

スナガレイ

30cm SL

トウガレイ

50cm SL

アサバガレイ

40cm SL

道では重要な水産資源で、刺網、底建網で漁獲。釣りの対象としても人気。身が厚く、刺身や煮付けで美味。

スナガレイ（スナガレイ属） *Limanda punctatissimus* (Steindachner, 1879)　頭部背縁は上眼前縁上で強くくぼむ。生時、無眼側の背鰭、臀鰭基底沿いに黄色帯がある。有眼側の体に砂粒状の白点や黒点がある。水深100m以浅の砂底に生息。分離浮性卵を産む。北海道全沿岸、青森県～福島県の太平洋沿岸、青森県～富山湾の日本海沿岸、朝鮮半島東岸中部から沿海州をへてサハリン、オホーツク海南部、千島列島に分布。北海道ではマガレイ狙いの刺網で混獲される。身が薄いため安価。大型のものは唐揚げにする。

トウガレイ（ツノガレイ属） *Pleuronectes pinnifasciatus* Kner, 1870　背鰭と臀鰭に数本の黒色帯がある。尾鰭に黒斑がある。側線は胸鰭上方で湾曲せず、ほぼ直走。沿岸浅海域に生息し、汽水域にも入る。分離浮性卵を産む。北海道全沿岸、ピーター大帝湾～間宮海峡、サハリンに分布。不味で、あまり利用されていない。

アサバガレイ（シュムシュガレイ属） *Lepidopsetta mochigarei* (Snyder, 1911)　側線は後頭部で背鰭基底沿いに後方にはしる分枝をもつ。両眼間隔域には骨質いぼ状突起をもった鱗がある。頬部の鱗は円鱗（えんりん）。水深50～100mの砂泥底に生息。産卵期は石狩湾で12～2月。沈性付着卵を産む。北海道全沿岸、青森県～福島県の太平洋沿岸、青森県～富山湾の日本海沿岸、朝鮮半島東岸中部～沿海州の日本海沿岸、千島列島、オホーツク海南部に分布。沖合・遠洋底曳網で多獲され、主に頭を落とした冷凍品で流通。煮付け、塩焼き、唐揚げにされ、産卵期前に美味。

（土居内 龍）

ササウシノシタ

14cm SL（通常9cm SL）

シマウシノシタ

27cm SL

セトウシノシタ

15cm SL

ミナミウシノシタ

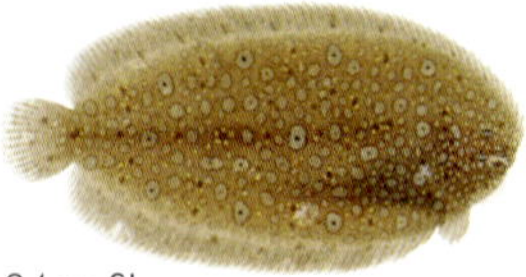

24cm SL

ガラスウシノシタ

10cm SL（通常7cm SL）

ササウシノシタ科 Soleidae
体は楕円形。眼は右体側。前鼻孔は管状。無眼側の頭部に多数の小皮弁がある。背鰭は眼の直上から前方に始まる。胸鰭は小さいか、ない。腹鰭と臀鰭は離れる。尾鰭は背鰭・臀鰭と連続するか、離れる。側線は直線状。大きいもので体長40cm、普通は体長10～20cm。インド－西太平洋の熱帯～温帯域に約32属181種。日本に11属19種。

ササウシノシタ（ササウシノシタ属）
Heteromycteris japonica (Temminck and Schlegel, 1846)　口は眼の下方で、鉤状に曲がる。胸鰭を欠く。水深30m以浅の砂底に生息。青森県～九州南岸の日本海・東シナ海沿岸、瀬戸内海、茨城県～九州南岸の太平洋沿岸、朝鮮半島南岸、中国南シナ海沿岸に分布。

シマウシノシタ（シマウシノシタ属）
Zebrias zebrinus (Temminck and Schlegel, 1846)　口は吻端。有眼側は多数の黒褐色の横帯が並び、尾鰭に数個の黄色斑がある。水深20～100mの砂泥底に生息。青森県～九州南岸の日本海・東シナ海沿岸、福島県～九州南岸の太平洋沿岸に分布。

セトウシノシタ（セトウシノシタ属）
Pseudaesopia japonica (Bleeker, 1860)　口は吻端。背鰭・臀鰭と尾鰭は基部付近で連続。有眼側に多数の黒褐色の横帯がある。尾鰭前方は黄色、後方は黒色。水深100m前後の砂泥底に生息。津軽海峡～東北太平洋岸、新潟県佐渡～九州西岸の日本海・東シナ海沿岸、千葉県館山～九州南岸の太平洋沿岸、瀬戸内海、東シナ海大陸棚域、朝鮮半島南岸に分布。

ミナミウシノシタ（ミナミウシノシタ属）
Pardachirus pavoninus (Lacepède, 1802)　口は吻端。胸鰭を欠く。有眼側に多数の白点がある。尾鰭を除き鰭の基部から毒性の粘液を出す。泥底や砂底の水深50m以浅に生息。千葉県館山、神奈川県三崎、愛知県蒲郡市、屋久島、奄美大島、台湾南部、海南島、東インド－西太平洋に分布。

ガラスウシノシタ（ガラスウシノシタ属）
Liachirus melanospilos (Bleeker, 1854)　口は吻端。有眼側に多くの黒褐色の横縞と小黒点がある。水深100m以浅の砂泥底に生息。山口県日本海沿岸、土佐湾、鹿児島県山川、台湾南部、中国広東省、オーストラリア北西岸、西太平洋の熱帯域に分布。

ウシノシタ科 Cynoglossidae　体は強く側扁。眼は左体側。胸鰭を欠く。背鰭・臀鰭は尾鰭と連続。口は鉤状で眼の下方か、直線状で吻端（アズマガレイ属 *Symphurus* のみ）。無眼側の有孔側線はないか2～3本。ほとんどが大陸棚の砂泥底に生息するが、アズマガレイ属は大陸棚縁辺から斜面上部に生息。大きいもので体長70cm、普通は体長20～30cm。世界の熱帯～温帯域に2亜科3属160種、日本に3属21種。

アカシタビラメ（イヌノシタ属）*Cynoglossus joyneri* Günther, 1878　吻はやや円い。有眼側の側線は3本。水深30～130mの砂泥底に生息。新潟県～九州南岸の日本海・東シナ海沿岸、北海道南部～九州南岸の太平洋岸瀬戸内海、有明海、朝鮮半島、台湾、中国

アカシタビラメ

37cm SL
（通常25cm SL）

デンベエシタビラメ

23cm SL

ゲンコ

15cm SL

イヌノシタ

43cm SL

オオシタビラメ

55cm SL

オオシタビラメの口

クロウシノシタ

38cm SL

クロウシノシタの無眼側

クロウシノシタの口

アズマガレイ

10cm SL

の渤海〜南シナ海沿岸に分布。

デンベエシタビラメ（イヌノシタ属） *Cynoglossus lighti* Norman, 1925　吻はやや尖る。体は細長い。有眼側の側線は3本。水深70m以浅の砂泥底から泥底に生息。有明海と八代海北部、渤海〜東シナ海、南シナ海の中国沿岸に分布。日本の生息地は干潟のある水域で、おそらく中国沿岸の遺存。

ゲンコ（イヌノシタ属） *Cynoglossus interruptus* Günther, 1880　有眼側の側線は2本、背側の側線は短い。背鰭・臀鰭と尾鰭の鰭条の上に褐色の点列がある。水深10〜140mの砂泥底に生息。京都府舞鶴、長崎県橘湾、有明海、瀬戸内海、千葉県銚子〜九州南岸の太平洋岸、東シナ海、台湾に分布。

イヌノシタ（イヌノシタ属） *Cynoglossus robustus* Günther, 1873　有眼側の側線は2本。水深20〜115mの砂泥底に生息。三重県〜宮崎県延岡の太平洋沿岸、紀伊水道、瀬戸内海、有明海、九州西岸〜東シナ海大陸棚域に分布。

オオシタビラメ（イヌノシタ属） *Cynoglossus bilineatus* (Lacepède, 1802)　有眼側の側線は2本。無眼側にも側線がある。鰓蓋は黒色。産卵期は初夏。水深 13〜400mの砂泥底に生息。神奈川県三浦半島〜九州南岸の太平洋沿岸、台湾、中国東シナ海沿岸、インド－西太平洋に分布。

クロウシノシタ（タイワンシタビラメ属） *Paraplagusia japonica* (Temminck and Schlegel, 1846)　有眼側の口唇にひげがある。有眼側の有孔側線は3本。無眼側の背鰭・臀鰭と尾鰭は黒色、縁辺は白色。水深65m以浅の砂泥底に生息。北海道小樽〜九州南岸の日本海・東シナ海沿岸、北海道〜九州南岸の太平洋沿岸、瀬戸内海、朝鮮半島、中国東シナ海・南シナ海北部沿岸に分布。

アズマガレイ（アズマガレイ属） *Symphurus orientalis* (Bleeker, 1879)　口は吻端。頭と体に有孔側線がない。縦列鱗数は81〜87。体の有眼側、背鰭と臀鰭に複数の褐色横帯がある。水深50〜400mの砂泥底に生息。駿河湾〜鹿児島県志布志湾の太平洋岸沖、東シナ海に分布。

（遠藤広光）

ベニ
カワムキ

12cm TL

フエカワムキ

18cm TL

フエカワムキの吻（背面）

ギマ

30cm TL

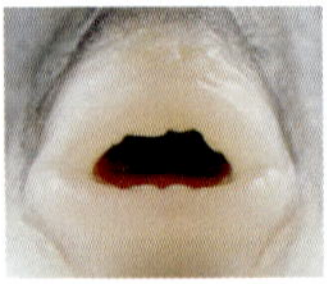

ギマの口

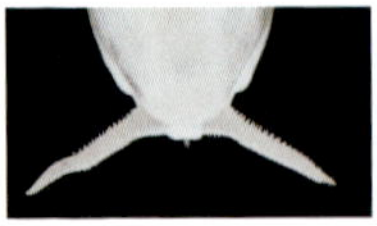

左右の腹鰭は1棘ずつ

第1背鰭棘。細かい棘に被われる

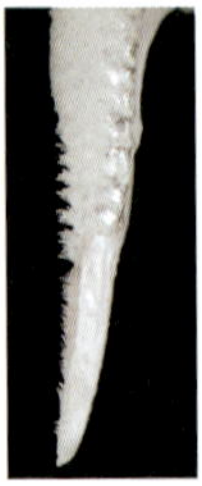

腹鰭棘にも、微細な棘がみられる

フグ目 Tetraodontiformes

ベニカワムキ亜目 Triacanthoidei

ベニカワムキ科 Triacanthodidae　腹鰭は大きな1棘からなる。背鰭軟条数は12～18、臀鰭軟条数は11～16。尾鰭は丸い。大陸斜面に生息し、西大西洋、インド－太平洋に11属23種、日本に6属7種。

ベニカワムキ（ベニカワムキ属） *Triacanthodes anomalus* (Temminck and Schlegel, 1850)
体は側扁し、体高は高い。体色は桃色～橙色で腹部は白く、体側に2本の黄色縦帯がある。水深70～330（多くは90～150）mに生息。茨城県～九州南岸の太平洋沿岸、新潟県～長崎県沿岸の日本海・東シナ海沿岸、東シナ海大陸棚縁辺域、中国南シナ海沿岸、マレーシアに分布。

フエカワムキ（フエカワムキ属）
Macrorhamphosodes uradoi (Kamohara, 1933)
吻は管状で、著しく突出、口の幅は吻の幅の約2倍。体は淡赤色～桃色、腹部は白色。水深183～400mに生息。茨城県～土佐湾の太平洋沿岸、東シナ海大陸棚縁辺域、オーストラリア東岸、ニュージーランド、アフリカ東岸・南岸に分布。

モンガラカワハギ亜目 Balistoidei

ギマ科 Triacanthidae　体は側扁。腹鰭は長くて強い1棘のみ。背鰭軟条数は19～26、臀鰭軟条数は13～22。尾鰭は深く二叉。浅海に生息。インド－太平洋の暖海に4属7種、日本に1属1種。

ギマ（ギマ属）
Triacanthus biaculeatus (Bloch, 1786)
尾柄部は断面が円く細長い。背鰭軟条数は21～26、臀鰭軟条数は13～14。体は銀灰色で、第1背鰭とその基部は黒色、胸鰭と尾鰭は黄色。浅海の底層に生息し、幼魚は流れ藻につく。房総半島～屋久島の太平洋沿岸、中国東シナ海・南シナ海沿岸、インド－西太平洋に分布。

モンガラカワハギ科 Balistidae　体は紡錘形。背鰭棘数は3。各鰭の軟条はすべて分枝。前上顎の歯は左右それぞれ外列4本、内列3本。鱗は強固な板状。腰骨は左右が癒合して棒状。インド洋、太平洋、大西洋の熱帯～亜熱帯域に12属42種、日本に10属22種。

モンガラカワハギ（モンガラカワハギ属）
Balistoides conspicillum (Bloch and Schneider, 1801)　体の背部は黒色、腹部は白色地に黒色の網目模様。尾柄部に数列の小棘が並ぶ。サンゴ礁域に生息。岩手県～屋久島の太平洋沿岸と新潟県～長崎県の日本海・東シナ海沿岸（幼魚が多く散発的）、琉球列島、済州島、台湾、インド－太平洋に分布。

キヘリモンガラ（キヘリモンガラ属）
Pseudobalistes flavimarginatus (Rüpell, 1829)
体は暗褐色～黄褐色、眼の下方に数本の縦

モンガラカワハギ

50cm TL

キヘリモンガラ

60cm TL

ムラサメモンガラ

30cm TL
（通常15cm TL）

アミモンガラ

50cm TL
（通常35cm TL）

線があることがある。口から頬部にかけては無鱗、尾柄部に5〜6列の小棘が並ぶ。サンゴ礁に生息し、卵保護中の雄は人を攻撃することがある。千葉県〜高知県の太平洋沿岸と北海道〜山口県の日本海沿岸（幼魚が多く散発的）、屋久島、琉球列島、台湾、インド−太平洋に分布。

ムラサメモンガラ（ムラサメモンガラ属） *Rhinecanthus aculeatus* (Linnaeus, 1758)　背鰭第3棘は微小。生鮮時は眼から鰓孔(さいこう)にかけて3本の青色線、体側中央から臀鰭基部に数本の暗褐色斜帯がある。尾柄の小棘は3〜4列。浅いサンゴ礁に生息。相模湾および駿河湾（幼魚）、小笠原諸島、屋久島、琉球列島、済州島、インド−太平洋、西大西洋の熱帯域に分布。

アミモンガラ（アミモンガラ属） *Canthidermis maculata* (Bloch, 1786)　体は暗灰色で、全体に白色斑が散在する。体はやや伸長した紡錘形で、若い個体ほど体高が高い。頬部の鱗の配列による溝や、鰓孔後方に骨質の大型鱗がない。沖合を遊泳し、幼魚は流れ藻について分散する。青森県〜屋久島の太平洋沿岸、北海道小樽〜長崎県の日本海・東シナ海沿岸、奄美大島、沖縄島、伊豆−小笠原諸島、朝鮮半島南岸・東岸、台湾、中国東シナ海・南シナ海沿岸、世界中の暖海に分布。
（萩原清司）

アミメハギ

7cm TL

モロコシハギ

38cm TL

ヒゲハギ

31cm TL

ヨソギ
♂

15cm TL

♀

テング
カワハギ

12cm TL

カワハギ科 Monacanthidae　体は側扁し、鱗は細かく強固で、紙ヤスリのような手触り。第1背鰭は2棘で、第1棘は強大、第2棘は退化的で小さい。背鰭、臀鰭、胸鰭の軟条は不分枝。口は小さく、上顎歯は前列3本、後列2本。インド洋、太平洋、大西洋に28属107種、日本に16属32種。

アミメハギ（アミメハギ属） *Rudarius ercodes* Jordan and Fowler, 1902　体は高く、雄のみ尾柄部に短い剛毛が密生する。体色は黄褐色または淡褐色～暗褐色で変異が多く、白点が散在し、網目模様になることもある。腹部の鞘状鱗は非可動。産卵は1個体の雌の卵に複数の雄が放精を行う一妻多夫型で、海藻やコケムシなどに産みつけられた卵を雌が保護する。浅海の藻場に生息。北海道～九州南岸の日本海・東シナ海・太平洋沿岸（種子島・屋久島を除く）、瀬戸内海、朝鮮半島南岸、中国広東省に分布。

モロコシハギ（モロコシハギ属） *Monacanthus chinensis* (Osbeck, 1765)　腹部の膜状部は大きく展開可能で、先端は鞘状鱗をこえる。尾柄に6個の小棘があり、成熟した雄は尾鰭上部の軟条が伸びる。体は褐色で不規則な斑紋がある。藻場や砂泥底に生息。東シナ海、東インドー西太平洋に分布。

ヒゲハギ（ヒゲハギ属） *Chaetodermis penicilligera* (Cuvier, 1816)　体は高く、第1背鰭棘および体表に多数の皮弁がある。尾鰭は菱形。体色は褐色～白色で多数の細縦線があり、目の後方の体側に2黒斑が出ることがある。藻場や砂泥底に生息。千葉県～屋久島の太平洋沿岸（散発的）、新潟県～長崎県の日本海・東シナ海沿岸（散発的）、西太平洋に分布。

ヨソギ（ヨソギ属） *Paramonacanthus oblongus* (Temminck and Schlegel, 1850)　体は幼魚や雌で高い。雄は成長に伴い体が低くなり、尾鰭の上部と中央の軟条が伸びる。体色は褐色で、背部と体側中央に不明瞭な暗色縦帯がある。藻場や砂混じりの岩礁に生息。千葉県館山～屋久島の太平洋沿岸、富山湾～九州南岸の日本海・東シナ海沿岸、朝鮮半島南岸、台湾、中国福建省・香港、フィリピン

ウスバハギ

76.2cm TL
(40cm TL)

ソウシハギ

110cm TL
(通常55cm TL)

ハクセイハギ

38cm TL (通常25cm TL)

諸島～オーストラリア北岸に分布。

テングカワハギ(テングカワハギ属) 絶滅危惧Ⅱ類(IUCN) *Oxymonacanthus longirostris* (Bloch and Schneider, 1801) 体高は低く、吻は著しく突出。体色は青色～緑色で、体側に7～8本の橙色点の縦列が並び、尾鰭中央付近に1黒斑がある。サンゴ礁に生息し、2～数個体で泳ぐことが多い。高知県、愛媛県、小笠原諸島、琉球列島、インド－太平洋に分布。

ウスバハギ(ウスバハギ属) *Aluterus monoceros* (Linnaeus, 1758) 体は著しく側扁。尾鰭後縁は成魚で直線状、幼魚は丸い。体は灰色または銀色で、淡褐色斑が散在、幼魚では全体に褐色の不規則な斑紋に被われてソウシハギに似る。浅海の表層または中層を群れで遊泳する。北海道～屋久島の太平洋沿岸、北海道～九州南岸の日本海・東シナ海沿岸、東シナ海大陸棚域、中国東シナ海・南シナ海沿岸、世界中の温帯～熱帯域に分布。鹿児島で“ツノコ”、沖縄で“サンスナー”とよばれ、美味。

ソウシハギ(ウスバハギ属) *Aluterus scriptus* (Osbeck, 1765) 体は低く、著しく側扁。尾鰭は伸長して後縁は丸い。体は淡褐色～暗褐色で、小黒点と青色のミミズ状斑が散在する。岩礁やサンゴ礁に生息し、幼魚は流れ藻について広範囲に分散する。津軽海峡～屋久島の太平洋沿岸、新潟県～長崎県の日本海・東シナ海沿岸(散発的)、伊豆－小笠原諸島、琉球列島、朝鮮半島南岸、世界中の温帯～熱帯域に分布。内臓にパリトキシン(様毒)をもつことがある(塩見・長島)。

ハクセイハギ(ハクセイハギ属) *Cantherhines dumerilii* (Hollard,1854) 尾柄部に4本の棘がある。体は暗褐色で、体側に10本前後の不明瞭な横帯があり、成熟した雄では眼の周囲と尾鰭が橙黄色となる。サンゴ礁に生息するが、幼魚期には広範囲に分散する。茨城県～屋久島の太平洋沿岸(散発的)、吐噶喇列島、琉球列島、インド－汎太平洋に分布。

(萩原清司)

カワハギ

30cm TL

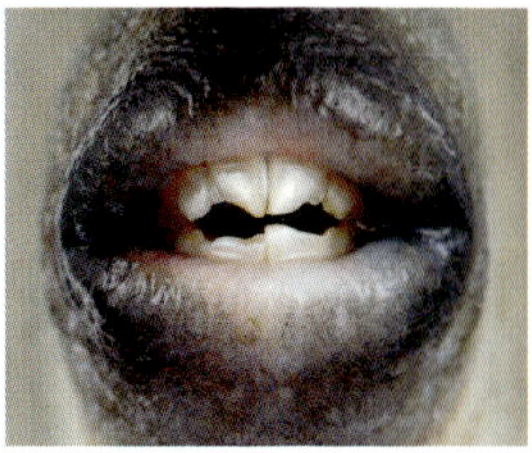

口

キビレ
カワハギ

30cm TL

カワハギの分布

カワハギ（カワハギ属） *Stephanolepis cirrhifer* (Temminck and Schlegel, 1850)　体高は高く側扁し、尾鰭は扇形、腹部の鞘状鱗の先端は可動。体は灰褐色〜暗褐色。頭部に眼から斜め下方に向かう数本の暗褐色線と、体側に暗褐色の楕円斑が散在する。しかし、体色や斑紋には個体変異が多く、また心理状態によって変化する。雄は背鰭第2軟条が糸状に伸長し、尾柄部に多数の剛毛をもつ。水深100mより浅い岩礁やその周辺の砂底に生息し、甲殻類、貝類、多毛類などの動物を食べ、索餌の際には口で水流を起こして砂中の餌を掘り出すことがある。産卵期は5〜8月で、この時期の雄は砂底に縄張りを形成し、侵入する他の雄に対しては円を描きながら追尾する威嚇行動を展開する。雄は縄張りに複数の雌を誘導して産卵・受精を行う。卵は直径0.6〜0.7mmの粘着卵で、1回の産卵で約3万粒が海底の砂に産みつけられ、受精後2〜3日で孵化する。孵化仔魚は全長1.9mm前後、孵化後3日で2.5mmとなって卵黄吸収を完了する。稚魚は藻場や流れ藻について夜間には海藻を咥えて眠り、全長3cm前後で成魚と同様の斑紋になり、5cm前後で水深8〜30mの海底に移動。満1歳で全長10cmをこえて成熟する。青森県〜九州南岸の日本海・東シナ海・太平洋沿岸、伊豆諸島北部、瀬戸内海、朝鮮半島南岸・東岸、済州島、遼寧省·山東半島〜香港の中国沿岸、台湾、フィリピン諸島北端に分布。主に釣り、定置網、刺網などで漁獲される。また、海底近くで定位して摂餌する習性を利用した“引っ掛け釣り”や“がまぐち漁”なども知られる。成長の早さと市場価値の高さから西日本を中心に養殖されている。フグに似た淡白な白身で、煮付けや鍋にして美味しいが、特に醤油に肝臓を加えた“肝醤油”をつけて食べる刺身は絶品。

キビレカワハギ（ウマヅラハギ属）
Thamnaconus modestoides (Barnard, 1927)
体は長楕円形で側扁。眼の中心は背鰭第1棘直下よりやや後方、鰓孔後端のほぼ直上。背鰭軟条数は33〜37。体は淡褐色で、不明瞭な白色斑がある。背鰭第1棘後縁の膜、背鰭軟条部、臀鰭、尾鰭基部は黄色〜黄褐色。尾鰭後半は軟条が暗褐色。水深40〜200mの岩礁や砂泥底に生息するが、詳しい生態は不明。伊豆−小笠原諸島、千葉県〜愛媛県の太平洋沿岸、兵庫県、山口県の日本海沿岸、五島列島、台湾、香港、インド

ウマヅラハギ

36cm TL

ウマヅラハギの分布

幼魚

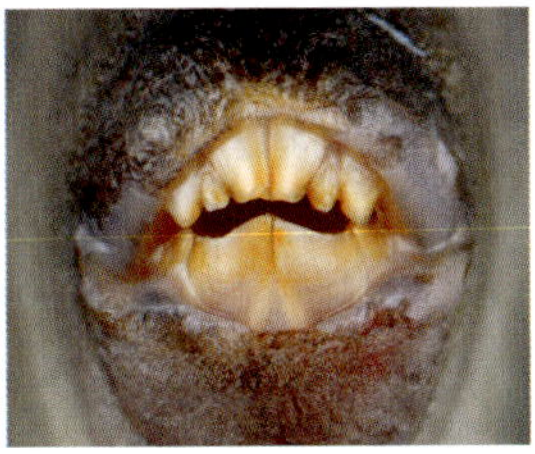

口

サラサハギ

25cm TL

－西太平洋に分布。

ウマヅラハギ（ウマヅラハギ属）

Thamnaconus modestus (Günther, 1877)　体は長楕円形で側扁。眼の中心は背鰭第1棘の直下より前方、鰓孔（さいこう）中央の直上。尾鰭は截形（せっけい）。背鰭軟条数は36～40。体は灰褐色で、体側には大小の暗褐色の雲状斑がある。背鰭軟条部、臀鰭、尾鰭は青緑色。雄は雌より体高が低くなる。雄は体高が体長の42％以下、雌で44％以上となり、4～7月に沿岸に来遊し、ペアをつくって産卵する。雌は翌日には次の産卵が可能で、数日にわたり繰り返し産卵し、1産卵期中の総排卵数は130万粒にのぼる。卵は直径約0.6mmの粘着卵で、ホンダワラ類などに産み付けられ、受精後約2日で孵化し、稚魚は全長約5cmまで流れ藻について生活する。その後は福岡県筑前海域では満1歳で一旦水深60mより深い岩礁に移行し、そこで全長10cmをこえたものは成熟する。満2歳で20cmをこえて水深40m付近のやや浅い岩礁まで生活範囲を広げて、ほとんどが成熟、3歳で30cm前後になってより浅い沿岸の岩礁に定着する。ただし、成長については地域によって差がある。北海道全沿岸、津軽海峡～九州南岸の日本海・東シナ海沿岸、津軽海峡～屋久島の太平洋沿岸、瀬戸内海、東シナ海大陸棚域、朝鮮半島全沿岸、渤海、黄海、台湾、中国浙江省・福建省、ベトナム、マラッカ海峡に分布。主に底曳網、定置網、巻網、刺網、一本釣りなどで漁獲される。淡白な白身で、煮付け、刺身、鍋、干物などで美味。

サラサハギ（ウマヅラハギ属） *Thamnaconus hypargyreus* (Cope, 1871)　体は長楕円形で側扁。眼の中心は背鰭第1棘の直下より前方、鰓孔（さいこう）中央のほぼ直上。背鰭軟条数は33～34。体色は淡褐色～銀灰色で、眼から口にかけてと眼から頬にかけてそれぞれ淡青色帯があり、雄では頬に数条の黄褐色の波線がある。体側に多数の虹彩（こうさい）より大きな褐色楕円斑が散在する。各鰭は黄色で、尾鰭後縁は暗色部。水深85～310mの大陸棚縁辺域に生息。東シナ海では水深100m付近に産卵場が形成され、4～6月に産卵、粘着卵を産む。千葉県～豊後水道の太平洋沿岸、新潟県～九州北部の日本海沿岸、東シナ海、済州島、台湾、中国南シナ海沿岸、オーストラリア北部沿岸に分布。（萩原清司）

ハコフグ

30cm TL

ハコフグ：正面

テングハコフグ

35cm TL

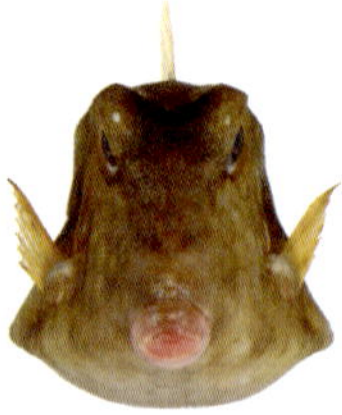

ウミスズメ：正面

ウミスズメ

34cm TL

シマウミスズメ

23cm TL

ハコフグ科 Ostraciidae
体の大半が六角形の小さな板状体が組み合わさった甲に被われ、口、背鰭、臀鰭、胸鰭、尾部のみが可動。甲は、背部中央、背部両側、腹部両側などに隆起線を有するが、腹中線上に隆起はなく、横断面は三〜五角形。尾柄部に独立した板状体がない。歯は癒合せず、両顎に各10本前後が1列に並ぶ。腹鰭や背鰭棘はない。甲の隆起線のうち、腹部両側の隆起線は腰骨のなごりとされる。進化の過程においてフグ目魚類が左右の腰骨を癒合させる前段階でハコフグ科の祖先が分化したと考えられている。インド洋、太平洋、大西洋の熱帯域を中心に7属26種、日本に3属9種。

ハコフグ（ハコフグ属） *Ostracion immaculatum* (Temminck and Schlegel, 1850)　体の横断面は四角く、眼上や背部に棘はない。体は黄褐色、成魚では背部、若魚では全身に青色の斑紋があらわれ、幼魚は黄色地に小黒点が散在する。外部から刺激を受けると体表から強い溶血性の毒を含む粘液を分泌する。沿岸の岩礁に生息する。北海道〜屋久島の太平洋沿岸、青森県〜九州南岸の日本海・東シナ海沿岸、朝鮮半島南岸・東岸、済州島、香港に分布。パリトキシン中毒の原因となる（厚）。

テングハコフグ（ハコフグ属） *Ostracion rhinorhynchos* Bleeker, 1851　体上や背部に棘はなく、吻の前縁が著しく突出、背中線上に隆起がある。やや深い岩礁、サンゴ礁外縁、砂底に生息する。房総半島〜種子島の太平洋沿岸（散発的）、インド−西太平洋に分布。

ウミスズメ（コンゴウフグ属） *Lactoria diaphana* (Bloch and Schneider,1801)　眼上、背部中央とその両側、腹部両側隆起線の後端に棘がある。体は淡褐色で不規則な暗色斑や黒点があることがある。若魚では体色はより淡く、幼魚の腹部は半透明。沿岸の岩礁に生息する。房総半島〜屋久島の太平洋沿岸、琉球列島、台湾、インド−汎太平洋に分布。筋肉にパリトキシン（様毒）をもつことがある（塩見・長島）。

シマウミスズメ（コンゴウフグ属） *Lactoria fornasini* (Bianconi, 1846)　ウミスズメに似るが、背部中央棘の周辺が隆起し、生時は全身に不規則な青色の線模様があることで区別できる。沿岸の岩礁に生息する。房総半島〜屋久島の太平洋沿岸、長崎県〜薩摩半島の九州西岸、琉球列島、東シナ海大陸棚縁辺域、済州島、台湾、インド−太平洋に分布。

コンゴウフグ

46cm TL

若魚

ハマフグ

30cm TL

イトマキフグ

16cm TL

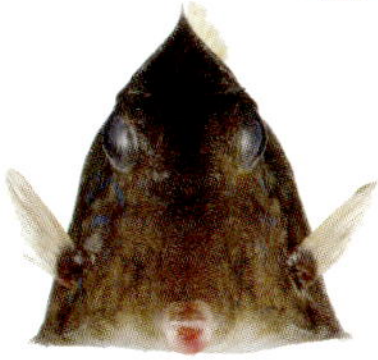

ハマフグ：正面

キスジイトマキフグ

16cm TL

コンゴウフグ（コンゴウフグ属）
Lactoria cornuta (Linnaeus, 1758)　成魚では眼上棘、腹部両側隆起線後端の棘、尾鰭はいずれも著しく長い。幼魚では尾鰭が短い。体色は淡黄褐色～淡緑褐色で、白色～水色の点が散在する。熱帯～亜熱帯域の砂地や藻場に生息し、幼魚は広範囲に分散する。紀伊半島～屋久島の太平洋沿岸、中国南シナ海沿岸、インド－太平洋に分布。

ハマフグ（ラクダハコフグ属） *Tetrosomus reipublicae* (Ogilby, 1913)　背部両側の隆起線は未発達で、体の横断面は三角形。眼上および背部中央の棘はいずれも2本。体色は黄褐色～暗褐色で、青輝色の斑点または不規則な線模様がある。沿岸や大陸棚上の砂泥底に生息する。房総半島～九州南岸の太平洋沿岸、九州西岸、沖縄舟状海盆、中国南シナ海沿岸、インド－西太平洋に分布。筋肉にパリトキシン（様毒）をもつことがある（塩見・長島）。

イトマキフグ科 Aracanidae　体が板状体からなる甲に被われ、両顎歯が癒合せず1列に並ぶことで、ハコフグ科と共通するが、甲に体側中央を縦断する隆起線をもつことで異なる。また、尾柄部に甲と分離した板状体をもつことからハコフグ科よりフグ目の祖先形に近い一群と考えられている。インド－西太平洋に6属12種、日本に1属2種。

イトマキフグ（イトマキフグ属） *Kentrocapros aculeatus* (Houttuyn, 1782)　背鰭は10～13軟条。甲の各隆起線上に1～数本の棘がある。体色は背部が灰色～淡褐色、腹部は淡黄色。体側中央線より上方に黒斑が散在。水深100～200mの砂泥底に生息。福島県～九州南岸の太平洋沿岸、山口県～九州南岸の日本海・東シナ海沿岸、東シナ海大陸棚縁辺域、朝鮮半島南岸、中国浙江省に分布。

キスジイトマキフグ（イトマキフグ属）
Kentrocapros flavofasciatus (Kamohara, 1938)
背鰭は9～11軟条。甲の隆起線上に棘がない。体は背部が黄褐色、側部は青色、腹部は白色。吻～鰓孔、および甲の各隆起線にそって黄色縦帯がある。水深100m前後の砂泥底に生息する。和歌山県、愛媛県、高知県、奄美大島、東シナ海、福建省～海南島の中国沿岸、ニューカレドニアに分布。　（萩原清司）

ウチワフグ

54cm TL
（通常45cm TL）

ナシフグ

34.2cm TL（通常25～26cm TL）

ショウサイフグ

30cm TL

ゴマフグ

40cm TL

トラフグ属19種
（タキフグを除く）
の分布

クサフグ

20cm TL（通常13cm TL）

フグ亜目 Tetradontoidei

ウチワフグ科 Triodontidae　歯は上顎に左右2枚、下顎1枚。頭部に側線が発達。第1背鰭は痕跡的。腹部に展開可能な膜部があり、細長く可動な腰帯がこれを支え、広げると団扇のようになる。インド－西太平洋に1属1種。

ウチワフグ（ウチワフグ属） *Triodon macropterus* Lesson, 1829　体は側扁する。体表面には鋸歯状の鱗が密在し、鱗列の向きは膜部で最大約90度傾く。膜部の上縁中央付近には1眼状斑がある。体は黄褐色で腹部は白色～黄色。尾柄は細く、尾鰭は深く二叉。大陸棚周辺に生息。富山湾、福島県、神奈川県、和歌山県、高知県、琉球列島、済州島、台湾南部、インド－西太平洋に分布。（萩原清司）

フグ科 Tetraodontidae　歯は上顎2枚、下顎2枚、合計4枚の歯板になる。背鰭と臀鰭は対在。腹鰭はない。大陸棚の砂底、岩礁、サンゴ礁、少ないが汽水・淡水に生息し、世界の暖海域に26属196種。日本に7属54種。

トラフグ属 *Takifugu*　体の背側と腹側の小棘域は不連続。タキフグ *T. oblongus* を除き19種が東アジアに固有。多くが水産重要種。毒性の判断は注意を要し、素人の調理は厳禁。

ナシフグ 準絶滅危惧種（IUCN） *Takifugu vermicularis* (Temminck and Schlegel, 1850)　体は背部が灰褐～褐色で白点と白色虫食い斑が密在、腹部側面に1黄色縦帯がある。胸鰭上方の体側に輪郭の不明瞭な1暗褐色斑がある。尾鰭下縁が白い。産卵期は東シナ海・黄海では4～6月、長崎県橘湾や有明海では4～5月、瀬戸内海では4月下旬～7月下旬。水深40～75mに生息。多毛類、エビ・カニ類などを食べる。山口県日本海沿岸～九州北岸・西岸、有明海、瀬戸内海、渤海、黄海、浙江省以北の東シナ海沿岸に分布。

コモンフグ

20cm TL
(通常14cm TL)

ヒガンフグ

35cm TL
(通常20cm TL)

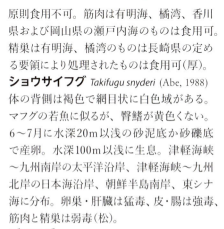

アカメフグ

30cm TL

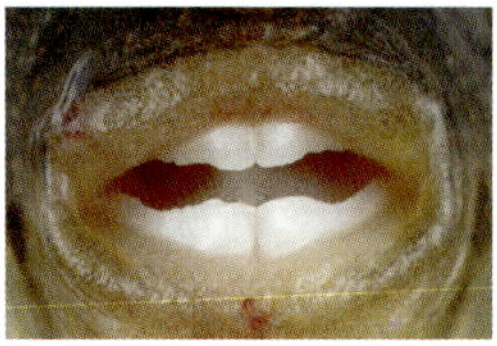

ヒガンフグの歯

原則食用不可。筋肉は有明海、橘湾、香川県および岡山県の瀬戸内海のものは食用可。精巣は有明海、橘湾のものは長崎県の定める要領により処理されたものは食用可(厚)。

ショウサイフグ *Takifugu snyderi* (Abe, 1988) 体の背側は褐色で網目状に白色域がある。マフグの若魚に似るが、臀鰭が黄色くない。6～7月に水深20m以浅の砂泥底か砂礫底で産卵。水深100m以浅に生息。津軽海峡～九州南岸の太平洋沿岸、津軽海峡～九州北岸の日本海沿岸、朝鮮半島南岸、東シナ海に分布。卵巣・肝臓は猛毒、皮・腸は強毒、筋肉と精巣は弱毒(松)。

ゴマフグ *Takifugu stictonotus* (Temminck and Schlegel, 1850) 体の背側は藍色小点が密在する。背鰭と尾鰭は暗色、臀鰭は黄色。胸鰭は上半分が暗色、下半分は黄色。北海道～九州西岸の日本海・東シナ海沿岸、済州島、朝鮮半島西岸・東岸、中国東シナ海沿岸に分布。卵巣・肝臓は猛毒、皮は強毒、腸・胆嚢・精巣・筋肉は有毒(厚・松)。

クサフグ 絶滅のおそれのある地域個体群(沖縄島)(環) *Takifugu alboplumbeus* (Richardson, 1845) 胸鰭上後方に縁取りがない黒斑があり、体の背側は緑色で小白斑が密在。5～7月に新月と満月の直後に大群で内湾の小石の多い浜へ押し寄せて産卵する。内湾の砂底、藻場、岩礁、砂礫底に生息。昼間に砂に潜る。北海道南西岸～九州南岸の日本海・東シナ海沿岸、青森県～九州南岸の太平洋沿岸、瀬戸内海、朝鮮半島全沿岸、中国渤海・黄海・東シナ海・南シナ海沿岸に分布。卵巣・肝臓・腸は猛毒、皮は強毒、筋肉・精巣は弱毒(松)。

コモンフグ *Takifugu flavipterus* Matsuura, 2017 体の背側は茶褐色で、白色斑が密在する。背鰭後方の白色斑は円形。顎から尾柄にかけてうすい黄色縦帯がある。産卵期は4月。ガラモ場を中心に生息し、甲殻類、貝類などを食べる。北海道～九州南岸の日本海・東シナ海沿岸、北海道南西部～九州南岸の太平洋沿岸、瀬戸内海、朝鮮半島東岸・南岸、済州島、台湾、中国東シナ海・南シナ海沿岸、ベトナム北部に分布。卵巣・肝臓は猛毒、精巣・皮・腸は強毒、筋肉は弱毒(検・松)。筋肉が有毒なコモンダマシに似るので注意。

ヒガンフグ *Takifugu pardalis* (Temminck and Schlegel, 1850) 体の背側は淡褐色で、多くの不規則な濃褐色斑がある。春の新月と満月の直後、潮だまりや砂浜で産卵する。浅海の藻場や岩礁域に生息。北海道～九州南岸の日本海・東シナ海沿岸、北海道南西部～九州南岸の太平洋沿岸、瀬戸内海、朝鮮半島全沿岸、済州島、渤海、黄海、東シナ海に分布。卵巣・肝臓・胆嚢は猛毒、精巣・皮・腸は強毒、筋肉は一般に無毒だが三陸産は強毒(厚衛・厚・松)。

アカメフグ *Takifugu chrysops* (Hilgendorf, 1879) 体の背側は淡赤褐色で、黒色点が散在する。眼が赤い。初夏に沿岸浅海の藻場において集団で産卵。水深100m以浅に生息。福島県～土佐湾の太平洋沿岸、朝鮮半島南岸に分布。卵巣・肝臓・皮は強毒、腸は有毒、筋肉・精巣は無毒(検・厚・松)。(中坊徹次)

トラフグ 準絶滅危惧種(IUCN) *Takifugu rubripes* (Temminck and Schlegel, 1850) 胸鰭上後方に白く縁取られた大黒斑がある。胸鰭・背鰭・尾鰭は黒く、臀鰭は白い。産卵期は4～5月、産卵場は周辺に広い砂泥底の内湾や浅海をひかえた潮流の速い湾口部や多島海にある。産卵床（さんらんしょう）は水深20～40m、岩や礫の間の粒径2～4mmの粗砂の潮通しのよい海底で産卵。沈性粘着卵（ちんせいねんちゃくらん）で砂中に浅く埋もれている。産卵場と季節移動の場所が異なる次のような系群がある。①九州北岸から本州日本海西部沿岸を産卵場所として東シナ海・黄海を往復する群、②九州西岸の五島灘から有明海・八代海を産卵場所として東シナ海・黄海を往復する群、③瀬戸内海中～東部を産卵場所として、東シナ海・黄海、紀伊水道、豊後水道・日向灘を往復する群、④伊勢湾口を産卵場所として遠州灘～熊野灘を往復する群、⑤能登半島七尾湾と秋田県男鹿半島を産卵場所として能登半島以北の本州日本海沿岸、東北三陸地方沿岸を往復する群が知られている。雄は2歳、雌は3歳で成熟。東シナ海・黄海では2歳で全長38cm(雌雄)、3歳で44cm(雄)、45cm(雌)、さらに10歳で62cm(雄)、67cm(雌)になる。瀬戸内海では2歳で全長26cm(雄)、27cm(雌)、3歳で32cm(雄)、33cm(雌)、さらに10歳で55cm(雄)、57cm(雌)になる。いずれも、雌が少し大きくなる。底層から中層に生息し、魚類、

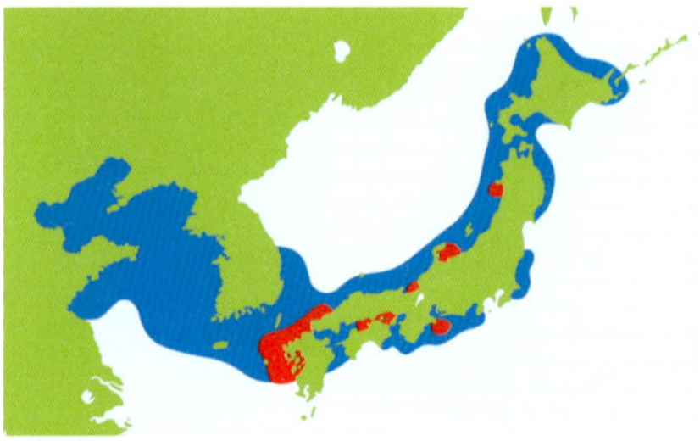
トラフグの産卵場（赤）と回遊して生育・成長する分布域（青）

エビ・カニ類、イカ類、貝類を食べる。北海道全沿岸～九州南岸の日本海・東シナ海・太平洋沿岸、瀬戸内海、東シナ海北部に分布。底延縄（そこはえなわ）や浮延縄（うきはえなわ）で漁獲。卵巣・肝臓は強毒、腸は有毒、精巣・皮・筋肉は無毒（検・厚・松）。

カラス 絶滅危惧IB類(環) 絶滅危惧IA類(IUCN) *Takifugu chinensis* (Abe, 1949) 胸鰭上後方に白く縁取られた大黒斑がある。胸鰭・背鰭・臀鰭・尾鰭は暗～黒色。臀鰭が黒いことでトラフグと区別される。産卵期は3～4月、場所は済州島南方の水深50～130m、対馬北東の水深120～130m。カラスの産卵場水深は80m以深で、トラフグに比べて深い。漁場の推移から季節回遊を推定すると、産卵後の4月以降は北上すると考えられ、漁場は8～9月に韓国北部西岸、9～10月に黄海中央と江蘇省北部沖、12～2月に済州島北西域、1～3月に済州島南部域に移る。雄は2歳、

マフグ

45cm TL（通常30cm TL）

若魚

23cm TL

シマフグ

60cm TL
（通常30cm TL）

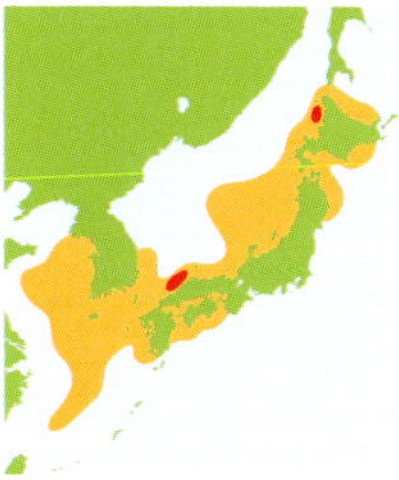

マフグの産卵場（赤）と回遊して生育・成長する分布域（黄）

雌は3歳で成熟し、2歳で全長31.7cm（雄）、33.6cm（雌）、3歳で38.8cm（雄）、40.8cm（雌）、さらに9歳で54.0cm（雄）になる。成魚は外海性が強く、未成魚も内湾に入ることは少ない。エビ・カニ類、イカ類、魚類、貝類を食べる。黄海、東シナ海北部に分布。カラスは浮縄で多く漁獲され、生息層は主に中層、それに比べてトラフグは主に底層に生息。高級魚。卵巣・肝臓は強毒、腸は有毒、精巣・皮・筋肉は無毒（検・厚・松）。カラスとマフグ、カラスとトラフグの交雑個体が知られている。

マフグ *Takifugu porphyreus* (Temminck and Schlegel, 1850)　胸鰭上後方に白い縁取りがない大黒斑がある。体側下部には顎から尾鰭基底に至る皮褶(ひしゅう)があり、それに沿って黄色縦帯がある。体の背側は若魚(わかうお)では茶褐色に小白斑が散在、成魚(せいぎょ)では一様に暗褐色。日本海では3〜4月に山口県沖から島根県隠岐沿岸で産卵、その後は日本海沿岸を北上、夏季まで広く分布、秋に南下、10〜3月まで山口県沿岸から朝鮮半島東岸で過ごす。この群は2歳で全長約24cm、3歳で28cm、4歳で32cmになり、8歳で45cmになる。ここでは最小成熟個体は雌で全長30cm、雄は27cm。一方、北海道北部日本海沿岸に6月中旬〜7月上旬に産卵する群がおり、最小成熟個体は雌で全長32.5cm、雄は26.2cm。黄海・東シナ海では夏季には朝鮮半島西岸や山東半島沿岸、秋季には黄海中央部、海州湾沖、12〜1月には済州島に移動するが、これらと日本海西部のものとの関連については未研究。大陸棚砂泥底に生息し、エビ・カニ類、イカ類、魚類を食べる。北海道オホーツク海沿岸、北海道〜九州南岸の日本海・東シナ海沿岸、北海道〜東北地方の太平洋沿岸、瀬戸内海、四国〜九州南岸の太平洋沿岸、朝鮮半島東岸、南岸、日本海中央部、東シナ海、黄海に分布。延縄で漁獲、トラフグ、カラスに次いで市場価値が高い。卵巣・肝臓は猛毒、皮と腸は強毒、筋肉と精巣は無毒（検・厚・松）。

シマフグ *Takifugu xanthopterus* (Temminck and Schlegel 1850)　体の背側に数本の黒色斜帯がある。各鰭は黄色。胸鰭基底付近に黒斑がある。長江河口では2〜3月に鹹水域で産卵、有明海域では3〜5月に早崎瀬戸外側の潮流の速い所で産卵する。水深200m以浅に生息し、エビ・カニ類、二枚貝類、イカ類、小魚を食べる。青森県〜九州南岸の各地沿岸（瀬戸内海と有明海に多い）、黄海、渤海、中国東シナ海・南シナ海沿岸に分布。底曳網で漁獲。卵巣・肝臓は強毒、腸は有毒、筋肉・皮・精巣は無毒（検・厚）。トラフグ、ナシフグとの雑種が知られている。

（中坊徹次）

ヨリトフグ

35cm TL
(通常22～23cm TL)

サザナミフグ

45cm SL

コクテンフグ

20cm SL

ホシフグ

45cm SL

ヨリトフグ(ヨリトフグ属) *Sphoeroides pachygaster* (Müller and Troschel, 1848)　体の背部は灰褐色。尾鰭は暗色で、下葉後端は白い。体表に小棘がなく、極微細線がある。水深100～440m(150m前後に多い)の砂泥底に生息。房総半島～豊後水道の太平洋沿岸、東シナ海大陸棚縁辺域、朝鮮半島南岸・東岸、中国東シナ海沿岸、世界中の温帯～熱帯海域に分布。肝臓・卵巣・腸は有毒、筋肉・皮・精巣は無毒(厚)。味はトラフグ属の種に比べて不味で、市場価値は低い。

モヨウフグ属 *Arothron*　鼻孔の皮弁は二分岐。体の側線(そくせん)は1本。インド-太平洋に14種、日本に12種。ホシフグを除く13種が熱帯～亜熱帯域の島嶼のサンゴ礁・岩礁に生息する。トラフグ属の生息域と対照的である。

サザナミフグ *Arothron hispidus* (Linnaeus, 1758)　体は緑褐色、背面に白色点が密在し、腹面は縞模様。サンゴ礁に生息、ときに河口のマングローブ域に入り、貝類、ウニ類、サンゴ類、海綿、クモヒトデ類、ヒトデ類、海藻を食べる。主に琉球列島、インド-太平洋に分布。肝臓・皮・精巣・卵巣・筋肉は有毒(検・厚衛)。皮膚から毒を出す。

コクテンフグ *Arothron nigropunctatus* (Bloch and Schneider, 1801)　体が灰褐色で黒点が散在する個体が多くみられるが、地色が黄色、あるいは灰褐色と黄色の個体がいる。

東アジアにおけるモヨウフグ属(ホシフグを除く)11種の主な生息分布

サンゴ礁に生息し、サンゴ類、海綿、貝類、海藻を食べる。琉球列島、インド-太平洋の熱帯域に分布。卵巣・肝臓は猛毒、筋肉・精巣・皮は有毒といわれている(検)。

ホシフグ *Arothron firmamentum* (Temminck and Schlegel, 1850)　背鰭と臀鰭は先端が尖る。体は暗青色で、白点が密在する。水深100～400mに生息、ときに大群が定置網に入ったり、浜に打ち上げられたりする。青森県～九州南岸の日本海・東シナ海・太平洋沿岸、東シナ海、朝鮮半島南岸、中国南シナ海沿岸、西太平洋、南アフリカに分布。卵巣・精巣・肝臓が有毒といわれている(検)。

キタマクラ

15cm TL

シマキンチャクフグ

10cm TL

シッポウフグ

15cm TL

アマミホシゾラフグ

11cm TL

アマミホシゾラフグの産卵巣（ミステリーサークル）

キタマクラ（キタマクラ属）

Canthigaster rivulata (Temminck and Schlegel, 1850)　体はやや側扁する。後頭部から背鰭起部に至る背中線は隆起縁となる（ただし全長約15cmになると不顕著）。体側に2本の暗色縦帯がある。産卵期は6月下旬〜9月中旬。卵は分離沈性粘着卵。通常は水深30mより浅い沿岸の岩礁域に生息するが、東シナ海大陸棚縁辺域からも採集されている。海藻、貝類、カニ類、クモヒトデ類を食べる。福島県〜九州南岸の太平洋沿岸、九州北岸・西岸、東シナ海大陸棚縁辺、朝鮮半島南岸、インド－西太平洋に分布。皮は強毒、肝臓・腸・精巣は有毒（検・厚衛）。

シマキンチャクフグ（キタマクラ属）

Canthigaster valentini (Bleeker, 1853)　後頭部に1本、体側に3本の鞍状の黒色帯がある。水深60mより浅い岩礁・サンゴ礁に生息。相模湾〜九州南岸の太平洋沿岸、琉球列島、インド－太平洋に分布。皮膚から毒を分泌、肝臓・卵巣は有毒（検）。カワハギ科のノコギリハギ *Paraluteres prionurus* が本種に擬態。

シッポウフグ（シッポウフグ属）*Torquigener brevipinnis* (Regan, 1903)　体の背部は淡褐色で、白点と褐色点が密在する。体側中央に1本の縦帯状になった黄褐色斑の列がある。頭部に5本の褐色横帯がある。背鰭は8〜10軟条、臀鰭は7〜8軟条。沿岸の砂底に生息し、砂に潜っていることが多い。相模湾〜土佐湾の太平洋沿岸、東シナ海、西太平洋に分布。卵巣と内臓は有毒といわれているが、毒性は不明（検）。

アマミホシゾラフグ（シッポウフグ属）

Torquigener albomaculosus Matsuura, 2014　体の背部は淡褐色で、白点と褐色点が密在する。頭部に褐色横帯も体側に縦帯状黄褐色斑列もない。全身に小棘が密在する。下顎が角ばり、ここから尾鰭基底までの腹側に1本の皮褶がある。奄美大島沖に生息。雄は水深25〜30mの海底にミステリーサークルとよばれる直径2mの産卵巣をつくる。雄は体の後ろ半分と臀鰭を使って砂底に溝を掘り2週間かけてこの巣をつくり、雌はその中央に産卵、雄は孵化するまで卵を守る。　（中坊徹次）

シロサバフグ

35cm TL
(通常30cm TL)

シロサバフグの背面

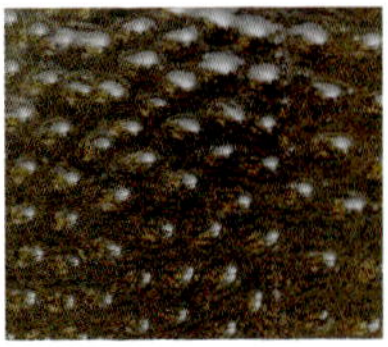

シロサバフグの小棘域

クロサバフグ

40cm TL
(通常29cm TL)

クロサバフグの背面

ドクサバフグ

50cm TL
(通常40cm TL)

ドクサバフグの背面

カナフグ

90cm TL
(通常35～45cm TL)

カナフグ皮膚の微小隆起線

シロサバフグ(サバフグ属) *Lagocephalus spadiceus* (Richardson, 1845)　体背部は暗緑褐色、胸鰭と背鰭は黄色。尾鰭は暗黄色で下部は白色。体背部の小棘域は鼻孔後方から胸鰭後端上方まで。産卵期は九州近海では5月中旬～6月下旬、和歌山県や山形県では6～8月。1歳で全長18cm、2歳で23cm、3歳で27～28cmになる。水深60～70mの沿岸岩礁域に生息し、沖合にはほとんどいない。エビ・カニ類、貝類、小型魚類を食べる。新潟県～九州南岸の日本海・東シナ海沿岸、北海道～九州南岸の太平洋沿岸、朝鮮半島南岸・西岸、中国東シナ海・南シナ海沿岸、西太平洋に分布。筋肉・皮・精巣は無毒、肝臓・卵巣・腸は有毒(厚)。南シナ海産は筋肉が毒化したものがいる(松)。かご網、定置網、巻網で漁獲され、干物、惣菜物で食される。見分けに注意を要する。

クロサバフグ(サバフグ属) *Lagocephalus cheesemanii* (Clarke, 1897)　体背部は緑を帯びた灰褐色、胸鰭と背鰭は黄色。尾鰭は暗黒色で上下後端が白色。体背部の小棘域は鼻孔後方から胸鰭後端上方まで。沿岸の岩礁域や沖合の中層で群れをつくって遊泳、貝類、エビ・カニ類、イカ類、小型魚類を食べる。北海道～九州南岸の太平洋沿岸、朝鮮半島南岸・西岸、中国東シナ海・南シナ海沿岸、東インド－西太平洋に分布。日本近海では筋肉・皮・精巣は無毒、肝臓・卵巣・腸は有毒(厚)。南シナ海産は筋肉が弱毒で卵巣・肝臓は猛毒(検)。干物や惣菜物で食されるが、味はシロサバフグより落ちる。

ドクサバフグ(サバフグ属) *Lagocephalus lunaris* (Bloch and Schneider, 1801)　体背部は暗緑色、尾鰭は上半分が黄～黄緑色で後縁が黒く、下半分は黄～白色で湾入する(写真は血の色)。体背部の小棘域は鼻孔後方から背鰭基部後端まで。東シナ海における産卵期は5～6月で、中国沿岸域で産卵。2歳で成熟。1歳で全長37cm、2歳で41cmになる水深30～70mの大陸棚の砂泥底に生息し、エビ・カニ類、貝類、イカ類、小型甲殻類、

センニンフグ

1m TL
（通常20～70cm TL）

若魚

15cm TL

カイユウセンニンフグ

15cm TL

クマサカフグ

45cm SL
（通常25～30cm SL）

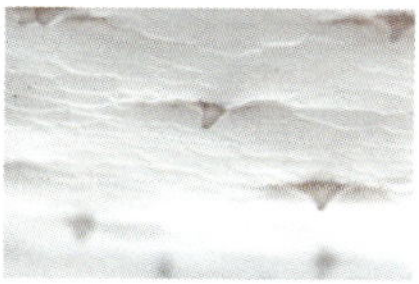

クマサカフグ腹部表面の
ちりめん様皮褶と小棘

多毛類などを食べる。相模灘～九州南岸の太平洋沿岸（散発的）、東シナ海大陸棚、朝鮮半島南岸、中国東シナ海・南シナ海沿岸、インド－西太平洋に分布。卵巣は猛毒、筋肉・皮・肝臓・精巣・腸・胆嚢・脾臓・腎臓は強毒（検）。筋肉も有毒なので、ときどき、本種による中毒死者が出ている。見分けに注意を要する。

カナフグ（サバフグ属） *Lagocephalus inermis* (Temminck and Schlegel, 1850)　体背部は暗緑褐色で顕著な小暗色点または褐色点がない。鰓孔が黒い。体背部に小棘がなく多くの微小な隆起線がある。水深35～130mの大陸棚に生息。東シナ海大陸棚域、朝鮮半島南岸、中国東シナ海・南シナ海沿岸、インド－西太平洋に分布。肝臓は強毒、卵巣・胆嚢・腸は有毒、筋肉・皮・精巣は無毒（検・厚）。ただし南シナ海産の筋肉は有毒（検・厚衛）。

センニンフグ（サバフグ属） *Lagocephalus sceleratus* (Gmelin, 1789)　体は細長く、尾鰭は強く湾入する。背鰭前方まで体背面、腹面に小棘が密在する。体背部は暗灰緑色で暗色点が散在する。鰓孔内は黒色。沖合を遊泳。北海道～屋久島の太平洋沿岸、琉球列島、東シナ海大陸棚域、中国南シナ海沿岸、インド－西太平洋に分布。卵巣は猛毒、肝臓・胆嚢・腸は強毒、筋肉・胆汁・精巣・皮は有毒（検・松・厚衛）。

カイユウセンニンフグ（サバフグ属）
Lagocephalus suezensis Clark and Gohar, 1953
体は細長く、尾鰭は湾入する。体背部は薄茶色で茶褐色のやや大きな斑点が散在し、これらの間に複雑な形の褐色斑がある。体背部の斑紋でセンニンフグと区別できる。十数年前、高知県以布利で全長15cm程度の少し変わった斑紋のセンニンフグがとれた。同時に同じくらいの大きさで、典型的な斑紋のセンニンフグもとれた。魚類図鑑をみると、変わった斑紋の個体はセンニンフグの幼魚として写真が掲載されていた。典型的な個体と変わった個体は、同じような大きさでいくつか採集できた。さらに全長7～9cmの個体で同様の違いがあった。こうなると、これらは別種である。変わった個体は新種かもしれないと思って調べたところ、スエズで記載されていることがわかった。命名者の一人は『銛をうつ淑女』の著書として知られるユージニー・クラーク（Eugenie Clark 1922－2015）であった。高知県以布利、西表島、紅海、地中海東部から記録。毒性は不明。

クマサカフグ（サバフグ属） *Lagocephalus lagocephalus* (Linnaeus, 1758)　体は細長い。尾鰭は湾入し、下葉が少し長い。体は背部が濃褐色、側部は褐色、頭部から尾柄までに10数本の暗色横帯がある。体の腹面にはちりめん様の皮褶と小棘がある。北海道～東北地方・房総半島～高知県の太平洋沿岸、インド－太平洋に分布。毒性は不明。（中坊徹次）

ハリセンボン

30cm SL

体を膨張させた
ハリセンボン

ヒトヅラハリセンボン

55cm SL

ネズミフグ

75cm SL

イシガキフグ

75cm SL

メイタ
イシガキフグ

15cm SL

ハリセンボン科 Diodontidae　体は鱗が変形した多数の棘で被われる。上顎と下顎は、それぞれ左右の歯が癒合して1枚の歯板となる。外敵に遭遇すると海水を吸い込んで体を膨張させる。沖縄では種の区別なく汁物や揚げ物などで食される。皮をはぎ、身と肝臓を味噌で仕立てた“アバサー汁”は沖縄の名物。体長は15～75cm。全世界の暖海域に7属18種、日本に3属7種。

ハリセンボン（ハリセンボン属） *Diodon holocanthus* Linnaeus, 1758　体の棘は長く、体を膨張させた際に立てて、敵を威嚇する。この棘は1000本もなく、300～400本程度。尾柄部背面には棘がない。体の各黒色斑に白い縁取りがない。鰓孔の前方に斑紋がない。浅海のサンゴ礁や岩礁域に生息。日本海沿岸には未成魚が対馬暖流に乗って大群で来遊するが、冬季には死亡する死滅回遊である。ときどき、まとまって定置網に入り、海岸に打ち上げられる。北海道～九州南岸の日本海・東シナ海沿岸、北海道～屋久島の太平洋沿岸、琉球列島、朝鮮半島南岸、済州島、世界中の熱帯～温帯域に分布。

ヒトヅラハリセンボン（ハリセンボン属） *Diodon liturosus* Shaw, 1804　鰓孔の前方に黒色斑がある、体の各黒色斑に白い縁取りがあるなどでハリセンボンと区別できる。浅海のサンゴ礁や岩礁域に生息。小笠原諸島、琉球列島、インド－太平洋の熱帯～温帯域（ハワイ諸島を除く）に分布。

ネズミフグ（ハリセンボン属） *Diodon hystrix* Linnaeus, 1758　体の棘は長く可動。尾柄部には背面、腹面とも棘がある。体の背面、側面及び各鰭に小黒点が散在する。浅海のサンゴ礁や岩礁域に生息。青森県～福岡県の日本海沿岸（散発的）、相模湾～屋久島の太平洋沿岸（散発的）、伊豆－小笠原諸島、琉球列島、世界中の熱帯～温帯域に分布。

イシガキフグ（イシガキフグ属） *Chilomycterus reticulatus* (Linnaeus, 1758)　体の棘は短く不動で立てられない。尾柄部背面に棘がある。各鰭に小黒点がある。浅海のサンゴ礁や岩礁域に生息。幼魚は表層性。北海道～九州南岸の日本海・東シナ海沿岸、北海道～屋久島の太平洋沿岸、小笠原諸島、琉球列島、朝鮮半島南岸、済州島、世界中の熱帯～温帯域に分布。定置網で漁獲され、磯釣りの外道でも釣れる。

メイタイシガキフグ（メイタイシガキフグ属） *Cyclichthys orbicularis* (Bloch, 1785)　体の棘は短く不動で立てられない。尾柄部背面に棘がない。黒色斑は体の背面と側面に散在するが、腹面にはない。浅海の砂泥底、サンゴ礁

ヤリマンボウ

3.4m TL

稚魚 5mm TL

舵鰭の中央部が突出する

マンボウ 2.8m TL

クサビフグ

100cmTL

域、岩礁域に生息。

新潟県佐渡〜山口県の日本海沿岸と紀伊半島〜高知県柏島の太平洋沿岸(散発的)、沖縄島、インド−西太平洋の熱帯〜温帯域に分布。(土居内 龍)

マンボウ科 Molidae　口は小さく、歯は癒合して両顎各1枚でくちばし状。上肋骨、腹鰭、腰骨はない。脊椎骨数は17〜19。尾鰭骨格は退縮して尾鰭は消失している。体の後端は背鰭と臀鰭の後部が変化して、扇状に広がる舵鰭とよばれる特殊な鰭になる。稚魚期に舵鰭が形成され、舵鰭を担う骨が背鰭と臀鰭の担鰭骨と相同であることが知られている。また、稚魚期には体表に多数の強大な棘を有する。インド洋、太平洋、大西洋の暖海に3属4〜5種、日本に3属4種。

ヤリマンボウ(**ヤリマンボウ属**) *Masturus lanceolatus* (Liénard, 1840)　体は側扁した円盤状で、舵鰭の中央部が突出する。この突出部にある数本の軟条には、個々を支える担鰭骨がなく、痕跡的な尾鰭と考えられている。鱗は放射肋を有する鱗と小孔を有する小鱗とがある。体色は背部と垂直鰭は暗灰色で腹部は銀灰色、丸い白色斑があらわれることもある。外洋に生息。宮城県以南の太平洋沖と秋田県以南の日本海沖〜琉球列島、朝鮮半島、世界中の熱帯〜亜熱帯海域に分布。

マンボウ(**マンボウ属**) 絶滅危惧Ⅱ類(IUCN) *Mola mola* (Linnaeus, 1758)　体は側扁した円盤状で舵鰭の後縁には波形の凹凸がある。ウシマンボウ*M. alexandrini* (Ranzani, 1839)の舵鰭の後縁にこの凹凸がない。鱗は大型と小型があるが顕著な放射肋や小孔がない。最大個体は全長4mという記録があるが、ウシマンボウの可能性がある。外洋の表層〜水深数百mに生息する。北海道〜九州、北部太平洋、台湾、世界の温帯〜熱帯域に分布。身は生ではイカ類に、加熱後は鶏のささ身に似る。

クサビフグ(**クサビフグ属**) *Ranzania laevis* (Pennant, 1776)　体はやや長く、舵鰭後縁は截形で、全体は三角形に近い。胸鰭、背鰭、臀鰭は細長く、先端がやや尖る。口は特殊で、唇が筒状に突出して左右方向から閉じる。鱗は六角形で中央に数個の鈍い突起をもつ。背部は暗灰色、腹部は銀灰色で頭部には数本の横帯があらわれる。外洋の表層〜水深140mに生息。世界中の温帯〜熱帯海域に分布するが、稀種。(萩原清司)

用語解説

アロザイム分析(－ぶんせき)　アミノ酸配列が異なるが同一の触媒反応をする酵素をアイソザイムといい、そのうちで同じ遺伝子に由来するものはアロザイムとよばれる。電気泳動などによってアロザイムの組成を分析すると各遺伝子座における対立遺伝子の頻度がわかり、DNAの分析が一般化するまでは集団遺伝学の中心的な手法として用いられた。

泡巣(あわす)　空気呼吸する淡水魚が口にためた空気を吹き出してつくる泡の塊の巣で、産み出された卵はこれに集められ、効率よく酸素が補給される。観賞魚のベタなどでもみられる。

囲眼部発光器(いがんぶはっこうき)　ギンハダカ科で眼の前後にある発光器。

移植個体群(いしょくこたいぐん)　もともと生息していなかったところに原産地から移植されて世代を紡いでいる個体群。

遺存固有(いぞんこゆう)　かつて広く分布していた種が現在は狭く限られた分布を示すこと。誕生したての種の限定された分布域は初期固有。

遺伝子浸透(いでんししんとう)　異なる種同士が交雑し、雑種個体が妊性をもつ場合、雑種個体と親種との交雑(戻し交雑)が繰り返されることにより、一部の遺伝子が他方の種内に入り込むことがある。これを遺伝子浸透という。

遺伝的攪乱(いでんてきかくらん)　ある地域の種や個体群がもつ遺伝的特性が、人為的に持ち込まれた外来個体や人工品種との交雑により乱されること。長い歴史のなかで形成された地域的な遺伝的特性が不可逆的に失われ、適応度の低下や絶滅につながる危険性がある。

異尾(いび)　尾鰭の上葉と下葉が不相称で、上葉が大きくて長い尾鰭。

咽舌軟骨(いんぜつなんこつ)　ギンザメ類の内臓頭蓋で舌に関係する舌弓で、上舌軟骨の上にある軟骨。板鰓類や硬骨魚類の鰓弓で一番上は咽鰓(軟)骨であり、舌弓でこれに相当する要素が咽舌軟骨であるが、ギンザメ類にしかみられず、板鰓類や硬骨魚類の舌弓にはこの要素に相当するものはない。

咽頭顎(いんとうがく)　鉤状に曲がった鋭い咽頭歯をもった最前列の鰓弓。餌生物を飲み込むのに顎のような動きをするので、こうよばれる。ウツボ科でみられる。

咽頭歯(いんとうし)　硬骨魚類の上咽頭骨(鰓弓の最上部の骨)と下咽頭骨(鰓弓の最下部の骨)にある歯。

咽皮管孔(いんぴかんこう)　ヌタウナギ科で食道と外部の間にある咽皮管が、左側の最後尾の鰓孔と一緒になって外部に開く孔。鼻孔から入った泥などの異物はこの孔から排出。

隠蔽種(いんぺいしゅ)　よく知られている種を詳しく調べると複数の種が含まれていることがある。このように既知種に隠れている種をいい、ときには新種のこともある。

ウェーバー器官(－きかん)　コイ目、カラシン目、ナマズ目、デンキウナギ目の最前部の4個の椎体と肋骨が変形して、前から三脚骨、挿入骨、舟状骨、結骨とよばれる。鰾が受けた音による振動は鰾の前室に接する三脚骨から前方に向かって挿入骨、舟状骨、結骨と伝わり内耳の小嚢に伝わる。

烏口骨(うこうこつ)　肩甲骨の項を参照。

エリ　湖岸から沖に向かって矢印形に網を張り、鏃(やじり)の両端にツボといわれる魚の取り込み部を設定した小型定置網。アユ、ホンモロコ、フナ類をとる琵琶湖の漁法。

円錐歯(えんすいし) 先端が尖った円錐状の小歯。

円鱗(えんりん)　後縁が円滑な鱗。薄く、表面は硬い骨質層、底層はコラーゲン繊維の繊維層からなる。真骨類に普通にみられる。

追星(おいぼし)　産卵期に表皮にできる突起。コイ科のある種の雄の頬にみられることが多い。

外鰓(がいさい)　鰓孔から体外に突出する鰓。ポリプテルス、肺魚のレピドシレン、多くの両生類の幼生にみられる。

海水性(かいすいせい)　海水域だけを生息場所にしていること。

海洋型(かいようがた)　マスノスケ独自。

外翼状骨(がいよくじょうこつ)　硬骨魚類の上顎を形成する膜骨で、口腔の側壁を支えている。内翼状骨を参照。

外列歯(がいれつし)　メジナ属で上下顎歯の前列で摂餌に機能している歯の列。

下咽頭骨(かいんとうこつ)　第5鰓弓の下半は下咽頭骨に変形し、下咽頭歯を備える。鰓弓(さいきゅう)を参照。

下咽頭歯(かいんとうし)　下咽頭骨を参照。

下顎歯(かがくし)　サメ類の下顎はメッケル軟骨というが、これに付着する歯。

角鰓骨(かくさいこつ)　鰓弓の下半分は2つの骨からなるが、その上部の骨。

核DNA(かくディーエヌエー) 細胞核内にあるDNA。生物個体のもつ遺伝情報の大部分を占める。1細胞内に両親に由来する2セットがあり、配偶子形成時の減数分裂の際にそれらの間で組み換えがおこる。

河口干潟(かこうひがた) 主に河川を流下してきた砂泥が、河川内の河口域に堆積して形成された干潟。

下鰓骨(かさいこつ) 鰓弓の下半分は2つの骨からなるが、その下部の骨。

下唇歯(かしんし) 口腔下部の歯。

河川型(かせんがた) 種内の生活史の多様性のなかで雌雄とも河川で生涯を送る型。河川型はイワナで使うが、生活史の型からいうとヤマメとアマゴの河川残留型もこれに相当する。

河川型(かせんがた) マスノスケ独自。イワナの河川型とは少し異なる。

河川残留型(かせんざんりゅうがた) イワナの場合、降海型と降湖型がみられるところで、雌が海か湖に降り、雄が河川に残って成熟し産卵に加わるものをいう。ヤマメやアマゴの場合、一部の雌が海に降りて大きく成長するが、雌雄とも河川で一生を送るものをいう。ビワマスの場合、河川で産卵をするが、ほとんどが琵琶湖に降りて成長して成熟するが、川に残って体長11cmあまりで成熟して産卵に加わるものをいう。ギンザケの河川残留型もこれである。

褐虫藻(かっちゅうそう) サンゴやシャコガイと共生する植物プランクトンの渦鞭毛藻。宿主が代謝した二酸化炭素によって光合成を行う。褐虫藻を有する造礁性サンゴが群体性のサンゴ礁を形成する。

渦流域(かりゅういき) 暖流と寒流の潮境でおこる渦流、湧昇流によって起こる渦流、海流の流路にある礁や島による渦流など様々であるが、これらの渦流域はよい漁場になっている。

眼窩(がんか) 眼球を収めているくぼみ。

眼下棘(がんかきょく) 第1眼下骨(下記)の表面にある棘。

感覚管開孔(かんかくかんかいこう) ハゼ亜目ではほとんどが側線管は頭部に限られる。その開孔を感覚管開孔という。

感覚管孔(かんかくかんこう) ニベ科で下顎の感覚管(下顎管)の開孔のこと。これの数が種の特徴になることがある。

眼下骨(がんかこつ) 眼の周囲に形成される一連の骨。中を側線管が通る。前から第1番目の眼下骨を涙骨(るいこつ)とよぶ。その後ろは第1眼下骨とよぶ。

眼下骨床(がんかこつしょう) 第2眼下骨の上縁が内側に湾曲して形成する眼球の床の一部。

眼下骨棚(がんかこつほう) 眼下骨系で前から3番目の骨(第2眼下骨)の後方に延びる突起。

眼下発光器(がんかはっこうき) ホテイエソ科で眼下にある発光器。

眼後発光器(がんこうはっこうき) ギンハダカ科の囲眼部発光器の眼後部にある発光器。

眼上棘(がんじょうきょく) ハタタテダイ属でオニハタタテダイなどがもつ目の上の角状の突起。

環状軟骨(かんじょうなんこつ) ヤツメウナギ類成体において口の輪郭を形成する左右1対の軟骨。

眼上皮弁(がんじょうひべん) 両眼間隔域で眼の背方にある1対の皮質突起。

眼前発光器(がんぜんはっこうき) ギンハダカ科の囲眼部発光器の眼前部にある発光器。

感潮域(かんちょういき) 河口に近い河川の下流域では海の潮汐の影響で水位や流速に周期的な変動がおこる。このような河川の下流域を感潮域といい、底層に海水の塩分がある。

環北極分布(かんほっきょくぶんぷ) ユーラシア大陸北部、北米大陸、グリーンランドと、北極を取り囲む陸地の沿岸に分布していること。

キール状(-じょう) キールは船底の竜骨であり、魚の腹部中央縁が尖った状態をいう。

鰭脚腺(ききゃくせん) エイ類の腹鰭交尾器基部の外側にあり、交尾時に潤滑液を分泌する。

擬鰓(ぎさい) 軟骨魚類の呼吸孔や多くの真骨類の鰓蓋の裏面にある鰓弁状構造。軟骨魚類では呼吸孔鰓ともいわれるが、動脈血が通過し鰓と形状は同じでも機能は同じではない。硬骨魚類では眼の脈絡膜の奇網と連携して網膜へ供給される血液の酸素分圧の調節に関与していると推定されている。

基鰓骨(きさいこつ) 鰓弓で、基部にある1個の軟骨性硬骨。鰓弓(さいきゅう)を参照。

擬鎖骨棘(ぎさこつきょく) 擬鎖骨の後方にある強い棘。擬鎖骨は陸上動物の鎖骨と同じ役割を果たすが、膜骨である。硬骨魚類で祖先的な魚は擬鎖骨と鎖骨をもつが、派生的な魚は擬鎖骨に置換している。アンコウ類の上膊棘と同じ。

擬餌状体(ぎじじょうたい) アンコウ類で誘引突起の先端にあり、これで小魚を誘って、近づいたものを捕食する。エスカという。

汽水性(きすいせい)　淡水と海水が混じる汽水域に生息している特性。

機能的雌雄同体(きのうてきしゆうどうたい)
1個体に雌雄双方の性機能があらわれ、その個体の生殖腺は成熟した卵と精子を同時、あるいは一生の異なる時期につくること。

機能的雄性(きのうてきゆうせい)　機能的雌雄同体で、生殖腺が精巣として機能している状態。

擬尾(ぎび)　タラ科にみられ、背鰭と臀鰭の後部軟条が合体して形成された尾鰭。他の真骨類の尾鰭と異なる。

鰭膜(きまく)　鰭で鰭条と鰭条をつなぐ膜。

奇網(きもう)　魚類の体温保持のしくみ。体の末端で静脈が体内の熱を逆流の原理によって接している動脈枝に移して、外に逃がさないようにしている血管網。この血管網はマグロ類やネズミザメ類は筋肉にあり、アカマンボウでは鰓にある。鰾にも奇網があり効率よく酸素ガスをガス腺内に送る。多くの真骨類では脈絡膜中に奇網があり、酸素が網膜へ送られる。

臼歯状歯(きゅうしじょうし)　先端が平たいか丸く、臼のようになっている歯。

嗅房(きゅうぼう)　匂いを感知する嗅覚器で、多数の嗅板からなる。魚類の鼻であり表皮の陥没によって形成された鼻腔におさまっている。嗅板には嗅細胞、支持細胞と基底細胞からなる嗅上皮がある。嗅房の形は魚種によって様々。

共生細菌(きょうせいさいきん)　魚類の発光器は自力発光型と、発光細菌共生型がある。後者はテンジクダイ科、マツカサウオ、ソコダラ類、ホタルジャコなどにみられ、これらの発光器内に生息するのが発光する共生細菌である。

胸舌骨筋(きょうぜつこつきん)　硬骨魚類で鰓蓋挙筋とともに収縮して口を開けるのに中心的な役割をする。肩帯と尾舌骨および下舌骨を結ぶ。肩帯は胸鰭を支える一連の骨(軟骨性硬骨と膜骨)、尾舌骨(膜骨)は基舌骨の後方に位置し、下舌骨(軟骨性硬骨)は舌弓の一部。

棘魚類(きょくぎょるい)　古生代に栄えた顎口類の1つ。胸鰭、腹鰭、背鰭、臀鰭があり、各鰭の前端に強い棘がある。口は吻端にある。鰓孔は5つか1つ。体は微小な鱗に密に被われ、側線系が鱗間を走る。神経頭蓋はアカントーデスで知られるが、ほとんど軟骨。

棘鰭類(きょくきるい)　棘鰭上目の魚であり、とくにスズキ系で基本的に鰭に硬い棘条をもつ。

棘状鱗(きょくじょうりん)　アカグツ科で体表を被う多くの小棘。鱗の変化したもの。

鋸歯縁(きょしえん)　歯や鰓蓋骨の縁辺が小棘で縁取られている状態。

銀化(ぎんけ)　サケ類やウナギ類は海に降りる前に稚魚から銀化とよばれる変態をし、体全体が銀色になる。これは甲状腺ホルモン、成長ホルモン、副腎皮質ホルモンなどが関わり、降河行動と海水適応能力の増大を伴う。サケ類では特にスモルト化ともよばれる。

グラミスチン　ハタ科ヌノサラシ類が分泌する大量の粘液の毒成分。溶血活性のある抗菌ペプチド。

クリーニング行動(−こうどう)　掃除行動とも呼ばれる。他種の体表や口の中をつつき、外部寄生虫や傷んだ皮膚、体表粘液などを食べる行動のこと。陸上では大型哺乳類やワニを掃除する小鳥が、水中では魚類やウミガメの掃除をするエビや小型魚が知られている。サンゴ礁・岩礁性魚類のなかでは、専門にこれを行うホンソメワケベラが有名だが、掃除行動を行う多くの魚種は他の方法でも食物を獲得しており、幼魚期のみこの行動を行う種も多い。

クリーニングステーション　ホンソメワケベラなどは他の魚の体表や口の中をつつき、外部寄生虫や体表粘液を食べる掃除行動を行う。これらは自分のなわばり内の決まった場所で行われ、掃除をしてほしい魚はそこを訪れることから、そのような場所を特にこうよぶ。

グループ産卵(−さんらん)　1個体の雌と複数の雄の間で行われる産卵行動をいい、なわばりをもたない小型の雄が、集団を形成して1個体の雌を追尾して産卵・放精に至る。なわばりをもつ大型雄が行うペア産卵に対する、小型雄の代替繁殖戦術の1つ。

群体(ぐんたい)　分裂や出芽などの無性生殖で生じた個体が互いに体の一部分、または体から外方に分泌したものによって連結されている集合状態。原生生物から海鞘(ホヤ)類まで多くにみられる。群体性の造礁サンゴはサンゴ礁をつくる。

原記載(げんきさい)　ある種が新種として発表されるときの記述。学名、タイプの指定、形態など特徴の記述、近縁種との関係が記される。

肩甲骨(けんこうこつ)　烏口骨とともに胸鰭を支える軟骨性硬骨で、膜骨の擬鎖骨に付着する。

犬歯状歯(けんしじょうし)　先端が尖り後方に湾曲した比較的大きい顎歯。

肩帯(けんたい)　胸鰭を支える一連の骨。

コアユ　琵琶湖産のアユで小型で成熟するもの。

広塩性(こうえんせい)　ある海洋生物の塩分耐性の幅が広いことをいう。これに対して塩分耐性の幅が狭い生物に対しては狭塩性という。

降海型(こうかいがた)　ベニザケやイワナ(北方に生息する個体)で、雌雄とも孵化後に海に降りて成長し、成熟するものをいう。ヤマメやアマゴで海に降りて大きく成長し、成熟する雌個体をいう。ヤマメ降海型はサクラマス、アマゴ降海型はサツキマスとよばれる。

口蓋骨(こうがいこつ)　口蓋にある軟骨性硬骨。後ろは膜骨の内翼状骨と後翼状骨に接する。

口蓋骨歯(こうがいこつし)　口蓋部で口蓋骨上にある歯。

口蓋歯(こうがいし)　ヌタウナギ科で口蓋中央にある1本の針状歯。

口蓋棒状軟骨(こうがいぼうじょうなんこつ)　ヌタウナギ類の口蓋部を縦走する軟骨で、口蓋歯が付着する。背側縦走軟骨ともよばれる。先端は角状軟骨になる。

降河回遊(こうかかいゆう)　海で生まれ稚魚期に遡河、川や湖で成長し成熟後に降海して海で産卵する特性。

後擬鎖骨(こうぎさこつ)　擬鎖骨の後方にある膜骨。擬鎖骨は陸上動物の鎖骨と同じ役割を果たすが、膜骨である。硬骨魚類で祖先的な魚は擬鎖骨と鎖骨を併せもつが、派生的な魚は擬鎖骨に置き換わっている。

孔器列(こうきれつ)　水の物理的動きを感知する側線系は管状の側線管と体表のくぼみに感丘(感覚器)がある孔器がある。ハゼ類は頭部にほとんど側線管がなく、孔器が列で並ぶ。これをいう。

攻撃擬態(こうげきぎたい)　捕食行動をするために相手に近づくとき、相手が安心できる動物に姿を似せること。

降湖型(こうこがた)　ベニザケ陸封型のコカニーやイワナ(北方に生息する個体)で、湖に流入する川を遡上し、川で産卵、稚魚が湖に降りて成長し、成熟する生活史をもつもの。

虹彩(こうさい)　眼球の角膜と水晶体の間にある隔壁。虹彩の収縮と拡大によって瞳孔に入る光の量を調節する。

虹彩皮弁(こうさいひべん)　瞳孔の上部に伸びている虹彩膜。コチ科やベラギンポ科にみられる。

後担鰭骨(こうたんきこつ)　硬骨魚類の胸鰭は基本的には肩甲烏口骨に前担鰭骨、複数の放射骨、後担鰭骨からなる。ところが肉鰭類の胸鰭は後担鰭骨のみであり、これが四肢類の上腕骨となる。

後頭窩(こうとうか)　後頭部にあるくぼみ。フサカサゴによくみられる。

口板(こうばん)　化石無顎類の下顎に並んでいる細長い板状の組織。中央を境にして左右方向に開いたと考えられる。アランダスピスや翼甲類、異甲類にみられる。

喉板(こうばん)　左右の下顎間にある板状の膜骨。アミア、カライワシ、イセゴイ、ソトイワシなどの祖先的な硬骨魚類にみられ、鰓条骨から変化したと考えられている。

項部棘(こうぶきょく)　ガンギエイ類の体盤背面の中央部(項部)にある顕著な棘。

項部皮弁(こうぶひべん)　後頭部から背鰭基底前のところにある皮弁。

硬鱗(こうりん)　パレオニスカス鱗からコズミン層が消失したもので、ガノイン層と板骨層からなる。パレオニスカス鱗の項を参照。真骨類の円鱗と櫛鱗は硬鱗の変形。

湖沼型(こしょうがた)　ベニザケ陸封型のコカニーで、湖に流入する川で産卵せずに、湖岸で産卵して、湖内で一生を送るもの。ヒメマスの一部、クニマスがこれに相当する。

コズミン層(－そう)　コズミン鱗を参照。

コズミン鱗(－りん)　硬鱗とともに祖先的な硬骨魚類の鱗。初期の肉鰭類にみられる。表層にエナメル層、中間にコズミン層、基底は板骨層(イソペディン)。パレオニスカス鱗を参照。

個体群(こたいぐん)　ある空間を占め、交配で関係をもつ同種個体の集まり。

骨甲類(こっこうるい)　古生代に栄えた無顎類の1つ。欠甲類、ヤツメウナギ類とともに頭甲類に含められる。頭部は縦扁し、大きな外骨格で被われる。頭部は大部分が1枚の甲板だが、口と鰓孔列で囲まれたところはほぼ円形で、小さな甲板で密に被われる。胸鰭がある。頭甲の左右が強い棘のケパラスピスがよく知られる。

骨質棘条板(こつしつきょくじょうばん)　マトウダイ科で背鰭と臀鰭の基底にある強い棘の列。

骨質板(こつしつばん)　チョウチンアンコウの体表にあり、鱗の変形したものと考えられている。

骨質盤(こつしつばん)　ドジョウ科のドジョウ属とシマドジョウ属の雄の胸鰭基部に発達する円形の骨質板。これで雌雄の判別が可能。

婚姻色(こんいんしょく)　産卵期になるとあらわれる色彩。通常は雄にみられる。

痕跡的雌雄同体(こんせきてきしゆうどうたい)

発生学的に雌雄同体の痕跡が残されている現象。イトヨリダイとソコイトヨリの他マダイやチダイにもみられる。

棍棒細胞(こんぼうさいぼう) 骨鰾類の表皮中の細胞で警報物質を含んでいる。産卵期になると生殖腺ホルモンにより棍棒細胞が著しく減少するが、生殖行動に伴う表皮の擦り傷によって警報物質の流出を抑えていると考えられている。

鰓蓋(さいがい) 鰓孔の外側を被い、鰓を保護する。

鰓蓋挙筋(さいがいきょきん) 硬骨魚類で胸舌骨筋とともに収縮して口をあけるのに中心的な役割をする。神経頭蓋側面と鰓蓋背面を結ぶ。

鰓蓋骨(さいがいこつ) 硬骨魚類で鰓孔を被う一連の硬骨で、前鰓蓋骨、主鰓蓋骨、下鰓蓋骨、間鰓蓋骨からなる。すべて膜骨。

鰓蓋腺(さいがいせん) ブダイ科とベラ科の一部には鰓蓋部で胸腺下の鰓の内側に粘液腺があり、これを鰓蓋腺という。ここから粘液を分泌して寝袋で体を被う。

鰓蓋膜(さいがいまく) 鰓蓋で主鰓蓋骨と前鰓蓋骨を被い、後方に少し張り出した皮膚膜。

鰓隔膜(さいかくまく) 鰓弓には前列と後列の鰓弁があり、その間に鰓隔膜がある。鰓隔膜はサメ・エイ類では鰓弁の後端をこえ体表に達するが、ギンザメでは鰓弁の後端に達しない。硬骨魚類では鰓隔膜は短く基部にとどまる。これは、サメ・エイ類の鰓孔が5〜7対、ギンザメ類と硬骨魚類の鰓孔が1対であることに対応している。

鰓管(さいかん) ヤツメウナギ類で咽喉部から食道と分かれて腹後方に伸びる盲管。左右に7対の鰓嚢が開口する。鰓管の入り口には弁がある。

鰓弓(さいきゅう) 鰓を支える骨。硬骨魚類では基鰓骨、下鰓骨、角鰓骨、上鰓骨、咽鰓骨で普通5対、軟骨性硬骨。軟骨魚類では基鰓軟骨、下鰓軟骨、角鰓軟骨、上鰓軟骨、咽鰓軟骨で普通5対。

鰓孔(さいこう) 鰓を収めるところが体外に開く孔。

鰓上腔(さいじょうこう) 二枚貝の体内で鰓葉を通過した水が通る空間。入水管から取り入れた水は、外套腔、鰓葉、鰓上腔を経て、出水管から排出される。コイ科タナゴ亜科魚類の雌は、この鰓上腔や鰓葉内の空間に卵を産み付ける。産卵母貝の項を参照。

鰓条骨(さいじょうこつ) 硬骨魚類の舌弓を構成する角舌骨と上舌骨の腹側に付着する弧状の膜骨。鰓蓋をあけると、腹側にある傘の骨のようなもの。分類群によって本数が異なる。

鰓嚢(さいのう) ヌタウナギ類とヤツメウナギ類の鰓を収めている嚢。

鰓耙(さいは) 鰓弓の内側にある櫛状の硬組織。鰓耙の数と長さは食性と対応し、大型動物食のものは鰓耙が短く疎らであるか、ない。小型動物食のものは鰓耙が長く密に並んでいる。

砕波帯(さいはたい) 海岸で沖からの波が崩れるところから汀線までの水域。クロダイやアユの稚魚が一時砕波帯に生息する。

鰓弁(さいべん) 鰓弓上に並び、中軸が鰓弁条に支持され、内転筋と外転筋で呼吸運動にあわせて先端を動かす。鰓弁の両側面には葉状の二次鰓弁が多数並び、ここでガス交換が行われる。

鰓弁条(さいべんじょう) 鰓弁の項を参照。

鰓膜(さいまく) 鰓蓋を被っている皮膚で、腹側は鰓条骨を被う。

鰓葉(さいよう) 二枚貝の鰓を構成する組織で、内部に毛細血管が分布し、外部を流れる水との間でガス交換が行われる。コイ科タナゴ亜科魚類の仔魚は、鰓葉内の空間で発育する。産卵母貝と鰓上腔を参照。

鰓籠(さいろう) ヤツメウナギ類の鰓嚢を囲む軟骨構造。筋肉が付着しており水の出し入れをする。ヌタウナギ類には鰓籠がない。

索餌回遊(さくじかいゆう) 成長期に餌生物の豊富な海域に向かう回遊。日本列島の周辺では索餌回遊は北へ向かうことが多い。

鎖骨(さこつ) 肩甲骨と烏口骨が関節する軟骨性硬骨。現世硬骨魚類ではチョウザメ類やアミア類に小さなものが残るだけで、膜骨である擬鎖骨が鎖骨の役割を果たす。

産卵回帰(さんらんかいき) 成熟した雌雄が産卵のために生まれた場所に戻ること。

産卵孔(さんらんこう) ハゼ科などで卵を産み付けるために干潟などに掘られる細長い孔。通常、産卵孔の奥の天井に付着卵が産み付けられる。

産卵床(さんらんしょう) サケ科で雌が産卵のために水底に掘るくぼみ。体を水平にし、尾鰭を使って掘る。ヤツメウナギ科では雄が吸盤状の口を使って小石を除いてつくる。

産卵母貝(さんらんぼがい) コイ科タナゴ亜科魚類の雌は産卵管を伸長させ、それを二枚貝の出水管に挿入する。先端は鰓の深いところに達し、卵を鰓上腔や鰓葉内の空間に産み付ける。卵を産み付けられる淡水産二枚貝を産卵母貝という。タナゴ類各種それぞれ特定の産卵母貝がある。鰓上腔を参照。

残留型(ざんりゅうがた)　ベニザケのなかで海に通じる河川があるにもかかわらず、淡水域で成長や成熟をして一生を終える型。ベニザケの多様な生活史の1つ。

シガテラ毒(−どく)　ガンビエールディスカス属の付着性渦鞭毛藻がシガテラ毒(シガトキシンとマイトトキシン)をもち、これを餌とする魚や巻貝が毒化。食物連鎖によって毒は魚食性の魚に移行する。シガテラによる食中毒の症状は食後30分から数時間で消化器系、循環器系、神経系に異常があらわれる。最も特徴的なのはドライアイスセンセーションで、水に触れるとドライアイスに触れたときのように感じる。シガテラ毒をもつことがある魚としてドクウツボ、バラフエダイ、オニカマスがよく知られているが、島嶼域の大型のヒラマサやカンパチでも知られている。同じ魚でもとれた場所によってシガテラ毒をもつ場合がある。地元の人たちが食べない魚はシガテラ毒魚のことがあり注意を要する。

子宮隔壁(しきゅうかくへき)　サメ類の子宮(輸卵管)では、胎仔の数だけ隔室ができる。これら隔室間の壁。

仔魚(しぎょ)　孵化後、鰭条などができて稚魚になるまでの発育段階のものをいう。卵黄から栄養を吸収しつくすまでを前期仔魚、それから鰭条ができて稚魚までを後期仔魚という。

脂瞼(しけん)　マイワシ、ボラ、マサバなどの眼の表面を保護している透明な脂質の膜。

歯骨(しこつ)　下顎歯が付着し、この後端に関節する角骨とともに硬骨魚類の下顎を構成する主な骨。いずれも膜骨。本来の下顎のメッケル軟骨は後端の膜骨と合し小さな後関節骨になる。

四肢類(ししるい)　両生類、爬虫類、鳥類、哺乳類をまとめていう。

視神経交叉(ししんけいこうさ)　ヒラメ・カレイ類は仔魚では体側の両側に眼があるが、個体発生が進むと左右のどちらかに寄る。これに伴って左右の視神経が交叉する。眼が体の左のヒラメ類は右の視神経が上、右のカレイ類は左の視神経が上。

雌性先熟(しせいせんじゅく)　機能的雌雄同体で、まず雌として成熟し産卵、のちに雄に性転換すること。

雌性発生(しせいはっせい)　3倍体ギンブナの個体発生。野生集団に雄がおらず、近縁のキンブナやニゴロブナなどの精子によって卵の分割がおこる。単為生殖を参照。

耳石(じせき)　内耳の三半規管の一端にある膨大部の中に炭酸カルシウムの沈着によって形成された礫石、扁平石、星状石があり、総じて耳石とよばれ、体の平衡感覚を保つのに機能している。最も大きいのは扁平石で、単に耳石といえば、これを指す。

耳石輪紋(じせきりんもん)　耳石のうち最も大きい扁平石に年周期で形成される輪紋で、魚類の年齢と成長を調べる研究に使われる。

歯帯(したい)　小さい歯が集まって帯状になった状態。

櫛状歯(しつじょうし)　石の上に生えた付着藻類をこそげて食べるのに適したように櫛状に変化した上下両顎の歯。アユだけがもっている。

櫛鱗(しつりん)　後縁に小棘が並ぶ鱗。薄く、表面は硬い骨質層、底層はコラーゲン繊維の繊維層からなる。真骨類に普通にみられる。

シノニム　生物分類学では同種異名の学名を言う。新参同種異名(ジュニアシノニム)と古参同種異名(シニアシノニム)があるが、通常シノニムと言えば新参同種異名のことを言う。シノニムにされた学名は使用されない。

歯板(しばん)　歯が相互に癒合して板状になった状態。ギンザメ類やフグ類でみられる。

姉妹群(しまいぐん)　祖先を共有する分類群。種や属といった低位の分類群間の関係で用いられることが多い。

死滅回遊(しめつかいゆう)　回遊した先での成長が困難で、結果的に繁殖・定着できない回遊のこと。熱帯性の魚が海流で北へ運ばれる、あるいは寒流系の魚が南へ迷い込む場合をいう。

斜筋(しゃきん)　ジンベエザメ科の特徴で、眼球から眼窩背縁の張り出しを結ぶ筋肉。上斜筋と下斜筋がある。

Jacks(ジャックス)　ギンザケの雄で海に降りず、河川で1冬をこす個体。体長30cmほどで成熟して産卵に加わる。

主鰓蓋骨(しゅさいがいこつ)　鰓蓋を形成する一連の膜骨で最も大きく、最も上にあるもの。

主上顎骨(しゅじょうがくこつ)　上顎を形成する膜骨で後ろに位置し、最も大きい。

主上顎骨歯(しゅじょうがくこつし)　真骨類の上顎は前上顎骨と主上顎骨が主な要素だが、後者に付着する歯をいう。

種小名(しゅしょうめい)　二語で表わされる種の学名で属名の後ろの語。

主尖頭(しゅせんとう)　サメ類の顎歯で、最も大きい尖頭。その両側にある小さいものは側尖頭。

瞬膜(しゅんまく)　サメ類の一部にみられ、眼の下縁にそって発達し、危険物が近づいたときには閉じて眼を守る。

楯鱗(じゅんりん)　軟骨魚類の体表で歯と同じ構造をもつ鱗で皮歯(ひし)ともよばれる。体表に出る棘と真皮層に根を下ろす基底板からなる。

上咽頭骨(じょういんとうこつ)　第4・5鰓弓の上半は多くの場合癒合して上咽頭骨とよばれ、上咽頭歯を備える。鰓弓(さいきゅう)を参照。下咽頭歯(かいんとうし)を参照。

上咽頭歯(じょういんとうし)　上咽頭骨(じょういんとうこつ)を参照。

上顎骨(じょうがくこつ)　前上顎骨と主上顎骨で上顎を形成する膜骨。マイワシ、サケ、スズキなどには主上顎骨の直上に上主上顎骨がある。

上顎歯(じょうがくし)　サメ類の上顎は口蓋方形軟骨というが、これに付着する歯。

松果体孔(しょうかたいこう)　松果体は間脳の背面にある小突起物で、光を感知する。魚種によって松果体を被う骨と表皮が薄くなり光を透過しやすくなっている。これが松果体孔である。松果体は上生体ともいう。

礁原(しょうげん)　褐虫藻を有する造礁性サンゴの形成したサンゴ礁の外縁に発達した低潮位面にある平坦域。

礁湖(しょうこ)　堡礁あるいは環礁でサンゴ礁に囲まれた浅い海。

上口歯板(じょうこうしばん)　ヤツメウナギ類の食道裂口の直上にある歯。

上篩骨(じょうしこつ)　真骨類の神経頭蓋(頭蓋骨)の前端、鼻殻にあたるところの骨。軟骨性硬骨と膜骨との合成骨。

上主上顎骨(じょうしゅじょうがくこつ)　主上顎骨の直上にある膜骨。上顎骨を参照。

鞘状鱗(しょうじょうりん)　モンガラカワハギ科とカワハギ科の左右の腹鰭は1本の腰帯となり、その先端が数枚の鱗で被われる。それを鞘状鱗といい分類形質になっている。

上唇歯(じょうしんし)　口腔上部の歯。

上膊棘(じょうはくきょく)　擬鎖骨から後方に延びる棘。擬鎖骨棘の別名。アンコウ科ではこのように称することが多い。

初期固有(しょきこゆう)　遺存固有の項を参照。

食道嚢(しょくどうのう)　イボダイ亜目にみられ、咽頭部と食道の間にある左右1対の袋状器官で厚い筋肉壁よりなる。内面には食道嚢歯とよばれる突起があり、形は種によって異なる。

鋤骨(じょこつ)　神経頭蓋の前端腹面にある1個の膜骨。

鋤骨歯(じょこつし)　鋤骨の腹面にある歯。

鋤骨歯帯(じょこつしたい)　鋤骨にある小歯域。

深海(しんかい)　海底では水深200～2000mまでを漸深海底帯、水深2000～6000mまでを深海底帯、水深6000m以深を超深海底帯と称される。水塊中では水深200～1000mを中層(中深層)、水深1000～3000mまでを漸深層、水深3000～6000mまでを深層、水深6000m以深を超深層という。通常水深200以深を深海という。

深海魚(しんかいぎょ)　深海(深海の項を参照)を主な生息場所としている魚。漠然とした名称。

神経頭蓋(しんけいずがい)　頭部で脳と内耳が収まっている。硬骨魚類では多くの軟骨性硬骨と部分的に膜骨から構成される。軟骨魚類では1つの軟骨であり頭蓋軟骨という。

新鮫類(しんさめるい)　現生のサメ・エイ類はすべて新鮫類に含まれ、最も古いものは中生代三畳紀初期。

新参異名(しんざんいめい)　同じものに対する複数の異なる名称。分類学では同じ種に対して複数の学名があることが多く、これらを異名(シノニム)という。種の学名のシノニムは名称を付された時期が異なり、より古いものを古参異名(シニア・シノニム)、より新しいものを新参異名(ジュニア・シノニム)という。国際動物命名規約の先取権の原則により最も古いものをその種の学名に適用する。ある種で古参異名が見つかったときは、それを適用する。置き換えられた新参異名を単にシノニムということも多い。(シノニムの項参照)

真歯(しんし)　象牙質をもつ歯で、顎口類にみられる。これに対して無顎口類の歯は表皮由来の角質歯。

唇歯(しんし)　ボウズハゼ類の下顎の前縁に1列に密生する細長い単尖頭歯。皮質に被われ板状に見える。

唇褶(しんしゅう)　サメ類で口角部に裂状の溝がある場合、これをいう。

針状軟骨(しんじょうなんこつ)　ヤツメウナギ類の口で環状軟骨の外側にある1対の軟骨。

針状鱗(しんじょうりん)　鱗が変形し、針状になったもの。

靭帯(じんたい)　骨を相互に連結する結合組織の索条。

水温躍層(すいおんやくそう)　異なる性質の水

塊が上下に層をなして配列している場合、上層と下層で水温が急に下がる。その境界層をいう。

垂直鰭(すいちょくき) 背鰭、臀鰭、尾鰭という単一の鰭。これに対して、胸鰭と腹鰭は対鰭(ついき)という。

随伴摂餌(ずいはんせつじ) 底質を攪乱して摂餌する動物につきまとい、おこぼれに与る行動。随伴される動物は魚に限らず、タコやヒトデ、ウミガメの場合もある。ベラ類がヒメジ類につきまとって随伴摂餌するのがよく観察されている。

ストリーキング 小型の雄が大型雄と雌のペア産卵に飛び込み、精子をかけて逃げる行動をいう。ペア産卵に近づく際、身を晒して飛び込んで行く場合にこの用語を用いる。また、大型雄が小型雄のグループ産卵に飛び込んで放精する行動は“逆ストリーキング”とよばれる。スニーキングは似た行動であるが、少し異なる。

スニーキング ペア産卵を行う魚類の一部で産卵中に雄が割り込んで放精を行うことがある。このような行動のうち、割り込む雄が雌のようにふるまいペア雄から隠れて雌に接近する場合をスニーキングという。このような雄はペア雄と比べて競争力が低く小型であることが多い。ストリーキングとペア産卵を参照。

スモルト サケ類で銀化(ぎんけ)した個体をいう。銀化の項を参照。

スンダランド インドシナ半島からマレー半島、スマトラ島、ジャワ島、バリ島、ボルネオ島を含む大陸棚域。

成魚(せいぎょ) 一般的に、成長して成熟する段階に至った個体を成魚と称している。

生息孔(せいそくこう) ハゼ類や小型甲殻類がすむために干潟などにつくる管状の孔。

生態型(せいたいけい) 同じ種のなかで生態がわずかに異なり、それが形態に反映されているもの。

正中線皮弁(せいちゅうせんひべん) 後頭部の正中線上の平たい皮弁。イソギンポ科やハゼ科トサカハゼ属にみられる。

正中腹側軟骨(せいちゅうふくそくなんこつ) ヤツメウナギ類の頭部骨格で腹側正中部にある1個の軟骨。口の開閉に関与する。

性的二型(せいてきにけい) 成熟して、雌雄が斑紋や形態で異なること。

性転換(せいてんかん) 硬骨魚類のあるもので、同一個体が雌から雄へ、あるいは雄から雌へ性を転換する現象をいう。若い時期に雄あるいは雌として機能し、年齢をかさねて雄から雌として機能、雌から雄として機能する性転換、成熟時に群れなどの社会構造により同一個体が雌から雄へ転換して産卵行動をする性転換がある。

正尾(せいび) 尾鰭の上葉と下葉は相称だが、これを支える脊柱の後端部が上後方に曲がり、末端部が退縮し血管棘が下尾骨に変形して扇状に並んで尾鰭条を支えている。真骨類の尾鰭。アミア類の尾鰭は正尾に似るが、脊柱後端の形態が異尾に近く、略式異尾とよばれる。

脊索(せきさく) 脊椎動物の体で神経直下の正中背側を走る棒状の支持器官。個体発生の一時期にみられるか、終生もつものもある。

石灰藻(せっかいそう) 体表に炭酸カルシウムを沈着させる藻類の総称。

舌顎挙筋(ぜつがくきょきん) 軟骨魚類で神経頭蓋と舌顎軟骨を結び、これの収縮で口が開く。

舌歯(ぜっし) ヌタウナギ類の歯で角質歯。これに対して顎口類は象牙質の真歯。

舌歯板(ぜっしばん) ヌタウナギ類の口腔底にある軟骨で、舌歯の開閉に重要な役割を果たす。

舌唇(ぜっしん) 舌の前部と側部に生じた肉質のしわで、付着藻類を食べるようになるにつれて顕著になる。アユだけがもっている。

舌先軟骨(ぜっせんなんこつ) ヤツメウナギ類の頭部骨格で舌軟骨の先端にある1個の軟骨。口の開閉に関与する。

舌軟骨(ぜつなんこつ) ヤツメウナギ類で口の開閉に大切な役割を果たす軟骨。

前外側軟骨(ぜんがいそくなんこつ) ヤツメウナギ類の頭部骨格で吻部の前背側軟骨の両側にある1対の軟骨。

前額交接器(ぜんがくこうせつき) ギンザメ類の雄前頭部にある突起。これで雌の胸鰭を把握し、交尾のときに先端の腹面にある多くの小棘で頭部を固定する。

全鰓(ぜんさい) 1本の鰓弓には前後2列の鰓弁列があるが、片側だけを片鰓(へんさい)、2列合わせて全鰓という。また、サメ・エイ類のように前後の鰓弁列が鰓隔膜によって分離する鰓を片鰓、ギンザメ類や硬骨魚類のように鰓隔膜で分離していない鰓を全鰓ということもある。

前鰓蓋骨(ぜんさいがいこつ) 硬骨魚類で鰓孔を被う一連の硬骨の1つ。膜骨。鰓蓋骨を参照。

前鰓蓋骨棘(ぜんさいがいこつきょく) 鰓蓋骨の1つである前鰓蓋骨の後縁あるいは側面に生じた棘。複雑な形態を示すものもおり、種の特徴になることもある。
前上顎骨(ぜんじょうがくこつ) 上顎を形成する膜骨で主上顎骨の前に位置し、口を前に伸ばすのに大切な役目を果たす。
前上主上顎骨(ぜんじょうしゅじょうがくこつ) ニシン科の魚は主上顎骨の上に2個の上主上顎骨をもつが、その前に位置する骨。
漸深層(ぜんしんそう) 水塊中で水深1000～3000mまでをいう。深海を参照。
前舌歯板(ぜんぜっしばん) p.8写真参照。
前担鰭骨(ぜんたんきこつ) 後担鰭骨を参照。
前担鰭軟骨(ぜんたんきなんこつ) 軟骨魚類の胸鰭と腹鰭の基底にあり、胸鰭は前担鰭軟骨、中担鰭軟骨、後担鰭軟骨があり、腹鰭は前担鰭軟骨と後担鰭軟骨がある。いずれも輻射軟骨を支える。
前頭骨棚(ぜんとうこつほう) フロンタル・シェルフ。分類群によって意味する内容が異なるが、ここではベラ科でタキベラ属の前頭骨で特異的にみられる形態を指す。タキベラ属魚類の神経頭蓋は前方中央部が浅い“かまくら状”にくぼんでいるが、前頭骨棚は、このかまくら状構造の屋根(あるいは庇)に当たる部分のこと。
前背側軟骨(ぜんはいそくなんこつ) ヤツメウナギ類の頭部骨格で吻部正中部にある1個の軟骨。
前鼻弁(ぜんびべん) エイ類で左右の鼻孔の鼻弁がつながり大きな弁となり、上顎縁辺に達している。これを前鼻弁という。ただし、トンガリサカタザメ科とサカタザメ科には前鼻弁がない。
総状皮弁(そうじょうひべん) 先端が房のようになった皮弁。
相同(そうどう) 異なる生物で形や機能が異なっても構造に共通点がみられること。例えば魚類の胸鰭と腹鰭は四肢類の四足と相同である。
総排泄腔(そうはいせつこう) 消化管の終末部で生殖輸管と輸尿管が同時に開口する腔所。魚類ではサメ・エイ類にみられる。
遡河回遊(そかかいゆう) 魚の一生で、川で生まれ稚魚期に降海、海で成長し成熟後に遡河して川で産卵することを遡河回遊性という。この生活史を送る魚を遡河回遊魚という。
側棘鰭上目(そくきょくきじょうもく) タラ目、アシロ目、アンコウ目で、鰭に硬い棘条をもつスズキ類を中心とした棘鰭上目に近いとされる。
側舌歯板(そくぜっしばん) p.8写真参照。
側線(そくせん) 軟骨魚類や硬骨魚類で体側中央部の皮下を縦走する側線管。
側線管(そくせんかん) 流れや音などによる水の物理的変化を感知する感丘(かんきゅう)が並んでいる管。側線管は体表と側線孔で通じている。多くは頭部の眼の周囲、頭部から下顎背面、体側の中央部の皮下にある。
側線孔(そくせんこう) 側線管が体表に通じている孔。
側線枝(そくせんし) ダイナンギンポの体には複雑な側線網があるが、主側線間を結ぶ枝となる側線。
側尖頭(そくせんとう) ネズミザメ科の顎歯は中央に大きな主尖頭があり、その両側の根元に小さな尖頭がある。その小さな尖頭をいう。
胎仔性胎盤(たいしせいたいばん) 母性胎盤の項を参照。
胎仔膜(たいしまく) サメ類の子宮で胎仔が1個体ずつくるまれている膜。本来は卵殻であり、それが薄くなったもの。
胎生(たいせい) 雌の胎内で卵が孵化、仔魚として産出すること。サメ・エイ類の多くは胎生で親と同じ形態で産出される。
体側発光器(たいそくはっこうき) ギンハダカ科の体側で鰓蓋後端から肛門の上あたりまでに並ぶ発光器。
体側鱗(たいそくりん) 体側を被う鱗。
体盤(たいばん) エイ類は頭部と体の前半部が合一し平たい盤状になり、体盤という。
タイプ亜種(－あしゅ) ある種がいくつかの亜種に分けられるとき、基本となる亜種。
托卵(たくらん) 動物で造巣と子育てを、自分でしないで他の動物に托す習性。鳥類での例が多いが、魚類ではタンガニーカ湖のナマズの一種、コイ科のムギツクで知られる。
多尖頭歯(たせんとうし) 先端が複数に分岐している歯。
タペータム 網膜の裏面に接する脈絡膜の前縁に並ぶグアニンの結晶などの光を反射する物質を含む反射板。薄明下で網膜をいったん通過した光を網膜へ反射して光感受性を高める。サメ類、チカメキントキ、キンメダイなどにみられる。サメ類ではタペータムに黒色素胞が付着する。この黒色素胞は暗順応下では凝集し光の反射効率を高め、明順応下では拡張して反射光を遮る。
タマリ 河川敷に自然の作用でできた池、または人為的につくられた池。伏流水により潜在的に川と接続しているものもある。
単為生殖(たんいせいしょく) 雌が雄と関係せ

ずに子孫をつくる生殖。魚類ではギンブナでみられ、他種の精子が侵入することで発生が始まるが、その精子の遺伝子は子孫に関与しない。卵由来の遺伝子だけで子孫がつくられる。

担鰭骨(たんきこつ)　硬骨魚類で背鰭と臀鰭を支持する膜骨。

単系統群(たんけいとうぐん)　共通の祖先をもつ複数の分類群。

稚魚(ちぎょ)　発育が進み仔魚を経て鰭条などができた発育段階のものをいう。

着底(ちゃくてい)　真骨類の生活史において、鰭がまだできていない仔魚は水中を浮いているが、鰭ができる稚魚のころ海底に降りて生活する。これを着底という。

着底稚魚(ちゃくていちぎょ)　海底に降りて生活を始める時期の稚魚。

中深層(ちゅうしんそう)　水塊中で水深200～1000mをいう。深海を参照。

潮下帯(ちょうかたい) 好光性の植物が豊富に存在し、海における一次生産が活発に行われる場所。

潮間帯(ちょうかんたい)　平均高潮時に直接海水に洗われるか水没するところから平均低潮位までの間の海岸。

直腸腺(ちょくちょうせん)　軟骨魚類の直腸にあり、余分な1価イオン(特にNa^+やCl^-)を排出する。サメ・エイ類では背部に指状に突出した盲嚢、ギンザメ類では直腸壁に組み込まれている。

沈性粘着卵(ちんせいねんちゃくらん)　硬骨魚類で比重が水より重く表面に粘着性のある卵。

沈性付着卵(ちんせいふちゃくらん)　沈性卵で、付着器によって底の基質に張り付く卵。

沈性不付着卵(ちんせいふふちゃくらん)　硬骨魚類で比重が水より重く表面に粘着性のない卵。

対鰭(ついき)　胸鰭と腹鰭のこと。左右1対になっている。垂直鰭を参照。

椎体(ついたい)　発生が進むにしたがって出現し、体節ごとに脊索を取り囲む軟骨や硬骨。

通嚢(つうのう)　内耳の上半部の膨らみで、内部に感覚上皮を備え、耳石あるいは平衡砂がある。平衡感覚に寄与。半規管を参照。

定着予防外来種(ていちゃくよぼうがいらいしゅ)　環境省、農林水産省により作成された、「我が国の生態系等に被害を及ぼすおそれのある外来種リスト」におけるカテゴリの1つ。定着した場合、生態系を乱すことによる被害が予測される。導入の予防、水際での監視、野外への逸出や定着の防止、発見したときの早期防除が必要。魚類では21種が指定されている。

デトリタス　有機懸濁物のこと。生物の遺骸が細かく砕かれたもの、残渣など。

電気柱(でんきちゅう)　電気細胞が上下方向に重なって六角形の柱状になったものを電気柱といい、これが集まってシビレエイ類の発電器官となる。

臀鰭発光器(でんきはっこうき)　ムネエソ亜科で臀鰭基部の上部にある臀鰭透明域の直上に並ぶ発光器。

纏絡糸(てんらくし)　他物にからみつく纏絡卵の長い糸。

纏絡卵(てんらくらん)　水より重い沈性卵で、纏絡糸で他物にからみつく卵。

頭鰭(とうき)　アカエイ科やガンギエイ科の胸鰭が目をこえて吻部に達するのに対してトビエイ科の胸鰭は目の前後で分離する。目より前の分離した胸鰭を頭鰭という。イトマキエイ属とオニイトマキエイ属の頭鰭は前端が突出し可動。

頭頂棘(とうちょうきょく)　メバル属で両眼間隔を含む頭部背面にある棘。

頭頂骨(とうちょうこつ)　神経頭蓋で後頭部前半側面にある左右1対の膜骨。

頭部側線孔(とうぶそくせんこう)　頭部にある側線孔のこと。側線管の項を参照。

通し回遊(とおしかいゆう)　硬骨魚類で海と川(淡水域)を行き来する一生をもつ特性。

トリクチス期(ーき)　チョウチョウウオ科で頭部、鰓蓋、鰭などに棘条突起が発達し独特の形をしている稚魚。トリクチスという名称は、当初別の魚であると考えられて命名された属名。

ドロップオフ　海底の断崖。

内骨格(ないこっかく)　脊椎動物亜門の動物で体を支持し筋肉が付着する軟骨あるいは硬骨をいう。内骨格と筋肉で体の運動が可能となる。

内柱(ないちゅう)　ナメクジウオ類やホヤ類、ヤツメウナギ類のアンモシーテス幼生の咽頭底にあり、多くの粘液分泌細胞がある。アンモシーテスから成体になると、内柱は甲状腺になる。

内部側唇歯(ないぶそくしんし)　ヤツメウナギ類の食道裂口の両側部にある歯。

内翼状骨(ないよくじょうこつ)　硬骨魚類の上顎を形成する膜骨。外翼状骨と口腔の側壁と天井を支えている。

軟骨性硬骨(なんこつせいこうこつ) p.60を参照。

軟骨板(なんこつばん)　ポリプテルス類の胸鰭骨格で前担鰭骨と後担鰭骨の間にある板状の軟

骨。これに多くの放射骨が関節する。

二次性徴(にじせいちょう) 成熟に伴ってあらわれる雌雄の形態的特徴の相違。著しいものは性的二型とよばれる。

二重湾入形(にじゅうわんにゅうけい) 尾鰭後縁が上半分と下半分が湾入している形。

日周鉛直移動(にっしゅうえんちょくいどう) 表層と深層の間を1日の間に移動すること。

年魚(ねんぎょ) 生まれてから1年で成熟し産卵、その後に死亡する魚。

パーマーク サケ科魚類の稚魚の体側にある小判状の斑紋。ただし、ヤマメやアマゴといった河川残留型の成魚にもパーマークがある。

背鰭分枝軟条(はいきぶんしなんじょう) 背鰭は節のある軟条で構成されるが、それらのうち先端が分枝しているもの。

波状リッジ(はじょう−) マナガツオ属魚類で体の側線の始点付近にある皺。

発眼卵(はつがんらん) 産みだされた卵が受精後、発生が進み眼のできた段階。サケ科魚類で発眼卵は振動などに強く他地域に移植するための運搬に適している。

発光鱗(はっこうりん) センハダカの体の側線のほぼ下にある4つの発光器に付着する大きな鱗。

バラスト水(−すい) 貨物船が空で出港するとき、港で注入される海水。入港後、荷を積むときには船外に排出される。海洋生物が幼生の状態でバラスト水に紛れ込み、本来の生息地でないところに持ち込まれることが多い。

パレオニスカス鱗(−りん) 古生代で祖先的な条鰭類がもっていた鱗で表層がガノイン層、中層はコズミン層、基層に板骨層(イソペディン)。現世ではポリプテルス類がもつ。ガノイン層は表皮と真皮に由来し、光沢がある。コズミン層は歯質に似て脈管がある。エナメル層、コズミン層、板骨層の鱗はコズミン鱗とよばれ古生代の肉鰭類がもっていた。

ハレム 大きな雄のなわばりの中に数尾の雌がすむ一夫多妻のグループ。ベラ科やキンチャクダイ科などでみられる。最大個体の雄が死ぬと、ハレムで次に大きい雌が雄に性転換する。

半規管(はんきかん) 脊椎動物の内耳は上の部分と下の部分に分かれる。上の部分は通嚢(卵形嚢)、下の部分が小嚢(球形嚢)となる。通嚢から前・後・水平に連絡しているのが半規管で、体の運動と平衡に関する感覚器官である。半規管は軟骨魚類と硬骨魚類で3つ、ヤツメウナギ類で2つ、ヌタウナギ類は1つである。

板骨層(ばんこつそう) チョウザメ類、ポリプテルス類やアミア類にみられる硬鱗の基層。硬鱗を参照。

板鰓類(ばんさいるい) サメ・エイ類のこと。p.14を参照。

板状硬鱗(ばんじょうこうりん) チョウザメ類の体側で板状に肥大化した硬鱗。

板状体(ばんじょうたい) コバンザメ類の頭部背面の吸盤で左右に延びた板状のひだ。吸盤は第1背鰭の変形であり、鰭条であったものが左右に延び板状体となったと考えられている。吸盤周縁には肉質の膜があり、これを起こして吸着時に相手の体との間を真空状態にし、さらに各板状体を立て、それらとの間も真空状態にするので、吸着力は強い。

板状鱗(ばんじょうりん) オニカジカの側線上の肥大化した鱗。

反赤道分布(はんせきどうぶんぷ) ある生物で赤道をはさんで南北に分離している地理的分布。

反転膜(はんてんまく) 産み出された卵で反転して付着器となる外卵膜。アユ、ワカサギ、シラウオにみられる。

板皮類(ばんぴるい) 古生代に栄えた顎口類の1つ。基本的に体は縦扁し、頭部は頭甲、胸部は胴甲という硬い外骨格(膜骨)で被われ、尾部が細長い。鰓孔は1つで頭と胴甲の間にある。背鰭は1〜2基、臀鰭はなく、尾鰭は上葉と下葉がある。鋭い歯をもつが、硬組織が他の顎口類と異なる。全長6mになる大型の捕食者、ダンクルオステウスがよく知られている。

氾濫原湿地(はんらんげんしっち) 降雨により川の水位が上昇して河道から水が溢れて浸水する範囲にできる湿地。日本列島では梅雨時期に出現することが多い。餌となる微小な藻類や甲殻類などが大発生するため、氾濫原湿地に侵入して産卵し、成長の場にしている淡水魚がいる。水田は氾濫原湿地とほぼ同様の機能をもち、氾濫原を利用する淡水魚にとって重要な生息場となってきた。近年、河川改修や圃場整備により、淡水魚が利用してきた氾濫原湿地や水田は失われつつある。

皮蓋(ひがい) 頤(おとがい)にある皮質突起でクモハゼ属に固有。

鼻殻(びかく) 神経頭蓋で鼻腔となり嗅房を収納する。

鼻下垂体管(びかすいたいかん) ヤツメウナギ

類で鼻孔から鼻管が延び、その背方に嗅房が開口する。嗅房の入り口には弁があり、鼻管はこの弁の後方で鼻下垂体管となり、水平方向に幅のある盲管となる。鼻下垂体管の体積の変化で鼻孔から水が入ったり出たりする。しかし、筋肉が付随しておらず、体積の変化は直下にある鰓嚢の収縮に同調しておこる。

鼻孔(びこう) 鼻腔が外部に開いた孔。海水の流入と流出で匂いなどの化学物質を感知するための孔。

鼻腔(びこう) 嗅房が収まっており、表皮の陥没によって形成される。嗅房を参照。

皮褶(ひしゅう) 体表にある隆起線。

泌尿生殖孔(ひにょうせいしょくこう) 排泄物を出す肛門と精子や卵を出す生殖孔とが一緒になった孔。

泌尿生殖突起(ひにょうせいしょくとっき) 尿の排泄と精子の排出を行う突起。

尾部発光器(びぶはっこうき) ギンハダカ科で肛門の上から尾柄部後端までの腹側にそって並ぶ発光器。

尾柄下部発光腺(びへいかぶはっこうせん) ヨコエソ科で尾柄部腹面にある発光腺。

尾柄上部発光腺(びへいじょうぶはっこうせん) ヨコエソ科で尾柄部背面にある発光腺。

皮弁(ひべん) 薄い皮状の柔らかい突起。

鼻弁(びべん) サメ類で鼻孔の中部にある皮弁。鼻弁で鼻孔は仕切られ、水は一方から入ってもう一方から出る。

尾輪(びりん) タツノオトシゴ類、ヨウジウオ類、ウミテング類の体は硬質の体輪で被われ、肛門より前は軀幹輪、後ろは尾輪とよばれる。

腹部上部発光器(ふくぶじょうぶはっこうき) ムネエソ亜科で胸鰭よりすぐ後ろの体側腹部に並ぶ発光器。

腹部体側発光器(ふくぶたいそくはっこうき) ギンハダカの体側発光器で腹鰭基部の上から肛門の上までに並ぶ発光器。

腹部発光器(ふくぶはっこうき) ムネエソ亜科で腹縁にそって並ぶ発光器。

腹鰭交尾器(ふっきこうびき) 軟骨魚類は交尾により体内受精をする。交尾のときに雌の総排泄腔に挿入して精子を注入するのが腹鰭交尾器で、腹鰭の一部が変形したもの。

腹鰭前交接器(ふっきぜんこうせつき) ギンザメ類の雄の腹鰭の前にある交接器。どの様に使うのかは確かめられていない。

腹鰭前腹側発光器(ふっきぜんふくそくはっこうき) 胸鰭上端下から腹鰭起部までの腹縁にそって並ぶ発光器。

不分枝皮弁(ふぶんしひべん) 先端が分枝していない皮弁。

吻骨(ふんこつ) 前上顎骨と上篩骨の間にある硬骨でそれぞれ靭帯で結ばれる。種子骨ともいう軟骨性硬骨。

分枝軟条(ぶんしなんじょう) 先端が分枝している軟条。

噴水孔(ふんすいこう) サメ類やエイ類の眼の後方にある呼吸孔。なお、ポリプテルス類やチョウザメ類にも噴水孔がある。

噴水孔鰓(ふんすいこうさい) サメ・エイ類で噴水孔の内壁にある擬鰓。

吻突起(ふんとっき) ホウボウ科とキホウボウ科の吻の前方への長い突起。この吻突起は眼下骨系の涙骨が前方に突出したもの。

吻軟骨(ふんなんこつ) サメ・エイ類の神経頭蓋で吻部を形成する軟骨。

分離浮性卵(ぶんりふせいらん) 比重が水より小さく、産出後にばらばらで浮遊する卵。真骨類に多い。

ペア産卵(－さんらん) 1個体の雄と1個体の雌の間で行われる産卵(および放精)行動。一般的になわばりをもつ大型の雄が行う。ベラ科やサケ科などでは、なわばりをもたない小型の雄が、これとは異なる繁殖行動(グループ産卵やストリーキングなど)をとることが知られており、これら代替の繁殖戦術を意識した文脈で用いられることが多い。

閉顎筋(へいがくきん) 上顎と方形骨(サメ・エイ類では方形軟骨)を結び、収縮によって口を閉じる。

平衡砂(へいこうさ) 軟骨魚類とヤツメウナギ類、ヌタウナギ類の内耳にある、硬骨魚類の耳石に相当するもの。耳石を参照。

ベイツ型擬態(－がたぎたい) 毒をもっている、まずい味をもっている、刺針をもっているといった特徴のために捕食者に攻撃されにくい動物に、こういった特徴をもっていない動物が似ること。前者をモデル、後者をミミックというが、ミミックはモデルの防御機構の恩恵を被る。

ベクシリファー期(－き) カクレウオ科で1本の長い背鰭条をもつ仔魚期の名称。

変形鱗(へんけいりん) 輪状に変形して側線管を支持している体側鱗。

放射骨(ほうしゃこつ)　胸鰭の軟条を支える複数の骨。射出骨や輻射骨ともよばれる。サメ・エイ類では放射軟骨である。

墨汁嚢(ぼくじゅうのう)　アカマンボウ目魚類の一部(アカナマダ科とRadiicephalidae)に特有な袋状あるいは管状の器官で、腸にそって発達する。ここで生産されたインク様の液体を肛門から体外に放出するが、これは捕食者の目を眩ますためと考えられている。

圃場整備(ほじょうせいび)　水田や畑などの農地を利用しやすいように整備する事業。

母性胎盤(ぼせいたいばん)　胎生のサメ類で胎仔が成長するための栄養が妊娠の中期に、卵嚢から母体からの供給に切り替わるものがいる。この場合、栄養は胎盤によって胎仔に与えられる。子宮壁に形成されるのが母性胎盤、卵黄嚢壁に形成されるのが胎仔性胎盤であり、これらの間には胎仔膜がある。

母川回帰(ぼせんかいき)　サケ科の魚が生まれた川に産卵回帰すること。彼らは母川の匂いをたよりに回帰する。

ホロタイプ　新種を記載するときに基準にした1個体の標本。新しく命名された種の学名はホロタイプと分かちがたく結びついている。後に類似した未記載と思われる種が出てきたとき、既知種のホロタイプと比較研究される。ホロタイプを消失するとその種の学名の検討ができないので、保管は重要。

前浜干潟(まえはまひがた)　河川などから運ばれた砂泥が、波浪の穏やかな海岸線の前面に堆積して形成された干潟。

膜蓋(まくがい)　ハゼ科魚類の左右の腹鰭は膜でつながり吸盤を形成することが多い。その吸盤状腹鰭の前端で左右の腹鰭棘条を結ぶ膜をいう。

膜骨(まくこつ)　p.60を参照。

未記載種(みきさいしゅ)　詳しい分類学的研究が行われず学名が与えられていない種。

ミトコンドリアDNA(－ディーエヌエー)　細胞内小器官であるミトコンドリアがもつDNA。核DNAとは異なり、1細胞内に多数のコピーが含まれているが、卵の細胞質を通して母親からのみ子に受け継がれる環状の1倍体であり、組み換えがおこらない。進化速度が速く、塩基配列決定などの分析も比較的容易なため、系統や個体群構造の研究に多く用いられてきた。

味蕾(みらい)　味の受容器。ナマズはひげ、口腔、鰓、コイはひげ、口唇部、鰓弓、咽頭、食道に分布。ゴンズイ、ギンメダイ、ヒメジ、チゴダラなどは口ひげに分布し、餌生物の探索に役立っている。

無効分散(むこうぶんさん)　海産魚類の卵あるいは仔魚が海流などにより流され、産卵して次世代を残せないところにいくこと。

盲管(もうかん)　どちらか一方の端が閉じている管。鼻下垂体管と鰓管の項を参照。

モデル生物(－せいぶつ)　大腸菌やショウジョウバエ、マウスなど、普遍的な生命現象の研究に用いられる生物。観察、入手、維持がしやすい他、世代交代が速く、全ゲノム配列が明らかにされているなど、比較実験の材料として優れている。魚類ではミナミメダカ(メダカとして)、ゼブラフィッシュやトラフグが知られる。

門歯状歯(もんしじょうし)　上顎と下顎で癒合しており噛み切るのに適した歯、あるいは1列に密に並んでいる歯をいう。前者はブダイ科やトラフグ科、後者はイスズミ科でみられる。

誘引突起(ゆういんとっき)　アンコウ類で背鰭第1棘が変形したもので、この先端に擬餌状体(エスカ)があり、これで小魚を誘う。イリシウムという。

有孔管状鱗(ゆうこうかんじょうりん)　アブラソコムツの体側を被う六角形の大きい鱗の囲む孔のある管状の鱗。

雄性先熟(ゆうせいせんじゅく)　一生のうち、まず雄として成熟し産卵に寄与、のち年齢を重ねて雌に転換して成熟し産卵すること。

幽門垂(ゆうもんすい)　胃と腸の間の幽門部にある房状で盲嚢の器官。幽門垂の内壁の組織は腸と同じ。この数はときに分類形質に使われる。

遊離棘条(ゆうりきょくじょう)　背鰭や臀鰭の棘条で鰭膜でつながっていないもの。アジ科の臀鰭先端の2本の遊離棘条がよく知られている。

遊離軟条(ゆうりなんじょう)　胸鰭や腹鰭の軟条で鰭膜によって他とつながっていないもの。

癒合膜(ゆごうまく)　ハゼ科魚類の左右がつながった腹鰭で後方を結ぶ膜。

幼魚(ようぎょ)　明確な定義はないが、稚魚より少し大きくなった状態。但し、ときに稚魚と幼魚を区別しないで使われることもある。

幼形成熟(ようけいせいじゅく)　体が幼形で成熟し産卵する特性。

腰帯(ようたい)　腹鰭を支える骨で、硬骨魚類では三角形あるいは棒状の軟骨性硬骨。軟骨魚類では腹鰭交尾器を支える複雑な軟骨片で構成される。

翼状軟骨(よくじょうなんこつ)　ガンギエイ類の

吻軟骨先端の左右に張り出している軟骨をいう。

螺旋弁(らせんべん) 主に軟骨魚類にみられる腸の内面にある螺旋状の弁。螺旋階段のように回転しながら後方に向かい、実質的に腸内上皮の面積が広くなっている。チョウザメ類、肺魚類、ポリプテルス類にもみられる。

卵黄嚢(らんおうのう) 栄養物質である卵黄を包んだ袋。サメ・エイ類では卵黄柄で胎仔とつながる。

卵黄柄(らんおうへい) 胎仔と卵黄嚢をつなぐ管。これで胎仔は栄養素を得る。

卵殻卵(らんかくらん) 卵殻に包まれた卵。ギンザメ類、ガンギエイ類、ネコザメ類、テンジクザメ類、トラザメ類が卵殻卵を産む。産みだされた後、数か月かけて卵殻内で親と同じ形になって孵化する。

卵門(らんもん) 卵膜で精子が通過するところ。

陸封型(りくふうがた) 海と川を往復する通し回遊魚で、海に降りることができずに淡水域で一生を送るようになったものをいう。

両性個体(りょうせいこたい) 両性生殖腺の状態にある個体。

両性生殖腺(りょうせいせいしょくせん) 卵巣と精巣の両方の構造を備えている生殖腺の状態。タイ科によくみられる。例えば、チダイでは未成魚期に卵巣様の構造から両性生殖腺の状態を経て2歳までに精巣になる。

両側回遊(りょうそくかいゆう) 魚類において川で生まれてすぐに海に降り少しの間を経て稚魚期で遡河、川で成長し成熟後に川で産卵すること。

稜鱗(りょうりん) 棘、あるいは隆起縁をもった鱗。ニシン科の腹縁、アジ類の側線上にみられる。

リンキクチス期(ーき) イットウダイ科の浮遊期仔魚で頭部に大きな棘が発達する。

鱗骨(りんこつ) 肉鰭類の頬部にある骨で、これによって頭部側線は条鰭類と異なった走り方をする。条鰭類の祖先的なものの一部にもみられる。

鱗鞘(りんしょう) 背鰭と臀鰭を折りたたんだとき、それぞれを収める鞘が鱗で被われているが、それをいう。

輪状鱗(りんじょうりん) ギンザメ類の体の側線管(溝)を支える輪状の硬組織。鱗の変形。

鱗板(りんばん) トゲウオ科の体鱗で大きくなったものをいう。鱗板を除くと体の他の部分は無鱗。

鱗列(りんれつ) スズキ属で下顎腹面にある鱗の列。ある種とない種がいるが、種内変異がある。

涙骨(るいこつ) 硬骨魚類で眼の周囲にある一番前の膜骨。涙骨を始めとして眼の下縁から後縁にかけて数個の眼下骨が並び眼下骨系という。眼下骨系にそって側線管が走る。

涙骨棘(るいこつきょく) キンメダイ科で涙骨(眼下骨系の一番前)の外側にある1棘。

レプトセファルス期(ーき) 単にレプトセファルスとよばれる。ウナギ目、カライワシ目、ソトイワシ目、ソコギス目の魚類の幼生。体は葉形で扁平であり体内に多量の水分をもち浮力を得て、浮遊生活に適している。稚魚に変態した後は体が収縮し、少し短くなる。ニホンウナギはレプトセファルスから稚魚であるシラスウナギに変態したとき、少し短くなる。レプトセファルスの尾鰭はウナギ目魚類では丸いが、他の3目の魚類は二叉する。

若魚(わかうお) 明確な定義はないが、成長して成熟に至っていない状態。未成魚ともよばれる。

ワンド 河川敷にできた池状の入江。川の本流と接続している。

参考文献

日本の魚の多様性，その由来 p. xii

中坊徹次. 2013. 東アジアにおける魚類の生物地理学. *In* 中坊徹次編. 日本産魚類検索全種の同定第三版. 東海大学出版会.

中坊徹次. 2015. 南日本太平洋沿岸における魚類相の生物地理学的特徴. *In* 池田博美・中坊徹次. 南日本太平洋沿岸の魚類, 東海大学出版部.

Wallace, AR. 1876. The geographical distribution of animals. Vols. I, II. MaCmillan & Co.

総合

尼岡邦夫他. 2011. 北海道の全魚類図鑑. 北海道新聞社.

Berra, TM. 2001. Freshwater fish distribution. Academic Press.

Boretz, LA. 1986. Ichthyofauna of the Northwest and Hawaiian ridges. J. Ichthyol., 26(2).

Carpenter, KE ed. 2002. The living marine resources of the Western Central Atlantic. FAO species identification guide for fishery purposes and American Society of Ichthyologists and Herpetologists Spec. Publ., 5. FAO Rome Vols.1-3.

Carpenter, KE and VH Niem eds. 1998-2001. The living marine resources of the Western Central Pacific. FAO species identification guide for fishery purposes. FAO Rome, 1998, Vols.1-6.

Chave, EH and BC Mundy. 1994. Deep-sea benthic fish of the Hawaiian Archipelago, Cross Seamount, and Johnston Atoll. Pacific Science, 48(4).

陳義雄・方 力行. 1999. 台灣淡水及河口魚類誌. 国立海洋生物博物館籌處.

動物命名法国際審議会著・日本学術会議動物科学研究連絡委員会監修・野田泰一・西川輝昭編. 2000. 国際動物命名規約第4版日本語版. 日本動物分類学関連学会連合.

Fricke, R. 2008. Authorship, availability of fish names described by Peter (Pehr) Simon Forsskål and Johann Christian Fabricius in the

'Descriptiones animalium' by Carsten Niebuhr in 1775 (Pisces). Stuttgart Beitr Natur A, Neue Serie 1.

Fricke, R et al ed. 2021. Eschmeyer's Catalog of Fishes (online). 4 Jan 2021.（以下CASと表記）

Fedorov, VV et al. 2003. Catalog of marine and freshwater fishes of the northern part of the Sea of Okhotsk. Dalnauka.

Gomon, MF et al. eds. 2008. Fishes of Australia's southern coast. New Holland Publishers.

Halstead, BW. 1978. Poisonous and venomous marine animals of the world (revised edition). The Darwin Press Inc.

Hart, JL. 1973. Pacific fishes of Canada. Fisher Res Board Canada Bull 180.

橋本芳郎. 1977. 魚貝類の毒. 東京大学出版会.

Hoese, DF et al. 2006. Fishes. In PL Beesley and A Wells eds. Zoological Catalog of Australia, vol.35. Parts 1-3. ABRS & CSIRO Publishing.

堀川博史. 2009. 土佐湾底魚類の魚類歴. 黒潮の資源海洋研究別冊 (1).

細谷和海編監修・内山りゅう写真. 2019. 増補改訂 日本の淡水魚. 山と溪谷社.

池田博美・中坊徹次. 2015. 南日本太平洋沿岸の魚類. 東海大学出版部.

岩井 保. 1985. 水産脊椎動物II魚類. 恒星社厚生閣.

巌佐 庸・倉谷 滋・斎藤成也・塚谷裕一編. 2013. 岩波生物学辞典第5版. 岩波書店.

Janvier, P. 1996. Early vertebrates. Clarendon Press.

Jonels, CM et al. 2015. On the attribution of authorship for several elasmobranch species in Müller and Henle's Systematische Beschreibung der Plagiostomen (Chondrichthyes, Elasmobranchii). Zootaxa 4052.

Jordan, DS et al. 1913. A catalogue of the fishes of Japan. J Coll Sci Imp Univ Tokyo 33 art 1.

環境省自然環境局野生生物課希少種保全推進室編. 2015. レッドデータブック2014－日本の絶滅のおそれのある野生生物－4　汽水・淡水魚類. ぎょうせい.

加藤昌一. 2014. 改訂新版海水魚, ひと目で特徴がわかる図解付き. 誠文堂新光社.

川那部浩哉・水野信彦編監修. 1989. 日本の淡水魚. 山と溪谷社.

川那部浩哉他編監修. 2001. 日本の淡水魚. 山と溪谷社.

Kim, BJ and K Nakaya eds. Fishes of Jeju Island, Korea. Nat Ins Biol Resour.

金 益秀他. 2005. 韓國魚類大圖鑑. 教学社.

Kim, JK and JH Ryu. 2016. Distribution map of sea fishes in Korea. Min Ocean Fisher, Korea Inst Mar Sci Technol Sci and Pukyong Natl Univ.

Kim, JK et al. 2011. An identification guide for fish eggs, larvae and juveniles of Korea. NFRDI.

北川大二他. 2008. 東北フィールド魚類図鑑. 東海大学出版会.

木村祐貴他編. 2017. 緑の火山島口永良部島の魚類. 鹿児島大学総合研究博物館.

厚生省生活衛生局乳肉衛生課編. 1984. 日本近海産フグ類の鑑別と毒性. 中央法規出版.

小西英人著・中坊徹次監修. 2007. 遊遊さかな大図鑑. エンターブレイン.

Kottelat, M. 2011. Pieter Bleeker in the Netherlands East Indies (10 March 1842 - ca. 21 September 1860): new biographical data and a chronology of his zoological publications. Ichthyol Expl Freshwat 22.

Kottelat, M. & Freyhof, J. 2007. Handbook of European Freshwater Fishes. Kottelat, Cornol and Freyhof, .

Last, PR et al. 2016. Rays of the world. CSIRO, Clayton South.

益田 一他編. 1984. 日本産魚類大図鑑. 東海大学出版会.

益田 一他編. 1988. 日本産魚類大図鑑2版. 東海大学出版会.

松原喜代松. 1955. 魚類の形態と検索I-III. 石崎書店.

松原喜代松. 1963. 動物系統分類学9(上) 脊椎動物(Ia)魚類. 中山書店.

松原喜代松. 1963. 動物系統分類学9(中) 脊椎動物(Ib) 魚類<結>. 中山書店.

松原喜代松他. 1965. 魚類学上. 恒星社厚生閣.

松原喜代松・落合 明. 1965. 魚類学下. 恒星社厚生閣.

松原喜代松他. 1974. 新版魚類学上. 恒星社厚生閣.

松浦啓一. 2017. 日本産フグ類図鑑第1版第2刷. 東海大学出版部.

Mecklenburg, CW et al. 2002. Fishes of Alaska. American Fisher Soc.

水島敏博他編. 2003. 新北のさかなたち. 北海道新聞社.

宮地傳三郎他. 1976. 原色日本淡水魚類図鑑全改訂新版. 保育社.

本村浩之他編. 2013. 鹿児島県三島村　硫黄島と竹島の魚類. 鹿児島大学総合博物館, 鹿児島市・国立科学博物館.

本村浩之・松浦啓一編. 2014. 奄美群島最南端の島与論島の魚類. 鹿児島大学総合博物館, 鹿児島市・国立科学博物館.

本村浩之他. 2019. 奄美群島の魚類図鑑. 南日本新聞開発センター, 鹿児島.

モイートマス, JA・RS マイルズ. 1971. 古生代の魚類. 岩井 保・細谷和海訳, 1981. 恒星社厚生閣.

長澤和也・鳥澤雅編. 1991. 北の魚たち. 北日本海洋センター.

中坊徹次・望月賢二編. 1998. 日本動物大百科第6巻魚類. 平凡社.

中坊徹次編. 2000. 日本産魚類検索全種の同定第二版. 東海大学出版会.

中坊徹次他編. 2001. 以布利黒潮の魚. 大阪海遊館.

中坊徹次編. 2013. 日本産魚類検索全種の同定第三版. 東海大学出版会.

中坊徹次・平嶋義宏. 2015. 日本産魚類全種の学名 語源と解説. 東海大学出版部.

中村 泉編. 1986. パタゴニア海域の重要水族. 海洋水産資源開発センター.

Nelson, J. S. 2006. Fishes of the world 4th ed. John Wiley & Sons, Inc.

Nelson, J. S. et al. 2016. Fishes of the world 5th ed. John Wiley & Sons, Inc.

日本魚類学会. 2007. 日本魚類学会からの勧告. 魚類学雑誌54.

日本魚類学会編. 1981. 日本産魚名大辞典. 三省堂.

落合 明・田中 克. 1986. 新版魚類学(下). 恒星社厚生閣.

岡村 収他編. 1982. 九州－パラオ海嶺ならびに土佐湾の魚類. 日本水産資源保護協会.

岡村 収・尼岡邦夫編監修. 1997. 日本の海水魚初版. 山と溪谷社.

岡村 収・尼岡邦夫編監修. 2001. 日本の海水魚三版. 山と溪谷社.

沖山宗雄編. 2014. 日本産稚魚図鑑第二版. 東海大学出版会.

おさかな普及センター資料館編. 2012. 輸入される外国産魚類の標準和名について(第9版). おさかな普及センター資料館年報31.

Roberts, CD et al eds. 2015. The fishes of New Zealand, 4 vols. Te Papa Press.

瀬能 宏・吉野雄輔. 2002. 幼魚ガイドブック. TBSブリタニカ.

清水孝昭他. 1997. 瀬戸内海のさかな. 瀬戸内海水産開発協議会.

深海と地球の事典編集委員会編. 2014. 深海と地球の事典. 丸善出版.

塩見一雄・長島裕二. 2013. 新・海洋生物の毒－フグからイソギンチャクまで－. 成山堂書店.

Smith, JLB. 1949. The sea fishes of southern Africa. Central News Agency, Ltd.

Smith, MM and PC Heemstra eds. 1995. Smiths' sea fishes, 1st ed. 3rd imp. Southern Book Publ.

多紀保彦他監修・執筆. 1999, 1999, 2000, 2000. 食材魚貝大百科 1-4. 平凡社.

田北 徹・山口敦子編. 2009. 干潟の海に生きる魚たち, 有明海の豊かさと危機. 東海大学出版会.

谷内 透他編. 2005. 魚の科学事典. 朝倉書店.

宇井縫蔵. 1924. 紀州魚譜. 紀元社.

Whitehead, PJP et al. eds. 1984, 1986, 1986. Fishes of the North-eastern Atlantic and the Mediterranean, vols. I-III. UNESCO.

矢部 衛他編. 2017. 魚類学. 恒星社厚生閣.

山田梅芳他. 1986. 東シナ海・黄海のさかな. 水産庁西海区水産研究所.

山田梅芳他. 2007. 東シナ海・黄海の魚類誌. 東海大学出版会.

Yamada, U et al. 2009. Names and illustrations of fishes from the East China Sea and the Yellow Sea-Japanese・Chinese・Korean-, new edition. Overseas Fishery Coop. Found. Japan.

吉野雄輔・瀬能 宏. 2008. 山溪ハンディ図鑑13日本の海水魚. 山と溪谷社.

環境省. 2019. 環境省レッドリスト2019. https://www.env.go.jp/press/files/jp/110615.pdf（2019年2月25日）

ヌタウナギ科 p.2

Bardack, D. 1991. First fossil hagfish (Myxinoidea): A record from the Pennsylvanian of Illinois. Science 254.

Jørgensen, JM et al. eds. 1998. The biology of hagfishes. Chapman & Hall.

Fernholm, B. 1974. Diurnal variations in the behaviour of the hagfish *Eptatretus burgeri*. Mar Biol 27.

Fernholm, B. 1985. The lateral line system of cyclostomes. *In* R. E. Foreman et al. eds. Evolutionary biology of primitive fishes. Plenum Press.

Fernholm, B and K Holmberg. 1975. The eyes in three genera of hagfish (*Eptatretus*, *Paramyxine* and *Myxine*)-A case of degenerative evolution. Vision Res 15.

Ota, KG et al. 2007. Hagfish embryology with reference to the evolution of the neural crest. Nature doi:10.1038/nature05633

Ota, KG et al. 2011. Identification of vertebra-like elements and their possible differentiation from sclerotomes in the hagfish. Nature Commnications, 2-373 doi: 10.1038/ncommes1355

Brodal, A and R Fänge eds. 1963. The biology of myxine. Universitetsforlage.

Tsuneki, K et al. 1983. Seasonal migration and gonadal changes in the hagfish *Eptatretus burgeri*. Japan J Ichthyol 29.

Carström, D. 1963. A crystallographic study of vertebrate otoliths. Biol Bull 125.

ヤツメウナギ科 p.6

Chang, MM et al. 2006. A lamprey from the Cretaceous Jehol biota of China. Nature, 441.

Chang, MM et al. 2014. Discovery of fossil lamprey larva from the Lower Cretaceous reveals its three-phased life cycle. PNAS, 111.

Gess, RW et al. 2006. A lamprey from the Devonian of South Africa. Nature, 443.

Hardisty, MW. 1979. Biology of the cyclostomes. Chapman and Hall, London.

Hardisty, MW and IC Potter eds. 1971-1982. The biology of lampreys, vols. 1-4. Academic Press, London.

Mallat, J. 1981. The suspension feeding mechanism of the larval lamprey Petromyzon marinus. Journal of Zoology, London, 194.

Renaud, C. R. 2011. Lampreys of the world. An annotated and illustrated catalogue of lamprey species known to date. FAO Species Catalogue for Fishery Purposes. 5. FAO, Rome.

ギンザメ科 p.11

De Beer, GR and JA Moy-Thomas. 1935. On the skull of Holocephali. Phil Trans Royal Soc London Ser. B 224(514).

Didier, DA. 1995. Phylogenetic systematics of extant chimaeroid fishes (Holocephali, Chimaeroidei). Amer Mus Novit 3119.

板鰓亜綱(ネコザメ科〜トビエイ科) p.14

Cappetta, H. 1987. Chondrichthyes II. Handbood of paleoichthyology, vol.3B. Gustav Fischer Verlag.

Compagno, LJV. 1984a. Sharks of the world, an annotated and illustrated catalogue of shark species known to date, vol.4. Part 1 Hexanchiformes to Lamniformes. FAO Fisher Syn no.125 vol.4.

Compagno, LJV. 1984b. Sharks of the world, an annotated and illustrated catalogue of shark species known to date, vol.4. Part 2 Carcharhiniformes. FAO Fisher Syn no.125 vol.4.

Compagno, LJV. 2001. Sharks of the world, an annotated and illustrated catalogue of shark species known to date, vol.2. Bullhead, mackerel and carpet sharks (Heterodontiformes, Lamniformes and Orectolobiformes). FAO Species Catalogue for Fisheries Purposses, 1(2).

Ebert, DA et al. 2013. Sharks of the world. A fully illustrated guide. Wild Nature Press.

Last, PR et al. eds. 2016. Rays of the world. CSIRO Publ.

千石正一他編. 1996. 日本動物大百科5両生類・爬虫類・軟骨魚類. 平凡社.

Springer, VG and JP Gold. 1989. Sharks in question. Smithsonian Inst. Press.

谷内 透・須山三千三編. 1984. 資源生物としてのサメ・エイ類. 恒星社厚生閣.

ネコザメ科 p.14

CAS:ネコザメ学名

テンジクザメ科 p.15

国際動物命名規約第4版(ICZN)勧告51D

ジンベエザメ科 p.16

Motta, PJ et al. 2010. Feeding anatomy, filter-feeding rate, and diet of whale sharks *Rhincodon typus* during surface ram filter feeding off the Yucatan Peninsula, Mexico. Zool 113.

ミツクリザメ科 p.18

Yano, K et al. 2007. Some aspects of the biology of the goblin shark, *Mitsukurina owstoni*, collected from the Tokyo Submarine Canyon and adjacent waters, Japan. Ichthyol Res 54.

ウバザメ科 p.19

Bone, Q and BL Roberts. 1969. The density of elasmobranches. J Mar Biol Assoc UK 49.

ネズミザメ科 p.20

Domeier, ML ed. 2012. Global perspectives on the biology and life history of the white shark. CRC Press.

Klimley, AP and DG Ainley eds. 1996. Great white sharks. The biology of Carcharodon carcharias. Academic Press.

樽 創他編. 2002. ザ・シャーク〜サメの進化と適応・ケースコレクションより〜. 神奈川県立生命の星・地球博物館.

上野輝彌他. 1975. 四国産白亜紀および第三紀のサメ類化石. 国立科博専報 8.

上野輝彌・松島義章. 1975. 神奈川県北部の中津累層(鮮新統上部)産出ホホジロザメ、ヨロイザメなどの化石について. 神奈川県立博物館研報(自然科学) 8.

Uyeno, T and H Sakura. 1990. Catalogue of fish fossil specimens. Natr Sci Mus.

上野輝彌・渡部 晟. 1984. 秋田県立博物館蔵ホホジロザメ属の歯化石. 秋田県立博物館研報 9.

メガマウスザメ科 p.18

長澤和也. 2009. メガマウスザメに寄生するカイアシ類, メガマウスザメジラミ. 板鰓類研究会報 45.

仲谷一宏. 2016. サメ:海の王者たち, 改訂版. ブックマン社.

瀬能 宏. 2013. 相模湾から得られた日本最大級のメガマウスザメ. 板鰓類研究会報 49.

瀬能 宏他. 2012. 相模湾で2011年に記録されたメガマウスザメ. 板鰓類研究会報 48.

トラザメ科・ヘラザメ科 p.26・27

Ebert, A et al. eds. 2021. Sharks of the World a complete guide. Princeton Univ Press, Princeton.

メジロザメ科 p.30

三澤 遼他. 2017. 標本に基づいた日本からのツマグロの記載. 板鰓類研究会報 53.

ラブカ科 p.34

後藤仁敏. 1985. 板鰓類における歯の進化と適応. 地団研専報 30.

Nishikawa, T. 1898. Notes on some embryos of *Chlamydoselachus anguineus*. Garm. Annotationes Zoologicae Japonenses 2.

Tanaka, S et al. 1990. The reproductive biology of the frilled shark, *Chlamydoselachus anguineus*, from Suruga Bay, Japan. Japan J Ichthyol 37.

カグラザメ科 p.35

Turner, S and GC Young. 1987. Shark teeth from the Early-Middle Devonian Cravens Peak Beds, Georgina Basin, Queensland. Alcheringa 11.

ツノザメ科 p.36

Yano, T et al. 2017. Spatial distribution analysis of the North Pacific spiny dogfish, *Squalus suckleyi*, in the North Pacific using generalized additive models. Fisher Oceanogr 2017.

Yano, T et al. 2017. Body-length frequency and spatial segregation of the North Pacific spiny dogfish *Squalus suckleyi* in Tsugaru Strait, northern Japan. Fish Sci. DOI 10.1007/s12562-017-1127-8

シビレエイ科 p.44

Bennett, MVL. 1971. Electric organs. *In* WS Hoar and DJ Randall eds. Fish physiology, vol.5. Academic Press.

Bray, RN and MA Hixon. 1978. Night-shocker: Predatory behavior of the Pacific electric ray (*Torpedo californica*). Science.

ガンギエイ科 p.46

Ishihara, H 1987. Revision of the western North Pacific species of the genus *Raja*. Japan J Ichthyol 34 (3).

Ishihara, H et al. 2009. *Beringraja pulchra*. The IUCN Red List of Threatened Species 2009.

Ishiyama, R 1958. Studies on the rajid fishes (Rajidae) found in the waters around Japan. J Shimonoseki Coll Fish 7 (2–3).

Jeong, CH and H Ishihara. 2009. *Hongeo koreana*. The IUCN Red List of Threatened Species 2009.

Jonels, CM et al. 2015.（総合）：コモンカスベ学名

国際動物命名規約第4版（ICZN）30.2.4：コウライカスベ学名

前田圭司. 2003. メガネカスベ. *In* 上田吉幸他編. 新北のさかなたち. 北海道新聞社.

孟慶聞・李文亮. 1991. 鯊和鰩的解剖 中国魚類専著集3. 海洋出版社.

Weigmann, S. 2016. Annotated checklist of the living sharks, batoids and chimaeras (Chondrichthyes) of the world, with a focus on biogeographical diversity. Fish Biol 88.

アカエイ科 p.53

荻原宗一. 1993. 下田海中水族館に於ける軟骨魚類の飼育および繁殖について. 板鰓類研究会報 30.

Jonels, CM et al. 2015.（総合）：アカエイ学名

Taniuchi, T and M Shimizu. 1993. Dental Sexual Dimorphism and Food Habits in the Stingray *Dasyatis akajei* from Tokyo Bay, Japan. Nippon Suisan Gakkaishi, 59(1).

前川兼佑. 1961. 瀬戸内海、特に山口県沿岸における漁業の調整管理と資源培養に関する研究. 山口県内海水試調査研究業績 11(1).

清水孝昭. 2016. 愛媛県瀬戸内海域から得られたイズヒメエイ. 徳島県立博物館研究報告26.

三澤遼・遠藤広光, 2014. 標本に基づいた高知県産エイ類のチェックリスト, 板鰓類研究会報, 50.

Last, P et al. 2016. A revised classification of the family Dasyatidae (Chondrichthyes: Myliobatiformes) based on new morphological and molecular insights. Zootaxa 2016.

トビエイ科 p.56

池田孝之編. 2013. 平成22・23年度沖縄美ら海水族館年報8.

Marshall, AD et al. 2008. Morphological measurements of manta rays (*Manta birostris*) with a description of a foetus from the east coast of Southern Africa. Zootaxa 1717.

Marshall, AD and MB Bennett. 2010. Reproductive ecology of the reef manta ray *Manta alfredi* in southern Mozambique. Jour Fish Biol 77(1).

山口敦子. 2009. 有明海が育むサメ・エイ類. In 田北徹・山口敦子編. 干潟の海に生きる魚たち－有明海の豊かさと危機. 東海大学出版会.

Yamaguchi, A. et al. 2021. Reproductive biology and embryonic diapause as a survival strategy for the East Asian endemic eagle ray *Aetobatus narutobiei*. Front mar Sci 8 768701.

White, WT et al. 2018. Phylogeny of the manta and devilrays (Chondrichthyes: Mobulidae), with an updated taxonomic arrangement for the family. Zool J Linn Soc 82.

チョウザメ科 p.61

中坊徹次監訳. 2011. 原始的な魚の仲間, 知られざる動物の世界2. 朝倉書店.

イセゴイ科 p.62

脇村圭他. 2017. 大阪府堺市の石津川において採集したイセゴイ *Megalops cyprinoides* (Elopiformes: Megalopidae) 変態期仔魚の記録. 陸水生物学報, 32.

ギス科 p.63

Hidaka, K. et al. 2016. *Nemoossis*, a new genus for the eastern Atlantic long-fin bonefish *Pterothrissus belloci* Cadenat 1937 and a redescription of P. gissu Hilgendorf 1877 from the northwestern Pacific. Ichthyol Res 64.

イワアナゴ科 p.64

瀬能宏他. 2014. アンキアライン洞窟から得られた日本初記録のイワアナゴ科の稀種ウンブキアナゴ（新称）. 神奈川県立博物館研究報告（自然科学）43.

ウミヘビ科 p.65

Hibino, Y. et al. 2019. Four new deepwater *Ophichthus* (Anguilliformes: Ophichthidae) from Japan with a redescription of *Ophichthus pallens* (Richardson 1848). Ichthyol Res 66.

Hibino, Y and JE McCosker. 2020. Resurrection of *Ophichthus zophistius* (Actinopterygii: Anguilliformes: Ophichthidae), with a revised diagnosis of O. altipennis. Zootaxa 4801.

ウツボ科 p.66

Mehta, RS and PC Wainwright. 2007. Raptorial jaws in the throat help moray eels swallow large prey. Nature, 449.

Hibino, Y et al. 2016. First record of *Gymnothorax minor* from Vietnam (Anguilliformes: Muraenidae). Biogeography 18.

松浦啓一・長島裕二編著. 2015. 毒魚の自然史－毒の謎を追う. 北海道大学出版会.

諸喜田茂充. 1986. 沖縄の危険生物. 沖縄出版.

Yukihira, H et al. 1994. Feeding Habits of Moray Eels (Pisces: Muraenidae) at Kuchierabu-jima. J Fac Appl Sci, Hiroshima Univ., 33.

江偉全・林沛立・陳文義・劉燈城. 2014. 臺灣東部海洋魚類. 水産試験所特刊, (18).

沈世傑主編. 1993. 臺灣魚類誌. 國立臺灣大學動物學系, 臺北.

陳春暉. 2003. 澎湖的魚類. 行政院農業委員會水産試験所, 基隆.

ホラアナゴ科 p.72

Caira, JN et al. 1997. Pugnose eels, *Simenchelys parasiticus* (Synaphobranchidae) from the heart of a shortfin mako, *Isurus oxyrinchus* (Lamnidae). Environ Biol Fishes 49 (1).

Johnson, GD et al. 2012. A 'living fossil' eel (Anguilliformes: Protanguillidae, fam. nov.) from an undersea cave in Palau. Proc R Soc B (Biol. Sci.) 279.

Karmovskaya, ES and NR Merrett. 1998. Taxonomy of the deep-sea eel genus, *Histiobranchus* (Synaphobranchidae, Anguilliformes), with notes on the ecology of *H. bathybius* in the eastern north Atlantic. J Fish Biol 53.

Linley, TD et al. 2016. Fishes of the hadal zone including new species, in situ observations and depth records of Liparidae. Deep-Sea Res I 114.

Okamura, O and Y Machida. 1987. Additional records of fishes from Kochi Prefecture, Japan (II). Mem Fac Sci Kochi Univ ser D (Biology) 8.

Robins, CH and CR Robins. 1989. Family Synaphobranchidae. In E. B. Böhlke ed. Fishes of the western North Atlantic, pt. 9, Vol. 1. Mem. Sears Found Mar Res I. Yale Univ.

Sulak, KJ and YN Shcherbachev. 1997. Zoogeography and systematics of six deep-living genera of synaphobranchid eels, with a key to taxa and description of two new species of *Ilyophis*. Bull Mar Sci 60.

Svendsen, FM and I Byrkjedal. 2013. Morphological and molecular variation in *Synaphobranchus* eels (Anguilliformes: Synaphobranchidae) of the Mid-Atlantic Ridge in relation to species diagnostics. Mar Biodiv 43.

田城文人他. 2010. 日本での分布が再確認されたホラアナゴ科魚類ユキホラアナゴ(新称) *Ilyophis nigeli*. 魚類学雑誌 57.

Tashiro, F and G Shinohara. 2015. A new species of deep-sea synaphobranchid eel, *Haptenchelys parviocularis* (Anguilliformes: Synaphobranchidae), from Japan. Ichthyol Res 62.

アナゴ科 p.74

Kurogi, H et al. 2012. Discovery of a spawning area of the common Japanese conger *Conger myriaster* along the Kyushu-Palau Ridge in the western North Pacific. Fisher Sci 78.

黒木洋明・鴨志田正晃. 2015. 平成26(2014)年度マアナゴ伊勢・三河湾の資源評価. *In* 平成26年度我が国周辺水域の漁業資源評価, 独立行政法人水産総合研究センター.

Kurogi, H et al. 2016. Adult form of a giant anguilliform leptocephalus *Thalassenchelys coheni* Castle and Raju 1975 is *Congriscus megastomus* (Günther 1877). Ichthyol Res 63.

Smith, DG, WW Schwarzhans and JJ Pogonoski. 2016. The identity of *Conger japonicus* Bleeker, 1879 (Anguilliformes: Congridae). Copeia 104(3).

宇藤朋子(2001) マアナゴの成熟と産卵, 月刊海洋 33(8).

ウナギ科 p.76

黒木真理・塚本勝巳. 2011. 旅するウナギ—1億年の時空をこえて. 東海大学出版部.

塚本勝巳. 2015. 大洋に一粒の卵を求めて—東大研究船、ウナギ一億年の謎に挑む. 新潮文庫, 新潮社.

Tsukamoto K, Kuroki M eds. 2012. Eels and humans. Springer Japan.

ニシン科 p.78

Egan, JP. 2018. Phylogenetic analysis of trophic niche evolution reveals a latitudinal herbivory gradient in Clupeoidei (herrings, anchovies, and allies). Mol Phyl Evol 123.

畑晴陵・本村浩之. 2020a. ニシン目のDussumieriidaeに適用すべき和名の検討. Ichthy 1.

畑晴陵・本村浩之. 2020b. ニシン目のSpratelloididaeに対する標準和名キビナゴ科(新称)の提唱. Ichthy 3.

畑晴陵・本村浩之. 2021. ニシン目のPristigasteridaeに適用すべき標準和名. Ichthy 4.

Lavoué, S. 2017. Phylogenetic position of the rainbow sardine *Dussumieria* (Dussumieriidae) and its bearing on the early evolution of the Clupeoidei. Gene 623.

Randall, JE and J DiBattista. 2012. *Etrumeus makiawa*, a new species of round herring (Clupeidae: Dussumierinae) from the Hawaiian Islands. Pacif Sci 66.

清水洋平他. 2018. 北海道周辺沿岸海域において産卵するニシン(*Clupea pallasi*)のmtDNA情報を用いた集団構造の検討. 北水試研報 94.

横田高士他. 2020. 令和2(2020)年度ニシン北海道の資源評価, FRA-SA2020-RC06-12.

Whitehead, PJP. 1985. Clupeoid fishes of the world (suborder Clupeoidei), pt. 1-Chirocentridae, Clupeidae and Pristigasteridae. FAO Fisher. Syn., no.125, vol.7, pt.1.

Whitehead, PJP et al. 1988. Clupeoid fishes of the world (suborder Clupeoidei), pt. 2-Engraulidae. FAO Fisher. Syn., no.125, vol.7, pt.2.

サバヒー科・ネズミギス科・骨鰾系 p.86

Chen, WJ et al. 2013. Evolutionary origin and early biogeography of otophysan fishes (Ostariophysi: Teleostei). Evolution 67.

Lecointre, G and G Nelson. 1996. Clupeomorpha, sister-group of Ostariophysi. *In* M. L. J. Stiassny et al. eds. Interrelationships of Fishes. Academic Press.

Miya, M and M Nishida. 2015. The mitogenomic contributions to molecular phylogenetics and evolution of fishes: a 15-year retrospect. Ichthyol Res 62.

Nakatani, M et al. 2011. Evolutionary history of Otophysi (Teleostei), a major clade of the modern freshwater fishes: Pangean origin and Mesozoic radiation. BMC Evol Biol 11.

Rosen, DE and PH Greenwood. 1970. Origin of the Weberian apparatus and the relationships of the Ostariophysan and Gonorynchiform fishes. Am Mus Novit 2428.

コイ科：亜科分類 p.88

Yang, L et al. 2015. Phylogeny and polyploidy: Resolving the classification of cyprinine fishes (Teleostei: Cypriniformes). Mol Phyl Evol 85.

コイ科：コイ属 p.88

佐々木務. 2008. ナマズとコイの東北進出. 岩手県立博物館だより 116.

中島経夫. 2010. 魚米之郷の時空的な広がり. 人と自然の新しい物語 ビオストーリー 13.

丸山為蔵・藤井一則・木島利通・前田弘也. 1987. 外国産新魚種の導入経過. 水産庁研究部資源科.

馬渕浩司. 2014. 御代ヶ池のコイ：DNA解析からの知見. Mikurensis - みくらしまの科学 - 3.

コイ科：フナ属 p.90

Kalous, L et al. 2012. Hidden diversity within the Prussian carp and designation of a neotype for *Carassius gibelio* (Teleostei; Cyprinidae). Ichthyol Explor Freshwaters 23.

Kottelat, M and J Freyhof. 2007. Handbook of European freshwater fishes. Imprimerie du Démocrate SA, Delémont.

Mishina, T. et al. 2022. Interploidy gene flow involving the sexual-asexual cycle facilitates the diversification of gynogenetic triploid *Carassius* fish. Scientific Reports 11.

立原一憲. 2015. フナ属の1種(琉球列島). *In* 環境省自然環境局野生生物課希少種保全推進室編. レッドデータブック2014—日本の絶滅のおそれのある野生生物—4 汽水・淡水魚類. ぎょうせい.

Takada, M et al. 2010. Biogeography and evolution of the *Carassius auratus*-complex in East Asia. BMC Evol Biol 10.

谷口順彦. 1982. 西日本のフナ属魚類—オオキンブナをめぐって—. 淡水魚 8.

Yamamoto, G et al. 2010. Genetic constitution and phylogenetic relationships of Japanese crucian carps (*Carassius*). Ichthyol Res 57.

コイ科：タナゴ亜科 p.92

Arai, R and Y Akai. 1988. *Acheilognathus melanogaster*, a senior synonym of A. moriokae, with a revision of the genera of the subfamily Acheilognathinae (Cypriniformes, Cyprinidae). Bull Nat Sci Mus Ser A (Zool) 14(4).

Chang, CH et al. 2014. Phylogenetic relationships of Acheilognathidae (Cypriniformes: Cyprinoidea) as revealed from evidence of both nuclear and mitochondrial gene sequence variation: evidence for necessary taxonomic revision in the family and the identification of cryptic species. Mol Phyl Evol 81.

コイ科：クセノキプリス亜科ハス属他 p.100

Ito, T et al. 2016. Morphological characteristics of a piscivorous chub, *Opsariichthys uncirostris uncirostris* (Teleostei: Cyprinidae), inhabiting Lake Mikata, Fukui Prefecture, Japan. Biogeogr 18.

Kitanishi, S et al. 2016. Phylogeography of *Opsariichthys platypus* in Japan based on mitochondrial DNA sequences. Ichthyol Res 63.

斉藤憲治. 2014. コイ科魚類の系統と分類. 海洋と生物 36.

Takeuchi, H. 2012. Phylogeny of the cyprinid subfamily Cultrinae and related taxa (Teleostei: Cypriniformes). Unpublished D. Phil Thesis. Kinki University.

Tang, K et al. 2013. Limits and phylogenetic relationships of East Asian fishes in the subfamily Oxygastrinae (Teleostei: Cypriniformes: Cyprinidae). Zootaxa 2013.

コイ科：カマツカ亜科 p.102

Hosoya, K. 1986. Interrelationships of Gobioninae (Cyprinidae). *In* T. R Uyeno et al. eds. Indo-Pacific Fish Biology. Ichthyol Soc Japan.

Kawase, S and K Hosoya. 2010. *Biwia yodoensis*, a new species from the

Lake Biwa/Yodo River Basin, Japan. Ichthyol Expl Freshwaters 21.
中島 淳. 2015. 湿地帯中毒：身近な魚の自然史研究. 東海大学出版部.
Tang, LK et al. 2011. Phylogeny of the gudgeon (Teleostei: Cyprinidae: Gobioninae). Mol Phyl Evol 61.
Tominaga, K and S Kawase. 2019. Two new species of *Pseudogobio* pike gudgeon (Cypriniformes: Cyprinidae: Gobioninae) from Japan, and redescription of *P. esocinus* (Temminck and Schlegel 1846). Ichthyol Res 66.

コイ科：ホンモロコ・タモロコ p.102

藤岡康弘. 2013. 琵琶湖固有(亜)種ホンモロコおよびニゴロブナ・ゲンゴロウブナ激減の現状と回復への課題. 魚類学雑誌 60.
細谷和海. 1987. タモロコ属の系統と形質置換. *In* 水野信彦・後藤晃編. 日本の淡水魚. 東海大学出版会.
Kakioka, R et al. 2013. The origins of limnetic forms and cryptic divergence in *Gnathopogon* fishes (Cyprinidae) in Japan. Envir Biol Fishes 96.
亀甲武志他. 2014. 琵琶湖内湖流入河川におけるホンモロコの産卵生態. 魚類学雑誌 6.

コイ科：ムギツク他 p.106

Gozlan,RE et al. 2010. Pan-continental invasion of *Pseudorasbora parva*: towards a better understanding of freshwater fish invasions. Fish Fisher 11.
Hosoya, K. 1982. Classification of the cyprinid species genus Sarcocheilichthys from Japan, with description of a new species. Japan J Ichthyol 29.
Kawase, S and K Hosoya. 2015. *Pseudorasbora pugnax*, a new species of minnow from Japan, and redescription of P. pumila (Teleostei: Cyprinidae). Ichthyol Expl Freshwaters 25.

コイ科：ウグイ亜科 p.108

天野翔太・酒井治己. 2014. 降海性コイ科魚類ウグイ属マルタ2型の形態的分化と地理的分布. 水産大学校研究報告, 63.
Doi, A and H Shinzawa. 2000. *Triodon nakamurai*, a new cyprinid fish from the middle part of Honshu Island, Japan. Raffl Bull Zool 48 (2).
藤田朝彦他. 2005. ヤマナカハヤの形態学的特徴と生息現況. 魚類学雑誌 52.
Luo, Y. 1998. Leuciscinae. In Chen, YY et al. eds. Fauna Sinica. Osteichthyes. Cypriniformes II. Science Press.
Nikolskii, AM. 1889. Sakhalin Island and its fauna of vertebarate animals. Supplement to Mem Acad Sci St Petersb (Ser 7) 60 (5).
Reshetnikov, YS et al. 1997. An annotated check-list of the freshwater fishes of Russia. J Ichthyol 37.
Sakai, H and S Amano. 2014. A new subspecies of anadromous Far Eastern Dace, *Tribolodon brandtii maruta* subsp. nov. (Teleostei, Cyprinidae) from Japan. Bull Natl Mus Nature Sci Ser A (Zool) 40.
Sakai, H et al. 2014. Genetic structure and phylogeography of northern Far Eastern pond minnows, *Rhynchocypris perenurus sachalinensis* and *R. p. mantschuricus* (Pisces, Cyprinidae), inferred from mitochondrial DNA sequences. Biogeogr 16.
Sakai, H et al. 2020. A revised generic taxonomy for Far East Asian minnow *Rhynchocypris* and dace *Pseudaspius*. Ichthyol Res 67.
高橋一孝. 1999. 富士五湖と四尾連湖の魚類の変遷. 山梨県水産技術センター事業報告書 26.

ドジョウ科・フクドジョウ科・アユモドキ科 p.110

Chen, YX et al. 2017. Taxonomic study of the genus *Niwaella* (Cypriniformes: Cobitidae) from East China, with description of four new species. Zool Syst 42(4) DOI: 10.11865/zs.201723.
Kim, IS. 2009. A review of the spine loaches, family Cobitidae (Cypriniformes) in Korea. Korean J Ichthyol 21 (Suppl).
Kitagawa, T et al. 2011. Origin of the two major distinct mtDNA clades of the Japanese population of the oriental weather loach *Misgurnus anguillicaudatus* (Teleostei: Cobitidae). Folia Zoologica 60.
Kottelat, M. 2012. Conspectus cobitidum: An inventory of the loaches of the world (Teleostei: Cypriniformes: Cobitoidei). Raffles Bull Zool suppl 26.
中島淳著・内山りゅう写真. 2017. 日本のドジョウ　形態・生態・文化と図鑑. 山と溪谷社.
Perdices, A et al. 2016. Molecular evidence for multiple origins of the European spined loaches (Teleostei, Cobitidae). PLOS ONE 11: e0144628.
Saitoh, K et al. 2010. Extensive hybridization and tetrapolyploidy in spined loach fish. Mol Phyl Evol 56.
清水孝昭他. 2011. 沖縄島と西表島より得られたドジョウの形態的・遺伝的特徴. 日本生物地理学会会報 66.
Hosoya, K et al. 2018. *Lefua torrentis*, a new species of loach from western Japan (Teleostei: Nemacheilidae). Ichthyological Exploration of Freshwaters: DOI: 10.23788/IEF-1078
Ito, T et al. 2019 *Lefua tokaiensis*, a new species of nemacheilid loach from central Japan (Teleostei:Nemacheilidae). Ichthyol Res 66.

ナマズ科 p.118

秋篠宮文仁他編. 2016. ナマズの博物誌. 誠文堂新光社.
Bornbusch, HA. 1995. Phylogenetic relationships within the Eurasian catfish family Siluridae (Pisces: Siluriformes), with comments on generic validities and biogeography. Zool J Linn Soc 115.
川那部浩哉他. 2008. 鯰<ナマズ>イメージとその素顔. 八坂書房.
Kobayakawa, M. 1989. Systematic revision of the catfish genus *Silurus*, with description of new species from Thailand and Burma. Japan J Ichthyol 36.
Hibino Y and R Tabata. 2018. Description of a new catfish, *Silurus tomodai* (Siluriformes: Siluridae) from central Japan. Zootaxa, 4459.

ギギ科・ゴンズイ科 p.120

岸本浩和. 2009. 日本産ゴンズイとミナミゴンズイ(新称)に関する追記. 魚類学雑誌 56(1).
高野裕樹他. 2016. 大分川水系に定着した国内外来魚ギギの分布と由来. 魚類学雑誌 63(1).
Yoshino, T and H Kishimoto. 2008. *Plotosus japonicus*, a new eeltail catfish (Siluriformes: Pltosidae) from Japan. Bull Natl Mus Nat Sci Ser A Suppl 2.

デメニギス科 p.122

Robinson, BH and KR Reisenbichler. 2008. *Macropinna microstoma* and the paradox of its tubular eyes. Copeia 2008 (4).

セキトリイワシ科 p.123

岡村 収・北島忠弘編. 1984. 沖縄舟状海盆及び周辺海域の魚類I. 日本水産資源保護協会.

キュウリウオ科 p.124

匹田豊治. 1916. 本邦産 Argentinidaeの一新種について. 動物学雑誌 25(293).
McAllister, DE. 1963. A revision of the smelt family, Osmeridae. Natl Mus Canada Bull 191 Biol Ser (71).
Saruwatari, T et al. 1997. A revision of the osmerid genus *Hypomesus* Gill (Teleostei: Salmoniformes), with the description of a new species from the southern Kuril Islands. Species Diversity 2.

アユ科 p.126

岩井 保. 2002. 旬の魚はなぜうまい. 岩波新書, 岩波書店.
川那部浩哉著・桜井淳史写真. 1982. アユの博物誌. 平凡社.
Kodera, H and Y Tomoda. 2012. Discovery of fossil Ayu (*Plecoglossus altivelis*) from the Upper Miocene of Shimane Prefecture, Japan. Ichthyol Res 59.
宮地伝三郎. 1960. アユの話. 岩波新書, 岩波書店, 東京.
Shan, XJ et al. 2005. Morphological comparison between Chinese Ayu and Japanese Ayu and establishment of *Plecoglossus altivelis chinensis* Wu & Shan subsp. nov. J Ocean Univ China 4(1).

シラウオ科 p.128

CAS：イシカワシラウオとアリアケヒメシラウオの学名
Fu, C et al. 2012. A multilocus phylogeny of Asian noodlefishes Salangidae (Teleostei: Osmeriformes) with a revised classification of the family. Mol Phyl Evol 62(3).
水谷宏・松井誠一. 2006. 有明海に固有な絶滅危惧種、アリアケシラウオとアリアケヒメシラウオの生態. *In* 猿渡敏郎編著. 魚類環境生態学入門. 東海大学出版会.
Roberts, TR. 1984. Skeletal anatomy and classification of the neotenic Asian salmoniform superfamily Salangoidea (icefishes or noodlefishes). Proc Calif Acad Sci 43(13).
Saruwatari, T and M Okiyama. 1992. Life history of Shirauo *Salangichthys microdon*; Salangidae in a brackish lake, Lake Hinuma, Japan. Nippon Suisan Gakkaishi 58.
猿渡敏郎　1994.　シラウオ-汽水域のしたたかな放浪者. *In* 後藤晃他編. 川と海を回遊する淡水魚-生活史と進化. 東海大学出版会.

サケ科：イトウ・イワナ　p.129
江戸謙顕. 2013. 幻の大魚イトウのジャンプに導かれて
In 佐藤宏明・村上貴弘編. パワー・エコロジー. 海游舎.
福島路生・帰山雅秀・後藤 晃. 2008. イトウ：巨大淡水魚をいかに守るか. 魚類学雑誌55.
福島路生他. 2008. イトウ：巨大淡水魚をいかに守るか. 魚類学雑誌 55
Fukushima, M et al. 2011. Reconstructing Sakhalin taimen *Parahucho perryi* historical distribution and identifying causes for local extinctions. Trans Am Fish Soc 140.
亀甲武志他. 2007. 琵琶湖流入河川姉川水系に生息する特殊斑紋イワナ(ナガレモンイワナ)の出現率と流程分布. 魚類学雑誌 54.
中村智幸. 2007. イワナをもっと増やしたい！「幻の魚」を守り、育て、利用する新しい方法. フライの雑誌社，東京.
佐藤拓哉. 2008. "キリクチ"(紀伊半島のヤマトイワナ)：分断された小個体群の保全に向けて. 魚類学雑誌55.
Yamamoto, S et al. 2004. Phylogeography of white-spotted charr (*Salvelinus leucomaenis*) inferred from mitochondrial DNA sequences. Zool Sci 21.
Yoshiyama, T et al. 2017. Recreational fisheries as a conservation tool for endemic Dolly Varden *Salvelinus malma miyabei* in Lake Shikaribetsu, Japan. Fisher Sci 83.

サケ科：サケ〜マスノスケ　p.132
秋田県仙北市編・中坊徹次・三浦 久・大竹 敦監修. 2021. クニマス－過去は未来への扉－ 第二版. 秋田魁新報社.
Behnke, R J. 1992 Native trout of western North America. Amer Fisher Soc Monogr 6.
Croot, C and L Margolis eds. 1991. Pacific salmon life histories. UBC Press.
中坊徹次. 2011. クニマスについて−秋田県田沢湖での絶滅から70年−. タクサ, 日本動物分類学会誌 30,
中坊徹次. 2021. 絶滅魚クニマスの発見. 新潮選書.
Nakabo, T et al. 2014. Growth-related morphology of "Kunimasu" (*Oncorhynchus kawamurae*: family Salmonidae) from Lake Saiko, Yamanashi Prefecture, Japan. Ichthyol Res 61.
Quinn, TP. 2005. The behavior and ecology of Pacific salmon trout. Univ Washing Press.

サケ科：サクラマス種群　p.139
薮本美孝. 1998. 日本の魚類化石. *In* 中坊徹次・望月賢二編, 日本動物大百科6魚類. 平凡社.

サケ科：ビワマス　p.139
藤岡康弘. 2009. 川と湖を回遊魚ビワマスの謎を探る. サンライズ出版.
Kamimura H and Y Mitsunaga. 2014. Temporal and spatial distributions of Biwa salmon *Oncorhynchus masou* subsp. by ultrasonic telemetry in Lake Biwa, Japan. Fish Sci 80.
尾田昌紀・原田泰志. 2013. 琵琶湖流入河川石田川におけるビワマスの産卵場選択性について. 魚類学雑誌 60.
白旗総一郎. 2008. ホンマス(中禅寺湖). *In* 湖沼と河川環境の基盤情報整備事業報告書−豊かな自然環境を次世代に引き継ぐために−サクラマス、ビワマス、地方種. 社団法人　日本水産資源保護協会.

サケ科：サクラマス(ヤマメ)　p.140
木村清朗. 1972. ヤマメの産卵習性について. 魚類学雑誌 19.
久保達郎. 1980. 北海道のサクラマスの生活史に関する研究. さけ・ますふ化場研報 34.
真山 紘. 1992. サクラマス*Oncorhynchus masou*(Brevoort)の淡水域の生活および資源培養に関する研究. 北海道さけ・ますふ化場研究報告 46.
中村智幸. 1999. 鬼怒川上流におけるイワナ, ヤマメの産卵床の立地条件の比較. 日本水産学会誌 65.
Sakata, K et al. 2005. Movement of the fluvial form of masu salmon, *Oncorhynchus masou masou*, in a mountain stream in Kyushu, Japan. Fish Sci 71.
宇藤 均. 1976. サクラマス*Oncorhynchus masou* Brevoort の降海型と河川残留型の分化機構に関する研究 1. 早熟な河川残留型の体成長と性成熟. 北大水産彙報 26.

サケ科：サツキマス(アマゴ)　p.141
本荘鉄夫. 1977. アマゴの増養殖に関する基礎的研究. 岐阜水試研報 22.
加藤文男. 1973. 伊勢湾へ降海するアマゴ(*Oncorhynchus rhodurus*)の生態について. 魚類学雑誌 20.
木本圭輔他. 2013. 九州の一渓流におけるアマゴ浮上稚魚の流程分布. 魚類学雑誌 60.
桑田知宣・徳原哲也. 2011. 長良川の支流におけるサツキマスの産卵床の特性. 水産増殖 59.
名越 誠他. 1988. 渓流域におけるアマゴの成長に伴う生息場所および食物利用の変化. 日本水産学会誌 54.
白石芳一他. 1957. 三重県馬野川のアマゴに関する水産生物学的研究−第二報　産卵習性に関する研究−. 淡水区水産研究所資料 (18).

シャチブリ科　p.144
藤原恭司・久米 元・本村浩之. 2020. 鹿児島県から得られたシャチブリ科の稀種ヒョウモンシャチブリ. Natr Kagoshima, 46.
Kaga, T et al. 2015. Redescription of *Ateleopus japonicus* Bleeker 1853, a senior synonym of *Ateleopus schlegelii* van der Hoeven 1855, *Ateleopus purpureus* Tanaka 1915, and *Ateleopus tanabensis* Tanaka 1918 with designation of a lectotype for *A. japonicus* and *A. schlegelii* (Ateleopodiformes: Ateleopodidae). Zootaxa 4027.
Kaga, T 2016. A new jellynose, *Ateleopus edentatus*, from the western Pacific Ocean (Teleostei: Ateleopodiformes: Ateleopodidae). Zootaxa, 4083. [Erratum appeared in Zootaxa 4105, 2016.]
Kaga, T 2017. Redescription of *Ateleopus japonicus* Bleeker 1853, a senior synonym of *Ateleopus natalensis* Regan 1921 (Teleostei: Ateleopodiformes: Ateleopodidae). Zootaxa, 4238.
Kaga, T et al. 2022. Redescription of *Ateleopus indicus* Alcock 1891, (Teleostei: Ateleopodiformes: Ateleopodidae), and its reassignment to the genus *Parateleopus*. Zootaxa, 5092.
Senou, H et al. 2008. A new species of the genus *Guentherus* (Ateleopodiformes: Ateleopodidae) from Japan. Bull Natn Mus Nature Sci Ser A Suppl 2.
瀬能 宏他. 1993. 伊豆半島東方沖群発地震と浅海に出現したタナベシャチブリについて. 伊豆海洋公園通信 4(5).

エソ科　p.146
Inoue, T and T Nakabo. 2006. The *Saurida undosquamis* group (Aulopiformes: Synodontidae), with description of a new species from southern Japan. Ichthyol Res 53.

アオメエソ科・ヒメ科　p.148
Gomon, MF et al. 2013. A new genus and two new species of the family Aulopidae (Aulopiformes), commonly referred to as *Aulopus*, flagfins, sergeant bakers or threadsails, in Australasian waters. Spec Divers 18.
Gomon, MF and CD Struthers. 2015. Three new species of the Indo-

Pacific fish genus *Hime* (Aulopidae, Aulopiformes), all resembling the type species *H. japonica* (Günther 1877). Zootaxa 4044.
平川直人他. 2008. 東北海域におけるアオメエソの加入機構. 海洋と生物 30.
水野時子. 2008. メヒカリの栄養. 海洋と生物 30.
阪地英男. 2008. 土佐湾におけるメヒカリの生活史と漁業. 海洋と生物 30.
Sakaji, H et al. 2006. Growth and ontogenetic migration of greeneye *Chlorophthalmus albatrossis* in Tosa Bay, Pacific coast of south-western Japan. Fisher Sci 72.
佐藤友康. 2008. メヒカリ(アオメエソ属魚類)の稚仔魚. 海洋と生物 30.
Somiya, H. 1977. Bacterial bioluminescence in chlorophthalmid deep-sea fish: A possible interrelationship between the light organ and the eyes. Experientia 33.

チョウチンハダカ科 p.150

沖山宗雄. 1988. 底生深海魚の生活史と変態. *In* 上野輝彌・沖山宗雄 編, 現代の魚類学. 朝倉書店.

ハダカイワシ科 p.152

Becker, VE. 1967. Lanternfishes (family Myctophidae). *In* T. S. Rass ed. Biology of the Pacific Ocean, vol.7 (III), Moscocow.
Go, YB et al. 1977. Ecologic study on *Diaphus suborbitalis* Weber (Pisces, Myctophidae) in Suruga Bay, Japan-I Method of aging and its life span. Bull Japan Soc Sci Fisher 43.
Hayashi, A et al. 2001. Growth of *Myctophum asperum* (Pisces: Myctophidae) in the Kuroshio and transitional waters. Fisher Sci 67.
川口弘一. 1984. 最近10年間における魚類マイクロネクトン研究の流れ. 日本プランクトン学会報創立30周年記念号.
Martin, RP et al. 2018. Light in the darkness: New perspective on lanternfish relationships and classification using genomic and morphological data. Mol Phyl Evol 121.
Uchikawa, K et al. 2002. Diet of the mesopelagic fish *Notoscopelus japonicus* (Family Myctophidae) associated with the continental slope off the Pacific coast of Honshu, Japan. Fisher. Sci., 68.

アカナマダ科・フリソデウオ科・リュウグウノツカイ科 p.154

Craig, MT et al. 2004. Notes on the systematics of the crestfish genus *Lophotus* (Lampridiformes: Lophotidae), with a new record from California. Bull South Calif Acad Sci, 103.
畑 晴陵他. 2018. 九州・パラオ海嶺北部東方の四国海盆から得られたアカナマダ *Lophotus capellei* の記録. 南紀生物, 60.
本間義治・水沢六郎. 1981. 糸魚川海岸に漂着したアカナマダ(真骨魚類・紐帯類) 一墨の吐出をめぐって. 新潟県生物教育研究会誌, 16.
Honma, Y et al. 1999. Histology of the ink tube and its associated organs in a unicornfish, *Eumecichthys fiskii* (Lampridiformes). Ichthyol Res 46.
岩坪洸樹・本村浩之編. 2017. 火山を望む魔海: 鹿児島湾の魚類. (社法) 鹿児島水圏生物博物館・鹿児島大学総合研究博物館, 鹿児島市.
Iwatsuki, Y et al. 2017. Annotated checklist of marine and freshwater fishes in the Hyuga Nada area, southwestern Japan. Bull Graduate School Bioresources, Mie University, 43.
河合俊郎他. 2004. 北海道函館市近海から記録されたテングノタチ. 日本生物地理学会会報 59.
小枝圭太他編. 2018. 黒潮あたる鹿児島の海: 内之浦漁港に水揚げされる魚たち. 鹿児島大学総合研究博物館, 鹿児島市.
Nakae, M et al. 2018. An annotated checklist of fishes of Amami-oshima Island, the Ryukyu Islands, Japan. Mem Natl Mus Natr Sci, 52.
西村三郎. 1961. リュウグウノツカイの遊泳方法をめぐって. J Oceanogr Soc Japan 17.
西村三郎. 1962. 捕獲状況から考察したリュウグウノツカイの生態. Sci Rep Yokosuka City Mus 7.
西村三郎. 1994. 人魚とリュウグウノツカイ: 伝説と動物学のはざま. *In* 山田慶兒編, 物のイメージ: 本草と博物学への招待, 朝日新聞社.
Pietsch, TW. 1991. Samuel Fallours and his "Sirenne" from the province of Ambon. Arch Natr Hist 18(1).
Roberts, TR. 2012. Systematics, biology, and distribution of the species of the oceanic oarfish genus *Regalecus* (Teleostei, Lampridiformes, Regalecidae). Mém Mus Natl Hist Natr 202.
崎山直夫・瀬能 宏. 2012. 相模湾におけるリュウグウノツカイ(アカマンボウ目リュウグウノツカイ科)の記録について. 神奈川自然誌資料 33.

アカマンボウ科・クサアジ科 p.156

Hyde, JR et al. 2014. DNA barcoding provides support for a cryptic species complex within the globally distributed and fishery important opah (*Lampris guttatus*). Mol Ecol Res 14.
Wegner, NC et al. 2015. Whole-body endothermy in a mesopelagic fish, the opah, *Lampris guttatus*. Science 348(6236).
Underkoffler, KE et al. 2018. A taxonomic review of *Lampris guttatus* (Brunnich 1788) (Lampridiformes; Lampridae) with descriptions of three new species. Zootaxa 4413.

タラ科 p.158

Byrkjedal, I et al. 2008. The taxonomic status of *Theragra finnmarchica* Koefoed, 1956 (Teleostei: Gadidae): perspectives from morphological and molecular data. J. Fish. Biol., 73.
Coulson, MW et al. 2006. Mitochondrial genomics of gadine fish: implications for taxonomy and biogeographic origins from whole-genome data sets. Genome 49.
Funamoto, T et al. 2014. Comparison of factors affecting recruitment variability of walleye pollock *Theragra chalcogramma* in the Pacific Ocean and the Sea of Japan off northern Japan. Fish Sci 80.
Stroganov, AN et al. 2011. Variability of microsatellite loci of Greenland Cod Gadus ogac Richardson 1836: comparison with other species of Gadus genus (Gadidae). J Ichthyol 51.
Chow S et al.2019.Little difference between controversial Japanese codling species *Physiculus japonicas* and *P.maximowiczi*.Aquatic Animals, 2019:1-9

ソコダラ科 p.162

Chiou, ML et al. 2004. A new species, *Caelorinchus sheni*, and 19 new records of grenadiers (Pisces: Gadiformes: Macrouridae) from Taiwan. Zool Stud 43.
Endo, H and O Okamura. 1992. New records of the abyssal grenadiers *Coryphaenoides armatus* and *C. yaquinae* from the western North Pacific. Japan. J Ichthyol 38.
Iwamoto, T and M Okamoto. 2015. A new grenadier fish of the genus *Lucigadus* (Macrouridae, Gadiformes, Teleostei) from the Emperor Seamounts, northwestern Pacific. Proc Calif Acad Sci 62.
Jeong, MK et al. 2010. New record of Sagami grenadier, *Ventrifossa garmani* (Gadiformes: Macrouridae) from Korea. Korean J Syst Zool 26.
Kim, SY et al. 2009. Four new records of grenadiers (Macrouridae, Gadiformes, Teleostei) from Korea. Korean J Ichthyol 21.
Nakayama, N and H Endo. 2016. A new species of the grenadier genus *Coryphaenoides* (Actinopterygii: Gadiformes: Macrouridae) from Japan and a range extension of Coryphaenoides rudis Günther 1878 in the northwestern Pacific. Ichthyol Res 64.
Nakayama, N et al. 2015a. A new grenadier of the genus *Hymenocephalus* from Tosa Bay, southern Japan (Actinopterygii: Gadiformes: Macrouridae). Ichthyol Res 62.
Nakayama, N et al. 2015b. First record of the midwater grenadier, *Odontomacrurus murrayi* (Actinopterygii: Gadiformes: Macrouridae), from the northwestern Pacific off Japan. Spec Diver 20.
Nakayama, N et al. 2015c. Redescription of *Coelorinchus tokiensis* (Steindachner and Döderlein 1887) (Actinopterygii: Gadiformes: Macrouridae), with comments on its synonymy. Ichthyol Res 63.

フサイタチウオ科 p.165

Møller, PR et al. 2016. A new classification of viviparous brotulas

(Bythitidae) – with family status for Dinematichthyidae – based on molecular, morphological and fossil data. Mol Phyl Evo 100.
Nielsen, JG. 2019. Revision of the circumglobal genus *Barathronus* (Ophidiiformes, Bythitidae) with a new species from the eastern North Atlantic Ocean. Zootaxa 4679.

カエルアンコウ科 p.168

Arnold, RJ et al. 2014. A new genus and species of the frogfish family Antennariidae (Teleostei: Lophiiformes: Antennarioidei) from New South Wales, Australia, with a diagnosis and key to the genera of the Histiophryninae. Copeia 2014(3).
Arnold, RJ and TW Pietsch. 2012. Evolutionary history of frogfishes (Teleostei: Lophiiformes: Antennariidae): A molecular approach. Mol Phyl Evol 62.
Motomura, H and M Aizawa. 2011. Illustrated list of additions to the ichthyofauna of Yakushima Island, Kagoshima Prefecture, southern Japan: 50 new records from the island. Check List, 7.
Pietsch, TW and DB Grobecker. 1987. Frogfishes of the world: Systematics, zoogeography, and behavioral ecology. Stanford University Press.
Pietsch, TW and RJ Arnold. 2020. Frogfishes: biodiversity, zoogeography, and behavioral ecology. Johns Hopkins University Press, Baltimore.

アカグツ科 p.170

Ho, H-C. 2022. Taxonomy and distribution of the deep-sea batfish genus *Halieutoosis* (Teleostei: Ogcocephalidae), with descriptions of five new species. J Mar Sci Engin 10.

チョウチンアンコウ亜目 p.172

Pietch, TW. 2009. Oceanic anglerfish. Univ. California Press.

キンメダイ科 p.174

Akimoto, S. 2002. Identification of alfonsino and related fish species belonging to the genus *Beryx* with mitochondrial 16S rRNA gene and its application on their pelagic eggs. Fisher Sci 68.
秋元清治他. 2005.伊豆諸島海域におけるキンメダイ *Beryx splendens* 雌の成熟. 日本水産学会誌, 71.

イットウダイ科 p.176

江口慶輔・本村浩之. 2016. 琉球列島におけるイットウダイ科魚類相. Nat Kagoshima 42.

ヒカリキンメダイ科 p.178

小枝圭太他. 2014. 沖縄島で採集された日本初記録のヒカリキンメダイ科オオヒカリキンメ *Photoblepharon palpebratum*. 魚類学雑誌 61.

タウナギ科 p.181

Matsumoto, S et al. 2010. Cryptic diversification of the swamp eel *Monopterus albus* in East and Southeast Asia, with special reference to the Ryukyuan populations. Ichthyol Res 57.

トゲウオ科 p.182

後藤 晃・森 誠一編. 2003. トゲウオの自然史. 北海道大学図書刊行会.
Higuchi, M et al. 2014. A new threespine stickleback, *Gasterosteus nipponicus* sp. nov. (Teleostei: Gasterosteidae), from the Japan Sea region. Ichthyol Res 61.
Matsumoto, et al. 2021. New species of nine-spined stickleback, *Pungitius modestus* (Gasterosteiformes, Gasterosteidae), from northern Honshu, Japan. Zootaxa 5005.
杉山秀樹. 2014. トミヨ属雄物型. *In* 環境省編. 日本の絶滅のおそれのある野生生物4汽水・淡水魚類.
Takahashi, H et al. 2016. Species phylogeny and diversification process of Northeast Asian *Pungitius* revealed by AFLP and mtDNA markers. Mol Phyl Evol 99.
Takata, K et al. 1987. Biochemical identification of a Brackish Water Type of *Pungitius pungitius*, and its morphological and ecological features in Hokkaido, Japan. Japan J Ichthyol 34.

サギフエ科 p.186

Noguchi, et al.2015. No genetic deviation between two morphotypes of the snipefishes (Macroramphosidae:Macroramphosus) in Japanese waters. Ichthyol Res 62.

ボラ科 p.190

Durand, JD and P Borsa. 2015. Mitochondrial phylogeny of grey mullets (Acanthopterygii: Mugilidae) suggests high proportion of cryptic species. Comptes Rendus Biologies 338.
Durand, JD et al. 2012. Genus-level taxonomic changes implied by the mitochondrial phylogeny of grey mullets (Teleostei: Mugilidae). Comptes Rendus Biologies 335.
Kottelat, M. 2013. The fishes of the inland waters of southeast Asia: a catalogue and core bibiography of the fishes known to occur in freshwaters, mangroves and estuaries. Raffl Bull Zool Suppl 27.
Whitfield, AK et al. 2012. A global review of the cosmopolitan flathead mullet *Mugil cephalus* Linnaeus 1758 (Teleostei: Mugilidae), with emphasis on the biology, genetics, ecology and fisheries aspects of this apparent species complex. Rev Fish Biol Fisher 22.
山川宇宙他. 2020. 相模湾およびその周辺地域で記録された分布が北上傾向にある魚類7種. 神奈川自然誌資料, 41.

トウゴロウイワシ科 p.191

Sasaki, D and S Kimura. 2014. Taxonomic review of the genus *Hypoatherina* Schultz 1948 (Atheriniformes: Atherinidae). Ichthyol Res 61.
Sasaki, D and S Kimura, 2019. A new atherinomorine genus *Doboatherina* (Atheriniformes: Atherinidae) with a review of included species. Ichthyological Research, 67.
Sasaki, D and S. Kimura. 2020. A new atherinomorine genus *Doboatherina* (Atherinoformes: Atherinidae) with a review of included species. Ichthyol Res 67.
Takita, T and K Nakamura. 1986. Embryonic development and prelarva of the atherinid fish, *Hypoatherina bleekeri*. Japan J Ichthyol 33.

ナミノハナ科 p.191

Saeed, B et al. 1993. A new species of the surf-inhabiting atheriniform *Iso* (Pisces: Isonidae). Rec West Austral Mus 16.
Saeed, B et al. 2006. Descriptive anatomy of Iso rhothophilus (Ogilby), with a phylogenetic analysis of Iso and a redefinition of Isonidae (Atheriniformes). aqua, J Ichthyol Aquat Biol 11.

サンマ科 p.194

巣山 哲他. 1992. 中部北太平洋におけるサンマ *Colorabis saira* の耳石日周輪に基づく年齢と成長の推定. 日本水産学会誌 58.
巣山 哲他. 1996. 夏季の中部太平洋におけるサンマの成熟と産卵. 日本水産学会誌 62.
Suyama, S et al. 1996. Age and growth of Pacific saury *Colorabis saira* (Brevoort) in the western North Pacific Ocean estimated from daily otolith growth increments. Fisher Sci 62.
Suyama, S et al. 2006. Age structure of Pacific saury *Cololabis saira* based on observation of the hyaline zones in the otolith and length frequency distributions. Fisher Sci 72.
Watanabe, K et al. 2006. Spatial and temporal migration modeling for stock of Pacific saury *Colorabis saira* (Brevoort), incorporating effect of sea surface temperature. Fisher Sci 72.

トビウオ科 p.196

久田安秀. 2002. 熊毛海域におけるトビウオ漁の漁獲特性. 黒潮の資源海洋研究, 3.
一丸俊雄・中園明信. 1999. 九州北西岸におけるツクシトビウオの成熟と産卵. 日本水産学会誌 65.

メバル科 p.198

Lenartz WH, Echeverria TW. 1991. Sexual dimorphism in *Sebastes*. Environ Ecol Fishes 30.
Love MS et al. 2002. The rockfishes of the northeast Pacific. Univ Calif Press.

Muto, N et al. 2011. Genetic and morphological differences between *Sebastes vulpes* and *S. zonatus* (Teleostei: Scorpaeniformes: Scorpaenidae). Fish Bull 109.
Muto, N et al. 2013. Extensive hybridization and associated geographic trends between two rockfishes *Sebastes vulpes* and *S. zonatus* (Teleostei: Scorpaeniformes: Sebastidae). J Evol Biol 26.
Nagasawa, T. 2000. Early life history of kitsune-mebaru, *Sebastes vulpes* (Scorpaenidae), in the Sea of Japan. Ichthyol Res 47.
佐々木正義. 2003. キツネメバル. *In* 上田吉幸他編. 新北のさかなたち. 北海道新聞社.
Yagishita, N et al. 2007. Sexual dimorphism in *Sebastes owstoni* (Scorpaenidae) from the Sea of Japan. Ichthyol Res 54.
山中智之・伊藤欣吾. 2017. 改訂青森県産魚類目録補訂－I. 青森県産業技術センター研報, 8.

キチジ科 p.209

Goto, T. 2004. Age, growth maturation and food of kichiji rockfish, *Sebastolobus macrochir*, distributing off Iwate Prefecture, Pacific coast of northern Honshu Japan. Bull Iwate Pref Fish Tech Center 4.
濱津友紀他. 2015. 平成26(2014)年度キチジ道東・道南の資源評価. *In* 水産総合研究センター編. 平成26年度我が国周辺水域の漁業資源評価. 水産総合研究センター.
濱津友紀他. 2015. 平成26(2014)年度キチジオホーツク海系群の資源評価. *In* 水産総合研究センター編. 平成26年度我が国周辺水域の漁業資源評価. 水産総合研究センター.
服部 努他. 2015. 平成26(2014)年度キチジ太平洋北部の資源評価. *In* 水産総合研究センター編. 平成26年度我が国周辺水域の漁業資源評価. 水産総合研究センター.
Moser, HG. 1974. Development and distribution of larvae and juveniles of *Sebastolobus* (Pisces; family Sorpaenidae). Fish Bull 72.
大村敏昭他. 2005. 夏季の北海道太平洋沖陸棚斜面におけるキチジの分布様式と栄養状態. 日本水産学会誌 72.
Orlov, AM and AV Nesin. 2000. Spatial distribution, maturation, and feeding of the juvenile long-fin thoryhead *Sebastolobus macrochir* and short-spine thornyhead *S. alascanus* (Scorpaenidae) in the Pacific waters of the northern Kurils and southeastern Kamchatka. J Ichthyol 40.
Sakaguchi, SO et al. 2014. Analyses of age and population genetic structure of the broadbanded thornyhead *Sebastolobus macrochir* in North Japan suggest its broad dispersion and migration before settlement. J Oceanogr 70.
Love, MS et al. 2002. The rockfishes of the Northeast Pacific. Univ Calif Press.

フサカサゴ科 p.210

CAS：ミミトゲオニカサゴとイヌカサゴの学名
Lönnstedt, OM et al. 2014. Lionfish predators use flared fin displays to initiate cooperative hunting. Biol Lett 10: 20140281.
Moyer, JT and MJ Zaiser. 1981. Social organization and spawning behavior of the Pteroine fish *Dendrochirus zebra* at Miyake-jima, Japan. Japan J Ichthyol 28.
Schofield, PJ. 2009. Geographic extent and chronology of the invasion of the non-native lionfish (*Pterois volitans* [Linnaeus 1758] and *P. miles* [Bennett 1828] in the Western North Atlantic and Caribbean Sea. Aquat Invasions 4 (3).

シロカサゴ科 p.216

Wada H et al. 2020. Redescription of the circumglobal deepwater scorpionfish *Setarches guentheri* (Setarchidae). Ichthyol Res 68.
Wada, H et al. 2021. Revision of the resurrected deepwater scorpionfish genus *Lythrichthys* Jordan and Starks 1904 (Setarchidae), with descriptions of two new species. Ichthyol Res 68.

オニオコゼ科 p.218

Eschmeyer, WN et al. 1979. Fishes of the scorpionfish subfamily Choridactylinae from the western Pacific and Indian Ocean. Proc Calif Acad Sci 4th Ser 41(21).
渡辺憲一他. 2003. 新潟県沿岸海域におけるオニオコゼ *Inimicus japonicus* の年齢と成長および産卵期. 日本水産学会誌 69.
渡辺憲一. 2005. オニオコゼ *Inimicus japonicus* 雌1尾の産卵と卵質. 水産増殖 53.

コチ科 p.222

Imamura, H. and DF Hoese. 2020. *Insidiator* Jordan and Snyder 1900, a valid genus of the family Platycephalidae (Scorpaeniformes). Ichthyol Res 67.
Masuda, Y et al. 2000. Age and growth of the flathead, *Platycephalus indicus*, from the coastal waters of west Kyushu, Japan. Fisher Res 46.
森川晃他. 2002. 有明海産コチ属2種の年齢と成長. 水産増殖 50.

キホウボウ科 p.224

Kawai, T. 2013. Revision of the peristediid genus *Satyrichthys* (Actinopterygii: Teleostei) with the description of a new species, *S. milleri* sp. nov. Zootaxa 3635.

ケツギョ科 p.226

日比野友亮他. 2019. 宮崎県大淀川水系から得られたオヤニラミ属魚類コウライオヤニラミ. Nat Kagoshima 45.
環境省. 2015. 特定外来生物等一覧. https://www.env.go.jp/nature/intro/1outline/list/ (2015年10月1日)
松沢陽士・瀬能宏. 2008. 日本の外来魚ガイド. 文一総合出版.
財団法人自然環境研究センター. 2008. 日本の外来生物. 平凡社.
Iseki, T et al. 2010. Current status and ecological characteristics of the Chinese temperate bass *Lateolabrax* sp., an alien species in the western coastal waters of Japan. Ichthyol Res 57.
熊井英水編. 2000. 最新海産魚の養殖. 湊文社.
村瀬敦宣他. 2012. 屋久島産標本に基づくヒラスズキ *Lateolabrax latus* の再記載と河川における生息状況. 魚類学雑誌 59 (1).
安田秀明・小池 篤. 1950. 日本産主要魚類の成長, 第2報, スズキ. 日本水産学会誌 16.

スズキ科 p.228

Lavoué, S et al. 2014. Mitogenomic phylogeny of the Percichthyidae and Centrarchiformes (Percomorphaceae): comparison with recent nuclear gene-based studies and simultaneous analysis. Gene 549.
Li, C et al. 2011. Monophyly and interrelationships of Snook and Barramundi (Centropomidae *sensu* Greenwood) and five new markers for fish phylogenetics. Mol Phyl Evol 60.
Smith, WL and MT Craig. 2007. Casting the Percomorph Net Widely: The Importance of Broad Taxonomic Sampling in the Search for the Placement of Serranid and Percid Fishes. Copeia 2007.

アカメ科 p.226

Greenwood, PH. 1976. A review of the family Centropomidae (Pisces, Perchformes). Bull Brit Mus Natr Hist (Zool) 29.
Otero, O. 2004. Anatomy, systematics and phylogeny of both recent and fossil latid fishes (Teleostei, Perciformes, Latidae). Zool J Linn Soc 141.
長野博光他. 1998. 年齢と移動. 1998年度日本魚類学会シンポジウム「アカメの生物学」講演要旨.
内田喜隆. 2005. 四万十の怪魚アカメの生活史. 海洋と生物 27 (1).

ホタルジャコ科 p.230

Ghedotti, MJ et al. 2018. Morphology and evolution of bioluminescent organs in the glowbellies (Percomorpha: Acropomatidae) with comments on the taxonomy and phylogeny of Acropomatiformes. J Morph 279.
大西健美. 2009. 新潟県沿岸域におけるアカムツの年齢と成長及び産卵期. 新潟県水産海洋研究所研究報告 2.
八木佑太他. 2013. 日本海における沖合底びき網漁業(1そうびき)によるアカムツの漁獲状況. 日本海ブロック試験研究集録 46.
Schwarzhans, WW and AM Prokofiev. 2017. Reappraisal of *Synagrops* Günther, 1887 with rehabilitation and revision of *Parascombrops* Alcock, 1889 including description of seven new species and two

new genera (Perciformes: Acropomatidae). Zootaxa 4260.

ハタ科 p.232

Gill et al. 2021. Review of Australian species of *Plectranthias* Bleeker and *Selenanthias* Tanaka (Teleostei: Serranidae: Anthiadinae), with descriptions of four new species. Zootaxa4918(1).

GILL, A. C., 2022. Revised definitions of the anthiadine fish genera *Mirolabrichthys* Herre and *Nemanthias* Smith, with description of a new genus (Teleostei: Serranidae). Zootaxa, 5092.

川路由人他. 2019. ハタ科イズハナダイ属魚類 *Plectranthias longimanus* ムラモミジハナダイ(新称), *P. nanus* チビハナダイ, および *P. winniensis* デイゴハナダイ(新称)の日本における記録と分類学的再検討. 魚類学雑誌 66.

Koeda, K et al. 2015. First Japanese specimen-based record of *Liopropoma tonstrinum* (Teleostei: Serranidae), from Minami-daito Island, Daito Islands, southern Japan. Spec Diver 20.

Kuriiwa, K et al. 2012. Phylogeography of Blacktip Grouper, *Epinephelus fasciatus* (Perciformes: Serranidae), and influence of the Kuroshio Current on cryptic lineages and genetic population structure. Ichthyol Res 61.

Liu, M et al. 2013. *Epinephelus moara*: a valid species of the family Epinephelidae (Pisces: Perciformes). J Fish Biol 82.

Nakamura, J. and H. Motomura. 2021. *Epinephelus insularis*, a new species of grouper from the western Pacifc Ocean, and validity of *E. japonicus* (Temminck and Schlegel 1843), a senior synonym of *Serranus reevesii* Richardson 1846 and *E. tankahkeei* Wu et al. 2020 (Perciformes: Epinephelidae) . Ichthyol Res 68.

Okamoto, M and H Ida. 2001. Description of a postflexion larva specimen of *Liopropoma japonicum* from off Izu Peninsula, Japan. Ichthyol Res 48.

キントキダイ科 p.246

Fernandez-Silva, I and HC Ho. 2017. Revision of the circumtropical glasseye fish *Heteropriacanthus cruentatus* (Perciformes: Priacanthidae), with resurrection of two species. Zootaxa 4273

ジョン ビョル・本村浩之. 2014. キントキダイ科キビレキントキ *Priacanthus zaiserae* の奄美大島からの記録. Nat Kagoshima 40.

Starnes, WC. 1988. Revision, phylogeny and biogeographic comments on the circumtropical marine percoid fish family Priacanthidae. Bull Mar Sci 43.

Fernandez-Silva, I. and H.-C. Ho. 2017. Revision of the circumtropical glasseye fish *Heteropriacanthus cruentatus* (Perciformes: Priacanthidae), with resurrection of two species. Zootaxa, 4273.

テンジクダイ科 p.248

Kuwamura, T. 1983. Spawning behavior and timing of fertilization in the mouthbrooding cardinalfish *Apogon notatus*. Japan J Ichthyol 30.

Kuwamura, T. 1987. Night spawning and paternal mouthbrooding of the cardinal fish *Cheirodipterus quinquelineatus*. Japan J Ichthyol 33.

Mabuchi, KT et al. 2014. Revision of the systematics of the cardinalfishes (Percomorpha: Apogonidae) based on molecular analyses and comparative reevaluation of morphological characters. Zootaxa 3846.

馬渕浩司他. 2015. テンジクダイ科の新分類体系にもとづく亜科・族・属の標準和名の提唱. 魚類学雑誌 62.

Mabuchi, K et al. 2003. Genetic comparison of two color-morphs of *Apogon properuptus* from southern Japan. Ichthyol Res 50.

Yoshida, T et al. 2010. Apogonid fishes (Teleostei: Perciformes) of Yaku-shima Island, Kagoshima Prefecture, southern Japan. *In* H Motomura and K Matsuura eds. Fishes of Yaku-shima Island – A World Heritage island in the Osumi Group, Kagoshima Prefecture, southern Japan. Natl Mus Nature Sci.

アマダイ科 p.254

Dooley, JK and Y Iwatsuki. 2012. A new species of deepwater tilefish (Percoidea: Branchiostegidae) from the Philippines, with a brief discussion of the status of tilefish systematics. Zootaxa 3249.

アジ科 p.258

阿部宗明・本間昭郎監修, 山本保彦編. 1997. 現代おさかな事典: 漁場から食卓まで. エヌ・ティー・エス.

Doak W. 2003. A Photographic Guide to Sea Fishes of New Zealand. New Holland Publ.

Fischer, W et al. eds. 1973. FAO species identification sheets for fisheries purposes. Mediterranean and Black sea (Fishing Area 37). Vols.1-2. FAO.

Fischer, W et al. eds. 1978. FAO species identification sheets for fisheries purposes. Western Central Atlantic (Fishing Area 31). Vols.1-7. FAO.

Fischer, W and G Bianchi eds. 1984. FAO species identification sheets for fisheries purposes. Western Indian Ocean. Vols.1-6. FAO.

Fischer, W et al. eds. 1981. FAO species identification sheets for fisheries purposes. Eastern Central Atlantic. Vols.1-7. FAO.

Fischer, W and PJP Whitehead. 1974. FAO species identification sheets for fisheries purposes. Eastern Indian Ocean. Vols.1-4. FAO.

Kimura S et al. 2013. The red-fin Decapterus group (Perciformes: Carangidae)with the description of new species, *Decapterus smithvanizi*. Ichthyol Res 60.

Kimura, S., S. Takeuchi and T. Yadome. 2022. Generic revision of the species formerly belonging to the genus *Carangoides* and its related genera (Carangiformes: Carangidae). Ichthyol Res https://doi.org/10.1007/s10228-021-00850-1

村井 衛他. 1985. 小笠原父島沿岸域における天然シマアジの性成熟過程と産卵期. 水産増殖 33.

Smith-Vaniz, WF and HL Jelks. 2006. Australian trevalies of the genus *Pseudocaranx* (Teleostei: Carangidae), with description of a new species from Western Australia. Mem Mus Victoria 63.

山田梅芳・中坊徹次. 1986. クロアジモドキ *Parastromateus niger* (Bloch)(アジ科) の形態と生態. UO 36.

ヒイラギ科 p.268

池島 耕・和田 実. 2003. ヒイラギ科魚類の発光: 発光システムの多様性と機能の進化. 月刊海洋 35(9).

樫村 昇. 2003. ヒイラギ類の発光映像. 月刊海洋 35(9).

Miki, R et al. 2017. First record of the ponyfish *Deveximentum interruptum* (Teleostei: Leiognathidae) from Miyazaki Prefecture, Kyushu, Japan. Biogeogr, 19.

佐々木紅良. 2003. 野外で観察されたヒメヒイラギの発光. 月刊海洋 35(9).

Suzuki, H and S Kimura. 2017. Taxonomic revision of the *Equulites elongatus* (Günther 1874) species group (Perciformes: Leiognathidae) with the description of a new species. Ichthyol Res 64.

フエダイ科 p.270

Allen, G. R. 1985. FAO species catalogue. Vol. 6. Snappers of the world: An annotated and illustrated catalogue of lutjanid species known to date. FAO Fisher Syn 125(6).

Allen, GR et al. 2013. Two new species of snappers (Pisces: Lutjanidae: Lutjanus) from the Indo-West Pacific. J Ocean Sci Found 6.

Andrews, AH et al. 2012. A long-lived life history for a tropical, deepwater snapper (*Pristipomoides filamentosus*): bomb radiocarbon and lead–radium dating as extensions of daily increment analyses in otoliths. Canad J Fisher Aqua Sci 69.

Andrews, KR et al. 2021. *Etelis boweni* sp. nov., a new cryptic deepwater eteline snapper from the Indo-Pacific (Perciformes: Lutjanidae). J Fish Biol 99.

Fricke, R and M Kulbicki. 2007. Checklist of the shore fishes of New

Caledonia. Compendium of Marine Species from New Caledonia.
Hamamoto, S et al. 1992. Reproductive behavior, eggs and larvae of a lutjanid fish, *Lutjanus stellatus*, observed in an aquarium. Japan J Ichthyol 39.
Marriott, RJ and BD Mapstone. 2006. Geographic influences on and the accuracy and precision of age estimates for the red bass, *Lutjanus bohar* (Forsskal 1775): a large tropical reef fish. Fisher Res 80.
Miller, TL and TH Cribb. 2007. Phylogenetic relationships of some common Indo-Pacific snappers (Perciformes: Lutjanidae) based on mitochondrial DNA sequences, with comments on the taxonomic position of the Caesioninae. Mol Phyl Evol 44.
Mori, K. 1984. Early life history of *Lutjanus vitta* (Lutjanidae) in Yuya Bay, the Sea of Japan. Japan J Ichthyol 30.
Moyer, JT. 1977. Aggressive mimicry between juveniles of the snapper *Lutjanus bohar* and species of the damselfish genus *Chromis* from Japan. Japan J Ichthyol 24.
Nanami, A and H Yamada. 2008. Size and spatial arrangement of home range of checkered snapper *Lutjanus decussatus* (Lutjanidae) in an Okinawan coral reef determined using a portable GPS receiver. Mar Biol 153.
Nanami, A et al. 2010a. Reproductive activity in the checkered snapper, *Lutjanus decussatus*, off Ishigaki Island, Okinawa. Ichthyol Res 57.
Nanami, A et al. 2010b. Age, growth and reproduction of the humpback red snapper *Lutjanus gibbus* off Ishigaki Island, Okinawa. Ichthyol Res 57.
Nanami, A. 2011. Size composition and reproductive biology of the ornate jobfish *Pristipomoides argyrogrammicus* (Lutjanidae) off Ishigaki Island, Okinawa. Ichthyol Res 58.
Nanami, A and T Shimose. 2013. Interspecific differences in prey items in relation to morphological characteristics among four lutjanid species (*Lutjanus decussatus*, *L. fulviflamma*, *L. fulvus* and *L. gibbus*). Environ Biol Fish 96.
Newman, SJ et al. 2000. Age, growth and mortality of the stripey, *Lutjanus carponotatus* (Richardson) and the brown-stripe snapper, *L. vitta* (Quoy and Gaimard) from the central Great Barrier Reef, Australia. Fisher Res 48.
Newman, SJ. 2002. Growth rate, age determination, natural mortality and production potential of the scarlet seaperch, *Lutjanus malabaricus* Schneider 1801, off the Pilbara coast of north-western Australia. Fisher Res 58.
Newman, SJ and IJ Dunk. 2002. Growth, age validation, mortality, and other population characteristics of the red emperor snapper, *Lutjanus sebae* (Cuvier, 1828), off the Kimberley coast of north-western Australia. Estuar Coast Shelf Sci 55.
Piddocke, TP et al. 2015. Age and growth of mangrove red snapper *Lutjanus argentimaculatus* at its cool - water - range limits. J Fish Biol 86.
佐藤真央他. 2021. フエダイ科 *Lutjanus biguttatus* フタホシフエダイ(新称)の日本からの初記録. 魚類学雑誌 68.
Shimose, T and K Tachihara. 2005. Duration of appearance and morphology of juvenile blackspot snapper *Lutjanus fulviflammus* along the coast of Okinawa Island, Japan. Biol Mag Okinawa 43.
Shimose, T and K Tachihara. 2005. Age, growth and maturation of the blackspot snapper *Lutjanus fulviflammus* around Okinawa Island, Japan. Fisher Sci 71.
Shimose, T and A Nanami. 2013. Quantitative analysis of distribution of *Lutjanus* fishes (Perciformes: Lutjanidae) by market surveys in the Ryukyu Islands, Okinawa, Japan. Pacif Sci 67.
Shimose, T and A Nanami. 2014. Age, growth, and reproductive biology of blacktail snapper, *Lutjanus fulvus*, around the Yaeyama Islands, Okinawa, Japan. Ichthyol Res 61.
Shimose, T and A Nanami. 2015. Age, growth, and reproduction of blackspot snapper *Lutjanus fulviflammus* (Forsskål 1775) around Yaeyama Islands, southern Japan, between 2010 and 2014. J Appl Ichthyol 31.
Shimose, T et al. 2020. *Pristipomoides amoenus* (Snyder 1911), a valid species of jobfish (Pisces, Lutjanidae), with comparisons to *P. argyrogrammicus* (Valenciennes 1832). Zootaxa, 4728.
Yamada, H. 2010. Age and growth during immature stages of the mangrove red snapper *Lutjanus argentimaculatus* in waters around Ishigaki Island, southern Japan. Fisher Sci 76.

タカサゴ科 p.276

Carpenter, KE. 1985. FAO species catalogue. Vol. 8. Fusilier fishes of the world: An annotated and illustrated catalogue of caesionid species known to date. FAO Fisher Syn 125(8).
横山季代子他. 1994. Reproductive Behavior, Eggs and Larvae of a Caesionine Fish, *Pterocaesio digramma*, Observed in an Aquarium. 魚類学雑誌 41.
横山季代子他. 1995. Reproductive behavior, eggs and larvae of a caesionine fish, *Caesio caerulaurea*, observed in an aquarium. 魚類学雑誌 42.

クロサギ科 p.277

Iqbal, KM et al. 2006. Age and growth of the Japanese silver-biddy, *Gerres equulus*, in western Kyushu, Japan. Fisher Res 77.
Iqbal, KM et al. 2007. Reproductive biology of the Japanese silver-biddy, *Gerres equulus*, in western Kyushu, Japan. Fisher Res 83.
Kanak, MK and K Tachihara. 2006. Age and growth of *Gerres oyena* (Forsskål, 1775) on Okinawa Island, Japan. J Appl Ichthyol 22.
Kanak, MK and K Tachihara. 2008. Reproductive biology of common silver biddy *Gerres oyena* in Okinawa Island of southern Japan. Fisher Sci 74.
Chakraborty, A et al. 2006. Genetic differentiation between two color morphs of *Gerres erythrourus* (Perciformes: Gerreidae) from the Indo-Pacific region. Ichthyol Res 53.

イサキ科 p.278

Doiuchi, R et al. 2007. Age and growth of threeline grunt *Parapristipoma trilineatum* along the south-western coast of Kii Peninsula, Japan. Fish Sci 73.
Iwatsuki, Y and BC Russell. 2006. Revision of the genus *Hapalogenys* (Teleostei: Perciformes) with two new species from the Indo-West Pacific. Mem Mus Victoria 63.
鎌田崇史他. 2002. 瀬戸内海燧灘におけるセトダイ *Hapalogenys mucronatus* の生殖について. 広島大生物圏科学研究科紀要 41.
木村清志. 1987. イサキの資源生物学的研究. 三重大水産学部研報 14.
Johnson, JW et al. 2001. *Diagramma melanacrum* new species of haemulid fish from Indonesia, Borneo and the Philippines with a generic review. Mem Queensland Mus 46.
Mohapatra, A et al. 2013. A new fish species of the genus *Hapalogenys* (Perciformes: Hapalogenyidae) from the Bay of Bengal, India. Zootaxa 3718.
Randall, JE and AR Emery. 1971. On the resemblance of the young of the fishes *Platax pinnatus* and *Plectorhynchus chaetodontoides* to flatworms and nudibranchs. Zoologica 56.

イトヨリダイ科 p.282

Miyamoto, K et al. 2020. *Parascolopsis akatamae*, a new species of dwarf monocle bream (Perciformes: Nemipteridae) from the Indo-West Pacific, with redescription of closely related species *P. eriomma*. Zootaxa 4881.
Russell, B. C. 1990. FAO species catalogue. Vol. 12. Nemipterid fishes of the world (Threadfin breams, Whiptail breams, Monocle breams, Dwarf monocle breams, and Coral breams). Family Nemipteridae. An annotated and illustrated catalogue of Nemipterid species known to

date. FAO Fisher Syn 125(12).

タイ科 p.284

Chiba, SN et al. 2009. Comprehensive phylogeny of the family Sparidae (Perciformes: Teleostei) inferred from mitochondrial gene analyses. Genes Genet Syst 84.

Gonzalez, EB et al. 2009. Reduction in size-at-age of black sea bream (*Acahnthopagrus schlegelii*) following intensive releases of cultured juveniles in Hiroshima Bay, Japan. Fishr Res 99.

Iwatsuki, Y. 2013. Review of the *Acanthopagrus latus* complex (Perciformes: Sparidae) with descriptions of three new species from the Indo-West Pacific Ocean. J Fish Biol 83.

河本幸治. 2000. 能都町漁協市場で見られる魚類. Bull Ishikawa Pref Fish Res Center 2.

Munro, ISR. 1949. Revision of Australian silver breams *Mylio* and *Rhabdosargus*. Mem Queensl Mus 12.

大島泰雄. 1942. クロダヒの生態に關する二・三に就いて. 日本水産学会誌 10.

Tanaka, F and Y Iwatsuki. 2013. *Rhabdosargus niger* (Perciformes: Sparidae), a new sparid species from Indonesia, with taxonomic status of the nominal species synonymized under *Rhabdosargus* sarba. Ichthyol Res 60.

海野徹也. 2010. クロダイの生物学とチヌの釣魚学. 成山堂書店.

フエフキダイ科 p.288

Allen, G.R. et al. 2021. *Lethrinus mitchelli*, a new species of emperor fish (Teleostei: Lethrinidae) from Milne Bay Province, Papua New Guinea. J Ocean Sci Found 38.

Borsa, P et al. 2013. *Gymnocranius superciliosus* and *Gymnocranius satoi*, two new large-eye breams (Sparoidea: Lethrinidae) from the Coral Sea and adjacent regions. Comptes Rendus Biol 336(4).

Carpenter, KE and GR Allen. 1989. FAO species catalogue. Vol. 9. Emperor fishes and large-eye breams of the world (family Lethrinidae): An annotated and illustrated catalogue of lethrinid species known to date. FAO Fisher Syn 125(9).

Ebisawa, A. 1990. Reproductive biology of *Lethrinus nebulosus* (Pisces: Lethrinidae) around the Okinawan waters. Nippon Suisan Gakkaishi 56.

Ebisawa, A. 1997. Some aspects of reproduction and sexuality in the spotcheek emperor, *Lethrinus rubrioperculatus*, in waters off the Ryukyu Islands. Ichthyol Res 44.

Ebisawa, A. 2006. Reproductive and sexual characteristics in five *Lethrinus* species in waters off the Ryukyu Islands. Ichthyol Res 53.

Ebisawa, A and T Ozawa. 2009. Life-history traits of eight Lethrinus species from two local populations in waters off the Ryukyu Islands. Fisher Sci 75.

金城 清昭. 1998. 沖縄島沿岸におけるハマフエフキの着底と成長に伴う移動. 日本水産学会誌 64.

三木涼平他. 2014. フエフキダイ科ヒキマユメイチ(新称) *Gymnocranius superciliosus* の日本からの初記録. 魚類学雑誌 61.

鈴木克美・日置勝三. 1983. 水槽内で観察されたメイチダイ *Gymnocranius griseus* の産卵習性と卵及び仔魚. 魚類学雑誌 24.

Chen, WJ et al. 2017. *Gymnocranius obesus*, a new large-eye seabream from the Coral Triangle. CR Biologies 340.

キス科 p.294

荒山和則他. 2003. 砂浜海岸砕波帯におけるシロギスの初期生活史. 日本水産学会誌 69.

伊元九弥他. 1997. 九州北東部沿岸におけるアオギスの年齢と成長. 日本水産学会誌 63.

角田俊平. 1970. 底流網によるキスの生態とその資源に関する研究. J Fac Fish Anim Husb Hiroshima Univ 8.

Kaga, T. 2016. Phylogenetic systematics of the family Sillaginidae (Percomorpha: order Perciformes). Zootaxa Monogr 3642(1).

McKay, RJ. 1985. A revision of the fishes of the family Sillaginidae. Mem Qld Mus 22(1).

McKay, RJ. 1992. Sillaginid fishes of the world (family Sillaginidae). FAO Fisher Syn 125(14).

三尾真一. 1965. キスの年令と成長. 日本海区水産研究所報告 14.

Rahman, MH and K Tachihara. 2005. Reproductive biology of *Sillago aeolus* in Okinawa Island, Japan. Fisher Sci 71.

Rahman, MH and K Tachihara. 2005. Age and growth of *Sillago aeolus* in Okinawa. J Oceanogr 61.

Sulistiono, S et al. 1999. Reproduction of the Japanese whiting, *Sillago japonica*, in Tateyama Bay. SUISANZOSHOKU 47(2).

Sulistiono, M et al. 1999. Age and growth of Japanese whiting *Sillago japonica* in Tateyama Bay. Fisher Sci 65.

ヒメジ科 p.296

Yamashita M et al. 2011. A new species of *Upeneus* (Perciformes: Mullidae) from southern Japan. Zootaxa 3107.

田代郷国・本村浩之. 2015. 鹿児島県初記録のヒメジ科魚類ミナベヒメジ *Parupeneus biaculeatus* およびホウライヒメジ *Parupeneus ciliatus* との形態学的比較. Nat Kagoshima 41.

ハタンポ科 p.298

小枝圭太他. 2012. 沖縄島から採集されたツマグロハタンポ *Pempheris japonica* の初録および南限記録とその稚魚の成長過程. 日本生物地理学会誌会報 67.

Koeda, K. 2012. The Reproductive biology of *Pempheris schwenkii* (Pempheridae) on Okinawa Island, southwestern Japan. Zool Stud 51.

Koeda, K et al. 2013. *Pempheris ufuagari* sp. nov., a new species in the genus *Pempheris* (Perciformes, Pempheridae) from the oceanic islands of Japan. Zootaxa. DOI 10.11646/zootaxa.3609.2.9

小枝圭太他. 2013. リュウキュウハタンポの識別的特徴と用いるべき学名. 魚類学雑誌 60.

Koeda, K et al. 2013. Reproductive biology of nocturnal reef fish *Pempheris adusta* (Pempheridae) in Okinawa Island, Japan. Galaxea 15.

Koeda, K et al. 2014. A review of the genus *Pempheris* (Perciformes, Pempheridae) of the Red Sea, with description of a new species. Zootaxa 3793.

小枝圭太・本村浩之. 2015. 鹿児島県本土と薩南諸島3島から得られたリュウキュウハタンポ *Pempheris adusta* の記録と生物学的知見. Nat Kagoshima 41.

小枝圭太他. 2015. 薩南諸島広域から採集されたハタンポ科ユメハタンポ *Pempheris oualensis* の記録. 日本生物地理学会会報 70.

Koeda, K et al. 2016. Life cycle differences between two species of genus *Pempheris* based on age determination. Ichthyol Res 63.

小枝圭太. 2016. 小笠原諸島のハタンポ科魚類相. 日本生物地理学会会報 71.

Koeda, K and H Motomura. 2017. A new species of *Pempheris* (Perciformes: Pempheridae) endemic to the Ogasawara Islands, Japan. Ichthyol Res DOI: 10.1007/s10228-017-0586-3.

テッポウウオ科・ヒメツバメウオ科 p.300

Luling, K. H. 1963. The archer fish. Sci Amer 209.

鈴木寿之他. 2002. 西表島に定着したテッポウ魚. IOP Diving News 13.

山川宇宙他. 2017. 相模湾とその周辺地域の河川および沿岸域で記録された注目すべき魚類5種. 神奈川自然誌資料 38.

キンチャクダイ科 p.306

フリッケ, ハンス・W. 1985. さんご礁の海から: 行動学者の海中実験. 思索社.

近藤 滋. 1996. チューリングの卵: 生物の模様の秘密. 生命誌 3(4).

Kuiter, RH and H Debelius. 2001. Surgeonfishes, rabbitfishes and their relatives: a comprehensive guide to Acanthuroidei. TMC Publishing.

中園明信・桑村哲生編. 1987. 魚類の性転換. 東海大学出版会.

和田英敏他. 2022. 伊豆半島東岸から得られたキンチャクダイ科魚類 Centropyge abei ユミヅキヤッコ(新称)の標本に基づく日本初記録.

Ichthy, 17.
カワビシャ科 p.310
Kim, S. -Y. 2012. Phylogenetic systematics of the family Pentacerotidae (Actinopterygii: Order Perciformes). Zootaxa, 3361.
ウミタナゴ科 p.312
Katafuchi, H and T Nakabo. 2007. Revision of the East Asian genus *Ditrema* (Embiotocidae), with description of a new subspecies. Ichthyol Res 54.
Katafuchi, H et al. 2011. Genetic divergence in *Ditrema jordani* (Perciformes: Embiotocidae) from the Pacific coast of southern Japan, as inferred from mitochodrial DNA sequences. Ichthyol Res 58.
村瀬敦宣他. 2017. 宮崎県北部門川湾で採集された九州太平洋岸初記録のウミタナゴ*Ditrema temminckii temminckii*. 日本生物地理学会会報 71.
櫻井 真. 2014. ウミタナゴ科. *In* 沖山宗雄編. 日本産稚魚図鑑第二版. 東海大学出版会.
内田恵太郎. 1964. 稚魚を求めて. 岩波新書. 岩波書店.
瓜生知史. 2003. 伊豆の海水魚. 海游舎.
スズメダイ科 p.314
Iwatubo, H and H Motomura. 2013. Redescriptions of *Chromis notata* (Temminck and Schlegel, 1843) and *C. kennensis* Whitley, 1964 with the description of a new species of *Chromis* (Perciformes: Pomacentridae). Spec Diver 18.
Kuwamura, T et al. 2016. Male-to-female sex change in widowed males of the protogynous damselfish *Dascyllus aruanus*. J Ethol 34.
服部昭尚. 2011. イソギンチャクとクマノミ類の共生関係の多様性：分布と組み合わせに関する生態学的レビュー. 日本サンゴ礁学会会誌 13.
Iwatsubo, H and H Motomura. 2013. Redescriptions of *Chromis notata* (Temminck and Schlegel, 1843) and *C. kennensis* Whitley, 1964 with the description of a new species of *Chromis* (Perciformes: Pomacentridae). Spec Diver 18.
Pisingan, R et al. 2006. Semilunar spawning periodicity in brackish damsel *Pomacentrus taeniometopon*. Fish Sci 72.
岩坪洸樹・本村浩之. 2016. スズメダイ科魚類*Chromis analis*タンポポスズメダイ(新称)と*C. xouthos*ヒマワリスズメダイの日本における記録と標準和名. タクサ日本動物分類学会誌41.
シマイサキ科 p.318
Whitfield, AK and SJM Blaber. 1978. Scale-eating habits of the marine teleost *Terapon jarbua* (Forskål[sic]). J Fish Biol 12.
Vari, RP. 1978. The terapon perches (Percoidei, Teraponidae): A cladistic analysis and taxonomic revision. Bull American Mus Natr Hist 159(5).
ユゴイ科 p.319
Kottelat, M. 2013. The fishes of the inland waters of southeast Asia: a catalogue and core bibiography of the fishes known to occur in freshwaters, mangroves and estuaries. Raffl Bull Zool Suppl (27).
Randall, JE and HA Randall. 2001. Review of the fishes of the genus *Kuhlia* (Perciformes: Kuhliidae) of the Central Pacific. Pacif Sci 55.
イスズミ科 p.322
Sakai, K and T Nakabo. 2004. Two new species of *Kyphosus* (Kyphosidae) and a taxonomic review of *Kyphosus bigibbus* Lacepède from the Indo-Pacific. Ichthyol Res 51.
メジナ科 p.324
Yagishita, N and T Nakabo. 2003. Evolutionary trend in feeding habits of *Girella* (Perciformes: Girellidae). Ichthyol Res 50.
海野徹也他編. 2011. メジナ 釣る? 科学する? . 恒星社厚生閣.
イボダイ亜目 p.326
Haedrich, RL. 1967. The stromateoid fishes: systematics and a classification. Bull Mus Comp Zool Harv Univ 135(2).
林 泰行. 1995. 周防灘に来遊するマナガツオの生態. 山口県内海水試報告24.
ベラ科 p.330
Grutter, AS et al. 2011. Fish mucous cocoons: the 'mosquito nets' of the sea. Biol letters 7.
Kuwamura, T. 1983. Reexamination on the aggressive mimicry of the cleaner wrasse *Labroides dimidiatus* by the blenny *Aspidontus taeniatus* (Pisces; Perciformes). J Ethol.
Mabuchi, K and T Nakabo. 1997. Revision of the genus *Pseudolabrus* (Labridae) from East Asian waters. Ichthyol Res 44.
Westneat, MW and PC Wainwright. 1989. Feeding mechanism of *Epibulus insidiator* (Labridae; Teleostei): evolution of a novel functional system. J Morphol 202.
Winn, HE and JE Bardach. 1959. Differential food selection by moray eels and a possible role of the mucous envelope of parrot fishes in reduction of predation. Ecol 40.
Grutter, AS et al. 2011. Fish mucous cocoons: the 'mosquito nets' of the sea. Biol letters 7.
ハタハタ科 p.342
秋田県. 2002. 県の魚 ハタハタ. 秋田県農林水産部水産漁港課・秋田県水産振興センター.
甲本亮太他. 2011. 秋田県沿岸におけるハタハタ仔稚魚の水深別分布と食性. 水産増殖 59.
Morioka, T 2005. Onset burying behavior concurrent with growth and morphological changes in hatchery-reared Japanese sandfish *Arctoscopus japonicus*. Fisher Sci 71.
沖山宗雄. 1970. ハタハタの資源生態学的研究II. 系統群(予報). 日本海区水研報 22.
Shirai, SM et al. 2006. Population structure of the sailfin sandfish, *Arctoscopus japonicus* (Trichodontidae), in the Sea of Japan. Ichthyol Res 53.
柳本 卓. 2004. mtDNAのPCR-RFLP分析によって明らかになったハタハタ集団の地理的分化. 日本水産学会誌 70(4).
渡辺 一. 1977. ハタハター生態からこぼれ話までー. んだんだ文庫2. 無明舎.
カジカ科 p.346
Bailey, R et al. 2004. An atlas of Michigan fishes with keys and illustrations for their identification. Misc Publ Mus Zool Univ Mich (192).
Coad, BW and JD Reist. 2004. Annotated list of the Arctic marine fishes of Canada. Can Manuscr Rep Fish Aquat Sci 2674.
Goto, A et al. 2020. Japanese catadromous fourspine sculpine, *Rheopresbe kazika* (Jordan & Starks) (Pisces: Cottidae), transferred from the genus *Cottus*. Environ Biol Fish 103.
宗原弘幸他編. 2011. カジカ類の多様性：適応と進化. 東海大学出版会.
Sheldon, TA et al. 2008. Biogeography of the deepwater sculpin (*Myoxocephalus thompsoni*), a Nearctic glacial relict. Can J Zool 86.
ウラナイカジカ科 p.352
Stevenson, DE. 2015. The validity of nominal species of *Malacocottus* (Teleostei: Cottiformes: Psychrolutidae) known from the Eastern North Pacific with a key to the species. Copeia 103.
Tohkairin, A et al. 2015. An illustrated and annotated checklist of fishes on Kitami-Yamato Bank, southern Sea of Okhotsk. Publ Seto Mar Biol Lab 43.
トクビレ科 p.354
Kanayama, T. 1991. Taxonomy and phylogeny of the family Agonidae (Pisces: Scorpaeniformes). Mem Fac Fish Hokkaido Univ 38(1, 2).
ダンゴウオ科 p.356
Lee, SJ et al. 2017. Taxonomic review of dwarf species of *Eumicrotremus* (Actinopterygii: Cottoidei: Cyclopteridae) with descriptions of two new species. Zootaxa 4282.
Oku, K et al. 2017. Phylogenetic relationships and a new classification of the family Cyclopteridae (Perciformes: Cottoidei). Zootaxa 4221.
Stevenson, DE et al. 2017. Taxonomic clarification of the *Eumicrotremus*

asperrimus species complex (Teleostei: Cyclopteridae) in the eastern North Pacific. Zootaxa 4294.

クサウオ科 p.358

Kido, K. 1988. Phylogeny of the family Liparidae, with the taxonomy of the species found around Japan. Mem Fac Fish Hokkaido Univ 35.

Linley, TD et al. 2016. Fishes of the hadal zone including new species, in situ observations and depth records of Liparidae. Deep Sea Res Part 1 DOI: 10.1016/j.dsr.2016.05.003.

町田吉彦他. 1991. 瀬戸内海とその隣接海域のクサウオについて. 日本ベントス学会誌 40.

Tohkairin, A et al. 2014. Morphological divergence between two color morphotypes of *Crystallichthys matsushimae* (Cottoidei: Liparidae). Ichthyol Res 62.

Tohkairin, A et al. 2016. Genetic population structure of *Crystallichthys matsushimae* (Cottoidei: Liparidae) with comments on color variation. Ichthyol Res 63.

Gerringer, M. E., Linley, T. D., Jamieson, A. J., Goetze, E., & Drazen, J. C. (2017). *Pseudoliparis swirei* sp. nov.: a newly-discovered hadal snailfish (Scorpaeniformes: Liparidae) from the Mariana Trench. Zootaxa, 4358.

ゲンゲ科 p.362

CAS：コウライガジ学名

Fedorov, VV. 1995. *Lycenchelys remissaria* sp. nova (Perciformes: Zoarcidae) from the bathyal region of the Pacific Ocean Shores of Japan. Voprosy Ikhtiol 35.

Shinohara, G et al. 1996. Deepwater fishes collected from the Pacific coast of northern Honshu, Japan. Mem Natl Mus Tokyo 29.

Shinohara, G and ME Anderson. 2007. *Lycenchelys ryukyuensis* sp. nov. (Perciformes: Zoarcidae) from the Okinawa Trough, Japan. Bull Natl Mus Natr Sci (Ser. A) Suppl 1.

タウエガジ科 p.364

Parin NV et al. 2014. Fishes of Russian Seas: Annotated Catalogue. KMK Scientific Press Ltd. Moscow.

塩垣 優. 1981. ハナジロガジ(新称)の生活史. 魚類学雑誌 28.

オオカミウオ科・ハネガジ科 p.366

Hilton, EJ and NJ Kley. 2005. Osteology of the quillfish, *Ptilichthys goodei* (Perciformes: Zoarcoidei: Ptilichthyidae). Copeia 2005 (3).

小林喜雄. 1961. オオカミウオ*Anarhichas orientalis* Pallas の幼魚. 北大水産彙報 12(1).

小林喜雄. 1961. オホーツク海から得られた*Ptilichthys goodei* Bean の仔稚魚に就いて. 北大水産彙報 12(1).

トラギス科 p.368

Kai, Y et al. 2004. Genetic divergence between and within two color morphotypes of *Parapercis sexfasciatua* (Perciformes: Pinguipedidae) from Tosa Bay, southern Japan. Ichthyol Res 51.

荻原豪太・遠藤広光. 2011. 鹿児島県志布志沖から得られたアマノガワクラカケトラギス(新称) *Parapercis lutevittata* (ワニギス亜目：トラギス科) の記録. 日本生物地理学会報 66.

イカナゴ科 p.370

Han, Z et al. 2012. Phylogeography study of *Ammodytes personatus* in Northwestern Pacific: Pleistocene isolation, temperature and current conducted secondary contact. PLoS One 7(5).

甲斐嘉晃・美坂　正. 2016. 日本産イカナゴ属魚類の簡便な遺伝的識別方法の開発. タクサ日本動物分類学会誌 41.

Kim, JK et al. 2015. Restricted separation of the spawning areas of the two lineages of sand lance, *Ammodytes personatus*, in the Yellow and East Seas and taxonomic implications. Biochem Syst Ecol 61.

Orr, JW et al. 2015. Systematics of North Pacific sand lances of the genus *Ammodytes* based on molecular and morphological evidence, with the description of a new species from Japan. Fisher Bull 113.

ミシマオコゼ科 p.372

Prokofiev, AM. 2021. To the taxonomy of the stargazers of the genus *Uranoscopus* of the Indo-Pacific waters with a description of three new species (Uranoscopidae). J Ichthyol 61.

ヘビギンポ科 p.374

濱田弘之・中園明信. 1989. ヘビギンポの繁殖生態と雄消化器官内に出現する魚卵について. 九州大学農学部学芸雑誌 43.

Motomura, H et al. 2015. *Enneapterygius phoenicosoma*, a new species of triplefin (Tripterygiidae) from the Western Pacific Ocean. Spec Diver 20.

Tashiro, S and H Motomura. 2013. First records of the blacktail triplefin (Perciformes: Tripterygiidae), *Helcogramma aquila*, from Japan, with notes on its fresh coloration. Spec Diver 18.

塩垣 優・道津喜衛. 1973. ヘビギンポの産卵習性. 魚類学雑誌 20.

コケギンポ科 p.376

三木涼平他. 2015. コケギンポ科魚類アライソコケギンポ*Neoclinus okazakii*およびハダカコケギンポ*Neoclinus nudus*の宮崎県からの記録. 日本生物地理学会会報 70.

Motomura, H and M Aizawa. 2011. Illustrated list of additions to the ichthyofauna of Yaku-shima Island, Kagoshima Prefecture, southern Japan: 50 new records from the island. Check List 7(4).

Murase, A and T Sunobe. 2011. Interspecific territoriality in males of the tubeblenny *Neoclinus bryope* (Actinopterygii: Chaenopsidae). J Ethol 29.

Murase, A et al. 2015. The northernmost records of two *Neoclinus* blennies (Teleostei: Chaenopsidae) from the Sea of Japan. Mar Biodiversity Rec 8: e124 (doi: 10.1017/S1755267215001037)

Stephens, JS Jr. and VG Springer. 1971. *Neoclinus nudus*, new scaleless clinid fish from Taiwan with a key to *Neoclinus*. Proc Biol Soc Washington 84.

イソギンポ科 p.378

CAS：ハナカエルウオ学名

Golani, D 2004. First record of the muzzled blenny (Osteichthyes: Blenniidae: *Omobranchus punctatus*) from the Mediterranean, with remarks on ship-mediated fish introduction. J Mar Biol Assoc UK 84.

Kuwamura, T. 1983. Reexamination on the aggressive mimicry of the cleaner wrasse *Labroides dimidiatus* by the blenny *Aspidontus taeniatus* (Pisces; Perciformes). J Ethol 1.

Murase, A. 2015. Ichthyofaunal diversity and vertical distribution patterns in the rockpools of the southwestern coast of Yaku-shima Island, southern Japan. Check List,11(4) doi: 10.15560/11.4.1682.

Murase, A and T Sunobe. 2009. Notes on territory structure in the herbivorous, intertidal blenny *Istiblennius enosimae* (Pisces, Blennidae). Biogeogr 11.

Patzner, RA et al. 2009. The Biology of Blennies. Science Publishers.

Shimizu, N et al. 2006. Terrestrial reproduction by the air-breathing fish Andamia tetradactyla (Pisces; Blenniidae) on supralittoral reefs. J Zool 269.

ウバウオ科 p.382

Fujiwara, K and H Motomura. 2019. Validity of *Lepadichthys misakius* (Tanaka 1908) and redescription of *Lepadichthys frenatus* Waite 1904 (Gobiesocidae: Diademichthyinae). Zootaxa 4551.

Fujiwara, K and H. Motomura. 2020. *Kopua minima* (Döderlein 1887), a senior synonym of *K. japonica* Moore, Hutchins and Okamoto 2012, and description of a new species of *Aspasma* (Gobiesocidae). Ichthyol Res 67.

Hirayama, S et al. 2005. Fish-egg predation by the small clingfish *Pherallodichthys meshimaensis* (Gobiesocidae) on the shallow reefs of Kuchierabu-jima Island, southern Japan. Environ Biol Fish 73.

Sakashita, H. 1992. Sexual dimorphism and food habits of the clingfish, *Diademichthys lineatus*, and its dependence on host sea urchin. Environ Biol Fish 34.

ネズッポ科 p.384

Nakabo, T 1982. Revision of genera of the dragonets (Pisces: Callionymidae). Publ Seto Mar Biol Lab 27.

Nakabo, T 1983. Comparative osteology and phylogenetic relationships of the dragonets (Pisces: Callionymidae) with some thoughts of their evolutionary history. Publ Seto Mar Biol Lab 28.

ハゼ亜目 p.386

瀬能 宏監修・矢野維幾写真・鈴木寿之・渋川浩一解説. 2021. 新版日本のハゼ. 平凡社.

福地毅彦他. 2018. 茨城県菅生沼周辺で採集された国外外来種カラドンコ. 千葉生物誌67(1/2).

カワアナゴ科 p.386

Keith, P et al. 2020. *Giuris* (Teleostei: Eleotridae) from Indonesia, with description of a new species. Cybium 44.

ハゼ科：キヌバリ属〜キララハゼ属他 p.390

Akihito et al. 2008. Evolution of Pacific Ocean and the Sea of Japan populations of the gobiid species, *Pterogobius elapoides* and *Pterogobius zonoleucus*, based on molecular and morphological analyses. Gene 427.

Brittan, MR et al. 1970. Explosive spread of the oriental goby *Acanthogobius flavimanus* in the San Francisco Bay-Delta region of California. Proc Calif Acad Sci 38.

道津喜衛. 1957. ワラスボの生態，生活史. 九大農学芸誌，16.

道津喜衛・水戸 敏. 1955. マハゼの産卵習性および仔，稚魚について. 魚類学雑誌 4.

江口勝久他. 2008. 宮崎県北川の魚類相. 九大農学芸雑誌 63.

Francis, MP et al. 2003. Invasion of the Asian goby, *Acentrogobius pflaumii*, into New Zealand, with new locality records of the introduced bridled goby, *Arenigobius bifrenatus*. N. Z. J Mar Freshwater Res 37.

異儀田和弘・小野原隆幸. 1986. ハゼクチの成長，成熟および産卵について. 佐賀有明水試報 (10).

Ikeda, Y et al. 2019. *Luciogobius yubai*, a new species of gobioid fish (Teleostei: Gobiidae) from Japan. Zootaxa 4657.

岩橋好敏他. 2008. 主要対象生物の発育段階の生態的知見の収集・整理. 平成18年度水産基盤整備調査委託事業報告書. 水産庁.

Kokita, T and K Nohara. 2011. Phylogeography and historical demography of the anadromous fish *Leucopsarion petersii* in relation to geological history and oceanography around the Japanese Archipelago. Mol Ecol 20.

国土交通省. 2016. 平成26年度河川水辺の国勢調査結果の概要（河川版）（生物調査編）. http://mizukoku.nilim.go.jp/ksnkankyo/mizukokuweb/download/h26.htm. (Accessed 17th Oct 2017)

是枝伶旺・本村浩之. 2021. コガネチワラスボ（新称）とチワラスボ（ハゼ科チワラスボ属）の鹿児島県における分布状況，および両種の標徴の再評価と生態学的新知見. Ichthy 10.

Kurita, T and T Yoshino. 2012. Cryptic diversity of the eel goby, genus *Taenioides* (Gobiidae: Amblyopinae), in Japan. Zool Sci 8.

Lockett, MM and FG Martin. 2001. Ship mediated fish invasions in Australia: two new introductions and a consideration of two previous invasions. Biol Invasions 3.

Matsui, S et al. 2012. Genetic divergence among three morphs of *Acentrogobius pflaumii* (Gobiidae) around Japan and their identification using multiplex haplotype-specific PCR of mitochondrial DNA. Ichthyol Res 59.

Matsui, S et al. 2012. Distribution and habitat use of three *Acentrogobius* (Perciformes: Gobiidae) species in the coastal waters of Japan. Ichthyol Res 59.

松井彰子他. 2014. 京都府舞鶴湾の同所的生息地におけるキララハゼ属3種の成長および繁殖特性. 水産海洋研究 78.

Murdy, EO. 2018. A redescription of the gobiid fish *Taenioides purpurascens* (Gobiidae: Amblyopinae) with comments on, and a key to, species in the genus. Ichthyol Res 65.

佐藤正典編. 2000. 有明海の生きものたち，干潟・河口域の生物多様性. 海游舎.

渋川浩一他. 2019. 静岡県産ミミズハゼ属魚類の分類学的検討（予報）. 東海自然誌 12.

渋川浩一他. 2020. *Inu* Snyder, 1909 とは何か？ ーコマハゼ属の再定義および関係する砂礫間隙性ハゼ類の放散に関する考察. 東海自然誌 13.

塩垣 優. 1981. リュウグウハゼの生活史. 魚類学雑誌 28.

Takegaki, T et al. 2012. Large- and small-size advantages in sneaking behaviour in the dusky frillgoby *Bathygobius fuscus*. Naturwissenschaften 99.

田北 徹・山口敦子編. 2009. 干潟の海に生きる魚たち，有明海の豊かさと危機. 東海大学出版会.

田北 徹・石松 惇. 2015. 水から出た魚たち，ムツゴロウとトビハゼの挑戦. 海游舎.

Yamada, T et al. 2009. Adaptive radiation of gobies in the interstitial habitats of gravel beaches accompanied by body elongation and excessive vertebral segmentation. BMC Evol Biol 9.

ハゼ科：ボウズハゼ属 p.396

福井正二郎. 1979. ボウズハゼの岩面匍行について. 魚類学雑誌 26.

Iida, M et al. 2013. Riverine life history of the amphidromous goby *Sicyopterus japonicus* (Gobiidae: Sicydiinae) in the Ota River, Wakayama, Japan. Environ Biol Fish 96.

Keith, P et al. 2015. Indo-Pacific Sicydiine gobies: Biodiversity, life traits and conservation. Société Française d'Ichtyologie.

Maeda, K and HP Palla. 2015. A new species of the genus *Stiphodon* from Palawan, Philippines (Gobiidae: Sicydiinae). Zootaxa 4018.

前田健他. 2015. 川に住むハゼ類の多様な分散戦略. In 望岡典隆・木下泉・南卓志編. 魚類の初期生活史研究. 恒星社厚生閣.

Maeda, K and T Saeki. 2018. Revision of species in *Sicyopterus* (Gobiidae: Sicydiinae) described by de Beaufort (1912), with a first record of *Sicyopterus longifilis* from Japan. Species Divers 23.

Maeda, K et al. 2021. Do colour-morphs of an amphidromous goby represent different species? Taxonomy of *Lentipes* (Gobiiformes) from Japan and Palawan, Philippines, with phylogenomic approaches. Syst Biodivers 19.

Mochizuki, K and S Fukui. 1983. Development and replacement of upper jaw teeth in gobiid fish, *Sicyopterus japonicus*. Japan J Ichthyol 30.

中尾克比古・平嶋健太郎. 2012. 紀伊半島初記録のナンヨウボウズハゼ *Stiphodon percnopterygionus* Watson et Chen. 南紀生物 54.

Radtke, RL and RA Kinzie III. 1996. Evidence of a marine larval stage in endemic Hawaiian stream gobies from isolated high-elevation locations. Trans Am Fish Soc 125.

Yamasaki, N et al. 2007. Pelagic larval duration and morphology at recruitment of *Stiphodon percnopterygionus* (Gobiidae: Sicydiinae). Raffles Bull Zool suppl. 14.

Yamasaki, N et al. 2011. Reproductive biology of three amphidromous gobies, *Sicyopterus japonicus*, *Awaous melanocephalus*, and *Stenogobius* sp., on Okinawa Island. Cybium 35.

ハゼ科：ウキゴリ属・ウロハゼ属 p.402

Aizawa T et al. 1994. Systematic Study on the *Chaenogobius* Species (Family Gobiidae) by Analysis of Allozyme Polymorphisms. Zool. Sci 11.

Chiba S et al. 2015. Geographical distribution and genetic diversity of *Gymnogobius* sp. "Chokai-endemic species" (Perciformes: Gobiidae). Ichthyol Res 62.

原田慈雄. 2005. ウキゴリ属魚類の個体発生と生活史の進化に関する研究. 京都大学博士論文.

Hirase S et al. 2012. Phylogeography of the intertidal goby *Chaenogobius annularis* associated with paleoenvironmental changes around the Japanese Archipelago. Mar Ecol Prog Ser 450.

Hirase S et al. 2014. Divergence of mitochondrial DNA lineage of the rocky intertidal goby *Chaenogobius gulosus* around the Japanese Archipelago: reference to multiple Pleistocene isolation events in the Sea of Japan. Mar Biol 161.

Inui R et al. 2017. Abiotic and biotic factors influence the habitat use of four species of *Gymnogobius* (Gobiidae) in riverine estuaries in the Seto Inland Sea. Ichthyol Res DOI 10.1007/s10228-017-0584-5.
Matsui S et al. 2014. Annotated checklist of gobioid fishes (Perciformes, Gobioidei) from Wakasa Bay, Sea of Japan. Bull Osaka Mus Natr Hist 68.
向井貴彦他. 2010. ジュズカケハゼ種群：同胞種群とその現状. 魚類学雑誌 57(2).
名越 誠. 1981. イサザの成長と年変動. 淡水魚 7.
酒井明久・遠藤 誠. 1996. イサザの仔稚魚の分布. 平成7年度滋賀水試報.
千田哲資・星野 暹. 1970. はぜつぼ漁業からみたウロハゼの生態. 魚類学雑誌 17.
Shinozaki T et al. 2006. Genetic evidence supporting the existence of two diverged groups in the goby *Gymnogobius castaneus*. Ichthyol Res 53.
Sota T et al. 2005. Genetic Differentiation of the Gobies *Gymnogobius castaneus* and *G. taranetzi* in the Region Surrounding the Sea of Japan as Inferred from a Mitochondrial Gene Genealogy. Zool Sci 22.
高橋さち子. 1989. イサザ. *In* 川那部浩哉・水野信彦編. 日本の淡水魚. 山と溪谷社.
竹内直政. 1971. 霞ヶ浦および北浦におけるウキゴリの生態. 資源科学研究所彙報 75.
都築隆禎他. 2010. 高水敷掘削によるワンド造成の効果と本川への接続形状が生物群集に及ぼす影響(モデル河川での試験結果：円山川). リバーフロント研究所報告 21.

ハゼ科：チチブ属 p.406

明仁・坂本勝一. 1989. シマハゼの再検討. 魚類学雑誌 36.
明仁親王. 1987. チチブ類. *In* 水野信彦・後藤 晃編. 日本の淡水魚類, その分布, 変異, 種分化をめぐって. 東海大学出版会.
大塚高雄・野村彩恵・杉村光俊. 2010. 四万十川の魚図鑑. ミナミヤンマ・クラブ.
越川敏樹. 1992. 宍道湖・中海水域におけるハゼ類の分布. (その1) －チチブ属4種とウキゴリ属2亜種について－. 汽水湖研究 2.
伍 漢霖・鍾 俊生編. 2008. 中国動物誌, 硬骨魚綱, 鱸形目(五), 鰕虎魚亜目, 科学出版社, 北京.
崔 基哲他. 1990. 改訂原色韓国淡水魚図鑑. 郷文社.
前田 健. 2016. ハゼ亜目魚類の両側回遊, 両側回遊とは？バリエーションから考える. 海洋と生物 38.

ハゼ科：共生ハゼ類 p.410

Allen, GR et al. 2019. *Tomiyamichthys emilyae*, a new species of shrimpgoby (Gobiidae) from North Sulawesi, Indonesia. J Ocean Sci Found, 33.
Hoese, DF and P. Fourmanoir. 1978. *Discordipinna griessingeri*, a new genus and species of gobiid fish from the tropical Indo-west Pacific. Japan J Ichthyol, 25.
Jeong, B and H Motomura. 2021. An annotated checklist of marine and freshwater fishes of five islands of Mishima in the Osumi Islands, Kagoshima, southern Japan, with 109 new records. Bull Kagoshima Univ Mus, 16.
Motomura, H and S Harazaki. 2017. Annotated checklist of Yakushima with 129 new records. Bull Kagoshima Univ Mus, 9.
Nakae et al., 2018. An Annotated Checklist of Fishes of Amami-oshima Island, the Ryukyu Islands, Japan. Mem Natn Sci Mus Tokyo 52.
園山貴之他. 2020. 証拠標本および画像に基づく山口県日本海産魚類目録. 鹿児島大学総合研究博物館研究報告 11.
Kohda, M et al. 2017. A novel aspect of goby–shrimp symbiosis, gobies provide droppings in their burrows as vital food. Mar Biol 164.

ハゼ科：ヨシノボリ属 p.412

Ishizaki, D. et al. 2015. Contrasting life history patterns of the goby *Rhinogobius similis* in central Japan indicated by otolith Sr:Ca ratios. Ichthyol Res 63.
向井貴彦. 2017. 岐阜県の魚類. 岐阜新聞社.
向井貴彦他. 2012. 三重県鈴鹿市南部のため池群におけるヨシノボリ類の分布と種間交雑. 日本生物地理学会会報 67.
向井貴彦他. 2015. 西日本におけるビワヨシノボリ外来個体群の分布. 日本生物地理学会会報 70.
Suzuki, T et al. 2015. Redescription of *Rhinogobius similis* Gill 1859 (Gobiidae: Gobionellinae), the type species of the genus *Rhinogobius* Gill 1859, with designation of the neotype. Ichthyol Res 63.
Suzuki, T et al. 2017, *Rhinogobius mizunoi*, a new species of freshwater goby (Teleostei: Gobiidae) from Japan. Bull Kanagawa Pref Mus (Nat Sci) 46.
Suzuki, T et al. 2019. Two new lentic, dwarf species of *Rhinogobius* Gill, 1859 (Gobiidae) from Japan. Bull Kanagawa Pref Mus (Natr Sci), 48.
Suzuki, T et al. 2020. Two new species of torrential gobies of the genus *Rhinogobius* from the Ryukyu Islands, Japan. Bull Kanagawa Pref Mus (Natr Sci), 49.
Takahashi, S and T Okazaki. 2017. *Rhinogobius biwaensis*, a new gobiid fish of the "Yoshinobori" species complex, *Rhinogobius* spp., endemic to Lake Biwa, Japan. Ichthyol Res 64.
Yamasaki, Y et al. 2015. Phylogeny, hybridization, and life history evolution of *Rhinogobius* gobies in Japan, inferred from multiple nuclear gene sequences. Mol Phy Evol 90.

スナハゼ科 p.429

Tsubaki, R and M Kato. 2009. Intertidal slope of coral sand beach as a unique habitat for fish: meiobenthic diet of the transparent sand dart, *Kraemeria cunicularia* (Gobiidae). Mar Biol 156.

アイゴ科 p.434

Kuriiwa, K et al. 2007. Phylogenetic relationships and natural hybridization of rabbitfishes (Teleostei: Siganidae) inferred from mitochondrial and nuclear DNA analyses. Mol Phyl Evol 45.
栗岩 薫・西田 睦・松浦啓一. 2007. サンゴアイゴに見られる遺伝的・形態的2型. 第40回日本魚類学会年会講演要旨.

ニザダイ科 p.436

Bushnell, ME et al. 2010. Lunar and seasonal patterns in fecundity of an indeterminate, multiple - spawning surgeonfish, the yellow tang *Zebrasoma flavescens*. J Fish Biol 76.
Claisse, JT et al. 2009. Habitat-and sex-specific life history patterns of yellow tang *Zebrasoma flavescens* in Hawaii, USA. Mar Ecol Prog Ser 389.
Hanahara, N et al. 2021. Northernmost record of the surgeonfish *Acanthurus nigros* (Teleostei: Acanthuridae) from Minamidaitojima Island, Southern Japan. Spec Div, 26.
Nursall, JR. 1974. Some territorial behavioral attributes of the surgeonfish *Acanthurus lineatus* at Heron Island, Queensland. Copeia (1974).
笹木大地他. 2020. 北大東島から得られた北西太平洋初記録のニザダイ科魚類 *Naso caesius* ユミハリテングハギモドキ(新称). 魚類学雑誌 67.
Soeparno et al. 2012. Relationship between pelagic larval duration and abundance of tropical fishes on temperate coasts of Japan. J Fish Biol 80.
Taylor, BM et al. 2014. Age - based demographic and reproductive assessment of orangespine *Naso lituratus* and bluespine *Naso unicornis* unicornfishes. J Fish Biol 85.
Trip, ED et al. 2014. Recruitment dynamics and first year growth of the coral reef surgeonfish *Ctenochaetus striatus*, with implications for acanthurid growth models. Coral Reefs 33.

マカジキ科・メカジキ科 p.438

Domenici, P et al. 2014. How sailfish use their bills to capture schooling prey. Proc Roy Soc London B: Biol Sci 281(1784).
Nakamura, I. 1983. Systematics of the billfishes (Xiphiidae and Istiophoridae). Publ Seto Mar Biol Lab 28.
Nakamura, I. 1985. FAO species catalogue. Vol. 5. Billfishes of the world. An annotated and illustrated catalogue of marlins, sailfishes, spearfishes and swordfishes known to date. FAO Fisher Syn 125(5).
Shimose, T et al. 2007. Evidence for use of the bill by blue marlin,

Makaira nigricans, during feeding. Ichthyol Res 54.
Shimose, T et al. 2008. Seasonal occurrence and feeding habits of black marlin, *Istiompax indica*, around Yonaguni Island, southwestern Japan. Ichthyol Res 55.
Shimose, T et al. 2012. Sexual difference in the migration pattern of blue marlin, *Makaira nigricans*, related to spawning and feeding activities in the western and central North Pacific Ocean. Bull Mar Sci 88.

クロタチカマス科 p.440
Bond, CE and T Uyeno. 1981. Remarkable changes in the vertebrae of perciform fish *Scombrolabrax* with notes on its anatomy and systematic. Japan J Ichtyol 28(3).
Miya, M et al. 2013. Evolutionary origin of the Scombridae (tunas and mackerels): members of a Paleogene adaptive radiation with 14 other pelagic fish families. PLoS ONE 8(9): e73535.

カマス科 p.442
増田育司他. 2003. 鹿児島湾産アカカマスの年齢, 成長および年級群組成. 日本水産学会誌 69.

サバ科 p.446
阿部宏喜. 2009. カツオ・マグロのひみつ−驚異の遊泳能力を探る. 恒星社厚生閣.
Baker, E and BB Collette. 1998. Mackerel from the northern Indian Ocean and the Red Sea are *Scomber australisicus*, not *Scomber japonicus*. Ichthyol Res 45.
Collette, BB. 1999. Mackerels, molecules and morphology. *In* B. Séret and J.-Y. Sire eds. Proceedings of the 5th Indo-Pacific Fish Conference (Nouméa, November 1997). Société Française d'Ichthyologie & Institute de Recherche pour le Dèvelopment.
Collette, BB and CE Nauen. 1983. FAO species catalogue, vol. 2. Scombrids of the world. FAO fisher Syn 125(2).
Fujioka, K et al. 2016. Horizontal movements of Pacific bluefin tuna. *In* T Kitagawa and S Kimura eds. Biology and ecology of bluefin tuna. CRC Press.
畑晴陵他. 2003. 鹿児島県から得られたサバ科ヨコシマサワラ *Scomberomorus commerson* の記録. Nat Kagoshima, 40.
川端 淳他. 2006. 近年の東北〜北海道海域における表層性魚類相とゴマサバの来遊動向. 月刊海洋 38.
川端 淳他. 2008. 北西太平洋における近年のゴマサバ資源の増加と1歳魚以上の分布, 回遊. 黒潮の資源海洋研究 9.
京都府農林水産技術センター海洋センター. 2012. 日本海におけるサワラの生態と漁況. 京都府農林水産技術センター海洋センター季報 (104).
中江雅典・佐々木邦夫. 2010. 筋肉系. *In* 木村清志監修. 新魚類解剖図鑑. 緑書房.
中村泉. 1991. サバ型魚類学入門10 鰓. 海洋と生物13.
中村行延. 2010. 兵庫県瀬戸内海産サワラの年齢組成と成長の変化. 兵庫農技総セ研報(水産) 41.
Shimose T and JH Farley. 2016. Age, growth and reproductive biology of bluefin tunas. *In* Kitagawa, T. and S. Kimura eds. Biology and ecology of bluefin tuna. CRC Press.
水産庁. 2014.「太平洋クロマグロ産卵場調査」の結果について. 平成26年5月16日水産庁プレスリリース. http://www.jfa.maff.go.jp/j/press/sigen/140516.html
水産庁・国立研究開発法人水産総合研究センター. 2015. 平成26年度国際漁業資源の現況. カツオ　中西部太平洋. http://kokushi.fra.go.jp/H26/H26_30.pdf
竹森弘征・山田達夫. 2003. 瀬戸内海東部域におけるサワラの資源水準と成長の関係. 香川水試研報 (4).

ヒラメ科・カレイ科 p.454
尼岡邦夫. 2016. 日本のヒラメ・カレイ類. 東海大学出版部.
厚地 伸他. 2004. 耳石横断薄層切片を用いた鹿児島県近海産ヒラメの年齢と成長. 日本水産学会誌 70.
一丸俊雄・田代征秋. 1994. 有明海におけるメイタガレイ. (ホンメイタ型) の年齢と成長. 長崎水試研報 20.
五十嵐敏・島村信也. 2000. 福島県海域におけるヤナギムシガレイの食性. 福島県水産試験場研究報告 9.
伊藤貴之. 2013. 福島県海域におけるメイタガレイとナガレメイタガレイの生態について. 福島水試研報 16.
岩川浩大・高橋豊美・高津哲也・稲垣祐太・中谷敏邦・前田辰昭. 2013. 北海道噴火湾におけるアカガレイ *Hippoglossoides dubius* の成長様式. 日本水産学会誌 79.
岩尾敦志・山崎 淳・柳下直己・大木　繁. 2004. 京都府西部海域におけるヤナギムシガレイの分布と移動. 京都府立海洋センター研究報告 26.
甲 二郎. 1952. 東北海区アブラガレイ *Atheresthes evermanni* Jordan & Starks, 1904 に就いて (1). 東北海区水産研究所研究報告 1.
水戸啓一. 1979. ベーリング海底魚群集における食物関係：II. 群集構成種の体長組成. 北海道大学水産学部研究彙報 30.
倉長亮二. 2003. 山陰沖合の *Glyptocephalus stelleri* の年齢と成長. 鳥取県水産試験場報告37.
島村信也他. 2007. ホシガレイに関する研究−Ⅱ漁業実態と福島県沿岸における生活史. 福島水試研報 14.
反田 實他. 2008. 播磨灘・大阪湾産マコガレイの年齢と成長. 日本水産学会誌 74.
反田 實他. 2008. 播磨灘・大阪湾産マコガレイの成熟と産卵期およびそれら繁殖特性の調査年代間における比較. 水産海洋研究 72.
富永 修・梨田一也. 1992. 新潟県北部沿岸域におけるタマガンゾウビラメの産卵期と産卵水深. 日本海区水産研究所研報 42.
内野 憲他. 1994. 京都府沖合海域のアカガレイの生態に関する研究−I 食性. 京都府立海洋センター研究報告 17.
内野 憲他. 1995. 京都府沖合海域のアカガレイの生態に関する研究−II 主産卵期・成熟体長. 京都府立海洋センター研究報告 18.
和田敏裕. 2015. ホシガレイの生態と漁業 - 産卵、稚魚から成魚まで. 豊かな海 37.
王 艶君他. 1999. 東シナ海産ナガレメイタガレイの年齢と成長および成熟と産卵. 平成10年度日本近海シェアドストック管理調査委託事業報告書, 水産庁.
柳下直己他. 2005. 若狭湾西部海域におけるヤナギムシガレイの年齢と成長および年齢組成. 日本水産学会誌 71.
山口園子他. 2001. 長崎県橘湾産ホシガレイの成熟生態. 九大農学芸雑誌 55.

ウシノシタ科 p.466
CAS：オオシタビラメ学名

カワハギ科 p.472
松本達也他. 2021. 薩南諸島初記録のカワハギ科ウマヅラハギ属3種(アズキウマヅラハギ・センウマヅラハギ・ゴイシウマヅラハギ), および *Cantherhines* に対する標準和名ハクセイハギ属 (新称) の提唱. Ichthy 12.

ハコフグ科 p.474
CAS：テングハコフグ学名

ウチワフグ科・フグ科・ハリセンボン科・マンボウ科 p.476
Matsuura, K. 2015. A new pufferfish of the genus *Torquigaster* that builds "mystery circles" on sandy bottoms in the Ryukyu Islands, Japan (Actinopterygii: Tetraodontiformes: Tetraodontidae). Ichthyol Res 62.
松浦啓一. 2017. 日本産フグ類図鑑第1版第2刷. 東海大学出版部.
Matsuura, K et al. 2017. Underwater observations of the rare deep-sea fish *Triodon macropterus* (Actinopterygii, Tetraodontiformes, Triodontidae), with comments on the fine structure of the scales. Ichthyol Res 64.
Sawai, E et al. 2018. Redescription of the bump-head sunfish *Mola alexandrini* (Ranzani 1839), senior synonym of *Mola ramsayi* (Giglioli 1883), with designation of a neotype for *Mola mola* (Linnaeus 1758) (Tetraodontiformes: Molidae). Ichthyol Res 65.

索引

ア

イ

ウ

エ

オ

カ

編／監修

中坊徹次　Tetsuji Nakabo　京都大学名誉教授

編集協力

瀬能　宏　Hiroshi Senou　神奈川県立生命の星・地球博物館
波戸岡 清峰　Kiyotaka Hatooka　大阪市立自然史博物館外来研究員
細谷和海　Kazumi Hosoya　近畿大学名誉教授

執筆

藍澤正宏　Masahiro Aizawa　東京大学総合研究博物館研究事業協力員
明仁　Akihito
池田祐二　Yuji Ikeda　宮内庁上皇職
遠藤広光　Hiromitsu Endo　高知大学理工学部
岡部　久　Kyu Okabe　神奈川県水産技術センター
岡本　誠　Makoto Okamoto　水産研究・教育機構 開発調査センター
甲斐嘉晃　Yoshiaki Kai　京都大学フィールド研舞鶴水産実験所
片渕弘志　Hiroshi Katafuchi　（有）シンセン
片山英里　Eri Katayama　（公財）水産無脊椎動物研究所
川瀬成吾　Seigo Kawase　滋賀県立琵琶湖博物館
亀甲武志　Takeshi Kikko　近畿大学農学部
工藤孝浩　Takahiro Kudo　神奈川県水産技術センター
栗岩　薫　Kaoru Kuriiwa　城西大学理学部
黒木真理　Mari Kuroki　東京大学農学生命科学研究科
小枝圭太　Keita Koeda　東京大学総合研究博物館
坂井恵一　Keiichi Sakai　金沢大学環日本海研究センター臨海実験施設
猿渡敏郎　Toshiro Saruwatari　東京大学大気海洋研究所
下瀬　環　Tamaki Shimose　水産研究・教育機構水産資源研究所
瀬能　宏　別記
武内啓明　Hiroaki Takeuchi　神奈川県環境農政局水産課
田城文人　Fumihito Tashiro　北海道大学総合博物館・水産科学館
千葉　悟　Satoru Chiba　水産研究・教育機構水産資源研究センター
鄭　忠勳　Choong-Hoon Jeong　仁荷大學校創業支援館海洋水産院（韓国）
土居内 龍　Ryu Doiuchi　和歌山県農林水産部水産局
東海林 明　Akira Tohkairin　熊本県水産振興課
中島　淳　Jun Nakajima　福岡県保健環境研究所
中坊徹次　別記
中山耕至　Kouji Nakayama　京都大学農学研究科
中山直英　Naohide Nakayama　東海大学海洋学部
萩原清司　Kiyoshi Hagiwara　横須賀市自然・人文博物館
波戸岡 清峰　別記
原田慈雄　Shigeo Harada　和歌山県農林水産部水産局
平嶋健太郎　Kentarou Hirashima　和歌山県立自然博物館
藤岡康弘　Yasuhiro Fujioka　滋賀県水産試験場・滋賀県立琵琶湖博物館
藤田朝彦　Tomohiko Fujita　（株）建設環境研究所
細谷和海　別記
前田　健　Ken Maeda　沖縄科学技術大学院大学
松井彰子　Shoko Matsui　大阪市立自然史博物館
松沼瑞樹　Mizuki Matsunuma　近畿大学農学部
馬渕浩司　Kohji Mabuchi　国立環境研究所・琵琶湖分室
宮崎佑介　Yusuke Miyazaki　近畿大学農学部
武藤望生　Nozomu Muto　東海大学生物学部
村瀬敦宣　Atsunobu Murase　宮崎大学農学部附属延岡フィールド
本村浩之　Hiroyuki Motomura　鹿児島大学総合研究博物館
柳下直己　Naoki Yagishita　長崎大学水産・環境科学総合研究科
山口敦子　Atsuko Yamaguchi　長崎大学水産・環境科学総合研究科
吉田朋弘　Tomohiro Yoshida　（公財）海洋生物環境研究所
（50音順）

写真協力者・イラスト制作者一覧（敬称略）　[角]…角判写真

■藍澤正宏　p13テングギンザメ、p122ソコイワシ、デメニギス2点、p142-143ホシホウネンエソ以外全て、p150ホタテエソ、p152ヒロハダカ、センハダカ、p153オオクチイワシ、マメハダカ、p161イトヒキダラ、p166アンコウ、p173カブトウオ以外全て、p176スミツキカノコ、p180オオメマトウダイ、p181クダヤガラ2点、p188ノコギリヨウジ、p190コボラ、p191ムギイワシ、ナミノハナ、p195ダツ、p222ヨシノゴチ2点、p230ホタルジャコ、p231マメオニガシラ、p244センニンガジ、p245タナバタウオ、p250ヤライイシモチ、p251キンセンイシモチ、ネンブツダイ、p252ヒカリイシモチ、p253ヌメリテンジクダイ、p259モロ、p271クロホシフエダイ幼魚、p306キンチャクダイ幼魚、p316ミツボシクロスズメダイ、p317オヤビッチャ、ルリスズメダイ、p334ツユベラ幼魚、p363コウライガジ、p364フサギンポ、p365トビイトギンポ、p367ワニギス、クロボウズギス、p368コウライトラギス、p369トビギンポ、p373メガネウオ頭部背面、p376シズミイソコケギンポ、p377チシオコケギンポ2点、p383ハシナガウバウオ、ミサキウバウオ、p384ネズミゴチ♀、p385ヤマドリ2点、p386ツバサハゼ[角] 2点、p390ニシキハゼ、p395クツワハゼ、ツムギハゼ、p411ダテハゼ、p426-427ダルマハゼ、クロダルマハゼ、アカテンコバンハゼ、p439メカジキ、p459ソウハチ、p467アカシタビラメ、p475イトマキフグ、p477アカメフグ、p480サザナミフグ、p485[角]

■朝日田卓　p172ミツクリエナガチョウチンアンコウ、p238ヌノサラシ、p343幼魚、p382未成魚40cmSL

■アマナイメージズ　p42シノノメサカタザメ、p56腹面縁辺、p60軟質類、p138ギンザケ、p165[角]、p188ヒフキヨウジ、p245ハナビラウツボ、p340オオモンハゲブダイ[角]

■アマナイメージズ（Ken Kiefer 2/Cultura/Image Source RF/amanaimages） p17背面

■アマナイメージズ（Photoshot/amanaimages） p19ウバザメ

■池田博美　p5全て、p13アカギンザメ、p19鰓耙、p28ドチザメ以外全て、p31ツマグロ以外全て、p38胎仔、p40胎仔、p43[角] 2点、p45ゴマフシビレエイ・腹面、p51トビツカエイ2点、p55イズヒメエイ2点、p59ナルトビエイ、マダラトビエイ、p67アミメウツボ、ユリウツボ、オキノシマウツボ、p69サビウツボ、p73ソデアナゴ2点、p75スズハモ、p79ギンイワシ2点、p147チョウチョウエソ、p149トモメヒカリ、p164アシロ、シマイタチウオ、p165カクレウオ、クマノカクレウオ、p187ヘラヤガラ、p216アカカサゴ2点、p217ハチオコゼ、p219イボオコゼ、p230若魚、p231スミクイウオ、p239トゲハナスズキ、p253[角] 2点、p274オオグチイシチビキ、p297ミナベヒメジ、p441クロタチカマス、p454ヘラガンゾウビラメ、p455タイワンガンゾウビラメ、アラメガレイ、p456ダルマガレイ以外全て、p457ザラガレイ、p468ベニカワムキ、フエカワムキ[角]、p470ヒゲハギ、p472キビレカワハギ、p475コンゴウフグ、キスジイトマキフグ、p482クロサバフグ[角]、ドクサバフグ2点

■井田齊　p31ツマグロ、p63[角]、p86ネズミギス、p131オショロコマ降海型、p154アカナマダ、p172ビワアンコウ、p181シワイカナゴ2点、p200オオサガ、p206ゴマソイ、p225ソコハリゴチ2点、p367ハネガジ、p390キヌバリ日本海型、p432マンジュウダイ、p454色のついた個体

■一般財団法人沖縄美ら島財団　p56オニイトマキエイ、p57ナンヨウマンタ

■井藤大樹　p185トミヨ属雄物型♂♀

■岩見哲夫　p87ウェーバー器官と鰾

■宇井晋介　p178ヒカリキンメダイ

■内野啓道　p330幼魚、p331幼魚、p332[角]、p334ツユベラ、幼魚[角]、p335ヤマブキベラ[角] 2点、p336カミナリベラTP、シロタスキベラ[角] 2点、p337テンス以外全て、p338イトヒキベラ、幼魚、p339若魚

■内野美穂　p331ホホスジモチノウオ[角]、p336カミナリベラ幼魚、p339ホシササノハベラ

■江藤幹夫　p280[角]

■近江卓　p21ネズミザメ、p29シロザメ、p42腹面、p68ドクウツボ、p122ニギス、p130アメマス、p132海洋生活期、p142ホシホウネンエソ、p147トカゲエソ、p153サンゴイワシ、p157アラメギンメ、p166キアンコウ、p171側面、p176トガリエビス、p177エビスダイ、p187ヤリテング2点、p189トゲヨウジ、p198カサゴ、p209キチジ、p215ネッタイミノカサゴ、p217ツマジロオコゼ、p218オニダルマオコゼ、p227バラマンディ、p230オオクチイシナギ、p245シモフリタナバタウオ、p254シロアマダイ、p255若魚、p259オアカムロ、p265クロアジモドキ、p266稚魚、p268シマヒイラギ、p277[角]、p279幼魚、p280コロダイ、p283タマガシラ、フタスジタマガシラ、p302チョウチョウウオ、シラコダイ、p303ミスジチョウチョウウオ、チョウハン、p306タテジマキンチャクダイ、p308メガネゴンベ、p314幼魚、ハナビラクマノミ、カクレクマノミ、p316ミスジリュウキュウスズメダイ、p319ユゴイ、p320イシダイ、p322イスズミ、p327コウライマナガツオ、p328ハナビラウオ幼魚、p329ミナミコノシロ、p334クギベラTP、p338オハグロベラTP、p340ブダイTP・IP、オオモンハゲブダイ、p341スジブダイ、p350トゲカジカ、p351スイ、アナハゼ、p352ホカケアナハゼ、p362タナカゲンゲ、イレズミガジ、p380フタイロカエルウオ、p384ベニテグリ、p390キヌバリ太平洋型、チャガラ、リュウグウハゼ、サビハゼ、p392ミナミトビハゼ、p427シュオビコバンハゼ、p433ツノダシ、p435ヒフキアイゴ、p442タイワンカマス、p455タマガンゾウビラメ、p458オヒョウ、p459アカガレイ、p460ヤナギムシガレイ、p469モンガラカワハギ、アミモンガラ、p470モロコシハギ、ヨソギ♀、テングカワハギ、p473幼魚、p474ウミスズメ、シマウミスズメ、p475若魚、p479シマフグ、p481キタマクラ、シッポウフグ、p482シロサバフグ、クロサバフグ、p483センニンフグ、p484ハリセンボン、ヒトヅラハリセンボン、ネズミフグ

■大方洋二　p481[角]

■海遊館　p16-17鰓耙2点

■海洋博公園・沖縄美ら海水族館　p33シロシュモクザメ2点

■鹿児島大学総合研究博物館　p168カエルアンコウモドキ、ベニカエルアンコウ2点、p169ヒメヒラタカエルアンコウ、p176テリエビス、ウケグチイットウダイ、ヒレグロイットウダイ、p177リュウキュウエビス、p190オニボラ、p210カボチャフサカサゴ、ネッタイフサカサゴ、p211カスリフサカサゴ以外全て、p212オニカサゴ、オオウルマカサゴ、p213全て、p214ハナミノカサゴの眼上皮弁、p234マハタ、p237ホウセキハタ、p238アゴハタ、キハッソク3点、ルリハタ、p246ミナミキントキ、p247クルマダイ2点、p248全て、p250ヤライイシモチ以外全て、p251スジオテンジクダイ、p252スカシテンジクダイ、モンツキイシモチ、テンジクダイ、p253ツマグロイシモチ、クロスジスカシテンジクダイ、p268ヒメヒイラギ、p269リュウグウノヒメ、p270タテフエダイ、p271ニセクロホシフエダイ、p272ヨコフエダイ、p273ナミフエダイ幼魚、p274ウメイロ、p275オオヒメ、p276クマササハナムロ、p277セダカクロサギ、p289ヨコシマクロダイ、ノコギリダイ、p290フエフキダイ、p291アミフエフキ、p293キグチ、p296サクヤヒメジ、モンツキアカヒメジ、p298ミナミハタンポ2点、p299リュウキュウハタンポ、ユメハタンポ、ツマグロハタンポ、ボニンハタンポ、p300アオバダイ、p301テッポウウオ、p302ゲンロクダイ、p304ニセフウライチョウチョウウオ、ヤリカタギ、ミカドチョウチョウウオ、p305フエヤッコダイ以外全て、p311インドアカタチ、p315キホシスズメダイ、アマミスズメダイ、p316デバスズメダイ、ヒマワリスズメダイ、p317リボンスズメダイ、ソラスズメダイ、クロソラスズメダイ、オキナワスズメダイ、p318コトヒキ、p319ギンユゴイ、p323ミナミイスズミ2点、p329ツバメコノシロ、カタグロアゴナシ、p330ギチベラ・黄色変異・□、p331ホホスジモチノウオ、ヒトスジモチノウオ、p335ヤマブキベラIP、p336シロタスキベラIP、p375テングヘビギンポ2点、コクテンニセヘビギンポ2点、p384ネズミゴチ♂、p432ミカヅキツバメウオ、アカククリ幼魚、p433ナンヨウツバメウオ、p435ムシクイアイゴ、p436キイロハギ、クロハギ

■片渕弘志　p312ウミタナゴ

■片山英里　p369虹彩皮弁

■片山英里（高知大学所属） p369ホカケトラギス2点、マツバラトラギス

■片山英里（国立科学博物館所蔵） p187ニシキフウライウオ、p457オオシャクダルマ2点

■金尾滋史　p113ビワコガタスジシマドジョウ

■神奈川県立生命の星・地球博物館（瀬能宏撮影）　p15オオセ2点、p19メガマウスザメ2点、p23ホホジロザメの下顎歯、p24全て、p42コモンサカタザメ、p57イトマキエイ、p64シギウナギ、ウンブキアナゴ、p65ミナミホタテウミヘビ、p74ゴテンアナゴ、p83ドロクイ、p88-89[角] 3点以外全て、p90キンブナ、p91ナガブナ、フナ属の1種、p121ミナミゴンズイ、p140サクラマス♀、p154フリソデウオ2点、リュウグウノツカイ、p155サケガシラ、p156クサアジ2点、ヒメクサアジ、p164ウミドジョウ、p165クロウミドジョウ、p169イロカエルアンコウ、クマドリカエルアンコウ、p177アカマツカサ、p186サギフエ、ダイコクサギフエ、p189イバラタツ、オオウミウマ、p217ヤマヒメ、p222ワニゴチ2点、p223オニゴチ、p224アカゴチ、p225セミホウボウ、ホシセミホウボウ、p238アゴハタ[角]、p241ヒメハナダイ、p244タナバタメギス、p245ニジアマダイ、アゴアマダイ、p251テッポウイシモチ、p255クロムツ、p256ナガコバン、p269ヒメシマガツオ、p277ミナミクロサギ、イトヒキサギ、p280コロダイ幼魚5.6㎝SL、コショウダイ若魚、p281アヤコショウダイ3点、p287ナンヨウチヌ、p304スダレチョウチョウウオ、p308イソゴンベ、ヒメゴンベ、ウイゴンベ、p309幼魚、p310クサカリツボダイ、p311アカタチ、ソコアマダイ、p318シミズシマイサキ、p327ドクウロコイボダイ、p328エボシダイ、p329ナンヨウアゴナシ、p351アサヒアナハゼ、p365ベニツケギンポ、p368マトウトラギス、p372キビレミシマ、p373メガネウオ、p375ヒメギンポ2点、p376ハダカコケギンポ、トウシマコケギンポ、p382イレズミコンニャクアジ、p383[角] 2点、ヒメウバウオ、p393アカウオ、p432ツバメウオ幼魚、ミカヅキツバメウオ幼魚、p433幼魚2点、p449ビンナガ、p454テンジクガレイ、p456ダルマガレイ、p457タイコウボウダルマ2点、コケビラメ、p466セトウシノシタ、ミナミウシノシタ、p467ゲンコ、イヌノシタ、p468フエカワムキ、p470ヨソギ♂、p485クサビフグ

■蒲郡市竹島水族館　p145ヒョウモンシャチブリ

■河合俊郎　p458アブラガレイ

■川瀬成吾　p103スワモロコ、p104ヨドゼゼラ

■環境水族館アクアマリンふくしま・東海大学海洋科学博物館　p34胎仔

■神崎真　p245シモフリタナバタウオ[角]

■京都大学魚類研究室　p15テンジクザメ、p136クニマス♂・♀、p137全て、p146クロエソ、p148ヒメ♀、p149眼、p177クロオビマツカサ、p200サンコウメヌケ、p201ウケグチメバル以外全て、p202クロメバル、シロメバル、p204コウライヨロイメバル、p246ホウセキキントキ、p264ミナミイケカツオ、p274幼魚、p296アカヒメジ2点、p297オキナヒメジ、p298ミエハタンポ、p326イボダイ幼魚、p327マルイボダイ、p328スジハナビラウオ、p360サケビクニン以外全て、p364タウエガジ、p365モヨウダイナンギンポ、p370-371全て、p442イブリカマス、p443オオメカマス、p453ハガツオ幼魚、イソマグロ幼魚、p474テングハコフグ、p484メイタイシガキフグ

■栗岩薫（神奈川県立生命の星・地球博物館所蔵） p234クエ、p434アミアイゴ、アイゴ、p435ゴマアイゴ、ヒメアイゴ

■栗岩薫（国立科学博物館所蔵） p172オニアンコウ、p232アラ、コクハンアラ、バラハタ、p233アオノメハタ以外全て、p234幼魚、p235キジハタ以外全て、p237ホウセキハタ以外全て、p238ヌノサラシ[角] 2点、p239ボロジノハナスズキ、p240キンギョハナダイ、p241カシワハナダイ、p242アマミハナダイ、チビハナダイ、p243イッテンサクラダイ以外全て、p270イッテンフエダイ、p271オキフエダイ、p326メダイ幼魚、p434ハナアイゴ、セダカハナアイゴ、p435サンゴアイゴ

■黒木真理　p76ニホンウナギ（ページ上の写真以外全て）、p77レプトセファルス

■高知大学海洋生物学研究室　p73ソコアナゴ、p123全て、p148ヒメ♂、イトヒキヒメ、p149アオメエソ、p158タイセイヨウマダラ、p160ナガチゴダラ、カラスダラ、p161イトヒキダラ以外全て、p165ミスジオクメウオ、p171クスミアカフウリュウウオ、イガフウリュウウオ、ヒラムシフウリュウウオ、p178ハリダシエビス、p257稚魚、p369リュウグウベラギンポ2点、p373ヤギミシマ2点、p384トンガリヌメリ、p453カマスサワラ幼魚、p467アズマガレイ

■小枝圭太　p178オオヒカリキンメ、p298キンメモドキ、p299ダイトウハタンポ、キビレハタンポ、p300アオバダイ幼魚

■国立科学博物館　p73アンコクホラアナゴ、p160イソアイナメ

■国立研究開発法人水産研究・教育機構　p353コンニャクカジカ2点

■坂井恵一　p322テンジクイサキ[角]、ノトイスズミ

■坂上治郎　p166幼魚、p177[角]、p187ウミテング、p303[角]、p311[角]、p328[角]

■坂本陽平　p227ナイルパーチ、p458カラスガレイ、p465アサバガレイ

■佐藤長明　p357ダンゴウオ2点

■猿渡俊郎　p124イシカリワカサギ、p128シラウオ[角]、アリアケヒメシラウオ2点、アリアケシラウオ

■下瀬環　p38ダルマザメ、p271ニセクロホシフエダイ幼魚、オキフエダイ幼魚、p272幼魚、p288ヒキマユメイチ、p289幼魚、p438シロカジキ、マカジキ、p439フウライカジキ、p440ムカシクロタチ、p449メバチ、キハダ

■JAMSTEC　p72死体に集まるコンゴウアナゴ、p144遊泳するシャチブリ、p150イトヒキイワシ、p151ナガヅエエソ、p362カワリヘビゲンゲ

■小学館編集部　p23ホホジロザメの上下顎、ムカシオオホホジロザメ2点、p38噛み跡、p85[角]、p218オニダルマオコゼ[角]、p230[角]、p320老成魚、p440身

■小学館編集部（国立科学博物館協力）　p22ホホジロザメ

■水産総合研究センター　p432アマシイラ

■鈴木寿之　p362クロゲンゲ

■鈴木寿之（神奈川県立生命の星・地球博物館所蔵）
p65シマウミヘビ2点、p256ヒシコバン、p295アトクギス、p300ヒメツバメウオ、p357コンペイトウ、p383ツルウバウオ2点、p393チワラスボ、p473サラサハギ

■生物学研究所 p377オキマツゲ2点、p404ジュズカケハゼ♂、p406-407顎歯・白色点2点・胸鰭2点以外全て、p408頭部3点、p409ヌマチチブ♂、ナカノゴリ♂♀、p410全て、p411ヒレナガハゼ、クロオビハゼ、イトヒキハゼ、p418-420アオギハゼ以外全て、p422-423全て、p426-427ダルマハゼ、クロダルマハゼ、シュオビコバンハゼ・アカテンコバンハゼ以外全て、p428-430ハタタテハゼ以外全て、p431サツキハゼ、オオメワラスボ

■田口哲 p25シロワニ、p61チョウザメ、p459無眼側

■武内啓明 p174未成魚

■田島健一 p154［角］

■田城文人 p72死体に集まるコンゴウアナゴ以外全て、p73ユキホラアナゴ2点、アサバホラアナゴ2点

■足袋抜豪 p357サクラダンゴウオ

■千葉悟 p481アマミホシゾラフグ

■千葉悟（国立科学博物館所蔵） p236アカマダラハタ

■鄭忠勳 p46コウライカスベ、p48若い個体以外全て、p49コウライカスベ4点

■東海林明 p50全て、p51ザラカスベ、キタノカスベ、p348ニラミカジカ、セビロカジカ、p349全て、p352［角］、イソバテング、p353コンニャクカジカ2点以外全て、p354サメトクビレ、ヤセトクビレ、p355オニシャチウオ以外全て、p358微小棘、エゾクサウオ2点、イサゴビクニン、p359吻の長く尖る個体以外全て

■東京大学大気海洋研究所 p361チヒロクサウオ

■中島淳 p111キタドジョウ、生息環境、シノビドジョウ、ヒョウモンドジョウ、p112トサシマドジョウ、［角］3点、p113トウカイコガタスジシマドジョウ、p114オンガスジシマドジョウ、ハカタスジシマドジョウ、ヤマトシマドジョウ、p115オオヨドシマドジョウ2点、口、p117エゾホトケドジョウ

■中坊徹次 p22椎体、p169ソウシカエルアンコウ、p208ハツメ2点、p267稚魚、p328ハナビラウオ、p382未成魚30cmSL、p483若魚、カイユウセンニンフグ

■中山直英（高知大学海洋生物学研究室所蔵） p162-163全て

■NED（成澤哲夫） p138マスノスケ、p259ムロアジ、p284マダイ老成魚

■萩原清司 p244メギス2点、p313アカタナゴ、オキタナゴ、p387コモンヤナギハゼ、p431リュウキュウハナハゼ

■波戸岡清峰 p67クラカケウツボ、ナミウツボ、p68ゴマウツボ、ニセゴイシウツボ、p69サビウツボ以外全て、p70トラウツボ以外全て、p71［角］3点以外全て

■林公義 p188イシヨウジ、p189クロウミウマ、p215キリンミノ、p381ニセクロスジギンポ

■原崎森 p71ハナヒゲウツボ成魚・若魚

■ピーシーズ p87デンキウナギ目

■比嘉尚弘（ネットワーク） p63カライワシ、イセゴイ、ソトイワシ、p86サバヒー、p236タマカイ、p246キビレキントキ、p247ゴマヒレキントキ、オキナワクルマダイ、p257スギ、ギンカガミ、p261オニアジ、p262カッポレ、ギンガメアジ、オニヒラアジ、ロウニンアジ、p263全て、p264マルコバン、コバンアジ、p265イトヒキアジ、p267ヒレナガカンパチ、p270フエダイ、p272ヒメフエダイ、センネンダイ、p273バラフエダイ、ナミフエダイ、マダラタルミ2点、p274ハマダイ、p276クマササハナムロ以外全て、p281チョウチョウコショウダイ、p283アカタマガシラ、ヒトスジタマガシラ、p286オキナワキチヌ、p294ホシギス、p295モトギス、p322テンジクイサキ、p324オキナメジナ、p330メガネモチノウオ、p332タキベラ、キツネダイ、キツネベラ、p333シロクラベラ、p334成魚、p341スジブダイ以外全て、p432ツバメウオ、アカククリ、p433クロホシマンジュウダイ、p436ナンヨウハギ、シマハギ、p437テングハギ、ミヤコテングハギ、p438クロカジキ、p443オニカマス、p452ヨコシマサワラ、p453カマスサワラ、イソマグロ、p469キヘリモンガラ、p471ソウシハギ、ハクセイハギ、p476ウチワフグ

■PIXTA p16ジンベエザメ

■平嶋健太郎 p412カワヨシノボリ2点、p413全て、p414オオヨシノボリ2点、p416-417全て

■フォトライブラリー p60四肢類、p71ハナヒゲウツボ、p227幼魚

■藤岡康弘 p139ビワマス稚魚

■古沢博司（イラスト） p42体の断面、鰓孔、p137産卵場所

■古満啓介 p55アリアケアカエイ2点

■細谷和海 p102ヒナモロコの生息地、カワバタモロコ［角］p107アブラヒガイ2点、p108ヤマナカハヤ、p110全て、p182太平洋系降海型イトヨ、p185ミナミトミヨ、p226コウライオヤニラミ

■ボルボックス p23［角］、p197［角］

■前田健 p396-397上顎・下顎以外全て、p398-401［角］2点以外全て、p412シマヨシノボリ2点、クロヨシノボリ2点、p414-415オオヨシノボリ以外全て

■松井彰子 p394ツマグロスジハゼ、モヨウハゼ

■松川敬 p328エボシダイ幼魚、p458幼魚

■松沢陽士 p2-4全て、p6-12全て、p13［角］3点、p14全て、p18全て、p20-21ネズミザメ以外全て、p25-27シロワニ以外全て、p28ドチザメ、p29ホシザメ、p30全て、p32全て、p33アカシュモクザメ3点、p34-37胎仔以外全て、p38ヨロイザメ、顎歯2点、p39-41胎仔以外全て、p42サカタザメ、p43ウチワザメ、p44全て、p45［角］、p46-47コウライカスベ以外全て、p48若い個体、p49キツネカスベ2点、p52-54全て、p56ナンヨウマンタ、p58全て、p60シーラカンス類、肺魚類、多鰭類、新鰭類、p62全て、p63ギス、p64ダイナンウミヘビ2点、イナカウミヘビ、p65-66ミナミホタテウミヘビ、シマウミヘビ以外全て、p68アミウツボ、p70トラウツボ、p74ゴテンアナゴ以外全て、p75チンアナゴ、ハモ、p76ニホンウナギ（ページ上の写真）、p77オオウナギ、p78全て、p79キビナゴ2点、p80-84ドロクイ以外全て、p85エツ、p87コイ目、カラシン目、ナマズ目、p89［角］3点、p90キンブナ以外全て、p91ニゴロブナ、p92-103ヒナモロコの生息地、スワモロコ以外全て、p104-106ヨドゼゼラ以外全て、p107カワヒガイ2点、ビワヒガイ2点、p108-109ヤマナカハヤ以外全て、p111ドジョウ、カラドジョウ、p112オオシマドジョウ、ニシシマドジョウ、ヒガシシマドジョウ、p113サンヨウコガタスジシマドジョウ、サンインコガタスジシマドジョウ、アリアケスジシマドジョウ、p114チュウガタスジシマドジョウ、オオガタスジシマドジョウ、タンゴスジシマドジョウ、p115イシドジョウ、ヒナイシドジョウ、アジメドジョウ、p116-120エゾホトケドジョウ以外全て、p121ゴンズイ、p122カゴシマニギス、p124-127イシカリワカサギ以外全て、p128シラウオ2点、イシカワシラウオ、p129-130アメマス以外全て、p131オショロコマ河川型、ミヤベイワナ、p132-135海洋生活期以外全て、p136若魚、p138稚魚2点、p139ビワマス稚魚以外全て、p140-141サクラマス♀以外全て、p144遊泳するシャチブリ以外全て、p146マエソ、ワニエソ、p147アカエソ、ヒトスジエソ、p149発光器、マルアオメエソ、ツマグロアオメエソ、p150ホタテエソ［角］2点、p150-151ミズウオ3点、p152ハダカイワシ2点、p153アラハダカ2点、p156アカマンボウ2点、p157ギンメダイ、オカムラギンメ2点、p158-159タイセイヨウマダラ以外全て、p160チゴダラ、p164イタチウオ、ヨロイイタチウオ、p166-167アンコウ・キアンコウ・幼魚以外全て、p168ハナオコゼ、カエルアンコウ、p169幼魚、p170全て、p171ワヌケフウリュウウオ、p172チョウチンアンコウ2点、p173カブトウオ2点、p174-175未成魚以外全て、p178ハシキンメ、p179-180オオメマトウダイ以外全て、p181タウナギ2点、p182-184太平洋系降海型イトヨ以外全て、p185トミヨ属雄物型、ミナミトミヨ以外全て、p186サギフエ、ダイコクサギフエ以外全て、p187ヘコアユ、カミソリウオ、p188オイランヨウジ、カワヨウジ、ヨウジウオ、p189タツノイトコ、タツノオトシゴ、骨格、p190ボラ2点、セスジボラ、p191メナダ、トウゴロウイワシ、p192-196ダツ以外全て、p197［角］以外全て、p198-199カサゴ以外全て、p200アコウダイ、p201ウケグチメバル、p202アカメバル、p203-204コウライヨロイメバル以外全て、p205-206ゴマソイ以外全て、p209キチジ以外全て、p210イズカサゴ、コクチフサカサゴ、p211カスリフサカサゴ、p212サツマカサゴ2点、p214ミノカサゴ2点、p216シロカサゴ、ヒオドシ、p217ハオコゼ、p218オニオコゼ4点、p219-221イボオコゼ以外全て、p222マゴチ2点、p223オニゴチ以外全て、p224アカゴチ以外全て、p225［角］、p226オヤニラミ2点、コウライケツギョ、p227アカメ・目、p228-229全て、p230アカムツ、p231オオメハタ、p232若魚、スジアラ、p233アオノメハタ、p234カンモンハタ、シロブチハタ、p235キジハタ、p236幼魚、イシガキハタ、アカハタモドキ、p239ヒメコダイ、アカイサキ2点、p240キンギョハナダイ以外全て、p241アカネハナゴイ、オオテンハナゴイ、p242アズマハナダイ、カスミサクラダイ、p243イッテンサクラダイ、p244クレナイニセスズメ、p245ニラミアマダイ、p246キントキダイ、p247チカメキントキ、ミナミクルマダイ、p251クロホシイシモチ、p252クロイシモチ、p253マンジュウイシモチ、アマミイシモチ、p254アカアマダイ、キアマダイ、p255ムツ、p256コバンザメ3点、p257シイラ、p258全て、p259マルアジ2点、クサヤモロ、p260-261オニアジ以外全て、p262幼魚2点、カスミアジ、p264イケカツオ、ツムブリ、幼魚、p265オキアジ、ブリモドキ、幼魚、p266稚魚以外全て、p267ブリ、ヒラマサ、カンパチ、p268ヒイラギ2点、オキヒイラギ、p269シマガツオ、ヒレジロマンザイウオ、p270ヨコスジフエダイ、p271クロホシフエダイ、ヨスジフエダイ2点、p272アミメフエダイ、p273バラフエダイ幼魚、ゴマフエダイ2点、p274アオチビキ、ハチジョウアカムツ、アオダイ、p275オオヒメ以外全て、p277クロサギ、ヤマトイトヒキサギ、p278-279ヒゲダイ幼魚以外全て、p280コロダイ若魚2点・幼魚2㎝SL、コショウダイ、p281チョウチョウコショウダイ幼魚、p282全て、p283［角］、p284マダイ・［角］2点、p285-286オキナワキチヌ以外全て、p287ヘダイ、p288ヒキマユメイチ以外全て、p289サザナミダイ、ナガメイチ、コケノコギリ、p290フエフキダイ以外全て、p291アミフエフキ以外全て、p292-293キグチ以外全て、p294シロギス2点、p295アオギス2点、p296ヒメジ、ヨメヒメジ、p297ホウライヒメジ、オジサン、マルクチヒメジ、p300ヒメツバメウオ幼魚、p301［角］4点、p302ユウゼン、p303トゲチョウチョウウオ、フウライチョウチョウウオ、p304ハナグロチョウチョウウオ、p305フエヤッコダイ、p306サザナミヤッコ2点、タテジマキンチャクダイ幼魚、キンチャクダイ、p307全て、p308オキゴンベ、サラサゴンベ、ホシゴンベ、クダゴンベ、p309幼魚以外全て、p310クサカリツボダイ以外全て、p311イッテンアカタチ、スミツキアカタチ、p312ウミタナゴ以外全て、p313アオタナゴ、p314クマノミ、［角］、ハマクマノミ、p315ハナダイダマシ、スズメダイ、p318シマイサキ、p319タカベ、カゴカキダイ、p320歯、顎歯2点、p321全て、p322ノトイスズミ［角］3点、p324-325オキナメジナ以外全て、p326イボダイ・［角］2点、メダイ、p327マナガツオ、p328ボウズコンニャク、p331アカササノハベラ2点、p332フタホシキツネベラ、p333シロクラベラ以外全て、p334クギベラIP、ホンベラTP・IP、p335キュウセン2点、ニシキベラ、p336カミナリベラIP、ホンソメワケベラ、p337テンス、p338クジャクベラ、ニセモチノウオ、オハグロベラIP、p339アカササノハベラ、カマスベラ、p340ブダイ歯、ハゲブダイ4点、p342-347幼魚以外全て、p348ツマグロカジカ、アイカジカ、オニカジカ、p350トゲカジカ以外全て、p351ベロ、アヤアナハゼ、p352ケムシカジカ、p354トクビレ3点、p355オニシャチウオ、p356全て、p358クサウオ・腹吸盤、p359吻の長く尖る個体、p360サケビクニン、p363コウライガジ以外全て、p364ナガヅカ、ダイナンギンポ、p365ムロランギンポ、p366全て、p367ボウズギンポ2点、p368トラギス、クラカケトラギス、アカトラギス、p372キビレミシマ以外全て、p373アオミシマ、p378タマギンポ、カエルウオ、p379ヤエヤマギンポ、p380ヒトスジギンポ、イダテンギンポ、p381ナベカ、ニジギンポ、p383ウバウオ、p384［角］2点、p386ツバサハゼ［角］2点以外全て、p387-389コモンヤナギハゼ以外全て、p391-392ミナミトビハゼ以外全て、p393アカウオ、チワラスボ標本以外全て、p394スジハゼ、クモハゼ、p395ホシノハゼ、クロミナミハゼ、p396上顎・下顎、p398［角］2点、p402-405ジュズカケハゼ♂以外全て、p406-407顎歯・白色点2点・胸鰭2点、p408チチブ♂♀・鰾3点、p409ヌマチチブ♀、［角］、p411［角］、p419アオギハゼ、p430ハタタテハゼ、p436ニザダイ3点、p437ニジハギ、ナミダクロハギ、p439バショウカジキ、p440アブラソコムツ3点、バラムツ・体側鱗、p441クロタチカマス以外全て、p442アカカマス2点、p443ヤマトカマス2点、p444-448全て、p449コシナガ、p450-452ヨコシマサワラ以外全て、p453ハガツオ、p454ヒラメ・無眼側、p455ガンゾウビラメ、p460-464ヤナギムシガレイ以外全て、p465アサバガレイ以外全て、p466ササウシノシタ、シマウシノシタ、ガラスウシノシタ、p467デンベエシタビラメ、オオシタビラメ2点、クロウシノシタ3点、p468ギマ5点、p469ムラサメモンガラ、p470アミメハギ、p471ウスバハギ、p472カワハギ2点、p473ウマヅラハギ・［角］、p474ハコフグ2点、ウミスズメ正面、p475ハマフグ2点、p476ウチワフグ以外全て、p477アカメフグ以外全て、p478-479シマフグ以外全て、p480ヨリトフグ、コクテンフグ、ホシフグ、p481シマキンチャクフグ、p482シロサバフグ［角］2点、カナフグ2点、p483クマサカフグ2点、p484［角］、イシガキフグ、p485ヤリマンボウ、マンボウ

■松沼瑞樹 p214ミノカサゴ属の1種、ハナミノカサゴ

■武藤望生 p207全て

■村瀬敦宣 p374全て、p376コケギンポ2点、アライソコケギンポ、p377イワアナコケギンポ2点、p378イソギンポ、タテガミギンポ、スジギンポ、タネギンポ、p379ヤエヤマギンポ以外全て、p380ヨダレカケ、マダラギンポ、トサカギンポ、p381クモギンポ

■矢野維幾 p421全て、p424-425全て

■山口敦子 p59［角］

■結城嘉徳（イラスト） p178発光器の明滅の仕組み

■123RF p16

扉ページの写真（左上より右に）

エドアブラザメの上下顎歯（p.35） アカササノハベラの下咽頭歯（p.330） マイワシの鰓耙（p.81） カタクチイワシの鰓耙（p.84） ラブカの胎仔（p.34） ダルマザメの口（p.38） ノトイスズミの歯（p.322） シビレエイの発電器官（p.44） ナガレメイタガレイの両眼間隔の棘（p.462） テッポウウオ属の1種の口（p.301） ネコザメの上顎歯（p.14） アカグツの誘引突起と擬餌状体（p.170） コバンザメの吸盤（p.256）

協力

〈写真〉

松沢陽士　藍澤正宏　朝日田卓　池田博美　井田齊
井藤大樹　岩見哲夫　宇井晋介　内野啓道　内野美穂
江藤幹夫　近江卓　大方洋二　片渕弘志　片山英里
金尾滋史　河合俊郎　川瀬成吾　神崎真　栗岩薫
黒木真理　小枝圭太　坂井恵一　坂上治郎　佐藤長明
猿渡敏郎　下瀬環　鈴木寿之　田口哲　武内啓明
田島健一　田城文人　足袋抜豪　千葉悟　鄭忠勳
東海林明　中島淳　中坊徹次　成澤哲夫（NED）
萩原清司　波戸岡清峰　林公義　原崎森
比嘉尚弘（ネットワーク）　平嶋健太郎　藤岡康弘
古満啓介　細谷和海　前田健　松井彰子　松川敬
松沼瑞樹　宮崎佑介　武藤望生　村瀬敦宣　矢頭卓児
矢野維幾　山口敦子　一般財団法人沖縄美ら島財団
海遊館　海洋研究開発機構（JAMSTEC）
海洋博公園・沖縄美ら海水族館
鹿児島大学総合研究博物館
神奈川県立生命の星・地球博物館　蒲郡市竹島水族館
環境水族館アクアマリンふくしま・東海大学海洋科学博物館
生物学研究所　東京大学大気海洋研究所
京都大学魚類研究室　高知大学海洋生物学研究室
国立科学博物館　国立研究開発法人水産研究・教育機構
水産総合研究センター
北海道大学総合博物館水産科学館
アマナイメージズ　ピーシーズ　フォトライブラリー
ボルボックス　PIXTA　123RF　小学館図鑑編集部

〈撮影他協力〉

池口新一郎　石井正美　今村淳二　内山博之
倉西良一　菊池基弘　井上玲爾　遠藤周太　大澤彰久
大竹敦　大竹貢　小野寺良太　川上僚介　岸田宗範
北山進一　栗田隆気　齋藤琢磨　坂本年壱　佐藤圭一
佐藤英治　佐土哲也　沢本良宏　塩田寛　篠原現人
下 均　須之部友基　妹尾優二　関和久　高田未来美
田中寛繁　谷敬志　出川公平　鉄多加志　手嶌久雄
中村陽一　西尾正輝　西谷博和　畑中将　福地毅彦
藤本治彦　益子正和　松浦啓一　松下亮介　光岡呂浩
宮正樹　三宅教平　望月順司　山﨑智文　吉田良三
和田英敏　吉川 茜　脇谷量子郎　渡邊俊也　渡辺安司
アクアマリンふくしま
伊戸ダイビングサービスBOMMIE
英美丸（浦城港）　おたる水族館
鴨川市漁業協同組合定置部　鴨川シーワールド
札幌市豊平川さけ科学館　SEAFIGHTER（石垣港）
標津サーモン科学館　新将丸（片瀬港）　関水産　仙北市
ダイバーズプロアイアン　千歳水族館　長五郎丸（金谷港）
東京海洋大学水圏科学フィールド教育研究センター館山ステーション　日本魚類学会　日本動物分類学会
のとじま水族館　丸集

〈イラスト〉

古沢博司　結城嘉徳

〈校閲〉

小学館出版クォリティセンター
小学館クリエイティブ　小杉みのり

〈データ整理〉

雨谷美穂　林まりこ　福田純子

〈カバー、ロゴ、表紙、扉、帯　デザイン〉

薮充累

〈本文デザイン〉

三木健太郎

〈印刷〉

山本大介　高杉麗磨（凸版印刷）

〈資材／制作〉

斉藤陽子／浦城朋子（小学館）

〈宣伝／販売〉

島田由紀／根來大策（小学館）

〈編集担当〉

北川吉隆（小学館）

小学館の図鑑Z（ゼット）

日本魚類館

2018年（平成30年）3月25日　初版第1刷発行
2022年（令和 4 年）4月 9 日　第6刷（補訂）発行

編/監修　中坊徹次

発行人　青山明子

発行所　株式会社 小学館
〒101-8001　東京都千代田区一ツ橋2-3-1
電話　編集：03-3230-5452
販売：03-5281-3555

印刷所　凸版印刷株式会社
製本所　株式会社若林製本工場

ISBN 978-4-09-208311-0

NDC 487

A5変型判　135×210mm